The Chemical Kinetics
The Concepts and 1000 Questions

化學動力學
觀念與1000題

蘇明德 編著

五南圖書出版公司 印行

序　言

我是在大學裡教授「化學動力學」必修課程時，看到同學的表現，才下定決心寫了這本書「化學動力學觀念與 1000 題」。

很多學生向我反應，聽的時候（或閱讀的時候）都聽的懂、看得懂，但一旦要解題目時，卻倉皇不知所措，不曉得從何下筆。這不禁使我想起過去我讀大學時的情景，也同樣遭遇到類似的情況，那時的我是多麼希望有人或有本書來指引我解題的技巧及方向，不要再模模糊糊、無所適從。過去前人走過的路，後人實在沒有必要再反覆走同樣的路。有鑑於此，我決定寫這本書來幫忙廣大的莘莘學子。

「化學動力學」一直是我國學者的強項。例如：李遠哲院士就是在「化學動力學」的高度成就（見本書第七章），而榮獲諾貝爾化學獎。又如中央研究院的林聖賢院士及林明璋院士也都是以「化學動力學」在國際上打出響亮名號。這些前輩給了我們很好的榜樣，由此可見，身為初學「化學動力學」的我們，實在沒有理由推說「化學動力學」太難，應該急起直追才對。

在這本書裡，我用中文先重點講解一遍，並且用框框指出重點所在及要注意的地方，接著用大量的題目，附上詳細解答來加以解說。原本我搜集的題目約有 2500 題之多，但限於篇幅的關係，不得不忍痛割愛絕大多數的題目，在本書裡我只摘錄了中文題目 1000 題左右。除此之外，我也將歷屆的研究所考題附於其中。因此只要能動腦及動筆閱讀本書，絕對會讓你「開卷有益」。

這本書之所以能夠順利完成，要感謝很多人。感謝杜佩玲、范惠雅的幫忙打字與繪圖，以及陳綺慧、古幸宜，還有多位高雄醫學大學及國立嘉義大學同學的幫忙校對和訂正，也很感謝五南出版社的楊榮川先生及穆文娟小姐的支持與幫忙，才能順利出

書。

　　雖然本書經過多次校對、修正，照理說錯誤已降至最低程度，但書裡面可能還隱藏著諸如打字誤打等的缺失，這有賴於讀者能不吝指正。

　　最後，我以心香一朵祝福各位讀者，希望在「化學動力學」的領域上有所精進。

作者

蘇明德　謹識

目　　　錄

第一章 化學動力學基礎概念

1.1 《基本觀念的建立》

　　化學反應速率是指在給定條件下、反應物通過化學反應轉化爲產物的速率。常用〝單位時間內生成物濃度的增加量〞或〝單位時間內反應物濃度的減少量〞來表示。濃度的單位通常用 $mol \cdot l^{-1}$（即莫耳·升$^{-1}$），時間的單位可根據反應快慢採用 s（秒）、min（分）、h（小時）、d（天）或 y（年）等。

　　現以合成 NH_3 反應爲例，以說明反應速率的表示法和與之相關的概念。

　　在某條件下，合成 NH_3 反應過程中，各物質濃度變化情形如下：

$$N_{2\,(g)} \quad + \quad 3H_{2\,(g)} \quad \longrightarrow \quad 2NH_{3\,(g)}$$

	N_2	$3H_2$	$2NH_3$
起始濃度（$mol \cdot l^{-1}$）	1.0	3.0	0
2s 後濃度（$mol \cdot l^{-1}$）	0.8	2.4	0.4

若用〝生成物 NH_3 的濃度變化〞來表示反應速率，則

$$\bar{r}(NH_3) = \frac{\Delta c(NH_3)}{\Delta t} = \frac{(0.4-0)\,mol \cdot l^{-1}}{2s} = 0.2 \ \ mol \cdot l^{-1} \cdot s^{-1}$$

若用〝反應物 N_2 及 H_2 的濃度變化〞來表示，則

$$\bar{r}(N_2) = -\frac{\Delta c(N_2)}{\Delta t} = \frac{1.0-0.8}{2} = 0.1 \ mol \cdot l^{-1} \cdot s^{-1}$$

$$\bar{r}(H_2) = -\frac{\Delta c(H_2)}{\Delta t} = \frac{3.0-2.4}{2} = 0.3 \ mol \cdot l^{-1} \cdot s^{-1}$$

我們必須注意到以下幾點：

（ㄅ）如果要用〝反應物濃度的減少量〞來表示化學反應速率，爲了避免出現無意義的負值反應速率，會人爲地在該式中加入一個負號。

（ㄆ）對於給定條件下的化學反應，由於反應式中各物質的化學計量數往往不同，因此，用不同反應物或生成物的濃度變化來表示反應速率也常會導致數值上有所不同。爲避免出現這種混亂表示法，現行國際單位制度規定：將所得反應速率數值除以各物質在反應式中的〝計量係數〞（〝即莫耳數〞），如此一來，對同一個化學反應而言，所有物質的反應速率便可以統一規格表示。

　　因此，上例中合成 NH_3 的反應速率可改寫爲：

$$\bar{r} = \frac{\bar{r}(N_2)}{1} = \frac{\bar{r}(H_2)}{3} = \frac{\bar{r}(NH_3)}{2} = 0.1 \ \ mol \cdot l^{-1} \cdot s^{-1}$$

（ㄇ）以上所得的反應速率只是合成 NH_3 反應在 0~2 秒內的平均反應速率 $\bar{r}$。但在實際情況中，了解某一〝瞬間反應速率〞，會更具有實際意義。要想精確表示化學反應在某一指定時刻的反應速率，可以將觀察的時間間隔無限縮短，所得〝平均速率之極限值〞即為化學反應在某一時刻的〝瞬間反應速率〞。若〝瞬間反應速率〞用 r 表示，則：當 Δt 趨近於 0 時，以 NH_3 氣體為例，合成 NH_3 反應的〝瞬間反應速率〞可寫為：

$$r = \lim_{\Delta t \to 0} \frac{-\Delta c(H_2)}{3\Delta t} = -\frac{1}{3} \cdot \frac{d[H_2]}{dt}$$

推而廣之，對於一般的化學反應：

$$aA + bB \longrightarrow cC + dD$$

〝平均反應速率〞寫為：

$$\bar{r} = -\frac{1}{a} \cdot \frac{\Delta c(A)}{\Delta t} = -\frac{1}{b} \cdot \frac{\Delta c(B)}{\Delta t} = +\frac{1}{c} \cdot \frac{\Delta c(C)}{\Delta t} = +\frac{1}{d} \cdot \frac{\Delta c(D)}{\Delta t}$$

〝瞬間反應速率〞寫為：

$$r = -\frac{1}{a} \frac{d[A]}{dt} = -\frac{1}{b} \frac{d[B]}{dt} = +\frac{1}{c} \frac{d[C]}{dt} = +\frac{1}{d} \frac{d[D]}{dt} = \frac{1}{(莫耳數)} \times \frac{d(濃度)}{d(時間)}$$

〝瞬間反應速率〞用做圖法就可求出。以縱座標表示反應濃度，橫座標表示反應時間，就可做圖畫出反應物濃度隨時間變化的曲線。取曲線上一點，做該曲線的切線，〝切線的斜率〞即為該點對應時刻的〝瞬間反應速率〞。

（ㄈ）化學反應具有〝可逆性〞，實驗測得的反應速率實際上是「正向反應速率」與「逆向反應速率」之差，即「淨反應速率」。一般測定法是利用相關物理性質或物理化學手段，如：隨時間變化的氣體壓力或測定電導率、折光率、顏色等，如此一來，便可間接地求得反應速率，不僅節省時間，而且誤差也較小。這些測定法的背後數學基礎，將會在以下的章節裏詳加介紹。

　　根據「國際純粹與應用化學聯合會」（IUPAC）的規定，有下列數個動力學名詞必須了。

(i) Stoichiometric amount（化學計量數）：

反應物之消耗量或生成物之生成量，正好等於由化學反應式計算而得的量。

(ii) Stoichiometry（化學計量）：

研究化學反應內物質彼此間數量關係的化學。每個化學反應中，在反應物和生成物彼此間，無論是莫耳、體積、質量、甚至能量，都有其一定的數量關係。研究並了解這些關係之後，有助於我們處理加入化學反應及化學反應所產生之物質的量。

例如：CH_4 與 O_2 完全燃燒時，16 g 的 CH_4 需要 64 g 的 O_2，最後產生 44 g 的 CO_2 及 36 g 的 H_2O。

(iii) Extent of reaction（反應程度）：

描述整個化學反應的進行程度之變量。定義為：

$$\xi = \frac{n_i(t) - n_i(0)}{\nu_i} = \frac{物質\,i\,在\,t\,時間時與初態時的莫耳\,數之差}{化學式裏物質\,i\,的莫耳數值} \qquad (1.1)$$

在（1.1）式中，反應開始時（$t=0$），物質 i 之量寫為 $n_i(0)$；當反應時間為 t 時，物質 i 的量寫為 $n_i(t)$。這些 $n_i(0)$ 和 $n_i(t)$ 的單位是 mole（莫耳）。ν_i 為「化學計量數」，相當於化學反應式裏的莫耳數，又 ν_i 是無單位量。就反應物 ν_i 而言，取負值，表示減少；就生成物 ν_i 而言，取正值，表示增加。

由於 $n_i(0)$ 代表著初態時物質 i 的莫耳數，可視為常數，故將（1.1）式的兩邊微分，可得：

$$反應進行程度 = d\xi = \frac{dn_i(t)}{\nu_i} = \frac{物質\,i\,在\,t\,時間的莫耳數變化量}{化學式裏物質\,i\,的莫耳數值} \qquad (1.2)$$

(iv)消耗速率及生成速率：

$$反應物的消耗速率 = \frac{反應物的減少量}{時間} = -\frac{d\,[反應物]}{dt} \qquad (1.3a)$$

$$= (反應物之消耗速率常數) \times [反應物]^{\left(\begin{array}{c}化學式裏反\\應物的莫耳數\end{array}\right)} \dots \qquad (1.3b)$$

上式中，要注意：

（a）在動力學裏，"反應物的減少量"常用「濃度」表示，故寫成中括號形式，即 [反應物]。並用 "t" 代表 "時間"。

（b）（1.3a）式中帶有 "負號"，意指該 [反應物] 的量被 "消耗減少" 了。

若有一個化學反應式：$aA + bB + cC + \dots \longrightarrow xX + yY + zZ + \dots$

根據上述（1.3）式，可知：

反應物 A 的消耗速率：$r_A = -\dfrac{d[A]}{dt} = k_A\,[A]^a\,[B]^b\,[C]^c \cdots$

反應物 B 的消耗速率：$r_B = -\dfrac{d[B]}{dt} = k_B\,[A]^a\,[B]^b\,[C]^c \cdots$

反應物 C 的消耗速率：$r_C = -\dfrac{d[C]}{dt} = k_C\,[A]^a\,[B]^b\,[C]^c \cdots$

$$\vdots$$

$$生成物的生成速率 = \frac{生成物的增加量}{時間} = +\frac{d[生成物]}{dt} \quad (1.4a)$$

$$= (產物之生成速率常數) \times [反應物]^{\left(\begin{array}{c}化學式裏反\\應物的莫耳數\end{array}\right)} \cdots \quad (1.4b)$$

上式中，要注意：

（a）在動力學裏，〝生成物的增加量〞常用「濃度」表示，故寫成中括號形式，即[生成物]。並用〝t〞代表〝時間〞。

（b）（1.4a）式中帶有〝正號〞，意指該[生成物]的量〝增加〞了。

根據上述（1.4）式，可知：

生成物 X 的生成速率：$r_X = +\dfrac{d[X]}{dt} = k_X\,[A]^a\,[B]^b\,[C]^c \cdots$

生成物 Y 的生成速率：$r_Y = +\dfrac{d[Y]}{dt} = k_Y\,[A]^a\,[B]^b\,[C]^c \cdots$

生成物 Z 的生成速率：$r_Z = +\dfrac{d[Z]}{dt} = k_Z\,[A]^a\,[B]^b\,[C]^c \cdots$

$$\vdots$$

(v) Reaction rate（反應速率）：

「反應速率」可定義為：「反應程度」ξ 隨時間的變化率

將（1.2）式的二邊皆除以 dt，可得：

$$\frac{d\xi}{dt} = \frac{1}{\nu_i}\frac{dn_i}{dt} = \frac{1}{化學式裏分子i的莫耳數} \times \left(\begin{array}{c}分子i的量之消耗\\速率或生成速率\end{array}\right)$$

此外，我們定義「反應速率」r：

$$r = \frac{1}{V}\frac{d\xi}{dt} = \frac{1}{(\text{體積})} \cdot \frac{d(\text{反應程度})}{d(\text{時間})} = \frac{1}{V}\left(\frac{1}{\nu_i} \cdot \frac{dn_i}{dt}\right) = \frac{1}{\nu_i} \cdot \frac{d\left(\dfrac{n_i}{V}\right)}{dt} \qquad (1.5)$$

由（1.5）式的最右邊可知：當「反應速率」r 用〝反應物濃度〞表示時，則

反應速率 r

$$= \frac{1}{\text{化學式裏的反應物莫耳數}} \times (\text{反應物的消耗速率})$$

$$= \frac{1}{\text{化學式裏的反應物莫耳數}} \times \left(\frac{-d[\text{反應物}]}{dt}\right) \qquad \Longleftarrow (\text{代入（1.3a）式})$$

$$= \frac{1}{\text{化學式裏的反應物莫耳數}} \times \left(\begin{array}{c}\text{反應物之消}\\\text{耗速率常數}\end{array}\right) \times [\text{反應物}]^{\left(\begin{array}{c}\text{化學式裏反}\\\text{應物的莫耳數}\end{array}\right)} \cdots$$

$$\Big\Uparrow (\text{代入（1.3b）式})$$

$$= (\text{總反應速率常數 k}) \times [\text{反應物}]^{\left(\begin{array}{c}\text{化學式裏反}\\\text{應物的莫耳數}\end{array}\right)} \cdots\cdots \qquad (1.6)$$

例如：

$$r = \frac{1}{a} \times r_A = \frac{1}{a}\left(-\frac{d[A]}{dt}\right) = \frac{1}{a} \times k_A \times [A]^a [B]^b [C]^c \cdots$$

$$= \frac{1}{b} \times r_B = \frac{1}{b}\left(-\frac{d[B]}{dt}\right) = \frac{1}{b} \times k_B \times [A]^a [B]^b [C]^c \cdots$$

$$= \frac{1}{c} \times r_C = \frac{1}{c}\left(-\frac{d[C]}{dt}\right) = \frac{1}{c} \times k_C \times [A]^a [B]^b [C]^c \cdots$$

$$= k[A]^a [B]^b [C]^c \cdots$$

另一方面，由（1.5）式的最右邊可知，「反應速率」r 也可用〝生成物濃度〞表示如下：

反應速率 r

$$= \frac{1}{化學式裏的生成物莫耳數} \times (生成物的生成速率)$$

$$= \frac{1}{化學式裏的生成物莫耳數} \times \left(\frac{+d[生成物]}{dt} \right) \qquad \Longleftarrow （代入（1.4a）式）$$

$$= \frac{1}{化學式裏的生成物莫耳數} \times \left(\begin{matrix} 生成物之生 \\ 成速率常數 \end{matrix} \right) \times [反應物]^{\left(\begin{smallmatrix} 化學式裏反應 \\ 物的莫耳數 \end{smallmatrix} \right)} \cdots$$

$$\Big\uparrow \quad （代入（1.4b）式）$$

$$= (總反應速率常數 k) \times [反應物]^{\left(\begin{smallmatrix} 化學式裏反 \\ 應物的莫耳數 \end{smallmatrix} \right)} \cdots\cdots \qquad\qquad (1.7)$$

例如：

$$r = \frac{1}{x} \times r_X = \frac{1}{x} \left(+ \frac{d[X]}{dt} \right) = \frac{1}{x} \times k_X \times [A]^a [B]^b [C]^c \cdots$$

$$= \frac{1}{y} \times r_Y = \frac{1}{y} \left(+ \frac{d[Y]}{dt} \right) = \frac{1}{y} \times k_Y \times [A]^a [B]^b [C]^c \cdots$$

$$= \frac{1}{z} \times r_Z = \frac{1}{z} \left(+ \frac{d[Z]}{dt} \right) = \frac{1}{z} \times k_Z \times [A]^a [B]^b [C]^c \cdots = k[A]^a [B]^b [C]^c \cdots$$

於是，由（1.6）式及（1.7）式的例子裏，可得知：

$$總反應速率 (r) = \frac{某物質的反應速率\ (r_i)}{化學式裏某物質的莫耳數\ (i)} \qquad\qquad (1.8a)$$

$$總反應速率常數 (k) = \frac{某物質的反應速率常數\ (k_i)}{化學式裏某物質的莫耳數\ (i)} \qquad\qquad (1.8b)$$

例如：

$$r = \frac{r_A}{a} = \frac{r_B}{b} = \frac{r_C}{c} = \cdots = \frac{r_X}{x} = \frac{r_Y}{y} = \frac{r_Z}{z} = \cdots$$

$$k = \frac{k_A}{a} = \frac{k_B}{b} = \frac{k_C}{c} = \cdots = \frac{k_X}{x} = \frac{k_Y}{y} = \frac{k_Z}{z} = \cdots$$

▪ 例 1.1.1 ▪

反應：A＋2D ⟶ 3P 在等溫定容條件下進行，其反應速率對 A 及 D 均為 1 級反應，請寫出 r、r_A、r_D、r_P 的表示式，並求 k、k_A、k_D、k_p 間之關係。

：由（1.8a）式及配合題意，可得：$r = \dfrac{r_A}{1} = \dfrac{r_D}{2} = \dfrac{r_P}{3}$

由（1.8b）式及配合題意，可得：$k = \dfrac{k_A}{1} = \dfrac{k_D}{2} = \dfrac{k_P}{3}$

上述結果表明，物質 i 的 $|\nu_i|$ 不為 1 時，反應速率 r 與物質 i 的量（或體積一定時的濃度）之改變率會不一致，其 k 間的關係應為 $k = k_i / |\nu_i|$。因此，在涉及速率常數時必須指明是那一種，即是反應速率常數 k，還是物種 i 的消耗（或生成）反應速率常數 k_i。

▪ 例 1.1.2 ▪

某計量化學式為 A＋3B ⟶ 2D，分別用各物質的濃度隨時間的變化率表示反應物的消耗速率 r_A、r_B、與產物的生成速率 r_D，並說明 r_A、r_B、r_D 之間的關係。

：依據（1.3a）式，可得：消耗速率：$r_A = \dfrac{-d[A]}{dt}$，$r_B = \dfrac{-d[B]}{dt}$

依據（1.4a）式，可得：生成速率：$r_D = \dfrac{d[D]}{dt}$

根據（1.6）式及（1.7）式，則反應速率 $r = r_A = \dfrac{r_B}{3} = \dfrac{r_D}{2}$。

▪ 例 1.1.3 ▪

寫出下列基本反應的反應速率表示式（試用各種物質分別表示）。

（1）A＋B $\xrightarrow{k}$ 2P

（2）2A＋B $\xrightarrow{k}$ 2P

（3）A＋2B $\xrightarrow{k}$ P＋2S

（4）2Cl＋M $\xrightarrow{k}$ Cl_2＋M（M＝催化劑）

：因爲根據（1.6）式及（1.7）式之定義，可得：

（1）$r = -\dfrac{d[A]}{dt} = -\dfrac{d[B]}{dt} = \dfrac{1}{2} \cdot \dfrac{d[P]}{dt} = k[A][B]$。

（2）$r = -\dfrac{1}{2}\dfrac{d[A]}{dt} = -\dfrac{d[B]}{dt} = \dfrac{1}{2} \cdot \dfrac{d[P]}{dt} = k[A]^2[B]$。

（3）$r = -\dfrac{d[A]}{dt} = -\dfrac{1}{2}\dfrac{d[B]}{dt} = \dfrac{d[P]}{dt} = \dfrac{1}{2} \cdot \dfrac{d[S]}{dt} = k[A][B]^2$。

（4）$r = -\dfrac{1}{2}\dfrac{d[Cl]}{dt} = \dfrac{d[Cl_2]}{dt} = k[Cl]^2[M]$。

■ 例 1.1.4 ■

反應：$2O_3 \longrightarrow 3O_2$ 的速率方程式爲：

$$-\dfrac{d[O_3]}{dt} = k[O_3]^2[O_2]^{-1} \quad 或 \quad +\dfrac{d[O_2]}{dt} = k'[O_3]^2[O_2]^{-1}$$

則反應速率常數 k 和 k′ 的關係爲何？

（a）$2k = 3k'$　　　　（b）$k = k'$　　　　（c）$3k = 2k'$　　　　（d）$-3k = 2k'$

：（c）。因爲根據（1.6）式及（1.7）式，可知：

$$r = \dfrac{1}{2}\left(-\dfrac{d[O_3]}{dt}\right) = \dfrac{k}{2}[O_3]^2[O_2]^{-1} \tag{ㄅ}$$

$$且\, r = \dfrac{1}{3}\left(+\dfrac{d[O_2]}{dt}\right) = \dfrac{k'}{3}[O_3]^2[O_2]^{-1} \tag{ㄆ}$$

（ㄅ）式 ＝（ㄆ）式 ⇒ 二邊消去$[O_3]^2[O_2]^{-1}$，得：$\dfrac{1}{2}k = \dfrac{1}{3}k' \Rightarrow 3k = 2k'$。

■ 例 1.1.5 ■

基本反應 $2I + H_2 \longrightarrow 2HI$，試分別以消耗速率和生成速率表示反應的速率，寫出速率方程式並說明各反應速率常數間的關係。

：依據（1.3）式及（1.4）式，可知：$r_I = -\dfrac{d[I]}{dt} = k_I[I]^2[H_2]$，

$r_{H_2} = -\dfrac{d[H_2]}{dt} = k_{H_2}[I]^2[H_2]$，$r_{HI} = \dfrac{d[HI]}{dt} = k_{HI}[I]^2[H_2]$

根據（1.6）式及（1.7）式，則反應速率 $r = \dfrac{r_I}{2} = \dfrac{r_{H_2}}{1} = \dfrac{r_{HI}}{2}$

也就是說：$r = \dfrac{k_I[I]^2[H_2]}{2} = \dfrac{k_{H_2}[I]^2[H_2]}{1} = \dfrac{k_{HI}[I]^2[H_2]}{2}$

故各反應速率常數間的關係是：$\dfrac{k_I}{2} = k_{H_2} = \dfrac{k_{HI}}{2}$。

例 1.1.6

定容下的化學基本反應 $a\mathrm{A} + b\mathrm{B} \longrightarrow y\mathrm{Y} + z\mathrm{Z}$，各反應物的反應速率常數 k_A、k_B、k_Y 和 k_Z 之間的關係是？

：∵根據（1.8）式，可知：$\dfrac{k_A}{a} = \dfrac{k_B}{b} = \dfrac{k_Y}{y} = \dfrac{k_Z}{z}$。

例 1.1.7

781K 時，反應 $H_2 + I_2 \longrightarrow 2HI$ 的反應速率常數 $k_{HI} = 80.2\ dm^3 \cdot mole^{-1} \cdot min^{-1}$，求 k_{H_2}。

：因為根據（1.8）式，可知：$\dfrac{k_{H_2}}{1} = \dfrac{k_{I_2}}{1} = \dfrac{k_{HI}}{2} = \dfrac{80.2}{2} dm^3 \cdot mole^{-1} \cdot min^{-1}$

故 $k_{H_2} = 40.1\ dm^3 \cdot mole^{-1} \cdot min^{-1}$。

例 1.1.8

有如下簡單基本反應 $a\mathrm{A} + b\mathrm{B} \rightleftharpoons d\mathrm{D}$，已知 $a<b<d$，則反應速率常數 k_A、k_B、k_D 的關係為：

(a) $\dfrac{k_A}{a} < \dfrac{k_B}{b} < \dfrac{k_D}{d}$ 　　(b) $k_A < k_B < k_D$

(c) $k_A > k_B > k_D$ 　　(d) $\dfrac{k_A}{a} > \dfrac{k_B}{b} > \dfrac{k_D}{d}$

：（b）。∵根據（1.8）式，可知：$\dfrac{k_A}{a} = \dfrac{k_B}{b} = \dfrac{k_D}{d}$

又因爲已知 $a < b < d$，且反應速率常數必爲正數，故爲了使上面式子的等號成立，就必須 $k_A < k_B < k_D$。

例 1.1.9

「基本反應」體系 $aA + dD \longrightarrow gG$ 的反應速率表達式中，不正確的是：

（a）$-\dfrac{d[A]}{dt} = k_A[A]^a[D]^d$ 　　　　（b）$-\dfrac{d[D]}{dt} = k_D[A]^a[D]^d$

（c）$\dfrac{d[G]}{dt} = k_G[G]^g$ 　　　　（d）$\dfrac{d[G]}{dt} = k_G[A]^a[D]^d$

：（c）。正確寫法應寫成（d）形式。

例 1.1.10

「基本反應」$2A \xrightarrow{k_A} Y$，k_A 是與 A 的消耗速率相對應的反應速率常數，則

（a）$\dfrac{d[Y]}{dt} = k_A[A]^2$ 　　　　（b）$\dfrac{d[Y]}{dt} = 2k_A[A]^2$

（c）$\dfrac{d[Y]}{dt} = \dfrac{1}{2}k_A[A]^2$ 　　　　（d）$\dfrac{d[Y]}{dt} = \dfrac{1}{2}k_A[A]$

：（c）。∵參考（1.6）式及（1.7）式或（1.8）式。

例 1.1.11

基本反應 $2A \longrightarrow 3B$，則 $-\dfrac{d[A]}{dt}$ 和 $\dfrac{d[B]}{dt}$ 之間的關係是？

：$-\dfrac{1}{2} \cdot \dfrac{d[A]}{dt} = \dfrac{1}{3} \cdot \dfrac{d[B]}{dt}$。（∵參考（1.6）式及（1.7）式）

例 1.1.12

氣相反應：$C_4H_{8(g)} \longrightarrow 2C_2H_{4(s)}$ 在等溫等容封閉器內進行，其總壓 p 隨時間 t 而變。請找出 $(1/V)(d\xi/dt)$ 與 dp/dt 的關係。

：$(1/V)(d\xi/dt) = (RT)^{-1}(dp/dt)$

因爲依據（1.5）式及根據題意，可知：$\dfrac{1}{V}\left(\dfrac{d\xi}{dt}\right) = \dfrac{1}{1}\dfrac{d[C_4H_8]}{dt}$ 　　　　　（I）

又因 $pV = nRT \Rightarrow [C_4H_8] = \dfrac{n(C_4H_8)}{V} = \dfrac{p}{RT}$ 　　　　　（II）

將（II）式代入（I）式，則得：$\dfrac{1}{V}\left(\dfrac{d\xi}{dt}\right) = \dfrac{d}{dt}\cdot\left(\dfrac{p}{RT}\right) = \dfrac{1}{RT}\cdot\left(\dfrac{dp}{dt}\right)$

例 1.1.13

$T = 300°K$，$H_{2(g)} + Br_{2(g)} \longrightarrow 2HBr_{(g)}$，反應器體積固定 $V = 0.25\ dm^3$，實驗測得反應進行 0.01 s 時，$Br_{2(g)}$ 的量減少了 0.001 mole，試求：（1）轉化速率 $d\xi/dt$；（2）反應速率 r；（3）$r(H_2)$、$r(Br_2)$、$r(HBr)$ 及與 r 的關係；（4）能否用 $dp(總)/dt$ 測量反應速率？

：（1）利用（1.2b）式，則：

$$\dfrac{d\xi}{dt} = \dfrac{1}{\nu(Br_2)}\cdot\dfrac{dn(Br_2)}{dt} = -0.001\,\text{mole}/(-1\times0.01\text{s}) = 0.1\,\text{mole}\cdot s^{-1}$$

（2）$r = \dfrac{1}{V}\cdot\dfrac{d\xi}{dt} = 0.1\,\text{mole}\cdot s^{-1}/0.25\text{dm}^3 = 0.40\,\text{mole}\cdot\text{dm}^{-3}\cdot s^{-1}$

（3）$r(H_2) = -\dfrac{1}{V}\cdot\dfrac{dn(H_2)}{dt} = 0.40\,\text{mole}\cdot\text{dm}^{-3}\cdot s^{-1}$

　　　$r(HBr) = \dfrac{1}{V}\cdot\dfrac{d(HBr)}{dt} = 0.8\,\text{mole}\cdot\text{dm}^{-3}\cdot s^{-1}$

　　　$\therefore r = r(H_2) = r(Br_2)$，$r = r(HBr)/2$（即利用（1.8a）式）

（4）假設爲理想氣體時，則 $n_i = p_iV/RT \Rightarrow p(總) = RT\cdot\sum(n_i/V)$

$$H_2\quad+\quad Br_2\quad\longrightarrow\quad 2HBr$$

t = 0 時：　　　$n_0(H_2)$　　　$n_0(Br_2)$

$\underline{\qquad\qquad -)\qquad \xi\qquad\qquad \xi\qquad\qquad\qquad\qquad}$

t = t 時：　　$n_0(H_2)-\xi$　$n_0(Br_2)-\xi$　　　　2ξ

即當 t = 0 時，$n_0(H_2) = n_0(Br_2)$，$n_0(HBr) = 0$

當 t = t 時，$n_t(H_2) = n_0(H_2) - \xi$

$n_t(Br_2) = n_0(Br_2) - \xi$

$n_t(HBr) = 2\xi$

則 $p(總) = RT[n_t(H_2) + n_t(Br_2) + n_t(HBr)]/V$

$= RT[n_0(H_2) - \xi + n_0(Br_2) - \xi + 2\xi]/V = RT[n_0(H_2) + n_0(Br_2)]/V$

∵ $n(H_2)$ 和 $n_0(Br_2)$ 各分子之莫耳數初始值（即 $n(H_2)$ 和 $n_0(Br_2)$）是固定的。

$\Rightarrow$ ∴ $dp(總)/dt = 0$

即對於等量分子數的反應，當 T、V 固定時，不能用體系壓力的改變來測量反應速率。

■例 1.1.14■

基本反應：A＋2D ⟶ 3G 在 298°K 及 2dm³ 容器中進行，若某時刻反應程度隨時間變化率爲 0.3 mole·s⁻¹，則此時 G 的生成速率爲（單位：mole·dm⁻³·s⁻¹）：

(a) 0.15　　(b) 0.9　　(c) 0.45　　(d) 0.2

：（c）。 ∴ $r = \dfrac{1}{2}(0.3) = \dfrac{1}{3}\dfrac{d[G]}{dt} \Rightarrow \dfrac{d[G]}{dt} = 0.45\ mole \cdot dm^{-3} \cdot s^{-1}$

∴選（c）。

■例 1.1.15■

已知 r = 反應速率，t = 時間，ν_i = 某反應式裏物質 i 的計量數，n_i = 物質 i 之參與反應的莫耳數，V = 體積，c_i = 濃度，ξ = 反應程度，那麼下列選項裏何者是正確的？

(a) $r = \dfrac{dc_A}{dt}$　　(b) $r = \dfrac{1}{V}\dfrac{dn_A}{dt}$　　(c) $r = -\dfrac{1}{V}\dfrac{dn_A}{dt}$　　(d) $r = -\dfrac{1}{\nu_A V}\dfrac{dn_A}{dt}$

(e) $r = \dfrac{1}{\nu_A V}\dfrac{dn_A}{dt}$　(f) $r = \dfrac{1}{\nu_A}\dfrac{dc_A}{dt}$　　(g) $r = -\dfrac{1}{\nu_A}\dfrac{dc_A}{dt}$　　(h) $r = \dfrac{d\xi}{dt}$

：只有（e）最正確。

∵（a）只有 $\nu_A = 1$ 時，才算對。

（b）只有 $\nu_A = 1$ 時，才算對。

（c）只有 $\nu_A = -1$ 時，才算對。

（d）負號去掉。

（f）只有在定容條件時，才算對。

（g）同（d），且要在定容條件時，才算對。

（h）與〝反應速率〞之定義不符，見（1.2）式。

(vi)反應速率常數 (reaction rate constants)

　　在前面（1.8）式中，k 稱爲「總反應速率常數」。它的意義是：所有參加反應的物質皆處於單位濃度時的反應速率。因此，k 與反應物質的濃度無關，但 k 也不是一個絕對常數，它只取決於溫度、反應物的本性、溶劑和催化劑的種類等因素。k 值的大小可直接表現出反應進行的難易程度。因此 k 是重要的動力學物理量之一。同時，還應注意以下三點：

（1）k 與選擇何種反應物來表示反應速率方程式有關。對一般化學反應

$$aA \ + \ bB \longrightarrow xX \ + \ yY \qquad （基本反應）$$

有以下三種關係式：（配合（1.6）及、（1.7）式）

$$r = -\frac{1}{a}\frac{d[A]}{dt} = -\frac{1}{b}\frac{d[B]}{dt} = \frac{1}{x}\frac{d[X]}{dt} = \frac{1}{y}\frac{d[Y]}{dt} = k[A]^a\,[B]^b$$

和　$r = \dfrac{r_A}{a} = \dfrac{r_B}{b} = \dfrac{r_X}{x} = \dfrac{r_Y}{y}$ 和 $\dfrac{k_A}{a} = \dfrac{k_B}{b} = \dfrac{k_X}{x} = \dfrac{k_Y}{y} = k$ （總反應速率常數）

（2）k 是有單位的量，它隨反應速率式的不同形式而不同。也可以說：k 的單位隨「反應級數」不同而不同。

　　例如：$-\dfrac{d[A]}{dt} = k_A\,[A]^{\alpha}\,[B]^{\beta}$　的反應速率常數 k_A 的單位是：

$$k_A = \frac{-d[A]/dt}{[A]^{\alpha}\,[B]^{\beta}} = (濃度)^{1-\alpha-\beta}\,(時間)^{-1}。 \qquad (1\text{-}I)$$

若[B]濃度設爲定數（如：B 爲大量的水），則得：

$$-\frac{d[A]}{dt} = k'_A\,[A]^{\alpha} \ （k'_A = k_A \cdot [B]^{\beta}） \qquad (1\text{-}II)$$

於是此時 k'_A 的單位是：

$$k'_A = \frac{-d[A]/dt}{[A]^{\alpha}} = (濃度)^{1-\alpha}\,(時間)^{-1} \qquad (1\text{-}III)$$

（2）　當「反應級數」相同，且反應物的濃度亦相同時，則反應速率常數 k 值越大者，它的反應速率越快。

(vii) 反應級數 (reaction order)

（1）對於許多化學反應（通常是複雜反應），若寫成通式：

$$aA + bB + cC + \cdots \longrightarrow xX + yY + zZ + \cdots$$

其反應速率方程式具有下面的形式：

$$r（反應速率）= k[A]^{\alpha}[B]^{\beta}[C]^{\gamma}\cdots \qquad (1\text{-}IV)$$

其中 k 為反應速率常數。[A]、[B]、[C]分別為參與反應的物質 A、B、C 之濃度。α、β、γ...為各濃度項的相對應指數，也稱為反應對於各物質 A、B、C...等的「反應級數」，其中指數 α、β、γ....與係數 a、b、c....無關。這些指數之和稱為反應的「總反應級數」，用符號 n 表示，則 $n = \alpha + \beta + \gamma + \cdots\cdots$。

總反應級數 n 值可經由實驗測得，很少是由理論推導而得，就算是有，也需要用實驗驗證。

例如：反應 $2NO + O_2 \longrightarrow 2NO_2$。

經實驗確定其反應速率方程式為：$-\dfrac{d[NO]}{dt} = k_A[NO]^2[O_2]$，對 NO 是「2 級反應」，對 O_2 是「1 級反應」，反應總級數為「3 級反應」。

（2）「反應級數」不僅可以是簡單正整數，還可以是分數，負數和零等數值。

例 1：$H_2 + Cl_2 \longrightarrow 2HCl$ 的合成反應，

經實驗測定其反應速率方程式為 $-\dfrac{d[H_2]}{dt} = k[H_2]^1[Cl_2]^{1/2}$，可知：

對 H_2 是「1 級反應」，對 Cl_2 是「0.5 級反應」，反應總級數「1.5 級反應」。

例 2：NH_3 在鎢絲（W）上分解成反應：

$$2NH_3 \xrightarrow[\Delta]{W} N_2 + 3H_2$$

反應速率方程式為 $-\dfrac{d[NH_3]}{dt} = k$。亦即上述反應的「反應速率」與反應物濃度（NH_3 的分壓）無關，是屬於「零級反應」。

例 3：NH_3 在鐵催化劑上的分解反應，實驗證明其反應速率方程式為

$-\dfrac{d[NH_3]}{dt} = k\dfrac{[NH_3]^1}{[H_2]^{3/2}}$。可知其反應級數為「$-0.5$ 級反應」。

這說明生成物 H_2 對 NH_3 分解有〝抑制〞的作用。

───────────────────────────────

（3）有的反應之反應速率方程式及反應物濃度間的關係不具備 r(反應速率)$= k \cdot [A]^{\alpha}[B]^{\beta}[C]^{\gamma}$ 的形式，因而也就沒有「反應級數」可言。

───────────────────────────────

例如：$H_2 + Br_2 \longrightarrow 2HBr$，經實驗確定其反應速率方程式如下所示：

$\dfrac{d[HBr]}{dt} = \dfrac{k[H_2][Br_2]^{1/2}}{1 + k'[HBr]/[Br_2]}$。這樣的反應速率方程式就無法去考慮它的

「反應級數」。

───────────────────────────────

(viii) 基本反應和複雜反應

1.基本反應 (elementary reactions)

一般化學反應的計量式只能表示反應的始、末狀態，而不能表達出反應所經歷的具體過程。從〝微觀〞角度而言，一個化學反應往往要經過若干個簡單的反應步驟，反應物分子才能轉變成最後的產物分子。這其中的每一個簡單反應步驟（即不能再被拆解的反應步驟）就稱之為「基本反應」。也就是說：我們將反應過程中所經歷的每一中間步驟稱為「基本反應」；也就是指分子、原子、離子或自由基之間直接碰撞一步所實現的反應。

「基本反應」是組成一切化學反應的基礎。化學上常說的「反應機構」，一般是指〝該反應是由那些「基本反應」所組成的〞。

───────────────────────────────

【例1】：對於 $H_2 + Cl_2 \longrightarrow 2HCl$ 反應，中間經歷：

$$Cl_2 + M \xrightarrow{\ k_1\ } 2Cl\cdot + M$$

$$Cl\cdot + H_2 \xrightarrow{\ k_2\ } HCl + H\cdot$$

$$H\cdot + Cl_2 \xrightarrow{\ k_3\ } HCl + Cl\cdot$$

$$Cl\cdot \;+\; Cl\cdot \;+\; M \;\xrightarrow{\;k_4\;}\; Cl_2 \;+\; M$$

此反應是經由四步才完成的。

————————————————————————————

以上面【例 1】反應爲例，對「基本反應」而言，我們可以寫出其反應速率方程式爲：

$$\frac{d[Cl\cdot]}{dt} = k_1 [Cl_2]^1 [M]^1$$

$$\frac{d[HCl]}{dt} = k_2 [Cl\cdot]^1 [H_2]^1$$

$$\frac{d[HCl]}{dt} = k_3 [Cl_2]^1 [H\cdot]^1$$

$$\frac{d[Cl_2]}{dt} = k_4 [Cl\cdot]^2 [M]^1$$

假如化學反應只有一個「基本反應」，即一步完成的反應，就叫做「簡單反應」。

假如化學反應包括兩個或更多個「基本反應」，這樣的反應稱爲「複雜反應」。如先前所介紹的 HCl 和 HI 之合成反應。

成爲「基本反應」的必備條件：
（Ｉ）「基本反應」的參與反應分子數只能 1 個或 2 個或 3 個。絕不能超過 4 個或 4 個以上。
（Ⅱ）根據〝微觀可逆性〞之基本原理，任何「基本反應」的「正向反應」及「逆向反應」也都必須是「基本反應」。

【例 2】：試從相關原理出發，說明下列反應是否可能是基本反應：
（a）$C_5H_{12} + 8O_2 \longrightarrow 5CO_2 + 6H_2O$
（b）$2NH_3 \longrightarrow N_2 + 3H_2$
（c）$Pb(C_2H_5)_4 \longrightarrow Pb + 4C_2H_5$

【說明】：因爲由〝微觀可逆性原理〞可知：若正反應是「基本反應」，則逆反應也必然是「基本反應」。
（1）超過三個分子的反應不可能一步完成，故（a）不是「基本反應」。
（2）反應（b）和（c）的逆反應分別是四分子和五分子反應，所以不可能是「基本反應」，進而可推知（b）和（c）皆不可能是「基本反應」。

- -

2.「基本反應」與「複雜反應」之比較

〈I〉 基本反應 (elementary reactions)：

（1）「反應分子數」必與化學反應式的莫耳數一致。

（2）「反應級數」與「反應分子數」一般是等同的。但是當反應組成中有物質大量過剩時，會使「反應級數」發生改變。例如：前面所提到的（1-II）式的反應，由於[B]的濃度保持大量過剩，因此[B]的濃度可近似地視為常數，合併在反應速率常數中。

（3）「反應分子數」只能是正整數，如：1、2、3。

〈II〉 複雜反應 (complicated reactions)：

（1）不能根據反應的計量方程式來確定總反應之「反應級數」及「反應分子數」。只有「基本反應」才能確定「反應分子數」。

（2）「反應級數」可以是零、簡單正、負整數與分數，有的反應甚至無級數而言。

(viiii) 反應分子數 (molecularity)：

　　「反應分子數」是指「基本反應」中參加反應的粒子數（包括分子、原子、離子、自由基等），即反應式的莫耳數。按照「反應分子數」，化學反應可分為「單分子反應」、「雙分子反應」和「三分子反應」。

　　這裡必須注意的是，「反應分子數」和「反應級數」是兩個不同的概念。

◎　「反應分子數」就其應用範疇來說：是在研究「基本反應」的反應機構，應該說：它是微觀上的理論數值。而「反應級數」是從總反應出發所引進的一個參數，它是巨觀上的實驗數值。

　　如果有「反應級數」存在的話，其數值不僅可能為正整數（如：1、2、3），還可能是分數、負數和零。而對任何一個化學反應來說：「反應分子數」總是存在的，並且必為正整數，只能是 1 或 2 或 3，絕不會有分數或負數的出現。

◎　同時，我們也可注意到：在「簡單反應」中，「反應分子數」和「反應級數」是相同的。

　　像是：「單分子反應」也是「1 級反應」，「雙分子反應」也是「2 級反應」。在個別情況下，有的「雙分子反應」也可能為「1 級反應」。

◎　在「複雜反應」中，「反應級數」與「反應分子數」是不相同的。

例如：$H_2 + I_2 = 2HI$ 是「2 級反應」，但不是「雙分子反應」（過去相當長時間人們認為它是「雙分子反應」），因為它的「反應機構」裏，包括以下的「單分子反應」

$$I_2 \rightleftharpoons 2I \cdot \text{（快）}$$

從前面第（vii）節裏的（1-IV）式中可看出，由於反應級數 α、β…位於各物質濃度項中的指數位置上，所以 α、β…的大小對反應速率的影響比起各物質濃度[A]、[B]…本身對反應速率的影響大得多，因此研究濃度對反應速率的影響時，主要集中在研究「反應級數」的大小對反應速率的影響，同時，在動力學研究中，確定了「反應級數」，就可以確定反應速率方程式，而反應速率方程式又是確定「反應機構」及設計化學工程之合理反應器的重要依據。所以確定「反應級數」是「化學動力學」研究中的一個重要任務。為此，有必要弄清楚「反應級數」的以下幾個重要特徵，它被歸納為〝八個不一定〞。

（1）「反應級數」不一定與計量方程式中的各反應物計量係數相吻合。

例如：對於下列反應：

（1）$2NO_2 \longrightarrow 2NO + O_2$　　　　　　　　　　　　　　　　　（ㄅ）

　　　$r = k[NO_2]^2$，反應級數 α = 2

（2）$CH_3CHO \longrightarrow CH_4 + CO$　　　　　　　　　　　　　　　（ㄆ）

　　　$R = k[CH_3CHO]^{3/2}$，反應級數 $\alpha = \dfrac{3}{2}$

在（ㄅ）式中，「反應級數」和相對應的反應物的計量係數是相吻合的，而

在（ㄆ）式中，CH_3CHO 的計量係數是 1，而「反應級數」卻是 $\dfrac{3}{2}$，是不

相吻合的。

◎ 一般所寫的化學反應計量方程式，只注意計量式兩邊的莫耳數平衡，代表反應的總結果。

◎ 從「熱力學」角度來看，各反應物前的計量係數任意乘（或除）倍數是不會改變其平衡性質的。

◎ 而從「動力學」角度來看，要考慮反應的各個中間步驟，其中有快有慢，有時最慢一步的反應速率決定了整個反應的反應速率，因此用總反應式所寫出

的反應速率方程式，並不能眞正代表總反應之其中最慢一步的反應速率。正因如此，在「動力學」研究中，反應式不能任意寫，係數也不可以任意乘以（或除以）倍數。

◎ 一般來說，「基本反應」的「反應級數」可和計量係數相吻合，而「複雜反應」則不一定相吻合。

（2）「反應級數」不一定等於「反應分子數」。

◎ 「反應級數」與「反應分子數」是兩個不同的概念。

◎ 「反應級數」是由「動力學」實驗得出的一個經驗量，是在巨觀上從「複雜反應」出發引進的一個「動力學」參數，它表示複雜反應的反應速率對濃度的依賴關係。

◎ 而「反應分子數」是指參加每一「基本反應」的參與粒子（分子、原子、自由基或離子）的數目，是從微觀角度，來說明各種反應粒子在經過一次碰撞後，發生化學反應過程中所需的最少粒子數目。

◎ 「反應分子數」可能採取的數值是不大於 3 的正整數。當其值爲 1, 2, 3 時，分別稱爲「單分子反應」，「雙分子反應」，「三分子反應」。最常見的是「雙分子反應」，「單分子反應」次之，「三分子反應」極少，高於三分子的反應尚未被發現。

（3）「反應級數」不一定是最簡單的正整數，它可以是零、分數或負數。

◎ 對「反應分子數」來說，在一個特定的「基本反應」中，必須至少要有兩個分子參與碰撞，它不可能是零、分數或負數。

◎ 對「反應級數」而言，它是通過動力學實驗測定出來的，是實驗化學反應之速率與濃度關係的反映。而反應常常是複雜的，一般的化學反應方程式不一定眞正表達出該反應的中間過程，反應過程中最慢一步的濃度關係卻常常在「反應級數」中起決定性作用，故「反應級數」可以是正整數、零、分數或負數。

◎ 一般來說，「基本反應」的「反應級數」一定是正整數，而「複雜反應」的「反應級數」不一定是正整數，必須做實驗才能確定。

（4）「反應級數」不一定等於最慢一步反應的分子（原子、自由基或離子）數。

◎ 對於任何一個化學反應而言，總反應速率取決於中間過程裏最慢步驟的反應速率（所以，我們稱此最慢反應步驟爲「速率決定步驟」，rate determining step），但「反應級數」不一定等於最慢步驟的「反應分子（原子、自由基或離子）數」。相關例子可詳見第五章。

（5）「反應級數」不一定明確地表現在動力學反應速率方程式中。

◎ 也就是說，不一定所有的化學反應都是有級數的反應，但「反應分子數」必定存在。

例如：HBr 的氣相反應 $H_2 + Br_2 \longrightarrow 2HBr$，其動力學速率方程式爲：

$$\frac{d[HBr]}{dt} = \frac{k[H_2][Br_2]^{1/2}}{1 + k'\dfrac{[HBr]}{[Br_2]}} \tag{1-V}$$

對 H_2、Br_2 及 HBr 而言，我們無法明確說出是幾級反應，故此反應可稱爲〝無級數反應〞。若將（1-V）式整理成：

$$\frac{d[HBr]}{dt} = \frac{k[H_2][Br_2]^{3/2}}{[Br_2] + k'[HBr]} \tag{1-VI}$$

當 $k'[HBr] \gg [Br_2]$ 時，則（1-VI）式可改寫成：

$$\frac{d[HBr]}{dt} = \frac{k}{k'}[H_2][Br_2]^{3/2}[HBr]^{-1} \tag{1-VII}$$

當 $k'[HBr] \ll [Br_2]$ 時，則（1-VI）式可改寫成：

$$\frac{d[HBr]}{dt} = k[H_2][Br_2]^{1/2} \tag{1-VIII}$$

如此一來，就有明確的「反應級數」關係。

◎ 一般而言，〝無反應級數〞的反應往往就是「複雜反應」，其反應過程大多包括許許多多的步驟，從反應速率表示式（如：（1-V）式）很難推導出其眞正的「反應機構」。

（**6**）「反應級數」不一定顯示在濃度項中，有時可能隱含在反應速率常數 **k** 中。

例如：蔗糖在酸催化下的水解反應：

$$C_{12}H_{22}O_{11}(\text{蔗糖}) + H_2O \xrightarrow{H_3O^+} C_6H_{12}O_6(\text{葡萄糖}) + C_6H_{12}O_6(\text{果糖})$$

反應速率方程式為：

$$-\frac{d[C_{12}H_{22}O_{11}]}{dt} = k''[C_{12}H_{22}O_{11}][H_3O^+][H_2O] \qquad (\text{1-VIIII})$$

$C_{12}H_{22}O_{11}$、H_3O^+、H_2O 的「反應級數」均為 1，但 H_3O^+ 是催化劑，H_2O 是溶劑，在反應過程中，它們的濃度可視為不變，而合併到速率常數 k'' 裏，故（1-VIIII）式可改寫為：

$$-\frac{d[C_{12}H_{22}O_{11}]}{dt} = k[C_{12}H_{22}O_{11}] \qquad (\text{1-X})$$

式中 $k = k''[H_3O^+][H_2O]$。反之，如果該反應在其它某些惰性溶劑中進行，H_2O 做為反應物存在時，則（1-VIIII）式可寫成：

$$-\frac{d[C_{12}H_{22}O_{11}]}{dt} = k'[C_{12}H_{22}O_{11}][H_2O] \qquad (\text{1-XI})$$

式中 $k' = k''[H_3O^+]$。

（**7**）「反應級數」簡單，它的「反應機構」並不一定簡單。

例如：反應 $C_2H_6 \longrightarrow C_2H_4 + H_2$，其動力學速率方程式為：

$$\frac{-d[C_2H_6]}{dt} = k[C_2H_6]$$

反應級數為 1，但該反應卻具有以下複雜的「反應機構」：

（a）　$C_2H_6 + M \longrightarrow 2\,CH_3 \cdot + M$

（b）　$CH_3 \cdot + C_2H_6 \longrightarrow CH_4 + C_2H_5 \cdot$

（c）　$C_2H_5 \cdot \longrightarrow C_2H_4 + H \cdot$

（d）　$H \cdot + C_2H_6 \longrightarrow H_2 + C_2H_5 \cdot$

（e）　$H \cdot + C_2H_5 \cdot + M \longrightarrow C_2H_6 + M$

一般來說，「反應級數」簡單，並不代表它的「反應機構」也一定簡單；但「反應機構」簡單，則它的「反應級數」通常也會簡單。

（8）「反應級數」只是一種級數關係，不一定只有一種可供解釋的「反應機構」。

例如：對於反應：

$$2NO + O_2 \longrightarrow 2NO_2$$

其動力學實驗速率方程式為：

$$-\frac{d[NO]}{dt} = k[NO]^2[O_2]$$

根據這一反應速率方程式，我們可以合理的擬出以下三種「反應機構」：

（a）$NO + NO + O_2 \longrightarrow 2NO_2$

（b）$2NO \rightleftharpoons N_2O_2$（快）

$N_2O_2 + O_2 \longrightarrow 2NO_2$（慢）

（c）$NO + O_2 \rightleftharpoons NO_3$（快）

$NO_3 + NO \longrightarrow 2NO_2$（慢）

上述三種「反應機構」都可以推導出原先的動力學實驗速率方程式，但到底那一種「反應機構」是最正確的，還必須經過多次實驗的驗證才能確定。

(vii)「質量作用定律」與平衡常數表達式

「質量作用定律」（law of mass reaction）提出於19世紀中葉，也因為在研究此定律的過程中，提出了反應速率的概念。特別是挪威化學家 C. M. Guldberg 和 P. Waage 於1860年代，他們歸納出「質量作用定律」，提出了反應速率方程式。對於

$$\alpha A + \beta B \longrightarrow \varepsilon E + \psi f$$

的反應，其反應速率(r)為：

$$r = k[A]^{\alpha}[B]^{\beta}$$

當時所謂的〝質量〞，就是現在我們所說的〝物質的數量〞，把〝單位體積內反應物的分子數〞稱為〝有效質量〞，這正是現在所說的「濃度」。

根據「質量作用定律」，只要寫出化學計量式，便可列出反應速率方程式。直到更進一步研究之後，才開始發現到，這樣做並不是對所有反應都適用，甚至可以說多數反應不是如此，這說明了該規律有其局限性。經過後人根據分子運動論等基本原理所進行的化學動力學研究表示：

〝「質量作用定律」只適用於「基本反應」。〞

例如：對於簡單反應（一步實現的反應或只含一個基本步驟的反應）

$$\alpha A + \beta B + \gamma C \longrightarrow P$$

依「質量作用定律」可得其反應速率為：

$$r = k[A]^{\alpha}[B]^{\beta}[c]^{\gamma}$$

也就是說：在一定溫度下，「基本反應」的反應速率與各反應物的瞬間濃度之冪乘積成正比，其中各濃度的指數為反應式中各物質的「化學計量數」（即莫耳數）。此規律就稱為「質量作用定律」。

其中計量數 α、β、γ 可分別為 0、1、2、3。但 α、β、γ 之和只能小於或等於 3。因為〝基本反應的反應級數等於其反應的分子數〞。

對「複雜反應」而言，「質量作用定律」只適用於其中的「基本反應」，

例如：對 $Cl_2 + H_2 \longrightarrow 2HCl$ 而言：$r \neq k[Cl_2][H_2]$

　　　但是「質量作用定律」可適用於其中任一「基本反應」步驟，

　　　如：$Cl + H_2 \longrightarrow HCl + H$，$r = k[Cl][H_2]$

　　　因此，對「非基本反應」者不能根據計量方程式的莫耳數直接寫出該反應速率方程式，也就是說：「質量作用定律」不適用於「複雜反應」，「複雜反應」的反應速率規律應當由實驗得出。

　　　為了加深對「質量作用定律」的理解和運用，在此列舉幾個例子如下。

─────────────────────────────────

【1】：溶液中反應：

　　　$6FeSO_4 + KClO_3 + 3H_2SO_4 \longrightarrow 3Fe_2(SO_4)_3 + KCl + 3H_2O$

　　　於 1878 年就發現它遵循的反應速率式是：

$$r = k[FeSO_4][KClO_3]$$

　　　根據反應級數的概念，這是個「2 級反應」。但若依「質量作用定律」，就應該是「10 級反應」。說明該反應是個「複雜反應」。

─────────────────────────────────

【2】：反應：$2NO_{(g)} + O_{2\,(g)} \longrightarrow 2NO_{2\,(g)}$

　　　實驗發現其總級數為 3，是個「3 級反應」。其所遵循的反應速率規律為：

$$r = \frac{d[NO_2]}{dt} = k[NO]^2[O_2]$$

　　　這恰與「質量作用定律」相符，但這並不能說明該反應必然是「基本反應」。

─────────────────────────────────

【3】：反應：$2SO_{2\ (g)} + O_{2\ (g)} \xrightarrow{\text{Pt}} 2SO_{3\ (g)}$

　　與【2】中的反應之「化學計量數」完全相同，但實驗發現其反應速率式為：

$$r = \frac{d[SO_3]}{dt} = k[SO_2][SO_3]^{-\frac{1}{2}}$$

　　與【2】反應速率方程式就大不一樣。$[SO_2]$不是二次方，且反應速率方程式中

不出現$[O_2]$項，反而出現$[SO_3]^{-\frac{1}{2}}$。這暗示著該反應的「反應機構」一定比較

複雜。

運用「質量作用定律」時，必須注意的二點：

（1）「質量作用定律」強調著：反應速率 r 與反應物的瞬間濃度之冪乘積的關係。這
　　　裡強調的是：反應物的濃度，而不是產物的濃度。如：

$$Cl_2 \longrightarrow 2Cl$$
$$r = k[Cl_2]$$

　　而不能寫成 $r = k[Cl]^2$

（2）「質量作用定律」只適用於「基本反應」或「非基本反應」中的步驟，
　　　例如：對反應

$$CH_2 = CH - CH = CH4 + CH_2 = CH_2 \longrightarrow$$

　　這是「基本反應」，其反應速率可直接依「質量作用定律」寫為：

$$r = k[丁二烯] \cdot [乙烯]$$

　　「質量作用定律」只適用於「基本反應」，但不一定適用於總反應。由「質
量作用定律」去導出平衡常數表達式，若不去考慮「基本反應」，也可得到正確
的結果。這是否有矛盾呢？

　　關於這一點，我們從兩方面去看。首先，「質量作用定律」中所表示的濃度是〝瞬間濃度〞，是「變量」；同樣它所表示的速率也是〝瞬間速率〞，也是「變量」。但在平衡常數表達式中的濃度是〝平衡濃度〞，是不隨時間變化的確定值；同樣在平衡時，〝正反應速率〞和〝逆反應速率〞也是不隨時間變化的確定值，並且這二者相等。另一方面，體系正處於平衡狀態，這說明組成複雜反應的各「基本反應」也處於平衡狀態，正是在這一特定條件下，才不用去考慮「基本反應」這一限制條件。我們可以從以下的推導式中看出，從動力學的「質量作用定律」出發，經由達到平衡時的「基本反應」，也同樣可以導出平衡常數的表達式。

　　設有一反應：$2A + B \rightleftharpoons A_2B$

　　是由「基本反應」：

$$A + B \underset{k_{-1}}{\overset{k_1}{\rightleftharpoons}} AB$$

和

$$A + AB \underset{k_{-2}}{\overset{k_2}{\rightleftharpoons}} A_2B$$

所組成的。

　　各步反應速率的「質量作用定律」表達式為：

$$r_1 = k_1[A][B] \qquad r_{-1} = k_{-1}[AB]$$
$$r_2 = k_2[A][B] \qquad r_{-2} = k_{-2}[A_2B]$$

當達到平衡狀態時，各「基本反應」也達到平衡，故有：

$$r_1 = r_{-1} \qquad r_2 = r_{-2}$$

則

$$k_1[A][B] = k_{-1}[AB] \tag{ㄅ}$$
$$k_2[A][AB] = k_{-2}[A_2B] \tag{ㄆ}$$

將（ㄅ）與（ㄆ）兩式左右兩邊相乘，得：

$$k_1k_2[A]^2[B] = k_{-1}k_{-2}[A_2B]$$

移項後得到：

$$\frac{[A_2B]}{[A]^2[B]} = \frac{k_1k_2}{k_{-1}k_{-2}} = K = \frac{k_{正向}}{k_{逆向}} \tag{1.9}$$

　　必須指出的是：在這裡已知是平衡狀態，如果沒有這個條件，上述的推導也就沒有意義了。因此，對於平衡常數中各濃度項的指數相當於化學計量方程式中的莫耳係數，這並不和〝「質量作用定律」只適用於「基本反應」〞的說法相違背。為了區別起見，也有人稱平衡常數表達式的這種形式為化學平衡的「質量作用定律」，也是有一定道理的。

　　嚴格來說，在學完熱力學之後，平衡常數表達式之最基本的推導方法，還應當是從「化學位能」（chemical potential）的概念出發，才是最正確的。

◢ 例 1.2.1 ◣

等溫時有一化學反應 $aA+bB \longrightarrow mM+nN$，若根據此反應式將其反應速率方程式表示為 $-\dfrac{d[B]}{dt}=k_B[A]^a[B]^b$，什麼情況下是正確的，什麼情況下不一定正確？

：若該反應是「基本反應」（elementry reaction），則按「質量作用定律」，此反應速率方程式是正確的。若非「基本反應」，a、b 值要由實驗確定，一般不等於計量化學式中各物質的計量數，所以上述的反應速率方程式表達法不一定正確。

◢ 例 1.2.2 ◣

反應速率常數 k_A 與反應物 A 的濃度有關。（是非題）

：（×）。k_A 的意義是反應物 A 處於單位濃度時的反應速率，k_A 與反應的 A 濃度無關，k_A 只與反應物 A 的本性、溫度、溶劑、催化劑有關。

◢ 例 1.2.3 ◣

反應級數不可能為負值。（是非題）

：（×）。∵「反應級數」不一定是最簡單的正整數，它可以是零、分數或負數。

◢ 例 1.2.4 ◣

「1 級反應」肯定是單分子反應。（是非題）

：（×）。單分子反應一定是「1 級反應」，但「1 級反應」不一定是單分子反應。

◢ 例 1.2.5 ◣

「基本反應」：$H+Cl_2 \longrightarrow HCl+Cl$ 的反應分子數是
　(a) 單分子反應　　(b) 雙分子反應　　(c) 三分子反應　　(d) 四分子反應

：（b）。∵「反應分子數」是指「基本反應」中參加反應的粒子數。

◢ 例 1.2.6 ◣

化學反應的反應級數是不是一定是正整數？為什麼？

：不一定是正整數。因為「反應級數」是反應速率方程式中濃度項的冪指數之總和，可以為正數、負數、整數或分數。

例 1.2.7

如何區分「反應級數」和「反應分子數」兩個不同概念？「2 級反應」一定是雙分子反應嗎？雙分子反應一定是「2 級反應」？你如何正確解釋二者的關係？

：「反應級數」是指〝反應速率方程式中濃度項的冪指數之和〞，而「反應分子數」是指〝「基本反應」中參與反應的反應物分子數〞，這是兩個不同的概念。例如：「2 級反應」不一定是雙分子反應，而雙分子反應一定是「2 級反應」。根據「質量作用定律」，單分子反應一定是「1 級反應」，雙分子反應一定是「2 級反應」，...。反之，僅從反應速率方程式中濃度項的冪指數是無法確定「反應機構」，更無法確定該反應是否為「基本反應」，所以不能肯定「1 級反應」就是單分子反應，「2 級反應」就是雙分子反應...。

例 1.2.8

「質量作用定律」適用於總反應嗎？

：「質量作用定律」不適用於總反應。但若總反應的「反應機構」已知，則適用「反應機構」中的每一個「基本反應」。

例 1.2.9

為什麼說總反應級數為零的反應一定不是「基本反應」？

：總反應級數為零的反應，其反應速率方程式中的濃度項一定包含著一種以上的反應物，其反應速率方程式中濃度項的冪指數會有正數、負數、分數或零等可能。尤其「反應級數」在出現負數、分數或零時，則總反應肯定不是一步進行的反應，因為根據「質量作用定律」，「基本反應」的分子數只能是 1、2、3。

例 1.2.10

若反應實際是由 A 一步生成 B，是否可能使 B 經中間產物 C 逆向回到 A？

：不可能。根據〝微觀可逆性原理〞，當正反應是「基本反應」時，逆反應也一定是「基本反應」。

例 1.2.11

在同一反應中各物質的變化速率相同。(是非題)

：（×）。 ∵ 同一化學反應各物質變化速率比等於計量常數比。

例如：$aA+bB \longrightarrow cC+dD$ $\quad r = \dfrac{1}{a}r_A = \dfrac{1}{b}r_B = \dfrac{1}{c}r_C = \dfrac{1}{d}r_D$

例 1.2.12

若化學反應由一系列「基本反應」組成，則該反應的反應速率是各「基本反應」速率的代數和。（是非題）

：（×）。∵ 總反應速率與其它反應速率的關係與「反應機構」有關。

例 1.2.13

單分子反應一定是「基本反應」。（是非題）

：（○）。 ∵ 只有「基本反應」才有反應分子數。

例 1.2.14

雙分子反應一定是「基本反應」。（是非題）

：（○）。 ∵ 只有「基本反應」才有反應分子數。

例 1.2.15

一個化學反應的反應級數越大，其反應速率也越大。

：（×）。「反應級數」是表示反應物濃度與反應速率的關係，「反應級數」越大，表示
反應物濃度對反應速率的影響越顯著。

例 1.2.16

若反應 $A+B \longrightarrow Y+Z$ 的反應速率方程式為：$r = k[A][B]$，則該反應是「2 級反應」，
且肯定不是雙分子反應。（是非題）

：（×）。不一定是「雙分子反應」。∵若該反應是「基本反應」，則此反應是「雙分子
反應」；若是「複雜反應」，則此反應不是「雙分子反應」。

例 1.2.17

反應 $N_{2(g)} + 3H_{2(g)} \longrightarrow 2NH_{3(g)}$，當 $t = 0$ 時，$p_{NH_3} = 0$，若反應速率以總壓表示

為 $\dfrac{dp}{dt}$，則以 N_2 壓力的壓力變化表示之反應速率式為：

：設若 N_2 和 H_2 的原壓力各為 a，則

$$N_{2(g)} + 3H_{2(g)} \longrightarrow 2NH_{3(g)}$$

$$\begin{array}{ccc} a & a & \\ -)\ x & 3x & \\ \hline a-x & a-3x & 2x \end{array}$$

$$\therefore p(總) = (a-x) + (a-3x) + 2x = 2a - 2x \implies x = \frac{2a - p(總)}{2}$$

又 $\dfrac{dp_{N_2}}{dt} = \dfrac{d(a-x)}{dt} = -\dfrac{dx}{dt} = -\dfrac{d\left[\dfrac{2a - p(總)}{2}\right]}{dt} = -\dfrac{1}{2} \cdot \dfrac{dp(總)}{dt}$

$$\therefore \frac{dp_{N_2}}{dt} = -\frac{1}{2} \cdot \frac{dp}{dt}$$

例 1.2.18

下列說法是否正確：（是非題）

（1）$H_2 + I_2 \longrightarrow 2HI$ 是 2 分子反應。

（2）單分子反應都是「1 級反應」，雙分子反應都是「2 級反應」。

（3）反應級數是整數的為簡單反應。

（4）反應級數是分數的為複雜反應。

：（1）（×）。∵雙分子反應是指「基本反應」而言，而此反應不一定是「基本反應」。

（2）（○）。只有「基本反應」才會有反應分子數。根據「質量作用定律」，一般來說，反應分子數會與反應級數相等。

（3）（×）。∵簡單反應的反應級數一定是正整數；複雜反應的反應級數可能是正整數、負數、分數。

（4）（○）。根據「質量作用定律」，「基本反應」的分子數只有 1, 2, 3，所以，當反應級數出現分數時，必為「複雜反應」。

例 1.2.19

氫與碘反應計量方程式為：$H_{2(g)} + I_{2(g)} \longrightarrow 2HI_{(g)}$，反應速率方程式為：$r = k[H_2][I_2]$，該反應為：

（a）雙分子反應　　（b）2 級反應　　　　（c）「基本反應」或簡單反應

（d）無反應級數　　（e）是「複雜反應」

：（b、e）

◢例 1.2.20 ◣

關於反應級數，說法正確的是：

（a）只有「基本反應」的反應級數是正整數。

（b）反應級數不會小於零。

（c）催化劑不會改變反應級數。

（d）反應級數都可以通過實驗確定。

：（d）。

∵（a）「複雜反應」的反應級數可能是正整數、負數、分數。

（b）反應級數可能是負數。

（c）催化劑會改變反應機構，對反應級數亦會有影響。

◢例 1.2.21 ◣

$A + B \longrightarrow C + D$ 的反應速率方程式為 $r = k[A][B]$，則該反應：

（a）是二分子反應。

（b）是「2 級反應」但不一定是二分子反應。

（c）不是二分子反應。

（d）是對 A、B 各為 1 級的二分子反應。

：（b）。∵（a）$A + B \longrightarrow C + D$ 不一定是基本反應。

（c）只有當該反應是「基本反應」時，才能確定其為「雙分子反應」。

（d）同前。

◢例 1.2.22 ◣

關於反應速率方程式與反應物、產物的濃度關係中，錯誤的是：

（a）「基本反應」的速率方程式中只包含反應物的濃度項。

（b）某些「複雜反應」的速率方程中只包含反應物的濃度項。

（c）「複雜反應」的速率方程式中只能包含反應物的濃度項。

（d）「複雜反應」的速率方程式中可以包含反應物和產物的濃度項。

（e）「基本反應」的速率方程式中可以包含反應物和產物的濃度項。

：（c、e）。

■例 **1.2.23** ■

以下說法對嗎？（是非題）

（1）在同一反應中各物質的變化速率相同。

（2）若化學反應由一系列「基本反應」組成，則該化學反應的速率是各「基本反應」速率的代數和。

（3）單分子反應一定是「基本反應」。

（4）雙分子反應一定是「基本反應」。

（5）零級反應的反應速率不隨反應物濃度變化而變化。

（6）若一個化學反應是 1 級反應，則該反應的反應速率與反應物濃度的一次方成正比。

（7）一個化學反應進行完全所需的時間是半衰期的 2 倍。

（8）一個化學反應的反應級數越大，其反應速率也越大。

（9）若反應 $A+B \longrightarrow Y+Z$ 的速率方程式為：$r = k[A]^{0.7}[B]^{1.3}$，則該反應是 2 級反應，且肯定不是雙分子反應。

（10）若反應 $A+B \longrightarrow Y+Z$ 的速率方程式為：$r = k[A][B]$，則該反應是 2 級反應，且肯定是雙分子反應。

（11）若反應 $A+B \longrightarrow Y+Z$ 的速率方程式為：$r = k[A][B]$，則該反應是 2 級反應，且肯定不是雙分子反應。

：（1）（×）。同一化學反應各物質變化速率比等於計量係數(莫耳數)比。

（2）（×）。總反應速率與其它反應速率的關係與「反應機構」有關。

（3）（○）。只有「基本反應」才有反應分子數。

（4）（○）。只有「基本反應」才有反應分子數。

（5）（○）。

（6）（○）。

（7）（×）。除「零級反應」外，反應速率與反應物濃度有關。

（8）（×）。可參考題【1.2.15】之解答。

（9）（○）。只有複雜反應的反應級數才可能出現小數點。

（10）（×）。有可能為「複雜反應」，即不一定是雙分子反應。

（11）（×）。有可能為「基本反應」，則為雙分子反應。

例 1.2.24

當反應的分數級數與反應方程式中的化學計量數的絕對值相同時,即可判斷該反應是基本反應。試評論這一說法。

: 「基本反應」的速率正比於反應物濃度的次方之積,且濃度項的指數等於相應化學計量數的絕對值。分數級數是複雜反應的特性,主要根據實驗得出。當反應的分數級數與反應方程式中的反應計量數的絕對值相同時,不能作出該反應是「基本反應」的結論。這是因為複雜反應的分數級數有時可能正巧與化學計量數的絕對值相同。

例 1.2.25

在以下的五種反應中,那一種是「基本反應」?

(a) $H_2 + Cl_2 \longrightarrow 2HCl$ (b) $H_2 + Br_2 \longrightarrow 2HBr$

(c) $H_2 + I_2 \longrightarrow 2HI$ (d) $H_2 + D \longrightarrow HD + H$

(e) $2H_2 + O_2 \longrightarrow 2H_2O$

: (d)。因為「雙原子分子反應」大多必須涉及多步的「基本反應」,才能完成,故 (a)、(b)、(c) 不屬於「基本反應」。又超過三個分子的反應不可能一步完成,故 (e) 也不屬於「基本反應」。關於這些反應的「反應機構」請參考第六章。

例 1.2.26

為什麼要引入「基本反應」這個概念?

: 由於「基本反應」的反應速率方程最簡單,而且物理意義淺顯易懂,引入它後對反應進行的微觀過程更加清楚。

例 1.2.27

能否說「1級反應」是「單分子反應」,「2級反應」是「雙分子反應」?為什麼有時「反應級數」與「反應分子數」不一致?

: 不能這麼說。因為反應級數是巨觀的、實測的數值,是反應進行的總結果,而分子數是微觀的、理論的數值,只表示參與「基本反應」的微粒數。它們一致有時是因為其反應本身就是「基本反應」或「簡單反應」,有時是因為總反應的決定步驟是一個「基本反應」。

■例 **1.2.28** ■

反應速率常數的意義是什麼？它與那些因素有關？

：是各有關濃度均為單位濃度時的反應速率。它是反應本身的屬性，受溫度、溶劑、催化劑，光照等因素的影響。

■例 **1.2.29** ■

「質量作用定律」對於複雜反應是否適用？

：不適用。∵「質量作用定律」只適用於「基本反應」。

■例 **1.2.30** ■

反應 $A + B \rightarrow P + \cdots$，當 $c_{A,0} = c_{B,0}$ 時

（a）若為「2 級反應」，則必為雙原子反應。

（b）若為雙原子反應，則必為「2 級反應」。

（c）若為「2 級反應」，則必為基本反應。

（d）若為「2 級反應」，則必為複雜反應。

：（b）。

■例 **1.2.31** ■

已知反應速率方程式為 $-dc_A/dt = kc_A^M c_B^N$，則總反應級數為_____，單位濃度下的反應速率常數為_____。

：M+N；k。

■例 **1.2.32** ■

生成鹵化氫的反應形式相同：$H_2 + X_2 \longrightarrow 2HX$ (X = Cl,Br,I)，由反應式可推知其反應速率方程的形式亦可能相同，即：$r = k[H_2][X_2]$。

：（×）。∵鹵化氫的反應不一定是基本反應，所以不能由反應式直接推斷。

例 1.2.33

對於同一巨觀反應：$aA + bB \longrightarrow gG + hH$，無論用反應體系中那種物質的濃度隨時間的變化率都可表示反應速率，其速率常數亦無區別。

：（×）。$\because r = \dfrac{r_A}{a} = \dfrac{r_B}{b} = \dfrac{r_G}{g} = \dfrac{1}{h}r_H$（見(1.6)式及(1.7)式）

例 1.2.34

涉及化學動力學的以下說法中不正確的是：

（a）一個反應的反應趨勢大，其反應速率卻不一定快。

（b）一個實際進行的反應，它一定同時滿足熱力學條件和動力學條件。

（c）化學動力學不研究能量的傳遞或變化問題。

（d）快速進行的化學反應，其反應趨勢不一定大。

：（c）。

例 1.2.35

關於化學反應速率的各種表述中不正確的是

（a）反應速率與系統的大小無關而與濃度的大小有關。

（b）反應速率與系統中各物質濃度標示的選擇有關。

（c）反應速率可為正值也可為負值。

（d）反應速率與反應方程式寫法無關。

：（c）。

例 1.2.36

關於反應級數的各種說法中正確的是

（a）只有基本反應的反應級數是正整數。

（b）反應級數不會小於零。

（c）反應總級數一定大於對任一反應物級數。

（d）反應級數都可通過實驗來確定。

：（d）。∵（a）複雜反應的級數可能是正整數、負數、分數。

　　　　　（b）反應級數可能是分數。

　　　　　（c）不一定，總反應級數是各反應物之反應級數的總和，且反應級數可能是分數。

例 1.2.37

關於反應分子數的不正確說法是

（a）反應分子數是個理論數值。

（b）反應分子數一定是正整數。

（c）反應分子數等於反應式中的化學計量數之和。

（d）現在只發現單分子反應、雙分子反應、三分子反應。

：（c）。若此反應是基本反應，則反應分子數＝化學計量數之和。

例 1.2.38

化學動力學是物理化學的重要分支，它主要研究反應的反應速率和反應機構，下面有關化學動力學與熱力學關係的陳述中不正確的是

（a）動力學研究的反應系統不是熱力學平衡系統。

（b）原則上，平衡態問題也能用化學動力學方法處理。

（c）反應速率問題不能用熱力學方法處理。

（d）化學動力學中不涉及狀態函數的問題。

：（d）。

例 1.2.39

對於複雜反應，以下說法中不正確的是

（a）複雜反應無反應分子數可言。

（b）複雜反應至少包括兩個基本步驟。

（c）複雜反應的級數不會是正整數。

（d）反應級數為分數的反應一定是複雜反應。

：（c）。複雜反應的反應級數可能是正整數、負數、分數。

例 1.2.40

基本反應中「反應級數」與「反應分子數」總是一致的嗎？

：例如：對於「基本反應」：$aA + bB + dD \longrightarrow yY + zZ$ 可用質量作用定律寫出速率
方程式如下：

$$r = -\frac{1}{a} \cdot \frac{d[A]}{dt} = K[A]^a [B]^b [D]^d$$

反應物的計量常數絕對值之和等於反應分子數，即為 $a+b+d$。

任何反應的「反應級數」都是在某條件下實驗測出的。一般情況下，「基本反應」的「反應級數」就等於「反應分子數」，但是當某反應物濃度相對其它反應物濃度來說很大很大時，在整個反應過程中可認為其濃度不變，例如：上述反應中若$[D]_0 >> [A]_0$(或$[B]_0$)，則反應級數就變為 $a+b$ 了。

例 1.2.41

已知反應：$NO_3 + NO \longrightarrow 2NO_2$ 是一基本反應，如果用反應物和產物濃度隨時間之變化率來表示這個反應的反應速率，請寫出速率常數之間的關係。

：$k_{NO_3} = k_{NO} = \dfrac{k_{NO_2}}{2}$ （∵依據(1.8)式）

例 1.2.42

什麼是「基本反應」？什麼是「反應機構」 (或說「反應過程」或「反應機制」)？

：「基本反應」是組成一切化學反應的基本單位反應之具體步驟。「反應機構」（或「反應過程」或「反應機制」）一般指某化學反應是由那些個「基本反應」組成的。從微觀上講，一個化學反應往往要經歷若干個具體步驟（即「基本反應」），才能變為產物。

例 1.2.43

在指定條件下，任一基本反應的反應分子數與反應級數之間的關係為何？
（a）反應級數等於反應分子數。
（b）反應級數小於反應分子數。
（c）反應級數大於反應分子數。
（d）反應級數等於或小於反應分子數。

：(d)。對於「基本反應」而言，當各反應物的物質的濃度相差不大時，該「反應級數」等於「反應分子數」；當有一種反應物在反應過程中大量過剩時，則可出現反應級數小於反應分子數的情況。也就是說：「基本反應」的「反應級數」可以等於或小於其「反應分子數」，但絕不會大於其「反應分子數」。

例 1.2.44

已知有 3 個基本反應如下：$H + HO_2 \xrightarrow{k_1} H_2 + O_2$，$H + HO_2 \xrightarrow{k_2} 2OH$，$H + HO_2 \xrightarrow{k_3} H_2O + O$，反應速率常數比值 $k_1 : k_2 : k_3 = 0.62 : 0.27 : 0.11$，問在時間 t 時產物的比值為多少？

：$\because \dfrac{d[H_2]}{dt} = \dfrac{d[O_2]}{dt} = k_1[H][H_2O]$

$\dfrac{1}{2}\dfrac{d[OH]}{dt} = k_2[H][H_2O]$

$\dfrac{d[H_2O]}{dt} = \dfrac{d[O]}{dt} = k_3[H][H_2O]$

時間 t 時產物比值： $k_1 : 2k_2 : k_3 = 0.62 : 0.54 : 0.11$

例 1.2.45

若反應 $A + 2B \longrightarrow Y$ 是「基本反應」，則反應速率方程式可以寫成？

：$r = -\dfrac{d[A]}{dt} = -\dfrac{1}{2}\dfrac{d[B]}{dt} = \dfrac{d[Y]}{dt} = k[A][B]^2$

例 1.2.46

在化學動力學中，質量作用定律適用何者？
（a）適用任一定溫反應。
（b）只適用於理想氣體定溫反應。
（c）只適用於基本反應。
（d）只適用於定溫定容化學反應。
（e）反應級數為正整數的反應。

：(c)。

例 1.2.47

基本反應的分子數是個微觀的概念,其值可能為何?

(a) 可為 0、1、2、3。

(b) 只能是 1、2、3 這三個正整數。

(c) 也可是小於 1 的數值。

(d) 可正、可負、可為零。

:(b)。

例 1.2.48

化學反應的反應級數是個巨觀的概念,實驗的結果,其值為何?

(a) 只能是正整數。

(b) 一定是大於 1 的正整數。

(c) 可以是任意值。

(d) 一定是小於 1 的負數。

:(c)。∵複雜反應的反應級數可以是整數、分數、負數和零,且由實驗決定。

例 1.2.49

在「基本反應」中,「反應級數」是否總等於反應分子數?「反應級數」為整數的反應都是「基本反應」,為分數或負數的反應都是〝非基本反應〞,對嗎?

:對於「基本反應」,一般來說「反應級數」與反應分子數是相同的,但有時是不相同的。例如:對於兩分子反應,當某反應大大過量時,「反應級數」為「1 級反應」。「反應級數」為整數的不一定為「基本反應」。為負和零的,則一定是〝非基本反應〞。

例 1.2.50

基本反應:$2A \longrightarrow B$ 為雙分子反應,此反應級數為何?

(a) 可能小於 2。

(b) 必然為 1。

(c) 可能大於 2。

(d) 必然為 2。

:(d)。一般來說,基本反應的反應級數會與反應分子數相等。

例 1.2.51

已知氨在金屬鎢上的分解反應為 $2NH_3 \longrightarrow N_2 + 3H_2$，其反應速率方程式為 $r = k$，即為零級反應，則此反應必為

(a) 基本反應　　　　　　　(b) 無反應分子數的反應

(c) 複雜反應　　　　　　　(d) 2 級反應

：(c)。

例 1.2.52

對於反應 $2NO_2 \longrightarrow 2NO + O_2$，當選用不同的反應物和產物來表示反應速率時，其相互關係為：

(a) $-2d[NO_2]/dt = 2d[NO]/dt = d[O_2]/dt$

(b) $-d[NO_2]/2dt = d[NO]/2dt = d[O_2]/dt = d\xi/dt$

(c) $-d[NO_2]/dt = d[NO]/dt = d[O_2]/dt$

(d) $-d[NO_2]/2dt = d[NO]/2dt = d[O_2]/dt = (1/V)d\xi/dt$

：(d)。

例 1.2.53

有一反應 $mA \longrightarrow nB$ 是一簡單反應，其動力學方程為：$-d[A]/dt = k[A]^m$，[A]的單位為 $mole \cdot dm^{-3}$，時間單位為 s，則

(1) k 的單位為何？

(2) 以 d[B]/dt 表達的反應速率方程和題中給的反應速率方程關係為何？

：(1) k 的單位為：$mole^{1-m} \cdot dm^{3(m-1)} \cdot s^{-1}$

(2) $\because r = -\dfrac{1}{m}\dfrac{d[A]}{dt} = \dfrac{1}{n}\dfrac{d[B]}{dt} = \dfrac{k}{m}[A]^m$

即 $\dfrac{d[B]}{dt} = \dfrac{nk}{m}[A]^m = k'[A]^m \Rightarrow \therefore k' = \dfrac{nk}{m}$

例 1.2.54

有一化學反應，其計量方程式為：

$$\frac{1}{2}A_{(g)} + B_{(g)} \longrightarrow R_{(g)} + \frac{1}{2}S_{(g)}$$

測得反應速率方程式為 $r_A = 2[A]^{1/2}[B]$，則 $A + 2B \longrightarrow 2R + S$ 的反應速率方程式為：

(a) $r_A = 4[A][B]^2$ (b) $r_A = 2[A][B]^2$

(c) $r_A = 2[A]^{1/2}[B]$ (d) $r_A = 4[A]^{1/2}[B]$

：(c)。

例 1.2.55

The quantity k in a rate law expression

(a) is called the equilibrium constant.

(b) is independent of concentration.

(c) is dimensionless.

(d) is independent of the temperature. （2000 中山大學化研所）

：(b)。∵ (a) 應改為〝rate constant〞。

(c) 反應速率常數 k 是有單位的。

(d) 反應速率常數 k 和溫度有關。

例 1.2.56

The orders in the rate law are determined by

(a) the coefficients in the balanced chemical equation.

(b) The physical state of the reactants and products.

(c) Experiment.

(d) Molecular simulations. （2000 中山大學化研所）

：(c)。

例 1.2.57

水溶液反應：$Hg_2^{2+}+Tl^{3+} \longrightarrow 2Hg^{2+}+Tl^+$ 的反應速率方程式為：

$$r = k\frac{[Hg_2^{2+}][Tl^{3+}]}{[Hg^{2+}]}$$

以下關於反應級數 n 的意見那個對？

（a）n = 1　　　（b）n = 2　　　（c）n = 3　　　（d）無 n 可言

：（a）。若 $r = k[Hg_2^{2+}]^\alpha[Tl^{3+}]^\beta[Hg^{2+}]^\gamma$，則反應級數 $n = \alpha+\beta+\gamma$.

由題意已知：$\alpha = 1$，$\beta = 1$，$\gamma = -1$　$\therefore n = +1$

例 1.2.58

已知氧存在時，臭氧的分解反應：$2O_3 \longrightarrow 3O_2$，其反應速率方程式為：

$$-\frac{d[O_3]}{dt} = k(O_3)[O_3]^2[O_2]^{-1}$$

（a）指出該反應的總反應級數 n =？並解釋臭氧的分解速率與氧濃度之間的關係。

（b）若以 $\frac{d[O_2]}{dt}$ 表示其反應速率，$k(O_2)$ 表示相應的反應速率常數，寫出該反應的反應速率方程式。

（c）$-\frac{d[O_3]}{dt}$ 與 $\frac{d[O_2]}{dt}$ 之間的關係及 $k(O_3)$ 與 $k(O_2)$ 之間的關係。

（d）該反應是否為「基本反應」？為什麼？

：（a）總反應級數 $n = 2+(-1) = +1$，故臭氧的分解速率與$[O_2]$成反比。

（b）$\dfrac{d[O_2]}{dt} = k(O_2)[O_3]^2[O_2]^{-1}$

（c）$\dfrac{1}{2}\left[-\dfrac{d[O_3]}{dt}\right] = \dfrac{1}{3}\cdot\dfrac{d[O_2]}{dt}$，$\dfrac{1}{2}k(O_3) = \dfrac{1}{3}k(O_2)$

（d）該反應不可能為「基本反應」。因為反應速率方程式中出現對$[O_2]$呈負 1 級，且 O_2 為產物，這不符合「基本反應」的「質量作用定律」。

例 1.2.59

在指定條件下，任一基本反應的分子數與其反應級數之間的關係為_____。
（a）二者必然相等。
（b）反應級數一定大於其反應的分子數。
（c）反應級數一定小於其反應的分子數。
（d）反應級數可以等於或小於其反應的分子數，但絕不會大於其反應的分子數。

：（d）。基本反應的反應級數可以等於或小於其反應的分子數，但決不會大於其反應
　　　　的分子數。

例 1.2.60

基本反應的分子數是個微觀的概念，其值_____。
（a）只能是 0，1，2，3。
（b）可正、可負、可為零。
（c）只能是 1，2，3 這三個正整數。
（d）無法確定。

：（c）。基本反應的分子數，其值只能是 1，2，3 這三個正整數。

例 1.2.61

在化學動力學中，質量作用定律只適用於_____。
（a）反應級數為正整數的反應。
（b）定溫、定容反應。
（c）基本反應。
（d）理想氣體反應。

：（c）。在化學動力學中，質量作用定律只適用於基本反應。

第二章
化學反應之反應級數的介紹

2.1 零級反應（zeroth order reaction）

反應速率與反應物濃度無關的反應稱爲「零級反應」。

「零級反應」的反應速率方程式爲：

$$反應速率\ r = -\frac{d[A]}{dt} = k_0 \tag{2.1}$$

上式中的 k_0 爲「零級反應」的反應速率常數，移項積分後，可得：

$$\int_{[A]_0}^{[A]} d[A] = -k_0 \int_0^t dt$$

當 $t = 0$ 時，$[A]_0 =$ 初濃度 ＝ 常數。所以積分結果得：

$$[A] - [A]_0 = -k_0 t \tag{2.2}$$

即　（剩餘濃度）－（初濃度）＝－（反應速率常數）×（時間）

或　（反應物消耗掉的濃度）＝　－（反應速率常數）×（時間）

「零級反應」具有以下三大特點：

（1）　反應速率常數 k_0 的單位是 **mole · dm⁻³ · s⁻¹**，或者說是「濃度 · 時間⁻¹」。

（2）　由（2.2）式可知：以濃度**[A]**對時間 **t** 做圖時，可得一直線，其斜率爲〝$-k_0$〞。見圖 2.1。

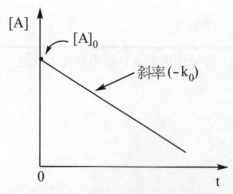

圖 2.1 「零級反應」的反應物濃度[A]對時間 t 之關係圖

（3）反應物濃度減少一半所需的時間，稱為「半衰期」。常用 $t_{1/2}$ 表示。

半衰期越短，代表著該反應的反應速率越快。

當 $[A] = \dfrac{[A]_0}{2}$ 時，代入（2.2）式可知：$t_{1/2} = \dfrac{[A]_0}{2k_0}$ （2.3）

這意思是說：

「零級反應」的半衰期（$t_{1/2}$）與初濃度（$[A]_0$）的一次方成正比。

推而廣之，設若反應物的初濃度（$[A]_0$）減少到只剩下原先的 $1/n$（$= [A]/[A]_0$）時，所需反應時間稱為「$1/n$ 衰期」，以 $t_{1/n}$ 表示。於是將 $[A] = [A]_0/n$ 代入（2.2）式，則「零級反應」的「$1/n$ 衰期」$t_{1/n}$ 為：

$$t_{1/n} = \left(\frac{n-1}{n} \right) \times \left(\frac{[A]_0}{k} \right)$$ （2.4）

動力學為何喜歡引入「半衰期」的概念？

對於「零級反應」而言，其反應速率方程式 $r = k$，式中 k 代表著反應的快慢，而 k 是個可被測量的量。同樣的，前面已提到過：「半衰期」$t_{1/2}$ 的大小，也代表著反應的快慢，也是個可被測量之量。當然，我們另外可用 $t_{1/3}$ 或 $t_{1/4}$ 或 $t_{1/8}$…等等來代表反應的快慢，但它們都不如用 $t_{1/2}$ 來得簡單、方便。

因此，引入反應的「半衰期」是從另一個角度來表示反應的快慢。

「零級反應」的四大重要特徵：

（1）「零級反應」的反應速率不因反應物初濃度改變而改變。

（2）「零級反應」的反應速率常數 k_0 之單位是 "(濃度)^1/(時間)^1"。

（3）「零級反應」的反應物濃度$[A]$與時間 t 有著 "正比"（或說 "線性"）關係。

（4）「零級反應」的半衰期（$t_{1/2}$）和反應速率常數（k_0）的乘積（$t_{1/2} \times k_0$）與反應物的初濃度（$[A]_0$）之一次方成 "正比" 關係。

※ 具有上述四個重要特徵之一的化學反應即為「零級反應」，可以以此做為判斷「零級反應」的依據。

【解題思路技巧〈1〉】：

在解「化學動力學」題目時，有幾個重點必須先考慮到：

（A）先不要緊張！

（B）接著，找出題目在問什麼？

　　（通常，會在題目的最後一句話裏找到：〝題目在問什麼？〞）

（C）當題目在問〝到底是幾級反應〞時，則必須

　　◎ 第一步：就是先想到〝有沒有可能是「零級反應」〞？

　　◎ 第二步：接著，腦海中要想到「零級反應」的數學表達式有那些？也就是要想到（2.1）式或（2.2）式。

　　◎ 第三步：再由（2.1）式或（2.2）式聯想到（2.3）式和「零級反應」的三大特點：

　　　(1) 由（2.1）式，可知：「零級反應」的反應速率常數 k_0 之單位是 〝$(濃度)^1/(時間)^1$〞 $\Rightarrow$ 記住！在解題時，一定要先觀察反應速率常數 k 的單位，根據它的單位推理判斷該反應的反應級數。

　　　(2) 由（2.1）式，可知：「零級反應」的反應物濃度[A]對時間 t 做圖，可得一條斜率爲（$-k_0$）的直線。也就是說，「零級反應」的反應物濃度[A]與時間 t 有著〝正比〞（或說〝線性〞）關係。

　　　(3) 由（2.3）式，可知：「零級反應」的半衰期（$t_{1/2}$）和反應速率常數（k_0）的乘績（$t_{1/2} \times k_0$）與反應物的初濃度（$[A]_0$）之一次方成〝正比〞關係。

　　◎ 第四步：有時題目會涉及到「1/n 衰期」$t_{1/n}$，則馬上想到要將 $1/n=[A]/[A]_0 \Rightarrow [A]=[A]_0/n$ 代入（2.2）式，可得（2.4）式。接著，依據（2.4）式，配合題意來解題。

（D）經過上述步驟之測試後，若沒有發現到「零級反應」之上述特點和題意有相符合處時，那就必須接著考慮〝有沒有可能是「1 級反應」〞？（續見下面【解題思路技巧〈2〉】）若仍不是「1 級反應」，接著再考慮〝有沒有可能是「2 級反應」〞？（續見下面【解題思路技巧〈3〉】）………也就是由零級 ⟶ 1 級 ⟶ 2 級 ⟶ ……依次考慮下去。

例 2.1.1

反應 C ────→ P，當 C 反應掉 3/4 所需時間恰是它反應掉 1/2 所需時間的 1.5 倍，該反應幾級？

：該反應爲「零級反應」。

∵對零級反應而言，見（2.4）式，可知：

當反應物 C 反應掉 3/4，表示該反應物只剩下原先的 1/4，故 n = 4。

於是代入（2.4）式，可得：$t_{1/4} = \dfrac{3}{4} \times \dfrac{[C]_0}{k}$ （a）

當反應物 C 反應掉 1/2，表示該反應物只剩下原先的 1/2，故 n = 2。

於是代入（2.4）式，可得：$t_{1/2} = \dfrac{1}{2} \times \dfrac{[C]_0}{k}$ （b）

故 $\dfrac{t_{1/4}}{t_{1/2}} = \dfrac{(a)}{(b)} = 1.5$，由此可知，該反應 C ────→ P 爲「零級反應」。

例 2.1.2

零級反應的反應速率不隨反應物濃度變化而變化。（是非題）

：（○）。∵見「零級反應」的定義。

例 2.1.3

一個化學反應進行完全所需的時間是半衰期的 2 倍。（是非題）

：（×）。∵見「半衰期」的定義。

例 2.1.4

某一反應在有限時間內可反應完全，所需時間爲[A]_0/k，該反應級數爲：（[A]_0 爲反應物的初濃度）

（a）零級   （b）1 級   （c）2 級   （d）3 級

：（a）。"反應完全"代表反應物全部消耗完畢，故[A] = 0。又先假設本反應爲「零級反應」，則代入（2.2）式，可得$[A]_0 = kt \Rightarrow$ 故 $t = [A]_0/k$。

■ 例 **2.1.5** ■

某反應進行時，反應物濃度與時間成線性關係，則此反應之半衰期與反應物最初濃度有何關係：

(a) 無關　　(b) 成正比　　(c) 成反比　　(d) 平方成反比

：(b)。∵由題目的第 2 句話，可知該反應為「零級反應」。

且根據（2.3）式已知：$t_{1/2} \propto [A]_0$。

■ 例 **2.1.6** ■

若反應 A ⟶ Y，對 A 為零級，則 A 的半衰期 $t_{1/2} = \dfrac{[A]_0}{2k_A}$。（是非題）

：(○)。∵見（2.3）式。

■ 例 **2.1.7** ■

某反應 A ⟶ Y，如果反應物 A 的濃度減少一半，它的半衰期也縮短一半，則該反應的級數為：

(a) 零級　　(b) 1 級　　(c) 2 級　　(d) 3 級

：(a)。由題目的第 2、3 句話可知：反應物 A 的濃度與時間成正比關係，故由（2.3）式可推知本反應為「零級反應」。

■ 例 **2.1.8** ■

某化學反應的速率常數 k 的單位為 $mol \cdot L^{-1} \cdot s^{-1}$，該反應是 _____ 反應，$t_{1/2} =$ _____。（設 $[A]_0$ 代表反應物的初濃度）

：零級；$[A]_0/2k$。∵參考（2.3）式。

■ 例 **2.1.9** ■

某反應，無論反應物初始濃度為多少，在相同時間和溫度時，反應物消耗的濃度為定值，此反應是

(a) 負級數反應　　(b) 1 級反應　　(c) 零級反應　　(d) 2 級反應

：(c)。〝「零級反應」的反應速率不因反應物的初濃度改變而改變〞這是「零級反應」的重要特徵。參考題目【2.1.2】題或「零級反應」的定義。

例 2.1.10

25°C 時，氣相反應：$2A_{(g)} \longrightarrow C_{(g)} + D_{(g)}$

反應前 $A_{(g)}$ 的物質的量濃度為$[A]_0$，速率常數為 k_A，此反應進行完全（即$[A] = 0$）所需的時間是有限的，用符號 t_∞ 示之，而且 $t_\infty = [A]_0/k_A$，則此反應必為何？

（a）零級反應　　（b）1 級反應　　（c）2 級反應　　（d）0.5 級反應

：(a)。參考【2.1.4】題。

　∵反應物 A 反應完全，代表著$[A] = 0$，

　代入（2.2）式，則所需的時間：

　$[A]_0 - 0 = k_A t_\infty \implies t_\infty = [A]_0/k_A$，符合題意。

例 2.1.11

在一定的 T、V 下反應：$A_{(g)} \longrightarrow B_{(g)} + D_{(g)}$

若 $A_{(g)}$ 完全反應掉所需的時間是其反應掉一半所需時間的 2 倍，則反應的級數 $n = ?$

：此反應必為「零級反應」。

　假設本反應為「零級反應」，則其半衰期：（配合（2.3）式）

$$t_{1/2} = ([A]_0 - [A])/k = ([A]_0 - [A]_0/2)/k = [A]_0/2k \implies 2t_{1/2} = [A]_0/k \qquad (a)$$

　當 A 反應完全時，根據【2.1.10】題，所需的時間為：

$$t_\infty = [A]_0/k \qquad (b)$$

　由（a）和（b）可知：$t_\infty/t_{1/2} = 2$，故先前之假設成立，所以此反應為「零級反應」。

例 2.1.12

在一定 T、V 下，反應：$A_{(g)} \longrightarrow B_{(g)} + D_{(g)}$

反應前系統中只有 $A_{(g)}$，初濃度為$[A]_0$，反應進行 1 min 時，$[A] = 3[A]_0/4$，反應進行到 3 min 時，$[A] = [A]_0/4$，則此反應為幾級反應？

：假設該反應為「零級反應」，則根據（2.2）式，可得：

$$kt_{1/4} = [A]_0 - 3[A]_0/4 = [A]_0/4 \implies k = [A]_0/4t_{1/4} = [A]_0/4\times1 = [A]_0/4$$

　又

$$kt_{3/4} = [A]_0 - [A]_0/4 = 3[A]_0/4 \implies k = 3[A]_0/4t_{3/4} = 3[A]_0/4\times3 = [A]_0/4$$

可知：所得結果皆是 $k = ([A]_0/4)$ min^{-1} 為固定值，故先前之假設成立，所以此反應
　　　為「零級反應」。

◢例 2.1.13 ◣

856°C 時 NH_3 在鎢表面上分解，當 NH_3 的初始壓力為 13.33 kPa 時，100s 後，NH_3 的分壓降低了 1.80 kPa；當 NH_3 的初始壓力為 26.66 kPa 時，100 s 後，降低了 1.80 kPa。試求反應級數。

：根據已知條件，當 NH_3 的初始壓力增大一倍時，NH_3 的分壓降低幾乎相同，這說明該反應速率與壓力無關，故為「零級反應」。

◢例 2.1.14 ◣

在一定 T、V 下，反應：$A_{(g)} + B_{(g)} \longrightarrow D_{(g)}$，當 $p_{A,0} = 100$ kP_a 時，反應的半衰期 $t_{1/2} = 25$ min；當 $A_{(g)}$ 氣體的初壓力 $p_{A,0} = 200$ kP_a 時，反應的半衰期 $t_{1/2} = 50$ min。此反應的級數 n = ？反應的速率常數 k = ？

：由題目給的數據可知，在一定 T、V 下，反應的半衰期與反應物的初壓力（或濃度）成正比，依據（2.3）式，可知：此反應必為「零級反應」，故 n = 0。

又利用（2.3）式，可得：

$$k = p_{A,0}/2t_{1/2} = 100 \text{ kP}_a/2×25 \text{ min} = 2.0 \text{ kP}_a \cdot \text{min}^{-1}$$

◢例 2.1.15 ◣

1129.2°K 時，氨在鎢絲上的催化分解反應動力學數據如下：

t/s	200	400	600	1000
p_t/kP_a	30.40	33.33	36.40	42.40

求反應級數和反應速率常數。

：

	$2NH_3$	$\longrightarrow$	N_2	+	$3H_2$	總壓力
當 t = 0 時：	p_0		0		0	p_0
−)	x					
當 t = t 時：	$p_0 - x$		$\frac{1}{2}x$		$\frac{3}{2}x$	$p_t = p_0 + x$

體系的總壓力為 $p_t = (p_0 - x) + x/2 + 3x/2 = p_0 + x \implies x = p_t - p_0$

體系中氨的分壓 $p_{NH_3} = p_0 - x = 2p_0 - p_t$

$$r = -\frac{1}{2} \cdot \frac{dp_{NH_3}}{dt} = -\frac{1}{2} \cdot \frac{d(2p_0 - p_t)}{dt} = \frac{1}{2} \cdot \frac{dp_t}{dt} = k_p p_{NH_3}^n$$

或
$$dp_t = 2k_p p_{NH_3}^n \cdot dt \qquad\qquad (ㄅ)$$

根據動力學數據分析，$\dfrac{\Delta p_t}{\Delta t} \cong 0.015 kP_a \cdot s^{-1}$，可見反應速率不隨反應物濃度（壓力）而變，這是「零級反應」的特點，故 $n = 0$。積分（ㄅ）式得到：

$$p_t = 2k_p t + B \qquad\qquad (ㄆ)$$

依照（ㄆ）式，將實驗數據做 p_t 與 t 之圖，可得：

$$斜率 = 2k_p = 0.01503 \ kP_a \cdot s^{-1} \implies \therefore k_p = 7.25 \times 10^{-3} \ kP_a \cdot s^{-1}$$

$$k_c = \frac{k_p}{RT} = \frac{7.52 P_a \cdot s^{-1}}{(8.314 J \cdot mole^{-1} \cdot K^{-1}) \cdot (1129.2°K)} = 8.01 \times 10^{-4} \ mole \cdot m^{-3} \cdot s^{-1}$$

例 2.1.16

某零級反應在 20 分鐘內完成 50%，試求在第 30 分鐘末，反應完成的百分數。

：由「零級反應」（2.2）式可知：$[A]_0 - [A] = kt$ （ㄅ）

當 $t = 20$ 分鐘時，（ㄅ）式為：$[A]_0 - 50\%[A]_0 = k \cdot 20$ （ㄆ）

當 $t = 30$ 分鐘時，（ㄅ）式為：$[A]_0 - [A] = k \cdot 30$ （ㄇ）

由（ㄆ）式整理得：$k = \dfrac{1}{40}[A]_0$ （ㄈ）

（ㄈ）式代入（ㄇ）式得：$[A] = \dfrac{1}{4}[A]_0$

這代表著該反應在 30 分鐘後，只剩下 $\dfrac{1}{4}[A]_0$，即反應完成了 $\dfrac{3}{4} = 75\%$。

例 2.1.17

在一定 T、V 下，反應：$A_{(g)} \longrightarrow B_{(g)} + D_{(g)}$
反應前系統中只有 $A_{(g)}$，起始濃度為 $[A]_0$，反應進行 1 min 時，$[A] = 3[A]_0/4$，反應進行到 3 min 時，$[A] = [A]_0/4$，則此反應為_____級反應。

：$\because kt_{1/4} = [A]_0 - 3[A]_0/4 = [A]_0/4$，$kt_{3/4} = [A]_0 - [A]_0/4 = 3[A]_0/4$。

$\therefore k = ([A]_0/4)$

即〝濃度單位$^1 \cdot min^{-1}$〞為定值，故此反應為「零級反應」。

2.2 1 級反應 (first oeder reaction)

凡是反應速率與反應物濃度的一次方成正比的反應，就稱為〝1 級反應〞。

根據此一定義：設有個反應為

$$A \rightarrow 生成物$$

則其反應速率方程式為：

$$反應速率 r = -\frac{d[A]}{dt} = k_1[A]^1 \tag{2.5}$$

上式中的 k_1 為「1 級反應」的反應速率常數。當 $t = 0$ 時，$[A]_0$ 是反應物的初濃度。故

移項積分，可得：

$$\int_{[A]_0}^{[A]} \frac{1}{[A]} d[A] = -\int_0^t k_1 dt \quad \Rightarrow \quad \ln[A] - \ln[A]_0 = -k_1 t$$

故得

$$k_1 t = \ln \frac{[A_0]}{[A]} \tag{2.6}$$

即(「1 級反應」之反應速率常數)×(時間) $= \ln \dfrac{反應物的初濃度}{反應物在 t 時刻的剩餘濃度}$ $k_1 t = \ln \dfrac{[A_0]}{[A]}$

或寫為 $\quad [A] = [A]_0 \times \exp(-k_1 t) \tag{2.7}$

必須指出，由於（2.6）式裏的濃度是以 $\left(\dfrac{[A]_0}{[A]}\right)$ 的形式出現，其分母的單位與分子的單位可以相互消掉，由此可知：任何與濃度成比例的量均可替代濃度，而不影響反應速率常數 k。

例如：定溫、定體積的理想氣體反應，由於 $[A] = \dfrac{n_A}{V} = \dfrac{P_A}{RT}$，故 $[A]$ 與 P_A 及 $[A]$ 與 n_A

皆成正比。因此，依據（2.6）式，對於氣相的「1 級反應」可寫為：

$$k_1 t = \ln \frac{[A]_0}{[A]} = \ln \frac{p_{A_0}}{p_A} = \ln \frac{n_{A_0}}{n_A} = \ln \frac{m_{A_0}}{m_A} \tag{2.8}$$

式中 m 表 A 的質量。

有的書會用 a 代表初濃度(即 a = [A]₀)，用 x 代表反應用掉的濃度，則反應物 A 所剩下的濃度為[A] = a−x。於是

$$A \longrightarrow 生成物$$

當 t = 0 時：　　　　a　　　　　　0

$$\underline{\hspace{8cm} -x}$$

反應 t 時刻後：　a−x　　　　　x

將[A]₀ = a 及[A] = a−x 代入（2.6）式，則可改寫成：

$$k_1 = \frac{1}{t} \cdot \ln \frac{a}{a-x} = \frac{1}{時間} \times \ln \frac{反應物的初濃度}{反應物在 t 時間的剩餘濃度} \tag{2.9}$$

「1 級反應」具有以下三大特點：

（1）利用（2.6）、（2.7）、（2.8）、（2.9）四式，可以求得「1 級反應」的反應速率常數 k_1。

例如：根據（2.6）式，以 ln[A]對 t 做圖，可得一直線（見圖 2.2），其斜率等於「1 級反應」之反應速率常數的負值（−k_1）。

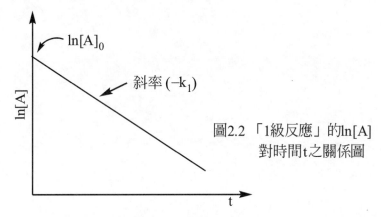

圖2.2 「1級反應」的ln[A]
對時間 t 之關係圖

（1）　「1 級反應」的反應速率常數 k_1 的單位為 min^{-1} 或 s^{-1}，即〝(時間)$^{-1}$〞。

（2）　根據（2.6）式，當[A]/[A]₀ = 1/2 時，即反應物的濃度減少一半，則得：

$$k_1 \cdot t_{1/2} = \ln 2 \implies t_{1/2} = \frac{\ln 2}{k_1} = \frac{0.693}{k_1} \tag{2.10a}$$

由（2.10a）式可知：當溫度一定時，「**1 級反應**」的「**半衰期**」$t_{1/2}$ 與反應速率常數 k_1 成反比，且與反應物初濃度大小無關。也就是說：由初濃度到剩餘 50% 的時間和從 50% 變到剩餘 25% 的時間都是相同的。

※ 具有上述三個特點之一的化學反應即爲「1 級反應」，可以以此做爲判斷「1 級反應」的依據。

注意：

（1）當 $t \to \infty$ 時，$[A] \to 0$，所以原則上，「1 級反應」需要無限長時間才能完成，或者說「1 級反應」不能進行到底。此結論也可用指數式說明，即見（2.7）式：

$$[A] = [A]_0 \times \exp(-k_1 t)$$

（2）由上推導結果可知，對於「1 級反應」而言，當$[A]$達$[A]_0$的 1/2 所需時間爲 $t_{1/2}$，達 1/4 時爲 $2t_{1/2}$，1/8 時爲 $3t_{1/2}$，1/16 時爲 $4t_{1/2}$ … 因此，若某反應物轉化率符合上述規律，則該反應爲「1 級反應」。

　　若反應物的初濃度（$[A]_0$）減少到只剩下原先的$1/n\left(=[A]/[A]_0\right)$時，則所需反應時間稱為「$1/n$ 衰期」，以 $t_{1/n}$ 表示。

那麼，用 $[A]/[A]_0 = 1/n$ 代入（2.6）式，可得：

$$k_1 \cdot t_{1/n} = \ln(n) \implies t_{1/n} = \frac{\ln(n)}{k_1} \tag{2.10b}$$

　　由（2.10b）式再次證明：當溫度一定時，「**1 級反應**」的「$1/n$ 衰期」$t_{1/n}$（這包括了半衰期 $t_{1/2}$ 在內）與反應速率常數 k_1 成反比，「$1/n$ 衰期」與反應物的初濃度大小無關。

　　從（2.6）式，我們還可以引申出一個有用的物理量，那就是「1 級反應」的「平均壽命」（mean life）τ，其定義如下所示：

$$\text{mean life} = \tau = \langle t \rangle = \frac{\int_0^\infty t \cdot \exp(-kt)dt}{\int_0^\infty \exp(-kt)dt} = \frac{1}{k}$$

請注意，「1 級反應」的「半衰期」$t_{1/2}$ 和「平均壽命」τ 的關係為：

即

$$t_{1/2} = \frac{\ln 2}{k} = \tau \cdot \ln 2 \tag{2.11}$$

$$\begin{pmatrix} 1\text{級反應} \\ \text{的半衰期} \end{pmatrix} = \frac{\ln 2}{\begin{pmatrix} 1\text{級反應的反} \\ \text{應速率常數} \end{pmatrix}} = \begin{pmatrix} 1\text{級反應的} \\ \text{平均壽命} \end{pmatrix} \times \ln 2$$

《註》令 $A = \exp(-kt)$ 則 $dA = -k[\exp(-kt)]dt$ 　　　　（ㄅ）

又 $\ln A = \ln[\exp(-kt)] = -kt \Rightarrow t = \dfrac{\ln A}{-k}$ 　　　　（ㄆ）

則 $\dfrac{\int_0^\infty t \cdot \exp(-kt)\,dt}{\int_0^\infty \exp(-kt)\,dt} = \dfrac{\int_1^0 t \cdot \dfrac{dA}{-k}}{\int_1^0 \dfrac{dA}{-k}} = \dfrac{\int_1^0 t \cdot dA}{\int_1^0 dA} = \dfrac{\int_1^0 \dfrac{\ln A}{-k}\,dA}{-1} = \dfrac{1}{k}\int_1^0 \ln A \cdot dA$

$= \dfrac{1}{k}\left\{ A \cdot \ln A - \left[\int dA(\ln A)\right]\right\}_1^0 = \dfrac{1}{k}\left(A \cdot \ln A \Big|_1^0 - \int_1^0 dA \right) = \dfrac{1}{k}(0+1) = \dfrac{1}{k}$

【解題思路技巧〈2〉】：

　　我們一再提醒：在解「化學動力學」題目時，凡是有關反應級數的題目，除非題目已清楚講明反應級數多少，否則就必須先假設是「零級反應」來開始解題。當「零級反應」解不通時，再改用「1級反應」解題目。

◎ 除非特殊例外，否則凡是看到〝放射元素衰變〞和〝同位素衰變〞等的「放射反應」之動力學題目，一般皆爲「1級反應」。

◎ 一提到「1級反應」，馬上就要聯想到（2.5）式、（2.6）式、（2.7）式、（2.8）式及「1級反應」的三大特點：

(1) 由（2.5）式，可知：「1級反應」的反應速率常數 k_1 之單位是〝(時間)$^{-1}$〞。

　　⇒ 所以只要看到題目裏反應速率常數的單位是〝1/時間〞，則可百分百肯定它是「1級反應」。

(2) 由（2.6）式，可知：「1級反應」的反應物濃度 ln[A] 對時間 t 做圖，可得一條斜率爲（$-k_1$）的直線。

(3) 由（2.10a）式，可知：「1級反應」的半衰期（$t_{1/2}$）和反應速率常數 k_1 成反比，卻和反應物濃度無關。

　　⇒ 或者由（2.10b）式，可知：「1級反應」的任何「1/n 衰期」$t_{1/n}$ 皆與反應物的濃度無關。

◎ 一旦知道是「1級反應」後，若題目要求計算「反應速率常數」k、半衰期 $t_{1/2}$？或者其它問題時，

(i) 簡單題型：則採用前面（2.5）式－（2.11）式處理。

(ii) 複雜題型：則採用以下介紹【題型一】～【題型二】方法處理。

　　「1級反應」是考試常考題材。因爲它的題型可以變化多端，往往乍看之下，被它的外表所騙，而認不出原來它正是「1級反應」。關於它的題型變化，原則上，歸納整理於以下【題型一】～【題型二】。

【題型一】：以反應物分解的百分數來表示「1 級反應」的速率方程式，是常用方法之一。

若以成份 A 為主反應物，設 $[A]_0$ 及 $[A]$ 分別為反應初態及反應到時間 t 時之 A 物質的量，y 為時間 $t=0 \longrightarrow t=t$ 時反應物 A 的「轉化率」（degree of dissociation of A），其定義為：

$$y = \frac{\text{已用掉反應物的濃度}}{\text{反應物的初濃度}} = \frac{[A]_0-[A]}{[A]_0} = 1-\frac{[A]}{[A]_0} \qquad (2.12)$$

y 常稱做反應物 A 的「動力學轉化率」（degree of dissociation of kinetics），它有別於「熱力學平衡轉化率」（degree of dissociation under equilibrium of thermodynamics），y_e。並且 $y \leq y_e$。

設 y 為 t 時間時原始反應物分解的百分數，用 a 表示初濃度，x 表示反應掉的濃度時，則 $y = x/a$。

$a-x = a-ay$ 代入（2.9）式後得到：$\ln\dfrac{a}{a-x} = \ln\dfrac{a}{a-ay} = \ln\dfrac{1}{1-y}$

故

$$k_1 t = \ln\frac{1}{1-y} \qquad (2.13)$$

【例1】乙烷裂解製取乙烯的反應如下：$C_2H_6 \longrightarrow C_2H_4 + H_2$

已知 1073°K 時的反應速率常數 $k = 3.43\ s^{-1}$，問當乙烷轉化率為 50%、75% 時，分別需要多少時間？

───────────────────────────────────

【解】：從速率常數 k 的單位可判斷得知：該反應為「1 級反應」。

則由（2.13）式得到：

$$t_1 = \frac{1}{k_1}\cdot\ln\frac{1}{1-y} = \frac{1}{3.43}\cdot\ln\frac{1}{1-0.5} = 0.202\ s \quad（乙烷轉化率為 50\% 時）$$

$$t_2 = \frac{1}{3.43}\cdot\ln\frac{1}{1-0.75} = 0.404\ s \quad（乙烷轉化率為 75\% 時）$$

又由（2.10）式得到：$t_{1/2} = \dfrac{0.693}{k_1} = \dfrac{0.693}{3.43} = 0.202\ s$

我們也可以認為轉化 75% 相當於：把轉化了 50% 後餘下的反應物再轉化 50%。對「1 級反應」來說，已知反應物的轉化率與初濃度無關，相同轉化率所需時間應是相同的，因此轉化率為 75% 時間應為 $2\times t_{1/2} = 0.404\ s$（見圖 2.3）。

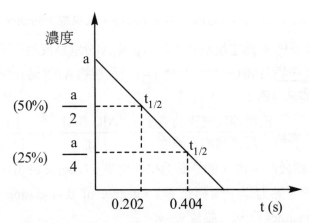

圖 2.3 由本圖可知：「1 級反應」的半衰期與初濃度無關。

【題型二】：除壓力、體積之外，經常使用的物理量還有旋光度、電導度等。下面導出對
「1 級反應」適用的旋光度與濃度的關係式。

詳情續見第三章§3.1 之介紹。

　　設 α_0 為開始時溶液的旋光度，α_∞ 為反應結束時溶液的旋光度，α_t 為 t
時刻溶液的旋光度。設反應物的初濃度為 a，t 時刻反應掉的濃度為 x，則反
應掉的比例為 x/a，剩餘比例為 $(1-x/a)$。因此，在 t 時刻溶液的旋光度 α_t 可
表示為：

$$\alpha_t = (1-\frac{x}{a})\alpha_0 + \frac{x}{a}\alpha_\infty = \alpha_0 - (\alpha_0 - \alpha_\infty)\frac{x}{a}$$

整理後得到：

$$\frac{x}{a} = \frac{\alpha_0 - \alpha_t}{\alpha_0 - \alpha_\infty}$$

或

$$\frac{\text{反應物在 t 時間的剩餘濃度}}{\text{反應物的初濃度}} = \frac{a-x}{a} = \frac{\alpha_\infty - \alpha_t}{\alpha_\infty - \alpha_0}$$

將上式代入（2.9）式，可知：

$$k_1 t = \ln\frac{\alpha_\infty - \alpha_0}{\alpha_\infty - \alpha_t}$$

便可進行計算。

【例2】用旋光儀測定蔗糖轉化速率，在 298°K，不同時間所測得的旋光度 α_t 如下：

t (s)	0	10	20	40	80	180	300	∞
$\alpha_t(°)$	6.60	6.17	5.79	5.00	3.71	1.41	−0.24	−1.98

試確定「反應級數」和「反應速率常數」。

————————————————————————————

【解】：∵「零級反應」可簡單證明不能成立，故改設該反應爲「1 級反應」。

$$C_{12}H_{22}O_{11}+H_2O \xrightarrow{H_3O^+} C_6H_{12}O_6 \quad + \quad C_6H_{12}O_6$$

（蔗糖）　　　　　　　　（葡萄糖）　　（果糖）

t = 0 時：　　　a　　　　　　　　　0　　　　　　0

t = t 時：　　a−x　　　　　　　　x　　　　　　x

t =∞時：　　　0　　　　　　　　　a　　　　　　a

　　反應物和產物都具有旋光性質，蔗糖和葡萄糖爲右旋（$\alpha>0$），果糖爲左旋（$\alpha<0$）。故在反應過程中，系統會逐漸由右旋轉變爲左旋。又旋光度正比於[物質的濃度]，設蔗糖、果糖和葡萄糖的旋光度與濃度的比例常數分別爲 c_1、c_2 和 c_3，因而在一定條件下測定反應系統的旋光度時 $\alpha_0 = c_1 a$，$\alpha_\infty = c_3 a - c_2 a$，$\alpha_t = c_1(a-x) - c_2 x + c_3 x$

則 $a = \dfrac{\alpha_0 - \alpha_\infty}{c_1 + c_2 - c_3}$，$a-x = \dfrac{\alpha_t - \alpha_\infty}{c_1 + c_2 - c_3}$

　　　將上兩式代入（2.9）式，得：$k = \dfrac{1}{t} \cdot \ln \dfrac{a}{a-x} = \dfrac{1}{t} \cdot \ln \dfrac{\alpha_0 - \alpha_\infty}{\alpha_t - \alpha_\infty}$

所以 $\ln(\alpha_t - \alpha_\infty) = \ln(\alpha_0 - \alpha_\infty) - kt$

將所給數據做相對應的變換，得：

t (s)	0	10	20	40	80	180	300
$(\alpha_t - \alpha_\infty)$	8.58	8.15	7.77	6.98	5.69	3.38	1.74
$\ln(\alpha_t - \alpha_\infty)$	2.15	2.10	2.05	1.94	1.74	1.22	0.554
$k \times 10^{-3}/s^{-1}$	——	5.14	4.96	5.16	5.13	5.18	5.32

做 $\ln(\alpha_t - \alpha_\infty)$ 對 t 的圖，可得一直線，根據「1 級反應」的特點，可知這證明該反應爲「1 級反應」。

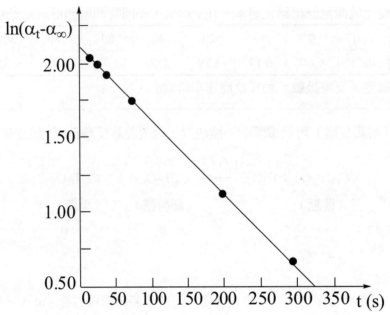

由直線斜率求得：$k = 5.15 \times 10^{-3} \, s^{-1}$

上述 k 值亦可由上面表裏的最後一列求得。

例 2.2.1

1 級反應以何者對時間做一直線，反應速率常數等於直線的什麼？

：以 $\ln\dfrac{[A]_0}{[A]}$（或 $\log\dfrac{[A]_0}{[A]}$）對時間做圖為一直線，參考（2.6）式。

反應速率常數等於直線的〝－斜率〞（或〝－2.303×斜率〞）。

例 2.2.2

對 1 級反應下列說法正確的是：

（a）$t_{1/2}$ 與初濃度成正比。 　　　　（b）$\dfrac{1}{c}$ 對 t 做圖為一直線。

（c）速率常數單位為（時間）$^{-1}$。 　　（d）只有一種反應物。

：（c）。（a）由（2.10a）可知：$t_{1/2}=\ln2/k_1$，即 $t_{1/2}$ 和初濃度無關。

　　　（b）由（2.6）式可知：$\ln c-\ln c_0=-k_1 t$，即 $\ln c$ 對 t 做圖，可得一直線。

　　　（d）「1 級反應」的反應物不一定只有 1 種，可能有 2 種、甚至 3 種。

例 2.2.3

某放射性同位素的半衰期為 5d，則 15d 後所剩下的同位素為原來的多少？

：$\dfrac{1}{8}$。

【解題思考技巧〈2〉】曾強調過：放射性同位素衰變為「1 級反應」。

於是根據（2.10）式，可得：$k=\dfrac{\ln2}{t_{1/2}}=\dfrac{\ln2}{5d}$ 　　　　　　　　（ㄅ）

又依據（2.6）式，可知：$k\cdot t=\ln([A]_0/x)$ 　　　　　　　　　　　　（ㄆ）

其中 $[A]_0$ 為該放射性同位素的初量，x 為經過時間 15d 後所剩下的量，於是 k =（ㄅ）式，t = 15 d，皆代入（ㄆ）式，計算後可得：$x/[A]_0=1/8$

例 2.2.4

某反應的反應速率常數 $k=4.62\times10^{-2}\ s^{-1}$，則反應掉 3/4 所需要的時間為？

：觀察本題的反應速率常數 k 之單位是 〝1/sec〞，即 〝(時間)$^{-1}$〞，故可知本題反應為「1 級反應」。

又反應掉 3/4，表示反應剩下 1/4，故依據（2.6）式，則

$$k \cdot t_{1/4} = \ln([A]_0 / 1/4[A]_0) \Rightarrow t_{1/4} = \frac{\ln 4}{k} = \frac{2\ln 2}{4.62 \times 10^{-2}} = 30 \text{ sec}$$

▄ 例 2.2.5 ▄

反應 B ⟶ Z，當 B 反應掉 3/4 所需時間恰是它反應掉 1/2 所需時間的 2 倍，該反應幾級？

：該反應為「1 級反應」。先考慮「零級反應」，利用（2.2）式，與題意不合，故改考慮「1 級反應」。因為對「1 級反應」，依據(2.6)式，

可知：$k \cdot t_{1/2} = \ln([A]_0/1/2[A]_0)$ 及 $k \cdot t_{1/4} = \ln([A]_0/1/4[A]_0)$

上下二式相除得：$t_{1/2}/t_{1/4} = 1/2$

正合乎題意要求，故本反應為「1 級反應」。

▄ 例 2.2.6 ▄

某人工放射性元素放出 α 粒子，半衰期為 15 min，試問該元素有 80%分解，需多長時間？

：根據題意，已知「放射反應」一般為「1 級反應」。

$$k = \frac{\ln 2}{t_{1/2}} = \frac{\ln 2}{15} = 0.04621 \text{ min}^{-1}$$

$$t = \frac{\ln \dfrac{1}{1-x}}{k} = \frac{\ln \dfrac{1}{1-0.8}}{0.04621} = 34.83 \text{ min}$$

▄ 例 2.2.7 ▄

若一個化學反應是「1 級反應」，則該反應的速率與反應物濃度一次方成正比。（是非題）

：（○）。∵依據（2.5）式。

▄ 例 2.2.8 ▄

反應：$SO_2Cl_2 \longrightarrow SO_2 + Cl_2$ 為 1 級氣相反應，320°C 時 k= $2.2 \times 10^{-5}\text{s}^{-1}$。

問在 320°C 加熱 90 min，SO_2Cl_2 的分解百分數為多少？

：依據（2.13）式：$kt = \ln\dfrac{1}{1-y}$，$2.2\times10^{-5}\,s^{-1}\times90\times60s = \ln\dfrac{1}{1-y}$

$\ln\dfrac{1}{1-y} = 0.1188$，$y = 11.20\%$

例 2.2.9

對於「1 級反應」的特性，下列說法正確的是：

（a）ln[A]與 t 做圖，反應速率常數 k 等於直線的斜率。

（b）ln[A]與 t 做圖，反應速率常數 k 等於直線的斜率的負值。

（c）ln([A]₀/[A])與 t 做圖，直線經過原點，反應速率常數 k 等於直線的斜率。

（d）ln([A]₀/[A])與 t 做圖，直線不經過原點，反應速率常數 k 等於直線的斜率。

（e）ln([A]₀/[A])與 t 做圖，直線經過原點，反應速率常數 k 等於直線的斜率的負值。

：（b、c）。

（a）由(2.6)式可知：$\ln[A]-\ln[A]_0 = -kt \Rightarrow$ 故 ln[A]對 t 做圖，可得斜率為(−k)的直線。

（d）（e）由(2.6)式可得知：$\ln([A]_0/[A]) = kt \Rightarrow$ 故 ln([A]₀/[A])對 t 做圖，可得斜率為(+k)且通過原點的直線。

例 2.2.10

298°K 時 N_2O_5 (g) 分解反應的半衰期 $t_{1/2}$ 為 5.7 h，此值與 N_2O_5 的初濃度無關，試求：

（1）該反應的速率常數。

（2）反應完成 90%時所需的時間。

：由題目的第二句話，可知本題反應屬於「1 級反應」。

（1）$k = \dfrac{\ln2}{t_{1/2}} = \dfrac{\ln2}{5.7} = 0.1216\,h^{-1}$

（2）$t = \dfrac{\ln\dfrac{1}{1-x}}{k} = \dfrac{\ln\dfrac{1}{1-0.9}}{0.1216} = 18.94\,h$

例 2.2.11

某 1 級反應：A ⟶ B 的半衰期為 10 min。求 1 小時後 A 剩餘的百分數。

：由(2.10a)式：$t_{1/2} = \dfrac{0.693}{k} = 10\ \text{min} \Rightarrow k = 0.0693\ \text{min}^{-1}$

依據(2.13)式：$kt = \ln\dfrac{1}{1-y} \Rightarrow 0.0693 \times 1 \times 60 = \ln\dfrac{1}{1-y} \Rightarrow \dfrac{1}{1-y} = 63.944$

$\Rightarrow 1-y = 0.0156 \quad \therefore\ 1.56\%$

▪例 2.2.12 ▪

40°C，N_2O_5 在 CCl_4 溶液中進行分解反應，反應為 1 級，測得初速率 $r_{A,0} = 1.00 \times 10^{-5}\ \text{mole} \cdot \text{dm}^{-3} \cdot \text{s}^{-1}$，1h 時的瞬間反應速率 $r_A = 3.26 \times 10^{-6}\ \text{mole} \cdot \text{dm}^{-3} \cdot \text{s}^{-1}$，試求

（1）反應速率常數 k_A。　　　（2）半衰期 $t_{1/2}$。　　　（3）初濃度 $[A]_0$。

：（1）$\because$ 由（2.5）式，可知：$r_A = k_A[A]$，

則 $\dfrac{r_{A,0}}{r_A} = \dfrac{[A]_0}{[A]} = \dfrac{1.00 \times 10^{-5}\ \text{mole} \cdot \text{dm}^{-3} \cdot \text{s}^{-1}}{3.26 \times 10^{-6}\ \text{mole} \cdot \text{dm}^{-3} \cdot \text{s}^{-1}}$

又依據（2.6）式，可得：$k_A = \dfrac{1}{3600\text{s}} \cdot \ln\dfrac{1.00 \times 10^{-5}}{3.26 \times 10^{-6}} = 3.11 \times 10^{-4}\ \text{s}^{-1}$

（2）$\because$ 利用（2.10）式，$\therefore t_{1/2} = \dfrac{0.693}{k_A} = \dfrac{0.693}{3.11 \times 10^{-4}\ \text{s}^{-1}} = 2.23 \times 10^3\ \text{s}$

（3）$[A]_0 = \dfrac{r_{A,0}}{k_A} = \dfrac{1.00 \times 10^{-5}\ \text{mole} \cdot \text{dm}^{-3} \cdot \text{s}^{-1}}{3.11 \times 10^{-4}\ \text{s}^{-1}} = 0.0322\ \text{mole} \cdot \text{dm}^{-3}$

▪例 2.2.13 ▪

某 1 級反應，在一定溫度下反應進行 10 min 後，反應物反應掉 30%。問反應掉 50% 需多少 min？

：$t = 10\ \text{min}$，反應物反應掉 30%，即轉化率 $\alpha = 0.30$。已知本反應為「1 級反應」，則依據（2.13）式，可得反應速率常數：

$$k = \ln[1/(1-y)]/t = \ln[1/(1-0.30)]/10\ \text{min} = 0.03567\ \text{min}$$

又反應物反應掉 50% 所需的時間，即求反應的半衰期。

故依據（2.10）式，得：$t_{1/2} = \ln2/k = 19.43\ \text{min}$

▪例 2.2.14 ▪

某反應的速率常數 k 等於 $4.62 \times 10^{-2}\ \text{min}^{-1}$，則反應的半衰期等於？

：$t_{1/2} = 15\text{min}$。因為由題目的反應速率常數 k 之單位，可以判斷本反應為「1 級反應」。

故根據（2.10）式，則 $t_{1/2} = \ln2/k = \ln2/4.62\times10^{-2}$

例 2.2.15

某液相反應在溫度 T 時為「1 級反應」，已知初反應速率 $r_0 = 1.00\times10^{-5}\ \text{mole} \cdot \text{dm}^{-3} \cdot \text{s}^{-1}$，1 小時後的反應速率為 $3.26\times10^{-6}\ \text{mole} \cdot \text{dm}^{-3} \cdot \text{s}^{-1}$。試求：

（1）速率常數 $k(T) = ?$

（2）反應的半衰期 $t_{1/2} = ?$

（3）初濃度 $c_0 = ?$

：（1）由 1 級反應速率方程式（即（2.5）式）知：$r_t = k \cdot c_t$，於是

初速率：$r_0 = 1.00\times10^{-5}\ \text{mole} \cdot \text{dm}^{-3} \cdot \text{s}^{-1} = k \cdot c_0$　　　　　　（ㄅ）

1 小時後的速率：$r_t = 3.26\times10^{-6}\ \text{mole} \cdot \text{dm}^{-3} \cdot \text{s}^{-1} = k \cdot c_t$　　　（ㄆ）

由（ㄅ）和（ㄆ）二式聯立，得：$\dfrac{c_t}{c_0} = \dfrac{r_t}{r_0} = 0.326$

又 $t = 1\text{h} = 3600\ \text{s}$，由（2.7）式：$k = t\ln\dfrac{c_0}{c_t}$，故得：$k = t \cdot \ln\dfrac{c_0}{c_t}$

$k = 3.11\times10^{-4}\ \text{s}^{-1}$

（2）∵依據（2.10）式∴$t_{1/2} = \dfrac{\ln2}{k} = 2.229\times10^3\ \text{s}$

（3）將 $k = 3.11\times10^{-4}\ \text{s}^{-1}$ 代入（a）式得初濃度為：$c_0 = \dfrac{r_t}{k} = 0.03215\ \text{mole} \cdot \text{dm}^{-3}$

例 2.2.16

把一定量的 $PH_{3(g)}$ 迅速引入溫度為 950°K 的已抽空容器中，待反應物達到該溫度時開始計時（此時已有部份分解），測得實驗數據如下表所示。

t(s)	0	58	108	∞
$p(\text{kP}_a)$	35.00	36.34	36.68	36.85

已知反應：$4PH_{3(g)} \xrightarrow{\ k\ } P_{4(g)} + 6H_{2(g)}$ 為「1 級反應」，求該反應的反應速率常數 k 值（設在 $t = \infty$ 時反應全部完成）。

：由反應　　　$4PH_{3\,(g)}$　$\xrightarrow{\ \ k\ \ }$　　$P_{4\,(g)}$　　$+$　　$6H_{2\,(g)}$　　　　總壓力

t＝0 時：　　　p_0　　　　　　　0　　　　　0　　　　　p_0

　一)　　　　　x

t＝t 時：　　　$p_0 - x$　　　$\dfrac{1}{4}x$　　　$\dfrac{6}{4}x$　　　$p(總) = p_0 + \dfrac{3}{4}x$

t＝∞時：　　　　0　　　　$\dfrac{1}{4}p_0$　　　$\dfrac{6}{4}p_0$　　　$P\infty = \dfrac{7}{4}p_0$

即 t＝t 時：$p(總) = (p_0 - x) + \dfrac{x}{4} + \dfrac{6}{4}x = p_0 + \dfrac{3}{4}x \Rightarrow x = \dfrac{4}{3}[p(總) - p_0]$　　　　（ㄅ）

當 t＝∞：

$$\begin{cases} \because P_\infty = \dfrac{p_0}{4} + \dfrac{6}{4}p_0 \Rightarrow p_\infty = \dfrac{7}{4}p_0 = \dfrac{3}{4}x + p_0 ,\ 得\ p_0 = x \\[3mm] \therefore P_\infty = \dfrac{7}{4}P_0 = \dfrac{7}{4}P_x = 36.85\,kP_a \Rightarrow 故\ x = 21.06\,kP_a \end{cases}$$　　（ㄆ）

（ㄆ）式代入（ㄅ）式得：

$$P(PH_3) = p_0 - x = p_0 - \dfrac{4}{3}\left[p(總) - p_0\right] = -\dfrac{4p(總) + 7p_0}{3}$$

得出的數據重新整理，如下表所示。

T(s)	0	58	108	∞
$p(kP_a)$	35.00	36.34	36.68	36.85
$p_{PH_3}\ (kP_a)$	2.473	0.6867	0.2333	0
$Ln\,p_{PH_3}$	0.9054	−0.3759	−1.455	——

由題目已知反應爲「1 級反應」，則

$$\ln \dfrac{反應物的初濃度}{反應物的剩餘濃度} = \ln \dfrac{P(PH_3)_0}{P(PH_3)} = kt$$

$\Rightarrow$ 故 $\ln P(PH_3) = \ln P(PH_3)_0 - kt$

即 $\ln(p)$ 對 t 是一直線，在直線上選兩點（0，0.9054）和（108，−1.455），

得其斜率，求得：

$$k = -斜率 = \dfrac{1.455 + 0.9054}{108 - 0} = 0.0219\,s^{-1}$$

[另解]：

$$4PH_{3(g)} \xrightarrow{\ k\ } P_{4(g)} + 6H_{2(g)}$$

$t=0$ 時： p_0 p' $6p'$

$t=t$ 時： p $0.25(p_0-p)+p'$ $1.5(p_0-p)+6p'$

$t=\infty$ 時： 0 $0.25p_0+p'$ $1.5p_0+6p'$

則 $p_{總,0}=p_0+7p'$ （ㄅ）

$p_{總,t}=1.75p_0-0.75p+7p'$ （ㄆ）

$p_{總,\infty}=1.75p_0+7p'$ （ㄇ）

將（ㄇ）式代入（ㄆ）式，得：$p_{總,t}=p_{總,\infty}-0.75p$

$$p=\frac{4}{3}(p_{總,\infty}-p_{總,t}) \tag{ㄈ}$$

（ㄇ）式－（ㄅ）式，得：$p_{總,\infty}-p_{總,0}=0.75p_0$

$$p_0=\frac{4}{3}(p_{總,\infty}-p_{總,0}) \tag{ㄉ}$$

將（ㄈ）式、（ㄉ）式代入 1 級反應動力學方程 $\ln(p_0/p)=kt$ 中，得

$$k=\frac{1}{t}\ln\frac{p_{總,\infty}-p_{總,0}}{p_{總,\infty}-p_{總,t}} \tag{ㄊ}$$

將 $t=58s$ 時的數據代入（ㄊ）式，得：

$$k=\left(\frac{1}{58}\times\ln\frac{36.85-35.00}{36.85-36.34}\right)s^{-1}=0.022s^{-1}$$

將 $t=108s$ 時的數據代入（ㄊ）式，得：

$$k=\left(\frac{1}{108}\times\ln\frac{36.85-35.00}{36.85-36.68}\right)s^{-1}=0.022s^{-1}$$

$\therefore$ 反應速率常數 $k=0.022s^{-1}$

例 2.2.17

對「1 級反應」來說，當反應物濃度下降到初值的 $\frac{1}{e}$（即 $c = \frac{c_0}{e}$）時，所需時間稱爲反應的"平均壽命"，用 τ 表示。試證明：$k\tau = 1$

：由「1 級反應」速率公式，即（2.6）式，可知：$\ln \frac{c_0}{c} = kt$

故依據題意，代入後得：$k\tau = \ln \frac{c_0}{c_0/e} = \ln e = 1$

例 2.2.18

25°C 時，蔗糖轉化反應：

$$C_{12}H_{22}O_{11} + H_2O \longrightarrow C_6H_{12}O_6 + C_6H_{12}O_6$$
（蔗糖）　　　　　　　　（葡萄糖）　（果糖）

的動力學數據如題表所示：（蔗糖初濃度爲 1.0023 mole·dm^{-3}）

時間(min)	0	30	60	90	130	180
蔗糖轉化量(mole·dm^{-3})	0	0.1001	0.1946	0.2770	0.3726	0.4676

試用做圖法證明此反應爲「1 級反應」，並求反應速率常數及半衰期。化學計量式中有 H_2O，而反應卻是「1 級反應」，是什麼原因？當蔗糖轉化率爲 95%時須用多長時間？

：$C_{12}H_{22}O_{11} + H_2O \longrightarrow C_6H_{12}O_6 + C_6H_{12}O_6$
　（蔗糖）　　　　　　　（葡萄糖）　　（果糖）

已知蔗糖初濃度是 1.0023 mole·dm^{-3}

時間(min)	0	30	60	90	130	180
蔗糖轉化量 (mole·dm^{-3})	0	0.1001	0.1946	0.2770	0.3726	0.4676
蔗糖剩餘量[A] (mole·dm^{-3})	1.0023	0.9022	0.8077	0.7253	0.6297	0.5347
ln[A]	2.297×10^{-3}	-0.1029	-0.2136	-0.3212	-0.4625	-0.6260

由(2.6)式：$\ln[A] = -kt + \ln[A]_0$

$\ln[A]_0 - \ln[A] = kt \Rightarrow (2.297 \times 10^{-3} + 0.0129)/30 = k \Rightarrow k = 3.49 \times 10^{-3}$ min^{-3}

由（2.10a）式：$t_{1/2} = \dfrac{0.693}{3.49 \times 10^{-3}} \min = 199 \min$

由（2.13）式：$kt = \ln \dfrac{1}{1-y}$

可求得：$3.49 \times 10^{-3} \times t = \ln \dfrac{1}{1-0.95} \Rightarrow t = 859 \min$

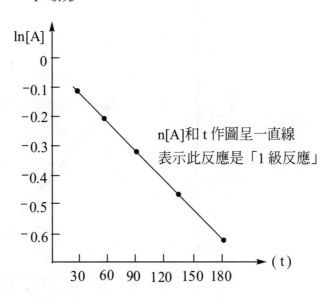

n[A]和 t 作圖呈一直線
表示此反應是「1 級反應」

例 2.2.19

某抗菌素在人體血液中呈現簡單級數的反應，如果給病人在上午 8 點注射一針抗菌素，然後在不同時刻 t 測定抗菌素在血液中的濃度 c（以 mg/100 cm³ 表示），得到的數據如所示。

t(h)	4	8	12	16
c(mg · 100cm⁻³)	0.480	0.326	0.222	0.151

（1）確定反應級數。

（2）求反應速率常數 k 和半衰期 $t_{1/2}$。

（3）若抗菌素在血液中濃度不低於 0.37 mg/100cm³ 才為有效，問大約何時該注射第 2 針？

：（1）假設反應為「1級反應」，則依據題意計算結果，改寫成如下表所示。

t(h)	4	8	12	16
ln c	-0.734	-1.121	-1.505	-1.890

又由（2.6）式，可知：$\ln c = \ln c_0 - kt$

做 $\ln c$ 對 t 圖，可得一直線，如下所示。

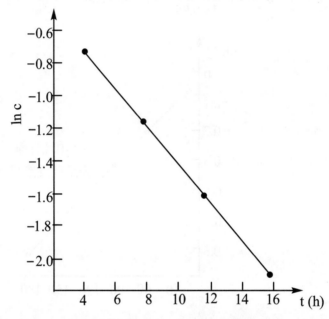

（2）在直線上選兩點：（4，-0.734）和（16，-1.890），則有

$$k = -\frac{(-1.89)-(-0.734)}{16-4} = 0.096\ h^{-1}\ 且\ t_{1/2} = \frac{\ln 2}{k} = \frac{\ln 2}{0.096} = 7.22\ h$$

（3）$\ln \dfrac{c_0}{0.48} = 0.096 \times 4 \implies c_0 = 0.7047\ mg/100\ cm^3$

$$\therefore（2.6）式 \therefore t = \frac{1}{k} \cdot \ln \frac{c_0}{c} = \frac{1}{0.096} \cdot \ln \frac{0.7047}{0.37} = 6.71\ h$$

▬例 **2.2.20** ▬

某「1級反應」：A $\longrightarrow$ 產物

初速率 $-\dfrac{d[A]}{dt}$ 為 $1 \times 10^{-3}\ mole \cdot dm^{-3} \cdot min^{-1}$，1h 後速率為 $0.25 \times 10^{-3}\ mole \cdot dm^{-3} \cdot min^{-1}$。

求 k，$t_{1/2}$ 和 $[A]_0$（即初濃度）。

：根據（2.5）式：$-\dfrac{d[A]}{dt} = k\,[A]$

$1 \times 10^{-3}\ \text{mole} \cdot \text{dm}^{-3} \cdot \text{min}^{-1} = k\,[A]_0$ 　　　　　　　　　　（ㄅ）

$0.25 \times 10^{-3}\ \text{mole} \cdot \text{dm}^{-3} \cdot \text{min}^{-1} = k\,[A]$ 　　　　　　　　（ㄆ）

$\Rightarrow \dfrac{（ㄅ）式}{（ㄆ）式} = \dfrac{[A]_0}{[A]} = 4$

根據（2.6）式：$k = \dfrac{1}{t}\ln\dfrac{[A]_0}{[A]} = \dfrac{1}{60}\ln 4 = 0.0231\ \text{min}^{-1}$

根據（2.10）式：$t_{1/2} = \dfrac{\ln 2}{k} = \dfrac{0.693}{0.0231} = 30\ \text{min}$

根據（2.5）式：$-\dfrac{d[A]}{dt} = k[A]$

可得：

$$[A]_0 = 1 \times 10^{-3} \times \dfrac{1}{0.0231} = 0.0433\ \text{mole} \cdot \text{dm}^{-3}$$

例 2.2.21

高溫時，氣態二甲醚的分解為「1 級反應」 $CH_3OCH_3 \longrightarrow CH_4 + CO + H_2$

迅速將二甲醚引入一個 504°C 的已抽成真空的瓶中，並在不同時刻 t 測定瓶內壓力 p(總)：

t/s	0	390	665	1195	2240	3155	∞
p(總)/kP$_a$	41.6	54.40	62.40	74.93	95.19	103.9	124.1

（1）用做圖法求速率常數。

（2）求半衰期。

：（1）　　　　　$CH_3OCH_3 \longrightarrow \quad CH_4 \ + \ CO \ + \ H_2$ 　　總壓力

　　t = 0 時：　p_0 　　　　　　　　0　　　0　　　0　　　　p_0

　　　　　－)　　　x

　　t = t 時：　$p_0 - x$ 　　　　　　x　　　x　　　x　　　　p(總)

　　令 t = t 時的 CH_3OCH_3 壓力為 $p = p_0 - x \Rightarrow x = p_0 - p$

　　$p(總) = (p_0 - x) + x + x + x = p_0 + 2x = 3p_0 - 2p \Rightarrow p = \dfrac{3}{2}p_0 - \dfrac{1}{2}p(總)$

根據（2.8）式可知：$k = \dfrac{1}{t} \ln \dfrac{P_0}{P}$ 即 $\ln(p)$對 t 為直線關係。

故整理數據如下：

t/s	0	390	665	1195	2240	3155
p/kP_a	41.6	55.2	31.2	24.9	14.8	10.5
$\ln(p)$	10.64	10.47	10.35	10.12	9.60	9.25

解得：$k = -$斜率$= 4.5 \times 10^{-4} \, s^{-1}$

（2）$t_{1/2} = \dfrac{\ln 2}{k} = \dfrac{\ln 2}{4.5 \times 10^{-4}} = 1.6 \times 10^3 \, s$

例 2.2.22

放射性同位素 $_{84}Po^{210}$ 經 α 衰變生成穩定的 $_{82}Pb^{206}$，實驗測得此放射性同位素經十四天後放射性降低了 6.85%。試求此同位素的衰變速率常數和半衰期，並計算 $_{84}Po^{210}$ 衰變掉 90% 所需的時間。

：已知放射性元素 $_{84}Po^{210}$ 的衰變反應為「1 級反應」

$$_{84}Po^{210} \longrightarrow {}_{82}Pb^{206} + {}_2He^4$$

假設 $_{84}Po^{210}$ 原始放射性為 100%，14 天後降低了 6.85%，即剩餘的放射性為 93.15%，將這些數據代入（2.8）式，可得衰變速率常數：

$$k_1 = \frac{1}{14} \ln \frac{100}{93.15} = 0.00507 \ 天^{-1}$$

由（2.10）式可求得「半衰期」：

$$t_{1/2} = \frac{0.693}{k_1} = \frac{0.693}{0.00507} = 137 \ 天$$

由（2.8）式還可算出 $_{84}Po^{210}$ 衰變掉 90%所需的時間：

$$t = \frac{1}{k_1} \ln \frac{[A]_0}{[A]} = \frac{1}{0.00507} \ln \frac{100}{10} = 454 \ 天$$

┐例 2.2.23 ┌

某反應 A ———→ Y，其速率常數爲 $k_A = 6.93 \text{ min}^{-1}$，則該反應物 A 的濃度從 1.0 mole · dm^{-3} 變到 0.5 mole · dm^{-3} 所需的時間是：

（a）0.2 min （b）0.1 min （c）1 min

：（b）。由題目的反應速率常數 k 之單位，可以判斷本反應爲「1 級反應」。

故依據（2.6）式，則 $\ln \dfrac{1.0}{0.5} = 6.93 \times t \Longrightarrow t = 0.1$ min。

┐例 2.2.24 ┌

某化學反應經證明是「1 級反應」，它的速率常數在 298°K 時是 $k = (2.303/3600)\text{s}^{-1}$，$c_0 = 1$ mole · dm^{-3}。

（1）該反應初速率 r_0 爲多少？

（2）該反應的半衰期 $t_{1/2} = ?$

（3）設反應進行了 1 小時，在這時刻反應速率 r_1 爲多少？

：（1）根據（2.5）式：$r = k \cdot [c]_0 = (2.303/3600)\text{s}^{-1} \cdot 1\text{mole} \cdot dm^{-3}$
$$= 6.40 \times 10^{-4} \text{ mole} \cdot dm^{-3} \cdot \text{s}^{-1}$$

（2）根據（2.10）式：$t_{1/2} = \dfrac{\ln 2}{k} = \dfrac{0.693 \cdot 3600}{2.303} = 1083.3\text{s}$

（3）根據（2.7）式：$[c] = [c]_0 \times e^{-kt} = 1 \text{ mole} \cdot \exp\{-[(2.303/3600)\text{s}^{-1} \cdot 3600\text{s}]\}$
$$= 99.96 \times 10^{-3} \text{ mole} \cdot dm^{-3}$$

┐例 2.2.25 ┌

^{14}C 放射性衰變的半衰期 $t_{1/2} = 5730$ 年，今在一木乃伊中測得 ^{14}C 占 C 的含量只有 72%，試問該樣品距今有多少年？

：已知「放射反應」爲「1 級反應」，故依據（2.10）式：

$$t_{1/2} = \ln 2/k \Longrightarrow k = \ln 2/t_{1/2} = \ln 2/5730$$

又依據（2.6）式，可知：

$$kt = \ln([A]_0 / [A]) \Longrightarrow t = \frac{\ln([A]_0 / [A])}{k} = \frac{\ln(100/72)}{\ln 2/5730} = 2716 \text{年}$$

例 **2.2.26**

在 373°K，氣相反應 A ———→ 2B＋C 是「1 級反應」，從純 A 開始實驗，10 min 時測得體系的總壓是 23.47 kPa，反應終了時的總壓爲 36.00 kPa。試由這些數據（1）計算 A 的始壓，（2）計算 100 min 時 A 的壓力（3）求反應速率常數 k（4）求此反應的半衰期。

：	A	———→	2B	＋	C	總壓力
當 $t_0 = 0$ 時：	p_0		0		0	p_0
當 $t = t$ 時：	p		$2(p_0-p)$		p_0-p	$p_t = 3p_0-2p$
當 $t_\infty = \infty$ 時：	0		$2p_0$		p_0	$p_\infty = 3p_0$

（1）$P_0 = P_\infty/3 = 12.00$ kpa

（2）根據（2.8）式，可知：

$$\ln(P_0/P_{100}) = kt \Rightarrow \ln P_0 - \ln P_{100} = kt \Rightarrow \ln P_{100} = \ln P_0 - kt = \ln 12 - (0.065) \times 100$$
$$\Rightarrow P_{100} = 0.01804 \text{ kpa}$$

（3）$k = (1/t) \cdot \ln(P_0/P_{100}) = 1/100 \cdot \ln(12.00/0.01804) = 0.065 \text{ min}^{-1}$

（4）依據（2.10）式，可知：$t_{1/2} = \ln2/k = 10.66$ min

例 **2.2.27**

請證明「1 級反應」在反應了初濃度的 $(2^x-1)/2^x$ 時所需時間爲 $t(x) = x \cdot \ln2/k$。

：$t(x)$ 時刻，剩下反應物濃度 $c_x = c_0 - \left(\dfrac{2^x-1}{2^x}\right) \cdot c_0 = \dfrac{c_0}{2^x}$

代入「1 級反應」的（2.6）式，可得：$kt(x) = n(c_0/c_x) = \ln2^x$

故 $t(x) = x \cdot \ln2/k = x \cdot t_{1/2}$

例 **2.2.28**

某有機化合物 A，在酸的催化下發生水解反應，在 323°K、pH = 5 的溶液中進行反應時，半衰期爲 69.3 min，在 pH = 4 時，半衰期爲 6.93 min，且在不同 pH 時，半衰期均與 A 的初濃度無關。設反應速率方程式爲 $r = k[A]^\alpha[H^+]^\beta$，回答：

（1）α、β 值；（2）323°K 時的 k；（3）323°K 時，pH = 3，A 水解 80% 所需時間？

：已知：$pH = -\log [H^+]$

（1）$-\dfrac{d[A]}{dt} = k[A]^\alpha [H^+]^\beta = k'[A]^\alpha$，$k' = k[H^+]^\beta$

　　題意已表明〝$t_{1/2}$ 與 [A] 的初濃度無關〞，可知：對 A 為「1 級反應」$\Rightarrow \alpha = 1$

　　故得：$t_{1/2} = \ln2/k' = 0.693/k[H^+]^\beta$

　　又 $69.3 = \ln2/k \cdot [10^{-5}]^\beta$ 和 $6.93 = \ln2/k \cdot [10^{-4}]^\beta$　二式相除後，得：

　　$\dfrac{69.3}{6.93} = \left[\dfrac{10^{-4}}{10^{-5}}\right]^\beta \Rightarrow$ 得：$\beta = 1$

（2）$69.3 = \dfrac{\ln2}{k \cdot [10^{-5}]^1} \Rightarrow$ 得：$k = 1.0 \times 10^3 \; mole \cdot dm^3 \cdot min^{-1}$

（3）依據 (2.13) 式：$\ln([A]_0/[A]) = k't \Rightarrow$ 得：$t = \dfrac{1}{1.0} \ln \dfrac{1}{1-0.8} = 1.61 \, min = 96.6s$

例 2.2.29

反應 $Co(NH_3)_5F^{2+} + H_2O \longrightarrow Co(NH_3)_5H_2O^{3+} + F^-$，

其速率方程為：$r = k[Co(NH_3)_5F^{2+}]^a [H^+]^b$

在一定溫度下，不同初濃度時測得 $t_{1/2}$ 和 $t_{3/4}$ 如下：

$[Co(NH_3)_5F^{2+}]_0 (mole \cdot dm^{-3})$	$[H^+]_0 (mole \cdot dm^{-3})$	$t_{1/2}(min)$	$t_{3/4}(min)$
0.100	0.010	60.0	121.0
0.200	0.020	30.5	60.0

求 a、b 及 k 值。

：本題屬於特殊酸催化反應，當 $[H^+]$ 保持不變時，即

　$r = k[Co(NH_3)_5F^{2+}]^a [H^+]^b = k'[Co(NH_3)_5F^{2+}]^a$

　$k' = k[H^+]^b$

由實驗數據可知：$2t_{1/2} \approx t_{3/4}$，參考【2.2.5】題知此乃「1 級反應」之規律 $\Rightarrow \therefore a = 1$

又依據（2.10）式：$t_{1/2} = \ln2/k' = \ln2/k[H^+]^b$　　　　　　　（ㄅ）

故 $t_{1/2}(I)/t_{1/2}(II) = k'(II)/k'(I) = ([H^+]_{II}/[H^+]_I)^b \Rightarrow \therefore b = 1$

$\therefore$ 利用（ㄅ）式：$k = \ln2/(t_{1/2}[H^+]) = 1.16 \, mole^{-1} \cdot dm^3 \cdot min^{-1}$

◢例 2.2.30 ◣

在 100ml 水溶液中含有 0.03mol 蔗糖和 0.1mol HCl，用旋光計測得在 28 時，經過 20 min 後，會有 32%的蔗糖發生水解。已知其水解為 1 級反應，求：

（1）經 20 min 後，該反應的反應速率？　　　（2）蔗糖剩下 30%時的反應速率？

（3）經 40 min 後，蔗糖水解的百分率為多少？

：（1）依據（2.13）式，可得：$k = \dfrac{1}{t} \cdot \ln \dfrac{1}{1-y} = \dfrac{1}{20} \cdot \ln \dfrac{1}{1-32} = 1.93 \times 10^{-2}\,min^{-1}$

（2）依據（2.5）式，可得：$r = k[A] = 1.93 \times 10^{-2} \times 0.3 = 5.98 \times 10^{-3}\,mole^{-1} \cdot min^{-1}$

（3）依據（2.7）式，可得：$[A]/[A]_0 = \exp(-kt) = \exp(-1.93 \times 10^{-2} \times 40) = 46.4\%$

　　　$\Rightarrow \therefore$ 蔗糖水解百分率為 53.6%。

◢例 2.2.31 ◣

金黴素在 310°K，pH = 5.5 時水解 1325min 後，測得金黴素濃度為 $6.19 \times 10^{-4}\,mol \cdot L^{-1}$，初濃度為 $6.33 \times 10^{-4}\,mol \cdot L^{-1}$，求該藥剩至 90%時之有效期(水解反應為 1 級反應)？

：$k = \dfrac{1}{t} \cdot \ln \dfrac{[A]_0}{[A]} = \dfrac{1}{1325} \cdot \ln \dfrac{6.33 \times 10^{-4}}{6.19 \times 10^{-4}} = 1.69 \times 10^{-5}\,min^{-1}$

故依據（2.6）式：即 $\ln([A]_0 / [A]) = kt \Rightarrow \ln([A]_0 / 0.9[A]_0) = kt \Rightarrow t = \dfrac{1}{k} \cdot \ln \dfrac{10}{9}$

$\Rightarrow t_{0.9} = 0.1055/k = 0.1055/1.69 \times 10^{-5} = 6243\,min$

◢例 2.2.32 ◣

對於 1 級反應，列式表示反應物反應掉 1/n 時所需時間？

：因反應物反應掉 1/n，表示反應物仍剩下 $\left(1 - \dfrac{1}{n-1}\right)$

故根據(2.6)式：$t = \dfrac{1}{k} \ln \dfrac{1}{1 - \dfrac{1}{n}} = \dfrac{1}{k} \ln \dfrac{n}{n-1}$

◢例 2.2.33 ◣

某一級反應的半衰期 $t_{1/2} = 10\,min$，當反應物反應掉 99.9%時，所需時間為：

（a）20min　　　（b）99.67min　　　（c）40min　　　（d）無法確定

：（b）。∵題意已知：反應物反應掉 99.9%，故剩下 0.1%。

∴依據（2.6）式，則 $\ln([A]_0/[A]) = \ln(1/0.1\%) = \ln 10^3 = kt$　　　　　（ㄅ）

又∵依據(2.10)式，已知 $t_{1/2} = \ln 2/k = 10\ \text{min} \implies k = \ln 2/10$　　　　（ㄆ）

∴（ㄆ）式代入（ㄅ）式，得：$t = \dfrac{\ln 10^3}{k} = \dfrac{10 \cdot \ln 10^3}{\ln 2} = 99.67\ \text{min}$

▄例 2.2.34 ▪

配製每毫升 400 單位的某種藥物溶液，經一個月後，分析其含量，為每毫升含有 300 單位，若此藥物溶液的分解服從 1 級反應，問：

（1）配製 40 天後其含量為多少？　　　　　　（2）藥物分解一半時，須經多少天？

：（1）先求出速率常數 k_1，則依據（2.6）式，可得：

$$k_1 = \frac{1}{30d} \cdot \ln \frac{400}{300} = 0.0096d^{-1} \implies 0.0096d^{-1} = \frac{1}{40d} \cdot \ln \frac{400}{c}$$

配製 40 天後，藥物溶液的含量為 $c = 273$ 單位 ml^{-1}。

（2）依據（2.10）式，可得：$t_{1/2} = \dfrac{0.693}{k_1} = \dfrac{0.693}{0.0096} = 72.2\ \text{d}$

▄例 2.2.35 ▪

質量數為 210 的放射同位素進行 β 放射，經 14 天後，同位素活性降低 6.85%。此同位素的半衰期為 （a）3.6 天　　（b）270.8 天　　（c）7.2 天　　（d）135.9 天

：（d）∵已知「放射反應」為「1 級反應」。

由(2.6)式可知：$kt = \ln \dfrac{[A]_0}{[A]} \Rightarrow k \times 14 = \ln \dfrac{100}{100 - 6.85} \Rightarrow k = 5.07 \times 10^{-3}$ 天$^{-1}$

又依據(2.10a)式：$t_{1/2} = \dfrac{\ln 2}{k} = \dfrac{0.693}{5.07 \times 10^{-3}} = 136$ 天

▄例 2.2.36 ▪

若定義反應物 A 的濃度下降到其初值的 $\dfrac{1}{e}$（e 是自然對數的底）所需時間 τ 為平均壽命，則 1 級反應的 τ＝？

：∵根據（2.6）式：$\ln([A]_0/[A]) = k_1t \implies \ln([A]_0/1/e[A]_0) = \ln e = 1 = k_1t = k_1\tau$

∴ $\tau = \dfrac{1}{k_1}$ 。

▪例 2.2.37 ▪

氣相 1 級反應：$A \longrightarrow B+C$，在恆溫恆容反應器中進行，假設 $t=0$ 時，只有反應物 A 存在，壓力為 $P_{A,0}$，在 $t=t$ 時，反應器壓力為 P。試證明：$k = \dfrac{1}{t} \cdot \ln\left(\dfrac{P_{A,0}}{2P_{A,0}-p}\right)$

：由　　　　　　A　$\longrightarrow$　B　+　C　　　總壓力

$t=0$ 時：　　　$P_{A,0}$　　　　0　　　0　　　$P_{A,0}$

$\underline{\qquad -)\qquad\qquad\quad x\qquad\qquad\qquad\qquad\qquad\qquad}$

　　　　　　　　$P_{A,0}-x$　　　　x　　　x

經過 t 時間後：　$P_{A,0}-P_B$　　　P_B　　　$P_C=P_B$　　　P(總)

即在 t 時間時 A 的壓力 $P_A = P_{A,0}-x = P_{A,0}-P_B$

而 B 和 C 的壓力 $P_B = P_C = x$

故系統總壓力：$P(總) = (P_{A,0}-P_B)+P_B+P_B = P_{A,0}+P_B \implies P_B = P(總)-P_{A,0}$

且此時反應物 A 的分壓：$P_A = P_{A,0}-P_B = P_{A,0}-(P(總)-P_{A,0}) = 2P_{A,0}-P(總)$

依據（2.8）式：$k = \dfrac{1}{t} \cdot \ln\left(\dfrac{P_{A,0}}{p_A}\right) = \dfrac{1}{t} \cdot \ln\left(\dfrac{P_{A,0}}{2P_{A,0}-P(總)}\right)$

（注意：本題請續見【2.2.40】題，做更進一步討論。）

▪例 2.2.38 ▪

定溫、定容的反應器中進行某 1 級的氣相反應 $A \longrightarrow B+C$，反應剛開始時，只有 A 存在，壓力為 $p_{0,A}$；反應進行到 t 時刻，反應器的壓力可測為 p，請設計實驗表格以便求該反應的速率常數。

：本題參考【2.2.37】題。

　　　　　　　A　$\longrightarrow$　B　+　C　　　總壓力

$t=0$　　　$P_{0,A}$　　　　0　　　0　　　$p_{A,0}$

$\underline{\qquad -)\qquad x \qquad\qquad\qquad\qquad\qquad\qquad\qquad}$

$t=t$　　　$P_{0,A}-x$　　　x　　　x　　　p(總)

體系總壓力：$p(總) = p_{A,0} - p_B + p_B + p_B = p_{A,0} + p_B$，$p_B = p(總) - p_{A,0}$

反應物 A 分壓力：$p_A = p_{A,0} - p_B = p_{A,0} - (p(總) - p_{A,0}) = 2p_{A,0} - p(總)$

對「1 級反應」而言，依據（2.8）式：

$$k = \frac{1}{t} \cdot \ln\frac{c_0}{c} = \frac{1}{t} \cdot \ln\frac{p_{A,0}}{p_A} = \frac{1}{t} \cdot \ln\frac{p_{A,0}}{2p_{A,0} - p(總)} \qquad （ㄅ）$$

（ㄅ）式變形為：$t = \dfrac{1}{k} \cdot \ln\dfrac{p_{A,0}}{2p_{A,0} - p(總)}$ （ㄆ）

根據以上（ㄅ）和（ㄆ）二式，可有二種方法求得實驗速率常數。

◎ 根據（ㄅ）式，測定 $p_{A,0}$ 及不同時間的總壓力 $p(總)$，代入（ㄅ）式，求速率常數 k 及其平均值 $\bar{k}$，設計表格為：

時間（單位）	$p_{A,0}(kP_a)$	$p(kP_a)$	$\ln\dfrac{p_{A,0}}{2p_{A,0} - p(總)}$	K	$\bar{k}$
⋮	⋮	⋮	⋮	⋮	

◎ 根據（ㄆ）式，以 t 對 $\ln\dfrac{p_{A,0}}{2p_{A,0} - p(總)}$ 做圖，從斜率 $\left(\dfrac{1}{k}\right)$，可求得反應速率常數 k，設計表格類似上表，取上表左起四項即可。

◢例 2.2.39◣

在 T、V 恆定的條件下，反應：$A_{(g)} + B_{(s)} \longrightarrow D_{(s)}$

t = 0 時，$p_{A,0} = 800\ kP_a$；$t_1 = 30\ s$ 時，$p_{A,1} = 400\ kP_a$；$t_2 = 60\ s$ 時，$p_{A,2} = 200\ kP_a$；$t_3 = 90\ s$ 時，$p_{A,3} = 100\ kP_a$。

此反應的半衰期 $t_{1/2} = ?$；反應級數 $n = ?$；反應的速率常數 $k = ?$

：由題意可直接推知：該反應的半衰期 $t_{1/2} = 30\ s$，它與初壓力的大小無關，必為「1 級反應」，所以 n = 1。且依據（2.10）式，可得：$k = \ln2/t_{1/2} = \ln2/30\ s = 0.02310\ s$

◢例 2.2.40◣

反應：$CH_3NNCH_{3(g)} \longrightarrow C_2H_{6(g)} + N_{2(g)}$ 為 1 級反應，287°C 時，一密閉器中 CH_3NNCH_3（偶氮甲烷）原來的壓力為 21332 P_a，1000 秒後總壓力為 22732 P_a。求 k 及 $t_{1/2}$。

	CH$_3$NNCH$_3$	$\longrightarrow$	C$_2$H$_6$	+	N$_2$	總壓力
在 t = 0 時：	p$_0$		0		0	p$_0$
一)	x					
經過 t 時間後：	p$_0$－x		x		x	p(總)

在 t 時間時，設若 CH$_3$NNCH$_3$ 的壓力是 p，則 p = p$_0$－x $\Rightarrow$ x = p$_0$－p

故在 t 時刻時的總壓力：p(總) = p + (p$_0$－p) + (p$_0$－p) = 2p$_0$－p $\Rightarrow$ p = 2p$_0$－p(總)

將 t = 1000 s 時，p(總) = 22732 P$_a$ 以及 p$_0$ = 21332 P$_a$ 代入上式，

得：p = 2×21332 P$_a$－22732 P$_a$ = 19932 P$_a$

對於 1 級氣相反應，依據（2.8）式，可知：

$$k = \frac{1}{t} \cdot \ln \frac{c_0}{c} = \frac{1}{t} \cdot \ln \frac{p_0}{p} = \frac{1}{1000s} \cdot \ln \frac{21332}{19932} = 6.788 \times 10^{-5} \text{ s}^{-1}$$

又依據(2.10)式：$t_{1/2} = \ln 2/k = \ln 2/6.788 \times 10^{-5} = 10211 \text{ s}$

例 2.2.41

在一定溫度下，液相反應：A＋2B $\longrightarrow$ D 的速率常數 k$_A$= 42.5 min^{-1}，則[A]從 2.0 mole · dm^{-3} 變到 0.50 mole · dm^{-3} 所需的時間爲 t$_1$，從 0.40 mole · dm^{-3} 變化到 0.10 mole · dm^{-3} 所需時間爲 t$_2$，兩者之比 t$_2$/t$_1$ = ？

：由題目給 k 的單位，可知必爲「1 級反應」，於是依據(2.6)式，可得：

kt = ln(c$_0$/c) $\Rightarrow$ 即 kt$_1$= ln(c$_{1,0}$/c$_1$)和 kt$_2$ = ln(c$_{2,0}$/c$_2$)

故代入數據後，得：t$_2$/t$_1$= ln(0.4/0.1)/ln(2.0/0.5) = ln4/ln4 = 1

例 2.2.42

在 T、V 恆定的條件下，基本反應 A$_{(g)}$ ＋B$_{(g)}$ $\longrightarrow$ D$_{(g)}$，若初濃度[A]$_0$>>[B]$_0$，即在反應過程中物質 A 大量過剩，其反應掉的物質的量濃度與[A]$_0$相比較，完全可忽略不計，則此反應級數 n = ？（a）1　　（b）2　　（c）3　　（d）0

：(a)。∵ －d[B]/dt = k[A][B] = k[A]$_0$[B] = k′[B]，∴n = 1。

例 2.2.43

某放射性同位素的衰變反應爲 1 級反應，已知其半衰期 t$_{1/2}$＝6 d（天），則經過 18 d 後，所剩餘的同位素的物質的量 n，與原來同位素的物質的量 n$_0$ 的關係爲何？

（a）n = n$_0$/3　　（b）n = n$_0$/4　　（c）n = n$_0$/16　　（d）n = n$_0$/8

：(d)。∵已知「1 級反應」之（2.10）式：$kt_{1/2} = \ln 2$

故 $3kt_{1/2} = \ln(c_0/c) = \ln(n_0/n) = 3\ln 2 = \ln 2^3$，∴$n_0/n = 2^3 = 8$，$n = n_0/8$

例 2.2.44

1 級反應有那些特徵？

：1 級反應具有以下三個明顯特徵：

（1）$\ln[A]/[A]_0$ 與 t 成直線關係（直線的斜率 m 與速率常數 k_A 的關係爲 $k_A = -m(k)$）。

（2）k 的單位爲 $(t)^{-1}$，即時間單位的倒數。

（3）1 級反應的半衰期 $t_{1/2} = \ln 2/k$，即 $t_{1/2}$ 的大小與反應物的初濃度 c_0 無關。

例 2.2.45

在 $450°K$ 的眞空容器中，放入初壓力爲 213 kP_a 的 $A_{(g)}$，進行下列 1 級熱分解反應：$A_{(g)} \longrightarrow B_{(g)} + D_{(g)}$，反應進行 100 s 時，實驗測得系統的總壓力爲 233 kP_a。試求此反應的速率常數及半衰期各爲若干？

：由

	$A_{(g)}$	$\xrightarrow[\text{V 一定}]{450°K}$	$B_{(g)}$	+	$D_{(g)}$	總壓力
在 t = 0 時：	$p_{A,0} = 213\ kP_a$		0		0	$p_{A,0}$
	$-x$					
在 t = 100 s 時：	$p_{A,0} - x$		x		x	p_t(總)

可知：$P(A) = P_{A,0} - x = P_A \Rightarrow x = P_{A,0} - P_A$

$P(B) = P(D) = x = P_{A,0} - P_A$

∴$P(總) = p_A + (p_{A,0} - p_A) + (p_{A,0} - p_A) = 2p_{A,0} - p_A = 233\ kP_a$

∴$p_A = 2p_{A,0} - P(總) = (2 \times 213 - 233)\ kP_a = 193\ kP_a$

該反應的反應速率常數（∵依據（2.8）式）：

$$k = \frac{1}{t} \cdot \ln \frac{c_0}{c} = \frac{1}{t} \cdot \ln \frac{P_{A,0}}{P_A} = \frac{1}{100} \cdot \ln \frac{213}{193} = 9.860 \times 10^{-4} s^{-1}$$

該反應的半衰期（∵依據（2.10）式）：

$t_{1/2} = \ln 2/k = \ln 2/(9.860 \times 10^{-4}\ s^{-1}) = 703\ s$

┏例 2.2.46 ┓

定容氣相反應：$SO_2Cl_2 \longrightarrow SO_2 + Cl_2$ 為 1 級反應，320°C 時反應的速率常數 $k = 2.2 \times 10^{-5}$ s^{-1}。初濃度 $c_0 = 20$ mole·dm^{-3} 的 SO_2Cl_2 氣體在 320°C 時定溫 2 小時後，其濃度為若干？

：依據題意，已知 $k = 2.2 \times 10^{-5}$ s^{-1}，$t = 2h = 7200s$

對於「1 級反應」，由（2.7）式可知，2 小時後 SO_2Cl_2 的物質的量濃度：

$c = c_0 \cdot \exp(-kt) = 20$ mole·dm$^{-3} \cdot \exp(-2.2 \times 10^{-5} \times 7200) = 17.07$ mole·dm^{-3}

┏例 2.2.47 ┓

現在的天然鈾礦中 $^{238}U : ^{235}U = 139.0 : 1$。已知 ^{238}U 衰變反應的速率常數為 1.520×10^{-10}/a，^{235}U 的衰變反應的速率常數則為 9.720×10^{-10}/a。問在 20 億（即 2×10^9）年之前，鈾礦石中 $^{238}U / ^{235}U = ?$（a 為年的符號）

：已知「放射性衰變反應」均為」1 級反應」。故依據（2.7）式，可得：

$[U^{238}] = [U^{238}]_0 \cdot \exp(-k_1 t)$

$[U^{235}] = [U^{235}]_0 \cdot \exp(-k_1' t)$

$\therefore \dfrac{[U^{238}]_0}{[U^{235}]_0} = \dfrac{[U^{238}]}{[U^{235}]} \cdot \exp[(k_1 - k_1')t] = 139 \cdot \exp[(1.52 - 9.72) \times 10^{-10} y^{-1} \times (2 \times 10^9 y)] = 27$

┏例 2.2.48 ┓

N_2O_5 分解為 1 級反應，其反應速率常數 $k_1 = 4.80 \times 10^{-4}$ s^{-1}，請問反應的半衰期是多少？當初壓力 $P_0 = 66.66$ kP$_a$，反應開始（a）10 秒、（b）10 分鐘後，總壓力 P_t 為多少？

：對於「1 級反應」，依據（2.10）式，可得：

$$t_{1/2} = \frac{\ln 2}{k_1} = \frac{\ln 2}{4.80 \times 10^{-4} \text{ s}^{-1}} = 1.44 \times 10^3 \text{ s}$$

	$N_2O_{5(g)}$	=	$N_2O_{4(g)}$	+	$\frac{1}{2}O_{2(g)}$	總壓力
當 t = 0 時：	P_0		0		0	P_0
－)	x					
當 t = t 時：	$P_0 - x$		x		$\frac{1}{2}x$	P_t

$$p_t = (p_0 - x) + x + \frac{1}{2}x = p_0 + \frac{1}{2}x$$

由 1 級反應方程式,即(2.7)式和(2.8)式,可知:$P_0 - x = P_0 \cdot \exp(-k_1 t)$

(a)當 $t = 10s$ 時,代入上式,可得:

$$x = P_0[1 - \exp(-k_1 t)] = 66.66 \text{ kpa} \times [1 - \exp(-4.80 \times 10^{-4} s^{-1} \times 10s)] = 0.319 \text{ kpa}$$

$$P_t = (66.66 + \frac{1}{2} \times 0.319) \text{kpa} = 66.82 \text{ kpa}$$

(b)當 $t = 600s$ 時,代入上式,可得:

$$x = P_0[1 - \exp(-k_1 t)] = 66.66 \text{ kpa} \times [1 - \exp(-4.80 \times 10^{-4} s^{-1} \times 600s)] = 16.68 \text{ kpa}$$

$$P_t = (66.66 + \frac{1}{2} \times 16.68) \text{kpa} = 75.00 \text{ kpa}$$

例 2.2.49

N_2O_5 的氣相分解反應:$N_2O_5 \longrightarrow N_2O_4 + \frac{1}{2}O_2$ 為 1 級反應。

現測得不同時刻 t 時體系壓力的增值 Δp:

$t/(s)$	223	463	703	943	1303	∞
$\Delta p/(kp_a)$	12.7	22.4	29.0	33.6	38.1	44.1

試求反應速率常數 k_1。

解:　　　　　$N_2O_5 \longrightarrow N_2O_4 + \frac{1}{2}O_2$　　　總壓力

$t = 0$ 時:　　P_0　　　　　　0　　　　0　　　　P_0

　　　　$-)$　　x

$t = t$ 時:　　$P_0 - x$　　　　x　　　$\frac{1}{2}x$　　$P(總)$

令 t 時刻時的 N_2O_5 壓力為 P,則 $P(N_2O_5) = P = P_0 - x \implies x = P_0 - P$

故 $t = t$ 時的總壓力:

$$p(總) = (p_0 - x) + x + \frac{1}{2}x = p_0 + \frac{1}{2}x = p_0 + \frac{1}{2}(p_0 - p) = \frac{3}{2}p_0 - \frac{1}{2}p$$

$\because \Delta p = (t = t$ 時的總壓力$) - (t = 0$ 時的總壓力$) = (\frac{3}{2}P_0 - \frac{1}{2}P) - P_0 = \frac{1}{2}(P_0 - P)$　　（ㄅ）

$$\therefore \quad P = P_0 - 2\Delta p \qquad\qquad (ㄆ)$$

由於 $t \to \infty$ 時，$P = 0$，故由（1）式可得：$P_0 = 2\Delta p_\infty$ （ㄇ）

將（ㄇ）式代入（ㄆ）式得：$p = 2(\Delta p_\infty - \Delta p)$ （ㄈ）

對於「1 級反應」，存在著（2.8）公式，即 $\ln\dfrac{p_0}{p} = k_1 t$ （ㄉ）

將（ㄇ）式和（ㄈ）式兩式代入（ㄉ）式即得：$\ln\dfrac{\Delta p_\infty}{\Delta p_\infty - \Delta p} = k_1 t$ （ㄊ）

將實驗數據代入（ㄊ）式可得：$\overline{k_1} = 1.53\times10^{-3}\ \mathrm{s}^{-1}$

◢例 2.2.50 ▪

反應 $A + 2B \longrightarrow Y + Z$ 的反應速率方程式為 $-\dfrac{d[A]}{dt} = k_A [A][B]$。

已知：175°C，$k_A = 1.58\times10^{-3}\ \mathrm{dm^3 \cdot mole^{-1} \cdot min^{-1}}$

$\quad\quad [A]_0 = 0.157\ \mathrm{mole \cdot dm^{-3}}$，$[B]_0 = 12.1\ \mathrm{mole \cdot dm^{-3}}$。

計算 175°C 下 A 的轉化率達 98% 所需時間。

：因為由題目可知：$[B]_0 >> [A]_0$，所以 $-\dfrac{d[A]}{dt} = k_A [A][B] = k'_A [A]$

上式中 $k'_A = k_A [B]_0$。

於是依據（2.13）式得：

$$t = \frac{1}{k'_A}\cdot\ln\frac{1}{1-x_A} = \frac{1}{1.58\times10^{-3}\ \mathrm{dm^3 \cdot mole^{-1} \cdot min^{-1}} \times 12.1\ \mathrm{mole\cdot dm^{-3}}}\times\ln\frac{1}{1-0.98}$$

$$= 204.6\ \mathrm{min}$$

◢例 2.2.51 ▪

某反應只有一種反應物，其轉化率達到 75% 的時間是轉化率達到 50% 的時間的兩倍，反應轉化率達到 64% 的時間是轉化率達到 x% 的時間的兩倍，則 x 為：

(a) 32　　　(b) 36　　　(c) 40　　　(d) 60

：(c)。∵由第二句話，且依據（2.13）式，可推算該反應為「1 級反應」。

∴再次根據（2.13）式，則得：$k\cdot t_{64\%} = \ln\dfrac{1}{1-0.64}$ 和 $k\cdot t_{x\%} = \ln\dfrac{1}{1-x\%}$

已知 $t_{64\%}/t_{x\%} = 1/2$，由這些算式聯立，可求得答案。

例 2.2.52

某化合物與水相作用時，其初濃度為 1 mole · dm^{-3}，1 小時後為 0.5 mole · dm^{-3}，2 小時後為 0.25 mole · dm^{-3}。則此反應級數為：

(a) 0　　(b) 1　　(c) 2　　(d) 3

：(b)。本題首先由「零級反應」開始測試，利用（2.2）式，立刻證明：結果不符合題意要求。再改用「1 級反應」測試，依據（2.6）式，可立即得知該反應為「1 級反應」。

例 2.2.53

950°K 時，反應：4PH$_3$ $_{(g)}$ $\longrightarrow$ P$_4$ $_{(g)}$ ＋6H$_2$ 的動力學數據如題下表所示。

1 mmHg = 133.32 P$_a$

t(min)	0	40	80
p(總)(mmHg)	100	150	166.7

反應開始時只有 PH$_3$。求反應級數和反應速率常數。

：　　　　　　4PH$_3$ $_{(g)}$ $\longrightarrow$　　P$_4$ $_{(g)}$　＋　6H$_2$　　　總壓力

當 t = 0 時：　　　p_0　　　　　　　　　　　　　　　p_0 = 100 mmHg

　　　一）　　　　x

___

當 t = t 時：　　　p　　　　　$\dfrac{x}{4}$　　　$\dfrac{6}{4}$x　　p(總)

∵令 t = t 時 PH$_3$ 的壓力為 p = p_0 － x $\Rightarrow$ x = p_0 － p

∴p(總) = (p_0 － x) ＋ $\dfrac{x}{4}$ ＋ $\dfrac{6}{4}$x = p_0 ＋ $\dfrac{3}{4}$x = $\dfrac{7}{4}$$p_0$ － $\dfrac{3}{4}$p

故依據題意，當 t = 40 min 時，p(總) = 150 mmHg = $\dfrac{7}{4}$$p_0$ － $\dfrac{3}{4}$p　　　　　　　（ㄅ）

當 t = 80 min 時，p(總) = 166.7 mmHg = $\dfrac{7}{4}$$p_0$ － $\dfrac{3}{4}$p　　　　　　　（ㄆ）

由（ㄅ）式，可得：$P_{40} = \dfrac{4}{3}\left(\dfrac{7}{4} \times 100 - 150\right) = 33.3\,\text{mmHg}$

由（ㄆ）式，可得：$P_{80} = \dfrac{4}{3}\left(\dfrac{7}{4} \times 100 - 166.7\right) = 11.1\,\text{mmHg}$

依據（2.2）式，可立刻證明，與題意不符，故不是「零級反應」。

接著依據（2.8）式，即 $k \cdot t = \ln([A]_0 / [A]) = \ln(p_0 / p)$，可知：

$k \cdot 40 = \ln(100/33.3)$ 和 $k \cdot 80 = \ln(100/11.1)$，解得：$k = 0.0275 \text{min}^{-1}$

$\Rightarrow$ 由此不但可證明該反應為「1 級反應」外，且可順便求出反應速率常數 k 值。

■例 2.2.54 ■

在 279.2°C 的密閉容器中研究了 SO_2Cl_2 的分解反應：$SO_2Cl_2 \longrightarrow SO_2 + Cl_2$，測得如下數據：

t/min	3.4	15.7	28.1	41.1	54.5	68.3	82.4	96.3
V/cm³	43.3	44.7	46.0	47.3	48.7	50.0	51.3	52.7

當時間為無限大時，SO_2Cl_2 全部分解，問該 1 級分解反應的反應速率常數？

：　　　　$SO_2Cl_2 \longrightarrow SO_2 + Cl_2$

t=0：　V_0　　　　　　　　　　　　　　$\Rightarrow V_{總,0} = V_0$

t=t：　V　　　　$V_0 - V$　　$V_0 - V$　$\Rightarrow V_{總,t} = 2V_0 - V = V_{總,\infty} - V$

t=∞：　0　　　　V_0　　　　V_0　　$\Rightarrow V_{總,\infty} = 2V_0$

$V = 2V_0 - V_{總,t}$，對 1 級反應。

t/min	3.4	15.7	28.1	41.1
$\ln(2V_0 - V_總)$	3.759	3.726	3.694	3.661
t/min	54.5	68.3	82.4	96.3
$\ln(2V_0 - V_總)$	3.624	3.589	3.552	3.512

$\ln\left(\dfrac{V_0}{2V_0 - V_{總,t}}\right) = kt$，由題給數據作圖，推得 $V_0 = 43.1 \text{cm}^3$

再以 $\ln(2V_0 - V_總)$ 對 t 做圖，得一直線，斜率 $= -2.64 \times 10^{-3}$

$\therefore k = 2.64 \times 10^{-3} \text{ min}^{-1}$

例 2.2.55

Secondary ocetyl acetate decomposes in the gas phase according to the stoichiometry

$$sec\text{-}C_8H_{17}OCOCH_3 \longrightarrow CH_3COOH + C_8H_{16}$$

The following data were obtained for the reaction at 375°C by analysis of the mixture at various times, t：

t/s	0	31	55	108	175
Ester remaining/per cent	100	80	68	46	28.5

Show that the reaction is first order and determine the rate constant.

(University of Liverpool, B.Sc. (Part 1))

：將數據代入「1 級反應」之(2.6)式： $k = \dfrac{1}{t}\ln\dfrac{[C]_0}{[C]}$

t/s	0	31	55	108	175
Ester remaining/per cent	100	80	68	46	28.5
$k \times 10^{-3}$	——	7.20	7.01	7.19	7.17

可見 k 值近乎常數，故證明本反應為「1 級反應」

∴平均值為：$\bar{k} = 7.14 \times 10^{-3}\, s^{-1}$

例 2.2.56

The following data were obtained for the gas-phase decomposition of ethylene oxide into carbon monoxide and methane $C_2H_4O \longrightarrow CO + CH_4$

Time/min	0	5	10	16	24	40
Pressure/kP$_a$	84	94	102	110	121	135

Show that the reactions is first order and calculate the half-life of the reaction.

(University of Liverpool, B.Sc. (1st year))

：

	C_2H_4O	$\longrightarrow$	CO	+	CH_4	總壓力
t = 0 時：	P_0		0		0	P_0
一)	x					
t = t 時：	$P_0 - x$		x		x	P(總)

由此可知：當 t = t 時，$P_0 - x = P \Rightarrow x = P_0 - P$

則 $P(總) = P_0 - x + x + x = P_0 + x = P_0 + (P_0 - P) = 2P_0 - P$

又（2.8）式知：$kt = \ln\dfrac{P_0}{P}$

t(min)	0	5	10	16	24	40
P(總)/kpa	84	94	102	110	121	135
$\ln(2P_0-P)$	4.43	4.30	4.19	4.06	3.85	3.50

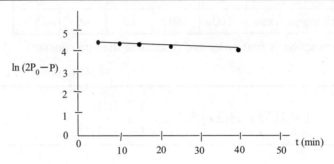

$斜率 = -k = \dfrac{3.50 - 4.43}{(40 - 0) \times 3600} = 2.33 \times 10^{-2} \, min^{-1} \Longrightarrow 得：k = 2.33 \times 10^{-2} \, min^{-1}$

$且 \, t_{1/2} = \dfrac{\ln 2}{k} = 29.75 \, min = 1786 \, s$

例 2.2.57

某反應，其反應物 A 反應掉 3/4 所需時間是其半衰期的 2 倍，則此反應必為幾級反應？

：此反應不是零級反應，故改設為「1 級反應」，且利用（2.9）式，則：

$$\dfrac{t_{3/4}}{t_{1/2}} = \dfrac{\ln[1/(1-3/4)]}{[1/(1-1/2)]} = \dfrac{\ln 4}{\ln 2} = 2 \,，故為 1 級反應。$$

例 2.2.58

在 T、V 固定下，某反應中反應物 A 反應掉 7/8 所需時間，是它反應掉 3/4 所需時間的 1.5 倍，則其反應級數為何？

（a）零級　　（b）1 級　　（c）2 級　　（d）1.5 級

：(b)。因根據【題型一】，可知：

$$\frac{kt_{7/8}}{kt_{3/4}} = \frac{\ln[1/(1-7/8)]}{\ln[1/(1-3/4)]} = \frac{\ln 8}{\ln 4} = \frac{3\ln 2}{2\ln 2} = 1.5，故為 1 級反應$$

◢例 2.2.59 ◣

放射性 ^{201}Pb 的衰變為「1 級反應」，其半衰期為 8h，1g 放射性 ^{201}Pb 在 24h 後還剩餘下多少 g？

(a) 1/2　　(b) 1/3　　(c) 1/4　　(d) 1/8

：(d)。放射性同位素的衰變為「1 級反應」，故利用（2.10）式：

$kt_{1/2} = \ln 2 \Rightarrow t \cdot k = t\left[(\ln 2)/8h\right] = 24(\ln 2)/8 = \ln[1/(1-y)]$（∵利用【題型一】）

則 $\ln(1-y) = \ln 2^{-3} = \ln(1/8)$，所以 $1-y = (1/8)$g

◢例 2.2.60 ◣

If a first-order reaction is 20% complete in 20 minutes, how long will it take to be 90% complete？　　　　　　　　　　　　　　　　　　　　　（2000 成大化研所）

：已知（2.7）式：$[A]/[A]_0 = \exp(-kt)$

依據題意代入上式，得：$80/100 = \exp(-k \cdot 20)$ 且 $10/100 = \exp(-k \cdot t)$

上二式相除，可解得：$t \approx 206$min

◢例 2.2.61 ◣

298°K 時 $N_2O_{5(g)}$ 分解反應半衰期 $t_{1/2}$ 為 5.7h，此值與 N_2O_5 的初濃度無關，試求：

(1) 該反應的反應速率常數？

(2) 作用完成 90% 時所需時間？

：(1) 因反應的半衰期與反應物的初濃度無關，故此反應為「1 級反應」，其反應速率常數為：（利用(2.10)式）

$$k = \frac{\ln 2}{t_{1/2}} = \left(\frac{\ln 2}{5.7}\right)h^{-1} = 0.1216 \text{ h}^{-1}$$

(2) 由【題型一】之（2.13）式，可知：$\ln\frac{1}{1-y} = kt$ 和轉化率 $y = 0.90$

故得：$t = \frac{1}{k} \cdot \ln\frac{1}{1-y} = \left(\frac{1}{0.1216} \times \ln\frac{1}{1-0.9}\right)h = 19.94h$

例 2.2.62

碳的放射性同位素 ^{14}C 在自然界樹木中的分布基本保持為總碳量的 $1.10×10^{-13}\%$ 。某考古隊在一山洞中發現一些古代木頭燃燒的灰燼，經分析 ^{14}C 的含量為總碳量的 $9.87×10^{-14}\%$ ，已知 ^{14}C 的半衰期為 5700 年，試計算這灰燼距今約有多少年？

：設燃燒時樹木剛枯死，這時它含有的 ^{14}C 為總碳量的 $1.10×10^{-13}\%$ 。

已知放射性同位素的衰變為「1 級反應」，則依據（2.6）式及（2.10）式，可知：

$$t = \frac{1}{k} \cdot \ln\frac{[A]_0}{[A]} = \frac{t_{1/2}}{\ln 2} \cdot \ln\frac{[A]_0}{[A]} = \left(\frac{5700}{\ln 2} \times \ln\frac{1.10×10^{-13}}{9.87×10^{-14}} \right) a = 891\,a$$

例 2.2.63

某反應，當反應物反應掉 5/9 所需時間是它反應掉 1/3 所需時間的 2 倍時，該反應是

（a）1 級反應　　（b）零級反應　　（c）2 級反應　　（d）3/2 級反應

：（a）。

假設是「1 級反應」，則依據（2.6）式，$kt = \ln([A]_0/[A])$，則反應物反應掉 5/9，表反應物剩下 4/9，故 $kt_{5/9} = \ln[1/(4/9)]$　　　　　　　　　　（ㄅ）

反應物反應掉 1/3，表反應物剩下 2/3，故 $kt_{1/3} = \ln[1/(2/3)]$　　　　　　　（ㄆ）

而（ㄅ）/（ㄆ）$\Rightarrow t_{5/9}/t_{1/3} = 2$，可見原先假設成立，故證明是「1 級反應」。

例 2.2.64

反應：$2N_2O_5 \longrightarrow 4NO_2 + O_2$ 的速率常數單位是 s^{-1}。對該反應的下述判斷哪個對？

（a）單分子反應　　（b）雙分子反應　　（c）複雜反應　　（d）不能確定

：（c）。

由速率常數單位知此反應為「1 級反應」，又由反應式可知，此反應不是基本反應。

例 2.2.65

過氧化苯甲醯（Benzoyl peroxide，$(C_6H_5CO)_2O_2$）在乙醚中的分解是「1 級反應」，在 60°C 時經過 10 min，完成 75.2%，計算這個反應的反應速率常數。

：∵依據（2.9）式

∴ $k = \frac{1}{t} \cdot \ln\frac{a}{a-x} = \frac{1}{10\,min} \cdot \ln\frac{100}{100-75.2} = 0.140\ min^{-1}$

例 2.2.66

一個「1 級反應」的反應速率常數是 0.0635 min^{-1}，計算這個反應的半衰期。

：∵依據（2.10）式

∴ $t_{1/2} = \dfrac{\ln 2}{k} = \dfrac{\ln 2}{0.0635} = 10.92$ min

例 2.2.67

一氧化氮(N$_2$O)在 858°K 時發生分解作用變成氮和氧，遵循著「1 級反應」。一氧化氮在分解時的氣壓 P 是在一個固定的容積裏，並按時記錄如下：

間隔時間 t(hr)	0	26.5	62.6
氣壓 P(kg · cm^{-2})	37.43	41.54	45.59

計算這個反應的半衰期 $t_{1/2}$。

：一氧化氮分解時，變成

$$N_2O \longrightarrow N_2 + O_2 \qquad 總壓力$$

當 t=0 時： p_0 $\qquad\qquad\qquad$ p_0

$\qquad$ 一) $\qquad$ y

當 t=t 時： p_0-y $\qquad$ y $\qquad \dfrac{1}{2}y$ $\qquad$ p

總壓力：$p = p_{N_2O} + p_{N_2} + p_{O_2}$

故 $p = (P_0 - y) + y + \dfrac{1}{2}y = p_0 + \dfrac{1}{2}y \Rightarrow y = 2(p - p_0)$

因此 $p_{N_2O} = p_0 - y = p_0 - 2(p - p_0) = (3p_0 - 2p)$

依照「1 級反應」之（2.8）式：$k = \dfrac{1}{t} \cdot \ln \dfrac{a}{a-x}$ $\qquad\qquad$（ㄅ）

開始時的濃度 a 和 p_0 成比例，在時間 t 時的濃度(a−x)是和 $p_{N_2O} = (3p_0 - 2p)$ 成比例，

由此可知將 p_0 和$(3p_0 - 2p)$代入（ㄅ）式：

$$k = \frac{1}{t} \cdot \ln \frac{p_0}{3p_0 - 2p} \qquad\qquad (ㄆ)$$

將 t 對 $\ln \dfrac{p_0}{3p_0 - 2p}$ 的值列入以下的表內，其中已知 $P_0 = 37.43 (kg \cdot cm^{-2})$

間隔時間 t(hrs)	0	26.5	62.6
$3p_0 - 2p (kg \cdot cm^{-2})$	37.43	29.21	21.11
$\ln \dfrac{p_0}{3p_0 - 2p}$	0	0.2480	0.5728

所得的圖顯示是一條直線，因此證實這個反應是個「1 級反應」。且這條直線的斜率是速率常數 $k = 9.17 \times 10^{-3}\ hr^{-1}$

利用(2.10)式：$t_{1/2} = \dfrac{\ln 2}{k} = \dfrac{\ln 2}{9.17 \times 10^{-3}} = 75.6\ hrs$

■ 例 **2.2.68** ■

氯代甲酸三氯甲酯熱分解為氣相反應：

$$ClCOOCCl_3 \longrightarrow 2COCl_2$$

實驗證明反應半衰期與反應物初壓力無關。若將一定壓力的氯代甲酸三氯甲酯迅速引入一容器中，容器始終保持 553°K，在第 454 s 時測得容器壓力為 2476 p_a。當極長時間後，壓力為 4008 p_a。試求：

（1）反應速率常數 k 與半衰期？　　　　（2）10 min 後容器中各物質的分壓？

：（1）反應可寫為：A ⟶ 2B，題目指出半衰期與初壓力（濃度）

無關，這是「1 級反應」特徵，按 1 級動力學方程式（見(2.6)式）：$k = \dfrac{1}{t} \cdot \ln \dfrac{[A]_0}{[A]}$

這是在定溫、定容下的氣相反應，可用反應物的壓力比來代替濃度比，寫為：

（參考(2.9)式）$k = \dfrac{1}{t} \cdot \ln \dfrac{p_{A,0}}{p_A}$ $\qquad\qquad (ㄅ)$

	A ⟶	2B	總壓力
當 t=0 時：	$p_{A,0}$	0	$p_{A,0}$
當 t=t 時：	p_A	$2(p_{A,0} - p_A)$	$p(總)_t$
當 t=∞ 時：	0	$2p_{A,0}$	$p(總)_\infty$

$\because$ t＝∞時，$p(總)_\infty = 2p_{A,0}$，故 $p_{A,0} = \dfrac{1}{2}p(總)_\infty$

t＝t 時，$p(總)_t = p_A + 2(p_{A,0} - p_A) = 2p_{A,0} - p_A = p(總)_\infty - p_A$

$\therefore p_A = p(總)_\infty - p(總)_t$

則（ㄅ）式改寫為：$k = \dfrac{1}{t} \cdot \ln \dfrac{P_{A,0}}{P_A} = \dfrac{1}{t} \cdot \ln \dfrac{\dfrac{1}{2}P(總)_\infty}{P(總)_\infty - P(總)_t}$ （ㄆ）

將已知數據代入（ㄆ）式：$k = \dfrac{1}{454} \cdot \ln \dfrac{\dfrac{1}{2} \times 4008}{4008 - 2476} = 5.916 \times 10^{-4}\ s^{-1}$

故 $t_{1/2} = \dfrac{\ln 2}{k} = \dfrac{\ln 2}{5.916 \times 10^{-4}} = 1172\ s$

（2）因 $k = \dfrac{1}{t} \cdot \ln \dfrac{p_{A,0}}{p_A}$ ，代入各數據得：

$5.916 \times 10^{-4} = \dfrac{1}{10 \times 60} \cdot \ln \dfrac{\dfrac{1}{2} \times 4008}{p_A} \implies$ 解得：$p_A = 1405\ P_a$

依據分析，$P_B = 2(P_{A,0} - P_A) = P(總)_\infty - 2P_A = 4008 - 2 \times 1405 = 1198\ P_a$

10 min 後，體系中 P_A 為 1405 P_a，p_B 為 1198 P_a

▪ 例 2.2.69 ▪

某物質按「1 級反應」分解。已知反應完成 40%需時 50 min，試求：

（1）以 s 為單位的反應速率常數。

（2）完成 80%反應所需時間。

：依據（2.13）式，可知：

（1）$k = \dfrac{1}{t} \cdot \ln \dfrac{1}{1-x} = \dfrac{1}{50 \times 60} \cdot \ln \dfrac{1}{0.60} = 1.70 \times 10^{-4}\ s^{-1}$

（2）$t = \dfrac{1}{k} \cdot \ln \dfrac{1}{1-x} = \dfrac{1}{1.7 \times 10^{-4}} \cdot \ln \dfrac{1}{0.20} = 9.47 \times 10^3\ s$

■ 例 **2.2.70** ■

鐳 Ra 衰變產生氡 Rn 及氦核 He，半衰期爲 1662 a（年，下同）。試問：（標準壓力 $p^{\ominus}=1$ atm $= 1.013 \times 10^5$ P$_a$）

（1）在 24 h 內 1.00 g 無水溴化鐳衰變所放出的氡氣在標準狀況下的體積爲多少？

（2）在 10 a 內，1.00 g 無水溴化鐳衰變所放出的氡氣在標準狀況下的體積爲多少？

：已知〝放射性元素衰變〞爲「1 級反應」。利用（2.10）式，則

$$k = \ln 2 / t_{1/2} = \left(\frac{0.693}{1662} \right) a^{-1} = 4.17 \times 10^{-4} \ a^{-1}$$

（1）設發生衰變的溴化鐳的質量爲 x g，則依據（2.8）式，得：

$$\ln \frac{1.00}{1.00 - x} = kt \quad 4.17 \times 10^{-4} \times \frac{24}{24 \times 365} = 1.14 \times 10^{-6} \Rightarrow x = 1.14 \times 10^{-6}$$

$$V = \frac{nRT}{P} = \frac{xRT}{Mp^{\theta}} = \frac{1.14 \times 10^{-6} \times 8.314 \times 273}{386 \times 1.013 \times 10^5} \times 10^6 = 6.62 \times 10^{-5} \ cm^3$$

（2）同理

$$\ln \frac{1.00}{1.00 - x} = 4.17 \times 10^{-4} \times 10 = 4.17 \times 10^{-3} \Rightarrow x = 4.16 \times 10^{-3}$$

$$V = \frac{nRT}{P} = \frac{xRT}{Mp^{\theta}} = \frac{4.16 \times 10^{-3} \times 8.314 \times 273}{386 \times 1.013 \times 15^5} \times 10^6 = 0.245 \ cm^3$$

■ 例 **2.2.71** ■

雙光氣分解反應 ClCOOCl$_3$ ⟶ 2COCl$_2$ 爲「1 級反應」，將一定量雙光氣迅速引入一個 553°K 的定容器中，751 s 後測得體系壓力爲 2710 P$_a$，經很長時間反應終了時測得體系壓力爲 4008 P$_a$，求其速率常數。

：根據題意，已知本反應爲「1 級反應」。

	ClCOOCl$_3$ ⟶	2COCl$_2$	總壓力
當 t = 0 時 :	$p_{0,A}$	0	$p_{0,A}$
當 t = t 時 :	$p_{0,A} - p$	2p	$p_t = p_{0,A} + p$
當 t = ∞時 :	0	$2p_{0,A}$	$p_{\infty} = 2p_{0,A}$

用壓力表示濃度，即依據（2.8）式，可知：

$$r = -\frac{dp_A}{dt} = k_p p_A \Rightarrow k_p = \frac{1}{t} \cdot \ln \frac{p_{0,A}}{p_A} = \frac{1}{t} \cdot \ln \frac{p_{0,A}}{p_{0,A} - p} \qquad (ㄅ)$$

題意已知，當 $t = \infty$ 時：$p_\infty = 2p_{0,A} = 4008\ p_a \Rightarrow p_{0,A} = 2004\ p_a$

又在 $t = 751\ s$ 時刻：$p_t = p_{0,A} + p$

則代入數據得：$2710 = 2004 + p \Rightarrow p = 706\ p_a$

且 $p_{0,A} - p = 2004 - 706 = 1298\ p_a$

上面數據代入（ㄅ）式：$k_P = \frac{1}{t} \cdot \ln \frac{P_{0,A}}{P_{0,A} - P} = \frac{1}{751} \cdot \ln \frac{2004}{1298} = 5.8 \times 10^{-4} \times s^{-1}$

▪ 例 2.2.72 ▪

氣相反應 $A \longrightarrow 2Y + Z$，則 $\dfrac{dp(總)}{dt}$ 與 $\dfrac{dp_A}{dt}$ 的關係是：

| | A | $\longrightarrow$ | 2Y | + | Z | 總壓力 |

:

	A	$\longrightarrow$	2Y	+	Z	總壓力
t = 0 時 :	a					a
−）	x					
t = t 時 :	a−x		2x		x	p(總)

所以 $P(總) = (a-x) + 2x + x = a + 2x \Rightarrow x = \dfrac{p(總) - a}{2} \qquad (ㄅ)$

已知 $-\dfrac{dp_A}{dt} = -\dfrac{d(a-x)}{dt} = \dfrac{dx}{dt}$

將（ㄅ）式代入上式，得：$-\dfrac{dp_A}{dt} = \dfrac{dx}{dt} = \dfrac{d}{dt}\left(\dfrac{p(總)-a}{2}\right) = \dfrac{dp(總)}{2\,dt}$

$\therefore -\dfrac{dP_A}{dt} = \dfrac{1}{2} \cdot \dfrac{dp(總)}{dt}$

▪ 例 2.2.73 ▪

The first-order disproportionation of hydrogen peroxide, at a certain temperature has a rate constant of $0.0410\ \text{min}^{-1}$.

（1）If the $[H_2O_2]$ is originally 0.650M, how much peroxide remains after 12.0 minutes.

（2）What is the half-life of H_2O_2 at this temperature.　　　　　（1990 交大化研所）

：（1）first-order reaction　（∵ eq(2.7)）

$[H_2O_2]=[H_2O_2]_0 \cdot \exp(-kt)=0.65 \times \exp(-0.0410 \times 12.0) \Rightarrow [H_2O_2]=0.397$ M

（2）$t_{1/2}=\dfrac{\ln 2}{k}=\dfrac{0.693}{0.0410}=16.90$ min

---

■ 例 2.2.74 ■

氣相反應 $A_3 \longrightarrow 3A$，$\dfrac{dp(總)}{dt}$ 與 $\dfrac{dp_A}{dt}$ 及 $\dfrac{dp(總)}{dt}$ 與 $\dfrac{dp_{A3}}{dt}$ 的關係是：

：　　　　　　$A_3 \longrightarrow 3A$　　　總壓力

當 t=0：　　a　　　　　　　　　　　a

$-$)　　　　x

當 t=t：　a−x　　　　　3x　　　　p(總)

所以 $p(總)=a+2x \implies x=\dfrac{p(總)-a}{2}$　　　　　　　　　（ㄅ）

且 $\dfrac{dp_A}{dt}=\dfrac{d(3x)}{dt}=3 \times \dfrac{d\left(\dfrac{p(總)-a}{2}\right)}{dt}=\dfrac{3}{2} \times \dfrac{dp(總)}{dt}$

∵將（ㄅ）式代入上式，得：

$\dfrac{dp_{A_3}}{dt}=\dfrac{d(a-x)}{dt}=-\dfrac{dx}{dt}=-\dfrac{d}{dt}\left(\dfrac{p(總)-a}{2}\right)=-\dfrac{dp(總)}{2dt}$

∴ $\dfrac{dp(總)}{dt}=-2\dfrac{dp_{A_3}}{dt}$

■ 例 2.2.75 ■

反應 A 的氣相分解反應是「1 級反應」：$A_{(g)} \longrightarrow B_{(g)}+D_{(g)}+E_{(g)}$

504°C 時把 A 充入真空容器內，測量容器內壓力的變化如下：

t(s)	377.0	741.7	1549	∞
p(總)/kPa	54.40	65.06	83.19	124.10

試求該反應的速率常數及半生期 $t_{1/2}$？

：對於「1 級反應」，由（2.8）式可知：$\ln\dfrac{[A]_0}{[A]}=\ln\dfrac{p_{A_0}}{p_A}=kt$

p_A 與 $p(總)$ 的關係：

	$A_{(g)} \longrightarrow$	$B_{(g)}$	$+$	$D_{(g)}$	$+$	$E_{(g)}$	總壓力
$t=0$ 時：	$p_{A,0}$	0		0		0	$p_{A,0}$
$t=t$ 時：	p_A	$p_{A,0}-p_A$		$p_{A,0}-p_A$		$p_{A,0}-p_A$	$p(總)$
$t=\infty$ 時：	0	$p_{A,0}$		$p_{A,0}$		$p_{A,0}$	$p(總)_\infty$

$p(總)=p_A+3(p_{A,0}-p_A)=3p_{A,0}-2p_A \Rightarrow$ 故 $p_A=\dfrac{3p_{A_0}-p(總)}{2}$

$p(總)_\infty=3p_{A,0} \Rightarrow p_{A,0}=\dfrac{p(總)_\infty}{3}$。皆代入（2.8）式可轉變成：

$$\ln\frac{p_{A,0}}{p_A}=\ln\frac{\dfrac{p(總)_\infty}{3}}{\dfrac{3p_{A,0}-p(總)}{2}}=\ln\frac{2p(總)_\infty}{3[p(總)_\infty-p(總)]}=kt$$

$$\Rightarrow k=\frac{1}{t}\ln\frac{2p(總)_\infty}{3[p(總)_\infty-p(總)]}$$

將 $p(總)_\infty$ 和不同時刻的 $p(總)$ 之數據代入上式可得：

$$k_1=[\frac{1}{377.0}\ln\frac{2\times124.1}{3(124.1-54.40)}]s^{-1}=4.547\times10^{-4}\ s^{-1}$$

$$k_2=[\frac{1}{741.7}\ln\frac{2\times124.1}{3(124.1-65.06)}]s^{-1}=4.549\times10^{-4}\ s^{-1}$$

$$k_3=[\frac{1}{1549}\ln\frac{2\times124.1}{3(124.1-83.19)}]s^{-1}=4.546\times10^{-4}\ s^{-1}$$

$\Rightarrow$ 故得反應速率常數之平均值：$\bar{k}=\dfrac{k_1+k_2+k_3}{3}=4.547\times10^{-4}\ s^{-1}$

又由（2.10）式可得：$t_{1/2}=\dfrac{0.693}{\bar{k}}=(\dfrac{0.693}{4.547\times10^{-4}})s=1524\ s$

┌─■ 例 **2.2.76** ■
Consider a reaction：A ──────→ B＋C in a system of constant volume at temperature T. Let
the initial concentration of A be a. Please derive an integrated equation for this reaction.

（1991 清大輻生所）
└──────────

$$\begin{array}{ccccc} & A & \xrightarrow{\ k\ } & B & + & C \\ t=0： & a & & & & \\ t=t： & a-x & & x & & x \end{array}$$

$$\therefore -\frac{d[A]}{dt} = k[A] \Rightarrow -\frac{d(a-x)}{dt} = k(a-x) \Rightarrow \frac{dx}{dt} = k(a-x) \Rightarrow \frac{dx}{(a-x)} = kdt$$

$$\Rightarrow \int_0^x \frac{dx}{a-x} = \int_0^t kdt \Rightarrow \ln\frac{a}{a-x} = kt$$

┌─■ 例 **2.2.77** ■
設「1 級反應」轉化率達 $\frac{1}{2}$、$\frac{3}{4}$、$\frac{7}{8}$ 所需的時間是 $t_{1/2}$、$t_{3/4}$ 和 $t_{7/8}$，試求 $t_{1/2}：t_{3/4}：t_{7/8}$。
└──────────

：對於「1 級反應」，則：$t_{1/2} = \frac{\ln2}{k}$

由（2.13）式，可知：$t = \frac{1}{k}\ln\frac{1}{1-y}$

$y = \frac{3}{4}$ 代入上式得：$t_{3/4} = \frac{1}{k}\ln4$

$y = \frac{7}{8}$ 代入上式得：$t_{7/8} = \frac{1}{k}\ln8$

所以 $t_{1/2}：t_{3/4}：t_{7/8} = \ln2：\ln4：\ln8 = 1：2：3$

┌─■ 例 **2.2.78** ■
質量數為 210 的釙同位素衰變半生期為 137 日，已知同位素衰變為「1 級反應」。
試求（1）此同位素衰變的速率常數 k？
　　　（2）經 14 日放射後，該同位素分解了多少？（以質量分率表示）
└──────────

：（1）由（2.10）式，$k = \dfrac{0.693}{t_{1/2}} = \left(\dfrac{0.693}{137}\right)$ 日$^{-1} = 0.00506$ 日$^{-1}$

（2）由（2.8）式可知：$k = \dfrac{1}{t}\ln\dfrac{[A]_0}{[A]} = \dfrac{1}{t}\ln\dfrac{m_{A_0}}{m_A}$ （m 為質量數）

$\Rightarrow \dfrac{m_A}{m_{A_0}} = \exp(-kt)$

故經 14 日後，釙分解的質量分率為：

$$1 - \dfrac{m_{A_0}}{m_A} = 1 - \exp(-kt) = 1 - \exp(-0.00506 \times 14) = 0.0684$$

例 2.2.79

N_2O_5 分解為 1 級氣相反應：$N_2O_5 \longrightarrow N_2O_4 + \dfrac{1}{2}O_2$，反應開始時只有 N_2O_5。

（1）現在容器中，測得某種溫度下，不同時刻的總壓如下表：

t(s)	0	223	463	703	943	1303	…	∞
p 總(kP$_a$)	88.2	100.9	110.6	117.2	121.8	126.3	…	132.3

求此溫度下的反應速率常數。

（2）若在容器中，測得同樣溫度下，不同時刻體系壓力的變化值如下表：

t(s)	0	223	463	703	943	1303	…	∞
Δp(kP$_a$)	——	12.7	22.4	29.0	33.6	38.1	…	44.1

求此溫度下的反應速率常數。

：（1）將氣相反應簡寫為如下：

	A $\longrightarrow$	B	+	$\dfrac{1}{2}$C	總壓力
t=0：	$p_{A,0}$	0		0	$p_{A,0}$
t=t：	p_A	$p_{A,0} - p_A$		$\dfrac{1}{2}(p_{A,0} - P_A)$	p(總)
t=∞：	0	$p_{A,0}$		$\dfrac{1}{2}p_{A,0}$	p_∞(總)

$\because$ 對「1 級反應」而言，依據 (2.8) 式：$k = \dfrac{1}{t} \cdot \ln \dfrac{p_{A,0}}{p_A}$

又由題意已知 $p_{A,0} = 88.2 \text{ kP}_a$，故關鍵在求 p_A。

當 $t = \infty$ 時，$p_\infty(總) = p_{A,0} + \dfrac{1}{2} p_{A,0} = \dfrac{3}{2} p_{A,0}$

當 $t = t$ 時，$p(總) = p_A + (p_{A,0} - p_A) + \dfrac{1}{2}(p_{A,0} - p_A) = \dfrac{3}{2} p_{A,0} - \dfrac{1}{2} p_{A,0}$

$$= p_\infty - \dfrac{1}{2} p_A \Rightarrow p_A = 2p_\infty - 2p(總)$$

根據實驗數據列表並計算如下：

t(s)	0	223	463	703	943	1303	...	∞
p(總/kp$_a$)	88.2 (即 $p_{A,0}$)	100.9	110.6	117.2	121.8	126.3	...	132.3 (即 p_∞)
p_A(kp$_a$) $[p_A = 2p_\infty - 2p(總)]$	88.2	62.8	43.4	30.2	21	12	...	0
$k \times 10^{-3}$ (s^{-1}) $\left(k = \dfrac{1}{t} \cdot \ln \dfrac{p_{A,0}}{p_A} \right)$		1.52	1.53	1.52	1.52	1.53	...	

$\therefore$ 平均值為：$\bar{k} = 1.52 \times 10^{-3} \text{ s}^{-1}$

(2) 分析體系反應過程壓力變化同 (1)。

同理，又利用 (2.8) 式：$k = \dfrac{1}{t} \cdot \ln \dfrac{P_{A,0}}{P_A}$

關鍵是：要在此條件下求 $p_{A,0}$ 及 p_A 的表達式。

從 $0 \to \infty$ 時刻，體系壓力變化 ΔP_∞ 為

$$\Delta p_\infty = \left(p_{A,0} + \dfrac{1}{2} p_{A,0} \right) - p_{A,0} = \dfrac{1}{2} p_{A,0} \Rightarrow P_{A,0} = 2\Delta P_\infty = 2 \times 44.1 = 88.2 \text{ kpa}$$

從 $0 \to t$ 時刻，體系壓力變化 ΔP_t 為

$$\Delta p_t = \left[p_A + (p_{A,0} - p_A) + \dfrac{1}{2}(p_{A,0} - p_A) \right] - p_{A,0} = \dfrac{1}{2} p_{A,0} - \dfrac{1}{2} p_A$$

$$\Rightarrow p_A = p_{A,0} - 2\Delta p_t$$

根據實驗數據列表並計算如下：

t(s)	0	223	463	703	943	1303	…	∞
p(總/kpa)		12.7	22.4	29.0	33.6	38.1	…	44.1
$p_A(kp_a)$ $[p_A = 2p_\infty - 2p(總)]$	88.2 (即 $p_{A,0}$)	62.8	43.4	30.2	21	12	…	
$k \times 10^{-3}$ (s^{-1}) $\left(k = \dfrac{1}{t} \cdot \ln\dfrac{p_{A,0}}{p_A}\right)$		1.52	1.53	1.52	1.52	1.53	…	

∴平均值為：$\bar{k} = 1.52 \times 10^{-3}\ s^{-1}$

■ 例 2.2.80 ■

二甲醚的氣相分解反應是「1 級反應」

$$CH_3OCH_3{}_{(g)} \longrightarrow CH_4{}_{(g)} + H_2{}_{(g)} + CO{}_{(g)}$$

504°C 時，把二甲醚充入真空反應器內，測得反應到 777 s 時，容器內壓力為 65.1 kP$_a$；反應無限長時間，容器內壓力為 124.1 kP$_a$，計算 504°C 時該反應的速率常數。

：根據反應的計量方程式，可找出 P_A、$P_{A,0}$ 與總壓 P_t 的關係。

	$CH_3OCH_3{}_{(g)} \longrightarrow$	$CH_4{}_{(g)}$	+ $H_2{}_{(g)}$	+ $CO{}_{(g)}$	總壓
t=0：	$p_{A,0}$	0	0	0	$p_{A,0}$
t=t：	p_A	$p_{A,0} - p_A$	$p_{A,0} - p_A$	$p_{A,0} - p_A$	p(總,t)
t=∞：	0	$p_{A,0}$	$p_{A,0}$	$p_{A,0}$	p(總,∞)

在 t=t 時，$p(總,t) = 3p_{A,0} - 2p_A \Rightarrow p_A = \dfrac{3p_{A,0} - p(總,t)}{2}$

又 $p(總,\infty) = 3p_{A,0} \Rightarrow p_{A,0} = \dfrac{1}{3}p(總,\infty)$

所以由上述二式可推得：$p_A = \dfrac{p(總,\infty) - p(總,t)}{2}$

依據（2.8）式，可知「1 級反應」的反應速率常數可寫為：

$$k_A = \frac{1}{t} \cdot \ln\frac{P_{A,0}}{P_A} \Rightarrow k_A = \frac{1}{t} \cdot \ln\frac{2P(總,\infty)}{3[P(總,\infty) - P(總,t)]} = \frac{1}{777s} \cdot \ln\frac{2 \times 124.1kpa}{3(124.1kpa - 65.1kpa)}$$

$$= 4.35 \times 10^{-4}\ s^{-1}$$

例 2.2.81

二甲醚的氣相分解是「1 級反應」：$CH_3OCH_{3\,(g)} \longrightarrow CH_{4\,(g)} + H_{2\,(g)} + CO_{(g)}$，504°C 時，把二甲醚充入真空的定容反應器內，測得時間 t 時總壓力 p_t，數據如下表：

t(s)	$P_t(kP_a)$	t(s)	$P_t(kP_a)$
0	43.1	1587	83.2
390	54.4	3155	103.9
777	65.1	——	——

試計算該反應在 504°C 的反應速率常數及半衰期。

：根據「1 級反應」之反應速率公式可知：（見（2.8）式）

$$\ln \frac{p_0}{p} = kt \tag{I}$$

這裏題目中所測得數據，既沒有二甲醚的初壓力 p_0，也沒有單獨給出在 t 時刻的二甲醚壓力。為此，有必要先找出初壓力 P_0 和二甲醚任意 t 時刻壓力 p 與 p(總)$_t$（在 t 時刻各物質之總壓力）三者之間的關係。

$$CH_3OCH_{3(g)} \longrightarrow CH_{4(g)} + H_{2(g)} + CO_{(g)} \qquad 總壓力$$

當 t＝0 時：$\qquad p_0 \qquad\qquad 0 \qquad\quad 0 \qquad\quad 0 \qquad\quad p_0$

當 t＝t 時：$\qquad p \qquad\qquad p_0-p \quad p_0-p \quad p_0-p \quad p(總)＝3p_0-2p$

當 t＝∞時：$\qquad 0 \qquad\qquad p_0 \qquad\quad p_0 \qquad\quad p_0 \qquad\quad p_\infty＝3p_0$

因為 p(總)＝$3p_0-2p$，所以 $p = \dfrac{3p_0 - p(總)}{2}$

又因為 $p_\infty＝3p_0$，故對本題之 1 級反應有下列關係：

$$k_1 = \frac{1}{t} \cdot \ln \frac{p_0}{p} = \frac{1}{t} \cdot \ln \frac{\dfrac{p_\infty}{3}}{\dfrac{3p_0 - p(總)}{2}} = \frac{1}{t} \cdot \ln \frac{2p_\infty}{3[p_\infty - p(總)]}$$

將數據代入，得：

t/s	390	777	1587	3155
p(總)/kp_a	54.40	65.06	83.19	103.86
$10^4 \, k_1/s^{-1}$	4.39	4.34	4.44	4.46

取平均值，$\overline{k_1} = 4.41 \times 10^{-4}$ s^{-1}

$$t_{1/2} = \frac{\ln 2}{k_1} = \frac{\ln 2}{4.41 \times 10^{-4} \text{ s}^{-1}} = 1.57 \times 10^3 \text{ s}$$

例 2.2.82

雙氧水（H_2O_2）溶液加催化劑分解是 1 級反應，反應的時間是 t(min)，剩留的的濃度(a－x)和反應時間 t 成反比例如下，計算這個反應的速率常數。

t(min)	0.00	15.00	30.00
a－x(moles)	25.40	9.83	3.81

：$k_1 = \dfrac{2.303}{t} \cdot \log \dfrac{a}{a-x} = \dfrac{2.303}{15 \text{ min}} \cdot \log \dfrac{25.4 \text{ mole}}{9.83 \text{ mole}} = 0.0633$ min^{-1}

$k_2 = \dfrac{2.303}{30 \text{ min}} \cdot \log \dfrac{25.4 \text{ mole}}{3.81 \text{ mole}} = 0.0632$ min^{-1}

k_1 和 k_2 幾乎相等，因此這個反應是一個「1 級反應」。

例 2.2.83

已知碳 14(^{14}C)的半衰期為 5730 年，現有一出土文物的古代織物殘片待鑑定，經測定其含 ^{14}C 的量為 72%，問該織物為多少年以前所造？

：已知放射性元素衰變為「1 級反應」，且衰變不受溫度壓力等因素影響，對 ^{14}C 而言：
（分別利用（2.10）式和（2.6）式）

$$k = \frac{\ln 2}{t_{1/2}} = \frac{\ln 2}{5730} = 1.2097 \times 10^{-4} \text{ (yr}^{-1})$$

$$t = \frac{1}{k} \ln \frac{1}{0.72} = \frac{1}{1.2097 \times 10^{-4}} \cdot \ln \frac{1}{0.72} = 2716 \text{ (yr)}$$

例 2.2.84

氣相反應：A $\longrightarrow$ B＋C，其半衰期與 A 的初壓力 $p_{A,0}$ 無關，500°K 時將 0.0122 mole A 引入 0.76 dm^3 的真空器中，經 1000 s 後測得系統總壓：p(總) ＝119990 P$_a$，試計算該溫度下反應的速率常數 k 和半衰期 $t_{1/2}$。

：由題目的第 2 句話：〝反應的半衰期與 A 的初壓力無關〞，可知該氣相反應為「1 級反應」。

$$A \longrightarrow B \quad + \quad C \qquad 總壓力$$

當 t＝0 時：　$p_{A,0}$ 　　　　　0 　　　　0 　　　　$p_{A,0}$

　　　　－) 　　x

當 t＝t 時：　$p_A＝(p_{A,0}－x)$ 　$x＝p_{A,0}－p_A$ 　$x＝p_{A,0}－p_A$ 　$p(總)$

$p(總)＝p_A＋2(p_{A,0}－p_A)＝2p_{A,0}－p_A$

由題給數據：$n＝0.0122$ mole，$V＝0.76×10^{-3}$ m^3，$T＝500°K$，則

$$p_{A,0} = \frac{nRT}{V} = \frac{0.0122×8.314×500}{0.76×10^{-3}} = 66730 \, p_a$$

當 t＝1000 s 時，$p_A＝2p_{A,0}－p(總)＝13470 \, p_a$

由 1 級反應速率方程之積分式，即（2.8）式，得：

$$k = \frac{1}{t} \cdot \ln\frac{p_{A,0}}{p_A} = \frac{1}{1000} \cdot \ln\frac{66730}{13470} = 1.6×10^{-3} \, s^{-1}$$

又依據（2.10）式，可知：半衰期 $t_{1/2}＝\ln 2/k＝433$ s

【補充】：本題若將〝壓力〞改用〝濃度〞表示，則得下列關係式：

$$[A]_0 = \frac{n_{A,0}}{V} = \frac{p_{A,0}}{RT} \, , \quad [A] = \frac{n_A}{V} = \frac{p_A}{RT}$$

故 $kt = \ln\dfrac{[A]_0}{[A]} = \ln\dfrac{p_{A,0}}{p_A}$ ，此正是（2.8）式。

故計算結果皆相同。由於是「1 級反應」，k 的單位為 (時間)$^{-1}$，也就是說：「1 級反應」的反應速率常數 k 值與濃度單位無關。所以對「1 級反應」來說，無論用不同的濃度單位表示或者用壓力表示（當反應為氣相反應時），其 k 的數值都是一樣的。

▪ 例 2.2.85 ▪

環戊烯分解為 H_2 和環戊二烯的反應為：

$$c\text{-}C_5H_8 \ (A) \longrightarrow H_2 + c\text{-}C_5H_6$$

（1）導出 $-\dfrac{dp}{dt}$ 與 $-\dfrac{d[A]}{dt}$ 的關係式，其中 p 為總壓。

（2）若反應為 1 級，試問 k 的單位是什麼？

（3）導出 1 級速率方程式的積分式，式中只出現 $p_{A,0}$ 和 p。

：（1） $-\dfrac{dp}{dt} = (-\dfrac{d[A]}{dt}) \cdot RT$

（2）時間$^{-1}$

（3） $\ln\{p_{A,0}/(2p_{A,0}-p)\} = kt$

$$C\text{-}C_5H_8 \ (A) \longrightarrow H_2 + C\text{-}C_5H_6 \quad 總壓力 \ p$$

t=0 時， $\quad p_{A,0} \qquad\qquad 0 \qquad\qquad 0$

t=t 時， $\quad p_A \qquad\qquad p_{A,0}-p_A \qquad p_{A,0}-p_A \qquad 2p_{A,0}-p_A$

（a） $\because pV = nRT$

$\therefore p = \dfrac{n}{V} \cdot RT \Rightarrow P_A = [A] \cdot RT \quad -\dfrac{dp}{dt} = \left(-\dfrac{d[A]}{dt}\right) \cdot RT$

（b） t=t 時，總壓為 $p = 2p_{A,0}-p_A \Rightarrow p_A = 2p_{A,0}-p$

由(2.8)式： $kt = \ln \dfrac{p_{A0}}{p_A} \quad \therefore kt = \ln\{p_{A,0}/(2p_{A,0}-p)\}$

■ 例 2.2.86 ■

蔗糖在稀水溶液中，按下式水解：

$$C_{12}H_{22}O_{11}\,(A) + H_2O \xrightarrow{H^+} C_6H_{12}O_6(葡萄糖) + C_6H_{12}O_6(果糖)$$

其反應速率方程式為 $-\dfrac{d[A]}{dt} = k_A\,[A]$ ，已知，當鹽酸的量濃度為 0.1 mole·dm^{-3}（催化劑），溫度為 48°C 時，$k_A = 0.0193$ min^{-1}，今將蔗糖物質的量濃度為 0.02 mole·dm^{-3} 的溶液 2.0 dm^3 置於反應器中，在上述催化劑和溫度條件下反應。計算：

（1）反應的初速率 $r_{A,0}$。

（2）反應到 10.0 min 時，蔗糖的轉化率為多少？

（3）得到 0.0128 mole 果糖需多少時間。

（4）反應到 20.0 min 的瞬間速率如何？

：（1）由 $r_{A,0} = k_A[A]_0$ 得：

$$r_{A,0} = 0.0193\ min^{-1} \times 0.02\ mole \cdot dm^{-3} = 3.86 \times 10^{-4}\ mole \cdot dm^{-3} \cdot min^{-1}$$

（2）由（2.13）式，可知：$t = \dfrac{1}{k_A} \cdot \ln \dfrac{1}{1-y}$

$$\ln \frac{1}{1-y} = k_A t = 0.0193\ min^{-1} \times 10\ min = 0.193 \implies 解得：y = 0.176$$

（3）$t = \dfrac{1}{k_A} \cdot \ln \dfrac{1}{1-y} = \dfrac{1}{0.0193\ min^{-1}} \cdot \ln \dfrac{1}{1 - \dfrac{0.0128}{0.02 \times 2}} \implies 解得：t = 20\ min$

（4）$t = 20\ min$ 時，由 $t = \dfrac{1}{k_A} \cdot \ln \dfrac{1}{1-y}$ 式得：$20\ min = \dfrac{1}{0.0193\ min^{-1}} \cdot \ln \dfrac{1}{1-y}$

解得 $y = 0.320$，於是

$$r_A = k_A[A] = k_A[A]_0(1-y) = 0.0193\ min^{-1} \times 0.0200\ mole \cdot dm^{-3} \cdot (1-0.320)$$
$$= 2.63 \times 10^{-4}\ mole \cdot dm^{-3} \cdot min^{-1}$$

■ 例 2.2.87 ■

蔗糖在稀溶液中，按照下式水解：

$$C_{12}H_{22}O_{11} + H_2O \longrightarrow C_6H_{12}O_6 (葡萄糖) + C_6H_{12}O_6 (果糖)$$

當溫度與酸的濃度一定時，反應速率與蔗糖的濃度成正比。今有一溶液，ldm^3 溶液中含有 0.300 mol $C_{12}H_{22}O_{11}$ 及 0.1 mol HCl，在48℃時，20min內有32%的蔗糖水解。

（1）計算反應速率係數；

（2）計算反應開始時(t＝0)及20min時的反應速率；

（3）問40min後有多少蔗糖水解；

（4）若 60%的蔗糖發生水解，需多少時間？

（5）反應 40min 要得到 6kg 葡萄糖，試求反應器的有效容積。

：由題目的第 3 句話："反應速率與蔗糖的濃度成正比"，可知該蔗糖水解反應為「1級反應」。故根據（2.6）式或（2.13）式，可得：

（1）$k = \dfrac{1}{t} \ln \dfrac{[A]_0}{[A]} = \dfrac{1}{t} \cdot \ln \dfrac{1}{1-y} = \dfrac{1}{20\ min} \cdot \ln \dfrac{1}{1-0.32} = 0.0193\ min^{-1}$

（2）當 $t = 0$ 時：

$$r = k[A]_0 = 0.0193\ min^{-1} \times 0.300\ mol \cdot dm^{-3} = 5.80 \times 10^{-3}\ mol \cdot dm^{-3} min^{-1}$$

當 $t = 20\text{min}$ 時：

$r = k[A] = k[A]_0(1-y) = 0.0193\text{min}^{-1} \times 0.300\text{mol}\cdot\text{dm}^{-3} \times (1-0.32)$

$\qquad = 3.94 \times 10^{-3}\,\text{mol}\cdot\text{dm}^{-3}\,\text{min}^{-1}$

（3）$\ln(1-y) = -kt = -0.0193 \times 40 = -0.772$　$\therefore \alpha = 0.54 = 54\%$

（4）$t = \dfrac{1}{k}\cdot\ln\dfrac{1}{1-y} = \dfrac{1}{0.0193\text{min}^{-1}}\cdot\ln\dfrac{1}{1-0.60} = 47\text{min}$

（5）由上述（3），可得：$[A] = 0.54 \times 0.300\text{mol}\cdot\text{dm}^{-3} = 0.162\text{mol}\cdot\text{dm}^{-3}$

$n_A = \dfrac{m}{M} = \dfrac{6}{0.1802}\,\text{mol} = 33.3\text{mol} \Rightarrow V = \dfrac{n_A}{[A]} = \dfrac{33.3}{0.162}\,\text{dm}^3 = 206\,\text{dm}^3$

■ 例 **2.2.88** ■

N_2O_5 分解爲 1 級反應，其反應速率常數 $k_1 = 4.80 \times 10^{-4}\,\text{s}^{-1}$，
請問（1）反應的半衰期是多少？當初始壓力 $p_0 = 66.66\,\text{kp}_a$，反應開始（2）10s 後，（3）10 min 後，總壓力 p(總)爲多少？

：（1）對 1 級反應而言，由（2.10）式：$t_{1/2} = \dfrac{\ln 2}{k_1} = \dfrac{\ln 2}{4.80 \times 10^{-4}\,\text{s}^{-1}} = 1.44 \times 10^3\,\text{s}$

$$N_2O_{5(g)} \longrightarrow N_2O_{4(g)} + O_{2(g)} \qquad 總壓力$$

當 $t = 0$ 時：　　p_0　　　　　　0　　　　　0　　　　　p_0

當 $t = t$ 時：　　$p_0 - x$　　　　　x　　　$\dfrac{1}{2}x$　　　$p(總)$

故得：$p(總) = (p_0 - x) + x + x/2 = p_0 + \dfrac{1}{2}x$　　　　　　　　　（ㄅ）

利用（2.7）式或（2.9）式，得：$p_0 - x = p_0 \cdot \exp(-k_1 t)$

（2）$t = 10\,\text{s}$ 時，$x = p_0[1 - \exp(-k_1 t)] = 66.66\,\text{kPa} \times [1 - \exp(-4.80 \times 10^{-4}\,\text{s}^{-1} \times 10\,\text{s})] = 0.319\,\text{kPa}$

由（ㄅ）式可得：$p(總) = (66.66 + \dfrac{1}{2} \times 0.319)\,\text{kPa} = 66.82\,\text{kPa}$

（3）$t = 600\,\text{s}$ 時，$x = p_0[1 - \exp(-k_1 t)] = 66.66\,\text{kPa} \times [1 - \exp(-4.80 \times 10^{-4}\,\text{s}^{-1} \times 600\,\text{s})]$

$\qquad = 16.68\,\text{kPa}$

由（ㄅ）式可得：$p(總) = (66.66 + \dfrac{1}{2} \times 16.68)\,\text{kPa} = 75.00\,\text{kPa}$

▪ 例 **2.2.89** ▪

某放射性元素經 14 天後，活性降低了 6.85%。試求該放射性元素的半衰期。若要分解掉 90%，需經多長時間？

：設反應開始時，其活性成分為 100%，14 天後，剩餘的活性成分為 100%－6.85%，
則

$$k_1 = \frac{1}{t} \cdot \ln \frac{a}{a-x} = \frac{1}{14d} \cdot \ln \frac{100}{100-6.85} = 5.07 \times 10^{-3} \text{ d}^{-1}$$

$$t_{1/2} = \ln2/k_1 = \ln2/(5.07 \times 10^{-3} \text{ d}^{-1}) = 136.7 \text{ d}$$

$$t = \frac{1}{k_1} \cdot \ln \frac{1}{1-y} = \frac{1}{5.07 \times 10^{-3} \text{ d}} \cdot \ln \frac{1}{1-0.9} = 454.2 \text{ d}$$

▪ 例 **2.2.90** ▪

某反應：$A_{(g)} \longrightarrow B_{(g)} + C_{(g)}$，$k = 10^{-4} \text{ s}^{-1}$。則該反應物反應掉 $\frac{1}{2}$ 比反應掉 $\frac{1}{8}$ 的時間長

(a) $10^4 \ln \frac{4}{7} \text{s}$ (b) $10^4 \ln 4 \text{s}$ (c) $10^4 \ln \frac{7}{4} \text{s}$ (d) $10^4 \ln 2 \text{s}$

：(c)。由 k 的單位(s^{-1})，為(時間)$^{-1}$，可知本反應屬於「1 級反應」。

故由（2.9）式，可知：

（a）當用掉 1/2，則 $10^{-4} = \frac{1}{t_{1/2}} \ln \frac{a}{a-\frac{a}{2}} = \frac{1}{t_{1/2}} \times \ln 2$ （ㄅ）

（b）當用掉 8/1，則 $10^{-4} = \frac{1}{t_{1/8}} \ln \frac{a}{a-\frac{a}{8}} = \frac{1}{t_{1/8}} \times \ln \frac{8}{7}$ （ㄆ）

故由（ㄅ）式及（ㄆ）式，可得：$t_{1/2} - t_{1/8} = \frac{1}{10^{-4}} \ln 2 - \frac{1}{10^{-4}} \ln \frac{8}{7} = 10^4 \ln \frac{7}{4}$

▪ 例 **2.2.91** ▪

某反應只有一種反應物，其轉化率達到 75% 的時間是轉化率達到 50% 的時間的兩倍，反應轉化率達到 64% 的時間是轉化率達到 x% 的時間的兩倍，則 x 為多少？

(a) 32   (b) 36   (c) 40   (d) 60

：（c）。

例 2.2.92

對 1 級反應，請證明反應物 A 反應了初始濃度的$(2^x-1)/2^x$所需時間為 $t_x = x \cdot \ln 2/k$

：根據下表，1 級反應有 $t_{(1-\theta)} = -\ln\theta/k$，$\theta = [A]/[A]_0$

x	θ	$t_{(1-\theta)}$
1	1/2	$t_{1/2} = \ln 2/k$
2	1/4	$t_{3/4} = -\ln(1/4)/k = 2\ln 2/k$
3	1/8	$t_{7/8} = -\ln(1/8)/k = 3\ln 2/k$
x	$1/2^x$	$t_{[(2^x-1)/2^x]} = -\ln(1/2^x)/k = x\ln 2/k$

例 2.2.93

對於一個 1 級反應，如其半衰期 $t_{1/2}$ 在 0.01s 以下，即稱為快速反應，此時它的速率常數 k 值在

（a）69.32 s^{-1} 以上　　（b）6.932 s^{-1} 以上　　（c）0.06932 s^{-1} 以上　　（d）6.932 s^{-1} 以下

：（a）。

例 2.2.94

已知每克隕石含 ^{238}U 為 6.3×10^{-8}g，^{4}He 為 20.77×10^{-6} cm^3（標準狀態下）。^{238}U 的衰變為 1 級反應，$^{238}U \longrightarrow {}^{206}Pb + 8{}^4He$，由實驗測得的半衰期 $t_{1/2} = 4.51\times10^9$ 年，試求該隕石的年齡。

：　　　　　　　　　$^{238}U \longrightarrow {}^{206}Pb + 8{}^4He$

當 $t=t_0$ 時：　　n_0　　　　　0　　　　　　0

當 $t=t$ 時：　　　n　　　　n_0-n　　$8(n_0-n) = n'$

$n' = pV/RT = 9.27\times10^{-10}$ mole $\Rightarrow$ $n = \dfrac{m}{M}(^{238}U) = 2.65\times10^{-10}$ mole

$\Rightarrow$ $n_0 = \dfrac{n'}{8} + n = 3.81\times10^{-10}$ mole $\Rightarrow$ $k = \ln2/t_{1/2} = 1.54\times10^{-10}(a^{-1})$

$\Rightarrow$ $t = (1/k)\cdot\ln(n_0/n) = 2.36\times10^9(a)$

■ 例 2.2.95 ■

Show that the half-life of the reactant in a first-order reaction is independent of its initial concentration.　　　　　　　　　　　　　　　　　　　　（2000 交大化研所）

：本題證明，已在（2.10）式證過，在此不再重複。

　原則上，「1 級反應」的半衰期 $t_{1/2} = \ln2/k \Longrightarrow$　可知：$t_{1/2}$ 與反應物的初濃度無關。

■ 例 2.2.96 ■

A substance decomposes at 600°K with a rate constant of 3.72×10^5 s^{-1}.

（a）What is the overall order of this reaction.

（b）Calculate the half-life of the reaction.

（c）What fraction will remain undecomposed if the substance is　heated for 3 hours at 600°K.　　　　　　　　　　　　　　　（1999 中原化研所）

：（a）由反應速率常數 k 的單位：s^{-1}，可判知：本反應為「1 級反應」。

　（b）根據（2.10）式，已知：「1 級反應」的半衰期 $t_{1/2} = \ln2/k$，

　　　故 $t_{1/2} = \ln2/3.72 \times 10^{-5} = 186.29$ sec

　（c）根據（2.7）式，可知：$[A]/[A]_0 = \exp(-kt) = \exp(-3.72 \times 10^{-5} \times 3 \times 60 \times 60) = 0.669$

■ 例 2.2.97 ■

A radioisotope decays with a first-order rate constant of 0.3465/year. What is the half-life of this nucleus？　　　　　　　　　　　　　　　　　　　（1989 清大生科所）

：由題意已知本反應為「1 級反應」，故由（2.10）式可知：$t_{1/2} = \ln2/k$

　且由題目已知 k = 0.3465 year^{-1}，故解得：$t_{1/2} = \ln2/0.3465 = 2$ years

---

■ 例 2.2.98 ■

At 298°C, CH$_3$NNCH$_3$ decomposes mainly by CH$_3$NNCH$_{3(g)} \longrightarrow$ C$_2$H$_{6(g)}$ + N$_{2(g)}$

The first-order rate constant is 2.50×10^{-4} s^{-1}. What will be the partial pressure of CH$_3$NNCH$_3$ and N$_2$ when CH$_3$NNCH$_3$ initially at 200 torr decomposes for 30 min？　（1988 成大化研所）

：由題意已知：本題為「1 級反應」。

故依據（2.7）式，可知：$[A]=[A]_0 \exp(-kt)$ 　　　　　　　　　　　　　　（ㄅ）

且 $k=2.50\times10^{-4}\ s^{-1}$

則　　　　　　　$CH_3NNCH_3 \longrightarrow C_2H_6+N_2$

t＝0：　　　　　200

$\underline{\quad -) \qquad\qquad\qquad x \qquad\qquad\qquad\qquad\qquad\quad}$

t＝30 min：　200－x　　　　　　x　　　x

利用（ㄅ）式，可知：當 t＝30 min 時，剩餘

$P(CH_3NNCH_3)=P_0(CH_3NNCH_3)\cdot \exp(-kt)$

即 $P(CH_3NNCH_3)=200\cdot \exp(-2.50\times10^{-4}\times30\times60)=127.4$ torr

又由上述方程式可知：$200-x=127.4 \implies x=P(N_2)=72.6$ torr

例 2.2.99

The gaseous isomerization reaction, $CH_3NC \longrightarrow CH_3CN$, displays first-order kinetics in the presence of excess argon：rate＝$k[CH_3NC]$. Measurements at 500°K show that the concentration of the reactant has declined to 75% of its initial value after 440 s. How much additional time will be required for the concentration of CH_3NC to drop to 25% of its initial value？（a）440 s　（b）880 s　（c）1320 s　（d）1680 s　（e）2120 s

（2000 中山大學化研所）

：依據題意，可知本題為「1 級反應」，故利用（2.7）式：

$[A]/[A]_0 = \exp(-kt)$

則 $75\%=\exp(-k\cdot 440)$ 　　　　　　　　　　　　　　　　　　（ㄅ）

$25\%=\exp(-k\cdot t)$ 　　　　　　　　　　　　　　　　　　　　（ㄆ）

由（ㄅ）和（ㄆ）可解得：t＝2120 sec

故 additionl time＝2120－440＝1680 sec

例 2.2.100

Consider a reaction：$A \longrightarrow B+C$ in a system of constant volume at temperature T. Let the initial oncentration of A be a. Please derive an integrated equation for this reaction.

（1992 清大輻生所）

：由題意可知：

$$A \longrightarrow B + C$$

當 t=0 時：　　　　a

$$\underline{-)\qquad\qquad x\qquad\qquad\qquad\qquad\qquad}$$

當 t=t 時：　　　a－x　　　x　　　x

故 $-\dfrac{d[A]}{dt} = k[A]$，代入[A]＝a－x 後，得：

$$-\frac{d(a-x)}{dt} = k(a-x) \implies \frac{dx}{dt} = k(a-x) \implies \int_0^x \frac{dx}{a-x} = \int_0^t kdt$$

解得：$\ln\dfrac{a}{a-x} = kt$

例 2.2.101

在 40°C 時，N_2O_5 在 CCl_4 溶劑中進行分解反應，反應級數爲 1 級反應，出使反應速率 $r_0 = 1.00 \times 10^{-5}$ mole · dm^{-3} · s^{-1}，1h 後反應速率 r＝3.26×10^{-6} mole · dm^{-3} · s^{-1}，試計算：

（1）反應在 40°C 時的速率常數。

（2）40°C 時反應的半衰期。

（3）初始濃度$[A]_0$爲多少？

：（1）由題目已知是「1 級反應」，即

$$r=k[A] \implies r_0=k[A]_0 \tag{ㄅ}$$

$$\frac{r_0}{r} = \frac{k[A]_0}{k[A]} = \frac{[A]_0}{[A]} = \frac{1.00\times10^{-5}}{3.26\times10^{-6}} = 3.067$$

∴由（2.6）式，可知：$k = \dfrac{1}{t} \cdot \ln\dfrac{[A]_0}{[A]} = \dfrac{1}{1h} \times \ln 3.067 = 1.121 h^{-1}$

（2）$t_{1/2} = \dfrac{\ln 2}{k} = \dfrac{0.693}{1.121 h^{-1}} = 0.618 h$

（3）由上述（ㄅ）式可知：

$$[A]_0 = \frac{r_0}{k} = \frac{1.00\times10^{-5}\, mole \cdot dm^{-3} \cdot s^{-1}}{1.121 h^{-1} \times h/3600s} = 0.0321\, mole \cdot dm^{-3}$$

▪例 2.2.102▪

對於 1 級反應，反應物 A 的轉化率為 3/4、7/8 所需的時間與 $t_{1/2}$ 之間有怎樣的關係？

：$t_{3/4}=2t_{1/2}$；$t_{7/8}=3t_{1/2}$。解題可參考題目【2.2.78】

▪例 2.2.103▪

配製每毫升 400 單位的某種藥物溶液，經一個月後，分析其含量，為每毫升含有 300 單位，若此藥物的分解反應服從 1 級反應，問：

（1）配製 40 天後，其含量為多少？　　　（2）藥物分解一半時，須經多少天？

：（1）先求出反應速率常數 k_1，根據（2.6）式，可得：

$$k_1 = \frac{1}{30d} \cdot \ln \frac{400}{300} = 0.0096d^{-1}$$

$$0.0096d^{-1} = \frac{1}{40d} \cdot \ln \frac{400}{c}$$

配製 40 天後，藥物溶液的含量為 $c=273$ 單位·cm^{-3}。

（2）又依據（2.10）式，可得：$t_{1/2} = \frac{0.693}{k_1} = \frac{0.693}{0.0096} = 72.2 \ d$

▪例 2.2.104▪

某化合物與水反應，初濃度為 0.1 mole·dm^{-3}，1h 後其濃度變為 0.05 mole·dm^{-3}，2h 後濃度變為 0.025 mole·dm^{-3}，則該反應為：

：1 級反應。當溫度一定時，「1 級反應」的半衰期 $t_{1/2} = \frac{\ln 2}{k}$，即反應的半衰期和反應的初濃度大小無關。

從題意可知：從初濃度到剩餘 50%的時間和從剩餘 50%變到剩餘 25%的時間都是 1h，可知其為「1 級反應」。

▪例 2.2.105▪

在 T、V 固定下，反應： $A_{(g)} + B_{(s)} \longrightarrow D_{(g)}$

$t = 0$ 時，$p_{A,0} = 800$ Pa；$t_1 = 30s$，$p_{A,1} = 400$ Pa；$t_2 = 60s$，$p_{A,2} = 200$ Pa；$t_3 = 90s$，$p_{A,3} = 100$ Pa。則此反應 $A_{(g)}$ 的半衰期 $t_{1/2}(A) = $ _____，$A_{(g)}$ 的反應級數 $n_A = $ _____。反應速率常數 $k = $ _____。

：設 A 的分壓力減少一半所需的時間皆為 30s，即 $t_{1/2}$ 與 A 的初始壓力的大小無關，故 A 的反應級數 $n_A = 1$。

$k = \ln 2 / t_{1/2} = \ln 2/(30s) = 0.02310\,s^{-1}$

▪例 2.2.106▪

基本反應：$A_{(g)} \xrightarrow{\quad T,V 一定 \quad} B_{(g)}$

$A_{(g)}$ 的起始濃度為 $[A]_0$，當其反應掉 1/3 時所需的時間為 2s，$A_{(g)}$ 所餘下的 $2[A]_0/3$ 再反應掉 1/3 所需的時間為 $t = $ _____ s；$k = $ _____。

：題給基本反應為「1 級反應」。

$t_{1/3}k = \ln\{[A]_0 / (2[A]_0 /3)\} = \ln 1.5$

$k = \ln 1.5/t_{1/3} = \ln 1.5/(2s) = 0.2027\,s^{-1}$

$t_{1/3} = \ln 1.5/k = 2s$

「1 級反應」每反應掉 1/3 所需時間與初始濃度的大小無關。

▪例 2.2.107▪

T、V 一定，基本反應： $A + B \longrightarrow D$

在反應之前 $[A]_0 \gg [B]_0$，即反應過程中反應物 A 大量過剩，反應掉的物質的量濃度與 $[A]_0$ 相比較可忽略不計，則反應的反應級數 $n = $ _____。

（a）0　　　（b）1　　　（c）2　　　（d）無法確定。

：(b)。$\because -d[B]/dt = k[A][B] = k[A]_0[B] = k'[B] \therefore n = 1$。

▪例 2.2.108▪

某 1 級反應，在一定溫度下反應進行 10 min 後，反應物反應掉 30 求反應物反應掉 50% 所需的時間。

：$t = 10 \ min$，反應物反應掉 30%，即轉化率 $\alpha = 0.30$，對於「1 級反應」，反應速率常數：$k = \ln\{1/(1-\alpha)\}/t = \ln\{1/(1-0.30)\}/10\,min = 0.03567\,min^{-1}$

反應物反應掉 50%所需的時間，即反應的半衰期：$t_{1/2} = \ln 2 / k = 19.43\,min$

例 2.2.109

某天然礦含放射性元素鈾（U），其銳變反應為

$$U \xrightarrow{\ k_U\ } \cdots \longrightarrow Ra \xrightarrow{\ k_{Ra}\ } Pb$$

設已達穩定態放射銳變平衡，測得鐳與鈾的濃度比保持為 $\dfrac{[Ra]}{[U]} = 3.47 \times 10^{-7}$，

穩定產物鉛與鈾的濃度比為 $\dfrac{[Pb]}{[U]} = 0.1792$，已知鐳的半衰期為 1580a。

（a）求鈾的半衰期。

（b）估計此礦的地質年齡（計算時可做適當近似）。

：（a）放射銳變為「1 級反應」，達穩定放射平衡，對中間物 Ra 而言，

有：$\dfrac{d[Ra]}{dt} = k_U[U] - k_{Ra}[Ra] = 0$，得 $\dfrac{k_U}{k_{Ra}} = \dfrac{[Ra]}{[U]} = 3.47 \times 10^{-7}$

因為 1 級反應

$$k_{Ra} = \frac{\ln 2}{t_{1/2}} = \left(\frac{\ln 2}{1580}\right)a^{-1} = 4.387 \times 10^{-4}\,a^{-1}$$

故 $k_U = k_{Ra}\dfrac{[Ra]}{[U]} = (4.387 \times 10^{-4} \times 3.47 \times 10^{-7})a^{-1} = 1.522 \times 10^{-10}\,a^{-1}$

$$t_{1/2}(U) = \frac{\ln 2}{k_U} = \left(\frac{\ln 2}{1.522 \times 10^{-10}}\right)a = 4.55 \times 10^9\,a$$

（b）達穩定平衡，U 的消耗量等於 Pb 的生成量。故忽略其它中間物的量，則鈾的初始濃度 $[U]_0 = [U]+[Pb]$，由「1 級反應」動力學方程式得：

$$\ln\frac{[U]_0}{[U]} = \ln\frac{[U]+[Pb]}{[U]} = k_U t$$

將 $\dfrac{[Pb]}{[U]} = 0.1792$ 及 k_U 代入上式，得：$t = \left[\dfrac{\ln(1+0.1792)}{1.522 \times 10^{-10}}\right]a = 1.08 \times 10^9\,a$

▋例 2.2.110▋

在 T、V 固定下，某反應中反應物 A 反應掉 7/8 所需時間，是它反應掉 3/4 所需時間的 1.5 倍，則其反應級數為_____。

（a）0 級反應　　　（b）1 級反應　　　（c）2 級反應　　　（d）1.5 級反應。

：（b）。

$$\frac{kt_{7/8}}{kt_{3/4}} = \frac{\ln\{1/(1-7/8)\}}{\ln\{1-(1-3/4)\}} = \frac{\ln 8}{\ln 4} = \frac{3\ln 2}{2\ln 2} \text{，則 } t_{7/8}/t_{3/4} = 1.5 \text{，故為「1 級反應」。}$$

▋例 2.2.111▋

298K 時 $N_2O_5(g)$分解反應半衰期 $t_{1/2}$ 為 5.7h，此值與 N_2O_5的起始濃度無關，試求：

（a）該反應的反應速率常數　　　（b）作用完成 90% 時所需時間。

：（a）因反應的半衰期與反應物的起始濃度無關，故此反應為「1 級反應」，其反應速率常數為：

$$k = \frac{\ln 2}{t_{1/2}} = \left(\frac{\ln 2}{5.7}\right) h^{-1} = 0.1216 h^{-1}$$

（b）由 1 級反應的動力學方程 $\ln\frac{1}{1-y} = kt$ 和轉化率 y＝0.90，可得：

$$t = \frac{1}{k}\ln\frac{1}{1-y} = \left(\frac{1}{0.1216} \times \ln\frac{1}{1-0.9}\right) h = 18.94 \text{ h}$$

▋例 2.2.112▋

在 373°K，氣相反應：A ⟶ 2B＋C 是 1 級反應。從純 A 開始做實驗，10 min 時測得體系的總壓力是 23.47 kp_a，將反應器放置長時間後，體系的總壓力是 36.00 kp_a，試由這些數據：

（1）計算 A 的初始壓力

（2）計算 100 min 時 A 的壓力

（3）求反應速率常數 k

（4）求此反應的半衰期。　　　　　　　　　　　　　　　　　　（北京大學化學所考題）

：（1）

| | A | ⟶ | 2B | + | C | $p_總$ |

t = 0	$p_{A,0}$		0		0	$p_{A,0}$
t = 10	$p_{A,0} - p_x$		$2p_x$		p_x	$p_{A,0} + 2p_x$
t = 100	$p_{A,0} - p_y$		$2p_y$		p_y	$p_{A,0} + 2p_y$
t = ∞	0		$2p_{A,0}$		$p_{A,0}$	$3p_{A,0}$

由題目得知 $t = \infty$，$p_總 = 36.00\,kp_a = 3p_{A,0} \Rightarrow p_{A,0} = 12.00\,kp_a$

（3） t = 10min 時，$p_總 = 23.47\,kp_a = p_{A,0} + 2p_x \Rightarrow 23.47\,kp_a = 12\,kp_a + 2p_x$

$\Rightarrow p_x = 5.735\,kp_a$

此題為「1 級反應」，所以由（2.8）式可知：$\ln\dfrac{p_A}{p_0} = -kt$

t = 10min 代入此式，可得：

$\ln\dfrac{p_{A,0} - p_x}{p_{A,0}} = -k \times 10\,min \Rightarrow \ln\dfrac{12 - 5.735}{12} = -k \times 10\,min$

$\therefore k = 6.50 \times 10^{-2}\,min^{-1}$

（2） t = 100min 時，代入（2.8）式；k 可由上述（3）得到：

$\ln\dfrac{p_A}{p_0} = -kt \Rightarrow \ln\dfrac{p_A}{12} = -(6.50 \times 10^{-2}\,min^{-1}) \times (100\,min)$

$\therefore p_A = 0.0180\,kp_a$

（4） 由（2.10a）式可知，$t = t_{1/2}$，$[A] = \dfrac{1}{2}[A]_0$

$\therefore t_{1/2} = \dfrac{\ln 2}{k} = \dfrac{\ln 2}{(6.50 \times 10^{-2}\,min^{-1})} = 10.66\,min$

┏例 2.2.113┛

某物質吸光後即行分解，今因分光光度計在特定波長下測定不同時刻的透光百分數 T，結果如下表所示。已知 Beer 定律可寫為 $\ln(100/T) = abc$，其中 a 為吸收指數，b 為液池的厚度，c 為該物質的濃度。若其為 1 級反應，求算 k、$t_{1/2}$ 及 τ（平均壽命）。

t/min	5.00	10.00	∞
T	14.1	57.1	100

：由 Bear 定律：$\ln(100/T) = abc$ 可知，濃度 c 和 $\ln(100/T)$成正比，所以可用透光百分數 T 當濃度計算。

由（2.6）式和 1 級反應積分式為：$\ln\dfrac{[A]}{[A]_0} = -kt \Rightarrow$ 可改寫成 $\ln\dfrac{\ln(100/T)}{\ln(100/T_0)} = -kt$

故 $t = 5\min$ 時：$\ln\dfrac{\ln(100/14.1)}{\ln(100/T_0)} = -k \times 5\min$ （ㄅ）

且 $t = 10\min$ 時：$\ln\dfrac{\ln(100/57.1)}{\ln(100/T_0)} = -k \times 10\min$ （ㄆ）

（ㄅ）式－（ㄆ）式 $\Rightarrow \ln\dfrac{\ln(100/14.1)}{\ln(100/T_0)} - \ln\dfrac{\ln(100/57.1)}{\ln(100/T_0)} = -k(5-10)$

由（2.10a）式可知：$t_{1/2} = \dfrac{\ln 2}{k} = \dfrac{\ln 2}{0.25} = 2.77\min$

由（2.11）式可知：$t_{1/2} = \dfrac{\ln 2}{k} = \tau \cdot \ln 2$

平均壽命：$\tau = \dfrac{1}{k} = \dfrac{1}{0.25\min^{-1}} = 4\min$

例 2.2.114

氣相分解反應 $CyClO-C_5H_8(A) \longrightarrow H_2(B) + CyClO-C_5H_6(C)$
請回答：(1) 總壓力 p 時，dp/dt 與 $-dp_A/dt$ 之關係。

      (2) 設為 1 級反應，求積分速率方程式，並使其只含有 $p_{A,0}$ 及 p。

：   A $\longrightarrow$ B + C

$t = 0$： p_{A_0}

$-)$ x   x   x

$t = t$： $p_{A_0} - x$ x   x

可得：$p = p_{A_0} + x$ （ㄅ）

$\Rightarrow p_A = p_{A_0} - x$ （ㄆ）

和 $x = p - p_{A_0}$ （ㄇ）

（1）$\because \dfrac{dp}{dt} = \dfrac{d(p_{A_0} + x)}{dt} = \dfrac{dx}{dt}$ （代入（ㄅ）式）

$-\dfrac{dp}{dt} = \dfrac{d(p_{A_0} - x)}{dt} = \dfrac{dx}{dt}$ $\therefore \dfrac{dp}{dt} = -\dfrac{dp_A}{dt}$

（2）$\because -\dfrac{dp_A}{dt} = kp_A \Rightarrow \displaystyle\int_{p_{A_0}}^{p_{A_0}-x} \dfrac{dp_A}{-p_A} = kdt \Rightarrow \ln\left(\dfrac{p_{A_0}}{p_{A_0} - x}\right) = kt$

$\Rightarrow \ln\left(\dfrac{p_{A_0}}{2p_{A_0} - p}\right) = kt$ （$\because$代入（ㄇ）式）

▪例 2.2.115▪

在 25℃、101.325 kPa 下的水溶液中，發生下列 1 級反應：$A_{(l)} \longrightarrow B_{(l)} + D_{(g)}$
隨著反應的進行，用量氣管測出不同時間 t 所釋放的理想氣體 D 的體積，列表如下：

t/min	0	3.0	∞
V/ cm^3	1.20	13.20	47.20

試求此反應的反應速率常數 k 及 A 的半衰期 $t_{1/2}$ 各為若干？

$$\quad A_{(l)} \xrightarrow{\quad T, p \text{ 一定}\quad} B_{(l)} + D_{(g)}$$

:

t＝0 時： $[n]_0$ $\qquad V_0 = 1.20\,cm^3$

t＝3.0 min 時： $[n]$ $\qquad V_t = 13.20\,cm^3$

t＝∞時： 0 $\qquad V_\infty = 47.20\,cm^3$

$[n]_0 = p(V_\infty - V_0)/(RT)$ ；$[n] = p(V_\infty - V_t)/(RT)$

$[A]_0 / [A] = [n]_0 / [n] = (V_\infty - V_0)/(V_\infty - V_t)$

對於 1 級反應：

$$k = \frac{1}{t}\ln\frac{[A]_0}{[A]} = \frac{1}{t}\ln\frac{V_\infty - V_0}{V_\infty - V_t} = \frac{1}{3.0\,min}\ln\frac{47.20 - 1.20}{47.20 - 13.20} = 0.1008\,min^{-1}$$

$$t_{1/2} = \ln 2 / k = \ln 2 / 0.1008\,min = 6.876\,min$$

2.3 2級反應(second order reaction)

凡是反應速率與反應物濃度的平方成正比的反應，就稱為「2級反應」。

分為下列兩種類型：

【類型 A】：A $\longrightarrow$ 產物，則反應速率方程式寫為：

$$反應速率 r = \frac{-d[A]}{dt} = k_2[A]^2 \tag{2.15}$$

【類型 B】：A+B $\longrightarrow$ 產物，則反應速率方程式寫為：

$$反應速率 r = \frac{-d[A]}{dt} = k_2[A][B] \tag{2.16}$$

〈1〉先討論【類型 A】：A $\longrightarrow$ 產物

將（2.15）式二邊積分後，可得：$\int_{[A]_0}^{[A]} -\frac{d[A]}{[A]^2} = \int_0^t k_2 dt$

整理後可得：$\dfrac{1}{[A]} - \dfrac{1}{[A]_0} = k_2 t$ (2.17)

由上式可知：$\dfrac{1}{[A]}$ 對 t 做圖，可得一直線，其斜率為 k_2。見圖 2.4。

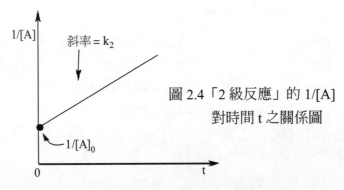

圖 2.4 「2 級反應」的 1/[A] 對時間 t 之關係圖

若 A 的轉化率為 y（參考第 2-15 頁的（2.12）式），則以[A]=[A]$_0$(1－y)代入（2.17）式，可得：

$$\frac{1}{[A]_0(1-y)} - \frac{1}{[A]_0} = k_2 t$$

整理後，得：$\dfrac{y}{[A]_0(1-y)} = k_2 t$ (2.18)

（2.17）式和（2.18）式都是【類型 A】之「2 級反應」反應速率方程的積分式。若分別以$[A] = \dfrac{[A]_0}{2}$、$y = \dfrac{1}{2}$ 和 $t = t_{1/2}$ 代入以上二式，又可得：

「2 級反應」之【類型 A】的「半衰期」：$t_{1/2}$ (半衰期)$= \dfrac{1}{k_2[A]_0}$　　　　　（2.19a）

也就是說：在【類型 A】情況下，「2 級反應」的「半衰期」與初濃度$[A]_0$成反比。若反應物的初濃度（$[A]_0$）減少到只剩下原先的$1/n (= [A]/[A]_0)$時，則所需反應時間稱為「1/n 衰期」，以 $t_{1/n}$ 表示。那麼，用$[A]/[A]_0 = 1/n$代入（2.17）式，整理可得：

$$\frac{n-1}{[A]_0} = k \cdot t_{1/n} \;\Rightarrow\; t_{1/n} = \frac{n-1}{k \cdot [A]_0} \qquad (2.20)$$

由（2.20）式再次證明：當溫度一定時，「2 級反應」的「1/n 衰期」$t_{1/n}$（這包括了半衰期 $t_{1/2}$ 在內）與反應物的初濃度成反比關係。

必須指出：對於定溫、定體積理想氣體反應，（2.15）式中的$[A]$可用 p_A 代替，也就是 $pV = nRT \Rightarrow [A] = n_A / V = p_A / RT$ 代入（2.15）式，得：

$$\frac{-d(\dfrac{p_A}{RT})}{dt} = k_2 \left(\frac{p_A}{RT}\right)^2$$

$$-\frac{dp_A}{dt} = \frac{k_2}{RT} p_A^2 = k_P p_A^2 \qquad (2.21)$$

上述二式比較，$k_p \neq k_2$，因為 $k_P = \dfrac{k_2}{RT}$，請續見後面（2.47）式。

由（2.19）式可知：「2 級反應」的反應速率常數 k_2 之單位是(濃度)$^{-1}$(時間)$^{-1}$，而其 k_p 的單位是(壓力)$^{-1}$(時間)$^{-1}$。

將（2.21）式的二邊積分後，可得：$\displaystyle\int_{p_{A,0}}^{p_A} \frac{-dp_A}{p_A^2} = \int_0^t k_p dt$

整理後，可得：　　　　　$\dfrac{1}{p_A} - \dfrac{1}{p_{A,0}} = k_p t$　　　　　（2.22）

由上式可知：$\dfrac{1}{p_A}$ 對 t 做圖，可得一直線，其斜率為 k_p。

由上述證明，可知：

當「2 級反應」之反應速率方程式為：$-\dfrac{d[A]}{dt} = k[A]^2$ 時，則不論是液相反應或氣相反應，皆可表示為：

$$\frac{1}{[A]} - \frac{1}{[A]_0} = kt \tag{2.17}$$

$$\frac{1}{p_A} - \frac{1}{p_{A,0}} = kt \tag{2.22}$$

且它們的「半衰期」分別表示為：

$$t_{1/2} = \frac{1}{k \cdot [A]_0} \tag{2.19a}$$

$$t_{1/2} = \frac{1}{k \cdot p_{A,0}} \tag{2.19b}$$

且「2 級反應」之反應速率常數 k_2 的單位是：(濃度)$^{-1}$(時間)$^{-1}$ 或(壓力)$^{-1}$(時間)$^{-1}$。

〈2〉對於【類型 B】：$aA + bB \longrightarrow$ 產物

反應物 A 和 B 的初始濃度比等於反應計量係數比（＝莫耳數比）時，即：

$$\frac{[A]_0}{[B]_0} = \frac{a}{b}$$

由於 A 和 B 按這樣的比例進行反應，所以在任一時刻，該二者的濃度比必等於其反應計量係數（＝莫耳數比）比，即：

$$\frac{[A]}{[B]} = \frac{a}{b} \implies [B] = \frac{b}{a}[A]$$

將上式代入（2.16）式，則

$$-\frac{d[A]}{dt} = k_2[A][B] = k_2[A] \times (\frac{b}{a})[A] = k'[A]^2 \tag{2.23}$$

此時，（2.23）式可還原成【類型 A】的（2.15）式，故其積分式及特徵皆與【類型 A】相同。

另外，【類型 B】之「2 級反應」的通式也可以寫成：

$$A \quad + \quad B \quad \longrightarrow \quad$$ 產物

反應前濃度　　　　a　　　　　b

一)　　　　　　　　x　　　　　x

反應 t 時刻後　a－x　　　　b－x

則【類型 B】之「2 級反應」的反應速率方程式，即（2.16）式：

$$-\frac{d[A]}{dt} = k_2[A][B]$$

將 $[A] = a - x$ 及 $[B] = b - x$ 代入上式後，可得：

$$-\frac{d(a-x)}{dt} = \frac{dx}{dt} = k_2(a-x)(b-x)$$

$$\implies \int_0^x \frac{dx}{(a-x)(b-x)} = \int_0^t k_2 \, dt$$

$$\implies \frac{1}{(a-b)} \cdot \ln\frac{b(a-x)}{a(b-x)} = k_2 t \tag{2.24}$$

為了做更進一步的解釋，在此分成【型一】、【型二】、【型三】三種題型，分別解說如下：

【型一】：假設兩種反應物的初濃度相同，即 $a = b$；則（2.24）式變爲：

$$\frac{dx}{dt} = k_2 (a-x)^2 \qquad\qquad (2.25)$$

移項，並將時間從 0 至 t、濃度從 0 到 x 區間內對（2.25）式積分

$$\int_0^x \frac{dx}{(a-x)^2} = \int_0^t k_2 dt \;\Rightarrow\; \frac{1}{a-x} - \frac{1}{a} = k_2 t \qquad (2.26a)$$

或 $\qquad\qquad \frac{a}{a-x} - 1 = a k_2 t \qquad\qquad (2.26b)$

或 $\qquad\qquad \frac{x}{a(a-x)} = k_2 t \qquad\qquad (2.26c)$

故形如：〝$aA + aB \longrightarrow$ 產物〞之「2 級反應」具有以下特點：

(1)　從（2.26a）式可知：以 $\dfrac{1}{[A]}$ 對 t 做圖可得一直線，它的斜率等於反應

速率常數 k_2。

(2)　從（2.26b）式可知：以 $\dfrac{1}{a-x}$ 對 t 做圖可得一直線，它的斜率等於反

應速率常數 k_2。

(3)　從（2.26c）式得出：$\dfrac{1}{t}\dfrac{x}{a(a-x)}$ 爲一常數，即反應速率常數 k_2。

(4)　「2 級反應」的反應速率常數 k_2 的單位是:
　　(濃度)$^{-1}$(時間)$^{-1}$ 或 (壓力)$^{-1}$(時間)$^{-1}$。

(5)　「2 級反應」的「半衰期」$t_{1/2}$ 是：

$$t_{1/2} = \frac{1}{k_2} \frac{\dfrac{a}{2}}{a\left(a - \dfrac{a}{2}\right)} = \frac{1}{k_2} \cdot \frac{1}{a} \qquad (2.27)$$

即「2 級反應」的「半衰期」與 初濃度 a 成反比。

（此結論與(2.19)式相同）

上述各特點也可做爲判斷「2 級反應」的依據。

【型二】：若 A 和 B 的起始濃度不同，即 $a \neq b$ 時，則由（2.24）式得：

$$\frac{dx}{(a-x)(b-x)} = k_2 dt \qquad (2.28)$$

將（2.28）式做如下變換：

$$\frac{1}{(a-x)(b-x)} = \frac{1}{b-a} \cdot \frac{(b-x)-(a-x)}{(a-x)(b-x)}$$

$$= \frac{1}{b-a} \cdot \left(\frac{1}{a-x} - \frac{1}{b-x}\right) \qquad (2.29)$$

再將（2.29）式代回（2.28）式，並取時間由 0 至 t，產物濃度由 0 變至 x 區間內進行積分：

$$\frac{1}{b-a}\left(\int_0^x \frac{dx}{a-x} - \int_0^x \frac{dx}{b-x}\right) = \int_0^t k_2 dt$$

整理可得：$\dfrac{1}{a-b} \cdot \ln \dfrac{b(a-x)}{a(b-x)} = k_2 t \qquad (2.30a)$

或 $\qquad k_2 = \dfrac{1}{t} \cdot \dfrac{1}{a-b} \cdot \ln \dfrac{b(a-x)}{a(b-x)} \qquad (2.30b)$

由(2.30b)式可以看出：以 $\ln \dfrac{b(a-x)}{a(b-x)}$ 對 t 做圖，應得一直線，其斜率為

$\dfrac{1}{k_2(a-b)}$。

但此時由於反應物 A、B 的半衰期各不相同，所以很難算出整個反應的半衰期。

【型三】：若 A 和 B 的初濃度不等於反應方程式的莫耳數時：

$$A \quad + \quad dB \quad \longrightarrow \quad 產物$$

t = 0 　　　　a 　　　　b

$$\underline{-) \qquad\qquad x \qquad\qquad dx \qquad\qquad\qquad\qquad}$$

t = t 　　　　a－x 　　　　b－dx

則由（2.16）式 $-\dfrac{d[A]}{dt} = k[A]^1 [B]^1$

將[A]＝a－x 及[B]＝b－dx 代入上式後，可得：

$$-\frac{d(a-x)}{dt} = k(a-x)(b-dx) \quad \Rightarrow \quad \int_0^x \frac{dx}{(a-x)(b-dx)} = \int_0^t kdt$$

根據〝部份分式法〞積分後，整理可得：

$$\frac{1}{ad-b} \cdot \ln\frac{b(a-x)}{a(b-dx)} = kt \tag{2.31}$$

因此，以 $\dfrac{1}{ad-b} \cdot \ln\dfrac{a-x}{b-dx}$ 對 t 做圖，可得直線的斜率，此斜率正是反應速率常數 k。

■ **例 2.3.1** ■

已知反應 $A + 2B + C \longrightarrow Y$，反應開始時，$[A] = 0.1\ \text{mole} \cdot \text{dm}^{-3}$，$[B]_0 = 0.2\ \text{mole} \cdot \text{dm}^{-3}$，$[C]_0 = 0.2\ \text{mole} \cdot \text{dm}^{-3}$，測得 A 反應掉一半所需時間為 100 min，求 A 的轉化率達 90% 所需時間。

（1）設反應對 A 是 1 級，對 B 是 1 級，對 C 是零級。

（2）設反應對 A 是 1 級，對 B 是零級，對 C 是 1 級。

：（1）由已知條件，則該反應的反應速率方程式為：

$$-\frac{d[A]}{dt} = k_A [A][B]$$

又已知 $[A]_0 = \frac{1}{2}[B]_0$ 符合計量常數關係，故有 $[B] = 2[A]$，即代入上式後，可

改寫為：$-\dfrac{d[A]}{dt} = 2k_A [A]^2$ （a）

$$
\begin{array}{cccccc}
& A & + & 2B & + & C & \longrightarrow & Y \\
t=0: & [A]_0 & & [B]_0 & & & & \\
-) & x & & 2x & & & & \\
\hline
t=t: & [A]_0 - x & & [B]_0 - 2x & & & & \\
\end{array}
$$

故在 $t = t$ 時，$[A] = [A]_0 - x$，$[B] = [B]_0 - 2x$ （b）

且令轉化率 $y = 1 - \dfrac{[A]}{[A]_0}$ （參考 (2.12) 式）

則整理可得：$x = y[A]_0$ （c）

將 (b) 式代入 (a) 式，可得：

$$-\frac{d([A]_0 - x)}{dt} = 2k_A \left([A]_0 - x\right)^2 \implies \int_0^x \frac{dx}{\left([A]_0 - x\right)^2} = \int_0^t 2k_A \, dt$$

$$\implies \frac{x}{[A]_0 \left([A]_0 - x\right)} = 2kt \tag{d}$$

再將 (c) 式代入 (d) 式，可解得：$2k_A t = \dfrac{y}{[A]_0 (1 - y)}$ （e）

又依據 (2.19a) 式，可得：

$$k_A = \frac{1}{2t_{1/2}[A]} = \frac{1}{2\times100\,min\times0.1\,mol\cdot dm^{-3}} = 5.0\times10^{-2}\ dm^3\cdot mole^{-1}\cdot min^{-1}$$

再代入（e）式，且已知轉化率 y = 90%，則解得：

$$t = \frac{0.900}{2\times5.0\times10^{-2}\ dm^3\cdot mole^{-1}\cdot min^{-1}\times0.1\,mole\cdot dm^{-3}(1-0.900)} = 900\ min$$

（2）由所設定的條件，則該反應的反應速率方程式為：

$$-\frac{d[A]}{dt} = k_A[A][C] \tag{f}$$

因為$[A]_0 \neq [C]_0$，則上述反應速率方程式的積分式為：

$$A\ +\ 2B\ +\ C\ \longrightarrow\ Y$$

t = 0：		$[A]_0$		$[C]_0$	
一）		x		x	
t = t：		$[A]_0 - x$		$[C]_0 - x$	

故在 t = t 時，$[A] = [A]_0 - x$，$[C] = [C]_0 - x$ \qquad (g)

且令轉化率 $y = 1 - \dfrac{[A]}{[A]_0}$（參考(2.12)式）$\Rightarrow$ 則整理可得：$x = y[A]_0$ \qquad (h)

將（g）式代入（f）式，則可得：

$$-\frac{d([A]_0 - x)}{dt} = k_A\big([A]_0 - x\big)\big([C]_0 - x\big)$$

$$\Rightarrow\ \int_0^x \frac{dx}{([A]_0 - x)([C]_0 - x)} = \int_0^t k_A dt$$

$$\Rightarrow\ \frac{1}{([A]_0 - [C]_0)}\ln\left(\frac{x - [A]_0}{x - [C]_0}\cdot\frac{[C]_0}{[A]_0}\right) = k_A t \tag{i}$$

再將（h）式代入（i）式，可解得：

$$t = \frac{1}{k_A([A]_0 - [C]_0)} - \ln\frac{[C]_0(1-y)}{[C]_0 - [A]_0\cdot y} \tag{j}$$

代入 $t_{1/2} = 100\ min$，得：

$$k_A = \frac{1}{100\,min(0.1-0.2)\,mole\cdot dm^{-3}}\times\ln\frac{0.2\,mole\cdot dm^{-3}(1-0.50)}{0.2\,mole\cdot dm^{-3} - 0.1\,mole\cdot dm^{-3}\times0.50}$$

$$= 4.055\times10^{-2}\ dm^3\cdot mole^{-1}\cdot min^{-1}$$

代入轉化率 y＝0.900 於（j）式，得：

$$t = \frac{1}{0.04055\,dm^3 \cdot mole^{-1} \cdot min^{-1}(0.1-0.2)\,mole \cdot dm^{-3}}$$

$$\times \ln \frac{0.2\,mole \cdot dm^{-3}(1-0.900)}{0.2\,mole \cdot dm^{-3} - 0.1\,mole \cdot dm^{-3} \times 0.900}$$

$$= 422\,min$$

■ 例 2.3.2 ■

對於「1 級反應」，試證明轉化率達到 99.9%所需時間約為轉化率達到 50%所需時間的 10 倍。對於「2 級反應」又應為多少倍？

：999 倍。因為根據【題型一】。

對於「1 級反應」：$kt = \ln \dfrac{1}{1-x}$ （∵(2.13)式）

$$\Rightarrow t_{99.9\%} = \frac{1}{k}\ln\frac{1}{1-0.999} = \frac{1}{k}\ln 10^3 \qquad\qquad (ㄅ)$$

$$\Rightarrow t_{50\%} = \frac{1}{k}\ln\frac{1}{1-0.5} = \frac{1}{k}\ln 2 \qquad\qquad (ㄆ)$$

$$\frac{(ㄅ)}{(ㄆ)} = \frac{t_{99.9\%}}{t_{50\%}} = \frac{\ln 10^3}{\ln 2} = 9.97 \doteqdot 10$$

對於「2 級反應」：$\dfrac{y}{[A]_0(1-y)} = kt$ （∵(2.18)式）

$$\Rightarrow t_{99.9\%} = \frac{1}{k} \cdot \frac{0.999}{[A]_0(1-0.999)} = \frac{1}{k} \cdot \frac{999}{[A]_0} \qquad\qquad (ㄇ)$$

$$\Rightarrow t_{50\%} = \frac{1}{k} \cdot \frac{0.5}{[A]_0(1-0.5)} = \frac{1}{k} \cdot \frac{1}{[A]_0} \qquad\qquad (ㄈ)$$

$$\frac{(ㄇ)}{(ㄈ)} = \frac{t_{99.9\%}}{t_{50\%}} = 999\,倍$$

■ 例 2.3.3 ■

1 級反應的半衰期與起始濃度_____，2 級反應的半衰期與起始濃度_____。

：無關；成反比。

$\because$「1 級反應」：$t_{1/2} = \dfrac{0.693}{2k}$　（$\because$(2.10a)式）

$\because$「2 級反應」：$t_{1/2} = \dfrac{1}{k[A]_0}$　（$\because$(2.19a)式）

▎ 例 2.3.4 ▎

氣相 2 級反應：$2A_{(g)} \longrightarrow B_{(g)}$。當反應開始時 B 不存在，系統恆溫定容，初壓力為 p_0。

（1）證明反應系統的總壓力 p 與時間 t 的關係為：$p = \dfrac{1 + 0.5\,p_0 k_A t}{1 + p_0 k_A t} p_0$，式中 k_A 為反應物 A 的消耗速率常數。

（2）求此反應的半衰期與 p_0 的關係。

：（1）　　　　　　　　$2A \longrightarrow B$　　　總壓力

當 t = 0：　　　$p_{A,0} = p_0$　　　　　　　　　p_0

$\underline{\qquad -)\qquad\qquad x \qquad\qquad\qquad\qquad}$

當 t = t：　　　$p_0 - x$　　　　　$x/2$　　　　$p(總)$

設當 t 時間時，A 氣體的壓力為 $p_A = p_0 - x \Rightarrow x = p_0 - p_A$

故總壓力：$p(總) = (p_0 - x) + x/2 = p_0 - x/2 = \dfrac{1}{2}(p_0 + p_A) \Rightarrow \therefore p_A = 2p(總) - p_0$

將此代入 2 級反應之反應速率方程式，即（2.21）式，得：

$\dfrac{1}{p_A} - \dfrac{1}{p_{A,0}} = k_A t \Rightarrow \dfrac{1}{2p(總) - p_0} - \dfrac{1}{p_0} = k_A t$

整理得：$p(總) = \dfrac{1 + 0.5\,k_A t p_0}{1 + k_A t p_0} \cdot p_0$

（2）$t = t_{1/2}$ 時，$p_A = 1/2 p_0$，代入 2 級反應速率方程式之(2.19)式，得：$t_{1/2} = 1/k_A p_0$

▎ 例 2.3.5 ▎

對反應 $A \longrightarrow D$，若反應物反應掉 $\dfrac{3}{4}$ 所需的時間是它反應掉 $\dfrac{1}{2}$ 所需時間的 3 倍，試問該反應是幾級反應？

：按題意 $t_{1/4}/t_{1/2} = 3$，若反應物濃度由$[A]_0 \longrightarrow \dfrac{1}{2}[A]_0$ 所需時間爲 $t_{1/2}$，則它由

$[A]_0 \longrightarrow \dfrac{1}{4}[A]_0$（即反應掉 3/4）所需時間是 $3t_{1/2}$。可見它由

$\dfrac{1}{2}[A]_0 \longrightarrow \dfrac{1}{4}[A]_0$ 所需的時間是 $2t_{1/2}$。比較時間 $t_{1/2}$、$2t_{1/2}$ 所對應的反應物初始

濃度爲$[A]_0$ 和 $1/2[A]_0$。由此可知：該反應的半衰期與初始濃度成反比，此乃「2 級反應」的重要特徵，故 n = 2。

【另解】：可代入「2 級反應」之反應速率方程式驗證。

依據（2.18）式：$t = \dfrac{1}{k[A]_0}\left(\dfrac{y}{1-y}\right)$ （I）

當 $y = \dfrac{3}{4}$ 代入（I）式，得：$t_{1/4} = \dfrac{3}{k[A]_0}$

又當 $y = \dfrac{1}{2}$ 代入（I）式，得：$t_{1/2} = \dfrac{1}{k[A]_0}$

故 $t_{1/4}/t_{1/2} = 3$，又利用（2.19b）式：$t_{1/2} = 3 \times \dfrac{1}{k[A]_0}$ 可知：n = 2

$\Rightarrow$ 故證明爲「2 級反應」。

例 2.3.6

氯乙醇和碳酸氫鈉反應製取乙二醇，即

已知該反應的速率方程式爲：$-\dfrac{d[A]}{dt} = k[A][B]$ 且測得 355°K 時，在水溶液中的反應速率

常數 k = 5.20 dm³ · mol⁻¹ · h⁻¹。試算在該溫度下：

（1）如果溶液中氯乙醇、碳酸氫鈉的初濃度相同，即$[A]_0 = [B]_0 = 1.20\,mol \cdot dm^{-3}$，則氯乙醇轉化 95% 時，需要多少時間？

（2）在同樣初濃度的條件下，氯乙醇轉化率達到 99.75% 需要多少時間？

（3）若溶液中氯乙醇和碳酸氫鈉的初濃度分別爲 $[A]_0 = 1.20\quad mol \cdot dm^{-3}$，

$[B]_0 = 1.50\,mol \cdot dm^{-3}$。氯乙醇轉化 99.75% 需要多少時間？

：（1）已知反應爲「2 級反應」，且二反應物(氯乙醇和碳酸氫鈉)的初濃度皆相同，將（2.26c）式化爲：

$$k_2 t = \frac{x}{a(a-x)} = \frac{x/a}{a(1-\frac{x}{a})}$$

其中 $\frac{x}{a}$ 爲轉化百分率，故得：$t_1 = \frac{1}{k} \cdot \frac{x/a}{a(1-\frac{x}{a})} = \frac{0.95}{5.20 \times 1.20 \times (1-0.95)} = 3.04\,h$

（2）同理，$t_2 = \frac{0.9975}{5.20 \times 1.20 \times (1-0.9975)} = 63.9\,h$

（3）因爲二個反應物的初濃度不同，則將（2.33）式中的 x 改寫爲 x = [A]$_0$ ×轉化百分數，則有：

$$t_3 = \frac{1}{k(a-b)} \cdot \ln \frac{b(a-x)}{a(b-x)}$$

$$= \frac{1}{k([A]_0 - [B]_0)} \cdot \ln \frac{[B]_0 ([A]_0 - [A]_0 \times 轉化百分數)}{[A]_0 ([B]_0 - [A]_0 \times 轉化百分數)}$$

$$= \frac{1}{k \times (1.20-1.50)} \cdot \ln \frac{1.50 \times (1-0.9975)}{1.50 - 1.20 \times 0.9975} = 2.82\,h$$

※ 本題是將初濃度、轉化率和產物濃度之間的關係，代入「2 級反應」公式進行計算。上述計算結果證明：t_2 比 t_1 多用了 60.86 h，只是多轉化 4.75%（從 95% → 99.75%），所需時間卻增加 20 倍。也就是若要轉化到同一百分數，則開始時，濃度愈低，反應速率會愈慢，所需時間也就愈長。另外，從 t_3 的數值可以看到：增加另一個反應物的濃度[B]$_0$，達到轉化 99.75%的所需時間較 t_2 更爲減少。這些都說明：濃度對「2 級反應」的速率影響相當大。也就是說，反應級數愈高，濃度對速率的影響愈大。

▍ 例 2.3.7 ▍

定溫下進行某 2 級反應 A＋B ⟶ C＋D，已知 A 和 B 的初始濃度均是 0.01 mol · dm^{-3}，反應 30 分鐘後立即中止反應進行分析，測得溶液中剩餘 B 的濃度是 5.30×10^{-3} mol · dm^{-3}，試求 90.0 分鐘時反應的轉化率。如果 A 和 B 的初始濃度都是 0.02 mol · dm^{-3}，達到相同轉化率，需多少時間。

：對於兩個反應物初始濃度相等的 2 級反應，可依據（2.17）式，即：

$$k = \frac{1}{t}(\frac{1}{[A]} - \frac{1}{[A]_0}) = \frac{1}{t}(\frac{[A]_0 - [A]}{[A] \cdot [A]_0}) = [\frac{1}{30}(\frac{0.01 - 5.30 \times 10^{-3}}{0.01 \times 5.30 \times 10^{-3}})] \, mol^{-1} \cdot dm^3 \cdot min^{-1}$$

$$= 2.96 \, mol^{-1} \cdot dm^3 \cdot min^{-1}$$

設 y 為轉化率，則按（2.18）式，可知：$\frac{y}{[A]_0 (1-y)} = kt$

代入數據後，可得：$y = \frac{kt[A]_0}{1 + kt[A]_0} = \frac{2.96 \times 90 \times 0.01}{1 + 2.96 \times 90 \times 0.01} = 0.727$

當 $[A]_0 = 0.02 \, mol \cdot dm^{-3}$，$y = 0.727$ 時，則依據（2.18）式，可得：

$$t = \frac{y}{k[A]_0 (1-y)} = \frac{0.727}{2.96 \times 0.02(1-0.727)} = 44.98 \, min$$

由計算結果可知：若要達到相同的轉化率，當初始濃度增加一倍時，則反應時間會縮短一半，這正符合「2 級反應」的特徵。（∵由（2.19a）式可知：「2 級反應」的半衰期時間與反應物的初濃度成反比。）

▪ 例 2.3.8 ▪

乙醛的氣相分解反應為「2 級反應」：$CH_3CHO \longrightarrow CH_4 + CO$
在等容下反應時壓力將增加。在 791°K 時，測量反應過程中不同時刻等容器皿內的總壓力，得下列數據：

時間 t(s)	0	73	242	480	840	1440
總壓 p(MPa)	0.0478	0.0549	0.0654	0.0733	0.0799	0.0851

試求算此反應的速率常數 k_2 和半衰期 $t_{1/2}$。

：應首先找出容器中的壓力與反應物的關係。設初壓力為 p_0，當反應進行 t 時刻後，乙醛的壓力降低了 x，則此時乙醛的分壓為 $p_0 - x$，在乙醛壓力降低 x 的同時，CO 和 CH_4 的壓力就各增加了 x。

$$CH_3CHO_{(g)} \longrightarrow CH_4{}_{(g)} + CO_{(g)} \qquad 總壓力$$

當 $t = 0$ 時：　　p_0　　　　　　　　　　　　　　　p_0

$-)$　　　　　x

當 $t = t$ 時：　　$p_0 - x$　　　　x　　　x　　　$p_0 + x$

故容器中的總壓 p_t 應為：$p_t = (p_0 - x) + 2x = p_0 + x$ ，得：$x = p_t - p_0$

已知乙醛分解反應是「2 級反應」，令 p 為乙醛之壓力，

則 $-\dfrac{dp}{dt}=k_2 p^2 \implies$ 二邊積分後，可得：$-\displaystyle\int_{p_0}^{p_0-x}\dfrac{dp}{p^2}=k_2\int_0^t dt$

故得：$\dfrac{1}{p_0-x}-\dfrac{1}{p_0}=k_2 t \implies$ 整理後，可得：$k_2=\dfrac{1}{t}\cdot\dfrac{p_t-p_0}{p_0(2p_0-p_t)}$

將題目給的數據分別代入上式，求得不同時刻的 k_2 值列於下表。

時間/(s)	0	73	242	480	840	1440
$k_2/10^8/(Pa^{-1}\cdot s^{-1})$	——	4.999	5.038	4.984	5.092	5.161

所以 k_2 的平均值為：$\overline{k_2}=5.005\times10^{-8}\ Pa^{-1}\cdot s^{-1}$

$\therefore t_{1/2}=\dfrac{1}{k_2 p_0}=\dfrac{1}{5.055\times10^{-8}\times0.478\times10^5}=414\,s$

■ 例 2.3.9 ■

在 298°K 時，乙酸甲酯皂化反應：

$$CH_3COOCH_3+NaOH \longrightarrow CH_3COONa+CH_3OH$$

$$(A)\qquad (B)\qquad\qquad (C)\qquad\qquad (D)$$

在 75 分鐘時，NaOH 濃度為 $0.00552\ mol\cdot dm^{-3}$，酯和鹼的初始濃度皆為 $0.01\ mol\cdot dm^{-3}$，試求此「2 級反應」的反應速率常數和轉化率達 80%所需的時間。

：對於二反應物初濃度相等的反應，可採用：

$$\dfrac{1}{[A]}-\dfrac{1}{[A]_0}=k\cdot t\ \ (見(2.17\ 式)) \tag{ㄅ}$$

$$CH_3COOCH_3+\ NaOH \longrightarrow CH_3COONa\ +\ CH_3OH$$

t = 0 時：	0.01	0.01		
一)	0.00448	0.00448		
t = 75 分時：	0.00552	0.00552	0.00448	0.00448

數據代入（ㄅ）式：$\dfrac{1}{0.00552}-\dfrac{1}{0.01}=k\times75\implies k=1.082\ mole^{-1}\cdot dm^3\cdot min^{-1}$

又因（2.18）式：$k\cdot t=\dfrac{y}{(1-y)[A]_0}\implies t=\dfrac{1}{1.082}\times\dfrac{0.8}{0.2\times0.01}=370min$

例 2.3.10

已知氣相反應：$2A+B \longrightarrow 2Y$ 的速率方程式爲 $-\dfrac{dp_A}{dt} = kp_A p_B$。

將氣體 A 和 B 按物質的量比 2：1 引入一抽眞空的反應器中，反應溫度保持 400°K。反應經 10 min 後，測得系統壓力爲 84 kP_a。經很長時間反應完成後，系統壓力爲 63 kP_a。試求：

（1）氣體 A 的初壓力爲 $p_{A,0}$ 及反應經 10 min 後 A 的分壓力 p_A。

（2）反應速率常數 k_A。

（3）氣體 A 的半衰期。

：（1）　　　$2A$　$+$　B　$\longrightarrow$　$2Y$　　總壓力

$t=0$ 時：　$p_{A,0}$　　$p_{A,0}/2$　　　0　　$\dfrac{3}{2}p_{A,0}$

$t=t$ 時：　p_A　　$p_{A,0}/2-(p_{A,0}-p_A)/2$　　$p_{A,0}-p_A$　　$p(總)$

$t=\infty$ 時：　0　　　0　　　$p_{A,0}$　　p_∞

當 $t=t$ 時，$p(總) = p_{A,0}+p_A/2$，$p_A = 2\big(p(總)-p_{A,0}\big)$

當 $t=\infty$ 時，$p_\infty = p_{A,0} = 63\ kP_a$

故當 $t=10\ min$，$p_A = 2\times(84-63)\ kP_a = 42\ kP_a$

（2）$\dfrac{p_{A,0}}{p_{B,0}} = \dfrac{r_A}{r_B} = \dfrac{p_A}{p_B} = \dfrac{2}{1}$ 代入題意已知：$-\dfrac{dp_A}{dt} = kp_A p_B$，則

$-\dfrac{dp_A}{dt} = k_A p_A \left(\dfrac{p_A}{2}\right) = \left(\dfrac{k_A}{2}\right)p_A^2$，二邊移項積分後，可得：

$k_A = \dfrac{2}{t}\cdot\left(\dfrac{1}{p_A} - \dfrac{1}{p_{A,0}}\right) = 1.59\times10^{-3}\ kP_a^{-1}\cdot min^{-1}$

（3）當 $p_A = p_{A,0}/2$，則由（2.19b）式：$t_{1/2} = \dfrac{2}{k_A\cdot p_{A,0}} = 20\ min$

■ 例 **2.3.11** ■

反應 $2A_{(g)} + B_{(g)} \longrightarrow Y_{(g)}$ 的動力學方程式為：$-\dfrac{d[B]}{dt} = k_B \cdot [A]^{1.5} [B]^{0.5}$。

今將 A 與 B 的莫耳比為 2：1 的混合氣體通入 400°K 定容容器中，初壓力為 3.04 kP$_a$。

（1）經 50 s 後，總壓力變為 2.03 kP$_a$，試求反應速率常數 k_B 及 k_A？

（2）並且經 150 s 後，容器中 p_B 為若干？

：（1）由題意可知：$\dfrac{n_A}{n_B} = 2$，則 $\dfrac{[A]}{[B]} = 2$，即 $[A] = 2[B]$，且 $p_{A,0} = 2p_{B,0}$，則代入反應

速率式，可得：

$$-\frac{d[B]}{dt} = k_B (2[B])^{1.5} [B]^{0.5} = 2^{1.5} k_B [B]^2 = k'[B]^2 \text{，其中 } k' = 2^{1.5} k_B$$

$$
\begin{array}{ccccc}
& 2A & + & B & \longrightarrow & Y & \text{總壓力} \\
t = 0 \text{ 時：} & p_{A,0} = 2p_{B,0} & & p_{B,0} & & & p_0 \\
\quad -) & 2x & & x & & x & \\
\hline
t = t \text{ 時：} & 2p_{B,0} - 2x & & p_{B,0} - x & & x & p_t \\
t = \infty \text{ 時：} & 0 & & 0 & & p_{B,0} & p_\infty \\
\end{array}
$$

由此可知：$p_0 = p_{A,0} + p_{B,0} = 2p_{B,0} + p_{B,0} = 3p_{B,0} = 3.04 \, kP_a$

且 $p_\infty = \dfrac{1}{3} p_0 = 1.01 \, kP_a$

又 $t = t$ 時，$p_t = (2p_{B,0} - 2x) + (p_{B,0} - x) + x = 3p_{B,0} - 2x$

代入數據：$t = 50 \, s$，$p_t = 2.03 \, kP_a$ 於上式，可求得：$x = 0.505 \, kP_a$

又依據理想氣體公式，$\dfrac{n_B}{V} = [B] = \dfrac{p_B}{RT}$ $\hspace{3cm}$ （ I ）

故 $-\dfrac{d[B]}{dt} = k'[B]^2 \implies \int_{[B]_0}^{[B]} \dfrac{d[B]}{[B]^2} = \int_0^t -k'dt$

經積分後，可得：$\dfrac{[B]_0 - [B]}{[B] \cdot [B]_0} = k't$（此即（2.17）式） $\hspace{2cm}$ （ II ）

將（ I ）式代入（ II ）式，得：$\dfrac{RT \cdot (p_{B,0} - p_B)}{p_B \cdot p_{B,0}} = k't$ $\hspace{2cm}$ （ III ）

代入數據：$R = 8.314 \, J \cdot K^{-1} \cdot mole^{-1}$，$T = 400°K$，$p_{B,0} = 1.01 \, kP_a$

及 $p_B = p_{B,0} - x = 1.01 - 0.505 = 0.505$ kP$_a$ 全部代入（III）式，故（III）式寫成：

$$\frac{8.314 J \cdot K^{-1} \cdot mole^{-1} \times 400°K \times (1.01 - 0.505)}{0.505 \cdot 1.01} = k' \cdot 50$$

解得 $k' = 65.0 \, dm^3 \cdot mole^{-1} \cdot s^{-1}$

又已設 $k' = 2^{1.5} k_B$，則 $k_B = 23.0 \, dm^3 \cdot mole^{-1} \cdot s^{-1}$

又依據題意已知及（1.8b）式，可得：$k_A = 2k_B$

故 $k_A = 2k_B = 46.0 \, dm^3 \cdot mole^{-1} \cdot s^{-1}$

（2）將 $R = 8.314 \, J \cdot K^{-1} \cdot mole^{-1}$，$T = 400°K$，$p_{B,0} = 1.01$ kP$_a$，$t = 150$ s

及 $k' = 65.0 \, dm^3 \cdot mole^{-1} \cdot s^{-1}$ 全部代入（III）式，可解得：$p_B = 0.25$ kP$_a$

例 2.3.12

某溶液中反應 A＋B ——→ C，設開始時 A 與 B 物質的量相等，沒有 C，1 小時後 A 的轉化率爲 75%，求 2 小時後 A 尚餘多少未反應？

假設（1）對 A 爲 1 級，對 B 爲 0 級。（2）對 A、B 皆爲 1 級。（3）對 A、B 皆爲 0 級。

：設若 $-\dfrac{d[A]}{dt} = k[A]^\alpha [B]^\beta$

（1）$-\dfrac{d[A]}{dt} = k[A]$

對於「1 級反應」而言，利用（2.13）式：$k = \dfrac{1}{t_1} \cdot \ln \dfrac{1}{1-y_1} = \dfrac{1}{t_2} \cdot \ln \dfrac{1}{1-y_2}$

代入數據，可得：$\dfrac{1}{1} \cdot \ln \dfrac{1}{1-0.75} = \dfrac{1}{2} \cdot \ln \dfrac{1}{1-y_2}$

解得未反應的 A 爲 $1-y_2 = 6.25\%$

（2）$-\dfrac{d[A]}{dt} = k[A][B] = k[A]^2$

對於「2 級反應」而言，利用（2.18）式：$k = \dfrac{1}{t_1}(\dfrac{1}{1-y_1} - 1) = \dfrac{1}{t_2}\left(\dfrac{1}{1-y_2} - 1\right)$

代入數據：$\dfrac{1}{1} \cdot \left(\dfrac{1}{1-0.75} - 1\right) = \dfrac{1}{2} \cdot \left(\dfrac{1}{1-y_2} - 1\right)$

解得未轉化的 A 爲 $1-y_2 = 14.29\%$

（3） $-\dfrac{d[A]}{dt} = k$

對於「零級反應」而言，利用（2.2）式：

$$k = \dfrac{1}{t}([A]_0 - [A]) = \dfrac{[A]_0 - [A]_0(1-y)}{t} = \dfrac{[A]_0\,y}{t}$$

即 $\dfrac{[A]_0\,y_1}{t_1} = \dfrac{[A]_0\,y_2}{t_2}$

代入數據：$\dfrac{0.75}{1} = \dfrac{y_2}{2}$ ，$y_2 = 1.5 > 1$

說明反應物不到 2 小時就已經消耗完畢。

▌例 2.3.13 ▌

在 OH^- 的作用下，硝基苯甲酸乙酯的水解反應：

$$(NO_2)C_6H_4COOC_2H_5 + OH^- \longrightarrow NO_2C_6H_4COOH + C_2H_5OH$$

在 15°C 時的動力學數據如題表所示，兩反應物的初濃度皆為 0.05 mole·dm^{-3}。

t(s)	120	180	240	330	530	600
水解分數(100)	32.95	41.75	48.8	58.05	69.0	70.35

計算此 2 級反應的速率常數 k。

解：

	$NO_2C_6H_4COOC_2H_5$	+	OH^-	$\longrightarrow$	$NO_2C_6H_4COOH$	+	C_2H_5OH

當 t = 0 時：　　　$[A]_0$　　　　　$[A]_0$　　　　　0　　　　　0

$-)$　　　　　x　　　　　　x

當 t = t 時：　$[A]_0 - x$　　　$[A]_0 - x$　　　x　　　　x

對於「2 級反應」而言，依據（2.17）式，可知：

$$kt = \dfrac{1}{[A]} - \dfrac{1}{[A]_0} = \dfrac{1}{[A]_0(1-x)} - \dfrac{1}{[A]_0} \quad （此正是(2.18)式）$$

將上式整理為：$\dfrac{1}{x} = \dfrac{1}{kt[A]_0} + 1$

由上式可以看出，1/x 對 1/t 做圖應為一直線，其斜率 $= \dfrac{1}{k[A]_0}$ 。

數據處理如下：

t	120	180	240	330	530	600
$1000 \times (1/t)$	8.333	5.555	4.167	3.030	1.887	1.667
x	0.3295	0.4175	0.4880	0.5805	0.6900	0.7035
1/x	3.035	2.395	2.049	1.723	1.4949	1.421

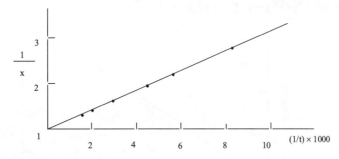

由上表數據，可得斜率 $= 246.3 = 1/(k[A]_0)$

故 $k = 1/(246.3 \times [A]_0) = 1/(246.3 \times 0.05) = 8.12 \times 10^{-2}$ dm$^3 \cdot$mole$^{-1} \cdot$s^{-1}

▪ 例 2.3.14 ▪

某氣相反應：$2A \longrightarrow A_2$ 為 2 級反應，在恆溫恆容定壓下的總壓數據如題表所示，求反應速率常數 k_A。

t(s)	0	100	200	400	∞
p(總/kP$_a$)	41330	34397	31197	27331	20665

：$\qquad 2A \longrightarrow A_2 \qquad$ 總壓力

當 $t = 0$ 時：$\quad p_0 \qquad\qquad\qquad 0 \qquad\qquad p_0$

$\underline{\qquad\qquad -)\qquad x}$

當 $t = t$ 時：$\quad p_0 - x = p_A \qquad\quad x/2 \qquad\quad$ p(總)

可知：$p_0 - x = p_A \implies x = p_0 - p_A$

代入：$p(總) = (p_0 - x) + x/2 = p_0 - x/2 = p_0 - (p_0 - p_A)/2 = (p_0 + p_A)/2 \implies p_A = 2p(總) - p_0$

再代入「2 級反應」之反應速率式：

$$-\frac{dp_A}{dt} = -\frac{d[2p(總) - p_0]}{dt} = k_A p_A^2 = k_A [2p(總) - p_0]^2$$

由上式積分可得：$\dfrac{1}{2p(總) - p_0} = k_A t + \dfrac{1}{p_0}$ $\qquad\qquad\qquad$ （Ｉ）

可知：$1/[2p(總)-p_0]$對 t 做圖應為一直線，其斜率$=k_A$，數據處理如下：

t/(s)	0	100	200	400	∞
$p(總,P_a)$	41330	34397	31197	27331	20665
$[2p(總)-p_0](P_a)$	41330	27464	21064	13332	0
$10^5/[2p(總)-p_0]$	2.420	3.641	4.747	7.501	

依據（I）式，$10^5/[2p(總)-p_0]$對 t 做圖，得：

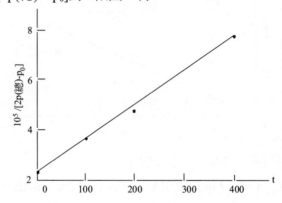

直線的斜率$= k_A = \dfrac{7.501 - 2.420}{400 - 0} \times 10^{-5} = 1.27 \times 10^{-7}$

$\therefore k_A = 1.27 \times 10^{-7} \ P_a \cdot s^{-1}$

■ 例 2.3.15 ■

某反應 $2A+3B \longrightarrow C$ 為「2 級反應」。

（1）請寫出反應速率積分表達式。

（2）若知在 298.2°K 時，$k = 2.00 \times 10^{-4} \ mol^{-1} \cdot dm^3 \cdot s^{-1}$，又知在反應開始時混合物的總濃度為 $0.0817 \ mol \cdot dm^{-3}$，其中 A 與 B 物質的量之比為 1：4，求 1 小時後，A、B、C 三種物質量之比為多少？

：（1）

	2A	+	3B	$\longrightarrow$	C
$t=0$	a		b		0
$-)$	2x		3x		
$t=t$	$a-2x$		$b-3x$		x

故 $-\dfrac{1}{2}\dfrac{d[A]}{dt} = k[A]^1[B]^1$

代入$[A] = a-2x$ 及$[B] = b-3x$ 於上式，可得：

$$-\frac{1}{2}\frac{d(a-2x)}{dt}=\frac{dx}{dt}=k(a-2x)(b-3x)$$

經積分後，得：$\int_0^x \frac{dx}{(a-2x)(b-3x)}=\int_0^t kdx \Rightarrow k=\frac{1}{t(3a-2b)}\cdot\ln\frac{b(a-2x)}{a(b-3x)}$

（2）298.2°K 時，

A 物的初始量：$a=\frac{1}{1+4}\times0.0817=0.0163\ mole\cdot dm^{-3}$

B 物的初始量：$b=\frac{4}{1+4}\times0.0817=0.0654\ mole\cdot dm^{-3}$

又因 t = 3600 s，k = $2.00\times10^{-4}\ mole^{-1}\cdot dm^3\cdot s^{-1}$，代入上述（1）之反應速率表達式，解得：x = $7.19\times10^{-4}\ mole\cdot dm^{-3}$

故此時，

A 物質有：$a-2x=0.0163-2\times7.19\times10^{-4}=1.48\times10^{-2}\ mole\cdot dm^{-3}$

B 物質有：$b-3x=0.0654-3\times7.19\times10^{-4}=6.32\times10^{-2}\ mole\cdot dm^{-3}$

C 物質有：$x=7.19\times10^{-4}\ mole\cdot dm^{-3}=0.072\times10^{-2}\ mole\cdot dm^{-3}$

1 小時後，A：B：C = 1.48：6.32：0.072 = 20.6：87.8：1

例 2.3.16

反應 $2A+B \longrightarrow Y$，且反應速率方程式為 $-\frac{d[A]}{dt}=k[A][B]$，當 $[A]_0=2\ mole\cdot dm^{-3}$，$[B]_0=1\ mole\cdot dm^{-3}$ 時，A 反應掉 3/4 所需時間為 3h，則 $k_A=?$

：$[A]_0$：$[B]_0$＝2：1，與 A、B 的計量常數之比相同，故反應過程中始終存在著：

$[A]_0$：$[B]_0$＝2：1，即 $[B]=\frac{1}{2}[A]$。

則反應速率方程式改寫為：$-\frac{d[A]}{dt}=k_A[A][B]=\frac{1}{2}k_A[A]^2$

依據（2.12）式：且將[A]=[A](1－y)代入，積分後解得：

$$k_A=\frac{2y}{t[A]_0(1-y)}=\frac{2\times\frac{3}{4}}{3\times2\times(1-\frac{3}{4})}=1\ mole^{-1}\cdot dm^{-3}\cdot h^{-1}$$

▪ 例 2.3.17 ▪

某氣相反應 A＋2B ⟶ D，對 A 為 0.5 級，對 B 為 1.5 級。300°K 時，若 A 與 B 按 1：2 投料，反應器總壓為 $3p^\Theta$，在 20 min 後，A 的分壓為 $0.1p^\Theta$，求再過 30 min 後各物質的分壓？

：$p_{A,0} = \dfrac{1}{2+1} p(總) = \dfrac{1}{3} \times 3p^\Theta = 1p^\Theta$

$p_{B,0} = \dfrac{2}{3} p(總) = \dfrac{2}{3} \times 3p^\Theta = 2p^\Theta$

因 $\dfrac{p_{A,0}}{p_{B,0}} = \dfrac{A之莫耳數}{B之莫耳數}$，故 $\dfrac{p_{A,0}}{p_{B,0}} = \dfrac{1}{2}$，即 $p_B = 2p_A$

依據題意，反應速率方程式可寫為：$r = -\dfrac{dp_A}{dt} = kp_A^{0.5} p_B^{1.5}$

整理為：$-\dfrac{dp_A}{dt} = kp_A^{0.5} \cdot (2p_A)^{1.5} = 2^{1.5} kp_A^2 = k'p_A^2$

上式二邊取積分，得：$\displaystyle\int_{p_{A,0}}^{p_A} \dfrac{dp_A}{p_A^2} = \int_0^t -k'dt \Rightarrow k' = \left(\dfrac{1}{p_A} - \dfrac{1}{p_{A,0}}\right) \cdot \dfrac{1}{t}$

代入數據：$k' = \left(\dfrac{1}{0.1} - \dfrac{1}{1}\right) \cdot \dfrac{1}{20} = 0.45 \cdot [(p^\Theta)^{-1} \cdot min^{-1}]$（∵本題用 p^Θ 為壓力單位）

再過 $t = 30$ min 後，k' 仍相同，但 $p'_{A,0} = 0.1p^\Theta$，代入（I）式，得：

$0.45 = \left(\dfrac{1}{p'_A} - \dfrac{1}{0.1}\right) \cdot \dfrac{1}{30} \Rightarrow$ 解得：$p'_A = 0.043p^\Theta$

$$\begin{array}{cccc} & A & + \quad 2B & \longrightarrow \quad D \end{array}$$

t＝0 時：	$p_{A,0}$	$p_{B,0}$	
―)	x	2x	
t＝t 時：	$p_{A,0}-x$	$p_{B,0}-2x$	x

故 $p_A = p_{A,0} - x$，$p_B = p_{B,0} - 2x$，$P_D = x$

∴ $p'_B = 2p'_A = 2 \times 0.043 = 0.086p^\Theta$

$p'_D = p_{A,0} - p'_A = (1-0.043)p^\Theta = 0.957p^\Theta$

■ 例 **2.3.18** ■

HI 生成反應：$H_2 + I_2 \longrightarrow 2HI$ 速率方程式為 $r = k[H_2][I_2]$，若在 422°C 時，速率常數 $k = 7.9 \times 10^{-2}$ $mole^{-1} \cdot dm^3 \cdot s^{-1}$，求在以下兩種情況下，在每 dm^3 容器中，30s 後生成 HI 物質的量及 H_2 和 I_2 的濃度是多少？（將 H_2、I_2、HI 皆視為理想氣體）

（1）在容積固定的反應器中引入均為 50 kP_a 的 H_2 和 I_2 蒸氣。

（2）在反應器中引入 H_2 和 I_2 蒸氣的物質的量之比為 9：1，且總壓力為 100 kP_a。

：（1）依據題意，已知為初濃度相同的「2 級反應」：

$$H_2 \quad + \quad I_2 \quad \longrightarrow \quad 2HI$$

t = 0 時：　a　　　　a　　　　　　0

$$\underline{\quad -)\quad\quad x \quad\quad\quad x \quad\quad\quad\quad\quad\quad}$$

t = t 時：　a－x　　　a－x　　　　　2x

故 $[H_2] = [I_2] = a - x$，$[HI] = 2x$

若用產物表示反應速率：

$$r = \frac{d[HI]}{2dt} = k[H_2]^1[I_2]^1 \implies \frac{1}{2} \cdot \frac{d(2x)}{dt} = \frac{dx}{dt} = k(a-x)^2$$

移項積分得：$\dfrac{1}{a-x} - \dfrac{1}{a} = kt$ 　　　　　　　　　　　　　　　　(I)

用理想氣體處理，則物質的濃度可用 $c = \dfrac{n}{V} = \dfrac{p}{RT}$ 表示，且 H_2、I_2 的蒸氣分壓相同。

$$a = [H_2]_0 = [I_2]_0 = \frac{p}{RT} = \frac{50 \times 10^3}{8.314 \times (273 + 442)}$$

$$= 8.4 \, mole \cdot m^{-3} = 8.4 \times 10^{-3} \, mole \cdot dm^{-3}$$

代入數據於（I）式：$\dfrac{1}{8.4 \times 10^{-3} - x} - \dfrac{1}{8.4 \times 10^{-3}} = 7.9 \times 10^{-2} \times 30$

解得：$x = 1.64 \times 10^{-4} \, mole^1 \cdot dm^{-3}$

∴ 每 dm^3 中生成 HI 的量：

$[HI] = 2x = 2 \times 1.64 \times 10^{-4} = 3.28 \times 10^{-4} \, mole^1 \cdot dm^{-3}$

又 H_2、I_2 蒸氣濃度：

$[H_2] = [I_2] = a - x = 8.4 \times 10^{-3} - 1.64 \times 10^{-4} = 8.24 \times 10^{-3} \, mole^1 \cdot dm^{-3}$

（2）依據題意，已知初濃度不相等的「2 級反應」：

$$H_2 \quad + \quad I_2 \quad \longrightarrow \quad 2HI$$

T＝0 時：　　　a　　　　　b　　　　　　0

$$-)\quad\quad x \quad\quad\quad x$$

t＝t 時：　　a－x　　　b－x　　　　　2x

故[H_2] = a－x，[I_2] = b－x，[HI] = 2x

用產物表示反應速率：

$$r = \frac{d[HI]}{2dt} = k[H_2]^1[I_2]^1 \Rightarrow \frac{1}{2} \cdot \frac{d(2x)}{dt} = \frac{dx}{dt} = k(a-x)(b-x)$$

移項積分得：$\dfrac{1}{a-b} \cdot \ln\dfrac{b(a-x)}{a(b-x)} = kt$　　　　　　　　　　（II）

$$[H_2]_0 = a = \frac{100 \times 0.9 \times 10^3}{8.314 \times (273+442)} = 15.1\,mole \cdot m^{-3} = 1.51 \times 10^{-2}\,mole \cdot dm^{-3}$$

$$[I_2]_0 = b = \frac{100 \times 0.1 \times 10^3}{8.314 \times (273+442)} = 1.68\,mole \cdot m^{-3} = 1.68 \times 10^{-3}\,mole \cdot dm^{-3}$$

代入數據於（II）式：

$$\frac{1}{1.51 \times 10^{-2} - 1.68 \times 10^{-3}} \cdot \ln\frac{1.51 \times 10^{-2}(1.52 \times 10^{-2} - x)}{1.51 \times 10^{-2}(1.68 \times 10^{-3} - x)} = 7.9 \times 10^{-2} \times 30$$

解得：$x = 5.91 \times 10^{-5}\,mole \cdot dm^{-3}$

∴每 dm³ 中生成 HI 的量：$[HI] = 2x = 2 \times 5.91 \times 10^{-5} = 1.2 \times 10^{-4}\,mole \cdot dm^{-3}$

又 H_2、I_2 蒸氣濃度：

$[H_2] = a-x = 1.51 \times 10^{-2} - 5.91 \times 10^{-5} = 1.50 \times 10^{-2}\,mole^1 \cdot dm^{-3}$

$[I_2] = b-x = 1.68 \times 10^{-3} - 5.91 \times 10^{-5} = 1.62 \times 10^{-3}\,mole^1 \cdot dm^{-3}$

▪ 例 2.3.19 ▪

A＋B $\longrightarrow$ C 是「2 級反應」。

A 和 B 的初濃度均為：$0.20\,mole \cdot dm^{-3}$；初始反應速率為：$5.0 \times 10^{-7}\,mole \cdot dm^{-3} \cdot s^{-1}$。

試求速率常數，分別以：

（1）$mole^{-1} \cdot dm^3 \cdot s^{-1}$

（2）$mole^{-1} \cdot cm^3 \cdot min^{-1}$ 為單位。

∴∵「2 級反應」之反應速率式：$r = k(a-x)^2$，則 $r_0 = ka^2$（當 $x = 0$）

（1）$k = \dfrac{r_0}{a^2} = \left[\dfrac{5.0 \times 10^{-7} \times 10^3}{(0.2)^2} \right] mole^{-1} \cdot dm^3 \cdot s^{-1} = 1.25 \times 10^{-2}\, mole^{-1} \cdot dm^3 \cdot s^{-1}$

（2）$k = (1.25 \times 10^{-2} \times 10^3 \times 60)\, mole^{-1} \cdot cm^3 \cdot min^{-1} = 750\, mole^{-1} \cdot cm^3 \cdot min^{-1}$

例 2.3.20

1mole A 和 1 mole B 混合，若反應 A＋B ⟶ 產物為「2 級反應」，且並在 1000 s 內有一半 A 被消耗。問 2000 s 時尚剩餘多少 A？

∴$[A]_0 = [B] = 1\, mole \cdot (體積)^{-1}$

根據（2.18）式：$\dfrac{y}{[A]_0 (1-y)} = k_2 t \Rightarrow k_2 = \dfrac{1}{t} \cdot \dfrac{y}{[A]_0 (1-y)}$

$k_2 = \dfrac{1}{1000} \cdot \dfrac{0.5}{1mole \cdot (體積)^{-1} \cdot (1-0.5)} = 1 \times 10^{-3}\, mole^{-1} \cdot (體積) \cdot s^{-1}$

$t = 2000s$ 時，$1 \times 10^{-3} = \dfrac{1}{2000} \cdot \dfrac{y}{1mole \cdot (體積)^{-1} \cdot (1-y)} \Rightarrow y = \dfrac{2}{3}$

餘下：$1-y = 1 - \dfrac{2}{3} = \dfrac{1}{3}$

例 2.3.21

有一反應，其速率正比於一反應物濃度和催化劑濃度。因催化劑濃度在反應過程中不變，故表現為「1 級反應」。某溫度下，當催化劑濃度為 0.01 mole·dm⁻³ 時，其速率常數為 5.8×10^{-6} s⁻¹。

試問其真正的「2 級反應」速率常數是多少？

如果催化劑濃度改為 0.10 mole · dm⁻³，表現為「1 級反應」的速率常數是多少？

∴∵依題意已知：$r = k[催化劑][反應物] = k'[反應物] \Rightarrow$ 故 $k[催化劑] = k'$

∴$k = k' / [催化劑] = 5.8 \times 10^{-6}/0.01 = 5.8 \times 10^{-4}\, mole^{-1} \cdot dm^3 \cdot s^{-1}$

$k' = k [催化劑] = 5.8 \times 10^{-4} \times 0.10 = 5.8 \times 10^{-5}\, s^{-1}$

例 2.3.22

2 級反應的半衰期與初濃度呈現何種關係？

∴成反比。∵由（2.19a）式將可得知。

■ 例 **2.3.23** ■

$$CH_3CH_2NO_2 + NaOH \longrightarrow CH_3CH = N = O + H_2O$$
$$|$$
$$ONa$$

在 0°C 時速率常數為 3.91 mole^{-1} · dm^3 · s^{-1}。CH$_3$CH$_2$NO 和 NaOH 的初濃度分別為 0.0050 mole · dm^{-3} 和 0.0030 mole · dm^{-3}，試求 NaOH 被反應掉 99% 所需時間。

：「2 級反應」之反應速率式為：（見（2.30a）式）

$$t = \frac{1}{k(a-b)} \cdot \ln\frac{b(a-x)}{a(b-x)} = \frac{1}{k(a-b)} \cdot \ln\frac{(a-b\times0.99)}{a(1-0.99)}$$

$$= \frac{1}{3.91\times(0.0050-0.0030)} \cdot \ln\left(\frac{0.0050-0.0030\times0.99}{0.0050\times0.01}\right) = 474\,s$$

■ 例 **2.3.24** ■

某反應速率常數為 2×10^{-2} kPa$_a^{-1}$ · s^{-1}，則該反應為幾級反應？

：2 級反應。∵由反應速率常數的單位：(壓力)$^{-1}$(時間)$^{-1}$判知。

■ 例 **2.3.25** ■

反應 A $\longrightarrow$ Y 為「1 級反應」，反應 2B $\longrightarrow$ Z，為「2 級反應」，若 A 和 B 的初濃度相等，當兩反應分別進行的時間為各自半衰期的兩倍時，A 和 B 濃度的關係為多少？

：設 $[A]_0 = [B]_0 = a$

A $\longrightarrow$ Y 為「1 級反應」，故由（2.6）式可知：

$$k_1 t = \ln\frac{a}{[A]} \Rightarrow t = \frac{1}{k} \cdot \ln\frac{a}{[A]} \quad\quad (ㄅ)$$

$$t_{1/2} = \frac{\ln 2}{k_1} = \frac{0.693}{k_1} \quad\quad (ㄆ)$$

$$\frac{(ㄅ)}{(ㄆ)} = 2 = \frac{1}{0.693}\ln\frac{a}{[A]} \Rightarrow [A] = \frac{a}{4} \quad。$$

2B $\longrightarrow$ Z 為「2 級反應」，$k_2 t = \frac{1}{[B]} - \frac{1}{[B]_0}$

$$\Rightarrow t = \frac{1}{k_2}\left(\frac{1}{[B]} - \frac{1}{[B]_0}\right) = \frac{1}{k_2}\left(\frac{1}{[B]} - \frac{1}{a}\right) \tag{ㄇ}$$

$$t_{1/2} = \frac{1}{k_2[B]_0} = \frac{1}{k_2 \cdot a} \tag{ㄈ}$$

$$\frac{(\text{ㄇ})}{(\text{ㄈ})} = 2 = \frac{a}{[B]} - 1 \Rightarrow [B] = \frac{a}{3} \qquad \therefore [A]:[B] = \frac{a}{4}:\frac{a}{3} = 3:4$$

▬ **例 2.3.26** ▬

反應 A＋2B ⟶ Z 的的速率方程式為 $-\dfrac{d[A]}{dt} = k_A[A][B]$，

在 25°C 時，$k_A = 1 \times 10^{-2}$ dm³ · mole⁻¹ · s⁻¹，

（1）若$[A]_0 = 0.01$ mole · dm⁻³，$[B]_0 = 1.00$ mole · dm⁻³。

（2）若$[A]_0 = 0.01$ mole · dm⁻³，$[B]_0 = 0.02$ mole · dm⁻³。

求 25°C 時，A 反應掉 20% 所需時間。

：（1）$-\dfrac{d[A]}{dt} = k_A[A][B]$ ⟹ 因為$[A]_0 \ll [B]_0$，則$[B] \approx [B]_0 = $ 常數，

代入上面式子後：$-\dfrac{d[A]}{dt} = k_A[A][B]_0 = k'_A[A]$ （$k'_A = k_A[B]_0$）

於是依據（2.13）式，可得：$t = \dfrac{1}{k'_A} \cdot \ln\dfrac{1}{1-y}$ （y ＝ 轉化率）解得：

$$t = \frac{1}{1\times10^{-2}\ \text{mole}^{-1}\cdot\text{dm}^3\cdot\text{s}^{-1} \times 1.00\ \text{mole}\cdot\text{dm}^{-3}} \times \ln\frac{1}{1-0.2} = 22\ \text{s}$$

（2）由於$[A]_0:[B]_0 = 1:2$，與 A、B 的計量常數之比相同，故反應過程中始終有$[A]:$
$[B] = 1:2$，即$[B] = 2[A]$，則反應速率方程式改寫為：

$$-\frac{d[A]}{dt} = k_A[A][B] = 2k_A[A]^2$$

依據（2.12）式，且將$[A] = [A]_0(1-y)$代入，分離變數後積分，可解得：

$$t = \frac{y}{2k_A[A]_0(1-y)}$$

$$= \frac{0.20}{2\times1\times10^{-2}\ \text{dm}^3\cdot\text{mole}^{-1}\cdot\text{s}^{-1}\times0.01\ \text{mole}\cdot\text{dm}^{-3}\times(1-0.2)} = 1.25\times10^3\ \text{s}$$

■ 例 **2.3.27** ■

反應 $A+2B \longrightarrow Y+Z$ 的速率方程式為 $-\dfrac{d[A]}{dt} = k_A[A][B]$。

已知：$175°C$，$k_A = 1.58 \times 10^{-3}$ $dm^3 \cdot mole^{-1} \cdot min^{-1}$，$[A]_0 = 0.157$ $mole \cdot dm^{-3}$，

$\qquad$ $[B]_0 = 12.1$ $mole \cdot dm^{-3}$。計算 $175°C$ 下 A 的轉化率達 98%所需時間。

：$\because [B]_0 \gg [A]_0 \Rightarrow \quad \therefore -\dfrac{d[A]}{dt} = k_A[A][B] = k'_A[A]$

式中 $k'_A = k_A[B]_0$

於是依據（2.6）式及（2.13）式，可知：

$$t = \frac{1}{k'_A} \cdot \ln \frac{[A]_0}{[A]} = \frac{1}{k'_A} \cdot \ln \frac{1}{1-y} \quad (y = \text{轉化率})$$

$$= \frac{1}{1.58 \times 10^{-3}\ dm^3 \cdot mole^{-1} \cdot min^{-1} \times 12.1\ mole \cdot dm^{-3}} \times \ln \frac{1}{1-0.98} = 204.6\ min$$

■ 例 **2.3.28** ■

二氯丙醇（A），在 NaOH（B）存在條件下，發生環化作用生成環氧氯丙烷的反應為「2級反應」（對 A 和 B 均為 1 級）。已知 $8.8°C$ 時，$k_A = 3.29$ $dm^3 \cdot mole^{-1} \cdot min^{-1}$，若反應在 $8.8°C$ 進行，計算：

（1）當 A 和 B 的初始物質的量濃度同為 0.282 $mole \cdot dm^{-3}$，A 轉化 95%所需的時間。

（2）當 A 和 B 的開始物質的量濃度分別為 0.282 和 0.365 $mole \cdot dm^{-3}$，反應經 9.95 min 時，A 的轉化率可達多少？

：（1）依據題意，可知本反應為「2級反應」，且反應物的計量常數皆為 1，

$\qquad$ 又已知$[A]_0 = [B]_0$，則反應過程中始終有$[A] = [B]$之關係。

$\qquad$ 於是 $-\dfrac{d[A]}{dt} = k[A][B] = k[A][A] = k[A]^2$

$\qquad$ 上式二邊積分，整理得：$t = \dfrac{1}{k}\left(\dfrac{1}{[A]} - \dfrac{1}{[A]_0}\right)$

$\qquad$ 又依據（2.12）式的定義：

$\qquad$ 轉化率 $y = 1 - \dfrac{[A]}{[A]_0} \Rightarrow [A] = (1-y)[A]_0$ 代入上式，得：

$$t = \frac{1}{k} \cdot \frac{y}{[A]_0 (1-y)}$$

$$= \frac{0.95}{3.29\,dm^3 \cdot mole^{-1} \cdot min^{-1} \times 0.282\,mole \cdot dm^{-3} \times (1-0.95)} = 20.5\,min$$

（2）依據題意，可知本反應為「2 級反應」，且反應物的計量常數均為 1，

但已知 $[A]_0 \neq [B]_0$，則

$$A + B \longrightarrow 產物$$

$t = 0$ 時： $\quad [A]_0 \qquad [B]_0$

$$-)\qquad x \qquad\quad x$$

$t = t$ 時： $\quad [A]_0 - x \quad [B]_0 - x \qquad\qquad x$

可知 $[A] = [A]_0 - x$，$[B] = [B]_0 - x$

則 $-\dfrac{d[A]}{dt} = k[A]^1 [B]^1 \implies -\dfrac{d([A]_0 - x)}{dt} = k([A]_0 - x)([B]_0 - x)$

$$\implies \int_0^x \frac{dx}{([A]_0 - x)([B]_0 - x)} = \int_0^t k\,dt$$

整理得： $\dfrac{1}{[A]_0 - [B]_0} \cdot \ln \dfrac{[B]_0\,([A]_0 - x)}{[A]_0\,([B]_0 - x)} = \dfrac{1}{[A]_0 - [B]_0} \cdot \ln \dfrac{[B]_0 \cdot [A]}{[A]_0 \cdot [B]} = kt$ （I）

又依據（2.12）式的定義： $y = 1 - \dfrac{[A]}{[A]_0} \implies [A] = (1-y)[A]_0$ 代入（I）式，

且 $y = 1 - \dfrac{[A]_0 - x}{[A]_0} \implies$ 故得 $x = y[A]_0$

因此 $[B] = [B]_0 - x = [B]_0 - y[A]_0$ 亦代入（I）式，則：

$$t = \frac{1}{k([A]_0 - [B]_0)} \cdot \ln \frac{[B]_0 \{[A]_0 (1-y)\}}{[A]_0 \{[B]_0 - [A]_0 \cdot y\}}\quad 9.95\,min$$

$$= \frac{1}{3.29\,dm^3 \cdot mol^{-1} \cdot min^{-1} \times (0.282 - 0.365)\,mol \cdot dm^{-3}} \times$$

$$\ln \frac{0.365\,mole \cdot dm^{-3}\,[0.282\,mol \cdot dm^{-3}\,(1-y)]}{0.282\,mole \cdot dm^{-3}\,[0.365\,mol \cdot dm^{-3} - 0.282\,mol \cdot dm^{-3} \times y]}$$

解得：轉化率 $y = 98.0\%$

▪ 例 **2.3.29** ▪

反應 $3O_2 \longrightarrow 2O_3$，其速率方程式 $-d[O_2]/dt = k[O_3]^2[O_2]$ 或 $d[O_3]/dt = k'[O_3]^2[O_2]$，那麼 k 與 k' 的關係是：

(a) $2k = 3k'$　　(b) $k = k'$　　(c) $3k = 2k'$　　(d) $1/2k = 1/3k'$

：(a)。 $r = -\dfrac{1}{3} \cdot \dfrac{d[O_2]}{dt} = \dfrac{1}{2} \cdot \dfrac{d[O_3]}{dt}$ ，而 $-\dfrac{d[O_2]}{dt} = k[O_3]^2[O_2]$

$$\dfrac{d[O_3]}{dt} = k'[O_3]^2[O_2] \Rightarrow -\dfrac{1}{3} \cdot \dfrac{d[O_2]}{dt} = \dfrac{1}{3} k[O_3]^2[O_2]$$

$$\dfrac{1}{2} \cdot \dfrac{d[O_3]}{dt} = \dfrac{1}{2} k'[O_3]^2[O_2] \Rightarrow \dfrac{1}{3} k = \dfrac{1}{2} k'$$

$$2k = 3k'$$

▪ 例 **2.3.30** ▪

某反應，其半衰期與起始濃度成反比，則反應完成 87.5％ 的時間 t_1 與反應完成 50％ 的時間 t_2 之間的關係是：(a) $t_1 = 2t_2$　　(b) $t_1 = 4t_2$　　(c) $t_1 = 7t_2$　　(d) $t_1 = 5t_2$.

：(c)。∵由第二句話知該反應為「2 級反應」。

∴根據（2.18）式，$t_{87.5\%} = \dfrac{1}{k} \cdot \dfrac{0.875}{0.125[A]_0} = \dfrac{1}{k} \cdot \dfrac{7}{[A]_0} = t_1$

$$t_{87.5\%} = \dfrac{1}{k[A]_0} = t_2 \Rightarrow 故 \ t_1 = 7t_2$$

▪ 例 **2.3.31** ▪

有相同初濃度的反應物在相同溫度下，經 1 級反應時，半衰期為 $t_{1/2}$；若經 2 級反應，其半衰期為 $(t_{1/2})'$，那麼：

(a) $t_{1/2} = (t_{1/2})'$　　　(b) $t_{1/2} > (t_{1/2})'$

(c) $t_{1/2} < (t_{1/2})'$　　　(d) 兩者大小無法確定

：(d)。∵「1 級反應」的半衰期 $t_{1/2} = \dfrac{0.693}{k}$ 僅與 k 有關，和初濃度無關。

例 **2.3.32**

某反應速率常數 k＝$2.31×10^{-2}$ mole^{-1} · dm^3 · s^{-1}，反應初濃度爲 1.0 mole · dm^{-3}，則其反應半衰期爲：（a）43.29 s　　（b）15 s　　（c）30 s　　（d）21.65 s

---

：（a）。∵由第一句話的反應速率常數單位：(濃度)$^{-1}$(時間)$^{-1}$，可知該反應爲「2 級反應」。

∴利用（2.19a）式，可求得答案。

例 **2.3.33**

某反應速率常數 k 爲：$1.74×10^{-2}$ mole^{-1} · dm^3 · min^{-1}，反應物初濃度爲 1 mole · dm^{-3} 時的半衰期 $t_{1/2}$ 與反應物初濃度爲 2 mole · dm^{-3} 時的半衰期 $(t_{1/2})'$ 的關係爲：

（a）$2t_{1/2}=(t_{1/2})'$　　（b）$t_{1/2}2=(t_{1/2})'$　　（c）$t_{1/2}=(t_{1/2})'$　　（d）$t_{1/2}=4(t_{1/2})'$

：（b）。

∵由第一句話的反應速率常數單位：(濃度)$^{-1}$(時間)$^{-1}$，可知該反應爲「2 級反應」。

∴利用（2.19a）式，可求得答案。

例 **2.3.34**

下列敘述不正確的是：

（a）ln c 對 t 圖爲直線的反應爲「1 級反應」。

（b）c^{-2} 對 t 圖爲直線的反應爲「2 級反應」。

（c）「2 級反應」必爲雙分子反應。

（d）「1 級反應」的半衰期 $t_{1/2}=\ln2/k$。

（e）「2 級反應」k_2 的單位爲(濃度)$^{-1}$ · (時間)$^{-1}$。

：（b）：c^{-1} 對 t 做圖可得直線的反應爲「2 級反應」。

（c）：「2 級反應」不一定是雙分子反應。

例 **2.3.35**

在 298°K 時，NaOH 與 CH_3COOCH_3 皂化作用的速率常數 k_2 與 NaOH 與 $CH_3COOC_2H_5$ 皂化作用的速率常數 k'_2 的關係爲 $k_2 = 2.8\ k'_2$。試問在相同的實驗條件下，當有 90%的 CH_3COOCH_3 被分解時，$CH_3COOC_2H_5$ 的分解百分數爲多少？(設鹼與酯的濃度均相等)

：由「2 級反應」的反應速率式，即（2.18）式，可知：$\dfrac{y}{[A]_0\,(1-y)}=kt$

$$\Rightarrow \quad \dfrac{\dfrac{y_1}{[A]_0\,(1-y_1)}}{\dfrac{y_2}{[A]_0\,(1-y_2)}}=\dfrac{k_1 t}{k_2 t}=\dfrac{k_1}{k_2} \Rightarrow \dfrac{\dfrac{0.9}{(1-0.9)}}{\dfrac{y_2}{1-y_2}}=2.8 \Rightarrow y=76.3\%$$

■ 例 2.3.36 ■

25°C 時，蔗糖轉化反應：

$$C_{12}H_{22}O_{11}(蔗糖)+H_2O \longrightarrow C_6H_{12}O_6(葡萄糖)+C_6H_{12}O_6(果糖)$$

的動力學數據如題表所示：（蔗糖初濃度為 1.0023 mole．dm⁻³）

時間(min)	0	30	60	90	130	180
蔗糖轉化量(mole．dm⁻³)	0	0.1001	0.1946	0.2770	0.3726	0.4676

試用做圖法證明此反應為「1 級反應」，並求反應速率常數及半衰期。化學計量式中有 H_2O，而反應卻是「1 級反應」，是什麼原因？1 kg 蔗糖轉化 95%需用多長時間？

：$C_{12}H_{22}O_{11}(蔗糖)+H_2O \longrightarrow C_6H_{12}O_6(葡萄糖)+C_6H_{12}O_6(果糖)$

（蔗糖初濃度為 1.0023 mole．dm⁻³）

針對「1 級反應」：$k \cdot t = \ln \dfrac{[A]_0}{[A]}$ （見(2.6)式）

ln[A]對 t 做圖應可得一直線：

t(min)	0	30	60
轉化量 (mole．dm⁻³)	0	0.1001	0.1946
[A]	1.0023	0.9022	0.8077
ln[A]	——	−0.1029	−0.2136
t(min)	90	130	180
轉化量 (mole．dm⁻³)	0.2770	0.3726	0.4676
[A]	0.7253	0.6297	0.5347
ln[A]	−0.3212	−0.4625	−0.626

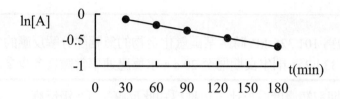

可得一直線表示此反應為「1 級反應」

$$k = -斜率 = -\left[\frac{-0.626-(-0.1029)}{180-130}\right] = 3.49\times 10^{-3}\ min^{-1}$$

又由（2.10a）式，可知：$t_{1/2} = \dfrac{0.693}{k_1} = \dfrac{0.693}{3.49\times 10^{-3}} = 199\ min$

又 $k\cdot t = \ln\dfrac{1}{1-y}$，$t = \dfrac{1}{3.49\times 10^{-3}}\times \ln\dfrac{1}{1-0.95} = 859\ min$

例 2.3.37

某「2 級反應」：A＋B ⟶ C

初速率為 $5\times 10^{-2}\ mole\cdot dm^{-3}\cdot s^{-1}$，而反應物的初濃度皆為 $0.2\ mole\cdot dm^{-3}$，求 k。

：設反應速率 $r = k_A[A][B] = -\dfrac{d[A]}{dt}$

$r_0 = 5\times 10^{-2}\ mole\cdot dm^{-3}\cdot s^{-1} = k_A\cdot 0.2\ mole\cdot dm^{-3}\cdot 0.2mole\cdot dm^{-3}$

$k_A = 1.25 dm^3\cdot mole^{-1}\cdot s^{-1}$

例 2.3.38

某「2 級反應」：A＋B ⟶ C

兩種反應物的初濃度皆為：$1\ mole\cdot dm^{-3}$，經 10 min 後反應掉 25%，求反應速率常數 k。

：設反應速率 $r = -\dfrac{d[A]}{dt} = [A][B]$

由於兩反應物初濃度相等，故依據（2.18）式：

$$\frac{1}{t}\cdot\frac{y}{(1-y)[A]_0} = k \Rightarrow k = \frac{1}{10}\cdot\frac{0.25}{0.75\times 1} = 0.0333\ mole\cdot dm^3\cdot min^{-1}$$

▎例 **2.3.39** ▎

在 500°C 及初壓力爲 101.325 kPa 時，某碳氫化合物的氣相熱分解反應的半衰期爲 2 s。若初壓力降爲 10.133 kPa，則半衰期增至 20 s。求反應速率常數爲多少？

：由條件可知半衰期與初濃度成反比，可推得知此反應是「2 級反應」。

故依據（2.19b）式：$t_{1/2} = \dfrac{1}{kP_0} \Rightarrow k = \dfrac{1}{2 \times 101.325} = 4.93 \times 10^{-3} Pa \cdot s^{-1}$

▎例 **2.3.40** ▎

當「1 級反應」和「2 級反應」的初濃度和半衰期相同時，你能畫出濃度 c 對時間 t 圖的大致形狀嗎？

：對「1 級反應」而言，由（2.10）式可知：$t_{1/2} = \dfrac{\ln 2}{k_1}$，

其濃度 c_1 與時間 t 的關係爲：（見(2.7)式）

$$c_1 = c_0 \cdot \exp(-k_1 t) = c_0 \cdot \exp[-(\ln 2) \cdot t/t_{1/2}] \tag{I}$$

對於「2 級反應」而言，由（2.19a）式，可知：$t_{1/2} = \dfrac{1}{c_0 k_2}$

其濃度 c_2 與時間 t 的關係爲：（見(2.17)式）

$$\frac{1}{c_2} = \frac{1}{c_0} + k_2 t = \frac{1}{c_0} + \frac{t}{c_0 \cdot t_{1/2}} = \frac{1}{c_0}\left(1 + \frac{t}{t_{1/2}}\right) \tag{II}$$

由(I)和(II)式可知：c_1 對 t 圖和 c_2 對 t 圖有兩個交點：$t = 0$ 和 $t = t_{1/2}$。

而由（I）和（II）式可得知 c_1 和 c_2 的關係如下：

$$\frac{c_1}{c_2} = c_0 \cdot 2^{-t/t_{1/2}} \cdot \frac{1}{c_0}\left(1 + \frac{t}{t_{1/2}}\right) = \frac{1+x}{2^x}，其中 x = t/t_{1/2}。$$

當 $0 < t < t_{1/2}$ 時，即 $x < 1$，$c_1 > c_2$（例如：$x = \dfrac{1}{2}$，$\dfrac{c_1}{c_2} \approx 1.06$）

當 $t > t_{1/2}$ 時，即 $x > 1$，$c_1 < c_2$（例如：$x = 2$，$\dfrac{c_1}{c_2} = 0.75$）

所以 c_1 對 t 和 c_2 對 t 如圖所示形狀。

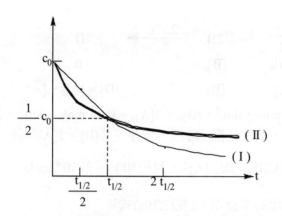

▪ 例 **2.3.41** ▪

氣相「2 級反應」2A $\longrightarrow$ A_2，反應進行過程中，實驗測得氣相的總壓力為 p，初壓力為 p_i，試證明：$k_2 = \dfrac{2(p_i - p)}{p_i(2p - p_i)t}$

：　　　　　　　2A $\longrightarrow$ A_2　　　　　總壓力

t = 0：　　　　p_i　　　　　　0　　　　　　p_i

t 時刻：　　　p_A　　　$\dfrac{1}{2}(p_i - p_A)$　　　p(總)

$p(總) = p_A + \dfrac{1}{2}(p_i - p_A) = \dfrac{1}{2}(p_i + p_A) \implies p_A = 2p - p_i$

利用「2 級反應」之反應速率式，即（2.22）式，可得：

$$\frac{1}{p_A} - \frac{1}{p_i} = \frac{1}{2p - p_i} - \frac{1}{p_i} = \frac{2(p_i - p)}{(2p - p_i)p_i} = k_2 t \implies \text{解得：} k_2 = \frac{2(p_i - p)}{p_i(2p - p_i)t}$$

▪ 例 **2.3.42** ▪

反應：A + 2B $\longrightarrow$ D 的速率方程式為：$-\dfrac{d[A]}{dt} = k[A][B]$，

25°C 時 $k = 2 \times 10^{-4}$ $dm^3 \cdot mole^{-1} \cdot s^{-1}$。

（1）若初濃度$[A]_0 = 0.02$ $mole \cdot dm^{-3}$，$[B]_0 = 0.04$ $mole \cdot dm^{-3}$，求 $t_{1/2}$。

（2）若將反應物 A 與 B 的揮發性固體裝入 5 dm^3 的密閉容器中，已知 25°C 時 A 和 B 的飽和蒸氣壓力分別為 10.133 kP_a 和 2.027 kP_a，問 25°C 時 0.5 mole A 物質轉化為產物需多長時間？

：（1） 　　　　　A 　+ 　2B 　$\xrightarrow{25\,^{\circ}C}$ 　　D

當 t = 0 時： 　[A]$_0$ 　　　[B]$_0$ 　　　　　　　0

當 t = t 時： 　[A] 　　　[B] 　　　　[D] = [A]$_0$ − [A]

已知[A]$_0$ = 0.02 mole · dm^{-3}，[B]$_0$ = 2[A]$_0$ = 0.04 mole · dm^{-3}，因初濃度比符合反應式的計量數比，故在任意 t 時刻，皆存在著[B] = 2[A]關係。

又 $-\dfrac{d[A]}{dt}$ = k$_A$[A][B] = 2k$_A$[A]^2，且已知 k$_A$ = 2×10^{-4} mole^{-1} · dm^3 · s^{-1}

∴由上式可知反應的半衰期：（見(2.19a)式）

t$_{1/2}$ = 1/(2k$_A$[A]$_0$) = 1/(2 × 2×10^{-4} mole^{-1} · dm^3 · s^{-1} × 0.02 mole · dm^{-3})

　　　 = 125×10^3 s

　　　　　　　　A$_{(s)}$ 　　+ 　　2B(s) 　$\xrightarrow[V = 5\ dm^3]{T = 298.15\,^{\circ}K}$ 　　D

（2）

當 t = 0 時： 　p$_A$* 　　　　p$_B$* 　　　　　　　0

當 t = t 時： 　p$_A$* 　　　　p$_B$* 　　　　　n$_D$ = 0.5 mole

已知 25℃ 時，p$_A$* = 10.133 kP$_a$，p$_B$* = 2.027 kP$_a$，A$_{(s)}$ 和 B$_{(s)}$ 大量過剩，在反應過程中它們的飽和蒸氣壓保持衡定。

設蒸氣為理想氣體，則 [A] = n$_A$/V = p$_A$*/RT，[B] = n$_B$/V = p$_B$*/RT −d[A]/dt = k$_A$[A][B] = k$_A$p$_A$*p$_B$*/(RT)^2 = 常數

故上式可寫成右列積分式：$-\dfrac{\Delta n_A}{V(t-0)} = \dfrac{n_D}{V(t-0)} = \dfrac{k_A p_A {}^* p_B {}^*}{(RT)^2}$

∴0.5 mole 的 A 轉化為產物 D 所需的時間：

t = $\dfrac{n_D (RT)^2}{k_A p_A {}^* p_B {}^* V}$ = $\dfrac{0.5 \times (8.314 \times 298.15)^2}{2\times10^{-4} \times 10.133 \times 10^3 \times 2.027 \times 10^3 \times 5\times10^{-3}}$

　 = 1.496×10^5 s = 41.55 h

例 2.3.43

反應 2A ⟶ P 是「2 級反應」，A 消耗 1/3 的時間和消耗掉 2/3 的時間相差 9 秒，求該反應之半衰期。

：由「2 級反應」之（2.18）式，可知：

$$t = \frac{1}{k_A[A]_0} \cdot \frac{y}{1-y} \Rightarrow t_{1/3} = \frac{1}{k_A[A]_0} \cdot \frac{1/3}{1-1/3} = \frac{1}{2} \cdot \frac{1}{k_A[A]_0}$$

同理，$t_{2/3} = \frac{1}{k_A[A]_0} \cdot \frac{2/3}{1-2/3} = \frac{2}{k_A[A]_0}$

∵由題意得知：$t_{2/3} - t_{1/3} = \left(2 - \frac{1}{2}\right) \cdot \frac{1}{k_A[A]_0} = \frac{3}{2} \cdot \frac{1}{k_A[A]_0} = 9\,s$

∴$t_{1/2} = \frac{1}{k_A[A]_0} = 6\,s$

◾ 例 2.3.44 ◾

已知反應 $A+B \longrightarrow C+D$，在 37°C 時的反應速率常數爲 $1.64 \times 10^{-3}\ mole^{-1} \cdot dm^3 \cdot s^{-1}$，在實驗時，$[A]_0 = [B]_0 = 0.1\ mole \cdot dm^{-3}$，試求反應速率 $-\frac{d[A]}{dt}$ 降至初速率 $\frac{1}{4}$ 的時間。

：由反應速率常數的單位可知 $n=2$，則 $r = -\frac{d[A]}{dt} = k[A][B] = k[A]^2$　　　　（ㄅ）

將數據代入（ㄅ）式：$r_0 = k(0.1)^2$　　　　（ㄆ）

設 $r = \frac{1}{4}r_0$ 時，反應物的濃度爲 x，則：$\frac{1}{4}r_0 = kx^2$　　　　（ㄇ）

兩式相除，即（ㄇ）式／（ㄆ）式，可得：

$\frac{1}{4} = \frac{x^2}{0.1^2} \Rightarrow x = 0.5 \times 0.1 = 0.05\,mole \cdot dm^{-3}$

由上述計算可知：$x = \frac{1}{2}[A]_0 = 0.05\ mole \cdot dm^{-3}$

則半衰期 $t_{1/2} = \frac{1}{k[A]_0} = \frac{1}{1.64 \times 10^{-3} \times 0.1} = 6097.6\,s$

◾ 例 2.3.45 ◾

對「2 級反應」來說，反應物轉化同一百分率時，若反應物的初濃度愈低，則所需時間愈短。（是非題）

：（×）。依據（2.18）式：

$$k_2 t = \frac{y}{[A]_0 - (1-y)} \Rightarrow \text{可知：「2 級反應」的反應物之初濃度與時間成反比。}$$

■ 例 2.3.46 ■

氣相「2 級反應」2A $\longrightarrow$ B，當初壓力為 p_0，且開始沒有 B 的情況下，推導反應體系總壓 p_T 與時間的關係式，並做 $p_T/p_0 - m$ 圖（其中設 $m = p_0 \cdot kt$），求 A 的半衰期與 p_0 的關係。

：依據題意：$-\dfrac{dp_A}{dt} = kp_A^2$，

二邊積分後，整理可得：$p_A = \dfrac{p_0}{1 + kp_0 t} = \dfrac{p_0}{1+m} \Rightarrow \dfrac{p_A}{p_0} = \dfrac{1}{1+m}$　　　（ㄅ）

$$
\begin{array}{cccc}
& 2A \longrightarrow & B & \text{總壓力} \\
\text{當 } t=0 \text{ 時：} & p_0 & 0 & p_0 \\
-) & p_B & & \\
\hline
\text{當 } t=t \text{ 時：} & p_0 - 2p_B & p_B & p_T
\end{array}
$$

$\because p_A = p_0 - 2p_B \Rightarrow \therefore p_B = (p_0 - p_A)/2$，$p_T = p_A + p_B = p_A + (p_0 - p_A)/2 = \dfrac{p_A + p_0}{2}$，

可得：$p_T/p_0 = \dfrac{1}{2}\left(\dfrac{p_A}{p_0} + 1\right)$　　　（ㄆ）

（ㄅ）式代入（ㄆ）式可得：$\dfrac{p_T}{p_0} = \dfrac{1}{2} \cdot \dfrac{2+m}{1+m}$　　　（ㄇ）

設 m 為 0.5, 1, 2, …可求得 p_T/p_0 做曲線圖，其目的是為了求 $t_{1/2}$。

當 $p_A = p_0/2$ 時，則由（ㄅ）式可知：m = 1，則代入（ㄇ）式，可得：$p_T/p_0 = 3/4$，也就是 m = 1 = $p_0 kt_{1/2} \Rightarrow t_{1/2} = 1/(k \cdot p_0)$

■ 例 2.3.47 ■

反應 A $\longrightarrow$ Y + Z 中，反應物 A 初濃度 $[A]_0 = 1\,\text{mole} \cdot \text{dm}^{-3}$，初速率 $r_{A,0} = 0.01\,\text{mole} \cdot \text{dm}^{-3} \cdot \text{s}^{-1}$，假定該反應為「2 級反應」，則其速率常數 $k_A = ?$ 半衰期 $t_{1/2} = ?$

：針對「2 級反應」，$r = -\dfrac{d[A]}{dt} = k[A]^2$，經積分後 $\Rightarrow \dfrac{1}{[A]} - \dfrac{1}{[A]_0} = k \cdot t$

$r_{A,0} = 0.01 \, mole \cdot dm^{-3} \cdot s^{-1} = k \, [1 \, mole \cdot dm^{-3}]^2$

$k = 0.01 \, dm^3 \cdot mole^{-1} \cdot s^{-1}$

又利用（2.19a）式，可得：

$$t_{1/2} = \frac{1}{[A]_0 \, k} = \frac{1}{1 mole \cdot dm^{-3} \cdot 0.01 dm^3 \cdot mole^{-1} \cdot s^{-1}} = 100 s$$

▪ 例 **2.3.48** ▪

反應 $2A + B \longrightarrow Y$ 由實驗測得爲「2 級反應」，其反應速率方程式爲：

$$-\frac{d[A]}{dt} = k_A [A][B]$$

已知：70°C 時，反應速率常數 $k_B = 0.400 \, dm^3 \cdot mole^{-1} \cdot s^{-1}$，$[A]_0 = 0.200 \, mole \cdot dm^{-3}$，$[B]_0 = 0.100 \, mole \cdot dm^{-3}$。試計算反應物 A 轉化率達 90% 所需時間？

：已知 $[A]_0 = 2[B]_0$，則反應過程中始終存在著 $[A] = 2[B]$ 關係，於是

$$-\frac{d[A]}{dt} = k_A [A][B] = k_A [A] \times \frac{1}{2}[A] = \frac{1}{2} k_A [A]^2 = k'_A [A]^2 \quad (k'_A = k_A/2)$$

上式二邊積分後，參考（2.18）式，可得：

（令 y 爲轉化率，依據(2.12)式之定義：$y = 1 - \dfrac{[A]}{[A]_0}$）

$$t = \frac{1}{k'_A}\left(\frac{1}{[A]} - \frac{1}{[A]_0}\right) = \frac{1}{1/2k_A}\left(\frac{1}{[A]} - \frac{1}{[A]_0}\right) \Rightarrow t = \frac{y}{1/2k_A [A]_0 (1-y)}$$

又利用（1.8b）式，則可知：$\dfrac{1}{2} k_A = k_B$，代入上式後，得：

$$t = \frac{y}{k_B [A]_0 (1-y)} = \frac{0.900}{0.400 \, dm^3 \cdot mole^{-1} \cdot s^{-1} \times 0.200 \, dm^{-3} \cdot mole \times (1-0.900)} = 113 s$$

▪ 例 **2.3.49** ▪

反應：$CH_3CH_2NO_2 + OH^- \longrightarrow H_2O + CH_3CHNO_2^-$ 是 2 級反應，在 0°C 時，k 爲 39.1 $dm^3 \cdot mol^{-1} \cdot min^{-1}$。若有 $0.004 \, mol \cdot dm^{-3}$ $CH_3CH_2NO_2$ 和 $0.005 \, mol \cdot dm^{-3}$ NaOH 的水溶液，問多少時間後有 90% 的硝基乙烷發生反應？

：已知 $x = 0.004 \text{mol} \cdot \text{dm}^{-3} \times 90\% = 0.0036 \text{mol} \cdot \text{dm}^{-3}$ ，且已知二種反應物的初濃度不同，故利用（2.31）式：

$$t = \frac{1}{k_A \left([A]_0 - [B]_0 \right)} \ln \frac{[B]_0 \left([A]_0 - x \right)}{[A]_0 \left([B]_0 - x \right)}$$

$$= \left[\frac{1}{39.1 \times (0.005 - 0.004)} \times \ln \frac{0.004(0.005 - 0.0036)}{0.005(0.004 - 0.0036)} \right] = 26.3 \text{min}$$

例 2.3.50

$500°K$ 時某氣相反應以壓力表示的速率常數 $k_p = 10^{-6} \ \text{Pa}^{-1} \cdot \text{s}^{-1}$，則此反應以濃度表示的速率常數 k_c 應為若干？

：對於所討論的反應，從速率常數的單位即可看出為「2 級反應」。

用〝濃度〞表示時，則依據（2.15）式：$-\dfrac{d[A]}{dt} = k_c [A]^2$ $\qquad\qquad$ (1)

用〝壓力〞表示時，則 $-\dfrac{dp_A}{dt} = k_p p_A^2$ $\qquad\qquad$ (2)

依據理想氣體公式 $pV = nRT \implies p = \dfrac{n}{V} RT \implies p = [A]RT$ $\qquad$ (3)

將（3）式代入（1）式，可得：

$$-\frac{d(p_A / RT)}{dt} = k_c \left(\frac{p_A}{RT} \right)^2 \implies -\frac{dp_A}{dt} = k_c \cdot \frac{p_A^2}{RT} \qquad\qquad (4)$$

比較（2）式和（4）式，可知：

$k_c = k_p RT = 10^{-6} \ \text{Pa}^{-1} \cdot \text{s}^{-1} \times 8.314 \ \text{Pa} \cdot \text{m}^3 \cdot \text{mole}^{-1} \cdot \text{K}^{-1} \times 500°K = 4.157 \times 10^{-3} \ \text{m}^3 \cdot \text{mole}^{-1} \cdot \text{s}^{-1}$

【另解】：

依據（2.49）式：$k_p = k_c (RT)^{1-n}$

則當 $n = 2$ 時，代入上式得：$k_c = k_p (RT)$，代入數據後，也可得上述同樣答案。

例 2.3.51

密閉的真空容器中充入物質 A，在某溫度下發生分解反應：$A_{(g)} \longrightarrow B_{(g)} + C_{(g)}$ 反應能進行到底。

某次試驗中 $p_{A,0} = 48396 \ \text{Pa}$，反應進行到 242 s、1440 s 時，p(總) 分別為 66261 Pa 和 85993 Pa。試證明該反應為 2 級反應，並求出速率常數 k 和半衰期 $t_{1/2}$。

：用壓力表示的「2 級反應」之反應速率方程式為（利用（2.22）式）：

$$k = \frac{1}{t} \cdot \left(\frac{1}{p_A} - \frac{1}{p_{A,0}} \right) \tag{1}$$

將兩組不同時間的試驗數據代入，若計算出的 k 值相等或相近，則可證明該反應為「2 級反應」。

$$A \longrightarrow B + C \qquad 總壓力$$

當 t = 0 時： $p_{A,0}$ $\qquad$ 0 $\qquad$ 0 $\qquad$ $p_{A,0}$

當 t = t 時： p_A $\qquad$ $p_{A,0} - p_A$ $\qquad$ $p_{A,0} - p_A$ $\qquad$ $p(總)$

得：$p(總) = p_A + 2(p_{A,0} - p_A) = 2p_{A,0} - p_A \Rightarrow p_A = 2p_{A,0} - p(總)$

上式代入（1）式後，可得：$k = \frac{1}{t} \cdot \left(\frac{1}{2p_{A,0} - p(總)} - \frac{1}{p_{A,0}} \right)$

第一組數據代入，得：$k_1 = 5 \times 10^{-8} \, P_a^{-1} \cdot s^{-1}$

第二組數據代入，得：$k_2 = 5 \times 10^{-8} \, P_a^{-1} \cdot s^{-1}$

可見：$k_1 = k_2$，證明該反應為「2 級反應」。

依據（2.19b）式，可知：

半衰期 $t_{1/2} = \frac{1}{k \cdot p_{A,0}} = \frac{1}{5 \times 10^{-8} \times 48396} = 413 \, s$

例 2.3.52

反應速率方程式：$-\frac{d[A]}{dt} = k_A [A]^2$ 的 2 級反應有那些特徵？

：「2 級反應」具有下列明顯的特徵：

（1）1/c 與 t 成直線關係（直線的斜率為 $m = k_A$）。

（2）速率常數 k 的單位$[k] = (物質的量濃度 \times 時間)^{-1}$ 或$(壓力 \times 時間)^{-1}$。

（3）半衰期 $t_{1/2,A} = 1/(k_A[A]_0)$，即半衰期與反應物的初濃度成反比。

例 2.3.53

氣相反應 $2NO_2 + F_2 \longrightarrow 2NO_2F$，當 2.00 mole NO_2 與 3.00 mole F_2 在 400 dm^3 的反應容器中混合，已知 300.2°K 時反應速率常數 k = 38.0 $dm^3 \cdot mole^{-1} \cdot s^{-1}$，反應速率方程式 r = k$[NO_2][F_2]$。試計算反應 10 s 後，$NO_2$、$F_2$、$NO_2F$ 在反應器中的物質的量。

$$： \qquad 2NO_2 \quad + \quad F_2 \quad \longrightarrow \quad 2NO_2F$$

當 t = 0 時：　　　a_0　　　　　b_0　　　　　　　0

$$-) \qquad x \qquad x/2$$

當 t = t 時：　　　a_0-x　　　$b_0-\dfrac{1}{2}x$　　　　　x

可知：$[NO_2] = a_0-x$，$[F_2] = b_0-\dfrac{1}{2}x$，$[NO_2F] = x$ （ㄅ）

$$\therefore r = -\frac{1}{2}\cdot\frac{d[NO_2]}{dt} = k[NO_2][F_2] \Rightarrow -\frac{1}{2}\cdot\frac{d(a_0-x)}{dt} = k(a_0-x)(b_0-\frac{x}{2})$$ （ㄆ）

積分（ㄆ）式後，整理可得：$\dfrac{1}{2b_0-a_0}\cdot\ln\dfrac{a_0(b_0-1/2x)}{b_0(a_0-x)} = kt$ （ㄇ）

$\because$ 又已知：$a_0 = [NO_2]_0 = \dfrac{2.00\text{mole}}{400\text{dm}^3} = 5.00\times10^{-3}\ \text{mole}\cdot\text{dm}^{-3}$

$$b_0 = [F_2]_0 = \frac{3.00\text{mole}}{400\text{dm}^3} = 7.50\times10^{-3}\ \text{mole}\cdot\text{dm}^{-3}$$

$$k = 38.0\ \text{dm}^3\cdot\text{mole}^{-1}\cdot\text{s}^{-1}$$

將 a_0、b_0、k 值及 t = 10s 代入（ㄇ）式，可求得：$x = 4.92\times10^{-3}\ \text{mole}\cdot\text{dm}^{-3}$

$\therefore$ 反應 10s 後，NO_2、F_2、NO_2F 的物質的量分別為：（利用（ㄅ）式）

$n(NO_2) = (5.00-4.92)\times10^{-3}\ \text{mole}\cdot\text{dm}^{-3}\times(400\text{dm}^3) = 0.032\ \text{mole}$

$n(F_2) = (7.50-\dfrac{1}{2}\cdot4.92)\times10^{-3}\ \text{mole}\cdot\text{dm}^{-3}\times(400\text{dm}^3) = 2.02\ \text{mole}$

$n(NO_2F) = 4.92\times10^{-3}\ \text{mole}\cdot\text{dm}^{-3}\times(400\text{dm}^3) = 1.97\ \text{mole}$

▌例 2.3.54 ▌

在 25°C 的水溶液中，分別發生下列反應：

（1）A $\longrightarrow$ C＋D，為 1 級反應，半衰期為 $t_{1/2,A}$

（2）2B $\longrightarrow$ L＋M，為 2 級反應，半衰期為 $t_{1/2,B}$

已知 A 和 B 的初濃度之比 $[A]_0/[B]_0 = 2$，反應系統中無其它反應發生。當反應（1）進行到時間 $t_1 = 2t_{1/2,A}$，而反應（2）進行到時間 $t_2 = 2t_{1/2,B}$ 時，則 A、B 物質的量濃度[A]和[B]之間的關係為何？

（a）[A] = [B]；（b）[A] = 2[B]；（c）4[A] = 3[B]；（d）[A] = 1.5[B]

：（d）。已知反應（1）是「1 級反應」，故依據（2.10a）式：$k_A t_{1/2,A} = \ln 2$

∴當 $t_1 = 2t_{1/2,A}$ 時，$2k_A t_{1/2,A} = \ln([A]_0/[A]) = 2 \cdot \ln 2 = \ln 4$

∴$[A]_0/[A] = 4$，$[A] = [A]_0/4$ （I）

已知反應（2）是「2 級反應」，故依據（2.19a）式：$k_B t_{1/2,B} = 1/[B]_0$

∴當 $t_2 = 2t_{1/2,B}$ 時，$2k_B t_{1/2,B} = 1/[B] - 1/[B]_0 = 2/[B]_0$

∴$1/[B] = 2/[B]_0 + 1/[B]_0 = 3/[B]_0$，$[B] = [B]_0/3$ （II）

故由（I）式及（II）式：$[A]/[B] = ([A]_0/[B]_0) \times 3/4 = 2 \times 3/4 = 1.5$

∴$[A] = 1.5[B]$

▌例 2.3.55 ▌

350°K 時，實驗測出下列兩反應的速率常數：

    （1）$2A \longrightarrow B$，$k_A = 0.25 \text{ mole} \cdot \text{dm}^{-3} \cdot \text{s}^{-1}$

    （2）$2D \longrightarrow P$，$k_D = 0.25 \text{ mole}^{-1} \cdot \text{dm}^3 \cdot \text{s}^{-1}$

這兩個反應各為幾級反應？

：（1）零級反應。（∵由反應速率常數的單位可判知，見(2.3)式）

  （2）2 級反應。（∵由反應速率常數的單位可判知，見(2.19a)式）

▌例 2.3.56 ▌

反應 $H_2 + I_2 \longrightarrow 2HI$ 的速率方程式為 $r = k_2[H_2][I_2]$。在 715.2°K 時，速率常數 $k_2 = 0.079$ $\text{mole}^{-1} \cdot \text{dm}^3 \cdot \text{s}^{-1}$，問：

（a）當 H_2 和 I_2 的初壓力均為 $0.500p^\ominus$ 時，反應進行 1s 後每立方分米中消耗了多少莫耳的 H_2 和 I_2，生成了多少莫耳 HI？H_2、I_2、HI 濃度各為多少？

（b）當體系中 H_2 和 I_2 的初壓力分別為 0.900 和 $0.100p^\ominus$ 時，反應進行 1s 後每立方分米中消耗了多少莫耳的 H_2 和 I_2，生成了多少莫耳 HI？H_2、I_2、HI 濃度各為多少？

（c）當 H_2 和 I_2 的初壓力分別為 0.990 和 $0.0100p^\ominus$ 時，請論證反應速率式可按右式得知：

    $r = k_2[H_2][I_2] = k'[I_2]$，式中 $k' = 1.34 \times 10^{-3} \text{ s}^{-1}$

：（a）由理想氣體狀態方程式可得：$[B] = \dfrac{n_B}{V} = \dfrac{p_B}{RT}$

$$因而 [H_2]_0 = [I_2]_0 = \frac{0.500 \times (101325 P_a)}{(8.314 J \cdot mole^{-1} \cdot K^{-1}) \times (715.2°K)} = 8.52 \text{ mole} \cdot m^{-3}$$

$$= 8.52 \times 10^{-3} \text{ mole} \cdot dm^{-3}$$

$$H_2 \quad + \quad I_2 \quad \longrightarrow \quad 2HI$$

當 $t = 0$ 時：　　　　a　　　　　a　　　　　　0

當 $t = t$ 時：　　　　a－x　　　　a－x　　　　　2x

$$-\frac{d[H_2]}{dt} = k[H_2][I_2] \implies r = -\frac{d(a-x)}{dt} = k(a-x)(a-x)$$

故 $\dfrac{dx}{dt} = k(a-x)^2 \implies$ 積分可得：$\dfrac{1}{a-x} - \dfrac{1}{a} = kt$

將 $a = [H_2]_0 = [I_2]_0 = 8.52 \times 10^{-3}$ mole·dm^{-3}，$k = 0.079$ $mole^{-1}$·dm^3·s^{-1} 及 $t = 1s$ 代入上式後求得：$x = 5.73 \times 10^{-6}$ mole·dm^{-3}。此值即為 H_2 和 I_2 消耗的量。故反應 1s 後各物質的濃度為：

$[H_2] = [I_2] = a - x = 8.52 \times 10^{-3} - 5.73 \times 10^{-6} = 8.52 \times 10^{-3}$ mole·dm^{-3}

$[HI] = 2x = 2 \times 5.73 \times 10^{-6} = 1.15 \times 10^{-5}$ mole·dm^{-3}

（b）$[H_2]_0 = \dfrac{0.900 \times (101325P_a)}{(8.314J \cdot mole^{-1} \cdot K^{-1}) \times (715.2°K)}$

　　　$= 15.34$ mole·$m^{-3} \approx 1.53 \times 10^{-2}$ mole·dm^{-3}

$[I_2]_0 = \dfrac{0.100 \times (101325P_a)}{(8.314J \cdot mole^{-1} \cdot K^{-1}) \times (715.2°K)} = 1.70$ mole·m^{-3}

　　　$= 1.70 \times 10^{-3}$ mole·dm^{-3}

$$H_2 \quad + \quad I_2 \quad \longrightarrow \quad 2HI$$

當 $t = 0$ 時：　　　　a　　　　　b　　　　　　0

當 $t = t$ 時：　　　　a－x　　　　b－x　　　　　2x

$$r = -\frac{d[H_2]}{dt} = k[H_2][I_2] \implies -\frac{d(a-x)}{dt} = k(a-x)(b-x)$$

故 $\dfrac{dx}{dt} = k(a-x)(b-x)$

積分後可得：$\dfrac{1}{a-b} \cdot \ln\dfrac{b(a-x)}{a(b-x)} = kt$

將 $a = [H_2]_0 = 1.53 \times 10^{-2}$ mole·dm^{-3}，$b = [I_2]_0 = 1.70 \times 10^{-3}$ mole·dm^{-3}，

$k_2 = 0.079$ $mole^{-1}$·dm^3·s^{-1} 及 $t = 1s$ 代入上式後求得：x 2.06×10^{-6} mole·dm^{-3}，此值即為 H_2 和 I_2 消耗的量。

故反應 1s 後各物質的濃度為：

$[H_2] = a - x = 1.53 \times 10^{-2} - 2.06 \times 10^{-6} \approx 1.53 \times 10^{-2} \text{ mole} \cdot dm^{-3}$

$[I_2] = b - x = 1.70 \times 10^{-3} - 2.06 \times 10^{-6} \approx 1.70 \times 10^{-3} \text{ mole} \cdot dm^{-3}$

$[HI] = 2x = 4.12 \times 10^{-6} \text{ mole} \cdot dm^{-3}$

（c）$[H_2]_0 = \dfrac{0.990 \times (101325 P_a)}{(8.314 J \cdot mole^{-1} \cdot K^{-1}) \times (715.2°K)}$

$= 16.87 \text{ mole} \cdot m^{-3} \approx 1.69 \times 10^{-2} \text{ mole} \cdot dm^{-3}$

$[I_2]_0 = \dfrac{0.0100 \times (101325 P_a)}{(8.314 J \cdot mole^{-1} \cdot K^{-1}) \times (715.2°K)} = 0.170 \text{ mole} \cdot m^{-3}$

$= 1.70 \times 10^{-4} \text{ mole} \cdot dm^{-3}$

即$[H_2]_0 \approx 100[I_2]_0$，也就是說：$[H_2]_0 >> [I_2]_0$

故在反應期間，可認為$[H_2]$基本不變，如此一來，可把「2 級反應」當做「1 級反應」來處理：$r = k_2[H_2][I_2] = k'[I_2]$

其中$k' = k_2[H_2] = 0.079 \text{ mole}^{-1} \cdot dm^3 \cdot s^{-1} \times 1.69 \times 10^{-2} \text{ mole} \cdot dm^{-3} = 1.34 \times 10^{-3} s^{-1}$

例 2.3.57

21°C 時，將等體積的 0.0400 mol·dm⁻³ $CH_3COOC_2H_5$ 溶液和 0.0400mol·dm⁻³ NaOH 溶液混合，經 25min 後，取出 100cm³ 樣品，測得中和該樣品需 0.125 mol·dm⁻³ 的 HCl 溶液 4.23cm³。試求 21°C 時 2 級反應：$CH_3COOC_2H_5 + NaOH \longrightarrow CH_3COONa + C_2H_5OH$ 的反應速率常數。45min 後，$CH_3COOC_2H_5$ 的轉化率是多少？

：由題意可知：

$[A]_0 = \dfrac{1}{2} \times 0.0400 \text{mol} \cdot dm^{-3} = 0.0200 \text{mol} \cdot dm^{-3}$

$[A] = \dfrac{4.23}{100} \times 0.125 \text{mol} \cdot dm^{-3} = 5.30 \times 10^{-3} \text{mol} \cdot dm^{-3}$

故依據（2.17）式，可知：

$k = \dfrac{[A]_0 - [A]}{t[A]_0[A]} = \dfrac{0.0200 - 5.30 \times 10^{-3}}{25 \times 0.0200 \times 5.30 \times 10^{-3}} dm^3 \cdot mol^{-1} \cdot min^{-1}$

$= 5.55 dm^3 \cdot mole^{-1} \cdot min^{-1}$

參考【2.3.58】題之第（2）小題，則

$\dfrac{y}{1-y} = kt \times [A]_0 = 5.55 \times 45 \times 0.0200 = 5.00 \quad \therefore y = 0.834 = 83.3\%$

例 2.3.58

兩種等濃度的物質A、B混合反應，1小時後A反應掉25%。試問：2小時後A還剩多少？若（1）反應對 A 為 1 級、B 為零級。（2）對 A、B 均為 1 級。（3）對 A、B 均為零級。

：根據題意，令 $\dfrac{\text{已用掉反應物的濃度}}{\text{反應物的初濃度}} = \dfrac{x}{[A]_0} = \alpha$ 　　　　　　　　（ㄅ）

　　則反應物的剩餘濃度 $\dfrac{[A]}{[A]_0} = \dfrac{[A]_0 - x}{[A]_0} = 1 - \alpha$ 　　　　　　（ㄆ）

（1）∵已知是「1 級反應」，由（2.6）式及（2.13）式，可知：

$$r = -\frac{d[A]}{dt} = k[A] \implies \ln\frac{[A]_0}{[A]} = kt \implies \ln\frac{1}{1-\alpha} = kt$$

依據題意可得：$\dfrac{\ln\dfrac{1}{1-\alpha_1}}{\ln\dfrac{1}{1-\alpha_2}} = \dfrac{\ln(1-\alpha_1)}{\ln(1-\alpha_2)} = \dfrac{t_1}{t_2} \implies \dfrac{\ln(1-0.25)}{\ln(1-\alpha_2)} = \dfrac{1}{2}$

∴由（II）式可知：$(1-\alpha_2) = 0.56 \implies$ 即 A 還剩 56%。

（2）∵已知是「2 級反應」，由（2.17）式，可知：

$$r = -\frac{d[A]}{dt} = k[A]^2 \implies \frac{1}{[A]} - \frac{1}{[A]_0} = kt \implies \frac{[A]_0 - [A]}{[A]_0[A]} = \frac{\alpha}{[A]_0(1-\alpha)} = kt$$

依據題意可得：$\dfrac{\alpha_1}{1-\alpha_1} \times \dfrac{1-\alpha_2}{\alpha_2} = \dfrac{t_1}{t_2} \implies \dfrac{0.25}{1-0.25} \times \dfrac{1-\alpha_2}{\alpha_2} = \dfrac{1}{2} \implies \alpha_2 = 0.40$

∴由（II）式可知：$(1-\alpha_2) = 0.60 \implies$ 即 A 還剩 60%。

（3）∵已知是「零級反應」，由（2.2）式，可知：$r = -\dfrac{d[A]}{dt} = k$

　　　$\implies [A]_0 - [A] = kt \implies \alpha[A]_0 = kt$

依據題意可得：$\dfrac{\alpha_1}{\alpha_2} = \dfrac{t_1}{t_2} \implies \alpha_2 = \dfrac{t_2}{t_1} \times \alpha_1 = \dfrac{2}{1} \times 0.25 = 0.50$

∴由（II）式可知：$1 - \alpha_2 = 0.50 \implies$ 即 A 還剩 50%。

▪ 例 **2.3.59** ▪

在一定 T、V 下，反應：$2A(g) \longrightarrow A_2(g)$

的反應速率常數 $k_A = 2.5 \times 10^{-3} \, mol^{-1} \cdot dm^3 \cdot s^{-1}$，$A(g)$ 的初濃度 $c_0 = 0.02 \, mol \cdot dm^{-3}$，則此反應的反應級數 n = _____，反應物 $A(g)$ 的半衰期 $t_{1/2}(A) =$ _____。

：由題給 k 的單位可知，此反應必爲「2 級反應」，即 n = 2。

$t_{1/2}(A) = 1/(k_A[A]_0) = 1/(2.5 \times 10^{-3} \times 0.02 \, s^{-1}) = 2 \times 10^4 \, s$

▪ 例 **2.3.60** ▪

在 400K、$0.2 \, dm^3$ 的反應器中，某 2 級反應的速率常數 $k_p = 10^{-3} \, kPa^{-1} \cdot s^{-1}$，若將 k_p 改爲用濃度 c (c 的單位爲 $mol \cdot dm^{-3}$)表示，則反應速率常數 $k_c =$ _____。

：「2 級反應」的 $k_c = k_p RT$

$k_c = 10^{-3} \, kPa^{-1} \cdot s^{-1} \times 8.314 \times 400 \, J \cdot mol^{-1} = 3.326 \, mol \cdot dm^{-3} \cdot s^{-1}$

▪ 例 **2.3.61** ▪

在一定 T、V 下，基本反應：$A + B \longrightarrow 2D$。

若起始濃度 $c_{A,0} = a$，$c_{B,0} = 2a$，$c_{D,0} = 0$，則該反應各物質的濃度 c 隨時間 t 變化的示意圖（如圖 a）；各物質的濃度隨時間的變化率（dc_i/dt）與時間 t 的關係示意圖曲線（如圖 b）。請畫出 a、b 圖的形狀。

:

	A	+	B	$\longrightarrow$	2D
t = 0 時：	a		2a		0
t	a − x		2a − x		2x
t = ∞	0		a		2a

$dc_D/dt = -2dc_A/dt = -2dc_B/dt = 2dx/dt$

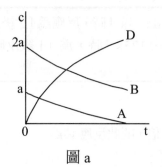

圖 a

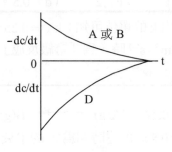

圖 b

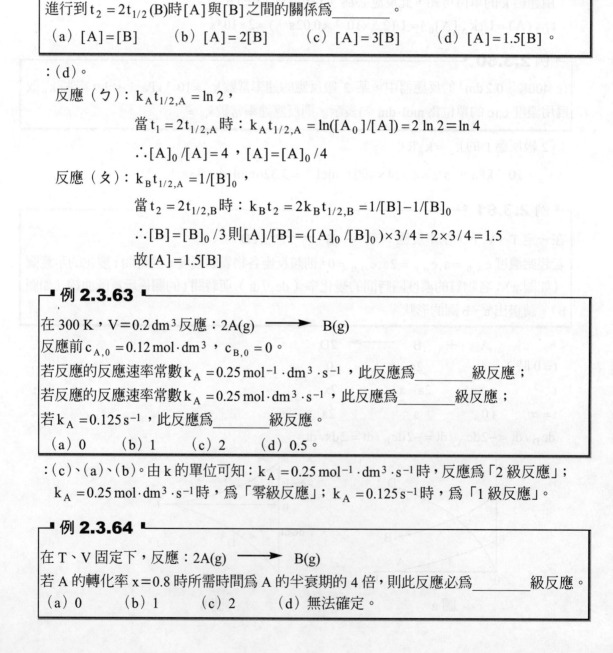

例 **2.3.62**

在 25℃的水溶液中，分別發生下列反應：

（ㄅ）A $\longrightarrow$ C + D，為 1 級反應，半衰期為 $t_{1/2}(A)$；

（ㄆ）2B $\longrightarrow$ L + M，為 2 級反應，半衰期為 $t_{1/2}(B)$。

若 A 和 B 的初始濃度之比 $[A]_0/[B]_0 = 2$，當反應（ㄅ）進行到 $t_1 = 2t_{1/2}(A)$，反應（ㄆ）進行到 $t_2 = 2t_{1/2}(B)$ 時 $[A]$ 與 $[B]$ 之間的關係為_____。

（a）$[A]=[B]$　　（b）$[A]=2[B]$　　（c）$[A]=3[B]$　　（d）$[A]=1.5[B]$。

：（d）。

反應（ㄅ）：$k_A t_{1/2,A} = \ln 2$，

當 $t_1 = 2t_{1/2,A}$ 時：$k_A t_{1/2,A} = \ln([A_0]/[A]) = 2\ln 2 = \ln 4$

$\therefore [A]_0/[A] = 4$，$[A]=[A]_0/4$

反應（ㄆ）：$k_B t_{1/2,A} = 1/[B]_0$，

當 $t_2 = 2t_{1/2,B}$ 時：$k_B t_2 = 2k_B t_{1/2,B} = 1/[B]-1/[B]_0$

$\therefore [B]=[B]_0/3$ 則 $[A]/[B] = ([A]_0/[B]_0) \times 3/4 = 2 \times 3/4 = 1.5$

故 $[A]=1.5[B]$

例 **2.3.63**

在 300 K，$V=0.2\,dm^3$ 反應：$2A(g) \longrightarrow B(g)$

反應前 $c_{A,0} = 0.12\,mol \cdot dm^3$，$c_{B,0}=0$。

若反應的反應速率常數 $k_A = 0.25\,mol^{-1} \cdot dm^3 \cdot s^{-1}$，此反應為_____級反應；

若反應的反應速率常數 $k_A = 0.25\,mol \cdot dm^3 \cdot s^{-1}$，此反應為_____級反應；

若 $k_A = 0.125\,s^{-1}$，此反應為_____級反應。

（a）0　　（b）1　　（c）2　　（d）0.5。

：（c）、（a）、（b）。由 k 的單位可知：$k_A = 0.25\,mol^{-1} \cdot dm^3 \cdot s^{-1}$ 時，反應為「2 級反應」；$k_A = 0.25\,mol \cdot dm^3 \cdot s^{-1}$ 時，為「零級反應」；$k_A = 0.125\,s^{-1}$ 時，為「1 級反應」。

例 **2.3.64**

在 T、V 固定下，反應：$2A(g) \longrightarrow B(g)$

若 A 的轉化率 $x=0.8$ 時所需時間為 A 的半衰期的 4 倍，則此反應必為_____級反應。

（a）0　　（b）1　　（c）2　　（d）無法確定。

：(c)，為「2 級反應」。

$kt_{1/2} = 1/[A]_0$，轉化率 $x = 0.8$ 時，$kt = x/[A]_0(1-x) = 4/[A]_0 = 4kt_{1/2}$，即 $t = 4t_{1/2}$。

例 2.3.65

在 T、V 固定的條件下，反應：$A(g) + B(g) \longrightarrow D(g)$，為 2 級反應。當 A、B 的初始濃度皆為 $1\,mol \cdot dm^{-3}$ 時，經 10 min 後 A 反應掉 25%，求反應的反應速率常數 k 為若干？

：2 級反應：
$$A(g) + B(g) \xrightarrow[\text{在水溶液中}]{T,\ p\ \text{固定}} D(g)$$

t＝0 時：　　　　　$[A]_0$　　　$[B]_0$　　　　　　　　0

t＝10min 時：　　$[A]$　　　$[B]$　　　　　　　　$[D]$

因為起始配料比等於反應的計量比，$[A]_0 = [B]_0 = 1\,mol \cdot dm^{-3}$

$[A] = [B] = [A]_0(1-0.25) = 0.75\,mol \cdot dm^{-3}$

$\therefore\ k = (1/[A] - 1/[A]_0)/t = ([A]_0 - [A])/(t[A] \times [A]_0)$

$\qquad = \{(1-0.75)/(10 \times 0.75)\}\,mol^{-1} \cdot dm^3 \cdot min^{-1} = 0.0333\,mol^{-1} \cdot dm^3 \cdot min^{-1}$

例 2.3.66

在 $T = 300K$ 下，$V = 2.0\,dm^3$ 的容器中，反應：$2B(g) \longrightarrow B_2(g)$，為 2 級反應，已知當反應物 B 的初始濃度 $c_{B,0} = 0.100\,mol \cdot dm^{-3}$ 時 B(g)的半衰期 $t_{1/2} = 40$ min，此反應的反應速率常數 k_B 為若干？上述條件下，反應進行 60 min，$B_2(g)$的物質的量濃度 c_B 為若干？在 300K 下，若反應速率用 $-dp_B/dt = k_{p,B}p_B^2$ 表示，假設參加反應的氣體為理想氣體，$k_{p,B}$ 為若干？

：對於「2 級反應」：

$k_B = 1/(c_{B,0}t_{1/2,B}) = 1/(0.100\,mol \cdot dm^{-3} \times 40\,min) = 0.25\,mol^{-1} \cdot dm^3 \cdot min^{-1}$

t＝60 min：

$c_B = 1/(k_B t + c_{B,0}^{-1}) = [1/\{0.25 \times 60 - (0.100)^{-1}\}]\,mol \cdot dm^{-3} = 0.04\,mol \cdot dm^{-3}$

$\therefore\ c(B_2(c_{B,0} - c_B)/2 = (0.1-0.04)\,mol \cdot dm^{-3}/2 = 0.03\,mol \cdot dm^{-3}$

$\because\ k_p = k_c(RT)^{1-n}$

$\therefore\ k_p = k_c(RT)^{1-n} = 0.25 \times 10^{-3}\,mol^{-1} \cdot m^3 \cdot min^{-1}/(8.314J \cdot mol^{-1} \cdot k^{-1} \times 300K)$

$\qquad = 1.002 \times 10^{-7}\,(Pa \cdot min)^{-1}$

▪ 例 2.3.67 ▪

對於 1 級反應，試證明轉化率達到 0.999 所需的時間約爲反應半衰期的 10 倍。對於 2 級反應又應爲若干倍？

: 設此反應物之濃度爲[A]，因爲 1 級反應： $kt_{1/2} = \ln 2$ 　　　　　　　　　　（ㄅ）

轉化率達到 0.999 時所需的時間： $kt = \ln\{1/(1-0.999)\} = \ln 10^3$ 　　　　（ㄆ）

（ㄆ）式除以（ㄅ）式，可得： $t/t_{1/2} = \ln 10^3 / \ln 2 = 9.966 \approx 10$

對於 2 級反應： $kt_{1/2} = 1/[A]_0$ 　　　　　　　　　　　　　　　　　（ㄇ）

轉化率達到 0.999 時所需的時間：

$kt = 1/[A] - 1/[A]_0 = 1/\{[A]_0 (1-0.999)\} - 1/[A]_0 = (1 \times 10^3 - 1)/[A]_0$ 　（ㄈ）

（ㄈ）式除以（ㄇ）式，可得： $t/t_{1/2} = 1 \times 10^3 - 1 = 999$

▪ 例 2.3.68 ▪

某 2 級反應 $A(g) + B(g) \longrightarrow 2D(g)$，當反應物的初始濃度 $[A]_0 = [B]_0 = 2.0\,mol \cdot dm^{-3}$ 時，反應的初速率 $-(dc_A / dt)_{t=0} = 50.0\,mol \cdot dm^{-3} \cdot s^{-1}$，求 k_A 及 k_D 各爲若干？

: 題給「2 級反應」的初速率：

$-(dc_A / dt)_{t=0} = 50.0\,mol \cdot dm^{-3} \cdot s^{-1} = k_A [A]_0 [B]_0 = k_A (2.0\,mol \cdot dm^{-3})^2$

$\therefore k_A = -(d[A]_0 / dt)_{t=0} /([A]_0 [B]_0) = 50.0\,mol \cdot dm^{-3} \cdot s^{-1} /(2.0\,mol \cdot dm^{-3})^2$

$= 12.5\,mol^{-1} \cdot dm^3 \cdot s^{-1}$

由反應計量式可知，用產物 D 表示的反應速率常數 k_D 與用反應物 A 或 B 表示的反應速率常數 k_A 或 k_B 之間的關係爲

$k_D = 2k_A = 2k_B = 2 \times 12.5\,mol^{-1} \cdot dm^3 \cdot s^{-1} = 25.0\,mol^{-1} \cdot dm^3 \cdot s^{-1}$

▪ 例 2.3.69 ▪

在溶液中，反應： $S_2O_8^{2-} + 2Mo(CN)_8^{4-} \longrightarrow 2SO_4^{2-} + 2Mo(CN)_8^{3-}$ 的反應速率方程式爲：

$$-\frac{d[Mo(CN)_8^{4-}]}{dt} = k[S_2O_8^{2-}][Mo(CN)_8^{4-}]$$

20℃時，反應開始時只有兩反應物，其初始濃度依次爲 0.01、0.02mol·dm⁻³。

反應 26h 後，測定剩餘八氰基鉬酸根離子濃度 $[Mo(CN)_8^{4-}] = 0.01562\,mol \cdot dm^{-3}$，求 k。

：爲書寫簡便，以下反應式代表題給反應：

$$A \ + \ 2B \ \xrightarrow{20^{\circ}C} \ 2D \ + \ 2M$$

t＝0 時： $\qquad c_0 \qquad 2c_0 \qquad\qquad 0 \qquad 0$

t＝t 時： $\qquad c_0-x \qquad 2(c_0-x) \qquad 2x \qquad 2x$

$c_0 = 0.01\,mol \cdot dm^{-3}$，t＝26 h 時

$2(c_0-x) = 0.01562\,mol \cdot dm^{-3}$

$c_0-x = 0.01562\,mol \cdot dm^{-3}/2 = 7.81 \times 10^{-3}\,mol \cdot dm^{-3}$

$x = (0.01-7.81 \times 10^{-3})\,mol \cdot dm^{-3} = 2.19 \times 10^{-3}\,mol \cdot dm^{-3}$

$-d[B]/dt = k_B[A][B]$

$-2d(c_0-x) = k_B(c_0-x) \times 2(c_0-x)dt$ $\qquad\qquad\qquad\qquad$ （ㄅ）

將（ㄅ）式可改寫成：

$d(c_0-x)/(c_0-x)^2 = k_B dt$ $\qquad\qquad\qquad\qquad\qquad\qquad$ （ㄆ）

（ㄆ）式積分後整理可得：

$$k_B = \frac{x}{tc_0(c_0-x)} = \frac{2.19 \times 10^{-3}\,mol \cdot dm^{-3}}{26h \times 0.01\,mol \cdot dm^{-3} \times 7.81 \times 10^{-3}\,mol \cdot dm^{-3}}$$

$$= 1.078\,mol^{-1} \cdot dm^3 \cdot h^{-1}$$

例 **2.3.70**

反應 A＋2B $\longrightarrow$ D 的反應速率方程式爲 $-\dfrac{d[A]}{dt} = k[A][B]$ ，

25℃時 $k_A = 2 \times 10^{-4}\,mol^{-1} \cdot dm^3 \cdot s^{-1}$ 。

（a）若初始濃度 $[A]_0 = 0.02\,mol \cdot dm^{-3}$ ，$[B]_0 = 0.04\,mol \cdot dm^{-3}$ ，求 $t_{1/2}$ ？

（b）若將反應物 A 和 B 的揮發性固體裝入 5 dm³ 的密閉容器中，已知 25℃時 A 和 B 的飽和蒸氣壓分別爲 10.133 kPa 和 2.027 kPa。

問 25℃時 0.5mol 的 A5 轉化爲產物需多長時間。

：（a） $\qquad\qquad A \ + \ 2B \ \xrightarrow{25^{\circ}C} \ D$

$\qquad$ t＝0 時： $\quad [A]_0 \qquad [B]_0 \qquad\qquad\qquad 0$

$\qquad$ t＝t 時： $\quad [A] \qquad [B] \qquad\qquad [D]=[A]_0-[A]$

$\qquad$ 已知 $[A]_0 = 0.02\,mol \cdot dm^{-3}$ ，$[B]_0 = 2[A]_0 = 0.04\,mol \cdot dm^{-3}$ ，因起始配料比符合

反應的計量比，故在任意時刻 t 時 $[B] = 2[A]$ 皆成立。

$$\therefore -d[A]/dt = k_A[A][B] = 2k_A[A]^2$$

$$k_A = 2 \times 10^{-4} \, mol^{-1} \cdot dm^3 \cdot s^{-1}$$

由上式可知反應的半衰期：

$$t_{1/2} = 1/(2k_A[A]_0) = 1/(2 \times 2 \times 10^{-4} \, mol^{-1} \cdot dm^3 \cdot s^{-1} \times 0.02 \, mol \cdot dm^{-3})$$

$$= 1.25 \times 10^5 \, s$$

(b)

$$A(s) + B(s) \xrightarrow[V = 5dm^3]{T = 298.15 \, K} D$$

t＝0 時： $\quad P_A^* \qquad P_B^* \qquad\qquad\qquad\qquad 0$

t＝t 時： $\quad P_A^* \qquad P_B^* \qquad\qquad\qquad\qquad n_D = 0.5 \, mol$

已知 25℃時，飽和蒸氣壓 $P_A^* = 10.133 \, kPa$，$P_B^* = 2.207 \, kPa$，A(s) 和 B(s) 大量過剩，在反應過程中它們的飽和蒸氣壓保持固定。

設蒸氣爲理想氣體，則 $[A] = n_A/V = P_A^*/(RT)$，$[B] = n_B/V = P_B^*/(RT)$

$$-d[A]/dt = k_A[A][B] = k_A P_A^* P_B^*/(RT)^2 = 常數$$

上式可寫成下列積分式：

$$\frac{-\Delta n_A}{V(t-0)} = \frac{n_D}{V(t-0)} = \frac{k_A P_A^* P_B^*}{(RT)^2}$$

0.5 mol 的 A 轉化爲產物 D 所需的時間：

$$t = \frac{n_D(RT)^2}{k_A P_A^* P_B^* V} = \frac{0.5(8.314 \times 298.15)^2}{2 \times 10^{-4} \times 10.133 \times 10^3 \times 2.027 \times 10^3 \times 5 \times 10^{-3}} s$$

$$= 1.496 \times 10^5 \, s = 41.55h$$

■ 例 2.3.71 ■

定容反應器中開始只有氣體 A 和 B，總壓力爲 $10^5 \, P_a$，於 400°K 發生如下反應：

$$2A_{(g)} + B_{(g)} \longrightarrow Y_{(g)} + Z_{(s)}$$

一次實驗中，B 的分壓由 $p_{B,0} = 4 \, P_a$ 降至 $p_B = 2 \, P_a$ 所需時間與從 $2 \, P_a$ 降至 $1 \, P_a$ 所需時間相等。在另一次實驗中，開始總壓力仍爲 $10^5 \, P_a$，A 的分壓力由 $p_{A,0} = 4 \, P_a$ 降至 $p_A = 2 \, P_a$ 所需時間爲由 $2 \, P_a$ 降至 $1 \, P_a$ 所需時間的一半，試寫出此反應的反應速率方程式。

：設反應速率方程式為：$-\dfrac{dp_A}{dt} = k_A\, p_A^{\alpha}\, p_B^{\beta}$

在第 1 次實驗中，A 大大過量，可以認爲過程中 $p_A = p_{A,0}$

$$-\dfrac{dp_B}{dt} = -\dfrac{1}{2}\cdot\dfrac{dp_A}{dt} = \left(\dfrac{1}{2}\, k_A\, p_{A,0}^{\alpha}\right)p_B^{\beta}$$

爲準 β 級反應，由題目可知：B 的半衰期與其初壓力無關，此爲「1 級反應」的特徵 $\Rightarrow$ $\therefore \beta = 1$。

又，從第 2 次實驗中，B 的濃度大大過量，可認爲 $p_B = p_{B,0}$，$\dfrac{dp_A}{dt} = \left(k_A\, p_{B,0}^{\beta}\right)\cdot p_{A,0}^{\alpha}$

爲準 α 級反應，由題目可知：A 的半衰期與其初壓力成反比，此爲「2 級反應」的特徵 $\Rightarrow$ $\therefore \alpha = 2$。

總結上述結果，此反應的反應速率方程式爲：$-\dfrac{dp_A}{dt} = k_A\, p_A^{2}\, p_B$

2.4 3 級反應(third order reaction)

「3 級反應」多數出現在液相反應裏。原則上「3 級反應」有三種類型：

(1) 3A $\longrightarrow$ 產物。

(2) 2A＋B $\longrightarrow$ 產物。

(3) A＋B＋C $\longrightarrow$ 產物。

〈1〉對第（1）種情況：

當基本反應為：3A $\longrightarrow$ 產物

此時，反應速率與反應物濃度的 3 次方成正比，故其反應速率方程式寫為：

$$r = -\frac{1}{3}\frac{d[A]}{dt} = k_3[A]^3$$

積分後得：

$$\frac{1}{2}\left(\frac{1}{[A]^2} - \frac{1}{[A]_0^2}\right) = 3k_3 t \tag{2.32a}$$

整理後得：

$$\frac{1}{[A]^2} = 6k_3 t + \frac{1}{[A]_0^2} \tag{2.32b}$$

因此，以 $\dfrac{1}{[A]^2}$ 對 t 做圖，從直線斜率可求出 k_3。

注意：(a)「3 級反應」的反應速率常數 k_3 之單位為(濃度$^{-2}$·時間$^{-1}$)。

(b) 當 $[A] = \dfrac{1}{2}[A]_0$，代入（2.32）式，則可求得半衰期

$$t_{1/2} = \frac{1}{2k_3[A]_0^2} \tag{2.33a}$$

即「3 級反應」的半衰期 $t_{1/2}$ 與反應物的初濃度之二次方成反比，但與反應速率常數 k_3 亦成反比。

(c) 同理，當 $[A] = \dfrac{1}{n}[A]_0$，代入（2.32）式，則可求得「1/n 衰期」

$$t_{1/n} = \frac{n^2 - 1}{6k_3[A]_0^2} \tag{2.33b}$$

〈**2**〉第（2）種情況是最常見的：

> 當基本反應為：$2A + B \longrightarrow$ 產物
>
> 此時，反應對 A 而言為「2 級反應」，對 B 而言為「1 級反應」，故總「反應級數」
> 為 3。它的反應速率方程式寫為：
>
> $$r = -\frac{1}{2}\frac{d[A]}{dt} = k_3[A]^2[B] \tag{2.34}$$
>
> 如果$[B]_0 >> [A]_0$，設若在反應過程中，B 的濃度不發生變化，則上式可改寫成：
>
> $$r = -\frac{1}{2}\frac{d[A]}{dt} = k_3'[A]^2 \tag{2.35}$$
>
> k_3'的單位為(濃度$^{-1}$·時間$^{-1}$)，使「3 級反應」變為〝假 2 級反應〞(pseudo second order
> reaction)，式中$k_3' = k_3[B]_0$，可改寫成：
>
> $$\ln k_3' = \ln k_3 + \ln[B]_0 \tag{2.36}$$
>
> 積分（2.35）式，可得：
>
> $$\frac{1}{[A]} = 2k_3't + \frac{1}{[A]_0} \tag{2.37}$$
>
> 在$[B]_0$一定的條件下，將$\frac{1}{[A]}$對 t 做圖，從直線斜率求出k_3'。接著，若是改變$[B]_0$，
> 可根據（2.36）式求得不同的k_3'，於是 $\ln k_3'$對 $\ln[B]_0$做圖，求出 k_3。

又當基本反應為：$2A + B \longrightarrow$ 產物，如果反應物的初濃度符合〝化學計量比〞，
即$[A]_0 = 2[B]_0$，則在時間 t 時，物質 A 和 B 的濃度分別為$[A] = [A]_0 - 2x$ 和$[B] = [B]_0 - x$，產物的濃度為 x，如下面所示：

即 　　　　　　　　　$2A \quad + \quad B \quad \longrightarrow \quad$ 產物

當 t = 0 時：　　　　　$[A]_0 \qquad [B]_0 \qquad\qquad 0$

$\underline{\qquad -)\qquad\qquad 2x \qquad\quad x \qquad\qquad\qquad\qquad}$

當 t = t 時：　　　　　$[A]_0 - 2x \quad [B]_0 - x \qquad\qquad x$

這時，若以產物濃度隨時間的變化率做為反應速率，且將$[A] = [A]_0 - 2x$、$[B] = [B]_0 - x$ 及[產物] = x，代入（2.34）式，又已知$[A]_0 = 2[B]_0$，則可寫成：

$$r = \frac{d[產物]}{dt} = k_3[A]^2[B]^1 \implies r = \frac{dx}{dt} = k_3\left([A]_0 - 2x\right)^2\left([B]_0 - x\right)^1$$

$$= k_3\left(2[B]_0 - 2x\right)^2\left([B]_0 - x\right)^1 = 4k_3\left([B]_0 - x\right)^3$$

積分上式可得：
$$\int_0^x \frac{dx}{([B]_0 - x)^3} = \int_0^t 4k_3 dt$$

$$\frac{1}{([B]_0 - x)^2} - \frac{1}{[B]_0^2} = 8k_3 t \qquad (2.38)$$

由此可知，對於「2A＋B ⟶ 產物」之反應而言：

（a） 將 $\dfrac{1}{([B]_0 - x)^2}$ 對 t 做圖，可得一直線，從直線斜率可求出 k_3。

（b） 故當 $x = [B]_0/2$ 代入（2.38）式，則本反應的「半衰期」為：

$$t_{1/2} = \frac{3}{8k_3 [B]_0^2} \qquad (2.39)$$

即「**3級反應**」的「**半衰期**」$\mathbf{t_{1/2}}$ 與 **B** 的初濃度之二次方成反比，也與反應速率常數 $\mathbf{k_3}$ 成反比。（注意(2.39)式也可改用[A]$_0$表達，將$[A]_0 = 2[B]_0$代入後，則(2.39)式可改寫為 $t_{1/2} = \dfrac{3}{2k_3 [A]_0^2}$）。

〈3〉對第（3）種情況：

當基本反應為：A＋B＋C ⟶ 產物

此時，反應對 A 及 B 及 C 而言，各皆為「1級反應」，故總「反應級數」為3。它的反應速率方程式寫為：

$$r = -\frac{d[A]}{dt} = -\frac{d[B]}{dt} = -\frac{d[C]}{dt} = k_3 [A]^1 [B]^1 [C]^1 \qquad (2\text{-}4\text{-}ㄅ)$$

設若在時間 t 時，物質的濃度分別為[A]、[B]、[C]，則：

$$
\begin{array}{cccc}
& A & + \quad B & + \quad C \longrightarrow & 產物 \\
當 t = 0 時： & [A]_0 & [B]_0 & [C]_0 & 0 \\
\underline{\quad -)} & \underline{\quad x} & \underline{\quad x} & \underline{\quad x} & \\
當 t = t 時： & [A]_0 - x & [B]_0 - x \quad [C]_0 - x & & x
\end{array}
$$

這時，若以產物濃度隨時間的變化率做為反應速率，且將

$([A]_0 - x) = [A]$，$([B]_0 - x) = [B]$，$([C]_0 - x) = [C]$，[產物] = x 代入（2-4-ㄅ）式，可寫成：

$$r = \frac{d[產物]}{dt} = k_3 [A]^1 [B]^1 [C]^1 \Rightarrow r = \frac{dx}{dt} = k_3 ([A]_0 - x)^1 ([B]_0 - x)^1 ([C]_0 - x)^1$$

$$\Rightarrow \int_0^x \frac{dx}{([A]_0-x)([B]_0-x)([C]_0-x)} = \int_0^t k_3 dt$$

$$\Rightarrow \int_0^x \frac{1}{([B]_0-[A]_0)([C]_0-[A]_0)} \times \frac{dx}{([A]_0-x)}$$

$$+ \int_0^x \frac{1}{([A]_0-[B]_0)([C]_0-[B]_0)} \times \frac{dx}{([B]_0-x)}$$

$$+ \int_0^x \frac{1}{([A]_0-[C]_0)([B]_0-[C]_0)} \times \frac{dx}{([C]_0-x)} = \int_0^t k_3 dt$$

$$\Rightarrow \frac{1}{([B]_0-[A]_0)([C]_0-[A]_0)} \int_x^0 d\ln(x-[A]_0)$$

$$+ \frac{1}{([A]_0-[B]_0)([C]_0-[B]_0)} \int_x^0 d\ln(x-[B]_0)$$

$$+ \frac{1}{([A]_0-[C]_0)([B]_0-[C]_0)} \int_x^0 d\ln(x-[C]_0) = k_3 t$$

$$\Rightarrow \frac{1}{([B]_0-[A]_0)([C]_0-[A]_0)} \times \ln\frac{[A]_0}{[A]_0-x}$$

$$+ \frac{1}{([A]_0-[B]_0)([C]_0-[B]_0)} \times \ln\frac{[B]_0}{[B]_0-x}$$

$$+ \frac{1}{([A]_0-[C]_0)([B]_0-[C]_0)} \ln\frac{[C]_0}{[C]_0-x} = kt \qquad (2\text{-}4\text{-}\text{ㄆ})$$

或寫為:

$$\frac{1}{([B]_0-[A]_0)([C]_0-[A]_0)} \times \ln\frac{[A]_0}{[A]}$$

$$+ \frac{1}{([A]_0-[B]_0)([C]_0-[B]_0)} \times \ln\frac{[B]_0}{[B]}$$

$$+ \frac{1}{([A]_0-[C]_0)([B]_0-[C]_0)} \times \ln\frac{[C]_0}{[C]} = kt \qquad (2\text{-}4\text{-}\text{ㄇ})$$

◎ 由上述＜1＞、＜2＞、＜3＞三種情況之反應速率方程式求解過程可知:

它們的求解方式其實千篇一律、大同小異,因此讀者千萬不要去背最後的公式結果,只要你掌握住它們的求解模式,任何題目皆可用同一種解題法迎刃而解。

■ **例 2.4.1** ■

對於 3 級反應：$3A \longrightarrow B$，下列關係式中，何者正確？

(a) $t_{1/2} = \dfrac{3}{2k_B [A]^2}$ 　　　　　(b) $t_{1/2} = \dfrac{1}{2k_A [A]_0^2}$

(c) $k_p = k_c$ 　　　　　(d) $k_p = (RT)^{-1} k_c$

：(b)。「3 級反應」$3A \longrightarrow B$，故採用（2.32a）式，則：

$$\frac{1}{2}\left(\frac{1}{[A]^2} - \frac{1}{[A]_0^2} \right) = 3k_c \cdot t \ , \ \frac{1}{[A]^2} - \frac{1}{[A]_0^2} = 6 \cdot k_c \cdot t \tag{ㄅ}$$

若 $PV = nRT$，則 $\dfrac{n}{V} = \dfrac{P}{RT}$ 代入（ㄅ）式，可得：

$$\frac{(RT)^2}{P^2} - \frac{(RT)^2}{P_0^2} = 6 \cdot k_c \cdot t \Rightarrow \frac{1}{P^2} - \frac{1}{P_0^2} = 6 \cdot \frac{k_c}{(RT)^2} \cdot t \tag{ㄆ}$$

又 $\dfrac{1}{P_2} - \dfrac{1}{P_0^2} = 6 \cdot k_P \cdot t$ 　　　　(ㄇ)

則 $k_p = k_c /(RT)^2$

■ **例 2.4.2** ■

某一基本反應，$2A_{(g)} + B_{(g)} \longrightarrow E_{(g)}$，將 2 mole 的 A 與 1 mole 的 B 放入 1 升容器中混合並反應，那麼反應物消耗一半時的反應速率與反應起始速率間的比值是：

(a) $1:2$ 　　　(b) $1:4$ 　　　(c) $1:6$ 　　　(d) $1:8$

：(d)。

	$2A_{(g)}$	$+$	$B_{(g)}$	$\longrightarrow$	$E_{(g)}$
$t = 0$ 時：	2 mole		1 mole		
$-)$	1 mole		0.5 mole		
$t = t_{1/2}$ 時：	1 mole		0.5 mole		

則 $r = k[A]^2 [B]$

$$r' : r_0 = k[A]'^2 [B]'^1 : k[A]_0^2 [B]_0 = \left(\frac{1}{1}\right)^2 \cdot \left(\frac{0.5}{1}\right) : \left(\frac{2}{1}\right)^2 \cdot \left(\frac{1}{1}\right) = 0.5 : 4 = 1 : 8$$

■ 例 **2.4.3** ■

化學反應計量方程式為：$2A+B \longrightarrow P$，實驗證明反應對 A 為 2 級反應，對 B 為 1 級反應。在實驗時，對反應物按化學計量比例進料，問：

(1) 依據反應速率方程式，提出如何由實驗數據求 k 之方法（產物濃度在 t 時為 x）。

(2) 求上述條件下的 $t_{1/2}$。

：(1) $\qquad 2A \quad + \quad B \quad \longrightarrow \quad P$

當 t = 0 時： $\quad 2a_0 \qquad a_0 \qquad\qquad 0$

$\qquad\qquad -) \quad 2x \qquad x$

當 t = t 時： $2(a_0-x) \quad (a_0-x) \qquad\qquad x$

將 $[A] = 2(a_0-x)$，$[B] = (a_0-x)$ 代入題意已知 $-\dfrac{d[A]}{2dt} = k[A]^2[B]^1$

$\Rightarrow \dfrac{-d[2(a_0-x)]}{2dt} = k(2a_0-2x)^2(a_0-x)^1 \Rightarrow \dfrac{dx}{4(a_0-x)^3} = kdt$

則上式二邊積分後，整理可得：$(2a_0x-x^2)/[a_0^2(a_0-x)^2] = 8kt \qquad\qquad$ (I)

做 $(2a_0x-x^2)/[a_0^2(a_0-x)^2]$ 對 t 做圖為直線，斜率為 8k，由此可求出反應速率常數 k。

(2) 當 $x = a_0/2$ 時，t 即 $t_{1/2}$，則代入 (I) 式，可得：$t_{1/2} = 3/8ka_0^2$。

■ 例 **2.4.4** ■

反應 $2NO+2H_2 \longrightarrow N_2+2H_2O$ 在 700°C 時測得如下動力學數據：

初壓力 $p_0(kP_a)$		初速率 $r_0(kP_a \cdot min^{-1})$
NO	H_2	
50	20	0.48
50	10	0.24
25	20	0.12

設反應速率方程式可寫成：$r = k_p[p(NO)]^\alpha[p(H_2)]^\beta$，求 α、β 和 $n(=\alpha+\beta)$，並計算 k_p 和 k_c。

：由動力學數據可看出：

（1）當 P(NO)不變時：

$$\frac{r_1}{r_2} = \frac{k_P [P(NO)]^\alpha \cdot [P_1(H_2)]^\beta}{k_P [P(NO)]^\alpha \cdot [P_2(H_2)]^\beta} = \left(\frac{[P_1(H_2)]}{[P_2(H_2)]}\right)^\beta$$

$$\Rightarrow \frac{0.48}{0.24} = \left(\frac{20}{10}\right)^\beta \Rightarrow \frac{2}{1} = \left(\frac{2}{1}\right)^\beta，可得知：\beta = 1$$

即該反應對 H_2 而言為「1 級反應」。

（2）當 $P(H_2)$不變時：

$$\frac{r_1}{r_2} = \left(\frac{P_1(NO)}{P_2(NO)}\right)^\alpha \Rightarrow \frac{0.48}{0.12} = \left(\frac{50}{25}\right)^\alpha \Rightarrow 4 = \left(\frac{2}{1}\right)^\alpha，可得：\alpha = 2$$

即該反應對 NO 而言為「2 級反應」

∴總反應級數 $n = \alpha + \beta = 2 + 1 = 3$

$$k_p = \frac{-dp/dt}{[p(NO)]^2 \cdot p(H_2)} = \frac{0.48\, kP_a \cdot min^{-1}}{(50\, kP_a)^2 \times 20\, kP_a} = 9.6 \times 10^{-12}\ P_a \cdot min^{-1}$$

$$k_c = k_p (RT)^{3-1} = 9.6 \times 10^{-12}\ P_a \cdot min^{-1} \times (8.3145 J \cdot mole^{-1} \cdot K^{-1} \times 9.73.15 K)^2$$

$$= 628\, dm^6 \cdot mole^{-2} \cdot min^{-1}$$

▌ 例 2.4.5 ▌

某反應完成 50%的時間是完成 75%到完成 87.5%所需時間的 1/16，該反應是：

（a）2 級反應　　（b）3 級反應　　（c）0.5 級反應　　（d）0 級反應

：（b）。由題意可知：

$$0\% \xrightarrow{\ t_1\ } 50\% \xrightarrow{\ t_2\ } 75\% \xrightarrow{\ t_3\ } 87.5\%$$

且已知：$t_1 = \dfrac{1}{16} t_3$

「零級反應」$t_{1/2} = \dfrac{[A]_0}{2k}$; $t_1 = \dfrac{[A]_0}{2k}$, $t_2 = \dfrac{[A]_0}{4k}$, $t_3 = \dfrac{[A]_0}{8k} \Rightarrow$ 不符

「1 級反應」中 $t_{1/2} = \dfrac{0.693}{k}$ ，則應 $t_1 = t_2 = t_3 \Rightarrow$ 不符

「2 級反應」中 $t_{1/2} = \dfrac{1}{k[A]_0}$ ； $t_1 = \dfrac{1}{k[A]_0}$ ， $t_2 = \dfrac{2}{k[A]_0}$ ，

$$t_3 = \dfrac{4}{k[A]_0} \Rightarrow 不符$$

「3 級反應」中 $t_{1/2} = \dfrac{1}{2k_3[A]_0^2}$ ； $t_1 = \dfrac{1}{2k_3[A]_0^2}$ ， $t_2 = \dfrac{4}{2k_2[A]_0^2}$ ，

$$t_3 = \dfrac{16}{2k_3[A]_0^2}$$

$$\dfrac{t_3}{t_1} = \dfrac{\dfrac{16}{2k_3[A]_0^2}}{\dfrac{1}{2k_3[A]_0^2}} = 16 \Rightarrow \therefore 此反應是「3 級反應」$$

▪ 例 **2.4.6** ▪

初濃度都相同的「3 級反應」的直線圖應是（c 為反應物濃度，n 為反應級數）：

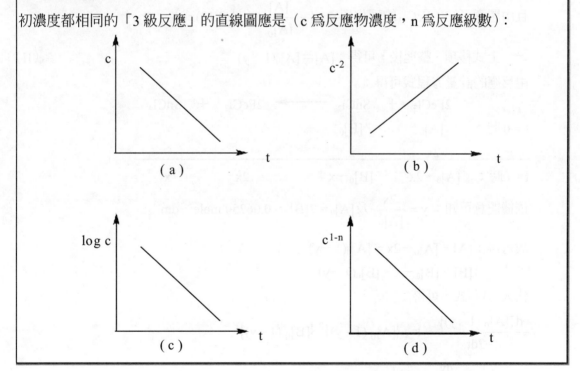

（a）　　　　（b）

（c）　　　　（d）

：（b）。∵參考（2.34）式，可知： $\dfrac{1}{c^2}$ 對 t 做圖，可得斜率為正的直線。

■ **例 2.4.7** ■

還原反應 $2FeCl_3 + SnCl_2 \longrightarrow 2FeCl_2 + SnCl_4$ 在 25°C 時的水溶液中進行，$FeCl_3$ 的初濃度$[A]_0 = 0.06250$ mole · dm^{-3}，$SnCl_2$ 的初濃度$[B]_0 = 0.03125$ mole · dm^{-3}，測得 $FeCl_3$ 的轉化率 y 隨時間變化的數據如下：

t(min)	1	3	7	11	40
$y(10^{-2})$	22.94	42.64	57.79	65.63	80.93

試證明，該反應對 $FeCl_3$ 為 2 級，對 $SnCl_2$ 為 1 級。

求該反應在 25°C 時的速率常數 k_A（A 代表 $FeCl_3$）。

：依據題意，本反應的微分速率方程式可寫成：

$$-\frac{d[A]}{2dt} = k_A[A]^2[B] \qquad\qquad (I)$$

上式中，[A]、[B]分別代表 $FeCl_3$、$SnCl_2$ 的濃度。

且由題意可知：$FeCl_3$ 的轉化率 $y = 1 - \dfrac{[A]}{[A]_0}$ （見(2.12)式）

$\Rightarrow$ 上式移項、整理後，可得：$[A] = [A]_0(1-y)$ $\qquad\qquad$ (II)

由反應的計量方程式可得：

$$2FeCl_3 \quad + \quad SnCl_2 \longrightarrow 2FeCl_2 \quad + \quad SnCl_4$$

t = 0 時：$\quad [A]_0 \qquad\qquad [B]_0$

$\underline{\quad -) \qquad\quad 2x \qquad\qquad x \qquad\qquad\qquad\qquad\qquad\qquad\qquad}$

t = t 時：$\quad [A]_0 - 2x \qquad [B]_0 - x \qquad\qquad 2x \qquad\qquad x$

依據題意可知：$y = \dfrac{2x}{[A]_0}$ 及$[A]_0 = 2[B]_0 = 0.06250$ mole · dm^{-3}

故可得：$[A] = [A]_0 - 2x = [A]_0(1-y)$

$\qquad\qquad [B] = [B]_0 - x = [B]_0(1-y)$

代入（I）式，可得：

$$\frac{d\{[A]_0(1-y)\}}{-2dt} = k_A\{[A]_0(1-y)\}^2\{[B]_0(1-y)\}^1$$

$\Rightarrow \quad \displaystyle\int_0^y \frac{dy}{(1-y)^3} = \int_0^t 2k_A[A]_0[B]_0\,dt$

整理後得：$k_A = \dfrac{1}{2[A]_0[B]_0 t}\left[\dfrac{1}{(1-y)^2}-1\right]$ （III）

將 25°C 的實驗數據代入（III）式，得：

t(min)	1	3	7	11	40
$y(10^{-2})$	22.94	42.64	57.79	65.63	80.93
$k_A(dm^6 \cdot mole^{-2} \cdot min^{-1})$	2803.6	2786.2	2703.7	2784.9	2743.6

計算結果表明，k_A 為常數，故該反應對 $FeCl_3$ 為 2 級，對 $SnCl_2$ 為 1 級，總反應為 3 級。

且反應速率常數的平均值為 $\overline{k_A} = 2764.4\ dm^6 \cdot mole^{-2} \cdot min^{-1}$

■ **例 2.4.8** ■

一整數級反應，其動力學方程可表示為：$c^{-2} = 2\times10^{-2}t + 16$，濃度單位為：$mole \cdot dm^{-3}$，時間單位為 s，下列說法中正確的是：

（a）該反應為「2 級反應」

（b）反應速率常數 $k = 10^{-2}\ dm^6 \cdot mole^{-2} \cdot s^{-1}$

（c）初濃度為 $a = 0.25\ mole \cdot dm^{-3}$

（d）半衰期為 $1/(2\ ka^2)$

（e）反應物只可能為一種或兩種。

：（a）$\because c^{-2} \propto t^1$

∴依據（2.32b）式或（2.44）式，可推知該反應為「3 級反應」

（b）$\dfrac{1}{[A]^2} - \dfrac{1}{[A]_0^2} = 2k_3 t = 2\times10^{-2}\,t \Rightarrow k_3 = 1\times10^{-2}\ dm^6 \cdot mole^{-2} \cdot s^{-1}$

（c）$\dfrac{1}{[A]_0^2} = 16$，$\dfrac{1}{[A]_0^2} = 16 \Rightarrow [A]_0 = \dfrac{1}{4} = 0.25\ mole \cdot dm^{-3}$

（d）$[A] = \dfrac{1}{2}[A]_0$ 代入（b）式

$$\dfrac{1}{\left(\dfrac{1}{2}[A]_0\right)^2} - \dfrac{1}{[A]_0^2} = 2k_3 t \Rightarrow t_{1/2} = \dfrac{3}{2k_3[A]_0^2}$$

（e）反應物只可能為兩種。

例 2.4.9

反應 $2A+B \longrightarrow P$ 之 3 級反應速率方程式為 $r = k[A]^2[B]$，求反應動力學方程式：（1）按化學計量比例進料；（2）$[B]_0 = [A]_0$。

：對於二反應物初濃度相等的反應，可採用：

（1）　　　　$2A$　　$+$　　B　　$\longrightarrow$　　　　P

t = 0 時：　　$[A]_0$　　　　$[B]_0$

$$\underline{-)\qquad 2x \qquad\quad x \qquad\qquad\qquad\qquad\quad}$$

t = t 時：　$[A]_0 - 2x$　　$[B]_0 - x$　　　　　　x

可知在 t = t 時，$[A] = [A]_0 - 2x$，$[B] = [B]_0 - x$，$[P] = x$　　　　　　　　（I）

已知按化學計量比例進料，即 $\dfrac{[A]_0 - 2x}{[B]_0 - x} = \dfrac{2}{1}$　　　　　　　　　　　　　　（II）

又依據題意已知：$r = -\dfrac{1}{2} \cdot \dfrac{d[A]}{dt} = k[A]^2[B]^1$　　　　　　　　　　　　　（III）

則將（I）式及（II）式代入（III）式，得：

$$-\frac{1}{2}\frac{d([A]_0 - 2x)}{dt} = k([A]_0 - 2x)^2 ([B]_0 - x)^1 \Rightarrow \frac{dx}{dt} = \frac{k}{2}\left([A]_0 - 2x\right)^3$$

$$\Rightarrow \int_0^x \frac{dx}{([A]_0 - 2x)^3} = \int_0^t \frac{k}{2}dt$$

積分後，整理可得：$kt = \dfrac{8x([A]_0 - x)}{([A]_0 - 2x)^2 \cdot [A]_0}$

（2）題意已設定 $[A]_0 = [B]_0$　　　　　　　　　　　　　　　　　　　　　　（IV）

故將（I）式及（IV）式代入（III）式，則可得：

$$r = -\frac{1}{2}\frac{d([A]_0 - 2x)^2}{dt} = k\left([A]_0 - 2x\right)^2 ([B]_0 - x)^1$$

$$\Rightarrow \frac{dx}{dt} = k\left([A]_0 - 2x\right)^2 ([A]_0 - x)^1 \Rightarrow \int_0^x \frac{dx}{\left([A]_0 - 2x\right)^2 ([A]_0 - x)^1} = \int_0^t kdt$$

積分後，整理可得：$kt = \dfrac{1}{[A]_0{}^2}\left[\dfrac{2x}{[A]_0 - 2x} + \ln\dfrac{[A]_0 - 2x}{[A]_0 - x}\right]$

例 2.4.10

反應 $A + B \rightarrow P + \cdots$ 若[A]一定，[B]加大一倍，其反應速率加倍；若[B]一定，[A]加大一倍，則其反應為原來的 4 倍。則此反應為

（a）1 級反應　　　（b）2 級反應　　　（c）3 級反應　　　（d）0 級反應

：（c）。設該反應速率方程式為　$r = k[A]^x[B]^Y$

　　　　若[A]一定，[B]加大一倍，反應速率加倍，則 $Y = 1$

　　　　若[B]一定，[A]加大一倍，反應速率為原來的 4 倍，則 $x = 2$

　　　　反應總及數為 $x + y = 2 + 1 = 3$

例 2.4.11

某反應物消耗掉 50% 和 75% 所需的時間分別為 $t_{1/2}$ 和 $t_{1/4}$，若反應對各反應物分別是 1 級，2 級和 3 級，則 $t_{1/2}$ 和 $t_{1/4}$ 的值分別是多少？

：對「1 級反應」，$\ln\dfrac{1}{[A]} - \ln\dfrac{1}{[A]_0} = -k_1 t \Rightarrow \ln\dfrac{[A]_0}{[A]} = k_1 t$

當 $[A] = \dfrac{[A]_0}{2}$ ，$t_{1/2} = \dfrac{\ln 2}{k}$ ；當 $[A] = \dfrac{[A]_0}{2}$ ，$t_{1/4} = \dfrac{2\ln 2}{k} \Rightarrow t_{1/2} : t_{1/4} = 1 : 2$

對「2 級反應」，$\dfrac{1}{[A]} - \dfrac{1}{[A]_0} = k_2 t \Rightarrow \dfrac{[A]_0^{\,2} - [A]}{[A][A]_0} = k_2 t$

當 $[A] = \dfrac{[A]_0}{2}$ ，$t_{1/2} = \dfrac{1}{k_2[A]_0}$ ；當 $[A] = \dfrac{[A]_0}{4}$ ，$t_{1/4} = \dfrac{3}{k_2[A]_0} \Rightarrow t_{1/2} : t_{1/4} = 1 : 3$

對「3 級反應」，$\dfrac{1}{[A]^2} - \dfrac{1}{[A]_0^2} = 2k_3 t \Rightarrow \dfrac{[A]_0^2 - [A]^2}{[A]^2[A]_0^2} = 2k_3 t$

當 $[A] = \dfrac{[A]_0}{2}$ ，$t_{1/2} = \dfrac{3}{2k_3[A]_0^2}$ ，且當 $[A] = \dfrac{[A]_0}{4}$ ，$t_{1/4} = \dfrac{15}{2k_3[A]_0^2}$

$t_{1/2} : t_{1/4} = 3 : 15 = 1 : 5$

例 2.4.12

某反應的積分速率方程式為一直線方程，直線斜率為速率常數的負值。該反應應為下列那種類型？

（a）零級反應和 1 級反應

（b）1 級反應和$[A]_0 = [B]_0$的 2 級反應

（c）1 級反應和$[A]_0 \neq [B]_0$的 2 級反應

（d）1 級反應和$[A]_0 = [B]_0 = [C]_0$的 3 級反應

（e）$[A]_0 = [B]_0$的 2 級反應和$[A]_0 = [B]_0 = [C]_0$的 3 級反應

：（a）。∵由（2.2）式，可知「零級反應」：$[A] = [A]_0 - kt$。

∵由（2.6）式，可知「1 級反應」：$\ln[A] = \ln[A]_0 - kt$。

例 2.4.13

A 和 B 按化學計量比導入定容容器中，於 400°K 發生如下反應：

$$2A_{(g)} + B_{(g)} \longrightarrow Y_{(g)} + Z_{(s)}$$

已知速率方程為$-\dfrac{dp_A}{dt} = k_A p_A^2 p_B$。設開始時總壓力為 30 Pa，反應在 7.5 min 後總壓力降為 20 Pa。問再繼續反應多長時間可由 20 Pa 降至 15 Pa？另外，A 的消耗速率常數 $k_A = ?$

：$p_{A,0}/p_{B,0} = r_A/r_B = 2$，則 $p_A = 2p_B$。又由題目已知：$p_{A,0} + p_{B,0} = 30$ Pa。

故解得：$p_{A,0} = 20$ Pa，$p_{B,0} = 10$ Pa。

則反應速率式寫為：$-\dfrac{d[A]}{dt} = k_A p_A^2 (p_A/2) = (k_A/2)p_A^3$

設 p_x 為產物的分壓力，則：

	$2A_{(g)}$	+	$B_{(g)}$	$\longrightarrow$	$Y_{(g)}$	+	$Z_{(s)}$	總壓力
當 t = 0 時：	$p_{A,0}$		$p_{B,0}$		0			$p(總)_0$
當 t_1 = 75 min 時：	$p_{A,0} - 2p_{x,1}$		$p_{B,0} - p_{x,1}$		$p_{x,1}$			$p(總)_1$
當 t_2 = ? 時：	$p_{A,0} - 2p_{x,2}$		$p_{B,0} - p_{x,2}$		$p_{x,2}$			$p(總)_2$

$p(總)_1 = p_{A,0} + p_{B,0} - 2p_{x,1} = 20$ Pa

則 $p_{x,1} = 5$ Pa，$p_{A,1} = 10$ Pa，$p_{B,1} = 5$ Pa，$p(總)_2 = p_{A,0} + p_{B,0} - 2p_{x,2} = 15$ Pa

則 $p_{x,2} = 7.5$ Pa，$p_{A,2} = 5$ Pa，$p_{B,2} = 2.5$ Pa

$$\int_{P_{A,0}}^{P_{A,1}} -\frac{dp_A}{dt} = \int_0^{t_1} \left(\frac{k_A}{2}\right)dt \quad , \quad \frac{1}{2}\left(\frac{1}{p_{A,1}^2} - \frac{1}{p_{A,0}^2}\right) = \frac{k_A}{2}t_1$$

可解得：$k_A = 1 \times 10^{-3} \ P_a^{-2} \cdot min^{-1}$

$$\int_{P_{A,1}}^{P_{A,2}} -\frac{dp_A}{dt} = \int_{t_1}^{t_2} \left(\frac{k_A}{2}\right)dt \quad , \quad \frac{1}{2}\left(\frac{1}{p_{A,2}^2} - \frac{1}{p_{A,1}^2}\right) = \frac{k_A}{2}(t_2 - t_1)$$

所求為：$(t_2 - t_1) = \dfrac{\dfrac{1}{p_{A,2}^2} - \dfrac{1}{p_{A,1}^2}}{k_A} = 30 \ min$

┌ 例 2.4.14 ┌

Derive an integrated expression for a third-order rate law $-d[A]/2dt = k[A]^2[B]$ for a reaction of stoichiometry $2A + B \longrightarrow P$. （1991 淡江化研所）

：依據題意，已知：$-\dfrac{d[A]}{2dt} = k[A]^2[B]$ （i）

$$2A \quad + \quad B \quad \longrightarrow \quad P$$

$t = 0$ 時： $\quad [A]_0 \qquad [B]_0 \qquad\qquad 0$

$\underline{\quad -) \qquad\quad 2x \qquad\quad x \qquad\qquad\qquad\qquad}$

$t = t$ 時： $\quad [A]_0 - 2x \quad [B]_0 - x \qquad\qquad x$

將 $[A] = [A]_0 - 2x$ 和 $[B] = [B]_0 - x$ 代入（i）式，可得：

$$-\frac{d([A]_0 - 2x)}{2dt} = k([A]_0 - 2x)^2 ([B]_0 - x)^1 \Rightarrow \frac{dx}{dt} = k([A]_0 - 2x)^2 ([B]_0 - x)^1$$

$$\Rightarrow \frac{dx}{([A]_0 - 2x)^2 ([B]_0 - x)} = kdt$$

令 $[A]_0 = a$，$[B]_0 = b$，則上式二邊積分後，可得：

$$\Rightarrow \int_0^x \left(\frac{-2/(a - 2b)^2}{[A]_0 - 2x} + \frac{-2/(a - 2b)}{([A]_0 - 2x)^2} + \frac{1/(a - 2b)^2}{[B]_0 - x}\right)dx = \int_0^t kdt$$

∴整理後得：$\dfrac{1}{(2b - a)^2}\left[\dfrac{(2b - a) \cdot 2x}{a(a - 2x)} + \ln\dfrac{b(a - 2x)}{a(b - x)}\right] = kt$

■ 例 2.4.15 ■

已知氣相反應：$2A + B \longrightarrow C + D$ 的速率方程式：$-\dfrac{dp_B}{dt} = kp_A^2 p_B$。

820°C 時在定容容器中測得下列數據：

實驗次數	$p_{A,0}/(kP_a)$	$p_{B,0}/(kP_a)$	$t_{1/2}/(s)$
1	80	1.33	19.2
2	80	2.66	
3	1.33	80	830
4	2.66	80	

表中 $t_{1/2}$ 指反應用掉一半所需的時間。

（1）填寫空格中的數據（即計算實驗 2 的半衰期 $t_{1/2,2}$ 及實驗 4 的半衰期 $t_{1/2,4}$）。

（2）計算 820°C 的 k。

（3）若 $p_{A,0} = 2.66 \ kP_a$，$p_{B,0} = 1.33 \ kP_a$，計算 $t_{1/2}$ 及以總壓力表示的初速率：$-\left(\dfrac{dp(總)}{dt}\right) = ?$

：（1）按實驗 1、2，可知：

    A 物質大大過量，$r = kp_A^2 p_B = (kp_{A,0}^2)p_B = k' p_B$，為「假 1 級反應」。

    $t_{1/2}$ 與 $p_{B,0}$ 無關，所以實驗 1、2 的半衰期相等。

    $t_{1/2,2} = 19.2 \ s$

    再按實驗 3、4，可知：

    B 物質大大過量，$r_A = k_A p_A^2 p_B = (k_A p_{B,0})p_A^2 = k'' p_A^2$，為「準 2 級反應」，

    $t_{1/2} = 1/(k'' p_{A,0})$，所以 $t_{1/2,4}/t_{1/2,3} = p_{A,0,3}/p_{A,0,4} = 830 \ s \times 1.33/2.66 = 415 \ s$

（2）根據實驗 1 或 2，在「假 1 級反應」中

    $k' = \ln2/t_{1/2} = 0.693/19.2 \ s = 0.0361 \ s^{-1}$

    $k = k'/p_{A,0}^2 = 0.0361 \ s^{-1}/(80 \ kPa)^2 = 5.64 \times 10^{-6} \ (kP_a)^{-2} \cdot s^{-1}$

    或者，根據實驗 3 或 4，在「準 2 級反應」中

    $k'' = 1/(t_{1/2}p_{A,0}) = 1/(830 \ s \times 1.33 \ kP_a) = 9.059 \times 10^{-4} \ (kP_a)^{-1} \cdot s^{-1}$

    $k_A = k''/p_{B,0} = (9.059 \times 10^{-4}/80)(kP_a)^{-2} \cdot s^{-1} = 1.132 \times 10^{-5} \ (kP_a)^{-2} \cdot s^{-1}$

（3）當前面條件為 $p_{A,0}/p_{B,0} = r_A/r_B = (-2)/(-1) = 2$，則 $p_A/p_B = 2$

$$-\frac{dp_B}{dt} = kp_A^2 k_B = k(2p_B)^2 p_B = 4kp_B^3 = k'''p_B^3$$

「3 級反應」中：

$$t_{1/2} = 3/(2k'''p_{B,0}^2) = 3/[2(4k)p_{B,0}^2] = [(3/(2 \times 4 \times 5.64 \times 10^{-6} \times 1.33^2)]s = 3.76 \times 10^4 \, s$$

$$-\frac{dp_A}{dt} = k_A p_A^2 p_B = 2kp_A^2 p_B = kp_A^3$$

$$t_{1/2} = 3/(2kp_{A,0}^2) = [3/(2 \times 5.64 \times 10^{-6} \times 2.66^2)s = 3.74 \times 10^4 \, s$$

要計算以總壓力表示的初速率，則須討論如下：

$$2A \quad + \quad B \longrightarrow C \quad + \quad D \quad\quad 總壓力$$

$t = 0$：$p_{A,0} \quad\quad p_{B,0} \quad\quad\quad\quad\quad\quad 0 \quad\quad\quad 0 \quad\quad\quad p_{A,0}+p_{B,0}$

$t = t$：$p_A \quad\quad p_{B,0} - \frac{1}{2}(p_{A,0}-p_A) \quad \frac{1}{2}(p_{A,0}-p_A) \quad \frac{1}{2}(p_{A,0}-p_A) \quad p(總)$

$$p(總) = p_A + p_{B,0} - \frac{1}{2}(p_{A,0}-p_A) + \frac{1}{2}(p_{A,0}-p_A) + \frac{1}{2}(p_{A,0}-p_A)$$

$$= \frac{p_A}{2} + \frac{p_{A,0}}{2} + p_{B,0}$$

$$-\frac{dp(總)}{dt} = \frac{1}{2}\left(-\frac{dp_A}{dt}\right) = -\frac{dp_B}{dt} = kp_A^2 p_B$$

$$-\left(\frac{dp(總)}{dt}\right) = kp_{A,0}^2 p_{B,0} = 5.64 \times 10^{-6} \times (2.66)^2 \times 1.33 = 5.31 \times 10^{-5} \, kP_a \cdot s^{-1}$$

也可表示為：

$$2A \quad\quad + \quad\quad B \longrightarrow C \quad\quad + \quad\quad D$$

$t = 0$ 時：$\quad p_{A,0} \quad\quad\quad\quad p_{B,0} \quad\quad\quad\quad\quad\quad 0 \quad\quad\quad\quad 0$

$t = t$ 時：$\quad p_{A,0}-2pc \quad\quad p_{B,0}-pc \quad\quad\quad\quad pc \quad\quad\quad pc$

$$-\frac{dp(總)}{dt} = \frac{dp_c}{dt} = kp_A^2 p_B \implies 可知：結果相同。$$

2.5　n 級反應 (nth order reaction)

為方便起見，在此只討論反應速率與反應物濃度具有下列關係的「n 級反應」：

$$-\frac{d[A]}{dt} = k[A]^n \qquad (2.40)$$

具有上述通式的反應有下面幾種情況：

〈1〉只有一種反應物

$$aA \longrightarrow 產物$$

〈2〉若具有兩種或兩種以上的反應物，例如某一反應：

$$aA + bB + cC + \ldots \longrightarrow 產物$$

其反應速率方程式為：

$$\frac{-d[A]}{dt} = k'[A]^\alpha [B]^\beta [C]^\gamma \ldots\ldots \qquad (2.41)$$

$$n = \alpha + \beta + \gamma + \ldots\ldots$$

在以下兩種情況下，可將反應速率方程式簡化。

【第一種情況】：除了一種反應物（如 A）外，其餘反應物的濃度量相當大時（如[B]>>[A] 或[C]>>[A]），這些過量的反應物在反應中濃度幾乎不變，故可近似視為常數，因此（2.41）式可寫為：

$$\frac{-d[A]}{dt} = (k'[B]^\beta [C]^\gamma \cdots)[A]^\alpha = k[A]^\alpha \qquad (2.42)$$

（2.42）式的 $k = k'[B]^\beta [C]^\gamma \cdots$，此時「n 級反應」變為「α 級反應」

或稱「假 α 級反應」（pseudo α order reaction）。

【第二種情況】：若反應物的初濃度比等於反應計量係數比。

即　$[A]_0 : [B]_0 : [C]_0 \ldots = a : b : c \ldots\ldots$

故　$\dfrac{[A]_0}{a} = \dfrac{[B]_0}{b} = \dfrac{[C]_0}{c} \ldots\ldots$

則反應在任一瞬間，可滿足以下之關係式：

$$\frac{[A]}{a} = \frac{[B]}{b} = \frac{[C]}{c} \ldots\ldots$$

故（2.40）式可寫為：

$$-\frac{d[A]}{dt} = k'[A]^{\alpha}[B]^{\beta}[C]^{\gamma}\cdots\cdots$$

$$= k'[A]^{\alpha}\left(\frac{b}{a}[A]\right)^{\beta}\left(\frac{c}{a}[A]\right)^{\gamma}\cdots\cdots$$

$$= \left[k'\left(\frac{b}{a}\right)^{\beta}\left(\frac{c}{a}\right)^{\gamma}\cdots\cdots\right][A]^{\alpha+\beta+\gamma}\cdots\cdots$$

$$= k[A]^{n} \tag{2.43}$$

$$式中\, k = k'(\frac{b}{a})^{\beta}(\frac{c}{a})^{\gamma}\cdots\cdots$$

$$n = \alpha+\beta+\gamma+\cdots\cdots$$

（2.42）式、（2.43）式與（2.40）式的形式皆相同，因此都具有相同的積分式和特徵。但是，必須指出：（2.42）式中的反應級數 α 是不包含過量反應物 A 的級數，而在（2.43）式中的反應級數則為總級數 n。若不符合上述這兩種情況，則其積分式較複雜，在此不再闡述。

（2.43）式相當於（2.40）式，經積分後，可得：

$$\int_{[A]_0}^{[A]} -\frac{d[A]}{[A]^n} = k\int_0^t dt$$

$$\frac{1}{[A]^{n-1}} - \frac{1}{[A]_0^{n-1}} = (n-1)kt \quad (n\neq1) \tag{2.44}$$

將 $[A] = \frac{1}{2}[A]_0$ 代入（2.44）式，則得「半衰期」（$t_{1/2}$）通式：

$$t_{1/2} = \frac{2^{n-1}-1}{(n-1)k[A]_0^{n-1}} \quad (n\neq1) \tag{2.45}$$

上述（2.44）式與（2.45）式中的 n 值，可以是除 1 以外的任意自然數。

「n 級反應」具有以下特點：

> （1） 反應速率常數 **k** 的單位為：**(濃度)$^{1-n}$ · (時間)$^{-1}$**。
>
> 這可由（2.40）式得到理解：$k = \dfrac{-\dfrac{d[A]^1}{dt}}{[A]^n} = \dfrac{-\dfrac{(濃度)^1}{(時間)^1}}{(濃度)^n} = -\dfrac{(濃度)^{1-n}}{(時間)^1}$ （2.46）
>
> （2） 由（2.44）式可知：以 $\dfrac{1}{[A]^{n-1}}$ 對 **t** 做圖為一直線，直線斜率為 **(n－1)k**。
>
> （3） 由（2.45）式可知：「**n 級反應**」（但 **n≠1**）的「半衰期」與初濃度 $[A]_0^{1-n}$ 成正比。
>
> （4） 對於同一個反應而言（假定其「反應機構」相同，且無副反應），若初濃度相同、轉化率相同，且反應速率方程式具有 **r = k[A]^n** 的形式時，則有 **$k_1 t_1 = k_2 t_2$** 的關係。（此乃根據（2.46）式而得，或見【2.5.4】題）
>
> （5） 對理想氣體的 **n** 級簡單反應而言，其反應速率常數 **$k_p = k_c(RT)^{1-n}$**。 （2.47）
>
> 我們還會在下面介紹裏，再總整理做說明。

【證明】對理想氣體的 n 級簡單反應而言，其反應速率常數 $k_p = k_c(RT)^{1-n}$。

————————————————————————————————

【解】：因若用 p 表示濃度，則由理想氣體公式可導出：$c = \dfrac{n}{V} = \dfrac{p}{RT}$

故 $r = -\dfrac{dc}{dt} = k_c c^n = k_c \cdot \left(\dfrac{p}{RT}\right)^n$ （ㄅ）

又因 $r = -\dfrac{dc}{dt} = -\dfrac{dp}{dt} \cdot \dfrac{1}{RT} = (k_p p^n)(RT)^{-1}$ （ㄆ）

上述（ㄅ）、（ㄆ）兩式聯立，可得：$k_c \cdot \left(\dfrac{p}{RT}\right)^n = k_p p^n (RT)^{-1}$

即 $k_p = k_c(RT)^{1-n}$

下面將簡單級數反應的特點，總整理於表 2.1，以供比較。

表 2.1 幾種簡單級數的反應速率公式及特徵

級數	速率公式微分式	速率公式積分式
0	$-\dfrac{d[A]}{dt}=k_0$	$[A]_0-[A]=k_0t$
1	$-\dfrac{d[A]}{dt}=k_1[A]$ 或　$\dfrac{dx}{dt}=k_1([A]_0-x)$	$k_1=\dfrac{1}{t}\cdot\ln\dfrac{[A]_0}{[A]}$ 或　$k_1=\dfrac{1}{t}\cdot\ln\dfrac{[A]_0}{[A]_0-x}$
2	$\dfrac{dx}{dt}=k_2([A]_0-x)^2$ 或　$\dfrac{dx}{dt}=k_2([A]_0-x)([B]_0-x)$	$k_2=\dfrac{1}{t}\cdot\dfrac{x}{[A]_0([A]_0-x)}$ 或　$k_2=\dfrac{1}{t([A]_0-[B]_0)}\ln\dfrac{[B]_0([A]_0-x)}{[A]_0([B]_0-x)}$
3	$\dfrac{dx}{dt}=k_3([A]_0-x)^3$	$k_3=\dfrac{1}{2t}[\dfrac{1}{([A]_0-x)^2}-\dfrac{1}{[A]_0^2}]$
n	$\dfrac{dx}{dt}=k_n([A]_0-x)^n$	$k_n=\dfrac{1}{(n-1)t}[\dfrac{1}{([A]_0-x)^{n-1}}-\dfrac{1}{[A]_0^{n-1}}]$

級數	線性關係	速率常數單位	半衰期（$t_{1/2}$）
0	$[A]\propto t$	(濃度)・(時間)$^{-1}$	$\dfrac{[A]_0}{2k_0}$
1	$\ln[A]\propto t$ 或　$\ln([A]_0-x)\propto t$	(時間)$^{-1}$	$\dfrac{\ln2}{k_1}$
2	$\dfrac{1}{[A]_0-x}\propto t$ 或　$\ln\dfrac{[B]_0([A]_0-x)}{[A]_0([B]_0-x)}\propto t$	(濃度)$^{-1}$・(時間)$^{-1}$	$\dfrac{1}{k_2[A]_0}$ —
3	$\dfrac{1}{([A]_0-x)^2}\propto t$	(濃度)$^{-2}$・(時間)$^{-1}$	$\dfrac{3}{2k_3[A]_0^2}$
n	$\dfrac{1}{([A]_0-x)^{n-1}}\propto t$	(濃度)$^{1-n}$・(時間)$^{-1}$	$\dfrac{2^{n-1}-1}{(n-1)k_n[A]_0^{n-1}}$

※※注意：表 2.1 裏的$[A]_0$、$[A]$、x 之物理意義是：

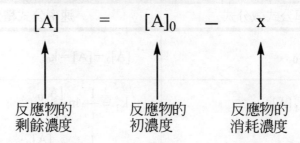

$$[A] \quad = \quad [A]_0 \quad - \quad x$$

反應物的　　　　　反應物的　　　　　反應物的
剩餘濃度　　　　　初濃度　　　　　　消耗濃度

　　故只要將$[A] = [A]_0 - x$ 或$[A]_0 = [A] + x$ 代入表 2.1 的數學式裏，可以相互轉換，其意義不變。

　　在此要提醒大家的是：強烈建議大家不要背表 2.1 的各級反應數學式。最重要的是要掌握上述處理問題的基本方法，即要能正確列出並求解各級反應之微分方程式，這樣就可以迅速且正確處理各種級數的反應。

————————————————————————————————————

　　我們將前面幾種簡單級數的反應速率式，再一次總整理於下一頁：

反應速率方程式的積分形式（**integration of rate equation**）之總整理

（1）零級反應（zeroth-order reaction）

基本形式：A $\longrightarrow$ P（產物）

微分式：$-\dfrac{d[A]}{dt} = k$

積分式：$[A] = -kt + [A]_0$

半衰期：$t_{1/2} = \dfrac{[A]_0}{2k}$

特徵：（a）[A]與 t 呈正比關係。（b）$t_{1/2}$ 與初濃度($[A]_0$)成正比關係。

　　　　（c）k 的單位為〝$(濃度)^1 \cdot (時間)^{-1}$〞。

（2）1 級反應（first-order reaction）

基本形式：A $\longrightarrow$ P（產物）

微分式：$-\dfrac{d[A]}{dt} = k[A]$

積分式：$\ln[A] = -kt + \ln[A]_0$

　　　　$kt = \ln([A]_0/[A])$

　　　　$[A] = [A]_0 \cdot \exp(-kt)$

半衰期：$t_{1/2} = \ln2/k$

特徵：（a）ln[A]與 t 呈正比關係。（b）$t_{1/2}$ 與初濃度($[A]_0$)無關。

　　　　（c）k 的單位為〝$(時間)^{-1}$〞。

（3）2 級反應（second-order reaction）

只討論基本形式：2A $\longrightarrow$ P（產物）

微分式：$-\dfrac{d[A]}{dt} = k[A]^2$

積分式：$\dfrac{1}{[A]} = kt + \dfrac{1}{[A]_0}$

半衰期：$t_{1/2} = \dfrac{1}{k[A]_0}$

特徵：（a）$[A]^{-1}$ 與 t 呈正比關係。（b）$t_{1/2}$ 與初濃度($[A]_0$)成反比關係。

　　　　（c）k 的單位為〝$(濃度)^{-1} \cdot (時間)^{-1}$〞。

（4）n 級反應（nth-order reaction）

基本形式：$nA \longrightarrow P$（產物）

微分式：$-\dfrac{d[A]}{dt} = k[A]^n$

積分式：

$\begin{cases} \mathbf{n \neq 1} \text{ 時：} \dfrac{1}{[A]^{n-1}} = (n-1)kt + \dfrac{1}{[A]_0^{n-1}} & (2.44) \\[4mm] \mathbf{n = 1} \text{ 時：} kt = \ln\dfrac{[A]_0}{[A]} & (2.6) \end{cases}$

半衰期：

$\begin{cases} \mathbf{n \neq 1} \text{ 時：} t_{1/2} = \dfrac{2^{n-1}-1}{(n-1)k[A]_0^{n-1}} & (2.45) \\[4mm] \mathbf{n = 1} \text{ 時：} t_{1/2} = \dfrac{\ln 2}{k} & (2.10) \end{cases}$

特徵：

(a) $\begin{cases} \text{當 } \mathbf{n \neq 1} \text{ 時：反應物之剩餘濃度} [A]^{1-n} \text{ 與 } t \text{ 成正比關係。} \\ \text{當 } \mathbf{n = 1} \text{ 時：} \ln[A] \text{ 與 } t \text{ 成正比關係。} \end{cases}$

(b) $\begin{cases} \text{當 } \mathbf{n \neq 1} \text{ 時：反應物之初濃度} [A]_0^{1-n} \text{ 與 } t_{1/2} \text{ 成正比關係。} \\ \text{當 } \mathbf{n = 1} \text{ 時：反應物初濃度} [A]_0 \text{ 與 } t_{1/2} \text{ 無關。} \end{cases}$

(c) k 的單位為 "(濃度)$^{1-n} \cdot$ (時間)$^{-1}$"。

請注意，再強調一次：

◎ 當 $n \neq 1$ 時，反應物的濃度之 $(1-n)$ 次方必和時間成正比。

例如：反應物的剩餘濃度 $[A]^{1-n} \propto t$。

反應物的初濃度 $[A]_0^{1-n} \propto t_{1/2}$。

◎ 當 $n = 1$ 時，反應物的剩餘濃度之 $\ln[A] \propto t$。

反應物的初濃度 $[A]_0$ 與 t 無關。

■ 例 **2.5.1** ■

某反應 A ——→ P 為 n 級反應，其半衰期 $t_{1/2}$ 及 $t_{1/4}$ 之比僅僅是反應級數 n 的函數，因此利用該函數表達式，化學家可以很快求出反應級數。

：反應後，當反應物濃度只剩至初濃度的 $\dfrac{1}{n}$ 時，其所需時間為 $t_{1/n}$。

已知反應 A ——→ P

則 n 級的反應速率式寫為：$-\dfrac{d[A]}{dt} = k[A]^n$

（1）當 n≠1 時：

利用（2.44）式：$\dfrac{1}{[A]^{n-1}} - \dfrac{1}{[A]_0^{n-1}} = (n-1)kt$ 　　　　　（ㄅ）

將 $[A] = \dfrac{1}{2}[A]_0$ 代入（ㄅ）式，可得：$t_{1/2} = \dfrac{2^{n-1}-1}{(n-1)k[A]_0^{n-1}}$ 　　（ㄆ）

將 $[A] = \dfrac{1}{4}[A]_0$ 代入（ㄅ）式，可得：$t_{1/4} = \dfrac{4^{n-1}-1}{(n-1)k[A]_0^{n-1}}$ 　　（ㄇ）

故 $\dfrac{t_{1/2}}{t_{1/4}} = \dfrac{(\text{II})式}{(\text{III})式} = \dfrac{2^{n-1}-1}{4^{n-1}-1}$

∴ n = 0 ⇒ 即「零級反應」⇒ 則 $\dfrac{t_{1/2}}{t_{1/4}} = \dfrac{2}{3}$

　　n = 2 ⇒ 即「2 級反應」⇒ 則 $\dfrac{t_{1/2}}{t_{1/4}} = \dfrac{1}{3}$

　　n = 3 ⇒ 即「3 級反應」⇒ 則 $\dfrac{t_{1/2}}{t_{1/4}} = \dfrac{1}{5}$

（2）當 n = 1 時，利用（2.10b）式，則

$t_{1/2} = \dfrac{\ln2}{k}$ 　　　　　　　　　　　　　　　　　　（ㄈ）

$t_{1/4} = \dfrac{\ln4}{k}$ 　　　　　　　　　　　　　　　　　　（ㄉ）

故 $\dfrac{t_{1/2}}{t_{1/4}} = \dfrac{(ㄈ)式}{(ㄉ)式} = \dfrac{1}{2}$

因此，只要一次實驗的 $t_{1/2}/t_{1/4} = 0.5$ 確定，立刻可知該反應為「1 級反應」。

列表如下：

n	0	1	2	3
$t_{1/2}/t_{1/4}$	$\dfrac{2}{3}$	$\dfrac{1}{2}$	$\dfrac{1}{3}$	$\dfrac{1}{5}$

◎可見只要從實驗數據中求出 $t_{1/2}$ 和 $t_{1/4}$，再算出其比值（$t_{1/2}/t_{1/4}$），就可確定反應級數，這是快捷求算反應級數的方法之一。

▪ 例 2.5.2 ▪

對於速率方程式為 $\dfrac{-d[A]}{dt} = k[A]^n$ 的某反應，在 T_1、T_2 兩個溫度下，從同一初始濃度進行到相同轉化率，所需的時間分別為 t_1 和 t_2，試證：$k_1 t_1 = k_2 t_2$。其中式中 k_1、k_2 分別為 T_1 和 T_2 時的速率常數。

：在 T_1 溫度時，$\displaystyle\int_{[A]_0}^{[A]} -\dfrac{d[A]}{[A]^n} = \int_0^{t_1} k_1 dt = k_1 t_1$ 　　　　　　（ㄅ）

在 T_2 溫度時，$\displaystyle\int_{[A]_0}^{[A]} -\dfrac{d[A]}{[A]^n} = \int_0^{t_2} k_2 dt = k_2 t_2$ 　　　　　　（ㄆ）

上述二式中左邊的被積函數與積分上、下限均相同，所以（ㄅ）＝（ㄆ），即 $k_1 t_1 = k_2 t_2$。

▪ 例 2.5.3 ▪

試將反應的半衰期 $t_{1/2}$ 及反應物消耗掉 2/3 所需時間 $t_{1/3}$ 之比值表示成反應級數 n 的函數，並計算對於零、1、2、3 級反應來說，此比值各為多少？

：$t_{1/2} = 1590$ years $= 5.014 \times 10^{10}$ s 設 n 級反應 A $\longrightarrow$ P，初濃度為 $[A]_0$。

（1）當 n = 1 時，利用 (2.6) 式：$t = \dfrac{1}{k_1} \cdot \ln \dfrac{[A]_0}{[A]}$

當 $[A] = \dfrac{[A]_0}{2}$ 時，$t_{1/2} = \dfrac{\ln 2}{k_1}$ 　　　　　　（ㄅ）

當 $[A] = \dfrac{[A]_0}{3}$ 時，$t_{1/2} = \dfrac{\ln 3}{k_1}$ 　　　　　　（ㄆ）

故 $\dfrac{t_{1/2}}{t_{1/3}} = \dfrac{（ㄅ）式}{（ㄆ）式} = \dfrac{\ln 2}{\ln 3}$

（2）當 $n \neq 1$ 時，利用（2.44）式：$\dfrac{1}{[A]^{n-1}} - \dfrac{1}{[A]_0^{n-1}} = (n-1)kt$

當 $[A] = \dfrac{[A]_0}{2}$ 代入上式，可得：$t_{1/2} = \dfrac{2^{n-1}-1}{(n-1)k[A]_0^{n-1}}$ （ㄇ）

當 $[A] = \dfrac{[A]_0}{3}$ 代入上式，可得：$t_{1/3} = \dfrac{3^{n-1}-1}{(n-1)k[A]_0^{n-1}}$ （ㄈ）

故 $\dfrac{t_{1/2}}{t_{1/3}} = \dfrac{（ㄇ）式}{（ㄈ）式} = \dfrac{2^{n-1}-1}{3^{n-1}-1}$

∴列表如下：

n	0	1	2	3
$t_{1/2}/t_{1/3}$	$\dfrac{3}{4}$	$\dfrac{\ln 2}{\ln 3}$	$\dfrac{1}{2}$	$\dfrac{3}{8}$

▪ 例 2.5.4 ▪

（a）Derive the integrated rate equation for a reaction of 1/2 order.

（b）Derive the expression for the half-life of such a reaction.

（1987 成大；1991 清大化工所）

：（a）當 $n = 1/2$ 時，依據（2.40）式，則：$-\dfrac{d[A]}{dt} = k[A]^{1/2}$

上式二邊積分，可得：$\displaystyle\int_{[A]_0}^{[A]} \dfrac{d[A]}{[A]^{1/2}} = -\int_0^t k\,dt$

解得：$2\left([A]^{1/2} - [A]_0^{1/2}\right) = -kt$ （參考【2.5.6】題）

（b）當 $[A] = [A]_0/2$ 時，代入上式，可得：

$$2 \cdot \left[\left(\dfrac{1}{2}[A]_0\right)^{1/2} - [A]_0^{1/2}\right] = -kt_{1/2} \implies t_{1/2} = \dfrac{(2-\sqrt{2})[A]_0^{1/2}}{k}$$

▪ 例 2.5.5 ▪

For a reaction that is nth-order in A, the reaction half-life can be expressed in $t_{1/2} \propto [A]^{-x}$, where

x =（a）n （b）n+1 （c）n/2 （d）n−1

（1995 中正大學化研所）

：（d）。依據題意：$-\dfrac{d[A]}{dt} = k[A]^n$

上式二邊取積分，即 $\displaystyle\int_{[A]_0}^{[A]} \dfrac{d[A]}{[A]^n} = -\int kdt$

解得：$\dfrac{1}{n-1}\left(\dfrac{1}{[A]^{n-1}} - \dfrac{1}{[A]_0^{n-1}}\right) = kt$

當 $[A] = [A]_0 / 2$ 時，代入上式，

可得半衰期：$t_{1/2} = \dfrac{1}{k} \times \dfrac{1}{n-1}\left(\dfrac{2^{n-1}}{[A]_0^{n-1}} - \dfrac{1}{[A]_0^{n-1}}\right)$，

解得：$t_{1/2} = \dfrac{2^{n-1}-1}{k(n-1)[A]_0^{n-1}} \propto [A]_0^{-(n-1)}$

故 $x = x = n-1$

■ 例 **2.5.6** ■

對於 $\dfrac{1}{2}$ 級反應：$R \xrightarrow{\ k\ } P$，試證明：

（1）$[R]_0^{1/2} - [R]^{1/2} = \dfrac{1}{2}kt$ 　　　　　（2）$t_{1/2} = \dfrac{\sqrt{2}}{k}(\sqrt{2}-1)[R]_0^{1/2}$

：（1）反應為 $\dfrac{1}{2}$ 級反應，則 $-\dfrac{d[R]}{dt} = k[R]^{1/2} \Rightarrow -\dfrac{d[R]}{[R]^{1/2}} = kdt$

$-\displaystyle\int_{[R]_0}^{[R]} \dfrac{d[R]}{[R]^{1/2}} = \int_0^t kdt \Rightarrow 2\{[R]_0^{1/2} - [R]^{1/2}\} = kt$

故 $[R]_0^{1/2} - [R]^{1/2} = \dfrac{1}{2}kt$ 　　（參考【2.5.5】題）

（2）當 $t = t_{1/2}$ 時，$[R] = \dfrac{[R]_0}{2}$，

代入上式得：$[R]_0^{1/2} - \dfrac{[R]_0^{1/2}}{2^{1/2}} = \dfrac{1}{2}kt_{1/2}$

即 $(\sqrt{2}-1)[R]_0^{1/2} = \dfrac{1}{\sqrt{2}}kt_{1/2} \Rightarrow$ 故 $t_{1/2} = \dfrac{\sqrt{2}}{k}(\sqrt{2}-1)[R]_0^{1/2}$

例 2.5.7

某基本反應 $2A + B \longrightarrow P$，寫出該反應的速率方程式，反應級數 n 為多少？試討論再下列三種情況下，反應級數各為若干？

（1）[B]＞＞[A]

（2）$[A]_0 : [B]_0 = 2 : 1$

（3）若保持[A]固定

：按「質量作用定律」，該反應的速率方程式為：

$$-\frac{d[A]}{dt} = k[A]^2[B] \tag{ㄅ}$$

∴此時反應級數 n = 3

討論：

（1）當[B]＞＞[A]，在反應過程中[B]可看作常數，則（ㄅ）式之反應速率方程式可簡化為：$-\dfrac{d[A]}{dt} = (k[B])[A]^2 = k'[A]^2$

∴此時反應級數 n = 2

（2）當$[A]_0 : [B]_0 = 2 : 1$ 時，$[A] : [B] = 2 : 1$ 則（ㄅ）式之反應速率方程可簡化為：$-\dfrac{d[A]}{dt} = k[A]^2\left(\dfrac{[A]}{2}\right) = \dfrac{k}{2}[A]^3 = k'[A]^3$

（3）∴此時反應級數 n = 3

（4）當保持[A]固定，（ㄅ）式之反應速率方程式簡化為：

$$-\frac{d[A]}{dt} = (k[A]^2)[B] = k'[B] \implies \therefore 此時反應級數 n = 1$$

例 2.5.8

反應物濃度[A]與時間的關係是

（1）[A]對 t 是直線

（2）ln[A]對 t 是直線

（3）log[A]對 t 是直線

（4）1/[A]對 t 是直線

分別說明對於零級、1 級、2 級反應，那個結論是正確的？

：見前面各個級數反應之重要特徵介紹。

對於「零級反應」，（1）是正確的

對於「1 級反應」，（2）、（3）是正確的

對於「2 級反應」，（4）是正確的。

例 2.5.9

Using the unimolecular reaction A $\longrightarrow$ P as the example to explain how to find the order and rate constant of the reaction by the differential and half-life methods.

（1992 清大化研所）

：$-\dfrac{d[A]}{dt} = k[A]^n$ 則 $\int_{[A]_0}^{[A]} \dfrac{d[A]}{[A]^n} = \int_0^t -kdt$，故解得：

$$\dfrac{1}{[A]^{n-1}} - \dfrac{1}{[A]_0^{n-1}} = (n-1)kt \quad (n \neq 1)$$

（1）當 $n = 1$ 時，$-\dfrac{d[A]}{dt} = k[A]^1$

解得：$[A] = [A]_0 \exp(-kt)$（即（2.7）式），且 $t_{1/2} = \ln2/k$（即（2.10）式）。

（2）當 $n \neq 1$ 時，$\dfrac{1}{[A]^{n-1}} - \dfrac{1}{[A]_0^{n-1}} = (n-1)kt$，用 $[A] = [A]_0/2$ 代入左式

得：$t_{1/2} = \dfrac{2^{n-1}-1}{k(n-1)[A]_0^{n-1}}$（此正是（2.45）式）

例 2.5.10

Three substances, A, B, and C are dissolved to form a liter of solution so that $c_A = c_B = c_C$. At the end of 1000 sec half of A is still left. What will be the concentration of A after 2000 sec for the following conditions？

（a）If the reaction is first order with respect to A and unaffected by the concentrations of B and C.

（b）If the reaction is first order with respect to A and first order with respect to B but independent of the concentration of C.

（c）If the reaction $A + B + C$ is zero order with respect to all three reactants.

（1989 清大化工所）

：（a）由題意可知：只對 A 而言，為「1 級反應」。

則由（2.7）式，可知：$[A] = [A]_0 \cdot \exp(-kt)$ （ㄅ）

由（2.10）式，可知：$t_{1/2} = \ln2/k$ （ㄆ）

又由題目已知：$t_{1/2} = 1000$ sec，代入（ㄆ）式，則 $1000 = \ln2/k \Rightarrow k = \ln2/1000$

當 $t = 2000$sec 時，由（ㄅ）式可得：

$$[A] = [A]_0 \cdot \exp\left(-\frac{\ln2}{1000} \times 2000\right) \Rightarrow [A] = [A]_0 \cdot \exp(-2\ln2)$$

即 $[A] = c_A \cdot \exp(-2\ln2)$

（b）由題意可知：$-\dfrac{d[A]}{dt} = k[A][B]$

又由於已知初態時 $c_A = c_B$，故上式可改寫為：$-\dfrac{d[A]}{dt} = k[A]^2$ 即為「2 級反應」

由（2.7）式，可知：$\dfrac{1}{[A]} - \dfrac{1}{[A]_0} = kt$ （ㄇ）

由（2.10）式，可知：$t_{1/2} = 1/(k \cdot [A]_0)$ （ㄈ）

又由題目已知：$t_{1/2} = 1000$ sec，代入（ㄈ）式，則

$1000 = 1/(k \cdot [A]_0) \Rightarrow k = 1/1000[A]_0$

當 $t = 2000$ sec 時，由（ㄇ）式可得：

$$\frac{1}{[A]} - \frac{1}{[A]_0} = \frac{1}{1000[A]_0} \times 2000 \Rightarrow \frac{1}{[A]} = \frac{3}{[A]_0}$$

即 $[A] = c_A/3$

（c）由題意可知：$-\dfrac{d[A]}{dt} = k$

由（2.7）式，可知：$[A]_0 - [A] = kt$ （ㄉ）

由（2.10）式，可知：$t_{1/2} = [A]_0/2k$ （ㄊ）

又由題目已知：$t_{1/2} = 1000$ sec，代入（ㄊ）式，則 $1000 = [A]_0/2k \Rightarrow k = [A]_0/2000$

當 $t = 2000$ sec 時，由（ㄉ）式可得：

$$[A]_0 - [A] = \frac{[A]_0}{2000} \times 2000 \Rightarrow [A] = 0$$

∴在經過 2000 sec 後，A 成份沒有剩餘，即 A 成份完全消耗掉。

例 2.5.11

A trimerization reaction out as follows.

$$3A \longrightarrow A_3$$

The partial pressures of the components in the reaction are too low for the accurate determination of the equilibrium constant by direct measurement, but this can be overcome by ensuring that liquid forms of the two components are always present. Assume that the gases are ideal.

Express the equilibrium constant for the trimerization reaction in terms of P_A、P_p and P. (P_A is the vapor pressure of component A. P_p is the vapor pressure of component A_3. P is the total pressure.)

（1995 台大化研所）

：本題題意不清，但為方便解題起見，設 P_A 為 A 成份的初壓，則

$$
\begin{array}{cccc}
 & 3A \longrightarrow & A_3 & \text{總壓力} \\
t=0\,時： & P_A & & P_A \\
\hline
-) & 3x & & \\
t=t\,時： & P_A-3x & x=P_p & P
\end{array}
$$

故 $P = (P_A - 3x) + x = P_A - 2x \implies x = \dfrac{P_A - P}{2}$

$\therefore$ 平衡常數 $K = \dfrac{P_{A_3}}{(P_A)^3} = \dfrac{x}{(P_A - 3x)^3} = \dfrac{(P_A - P)/2}{[(3P - P_A)/2]^3}$

例 2.5.12

（a）Derive the rate equation and half-life $t_{1/2}$ of a first-order reaction. Use the following symbol：k_1 for rate constant, $[A]_0$ for initial concentration at time zero.

（b）Derive the rate equation and half-life $t_{1/2}$ of a second-order reaction. Use the following symbol：k_2 for rate constant；$[A]_0$, $[B]_0$ for initial concentrations of A and B, $[A]_0 \neq [B]_0$.

（1988 清大生科所）

：(a) 由題意已知是「1 級反應」，證法已在前面第 2.2 節詳述過，在此只列出答案，

即由（2.7）式可知：$[A] = [A]_0 \cdot \exp(-k_1 t)$

由（2.10）式可知：$t_{1/2} = \ln 2 / k_1$

(b) 由題意已知是「2 級反應」，且 $[A]_0 \neq [B]_0$，故：

$$
\begin{array}{cccc}
& A & + \quad B & \longrightarrow \quad P \\
t = 0 \text{ 時：} & [A]_0 & [B]_0 & 0 \\
\underline{-)} & x & x & \\
t = t \text{ 時：} & [A]_0 - x & [B]_0 - x & x
\end{array}
$$

則 $-\dfrac{d[A]}{dt} = k[A]^1 [B]^1$

$-\dfrac{d([A]_0 - x)}{dt} = k_2 ([A]_0 - x)([B]_0 - x)$

$\Rightarrow \dfrac{dx}{dt} = k_2 ([A]_0 - x)([B]_0 - x) \Rightarrow \dfrac{dx}{([A]_0 - x)([B]_0 - x)} = k_2 dt$

$\Rightarrow \displaystyle\int_0^x \left[\dfrac{1/([B]_0 - [A]_0)}{[A]_0 - x} + \dfrac{1/([A]_0 - [B]_0)}{[B]_0 - x} \right] = \int_0^t k_2 dt$ （ㄅ）

解得：$\dfrac{1}{[A]_0 - [B]_0} \cdot \ln \dfrac{[B]_0 ([A]_0 - x)}{[A]_0 ([B]_0 - x)} = k_2 t$ （ㄆ）

當 $x = [A]_0/2$ 時，代入（ㄅ）式，解得：

$$t_{1/2} = \dfrac{1}{k([A]_0 - [B]_0)} \cdot \ln \dfrac{[B]_0}{2[B]_0 - [A]_0}$$

▮例 2.5.13 ▮

NH$_3$ decomposes according to the following reaction：

$$2NH_{3(g)} \longrightarrow N_{2(g)} + 3H_{2(g)}$$

At 1000.0°C the half-times and initial pressure P_0 are：

P_0(mmHg)	265	130	58
$t_{1/2}$(min)	7.6	3.7	1.7

What is the reaction order？Show your calculations.

（1991 清大生科所）

：設若本反應的反應級數為 n，即 $-\dfrac{d[NH_3]}{dt} = k[NH_3]^n$

依據（2.44）式，可知：$\dfrac{1}{n-1}\left(\dfrac{1}{[NH_3]^{n-1}} - \dfrac{1}{[NH_3]_0^{n-1}}\right) = kt$

且由（2.45）式，可知：$t_{1/2} = \left(2^{n-1}-1\right)\big/\left\{k(n-1)[NH_3]_0^{n-1}\right\}$　　　　　（ㄅ）

故得知：$t_{1/2} \propto [NH_3]_0^{1-n} \propto \left[P_0(NH_3)\right]^{1-n}$

代入數據，如：$\dfrac{7.6}{3.7} = \left(\dfrac{265}{130}\right)^{1-n}$

解得：$n = 0$

故本反應為「零級反應」。

■ 例 **2.5.14** ■

For a reaction $A + B \longrightarrow P$, the following experiments have been conducted：

Run	T	[A]	[B]
1	0	2	100
	2	1	99
2	0	4	100
	1	2	99
3	0	2	200
	1	1	199

Please determine the rate law, assume $r = k[A]^m[B]^n$.　　　　　(1990 清大化工所)

：由題意知：$A + B \longrightarrow P$，且 $-\dfrac{d[A]}{dt} = k[A]^m[B]^n$

由 Run 1 可知：$-\dfrac{1-2}{2-0} = k(2)^m(100)^n$　　　　　（ㄅ）

由 Run 2 可知：$-\dfrac{2-4}{1-0} = k(4)^m(100)^n$　　　　　（ㄆ）

由（ㄅ）式及（ㄆ）式，可得：$m = 2$　　　　　（ㄇ）

同時 $-\dfrac{d[B]}{dt} = k[A]^m[B]^n$

由 Run 1 可知：$-\dfrac{99-100}{2-0} = k(2)^m(100)^n$ （ㄈ）

由 Run 3 可知：$-\dfrac{199-200}{1-0} = k(2)^m(200)^n$ （ㄅ）

由（ㄈ）式及（ㄅ）式，可得：$n = 1$ （ㄊ）

$\therefore$ 由（ㄇ）式及（ㄊ）式，可知：$r = k[A]^2[B]^1$

例 2.5.15

某反應在有限時間內可反應完全，所需時間為 $[A]_0/k$，該反應級數為
(a) 零級反應　　　(b) 1 級反應　　　(c) 2 級反應　　　(d) 3 級反應

：(a)。$\because$ 題意已知：$[A]$ 與 t 成正比關係，可知為「零級反應」。

例 2.5.16

某反應速率常數 $k = 2.31 \times 10^{-2}\ \text{mole}^{-1} \cdot \text{dm}^3 \cdot \text{s}^{-1}$，反應的初濃度為 $1.0\ \text{mole} \cdot \text{dm}^{-3}$，則其反應半衰期為　(a) 43.29 s　　(b) 15 s　　(c) 30 s　　(d) 21.65 s

：(a)。$\because$ 由 k 單位推測其為「2 級反應」，故由（2.19a）式：

$$t_{1/2} = \dfrac{1}{k[A]_0} = \dfrac{1}{2.31 \times 10^{-2} \times 1.0} = 43.29\ \text{s}$$

例 2.5.17

對於某一反應物 A 為 n 級反應，其半衰期 $t_{1/2}$ 與四分之一壽期 $t_{1/4}$ 之比僅是 n 的函數，用該式能很快地求出反應級數，試求該函數表達式。

：(1) 該反應為 $A \longrightarrow P$

$n = 1$ 時，$t_\alpha = \dfrac{-\ln(1-\alpha)}{k_1}$，故 $\dfrac{t_{1/2}}{t_{1/4}} = \dfrac{\ln 2}{\ln 4/3} = 2.41$

$n \neq 1$ 時，$t_\alpha = \dfrac{(1-\alpha)^{1-n}-1}{[A]_0^{n-1}(n-1)k_n}$，故 $\dfrac{t_{1/2}}{t_{1/4}} = \dfrac{2^{n-1}-1}{(4/3)^{n-1}-1}$

$n = 2,\ 3$ 時，$\dfrac{t_{1/2}}{t_{1/4}}$ 值分別為 3.00 和 3.86。因此，只要把一次實驗的 $t_{1/2}$ 和 $t_{1/4}$ 確定，很快就可以得到反應物 A 的級數。

例 2.5.18

在一個反應中，若定義：完成初濃度的某一分數 $\alpha\left(\frac{1}{2}, \frac{1}{3}, \cdots <1\right)$ 所需時間 t_α 為該成分的

「分數生命期」，對於速率方程 $r = k_n[A]^n$，請證明「分數生命期」有如下關係：

（A）$n \neq 1$　　$\ln t_\alpha = \ln\dfrac{(1-\alpha)^{1-n} - 1}{(n-1)k_n} - (n-1)\cdot\ln[A]_0$

（B）$n = 1$　　$t_\alpha = \dfrac{-\ln(1-\alpha)}{k_1}$

：$r = -\dfrac{d[A]}{dt} = k_n[A]^n$　　　　　　　　　　　　　　　　　　　　　　（ㄅ）

（A）當 $n \neq 1$ 時，積分（ㄅ）式可得：$\dfrac{[A]^{1-n} - [A]_0^{1-n}}{1-n} = -k_n t$　　　　（ㄆ）

整理（ㄆ）式後，可得：$\left(\dfrac{[A]}{[A]_0}\right)^{1-n} = 1 + [A]_0^{n-1}(n-1)k_n t$　　　　（ㄇ）

根據「分數生命期」之定義，$\dfrac{[A]}{[A]_0} = 1 - \alpha$，代入（ㄇ）式，得：

$$\dfrac{(1-\alpha)^{1-n} - 1}{(n-1)k_n} = [A]_0^{n-1}\cdot t_\alpha \Rightarrow \ln t_\alpha = \ln\dfrac{(1-\alpha)^{1-n} - 1}{(n-1)k_n} - (n-1)\cdot\ln[A]_0$$

（B）當 $n = 1$ 時，積分（ㄅ）式，得：$\ln\dfrac{[A]}{[A]_0} = -k_1 t$

所以 $t_\alpha = \dfrac{-\ln(1-\alpha)}{k_1}$

例 2.5.19

定溫定容理想氣體反應：$A_{(g)} \longrightarrow B_{(g)} + C_{(g)}$。反應從純 A 開始，設該反應對 A 為 α 級，且實驗只能測量體系之總壓 p_t 及反應終了的 p_∞。

（1）請寫出以 p_t、p_∞ 表示的反應速率方程式。

（2）求 k_p 與 k 之關係。

（3）設計一實驗方案求 α。

：(1) 首先要找出[A]與 p_t、p_∞ 之關係：根據理想氣體的狀態方程式與分壓定律，當 T、V 一定時，p_A 與[A]有線性關係，即 $p_A = n_A RT/V = [A]RT$ 又據計量方程，$p_B = p_C$，故 $p_A = p_0 - \frac{1}{2}(p_B + p_C) = p_0 - p_B$，於是

$$p_t = p_A + p_B + p_C = p_0 + p_B = p_0 + p_C \tag{ㄅ}$$

$$p_B = p_C = p_t - p_0 \tag{ㄆ}$$

$$p_\infty = 2p_0 \tag{ㄇ}$$

$$p_A = p_0 - (p_t - p_0) = 2p_0 - p_t = p_\infty - p_t \tag{ㄈ}$$

$$[A] = p_A/RT = (p_\infty - p_t)/RT \tag{ㄉ}$$

$$r = -d[A]/dt = k[A]^\alpha \tag{ㄊ}$$

$$或\ \ r = (RT)^{-1}dp_t/dt = k[(p_\infty - p_t)/RT]^\alpha \tag{ㄋ}$$

(2) $$dp_t/dt = k(RT)^{1-\alpha}(p_\infty - p_t)^\alpha = k_p(p_\infty - p_t)^\alpha \tag{ㄌ}$$

$$k_p = k(RT)^{1-\alpha} \tag{ㄍ}$$

(3) 氣相反應不能直接測量分壓，也很難準確測量 p_0，但在 T、V 一定時可測量 p_t-t 一組數據，於是可根據（ㄋ）或（ㄌ）式求出 α、k_p、k 值。

例 2.5.20

下表列出反應 A＋B ⟶ C 的初濃度和初速率：

初濃度/(mole · dm^{-3})		初速率/(mole · dm^{-3} · s^{-1})
$[A]_0$	$[B]_0$	
1.0	1.0	0.15
2.0	1.0	0.30
3.0	1.0	0.45
1.0	2.0	0.15
1.0	3.0	0.15

此反應的速率方程式為

(a) $r = k[B]$　　　(b) $r = k[A][B]$　　　(c) $r = k[A][B]^2$　　　(d) $r = k[A]$

：(d)。設該反應速率方程式為 $r = k[A]^m[B]^n$

$$r_1 = 0.15 = k(1.0)^m(1.0)^n$$

$$r_2 = 0.30 = k(2.0)^m(1.0)^n$$

$$\frac{r_1}{r_2} = \frac{1}{2} = \frac{k(1.0)^m(1.0)^n}{k(2.0)^m(1.0)^n} = \left(\frac{1}{2}\right)^m \Rightarrow \therefore m = 1$$

$$r_4 = 0.15 = k(1.0)^m(2.0)^n$$

$$r_5 = 0.15 = k(1.0)^m(3.0)^n$$

由 r_1，r_4，r_5 可知，$[B]_0$ 與速率無關 $\Rightarrow \therefore n = 0$

故 $r = k[A]$

▌例 2.5.21 ▌

某一反應的速率方程式為：$-\dfrac{dc}{dt} = kc^n$　　　　　　　　　　　　　　（ㄅ）

現按等時間間隔讀取一組濃度數據

t	t_1	t_2	t_3	...
c	c_1	c_2	c_3	...

試證明：如 $c_i - c_{i+1}$，c_i/c_{i+1} 和 $\dfrac{1}{c_i} - \dfrac{1}{c_{i+1}}$ 為常數，則反應的級數分別為零級反應、1 級反應和 2 級反應。

：由（ㄅ）式可得：

$$t = \frac{1}{k_1} \cdot \ln \frac{c_0}{c} \ (n=1) \qquad\qquad （ㄆ）$$

$$t = \frac{1}{k_n(1-n)} \cdot \left(c_0^{1-n} - c^{1-n}\right) \ (n \neq 1) \qquad\qquad （ㄇ）$$

現以反應過程中某一時刻 t_i 為反應起點，以 $t\,(c_i \longrightarrow c_{i+1})$ 表示反應物濃度由 c_i 變至 c_{i+1} 所需時間，則 $n=1$ 時，由（ㄆ）式可得：

$$t\,(c_i \longrightarrow c_{i+1}) = \frac{1}{k_1} \cdot \ln \frac{c_i}{c_{i+1}} \qquad\qquad （ㄈ）$$

令 $t\,(c_i \longrightarrow c_{i+1})$ 固定不變，則由（ㄈ）式即得：$\dfrac{c_i}{c_{i+1}} = $ 常數

$n \neq 1$ 時，由（ㄇ）式可得：

$$t\left(c_i \longrightarrow c_{i+1}\right) = \frac{1}{k_n(1-n)} \cdot \left(c_i^{1-n} - c_{i+1}^{1-n}\right)$$

令 $t\left(c_i \longrightarrow c_{i+1}\right)$ 固定不變，則由（ㄅ）式可得：$c_i^{1-n} - c_{i+1}^{1-n} = $ 常數

對零級反應：$c_i - c_{i+1} = $ 常數

對 2 級反應：$\dfrac{1}{c_i} - \dfrac{1}{c_{i+1}} = $ 常數

◾ 例 2.5.22 ◾

氣相反應：$A + 2B \longrightarrow 2C$，A 和 B 的初始壓力分別爲 p_A 和 p_B，反應開始時並無 C，若 p 爲體系的總壓力，當時間爲 t 時，A 的分壓爲

(a) $p_A - p_B$　　　(b) $p - 2p_A$　　　(c) $p - p_B$　　　(d) $2(p_A - p) - p_B$

: (c)。

	A	+	2B	$\longrightarrow$	2C	總壓力
$t = 0$ 時：	P_A		P_B			$P_A + P_B$
$-)$	x		2x			
$t = t$ 時：	$P_A - x$		$P_B - 2x$		2x	P(總)

故 $t = t$ 時，$P(總) = (P_A - x) + (P_B - 2x) + 2x = P_A + P_B - x$

$\Rightarrow x = P_A + P_B - P(總)$

所以 $t = t$ 時，

A 的分壓爲 $P_A - x = P_A - [P_A + P_B - P(總)] = P(總) - P_B = P - P_B$

◾ 例 2.5.23 ◾

當一反應物的初濃度爲 0.04 mole·dm^{-3} 時，反應的半衰期爲 360 s，初濃度爲 0.024 mole·dm^{-3} 時，半衰期爲 600 s，此反應爲

(a) 0 級反應　　　(b) 1.5 級反應　　　(c) 2 級反應　　　(d) 1 級反應

: (c)。不可能是「零級反應」$\Rightarrow \because$「零級反應」的 $t_{1/2} = \dfrac{[A]_0}{2k}$　　　((2.3)式)

即「零級反應」的 $t_{1/2}$ 和 $[A]_0$ 成正比，與題不符

不可能是「1 級反應」$\Rightarrow \because$「1 級反應」的 $t_{1/2} = \dfrac{\ln 2}{k}$　　　((2.10a)式)

即「1 級反應」$t_{1/2}$ 和 $[A]_0$ 無關，與題不符。

假設爲「2級反應」$\Rightarrow t_{1/2} = \dfrac{1}{[A]_0 \cdot k}$

$\dfrac{t_{1/2,1}}{t_{1/2,1}} = \dfrac{[A]_{0,2}}{[A]_{0,1}} \Rightarrow \dfrac{360}{600} = \dfrac{0.024}{0.04}$ ，故此反應屬「2級反應」

【另解】：由題意可知：半衰期 $t_{1/2} \propto \dfrac{1}{[A]_0}$ ，故可判斷本反應爲「2級反應」。

（$[A]_0$：初濃度）

■ 例 2.5.24 ■

$400°K$ 時，某氣相反應的反應速率常數 $k_p = 10^{-3}\ kP_a^{-1} \cdot s^{-1}$，若反應速率常數用 k_C 表示，則 k_C 應爲

(a) $3.326\ dm^3 \cdot mole^{-1} \cdot s^{-1}$ 　　(b) $3.0 \times 10^{-4}\ dm^3 \cdot mole^{-1} \cdot s^{-1}$

(c) $3326\ dm^3 \cdot mole^{-1} \cdot s^{-1}$ 　　(d) $3.0 \times 10^{-7}\ dm^3 \cdot mole^{-1} \cdot s^{-1}$

：(a)。∵利用（2.47）式，可知：$k_p = k_c(RT)^{1-n}$ 　　　　　　　　　　　　　　　（ㄅ）

且由 k_p 的單位（爲(壓力)$^{-1}$(時間)$^{-1}$），利用（2.46）式，可判知本反應爲「2級反應」，$n = 2$。

∴ $k_c = k_p(RT) = 10^{-3} \times 8.314 \times 400 = 3.326\ dm^3 \cdot mole^{-1} \cdot s^{-1}$

■ 例 2.5.25 ■

反應：$C_2H_6 \longrightarrow C_2H_4 + H_2$，在開始階段爲 3/2 級反應。

$910°K$ 時反應速率常數爲 $1.18\ dm^{3/2} \cdot mole^{-1/2} \cdot s^{-1}$。

若 C_2H_6 的壓力爲（1）$13.332\ kP_a$；（2）$39.996\ kP_a$。求初速率 $-\dfrac{d[C_2H_6]}{dt}$。

：(1) $r = -\dfrac{d[C_2H_6]}{dt} = k_c \cdot [C_2H_6]^{3/2}$

又 $\dfrac{n}{v} = \dfrac{P}{RT} = \dfrac{13.332}{8.314 \times 910} = 1.76 \times 10^{-3}\ mole \cdot dm^{-3}$

$r = 1.18 \times (1.76 \times 10^{-3})^{1.5} = 8.72 \times 10^{-5}\ mole \cdot dm^{-3} \cdot s^{-1}$

(2) $\dfrac{n}{v} = \dfrac{P}{RT} = \dfrac{39.996}{8.314 \times 910} = 5.29 \times 10^{-3}$

$r = 1.18 \times (5.29 \times 10^{-3})^{1.5} = 4.54 \times 10^{-4}\ mole \cdot dm^{-3} \cdot s^{-1}$

■ 例 **2.5.26** ■

25°C 時，SbH_3 在 Sb 上分解的數據如下：

t/s	0	5	10	15	20	25
$p(SbH_3)/kP_a$	101.33	74.07	51.57	33.13	19.15	9.42

試證明此數據符合速率方程式 $-\dfrac{dp}{dt} = kp^{0.6}$，計算 k。

： $-\dfrac{dp}{dt} = kp^{0.6} \implies -p^{-0.6}dp = kdt$

積分上式得：$\dfrac{1}{p^{0.6-1}} = (0.6-1)kt + B \implies p^{0.4} = -0.4kt + B$

t/s	0	5	10	15	20	25
p/kP_a	101.33	74.07	51.57	33.13	19.15	9.42
$p^{0.4}/(kP_a)^{0.4}$	6.343	5.596	4.481	4.056	3.257	2.453

以 $p^{0.4}/(kP_a)^{0.4}$ 對 t/s 做圖，為一直線，故說明題給數據符合反應速率方程式：

$$-\dfrac{dp}{dt} = kp^{0.6}$$

直線的斜率 $m = -0.4k(kP_a)^{0.4} \cdot s^{-1} \implies m = \dfrac{6.343 - 2.453}{0 - 25} = -0.1556$

$\therefore k = \dfrac{0.1556}{0.4}(kP_a)^{0.4} \cdot s^{-1} = 0.389\,(kP_a)^{0.4} \cdot s^{-1}$

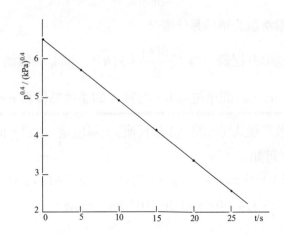

例 2.5.27

某化學反應：" A ⟶ 產物" 為「1/7 級反應」：

（1）試從反應速率的定義式推導出「1/7 級反應」速率方程式。

（2）寫出反應速率常數的單位。

（3）試推導出反應的半衰期與反應物初濃度的關係式。

：（1）若反應物濃度用[A]表示，則：$-\dfrac{d[A]}{dt} = k[A]^{1/7} \Rightarrow \dfrac{d[A]}{[A]^{1/7}} = -kdt$

若時間從 0 到 t，濃度從[A]$_0$到[A]，二邊積分可得：$\displaystyle\int_{[A]_0}^{[A]} \dfrac{d[A]}{[A]^{1/7}} = \int_0^t -kdt$

故 1/7 級反應速率方程之積分式為：$kt = 7\left([A]_0^{6/7} - [A]^{6/7}\right)/6$

（2）從上式可以看出，1/7 級反應速率常數 k 的單位為：[濃度]$^{6/7}$ · [時間]$^{-1}$

（3）當[A] = $\dfrac{1}{2}$[A]$_0$ 時，代入上面（1）之式子裏，得：

$$k \cdot t_{1/2} = \frac{7}{6}\left[[A]_0^{6/7} - \left(\frac{[A]_0}{2}\right)^{6/7}\right] \Rightarrow t_{1/2} = \frac{\frac{7}{6}\left[1-(1/2)^{6/7}\right] \cdot [A]_0^{6/7}}{k}$$

例 2.5.28

已測得某一氣體反應：A ⟶ 產物，在 400°K 的速率方程式為：

$$-\frac{dp_A}{dt} = 0.0361p_A^2$$

試問：（1）反應速率常數的單位是什麼？

（2）若反應速率方程表示為：$\dfrac{d[A]}{dt} = k[A]^2$，問 k 的數值為多少？

已知壓力 p 單位為 kP$_a$，時間單位為 h，物質 A 的濃度單位為 mole · dm^{-3}。

：（a）依據反應速率方程式可知是「2 級反應」，單位是 kPa^{-1} · h^{-1}

（b）由（2.47）式可知：

$$k_P = k_C (RT)^{(1-n)} \Rightarrow k_C = k_P \cdot (RT)^{(n-1)} = 0.0361 \times (8.314 \times 400)$$

$$= 0.0361 \times (8.314 \times 400) = 1.20 \times 10^2 \, dm^3 \cdot mole^{-1} \cdot h^{-1}$$

■ 例 **2.5.29** ■

在一個體積爲 V 的眞空容器中通入 2 mole 的 $A_{(g)}$ 和 1 mole 的 $B_{(g)}$ 在 350°K 時發生下列

反應：$2A_{(g)} + B_{(g)} \longrightarrow D_{(g)}$

反應前 p(總) = 60 kPa，50 min 後反應系統的 p(總) = 40 kPa。實驗測出此反應的速率方程

式可表示爲：$-\dfrac{dp_B}{dt} = k_B p_A p_B$，試求：

（1）k_B 及 150 min 時系統的總壓力。

（2）若反應速率用濃度變化表示爲：$-\dfrac{d[B]}{dt} = k_{c,B}[A][B]$，則速率常數 $k_{c,B}$ 爲若干？

：（1）本題爲兩反應物計量常數不相等的 2 級反應，故應注意各反應物消耗速率（及
相應的速率常數）的關係。

因 $n_{A,0} = 2$ mole，$n_{B,0} = 1$ mole，$n_{A,0}/n_{B,0} = r_A/r_B$，所以 $n_A/n_B = p_A/p_B = 2$

現 p(總)$_0$ = 60 kPa，$p_{A,0}$ = 40 kPa，$p_{B,0}$ = 20 kPa

	2A	+	B	$\longrightarrow$	D	總壓力
當 t = 0 時：	40		20		0	40＋20
一)	2p		p			
當 t = t 時：	(40－2p) = p_A		(20－p) = p_B		p = p_D	p(總)

$$-\frac{dp_B}{dt} = -\frac{d(20-p)}{dt} = \frac{dp}{dt} = k_B(40-2p)(20-p) = 2k_B(20-p)^2 \qquad （ㄅ）$$

$$\int_0^p \frac{dp}{(20\,kP_a - p)^2} = \int_0^t 2k_B dt \;,\; \frac{1}{20\,kP_a - p} - \frac{1}{20\,kP_a} = 2k_B t \qquad （ㄆ）$$

$$p(總) = (40-2p) + (20-p) + p = 60-2p \qquad （ㄇ）$$

已知當 t = 50 min 時，總壓 p(總) = 60－2p = 40 (kPa)

此時 p = 10 kPa 和 t = 50 min 代入（ㄆ）式得：

$$k_B = \frac{p}{2t \times 20(20-p)} = \frac{10}{2 \times 50\,min \times 20(20-10)} = 5 \times 10^{-4}\,(kP_a)^{-1} \cdot min^{-1}$$

$$= 5 \times 10^{-7}\,P_a^{-1} \cdot min^{-1}$$

當 t = 150 min 時代入（ㄆ）式，解得：p = 15 kPa

故相對應的總壓，由（ㄇ）式可知：p(總) = 60－2×15 = 30 kPa

（2）由表 2.1 可知：除 1 級反應外，其它級數反應的速率常數 k 均與濃度單位有關，

故本題的 k_c 與 k_p 不同。將 $p = \dfrac{n}{V}RT = cRT$ 代入 2 級反應速率方程式：

$$-\frac{dp_B}{dt} = k_{p,B} p_A p_B = 2k_{p,B} p_B^2$$

對比 $-\dfrac{d[B]}{dt} = k_{c,B}[A][B] = 2k_{c,B}[B]^2$ 後，知：

將 $p_B = \dfrac{n_B}{V}RT$ 代入上述（1）之（ㄅ）式：

$$-\frac{p_B}{dt} = 2k_{P,B} \cdot (20-p)^2 = 2k_{p,B} \cdot p_B^2 \Rightarrow -\frac{d(n_B RT/V)}{dt} = 2k_{p,B} \cdot \left(n_B RT/V\right)^2$$

$$\Rightarrow -\frac{d[B]}{dt} = 2k_{p,B} \cdot RT \cdot [B]^2$$

比較 $-\dfrac{d[B]}{dt} = k_{c,B}[A][B] = 2k_{c,B}[B]^2$ 可知：

$k_{c,B} = k_{p,B}RT = 5 \times 10^{-7} \times 8.314 \times 350°K = 1.455 \times 10^{-3} \, m^3 \cdot mole^{-1} \cdot min^{-1}$
$= 1.455 \, dm^3 \cdot mole^{-1} \cdot min^{-1}$

■ 例 2.5.30 ■

反應 $2A_{(g)} + B_{(g)} \longrightarrow C_{(g)} + D_{(s)}$ 速率方程式如下：

$$-\frac{dp_B}{dt} = kp_A^{1.5} p_B^{0.5}$$

今將莫耳比為 2：1 的 A、B 混合氣體通入 400°K 的恆溫密閉容器中，系統初壓力為 3 kP_a，經 50 s 後容器內壓力為 2 kP_a，問經 150 s 後容器中 p_B 為若干？。

：題設已給條件：$n_{A,0}/n_{B,0} = 2/1$，且化學式的 A、B 之計量係數比也是 2/1，反應過程中就有 $n_A/n_B = p_A/p_B = 2/1$，而不管速率方程式中 p_A 與 p_B 的指數比，此點很重要。

反應系統中除氣體之外還出現固體，只須在計算系統壓力時，不考慮此物質就是了。

$$-\frac{dp_B}{dt} = kp_A^{1.5} p_B^{0.5} = k(2p_B)^{1.5} p_B^{0.5} = 2^{1.5} kp_B^2 = k'p_B^2$$

2 級反應速率方程之積分式得：$\displaystyle\int_{p_{B,0}}^{p_B} -\frac{dp_B}{p_B^2} = \int_0^t k'dt \Rightarrow \frac{1}{p_B} - \frac{1}{p_{B,0}} = k't$（ㄅ）

$$2A_{(g)} + B_{(g)} \longrightarrow C_{(g)} + D_{(s)} \quad 總壓力$$

當 t = 0 時： $\quad 2p_{B,0} \qquad p_{B,0} \qquad\qquad 0 \qquad\qquad 3p_{B,0}$

當 t = t 時： $\quad 2p_B \qquad\quad p_B \qquad\quad p_{B,0} - p_B$

$p(總) = 2p_B + p_B + p_{B,0} - p_B = p_{B,0} + 2p_B \Rightarrow p_B = [p(總) - p_{B,0}]/2$

由題意已知：當 t = 0 時，$p(總)_0 = 3p_{B,0} = 3\ kP_a$，$\therefore p_{B,0} = 1\ kP_a$ （夊）

又當 $t_1 = 50\ s$ 時，$p_{B,1} = \dfrac{1}{2}[p(總)_1 - p_{B,0}] = \dfrac{1}{2}(2-1) = 0.5\ kP_a$ （ㄇ）

將（夊）和（ㄇ）代入（ㄅ），得：$\dfrac{1}{p_{B,1}} - \dfrac{1}{p_{B,0}} = \dfrac{1}{0.5} - \dfrac{1}{1} = 1\,(kP_a)^{-1} = k' \times 50\ s$

$\Rightarrow \quad k' = 0.02\,(kP_a)^{-1} \cdot s^{-1}$

而當 $t_2 = 150\ s$ 時，$k't_2 = (0.02) \times (150) = \dfrac{1}{p_{B,2}} - \dfrac{1}{p_{B,0}} \Rightarrow p_{B,2} = 0.25\ kP_a$

【補充】：在設定 t = 0 和 t = t 各物質分壓關係時，可有多種表達方式，只要符合「質量守恆定律」則都是正確的。但為了計算簡捷、便利，在解題時，應儘量減少變量數目。例如：

$$2A_{(g)} + B_{(g)} \longrightarrow C_{(g)} + D_{(s)}$$

當 t = 0 時： $\quad 2p_{B,0} \qquad\qquad p_{B,0} \qquad\qquad 0$

當 t = t 時： $\quad 2p_{B,0} - 2p_C = p_A \quad p_{B,0} - p_C = p_B \qquad p_C$

不論算得 p_C 或算得 $p_B = p_{B,0} - p_c$，它們的計算結果必皆相同。

例 2.5.31

假設有一個反應：$A \longrightarrow B$ 是「−1 級反應」，也就是說：$-\dfrac{dC}{dt} = kC^{-1}$，在這裡 $C = [A]$。

（a）找出一個方程式，表示濃度 C 是時間 t 和速率常數 k 的函數，最初時的濃度是 C_0。

（b）當濃度下降至最初濃度的 10%，用 k 和 C_0 項表示出需要的時間。

（c）這個反應到底會達到完成嗎？一個「1 級反應」會達到完成嗎？說明「1 級反應」和「−1 級反應」，這兩種情況有何不同之處。

: (a) $-\dfrac{dC}{dt} = kC^{-1}$ （ㄅ）

（ㄅ）式重新排列：$-CdC = kdt$ （ㄆ）

（ㄆ）式自 $t_0 = 0$ 到 t，C_0 到 C 的範圍內積分，$-\dfrac{1}{2}[C^2]_{C_0}^{C} = k[t]_0^t$

$$-\dfrac{1}{2}(C^2 - C_0^2) = \dfrac{1}{2}(C_0^2 - C^2) = kt \qquad\qquad （ㄇ）$$

因此 $C^2 = C_0^2 - 2kt \Rightarrow C = (C_0^2 - 2kt)^{1/2}$

(b) $C = 10\% \ C_0 = 0.1C_0$ （ㄈ）

（ㄈ）式兩邊平方，$C^2 = 0.01 \ C_0^2$ （ㄉ）

從（ㄇ）式知：$t = \dfrac{C_0^2 - C^2}{2k}$ （ㄊ）

將（ㄉ）式代入（ㄊ）式需要的時間，

$$t = \dfrac{C_0^2 - 0.001C_0^2}{2k} = \dfrac{0.99C_0^2}{2k} = \dfrac{C_0^2}{2k}$$

(c) 在一個「1 級反應」中，$-\dfrac{dC}{dt} = kC$

當濃度 C 下降時，它的反應速率 $\left(\dfrac{-dC}{dt}\right)$ 亦是下降，因此這個反應逐漸的變緩慢，但是永遠不會完全完成。然而在一個「−1 級反應」中，當濃度 C 下降時，C 的下降速率增加，而最後下降速率幾乎變得無限的增加時，最後 C 的濃度會接近於 0。換句話說，這個反應當近於完成時，這個反應會加速的進行，當反應物最後的痕跡消失時，這個反應便會突然的停止。

┓ 例 2.5.32 ┏

某一氣相反應在 500℃ 下進行，初壓力為 $p^{\ominus}$ 時半衰期為 2 秒，初壓力為 $0.1 \ p^{\ominus}$ 時半衰期為 20 秒，則其反應速率常數的單位為下列何者？

(a) s^{-1} (b) $dm^3 \cdot mole^1 \cdot s^1$ (c) $dm^3 \cdot mole^{-1} \cdot s^{-1}$ (d) s^1

∴(c)。∵依據（2.47）式：$t_{1/2} = \dfrac{2^{n-1}-1}{(n-1)k[A]_0^{n-1}}$

將題目數據代入上式則：

（I）初壓力為 $p^\ominus$，$t_{1/2}=2 \implies 2 = \dfrac{2^{n-1}-1}{(n-1)k(p^\ominus)^{n-1}}$

（II）初壓力為 $0.1\,p^\ominus$，$t_{1/2}=20 \implies 20 = \dfrac{2^{n-1}-1}{(n-1)k(0.1p^\ominus)^{n-1}}$

故 $\dfrac{(I)}{(II)} \implies \dfrac{2}{20} = \left(\dfrac{0.1p^\ominus}{p^\ominus}\right)^{n-1} \implies$ 解得：$n=2$

又「2 級反應」之反應速率常數的單位是：$(濃度)^{-1}(時間)^{-1}$

∴選（c）。

▎例 2.5.33 ▎

定溫定壓下基本反應：$A+B \longrightarrow D$，若初濃度$[B]_0 = 2[A]_0$，$[D]_0 = 0$，則各物物濃度隨時間的變化率與時間的關係示意曲線應為那一組？

（a）

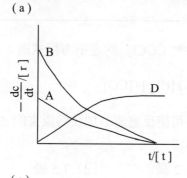

（b）

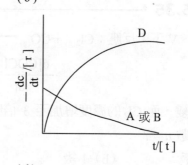

（c）

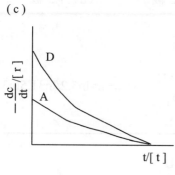

（d）

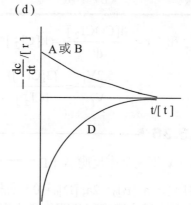

：(d)。因爲依據基本反應之反應速率式定義：$-\dfrac{d[A]}{dt} = -\dfrac{d[B]}{dt} = \dfrac{1}{2}\dfrac{d[D]}{dt}$。

例 2.5.34

在一定溫度下，反應 $A + B \longrightarrow 2D$ 的反應速率既可表示爲 $-\dfrac{d[A]}{dt} = k_A[A][B]$，也可表示爲 $\dfrac{d[D]}{dt} = k_D[A][B]$。速率常數 k_A 和 k_D 的關係爲何？

：將氣相反應簡寫爲如下：$r = -\dfrac{d[A]}{dt} = -\dfrac{d[B]}{dt} = \dfrac{1}{2}\dfrac{d[D]}{dt}$　　　　　　(ㄅ)

$$\dfrac{d[A]}{dt} = k_A[A][B] \qquad\qquad\qquad (ㄆ)$$

$$\dfrac{d[D]}{dt} = k_D[A][B] \qquad\qquad\qquad (ㄇ)$$

將(ㄆ)式和(ㄇ)式代入(ㄅ)式，可得：$k_A[A][B] = \dfrac{1}{2}k_D[A][B] \Rightarrow \therefore k_D = 2k_A$

例 2.5.35

在一定 T、V 下，反應：$Cl_{2(g)} + CO_{(g)} \longrightarrow COCl_{2(g)}$ 的速率方程式爲：

$$\dfrac{d[COCl_2]}{dt} = k[Cl_2]^n[CO]$$

當 [CO] 不變，而 Cl_2 的濃度增加至 3 倍時，可使反應速率加快爲原來的 5.2 倍，則 $Cl_{2(g)}$ 的反應級數 n ＝ ？

(a) 零級　　　　(b) 1 級　　　　(c) 2 級　　　　(d) 1.5 級

：(d)。已知：$r = \dfrac{d[COCl_2]}{dt} = k[Cl_2]^n[CO]$

$$\Rightarrow \therefore \dfrac{5.2V_1}{V_1} = \dfrac{(3[Cl_2])^n \cdot k[CO]}{[Cl_2]^n \cdot k[CO]} = 3^n \Rightarrow n = \ln 5.2/\ln 3 \, 1.5 \ln 3/\ln 3 = 1.5$$

例 2.5.36

在一定 T、V 下，基本反應 $A + B \longrightarrow 2D$。

若初濃度 $[A]_0 = a$，$[B]_0 = 2a$，$[D]_0 = 0$，則該反應各物質的濃度 c 隨時間 t 變化的示意圖（圖 a）爲何？各物質的濃度隨時間的變化率 (dc_i/dt) 與時間 t 的關係示意圖曲線（圖 b）爲何？

$$:\qquad A \quad + \quad B \quad \longrightarrow \quad 2D$$

當 t = 0 時：　　 a　　　 2a　　　　　　 0

當 t = t 時：　　 a−x　　 2a−x　　　　　 2x

當 t = ∞時：　　 0　　　　 a　　　　　　 2a

$$\frac{d[D]}{dt} = -\frac{2d[A]}{dt} = -\frac{2d[B]}{dt} = \frac{2dx}{dt}$$

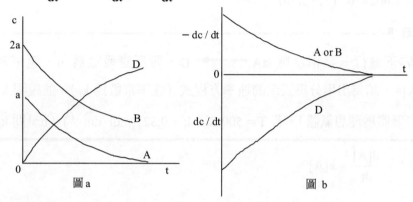

圖 a　　　　　　　　　　　 圖 b

▪ 例 2.5.37 ▪

在 T = 300°K 下，V = 2.0 cm³ 的容器中，反應：$2B_{(g)} \longrightarrow B_{2(g)}$ 為 2 級反應。
已知當反應物 B 的初濃度 $[B]_0 = 0.100$ mole · dm⁻³ 時，$B_{(g)}$ 的半衰期 $t_{1/2} = 40$ min，此反應的速率常數 k_B 為若干？上述條件下，反應進行 60 min，這時 $[B_2]$ 與 $[B]$ 各為若干？在 300°K 下，若反應速率用 $-dp_B/dt = k_{p,B} \cdot p_B^2$ 表示。假設參加反應的氣體為理想氣體，$k_{p,B}$ 為若干？

:（1）對於「2 級反應」而言，利用（2.19a）式，則可得：

　　$k_B = 1/([B]_0 \cdot t_{1/2,B}) = 1/(0.100 \text{ mole} \cdot \text{dm}^{-3} \times 40 \text{ min}) = 0.25 \text{ mole}^{-1} \cdot \text{dm}^3 \cdot \text{min}^{-1}$

（2）當 t = 60 min 時，利用（2.17）式，可得：$\dfrac{1}{[B]} - \dfrac{1}{[B]_0} = kt$

　　即 $\dfrac{1}{[B]} - \dfrac{1}{0.1} = 0.25 \times 60 \implies [B] = 0.04 \text{ mole} \cdot \text{dm}^{-3}$

　　又因為　　　　　　　 $2B_{(g)} \longrightarrow B_{2(g)}$

　　　　 t = 0 min 時：　　 $[B]_0$

　　　　───)　　　　 2x

　　　　 t = 60 min 時：　 $[B]_0 - 2x$　　　　　 x

可得：$[B] = [B]_0 - 2x$ 及 $[B_2] = x$

$\Rightarrow$ 整理後得：$[B_2] = ([B]_0 - [B])/2 = (0.1 - 0.04)/2 = 0.03 \text{ mole} \cdot \text{dm}^{-3}$

（3）$\because$ 利用（2.49）式，可知：$k_p = k_c(RT)^{1-n}$

已知本反應爲「2級反應」，即 $n = 2$。

$\therefore k_{p,B} = k_{c,B}(RT)^{-1} = 0.25 \times 10^{-3} \text{ mole}^{-1} \cdot \text{m}^3 \cdot \text{min}^{-1}/(8.314 \text{ J} \cdot \text{mole}^{-1} \cdot \text{K}^{-1} \times 300\text{K})$

$= 1.002 \times 10^{-7} \text{ (P}_a \cdot \text{min)}^{-1}$

■ 例 2.5.38 ■

在定溫、定容下進行一氣相反應 $aA \longrightarrow D$，設反應級數爲 n，速率方程式爲 $-\dfrac{d[A]}{dt} = k[A]^n$，請寫出用分壓表示的速率方程式（速率常數爲 k_P），並說明 k 與 k_P 之間的關係（設氣體爲理想氣體）。若 $T = 500$ K，$k = 0.327(\text{mol} \cdot \text{dm}^{-3})^{-1} \text{h}^{-1}$ 問 $k_P = ?$

：按題意已知：$-\dfrac{d[A]}{dt} = k[A]^n$ $\qquad\qquad\qquad\qquad\qquad\qquad$ （ㄅ）

已知理想氣體定容時：$[A] = \dfrac{p_A}{RT}$，代入（ㄅ）式得：

$$-\frac{d(\frac{p_A}{RT})}{dt} = k(\frac{p_A}{RT})^n = \frac{k}{(RT)^n}p_A^n \Rightarrow -\frac{dp_A}{dt} = \frac{k}{(RT)^{n-1}} \cdot p_A^n = k_P p_A^n \qquad （ㄆ）$$

（ㄆ）式即爲用分壓表示的速率方程式。

由（2.47）式可知：k 與 k_P 的關係爲 $k_P = \dfrac{k}{(RT)^{n-1}}$

當 $k = 0.327(\text{mol} \cdot \text{dm}^{-3})^{-1} \text{h}^{-1}$ 時，$n = 2$

於是 $k_P = \dfrac{k}{RT} = \dfrac{0.327 \text{ mol}^{-1} \cdot \text{dm}^3 \cdot \text{h}^{-1}}{8.314 \text{ J} \cdot \text{mol}^{-1} \cdot \text{K}^{-1} \cdot 500 \text{ K}}$

$\qquad\quad = \dfrac{0.327 \text{ mol}^{-1} \cdot \text{dm}^3 \cdot \text{h}^{-1}}{8.314 \times 10^3 \text{ Pa} \cdot \text{dm}^3 \cdot \text{mol}^{-1} \cdot \text{K}^{-1} \times 500 \text{ K}} = 7.87 \times 10^{-8} \text{ Pa}^{-1} \cdot \text{h}^{-1}$

■ 例 2.5.39 ■

某氣相反應速率表示式分別用濃度和壓力表示時爲 $r_c = k_c[A]^n$ 和 $r_p = k_p p_A^n$，試求 k_c 與 k_p 之間的關係，設氣體爲理想氣體。

：設反應為：$A_{(g)} \xrightarrow{\quad k_p \quad} B_{(g)}$，則反應速率式寫為：$r_p = -\dfrac{dp_A}{dt} = k_p p_A^n$

因 $P_A = \dfrac{n_A}{V} \cdot RT \Rightarrow P_A = [A]RT$，

代入上式得：$r_p = -\dfrac{d([A]RT)}{dt} = k_p([A]RT)^n$

則 $-\dfrac{d[A]}{dt} = r_c = k_p(RT)^{n-1}[A]^n = k_c[A]^n$

$\Rightarrow$ 可得：$k_c = k_p(RT)^{n-1} \Rightarrow \therefore k_p = (RT)^{1-n} \cdot k_c$ ，此正是（2.47）式

▌例 2.5.40 ▌

$2A_{(g)} \xrightarrow{\hspace{2cm}} B_{(g)}$ 為 2 級反應，速率方程式可表示為：

$$-\frac{1}{2} \cdot \frac{d[A]}{dt} = k[A]^2 \quad 或 \quad -\frac{dp_A}{dt} = k_A p_A^2$$

則 k 與 k_A 的關係是

(a) $k = k_A$ (b) $k_A = 2k$ (c) $k_A = \dfrac{2k}{RT}$ (d) $k_A = \dfrac{k}{RT}$

：(c)。$\because$ 依據（2.47）式，可知：$k_p = k_c(RT)^{1-n}$

且已知 $n = 2 \Rightarrow$ 故得：$k_p = k_c \cdot (RT)^{-1}$ （I）

題意已知：$-\dfrac{1}{2}\dfrac{d[A]}{dt} = k_c[A]^2 = k[A]^2$

即 $k_c = k$ （II）

又題意已知：$-\dfrac{1}{2}\dfrac{dp_A}{dt} = k_P p_A^2 \Rightarrow -\dfrac{dp_A}{dt} = 2k_P p_A^2 = k_A p_A^2$

即 $k_A = 2k_p$ （III）

將（II）式及（III）式皆代入（I）式，可得：$k_A = \dfrac{2k}{RT}$

▌例 2.5.41 ▌

溫度為 $500°K$ 時，某理想氣體恆容反應的速率常數 $k_c = 20 \text{ mole}^{-1} \cdot dm^3 \cdot s^{-1}$。若改用壓力表示反應速率時，則此反應的速度常數 $k_p = ?$

：由 k_c 的單位是〝(濃度)$^{-1}$(時間)$^{-1}$〞，可知：此反應為「2 級反應」，所以 $n = 2$。

依據（2.47）式：

$k_p = k_c(RT)^{1-n} = k_c/RT = 20 \ mole^{-1} \times 10^{-3} \ m^3 \cdot s^{-1}/(8.314 \ J \cdot K^{-1} \cdot mole^{-1} \times 500°K)$

$= 4.81 \times 10^{-6} \ Pa^{-1} \cdot s^{-1}$

例 2.5.42

298°K 時，$CO_{(g)} + Cl_{2(g)} \longrightarrow COCl_{2(g)}$

實驗 I：（$p^0_{Cl_2} = 400 \times 10^2 \ P_a$，$p^0_{CO} = 4 \times 10^2 \ P_a$）

t(min)	0	34.5	69.0	138	∞
p_{COCl_2} (P_a)	0	2.0×10^2	3.0×10^2	3.75×10^2	4.0×10^2

實驗 II：（$p^0_{Cl_2} = 1600 \times 10^2 \ P_a$，$p^0_{CO} = 4 \times 10^2 \ P_a$）

t(min)	0	34.5	69.0	∞
p_{COCl_2} (P_a)	0	3.0×10^2	3.75×10^2	4.0×10^2

（1）若速率方程式為：$\dfrac{dp_{COCl_2}}{dt} = kp^a_{CO} p^b_{Cl_2}$，求 a、b 值。

（2）求 k_p（以 P_a 及 s 表示）和 k_c（以 $mole \cdot dm^{-3}$ 及 s 表示）。

：設以 A、B、C 分別代表 CO、Cl_2、$COCl_2$。

由實驗數據分析，可初步獲得以下結果。

1.兩次實驗都是 $p^0_{Cl_2} \gg p^0_{CO}$，故反應速率方程式可轉化為單一成份的 n 級反應，即

$\dfrac{dp_C}{dt} = kp^a_A p^b_B = kp^b_{B,0} p^a_A = k' p^a_A$，其中 $k' = kp^b_{B,0}$

2.反應中 A 之消耗速率與 C 之生成速率相等，因此具有物料平衡之關係，即：$p_A + p_C = p_{C,\infty} = p_{A,0}$

3.由實驗 I，$t_{1/2} = 34.5$ min 及 $t'_{1/2} = (69.0 - 34.5)min = 34.5$ min，且與初濃度無關，故對 A 而言為「1 級反應」。或者從 $t_{1/2} = 34.5 \ min$，$t_{3/4} = 69 \ min = 2t_{1/2}$，$t_{15/16} = 138 \ min = 4t_{1/2}$，根據（2.10）式，這些都符合「1 級反應」之規律。對實驗 II 也可如上述分析法，來處理實驗數據（請讀者自行練習）。

根據以上結果：

(1)　$a = 1$，$r = k'p_A$，$k' = kp_{B,0}^b$

　　實驗 I：$t_{1/2} = \ln2/k' = \ln2/kp_{B,0(I)}^b = 34.5\ \text{min}$，$k_I' = 0.020\ \text{min}^{-1}$

　　實驗 II：$t_{3/4} = 2t_{1/2} = 2\ln2/kp_{B,0(II)}^b = 34.5\ \text{min}$，$k_{II}' = 0.040\ \text{min}^{-1}$

　　故 $\dfrac{k_I'}{k_{II}'} = \dfrac{kp_{B,0(I)}^b}{kp_{B,0(II)}^b}$ $\Rightarrow$ $\dfrac{1}{2} = \left(\dfrac{400 \times 10^2}{1600 \times 10^2}\right)^b = \left(\dfrac{1}{4}\right)^b$

　　$b = 1/2$

(2)　$k' = k_p p_{B,0}^{1/2}$

　　$k_p = k'/p_{B,0}^{1/2} = 0.020/(400 \times 10^2)^{1/2} = 1.67 \times 10^{-6}\ \text{P}_a^{1/2} \cdot \text{s}^{-1}$

　　由(2.49)式已知：$k_p = k_c(RT)^{1-n}$，$n = 1.5$

　　$\therefore k_c = 1.67 \times 10^{-6}(8.314 \times 298)^{1/2}\ \text{mole}^{-1/2} \cdot \text{m}^{3/2} \cdot \text{s}^{-1}$

　　　　$= 8.31 \times 10^{-5}\ \text{mole}^{-1/2} \cdot \text{m}^{3/2} \cdot \text{s}^{-1}$

　　　　$= 2.63\ \text{mole}^{-1/2} \cdot \text{dm}^{3/2} \cdot \text{s}^{-1}$

例 2.5.43

在一定 T、V 下，反應：$Cl_2(g) + CO(g) \longrightarrow COCl_2(g)$的反應速率方程式為：

$$dc_{COCl_2}/dt = kc_{Cl_2}^n \cdot c_{CO}$$

當 c_{CO} 不變，而 Cl_2 的濃度增至 3 倍時，可使反應速率加快為原來的 5.2 倍，則 $Cl_2(g)$ 反應級數 n＝_____。

(a) 0 級　　　(b) 1 級　　　(c) 2 級　　　(d) 1.5 級。

：(d)。$\dfrac{5.2V_1}{V_1} = \dfrac{k[CO](3[Cl_2])^n}{k[CO]c_{[Cl]_2}^n} = 3^n$

　　$\therefore n = \ln5.2/\ln3 = 1.5\ln3/\ln3 = 1.5$

例 2.5.44

氣相「基本反應」：$2A \longrightarrow P$ 在溫度恆定為 500°K 的定容反應器中進行，其反應速率可以表示為：$-\dfrac{d[A]}{dt} = k_c[A]^2$，也可表示為 $-\dfrac{dp_A}{dt} = k_p p_A^2$，已知 $k_c = 8.20 \times 10^{-3}$ $\text{mole}^{-1} \cdot \text{dm}^3 \cdot \text{s}^{-1}$，求 k_p。

：設氣體 A 為理想氣體，在 T、V 恆動條件下，根據 $[A] = \dfrac{n_A}{V} = \dfrac{p_A}{RT}$，

將其代入 $-\dfrac{d[A]}{dt} = k_c[A]^2$，得：$r = -\dfrac{d[A]}{dt} = -\dfrac{1}{RT} \cdot \dfrac{dp_A}{dt} = k_c \left(\dfrac{p_A}{RT}\right)^2$

即 $r' = -\dfrac{dp_A}{dt} = \dfrac{k_c}{RT} p_A^2 = k_p p_A^2$

所以 $k_p = \dfrac{k_c}{RT} = (8.20 \times 10^{-6} / 8.314 \times 500) \, P_a^{-1} \cdot s^{-1} = 1.97 \times 10^{-9} \, P_a^{-1} \cdot s^{-1}$

本題亦可推廣到理想氣體的 n 級簡單級數反應：$k_p = k_c (RT)^{1-n}$

例 2.5.45

323°K 時有機物 A 的酸催化水解反應速率方程式為：

$$r = k[A]^\alpha [H^+]^\beta$$

實驗證明當 pH 一定時，半衰期 $t_{1/2}$ 與 A 的初濃度無關，測定知當 pH = 5 時，$t_{1/2} = 69.3$ min；pH = 4 時，$t_{1/2} = 6.93$ min，求（1）速率方程的表達式。（2）323°K 時的速率常數 k。（3）在 pH = 6 和 pH = 3 時，若 A 水解 70%，所需的時間比為多少？

：（1）$t_{1/2}$ 與 A 的初濃度無關，可見對 A 為 1 級，$\alpha = 1$。視為 $r = (k \cdot [H^+]^\beta) \cdot [A]$，

$$t_{1/2} = \frac{\ln 2}{(k \cdot [H^+]^\beta)}$$

當 pH = 5 時，$69.3 = \dfrac{\ln 2}{k \cdot (10^{-5})^\beta}$

當 pH = 4 時，$6.93 = \dfrac{\ln 2}{k \cdot (10^{-4})^\beta}$

兩式相除 $\dfrac{69.3}{6.93} = \left(\dfrac{10^{-4}}{10^{-5}}\right)^\beta$，得 $\beta = 1$。故速率方程式的表達式為：$r = k[A][H^+]$

(2) $k = \dfrac{\ln 2}{t_{1/2}[H^+]^\beta} = \dfrac{\ln 2}{t_{1/2}[H^+]} = \dfrac{\ln 2}{69.3 \times 10^{-5}} = 1000\ dm^3 \cdot mole^{-1} \cdot min^{-1}$

(3) 若 Y 為 A 分解百分數，對「1 級反應」，$t = \dfrac{1}{k \cdot [H^+]} \cdot \ln \dfrac{1}{1-Y}$

當 pH = 6 時，$t_1 = \dfrac{1}{1000 \times 10^{-6}} \cdot \ln \dfrac{1}{1-0.7} = 1204\ min$

當 pH = 3 時，$t_2 = \dfrac{1}{1000 \times 10^{-3}} \cdot \ln \dfrac{1}{1-0.7} = 1.204\ min$

故 $\dfrac{t_1}{t_2} = \dfrac{1204}{1.204} = 1000$

■ 例 2.5.46 ■

在一定 T、V 下，反應：$A_2(g) \longrightarrow 2A(g)$
當 $A_2(g)$ 的起始壓力 $p_0' = 880\ Pa$ 時，$A_2(g)$ 的半衰期 $t_{1/2} = 30.36s$；當 $p^0(A_2) = 352\ Pa$ 時，$t_{1/2}(A_2) = 48s$。此反應的反應級數 n =＿＿＿＿＿。

(a) 0.5 　　　(b) 1.5 　　　(c) 2.5 　　　(d) 無法確定。

：（b）。在一定溫度下的指定反應，其反應級數及反應速率常數皆為定值，
$t_{1/2, A_2} = B/p_{0, A_2}^{n-1}$。

$n = 1 + \dfrac{\ln(t_{1/2}/t_{1/2}')}{\ln(p_0'/p_0)} = 1 + \dfrac{\ln(48s/30.36s)}{\ln(880\ Pa/352\ Pa)} = 1 + 0.5 = 1.5$

■ 例 2.5.47 ■

設證明反應速率方程式可以表示為：$-d[A]/dt = k_A[A]^n$ 的反應物 A 的半衰期 $t_{1/2}$ 與 A 的初始濃度 c_0、A 的反應級數 n、反應速率常數 k_A 之間的關係為 $t_{1/2} = (2^{n-1}-1)/\{k_A(n-1)[A]_0^{n-1}\}$

：將反應速率方程式 $-d[A]/dt = k_A[A]^n$ 改寫成下列形式：

$$k_A dt = -(1/[A]^n)d[A] \qquad (ㄅ)$$

將（ㄅ）式積分：$\int_0^t k_A dt = -\int_{[A]_0}^{[A]} (1/[A]^n)d[A] \qquad (ㄆ)$

可得：$k_A t = \dfrac{1}{n-1}\left(\dfrac{1}{[A]^{n-1}} - \dfrac{1}{[A]_0^{n-1}}\right) \qquad (ㄇ)$

當 $t = t_{1/2}$ 時，$[A] = [A]_0/2$ 代入（ㄇ）式，即可證明：

$$t_{1/2} = (2^{n-1} - 1)/\{k_A(n-1)[A]_0^{n-1}\}$$

■ 例 2.5.48 ■

對於 $\dfrac{1}{2}$ 級反應 $R \xrightarrow{\ k\ } P$，試證明：

(a) $[R]_0^{1/2} - [R]^{1/2} = \dfrac{1}{2}kt$ 　　　　(b) $t_{1/2} = \dfrac{\sqrt{2}}{k}(\sqrt{2}-1)[R]_0^{1/2}$

：(a) 反應爲 $\dfrac{1}{2}$ 級反應，則 $-\dfrac{d[R]}{dt} = k[R^{1/2}]$，$-\dfrac{d[R]}{[R]^{1/2}} = kdt$

$-\int_{[R]_0}^{[R]} \dfrac{d[R]}{[R]^{1/2}} = \int_0^t kdt$，$2\{[R]_0^{1/2} - [R]^{1/2}\} = kt$

故 $[R]_0^{1/2} - [R]^{1/2} = \dfrac{1}{2}kt \qquad (ㄅ)$

(b) 當 $t = t_{1/2}$ 時，$[R] = \dfrac{[R]_0}{2}$，代入（ㄅ）式得：

$$[R]_0^{1/2} - \dfrac{[R]_0^{1/2}}{2^{1/2}} = \dfrac{1}{2}kt_{1/2}$$

即 $(\sqrt{2}-1)[R]_0^{1/2} = \dfrac{1}{\sqrt{2}}kt_{1/2}$

故 $t_{1/2} = \dfrac{\sqrt{2}}{k}(\sqrt{2}-1)[R]_0^{1/2}$

■ 例 **2.5.49** ■

在一定 T、V 下，對於 1/2 級反應，A ────→ 產物，反應前系統內只有 A，試求 A 的半衰期 $t_{1/2}$ 與 $[A]_0$ 的定量關係式。

：對於「1/2 級反應」：$-dc/dt = k[A]^{1/2}$

$$\int_0^t k\,dt = -\int_{[A]_0}^{[A]} \frac{1}{[A]^{1/2}} d[A]$$

積分可得：$kt = \dfrac{1}{1/2 - 1}([A]^{1/2} - [A]_0^{1/2}) = 2([A]_0^{1/2} - [A]^{1/2})$

當 $[A] = [A]_0/2$ 時：

$kt_{1/2} = 2[A]_0^{1/2}(1 - 1/2^{1/2}) = (2/2^{1/2})[A]_0^{1/2}(2^{1/2} - 1)$

$\therefore\ t_{1/2} = (2[A]_0)^{1/2}(2^{1/2} - 1)/k$

第三章
反應級數及反應速率常數的測定
3.1 採用與濃度成正比的物理量之取代法

在建立動力學方程式的實驗中,除了用化學方法直接測定反應過程中反應物或產物的濃度外,通常也用一些物理方法進行間接測量。這是因為:所測到的物理量往往與濃度(或壓力)沒有直接的關係,所以必須用相關的變換關係式,將這些物理量轉換成〝與濃度成正比的物理量〞,以利於計算該實驗的反應級數或反應速率常數。

所採用的物理方法之基礎在於選用的物理量必需具備兩個條件:

(一) 具有〝加成性〞。

(二) 與〝濃度呈線性正比關係〞。

例如:導電率、光密度、旋光度、光吸收率、光譜峰面積等,均屬於這類物理量。

【證明】:假設有一反應,在一定時間後反應趨於完全:

	aA	+	bB		lL	+	mM	
t = 0 時:	$[A]_0$		$[B]_0$		0		0	(反應開始時各物濃度)
t = t 時:	$[A]_0 - x$		$[B]_0 - \dfrac{b}{a}x$		$\dfrac{l}{a}x$		$\dfrac{m}{a}x$	(反應任意時刻各物濃度)
t = ∞時:	0		$[B]_0 - \dfrac{b}{a}[A]_0$		$\dfrac{l}{a}[A]_0$		$\dfrac{m}{a}[A]_0$	(反應終了時各物濃度)

上式中的反應物 A 之初濃度為$[A]_0$,反應後剩下的濃度為$[A]$,而 x 代表 t 時間後,A 被反應掉的濃度(即 x = $[A]_0 - [A]$),其餘 B、L、M 情形亦同。現用 α 表示反應物系的某種物理性質,容器與介質對此物理量的貢獻為 α_C(一般不隨時間改變),則各物質對該物理性質的貢獻記為:

$$\alpha_A = k_A[A] \qquad \alpha_B = k_B[B]$$
$$\alpha_L = k_L[L] \qquad \alpha_M = k_M[M] \tag{1}$$

k_i 為各反應物濃度與該物理性質之間的比例常數,若開始時反應物系的物理性質為 α_0,則得:

$$\alpha_0 = \alpha_C + k_A[A]_0 + k_B[B]_0 \tag{2}$$

在反應的任意時刻裏，物理性質為 α_t，則有以下關係式：

$$\alpha_t = \alpha_C + \alpha_A + \alpha_B + \alpha_L + \alpha_M$$

$$= \alpha_C + k_A ([A]_0 - x) + k_B ([B]_0 - \frac{b}{a}x) + k_L \frac{l}{a}x + k_M \frac{m}{a}x \qquad \langle 3 \rangle$$

反應終了，設 A 已消耗完畢，物系的物理性質為 α_∞，則也有以下關係式：

$$\alpha_\infty = \alpha_C + k_B ([B]_0 - \frac{b}{a}[A]_0) + k_L \frac{l}{a}[A]_0 + k_M \frac{m}{a}[A]_0 \qquad \langle 4 \rangle$$

$\langle 3 \rangle$ 式－$\langle 2 \rangle$ 式，得：

$$\alpha_t - \alpha_0 = (-k_A - k_B \frac{b}{a} + k_L \frac{l}{a} + k_M \frac{m}{a})x = \Delta Kx \qquad \langle 5 \rangle$$

同理 $\langle 4 \rangle$ 式－$\langle 2 \rangle$ 式，得：

$$\alpha_\infty - \alpha_0 = [A]_0 \cdot \Delta K \qquad \langle 6 \rangle$$

由 $\langle 4 \rangle$ 式－$\langle 3 \rangle$ 式，得：

$$\alpha_\infty - \alpha_t = ([A]_0 - x)\Delta K = [A] \cdot \Delta K \qquad \langle 7 \rangle$$

$\langle 5 \rangle$ 式、$\langle 6 \rangle$ 式、$\langle 7 \rangle$ 式中的 ΔK 均為

$$\Delta K = -k_A - k_B \frac{b}{a} + k_L \frac{l}{a} + k_M \frac{m}{a} \qquad \langle 8 \rangle$$

由 $\langle 5 \rangle$ 式、$\langle 6 \rangle$ 式、$\langle 7 \rangle$ 式可得到以下有用關係式：

$$\frac{\alpha_t - \alpha_0}{\alpha_\infty - \alpha_0} = \frac{x}{[A]_0} = \frac{A反應物消耗掉的濃度}{A反應物的初濃度} \qquad (3.1)$$

$$\frac{\alpha_\infty - \alpha_0}{\alpha_\infty - \alpha_t} = \frac{[A]_0}{[A]} = \frac{A反應物的初濃度}{A反應物剩下的濃度} \qquad (3.2)$$

由上面二式可以看到，在用物理性質取代濃度時，需要注意的是：必須採用比值的方法，才能消去公有的比例常數 ΔK。

◎例如：對「1 級反應」而言，根據 (2.6) 式：

$$\ln \frac{[A]_0}{[A]} = kt$$

所以 (3.2) 式代入 (2.6) 式，得：

$$\ln \frac{\alpha_\infty - \alpha_0}{\alpha_\infty - \alpha_t} = kt \qquad (3.3)$$

◎例如：對「n 級反應」而言，則根據（2.46）式：（當 $n \neq 1$）

$$\frac{1}{[A]^{n-1}} - \frac{1}{[A]_0^{n-1}} = (n-1)kt$$

或改寫為：$\left(\frac{[A]_0}{[A]}\right)^{n-1} = (n-1)[A]_0^{n-1}kt + 1$

所以（3.2）式代入上式，得：（當 $n \neq 1$）

$$\left(\frac{\alpha_\infty - \alpha_0}{\alpha_\infty - \alpha_t}\right)^{n-1} = (n-1)[A]_0^{n-1}kt + 1 \tag{3.4}$$

◎例如：用電導法來測定乙酸乙酯的皂化反應之動力學方程式：

$$CH_3COOC_2H_5 + NaOH \longrightarrow CH_3COONa + C_2H_5OH$$

若為「2 級反應」，則根據（2.17）式，可得：

$$kt = \frac{1}{[A]} - \frac{1}{[A]_0} = \frac{1}{[A]_0} \times (\frac{[A]_0}{[A]} - 1)$$

$$= \frac{1}{[A]_0} \times (\frac{\alpha_\infty - \alpha_0}{\alpha_\infty - \alpha_t} - 1) = \frac{1}{[A]_0} \times (\frac{\alpha_t - \alpha_0}{\alpha_\infty - \alpha_t})$$

$$\Rightarrow \quad L_\infty - L_t = \frac{1}{kt[A]_0} \times (L_t - L_0)$$

所以整理後，可得：$L_t = L_\infty + \frac{1}{k[A]_0}\frac{L_0 - L_t}{t}$

式中 L 表示導電度（代替原先的物理性質 α）。用（L_t）與 $\left(\frac{L_0 - L_t}{t}\right)$ 做圖，可得一直線，此直線的斜率 = $1/k[A]_0$ 且截距 = L_∞，故由這些數據可求得 k 值。

▗ 例 **3.1.1** ▗

在水溶液中,分解反應 $C_6H_5N_2Cl_{(l)} \longrightarrow C_6H_5Cl_{(l)} + N_{2(g)}$ 為「1 級反應」。

在一定 T、p 下,隨著反應的進行,用量氣管測量出在不同時刻所釋出 $N_{2(g)}$的體積。

假設 N_2 的體積為 V_0 時開始計時,即 t = 0 時體積為 V_0,t = ∞ 時 N_2 的體積為 V_∞。

試導出此反應的反應速率常數為:

$$k = \frac{1}{t} \cdot \ln \frac{V_\infty - V_0}{V_\infty - V_t}$$

$$C_6H_5N_2Cl_{(l)} \xrightarrow[\text{在水溶液中}]{T,p \quad 固定} C_6H_5Cl_{(l)} + N_{2(g)}$$

:

t = 0 時:	$[A]_0$	V_0
t = t 時:	$[A]$	V_t
t = ∞ 時:	0	V_∞

經過足夠長的時間,反應物可以完全反應掉。已經收集了體積為 V_0 的 $N_{2(g)}$才開始計時。

此反應的$[A]_0$正比於 $V_\infty - V_0$;任意時刻 t 時,反應物質的濃度$[A]$正比於 $V_\infty - V_t$,即$[A]_0 = a(V_\infty - V_0)$和$[A] = a(V_\infty - V_t)$,式中的 a 為比例常量。

對於「1 級反應」,依據(2.6)式及(3.1)式、(3.2)式,可得:

$$k = \frac{1}{t} \cdot \ln \frac{[A]_0}{[A]} = \frac{1}{t} \cdot \ln \frac{a(V_\infty - V_0)}{a(V_\infty - V_t)} = \frac{1}{t} \cdot \ln \frac{V_\infty - V_0}{V_\infty - V_t}$$

必須指出:上式中的 V 可以是與任一反應物濃度$[A]$成線性關係的物理量。

▗ 例 **3.1.2** ▗

在 25°C、101.325 kP_a 下的水溶液中,發生下列 1 級反應:$A_{(l)} \longrightarrow B_{(l)} + D_{(g)}$,隨著反應的進行,用量氣管測出不同時間 t 所釋放出的理想氣體 D 的體積,列表如下:

t/min	0	3.0	∞
V/cm^3	1.20	13.20	47.20

試求此反應的速率常數 k 及 A 的半衰期各為若干?

$$A_{(l)} \xrightarrow{\quad T, p\ 一定 \quad} B_{(l)} + D_{(g)}$$

在 t = 0 時：$\qquad n_{A,0} \qquad\qquad\qquad\qquad V_0 = 1.20\ cm^3$

在 t = 3.0 min 時：$\quad n_A \qquad\qquad\qquad\qquad V_t = 13.20\ cm^3$

在 t = ∞時：$\qquad\quad 0 \qquad\qquad\qquad\qquad V_\infty = 47.20\ cm^3$

∵ $n_{A,0} = p(V_\infty - V_0)/RT$，$n_A = p(V_\infty - V_t)/RT$

$\quad [A]_0/[A] = n_{A,0}/n_A = (V_\infty - V_0)/(V_\infty - V_t)$

而對於「1 級反應」，依據（3.2）式或參考【3.1.1】題的概念，可得：

$$k = \frac{1}{t} \cdot \ln\frac{[A]_0}{[A]} = \frac{1}{t} \cdot \ln\frac{V_\infty - V_0}{V_\infty - V_t} = \frac{1}{3.0min} \cdot \ln\frac{47.20 - 1.20}{47.20 - 13.20} = 0.1008\ min^{-1}$$

又 $t_{1/2} = \ln2/k = \ln2/0.1008 = 6.876$ min

例 3.1.3

（1）試推導 A＋B $\longrightarrow$ P 為 2 級反應時，r = k[A][B]，則其反應速率式為：

$$\ln\left(1 + \frac{\Delta_0}{[A]_0} \cdot \frac{L_0 - L_\infty}{L_t - L_\infty}\right) = \ln\frac{[B]_0}{[A]_0} + \Delta_0 kt$$

而此式中：L 為用物理儀器測定的某種物理性質（如吸光常數、電導、…），該性質與濃度有線性關係；$\Delta_0 = [B]_0 - [A]_0$；下標 0、t、∞分別表示 t = 0、t、∞時的 L 或濃度，且$[B]_0 > [A]_0$。

（2）反應 $Np^{3+} + Fe^{3+} \longrightarrow Np^{4+} + Fe^{2+}$，今用分光光度法進行動力學研究，樣品容器厚度、波長、溫度一定，用 $HClO_4$ 調節溶液 pH 值及離子強度。設若初始濃度為$[Np^{3+}] = 1.58 \times 10^{-4}\ mole \cdot dm^{-3}$，$[Fe^{3+}] = 2.24 \times 10^{-4}\ mole \cdot dm^{-3}$，測定該反應在不同時刻 t 時之吸光常數。數據如下：

t/min	0	2.5	3.0	4.0	5.0	7.0	10.0	15.0	20.0	∞
L_t	0.100	0.228	0.242	0.261	0.277	0.300	0.316	0.332	0.341	0.351

設 $r = k[Np^{3+}][Fe^{3+}]$，求 k 值（以 $mole^{-1} \cdot dm^3 \cdot s^{-1}$ 表示）

：(1) 首先求 A＋B $\longrightarrow$ P 之反應速率方程式，方法如下：

$$A \quad + \quad B \longrightarrow P$$

當 t＝0 時： $\quad [A]_0 \qquad [B]_0 \qquad 0$

$\qquad -) \qquad x \qquad x$

當 t＝t 時： $\quad [A]_0 - x \qquad [B]_0 - x \qquad x$

可知在 t＝t 時，$[A] = [A]_0 - x$，$[B] = [B]_0 - x$ \hfill （I）

又已知 $r = -\dfrac{d[A]}{dt} = k[A][B]$ \hfill （II）

（I）代入（II）後，可得：

$$r = -\frac{d([A]_0 - x)}{dt} = \frac{dx}{dt} = k([A]_0 - x)([B]_0 - x) \tag{III}$$

（∵上式中的$[A]_0$及$[B]_0$為初濃度，且皆為定量常數）

由（III）移項後，得： $\dfrac{dx}{([A]_0 - x)([B]_0 - x)} = kdt$ \hfill （a）

（a）式二邊取積分，即 $\displaystyle\int_0^{[A],[B]} \frac{dx}{([A]_0 - x)([B]_0 - x)} = \int_0^t kdt$

解得： $\dfrac{1}{[B]_0 - [A]_0} \cdot \ln\dfrac{[A]_0[B]}{[A][B]_0} = kt$（參考(2.32)式） \hfill （b）

由於實驗不能直接測定在不同反應時間的[A]及[B]，故必須將其轉化為實驗可直接測定、且〝與濃度成正比的物理量〞。在本題裏，此物理量是指〝吸光常數〞L_t，依據推導，參考(2.50b)式可得：

$$\frac{[A]}{[A]_0} = \frac{L_t - L_\infty}{L_0 - L_\infty} \tag{c}$$

由（c）式可知$[A]/[A]_0 \neq L_t / L_0$，這一點務必注意。

假設$[B]_0 - [A]_0 = \Delta_0$，

利用（I）式：$[B] = [B]_0 - x = [B]_0 - [A]_0 + [A] = \Delta_0 + [A]$，

且配合（c）式代入（b）式，可得：

$$\ln\frac{[A]_0[B]}{[A][B]_0} = \ln\left[\frac{[A]_0(\Delta_0 + [A])}{[A][B]_0}\right] = \ln\frac{[A]_0}{[B]_0} + \ln\left(\frac{\Delta_0}{[A]} + 1\right) = \Delta_0 kt$$

故得：$\ln\left(1+\dfrac{\Delta_0}{[A]}\right)=\ln\dfrac{[B]_0}{[A]_0}+\Delta_0 kt$

或　$\ln\left(1+\dfrac{\Delta_0}{[A]_0}\cdot\dfrac{L_0-L_\infty}{L_t-L_\infty}\right)=\ln\dfrac{[B]_0}{[A]_0}+\Delta_0 kt$　　　　　（IV）

（2）根據已知條件：$[A]_0=[Np^{3+}]=1.58\times10^{-4}$ mole · dm^{-3}，$[B]_0=[Fe^{3+}]=2.24\times10^{-4}$

mole · dm^{-3}，可得：$\Delta_0=[B]_0-[A]_0=0.66\times10^{-4}$ mole · dm^{-3}

$\therefore\dfrac{[A]_0}{[B]_0}=0.705$，$\dfrac{\Delta_0}{[A]_0}=0.4177$，$\dfrac{\Delta_0}{[A]_0}\times(L_\infty-L_0)=0.1048$

代入（IV）式，可得：$k=\dfrac{1}{\Delta_0 t}\cdot\ln\left[0.705\left(1+\dfrac{0.1048}{L_\infty-L_t}\right)\right]$　　　　　（V）

利用（V）式及題目提供的數據，可得計算結果如下：

t/min	2.5	3.0	4.0	5.0	7.0	10.0	15.0	20.0
$L_\infty-L_t$	0.123	0.109	0.090	0.074	0.051	0.035	0.019	0.010
10^4 k/ (mole^{-1} · dm^3 · min^{-1})	0.162	0.164	0.160	0.161	0.166	0.157	0.154	0.158

取平均值：$\bar{k}=1.60\times10^{-5}$ mole^{-1} · dm^3 · min$^{-1}=2.67\times10^{-7}$ mole^{-1} · dm^3 · s^{-1}

■ 例 3.1.4 ■

蔗糖轉化是 1 級反應：

$$C_{12}H_{22}O_{11}(蔗糖)+H_2O \xrightarrow{\ H_3O^+\ } C_6H_{12}O_6(果糖)+C_6H_{12}O_6(葡萄糖)$$

H_3O^+ 在反應中只起催化劑的作用。蔗糖和葡萄糖是右旋的，而果糖是左旋的。設某時刻的旋光度為 α，起始和水解完畢時的旋光度分別為 α_0 和 α_∞，試說明為什麼可以用下式計算反應速率常數：

$$k_1=\dfrac{1}{t}\cdot\ln\dfrac{\alpha_0-\alpha_\infty}{\alpha-\alpha_\infty}$$

注意：上式和先前提到的（3.3）式相同。

：設右旋爲 "＋"，左旋爲 "－"，蔗糖、果糖和葡萄糖的旋光度與濃度的比例常數分別爲 c_1、c_2、c_3。

$$C_{12}H_{22}O_{11} \quad + \quad H_2O \quad \xrightarrow{H_3O^+} \quad C_6H_{12}O_6 \quad + \quad C_6H_{12}O_6$$

當 $t=0$ 時： a（初濃度） $\qquad\qquad\qquad\qquad\qquad$ 0 $\qquad\qquad$ 0

當 $t=t$ 時： $a-x$ $\qquad\qquad\qquad\qquad\qquad\qquad$ x $\qquad\qquad$ x

當 $t=\infty$ 時： 0 $\qquad\qquad\qquad\qquad\qquad\qquad\qquad$ a $\qquad\qquad$ a

可得： $\alpha_0 = c_1 a$

$\qquad\qquad \alpha = c_1(a-x) - c_2 x + c_3 x = c_1 a + (c_3 - c_1 - c_2)x$

$\qquad\qquad \alpha_\infty = (-c_2 a) + (c_3 a)$

整理後，可得： $\alpha_0 - \alpha_\infty = (c_1 + c_2 - c_3)a \qquad\qquad\qquad\qquad\qquad\qquad (\text{I})$

$\qquad\qquad\qquad\quad \alpha - \alpha_\infty = (c_1 + c_2 - c_3)(a-x) \qquad\qquad\qquad\qquad (\text{II})$

由 (I)/(II) 得知： $\dfrac{a}{a-x} = \dfrac{\alpha_0 - \alpha_\infty}{\alpha - \alpha_\infty}$

將（I）式及（II）式代入，可得： $k_1 = \dfrac{1}{t} \cdot \ln \dfrac{a}{a-x} = \dfrac{1}{t} \cdot \ln \dfrac{\alpha_0 - \alpha_\infty}{\alpha - \alpha_\infty}$

■ 例 3.1.5 ■

在固定 50°C 時，等容器中發生 2 級反應：$A_{(g)} \longrightarrow 2Y_{(g)} + 2Z_{(g)}$ 測得總壓力 p 與時間 t 的關係如下：

t/min	0	30	50	∞
p(總)/kPa	26.7	73.3	80.0	106.7

求反應速率常數 k_A。

：$\qquad\qquad\quad A_{(g)} \longrightarrow 2Y_{(g)} \quad + \quad 2Z_{(g)} \qquad$ 總壓力

$t=0$ 時： $\qquad p_{A,0} \qquad\qquad\qquad\qquad\qquad\qquad p_{A,0}$

$\qquad -)\qquad\quad x$

$t=t$ 時： $\qquad p_{A,0}-x \qquad 2x \qquad\quad 2x \qquad$ p(總)

$t=\infty$ 時： $\qquad 0 \qquad\qquad 2p_{A,0} \qquad 2p_{A,0} \qquad p_\infty$

則得 $t=t$ 時： $p_Y = 2x$，$p_Z = 2x$，$p_A = p_{A,0} - x$

$p(總) = (p_{A,0} - x) + 2x + 2x = p_{A,0} + 3x$

且 $t=\infty$ 時： $p_\infty = 2p_{A,0} + 2p_{A,0} = 4p_{A,0}$

配合題目提供的數據，可知：

$p_\infty = 4p_{A,0} = 106.7 \implies p_{A,0} = 26.7 \ kP_a$

又 $pV = nRT \implies [A]_0 = \dfrac{n_{A,0}}{V_{A,0}} = \dfrac{p_{A,0}}{RT} = \dfrac{26.7 \times 10^3 \ P_a \times 10^{-3}}{8.314 J \cdot K^{-1} \cdot mole^{-1} \times 323K}$

$$= 9.94 \times 10^{-3} \ mole \cdot dm^{-3}$$

由（2.17）式、（3.1）式及（3.2）式，可知：

$$k_A = \frac{1}{t \cdot [A]_0} \cdot \frac{[A]_0 - [A]}{[A]} = \frac{1}{t \cdot [A]_0} \cdot \frac{p(總) - p_0}{p_\infty - p(總)} \tag{I}$$

將題目提供的數據代入（I）式，整理可得下列結果：

t/min	30	50
$k_A \times 10^{-3}/(\ dm^3 \cdot mole^{-1} \cdot \ min^{-1})$	2.01	2.01

故 $k_A = 2.01 \times 10^{-3} \ dm^3 \cdot min^{-1} \cdot mole^{-1}$

■ 例 3.1.6 ■

硝基乙酸$(NO_2)CH_2COOH$ 在酸性溶液中的分解反應：

$$(NO_2)CH_2COOH_{(1)} \longrightarrow CH_3NO_{2 \ (1)} + CO_{2 \ (g)}$$

為 1 級反應。25°C、101.3 kP_a 於不同時間測定放出 CO_2 的體積如下：

t/min	2.28	3.92	5.92	8.42	11.92	17.47	∞
V/cm³	4.09	8.05	12.02	16.01	20.02	24.02	28.94

反應不是從 t = 0 開始的。試以 $\ln(V_\infty - V_t)/cm^3$ 對 t/min 做圖，求反應的速率常數 k？

：題目提到：本實驗是在反應進行一段時間後才開始計時，故可以把這時的 t 當作零，但 CO_2 的體積 V 並不為零，或者已開始計時但未開始收集 CO_2 氣體，這些都不會影響用做圖法求得的反應速率常數 k 之大小。設若不同時間 t 時，硝基乙酸的濃度[A]與所產生 CO_2 的體積關係可表示為：

$$(NO_2)CH_2COOH_{(I)} \longrightarrow CH_3NO_{2 \ (I)} + CO_{2 \ (g)}$$

當 t = 0 　　　　　$[A]_0$ 　　　　　　　　　　　V_0

當 t = t 　　　　　$[A]$ 　　　　　　　　　　　　V_t

當 t = t_∞ 　　　　0 　　　　　　　　　　　　V_∞

利用（3.1）式及（3.2）式，且由反應式可知：

$[A]_0$ 正比於 $(V_\infty - V_0)$，$[A]$ 正比於 $(V_\infty - V_t)$，故

$$kt = \ln \frac{[A]_0}{[A]} = \ln \frac{V_\infty - V_0}{V_\infty - V_t} = \ln(V_\infty - V_0) - \ln(V_\infty - V_t)$$

上式表明 $\ln(V_\infty - V_t)$ 與 t 成直線關係，且直線斜率為：k。

不同時間 t 對應的 $\ln(V_\infty - V_t)$ 列表如下：

t/min	2.28	3.92	5.92	8.42	11.92	17.47
$(V_\infty - V_t)/cm^3$	24.85	20.89	16.92	12.93	8.92	4.92
$\ln(V_\infty - V_t)/cm^3$	3.213	3.039	2.828	2.560	2.188	1.593

以 $\ln(V_\infty - V_t)/cm^3$ 對 t 做圖，如下圖所示，各實測點正好座落在同一直線上，且求

得該直線的斜率 $= \dfrac{3.213 - 1.593}{2.28 - 17.47} = -0.1066$

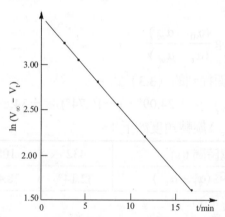

$\Rightarrow$ 可得：$k = 0.1066$ min^{-1}

附註：由上圖可知，當 $t = 0$ 時：$\ln(V_\infty - V_t) = 3.4539 \Rightarrow V_\infty - V_0 = 31.62$ cm^3

$\therefore V_0 = V_\infty - 31.62$ cm$^3 = (28.94 - 31.62)$cm$^3 = -2.68$ cm^3

▌例 3.1.7 ▌

下列結果是得自一個蔗糖轉化實驗(an experiment on the inversion)

間隔時間 $t(s)$	0	432	1080	1620	∞
旋轉角度 α	$+24.09°$	$+21.40°$	$+17.73°$	$+15.00°$	$-10.74°$

證明這個轉化反應是「1 級反應」。

：蔗糖是右旋性（Dextro-rotatory），然而葡萄糖和果糖的混合物是左旋性（Laevo-rotatory），它們是從蔗糖轉化而來。由於轉化作用，蔗糖到了某一個濃度時會逐漸的減少，其旋轉角度亦隨著比例跟著減小。

（ㄅ）全部變化的旋轉角度是$(\alpha_0 - \alpha_\infty)$，因此$(\alpha_0 - \alpha_\infty)$會和蔗糖初濃度成比例。

（ㄆ）在轉化開始後的 t 時間時，旋轉角度的變化量$(\alpha_0 - \alpha_t)$會和那個時間蔗糖濃度的減少量成比例。因此，蔗糖在這個時間 t 時剩留的濃度就和$(\alpha_0 - \alpha_\infty)$ － $(\alpha_0 - \alpha_t)$ ＝ $(\alpha_t - \alpha_\infty)$成比例。

如果這個反應是「1 級反應」，依據（2.8）式，則其反應速率式寫為：

$$k = \frac{2.303}{t} \cdot \log \frac{a}{(a-x)} \tag{I}$$

a 是反應物的初濃度，(a−x)是反應物在開始後 t 時的濃度，將以上（ㄅ）、（ㄆ）結果代入（I）式，則

$$k = \frac{2.303}{t} \cdot \log \frac{(\alpha_0 - \alpha_\infty)}{(\alpha_t - \alpha_\infty)} \tag{II}$$

上述（II）式正是前面提到的（3.3）式。

在 t＝0 時，$(\alpha_0 - \alpha_\infty)$ ＝ ＋24.09°－（－10.74°）＝ ＋34.83°

在時間 t 時，$(\alpha_t - \alpha_\infty)$旋轉角度如下：

間隔時間 t(s)	432	1080	1620	∞
旋轉角度$(\alpha_t - \alpha_\infty)$	32.14°	28.47°	25.74°	0°

將上述相關數據代入（II）式：

在時間 t＝432 s 時，$k_1 = \dfrac{2.303}{432s} \cdot \log \dfrac{34.83}{32.14} = 1.861 \times 10^{-4} \ s^{-1}$

在時間 t＝1080 s 時，$k_2 = \dfrac{2.303}{1080s} \cdot \log \dfrac{34.83}{28.47} = 1.867 \times 10^{-4} \ s^{-1}$

在時間 t＝1620 s 時，$k_3 = \dfrac{2.303}{1620s} \cdot \log \dfrac{34.83}{25.74} = 1.867 \times 10^{-4} \ s^{-1}$

觀察上述所得k_i（i＝1, 2, 3）值為一定值，由此證實蔗糖的轉化反應是「1 級反應」，且其平均反應速率常數 $\bar{k} = 1.87 \times 10^{-4} \ s^{-1}$

■ **例 3.1.8** ■

H_2O_2 在催化劑作用下水解爲 H_2O 和 O_2 的體積，試推導出反應速率常數 k 與 O_2 體積的關係式。

：

$$H_2O_{2(l)} \longrightarrow H_2O_{(l)} + \frac{1}{2}O_{2(g)} \qquad\qquad 總體積$$

$$t = 0： \quad n_{A,0} \qquad\qquad n_{O_2,0} \qquad\qquad V_0 = n_{O_2,0}\cdot\frac{RT}{p}$$

$$t = t： \quad n_A \qquad\quad \frac{1}{2}(n_{A,0}-n_A)+n_{O_2,0} \qquad V_t = \left[\frac{1}{2}(n_{A,0}-n_A)+n_{O_2,0}\right]\cdot\frac{RT}{p}$$

$$t = \infty： \quad 0 \qquad\qquad \frac{1}{2}n_{A,0}+n_{O_2,0} \qquad\qquad V_\infty = \left(\frac{1}{2}n_{A,0}+n_{O_2,0}\right)\cdot\frac{RT}{p}$$

所以 $V_\infty - V_0 = \dfrac{1}{2}n_{A,0}\cdot\dfrac{RT}{p}$ ， $V_\infty - V_t = \dfrac{1}{2}n_A\cdot\dfrac{RT}{p}$

反應過程中溶液體積（V）基本不變

所以 $\dfrac{[A]_0}{[A]} = \dfrac{n_{A,0}/V}{n_A/V} = \dfrac{n_{A,0}}{n_A} = \dfrac{V_\infty - V_0}{V_\infty - V_t}$

∵已知 1 級反應：$k = \dfrac{1}{t}\cdot\ln\dfrac{[A]_0}{[A]} \implies \therefore k = \dfrac{1}{t}\cdot\ln\dfrac{V_\infty - V_0}{V_\infty - V_t}$

假若我們測得一系列不同反應時刻 O_2 的體積，可對數據進行處理，依據 $\ln(V_\infty - V_t) = -kt + \ln(V_\infty - V_0)$。

可做 $\ln(V_\infty - V_t)$ 對 t 圖，得一直線，由直線斜率可求得反應速率常數。

■ **例 3.1.9** ■

用化學方法測定反應速率的主要困難是

（a）很難同時測定各物質濃度

（b）不能使反應在指定的時刻完全停止

（c）不易控制溫度

（d）混合物很難分離

：（b）。

■ 例 3.1.10 ■

3°戊烷基碘在乙醇水溶液中水解：$t-C_5H_{11}I+H_2O \longrightarrow t-C_5H_{11}OH+H^++I^-$

隨著反應的進行，離子的濃度增大，反應系統的電導也將增大。測得不同時刻反應系統的電導 G 值如下表所列。

t(min)	0.0	1.5	4.5	9.0	16.0	22.0	∞
G(10^{-3}s)	0.39	1.78	4.09	6.32	8.36	9.36	10.50

（1）證明此為「1 級反應」。

（2）求實驗溫度下的反應速率常數。

: $\quad\quad t-C_5H_{11}I+H_2O \longrightarrow t-C_5H_{11}OH+H^++I^-$ 總電導值

t = 0：$\quad\quad$ a $\quad\quad\quad\quad\quad\quad\quad\quad$ 0 $\quad\quad\quad\quad\quad$ G_0

t = t：$\quad$（a－x）$\quad\quad\quad\quad\quad\quad\quad$ x $\quad\quad\quad\quad\quad$ G_t

t = ∞：$\quad$ 0（完全水解）$\quad\quad\quad\quad$ a $\quad\quad\quad\quad\quad$ G_∞

依據（3.1）式，可知：$x \propto (G_t - G_0)$ 和 $a \propto (G_\infty - G_0)$

根據「1 級反應」速率公式之（2.14）式、（3.1）式及（3.2）式，

可得：$\ln\left(\dfrac{G_\infty - G_t}{G_\infty - G_0}\right) = -k_1 t$ $\quad\quad\quad\quad\quad\quad\quad\quad\quad\quad$（ㄅ）

將題給數據整理成下表：

t(min)	0.0	1.5	4.5	9.0	16.0	22.0
$[(G_\infty - G_t)/(G_\infty - G_0)]$	——	－0.151	－0.464	－0.883	－1.55	－2.18

將 $\ln[(G_\infty - G_t)/(G_\infty - G_0)]$ 與時間 t 做圖，可得一直線，證明確為「1 級反應」。

且求得直線斜率為 －0.0992，因此由（ㄅ）式可知：反應速率常數 $k_1 = 0.0992$ min^{-1}。

■ 例 3.1.11 ■

偶氮苯在異戊醇溶液中分解，產生 N_2。25℃時測得氮氣體積 V 與時間 t 的資料如下。

t/min	0	100	200	300	410	∞
V/cm^3	0	15.76	28.17	37.76	45.88	69.84

試求反應級數和反應速率常數。

：$[A]_0 = \lambda(V_\infty - V_0), \quad [A] = \lambda(V_\infty - V_t)$

$$k_A = \frac{1}{t}\ln\frac{[A]_0}{[A]} = \frac{1}{t}\ln\frac{(V_\infty - V_0)}{(V_\infty - V_t)}$$

t/min	100	200	300	410
$k_A \times 10^{-3}/\text{min}^{-1}$	2.56	2.58	2.59	2.61

$\overline{k_A} = 2.59 \times 10^{-3}\ \text{min}^{-1}$，$n = 1$

例 3.1.12

在 303 °K 時，N_2O_5 在 CCl_4 中的分解反應為：

$$N_2O_5 \longrightarrow N_2O_4 + \frac{1}{2}O_2$$

$$\Updownarrow$$

$$2NO_2$$

此反應為「1 級反應」。由於 N_2O_4 和 NO_2 均溶於 CCl_4 中，只有 O_2 能溢出，用量氣管測定不同時刻溢出 O_2 的體積，列於下表。

時間/ s	0	2400	4800	7200	9600
O_2 體積/ cm^3	0	15.65	27.65	37.70	45.85
時間/ s	12000	14400	16800	19200	∞
O_2 體積/ cm^3	52.67	58.30	63.00	66.85	84.85

（a）試求此反應的反應速率常數 k_1。

（b）求此反應的半衰期。

：根據「1 級反應」的特點可知：反應速率常數 k_1 的數值與所用濃度的單位無關，所以用任何一種與 N_2O_5 的濃度成正比的物理量來代替濃度計算 k_1 時，都不會影響其數值。因此，我們可以用溢出 O_2 的體積來求 k_1 值，這是因為根據題目的反應式，可知：每產生一個 O_2 分子，必須有 2 個 N_2O_5 分子被分解，故溢出 O_2 的體積與 N_2O_5 的濃度成正比關係。最後溢出 O_2 的體積 V_∞ 是指 N_2O_5 全部分解後 O_2 體積，所以可用來代替 N_2O_5 的初濃度，設 V 為 t 時刻溢出 O_2 的體積，則$(V_\infty - V)$即代表尚未分解的 N_2O_5 的濃度。於是（2.8）式可改寫成：

$$k_1 = \frac{1}{t} \cdot \ln\frac{V_\infty}{V_\infty - V}$$

根據上式，利用題目給的數據求出 $V_\infty - V$ 和 k_1 的數值列於下表：

t(s)	0	2400	4800	7200	9600
$V(cm^3)$	0	15.65	27.85	37.70	45.85
$V_\infty - V(cm^3)$	84.85	69.20	57.20	47.15	39.00
$k_1 \times 10^5 (s^{-1})$	——	8.50	8.22	8.16	8.10
t(s)	12000	14400	16800	19200	∞
$V(cm^3)$	52.67	58.30	63.00	66.85	84.85
$V_\infty - V(cm^3)$	32.18	26.55	21.85	18.00	0.00
$k_1 \times 10^5 (s^{-1})$	8.08	8.07	8.08	8.08	——

故求得 k_1 的平均值為：$\overline{k_1} = 8.16 \times 10^{-5} \, s^{-1}$

再根據（2.10）式，可得其半衰期為：$t_{1/2} = \dfrac{0.693}{k_1} = 8493 \, s$

▪ 例 3.1.13 ▪

用物理方法測定化學反應速率的主要優點在於

（a）不要控制反應溫度

（b）不要準確紀錄時間

（c）不需要很多玻璃儀器和藥品

（d）可連續操作、迅速、準確

：（d）。

▪ 例 3.1.14 ▪

For the reaction A＋B ——→ C, assume the pseudo first order of A and a measurable physical properties λ which is lineatly related to the concentration of the every individual A, B, C component.

$$\text{Derive} \quad \frac{\lambda_\infty - \lambda_0}{\lambda_\infty - \lambda_t} = \frac{[A]_0}{[A]} \quad \text{and} \quad \frac{\lambda_t - \lambda_0}{\lambda_\infty - \lambda_0} = \frac{[A] - [A]_0}{[A]_0}$$

Where λ_0 is λ at initial time, λ_t is λ at time t, λ_∞ is λ at time reaction is finished, $[A]_0$ is [A] at initial time, [A] is [A] at time t.

(1998 清大化研所)

：依題意已知：反應物 A 進行「假 1 級反應」（pseudo first order reaction），故可寫成：

$$-\frac{d[A]}{dt} = k[A]'$$

依據（2.7）式，可知：$[A] = [A]_0 \cdot \exp(-kt)$ （i）

又根據題意（第二行），可令 $\lambda = a[A]$（a 為常數）   （ii）

將（i）代入（ii），可得：$\lambda = a[A]_0 \cdot \exp(-kt)$ （iii）

於是（iii）式代入題目式子，可得：

$$\frac{\lambda_\infty - \lambda_0}{\lambda_\infty - \lambda_t} = \frac{a[A]_0 \exp(-k \cdot \infty) - a[A]_0 \exp(-k \cdot 0)}{a[A]_0 \exp(-k \cdot \infty) - a[A]_0 \exp(-k \cdot t)} = \frac{0 - a[A]_0}{0 - a[A]_0 \exp(-kt)}$$

$$= \exp(kt) = [A]_0 / [A] \quad (\because 利用（i）式) \qquad 得證！$$

$$又 \quad \frac{\lambda_t - \lambda_0}{\lambda_\infty - \lambda_0} = \frac{a[A]_0 \exp(-k \cdot t) - a[A]_0 \exp(-k \cdot 0)}{a[A]_0 \exp(-k \cdot \infty) - a[A]_0 \exp(-k \cdot 0)}$$

$$= \frac{a[A]_0 \exp(-kt) - a[A]_0}{0 - a[A]_0} = \frac{[A]_0 - [A]_0 \exp(-kt)}{[A]_0}$$

$$= \frac{[A]_0 - [A]}{[A]_0} \quad (\because 利用（i）式) \qquad 得證！$$

▌例 3.1.15 ▌

蔗糖在酸催化的條件下，水解轉化為果糖和葡萄糖，經實驗測定對蔗糖呈 1 級反應的特徵。

$$C_{12}H_{22}O_{11} \quad + \quad H_2O \quad \xrightarrow{H^+} \quad C_6H_{12}O_6 \quad + \quad C_6H_{12}O_6$$

蔗糖(右旋)   果糖(左旋)   葡萄糖(右旋)

這種實驗一般不分析濃度，而是用旋光儀測定反應過程中溶液的旋光角。反應開始時，測得旋光角為 $\alpha_0 = 6.60°$。在 $t = 80$ min 時，測得旋光角 $\alpha_t = 3.71°$。到 t_∞ 時，即蔗糖已水解完畢，這時的旋光角 $\alpha_\infty = -1.98°$。由於果糖的左旋大於葡萄糖的右旋，所以最後溶液是左旋的。試求該水解反應的速率常數和半衰期。

：依據「1級反應」的反應速率式可寫爲：

$$k = \frac{1}{t} \cdot \ln \frac{a}{a-x} = \frac{1}{\text{時間}} \cdot \ln\left(\frac{\text{反應物的初濃度}}{\text{反應物在t時刻的濃度}}\right) \quad\quad (I)$$

在不知濃度的情況下，可用與濃度成比例關係的其它物理量來代替，例如：壓力、體積或旋光度等。用 $(\alpha_0 - \alpha_\infty)$ 代表反應開始時的量，用 $(\alpha_t - \alpha_\infty)$ 代表在 t 時刻的量，則（I）式改寫爲：（即(3.3)式）

$$k = \frac{1}{t} \cdot \ln \frac{\alpha_0 - \alpha_\infty}{\alpha_t - \alpha_\infty} = \frac{1}{80\text{min}} \cdot \ln \frac{6.60 + 1.98}{3.71 + 1.98} = 5.1 \times 10^{-3} \text{ min}^{-1}$$

又依據（2.10）式，半衰期 $t_{1/2} = \ln2/k = \ln2/(5.1 \times 10^{-3} \text{ min}^{-1}) = 135.9$ min

　如果實驗中測定多個 α_t 値，則可用 $\ln(\alpha_t - \alpha_\infty)$ 對 t 做圖，由斜率求得 k 的平均値。

▎例 **3.1.16** ▎

下列反應在 22.6°C 進行，

$$C_6H_5\text{—}HC\text{=}CH\text{—}CHCl_2 + C_2H_5OH \longrightarrow C_6H_5\text{—}\underset{\underset{C_2H_5O}{|}}{HC}\text{—}HC\text{=}CHCl + HCl$$

(A)　　　　　　　　　　　　　　　　(B)

由於（A）分子的雙鍵與苯環形成共軛狀態，在260nm處有強吸收帶，而利用（B）分子則無共軛效應，在260nm處無吸收現象，故該反應可利用〝光吸收法研究〞。實驗測得260nm時資料如下（吸光度 $A = \lg(I_0/I) = \kappa lc$，式中 κ 爲莫耳吸收常數，l 爲溶液層厚度，c 爲濃度）：

t/min	0	10	31	74	127	178	1000	∞
A	0.406	0.382	0.338	0.255	0.184	0.143	0.001	0

試求反應級數和反應速率常數。

：已知吸光度 $A = \kappa lc$，且假設本反應爲「1級反應」，則：

$$k_A = \frac{1}{t} \ln \frac{c_{A,0}}{c_A} = \frac{1}{t} \ln \frac{A_0 - A_\infty}{A_t - A_\infty} = \frac{1}{t} \ln \frac{A_0}{A_t}$$

t/min	10	31	74	127	178	1000
$k_A \times 10^{-3}/\text{min}^{-1}$	6.09	5.91	6.28	6.23	5.86	6.01

由於各 k 値非常接近，可知其爲「1級反應」，此與原先假設相同，$\therefore$ 反應級數 n = 1。且平均値：$\bar{k} = 6.06 \times 10^{-3}$ min^{-1}

▪ 例 **3.1.17** ▪

以電解銀為催化劑進行過氧化氫的分解反應：$H_2O_2 \longrightarrow H_2O + 1/2O_2$，在恆壓下反應速率正比於氧氣的析出速率，故可用量氣管測量析出的氧氣體積來確定反應速率常數 k，在 5°C 測得如下數據：

時間/min	10	20	30	40	50	60
體積/cm^3	32.6	41.7	49.0	55.9	61.8	66.8
時間/min	70	80	90	100	105	——
體積/cm3	70.5	74.3	77.2	79.5	80.8	——

試用做圖法求出 k 值和半衰期。已知該反應是 1 級。提示：做 V_t 對 1/t 圖，從圖上讀出 V_∞。

:

t	1/t/min^{-1}	V_t/cm^3	$(V_\infty - V_t)$/cm^3	$\ln(V_\infty - V_t)$
10	0.100	32.6	68.4	4.225
20	0.050	41.7	59.3	4.083
30	0.033	49.0	52.0	3.951
40	0.025	55.9	45.1	3.809
50	0.020	61.8	39.2	3.669
60	0.017	66.8	34.2	3.532
70	0.014	70.5	30.5	3.418
80	0.013	74.3	26.7	3.285
90	0.011	77.2	23.8	3.170
100	0.010	79.5	21.5	3.068
105	0.009	80.8	20.2	3.006

$$\begin{array}{ccccc}
& H_2O_2 & \longrightarrow & H_2O & + & 1/2O_2 & 總體積 \\
\end{array}$$

當 t = 0 時：　　a　　　　　　　　　　0　　　　V_0

當 t = t 時：　　a−x　　　　　　　(1/2)·x　　　V_t

當 t =∞時：　　0　　　　　　　　(1/2)·a　　　V_∞

根據題意，已知：$-\dfrac{d[H_2O_2]}{dt} = k_1[H_2O_2]$

當 t = t 時，$[H_2O_2] = a-x$，代入上式，可得：$\dfrac{dx}{dt} = k_1(a-x)$

經積分運算，即 $\int_a^0 \dfrac{dx}{a-x} = \int_0^t k_1 dt$，可得：$\ln(a/a-x) = k_1 t$　　　　　（ㄅ）

由上面方程式已知 $V_\infty = a/2 \implies$ 故 $a = 2V_\infty$　　　　　　　　　　　　　（ㄆ）

又已知 $V_t = (a-x) + x/2 = a-x/2 \implies x = 2a - 2V_t = 4V_\infty - 2V_t$　　　（ㄇ）

∴（ㄆ）式和（ㄇ）式代入（ㄅ）式，得：$\ln[2V_\infty/(2V_t - 2V_\infty)] = k_1 t$

當 V_t 對 $1/t$ 做圖，可得：

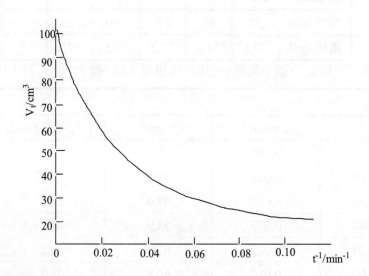

$t = \infty$ 時，由上圖逼近至左邊，得：$V_\infty = 101\ cm^3$

且由 $\ln(V_\infty - V_t)$ 對 t 做圖，可得：

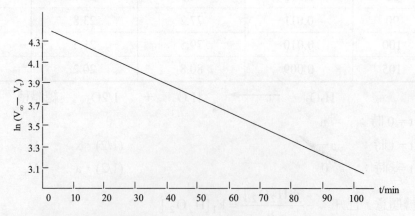

故得：$-k_1' =$ 斜率 $= 0.01283\ min^{-1}$

半衰期：$t_{1/2} = \ln2/k_1 = 0.693/0.01283 = 54.01\ min$

■ 例 **3.1.18** ■

在 30°C，初始濃度為 0.44 mol · dm^{-3} 的蔗糖水溶液中含有 2.5 mol · dm^{-3} 的甲酸，實驗測得蔗糖水解時旋光角 α 隨時間的變化資料如下：

t/h	0	8	15	35	46	85	∞
α /°	57.90	40.50	28.90	6.75	−0.40	−11.25	−15.45

試求反應級數和反應速率常數。

解：

$$C_{12}H_{22}O_{11} + H_2O \longrightarrow C_6H_{12}O_6 + C_6H_{12}O_6 \qquad 旋光角$$
$$\text{(葡萄糖)} \qquad \text{(果糖)}$$

t = 0 時：	$[A]_0$	0	0	α_0
t = t 時：	$[A]_0 - x$	x	x	α_t
t = ∞時：	0	$[A]_0$	$[A]_0$	α_∞

$$\alpha_0 = \lambda_1 [A]_0$$
$$\alpha_t = \lambda_1 ([A]_0 - x) + \lambda_2 x + \lambda_3 x = \lambda_1 [A]_0 - (\lambda_1 - \lambda_2 - \lambda_3) x$$
$$\alpha_\infty = \lambda_2 [A]_0 + \lambda_3 [A]_0 = (\lambda_2 + \lambda_3)[A]_0$$
$$\alpha_0 - \alpha_\infty = (\lambda_1 - \lambda_2 - \lambda_3)[A]_0$$
$$\alpha_t - \alpha_\infty = (\lambda_1 - \lambda_2 - \lambda_3)([A]_0 - x)$$

$$k_A = \frac{1}{t} \ln \frac{[A]_0}{[A]_0 - x} = \frac{1}{t} \ln \frac{(\alpha_0 - \alpha_\infty)}{(\alpha_t - \alpha_\infty)}$$

t/h	8	15	35	46	85
$k_A \times 10^{-2}/h^{-1}$	3.38	3.35	3.41	3.44	3.36

故得平均值：$\bar{k} = 3.39 \times 10^{-2} \ h^{-1}$，且反應級數 n = 1

■ 例 **3.1.19** ■

35.0°C，反應：$C_6H_5COCH_2Br + C_5H_5N \longrightarrow C_6H_5COCH_2N^+C_5H_5 + Br^-$

在甲醇溶劑中進行，已知反應物苯甲酚甲基溴和 pyrrole 的初始濃度都等於 0.0385 mol·dm^{-3}，反應過程中測得溶液的電阻 R 隨時間的變化資料如下：(在稀溶液中，溶液的導電度與帶電物質濃度成線性正比關係，而溶液的導電度又與電阻 R 成反比關係。)

t/min	0	53	84	110	153	203	∞
R/Ω	78190	9200	6310	5100	3958	3220	801

試求反應級數和反應速率常數？

：因有 2 個反應物參與反應，故直覺上先假設本反應為「2 級反應」。

$$C_6H_5COCH_2Br + C_5H_5N \longrightarrow C_6H_5COCH_2N^+C_5H_5 + Br^- \quad 導電度$$

t = 0 時	$[A]_0$	$[A]_0$	0	0	L_0
t = t 時：	$[A]_0 - x$	$c_{A,0} - x$	x	x	L_t
t = ∞ 時：	0	0	$[A]_0$	$[A]_0$	L_∞

$L_0 = L_M$

$L_t = L_M + \lambda_1 x + \lambda_2 x = L_M + (\lambda_1 + \lambda_2)x$

$L_\infty = L_M + \lambda_1 [A]_0 + \lambda_2 [A]_0 = L_M + (\lambda_1 + \lambda_2)[A]_0$

$L_t - L_0 = (\lambda_1 + \lambda_2)x$

$L_\infty - L_t = (\lambda_1 + \lambda_2)([A]_0 - x)$

$$k_A = \frac{x}{t[A]_0([A]_0 - x)} = \frac{1}{t[A]_0} \cdot \frac{L_t - L_0}{L_\infty - L_t} = \frac{1}{t[A]_0} \cdot \frac{1/R_t - 1/R_0}{1/R_\infty - 1/R_t}$$

$$\left(\because L \propto \frac{1}{R} \right)$$

t/min	53	84	110	153	203
$k_A \times 10^{-2} / dm^3 \cdot mol^{-1} \cdot min^{-1}$	4.12	4.13	4.11	4.09	4.06

由於各 k 值非常接近，可知其為「2 級反應」，此與原先假設相同，

$\therefore$ 反應級數 n = 2 且平均值：$\bar{k} = 4.10 \times 10^{-2} \ dm^3 \cdot mol^{-1} \cdot min^{-1}$

例 3.1.20

三氯甲烷（Chloroform，$CHCl_3$）在甲醇（CH_3OH）溶液中並含有一些甲醇鈉（CH_3ONa）有下列的作用：

$$CHCl_3 + OCH_3^- \rightleftharpoons CCl_3^- + CH_3OH \ （快）$$

$$CCl_3^- \longrightarrow CCl_2 + Cl^- \ （慢）$$

$$CCl_2 \longrightarrow 生成物 \ （快）$$

這個實驗的主要目的是測定有關 CCl_3^- 慢作用部分的反應級數，並用 0.0100 N 的 $AgNO_3$ 溶液滴定法測定在 59.7°C 和時間 t 內產生的 Cl^- 的量，以下是所得的記錄：

間隔時間 t(min)	0	4	9	15	22	30	41	50	∞
需要 $AgNO_3$ 的體積 V(ml)	1.71	3.03	4.49	5.97	7.39	8.87	10.5	11.7	16.0

證明有關 CCl_3^- 的反應是 1 級反應，並測定反應速率常數。

：測定這個反應級數的一種方法，是將 $\log(V_\infty - V)$ 對 t 的值標記在座標裏，如果這個反應是「1 級反應」，這個座標圖將會獲得一條直線，從這條直線的斜率便可算出反應速率的常數。

另一種方法是應用「1 級反應」方程式，亦即依據（2.6）式及（3.1）式和（3.2）式，

可得：$k = \dfrac{2.303}{t} \cdot \log \dfrac{V_\infty - V_0}{V_\infty - V}$ （ㄅ）

在 t = 4 min 時，$k = \dfrac{2.303}{4\text{min}} \cdot \log \dfrac{(15.98 - 1.71)\text{ml}}{(15.98 - 3.03)\text{ml}} = 0.0243 \text{ min}^{-1}$

同樣的，將其它的數據分別代入（ㄅ）式，獲得全部的 k 值如下：

k = 0.0243, 0.0241, 0.0236, 0.0231, 0.0232, 0.0233 和 0.0241 min^{-1}

觀察上述所得的 k 值近乎一致，因此這個反應可斷定是「1 級反應」，而其反應速率常數的平均值 $\bar{k} = 0.0237 \text{ min}^{-1}$

┏ 例 3.1.21 ┏

硝基乙酸 $(NO_2)CH_2COOH$ 再酸性溶液中的分解反應，

$$(NO_2)CH_2COOH \longrightarrow CH_3NO_2 + CO_2(g)$$

為 1 級反應。25℃、101.3 kPa 於不同時間測定放出 CO_2 的體積如下：

t/tim	2.28	3.92	5.92	8.42	11.92	17.47	∞
V/ cm³	4.09	8.05	12.02	16.01	20.02	24.02	28.94

反應不是從 t＝0 開始的。試以 $\ln\{V_\infty - V_t / cm^3\}$ 對 t/min 作圖，求反應的反應速率常數 k。

：題給實驗是在反應進行一段時間後才開始計時，可把這時的 t 當作零但 CO_2 的體積 V 並不為零，或者已開始計時但未開始收集 CO_2 氣體，這都不影響用作圖法求得的反應速率係數 k 的大小。不同時間 t 硝基乙酸的濃度 c 與所產生 CO_2 體積關係可表示為

$$(NO_2)CH_2COOH\,(l) \longrightarrow CH_3NO_2\,(l) + CO_2\,(g)$$

t＝0 時：　　　　c_0　　　　　　　　V_0

t　　　　　　　　c　　　　　　　　 V_t

t＝t_∞ 時：　　　0　　　　　　　　　V_∞

由反應計量式可知，c_0 正比於 $V_\infty - V_0$，c 正比於 $V_\infty - V_t$，故

$$kt = \ln\frac{c_0}{c} = \ln\frac{V_\infty - V_0}{V_\infty - V_t} = \ln\frac{V_\infty - V_0}{[V]} - \ln\frac{V_\infty - V_t}{[V]}$$

上式表明 $\ln(V_\infty - V_t)/[V]$ 與 $t/[t]$ 成直線關係。

不同時間 t 對應的 $\ln(V_\infty - V_t)/[V]$ 列表如下：

t/min	2.28	3.92	5.92	8.42	11.92	17.47
$(V_\infty - V_t)/cm^3$	24.85	20.89	16.92	12.93	8.92	4.92
$\ln(V_\infty - V_t)/cm^3$	3.213	3.039	2.828	2.560	2.188	1.593

以 $\ln(V_\infty - V_t)/cm^3$ 對 t 作圖，如附圖所示，各實測點很好地落在一直線上。故可知本反應「1 級反應」

直線的斜率：$m = \dfrac{3.213 - 1.593}{2.28 - 17.47} = -0.1066\infty$

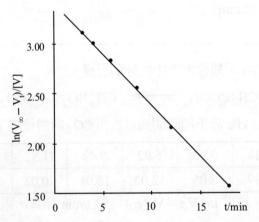

$k = -m[k] = 0.1066\,min^{-6}$

由圖可知，當 $t = 0$

$\ln(V_\infty - V_0)/cm^3 = 3.4539$

$V_\infty - V_0 = 31.62\,cm^3$

$V_0 = V_\infty - 31.62\,cm^3 = (28.94 - 31.62)cm^3 = -2.68\,cm^{-3}$

由此可見，題給實驗是在計時一段時間之後，才開始收集 CO_2 氣體的。

例 3.1.22

在 298K 時，用旋光儀測定蔗糖的轉化率，在不同時間所測得的旋光度(α_t)如下：

t/min	0	10	20	40	80	180	300	∞
α_t /(°)	6.60	6.17	5.79	5.00	3.71	1.40	−0.24	−1.98

試求該反應的反應速率常數 k 值。

解：

$$C_{12}H_{22}O_{11} + H_2O \xrightarrow{H_3O^+} C_6H_{12}O_6 + C_6H_{12}O_6$$

（蔗糖） （果糖） （葡萄糖）

t＝0 時：　　a　　　　　　　　　　0　　　　　0

t＝t 時：　　a−x　　　　　　　　　x　　　　　x

t＝∞ 時：　　0　　　　　　　　　　a　　　　　a

蔗糖和葡萄糖是右旋的，旋光度爲正，而果糖是左旋的旋光度爲負，因而在一定條件下測定反應系統的旋光度時，旋光度 ∞「物質的濃度」，設蔗糖、果糖和葡萄糖的旋光度與濃度的比例係數分別爲c_1、c_2 和 c_3，即

$$\alpha_0 = c_1 a，\alpha_\infty = c_3 a - c_2 a，\alpha_t = c_1(a-x) - c_2 x + c_3 x \tag{ㄅ}$$

則 $a = \dfrac{\alpha_0 - \alpha_\infty}{c_1 + c_2 - c_3}$，$a - x = \dfrac{\alpha_t - \alpha_\infty}{c_1 + c_2 - c_3}$　　　　　　　　　　　　（ㄆ）

採用嘗試法，將（ㄅ）、（ㄆ）兩式代入 1 級反應動力學方程式，得：

$$k = \frac{1}{t} \ln \frac{a}{a-x} = \frac{1}{t} \ln \frac{\alpha_0 - \alpha_\infty}{\alpha_t - \alpha_\infty}$$

代入實驗數據計算，結果列於下表：

t/min	10	20	40	80	180	300
$k \times 10^3$ / min^{-1}	5.14	4.96	5.16	5.13	5.18	5.32

計算所得 k 基本不變，反應爲 1 級反應，反應速率常數的平均值爲

$$\bar{k} = 5.15 \times 10^{-3} \text{ min}^{-1}$$

例 3.1.23

研究異丁烯在酸性條件下水合反應為異丁醇時，可以用膨脹測定反應體系體積的變化，現在 25°C 時有以下數據，並已知反應為「1 級反應」。

編號	1	2	3	4	5	…
時間 t(min)	0	10	20	30	40	…
膨脹計測定值	18.84	17.91	17.19	16.56	16.00	12.16

求其反應速率常數。

:

$$反應\quad CH_3-\underset{\underset{\displaystyle CH_3}{|}}{C}=CH_2 \quad + \quad H_2O \quad \xrightarrow{H^+} \quad CH_3-\underset{\underset{\displaystyle CH_3}{|}}{\overset{\overset{\displaystyle CH_3}{|}}{C}}-OH \quad \begin{array}{l}膨脹計\\測定值\end{array}$$

t = 0 時：　　　　c_0　　　　　　　c_0　　　　　　　0　　　　D_0

t = t 時：　　　　c_0-c　　　　　c_0-c　　　　　c　　　　D_t

t = ∞時：　　　　0　　　　　　　0　　　　　　　c_0　　　D_∞

由於反應體系體積的減少值與產物異丁醇濃度增加值成正比。

$D_0-D_\infty = R(c_0-0)$ 且 $D_t-D_\infty = R(c_0-c)$ （其中 R 為比例常數）

若 A 為異丁烯，對「1 級反應」而言，依據（3.3）式：

$$k = \frac{1}{t}\cdot\ln\frac{[A]_0}{[A]} = \frac{1}{t}\cdot\ln\frac{c_0}{c_0-c} = \frac{1}{t}\cdot\ln\frac{(D_0-D_\infty)/R}{(D_t-D_\infty)/R} = \frac{1}{t}\cdot\ln\frac{D_0-D_\infty}{D_t-D_\infty}$$

分別代入 2～5 組數據得：

$$k_2 = \frac{1}{10}\cdot\ln\frac{18.84-12.16}{17.91-12.16} = 0.01498\,min^{-1}$$

同理 $k_3 = 0.01419\,min^{-1}$，$k_4 = 0.01392\,min^{-1}$，$k_5 = 0.01384\,min^{-1}$

$k_2～k_5$ 平均值：$\bar{k} = 0.01423\,min^{-1}$

3·2 反應級數之常用測定法的介紹

確定化學反應的反應速率方程式十分重要，這是因為反應速率方程式可做為設計工業反應器的依據，而且可以為「反應機構」的擬定提供有用的資料。而確定反應速率方程式的重要關鍵就是〝確定反應級數〞。有時我們無法直接從實驗測出〝反應級數〞或〝反應速率常數〞，一個變通的辦法就是測定：在指定溫度下，反應物或產物濃度隨時間的變化情形，在本節裏我們將介紹一般常用的確定反應速率方程式的方法。

「反應級數」的測定方法分為兩類： 積分法 和 微分法 。

反應級數之測定法 {
一. 積分法 {
1. 嘗試法
2. 做圖法
3. 半衰期法
}
二. 微分法 {
1. 微分法
2. 孤立法 (濃度過量法)
}
}

一、積分法

利用反應速率公式的積分形式，來確定「反應級數」的方法稱為「積分法」。本方法也可用下列幾種方式求得：

1. 嘗試法

將不同時間測出的反應物濃度之實驗數據，分別代入各「反應級數」的積分式裏。若按某個公式算得的反應速率常數 k 為一常數，則該公式的級數即為「反應級數」。

必須指出：當「反應級數」是整數時（如：0、1、2、3 級反應），則採用「嘗試法」可以很快得到答案。但當「反應級數」是分數時，「嘗試法」就很難嘗試成功。

用「嘗試法」求取反應級數所面臨的最大困難就是：不知道該假定幾級反應，如果從「零級反應」開始逐步進行，則很費時間。所以掌握一些典型反應級數（如零級、1 級、2 級、3 級反應），將有助於判斷「反應級數」。

例如：表面催化反應(surface catalysis reactions)為「零級反應」。

放射元素衰變反應(radioactive decay reactions)為「1 級反應」。

分解反應(decomposition reactions)一般為「1 級反應」或「2 級反應」。

乙烯等的二聚合反應(dimerization reactions)為「2 級反應」。

皂化反應(saponification reactions)一般為「2 級反應」。

2.做圖法

配合表 2.1 的「線性關係」一欄，根據各級反應的特徵可知：

（[A] (反應物的剩餘濃度) = [A]$_0$ (初濃度)－x (反應物消耗的濃度)）

$$當反應級數 n \neq 1 時： \frac{1}{[A]^{n-1}} = (n-1)kt + \frac{1}{[A]_0^{n-1}} \qquad (2.46)$$

$$當反應級數 n = 1 時： kt = \ln \frac{[A]_0}{[A]} \qquad (2.6)$$

對「零級反應」：以[A]對 t 做圖應為一直線，斜率為－k。

對「1 級反應」：以 ln[A]對 t 做圖應為一直線，斜率為－k$_1$。

對「2 級反應」：以 1/[A]對 t 做圖應為一直線，斜率為 k$_2$。

對「3 級反應」：以 1/[A]^2 對 t 做圖應為一直線，斜率為 2k$_3$。

對「n 級反應」：以 **1/[A]$^{n-1}$** 對 t 做圖應為一直線，斜率為(n－1)k$_n$。

將實驗數據按上述不同情況做圖，若呈現直線關係，則該圖之直線斜率可換算為「反應級數」。

【例 1】：丙酸乙酯在鹼性水溶液中進行皂化反應：

$$C_2H_5COOC_2H_5 + NaOH \longrightarrow C_2H_5COONa + C_2H_5OH$$

298°K 時測得下列數據，其中 x 是在 t 時刻時消耗掉酯的濃度，試求該反應的反應級數。（a 為酯的初濃度）

t/min	酯濃度(a－x)/(mol·dm^{-3})	t/min	酯濃度(a－x)/(mol·dm^{-3})
0	25.00×10^{-3}	80	2.32×10^{-3}
5	15.53×10^{-3}	100	1.89×10^{-3}
10	11.26×10^{-3}	120	1.60×10^{-3}
20	7.27×10^{-3}	150	1.29×10^{-3}
40	4.25×10^{-3}	180	1.09×10^{-3}
60	3.01×10^{-3}		

【解】：將表中數據（a－x）取對數，並且做 ln(a－x)對 t 做圖，見圖 3.1，並非直線，故不是「1 級反應」。再將數據按 $\dfrac{1}{a-x}$ 對 t 做圖，見圖 3.2，得到一直線，故該反應是「2 級反應」。

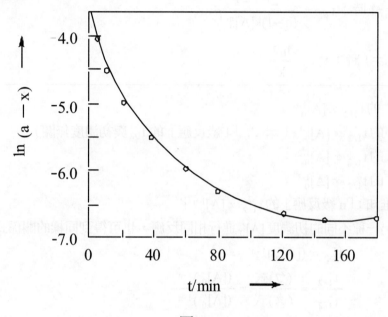

圖 3.1

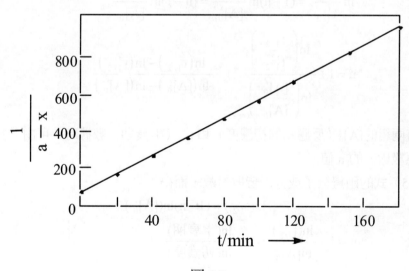

圖 3.2

3.半衰期法

　　從表 2.1 中可以看出，不同級數的反應，其半衰期與反應物初濃度有不同的關係。也就是說，若初濃度相同，則依據表 2.1 的「半衰期」一欄：

$$當反應級數 n \neq 1 時：t_{1/2} = \frac{2^{n-1} - 1}{(n-1)k[A]_0^{n-1}} \tag{2.47}$$

$$當反應級數 n = 1 時：t_{1/2} = \frac{\ln 2}{k} \tag{2.10}$$

「零級反應」的 $t_{1/2} \propto [A]_0^{1-0}$；

「1 級反應」的 $t_{1/2} \propto [A]_0^{1-1}$（$\Rightarrow \therefore$「1 級反應」的 $t_{1/2}$ 與初濃度無關）

「2 級反應」的 $t_{1/2} \propto [A]_0^{1-2}$；

「3 級反應」的 $t_{1/2} \propto [A]_0^{1-3}$；

所以同理可推知：「**n 級反應**」的 $t_{1/2} \propto [A]_0^{1-n}$。　　　　　　　　　　（ㄅ）

接著，再以另一種不同的初濃度 $[A]_0'$ 進行相同反應，也可得到同樣的關係式：

$$t_{1/2}' \propto ([A]_0')^{1-n} \tag{ㄆ}$$

則可得：
$$\frac{t_{1/2}}{t_{1/2}'} = \frac{（ㄅ）式}{（ㄆ）式} = \frac{([A]_0)^{1-n}}{([A]_0')^{1-n}} \tag{3.5}$$

兩邊取對數
$$\ln\frac{t_{1/2}}{t_{1/2}'} = (1-n)\ln\frac{[A]_0}{[A]_0'} = (n-1)\ln\frac{[A]_0'}{[A]_0}$$

$$n = 1 + \frac{\ln\left(\dfrac{t_{1/2}}{t_{1/2}'}\right)}{\ln\left(\dfrac{[A]_0'}{[A]_0}\right)} = 1 + \frac{\ln(t_{1/2}) - \ln(t_{1/2}')}{\ln([A]_0') - \ln([A]_0)} \tag{3.6}$$

因此，當有兩組的 $[A]_0$（反應物的初濃度）和 $t_{1/2}$（半衰期）數據時，可由（3.6）式計算出「反應級數」的 n 值。

也可由（3.5）式的兩邊分子或分母皆取對數，而得：

$$\ln(t_{1/2}) = (1-n)\ln([A]_0)$$

整理可得：
$$n = 1 - \frac{\ln(t_{1/2})}{\ln[A]_0} = 1 - \frac{\ln(半衰期)}{\ln(初濃度)} \tag{3.7}$$

因此「半衰期法」的解題要訣：

【何時採用「半衰期法」】：

當題目中出現：〝初濃度〞及〝半衰期〞二項數據，且要求其「反應級數」，則立刻要想到用「半衰期法」求解。即採用（3.6）式及（3.7）式：

$$n = 1 + \frac{\ln\left(\dfrac{t_{1/2}}{t'_{1/2}}\right)}{\ln\left(\dfrac{[A]'_0}{[A]_0}\right)} = 1 + \frac{\ln(t_{1/2}) - \ln(t'_{1/2})}{\ln([A]'_0) - \ln([A]_0)} \qquad (3.6)$$

或

$$n = 1 - \frac{\ln(t_{1/2})}{\ln[A]_0} = 1 - \frac{\ln(半衰期)}{\ln(初濃度)} \qquad (3.7)$$

因為 $p = \dfrac{n}{V}RT$，故〝初壓力 p_0〞與〝初濃度$[A]_0$〞成正比，因此上面（3.6）式及（3.7）式裏的〝初濃度$[A]_0$〞可改用〝初壓力$[p]_0$〞，意義不變。

【例2】： 1, 2-二氯丙醇與 NaOH 發生環化作用，生成環氧丙烷的反應

$$ClCH_2 - CHCl - CH3OH + NaOH \longrightarrow \underset{\underset{O}{\diagdown\diagup}}{CH_2 - CHCH_2Cl} + NaCl + H_2O$$

實驗測得：1, 2-二氯丙醇反應的 $t_{1/2}$ 與 $[A]_0$ 的關係如下：

實驗編號	反應物起始濃度(mol · dm⁻³)		$t_{1/2}$(min)
0	1, 2-二氯丙醇	NaOH	
1	0.475	0.475	4.80
2	0.166	0.166	12.90

反應均在 303°K 進行，試求該反應的反應級數。

【解】： ∵題意已表明：初濃度$[A]_0$與半衰期 $t_{1/2}$ 的關係 ⟹ ∴這強烈暗示著：可用初濃度與半衰期之關係公式（3.6）式或（3.7）式解之。由（3.6）式可知：

$$n = 1 + \frac{\ln\left(\dfrac{t_{1/2}}{t'_{1/2}}\right)}{\ln\left(\dfrac{[A]'_0}{[A]_0}\right)} = 1 + \frac{\ln 4.80 - \ln 12.90}{\ln 0.166 - \ln 0.475} = 1.939 \approx 2$$

故該反應為「2 級反應」。

【例3】：298°K 時測得溶液中某分解反應 2A $\longrightarrow$ B+C 的如下數據：

t(s)	0	12	29	41	58	83
[A](mole·m^{-3})	4	3.2	2.4	2.0	1.6	1.2

試求該反應的反應級數。

【解】：看到反應物濃度[A]與時間 t 的變化關係時，腦海中必須先想到是否可轉化為「半衰期」，再利用（3.6）式或（3.7）式，解之！

由以上數據可找到三個「半衰期」，如下所示：

[A](molem^{-3})	4	3.2	2.4	2.0	1.6	1.2
t(s)	0	12	29	41	58	83

可以看出：半衰期 $t_{1/2}$ = 41 s，初濃度為 4 mole·m^{-3}；

半衰期 $t'_{1/2}$ = 46 s，初濃度為 3.2 mole·m^{-3}；

半衰期 $t''_{1/2}$ = 54 s，初濃度為 2.4 mole·m^{-3}。

列表如下：

$t_{1/2}$ (s)	41	46	54
[A](mole·m^{-3})	4	3.2	2.4
ln $t_{1/2}$ (s)	3.71	3.83	3.99
ln[A](mole·m^{-3})	1.386	1.163	0.875

據以上數據，ln $t_{1/2}$ (s)對 ln[A](mole·m^{-3})做圖，可得如圖 3.3 所示之直線，該

直線的斜率為 -0.5，即 $\dfrac{\ln t_{1/2} - \ln t'_{1/2}}{\ln[A]_0 - \ln[A]'_0} = -0.5$

由（3.6）式可知：$n = 1 - \dfrac{\ln t_{1/2} - \ln t'_{1/2}}{\ln[A] - \ln[A]'}$

即 n = 1− 斜率，n = 1−(−0.5) = 1.5

故 n = 1−(−0.5) = 1.5 ∴該反應為「1.5 級反應」。

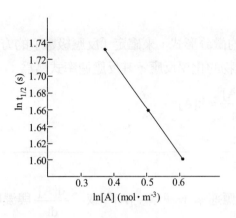

圖 3.3

_____

【例 4】：在 781°K，初壓力分別為 10132.5 P_a 和 101325 P_a 時，$HI_{(g)}$分解成 H_2 和 $I_{2(g)}$ 的半衰期分別為 135 min 和 13.5 min。試求此反應級數及反應速率常數 k。

_____

【解】：因為題目裏出現〝初壓力〞及〝半衰期〞二項數據，故腦海中必須想到要採用「半衰期法」，即採用（3.6）式或（3.7）式。本題可採用（3.6）式，即

$$2HI_{(g)} \xrightarrow[\text{V 固定}]{T = 781°K} H_{2(g)} + I_{2(g)}$$

$HI_{(g)}$的初壓力	$p_{0,1}$ = 10132.5 P_a	$p_{0,2}$ = 101325 P_a
反應的半衰期	$t_{1/2,1}$ = 135 min	$t_{1/2,2}$ = 13.5 min

$$t_{1/2} = \frac{2^{n-1} - 1}{(n-1) \cdot k_p p_0^{n-1}} = \frac{B}{p_0^{n-1}}$$

式中：k_p是用壓力表示的速率常數；B = $(2^{n-1} - 1)/[(n-1)k_p]$，對於在指定溫度下的指定反應，B 為常數。

$$t_{1/2,1} = B/p_{0,1}^{n-1} \tag{ㄅ}$$

$$t_{1/2,2} = B/p_{0,2}^{n-1} \tag{ㄆ}$$

（ㄆ）式除以（ㄅ）式後等式兩邊在取對數，整理可得：

$$n = 1 + \frac{\ln(t_{1/2,2}/t_{1/2,1})}{\ln(p_{0,1}/p_{0,2})} = 1 + \frac{\ln(13.5/135)}{\ln(10132.5/101325)} = 1 + \ln0.1/\ln0.1 = 1 + 1 = 2$$

故本題反應應為「2 級反應」，其反應速率常數為：

$k_p(HI) = 1/[t_{1/2}p_0(HI)] = 1/(10132.5\ P_a \times 135\ min) = 7.3105 \times 10^{-7}\ (P_a \cdot min)^{-1}$

二、微分法

利用反應速率公式的微分形式，來確定「反應級數」的方法，就稱為「微分法」。

〈**1**〉對於只有一種反應物的化學反應，其反應速率式寫為：

$$-\frac{d[A]}{dt} = k[A]^n \qquad (3.8)$$

「微分法」的解題要訣：

【何時採用「微分法」】：

　　當題目中出現：「反應速率 r 與濃度[A]」或「$\frac{d[A]}{dt}$ 與濃度[A]」之數據，且要求其「反應級數」時，則採取以下步驟：

　　（i）先將反應速率式寫出來。

　　（ii）接著，將此式二邊取對數，解之！

〔解法一〕：

　　在不同時間 t 時，由實驗測出反應物的濃度[A]，以[A]對 t 做圖，在此[A]－t 曲線上，找到$[A]_1$、$[A]_2$兩濃度相對應的瞬間速率$\left|-\frac{d[A]_1}{dt}\right|$和$\left|-\frac{d[A]_2}{dt}\right|$（見圖 3.4）；

　　依據（3.8）式成為：$\left|-\frac{d[A]_1}{dt}\right| = k[A]_1^n$ 和 $\left|-\frac{d[A]_2}{dt}\right| = k[A]_2^n$。

　　兩邊取對數後，可得：

$$\ln\left(-\frac{d[A]_1}{dt}\right) = \ln k + n \cdot \ln[A]_1$$

和

$$\ln\left(-\frac{d[A]_2}{dt}\right) = \ln k + n \cdot \ln[A]_2$$

二式相減得：$n = \dfrac{\ln(-\frac{d[A]_1}{dt}) - \ln(-\frac{d[A]_2}{dt})}{\ln[A]_1 - \ln[A]_2}$ 　　　　（3.9）

便可求得反應級數 n。

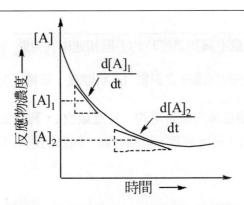

圖 3.4 反應物濃度[A]與時間 t 的關係

必須注意的是：(3.9)式中分子的 $\left(-\dfrac{d[A]_1}{dt}\right)$ 及 $\left(-\dfrac{d[A]_2}{dt}\right)$ 分別為對應濃度$[A]_1$ 及$[A]_2$ 的〝瞬間速率〞，這與〝平均速率〞不同。有人用〝平均速率〞來代替（3.9）式的分子，寫成 $\dfrac{[A]'_2 - [A]_1}{t'_1 - t_1}$ 及 $\dfrac{[A]'_2 - [A]_2}{t'_2 - t_2}$ 等式皆為錯誤。

〔解法二〕：

　　　對（3.8）式二邊皆取對數

$$\ln\left(-\frac{d[A]}{dt}\right) = \ln k + n \cdot \ln[A] \tag{3.10}$$

用 $\ln\left(-\dfrac{d[A]}{dt}\right)$ 對 $\ln[A]$ 做圖，可得一直線（見圖 3.5），直線的斜率即為「反應級數」n。

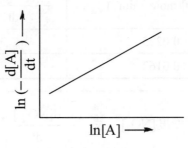

圖 3.5 $\ln\left(\dfrac{-d[A]}{dt}\right)$ 與 $\ln[A]$ 的關係

有時候，是將〔解法一〕與〔解法二〕同時用，即先求得〔解法一〕之圖 3.4 的結果，再用〔解法二〕求得圖 3.5 之結果，便可得到反應級數 n 值。由此可見：通常「微分法」會比「積分法」的處理工作量來得多些。

〔解法三〕：

另一種方法是：測量不同初濃度時的不同初速率（見圖 3.6），將這些初速率取對數 $\ln\left(-\dfrac{d[A]}{dt}\right)$ 與相對應的初濃度之對數 $\ln[A]$ 做圖，依據（3.10）式，所得的直線斜率即為「反應級數」。用這種方法確定的「反應級數」，稱為對初濃度而言的「反應級數」。顯然，這樣求得的「反應級數」更為可靠，因為初速率不會受其它複雜因素的影響。

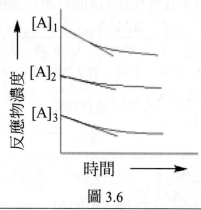

圖 3.6

【例 5】：反應 $2NO_2 \longrightarrow N_2 + 2O_2$，測得如下動力學數據，試確定該反應的反應級數。

$[NO_2](mole \cdot dm^{-3})$	$-\dfrac{d[NO_2]}{dt} (mole \cdot dm^{-3} \cdot s^{-1})$
0.0225	0.0033
0.0162	0.0016

【解】：因題目中出現〝濃度$[NO_2]$〞及〝$-\dfrac{d[NO_2]}{dt}$〞二項數據，故腦海中必須想到要用「微分法」求解，則依據（3.9）式，可得：

$$n = \frac{\ln\left\{-\dfrac{d[A]_1}{dt}\right\} - \ln\left\{-\dfrac{d[A]_2}{dt}\right\}}{\ln[A]_1 - \ln[A]_2} = \frac{\ln(0.0033/0.0016)}{\ln(0.0225/0.0162)} \approx 2$$

【例6】：在某些生物體內，存在著一種超氧化酵素（E），它可將有害的 O_2^- 改變成無害的 O_2，反應如下所示：

$$2O_2^- + 2H^+ \xrightarrow{\text{E}} O_2 + H_2O_2$$

在 pH＝9.1 時，酵素 E 的初濃度 $[E_0]=4\times10^{-7}$ mole · dm^{-3} 之條件下，測得實驗數據於下表：

實驗編號	$r(O_2^-)/(\text{mole} \cdot \text{dm}^{-3} \cdot \text{s}^{-1})$	$[O_2^-]/(\text{mole} \cdot \text{dm}^{-3})$
1	3.85×10^{-3}	7.69×10^{-6}
2	1.67×10^{-2}	3.33×10^{-5}
3	0.1	2.00×10^{-4}

試問此反應的動力學方程式為何？

─────────────────────────────

【解】：因題目中出現〝反應速率 r〞及〝濃度 $[O_2^-]$〞二項數據，故腦海中必須想到用「微分法」求解。

設 $[O_2^-]$ 為「n 級反應」，且因 $[H^+]$＝常數，

故反應速率 $r=k[O_2^-]^n$ ⋯⋯⋯⋯（I）

接著採用「微分法」的要訣：

即（I）式二邊取對數，可得：$\ln r = \ln k + n \cdot \ln[O_2^-]$

則：$\ln r_1 = \ln k + n \cdot \ln[O_2^-]$ 和 $\ln r_2 = \ln k + n \cdot \ln[O_2^-]_2$

⇒ 二式相減，得：$\ln r_1 - \ln r_2 = n(\ln[O_2^-]_1 - \ln[O_2^-]_2)$

$\therefore n = \dfrac{\ln r_1 - \ln r_2}{\ln[O_2^-]_1 - \ln[O_2^-]_2}$

$n_{a,b}$ 代表著表內第 a 行及第 b 行的實驗數據），則：

$n_{1,2} = \dfrac{\ln(3.85\times10^{-3}) - \ln(1.67\times10^{-2})}{\ln(7.69\times10^{-6}) - \ln(3.33\times10^{-5})} = 1$

$n_{1,3} = \dfrac{\ln(3.85\times10^{-3}) - \ln(0.1)}{\ln(7.69\times10^{-6}) - \ln(2.00\times10^{-4})} = 1$

$n_{2,3} = \dfrac{\ln(1.67\times10^{-2}) - \ln(0.1)}{\ln(3.33\times10^{-5}) - \ln(2.00\times10^{-4})} = 1$

故本例反應之動力學方程式為：$r = k[O_2^-]^1$

─────────────────────────────

【例7】：H_2 和 NO 反應：$2H_2 + 2NO \longrightarrow N_2 + 2H_2O$，根據實驗得到下列數據。

固定 $p(H_2)_0 = 0.0526\,MPa$		固定 $p(NO)_0 = 0.0526\,MPa$	
$p(NO)_0 / MPa$	$-\dfrac{dp(NO)_0}{dt}$	$p(H_2)_0 / MPa$	$-\dfrac{dp(H_2)_0}{dt}$
0.0472	0.0197	0.0380	0.0211
0.0395	0.0136	0.0270	0.0145
0.0200	0.0033	0.0193	0.0104

試求反應級數，表中 p_0 表示反應物開始的壓力，$-\dfrac{dp_0}{dt}$ 表示反應開始的速率。

【解】：因題目中出現〝壓力 $p(NO)$〞及〝$-\dfrac{dp(NO)}{dt}$〞二項數據，故腦海中必須想到

要用「微分法」求解。

（1）求 NO 的「反應級數」：

根據表中左邊的二排數據，H_2 的壓力固定不變。由於氣相反應中的分壓正

比於反應物的濃度（即 $p \propto \dfrac{n}{V}$）。所以（3.9）式可改寫成：

$$n = \frac{\ln\left(-\dfrac{dp_1}{dt}\right) - \ln\left(-\dfrac{dp_2}{dt}\right)}{\ln p_1 - \ln p_2} \tag{I}$$

於是從上表的左邊兩行任取兩組數據代入（I）式，可得：

前兩組：$n = \dfrac{\ln 0.0197 - \ln 0.0136}{\ln 0.0472 - \ln 0.0395} = 2.07 \approx 2$

後兩組：$n = \dfrac{\ln 0.0136 - \ln 0.033}{\ln 0.0395 - \ln 0.0200} = 2.08 \approx 2$

故本反應對 NO 而言爲「2 級反應」。

（2）求 H_2 的「反應級數」：

根據上表中的右邊二行數據代入（I）式，同樣求得：

$n = \dfrac{\ln 0.0211 - \ln 0.0145}{\ln 0.0380 - \ln 0.0270} = 1.09 \approx 1$

$$n = \frac{\ln 0.0145 - \ln 0.0104}{\ln 0.0270 - \ln 0.0193} = 0.955 \approx 1$$

故本反應對 H_2 而言為「1 級反應」。

因此，本反應的總級數為：$2 + 1 = 3$

該反應的速率方程式為：$-\dfrac{dc}{dt} = k\left(p(NO)\right)^2 \left(p(H_2)\right)^1$。

【例 8】：利用微分法確定反應級數的依據應為下列那一項？

　　　　（a）在不同時刻，系統的反應速率不同。

　　　　（b）反應級數不隨反應物初濃度改變。

　　　　（c）反應物初濃度不同，反應速率不同。

　　　　（d）在不同時刻，系統的反應速率之比等於反應物濃度的乘方之比。

　　　　（e）反應級數與系統的反應時間無關。

【解】：（d）。當 $t = t_1$，$r_1 = k c_1^n$ 且當 $t = t_2$，$r_2 = k c_2^n$ $\Rightarrow \therefore \dfrac{r_1}{r_2} = \left(\dfrac{c_1}{c_2}\right)^n$

〈2〉對於有二種或二種以上的反應物參與的反應，且反應物的初濃度又各不相同，若是該反應服從簡單級數的反應，例如：

$$-\frac{d[A]}{dt} = k[A]^\alpha [B]^\beta$$

為了分別確定「反應級數」α、β 值，則可採用「**孤立法**」，此又稱「**隔離法**」。其基本原理是：

（i）首先先確定 α。可在實驗時，使[B]濃度比[A]濃度還要過量許多，如此一來，反應過程中的[B]濃度之變化量可視為極小，故可將[B]濃度視為常數，於是上述的反應速率方程式可改寫為：

$$-\frac{d[A]}{dt} = k'[A]^\alpha$$

（$k' = k[B]^\beta$，此乃因為[B]現在是常數，故 k' 亦成為常數。）

於是現在可用本節所介紹的各種反應級數測定法（如：「積分法」和「微分法」）來確定反應級數 α 值。

（ii）　同樣的，亦可採用類似方法，使[A]濃度比[B]濃度還要過量許多，於是上述的反應速率方程式可改寫爲：

$$-\frac{d[A]}{dt} = k''[B]^\beta$$

（ $k'' = k[A]^\alpha$ ，此乃因爲[A]現在是常數，故 k'' 亦視爲常數）

這樣一來，應用本節先前介紹的各種其它反應級數測定法，又可確定反應級數 β 值。

────────────────────────────────

【例9】 $I+I+Ar \longrightarrow I_2+Ar$ 是 3 級反應。若 Ar 的濃度比 I 濃度大 100 倍，則在不同的 Ar 初濃度情況下，可得到 $\frac{1}{[I]}$ 與 t 的關係，如圖 3.7 所示之直線。如果反應速率方程式爲 $r = -\frac{1}{2}\frac{d[I]}{dt} = k[I]^\alpha [Ar]^\beta$ ，試求出對 I 和 Ar 的反應級數。

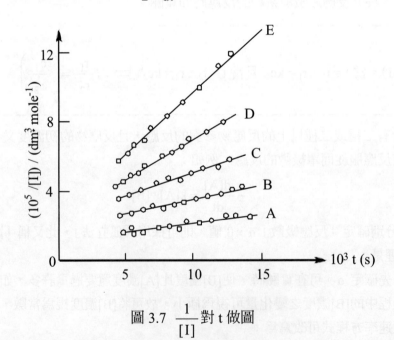

圖 3.7　$\dfrac{1}{[I]}$ 對 t 做圖

────────────────────────────────

【解】：參考§3.2 之一、積分法的 〝2.「做圖法」〞：

從圖 3.7 看出，在不同的$[Ar]_0$時，$\dfrac{1}{[I]}$ 對 t 做圖，所得均爲直線，由（2.46）式

知本反應應屬於 〝假 2 級反應〞，即對 I 而言，爲「2 級反應」。從圖 3.7 中分

別求出每條直線的斜率，並算出相對應的k_3'值，然後根據（2.6）式，做出如

圖 3.8 所示的 $\ln k_3'$ 對 $\ln[Ar]_0$ 圖，得到斜率等於 1 的直線，這說明反應對 Ar 而

言是「1 級反應」。

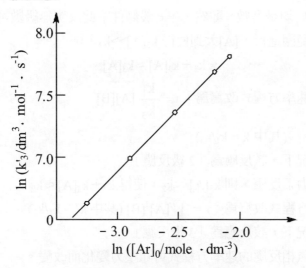

圖 8　$\ln k_3'$ 對 $\ln[Ar]_0$ 做圖

這種求「反應級數」的方法就稱爲「孤立法」，即現在有一個反應，這反應包

含 **2 個反應物**（設爲 **A 和 B**），則先使其中一個反應物 **B 大大過量**，然後調整

A 的濃度，測量在不同濃度**[A]**的反應速率，以便先求出反應物 **A 的級數**，然

後再改變 **B 的濃度**，最後求出反應物 **B 的級數**。參考第三章之 〝二、微分法〞

的〈**2**〉。

在本例題中第三者 Ar 的作用：是取走反應過程中放出的能量，以便使產物分

子（I_2）穩定下來。這樣的例子很多，如：$O + O_2 + M \longrightarrow O_3 + M$ 等。

◎◎關於反應級數，有以下兩點需要補充說明：

（1） 反應條件改變時，「反應級數」很可能也隨之改變。

有些反應的「反應級數」隨溫度、壓力、濃度及溶劑的性質而變，所以不能認為「反應級數」是永遠一成不變的。

例：由實驗得知某氣相反應 $2A + B \longrightarrow P$ 的反應速率方程式為：

$$r = \frac{k_1 [A]^2 [B]}{k_2 + k_3 [A]}$$

其中 k_1、k_2 和 k_3 均是常數。顯然，在一般條件下此反應無級數可言。但反應若在很高的壓力範圍進行，$[A]$大到使得 $k_3[A] >> k_2$，則

$$k_2 + k_3[A] \approx k_3[A]$$

於是上述反應速率方程式改寫為：$r = \dfrac{k_1}{k_3}[A][B]$

即 $r = k[A][B]$　　（其中 $k = k_1/k_3$）

所以在高壓情況下，該反應為「2 級反應」。

若在很低的壓力下反應，則 $k_3[A] << k_2$，使得 $k_2 + k_3[A] \approx k_2$

於是反應速率方程式改寫為：$r = k'[A]^2[B]$ (其中 $k' = k_1/k_2$)

因此在低壓情況下，該反應為「3 級反應」。

由此可見：該氣相反應的速率方程式可隨壓力變化而改變。

另外，在某些條件下，反應還可能出現〝假反應級數〞。

例：用酸做為催化劑時的蔗糖水解反應：

$$C_{12}H_{22}O_{11} + H_2O \xrightarrow{\quad H^+ \quad} C_6H_{12}O_6 （葡萄糖）+ C_6H_{12}O_6 （果糖）$$

人們發現速率方程式為：$r = k[C_{12}H_{22}O_{11}]$，即為「1 級反應」。但更精確的實驗卻發現到：$[H_2O]$ 和 $[H^+]$ 的變化都會改變反應速率，且反應速率為 $r = k'[C_{12}H_{22}O_{11}][H_2O]^6[H^+]$，即該反應實際為「8 級反應」。但在一般情況下，$H_2O$ 的量很大，以致在整個反應過程中，$[H_2O]$幾乎不變，同時在實驗中$[H^+]$為常數，所以$[H_2O]^6[H^+]$可與反應速率常數 k' 合併，寫做 k，這就是我們通常所測得的反應速率常數。為此，有人稱蔗糖水解為「假一級反應」。

（**2**） 測定「反應級數」的實驗方法不同，所得「反應級數」的含義也就不同。

【方法 1】：只用一個樣品，所測得的反應級數是根據反應過程中的濃度表現而定，稱為對時間而言的「反應級數」，用符號 n_t 表示。一般情況下，反應速率方程式 $r = k[A]^n$ 或 $r = k[A]^\alpha[B]^\beta$……都是由實驗測定的經驗方程式，其中的濃度都是反應物濃度。在反應過程中，如果某個產物的濃度也影響反應速率，例如：某些〝自行催化反應〞就是如此。這種影響將算到反應物級數的賬上，可見，「反應級數」n_t 往往包含著產物對反應速率的影響。

【方法 2】：使用多個樣品，通過測定各樣品的初速率，以求取「反應級數」。由於初速率不受產物影響，所以這樣得到的「反應級數」可以眞正代表著反應物濃度對反應速率的影響，因而稱爲對濃度而言的「反應級數」，用符號 n_c 表示。因爲 n_c 可以眞正代表「反應級數」本身的含意，所以人們也常稱 n_c 爲眞正反應級數。

由此可見：對產物影響不存在的反應，n_t 和 n_c 不僅含義不同，而且數值也不相同。一般而言：測 n_t 的實驗量比較少，而測 n_c 的實驗量比較多。

例 3.2.1

有某種抗菌素 0.5g 注入人體後，在血液中的濃度隨時間變化服從簡單動力學規律，實驗結果測定不同時間（h）與對應藥物（A）在血液中濃度（g·dm^{-3}）列表如下：

t(h)	4	8	12	16
[A](10^{-2}g·dm^{-3})	0.48	0.31	0.24	0.15

（1）求 37℃ 時的反應速率常數。

（2）若該藥在血液中濃度降到初濃度 $\frac{1}{2}$ 以下時就需補打第二針，求注射第二針時所間隔的時間。此時血液中藥物的濃度爲多少？

：（1）首先要確定藥物在血液中反應的動力學規律是服從幾級反應，即求反應級數，可以有以下幾種方法：

> 一、嘗試法

如果服從「1 級反應」動力學規律，則必遵循反應速率方程式：

$$k = \frac{1}{t} \cdot \ln \frac{[A]_0}{[A]}$$

由於沒有提供[A]$_0$的數據，可假設當第 4h 的濃度做爲[A]$_0$，則表改爲：

t(h)	0	4	8	12
[A](10^{-2}g·dm^{-3})	0.48	0.31	0.24	0.15

分別代入「1 級反應方程式」，嘗試求 k。利用（2.6）式，可得：

$$k_1 = \frac{1}{4} \cdot \ln \frac{0.48 \times 10^{-2}}{0.31 \times 10^{-2}} = 0.11\,h^{-1}$$

$$k_2 = \frac{1}{8} \cdot \ln \frac{0.48 \times 10^{-2}}{0.24 \times 10^{-2}} = 0.09\,h^{-1}$$

$$k_3 = \frac{1}{12} \cdot \ln \frac{0.48 \times 10^{-2}}{0.15 \times 10^{-2}} = 0.10\,h^{-1}$$

三者很相近，且平均值爲 0.10 h^{-1}，可見爲「1 級反應」。

二、作圖法

可先假設服從「1 級反應」規律，則必須遵循反應速率方程式，即（2.6）式：

$$ln[A] = -kt + ln[A]_0$$

列表如下：

t(h)	4	8	12	16
$ln[A](g \cdot dm^{-3})$	−5.40	−5.78	−6.03	−6.50

以 $ln[A]$ 對 t 做圖。

做圖後，發現點成一直線上，可見為「1 級反應」。

由圖上 C、D 兩點得直線斜率：

$$m = \frac{-5.45 - (-5.90)}{6 - 10} = -0.113 \, h^{-1} \implies k = -m = 0.113 \, h^{-1}$$

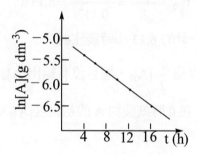

三、微分法

先以濃度 c 對 t 做圖，在曲線上取對應兩濃度的點（如：$c_1 = 0.31 \times 10^{-2} g \cdot dm^{-3}$，$c_2 = 0.24 \times 10^{-2} g \cdot dm^{-3}$），分別做二點的切線，求切線的斜率得：

$$m_1 = \frac{0.37 - 0.270}{6 - 9.5} = -0.028 \, , \quad m_2 = \frac{0.25 - 0.2}{11.5 - 14} = -0.021$$

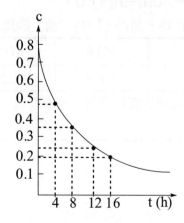

該斜率與對應濃度時的瞬間反應速率關係爲：$r = -\dfrac{d[A]}{dt} = -m$

故 $r_1 = 0.028$，$r_2 = 0.021$

代入公式，可得：$n = \dfrac{\ln r_1 - \ln r_2}{\ln c_1 - \ln c_2} = \dfrac{\ln 0.028 - \ln 0.021}{\ln 0.31 \times 10^{-2} - \ln 0.24 \times 10^{-2}} = 1.13 \approx 1$

得結論爲「1 級反應」。再按「1 級反應規律」求速率常數，如同上述方法得 $k = 0.113 h^{-1}$。

（2）達初濃度的 $\dfrac{1}{2}$ 以下就要補注射，即求反應半衰期 $t_{1/2}$，對「1 級反應」而言，依據（2.10）式，則

$$t_{1/2} = \frac{\ln 2}{k} = \frac{0.0693}{0.113} = 6.13\,h$$

即第二針應在打完第一針的 6.13 小時後注射。

此時藥物在血液中濃度爲 $\dfrac{1}{2}[A]_0$，題目沒有給出$[A]_0$，可以從「微分法」的 c 對 t 圖的曲線上推得：在 0 時刻藥物 A 的初濃度$[A]_0$約爲 0.75×10^{-2} $g \cdot dm^{-3}$。則 $t_{1/2}$ 時，藥物濃度爲：

$$0.75 \times 10^{-2} \times \frac{1}{2} = 0.38 \times 10^{-2}\ g \cdot dm^{-3}。$$

■ 例 3.2.2 ■

高溫時氣態二甲醚的分解反應可進行完全，反應式爲：

$$CH_3OCH_3 \longrightarrow CH_4 + H_2 + CO，$$

反應在定容下進行。在 504°C 時，測得不同時刻體系的總壓力數據如下：

t(s)	0	390.0	671.6	1195
$p \times 10^4 (P_a)$	4.160	5.439	6.239	7.493

試用嘗試法和做圖法確定此反應的反應級數和速率常數，並寫出其反應速率方程式和動力學方程式。

:一、嘗試法

題意已知：初壓力 $p_0 = 4.160 \times 10^{-4}$ pa

$$CH_3OCH_3 \longrightarrow CH_4 + H_2 + CO \quad 總壓力$$

t = 0 時：　　p_0　　　　　　　　　　　　　　　　　p_0

　　　一)　　　x

t = t 時：　　$p_0 - x$　　　　x　　　x　　　x　　p(總)

t = ∞ 時：　　0　　　　　　p_0　　p_0　　p_0　　p_∞

題目已知二甲醚分解可進行完全，則 $p_\infty = 3p_0 = 1.248 \times 10^{-3}$ P_a，假定爲「1 級反應」，將所給數據代入（2.6）式，求 k：（利用(3.2)式）

$$k = \frac{1}{t} \cdot \ln \frac{[A]_0}{[A]} = \frac{1}{t} \cdot \ln \frac{p_\infty - p_0}{p_\infty - p_t} \tag{ㄅ}$$

將題目數據代入（ㄅ）式，可得 k 值於下表：

t(s)	390.0	671.6	1195
$\ln \dfrac{p_\infty - p_0}{p_\infty - p_t}$	0.167	0.288	0.512
$k \times 10^{-4}(s^{-1})$	4.283	4.284	4.284

可見 k 基本上爲一常數 $\Rightarrow$ ∴n = 1 即爲「1 級反應」，且 $\bar{k} = 4.2835 \times 10\, s^{-1}$

反應速率方程式爲：$-\dfrac{dp}{dt} = kp^1 \Rightarrow -\dfrac{dp}{dt} = 4.2835 \times 10^{-4}\, p$ （I）

動力學方程式爲：利用（ㄅ）式 $\Rightarrow \ln \dfrac{8.320 \times 10^4}{1.248 \times 10^5 - p} = 4.2835 \times 10^{-4}\, t$ （II）

化簡爲：$\ln(1.248 \times 10^5 - p) = 11.329 - 4.2835 \times 10^{-4}\, t$

其指數形式爲：$p = 1.248 \times 10^5 - 8.320 \times 10^4 \exp(-4.2835 \times 10^{-4}\, t)$

二、作圖法

$$CH_3OCH_3 \longrightarrow CH_4 + H_2 + CO \quad 總壓力$$

t = 0 時：　　p_0　　　　　　　　　　　　　　　　　p_0

　　　一)　　　x

t = t 時：　　$p_0 - x$　　　x　　　x　　　x　　$p_t(總) = p_0 + 2x$

t = ∞ 時：　　0　　　　　p_0　　p_0　　p_0　　$p_\infty = 3p_0$

t(s)	0	390.0	671.6	1195
$\ln[p_\infty - p_t(總)]$	-7.092	-7.259	-7.379	-7.604

設若 n = 1，則利用（2.8）式：$\ln\dfrac{a}{a-x} = kt$

$\Rightarrow$ 利用（3.2）式：$\ln\dfrac{p_\infty - p_0}{p_\infty - p_t(總)} = kt$

由 $\ln[p_\infty - p(總)] = \ln(p_\infty - p_0) - kt$ 可知：將 $\ln[p_\infty - p_t(總)]$ 對 t 做圖，若爲直線，則 n = 1。

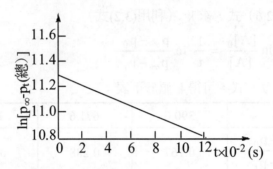

$\ln[p_\infty - p_t(總)]$ 對 t 做圖的確爲一直線 $\Rightarrow$ $\therefore$ n = 1

$$k = -斜率 = -\frac{11.16 - 10.82}{390 - 1195} = -4.2236 \times 10^{-4}\ s^{-1}$$

且速率方程式和動力學方程式同（I）及（II）式。

例 3.2.3

定容反應器中開始只有氣體 A 和 B，於 400°K 發生如下反應：

$$2A_{(g)} + B_{(g)} \longrightarrow C_{(g)} + D_{(s)}$$

（1）在總壓 $10^5\ P_a$ 下，B 的分壓由初壓 $p_{B,0} = 4\ P_a$ 降至 $p_B = 2\ P_a$ 所需時間，與由 $2\ P_a$ 降至 $1\ P_a$ 所需時間相等。在另一次實驗中，總壓仍爲 $10^5\ P_a$，A 的分壓由初壓 $p_{A,0} = 4\ P_a$ 降至 $p_A = 2\ P_a$ 所需時間爲由 $2\ P_a$ 降至 $1\ P_a$ 所需時間的一半。試寫出此反應的速率。

（2）A 和 B 按反應計量比導入反應器中，總壓力爲 $30\ P_a$。反應 7.5min 後總壓降至 $20\ P_a$。問再繼續反應多長時間總壓可由 $20\ P_a$ 將至 $15\ P_a$？另外，A 的消耗速率常數 $k_A = ?$

：（1）設反應速率方程式為：

$$-\frac{dp_A}{dt} = kp_A{}^\alpha p_B{}^\beta \tag{ㄅ}$$

在第一次實驗中 A 大大過量，可以認為反應過程中 $p_A = p_{A,0} =$ 常數。

故由（ㄅ）式可知：

$$-\frac{dp_B}{dt} = -\frac{1}{2} \cdot \frac{dp_A}{dt} = \left(\frac{1}{2}k_A p_{A,0}{}^\alpha\right)p_B{}^\beta = k'p_B{}^\beta \tag{ㄆ}$$

為〝假 β 級反應〞。又由題給條件可知：B 的半衰期與其初壓力無關，此為「1 級反應」的特徵，故 β = 1。

另一次實驗中 B 大大過量，可以認為反應過程中 $p_B = p_{B,0} =$ 常數。故由（ㄅ）式可知：（且配合 β = 1）

$$-\frac{dp_A}{dt} = (k_A p_{B,0})p_A^\alpha$$

為〝假 α 級反應〞，又由題給條件可知：A 的半衰期與其初壓力成反比，此為「2 級反應」的特徵，故 α = 2。

∴此反應的速率方程式為：

$$-\frac{dp_A}{dt} = k_A p_A^2 p_B \tag{ㄇ}$$

（2）由於 $p_{A,0} / p_{B,0} =$ 反應式中 A 的莫耳數/反應式中 B 的莫耳數 = 2，∴整個反應將遵守 $p_A = 2p_B$ 規律，代入（ㄇ）式，可得：

$$-\frac{dp_A}{dt} = k_A p_A^2\left(\frac{p_A}{2}\right) = \frac{k_A}{2}p_A^3 \tag{ㄈ}$$

又題目已知：$p_{A,0} + p_{B,0} = 30\ P_a$，且配合已知 $p_A = 2p_B$，∴$p_{A,0} = 20\ P_a$，$p_{B,0} = 10\ P_a$

設 x 為產物分壓變化量，則

	$2A_{(g)}$	$+$	$B_{(g)}$	$\longrightarrow$	$C_{(g)}$	$+$	$D_{(s)}$	總壓力
$t = 0$：	$p_{A,0}$		$p_{B,0}$		0			$p(總)_0$
一)	$2x_1$		x_1					
$t_1 = 7.5$ 分：	$p_{A,0} - 2x_1$		$p_{B,0} - x_1$		x_1			$p(總)_1$
t_2：	$p_{A,0} - 2(x_1 + x_2)$		$p_{B,0} - (x_1 + x_2)$		$x_1 + x_2$			$p(總)_2$

故 $p(總)_0 = p_{A,0} + p_{B,0} = 30\ P_a$，$p(總)_1 = p_{A,0} + p_{B,0} - 2x_1 = 20\ P_a$

∴解得：$x_1 = 5\ P_a$

又 $p_{A,1} = p_{A,0} - 2x_1 = 10\ P_a$，$p_{B,1} = \dfrac{1}{2} p_{A,1} = 5\ P_a$

$p(總)_2 = p_{A,0} + p_{B,0} - 2x_1 - 2x_2 = 15\ P_a$

$\therefore$ 解得：$x_2 = 2.5\ P_a$

於是 $p_{A,2} = p_{A,0} - 2(x_1 + x_2) = 5\ P_a$

$p_{B,2} = p_{A,2}/2 = 2.5\ P_a$

對於反應速率方程式，即（ㄷ）式：$-\dfrac{dp_A}{dt} = \left(\dfrac{k_A}{2}\right)p_A^3$

將（Ⅳ）式二邊進行積分，可得：

$$\int_{p_{A,0}}^{p_{A,1}} -\left(\dfrac{dp_A}{p_A^3}\right) = \int_0^{t_1} \left(\dfrac{k_A}{2}\right)dt \ \Rightarrow\ \dfrac{1}{2}\left(\dfrac{1}{p_{A,1}^2} - \dfrac{1}{p_{A,0}^2}\right) = \dfrac{k_A}{2}t_1$$

$$\int_{p_{A,1}}^{p_{A,2}} -\left(\dfrac{dp_A}{p_A^3}\right) = \int_{t_1}^{t_2} \left(\dfrac{k_A}{2}\right)dt \ \Rightarrow\ \dfrac{1}{2}\left(\dfrac{1}{p_{A,2}^2} - \dfrac{1}{p_{A,1}^2}\right) = \dfrac{k_A}{2}(t_2 - t_1)$$

$\because$ 已知：$k_A = \dfrac{1}{t_1}\left[\dfrac{1}{p_{A,1}^2} - \dfrac{1}{p_{A,0}^2}\right]$ （ㄅ）

由（ㄅ）式可改寫爲：

$$t_2 - t_1 = \dfrac{\left(\dfrac{1}{p_{A,2}^2} - \dfrac{1}{p_{A,1}^2}\right)}{\left(\dfrac{1}{p_{A,1}^2} - \dfrac{1}{p_{A,0}^2}\right)} \cdot t_1 = \dfrac{\left(\dfrac{1}{5^2} - \dfrac{1}{10^2}\right)}{\left(\dfrac{1}{10^2} - \dfrac{1}{20^2}\right)} \times 7.5\ \text{min} = 30\ \text{min}$$

代入上面積分式中：

$$k_A = \dfrac{\left(\dfrac{1}{p_{A,2}^2} - \dfrac{1}{p_{A,1}^2}\right)}{t_2 - t_1} = \left[\dfrac{\left(\dfrac{1}{5^2} - \dfrac{1}{10^2}\right)}{30}\right]P_a^{-2} \cdot \text{min}^{-1} = 1 \times 10^{-3}\ P_a^{-2} \cdot \text{min}^{-1}$$

■ 例 **3.2.4** ■

氰酸銨在水溶液中轉化為尿素反應為：$NH_4OCN \longrightarrow CO(NH_2)_2$ 在某溫度下測得其半衰期數據如下：

$[A]_0(mole \cdot dm^{-3})$	0.05	0.10	0.20
$t_{1/2}(h)$	37.00	19.15	9.45

試確定反應級數 n 和速率常數 k。

：根據上表中的半衰期的特點可知：「1 級反應」的半衰期與初濃度無關，零級反應的 $t_{1/2}$ 與初濃度成正比；「2 級反應」的 $t_{1/2}$ 與初濃度成正比。從題給數據看出，$t_{1/2}$ 隨初濃度增加而減少，則一定不是 1 級和零級反應，現在只要驗證 $t_{1/2} \propto \dfrac{1}{[A_0]}$，計算結果如下：

$$t_{1/2} \quad : \quad 37.03 \quad : \quad 19.15 \quad : \quad 9.45 \quad = \quad 4 \quad : \quad 2 \quad : \quad 1$$

$$\dfrac{1}{[A_0]} \quad : \quad \dfrac{1}{0.05} \quad : \quad \dfrac{1}{0.10} \quad : \quad \dfrac{1}{0.20} \quad = \quad 4 \quad : \quad 2 \quad : \quad 1$$

可知本反應為「2 級反應」。

【方法一】

由實驗數據知：$t_{1/2}$ 與 $[A]_0$ 有關，$\therefore n \neq 1$

假定 n = 2，則依據（2.19）式：$k = \dfrac{1}{t_{1/2} \cdot [A]_0}$，代入數據求 k 如下：

$[A]_0(mole \cdot dm^{-3})$	0.05	0.10	0.20
$t_{1/2}(h)$	37.00	19.15	9.45
$k(mole^{-1} \cdot dm^3 \cdot h^{-1})$	0.5405	0.5222	0.5291

可知 k 基本上為一常數，$\therefore n = 2$，且 $\bar{k} = 0.5306 \ mole^{-1} \cdot dm^3 \cdot h^{-1}$

【方法二】

因題目中出現〝初濃度〞及〝半衰期〞二項數據，故知可採用「半衰期法」，因此利用（3.6）式，得：$n = 1 + \dfrac{\ln \dfrac{t_{1/2}}{t'_{1/2}}}{\ln \dfrac{[A]'_0}{[A]_0}}$

$$n = 1 + \frac{\ln(t_{1/2})_1 - \ln(t_{1/2})_2}{\ln[A]_{0,2} - \ln[A]_{0,1}} = 1 + \frac{\ln(37.00/19.15)}{\ln(0.10/0.05)} \approx 2$$

同理，運用第 1, 3 組數據：

$$n = 1 + \frac{\ln(t_{1/2})_1 - \ln(t_{1/2})_3}{\ln[A]_{0,3} - \ln[A]_{0,1}} = 1 + \frac{\ln(37.00/9.45)}{\ln(0.20/0.05)} \approx 2$$

$\Rightarrow$ 由此證明本反應爲「2 級反應」。

利用（2.9）式：$k = \dfrac{1}{t_{1/2} \cdot [A]_0}$，求得 $\overline{k} = 0.5306 \, \text{mole}^{-1} \cdot \text{dm}^3 \cdot \text{h}^{-1}$

■ 例 3.2.5 ■

氣相反應：$2NO_{(g)} + 2H_{2(g)} \longrightarrow N_{2(g)} + 2H_2O_{(g)}$ 的速率方程爲：

$$-\frac{dp(NO)}{dt} = k \cdot p^\alpha(NO) \cdot p^\beta(H_2)$$

$700°C$ 測得 NO 及 H_2 的起始分壓力及對應的初速率如下：

$p_0(NO)/kP_a$	$p_0(H_2)/kP_a$	$-\left[\dfrac{dp(NO)}{dt}\right]_{t=0} \Big/ P_a \cdot min^{-1}$
50.6	20.2	486
50.6	10.1	243
25.3	20.2	121.5

求 NO 及 H_2 的分級數 α、β 和反應速率常數 k。

：本題反應速率方程式中壓力變數有兩個，而且是相互獨立的，又未提供壓力 p 對 t 數據或壓力 p 對 $t_{1/2}$ 數據，故不必考慮「微分法」或「半衰期法」來確定反應級數。但從題給數據中可以發現：各組數據間有一個初壓力相等或可成簡單比例，這暗示著可以從數據比較中消去一個變數，以便簡化相互關係，進而得出結論。

$$\left[\frac{dp(NO)}{dt}\right]_{t=0,1} \Big/ \left[\frac{dp(NO)}{dt}\right]_{t=0,2} = \frac{486}{243} = 2 = \frac{p_{0,1}^\alpha(NO)p_{0,1}^\beta(H_2)}{p_{0,2}^\alpha(NO)p_{0,2}^\beta(H_2)} = \left[\frac{p_{0,1}(H_2)}{p_{0,2}(H_2)}\right]^\beta$$

$$= \left(\frac{20.2}{10.1}\right)^\beta = 2^\beta$$

即 $2^1 = 2^\beta$，所以 $\beta = 1$

再比較 1、3 組數據：

$$\left[\frac{dp(NO)}{dt}\right]_{t=0,1} \Big/ \left[\frac{dp(NO)}{dt}\right]_{t=0,3} = \frac{486}{121.5} = 4 = \frac{p_{0,1}^{\alpha}(NO)p_{0,1}^{\beta}(H_2)}{p_{0,3}^{\alpha}(NO)p_{0,2}^{\beta}(H_2)} = \left[\frac{p_{0,1}(NO)}{p_{0,3}(NO)}\right]^{\alpha}$$

$$= \left(\frac{50.6}{25.3}\right)^{\alpha} = 2^{\alpha}$$

即 $2^2 = 2^{\alpha}$，所以 $\alpha = 2$

題給反應的速率方程為：$-dp(NO)/dt = k \cdot (p(NO))^2 (p(H_2))^1$

將任一組數據代入上式，可得：

$$k = \frac{-[dp(NO)/dt]_{t=0}}{p_0^2(NO) \cdot p_0(H_2)} = \frac{121.5\ P_a \cdot min^{-1}}{(25.3 \times 10^3\ P_a)^2 \times 20.2 \times 10^3\ P_a} = 9.4 \times 10^{-12}\ P_a^{-2} \cdot min^{-1}$$

例 3.2.6

反應 $A + B \longrightarrow D$ 的速率方程式為：$-\dfrac{d[A]}{dt} = k[A]^{\alpha}[B]^{\beta}$ 測得數據如下：

實驗次數	$[A]_0/mole \cdot dm^{-3}$	$[B]_0/mole \cdot dm^{-3}$	t/h	$[A]/mole \cdot dm^{-3}$
1	0.1	1.0	5.15	0.095
2	0.1	2.0	11.20	0.08
3	0.1	0.1	1000	0.05
4	0.2	0.2	500	0.1

（1）求分級數 α 及 β。 （2）計算速率常數 k。

：由於題給數據中不含〝初速率〞數據，只有〝c 對 t〞數據，故不能使用【3.2.5】題
所用代入速率方程式及進行對比的方法。還有要注意到現在速率方程式中含有兩個
濃度變數。故有必要看看有無減少變數的條件。

（1）對於實驗 3 與實驗 4 而言：$\dfrac{[A]_0}{[B]_0} = 1$

所以反應過程中，反應會遵循[A] = [B]之關係。

由這兩次實驗數據可以求出總反應級數 $\alpha + \beta$。

實驗 3 數據中，可知：$[A] = [A]_0/2$，$[A]_{0,3} = 0.1\ mole \cdot dm^{-3}$，且 $t_{1/2,3} = 1000\ h$

實驗 4 數據中，可知：$t_{1/2,4} = 500\ h$，$[A]_{0,4} = 0.2\ mole \cdot dm^{-3}$

由上述分析，可知：$t_{1/2,3}/t_{1/2,4} = [A]_{0,4}/[A]_{0,3}$

亦即半衰期與初濃度成反比，這是「2級反應」的特徵，所以 $\alpha + \beta = 2$。

為確定各成分的反應級數 α 和 β 可採用以下方法：

α	1	2	0	1.5	0.5	...
β	1	0	2	0.5	1.5	...

先假設 $\alpha = 1$，$\beta = 1$ $\Rightarrow$ $-\dfrac{d[A]}{dt} = k[A][B]$ \hfill （I）

注意到在實驗 1 和實驗 2 中，$[A]_0 << [B]_0$

$\because [B]_0 >> [A]_0$，也就是說：在反應時間 t 內，$[A]_0$ 對[A]的變化量相對於$[B]_0$對[B]的變化量來說很小，即$[B] \approx [B]_0$ 常數。

故 $-\dfrac{d[A]}{dt} = (k[B]_0)[A] = k'[A]$

利用「1級反應」速率方程式，即（2.6）式，得：

〈實驗1〉：$k_1' = \dfrac{1}{t_1} \cdot \ln\dfrac{[A]_{0,1}}{[A]_1} = \dfrac{1}{5.15h} \cdot \ln\dfrac{0.1}{0.095} = 9.96 \times 10^{-3} \, h^{-1}$

$k_1 = k_1'/[B]_{0,1} = 9.96 \times 10^{-3} \, h^{-1}/1.0 \, mole \cdot dm^{-3}$

$= 9.96 \times 10^{-3} \, dm^3 \cdot mole^{-1} \cdot h^{-1}$

〈實驗2〉：$k_2' = \dfrac{1}{t_2} \cdot \ln\dfrac{[A]_{0,2}}{[A]_2} = \dfrac{1}{11.2h} \cdot \ln\dfrac{0.1}{0.08} = 0.01992 \, h^{-1}$

$k_2 = k_2'/[B]_{0,2} = 0.01992 \, h^{-1}/2.0 \, mole \cdot dm^{-3}$

$= 9.96 \times 10^{-3} \, dm^3 \cdot mole^{-1} \cdot h^{-1}$

$k_1 = k_2$，所以假設 $\alpha = 1$、$\beta = 1$ 是正確的，不必再試其它值。

(2) 以上算出的 k_1 和 k_2 值都可以認為是所要求的 k 值。由於計算時引入了$[B] \approx [B]_0$ 的近似處理，所以數值還不夠精確。精確數值可由實驗 3（或實驗 4）求得：

$$-\frac{d[A]}{dt} = k[A]^2$$

$$k = \frac{1}{t} \cdot \left(\frac{1}{[A]} - \frac{1}{[A]_0}\right) = \frac{1}{1000} \cdot \left(\frac{1}{0.05} - \frac{1}{0.1}\right) dm^3 \cdot mole^{-1} \cdot h^{-1}$$

$$= 0.01 \, dm^3 \cdot mole^{-1} \cdot h^{-1}$$

■ **例 3.2.7** ■

把一定量的 $PH_{3(g)}$ 引入含惰性氣體的 600°C 的燒瓶中，$PH_{3(g)}$ 分解為 $P_{4(g)}$ 和 $H_{2(g)}$（可完全分解），測得總壓隨時間的變化如下：

t/s	0	60	120	∞
p/P_a	34983.17	36383.03	36733.66	36849.65

求反應級數及速率常數。

：用積分法確定反應級數一般有如下步驟：

（1）令 A 為惰性氣體

$$4PH_{3(g)} \longrightarrow P_{4(g)} + 6H_{2(g)} + A \qquad 總壓力$$

t = 0： $p(PH_3)_0$ $\qquad$ 0 $\qquad$ 0 $\qquad$ p_A $\qquad$ $p_0 = p(PH_3)_0 + p_A$

$\qquad\qquad$ −) $\quad$ 4x

t = t： $p(PH_3)_0 - 4x$ $\quad$ x $\qquad$ 6x $\qquad$ p_A $\quad$ $p_t = p(PH_3)_0 + 3x + p_A$

t = ∞： $\quad$ 0 $\qquad$ $p(PH_3)_0/4$ $\quad$ $6p(PH_3)_0/4$ $\quad$ p_A $\qquad$ p_∞

故 $p_\infty = \dfrac{p(PH_3)_0}{4} + \dfrac{6p(PH_3)_0}{4} + p_A = \dfrac{7p(PH_3)_0}{4} + p_A$

假定為「1 級反應」：

則 $-\dfrac{dp(PH_3)}{4dt} = k[p(PH_3)]$

$\Rightarrow -\dfrac{d[p(PH_3)_0 - 4x]}{4dt} = k[p(PH_3)_0 - 4x] \Rightarrow dx/dt = k(p(PH_3)_0 - 4x)$

將上式二邊積分後，可得：$\ln\{p(PH_3)_0/[p(PH_3)_0 - 4x]\} = 4kt$

（2）將積分法中出現的量和題目所給出的量聯繫起來

由 $\begin{cases} p_0 = p(PH_3)_0 + p_A \\ p_t = p(PH_3)_0 + 3x + p_A \\ p_\infty = 7p(PH_3)_0/4 + p_A \end{cases}$，得：$\begin{cases} p(PH_3)_0 = 4/3 \cdot (p_\infty - p_0) \\ x = 1/3 \cdot (p_t - p_0) \end{cases}$

所以

$$\ln\{p(PH_3)_0/[p(PH_3)_0 - 4x]\} = \ln\{4/3 \cdot (p_\infty - p_0)/[4/3(p_\infty - p_0) - 4/3(p_t - p_0)]\}$$
$$= \ln[(p_\infty - p_0)/(p_\infty - p_t)]$$
$$= 4k \cdot t$$

（3）以 $\ln(p_\infty - p_t)$ 對 t 做圖

t/s	0	60	120	∞
p/pₐ	34983.2	36383.0	36733.7	36849.7
$\ln(p_\infty - p_t)$	7.53	6.15	4.75	——

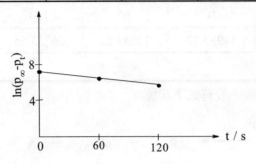

得：$\begin{cases} \text{一條直線} \\ \text{斜率} = -4k = -0.02283 \end{cases}$

所以爲「1 級反應」，且 $k = 0.02283/4 = 5.71 \times 10^{-3}\ s^{-1}$

用「嘗試法」求取反應級數所面臨的最大困難就是：不知道該假定幾級反應，如果從「零級反應」開始逐步進行，則很費時間。所以掌握一些典型反應級數（如零級、1 級、2 級、3 級反應），將有助於判斷。

例如：表面催化反應爲「零級反應」。

　　　放射元素衰變反應爲「1 級反應」。

　　　分解反應一般爲「1 級反應」或「2 級反應」。

　　　乙烯等的二聚合反應爲「2 級反應」。

　　　皂化反應一般爲「2 級反應」。

例 3.2.8

在一定溫度下，反應：2A ⟶ B，實驗測得以下數據：

t/(min)	0	20	40	60
[A]/(mole · m⁻³)	8	6	4.5	3.375

即每隔相同的時間間隔 $\Delta t = 20$ min，A 反應掉的分數爲定值，即 $y_A = ([A]_1 - [A]_2)/[A]_1 = 1/4$，此反應爲幾級反應？反應的半衰期 $t_{1/2}$ 爲若干？

注意：若每隔相同的時間，反應物反應掉的分數為定值，此反應必為「1 級反應」。

因為利用（2.13）式，可知：$k_A \Delta t = \ln \dfrac{1}{1-y_A}$　　　　　　　（ㄅ）

將題目提供數據代入（ㄅ）式，其中 $y_A = 1 - \dfrac{[A]}{[A]_0} = 1 - \dfrac{[A]}{8}$ ，

則得：$\Delta t = t_{1/4} = 20$ min，$y_A = 1/4$。

每反應掉 1/4 所需的時間，也可稱為「1/4 衰期」，用 $t_{1/4}$ 表示，上面證明 $t_{1/4}$ 與反應物 A 的初濃度的大小無關，故為「1 級反應」。

又由（ㄅ）式可得此反應的反應速率常數：

$$k_A = (1/t_{1/4}) \cdot \ln[1/(1-y_A)] = (1/20 \text{ min}) \cdot \ln(4/3) = 14.384 \times 10^{-3} \text{ min}^{-1}$$

反應物 A 的半衰期，即（2.10）式：$t_{1/2} = (\ln 2)/k_A = 48.19 \text{ min}$

■ 例 3.2.9 ■

（a）某一反應的速率方程式為：$-\dfrac{dc}{dt} = kc^n$　　　　　　　（ㄅ）

現按等時間間隔讀取一組濃度數據：

t	t_1	t_2	t_3	…
c	c_1	c_2	c_3	…

試證明：如 $c_i - c_{i+1}$, c_i/c_{i+1} 和 $\dfrac{1}{c_i} - \dfrac{1}{c_{i+1}}$ 為常數，則反應的級數分別為零級，1 級和 2 級。

（b）已知某一反應物的反應呈簡單級數，在不同時刻 t 測得反應物濃度如下：

t/s	4	8	12	16	20
c/mole · dm^{-3}	0.480	0.326	0.222	0.151	0.103

請判斷反應級數。

：(a) 將（ㄅ）式積分後，可得下列二種式：

$$
\begin{cases}
當\ n = 1\ 時，t = \dfrac{1}{k_1} \cdot \ln \dfrac{c_0}{c} & \text{（ㄆ）} \\[3mm]
當\ n \neq 1\ 時，t = \dfrac{1}{k_n(1-n)}(c_0^{1-n} - c^{1-n}) & \text{（ㄇ）}
\end{cases}
$$

現以反應進程中某一時刻 t_i 為反應起點，以 $t(c_i \to c_{i+1})$ 表示反應物濃度由 c_i 變至 c_{i+1} 所需時間，則 $n = 1$ 時，由（ㄆ）式可得：

$$
t(c_i \to c_{i+1}) = \frac{1}{k_1} \cdot \ln \frac{c_i}{c_i + 1} \tag{ㄈ}
$$

令 $t(c_i \to c_{i+1})$ 固定不變，則由（ㄈ）式可知：$\dfrac{c_i}{c_{i+1}} = $ 常數

故證得：若為「1 級反應」時，則 $\dfrac{c_i}{c_{i+1}} = $ 常數 （ㄉ）

$n \neq 1$ 時，由（ㄇ）式可得：

$$
t(c_i \to c_{i+1}) = \frac{1}{k_n(1-n)}(c_i^{1-n} - c_{i+1}^{1-n}) \tag{ㄊ}
$$

令 $t(c_i \to c_{i+1})$ 固定不變，則由（ㄊ）式可得：

$$
c_i^{1-n} - c_{i+1}^{1-n} = t_{(C_i \to C_i + 1)} \cdot kn \cdot (1-n) = 常數 \tag{ㄋ}
$$

對「零級反應」，則 $n = 0$ 代入（ㄋ）式，得：$c_i - c_{i+1} = $ 常數

對「2 級反應」，則 $n = 2$ 代入（7）式，得：$\dfrac{1}{c_i} - \dfrac{1}{c_{i+1}} = $ 常數

(b) 由題目數據可知：反應物濃度是按等時間間隔測得的。觀察這些濃度數據可發現：

$$
\frac{0.480}{0.326} = \frac{0.326}{0.222} = \frac{0.222}{0.151} = \frac{0.151}{0.103} = 1.47 \approx 1.5
$$

依據上面（ㄉ）式的結論，可推斷本反應為「1 級反應」。

例 3.2.10

在 1099°K 測定氣相反應 $2NO + 2H_2 \longrightarrow N_2 + 2H_2O$ 的速率，結果列於下表：

	$p_0(H_2)/kPa$	$p_0(NO)/kPa$	$r_0/(kPa \cdot s^{-1})$
1	53.3	40.0	0.137
2	53.3	20.3	0.033
3	38.5	53.3	0.213
4	19.6	53.3	0.105

（1）求反應對 NO 及 H_2 之個別級數。

（2）若氣體爲混合理想氣體，在等容時，請求出反應速率 $r = \dfrac{1}{V} \cdot \dfrac{d\xi}{dt}$ 與 dp/dt 之關係，

其中 p 爲總壓力。

（3）若初始體系總壓爲 p_0，設 $x(NO) = x_0$、$x(H_2) = 1 - x_0$，求 dp/dt 與總壓 p 之關係。

：（1）假設此反應速率方程式爲 $r = k(p_{NO})^\alpha (p_{H_2})^\beta$

對 exp1、2 而言，$\dfrac{r_{0,1}}{r_{0,2}} = \dfrac{k(40.0)^\alpha (53.3)^\beta}{k(20.3)^\alpha (53.3)^\beta} = \left(\dfrac{40.0}{20.3}\right)^\alpha = \dfrac{0.137}{0.033}$，求得 $\alpha = 2$

對 exp3、4 而言，$\dfrac{r_{0,3}}{r_{0,4}} = \dfrac{k(53.3)^\alpha (28.5)^\beta}{k(53.3)^\alpha (19.6)^\beta} = \left(\dfrac{38.5}{19.6}\right)^\beta = \dfrac{0.213}{0.105}$，求得 $\beta = 1$，

所以 $r = k(p_{NO})^2 (p_{H_2})^1$

（2）$pV = nRT$，$p = \dfrac{w}{V}RT$，$r = \dfrac{1}{V} \cdot \dfrac{d\xi}{dt} = \dfrac{1}{RT} \cdot \dfrac{dp}{dt}$

（3）$\qquad\qquad 2NO \quad + \quad 2H_2 \quad\longrightarrow\quad N_2 \quad + \quad 2H_2O \qquad$ 總壓

t = 0 時： $x_0 p_0 \qquad (1-x_0)p_0 \qquad\qquad\qquad\qquad\qquad p_0$

t = t 時： $x_0 p_0 - 2y \quad (1-x_0)p_0 - 2y \qquad\quad y \qquad 2y \qquad\quad p$

總壓力 $p = x_0 p_0 - 2y + [(1-x_0)p_0 - 2y] + y + 2y = p_0 - y \Rightarrow y = p_0 - p$

$\dfrac{dp}{dt} = k[x_0 p_0 - 2(p_0 - p)]^2 [(1-x_0)p_0 - 2(p_0 - p)]$

$\qquad = k[2p - (2-x_0)p_0]^2 [2p - (1+x_0)p_0]$

例 3.2.11

在 673°K 時 A 與 B 發生化學反應，當保持 B 的壓力（10 kP$_a$）不變，改變 A 的壓力，測定反應初始速率如下：

p$_{A,0}$/kP$_a$	10	15	25	40	60	100
r$_0 \times 10^{-4}$/P$_a \cdot$ s^{-1}	1.00	1.22	1.59	2.00	2.45	3.16

當保持 A 的壓力（10 kP$_a$）不變，改變 B 的壓力，測定反應初始速率如下：

p$_{B,0}$/kP$_a$	10	15	25	40	60	100
r$_0 \times 10^{-3}$/P$_a \cdot$ s^{-1}	1.00	1.84	3.95	8.00	14.7	31.6

（1）求算 A、B 的各成份反應級數和反應總級數。　　（2）求算反應速率常數。

：（1）令本反應之反應速率式：$r_0 = kp_{A,0}^{\alpha} p_{B,0}^{\beta}$ 　　　　　　　　　　　　　　　（ㄅ）

因為第一組反應數據 p$_{B,0}$ 為一常數，故（ㄅ）式可改寫為：

$$r_0 = kp_{B,0}^{\beta} p_{A,0}^{\alpha} = k' p_{A,0}^{\alpha} \implies \ln(r_0) = \alpha \cdot \ln(p_{A,0}) + \ln(k')$$

亦即採用〝二、微分法〞的要訣處理！

計算 ln(p$_{A,0}$)、ln(r$_0$) 值，列表如下：

ln(p$_{A,0}$)	9.21	9.62	10.13	10.60	11.00	11.51
ln(r$_0$)	−9.21	−9.01	−8.75	−8.52	−8.31	−8.06

將 ln(p$_{A,0}$) 對 ln(r$_0$) 做圖，可得到斜率 = α = 0.5。

又題意已知：對第二組實驗數據 p$_{A,0}$ 為一常數，故也可改寫為：

$$r = kp_{A,0}^{\alpha} p_{B,0}^{\beta} = k'' p_{B,0}^{\beta} \implies \ln(r_0) = \beta \cdot \ln(p_{B,0}) + \ln(k'')$$

計算 ln(p$_{B,0}$)、ln(r$_0$) 值，列表如下：

ln(p$_{B,0}$)	9.21	9.62	10.13	10.60	11.00	11.51
ln(r$_0$)	−6.91	−6.30	−5.53	−4.83	−4.22	−3.45

將 ln(p$_{B,0}$) 對 ln(r$_0$) 做圖，可得到

斜率 = β = 1.5 $\implies$ ∴ 反應總級數　n = α + β = 0.5 + 1.5 = 2

（2）代入（I）式，得：

$$k = \frac{r_0}{p_{A,0}^{\alpha} p_{B,0}^{\beta}} = \frac{1.00 \times 10^{-4} \text{ P}_a \cdot \text{s}^{-1}}{(10 \times 10^3 \text{ P}_a)^{0.5} \times (10 \times 10^3 \text{ P}_a)^{1.5}} = 1.00 \times 10^{-12} \text{ P}_a^{-1} \cdot \text{s}^{-1}$$

■ 例 **3.2.12** ■

DeGraff 和 Lang 應用 Br_2-SF_6 混合物的閃光光解反應，以研究溴原子複雜反應：

$$Br + Br \xrightarrow{\quad k \quad} Br_2$$

當 $[Br_2]/[SF_6] = 3.20 \times 10^{-2}$ 時，測得不同時刻的 $[Br]$，求該反應的反應級數及 k 值。

$[Br] \times 10^{-5}/mole \cdot dm^{-3}$	2.58	1.51	1.04	0.80	0.67	0.56
$t/\mu s$	120	220	320	420	520	620

【解一】：做 $1/[Br]$ 對 t 做圖可得一直線，故可知為「2 級反應」。由該直線斜率可求
得 $k = 2.79 \times 10^8 mole^{-1} \cdot dm^3 \cdot s^{-1}$。

利用做圖法，做 $1/[Br]$ 對 t 做圖可得一直線。

$t/\mu s$	120	220	320	420	520	620
$[Br] \times 10^{-5}/mole \cdot dm^{-3}$	2.58	1.51	1.04	0.801	0.673	0.564
$1/[Br] \times 10^5$	0.3888	0.662	0.962	1.25	1.49	1.786

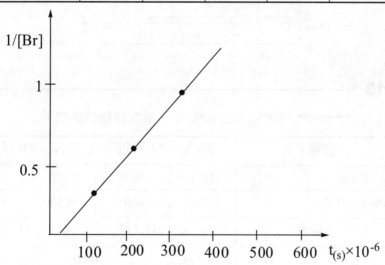

故可知為「2 級反應」，並可求得此直線斜率
即得 $k = 2.79 \times 10^8 mole^{-1} \cdot dm^3 \cdot s^{-1}$

【解二】：也可做 $[Br]$ 對 t 圖，取不同的 $t_{1/2}$，再做 $\ln[Br]_0$ 對 t 圖，可得：斜率 $= -1.03$，
利用 $n = 1 - (-1.03) \approx 2$，故知為「2 級反應」。
再由【解一】的方式，求得反應速率常數 k。

[Br]₀ 和[Br]₀/2	t/μs	t₁/₂ /μs	k₁ /s⁻¹	k₂ /mole⁻¹·dm³·s⁻¹
2.58×10^{-5}	120	140	2.68×10^4	2.77×10^8
1.29×10^{-5}	260			
1.51×10^{-5}	220	240	4.59×10^4	2.76×10^8
0.76×10^{-5}	460			
1.04×10^{-5}	320	340	6.66×10^4	2.83×10^8
0.52×10^{-5}	660			

由上表可知 k_2 幾乎一致，故反應為「2 級反應」

∴可得平均值：$\bar{k}_2 = 2.79\times10^8$ mole⁻¹·dm³·s⁻¹

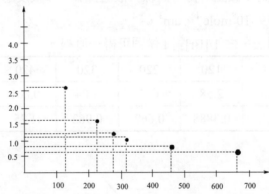

■ 例 **3.2.13** ■

反應 $CO_{(g)} + Cl_{2(g)} \longrightarrow COCl_{2(g)}$ 在 298°K 下，兩次實驗結果如下：

實驗 I		$p_{Cl_2,0} = 53.3\,kP_a$		$p_{CO,0} = 0.53\,kP_a$	
t/min	0	34.5	69.0	138	∞
p_{COCl_2} /kP_a	0	0.266	0.400	0.500	0.533
實驗 II		$p_{Cl_2,0} = 213.3\,kP_a$		$p_{CO,0} = 0.53\,kP_a$	
t/min	0	34.5		69.0	∞
p_{COCl_2} /kP_a	0	0.400		0.500	0.533

請計算反應速率表達式 $r = k_p p_{CO}^{\alpha} p_{Cl_2}^{\beta}$ 中的 α 和 β。

：反應 $\qquad CO_{(g)} \quad + \quad Cl_{2(g)} \quad \longrightarrow \qquad COCl_{2(g)}$

t=0 時： $\qquad p_{CO,0} \qquad\qquad p_{Cl_2,0} \qquad\qquad 0\,(p_{Cl_2,0} \gg p_{CO,0})$

t=t 時： $\qquad p_{CO} \qquad\qquad p_{Cl_2,0} \qquad\qquad p_{CO,0} - p_{CO}$

所以 $p_{CO} + p_{COCl_2} = p_{CO} + p_{CO,0} - p_{CO} = p_{CO,0}$ $\qquad\qquad$（ㄅ）

當 t=∞ 時，CO 反應完全，（ㄅ）式變爲 $p_{COCl_2,\infty} = p_{CO,0}$

故（ㄅ）式改寫成：$p_{CO} = p_{CO,0} - p_{COCl_2} = p_{COCl_2,\infty} - p_{COCl_2}$

利用上式可以計算出不同反應時間的 p_{CO}，列表如下：

I.	t/min	0	34.5	69.0	138	∞
	p_{CO}/kP_a	0.533	0.267	0.133	0.033	0
II.	t/min	0	34.5	69.0	∞	——
	p_{CO}/kP_a	0.533	0.133	0.033	0	——

分析實驗 I 數據：

在 34.5 min 時，$p_{CO} = 0.267kP_a = \dfrac{1}{2} \times 0.533kP_a = \dfrac{1}{2}p_{CO,0}$

所以 $p_{CO,0} = 0.533\ kP_a$ 時，$t_{1/2} = 34.5\ min$

在 69.0 min 時，$p_{CO}\,(69.0min) = \dfrac{1}{2}p_{CO}\,(34.5min)$

所以 $p_{CO,0} = 0.267kP_a$ 時，$t_{1/2} = 69.0\ min - 34.5\ min = 34.5\ min$

可見半衰期與 CO 的初始壓力無關，這證明該反應對 CO 的反應級數爲「1 級反應」。

$\Rightarrow \alpha = 1$，$r = k_p\,p_{CO}^{\alpha}\,p_{Cl_2}^{\beta} = k_p\,p_{CO}\,p_{Cl_2}^{\beta}$

題意已知：$p_{Cl_2,0} \gg p_{CO,0}\ \therefore\ r = k_p\,p_{Cl_2,0}^{\beta}\,p_{CO} = k_p\,p_{CO}$

從實驗 I、II 的實驗數據求算出 k，進行比較，即可求得 β

（i）利用（2.10）式：$k(I) = \dfrac{\ln 2}{t_{1/2}} = \dfrac{0.693}{34.5 \text{min}} = 0.02 \text{ min}^{-1}$

（ii）在 34.5 min 時，$p_{CO}(34.5\text{min}) = \dfrac{1}{4} \times p_{CO,0}$

$$k(II) = \frac{\ln(p_{CO,0}/p_{CO})}{t} = \frac{\ln 4}{34.5\text{min}} = 0.04 \text{ min}^{-1}$$

$$\frac{k(II)}{k(I)} = \frac{k_p p_{Cl_2,0(II)}^{\beta}}{k_p p_{Cl_2,0(I)}^{\beta}} = \left[\frac{p_{Cl_2,0(II)}}{p_{Cl_2,0(I)}}\right]^{\beta} \Rightarrow \frac{0.04\text{min}^{-1}}{0.02\text{min}^{-1}} = \left(\frac{213.3\text{kP}_a}{53.3\text{kP}_a}\right)^{\beta}$$

$2 = 4^{\beta} \Rightarrow \beta = 1/2$，由此可證明：$r = k_p p_{CO} p_{Cl_2}^{1/2}$

例 3.2.14

反應 A ⟶ 產物，[A]隨時間 t 之變化如下表，試求反應速率常數及反應級數。

t/h	[A]/(mole · dm⁻³)	t/h	[A]/(mole · dm⁻³)
0	1.3720	6	0.3716
1	0.9471	7	0.3314
2	0.7231	8	0.2990
3	0.5848	9	0.2723
4	0.4910	10	0.2501
5	0.4230	——	——

：由於以上實驗不存在明顯的規律性，因此只能用不同的方法來求反應級數。

(1)嘗試法

應用嘗試法絕不是毫無分析的亂試，可根據數據規律性進行分析，以求儘快解決問題。如利用分數〝生命期法〞來粗略進行估算，以便歸納出 $t_{1/2}$ 之規律性，將實驗數據處理如下：

[A]₀/(mole · dm⁻³)	t/h	([A]₀/2)/(mole · dm⁻³)	t/h	t₁/₂/h
1.37	0	0.72	2	2−0=2
0.95	1	0.49	4	4−1=3
0.72	2	0.37	6	6−2=4
0.58	3	0.29	8	8−3=5
0.49	4	0.25	10	10−4=6

不難看出，$t_{1/2}$ 與初濃度$[A]_0$有關，而且隨$[A]_0$減少而增大，這正是 2 級或 2 級以上反應之規律。至少可以斷定，該反應不會是「1 級反應」。

嘗試「2 級反應」。若是單成分為「2 級反應」，則依據（2.46）式：

$$\frac{1}{[A]} - \frac{1}{[A]_0} = kt$$

可知會有$[A]^{-1}$對 t 之線性關係，將數據換算如下：

t/h	$[A]^{-1} / mole^{-1} \cdot dm^3$	t/h	$[A]^{-1} / mole^{-1} \cdot dm^3$
0	0.7289	6	2.6911
1	1.0559	7	3.0175
2	1.3829	8	3.3445
3	1.7100	9	3.6724
4	2.0367	10	3.9984
5	2.3641	——	——

將(1/[A])對 t 做圖，可得一直線，由直線斜率可得：k＝0.326 mole$^{-1} \cdot dm^3 \cdot h^{-1}$

$\boxed{(2)做圖法與分數生命期法相結合}$

先做[A]對 t 曲線如下：於圖上取任一[A]當做初濃度，且得其對應時間 t_1，並找出該初濃度一半($[A]_0/2$)之時間 t_2，2 個時刻之差即為該初濃度之半衰期，透過 $t_{1/2} =$ ln2/k_1 和 $t_{1/2} = 1/(k_2[A]_0)$分別求出 k_1 及 k_2值，列於下表中。

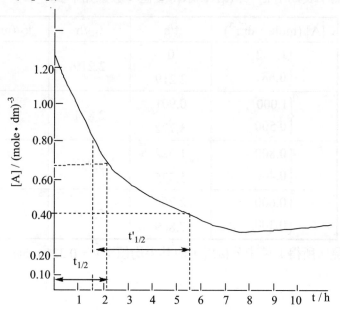

[A]$_0$ 與[A]$_0$/2	t/h	t$_{1/2}$/h	k$_1$/h^{-1}	k$_2$/(mole^{-1} · dm^3 · h^{-1})
$\begin{cases} 1.372 \\ 0.686 \end{cases}$	0 2.22	0.22	0.312	0.328
$\begin{cases} 1.000 \\ 0.500 \end{cases}$	0.90 3.83	2.93	0.237	0.341
$\begin{cases} 0.800 \\ 0.400 \end{cases}$	1.60 5.50	3.90	0.178	0.321
$\begin{cases} 0.600 \\ 0.300 \end{cases}$	2.86 8.20	5.34	0.130	0.312

由上表可見：k$_2$的數值近乎一致，故知：該反應為「2 級反應」。

利用「2 級反應」之規律性來處理數據，取其平均值：

$$\overline{k_2} = 0.326 \text{ mole}^{-1} \cdot \text{dm}^3 \cdot \text{h}^{-1}$$

(3)解析法

將實驗數據輸入你手上的計算機裏，應用「最小二乘法」，可得一曲線方程式：

用其代替「做圖法」，則可用不同的初濃度及其時間，並計算濃度降為一半時間之時間為半衰期用 k$_2$ = 1/(t[A]$_0$)求得 k 值，數據如下表所示：

[A]/(mole · dm^{-3})	t/h	t$_{1/2}$/h	k$_2$/(mole^{-1} · dm^3 · h^{-1})
$\begin{cases} 1.362 \\ 0.681 \end{cases}$	0 2.219	2.219	0.331
$\begin{cases} 1.000 \\ 0.500 \end{cases}$	0.901 3.772	2.871	0.348
$\begin{cases} 0.800 \\ 0.400 \end{cases}$	1.622 5.575	3.953	0.316
$\begin{cases} 0.600 \\ 0.300 \end{cases}$	2.766 7.869	5.103	0.327

由上可見，所得 k 值十分接近，取其平均值：$\overline{k} = 0.331 \text{ mole}^{-1} \cdot \text{dm}^3 \cdot \text{h}^{-1}$

例 3.2.15

定溫定容下，有一氣相反應 $2A+2B \longrightarrow L+M$，若其速率方程式為：

$$-\frac{1}{2}\frac{dp_A}{dt} = kp_A^{\alpha}p_B^{\beta}$$

實驗測得下列數據：

	$p_{A,0}=p_{B,0}$		$p_{A,0} \ll p_{B,0}$	
$\sum p_{i,0}\ (kP_a)$	47.4	32.4	40.0	20.3
$t_{1/2}(s)$	84	176	0.137	0.033

求反應級數 α、β 和反應速率常數 k。

：（1）$p_{A,0}=p_{B,0}$，即按化學計量比例進料，則：$r=kp_A^{\alpha}p_B^{\beta}=kp_A^{\alpha+\beta}$

由實驗數據可知：$t_{1/2}$ 與 p_i 有關，故 $\alpha+\beta \neq 1$。（$\because$ 由（2.10）式已知：「1 級反應」的半衰期與反應物濃度及壓力皆無關）。

現假設反應總級數（$\alpha+\beta$）$=n$，則根據（3.6）式，可知：

$$n=1+\ln(t'_{1/2}/t_{1/2})\big/\ln(p_0/p'_0)$$

由題目數據代入 $n=1+\dfrac{\ln 84-\ln 76}{\ln 32-\ln 47.4}=1+1.9 \approx 3$

$\therefore$ 算得 $n=3$，再代入（2.47）式：

$$t_{1/2}=(2^{n-1}-1)/[(n-1)\cdot kp_0^{n-1}] \Rightarrow t_{1/2} \propto p_0^2 \Rightarrow k=3/2(2\cdot t_{1/2}\cdot p_0^2)\ \text{且}\ p_{A,0}=p_{B,0}$$

$\sum p_{i,0}=47.4\ kpa$，$p_{A,0}=23.7\ kpa$，$k=1.59\times10^{-5}\ kpa^{-2}\cdot s^{-1}$

$\sum p_{i,0}=32.4\ kkpa$，$p_{A,0}=16.2\ kpa$，$k=1.63\times10^{-5}\ kpa^{-2}\cdot s^{-1}$

$\therefore$ 平均值 $\bar{k}=1.61\times10^{-5}\ kpa^{-2}\cdot s^{-1}$

（2）$\because p_{A,0} \ll p_{B,0}$ $\therefore r=kp_{A,0}^{\alpha}p_{B,0}^{\beta}=k'(p_A)^{\alpha}$，$k'=k\cdot p_{B,0}^{\beta}$

$$r_{0,1}/r_{0,2}=(p_{A,01}/p_{A,02})^{\alpha} \propto (t_{1/2,1}/t_{1/2,2})$$

代入題給數據：$\dfrac{0.137}{0.033}=\left(\dfrac{40}{20.3}\right)^{\alpha}$

$\alpha=2$，又已知 $n=3$，故 $\beta=n-\alpha=3-2=1$

例 3.2.16

某溫度時，測得物質 A 分解反應的實驗數據如下：

$[A]_0 (mol \cdot dm^{-3})$	0.625	0.760
$t_{1/2}(s)$	257	212

試求此反應的反應級數。

：從實驗數據看出：半衰期 $t_{1/2}$ 與初始濃度有關，故可推斷該反應不是「1 級反應」。

按（3.6）式，可得：$n = \dfrac{\ln\dfrac{t_{1/2}}{t'_{1/2}}}{\ln\dfrac{[A]'_0}{[A]_0}} + 1 = \dfrac{\ln\dfrac{257}{212}}{\ln\dfrac{0.760}{0.625}} + 1 = 1.98 \approx 2$

例 3.2.17

反應 $Co(NH_3)_5F^{2+} + H_3^+O \longrightarrow Co(NH_3)_5H_2O^{3+} + F^-$，其速率方程為：

$$r = k[Co(NH_3)_5F^{2+}]^a[H^+]^b$$

在一定溫度下，不同初濃度時測得 $t_{1/2}$ 和 $t_{3/4}$ 如下：

$[Co(NH_3)_5F^{2+}]_0(mole \cdot dm^{-3})$	$[H^+]_0(mole \cdot dm^{-3})$	$t_{1/2}(min)$	$t_{3/4}(min)$
0.100	0.010	60.0	121.0
0.200	0.020	30.5	60.0

求 a、b 及 k 值。

：本題為特殊的酸催化反應，$[H^+]$保持不變，即

$r = k[Co(NH_3)_5F^{2+}]^a[H^+]^b = k'[Co(NH_3)_5F^{2+}]^a$，其中 $k' = k[H^+]^b$

由題目的實驗數據可知：$t_{1/2} / t_{3/4} = 1/2$，因此由【2.5.1】題或【2.5.2】題可知：是遵循「1 級反應」之規律，故 $a = 1$

又依據「1 級反應」之（2.10）式：$t_{1/2} = \ln2/k' = \ln2/k[H^+]^b$　　　　　　（ㄅ）

由（ㄅ）式：$t_{1/2}(I)/t_{1/2}(II) = k'(II)/k'(I) = ([H^+]_{II}/[H^+]_I)^b$

代入題目之實驗數據，$\dfrac{t_{1/2}(I)}{t_{1/2}(II)} = \dfrac{60}{30.5} = \left(\dfrac{[H^+]_{II}}{[H^+]_I}\right)^b = \left(\dfrac{0.02}{0.01}\right)^b$

可得：$b = 1$

$\therefore k = \ln2/(t_{1/2}[H^+]) = 1.16 \, mole^{-1} \cdot dm^3 \cdot min^{-1}$

例 3.2.18

乙醛的氣相分解反應：$CH_3CHO \longrightarrow CH_4 + CO$ 可進行完全。現於 518°C 時，測得定容反應、不同時刻體系的總壓力數據如下：

t(s)	0	73	480	840	1440
$p \times 10^{-4}(P_a)$	4.840	5.559	7.426	8.093	8.626

試確定反應級數和反應速率常數。

解：　　　　$CH_3CHO \longrightarrow \quad CH_4 \quad + \quad CO \qquad$ 總壓力

t = 0 時：　　p_0 　　　　　　　　　　　　　　　　　　　p_0

t = t 時：　　p 　　　　　$p_0 - p$ 　　$p_0 - p$ 　　$2p_0 - p = p_t$

t = ∞ 時：　　0 　　　　　p_0 　　　　p_0 　　　$2p_0 = p_\infty$

由反應可知：t = ∞ 時，$p_\infty = 2p_0 = 9.680 \times 10^{-4}\ P_a$

$2p_0 - p = p_t \Rightarrow p = 2p_0 - p_t = p_\infty - p_t$

分解反應可能是 1 或 2 級反應，假定 n = 1，則　$k = \dfrac{1}{t} \cdot \ln \dfrac{p_\infty - p_0}{p_\infty - p_t}$

求得 k 值如下：

t(s)	73	480	840	1440
$K \times 10^{-3}(s^{-1})$	2.203	1.432	1.327	1.815

k 不為常數，∴n≠1

假定 n = 2，則 $\dfrac{p_\infty - p_0}{p_\infty - p_t} - 1 = c_0 k_C t \Rightarrow r = k[B]^2$

若用壓力表示速率，需導出 k_P 與 k_C 的關係，將氣體視為理想氣體，則 $c_0 = \dfrac{p_0}{RT}$，

由反應速率方程式定義：

$$r = \frac{1}{\nu_B} \cdot \frac{d[B]}{dt} = \frac{d\left(\dfrac{p_B}{RT}\right)}{\nu_B dt} = (RT)^{-1}\frac{1}{\nu_B} \cdot \frac{dp_B}{dt} = (RT)^{-1} \cdot k_P p_B^n = k_C[B]^n$$

$$= k_C \left(\frac{p_B}{RT}\right)^n = (RT)^{-n} k_C p_B^n$$

∴$k_C = k_P(RT)^{n-1}$

若 n = 2，則 $k_C = k_P RT$，代入動力學方程：

$$\frac{p_\infty - p_0}{p_\infty - p_t} - 1 = c_0 k_C t = \left(\frac{p_0}{RT}\right) \times (k_P RT) \times t$$

$$\frac{p_\infty - p_0}{p_\infty - p_t} - 1 = \frac{p_t - p_0}{p_\infty - p_t} = p_0 k_P t \Rightarrow \quad k_P = \frac{p_t - p_0}{p_0 t \cdot (p_\infty - p_t)}$$

將數據代入求得 k_P 的值如下：

t(s)	73	480	840	1440
$k_P(P_a^{-1} \cdot s^{-1})$	4.938	4.938	5.042	5.154

k_P 幾乎為一個常數 ∴ $n = 2$，$k_P = 5.018\ P_a^{-1} \cdot s^{-1}$

若要求 k_C，則為：$k_C = k_P RT = 5.018\ P_a^{-1} \cdot s^{-1} \times 8.314\ J \cdot mole^{-1} \cdot K^{-1} \times 791.2\ K$

$$= 3.3 \times 10^4\ mole^{-1} \cdot dm^3 \cdot s^{-1}$$

▪ 例 3.2.19 ▪

我們在實驗室用簡單裝置測定異戊醇和 HBr 反應，可得以下之反應速率方程式：

$$ROH + HBr \xrightarrow[100\ ^oC]{H_2SO_4} RBr + H_2O$$

由於產物 RBr 與反應物不互溶，且比重較輕，故在反應過程中，它浮在反應物上面，因而可以清楚地觀察到產物 RBr 的體積數不斷增大，測得不同時間產物 RBr 的體積數如下：

t/min	10	15	20	25	30	35	∞
V_t/cm^3	5.2	6.55	7.65	8.45	9.15	9.55	12.00

根據上列數據，算出反應速率常數 k 和半衰期 $t_{1/2}$。

：在「嘗試法」中提及，「分解反應」大多屬於 1 或 2 級反應。

假設此反應是「1 級反應」則應遵守 $k \cdot t = \ln \dfrac{[A]_0}{[A]}$。

即 $\ln[A]$ 對 t 做圖可得一直線且斜率 $= -k$。

$V_t \propto [RBr]$；$V_\infty = 12.00$ 表示 $[RBr] = [反應物]$。

$r = k[ROH]^\alpha [HBr]^\beta$，按比例進料則：$r = k[ROH]^{\alpha+\beta}$。

現假定為「1 級反應」，則：$k \cdot t = \ln \dfrac{[A]_0}{[A]} = \ln \dfrac{V_\infty}{V_\infty - V_t}$

t/min	10	15	20	25	30	35
V_t/cm^3	5.20	6.55	7.65	8.45	9.15	9.55
$\ln V_\infty - V_t$	1.92	1.70	1.47	1.27	1.05	0.896

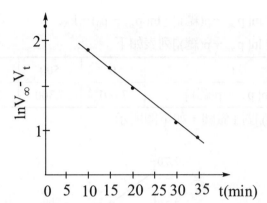

可得一直線，故「1 級反應」之假設成立。

$$\therefore m = -k = \frac{0.896 - 1.92}{35 - 10} = -0.0408 \Rightarrow k = 0.0408 \, \text{min}^{-1}$$

$$\therefore t_{1/2} = \frac{0.693}{k} = \frac{0.693}{0.0408} = 17.0 \, \text{min}$$

例 3.2.20

雙光氣分解反應：$ClCOOCCl_{3\,(g)} \longrightarrow 2COCl_{2(g)}$可以進行完全。將雙光氣置於密閉容器中，於恆溫 280°C、不同時間測得總壓列表如下：

t/s	0	500	800	1300	1800	∞
p(總)/P_a	2000	2520	2760	3066	3306	4000

求反應級數和雙光氣（以 A 代表）消耗的反應速率常數。

：　　　$ClCOOCCl_{3(g)} \xrightarrow[\text{V 固定}]{T = 280°C} 2COCl_{2(g)}$　　　總壓力

當 t = 0 時：　p_0　　　　　　　　　　　　0　　　　　p_0

當 t = t 時：　p　　　　　　　　　　　　$2(p_0 - p)$　　$p(總)_t$

當 t = ∞時：　0　　　　　　　　　　　　$p_\infty = 2p_0$　　p_∞

任意時間 t 時系統的總壓力：

$p(總)_t = p + 2p_0 - 2p = 2p_0 - p \Rightarrow p = 2p_0 - p(總)_t = p_\infty - p(總)_t \Rightarrow p_0 = p_\infty - p_0$

用「做圖法」求題給反應的反應級數。

先假設其為「1 級反應」，則依據（2.9）式：

$$t \cdot k_A = \ln(p_0/p) = \ln\{(p_\infty - p_0)/[p_\infty - p(總)_t]\}$$

上式可改寫成：$\ln[\,p_\infty - p(總)_t\,] = \ln(\,p_\infty - p_0\,) - k_A t$

不同 t 時對應的 $\ln[\,p_\infty - p(總)_t\,]$ 列表如下：

t/s	0	500	800	1300	1800
$\ln[\,p_\infty - p(總)_t\,]$	7.601	7.300	7.123	6.839	6.542

以 $\ln[\,p_\infty - p(總)_t\,]$ 對 t 做圖，如下圖所示：

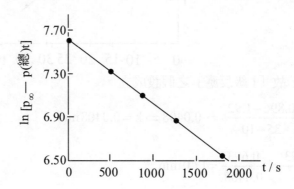

所有的實驗測定點幾乎同在一條直線上，這表示題給反應為「1 級反應」。直線斜率：

$m = (6.839 - 7.601)/(1300 - 0) = -5.862 \times 10^{-4}$

所以 $k_A = -m = 5.862 \times 10^{-4}\ s^{-1}$

若不是「1 級反應」，再分別按零級、2 級…的特徵試之，直到確定其反應的級數為止。

例 3.2.21

在抽空的剛性容器中引入純氣體 A，50°C 時發生如下反應：$A_{(g)} \longrightarrow B_{(g)} + 2C_{(g)}$，反應能進行完全。經一定時間定溫後開始計時，測定體系總壓力隨時間變化如下：

t(min)	0	30	50	∞
$p(總) \times 10^{-4}(P_a)$	5.333	7.333	7.999	10.666

求 n、k（總反應級數和反應速率常數）。

：

	$A_{(g)}$	$\longrightarrow$	$B_{(g)}$	$+$	$2C_{(g)}$	總壓力
t = 0 時：	p_0					p_0
$-\,)$	x					

t = t 時：　$p_0 - x$　　　　　x　　　　2x　　　p(總) = $p_0 + 2x$

t = ∞ 時：　　　　　　　　　p_0　　　$2p_0$　　　$p_\infty = 3p_0$

由反應的計量常數知 $\dfrac{p_0}{p_\infty} = \dfrac{1}{3}$ ，但 $\dfrac{5.333 \times 10^{-4}}{10.666 \times 10^{-4}} = \dfrac{1}{2}$

說明開始計時（t＝0）時已有部份產物，設此產物的分壓為 p，則：

$$\frac{5.333\times10^{-4}-p}{10.666\times10^4-p}=\frac{1}{3}\;,\;p=2.667\times10^{-4}\,(P_a)$$

故 $p_{A,0}=(5.333-2.667)\times10^{-4}=2.666\times10^{-4}\,(P_a)$

∴由 t＝0 → t ＝∞ 反應體系的壓力變化為：

t(min)	0	30	50	∞
$p_t\times10^{-4}(P_a)$	2.666	4.666	5.332	7.999

假定 n＝1，代入 $k=\dfrac{1}{t}\cdot\ln\dfrac{p_\infty-p_0}{p_\infty-p_t}$ ⟹ $k\times10^{-2}\,(min^{-1})=1.567$ 和 1.386

可知：k 不為常數 ⟹ ∴n≠1

假定 n＝2，代入 $k_p=\dfrac{p_t-p_0}{(p_\infty-p_0)\cdot(p_\infty-p_t)}$ ⟹ $k_p\,(P_a^{-1}\cdot min^{-1})=37.51$ 和 37.49

可知：k_p 為一常數 ⟹ ∴n＝2 為「2 級反應」

且 $k_p=37.5\,P_a^{-1}\cdot min^{-1}$

▬ **例 3.2.22** ▬

氣態乙醛在 518°C 時的熱分解反應為 $CH_3CHO_{(g)}$ ⟶ $CH_{4(g)}+CO_{(g)}$ 此反應在密閉容器中進行，初壓為 48.39kPa，壓力增加值 Δp 與時間的關係如下：

t/s	42	105	242	840	1440
$\Delta p/kPa$	4.53	9.86	17.86	32.53	37.86

試求反應級數和反應速率常數（濃度以 $mol\cdot dm^{-3}$ 為單位，時間以 s 為單位）。

: $CH_3CHO_{(g)}$ ⟶ $CH_{4(g)}$ ＋ $CO_{(g)}$ 總壓力

t＝0 時： $c_{A,0}$ 0   0 p_0

t＝t 時： $c_{A,0}-x$ x   x p_t

$p_0=c_{A,0}RT$

$p_t=\left(c_{A,0}-x+x+x\right)RT=\left(c_{A,0}+x\right)RT$

$x=\left(p_t-p_0\right)/RT=\Delta p_t/RT$

假設 n＝1，則 $k=\dfrac{1}{t}\ln\dfrac{p_0/RT}{\dfrac{p_0}{RT}-\dfrac{\Delta p_t}{RT}}=\dfrac{1}{t}\ln\dfrac{p_0}{p_0-\Delta p_t}$

t/s	42	105	242	840	1440
$p_0 - \Delta p_t$	43.86	38.53	30.53	15.86	10.53
$k(\times 10^{-3})s^{-1}$	2.34	2.17	1.90	1.33	1.06

∵k 不是一常數 ∴n ≠ 1

假設 n = 2，則 $k = \dfrac{1}{t} \dfrac{\Delta p_t \cdot RT}{p_0(p_0 - \Delta p_t)}$

t/s	42	105	242	840	1440
$p_0 \sim \Delta p_t$	43.86	38.53	30.53	15.86	10.53
k	0.334	0.331	0.329	0.332	0.339

由上表可見，k 幾乎爲一常數，∴n = 2 ⟹ 爲「2 級反應」

且 $\overline{k}_A = 0.333 \text{dm}^3 \cdot \text{mole}^{-1} \cdot \text{s}^{-1}$

▪ 例 3.2.23 ▪

在一定溫度、體積下，反應：$A_{2(g)} \longrightarrow 2A_{(g)}$。

當 $A_{2(g)}$ 的初壓力 $p_0' = 880\,P_a$ 時，$A_{2(g)}$ 的半衰期 $t_{1/2}' = 30.36\,s$，$A_{2(g)}$ 的初壓力 $p_0 = 352\,pa$ 時，則 A_2 的半衰期 $t_{1/2} = 48s$，當 $p_0(A_2) = 352\,P_a$ 時，$t_{1/2}(A_2) = 48\,s$，此反應的級數 n = ？

　　(a) 0.5　　　　(b) 1.5　　　　(c) 2.5　　　　(d) 無法確定

：(b)。由於題意指明〝半衰期〞及〝初始壓力〞，故利用（3.6）式：

$$n = 1 + \frac{\ln(t_{1/2}/t_{1/2}')}{\ln(p_0'/p_0)} = 1 + \frac{\ln(48s/30.36s)}{\ln(880P_a/352P_a)} = 1 + 0.5 = 1.5$$

▪ 例 3.2.24 ▪

液相反應：$H_2O_2 + 2S_2O_3^{2-} + H^+ \longrightarrow H_2O + S_4O_6^{2-}$。已知在 pH = 4~6 範圍內，反應與 $[H^+]$ 無關，今在 298°K 及 pH = 5.0 條件下測得下表中的數據。

已知 $[S_2O_3^{2-}]_0 = 0.02040\,\text{mole} \cdot \text{dm}^{-3}$，$[H_2O_2]_0 = 0.036\,\text{mole} \cdot \text{dm}^{-3}$，求反應級數及速率常數。

t/min	16	36	43	52
$10^3 \cdot [S_2O_3^{2-}]/(\text{mole} \cdot \text{dm}^{-3})$	10.30	5.18	4.16	3.13

$$: \qquad H_2O_2 \qquad + \qquad 2S_2O_3^{2-} \qquad + H^+ \longrightarrow H_2O + S_4O_6^{2-}$$

$t = 0$ 時：$[H_2O_2]_0 = 0.036 \qquad [S_2O_3^{2-}]_0 = 0.02040$

$$\qquad\qquad -x \qquad\qquad\qquad -2x$$

$t = t$ 時：$[H_2O_2] = 0.036 - x \quad [S_2O_3^{2-}] = 0.02040 - 2x$

嘗試假設對 $S_2O_3^{2-}$ 及 H_2O_2 均為「1 級反應」

t/min	16	36	43	52
$10^3 \cdot [S_2O_3^{2-}]/(mole \cdot dm^{-3})$	10.30	5.18	4.16	3.13
$10^3 \cdot [H_2O_2]/(mole \cdot dm^{-3})$	30.95	28.39	27.88	27.37

$$k = \frac{1}{t([H_2O_2]_0 - [S_2O_3^{2-}]_0)} \ln \frac{[S_2O_3^{2-}][H_2O_2]}{[H_2O_2]_0[S_2O_3^{2-}]}$$

$$= \frac{1}{t \times 0.0156} \ln \frac{0.0204 \times [H_2O_2]}{0.036 \times [S_2O_3^{2-}]}$$

$k = 2.13 \, mole^{-1} \cdot dm^3 \cdot min^{-1}$，$2.02 mole^{-1} \cdot dm^3 \cdot min^{-1}$，$1.99 mole^{-1} \cdot dm^3 \cdot min^{-1}$，

$1.97 mole^{-1} \cdot dm^3 \cdot min^{-1}$

故平均值：$\bar{k} = 2.03 mole^{-1} \cdot dm^3 \cdot min^{-1}$

例 3.2.25

在 $326°C$ 時，1, 3-丁二烯反應生成二聚物 C_8H_{12}。將一定量的 1, 3-丁二烯置於容器中，測得不同時間容器內的壓力為

t/min	0	12.18	24.55	42.50	68.05
p/kPa	84.26	77.88	72.90	67.90	63.27

試求反應級數和反應速率常數。

$$: \qquad 2C_4H_{6\,(g)} \longrightarrow \qquad C_8H_{12\,(g)} \qquad\qquad 總壓力$$

$t = 0$ 時： $\qquad p_0 \qquad\qquad\qquad 0 \qquad\qquad\qquad p_0$

$$-) \qquad\quad x$$

$t = t$ 時： $\quad p_0 - x \qquad\qquad\qquad x/2 \qquad\qquad p(總)$

當 $t = t$ 時，C_4H_6 的壓力為 $p = p_0 - x \Rightarrow x = p_0 - p$

則總壓力 $p(總) = (p_0 - x) + x/2 = p_0 - x/2 = (p_0 + p)/2$

於是可得：$p = 2p(總) - p_0$

將題給數據整理如下表：

t(min)	0.00	3.05	12.18	24.55	42.50	68.05
P(總)(kPa)	84.25	82.45	77.87	72.85	67.89	63.26
$\dfrac{1}{p}(10^{-5} Pa^{-1})$	1.187	1.240	1.399	1.627	1.941	2.366

設反應為「2級反應」，以 $\dfrac{1}{p}$ 對 t 做圖，可得一直線。$\Rightarrow$ ∴為「2級反應」。

且求得：$k =$ 斜率 $= 1.74 \times 10^{-4}$ kPa^{-1} · min^{-1}

■ 例 3.2.26 ■

氣相反應：$SO_2Cl_{2(g)} \longrightarrow SO_{2(g)} + Cl_{2(g)}$。在 279.2°K 測得如下表之實驗數據，根據上述數據求反應級數及 k 值。

t/s	204	2466	4944	7500	∞
p(總)/Pa	325	355	385	415	594.2

：【解一】： $\qquad SO_2Cl_{2(g)} \longrightarrow SO_{2(g)} + Cl_{2(g)} \qquad$ 總壓力

t = 0 時： $\qquad p_0 \qquad\qquad\qquad\qquad\qquad\qquad p_0$

t = t 時： $\qquad p \qquad\quad (p_0 - p) \quad\ (p_0 - p) \qquad p_t$

t = ∞ 時： $\qquad 0 \qquad\quad\ p_0 \qquad\quad\ \ p_0 \qquad\quad p_\infty$

$p_t = 2p_0 - p \Rightarrow p = 2p_0 - p_t$，又 $p_\infty = 2p_0$，所以 $p = p_\infty - p_t$

假設 $n = 1$，則 $kt = \ln\dfrac{p_0}{p} \Rightarrow k = (t_2 - t_1)^{-1}\ln\dfrac{p_\infty - p_1}{p_\infty - p_2}$

代入題給數據 $t_1 = 204$，$p_1 = 325$；$t_2 = 2466$，$p_2 = 355$

$\Rightarrow k = (2466 - 204)^{-1}\ln\dfrac{594.2 - 325}{594.2 - 355} = 5.23 \times 10^{-5}$ s^{-1}

$t_1' = 2466$，$p_1' = 355$；$t_2' = 4944$，$p_2' = 385$

$\Rightarrow k' = (4944 - 2466)^{-1}\ln\dfrac{594.2 - 355}{594.2 - 385} = 5.41 \times 10^{-5}$ s^{-1}

$t_1'' = 4944$，$p_1'' = 385$；$t_2'' = 7500$，$p_2'' = 415$

$$\Rightarrow k'' = (7500 - 4944)^{-1} \ln \frac{594.2 - 385}{594.2 - 415} = 6.06 \times 10^{-5} \text{ s}^{-1}$$

$$\therefore \bar{k} = 5.57 \times 10^{-5} \text{ s}^{-1}$$

【解二】：

	$SO_2Cl_2 \longrightarrow$	SO_2	$+$	Cl_2	總壓力
t = 0時：	p_0				p_0
	$-x$	x		x	
t = t時：	$(p_0 - x)$	x		x	$p_0 + x$
t = ∞時：	0	p_0		p_0	$p_\infty = 2p_0$

假設為「1 級反應」

$$k = \frac{1}{t} \ln \frac{p_0}{p_0 - x} \text{，則 } p_t = p_0 + x \Rightarrow x = p_t - p_0 \text{；} p_0 = \frac{1}{2} p_\infty$$

$$k = \frac{1}{t} \ln \frac{\frac{1}{2} p_\infty}{p_0 - p_t + p_0} = \frac{1}{t} \ln \frac{\frac{1}{2} p_t}{p_\infty - p_t} \Rightarrow \ln(p_\infty - p_t) = -kt + \ln \frac{1}{2} p_\infty$$

t/s	204	2466	4944	7500	∞
p(總)/p_a	325	355	385	415	594.2
$p_\infty - p_t$	269.2	239.2	209.2	179.2	
	5.595	5.477	5.343	5.189	

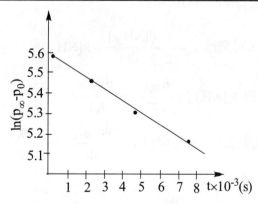

做圖後得一直線，表示此反應是「1 級反應」

$$\therefore k = -m = -\left(\frac{5.189 - 5.595}{7500 - 204} \right) = 5.56 \times 10^{-5} \text{ s}^{-1}$$

▌ **例 3.2.27** ▌

$856°C$ 時，氨在鎢絲上的催化分解反應中，反應器的初壓力 $p_0 = 27.46kP_a$，總壓力 p 隨時間 t 而變化，測得數據如下：

t(s)	200	400	600	1000
p(kP$_a$)	30.40	33.33	36.40	42.40

求反應級數和反應速率常數。

:NH_3 分解反應的速率其分壓 p_{NH_3} 隨時間的變化率有關，所以先由計量方程導出 p_{NH_3} 與 p 的關係。

$$2NH_3 \longrightarrow N_2 + 3H_2$$

t = 0 時： $\quad p_0 \qquad\qquad 0 \qquad\qquad 0$

t = t 時： $\quad p_{NH_3} \qquad \dfrac{1}{2}[p_0 - p_{NH_3}] \qquad \dfrac{3}{2}[p_0 - p_{NH_3}]$

所以總壓力 p： $p(總) = p_{NH_3} + \dfrac{1}{2}[p_0 - p_{NH_3}] + \dfrac{3}{2}[p_0 - p_{NH_3}]$

$$p(總) = 2p_0 - p_{NH_3}$$

$$p_{NH_3} = 2p_0 - p(總)$$

對「n 級反應」而言，可寫爲：$-\dfrac{1}{2}\dfrac{d[NH_3]}{dt} = k[NH_3]^n$

由理想氣體狀態方程得：$[NH_3] = \dfrac{n_{NH_3}}{V} = \dfrac{p_{NH_3}}{RT}$

代入上述的反應速率方程式，並整理得：$-\dfrac{dp_{NH_3}}{dt} = \dfrac{2k}{(RT)^{n-1}}p_{NH_3}^n$

以下用「嘗試法」求解。

若 n = 1，則反應速率方成爲：$-\dfrac{dp_{NH_3}}{dt} = 2kp_{NH_3}$

在 t 至 0 之間積分：$-\int_{p_0}^{p_{NH_3}} \dfrac{dp_{NH_3}}{p_{NH_3}} = \int_0^t 2kdt \Rightarrow$ 解得：$\ln \dfrac{p_0}{p_{NH_3}} = 2kt$

將 $p_{NH_3} = 2p_0 - p(總)$ 代入上式，得：$k = \dfrac{1}{2t} \ln \dfrac{p_0}{2p_0 - p(總)}$

按此計算 k 值如下：

t(s)	200	400	600	1000
$p(總/kP_a)$	30.40	33.33	36.40	42.40
$k(s^{-1})$	2.833×10^{-4}	3.006×10^{-4}	3.282×10^{-4}	3.927×10^{-4}

可見，幾個 k 值相差較大，顯然不是「1 級反應」。

若 $n = 0$，則反應速率方程式為：$-\dfrac{dp_{NH_3}}{dt} = 2kRT$

在 0 至 t 之間積分：

$-\int_{p_0}^{p_{NH_3}} dp_{NH_3} = 2kRT \int_0^t dt \Rightarrow p_0 - p_{NH_3} = 2kRTt \Rightarrow k = \dfrac{p_0 - p_{NH_3}}{2RTt}$

將 $p_{NH_3} = 2p_0 - p(總)$ 代入上式，得：$k = \dfrac{p(總) - p_0}{2RTt}$

按此計算得 k 值如下：

t(s)	200	400	600	1000
$p(總/kP_a)$	30.40	33.33	36.40	42.40
$k(mole \cdot m^{-3} \cdot s^{-1})$	7.83×10^{-4}	7.82×10^{-4}	7.94×10^{-4}	7.96×10^{-4}

可見所得的 k 近似為常數，所以該反應為「零級反應」，且反應速率常數為：
$\bar{k} \approx 7.9 \times 10^{-4}$ mole $\cdot m^{-3} \cdot s^{-1}$

　　附帶一提：一般而言，〝表面催化反應為「零級反應」〞。故一開始若用「嘗試法」時，就直接從「零級反應」開始做起。

例 3.2.28

為了要了解醋酸乙酯（Ethyl acetate，$CH_3COOC_2H_5$）的加鹼水解反應動力學，在實驗室中有下列實驗：

在0°C時600 ml有蓋的燒瓶中含有100.00 ml 0.0500M的$CH_3COOC_2H_5$，用吸管加入300.00 ml 同溫度的水，然後放在0°C的恆溫槽中至溫度達平衡。在準備水解時，便把在0°C時的100.00 ml 0.1000 M的NaOH加入，蓋上瓶蓋並使燒瓶不斷的搖盪。如果假定所加混合液的體積純是加成作用，那麼在開始時，$CH_3COOC_2H_5$的濃度是 0.0100 M，NaOH的濃度是 0.0200 M。在反應的某個中間時間 t，抽出50.00 ml樣品的反應混合液放入0°C已經量好體積 V_{HCl}。在時間 t＝∞時，是指反應已是完全完成。

以下是實驗所得的結果，測定這個反應的級數和速率常數 k。

間隔時間 t(min)	V_{NaOH}(ml)	V_{HCl}(ml)
0	50.0	0.00
15	50.0	7.35
30	50.0	11.20
45	50.0	13.95
60	50.0	15.95
75	50.0	17.55
∞	50.0	24.00

（本題取材自 *J. Am. Chem. Soc.*, **71**, 2112 (1949)）

：$C_2H_5COOCH_3 + H_2O \longrightarrow C_2H_5OH + CH_3COOH$ （ㄅ）

$CH_3COOH + NaOH \longrightarrow H_2O + CH_3COONa$ （ㄆ）

（ㄅ）式＋（ㄆ）式：

$C_2H_5COOCH_3 + NaOH \longrightarrow C_2H_5OH + CH_3COONa$ （ㄇ）

試將數據代入「2級反應」之速率方程式，觀察可否獲得一致的值。

$$k = \frac{2.303}{t(a-b)} \cdot \log \frac{b(a-x)}{a(b-x)} \qquad （ㄈ）$$

最初濃度：$a = [NaOH]_0 = 0.0200M$ 和 $b = [C_2H_5COOCH_3]_0 = 0.0100M$

在間隔時間 t = 15 min 時，x = 作用的濃度

$$[NaOH] = (a-x) = \frac{(50.0-7.35)\ mL \times 0.0200\ mole \times \dfrac{10^{-3}\ L}{1\ mL}}{50\ ml \times \dfrac{1\ L}{1000\ mL}} = 0.01706\ mole$$

x= a−0.01706 mole = 0.0200 mole−0.01706 mole = 0.00294 mole

$[C_2H_5COOCH_3] = (b-x) = 0.0100$ mole−0.00294 mole = 0.00706 mole

將有關數據代入（ㄈ）式，得：

$$k = \frac{2.303}{15(0.0200-0.0100)} \cdot \log\frac{0.0100(0.01706)}{0.0200(0.00706)} = 15.353 \times 0.0821$$

$$= 1.260\ L \cdot mole^{-1} \cdot min^{-1}$$

同樣的將其他的數據分別的代入（ㄈ）式，獲得全部的 k 值如下：

$$k = 1.261,\ 1.135,\ 1.087,\ 1.053\ 和\ 1.038\ L \cdot mole^{-1} \cdot min^{-1}$$

觀察所得的 k 值近於一致，因此證實醋酸乙酯加鹼水解反應是「2 級反應」。

醋酸乙酯加鹼水解反應速率常數的平均值：$\bar{k} = 1.078\ L \cdot mole^{-1} \cdot min^{-1}$

（k = 1.260 與其它結果相差太遠，因此刪去不予考慮）

例 3.2.29

443°K，定容反應器中，二特丁基過氧化物的氣相分解反應為：

$$(CH_3)_3COOC(CH_3)_3 \longrightarrow C_2H_3 + 2CH_6 - \overset{\displaystyle O}{\overset{\displaystyle \|}{C}} - CH_3$$

當反應由純反應物開始實驗，測定不同時刻體系總壓力數據如下：

t/s	0	150	300	600	900
p_t/kP_a	1	1.40	1.67	2.11	2.39

求該反應的反應級數及反應速率常數。

：　$(CH_3)_3COOC(CH_3)_3 \longrightarrow C_2H_3 + 2CH_6\overset{\overset{\displaystyle O}{\|}}{C}-CH_3$　　總壓力

　　　　（A）

t＝0時：　　p_0　　　　　　　　　　　　　　　　　　　　p_0

t＝∞時：　　p_0-x　　　　　　x　　　　　2x　　　　$p_0+2x=p_t$

當 t＝∞ 時，總壓力 $p_t = p_0 + 2x \Rightarrow x = \dfrac{p_t - p_0}{2}$

$p_{A,0} = p_0 - x = p_0 - \dfrac{p_t - p_0}{2} = \dfrac{3}{2}p_0 - \dfrac{1}{2}p_t$

假設為「1 級反應」，即 n＝1，

則 $kt = \ln\dfrac{p_{A,0}}{pA} \Rightarrow \ln\dfrac{2p_0}{3p_0 - p_t} = k \cdot t \Rightarrow \ln(3p_0 - p_t) = -kt + \ln 2p_0$

故 $\ln(3p_0 - p_t)$ 對 t 做圖如下：

t/3	0	150	300	600	900
p_t	1	1.40	1.67	2.11	2.39
$\ln(3p_0 - p_t)$	——	0.47	0.285	−0.116	−0.494

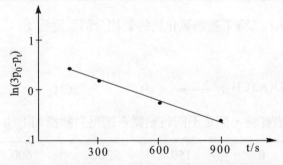

得一直線可知此反應是「1 級反應」。∴ $k = -m = 1.29 \times 10^{-3}\ s^{-1}$

■ 例 3.2.30 ■

液相反應：$2A \longrightarrow B$，今在不同反應時間用光譜法測定產物 B 的濃度，結果如下：

t/min	0	10	20	30	40	∞
[B]/(mole · dm⁻³)	0	0.89	0.153	0.200	0.230	0.310

請確定該反應的反應級數，並求算其反應速率常數。

: $2A \longrightarrow B$

在 t＝0 時： $[A]_0$

$\underline{\hspace{2cm} -) \hspace{1cm} 2x \hspace{4cm}}$

在 t＝t 時： $[A]_0-2x$ x

故$[B]=x$ 且$[A]=[A]_0-2x=[A]_0-2[B]$ （ㄅ）

當 $t \to \infty$ 時，$[A] \to 0$，由（ㄅ）式可知：$[A]_0=2[B]_\infty=0.620 \text{ mole} \cdot \text{dm}^{-3}$

故由（ㄅ）式：$[A]=0.620 \text{ mole} \cdot \text{dm}^{-3}-2[B]$ （ㄆ）

將實驗數據代入（ㄆ）式，可得：

t/min	0	10	20	30	40
$[A]/\text{mole} \cdot \text{dm}^{-3}$	0.620	0.442	0.314	0.220	0.160

將[A]對 t 做圖，在圖上找到：

$$t_{1/2}=20 \text{ min} \text{，} t_{1/4} \approx 40 \text{ min} \Rightarrow \frac{t_{1/2}}{t_{1/4}}=\frac{20 \text{ min}}{40 \text{ min}}=\frac{1}{2}$$

此和（2.10b）式的結論吻合，可知 n＝1，故知：本反應為「1 級反應」，且反應速率常數為：

$$k_1=\frac{\ln 2}{t_{1/2}}=\frac{\ln 2}{20.2 \times 60 \text{s}}=5.72 \times 10^{-4} \text{ s}^{-1}$$

例 3.2.31

NO 與 H_2 間反應，實驗測定結果如下：

（1）H_2 分壓一定，改變 NO 分壓，反應初速率為：

$p(NO)/\text{kP}_a$	3.59	1.52
$r_0/(\text{kP}_a \cdot \text{s}^{-1})$	1.50	0.25

（2）NO 分壓一定，改變 H_2 之分壓，反應初速率為：

$p(H_2)/\text{kP}_a$	2.89	1.47
$r_0/(\text{kP}_a \cdot \text{s}^{-1})$	1.60	0.79

請根據上述結果，確定對 NO 及 H_2 之反應級數。

:（1）2 級反應。   （2）1 級反應。

■ 例 3.2.32 ■

已知某單成份反應呈簡單級數，在不同時刻 t 測得反應物濃度如下：

t/s	4	8	12	16	20
$c/(mole \cdot dm^{-3})$	0.480	0.326	0.222	0.151	0.103

請判斷反應級數。

：反應物濃度是按等時間間隔測得的。觀察這些濃度數據可發現：

$$\frac{0.480}{0.326} = \frac{0.326}{0.222} = \frac{0.222}{0.151} = \frac{0.151}{0.103} \approx 1.47 \implies 反應為「1 級反應」。$$

■ 例 3.2.33 ■

A 與 B 發生化學反應，當保持 B 壓力（1.33 kP_a）不變，改變 A 的壓力，測得反應初速 r_0 的數據如下：

$p_{A,0}/kP_a$	1.33	2.00	3.33	5.33	8.00	13.3
$r_0/(P_a \cdot s^{-1})$	0.133	0.163	0.212	0.267	0.327	0.421

當保持 B 壓力（1.33 kP_a）不變，改變 A 的壓力，測得反應初速 r_0 的數據如下：

$p_{B,0}/kP_a$	1.33	2.00	3.33	5.33	8.00	13.3
$r_0/(P_a \cdot s^{-1})$	0.133	0.245	0.527	1.07	1.96	4.21

（a）求該反應對 A 和 B 的反應級數和總反應級數。

（b）求壓力表示的反應速率常數 k_p。

（c）如反應溫度為 673.2°K，試用濃度表示反應速率常數。

：(a) 設反應速率方程為：$r = k p_A^a p_B^b$，則 $r_0 = k p_{A,0}^a p_{B,0}^b$ （ㄅ）

當 $p_{B,0}$ 不變而改變 $p_{A,0}$ 時，$r_0 = k_p' p_{A,0}^a$，$k_p' = k_p p_{B,0}^b$

$$\log(r_0) = \log(k_p') + a \cdot \log(p_{A,0})$$ （ㄆ）

同理，當 $p_{A,0}$ 不變時，令 $k_p'' = k_p p_{A,0}^b$

$$\log(r_0) = \log(k_p'') + b \cdot \log(p_{B,0})$$ （ㄇ）

由實驗數據可得到一系列 $\log(p_{A,0})$、$\log(p_{B,0})$值及相應 $\log(r_0)$值（$p_{A,0}$ 和 $p_{B,0}$ 以 P_a 為單位；r_0 以 $P_a \cdot s^{-1}$ 為單位）：

$\log(p_{A,0})$或 $\log(p_{B,0})$	3.124	3.301	3.522	3.727	3.903	4.124
$\log(r_0)$（$p_{B,0}$ 恆定）	-0.876	-0.788	-0.674	-0.573	-0.485	-0.376
$\log(r_0)$（$p_{A,0}$ 恆定）	-0.876	-0.611	-0.278	0.029	0.292	0.624

分別按（ㄅ）式和（ㄇ）式，對上述數據做圖，可得到：

斜率（ㄅ）$= a = 0.50$；截距（ㄅ）$= \log(k'_p) = -2.439$

斜率（ㄆ）$= b = 1.50$；截距（ㄆ）$= \log(k''_p) = -5.562$

故對 A、B 的反應級數分別為 0.50 和 1.50，$\therefore$反應總級數 $n = a + b = 2.00$

（b）由 $k'_p = 3.64 \times 10^{-3}$ 可得：$k_p = \dfrac{k'_p}{p_{B,0}^{1.5}} = \dfrac{3.64 \times 10^{-3}}{(1.33 \times 10^3)^{1.50}} = 7.50 \times 10^{-8} \ P_a^{-1} \cdot s^{-1}$

由 $k''_p = 2.74 \times 10^{-6}$ 可得：$k_p = \dfrac{k''_p}{p_{A,0}^{1.5}} = \dfrac{2.74 \times 10^{-6}}{(1.33 \times 10^3)^{0.5}} = 7.51 \times 10^{-8} \ P_a^{-1} \cdot s^{-1}$

取平均得：$k_p = 7.51 \times 10^{-8} \ P_a^{-1} \cdot s^{-1}$

（c）$k_c = k_p(RT) = (7.51 \times 10^{-8} \ P_a^{-1} \cdot s^{-1}) \times (8.314 \ J \cdot mole^{-1} \cdot K^{-1}) \times (673.2°K)$
$= 4.20 \times 10^{-4} \ mole^{-1} \cdot m^3 \cdot s^{-1}$

▊ 例 3.2.34 ▊

在 326°C 時，測得氣相反應：$2A_{(g)} \longrightarrow B_{(g)}$

不同時刻的總壓如下：

t(min)	0	8.02	12.18	17.30	24.55	33.00	42.50	55.08
p(總)/kP_a	84.25	79.90	77.88	75.63	72.89	70.36	67.90	65.35

試求：反應級數及反應速率常數 k_P

$$\begin{array}{ccc} : & 2A_{(g)} \longrightarrow & B_{(g)} \end{array}$$

$$\begin{array}{cccc} t = 0 時 : & p_0 & 0 & p_{t,0} = p_0 \end{array}$$

$$\begin{array}{cccc} t = t 時 : & p_0 - x & \dfrac{1}{2}x & p_t = p_0 - \dfrac{1}{2}x \end{array}$$

假設 $n = 1$，則 $k_p t = \ln \dfrac{p_0}{p}$

$$p_t = p_0 - \frac{1}{2}x \Rightarrow x = 2(p_0 - p_t)$$

$$p = p_0 - x = p_0 - 2(p_0 - p_t) = 2p_t - p_0$$

$$k_p t = \ln \frac{p_0}{2p_t - p_0} \Rightarrow \ln(2p_t - p_0) = -kt + \ln p_0$$

$\ln(2p_t - p_0)$ 對 t 做圖應得一直線，見下表證明。

t/min	8.02	12.18	17.30	24.55
$p_t = p(總)/\text{kpa}$	79.9	77.88	75.63	72.89
$\ln(2p_t - p_0)$	4.32	4.27	4.20	4.12
$k_p \times 10^{-2}/\text{min}^{-1}$	1.37	1.31	1.33	1.26
t/min	33.00	42.5	55.08	——
$p_t = p(總)/\text{kpa}$	70.36	67.90	65.35	——
$\ln(2p_t - p_0)$	4.03	3.94	3.84	——
$k_p \times 10^{-2}/\text{min}^{-1}$	1.21	1.15	1.07	——

由上表可知 k_p 不為一常數，故 $n \neq 1$

假設 $n = 2$，則 $\dfrac{1}{p} = kt + \dfrac{1}{p_0} \Rightarrow \dfrac{1}{2p_t - p_0} = kt + \dfrac{1}{p_0}$

可見 $\dfrac{1}{2p_t - p_0}$ 對 t 做圖應得一直線

t/min	8.02	12.18	17.30	24.55	33.00	42.5	55.08
$10^{-2} \cdot \dfrac{1}{2p_t - p_0}$	1.32	1.40	1.49	1.63	1.77	1.94	2.15
k	1.62	1.72	1.73	1.79	1.76	1.76	1.74

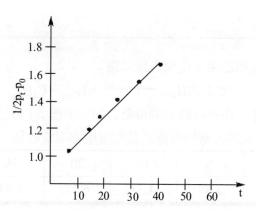

$$\therefore k_p = m(斜率) = \frac{(2.15-1.32)\times10^{-2}}{55.08-8.02} = 1.76\times10^{-4} = (kpa\cdot min)^{-1}$$

$$\therefore n = 2 \Rightarrow 為「2級反應」$$

例 3.2.35

某有機化合物 A，在酸的催化下發生水解反應，在 323°K、PH = 5 的溶液中進行反應時，半衰期為 69.3 min，在 PH = 4 時，半衰期為 6.93 min，且在不同 PH 時，半衰期均與 A 的初濃度無關。設反應速率方程式為 $r = k[A]^\alpha[H^+]^\beta$，回答：

（1）α、β 值。

（2）323°K 時的 k。

（3）323°K 時，PH = 3，A 水解 80%所需時間。

：（1）H^+ 做為催化劑，其濃度在反應過程中保持不變，故

$$-\frac{d[A]}{dt} = k[A]^\alpha[H^+]^\beta = k'[A]^\alpha，\quad k' = k[H^+]^\beta$$

因 $t_{1/2}$ 與 $[A]_0$ 無關，表明該反應對 A 是「1級反應」，所以 α= 1。

將 pH = 5，PH = 4 分別代入 $k' = k[H^+]^\beta = \ln2/t_{1/2}$　　　　　（ㄅ）

所得兩式相除，得：$\left(\dfrac{10^{-5}}{10^{-4}}\right)^\beta = 0.1^\beta = \dfrac{6.93}{69.3}$ ⇒ 解得：β= 1

（2）由（ㄅ）式可知：

$$k = \frac{\ln2}{t_{1/2}[H^+]} = \left(\frac{\ln2}{6.93\times10^{-4}}\right) mole^{-1}\cdot dm^3\cdot min^{-1} = 1000\, mole^{-1}\cdot dm^3\cdot min^{-1}$$

（3）採用（2.13）式：$t = \dfrac{1}{k[H^+]}\cdot\ln\dfrac{1}{1-y} = \left(\dfrac{1}{1000\times10^{-3}}\cdot\ln\dfrac{1}{1-0.8}\right)min = 1.61\,min$

例 3.2.36

已知乙胺加熱分解成氨和乙烯，化學方程式為：

$$C_2H_5NH_{2(g)} \longrightarrow NH_{3(g)} + C_2H_{4(g)}$$

在 773°K 及恆容條件下，在不同時刻測得壓力的增加值 Δp 列於表中。反應開始時只有乙胺，壓力為 7.33 kP$_a$。求該反應的反應級數和反應速率常數值。

t/min	8	10	20	30	40
Δp/kP$_a$	3.89	4.53	6.27	6.93	7.18

：設反應為「1 級反應」

	$C_2H_5NH_{2(g)}$	$\longrightarrow$	$NH_{3(g)}$	+	$C_2H_{4(g)}$	總壓力
t = 0 時：	p_0		0		0	p_0
一)		x				
t = t 時：	$p_0 - x$		x		x	$p_t = p_0 + x$

假設 n = 1，將實驗數據分別代入 1 級反應的積分式：

$$k = \frac{1}{t} \cdot \ln \frac{p_0}{p_0 - \Delta p}$$

計算得到的 k 值分別為：0.095 min^{-1}，0.096 min^{-1}，0.097 min^{-1}，0.097 min^{-1}

t/min	8	10	20	30	40
$\Delta p / V_1 p_a$	3.89	4.53	6.27	6.93	7.18
$p_0 - \Delta p$	3.44	2.80	1.06	0.403	0.152
k	0.094	0.096	0.096	0.097	0.097

k 值基本為一常數，所以開始的假設是正確的。則該反應為「1 級反應」，速率常數為 0.096 min^{-1}。

如果讀者嘗試「2 級反應」，則代入「2 級反應」的積分式，所得 k 值一定不是常數。

例 3.2.37

在 57.4°C 下，測得溶液中某化合物的分解反應結果如下：

$[A]_0$ (mol·dm^{-3})	0.50	1.10
$t_{1/2}$(s)	4280	885

試求：此反應的反應級數與反應速率常數

：依據（3.6）式：$n = 1 + \dfrac{\ln t_{1/2} - \ln t'_{1/2}}{\ln[A]'_0 - \ln[A]_0}$

代入題給數據：$n = 1 + \dfrac{\ln 885 - \ln 4.280}{\ln 0.5 - \ln 1.10} = 1 + 2.02 = 3$

$n = 3$ 時，$t_{1/2} = \dfrac{3}{2[A]_0^2 k} \Rightarrow k = \dfrac{3}{2 \times 0.5^2 \times 4280} = 1.40 \times 10^{-3} \, (\text{mole} \cdot \text{dm}^{-3})^{-2} \cdot \text{s}^{-1}$

▪ 例 3.2.38 ▪

在 1100°K 時，研究 $NO_{(g)} + H_{2(g)}$ 的反應動力學。

（1）當 $p_0(NO) = p_0(H_2)$ 時，測得如下數據：

$t_{1/2}/s$	81	224
p_0/p_a	335	202

請求該反應的總反應級數。

（2）在不同起始壓力下，測定初始反應速率，結果如下：

$p_0(H_2)/kP_a$	$p_0(NO)/kP_a$	$-(dp/dt)_{t \to 0} /(kP_a \cdot s^{-1})$
（ㄅ）53.3	40.0	0.137
（ㄆ）53.3	20.3	0.033
（ㄇ）38.5	53.3	0.213
（ㄈ）19.6	53.3	0.105

如該反應的速率方程式為 $-\dfrac{dp}{dt} = kp(NO)^x \, p(H_2)^y$，請求 x、y。

(北大研究生入學試題)

：（1）依題給的 $t_{1/2}$ 和 p_0 可利用「半衰期」法。

$\because p_0(NO) = p_0(H_2) \therefore$ 假設反應方程式：$r = kP_{NO}^a P_{H_2}^b = kP_{NO}^{a+b}$

依（3.6）式：$n = 1 + \dfrac{\ln t_{1/2} - \ln t'_{1/2}}{\ln[A]'_0 - \ln[A]_0} = a + b$

代入題給數據：

$$a + b = 1 + \frac{\ln 81 - \ln 224}{\ln 202 - \ln 335} = 3 \Longrightarrow 則此反應的總反應級數是 3$$

（2） $r_0 = kP_{NO}^a P_{H_2}^b$ 即 $-\dfrac{dp}{dt} = kP_{NO}^x P_{H_2}^y$

代入（ㄅ）（ㄆ）數據 $\begin{cases} 0.317 = k \times 53.3^x \times 40.0^y \\ 0.033 = k \times 53.3^x \times 20.3^y \end{cases}$

相除： $\dfrac{0.137}{0.033} = \left(\dfrac{40.0}{20.3}\right)^y \Rightarrow y = 2$

代入（ㄇ）（ㄈ）數據 $\begin{cases} 0.213 = k \times 38.5^x \times 53.3^y \\ 0.105 = k \times 19.6^x \times 53.3^y \end{cases}$

相除： $\dfrac{0.213}{0.105} = \left(\dfrac{38.5}{19.6}\right)^x \Rightarrow x = 1$

例 3.2.39

利用微分法確定反應級數的依據是：

（a）不同時刻反應速率之比等於反應物濃度的乘方之比。

（b）初濃度不同，反應速率不同。

（c）級數不隨初濃度不同而變化。

（d）不同時刻，體系的反應速率不同。

（e）初濃度不同，反應級數不變。

：（a）。 $\because$ 當 $t = t_1$ ， $r_1 = kc_1{}^n$ 且 $t = t_2$ ， $r_1 = kc_2{}^n$ ，則 $\dfrac{r_1}{r_2} = \left(\dfrac{c_1}{c_2}\right)^n$

例 3.2.40

1884 年 Von't Hoff 以微分法，測反應級數：由 $r = k[A]^n$ 知 $\log r = \log k + n \cdot \log[A]$ ，故以 $\log r$ 對 $\log[A]$ 做圖，其截距即 $\log k$ ，其斜率 n（反應級數）。試由下列數據，求反應級數 n。

Percent decomposed	0	5	10	15	20	25	30	35	40	45	50
Remaining percent	100	95	90	85	80	75	70	65	60	55	50
Rate nim Hg/min	8.53	7.49	6.74	5.90	5.14	4.69	4.31	3.75	3.11	2.67	2.29

：logA 須取 remaining percent 爲參考值

logr	0.93	0.87	0.83	0.77	0.71	0.67	0.63	0.57	0.49	0.43	0.36
logA	2	1.98	1.95	1.93	1.90	1.88	1.85	1.81	1.78	1.74	1.70

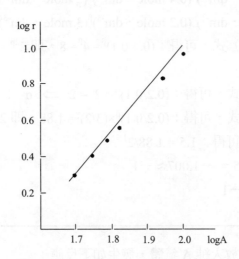

$$斜率 = \frac{(0.71-0.36)}{1.9-1.7} = 1.75 \approx 2 \implies 故爲「2 級反應」$$

例 3.2.41

在溫度、體積固定的條件下，氣相反應：

$$H_{2(g)} + Br_{2(g)} \longrightarrow 2HBr_{(g)}$$

的反應速率方程式爲：

$$\frac{d[HBr]}{dt} = k[H_2]^\alpha [Br_2]^\beta [HBr]^\gamma$$

在溫度 T 時，當$[H_2] = [Br_2] = 0.1$ mole · dm⁻³，[HBr] = 2 mole · dm⁻³，反應速率爲 r。
其它不同物質的濃度之反應速率列表如下，求反應的各成分反應級數 α、β 及 γ 各爲若干？

$[H_2]$/mole · dm⁻³	$[Br_2]$/mole · dm⁻³	[HBr]/mole · dm⁻³	d[HBr]/dt
0.1	0.1	2	r
0.1	0.4	2	8 r
0.2	0.4	2	16 r
0.1	0.2	3	1.88 r

：由題給數據可寫出下列方程式：

（ㄅ）$r_1 = k(0.1 \text{ mole} \cdot \text{dm}^{-3})^\alpha (0.1 \text{ mole} \cdot \text{dm}^{-3})^\beta (2 \text{ mole} \cdot \text{dm}^{-3})^\gamma = r$

（ㄆ）$r_2 = k(0.1 \text{ mole} \cdot \text{dm}^{-3})^\alpha (0.4 \text{ mole} \cdot \text{dm}^{-3})^\beta (2 \text{ mole} \cdot \text{dm}^{-3})^\gamma = 8 r$

（ㄇ）$r_3 = k(0.2 \text{ mole} \cdot \text{dm}^{-3})^\alpha (0.4 \text{ mole} \cdot \text{dm}^{-3})^\beta (2 \text{ mole} \cdot \text{dm}^{-3})^\gamma = 16 r$

（ㄈ）$r_4 = k(0.1 \text{ mole} \cdot \text{dm}^{-3})^\alpha (0.2 \text{ mole} \cdot \text{dm}^{-3})^\beta (3 \text{ mole} \cdot \text{dm}^{-3})^\gamma = 1.88 r$

由（ㄆ）式除以（ㄅ）式，可得：$(0.4/0.1)^\beta = 4^\beta = 8$，即 $2^{2\beta} = 2^3$

所以 $\beta = 3/2 = 1.5$

（ㄇ）式除以（ㄆ）式，可得：$(0.2/0.1)^\alpha = 2^\alpha = 2 \Rightarrow \alpha = 1$

（ㄈ）式除以（ㄅ）式，可得：$(0.2/0.1)^\beta \times (3/2)^\gamma = 1.88$，即 $2^\beta \times 1.5^\gamma = 1.88$

將 $\beta = 1.5$ 代入上式，可得：$1.5^\gamma = 1.88/2^{1.5}$

故 $\gamma = \ln(1.88/2^{1.5})/\ln 1.5 = -1.007 \approx -1$

$\therefore \alpha = 1$，$\beta = 1.5$，$\gamma = -1$

例 3.2.42

在抽空的剛性容器中，放入純 A 氣體，發生如下反應：

$$A_{(g)} \longrightarrow 2B_{(g)} + D_{(g)}$$

恆溫 323 K 時，測定系統總壓隨時間的變化關係如下：

t(min)	17.3	74.7	101.0	∞
p(總)/kP$_a$	53.33	73.33	80.00	135.00

試求：該反應的反應級數和反應速率常數 k_P

：

	$A_{(g)}$	$\longrightarrow$	$2B_{(g)}$	+	$D_{(g)}$	
t = 0 時：	p_0				p_0	
t = t 時：	$p_0 - x$		$2x$		x	$p_t = p_0 + 2x$
t = ∞ 時：	0		$2p_0$		p_0	$3p_0 = p_\infty$

$p_\infty = 135 = 3p_0 \Rightarrow p_0 = 45 \text{kpa}$ 且 $p_t = p_0 + 2x \Rightarrow x = \dfrac{p_t - p_0}{2}$

$p_{A,t} = p_0 - x = p_0 - \dfrac{p_t - p_0}{2} = \dfrac{3}{2}p_0 - \dfrac{1}{2}p_t$

假設 $n = 1$，則 $kt = \ln \dfrac{p_0}{p_{A,t}} = \ln \dfrac{p_0}{\dfrac{3}{2}p_0 - \dfrac{1}{2}p_t}$，$\ln\left(\dfrac{3}{2}p_0 - \dfrac{1}{2}p_t\right) = -kt + \ln p_0$

t/min	17.3	74.7	101.0
$p_t = p(總)/kpa$	53.33	73.33	80.00
$\ln\left(\dfrac{3}{2}p_0 - \dfrac{1}{2}p_t\right)$	3.71	3.43	3.31
$k/min^{-1}(\times 10^{-3})$	5.78	5.01	4.95

可見 k 不是常數，則表示 $n \neq 1$

假設 $n = 2$，則 $\dfrac{1}{\dfrac{3}{2}p_0 - \dfrac{1}{2}p_t} = kt + \dfrac{1}{p_0}$

t/min	17.3	74.7	101.0
$\dfrac{1}{\dfrac{3}{2}p_0 - \dfrac{1}{2}p_t} \times 10^{-2}$	2.45	3.32	3.64

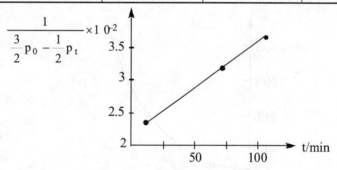

$k = m = \dfrac{3.32 - 2.45}{74.7 - 17.3} = 1.36 \times 10^{-2}\ kpa^{-1} \cdot min^{-1}$

▪ 例 3.2.43 ▪

設將 100 個細菌放入 1 dm^3 燒杯中，瓶中有適宜細菌生長的介質，溫度為 40°C，得到下列結果，求：

時間 t(min)	0	30	60	90	120
細菌數目(個)	100	200	400	800	1600

（1）預計 3h 後細菌的數目。　　　　（2）此動力學過程的反應級數。

（3）經過多少時間可得到 10^6 個細菌。　（4）細菌繁殖的反應速率常數。

：（1）3h = 180 min，以上表類推，每隔 30 min 細菌個數多一倍，所以 3h 後細菌個數

爲：1600×2×2 = 6400 個

（2）$n = \dfrac{\ln(r_1) - \ln(r_2)}{\ln(c_1) - \ln(c_2)} = \dfrac{\ln\dfrac{200-100}{30} - \ln\dfrac{400-200}{60-30}}{\ln 200 - \ln 400} = 1$，故爲「1 級反應」。

（3）設 c 爲細菌濃度，細菌是增加的，故速率方程式寫爲：$+\dfrac{dc}{dt} = kc$

移項積分：$\displaystyle\int_{c_0}^{c_t} \dfrac{dc}{c} = \int_0^t k\,dt \Rightarrow k = \dfrac{1}{t} \cdot \ln\dfrac{c_t}{c_0}$

$\Rightarrow \quad k = \dfrac{1}{t_1} \cdot \ln\dfrac{c_{t,1}}{c_0} = \dfrac{1}{t_2} \cdot \ln\dfrac{c_{t,2}}{c_0}$ （∵k 不變）

代入數據：$\dfrac{1}{30} \cdot \ln\dfrac{200}{100} = \dfrac{1}{t} \cdot \ln\dfrac{10^6}{100}$

解得：t = 399 min

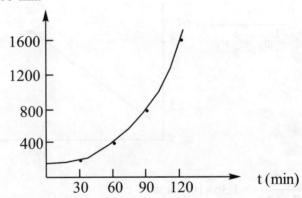

（4）細菌繁殖反應速率常數：$k = \dfrac{1}{30} \cdot \ln\dfrac{200}{100} = 0.0231\,\text{min}^{-1}$

例 3.2.44

用鉑溶液作催化劑，在 0℃ H_2O_2 分解 O_2 及 H_2O。在不同時刻各取 5cm³ 樣品溶液用 $KMnO_4$ 溶液滴定之，所消耗的 $KMnO_4$ 溶液的體積 V 數據如下：

T/min	124	127	130	133	136	139	142
V/ cm³	10.60	9.40	8.25	7.00	6.05	5.25	4.50

試求：（1）反應級數。 　　（2）反應速率常數。 　　　（3）半衰期。

：（1）$KMnO_4$ 氧化 H_2O_2，故其消耗的體積與 H_2O_2 濃度成正比。

假設 n = 1，取 $KMnO_4$ 體積 V 的對數，則相應值為：

T/min	124	127	130	133	136	139	142
lnV	2.36	2.24	2.11	1.95	1.80	1.66	1.50

以 lnV 對 t 做圖為一直線，這說明該反應為 1 級反應。

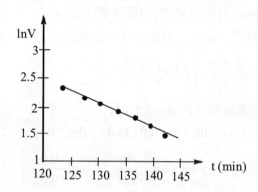

（2）由直線的斜率求出 k 值，故得：$k = \dfrac{2.36-1.50}{142-124} = 4.78 \times 10^{-2} \ min^{-1}$

（3）$t_{1/2} = \dfrac{\ln 2}{k} = \dfrac{0.693}{4.78 \times 10^{-2}} = 14.5 \ min$

■ 例 **3.2.45** ■

今在 473.2°K 時研究反應：$A + 2B \longrightarrow 2C + D$，其反應速率方程式可寫成 $r = k[A]^x [B]^y$。實驗 1：當 A、B 的初濃度分別為 0.01 和 0.02 $mole \cdot dm^{-3}$ 時，測得反應物 B 在不同時刻的濃度數據如下：

t/h	0	90	217
[B]/(mole · dm⁻³)	0.020	0.010	0.0050

（1）求該反應的總反應級數？

（2）實驗 2：當 A、B 的初濃度均為 0.02 $mole \cdot dm^{-3}$ 時，測得初始反應速率僅為實驗 1 的 1.4 倍，求 A、B 的反應級數 x、y 值。

（3）求算反應速率常數 k 值（濃度單位為 $mole \cdot dm^{-3}$，時間用秒表示）

:（1）
$$A \quad + \quad 2B \quad \longrightarrow \quad 2C \quad + \quad D$$

在 t = 0 時：　0.01　　0.02　　　　　0　　　0

$$-) \qquad z \qquad 2z$$

在 t = t 時：　0.01−z　0.02−2z　　　2z　　　z

則 $r = k[A]^x[B]^y = k(0.01-z)^x(0.02-2z)^y = 2^y k(0.01-z)^{x+y}$ （ㄅ）

由題目提供的數據，可發現到[B]的濃度變化是以〝一半〞的方式遞減，這暗示著可以用「半衰期法」解之。故根據「半衰期法」之（3.6）式，可知：

$$n = 1 + \log\left(\frac{t_{1/2}}{t'_{1/2}}\right) \Big/ \log\left(\frac{a'}{a}\right)$$

式中，n 為反應的總級數，即 $n = x + y$；

由表中數據可知，$t_{1/2} = 90h$，$a = 0.02\ mole \cdot dm^{-3}$；$t'_{1/2} = 217 - 90 = 127h$；

故反應的總級數為：$x + y = 1 + \log\left(\frac{90}{127}\right)\Big/ \log\left(\frac{0.01}{0.02}\right) = 1.5$

（2）將兩次實驗的反應物 A、B 的初始濃度代入速率方程式，得：

$$r_0(1) = k(0.01)^x(0.02)^{1.5-x} \text{ 和 } r_0(2) = k(0.02)^x(0.02)^{1.5-x}$$

則依據題意：$\dfrac{r_0(2)}{r_0(1)} = 2^x = 1.4 \implies x = \dfrac{\ln 1.4}{\ln 2} = 0.5$

且由 $x + y = 1.5$ 及 $x = 0.5 \implies$ 得 $y = 1$

（3）由（ㄅ）式可知：

$$-\frac{d[A]}{dt} = 2k(0.01-z)^{3/2} \implies -\frac{d(0.01-z)}{dt} = 2k(0.01-z)^{3/2}$$

$$\implies r = \frac{dz}{dt} = 2k(0.01-z)^{3/2} \implies \text{二邊皆積分：} \int_0^z \frac{dz}{(0.01-z)^{3/2}} = 2k \cdot \int_0^t dt$$

$$\implies \frac{1}{(0.01-z)^{1/2}} - \frac{1}{0.01^{1/2}} = kt \qquad\qquad （ㄆ）$$

當 t = 90h 時，[B] = 0.010 mole · dm⁻³，則由[B] = 0.02 − 2z，可得：z = 0.005 mole · dm⁻³，代入（ㄆ）式，得：

$$k = \left\{ \frac{1}{90 \times 3600} \times \left[\frac{1}{(0.01-0.005)^{1/2}} - \frac{1}{0.01^{1/2}} \right] \right\} (mole \cdot dm^{-3})^{-1/2} \cdot s^{-1}$$

$$= 1.28 \times 10^{-5}\ (mole \cdot dm^{-3})^{-1/2} \cdot s^{-1}$$

▗ 例 **3.2.46** ▖

在一定溫度下，反應物 A $_{(g)}$ 進行定容反應的速率常數 $k_A = 2.5 \times 10^{-3}$ s^{-1}·mole^{-1}·dm^3，A $_{(g)}$ 的初濃度$[A]_0 = 0.02$ mole·dm^{-3}。此反應的反應級數 n = ? 反應物 A 的半衰期 $t_{1/2}$ = ?

：由題給反應速率常數 k_A 的單位可知：此反應為「2 級反應」，即 n=2。

依據（2.19）式：$t_{1/2} = 1/k_A[A]_0 = 1/(2.5 \times 10^{-3}$ s^{-1}·mole^{-1}·dm$^3 \times 0.02$ mole·dm^{-3})
$$= 2 \times 10^4 \text{ s} = 5.6 \text{ h}$$

▗ 例 **3.2.47** ▖

856°C 時 NH$_3$ 在鎢表面上分解，當 NH$_3$ 的初始壓力為 13.33 kPa 時，100s 後，NH$_3$ 的分壓降低了 1.80kPa；當 NH$_3$ 的初始壓力為 26.66kPa 時，100s 後，降低了 1.80kPa。試求反應級數。

：【解一】：根據已知條件知，當 NH$_3$ 的初始濃度增大一倍時，分壓降低幾乎相同，這說明反應速率與濃度無關，故為「零級反應」。

【解二】：催化劑表面反應一般為「零級反應」。

設反應速率公式為：$r = kp^n$，起始時的反應速率為：$r_0 = kp_0^n$　　　　　（ㄅ）

$$r_{0,1} = \frac{1.80 \text{ kP}_a}{100 \text{ s}} = 1.80 \times 10^{-2} \text{ kP}_a \cdot \text{s}^{-1}$$

$$r_{0,2} = \left(\frac{1.87}{100}\right) \text{kP}_a \cdot \text{s}^{-1} = 1.87 \times 10^{-2} \text{ kP}_a \cdot \text{s}^{-1}$$

將（ㄅ）式二邊取對數，且代入數據，可得：

$$n = \frac{\ln(r_{0,1}/r_{0,2})}{\ln(p_{0,1}/p_{0,2})} = \frac{\ln(1.80/1.87)}{\ln(13.33/26.66)} \approx 0$$

∴本題反應的確是「零級反應」。

▗ 例 **3.2.48** ▖

在 T、V 一定的容器中，某氣體的初壓力為 100 kP$_a$ 時，發生分解反應的半衰期為 20 s。若初壓力為 10 kP$_a$ 時，該氣體分解反應的半衰期則為 200 s。求此反應的反應級數與反應速率常數。

：因為題目裏出現〝初壓力〞及〝半衰期〞二項數據，故腦海中必須想到要採用「半衰期法」，即採用（3.6）式或（3.7）式。本題可採用（3.6）式，則已知 $A_{(g)}$ 的初壓力：$p_{0,1} = 100\ kP_a$，$p_{0,2} = 10\ kP_a$

且又知反應的半衰期：$t_{1/2,1} = 20\ s$，$t_{1/2,2} = 200\ s$

故　$n = 1 + \dfrac{\ln(t_{1/2,1}/t_{1/2,2})}{\ln(p_{0,2}/p_{0,1})} = 1 + \dfrac{\ln(20/200)}{\ln(10/100)} = 1 + 1 = 2$

故本反應為「2 級反應」，且其反應速率常數為：

$k = 1/(p_0 t_{1/2}) = 1/(100\ kP_a \times 20\ s) = 5 \times 10^{-4}\ (kP_a \cdot s)^{-1}$

▌ 例 3.2.49 ▐

25°C 時測定乙酸甲酯的皂化反應速率，開始時乙酸甲酯和氫氧化鈉濃度均為 0.01 mole · dm^{-3}。經不同時間測得鹼的濃度如下：

t/min	3	5	7	10	15	21
[NaOH]/(10^{-3} mole · dm^{-3})	7.43	6.35	5.52	4.64	3.63	2.90

試用做圖法算出反應速率常數 k_2 及半衰期。

：已知依化學計量比例進料，則假設反應速率方程式：$r = k[A]^n$

若 $n = 1$，則　$kt = \ln\dfrac{[A]_0}{[A]} \Rightarrow \ln[A] = -kt + \ln[A]_0$

t/min	3	5	7	10	15	21
[NaOH] = [A]	7.43	6.35	5.52	4.64	3.63	2.90
ln[A]	−4.94	−5.06	−5.20	−5.37	−5.62	−5.83

（ln[A] 對 t 做圖，如下：）

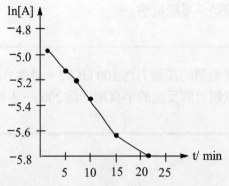

可見不是一直線，表示 $n \neq 1$。

假設 n = 2，則 $\dfrac{1}{[A]} = kt + \dfrac{1}{[A]_0}$

t/min	3	5	7	10	15	21
$(10^3)\dfrac{1}{[A]}$	0.13	0.16	0.18	0.22	0.28	0.34

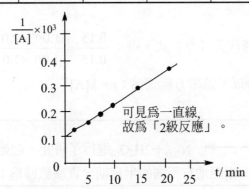

可見為一直線，
故為「2級反應」。

$\therefore k = \dfrac{0.34 - 0.13}{21 - 3} = 11.8\,dm^3 \cdot mole^{-1} \cdot min^{-1}$

且 $t_{1/2} = \dfrac{1}{11.8 \times 0.01} = 8.47\,min$

■ 例 3.2.50 ■

對反應：A＋B $\xrightarrow{\ k\ }$ P 的動力學實驗數據如下：

	（1）	（2）	（3）	（4）	（5）
$[A]_0/(mole \cdot dm^{-3})$	1.0	2.0	3.0	1.0	1.0
$[B]_0/(mole \cdot dm^{-3})$	1.0	1.0	1.0	2.0	3.0
$r_0/(mole \cdot dm^{-3} \cdot s^{-1})$	0.15	0.30	0.45	0.15	0.15

若該反應的反應速率方程式為 $r = k[A]^{\alpha}[B]^{\beta}$，求 α 和 β 的值。

：在不同濃度時，由速率方程式可得：$\dfrac{r_2}{r_1} = \dfrac{[A]_2^{\alpha}\,[B]_2^{\beta}}{[A]_1^{\alpha}\,[B]_1^{\beta}}$ （ㄅ）

將（1）、（2）兩組數據代入（ㄅ）式，得：$\dfrac{0.30}{0.15} = \dfrac{2.0^{\alpha} \times 1.0^{\beta}}{1.0^{\alpha} \times 1.0^{\beta}}$

即 $2 = 2^{\alpha}$，故 $\alpha = 1$。

將（1）、（4）兩組數據代入（ㄅ）式，得：$\dfrac{0.15}{0.15} = \dfrac{1.0^{\alpha} \times 2.0^{\beta}}{1.0^{\alpha} \times 1.0^{\beta}}$

即 $1 = 2^{\beta}$，故 $\beta = 0$。所以，速率方程式為：$r = k[A]$

■ 例 3.2.51 ■

對反應 $2NO_{(g)} + 2H_{2(g)} \longrightarrow N_{2(g)} + 2H_2O_{(l)}$ 進行了研究，起始時 NO 與 H_2 的物質的量相等。採用不同的初壓力相應地有不同的半衰期，實驗數據為：

p_0/kP_a	47.20	45.40	38.40	33.46	26.93
$t_{1/2}/min$	81	102	140	180	224

求該反應級數為若干？

：因為題目裏出現〝初壓力〞及〝半衰期〞二項數據，故腦海中必須想到要採用「半衰期法」，即採用（3.6）式或（3.7）式。本題可用（3.7）式，且考慮到初濃度到初壓力成正比，故（3.7）式亦可改寫為：

$$\log t_{1/2} = (1 - n) \cdot \log p_0 + \log B \quad (B\ 為常數)$$

對題給數據取對數，結果列於下表：

$\log(p_0/kP_a)$	1.674	1.657	1.584	1.525	1.430
$\log(t_{1/2}/min)$	1.908	2.009	2.146	2.255	2.350

以 $\log t_{1/2}$ 對 $\log p_0$ 做圖，得一直線，斜率為：

$1 - n = -1.74 \Rightarrow n = 2.74 \approx 3$

故本題為「3 級反應」。

■ 例 3.2.52 ■

在抽空的剛性容器中，引入一定量純 A 氣體，壓力為 p'_0，發生如下反應：$A_{(g)} \longrightarrow B_{(g)}$ $+2C_{(g)}$，設反應能進行完全，經恆溫到 323°K 時開始計時，測定體系總壓隨時間的變化關係如下：

t/min	0	30	50	∞
p(總)/kP$_a$	53.33	73.33	80.00	106.66

求該反應級數及反應速率常數。

：設在 t 時刻時，A 的壓力為 p，則

	$A_{(g)}$ $\longrightarrow$	$B_{(g)}$ $+$	$2C_{(g)}$	總壓力
當 t = 0 時：	p_0	p'	$2p'$	p(總)$_0$
當 t = t 時：	p	$(p_0-p)+p'$	$2(p_0-p)+2p'$	p(總)$_t$
當 t = ∞ 時：	0	p_0+p'	$2p_0+2p'$	p(總)$_∞$

$p(總)_0 = p_0 + 3p' = 53.33 \text{ kP}_a$　　　　　　　　　　　　　（ㄅ）

$p(總)_t = 3(p_0 + p') - 2p$　　　　　　　　　　　　　　　　（ㄆ）

$p(總)_∞ = p_∞ = 3(p_0 + p') = 106.66 \text{ kP}_a$　　　　　　　　（ㄇ）

由（ㄇ）式和（ㄅ）式聯立解得：$p_0 = 26.67 \text{ kP}_a$

將（ㄇ）式代入（ㄆ）式並整理，得：$p = \dfrac{p(總)_∞ - p(總)_t}{2}$

則 t = 30 min，p(總)$_{30}$ = 73.33 kP$_a$ 時，p = 16.67 kP$_a$

又 t = 50 min，p(總)$_{50}$ = 80.00 kP$_a$ 時，p = 13.33 kP$_a$

採用「嘗試法」。習慣上，要從「零級反應」開始嘗試，但在此為節省篇幅，直接假設為「2 級反應」。將上述結果代入「2 級反應」動力學方程式，即（2.17）式：

$$k_p = \frac{1}{t} \cdot \left(\frac{1}{p} - \frac{1}{p_0} \right)$$

得：$k_{p,1} = \dfrac{1}{30} \times \left(\dfrac{1}{16.67} - \dfrac{1}{26.67} \right) (\text{kP}_a)^{-1} \cdot \min^{-1} = 7.50 \times 10^{-4} \ (\text{kP}_a)^{-1} \cdot \min^{-1}$

及 $k_{p,2} = \dfrac{1}{50} \times \left(\dfrac{1}{13.33} - \dfrac{1}{26.67} \right) (\text{kP}_a)^{-1} \cdot \min^{-1} = 7.50 \times 10^{-4} \ (\text{kP}_a)^{-1} \cdot \min^{-1}$

可見 k_p 為常數，故為「2 級反應」，$k_p = 7.50 \times 10^{-4} \ (\text{kP}_a)^{-1} \cdot \min^{-1}$

■ 例 3.2.53 ■

一個化合物在 57.4°C 溶液中的分解有下列的數據：

初濃度(mole · dm⁻³)	0.50	1.10	2.48
分解的半衰期(s)	4280	885	174

推斷這個反應的反應級數並測定這個反應的反應速率常數。

：【解一】： 由題意可知：因為本題分解反應的半衰期要依靠反應物的初濃度，這暗示著：該反應不是「1 級反應」。（∵「1 級反應」的特徵：其半衰期與初濃度無關）又由於題目中出現〝初濃度〞及〝半衰期〞二項數據，這強烈暗示著：本題可用「半衰期法」求解！

利用（2.47）式：$t_{1/2} = \dfrac{1}{k_n (n-1)} \cdot \left[\dfrac{2^{(n-1)} - 1}{[A]_0^{(n-1)}} \right]$

將上式二邊取對數，則：$\log t_{1/2} = \log \left[\dfrac{2^{n-1} - 1}{k_n (n-1)} \right] - (n-1) \cdot \log[A]_0$ 　　（ㄅ）

（ㄅ）式猶如 $y = c + mx$ 的直線方程式，因此將 $\log t_{1/2}$ 對 $\log[A]_0$ 的值標點在座標裏，會獲得斜率等於〝$-(n-1)$〞的一條直線，依照題目數據，可得下列結果：

[A]₀	0.50	1.10	2.48
log[A]₀	−0.3010	0.0414	0.3945
t₁/₂	4280	885	174
logt₁/₂	3.6314	2.9469	2.2405

將 $\log t_{1/2}$ 對 $\log[A]_0$ 做圖，可得一條直線，如圖所示：

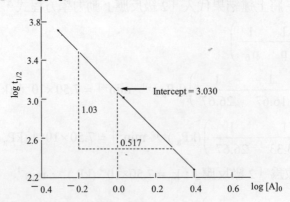

這條直線的斜率 $= \dfrac{-1.03}{0.517} = -1.99$

$-(n-1) = -1.99 \Rightarrow n = 1.99 + 1 = 2.99 \approx 3$

因此這個反應是一個「3 級反應」

當 $\log[A]_0 = 0$ 時，（ㄅ）式變成：$\log t_{1/2} = \log\left[\dfrac{2^{n-1}-1}{k_n(n-1)}\right]$ 　　　　（ㄆ）

當 $\log[A]_0 = 0$ 時，在座標的直線上發現 $t_{1/2} = 3.030$

因此（ㄆ）式變成：$3.030 = \log\left[\dfrac{2^{n-1}-1}{k_n(n-1)}\right]$ 　　　　　　　（ㄇ）

已知 $n = 3$，代入（ㄇ）式，得：

$3.030 = \log\dfrac{2^2-1}{k_3\cdot 2} = \log\dfrac{3}{2k_3} = \log 1.5 - \log k_3$

$\log k_3 = \log 1.5 - 3.030 = 0.1761 - 3.030 = -2.8539$

這個反應的反應速率常數：

$k_3 = 1.3999 \times 10^{-3} = 1.40 \times 10^{-3} \ (\text{mole}\cdot\text{dm}^{-3})^{-2}\cdot\text{s}^{-1}$

$\quad = 1.40 \times 10^{-3} \ \text{mole}^{-2}\cdot\text{dm}^6\cdot\text{s}^{-1}$

【解二】：另一個解法 k_3 可從（2.47）式直接計算出來。

$n = 1 + \dfrac{\ln t_{1/2} - \ln t'_{1/2}}{\ln[A]'_0 - \ln[A]_0}$，代入題給數據後，可得：

$n = 1 + \dfrac{\ln 885 - \ln 4280}{\ln 0.5 - \ln 1.10} = 1 + 2 = 3$

將 $n = 3$，代入（2.47）式，得：

$t_{1/2} = \dfrac{1}{2k_3}\cdot\left[\dfrac{2^2-1}{[A]_0^2}\right] = \dfrac{1}{2k_3}\cdot\dfrac{3}{[A]_0^2} \Rightarrow k_3 = \dfrac{3}{2}\cdot\dfrac{1}{t_{1/2}[A]_0^2}$ 　（ㄈ）

將題中數據 $[A]_0 = 0.50$，$t_{1/2} = 4280$ 代入（ㄈ）式，可得：

$k_3 = \dfrac{3}{2\times 4280 \times 0.25} = 1.40 \times 10^{-3} \ \text{mole}^{-2}\cdot\text{dm}^6\cdot\text{s}^{-1}$

【解三】：由於題目中出現〝初濃度 c_0〞及〝半衰期 $t_{1/2}$〞二項數據，這表示可用「半衰期法」求解，則依據（3.6）式，可得：

$$n = 1 + \frac{\ln(t'_{1/2}/t''_{1/2})}{\ln(c''_{A,0}/c'_{A,0})}$$

利用第 1、2 數據：$n = 1 + \dfrac{\ln(4280/885)}{\ln(1.10/0.50)} = 3$

利用第 1、3 數據：$n = 1 + \dfrac{\ln(4280/174)}{\ln(2.48/0.50)} = 3$

皆證明為「3 級反應」。再利用（2.47）式，得：

$$k_A = \frac{2^{n-1}-1}{(n-1)t_{1/2}c_{A,0}^{n-1}} = \left[\frac{2^{3-1}-1}{(3-1)\times 4280 \times 0.50^2}\right]$$

$$= 1.40 \times 10^{-3}\ \text{mole}^{-2}\cdot\text{dm}^6\cdot\text{s}^{-1}$$

例 3.2.54

A 和 B 之間發生一氣相反應，反應中 A 大量過剩，實驗測定 50°C 時該反應的半衰期 $t_{1/2}$ 隨初壓力 $p_{0,A}$、$p_{0,B}$ 變化的數據如下：

$10^2 p_{0,A}(P_a)$	500	250	250	125
$10^2 p_{0,B}(P_a)$	10	10	20	15
$t_{1/2}(\text{min})$	80	160	80	213

寫出該反應速率方程式。

：設該反應的反應速率方程式為：

$$-\frac{dp_B}{dt} = kp_A^n p_B^m$$

當 A 大量過剩時，改寫為：

$$-\frac{dp_B}{dt} = (kp_A^n)p_B^m = k'p_B^m \quad (\because k' = k\cdot p_A{}^n)$$

由於本題提到〝初壓力〞及〝半衰期〞二項數據，故可採用「半衰期法」，即採用（3.6）式。

取 2、3 兩組實驗數據（$p_{0,A}$ 相同，故 k' 為常數），由（3.6）式可得到：

$$m = 1 + \frac{\ln\left(t'_{1/2}/t''_{1/2}\right)}{\ln\left([B]''_0/[B]'_0\right)} = 1 + \frac{\ln\dfrac{160}{80}}{\ln\dfrac{2000}{1000}} = 2 \Rightarrow \text{所以對 B 爲「2 級反應」。} \tag{I}$$

根據「2 級反應」半衰期關係式,即(2.19)式:

$$\frac{1}{p_{0,B} \cdot t_{1/2}} = k' = k p_{0,A}^n$$

取 1、2 兩組數據代入上式,得:

$$\frac{1}{10^3 \times 80} = k(50000)^n \tag{ㄅ}$$

$$\frac{1}{10^3 \times 160} = k(25000)^n \tag{ㄆ}$$

$$(ㄅ)/(ㄆ) \Rightarrow \frac{10^3 \times 160}{10^3 \times 80} = \frac{k(50000)^n}{k(25000)^n} \Rightarrow 2 = 2^n \Rightarrow n = 1$$

得:n = 1,所以對 A 爲「1 級反應」 (II)

由(I)和(II)結果,可得:

$$-\frac{dp_B}{dt} = k p_A p_B^2$$

例 3.2.55

氣相反應:$2NO + 2H_2 \longrightarrow N_2 + 2H_2O$ 在某溫度下以等莫耳比的 NO 和 H_2 混合氣體在不同初壓力下的半衰期如下:

$p_0(kP_a)$	50.0	45.4	38.4	32.4	26.9
$t_{1/2}(min)$	95	102	140	176	224

求反應的總反應級數 n。

:題目中出現〝半衰期〞及〝初壓力〞二項數據,故採用「半衰期法」。

對非「1 級反應」,半衰期與反應物初濃度($[A]_0$)的關係如下:

$$t_{1/2} = \frac{2^{n-1} - 1}{k(n-1) \cdot [A]_0^{n-1}} \quad (即(2.47)式) \tag{ㄅ}$$

由於 k、n 均爲常數,(1)式可變爲:

$$t_{1/2} = B' \cdot [A]_0^{1-n} \tag{ㄆ}$$

已知 $p_{NO,0} = p_{H_2,0}$ 且 $p_{NO,0} + p_{H_2,0} = p_0 \Rightarrow p_{NO,0} = p_{H_2,0} = \dfrac{1}{2}p_0$

氣相反應的濃度用壓力表示：$[NO]_0 = [H_2]_0 = \dfrac{p_{NO,0}}{RT} = \dfrac{p_0}{2RT}$

代入（ㄆ）式得：$t_{1/2} = B'(2RT)^{n-1} \cdot p_0^{1-n} = B \cdot p_0^{1-n}$ （ㄇ）

對（ㄇ）式取對數得：$\ln t_{1/2} = (1-n) \cdot \ln p_0 + \ln B$ （ㄈ）

用 $\ln t_{1/2}$ 對 $\ln p_0$ 做圖，從斜率求反應級數 n，數據整理如下：

$p_0(kP_a)$	50.0	45.4	38.4	32.4	26.9
$t_{1/2}(min)$	95	102	140	176	224
$\ln t_{1/2}(min)$	4.55	4.62	4.94	5.17	5.41
$\ln p_0(kP_a)$	3.91	3.82	3.65	3.48	3.29

從圖中得斜率 m 為：

$$m = 1-n = \frac{5.44 - 4.59}{3.28 - 3.86} = -1.47 \implies 1-n \approx -1.5，n \approx 2.5$$

∴ 本反應為「2.5 級反應」。

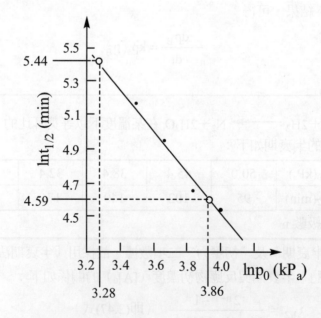

▮ **例 3.2.56** ▮

在較高溫度下，乙胺按下式分解是不可逆的氣相反應

$$C_2H_5NH_2 \longrightarrow C_2H_4 + NH_3$$

反應溫度為 773°K，乙胺的初壓力 $p_0 = 7346\ P_a$，請根據下列實驗數據，用嘗試法確定上述反應的反應級數。

反應時間 t(min)	1	2	4	8	10	20	30	40
壓力變化 $\Delta p(P_a)$	664	1196	2270	3871	4539	6282	6941	7143

: 　　　　$C_2H_5NH_2 \longrightarrow$ 　　C_2H_4　 + 　NH_3 　　　總壓力

t = 0 時： 　　p_0 　　　　　　0 　　　　0 　　　　p_0

　　－) 　　　p_x

t = t 時： 　$p_0 - p_x$ 　　　　p_x 　　　p_x 　　　p(總)

總壓力 $p(總) = (p_0 - p_x) + p_x + p_x = p_0 + p_x$

∴p_x 為增加的壓力，即 $p_x = \Delta p$

乙胺的分壓為：$p_0 - p_x = p_0 - \Delta p$ 　　　　　　　　　　　　　　　　（I）

嘗試法：

設本題之反應速率式：$-\dfrac{dp}{dt} = kp^n$

（乙胺的壓力為 $p = \dfrac{n}{V}RT = cRT \Rightarrow \therefore$ 壓力 p 與濃度 c 成正比。）

（1）若乙胺分解為「1 級反應」，則（I）式代入（2.6）式，得：

$$k_1 = \frac{1}{t} \cdot \ln \frac{p_0}{p_0 - \Delta p}$$

（2）若乙胺分解為「2 級反應」，則（I）式代入（2.46）式，得：

$$k_2 = \frac{1}{t} \cdot \frac{\Delta p}{p_0(p_0 - \Delta p)}$$

（3）若乙胺分解為「3 級反應」，則（I）式代入（2.46）式，得：

$$k_3 = \frac{1}{2t}\left[(p_0 - \Delta p)^2 - \frac{1}{p_0^2}\right]$$

將實驗數據代入上述 3 個公式,計算結果列表如下:

t/min	1	2	4	8	10	20	30	40
$\Delta p(p_a)$	664	1196	2270	3871	4539	6282	6941	7143
$p_0 - \Delta p(p_a)$	6682	6150	5096	3475	2807	1064	405	203

t(min)	1	2	4	8
$k_1 \times 10^{-2}(\text{min}^{-1})$	9.47	8.89	9.24	9.36
$k_2 \times 10^{-5}(P_a^{-1} \cdot \text{min}^{-1})$	1.4	1.3	1.5	1.9
$k_3 \times 10^{-9}(P_a^{-2} \cdot \text{min}^{-1})$	1.9	2.0	2.5	4.0
t(min)	10	20	30	40
$k_1 \times 10^{-2}(\text{min}^{-1})$	9.62	9.66	9.66	8.97
$k_2 \times 10^{-5}(P_a^{-1} \cdot \text{min}^{-1})$	2.2	4.0	7.8	12.0
$k_3 \times 10^{-9}(P_a^{-2} \cdot \text{min}^{-1})$	5.4	21.6	101	303

上述計算可知:k_1 基本上為固定常數,而 k_2、k_3 不是固定常數,故乙胺分解可確定為「1 級反應」。

另外,$\ln \dfrac{p_0}{p_0 - \Delta p} = kt$,將 $\ln \dfrac{p_0}{p_0 - \Delta p}$ 對時間 t 做圖,可得直線,故也可證明為「1 級反應」,直線斜率即為反應速率常數 k。

■ 例 3.2.57 ■

994°K 時,反應 $6NO_{(g)} + 4NH_{3(g)} \longrightarrow 5N_{2(g)} + 6H_2O$ 是不可逆反應,實驗測得下列數據:

$p(NO)_0 = 2.66 \times 10^4\ P_a$		$p(NH_3)_0 = 1.97 \times 10^4\ P_a$	
$p(NH_3)_0 /(P_a)$	$r_0\ (P_a \cdot s^{-1})$	$p(NO)_0 /(P_a)$	$r_0\ (P_a \cdot s^{-1})$
1.13×10^4	0.173	9.46×10^3	0.186.
2.76×10^3	0.0467	2.61×10^4	0.320

試確定該反應對 NO 和 NH_3 各為幾級反應,並導出該反應的反應速率微分公式。

：設反應速率方程式爲：$r' = k_p \cdot p(NO)^{\alpha} p(NH_3)^{\beta}$

則採用「微分法」的解題要訣：即將上式二邊取對數，得：

$$\ln r' = \ln k_p + \alpha \ln p(NO) + \beta \ln p(NH_3)$$

取 $p(NO)_0$ 相同時的兩次實驗數據 $p(NH_3)_0$、r_0 代入上式，得：

$$\beta = \frac{\ln(r_0'/r_0'')}{\ln\left[p(NH_3)_0'/p(NH_3)_0''\right]} = \frac{\ln(0.173/0.0467)}{\ln(1.13\times10^4/2.76\times10^3)} = 0.93 \approx 1$$

取 $p_{(NH_3),0}$ 相同時的兩次實驗數據 $p_{(NO),0}$、r_0 代入

$$\alpha = \frac{\ln(r_0'/r_0'')}{\ln\left[p(NO)_0'/p(NO)_0''\right]} = \frac{\ln(0.186/0.320)}{\ln(9.46\times10^3/2.61\times10^4)} = 0.53 \approx \frac{1}{2}$$

所以其速率方程的微分形式爲：$r' = k_p \cdot p(NO)^{1/2} \cdot p(NH_3)$

將上面四組實驗數據 $p(NO)_0$、$p(NH_3)_0$、r_0 分別代入上式，得到 k_p 分別爲：9.39×10^{-8}、1.04×10^{-7}、9.71×10^{-8}、1.01×10^{-7} $P_a^{-1/2} \cdot s^{-1}$。比較這四個反應速率常數值，基本一致，說明所得反應速率方程式正確。

且 $\overline{k_p} = 9.90\times10^{-8}$ $P_a^{-1/2} \cdot s^{-1}$

▪ 例 3.2.58 ▪

對硝基苯甲酸乙酯與 NaOH 在丙酮水溶液中反應：

$$NO_2(C_6H_4)COOC_2H_5 + NaOH \longrightarrow NO_2(C_6H_4)COONa + C_2H_5OH$$

兩種反應的初濃度 a 均爲 0.0500 mole $\cdot$ dm^{-3}。在不同時刻測得 NaOH 的濃度$(a-x)$數據爲：

t(s)	0	120	180	240	330	530	600
$(a-x)$ (mole $\cdot$ dm^{-3})	0.0500	0.0335	0.0291	0.0256	0.0209	0.0155	0.0148

（1）試用做圖法證明是「2 級反應」。

（2）試求實驗溫度下的反應速率常數及半衰期。

：（1）若以 $\dfrac{1}{a-x}$ 對 t 做圖爲直線，則爲「2 級反應」，將數據整理如下：

t(s)	0	120	180	240	330	530	600
$\dfrac{1}{a-x}$ (mole · dm⁻³)	20.00	29.85	34.36	39.06	47.85	64.52	67.57

∴爲「2 級反應」。

（2） $k = 斜率 = \dfrac{64.52-20}{600} = 0.084 \, \text{mole}^{-1} \cdot \text{dm}^3 \cdot \text{s}^{-1}$

且由（2.19）式： $t_{1/2} = \dfrac{1}{ka} = \left(\dfrac{1}{0.084 \times 0.050} \right) s = 238 \, s$

◢ 例 3.2.59 ◣

有人在某固定溫度下，測得乙醛分解反應的反應速率 r：

x：分解分數(%)	0	5	10	15	20	25
$r(P_a \cdot min^{-1})$	1137	998.4	898.4	786.5	685.2	625.2
x：分解分數(%)	30	35	40	45	50	
$r(P_a \cdot min^{-1})$	547.5	500.0	414.6	356.0	305.3	

試將 ln r 對 ln(100－x)做圖，以確定此反應對時間而言的反應級數。

：由於題目中出現〝分解分數〞及〝反應速率 r〞，故聯想到可用「微分法」求解。

設反應速率爲： $r = kp^n$ 　　　　　　　　　　　　　　　　　（ㄅ）

$$乙醛 \longrightarrow 產物$$

t = 0 時：　　　 p_0

　　 一）　　 $p_0 \cdot x/100$

_____

t = t 時：　 $p_0 - p_0 \cdot x/100$

故在 t = t 時的乙醛壓力 ⇒ $p = p_0 - p_0 \cdot \dfrac{x}{100} = p_0 \left(1 - \dfrac{x}{100} \right)$

上式代入（ㄅ）式，可得：

$$r = k \left[p_0 \left(1 - \dfrac{x}{100} \right) \right]^n = k \left(\dfrac{p_0}{100} \right)^n (100-x)^n$$

上式二邊取對數： $\ln r = \ln[k(p_0/100)^n] + n \cdot \ln(100-x)$

ln(100−x)	4.605	4.554	4.500	4.443	4.382	4.317
lnr	7.036	6.906	6.801	6.668	6.530	6.438
ln(100−x)	4.248	4.174	4.094	4.007	3.912	
lnr	6.354	6.215	6.027	5.875	5.721	

以 lnr 對 ln(100−x)做圖，得斜率 $\dfrac{5.721-7.036}{3.912-4.605}=1.9\approx 2$，即 n＝2

■ 例 3.2.60 ■

氣相反應：A＋2B ⟶ Y 的速率方程式為 $-\dfrac{dp_A}{dt}=k_A\,p_A^{\alpha}\,p_B^{\beta}$。在定容下 800°K 時實驗結果如下表：

實驗	$p_{A,0}(P_a)$	$p_{B,0}(P_a)$	$-\left[\dfrac{dp(總)}{dt}\right]_{t=0}$ $(P_a^{1}\cdot h^{-1})$	$t_{1/2,A}(h)$
1	133	13300	5.32	34.7
2	133	26600	21.28	
3	266	26600		8.675

求反應級數 α 和 β 及反應速率常數。

：因題目中出現〝壓力〞及〝$-\dfrac{dp(總)}{dt}$〞二種數據，故必須要聯想到要用「微分法」求解。

$$
\begin{array}{cccccc}
 & A & + & 2B & \longrightarrow & Y & 總壓力 \\
在 t＝0 時： & p_{A,0} & & p_{B,0} & & 0 & p_{A,0}+p_{B,0} \\
\hline
－) & & x & & 2x & & \\
\hline
在 t＝t 時： & p_A & & p_B & & p_Y & p(總)
\end{array}
$$

可知：$p_A=p_{A,0}-x \Rightarrow x=p_{A,0}-p_A$

$\qquad p_B=p_{B,0}-2x=p_{B,0}-2(p_{A,0}-p_A)$

$\qquad p_Y=x=p_{A,0}-p_A$

$p(總)=p_A+p_B+p_Y=p_{B,0}-p_{A,0}+2p_A \Rightarrow$ 故等號二邊對時間 t 微分，可得：

（$p_{A,0}$ 和 $p_{B,0}$ 皆為初壓力，故為常數）

$$\frac{dp(\text{總})}{dt} = \frac{2dp_A}{dt} \tag{I}$$

對比實驗 1、2：

$$-\left(\frac{dp_A}{dt}\right)_{t=0,1} = k_A (133\,P_a)^\alpha (13300\,P_a)^\beta = 5.32/2(P_a \cdot h^{-1}) \tag{ㄅ}$$

$$-\left(\frac{dp_A}{dt}\right)_{t=0,2} = k_A (133\,P_a)^\alpha (26600\,P_a)^\beta = 21.28/2(P_a \cdot h^{-1}) \tag{ㄆ}$$

(ㄅ)式/(ㄆ)式，得：

$$(26600/13300)^\beta = 2^\beta = (21.28/5.32) = 4 \implies \beta = 2$$

實驗 1：$-\left(\dfrac{dp}{dt}\right)_{t=0,1} = k_A p_{A,0,1}^\alpha p_{B,0,1}^2 = (k_A \times 13300^2\,P_a^2) \cdot p_{A,0,1}^\alpha = k' p_{A,0,1}^\alpha$

實驗 3：$-\left(\dfrac{dp}{dt}\right)_{t=0,3} = k_A p_{A,0,3}^\alpha p_{B,0,3}^2 = (k_A \times 26600^2\,P_a^2) \cdot p_{A,0,3}^\alpha = k'' p_{A,0,3}^\alpha$

接著，利用（2.47）式，可得：

$$t_{1/2,1} = 34.7\,h = \frac{2^{\alpha-1} - 1}{(\alpha-1)(k_A \times 13300^2\,P_a^2)(133\,P_a)^{\alpha-1}} \tag{ㄇ}$$

$$t_{1/2,3} = 8.68\,h = \frac{2^{\alpha-1} - 1}{(\alpha-1)(k_A \times 26600^2\,P_a^2)(266\,P_a)^{\alpha-1}} \tag{ㄈ}$$

(ㄇ)式/(ㄈ)式，得：$4 = 4 \times 2^{\alpha-1} \Rightarrow \alpha = 1$。

∴反應速率方程式寫為：

$$-\frac{dp_A}{dt} = k_A p_A p_B^2 \tag{ㄉ}$$

將（I）式代入（ㄉ）式，可得：

$$-\frac{dp_A}{dt} = -\frac{1}{2}\frac{dp(\text{總})}{dt} = k_A p_A p_B^2 \tag{ㄊ}$$

將實驗 1 數據代入（ㄊ）式，可得：

$$k_A = \frac{-(1/2)\left[\dfrac{dp(\text{總})}{dt}\right]_{t=0}}{p_{A,0,1} p_{B,0,1}^2} = \frac{5.32}{2 \times 133 \times 13300^2} = 1.13 \times 10^{-10}\,P_a^{-2} \cdot h^{-1}$$

例 3.2.61

$25°C$ 時對氣相反應 $A_{(g)} + B_{(g)} \longrightarrow P_{(g)}$ 進行動力學研究。第 1 次實驗取 $p_{A,0} = 1.00 \times 10^2$ P_a，$p_{B,0} = 1.00 \times 10^4$ P_a，依據所測數據以 $\ln p_A$ 對 t 做圖得一直線，並知 A 反應掉一半需用時間 $10\ s$，第 2 次實驗取 $p_{A,0} = p_{B,0} = 5.00 \times 10^3$ P_a，以 $\ln p_A$ 對 t 做圖也得直線。

（1）已知該反應的速率方程形式為 $r' = k_p \cdot p_A^{\alpha} \cdot p_B^{\beta}$，求 α、β 及 k 值。

（2）第 3 次實驗取 $p_{A,0} = 1.00 \times 10^4$ P_a，$p_{B,0} = 1.00 \times 10^2$ P_a，預計 B 反應掉一半所需時間多少秒？

: （1）第 1 次實驗中 $p_B \gg p_A$，故速率方程式可化為：$r' = k_p \cdot p_A^{\alpha} \cdot p_B^{\beta} = k_p' \cdot p_A^{\alpha}$

其中 $k_p' = k_p \cdot p_B^{\beta}$，實驗測得 $\ln p_A$ 對 t 做圖呈直線關係，這是「1 級反應」的特徵，所以 $\alpha = 1$，且半衰期與速率常數的關係為：

$$k_p' = \frac{\ln 2}{t_{1/2}} = \left(\frac{0.693}{10}\right) s^{-1} = 6.93 \times 10^{-2}\ s^{-1}$$

第 2 次實驗 $p_{A,0} = p_{B,0}$，故 $p_A = p_B$，其速率方程式可化為：

$$r' = k_p \cdot p_A \cdot p_B^{\beta} = k_p \cdot p_A^{\beta+1}$$

實驗測得 $\ln p_A$ 對 t 圖仍呈直線關係，仍為「1 級反應」，即

$$\beta + 1 = 1 \Rightarrow \beta = 0，\quad k_p = k_p'/p_B^{\beta} = k_p' = 6.93 \times 10^{-2}\ s^{-1}$$

所以該反應速率方程式為：$r' = k_p \cdot p_A$

（2）第 3 次實驗，$p_{B,0} = 1.00 \times 10^2$ P_a，B 消耗一半即消耗 $50\ P_a$，剩下的 $p_A = 9.95 \times 10^3$ P_a。

由速率方程式 $r' = -\dfrac{dp_A}{dt} = k_p \cdot p_A$ 的積分式

得：$t = \dfrac{1}{k_p} \cdot \ln \dfrac{p_{A,0}}{p_A} = \left(\dfrac{1}{6.93 \times 10^{-2}} \cdot \ln \dfrac{1.00 \times 10^4}{9.95 \times 10^3}\right) s = 0.072\ s$

本題（2）也可從另一角度分析。因為 $p_A \gg p_B$，速率方程式可化為：

$$r' = -\frac{dp_B}{dt} = k_p \cdot p_{A,0} = k_p'' \left(k_p'' = k_p \cdot p_{A,0}\right)$$

對 B 來說，這是「零級反應」，從其速率方程的積分形式（或零級反應的半衰期公式）可求得 t：

$$t = \frac{p_{B,0}}{2k_p''} = \frac{p_{B,0}}{2k_p \cdot p_{A,0}} = \left(\frac{1.00 \times 10^2}{2 \times 6.93 \times 10^{-2} \times 1.00 \times 10^4}\right) s = 0.072\ s$$

例 3.2.62

在一定溫度下水溶液中的反應：$2Fe(CN)_6^{3-} + 2I^- \longrightarrow 2Fe(CN)_6^{4-} + I_2$ 為了書寫簡便，以下式代表此反應式，即

$$2A^{3-} + 2B^- \longrightarrow 2A^{4+} + B_2$$

其動力學方程式可以表示為：$\dfrac{d[B_2]}{dt} = k[A^{3-}]^\alpha [B^-]^\beta [A^{4+}]^\gamma$

在 T=298.15°K 時，測得下列 4 組不同物質的初濃度 c_0 及對應的初速率 $\left(\dfrac{d[B_2]}{dt}\right)_{t=0}$，列表如下：

組別	$[A^{3-}]_0$/mole·dm^{-3}	$[B^-]_0$/mole·dm^{-3}	$[A^{4+}]_0$/mole·dm^{-3}	$\left(\dfrac{d[B_2]}{dt}\right)_{t=0}$
1	1	1	1	k
2	2	1	1	4k
3	1	2	2	k
4	2	2	1	8k

試求 α、β、γ 各為若干？

：以 $r_{i,0}$ 代表 $\left(\dfrac{d[B_2]}{dt}\right)_{t=0}$

$r_{1,0} = k(1 \text{ mole·dm}^{-3})^\alpha (1 \text{ mole·dm}^{-3})^\beta (1 \text{ mole·dm}^{-3})^\gamma = k$ （ㄅ）

$r_{2,0} = k(2 \text{ mole·dm}^{-3})^\alpha (1 \text{ mole·dm}^{-3})^\beta (1 \text{ mole·dm}^{-3})^\gamma = 4k$ （ㄆ）

$r_{3,0} = k(1 \text{ mole·dm}^{-3})^\alpha (2 \text{ mole·dm}^{-3})^\beta (2 \text{ mole·dm}^{-3})^\gamma = k$ （ㄇ）

$r_{4,0} = k(2 \text{ mole·dm}^{-3})^\alpha (2 \text{ mole·dm}^{-3})^\beta (1 \text{ mole·dm}^{-3})^\gamma = 8k$ （ㄈ）

（ㄆ）式除以（ㄅ）式，可得：$2^\alpha = 4 = 2^2 \therefore \alpha = 2$

（ㄈ）式除以（ㄆ）式，可得：$2^\beta = 2 = 2^1 \therefore \beta = 1$

（ㄇ）式除以（ㄈ）式，可得：$2^{-\alpha} \times 2^\gamma = 1/8$

α = 2 代入上式，可得：$2^\gamma = 2^{-1} \therefore \gamma = -1$

題給反應動力學微分方程式則為：$\dfrac{d[I_2]}{dt} = k[Fe(CN)_6^{3-}]^2 \cdot \dfrac{[I^-]}{[Fe(CN)_6^{4-}]}$

反應的級數：n = 2＋1－1 = 2，仍稱為「2 級反應」。

■ 例 **3.2.63** ■

反應 $2NOCl \longrightarrow 2NO + Cl_2$ 在 200°C 下的動力學如下表所示：

t(s)	0	200	300	500
[NOCl](mole·dm⁻³)	0.02	0.0159	0.0144	0.0121

反應開始時只含有 NOCl，若反應能進行到底，求反應級數和反應速率常數。

：　　　　　$2NOCl \longrightarrow 2NO + Cl_2$

t = 0 時：　　0.02

t = t 時：　　0.02 − x　　　　　　x　　　$\dfrac{x}{2}$

t = ∞ 時：　　0　　　　　　0.02　　0.01

假設 n = 1，則　$kt = \ln \dfrac{[NOCl]_0}{[NOCl]_t}$，$[NOCl]_0 = 0.02$

t/s	0	200	300	500
NOCl/mole·dm⁻³	0.02	0.0159	0.0144	0.0121
k/(s⁻¹)×10⁻³	——	1.14	1.10	1.01

k 不是常數，故 n ≠ 1

假設 n = 2，則　$\dfrac{1}{[NOCl]} = kt + \dfrac{1}{[NOCl]}$

t/s	0	200	300	400
[NOCl]/mole·dm⁻³	0.02	0.0159	0.0144	0.0121
1/[NOCl]	50	62.89	69.44	82.64
k×10⁻²/mole⁻¹·dm³·s⁻¹	——	6.45	6.47	6.5

∴平均值　$\overline{k} = 6.48 \times 10^{-2}$ mole⁻¹·dm³·s⁻¹

■ 例 **3.2.64** ■

測得 NO_2 熱分解反應的數據如下。求反應級數。

c_0/mol·dm⁻³	0.0455	0.0324
r_0/mol·dm⁻³·s⁻¹	0.0132	0.0065

：因題目中出現〝初濃度 c_0〞及〝反應速率 r_0〞二項數據，這表示可用「微分法」求

解，則依據（3.9）式，可得：$n = \dfrac{\ln(r_{A1}/r_{A2})}{\ln(c_{A1}/c_{A2})} = \dfrac{\ln(0.0132/0.0065)}{\ln(0.0455/0.0324)} \approx 2$

$\therefore$ 爲「2 級反應」。

◢ 例 3.2.65 ◣

丙酮的熱分解反應： $CH_3COCH_{3\,(g)} \longrightarrow C_2H_{4\,(g)} + H_{2\,(g)} + CO_{(g)}$

反應過程中，測得系統（定容）的總壓隨著時間的變化如下：

t(min)	p(kP$_a$)	t(min)	p(kP$_a$)
0	41.60	6.5	54.40
13.0	65.06	19.9	74.93

試建立反應速率方程式及計算反應速率常數。

：利用所給的實驗數據來確定反應的速率方程式，故用「嘗試法」。

假設丙酮的熱分解反應爲「1 級反應」，將所給的 t 時刻的丙酮分壓 $p_{A,t}$ 代入「1 級反

應」的反應速率方程式，即（2.9）式：$k_A = \dfrac{1}{t} \cdot \ln \dfrac{p_{A,0}}{p_{A,t}}$，求得 k_A。

若每個時刻所對應的 k_A 爲一常數，則假設正確。

$\Rightarrow \therefore$ 反應爲「1 級反應」。

具體判斷過程如下：

	CH$_3$COCH$_3$	$\longrightarrow$	C$_2$H$_4$	+	H$_2$	+	CO	總壓力
t = 0 時：	$p_{A,0}$		0		0		0	$p_{A,0}$
$-$)	x							
t = t 時：	$p_{A,t}$		x		x		x	p(總)

故 $p_{A,t} = p_{A,0} - x \Rightarrow x = p_{A,0} - p_{A,t}$

由於 t 時刻，$p(總) = p_{A,t} + 3(p_{A,0} - p_{A,t})$

所以 $p_{A,t} = \dfrac{1}{2}[3p_{A,0} - p(總)]$

於是利用「1 級反應」的積分速率方程式，即（2.9）式，得：

$$k_A = \dfrac{1}{t} \cdot \ln \dfrac{p_{A,0}}{\dfrac{1}{2}[3p_{A,0} - p(總)]} = \dfrac{1}{t} \cdot \ln \dfrac{2p_{A,0}}{3p_{A,0} - p(總)}$$

數據整理如下：

$3p_{A,0} - p(總)$	70.40	59.74	49.87
t(min)	6.5	13.0	19.9
$k_A(min^{-1})$	0.0257	0.0255	0.0257

計算所得的 k_A 為常數，所以假設正確，這表示該反應為「1級反應」，反應速率常數的平均值 $\overline{k_A} = 0.0256\,min^{-1}$

■ 例 3.2.66 ■

40°C 時，N_2O_5 在 CCl_4 溶液中分解放出 O_2，不同時間測得 O_2 體積如下表所示：

t(s)	600	1200	1800	2400	3000	∞
$V(cm^3)$	6.30	11.40	15.53	18.90	21.70	34.75

試用微分法（等面積法）驗證此反應為 1 級反應，並計算反應速率常數。

:　　　　$2N_2O_5 \longrightarrow 2N_2 + 5O_2$

t = 0 時：　　a_0

t = t 時：　　a　　　　　$(a_0 - a)$　　　$\frac{5}{2}(a_0 - a)$

t = ∞ 時：　　0　　　　　a_0　　　　　$\frac{5}{2}a_0$

$$V_{O_2} \propto [O_2] \Rightarrow [O_2]_0 \propto V_{O_2,\infty} - V_{O_2,0} \text{ 且 } [O_2] \propto V_{O_2,\infty} - V_{O_2,t}$$

假設此反應是「1 級反應」則 $kt = \ln\dfrac{V_{O_2,\infty} - V_{O_2,0}}{V_{O_2,\infty} - V_{O_2,t}}$

t/s	0	600	1200	1800	2400	∞
V/cm^3	6.30	11.40	15.53	18.90	21.70	34.75
$V_{O_2,\infty} - V_{O_2,t}$	28.45	23.35	19.22	15.85	13.05	——
$\ln\dfrac{V_{O_2,\infty} - V_{O_2,0}}{V_{O_2,\infty} - V_{O_2,t}}$	——	0.198	0.392	0.585	0.779	——

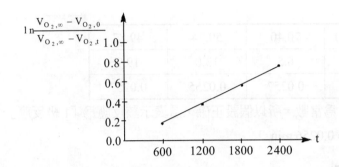

可見 $\ln\dfrac{V_{O_2,\infty}-V_{O_2,0}}{V_{O_2,\infty}-V_{O_2,t}}$ 對 t 做圖可得一直線。

$$\therefore k=\dfrac{0.779-0.198}{2400-600}=3.23\times10^{-4}\ s^{-1}$$

■ 例 3.2.67 ■

蔗糖轉化反應是靠酸催化的。在 25°C 時，當 pH = 5，反應的半衰期為一常數，即 $t_{1/2}=500$ min，與初濃度無關；在相同溫度下，當 pH = 4 時，半衰期亦為一常數，即 $t_{1/2}=50$ min。試問在以下速率方程式中 a、b 各為何值？為什麼？

$$-\dfrac{d[C]}{dt}=k[C]^a\,[H^+]^b \quad （式中[C]為蔗糖濃度）$$

：$t_{1/2}$ 與蔗糖濃度無關，故反應對蔗糖為「1 級反應」 ⟹ a = 1。

H^+ 為催化劑，$[H^+]$ 在反應過程中不變，故可令 $k'=k[H^+]^b$

由題目已知： pH = 5 時 $t_{1/2}=500$ min 及 pH = 4 時 $t_{1/2}=50$ min

$pH=-\log[H^+]$，pH 值從 5 到 4 表示氫離子活度 $a(H^+)$ 增大到 10 倍，可近似認為$[H^+]$增大到 10 倍。而相應的半衰期縮小至 1/10。

pH = 5，即表示$[H^+]=10^{-5}$，此時 $t_{1/2}=500\,min$。

pH = 4，即表示$[H^+]=10^{-4}$，此時 $t'_{1/2}=50\,min$。

$$t_{1/2}=\dfrac{\ln 2}{k'}=\dfrac{0.693}{k[H^+]^b}$$

$$\dfrac{t_{1/2}}{t'_{1/2}}=\dfrac{500}{50}=\left(\dfrac{10^{-4}}{10^5}\right)^b=10=10^b \Rightarrow b=1$$

■ 例 3.2.68 ■

在 569°C 測得甲醛熱分解反應：HCHO ⟶ $H_2 + CO$，在不同初壓力下的半衰期為：

p_0/kP_a	16.0	19.5	22.0	27.1	30.0	35.3	49.5
$t_{1/2}/s$	211	177	158	132	114	98	69

用做圖法確定該反應的反應級數，並算出反應速率常數的平均值。

：由題目提供的半衰期數據，可知會有兩種處理方式：

（1）由於題目裡出現〝半衰期〞及〝初壓力〞二種數據，故必須想到用「半衰期法」
處理。即採用（3.6）式或（3.7）式。若採用（3.7）式：

$$n = 1 - \frac{\ln(t_{1/2})}{\ln p_0}$$

故上式可簡化成：

$$t_{1/2} = A/p_0^{n-1}$$

將上式兩邊取對數 ln，可得：

$$\ln t_{1/2} = \ln A - (n-1)\ln p_0$$

則 $\ln t_{1/2}$ 對 $\ln p_0$ 做圖，可得：

$\ln t_{1/2}$	5.35	5.18	5.06	4.88	4.74	4.58	4.23
$\ln p_0$	2.77	2.97	3.09	3.30	3.40	3.56	3.90

$$\begin{cases} \text{做圖後可得一直線} \\ \text{斜率} = \dfrac{4.23 - 5.35}{3.90 - 2.77} = 1 - n \Rightarrow n = 2 \end{cases}$$

∴本反應為「2 級反應」。

（2）假設反應為 2 級（因為〝分解反應〞一般為「1 級反應」或「2 級反應」，而「1
級反應」的 $t_{1/2}$ 與 p_0 無關，由題目數據可看到：$t_{1/2}$ 與 p_0 有關，這表示本反應不
是「1 級反應」。）

依據（2.19）式：

$$t_{1/2} = 1/k_2 p_0 \implies 1/t_{1/2} = k_2 p_0$$

$1/t_{1/2} \times 10^{-3}$	4.74	5.65	6.33	7.58	8.77	10.2	14.5
p_0	16.0	19.5	22.0	27.1	30.0	35.3	49.5

則 $1/t_{1/2}$ 對 p_0 做圖 $\begin{cases} 可得一直線,這說明假設正確 \\ 斜率 = 2.93\times10^{-4} = k_2 \end{cases}$

所以 $k_2 = 2.93\times10^{-4}(kP_a)^{-1}\cdot s^{-1} = 2.93\times10^{-7}\,P_a^{-1}\cdot s^{-1}$

◎ 對（1）或（2）的數據處理方式,不僅只限於 $t_{1/2}$ 而已,也可處理 $t_{1/3}$、$t_{1/4}$ 等,例如：對 $t_{1/3}$ 的處理方式如下：

則設：$t_{1/3} = A'/p_0^{n-1}$

上式二邊取對數：

$$\ln t_{1/3} = \ln A' - (n-1)\ln p_0$$

故將 $\ln t_{1/3}$ 對 $\ln p_0$ 做圖,斜率 $= -(n-1)$。接著將題目數據代入,即可求得答案。

假設本反應為「2 級反應」,則依據（2.21）式：

$$1/p_t - 1/p_0 = k_2 t$$

當 $t = t_{1/3}$ 時,$p_t = p_0/3$,代入上式,則：

$$3/p_0 - 1/p_0 = k_2 t_{1/3} \Longrightarrow 1/t_{1/3} = k_2 p_0/2$$

故將 $1/t_{1/3}$ 對 p_0 做圖,可得一直線,且斜率 $= k_2/2$

▌例 3.2.69 ▌

在 760°C 加熱分解 N_2O_5,當起始壓力 p_0 為 38.663 kP_a 時,半衰期 $t_{1/2} = 255$ s；當起始壓力 p_0 為 46.63 kP_a 時,半衰期 $t_{1/2} = 212$ s。求反應級數及起始壓力 p_0 為 100 kPa 時的 $t_{1/2}$。

：題給數據有「半衰期」和「初始壓力」,故利用「半衰期法」解之。

依據（3.6）式：

$$n = 1 + \frac{\ln t_{1/2} - \ln t'_{1/2}}{\ln p'_0 - \ln p_0} = 1 + \frac{\ln 255 - \ln 212}{\ln 46.63 - \ln 38.663} = 1 + 0.99 \approx 2$$

由此可知該反應是「2 級反應」,又利用（2.19b）式：

$$t_{1/2} = \frac{1}{k\cdot p_0} \Rightarrow k = \frac{1}{255\times38.633} = 1.01\times10^{-4}\,(kPa^{-1}\cdot s^{-1})$$

而當 $p_0 = 100kPa$ 時,$t_{1/2} = \dfrac{1}{1.01\times10^{-4}\times100} = 99s$

▪ 例 3.2.70 ▪

在一定 T、V 下，反應 $2A_{(g)} \longrightarrow A_{2(g)}$，$A_{(g)}$ 反應掉 3/4 所需的時間是 $A_{(g)}$ 的半衰期 $t_{1/2}$ 的 2.0 倍，則此反應的反應級數 n = ？

：設為「1 級反應」，則依據（2.10）式：

$$kt_{1/2} = \ln 2 \tag{ㄅ}$$

$$kt_{3/4} = \ln[1/(1-3/4)] = \ln 4 = 2\ln 2 \tag{ㄆ}$$

（ㄆ）式／（ㄅ）式，得：$t_{3/4} = 2t_{1/2}$

故此反應必為「1 級反應」，即 n = 1

▪ 例 3.2.71 ▪

反應：$2AB_{(g)} \xrightarrow{\;T,V 一定\;} A_{2(g)} + B_{2(g)}$。

當 $AB_{(g)}$ 的初濃度分別為 0.02 mole·dm^{-3} 和 0.2 mole·dm^{-3} 時，反應的半衰期分別為 125.5 s 和 12.55 s。求此反應的級數 n 級及反應速率常數 k(AB) 各為若干？

：由於題目提及〝半衰期〞及〝初濃度〞，故可用「半衰期法」處理，利用（3.6）式，可得：

$$n = 1 + \frac{\ln(t_{1/2}/t'_{1/2})}{\ln(c'_0/c_0)} = 1 + \frac{\ln(125.5/12.55)}{\ln(0.2/0.02)} = 1 + \ln 10/\ln 10 = 2$$

或由 $kt_{1/2}c_0 = 1$ 可知，此反應的 $t_{1/2}$ 與 c_0 成反比，故為「2 級反應」。

$$k(AB) = 1/(t_{1/2} \cdot c_0) = [1/(0.2 \times 12.55)] \text{ mole}^{-1} \cdot \text{dm}^3 \cdot \text{s}^{-1}$$

$$= 0.3984 \text{ mole}^{-1} \cdot \text{dm}^3 \cdot \text{s}^{-1}$$

▪ 例 3.2.72 ▪

氣相反應：$aA + bB \longrightarrow P$ 的反應速率方程式為：$r = k_p p_A^\alpha p_B^\beta$

在不同反應物初壓力時，測得初反應速率數據如下：

實驗次數	$p_{A,0}/kP_a$	$p_{B,0}/kP_a$	$r_0/P_a \cdot s^{-1}$
1	27.8	11.2	4.24
2	27.8	5.60	2.12
3	13.9	11.2	1.06

試求反應級數及反應速率常數。

：題目已知：$r_0 = k_p p_{A,0}^\alpha p_{B,0}^\beta$

根據 1、2 兩組數據得：$\dfrac{4.24}{2.12} = \left(\dfrac{11.2}{5.60}\right)^\beta$ $\Rightarrow$ $2 = 2^\beta$，故 $\beta = 1$

根據 1、3 兩組數據得：$\dfrac{4.24}{1.06} = \left(\dfrac{27.8}{13.9}\right)^\alpha$ $\Rightarrow$ $4 = 2^\alpha$，故 $\alpha = 2$

反應時 A 和 B 的反應級數分別為 2 級和 1 級，故總反應級數為 3 級。

將實驗數據代入右式：$r_0 = k_p p_{A,0}^2 p_{B,0}$ $\Rightarrow$ 可求得：$k_p = 4.90 \times 10^{-13}$ $P_a^{-2} \cdot s^{-1}$

例 3.2.73

偶氮甲烷（Azomethane，$CH_3N_2CH_3$）在 $600°K$ 時，它的分壓和作用的時間有下列的關係：

時間 t(s)	0	1000	2000	3000	4000
分壓 p($CH_3N_2CH_3$/mmHg)	8.20×10^{-2}	5.72×10^{-2}	3.99×10^{-2}	2.78×10^{-2}	1.94×10^{-2}

（a）證明偶氮甲烷的分解反應是 1 級反應：$CH_3N_2CH_3 \longrightarrow CH_3CH_3 + N_2$

（b）計算這個反應在 $600°K$ 時的反應速率常數。

：於題目只有 1 個反應物（$CH_3N_2CH_3$），故可先試試看是否為「1 級反應」。

（a）將有關數據代入「1 級反應」速率方程式，檢查可否獲得一致的 k 值，利用（2.8）

式：$k = \dfrac{2.303}{t} \cdot \log\left(\dfrac{a}{a-x}\right)$ （ㄅ）

由題目數據可知：$a = 8.2 \times 10^{-2}$ mmHg

當 $t = 1000$ s 時：$a - x = 5.72 \times 10^{-2}$ mmHg

$k = \dfrac{2.303}{1000s} \cdot \log\dfrac{8.2 \times 10^{-2}\ mmHg}{5.72 \times 10^{-2}\ mmHg} = 3.602 \times 10^{-4}\ s^{-1}$

同樣的將其它的數據分別代入（ㄅ）式，獲得全部的 k 值如下：

$k = 3.602 \times 10^{-4}, 3.602 \times 10^{-4}, 3.606 \times 10^{-4}$ 和 $3.604 \times 10^{-4}\ s^{-1}$

觀察上述所得的 k 值近乎一致，由此證實偶氮甲烷的分解反應是「1 級反應」。

（b）偶氮甲烷在 $600°K$ 時的分解反應之反應速率常數平均值為：$\bar{k} = 3.604 \times 10^{-4}\ s^{-1}$。

◎本題另一個解法：將 $\ln\dfrac{P_0}{P}$ 對 t 做圖，可獲得一條直線，因此證實這個反應是「1 級反應」。然後從這一條直線找出它的斜率，再從這個斜率計算出這個反應的反應速率常數平均值 $\bar{k} = $ 斜率 $= 3.604 \times 10^{-4}\ s^{-1}$

■ 例 **3.2.74** ■

應用下列數據，測定 $r = k[A]^a[B]^b$ 中的反應級數 a 和 b，並計算這個反應速率常數 k。

速率，$mole^{-1} \cdot dm^{-3} \cdot s^{-1}$	0.05	0.10	0.20	0.40
A 的最初濃度$[A]_0$(mole·dm^{-3})	1	1	2	2
B 的最初濃度$[B]_0$(mole·dm^{-3})	1	2	1	2

：由於題目中出現〝反應速率〞及〝濃度〞二種數據，這意味著可採用「微分法」解
之。依據題意已知：$r = k[A]^a[B]^b$ （ㄅ）

（ㄅ）式二邊取對數，則得：$\ln r = \ln k + a\ln[A] + b\ln[B]$ （ㄆ）

應用（ㄆ）式便可測定物質 A 和 B 的級數。對於物質 A 而言，在上面表格數據中
保持 B 的最初濃度$[B]_0$固定。應用表格裏縱行之第 1 和第 3 行數據，將各個相當的
值代入（ㄆ）式

$\ln(0.05) = \ln k + a \cdot \ln(1) + b \cdot \ln(1)$ （ㄇ）

$\ln(0.20) = \ln k + a \cdot \ln(2) + b \cdot \ln(1)$ （ㄈ）

（ㄈ）式－（ㄇ）式：$\ln(0.20) - \ln(0.05) = a[\ln(2) - \ln(1)]$

$\ln\dfrac{0.20}{0.05} = a \cdot \ln\dfrac{2}{1} \implies$ 所以 $a = \dfrac{1.386}{0.693} = 2$

同樣的，對於物質 B 而言，在上面表格數據中，保持 A 的最初濃度$[A]_0$固定，應用
表格裏縱行之第 1 和第 2 行數據，將各個相當的值代入（ㄆ）式：

$\ln(0.05) = \ln k_B + b \cdot \ln(1)$ （ㄉ）

$\ln(0.10) = \ln k_B + b \cdot \ln(2)$ （ㄊ）

（ㄊ）式－（ㄉ）式：$\ln(0.10) - \ln(0.05) = b[\ln(2) - \ln(1)]$

$\ln\dfrac{0.10}{0.05} = b \cdot \ln\dfrac{2}{1} \implies$ 所以 $b = \dfrac{0.693}{0.693} = 1$

因此 $r = k[A]^a[B]^b = k[A]^2[B]$

現在求速率常數 k，已知 $k = \dfrac{r}{[A]^2[B]}$ （ㄋ）

將題中數據代入（ㄋ）式，可得：

速率常數 $k = \dfrac{0.05}{(1)^2(1)} = \dfrac{0.10}{(1)^2(2)} = \dfrac{0.20}{(2)^2(1)} = \dfrac{0.40}{(2)^2(2)} = 0.05 \, mole^{-2} \cdot s^{-1}$

（亦即不論選擇那一縱行，答案都是一樣）

■ 例 3.2.75 ■

草酸（Oxalic acid COOH－COOH）在 50°C 的濃硫酸中，會起分解作用，今在 99.5% H_2SO_4 中配製 0.025 M 的草酸溶液，然後每隔某個反應時間 t 時，抽出 10 ml 溶液並測出需要多少體積 V(ml)的高錳酸鉀 $KMnO_4$ 溶液方可完成反應，以下是所得的結果：

間隔時間 t(min)	需要 $KMnO_4$ 溶液 V(ml)
0	11.45
120	9.63
240	8.11
420	6.22
600	4.79
900	2.97
1440	1.44

測定草酸分解的反應級數和反應速率常數。

（本提取材自 *J. Phys. Chem.*, **11**, 225（1907））

：由於題目指出只有 1 個反應物（草酸）。故可先試試看是否為「1 級反應」。

試將數據代入「1 級反應」速率方程式，檢查可否獲得一致的 k 值。

利用（2.6）式：$k = \dfrac{1}{t} \cdot \ln\left(\dfrac{[A]_0}{[A]}\right)$ （ㄅ）

（所需的 $KMnO_4$ 溶液體積和草酸濃度成正比 ）

故由（ㄅ）式，得：

$$k = \frac{2.303}{120} \cdot \log\frac{11.45}{9.63} = 0.01919 \times 0.0752 = 0.00144 \ min^{-1}$$

同樣的將其它數據也分別代入（ㄅ）式，全部所得的 k 值如下：

$$k = 0.00144, \ 0.00144, \ 0.00145, \ 0.00150 \ 和 \ 0.00144 \ min^{-1}$$

觀察上述所得的 k 值近乎一致，由此證實這個反應是「1 級反應」，且這草酸分解的反應速率常數之平均值：$\bar{k} = 0.00145 \ min^{-1}$

例 **3.2.76**

$$ClO^- + Br^- \longrightarrow BrO^- + Cl^-$$

某化學家研究以上的一個化學反應，將 100 ml 0.1N 的 NaClO, 48 ml 0.5N 的 NaOH 和 21 ml 的蒸餾水在燒瓶中混合一起，然後將這個混合溶液的燒瓶浸在 25°C 的恆溫槽中，並加入同溫度的 81 ml 1% 的 KBr 溶液，在每隔某時間 t 時，抽出定量的樣品測定溶液中 BrO^- 的濃度，以下是分析的結果：

間隔時間 t(min)	0.0	3.65	7.65	15.05	26.00	47.60	90.60
BrO^- 的濃度 $x(mole \cdot l^{-1} \cdot 10^{-2})$	0.0	0.0560	0.0953	0.1420	0.1800	0.2117	0.2367

在時間 t＝0 時，反應混合液中 NaClO 的濃度是 0.003230M，KBr 的濃度是 0.002508M pH＝11.28，測定這個反應的反應級數和反應速率常數。

（本提取材自 *J. Am. Chem. Soc.*, **71**, 1988（1949））

：由於題目指出有二個反應物（ClO^- 和 Br^-），故可先試試是否為「2 級反應」。將數據代入「2 級反應」方程式，檢查可否獲得一致的 k 值。

$$ClO^- + Br^- \longrightarrow BrO^- + Cl^-$$

$$t＝0 時： \quad a \qquad b$$

$$一) \qquad x \qquad x$$

$$t＝t 時： \quad a-x \qquad b-x \qquad x \qquad x$$

利用（2.32）式：$k = \dfrac{2.303}{t(a-b)} \cdot \log \dfrac{b(a-x)}{a(b-x)}$ (I)

a＝$[NaClO]_0$＝開始時的 NaClO 濃度＝0.003230M

b＝$[KBr]_0$＝開始時的 KBr 濃度＝0.002508M $\Rightarrow$ a－b＝0.000722M

又利用（I）式，得：

$$k = \frac{2.303}{3.65(7.22 \times 10^{-4})} \cdot \log \frac{2.508 \times 10^{-3}(0.003230 - 0.000560)}{3.230 \times 10^{-3}(0.002508 - 0.000560)}$$

$$= 873.904 \times 0.0270 = 23.595 = 23.60 \, l \cdot mole^{-1} \cdot min^{-1}$$

同樣的將其它的數據代入（I）式，全部所得的 k 值如下：

$$k = 23.60, 23.52, 23.56, 23.98, 23.08 \text{ 和 } 23.83 \quad l \cdot mole^{-1} \cdot min^{-1}$$

觀察上述所得的 k 值近乎一致，由此證實這個反應是「2 級反應」，且這反應速率常數的平均值：$\bar{k} = 23.60 \, mole^{-1} \cdot min^{-1}$

┌─ ■ 例 **3.2.77** ■ ──

在 37.5°C 時，研究溴丙烷（n-propyl bromide，C_3H_7Br）和硫代硫酸鈉（Sodium thiosulfate，
$Na_2S_2O_3$）的反應中

$$C_3H_7Br + S_2O_3^{2-} \longrightarrow C_3H_7S_2O_3^- + Br^-$$

每隔某個時間 t，抽出一定量的反應溶液 10.02 cm³，加入冰水停止它的反應，並用標準 I_2
溶液滴定未作用的硫代硫酸鈉。

$$I_2 + 2S_2O_3^{2-} \longrightarrow 2I^- + S_4O_6^{2-}$$

標準 I_2 溶液的濃度是 0.01286 mole·dm⁻³ = 0.02572 N

以下是在實驗時所得的記錄：

間隔時間 t(s)	0	1110	2010	3192	5052	7380	11232	77840
所需 I_2 滴定液的體積 V_{I_2} (cm³)	37.63	35.20	33.63	31.90	29.86	28.04	26.01	22.24

從以上數據，確定該反應之反應級數，並計算在 37.5°C 時的反應速率常數。

└───

：在任何時間，過剩的 $Na_2S_2O_3$ 濃度是和所需滴定液 I_2 溶液的體積成正比。

　由題意可知：在時間 t＝78840 s 時，這個反應結束。因為所需 I_2 滴定液的體積和最
　後抽出反應溶液之所需 I_2 滴定體積的相差，將會和在那個時間 t 時於反應溶液中所
　剩留溴丙烷的濃度成比例。

$$C_3H_7Br \quad + \quad S_2O_3^{2-} \quad \longrightarrow \quad C_3H_7S_2O_3^- \quad + \quad Br^-$$

t＝0 時：	b	a	0	0
t＝t 時：	b－x	a－x	x	x
t→∞時：	0	a－b	b	b

（I）「2 級反應」的反應速率方程式之（2.32）式為：$k_2 = \dfrac{2.303}{t(a-b)} \cdot \log \dfrac{b(a-x)}{a(b-x)}$ 　　　　(I)

　　　　設 a＝$Na_2S_2O_3$ 在最初 t＝0 時的濃度

$$= \frac{\text{在 t＝0 時所需 } I_2 \text{ 滴定液的 mEq}}{V(\text{反應液})}$$

$$= \frac{37.63 \text{ cm}^3 \times 0.01286 \text{ mole} \cdot \text{dm}^{-3} \times 2}{10.02 \text{ cm}^3} = 0.09659 \text{ mole} \cdot \text{dm}^{-3}$$

　　∴硫代硫酸鈉最初的濃度是 0.09659 mole·dm⁻³

　　b＝C_3H_7Br 在最初 t＝0 時的濃度

$$= \frac{C_3H_7Br消耗全部 \ S_2O_3{}^{2-}的mEq}{V(反應液)}$$

$$= \frac{(37.63 - 22.24) \ cm^3 \times 0.01286 \ mole \cdot dm^{-3} \times 2}{10.02 \ cm^3} = 0.03950 \ mole \cdot dm^{-3}$$

$(a-x) = Na_2S_2O_3$ 在 t 時的濃度

$$= \frac{在時間 \ t時所需 \ I_2 滴定液的 \ mEq}{V(反應液)} = \frac{0.02572 \ N \times V_{I_2}}{10.02 \ cm^3}$$

$(b-x) = C_3H_7Br$ 在 t 時的濃度

$$= \frac{在時間 \ t時C_3H_7Br消耗 \ S_2O_3{}^{2-}的mEq}{V(反應液)} = \frac{0.02572N \cdot (V_{I_2} - 22.24)}{10.02 \ cm^3}$$

在這裡 $0.02572 \ N = 0.01286 \times 2 \ mole \cdot dm^{-3}$

$V_{I_2} = I_2$ 滴定液所需的體積

（ㄅ）在時間 t = 1110 s 時，

　　　$Na_2S_2O_3$ 在最初 t = 0 時的濃度：a = 0.09659 mole · dm^{-3}

　　　在 t = 1110s 時的濃度：

$$a - x = \frac{0.02572V_{I_2}}{10.02} = \frac{0.02572(35.20)}{10.02} = 0.09035 \ mole \cdot dm^{-3}$$

（ㄆ）C_3H_7Br 在最初 t = 0 時的濃度：b = 0.03950 mole · dm^{-3}

　　　在 t = 1110s 時的濃度：

$$b - x = \frac{0.02572(V_{I_2} - 22.24)}{10.02} = \frac{0.02572(35.20 - 22.24)}{10.02} = 0.03327 \ mole \cdot dm^{-3}$$

　　　$\therefore (a - b) = (0.09659 - 0.03950) \ mole \cdot dm^{-3} = 0.05709 \ mole \cdot dm^{-3}$

將有關數據代入（I）式，可得反應速率常數：

$$k_2 = \frac{2.303}{t(a-b)} \cdot \log\frac{b(a-x)}{a(b-x)} = \frac{2.303}{1110(0.05709)} \cdot \log\frac{0.03950(0.09035)}{0.09659(0.03327)}$$

$$= 0.036342 \times 0.045540 = 0.001655 \ dm^3 \cdot mole^{-1} \cdot s^{-1}$$

同理將其它相關數據分別代入（1）式，可得全部的 k_2 值如下：

$k_2 = 1.655 \times 10^{-3}, \ 1.643 \times 10^{-3}, \ 1.655 \times 10^{-3}, \ 1.649 \times 10^{-3}, \ 1.655 \times 10^{-3},$

　　　$1.618 \times 10^{-3}, \ 1.618 \times 10^{-3} \ dm^3 \cdot mole^{-1} \cdot s^{-1}$

觀察所得的 k_2 值近乎一致，由此證實這個反應是「2 級反應」。

$\therefore$ 這個反應在 37.5°C 時的平均反應速率常數：

$k_2 = 1.640 \times 10^{-3} \ dm^3 \cdot mole^{-1} \cdot s^{-1}$

（II）圖解法：將（1）式中的 t 對 $\log\dfrac{(a-x)}{(b-x)}$ 即相對的 $\log\dfrac{[S_2O_3^{2-}]}{[C_3H_7Br]}$ 的值標點在座

標裏將會獲得斜率 $=\dfrac{2.303}{k_2(a-b)}$ 的一條直線。

在這裡 $a=[S_2O_3^{2-}]_0=0.09659$ mole·dm^{-3}，$b=[C_3H_7Br]_0=0.03950$ mole·dm^{-3}

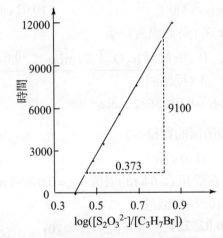

間隔時間 t(s)	0	1110	2010	3192	5052	7380	11232	78840
$[S_2O_3^{2-}]=V_{I_2}$	37.63	35.20	33.63	31.90	29.86	28.04	26.01	22.24
$[C_3H_7Br]=V_{I_2}-22.24$	15.39	12.96	11.39	9.66	7.62	5.80	3.77	0
$\log\dfrac{[S_2O_3^{2-}]}{[C_3H_7Br]}$	0.3883	0.4339	0.4702	0.5188	0.5931	0.6844	0.8388	—

現在將 t 對 $\log\dfrac{[S_2O_3^{2-}]}{[C_3H_7Br]}$ 做圖，可獲得一條直線，如上圖所示，因此證實這個

反應是「2 級反應」。

這條直線斜率 $=\dfrac{9100}{0.373}=2.44\times10^4$，也就是 $=\dfrac{2.303}{k_2(a-b)}=2.44\times10^4$

因此在 37.5°C 時的平均速率常數：

$$k_2=\frac{2.303}{(a-b)\times2.44\times10^4}=\frac{2.303}{0.05709\times2.44\times10^4}=1.653\times10^{-3}\ dm^3\cdot mole^{-1}\cdot s^{-1}$$

例 3.2.78

純 BHF_2 被引入 $292°K$ 定容的容器中發生下列反應：$6BHF_{2(g)} \longrightarrow B_2H_{6(g)} + 4BF_{3(g)}$

不論初壓力如何，發現 1h 後，反應物分解 8%，試計算：

（1）反應級數及反應速率常數？

（2）當初壓力是 $101325 \, P_a$ 時，求 2h 後容器中的總壓力。

：（1）因反應物分解 8% 的時間與初濃度無關，所以是「1 級反應」。

則利用（2.13）式：$k = \dfrac{1}{t} \cdot \ln \dfrac{1}{1-y} = \left(\dfrac{1}{1} \times \ln \dfrac{1}{1-0.08} \right) h^{-1} = 0.083 \, h^{-1}$

（2）$\qquad\qquad 6BHF_{2(g)} \longrightarrow \qquad B_2H_{6(g)} \quad + \qquad 4BF_{3(g)}$

在 $t = 0$ 時：$\quad p_0 \qquad\qquad\qquad\qquad 0 \qquad\qquad\qquad 0$

在 $t = t$ 時：$\qquad p \qquad\qquad\qquad \dfrac{1}{6}(p_0 - p) \qquad \dfrac{4}{6}(p_0 - p)$

由於前面已證明這是個「1 級反應」，故利用（2.9）式：

$$\ln \dfrac{p_0}{p} = kt = 0.083 \times 2 = 0.166 \implies \dfrac{p_0}{p} = 1.181$$

又已知 $p_0 = 101325 \, P_a$，故 $p = 85796 \, P_a$

$\therefore p(總) = p + \dfrac{1}{6}(p_0 - p) + \dfrac{4}{6}(p_0 - p) = \dfrac{5p_0 + p}{6} = \left(\dfrac{5 \times 101325 + 85796}{6} \right) P_a$

$\qquad\qquad = 98.7 \, kP_a$

例 3.2.79

在 $323°K$ 時，反應物 A 的酸催化水解反應的反應速率方程式為：

$$-\dfrac{d[A]}{dt} = k[A]^\alpha [H^+]^\beta = k'[A]^\alpha$$

實驗表明，當 pH 一定時，反應半衰期 $t_{1/2}$ 與 A 的初濃度無關，已知在 pH = 6 時，$t_{1/2} = 693$ min；pH = 3 時，$t_{1/2} = 0.693$ min。求算：

（1）反應級數和反應速率常數 k。

（2）在 pH = 5 和 pH = 4 時，A 水解 80% 所需的時間。

：（1）在反應物 A 的酸催化反應之速率方程式中，可將[H⁺]當做常數。

$$\Rightarrow \text{ 於是 } -\frac{d[A]}{dt} = k[A]^\alpha [H^+]^\beta = k'[A]^\alpha \text{，其中 } k' = k[H^+]^\beta$$

∴題目已知：$t_{1/2}$ 與 A 的初濃度無關，由（2.10）式可知：

對 A 爲「1 級反應」

∴α＝1，且由（2.10）式，知：

$$t_{1/2} = \frac{\ln 2}{k'} = \frac{\ln 2}{k[H^+]^\beta} \tag{ㄅ}$$

當 pH＝6，$[H^+] = 10^{-6}$ mole·dm⁻³，代入（ㄅ）式，得：

$$693\text{min} = \frac{\ln 2}{k \times (10^{-6}\text{ mole·dm}^{-3})^\beta}$$

當 pH＝3，$[H^+]' = 10^{-3}$ mole·dm⁻³，代入（ㄅ）式，得：

$$0.693\text{min} = \frac{\ln 2}{k \times (10^{-3}\text{ mole·dm}^{-3})^\beta}$$

上面兩式相除：

$$\frac{693\text{min}}{0.693\text{min}} = \left(\frac{10^{-3}\text{ mole·dm}^{-3}}{10^{-6}\text{ mole·dm}^{-3}}\right)^\beta$$

所以 β＝1，$-\dfrac{d[A]}{dt} = k[A][H^+]$ $\Rightarrow$ 可知本反應爲「2 級反應」。

（2）$k = \dfrac{\ln 2}{[H^+] \cdot t_{1/2}} = \dfrac{\ln 2}{10^{-6}\text{ mole·dm}^{-3} \times 693\text{min}} = 1000\text{mole}^{-1} \cdot \text{dm}^3 \cdot \text{min}^{-1}$

對「1 級反應」，見（2.13）式：

$$t = \frac{1}{k'} \cdot \ln\frac{1}{1-y} = \frac{1}{k[H^+]} \cdot \ln\frac{1}{1-y} \text{ （令 y 爲轉化率）} \tag{ㄆ}$$

當 pH＝5，$[H^+] = 10^{-5}$ mole·dm⁻³，y＝0.80 皆代入（ㄆ）式，得：

$$t = \frac{1}{1000\text{mole}^{-1} \cdot \text{dm}^3 \cdot \text{min}^{-1} \times 10^{-5}\text{ mole·dm}^{-3}} \cdot \ln\frac{1}{1-0.80} = 160.9\text{min}$$

故當 pH＝4，$[H^+] = 10^{-4}$ mole·dm⁻³，y＝0.80 皆代入（ㄆ）式，得：

$$t' = \frac{1}{1000\text{mole}^{-1} \cdot \text{dm}^3 \cdot \text{min}^{-1} \times 10^{-4}\text{ mole·dm}^{-3}} \cdot \ln\frac{1}{1-0.80} = 16.09\text{min}$$

例 3.2.80

在 298.2°K 時，下列反應可進行到底 $N_2O_5 + NO \longrightarrow 3NO_2$。在 N_2O_5 的初壓力為 133.32 P_a、NO 為 13332 P_a 時，用 $\log p(N_2O_5)$ 對時間 t 做圖得到一直線，相對應的半衰期為 2.0 小時。當 N_2O_5 和 NO 的初壓力各為 6666 P_a 時，得到如下實驗數據：

p(總)/P_a	13332	15332	16665	19998
t/h	0	1	2	∞

（1）若反應速率常數方程式可表示為 $r = k[p(N_2O_5)]^x[p(NO)]^y$，由上面給出的數據求 x、y、k 值。

（2）如果 N_2O_5 和 NO 的初壓力為 13332 P_a 和 133.32 P_a，求半衰期 $t_{1/2}$？

：（1）在 N_2O_5 的初壓力為 133.32 P_a、NO 為 13332 P_a 時

　　　　⟹ 表示：NO 過量，則 $r = k[p(N_2O_5)]^x[p(NO)]^y = k'[p(N_2O_5)]^x$

　　　此時，因 $\log p(N_2O_5)$ 對時間 t 做圖，可得一直線，此為「1 級反應」的特徵，故 x = 1。

　　　當兩者初壓相同時，其反應速率方程式為：$r = k[p(N_2O_5)]^{x+y}$

$$
\begin{array}{cccccc}
& N_2O_5 & + & NO & \longrightarrow & 3NO_2 \qquad 總壓力 \\
t=0\ 時： & p_0 & & p_0 & & 0 \qquad 2p_0 = p(總)_0 \\
t=t\ 時： & p_0-\dfrac{1}{3}p_t & & p_0-\dfrac{1}{3}p_t & & p_t \qquad 2p_0+\dfrac{1}{3}p_t = p(總)_t \\
t=\infty\ 時： & 0 & & 0 & & 3p_0 \qquad 3p_0 = p(總)_\infty
\end{array}
$$

故 $p_0 = p(總)_\infty - p(總)_0$，

$2p_0 + \dfrac{1}{3}p_t = p(總)_t \Rightarrow \dfrac{1}{3}p_t = p(總)_t - 2p_0$，則

$p_0 - \dfrac{1}{3}p_t = p(總)_\infty - p(總)_0 - p(總)_t + 2p_0 = p(總)_\infty - p(總)_t$

採用 嘗試法 ，將實驗數據代入「1 級反應」動力學方程式，即利用（2.6）式及（3.2）式，可知：

$$
k = \frac{1}{t} \cdot \ln \frac{p_0}{p_0 - \dfrac{1}{3}p_t} = \frac{1}{t} \cdot \ln \frac{p(總)_\infty - p(總)_0}{p(總)_\infty - p(總)_t}
$$

代入數據於上式，可得：

$$k_1 = \left(\frac{1}{1} \times \ln \frac{19998 - 13332}{19998 - 15332} \right) h^{-1} = 0.3567 \, h^{-1}$$

$$k_2 = \left(\frac{1}{2} \times \ln \frac{19998 - 13332}{19998 - 16665} \right) h^{-1} = 0.3466 \, h^{-1}$$

可知：k 近似為一常數，所以 x＋y＝1

又由於前面已證明 x＝1 ⇒ y＝0，故 $\overline{k}$ ＝0.35 h^{-1}

（2）由上面數據可知：$r = k[p(N_2O_5)]^1$

由題意已知：$p_0(N_2O_5) = 13332 \, P_a$ 和 $p_0(NO) = 133.32 \, P_a$

⇒ 表示 N_2O_5 過量，故此時該反應為〝假零級反應〞，反應速率 r 不變，即

$r = \overline{k} \cdot p(N_2O_5) = (0.35 \times 13332) \, P_a \cdot h^{-1} = 4666 \, P_a \cdot h^{-1}$

此時，$t_{1/2}$ 是對 NO 而言，故利用（2.3）式：

$$\frac{p(NO)}{2} = rt_{1/2} \Rightarrow t_{1/2} = \frac{p(NO)}{2r} = \left(\frac{133.32}{2 \times 4666} \right) h = 0.0143 \, h$$

▪ 例 3.2.81 ▪

硼乙烷（Diborane，$B_2H_{6(g)}$）在一個體系中，可顯示氣壓增加的反應速率式及硼乙烷濃度的函數，應用下列數據計算硼乙烷在 100°C 加熱分解（pyrolysis）中受速率控制著的反應級數。

B_2H_6 的濃度（mole · L^{-1} · 10^2）	增加速率（mole · L^{-1} · hr^{-1} · 10^4）
2.153	7.4
0.433	0.73

（本提取材自 *J. Am. Chem. Soc.*, **73**, 2134（1928））

：由於題目提到〝濃度〞及〝反應速率〞二種數據，故採用「微分法」。設若這是一個 n 級反應

即令 $-\dfrac{dC}{dt} = kC^n$ ············ （ㄅ）

（ㄅ）式兩邊取對數，可得：$\log\left(\dfrac{-dC}{dt} \right) = \log k + n \cdot \log C$ ············ （ㄆ）

依據題目數據，可知：氣壓速率的增加是和濃度的增加成正比。

設若有兩個實驗情況，則

$$\log\left(\frac{-dC}{dt}\right)_1 = \log k + n \cdot \log C_1 \qquad (ㄇ)$$

$$\log\left(\frac{-dC}{dt}\right)_2 = \log k + n \cdot \log C_2 \qquad (ㄈ)$$

（ㄈ）式－（ㄇ）式：$\log\left(\frac{-dC}{dt}\right)_2 - \log\left(\frac{-dC}{dt}\right)_1 = n \cdot (\log C_2 - \log C_1)$

因此 $n = \dfrac{\log\left(\dfrac{-dC}{dt}\right)_2 - \log\left(\dfrac{-dC}{dt}\right)_1}{\log C_2 - \log C_1}$

應用題中數據，這個反應的反應級數將是：

$$n = \frac{\log 7.4 - \log 0.73}{\log 2.153 - \log 0.433} = \frac{0.8692 + 0.1367}{0.3330 + 0.3635} = \frac{1.0059}{0.6965} = 1.44$$

例 3.2.82

某化合物起自發作用，自發作用的時間和消耗百分數如下：

時間 t(min)	0.00	10.00	30.00
百分數 x(%)	19.80	46.70	77.00

從以上記錄測定該化合物的自發作用是「1 級反應」或是「2 級反應」？

：我們先從「1 級反應」開始嘗試起。

題意已知：x 是消耗百分數且設反應物初濃度 a = 100，故(a－x) = 剩餘濃度量，利用（2.8）式：

$$kt = \ln\left(\frac{a}{a-x}\right) \implies kt = \ln a - \ln(a-x) \qquad (I)$$

對（I）式二邊取微分，且已知 k 及 a 皆為常數，得：

$$kdt = -\left(\frac{1}{a-x}\right)d(a-x) \qquad (II)$$

從題目提供的實驗記錄，計算 Δt，$\Delta \log(a-x)$，$\Delta\left(\dfrac{1}{a-x}\right)$，$\dfrac{\Delta t}{\Delta \log(a-x)}$ 和 $\dfrac{\Delta t}{\Delta\left(\dfrac{1}{a-x}\right)}$

如下：

t	Δt	x	(a－x)	log(a－x)
0.00	——	19.80	80.2	1.904
10.00	10.00	46.70	53.3	1.727
30.00	20.00	77.00	23.0	1.362
相差	——	——	——	——
相差%	——	——	——	——

Δlog(a－x)	$\dfrac{1}{(a-x)}$	$\Delta\dfrac{1}{(a-x)}$	$\dfrac{\Delta t}{\Delta \log(a-x)}$	$\dfrac{\Delta t}{\Delta\left(\dfrac{1}{a-x}\right)}$
——	0.01247		——	
－0.177	0.01876	0.00629	－56.497	1589.83
－0.365	0.04348	0.02472	－54.795	809.06
——			1.702	780.77
——			3.01	49.11

觀察和比較表中的結果，$\dfrac{\Delta t}{\Delta \log(a-x)}$ 的值比 $\dfrac{\Delta t}{\Delta\left(\dfrac{1}{a-x}\right)}$ 較接近一個定值，因此推定

某化合物的自發作用是「1 級反應」。

▪ 例 3.2.83 ▪

砷化氫（Arsine，AsH_3）是一種無色氣體，極毒，在燒瓶中加熱會起分解反應：

$$2AsH_{3(g)} \longrightarrow 2As_{(s)} + 3H_{2(g)}$$

在 350°C 時發現這個反應所得的總氣壓與時間有下列的關係：

間隔時間 t(hr)	總氣壓(cmHg)	間隔時間 t(hr)	總氣壓(cmHg)
0	39.2	25.5	45.35
4.33	40.3	37.66	48.05
16.0	43.65	44.75	48.85

（a）測定砷化氫的反應級數？

（b）計算這個反應的反應速率的常數？

（本提取材自 *J. Phys. Chem.*, **59**, 777（1955））

：（a）

	$2AsH_{3(g)}$	$\longrightarrow$	$2As_{(s)}$	$+$	$3H_{2(g)}$
t = 0 時：	P_0				$3x$
$-$)	$2x$				
t = t 時：	$P_0 - 2x$				$3x$

設 $P_0 = AsH_3$ 的初氣壓 $= 39.2$ cmHg

在時間 t 時，AsH_3 的分壓 $= P_0 - 2x$

在時間 t 時，H_2 的分壓 $= 3x$

因此總氣壓 $P_T = (P_0 - 2x) + (3x) = P_0 + x$

在時間 t = 4.33 hr 時，總氣壓 $P_T = 39.2 + x = 40.3$ cmHg $\Rightarrow$ 解得：$x = 1.1$ cmHg

因此，AsH_3 的分壓 $P(AsH_3) = P_0 - 2x = 39.2 - 2 \cdot (1.1) = 37.0$ cmHg

現在將結果列表如下：

時間 t(hr)	0	4.33	16.0	25.5	37.66	44.75
總氣壓 P_T(cmHg)	39.2	40.3	43.65	45.35	48.05	48.85
氣壓的變化 x(cmHg)	0	1.10	4.45	6.15	8.85	9.65
AsH_3 的氣壓 $P(AsH_3)$ (cmHg)	39.2	37.0	30.3	26.9	21.5	19.9
$\log P_{AsH_3}$	1.593	1.568	1.481	1.430	1.332	1.299

故對 AsH_3 來說，假設這個反應是屬於「1 級反應」，則：

$$\Rightarrow -\frac{1}{2}\frac{dP(AsH_3)}{dt} = kP(AsH_3) \Rightarrow \frac{dP(AsH_3)}{dt} = -2kP(AsH_3)$$

$$\Rightarrow \frac{dP(AsH_3)}{P(AsH_3)} = -2kdt \qquad\qquad （ㄇ）$$

將（ㄇ）式積分，可得：

$\ln P(AsH_3) = -2kt + C$ （C＝積分常數）或是 $2.303 \cdot \log P(AsH_3) = -2kt + C$

$$\log P(AsH_3) = -\frac{2kt}{2.303} + C' \quad (C' = 常數)$$

換言之，這是一個具有斜率 $= \dfrac{-2kt}{2.303}$ 的直線方程式。

將 $\log P(AsH_3)$ 對 t 做圖，可得一條直線，因此，證實這個反應是「1 級反應」。

（b）從座標圖中的直線，可找到斜率 $= \dfrac{-2k}{2.303} = -6.58 \times 10^{-3}$

因此可得反應速率常數值：$k = 7.58 \times 10^{-3}$ hr^{-1}

■ 例 **3.2.84** ■

$$H_2C \overset{O}{\underset{\textstyle\diagdown}{\diagup}} CH_2 + H_2O \xrightarrow{H^+} HO - CH_2 - CH_2 - OH$$

為了要了解這個反應的動力學，準備一個溶液在開始時含有 0.12 M 環氧乙烷（Ethylene oxide）和 0.007574 M 過氯酸（Perchloric acid）$HClO_4$ 發生反應，並用一個膨脹計（Dilatometer）測定這個溶液隨反應時間所得的體積。以下是在 20°C 時所得的結果：

間隔時間 t(min)	膨脹計上的讀數
0	18.48
30	18.05
60	17.62
135	16.71
300	15.22
∞	12.29

測定環氧乙烷的反應級數並計算它的反應速率常數。

：由於題目指出有 2 個反應物（環氧乙烷及 H_2O），但因[H_2O]可視為常數，故可先試試看是否為「1 級反應」。試將數據代入「1 級反應」速率方程式，檢查可否獲得一致的 k 值。

利用（2.8）式：$k = \dfrac{2.303}{t} \cdot \log\left(\dfrac{a}{a-x}\right)$ ⟶ （ㄆ）

a = 環氧乙烷的初濃度 $\propto V_0 - V_\infty = 18.48 - 12.29 = 6.19$

a - x = 環氧乙烷 t 時的濃度 $\propto V_t - V_\infty = 18.05 - 12.29 = 5.76$

當 t = 30 min 時，則 $k = \dfrac{2.303}{30} \cdot \log\dfrac{6.19}{5.76} = 0.0768 \times 0.0313 = 2.40 \times 10^{-3}$ min^{-1}

同樣的將其它的數據分別的代入（ㄆ）式，全部所得的 k 值如下：

$$k = 2.40 \times 10^{-3}, 2.49 \times 10^{-3}, 2.49 \times 10^{-3} \text{ 和 } 2.49 \times 10^{-3} \text{ } min^{-1}$$

觀察上述所得的 k 值近乎一致，由此證實環氧乙烷的加水分解反應是「1 級反應」。

且這反應的反應速率常數之平均值：$\bar{k} = 2.47 \times 10^{-3}$ min^{-1}

例 3.2.85

三乙胺（Triethylamine，$(C_2H_5)_3N$）和碘甲烷（Methyl Iodide，CH_3I）在 25°C 的硝基苯（Nitrobenzene，$C_6H_5NO_2$）中發生化學反應：

$$(C_2H_5)_3N + CH_3I \longrightarrow [(C_2H_5)_3N^+(CH_3)]I^-$$

三乙胺和碘甲烷最初的濃度各都是 0.0198 mole $\cdot$ l^{-1}，當反應至時間 t(s)時，三乙胺或是碘甲烷已作用的量(x $\cdot$ mole $\cdot$ l^{-1})如下：

間隔時間 t(s)	1200	1800	2400	3600	4500	5400
作用量 x(mole $\cdot$ l^{-1})	0.00876	0.01066	0.01208	0.01392	0.01476	0.01538

試求此反應的反應級數，並計算這個反應的反應速率常數。

：因為參與的兩個反應物之濃度相同，故

$$r = k_2 [(C_2H_5)_3N]^a \cdot [CH_3I]^b = k_2 [(C_2H_5)_3N]^{a+b}$$

假設本反應是「2 級反應」，因此試用反應物同濃度的「2 級反應」速率方程式，即（2.27）式：

$$k_2 = \frac{x}{ta(a-x)} \tag{ㄅ}$$

x 代表$(C_2H_5)_3N$ 或 CH_3I 已作用的濃度

a 代表$(C_2H_5)_3N$ 或 CH_3I 最初時的濃度

(a−x)代表$(C_2H_5)_3N$ 或 CH_3I 在時間 t 時的濃度

將時間 t = 1200 s 時的相關數據代入（ㄅ）式

$$k_2 = \frac{0.00876 \text{ mole} \cdot l^{-1}}{1200s \times 0.0198 \text{ mole} \cdot l^{-1}(0.0198-0.00876) \text{ mole} \cdot l^{-1}} = 0.0334 \text{ mole}^{-1} \cdot l \cdot s^{-1}$$

同樣的將其它的數據分別代入（ㄅ）式，可獲得全部的 k_2 值如下：

$$k_2 = 0.0334, 0.0327, 0.0329, 0.0332, 0.0329, 0.0325 \text{ mole}^{-1} \cdot l \cdot s^{-1}$$

觀察上述所得的 k_2 值近乎一致，因此證實這個反應是一個「2 級反應」。

且平均反應速率常數 $\overline{k_2} = 0.0329$ mole^{-1} $\cdot$ L $\cdot$ s^{-1}

■ 例 **3.2.86** ■

當一個 2, 3 二溴丁二酸（2, 3-dibromobutanedioic acid）的溶液加熱時，這個酸便會開始分解。

$$
\begin{array}{ccc}
\text{CHBrHCH2OOH} & & \text{CHCOOH} \\
| & \longrightarrow & \| \qquad + \quad \text{HBr} \\
\text{CHBrHCH2OOH} & & \text{CBrCOOH}
\end{array}
$$

在 50°C 開始時，取一定量體積的二溴丁二酸溶液用標準 NaOH 溶液滴定，需要 $Y_0 = 10.1$ cm^3，在 t 秒之後，取出同量體積的二溴丁二酸溶液用標準 NaOH 溶液滴定需要 Y_t(cm^3)，今將連續實驗的結果列表如下：

間隔時間 t(s)	0	12840	22800
需要 NaOH 滴定液 Y_t(cm^3)	10.10	10.37	10.57

（a）計算這個反應速率常數 k：（b）在什麼時間之後，二溴丁二酸已是分解了 $\frac{1}{3}$。

：（a）因為一般而言，分解反應是個「1 級反應」，故先從「1 級反應」處理起。

由（2.6）式，可知：

$$k = \frac{1}{t} \cdot \ln \frac{[A]_0}{[A]} \tag{ㄅ}$$

t 代表從開始到 t 的時間。

$[A]_0$ 和 $[A]$ 各代表反應物在開始時和時間 t 時的濃度。

或者另一個表示法：用 a 代替反應物在開始時的濃度，x 為反應物消耗掉的濃度。經過一段 t 時間，反應物的濃度減小，變成 (a−x)，因此由（2.8）式可知：

$$k = \frac{1}{t} \cdot \ln \frac{a}{(a-x)} \tag{ㄆ}$$

$$
\begin{array}{ccc}
\text{CHBrHCH2OOH} & & \text{CHCOOH} \\
| & \longrightarrow & \| \qquad + \quad \text{HBr} \\
\text{CHBrHCH2OOH} & & \text{CBrCOOH}
\end{array}
$$

t = 0 時： $[A]_0$

−)   x

t = t 時： $[A]_0 - x$ x   x

即 $[A] = [A]_0 - x \implies x = [A]_0 - [A]$

故全部酸的濃度：

$$[A]_T = ([A]_0 - x) + x + x = [A]_0 + x = 2[A]_0 - [A] = 2([A]_0 - [A]) + [A]$$

然而$[A]_0$是和開始時的滴定液 Y_0 成比例，因此$[A]$是和$[Y_0 - 2(Y_t - Y_0)]$滴定液成正比。

將 $t = 0$ 到 $t = 12840$ s 的數據代入（2）式：

$$k_1 = \frac{2.303}{12840s} \cdot \log \frac{10.10}{10.10 - 2(10.37 - 10.10)} = 4.28 \times 10^6 \text{ s}^{-1}$$

將 $t = 0$ 到 $t = 22800$ s 的數據代入（2）式：

$$k_2 = \frac{2.303}{22800s} \cdot \log \frac{10.10}{10.10 - 2(10.57 - 10.10)} = 4.29 \times 10^{-6} \text{ s}^{-1}$$

因此這個反應的平均速率常數 $\overline{k} = 4.285 \times 10^{-6} \text{ s}^{-1}$

（b）測定二溴丁二酸已是分解了 $\frac{1}{3}$ 的時間，可設$[A]_0 = a = 1$，$x = \frac{1}{3}$

和上面的反應速率常數 k 代入（ㄆ）式，求 t 如下：

$$4.285 \times 10^{-6} \text{ s}^{-1} = \frac{1}{t} \times 2.303 \cdot \log \left[1 \Big/ \left(1 - \frac{1}{3} \right) \right]$$

$$\therefore t = \frac{2.303}{4.285 \times 10^{-6} \text{ s}^{-1}} \cdot \log \frac{3}{2} = 94641 \text{ s} = 26.29 \text{ hr}$$

▪ 例 3.2.87 ▪

當氨在 1100°C 的鎢絲上面發生分解作用時，發現這個反應的半衰期和它的氣壓有下列的關係：

氣壓(torr)	265	130	58	16
半衰期 $t_{1/2}$(min)	7.6	3.7	1.7	1.0

（a）找出這個反應的反應級數

（b）反應級數是不是依附最初的氣壓？

（c）測定這個反應的反應速率常數

：因為題目出現〝半衰期〞及〝氣壓〞二種數據，故可採用「半衰期法」。

參考（2.47）式，即：

（a）一個反應的半衰期 $t_{1/2}$ 和最初的濃度$[A]_0$ 及反應級數 n 有下列關係：

$$t_{1/2} \propto \frac{1}{[A]_0^{n-1}} \text{ 或是 } t_{1/2} = Q \cdot \frac{1}{[A]_0^{n-1}}\text{（Q 為比例常數）} \tag{ㄅ}$$

（ㄅ）式兩邊取對數，可得：

$$\log t_{1/2} = \log Q - (n-1) \cdot \log[A]_0$$

已知：最初的氣壓是和最初的濃度成正比，因此

$$\log t_{1/2} = \log Q - (n-1) \cdot \log[A]_0 = 常數 - (n-1) \cdot \log P \tag{ㄆ}$$

將 $\log t_{1/2}$ 對 $\log P$ 做圖，則得斜率等於〝$-(n-1)$〞的一條直線。

現將題中所給數據整理如下：

氣壓 P(torr)	265	130	58	16
logP	2.423	2.114	1.763	1.204
半衰期 $t_{1/2}$(min)	7.6	3.7	1.7	1.0
$\log t_{1/2}$	0.881	0.568	0.230	0.000

將上表中 $\log t_{1/2}$ 對 $\log P$ 做圖，發現 50 torr 氣壓以上是一條直線，如圖所示：
這條直線的斜率 = 1.0

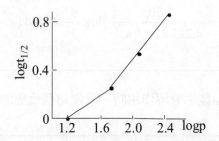

斜率 $= -(n-1) = 1.0$

因此 $n = 0$，表示這個反應在 50 torr 氣壓以上是一個「零級反應」。

（b）在 50 torr 氣壓以下在圖上不是直線，表示最初的氣壓對反應級數有一定的變化。從圖上發現，當最初的氣壓下降，曲線的斜率亦下降，直到最初的氣壓達到非常的低，斜率便接近於零，這種反應相當於「1 級反應」，它依靠著氨最初的氣壓，因此在 50 torr 氣壓以下的氣壓範圍內，這個反應顯示著「1 級反應」。總括來\說，在低氣壓時，觸媒表面被遮蓋的部分將和氨的氣壓成正比，因此氨的分解是「1 級反應」，它依靠著氨的氣壓。在較高的氣壓時，氨的分子將會吸

附在可利用的觸媒面上，因此這種反應速率將不依靠著氨的氣壓，它是「零級反應」，並且保持著固定的狀態，只是依靠著觸媒的表面作用。

（c）「零級反應」的方程式寫為：

$$-\frac{dx}{dt} = k$$

在本題中，$-\dfrac{dP}{dt} = k$，$k = \dfrac{P_i}{2t_{1/2}}$ （ㄇ）

在這裡 k＝反應速率常數，P_i＝最初的氣壓，$t_{1/2}$＝半衰期

將題中有關數據代入（ㄇ）式得反應的速率常數 k＝17.43, 17.57, 17.06 和 8.00 torr・min^{-1}

最後一個速率常數差太多了，故不可靠（之所以如此，有可能是它屬於「1 級反應」）。

求得「零級反應」的平均速率常數 $\bar{k}$＝17.35 torr・min^{-1}

∴從上圖可以很明顯看到：高氣壓直線的部分是「零級反應」，低氣壓曲線的部分是「1 級反應」。

■ 例 3.2.88 ■

1, 3-Butadiene（$CH_2 = CH-CH = CH_2$）在 326°C 的均勻氣相中進行聚合作用產生二聚分子（dimer），以下是在各時間 t 時刻得的總氣壓。

間隔時間 t(min)	0	20.78	49.50	77.57	103.58
總氣壓 P(mmHg)	632.0	556.9	498.1	464.8	442.6

測定這個反應的反應級數和反應速率常數。

：依照二聚合分子的化學計量方程式：

$$CH_2 = CH-CH = CH_2 \longrightarrow \frac{1}{2}(CH_2 = CH-CH = CH_2)_2 \quad 總壓力$$

在 t＝0 時：　P_i 　　　　　　　　　　　　　　　　　　P_i

　　　　－）　　y

在 t＝t 時：$P_B = P_i - y$ 　　　　　　　$\dfrac{y}{2} = P_D$ 　　　　　　P

設在時間 t 時的總壓力是 P，丁二烯和二聚合分子的分壓各是 P_B 和 P_D，因此 $P = P_B + P_D$。

如果丁二烯的最初壓力是 P_i，在時間 t 時減少的壓力是 y，各自的分壓將是 $P_B = P_i - y$ 和 $P_D = \dfrac{1}{2} y$

因此總壓 $P = (P_i - y) + (\dfrac{1}{2} y) = P_i - \dfrac{1}{2} y \implies y = 2P_i - 2P$

因此 $P_B = P_i - y = P_i - 2P_i + 2P = 2P - P_i$

假設這個反應是「1級反應」，應用「1級反應」速率方程式，即（2.8）式：

$$k_1 = \frac{2.303}{t} \cdot \log \frac{a}{a-x} \tag{ㄅ}$$

a 代表反應物最初的濃度，(a−x)代表在時間 t 時的濃度。

a 是和丁二烯的最初壓力 P_i 成正比，而在時間 t 時的濃度(a−x)是和 $P_B = (2P - P_i)$成正比，因此（1）式可改寫成：$k_1 = \dfrac{2.303}{t} \cdot \log \dfrac{P_i}{2P - P_i}$ （ㄆ）

若丁二烯的二聚合作用是一個「1級反應」，將 t 對 $\log\left(\dfrac{P_i}{2P - P_i}\right)$ 做圖，可獲得一條

直線。已知初壓力 $P_i = 632.0$ mmHg。

間隔時間 t(min)	0	20.78	49.50	77.57	103.58
總壓力 P(mmHg)	632.0	556.9	498.1	464.8	442.6
$2P - P_i$(mmHg)	632.0	481.8	364.2	297.6	253.2
$\log\left(\dfrac{P_i}{2P - P_i}\right)$	0	0.1179	0.2394	0.3271	0.3973

結果如下圖（ㄅ）所示，不是一條直線，因此這個聚合作用不是「1級反應」。

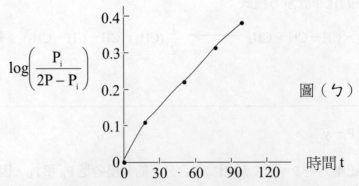

圖（ㄅ）

於是改假設這個反應是「2級反應」，應用「2級反應」速率方程式，利用（2.27）式，

可得：$k_2 = \dfrac{1}{at} \cdot \left(\dfrac{x}{a-x} \right)$ ············（ㄇ）

在這裡依照比例：P_i 相當於 a，$2P_i - 2P$ 相當於 x，$2P - P_i$ 相當於 $(a-x)$，因此（ㄇ）式變成：

$$k_2 = \frac{1}{P_i t} \cdot \left(\frac{2P_i - 2P}{2P - P_i} \right) \quad \text{或是} \quad P_i k_2 t = \frac{2P_i - 2P}{2P - P_i}$$

如果丁二烯的二聚合作用是一個「2 級反應」，則將 t 對 $\dfrac{2P_i - 2P}{2P - P_i}$ 做圖，可獲得一條直線。

間隔時間 t(min)	0	20.78	49.50	77.57	103.58
總壓力 P(mmHg)	632.0	556.9	498.1	464.8	442.6
$2P_i - 2P$(mmHg)	0	150.2	267.8	334.4	378.8
$2P - P_i$(mmHg)	632.0	481.8	364.2	297.6	253.2
$\dfrac{2P_i - 2P}{2P - Pi}$	0	0.3118	0.7353	1.124	1.496

結果如（ㄆ）圖所示，真的獲得一條直線，如圖。因此證實這個二聚合作用是一個「2 級反應」。

圖（ㄆ）

這條直線的斜率是：$P_i k_2 = \dfrac{1.25}{86} \text{min}^{-1} = 1.45 \times 10^{-2} \text{ min}^{-1}$

因此在 326°C 時的反應速率常數是：

$$k_2 = \frac{1.25\,\text{min}^{-1} \times 760\dfrac{\text{mmHg}}{1\text{atm}}}{632.0\text{mmHg} \times 86 \times 1.013 \times 10^5 \dfrac{\text{N} \cdot \text{m}^{-2}}{1\text{atm}} \times \dfrac{60s}{\text{min}}} = 2.88 \times 10^{-9} \ (\text{N} \cdot \text{m}^{-2})^{-1} \cdot \text{s}^{-1}$$

例 3.2.88

某氣體按下式分解：$A_{(g)} \longrightarrow 2B_{(g)}$，在定溫、定容下測得不同時刻，系統的總壓如下：

t/s	0	51	206	454	751
P(總)/kP$_a$	2.004	2.064	2.232	2.476	2.710

試求此反應的反應級數及反應速率常數

: 　　　　　　　$A_{(g)}$　　　$\longrightarrow$　　　$2B_{(g)}$　　　　　總壓力

t = 0 時：　　　p_{A_0}　　　　　　　　0　　　　　　　　p_{A_0}

　　　　　$-)$　　　x

t = t 時：　$p_A = p_{A_0} - x$　　　$2(p_{A_0} - p_A)$　　　p(總)

$p(總) = p_A + 2(p_{A_0} - p_A) = 2p_{A_0} - p_A \Rightarrow$ 故 $p_A = 2p_{A_0} - p(總)$

可利用「嘗試法」確定反應級數。

若為「1 級反應」，則按（2.9）式可知：$\ln \dfrac{p_{A_0}}{p_A} = kt \Rightarrow \ln p_A = -kt + \ln p_{A,0}$

$\Rightarrow$ 代表著：以 $\ln(p_A)$ 對時間 t 做圖，可得一直線。

將實驗數據先整理成如下形式，再以 $\ln(p_A)$ 對 t 做圖，由下圖可見：$\ln(p_A)$ 與 t 成直線關係，故知反應的確為「1 級反應」，斜率為 $-k$。

由斜率可求得：$k = 5.83 \times 10^{-3} \text{ s}^{-1}$

t/s	0	51	206	454	751
p$_A$/kP$_a$	2.004	1.944	1.776	1.532	1.298
ln(p$_A$)	0.6951	0.6647	0.5744	0.4266	0.2608

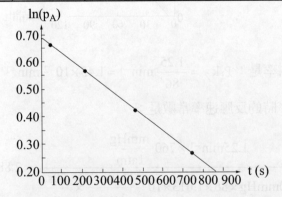

■ 例 **3.2.89** ■

某抗菌素在人體血液中呈現簡單級數的反應，如果給病人在上午 8 點注射一針抗菌素，然後在不同時刻 t 測定抗菌素在血液中的濃度[A]（以 mg/100 cm³ 表示），得到如下數據：

t/h	4	8	12	16
[A]/(mg/100 cm³)	0.480	0.326	0.222	0.151

（1）確定反應級數？

（2）求反應的反應速率常數 k 和半衰期 $t_{1/2}$？

（3）若抗菌素在血液中濃度不低於 0.37 mg/100 cm³ 才爲有效，問約何時該注射第二針？

：（1）採用「嘗試法」。設注射後的第 4 小時爲起始時刻，以相對應的濃度爲初濃度，將表中數據先代入「1 級反應」方程式中，即（2.6）式，可得：

$$k_1 = \frac{1}{t_1} \cdot \ln\frac{[A]_0}{[A]_1} = \left(\frac{1}{4} \times \ln\frac{0.480}{0.326}\right) h^{-1} = 0.0967 \, h^{-1}$$

$$k_2 = \frac{1}{t_2} \cdot \ln\frac{[A]_0}{[A]_2} = \left(\frac{1}{8} \times \ln\frac{0.480}{0.222}\right) h^{-1} = 0.0964 \, h^{-1}$$

$$k_3 = \frac{1}{t_3} \cdot \ln\frac{[A]_0}{[A]_3} = \left(\frac{1}{12} \times \ln\frac{0.480}{0.151}\right) h^{-1} = 0.0964 \, h^{-1}$$

所得 k 值近似爲一常數，故反應級數爲 1。

（2）$\bar{k} = \frac{k_1 + k_2 + k_3}{3} = \left(\frac{0.0967 + 0.0964 + 0.0964}{3}\right) h^{-1} = 0.0965 \, h^{-1}$

且利用（2.10）式：

$$t_{1/2} = \frac{\ln 2}{k} = \left(\frac{\ln 2}{0.0965}\right) h = 7.18 \, h$$

（3）$t = \frac{1}{\bar{k}} \cdot \ln\frac{[A]_0}{[A]} = \left(\frac{1}{0.0965} \times \ln\frac{0.480}{0.370}\right) h = 2.70 \, h$，即第二針應在第一針後的 6.7（4＋2.7）小時後注射。

■ 例 **3.2.91** ■

分數衰期 t_y 為反應物濃度消耗了某一分數 y 所需的時間，半衰期為 $y = 1/2$ 時的特例。

對於反應速率方程形式為：$-\dfrac{d[A]}{dt} = k[A]^n$ 的某反應，當反應物初濃度為 $[A]_0$ 時，對應分

數衰期為 t_y，當反應物濃度為 $[A]'_0$ 時，對應分數衰期為 t'_y。

試證明：$n = 1 + \dfrac{\ln t'_y - \ln t_y}{\ln[A]_0 - \ln[A]'_0}$

：題意已知：$-\dfrac{d[A]}{dt} = k[A]^n$

當 $n \neq 1$ 時，$\displaystyle\int_0^t dt = t = \int_{[A]_0}^{[A]} \left(-\dfrac{d[A]}{k[A]^n}\right) = \dfrac{1}{(n-1)k} \cdot \left(\dfrac{1}{[A]^{n-1}} - \dfrac{1}{[A]_0^{n-1}}\right)$

當 $t = t_y$ 時，$[A] = (1-y)[A]_0$，即

$$t_y = \dfrac{1}{(n-1)k} \cdot \left[\dfrac{1}{(1-y)^{n-1} \cdot [A]_0^{n-1}} - \dfrac{1}{[A]_0^{n-1}}\right] = \dfrac{1}{(n-1)k[A]_0^{n-1}} \cdot \left[\dfrac{1}{(1-y)^{n-1}} - 1\right]$$

$$\Rightarrow \quad \ln t_y + (n-1)\ln[A]_0 = \ln\left\{\dfrac{1}{(n-1)k} \cdot \left[\dfrac{1}{(1-y)^{n-1}} - 1\right]\right\}$$

對於定溫下的某反應，k 及 n 均確定，且 y 亦指定，所以上式等號右端為定值。

當反應物初濃度為 $[A]'_0$ 時，對應分數衰期為 t'_y。下面等式成立：

$\ln t_y + (n-1)\ln[A]_0 = \ln t'_y + (n-1)\ln[A]'_0$

$\therefore n = 1 + \dfrac{\ln t'_y - \ln t_y}{\ln[A]_0 - \ln[A]'_0}$

例 3.2.92

反應 $2Fe^{2+} + 2Hg^{2+} \longrightarrow Hg_2^{2+} + 2Fe^{3+}$。今採用兩個對反應物和產物為特徵波長，分別測定其在不同反應時間的光密度 D，在 353°K 測得 I、II 兩組數據（見下表）：I 組時，$[Fe^{2+}]_0$ = $[Hg^{2+}]_0$ = 0.10 mole · dm^{-3}；II 組時，$[Fe^{2+}]_0$ = 0.10 mole · dm^{-3}

I	10^{-5} t/s	0	1	2	3	∞	
	D	0.10	0.40	0.50	0.55	0.70	
II	10^{-5} t/s	0	0.50	1	1.5	2	∞
	D	1.00	0.585	0.345	0.205	0.122	0

若反應速率方程式為 $r = k[Fe^{2+}]^x[Hg^{2+}]^y$，請據以上實驗數據求 x、y。

： 設 $r = k[Fe^{2+}]^x[Hg^{2+}]^y$

第 I 組數據時，$[Fe^{2+}]_0 = [Hg^{2+}]_0$，$r = k[Fe^{2+}]^{x+y} = k[Hg^{2+}]^{x+y}$

令 $\alpha = x + y$，故 $r = k[reac\tan t]^\alpha$

先嘗試用「2 級反應」

$$k = \frac{1}{t} \times \frac{[A]_0 - [A]}{[A][A]} = \frac{1}{t} \times \frac{(D_\infty - D_0) - (D_\infty - D_t)}{(D_\infty - D_t) \cdot (D_\infty - D_0)}$$

$10^{-5} \cdot t$	0	1	2	3
$D_\infty - D_t$	0.60	0.30	0.20	0.15
$10^5 \cdot k$	—	1.67	1.67	1.67

可發現 k 為一定值，所以 $\alpha = 2 = x + y$

之後，觀察第 II 組數據，又可發現間隔時間一定時（ t = 0.5 ），彼此之間有著正比關係，這是「1 級反應」特徵。

$$k = \frac{1}{t} \cdot \ln \frac{[A]_0}{[A]} = \frac{1}{t} \cdot \ln \left(\frac{D_0 - D_\infty}{D_t - D_\infty} \right)$$

$10^{-5} \cdot t$	0	0.50	1	1.5	2
$D_\infty - D_t$	1.00	0.585	0.345	0.205	0.122
$10^5 \cdot k$	—	1.07	1.06	1.06	1.05

一樣可發現 k 為一定值，所以 x = 1

∴ x = 1， y = 1

■ 例 **3.2.93** ■

The composition of a liquid phase reaction 2A ⟶ B was followed by a
spectrophotometric method with the following results：

Time/min	0	10	20	30	40	∞
[B]/M	0	0.089	0.153	0.200	0.230	0.312

Determine the order of the reaction and its rate constant.

（1992 年中山大學化研所）

：由於已知本反應為 2A ⟶ B，因有 2A 之故，故直覺上，本反應不太可能是「零級反應」，較有可能是「1 級反應」或「2 級反應」。

注意：本題也是採用「嘗試法」。先從「1 級反應」嘗試起！

$$2A \quad \longrightarrow \quad B$$

t＝0 時： $[A]_0$

$$\underline{\quad -) \qquad\qquad 2x \qquad\qquad\qquad\qquad}$$

t＝t 時： $[A]_0 - 2x$ \qquad x

即$[B]=x$，$[A]=[A]_0-2x=[A]_0-2[B] \Rightarrow [A]_0=[A]+2[B]$

又由題目已知：t＝∞時，$[B]=[A]_0/2=0.312$，$[A]\approx 0$

故$[A]_0=[A]+2[B]=0+2\times0.312=0.624$

所以由題目之數據，可求得下表：$[A]=[A]_0-2[B]$

Time/min	0	10	20	30	40	∞
[B]/M	0	0.089	0.153	0.200	0.230	0.312
[A]/M	0.624	0.446	0.318	0.224	0.164	0

設若本反應為「1 級反應」，則依據（2.7）式，可知：$[A]=[A]_0 \cdot \exp(-kt)$

將上表之數據代入，例如：

當$[A]_0=0.624$ M，t＝10 min，$[A]=0.446$ M$\Rightarrow$ $0.446=0.624 \cdot \exp(-10k)$ \qquad （ㄅ）

當$[A]_0=0.624$ M，t＝20 min，$[A]=0.318$ M$\Rightarrow$ $0.318=0.624 \cdot \exp(-20k)$ \qquad （ㄆ）

由（ㄅ）式及（ㄆ）式，皆解得：$k=0.0336$ min^{-1}

故證得本反應為「1 級反應」。

例 **3.2.94**

反應 $N_2O_5 + NO \longrightarrow 3NO_2$。今在 $298°K$ 下進行實驗，第一次實驗 $p(N_2O_5)_0 = 133\ kP_a$，$p(NO)_0 = 13.3\ kP_a$，做 $\log[p(NO)/(kP_a \cdot s^{-1})]$ 對 t 圖爲一直線，由斜率得 $t_{1/2} = 2\ h$；第二次實驗 $[p(N_2O_5)]_0 = [p(NO)]_0 = 6.67\ kP_a$，測得下列數據（見下表），設速率方程式爲：$r = k[p(N_2O_5)]^x[p(NO)]^y$，試求 x、y 值。

p(總)	13.3	15.3	16.7
t/h	0	1	2

：由第二次實驗，$[p(N_2O_5)]_0 = [p(NO)]_0 = 6.67 kP_a$，

$r = k[p(N_2O_5)]^x[p(NO)]^y = k[p(reca\tan t)]^\alpha$，即令 $\alpha = x + y$

$$N_2O_5 + NO \longrightarrow 3NO_2 \quad 總壓力$$

$t = 0$ 時： $\quad p_0 \qquad p_0 \qquad\qquad 2p_0 = 2 \times 6.67 kP_a = 13.34 kP_a$

$t = t$ 時： $p_0 - p \quad p_0 - p \qquad 3p \qquad 2p_0 + p = p(總)$

$p(總) = 2p_0 + p \Rightarrow p = p(總) - 2p_0 = p(總) - 13.34 kP_a$

先嘗試「1 級反應」，$k = \dfrac{1}{t} \cdot \ln\dfrac{p_0}{p_t}$

t/h	0	1	2
p/kP_a	0	1.96	3.36
$p_t = p_0 - p/kP_a$	6.67	4.71	3.31
k/h^{-1}	——	0.348	0.350

可發現 k 接近於一定值，故 $\alpha = x + y = 1$

此外，由第一次實驗 k 單位 $kP_a \cdot s^{-1}$ 可知，爲「零級反應」。此時，

因爲 $[p(N_2O_5)]_0 >> [p(NO)]_0$，所以 $r = k'[p(NO)]^y$，$y = 0$；

$k' = k[p(N_2O_5)]^x \Rightarrow \therefore x = 1$，$y = 0$

例 **3.2.95**

在 T、V 一定的容器中，某氣體的初壓力爲 100 kPa 時，發生分解反應的半衰期爲 20s。若初壓力爲 10 kPa 時，該氣體分解反應的半衰期則爲 200s。求此反應的反應級數與反應速率常數？

$$A(g) \xrightarrow{\text{T, V 一定}} 產物$$

A(g)的初始壓力：$p_{0,1} = 100 \text{ kPa}$　　　　$p_{0,2} = 10 \text{ kPa}$

反應的半衰期：　$t_{1/2,1} = 20s$　　　　　　$t_{1/2,1} = 200s$

$$n = 1 + \frac{\ln(t_{1/2,1}/t_{1/2,2})}{\ln(p_{0,2}/p_{0,1})} = 1 + \frac{\ln(20/200)}{\ln(10/100)} = 1 + 1 = 2$$

2 級反應的反應速率常數：

$$k = 1/(p_0 t_{1/2}) = 1/(100 \text{ kPa} \times 20s) = 5 \times 10^{-4} \text{ (kPa} \cdot \text{s}^{-1})$$

▌ 例 3.2.96 ▌

The composition of the gas phase reaction：$2A \longrightarrow B$ was monitored by measuring the total pressure as a function of time：

time(sec)	0	100	200	300	400
pressure(torr)	400	322	288	268	256

What is the time for 99.99% completion：

(a) 436 hrs　　(b) 18.5 min　　(c) 1.52 hrs　　(d) 13.0 min

（1989 中山大學海洋所；1995 中正大學化研所）

：(a)。(注意：本題是採用「嘗試法」，解題思路如下：)

$$2A \longrightarrow B \qquad 總壓力$$

t＝0 時：　　　　P_A^0　　　　　　　　　　P_A^0

　　　　　　－)　　$2x$

t＝t 時：　　　$P_A^0 - 2x$　　　　x　　　　P(總)

故 $P(總) = (P_A^0 - 2x) + x = P_A^0 - x \implies x = P_A^0 - P(總)$

且 $P_A = P_A^0 - 2x = P_A^0 - 2[P_A^0 - P(總)] = 2P(總) - P_A^0$

由於本反應是 $2A \longrightarrow B$，因有 2A 之故，所以直覺上，本反應不太可能是「零級反應」，較有可能是「1 級反應」或「2 級反應」。

(1) 若本反應為「1 級反應」，則依據 (2.9) 式，可知：

$P_A = P_A^0 \cdot \exp(-kt)$，即寫為：$[2P(總) - P_A^0] = P_A^0 \cdot \exp(-kt)$

代入數據於上式，例如：

當 $P_A^0 = 400$，t＝100 sec，P(總)＝322

$\Rightarrow [2\times322-400]=(400)\cdot\exp(-k\cdot100)$ （ㄅ）

$\Rightarrow k_1 = 4.94\times10^{-3}$

當 $P_A^0 = 400$，t＝200 sec，P(總)＝288

$\Rightarrow [2\times288-400]=(400)\cdot\exp(-k\cdot200)$ （ㄆ）

$\Rightarrow k_2 = 4.10\times10^{-3}$

由（ㄅ）和（ㄆ）二式，可解得：k 不爲一常數，故本反應不是「1 級反應」。

（2）若本反應爲「2 級反應」，則依據（2.21）式，可知：

$$\frac{1}{P_A}-\frac{1}{P_A^0}=kt \ \text{即寫爲：} \ \frac{1}{2P(總)-P_A^0}-\frac{1}{P_A^0}=kt$$

代入數據於上式，例如：

當 $P_A^0 = 400$，t＝100 sec，P(總)＝322

$\Rightarrow \dfrac{1}{2\times322-400}-\dfrac{1}{400}=k_1'\cdot100 \Rightarrow$ 得：$k_1'=1.60\times10^{-5}$ （ㄇ）

當 $P_A^0 = 400$，t＝200 sec，P(總)＝288

$\Rightarrow \dfrac{1}{2\times288-400}-\dfrac{1}{400}=k_1'\cdot200 \Rightarrow k_2'=1.59\times10^{-5}$ （ㄈ）

由（ㄇ）和（ㄈ）二式，可證明皆得：$k=1.60\times10^{-5}(1/\text{sec}\cdot\text{torr})$

即證得本反應爲「2 級反應」。

故當 99.99%消耗掉，即 A 氣體只剩下 0.01%時，則得：

$$\frac{1}{0.01\%\times400}-\frac{1}{400}=(1.60\times10^{-5})t \Rightarrow \text{解得：}t=434 \text{ hrs，故選（a）。}$$

■ 例 **3.2.97** ■

在水溶液中，分解反應 $C_6H_5N_2Cl(l) \longrightarrow C_6C_5Cl(l)+N_2(g)$

爲 1 級反應。在一定 T、p 下，隨著反應的進行，用量氣管測量出在不同時刻所釋出 $N_2(g)$ 的體積。假設 N_2 的體積爲 V_0 時開始計時，即 t＝0 時體積爲 V_0，t 時刻 N_2 的體積爲 V_t，t＝∞時 N_2 的體積爲 V_∞。

試導出此反應的反應速率常數爲 $k=\dfrac{1}{t}\ln\dfrac{V_\infty-V_0}{V_\infty-V_t}$

$$C_6H_5N_2Cl_{(l)} \xrightarrow[\text{在水溶液中}]{\text{T, p 固定}} C_6C_5Cl_{(l)} + N_{2(g)}$$

：

t = 0 時：	c_0		V_0
任意時刻 t	c		V_t
t = t_∞ 時：	0		V_∞

經過足夠的長的時間，反應物可以完全反應掉。已經收集了體積爲 V_0 的 $N_2(g)$ 才開始計時。

此反應的 c_0 正比於 $V_\infty - V_0$；任意時刻 t 時，反應的物質的量濃度 c 正比於 $V_\infty - V_t$，即 $c_0 = a(V_\infty - V_0)$，$c = a(V_\infty - V_t)$ 式中的 a 爲常量。

對於 1 級反應：

$$k = \frac{1}{t}\ln\frac{c_0}{c} = \frac{1}{t}\ln\frac{a(V_\infty - V_0)}{(V_\infty - V_t)} = \frac{1}{t}\ln\frac{V_\infty - V_0}{V_\infty - V_t}$$

應當指出，上式中的 V 可以是任一與反應物的濃度呈線性關係的物理量。

例 3.2.98

氣相反應 $2NO(g) + 2H_2(g) \longrightarrow N_2(g) + 2H_2O(g)$ 的反應速率方程式爲：

$$\frac{dp(NO)}{dt} = k(NO)p^\alpha(NO) \cdot p^\beta(H_2)$$

700℃ 測得 NO 及 H_2 的起始壓力及對應的初速率如下：

$p_0(NO)/kPa$	$p_0(H_2)/kPa$	$-\left(\dfrac{dp(NO)}{dt}\right)_{t=0} \Big/ Pa \cdot min^{-1}$
50.6	20.2	486
50.6	10.1	243
25.3	20.2	121.5

求 NO 及 H_2 的反應級數 α、β 和反應速率常數 k(NO)。

：從題給數據可知，各組數據之間有一個初始壓力相等或成簡單的比例，這樣就可以從比較中消去一個變量，簡化其相互關係，進而求出 α 及 β 的數據。先對比 1，2 組數據：

$$\left(\frac{dp(NO)}{dt}\right)_{t=0,1} \bigg/ \left(\frac{dp(NO)}{dt}\right)_{t=0,2} = \frac{486}{243} = 2 = \frac{p_{0,1}^{\alpha}(NO)p_{0,1}^{\beta}(H_2)}{p_{0,2}^{\alpha}(NO)p_{0,2}^{\beta}(H_2)}$$

$$= \left(\frac{p_{0,1}(H_2)}{p_{0,2}(H_2)}\right)^{\beta} = \left(\frac{20.2}{10.1}\right)^{\beta} = 2^{\beta}$$

即 $2^1 = 2^{\beta}$，$\therefore \beta = 1$。

再對比 1，3 組數據：

$$\left(\frac{dp(NO)}{dt}\right)_{t=0,1} \bigg/ \left(\frac{dp(NO)}{dt}\right)_{t=0,3} = \frac{486}{121.5} = 4 = \frac{p_{0,1}^{\alpha}(NO)p_{0,1}^{\beta}(H_2)}{p_{0,3}^{\alpha}(NO)p_{0,3}^{\beta}(H_2)}$$

$$= \left(\frac{p_{0,1}(H_2)}{p_{0,3}(H_2)}\right)^{\alpha} = \left(\frac{50.6}{25.3}\right)^{\alpha} = 2^{\alpha}$$

即 $2^{21} = 2^{\alpha}$，$\therefore \alpha = 2$。

題給反應的反應速率方程式爲：

$$-dp(NO)/dt = k(NO)p^2(H_2) \tag{ㄅ}$$

將任一組數據帶入（ㄅ）式，可得：

$$k(NO) = \frac{-\{dp(NO/dt)\}_{t=0}}{p_0^2(NO) \cdot p_0(H_2)} = \frac{121.5\,Pa \cdot min^{-1}}{(25.3 \times 10^3\,Pa)^2 \times 20.2 \times 10^3\,Pa}$$

$$= 9.4 \times 10^{-12}\,Pa^{-2} \cdot min^{-1}$$

▉ 例 3.2.99 ▉

在 781K，初壓力分別爲 10132.5 Pa 和 101325 Pa 時，HI(g)分解成 H_2 和 I_2(g)的半衰期分別爲 135min 和 13.5min。試求此反應的反應級數及反應速率常數 k(HI)。

$$2HI(g) = \xrightarrow[\text{V 固定}]{T = 781 \text{ K}} H_2(g) + I_2(g)$$

:

HI(g)的初始壓力	反應的半衰期
$p_{0,1} = 10132.5 \text{Pa}$	$t_{1/2,1} = 135 \text{min}$
$p_{0,2} = 101325 \text{Pa}$	$t_{1/2,2} = 13.5 \text{min}$

$$t_{1/2} = \frac{2^{n-1} - 1}{(n-1)k_p p_0^{n-1}} = \frac{B}{P_0^{n-1}}$$

式中：k_p 是用壓力表示的反應速率常數；$B = (2^{n-1} - 1)/\{(n-1)k_p\}$，對於在指定

溫度下的指定反應，B 為常量。

$$t_{1/2,1} = B/P_{0,1}^{n-1} \tag{ㄅ}$$

$$t_{1/2,2} = B/P_{0,2}^{n-1} \tag{ㄆ}$$

（ㄆ）式除以（ㄅ）式後等式兩邊再取對數，整理可得：

$$n = 1 + \frac{\ln(t_{1/2,2}/t_{1/2,1})}{(p_{0,1}/p_{0,2})} = 1 + \frac{\ln(13.5/135)}{(10132.5/101325)} = 1 + \ln 0.1/\ln 0.1 = 1 + 1 = 2$$

可知：題給反應為「2 級反應」，其反應速率常數：

$$k_p(HI) = 1/\{t_{1/2}p_0(HI)\} = 1/(10132.5\text{Pa} \times 135\text{min}) = 7.3105 \times 10^{-7} \text{ (Pa} \cdot \text{min)}^{-1}$$

┏ 例 3.2.100 ┓

在 T、V 固定的條件下，氣相反應：$H_2(g) + Br_2(g) \longrightarrow 2HBr(g)$ 的速率方程為：

$$dc(HBr)/dt = kc(H_2)^\alpha c(Br_2)^\beta c(HBr)^\gamma$$

在溫度 T 下，當 $c(H_2) = c(Br_2) = 0.1 \text{mol} \cdot \text{dm}^{-3}$，$c(HBr) = 2 \text{mol} \cdot \text{dm}^{-3}$ 時，反應的速率為 ν。
其它不同物質的量濃度 c 的反應速率列表如下，求反應的反應級數 α、β 及 γ 各為若干？

$c(H_2)/\text{mol} \cdot \text{dm}^{-3}$	$c(Br_2)/\text{mol} \cdot \text{dm}^{-3}$	$c(HBr)/\text{mol} \cdot \text{dm}^{-3}$	$dc(HBr)/dt$
0.1	0.1	2	ν
0.1	0.4	2	8ν
0.2	0.4	2	16ν
0.1	0.2	3	1.88ν

：由題給數據可寫出下列方程式：

（ㄅ）$v_1 = k(0.1\text{mol}\cdot\text{dm}^{-3})^\alpha (0.1\text{mol}\cdot\text{dm}^{-3})^\beta (2\text{mol}\cdot\text{dm}^{-3})^\gamma = v$

（ㄆ）$v_2 = k(0.1\text{mol}\cdot\text{dm}^{-3})^\alpha (0.4\text{mol}\cdot\text{dm}^{-3})^\beta (2\text{mol}\cdot\text{dm}^{-3})^\gamma = 8v$

（ㄇ）$v_3 = k(0.2\text{mol}\cdot\text{dm}^{-3})^\alpha (0.4\text{mol}\cdot\text{dm}^{-3})^\beta (2\text{mol}\cdot\text{dm}^{-3})^\gamma = 16v$

（ㄈ）$v_4 = k(0.1\text{mol}\cdot\text{dm}^{-3})^\alpha (0.2\text{mol}\cdot\text{dm}^{-3})^\beta (3\text{mol}\cdot\text{dm}^{-3})^\gamma = 1.88v$

由（ㄆ）式除以（ㄅ）式，可得：

$(0.4/0.1)^\beta = 4^\beta = 8$，即 $2^{2\beta} = 2^3$，$\therefore \beta = 3/2 = 1.5$

（ㄇ）式除以（ㄆ）式，可得：

　　$(0.2/0.1)^\beta \times (3/2)^\gamma = 1.88$，即 $2^\beta \times 1.5^\gamma = 1.88$　　　　　　　　（ㄉ）

將 $\beta = 1.5$ 代入（ㄉ）式，可得：

$1.5^\gamma = 1.88/2^{1.5}$，$\therefore \gamma = \ln(1.88/2^{1.5})/\ln 1.5 = -1.007 \approx -1$

例 3.2.101

對光氣分解反應 $\text{ClCOOCCl}_3 \longrightarrow 2\text{COCl}_2$ 可以進行完全。

將雙光氣置於密閉容器中，於恆溫 280℃、不同時間測得總壓列表如下：

t/s	0	500	800	1300	1800	∞
p(總)/Pa	2000	2520	2760	3066	3306	4000

求反應級數和消耗雙光氣（以 A 代表）的反應速率常數。

$$\text{ClCOOCCl}_{3(g)} \xrightarrow[\text{V 一定}]{T=553.15K} 2\text{COCl}_{2(g)}$$

：

	A	2B
t=0 時：	p_0	0
t	p	$2(p_0 - p)$
t=∞ 時：	0	$p_\infty = 2p_0$

任意時間 t 時系統的總壓力：

$p_t = p + 2p_0 - 2p = 2p_0 - p$

$p = 2p_0 - p_t = p_\infty - p_t$

$p_0 = p_\infty - p_0$

用作圖法求題給反應的反應級數，先假設其為「1 級反應」，則

$tk_A = \ln(p_0/p) = \ln\{(p_\infty - p_0)/(p_\infty - p_t)\}$

上式可改寫成下式：$\ln\{(p_\infty - p_t)/[p]\} = \ln\{(p_\infty - p_0)/[p]\} - k_A t$

不同 t 時對應的 $\ln\{(p_\infty - p_t)/[p]\}$ 列表如下：

t/s	0	500	800	1300	1800
$\ln\{(p_\infty - p_t)/Pa\}$	7.601	7.300	7.123	6.839	6.542

以 $\ln\{(p_\infty - p_t)/Pa\}$ 對 t/s 作圖，如附圖所示。

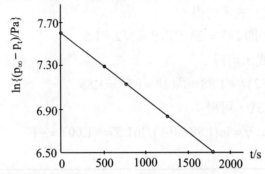

所有的實驗測定點幾乎同在一條直線上，這表明題給反應為「1 級反應」。

直線斜率：$m = (6.839 - 7.601)/(1300 - 0) = -5.862 \times 10^{-4}$

$\therefore \ k_A = -m/s = 5.862 \times 10^{-4} \ s^{-1}$

若不是 1 級反應，再分別按 0 級、2 級.....的特徵試之，直到確定其反應的級數為止。

例 3.2.102

Two substances A and B undergo a bimolecular reaction step. The following table gives the concentrations of A at various times for an experiment carried out at a constant temperature of 17C：

$10^4[A]/mole \cdot dm^{-3}$	10.00	7.94	6.31	5.01	3.98
Time/min	0	10	20	30	40

The initial concentration of B is 2.5 mole · dm⁻³. Calculate the value of the second-order rate constant.

(University of Manchester, B.Sc. (1st year))

：假設此爲「2 級反應」

$r = k_2[A][B]$ $\because$ 已知$[B]>>[A]$ $\therefore r = k_2'[A]$

$k_2' = k_2[B] \Rightarrow -\dfrac{d[A]}{dt} = k_2'[A] \Rightarrow \ln\dfrac{[A]_0}{[A]} = k_2' \cdot t$

$\therefore$ 當 $t = 10$，則 $\ln\left(\dfrac{10}{7.94}\right) = k_2' \cdot 10 \Rightarrow k_2' = 0.023$

當 $t = 20$，則 $\ln\left(\dfrac{10}{6.31}\right) = k_2' \cdot 20 \Rightarrow k_2' = 0.023$

當 $t = 30$，則 $\ln\left(\dfrac{10}{5.01}\right) = k_2' \cdot 30 \Rightarrow k_2' = 0.023$

當 $t = 40$，則 $\ln\left(\dfrac{10}{3.98}\right) = k_2' \cdot 40 \Rightarrow k_2' = 0.023$

$\because k_2'$ 值都相同 $\therefore$ 此爲 pesudo「1 級反應」。

$\Rightarrow$ 2 級反應 $\Rightarrow k_2' = k_2[B] \Rightarrow 0.023 = k_2 \cdot (2.5) \Rightarrow k_2 = 9.2 \times 10^{-3}\ M^{-1} \cdot min^{-1}$

第四章 複雜反應的介紹

如果一個化學反應是由兩個或兩個以上的「基本反應」所組成，則這種反應就是「複雜反應」。在此，我們只討論幾種典型的「複雜反應」——「可逆反應」、「並行反應」、「連串反應」和「連鎖反應」。也就是說：

$$\text{◎ 複雜反應}\begin{cases}\text{[可逆反應] （又稱 [對峙反應]）}\\[\text{並行反應] （又稱 [平行反應]）}\\[\text{連串反應] （又稱 [連續反應]）}\\[\text{連鎖反應]}\end{cases}$$

表 4.1 各類典型「複雜反應」的主要公式

反應類型	主要公式
「1 級可逆反應」 $A \underset{k_{-1}}{\overset{k_1}{\rightleftharpoons}} B$ （見 §4.1）	1. 積分式： $$\ln\frac{k_1[A]_0}{k_1[A]_0-(k_1+k_{-1})[B]}=(k_1+k_{-1})t \quad (4.2a)$$ 或 $$[B]=\frac{k_1[A]_0}{k_1+k_{-1}}\{1-\exp[-(k_1+k_2)t]\} \quad (4.2b)$$ 或 $$\ln\frac{[B]_{eq}}{[B]_{eq}-[B]}=(k_1+k_{-1})\cdot t \quad (4.4)$$ 或 $$\ln\frac{[A]_0-[A]_{eq}}{[A]-[A]_{eq}}=(k_1+k_{-1})t \quad (4.32)$$ 2. 完成平衡濃度一半的時間： 此時間又稱為「1 級可逆反應」的半衰期 $t_{1/2}$ $$t_{1/2}=\frac{0.693}{(k_1+k_{-1})} \text{（與初濃度無關）} \quad (4.5)$$ 3. 平衡常數與正、逆反應速率常數的關係： $$K(\text{平衡常數})=\frac{\text{正向反應速率常數}(k_1)}{\text{逆向反應速率常數}(k_{-1})} \quad (4.6)$$ 4. 反應熱與正、逆反應之活化能的關係： $$\Delta H\approx\Delta U=E_{正}-E_{逆}$$

「1 級平行反應」 A $\xrightarrow[k_2]{\;\;k_1\;\;}$ B 　　　↘ D （見 §**4.2**）	1. 積分式： $$\ln\frac{[A]_0}{[A]} = (k_1 + k_2)t \qquad (4.12a)$$ 2. 半衰期： $$t_{1/2} = \frac{0.693}{(k_1 + k_2)} \qquad (4.5)$$ 3. 產物分布： $$\frac{[B]}{[D]} = \frac{k_1}{k_2} \qquad (4.16)$$ 4. 實際活化能與「基本反應」活化能的關係： $$E_{實際} = \frac{k_1 E_1 + k_2 E_2}{(k_1 + k_2)}$$
兩個「1 級反應」 組成的「連串反應」 A $\xrightarrow{\;k_1\;}$ B $\xrightarrow{\;k_2\;}$ C （見 §**4.3**）	1. A、B、C 的濃度與時間的關係式： $$[A] = [A]_0 \cdot e^{-k_1 t} \qquad (4.19b)$$ $$[B] = \frac{k_1[A]_0}{(k_2 - k_1)}(e^{-k_1 t} - e^{-k_2 t}) \qquad (4.21)$$ $$[C] = [A]_0 \cdot \left[1 - \frac{1}{(k_2 - k_1)}(k_2 e^{-k_1 t} - k_1 e^{-k_2 t})\right] \qquad (4.23)$$ 2. 中間產物[B]極大時的反應時間與濃度： $$t_{max} = \frac{\ln(k_2/k_1)}{k_2 - k_1} \qquad (4.24)$$ $$[B_{max}] = [A]_0\left(\frac{k_1}{k_2}\right)^{k_2/(k_2 - k_1)} \qquad (4.25)$$
連鎖反應 （見 §**4.4**）	不同的連鎖反應，其「反應機構」各不相同，所推導出的反應速率方程式也將有所不同。

4.1 可逆反應 (treversible reactions or opposing reactions)

嚴格來說，任何反應都不可能完全進行到底。也就是說反應物和生成物時時刻刻都共存於反應體系中，那麼「正向反應」（forward reaction）和「逆向反應」（reverse reaction）也必然都時時刻刻地在進行著。若「逆向反應」的反應速率是相當相當的小，以致反應物的量很快就被用掉，平衡位置將會明顯偏向於生成物這一邊，那麼，這種情況就是所謂的〝反應完全〞，這時化學動力學只要考慮「正向反應」的反應速率即可。這也正是前面章節所討論的零級、1級、2級和3級反應，以及其它一些典型動力學反應的基本假設。

下面討論的「可逆反應」就不一樣了，它的正向、逆向反應的速率大小很接近，以致於可以相互比較，也就是說：「逆向反應」的速率絕不可忽略，這種〝正向和逆向可同時進行的反應〞就稱爲「可逆反應」〝reversible reactions〞，又稱爲「對峙反應」〝opposing reactions〞。

「可逆反應」有幾點重要特徵：

（A）「可逆反應」的淨反應速率＝（正向反應速率）－（逆向反應速率）。

（B）反應達到平衡時，「可逆反應」的淨速率等於零。

（C）平衡常數（K）＝正向反應速率常數（k_1）/逆向反應速率常數（k_{-1}）。

（D）在濃度與時間的關係上，反應達到平衡後，反應物和產物的濃度將不再改變。

◎ 請注意：〝當「可逆反應」達平衡時〞，這意思是說：正向及逆向反應速率相等，即 $r_1 = r_{-1}$。但正向及逆向的反應速率常數不一定相等，即可能 $k_1 = k_{-1}$ 或 $k_1 \neq k_{-1}$。

◎ 請注意：「可逆反應」與「可逆過程」（reversible process）二詞含義不同，這是因爲這二者在本質上有所不同。

(a) 「可逆反應」一詞在化學動力學的含義是指〝同時能朝正向及逆向進行的反應〞，故「可逆反應」沒有考慮到週遭環境是否〝可逆〞，且「可逆反應」的反應速率不會無限緩慢。

(b) 「可逆過程」一詞在熱力學的含義是指〝作用於系統的力無限地小，致使系統始終處於平衡狀態，故「可逆過程」的進行速度無限緩慢，所需時間無限地長。〞由此可知：「可逆反應」不一定滿足「可逆過程」的條件。

〈**1**〉「可逆反應」之反應速率方程式

$$A \underset{k_{-1}}{\overset{k_1}{\rightleftharpoons}} B$$

當 t = 0 時:　　a　　　　0

　　　　　　 −)　　x

當 t = t 時: a−x　　　x

由此可知,在 t = t 時,[A] = a − x 且 [B] = x。　　　　　　　　　　　　(4-ㄅ)

以反應物 A 的濃度變化率來表示反應速率,則有〝正向反應速率〞如下:

$$-\frac{d[A]}{dt} = k_1[A]$$

$$\Rightarrow -\frac{d(a-x)}{dt} = k_1(a-x)$$

$$\Rightarrow \left(\frac{dx}{dt}\right)_{\text{正}} = k_1(a-x) \qquad\qquad (4\text{-}ㄆ)$$

而以產物的濃度變化率來表示反應速率,則有〝逆向反應速率〞如下:

$$-\frac{d[B]}{dt} = k_{-1}[B]$$

$$\Rightarrow \left(-\frac{dx}{dt}\right)_{\text{逆}} = k_{-1}x \qquad\qquad (4\text{-}ㄇ)$$

可得〝淨反應速率〞:

$$淨反應速率 = \frac{d(產物濃度)}{d(時間)} = (正向反應速率) - (逆向反應速率)$$

故　　　　　　　　　$$d[B] = k_1[A] - k_{-1}[B]$$

$$\Rightarrow \frac{dx}{dt} = \left(\frac{dx}{dt}\right)_{\text{正}} - \left(-\frac{dx}{dt}\right)_{\text{逆}} \qquad\qquad (4\text{-}ㄈ)$$

代入(4-ㄆ)式及(4-ㄇ)式後得: $\dfrac{dx}{dt} = k_1(a-x) - k_{-1}x$ 　　　　　　(4.1)

移項後,可得:

$$\frac{dx}{k_1 a - (k_1 + k_{-1})x} = dt$$

上式可改寫成：

$$\frac{-1}{k_1 + k_{-1}} \cdot \frac{d[k_1 a - (k_1 + k_{-1})x]}{k_1 a - (k_1 + k_{-1})x} = dt$$

將上式二邊積分：

$$\frac{-1}{k_1 + k_{-1}} \cdot \int_0^x \frac{d[k_1 a - (k_1 + k_{-1})x]}{k_1 a - (k_1 + k_{-1})x} = \int_0^t dt$$

整理後得：

$$\ln \frac{k_1 a}{k_1 a - (k_1 + k_{-1})x} = (k_1 + k_{-1})t \qquad (4.2a)$$

（4.2a）式也可改寫成：

$$x = \frac{k_1 \cdot a}{k_1 + k_{-1}} \{1 - \exp[-(k_1 + k_{-1})t]\} \qquad (4.2b)$$

◎ 由此可知，在經過 t 時間後，「1 級可逆反應」有以下關係式：

反應物 A 的濃度$[A] = a - x = a - \dfrac{k_1 a}{k_1 + k_{-1}} \{1 - \exp[-(k_1 + k_{-1})t]\}$

$$= \frac{ak_{-1}}{k_1 + k_{-1}} + \frac{ak_1}{k_1 + k_{-1}} \cdot \exp[-(k_1 + k_{-1})t]$$

生成物 B 的濃度$[B] = x = \dfrac{ak_1}{k_1 + k_{-1}} \{1 - \exp[-(k_1 + k_{-1})t]\}$

可見在「1 級可逆反應」時，當 $t \longrightarrow \infty$

則 $\begin{cases} 反應物[A] \longrightarrow \dfrac{ak_{-1}}{k_1 + k_{-1}} \\ 生成物[B] \longrightarrow \dfrac{ak_1}{k_1 + k_{-1}} \end{cases}$

反之，在單向「1 級反應」時，則依據（2.7）式：

反應物 A 的濃度$[A] = [A]_0 \times \exp(-k_1 t)$

生成物 B 的濃度$[B] = [A]_0 - [A]_0 \times \exp(-k_1 t)$

可見在單向「1 級反應」時，當 $t \longrightarrow \infty$

則 $\begin{cases} 反應物[A] \longrightarrow 0 \\ 生成物[B] \longrightarrow [A]_0 \end{cases}$

當反應達平衡時，產物 B 的濃度（＝x）不再隨時間而改變，故 dx/dt＝0。

於是由（4.1）式可知：

$$k_1(a-x) - k_{-1}x = 0$$

且若以 x_{eq} 表示平衡時 B 產物的濃度，則可得關係式：

$$k_1(a - x_{eq}) = k_{-1}x_{eq} \tag{4.3a}$$

可改寫為：

$$k_1 a = (k_1 + k_{-1})x_{eq} \tag{4.3b}$$

將（4.3b）式代入（4.2a）式，可得：

$$或 \begin{cases} \ln\dfrac{x_{eq}}{x_{eq} - x} = (k_1 + k_{-1})t & (4.4a) \\[3mm] \ln\dfrac{x_{eq}}{x_{eq} - x} = \dfrac{k_1 a}{x_{eq}}t & (4.4b) \end{cases}$$

可以看出：（4.4a）式與先前「1 級反應」公式：$\ln\dfrac{a}{a-x} = k_1 t$（見（2.8）式）頗為相似。只要將 a 換為 x_{eq}；右方的 k_1 用$(k_1 + k_{-1})$代替，就對了！

〔如何由實驗數據求算正向及逆向反應速率常數〕：

（A）只要測定一系列的 t、x 數據和平衡濃度 x_{eq}，便可根據（4.4）式，將 ln[$x_{eq}/(x_{eq}$ －x)]對 t 做圖，可得一直線，該直線的斜率即為$(k_1 + k_{-1})$。

（B）接著，再將平衡濃度 x_{eq} 代入（4.3a）式，可求得(k_1/k_{-1})比值。

（C）最後，將求得的（A）之$(k_1 + k_{-1})$及（B）之(k_1/k_{-1})二式聯立求解，便可得到 k_1 和 k_{-1}。

⟨2⟩「可逆反應」之動力學原理的應用

當「1 級反應」的「可逆反應」進行到距平衡濃度差爲初濃度（$[A]_0$）與平衡濃度（$[A]_{eq}$）差的一半時，這時反應所消耗的時間可視爲該「1 級反應」的「半衰期」。

$$A \xrightleftharpoons[k_{-1}]{k_1} B$$

當 $t = 0$ 時： $[A]_0 = a$ 　　　　　0

$-)$ 　　　　x

當 $t = t$ 時： $[A] = (a - x)$ 　　　x

當 $t = t_{eq}$ 時： $[A]_{eq} = (a - x_{eq})$ 　　x_{eq}

又由上述「半衰期」定義可知：

$$[A] - [A]_{eq} = \frac{1}{2}([A]_0 - [A]_{eq}) \Rightarrow [A] = \frac{[A]_0 + [A]_{eq}}{2}$$

故　　　　$(a - x) = \dfrac{a + (a - x_{eq})}{2}$

解得：　　　$x = \dfrac{x_{eq}}{2}$

將 $x = \dfrac{x_{eq}}{2}$ 代入（4.4a）式，則可得（4.5）式結果：

「1 級可逆反應」的半衰期：

$$t_{1/2} = \frac{\ln 2}{k_1 + k_{-1}} = \frac{0.693}{k_1 + k_{-1}} \qquad (4.5)$$

（4.5）式的另一意義是說：對於形如本例的「1 級可逆反應」，當產物 B 的產量（x）爲其平衡反應量（x_{eq}）的一半時，所需的時間 $t_{1/2}$ 與反應物 A 及產物 B 的濃度皆無關。（注意！這個結論和第二章之「1 級反應」特徵完全一樣。）

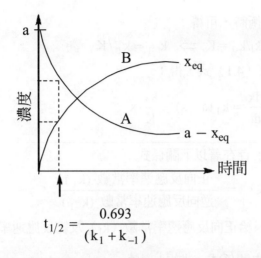

$$t_{1/2} = \frac{0.693}{(k_1 + k_{-1})}$$

圖 4.1 「可逆反應」的濃度-時間之關係曲線

將「可逆反應」的濃度與時間做圖，可得圖 4.1。從圖 4.1 可以看到：

（a） 反應物 A 濃度最低也不可能降低到零。

（b） 產物 B 濃度最高也不可能達到為反應物 A 的初濃度 a。

（c） 趨近平衡的速率是由正向、逆向反應的反應速率常數的總和所決定的，而不是單方面地由「正向反應」的反應速率常數來決定的。

（d） 由圖 4.1 可知：在時間為 $0.693/(k_1 + k_{-1})$ 時，這時反應物 A 濃度恰為其平衡值的一半。

（e） 「可逆反應」中的產物 B 濃度增加後，「逆向反應」速率會開始增大，這反而使產物 B 的生成速率減小。

（f） 等到反應接近平衡時，正向和逆向的淨反應速率趨近於零，這對生產而言是不利的。因此，若能設法不斷地從反應器中取出一部份產物 B，以便增加「正向反應」速率，且抑制「逆向反應」速率，則總反應速率可以保持適當的數值，進而增加產物 B 的產量。

例如：用有機酸與醇反應生成酯時，可設法不斷地將水或酯分離出去，這樣便可使反應繼續以一定的速率進行。其中分離的方法可利用沸點的差異，或冷凝分層法等方式處理。

「可逆反應」的〝淨反應速率〞由（4.1）式可知：

$$\frac{dx}{dt} = k_1(a-x) - k_{-1}x \tag{4.1}$$

當正逆向反應平衡時，可得：

$$k_1/k_{-1} = K \implies k_{-1} = k_1/K \tag{4.6}$$

將（4.6）式代入（4.1）式，得：

$$\frac{dx}{dt} = k_1(a-x) - \frac{k_1}{K}x \tag{4.7}$$

「1 級可逆反應」存在著以下關係式：

◎ 平衡常數（K）$= \dfrac{\text{正向反應速率常數 }(k_1)}{\text{逆向反應速率常數 }(k_{-1})}$ (4.6)

◎ 因此當題目只給正向反應速率常數（k_1）及總反應速率常數（K）時，可利用 $K = \dfrac{k_1}{k_{-1}}$ 之關係式，求得 k_{-1} 值。

◎「可逆反應」有一重要特徵：經過足夠長的時間後，反應物和產物都分別趨近於它們的平衡濃度。

例如：設若有一個「1 級可逆反應」

則存在關係式：$K = \dfrac{k_1}{k_{-1}} = \dfrac{[\text{產物}]_{eq}}{[\text{反應物}]_{eq}}\left(= \dfrac{[B]_{eq}}{[A]_{eq}}\right)$

◎ 又對於「1 級可逆反應」的〝轉化率〞之解法：

$$\text{反應物的轉化率} = \frac{\text{產物的濃度}}{\text{反應物的初濃度}} \tag{4-ㄅ}$$

利用（4-ㄅ）的定義，即：

$$\text{反應物 A 的轉化率} = \frac{x}{a} \tag{i}$$

由先前解得的（4.2）式，重新整理可得：

$$\frac{x}{a} = \frac{k_1}{k_1+k_{-1}}\{1-\exp[-(k_1+k_{-1})t]\} \tag{ii}$$

故由（i）式及（ii）式，可知：

「1 級可逆反應」之反應物轉化率 $= \dfrac{k_1}{k_1+k_{-1}}\{1-\exp[-(k_1+k_{-1})t]\}$ (4-ㄊ)

■ 例 **4.1.1** ■

1 級可逆反應機構爲：

$$A \underset{k_{-1}}{\overset{k_1}{\rightleftharpoons}} B$$

在 t=t 時： [A] [B]

則此反應的反應速率方程式爲何？

：正向反應速率：$-\dfrac{d[A]}{dt} = k_1[A]$

逆向反應速率：$-\dfrac{d[B]}{dt} = k_{-1}[B]$

∴淨反應速率方程式：$-\dfrac{d[A]}{dt} = \dfrac{d[B]}{dt} = k_1[A] - k_{-1}[B]$

■ 例 **4.1.2** ■

正逆反應都是 1 級反應的可逆反應：

$$A \underset{k_{-1}}{\overset{k_1}{\rightleftharpoons}} B$$

$k_1 = 10^{-2}\ s^{-1}$，平衡常數 $K_c = 4$，如果$[A]_0 = 0.01\ mole \cdot dm^{-3}$，$[B]_0 = 0$，計算 30 s 後 B 的濃度。

：（1）由「1 級可逆反應」的積分式，即（4.2）式，可知：

$$\ln\frac{k_1 \cdot a}{k_1 \cdot a - (k_1 + k_{-1})x} = (k_1 + k_{-1})t \qquad (ㄅ)$$

已知 $k_1 = 10\ s^{-1}$，且 $k_{-1} = \dfrac{k_1}{K_c} = \dfrac{10^{-2}\ s^{-1}}{4} = 0.0025 s^{-1}$ $\qquad$ (ㄆ)

將 t=30 s 及（ㄆ）式代入（ㄅ）式，解得：

$$\frac{x}{a} = 0.25 = \frac{[B]}{[A]_0}$$

則 $[B] = [A]_0 \cdot 0.25 = 0.01\ mole \cdot dm^{-3} \cdot 0.25 = 0.0025\ mole \cdot dm^{-3}$

■ 例 **4.1.3** ■

反應：

$$A \underset{k_{-1}}{\overset{k_1}{\rightleftharpoons}} B$$

為可逆 1 級反應，A 的初始濃度為 a，時間為 t 時，A 和 B 的濃度分別為 $a-x$ 和 x。試證明此反應的動力學方程式可表示為

$$(k_1 + k_2)t = \ln \frac{k_1 a}{k_1 a - (k_1 + k_2)x}$$

：(d)。

$$A \underset{k_{-1}}{\overset{k_1}{\rightleftharpoons}} B$$

$t = 0$ 時：　　a　　　　　　　0

$t = t$ 時：　　$a - x$　　　　　x

假定在時間 t 時仍未達到反應平衡，則

$$-\frac{d[A]}{dt} = -\frac{d(a-x)}{dt} = \frac{dx}{dt} = k_1(a-x) - k_2 x = k_1 a - (k_1 + k_2)x$$

將上式改寫成下列形式，再積分

$$\int_0^t dt = \int_0^x \frac{dx}{k_1 a - (k_1 + k_2)x} = \frac{1}{k_1 + k_2} \int_0^x \frac{d\{k_1 a - (k_1 + k_2)x\}}{k_1 a - (k_1 + k_2)x}$$

可得題給反應的動力學方程式：

$$(k_1 + k_2)t = -\ln \frac{k_1 a - (k_1 + k_2)x}{k_1 a} = \ln \frac{k_1 a}{k_1 a - (k_1 + k_2)x}$$

■ 例 **4.1.4** ■

有正、逆反應各為 1 級的可逆反應：

$$D\text{-}R_1 R_2 R_3 CBr \underset{k_{-1}}{\overset{k_1}{\rightleftharpoons}} L\text{-}R_1 R_2 R_3 CBr$$

已知兩個半衰期均為 10 min，今從 $D\text{-}R_1 R_2 R_3 CBr$ 物質的量為 1.00 mole 開始，試計算 10 min 之後，可得多少 mole 的 $L\text{-}R_1 R_2 R_3 CBr$？

：由於題目所給的反應爲「1 級可逆反應」，故依據（2.10）式，得：

$$k_1 = k_{-1} = \frac{\ln 2}{t_{1/2}} = \frac{\ln 2}{10} = 0.06931 \, \text{min}^{-1} \qquad （ㄅ）$$

又題目已知：D-$R_1R_2R_3$CBr 的初濃度 a = 1.00 mole （ㄆ）

於是（ㄅ）式和（ㄆ）式代入（4.2）式，可得：

$$\ln \frac{k_1 a}{k_1 a - (k_1 + k_{-1})x} = (k_1 + k_{-1})t \implies \ln \frac{1}{1-2x} = 2 \times 0.06931 \times 10$$

$$\implies \quad x = 0.375 \, \text{mole}$$

即 10 min 之後，可得 0.375 mole 的 L-$R_1R_2R_3$CBr。

■ **例 4.1.5** ■

對於可逆 1 級反應：

$$A \underset{k_{-1}}{\overset{k_1}{\rightleftharpoons}} B$$

下列敘述何種正確？

（a）平衡時[A]＝[B]。

（b）平衡時 $k_1 = k_{-1}$。

（c）總反應速率爲正、逆反應速率的代數和。

（d）加入正確催化劑可使 $k_1 > k_{-1}$。

：（c）。（a）見§4.1 的第一個框框裏的公式。

當 t＝∞ 時：[A] $\longrightarrow \dfrac{ak_{-1}}{k_1 + k_{-1}}$ ，[B] $\longrightarrow \dfrac{ak_1}{k_1 + k_{-1}}$

若 $k_1 > k_{-1}$，則平衡位置偏向[B]。

反之 $k_1 < k_{-1}$，則平衡位置偏向[A]。

（b）對於「可逆 1 級反應」的平衡時：$r_1 = r_{-1} = k_1[A] = k_{-1}[B]$

（c）見（4-ㄈ）式。即 $r_{總} = r_1 - r_{-1}$。

（d）催化劑提供反應另一種的反應途徑，故其反應速率常數必定不同，也未
必是 $k_1 > k_{-1}$。見（4-ㄈ）之〝淨反應速率〞定義。

■ 例 **4.1.6** ■

溶液中某光學活性鹵化物的消旋作用：

$$R_1R_2R_3CX \,(右旋) \quad \xrightleftharpoons \quad R_1R_2R_3CX \,(左旋)$$

在正、逆方向上皆為 1 級反應，且反應速率常數相等。若原始反應物為純的右旋物質，反應速率常數為 $1.9 \times 10^{-6} \, s^{-1}$。求：

（1）反應物轉化 10% 所需要的時間。

（2）24 h 後的轉化率。

：（1）已知題給反應是「1 級可逆反應」，且 $k_1 = k_{-1} = 1.9 \times 10^{-6} \, s^{-1}$ （ㄅ）

依據（4.2）式：$\ln \dfrac{k_1 a}{k_1 a - (k_1 + k_{-1})x} = (k_1 + k_{-1})t$ （ㄆ）

$\dfrac{x}{a}$ 即為轉化率，由題目可知 $\dfrac{x}{a} = 10\%$ （ㄇ）

將（ㄅ）和（ㄇ）式代入（ㄆ）式：$\ln \dfrac{k_1}{k_1 - (k_1 + k_{-1})\dfrac{x}{a}} = (k_1 + k_{-1})t$

可得：$\ln \dfrac{1}{1 - 2 \times 0.10} = 2 \times 1.9 \times 10^{-6} \times t \Rightarrow t = 58722s = 978.7 \min$

（2）欲求 24 小時後的 $\dfrac{x}{a}$ 之轉化率，將（ㄅ）式代入（ㄆ）式，可得：

$$\ln \dfrac{1}{1 - 2\dfrac{x}{a}} = 2 \times 1.9 \times 10^{-6} \times 24 \times 3600 \Rightarrow \dfrac{x}{a} = 14.0\%$$

■ 例 **4.1.7** ■

$$A \quad \overset{k_1}{\underset{k_{-1}}{\rightleftharpoons}} \quad B$$

已知可逆 1 級反應：

（1）若達到 $[A] = \dfrac{[A]_0 + [A]_{eq}}{2}$ 所需時間稱為半衰期 $t_{1/2}$，試證明 $t_{1/2} = \dfrac{\ln 2}{k_1 + k_{-1}}$

（2）若初速率為每分鐘消耗 0.2% 的 A，平衡時有 80% 的 A 轉化為 B，求 $t_{1/2}$。

：(1)　　　　　　　　A $\rightleftharpoons$ B

　　當 t=0 時：　　[A]$_0$　　　　　　　　0

　　當 t=t 時：　　[A]　　　　　　　[A]$_0$－[A]

　　當 t=t$_{eq}$ 時：　[A]$_{eq}$　　　　　　[A]$_0$－[A]$_{eq}$

則 $r = -\dfrac{d[A]}{dt} = k_1[A] - k_{-1}[B] = k_1[A] - k_{-1}([A]_0 - [A])$　　　（ㄅ）

（ㄅ）式中，k$_1$ 為正反應速率常數，k$_{-1}$ 為逆反應速率常數。

當反應平衡時，則有以下之關係：

$$-\frac{d[A]_{eq}}{dt} = k_1[A]_{eq} - k_{-1}([A]_0 - [A]_{eq}) = 0 \qquad （ㄆ）$$

（ㄅ）式－（ㄆ）式，得：

$$-\frac{d[A]}{dt} = k_1([A]-[A]_{eq}) + k_{-1}([A]-[A]_{eq}) = (k_1 + k_{-1})([A]-[A]_{eq}) \qquad （ㄇ）$$

對（ㄇ）式積分：$-\displaystyle\int_{[A]_0}^{[A]} \frac{d[A]}{[A]-[A]_{eq}} = (k_1+k_{-1}) \cdot \int_0^t dt$

得：$\ln \dfrac{[A]_0 - [A]_{eq}}{[A]-[A]_{eq}} = (k_1 + k_{-1})t$　　　（ㄈ）

將 $[A] = \dfrac{[A]_0 + [A]_{eq}}{2}$ 代入（ㄈ）式，可得：

$$\ln \frac{[A]_0 - [A]_{eq}}{\dfrac{[A]_0 + [A]_{eq}}{2} - [A]_{eq}} = (k_1 + k_{-1}) \cdot t_{1/2} \Rightarrow 解得：t_{1/2} = \frac{\ln 2}{k_1 + k_{-1}} \qquad （ㄉ）$$

或者此「1 級可逆反應」之「半衰期」的證明可參考（4.5）式之證明，故在此不再重覆。

(2) 根據題意已知：初速率為每分鐘消耗 0.2％的 A

　　且 $-\dfrac{d[A]}{dt} = 0.002$　（濃度單位 · min^{-1}）　　　（I）

因為是指〝初速率〞，這時尚無產物生成，故視此時的產物濃度 x ≈ 0。

故 $r = \dfrac{-d[A]}{dt} = k_1(a-x) - k_{-1}x \approx k_1 a$　　　（II）

∵(I)式＝(II)式且設 x ≈ 0 $\Rightarrow$ ∴ $k_1 = 2.0 \times 10^{-3}$ min^{-1}

根據題意已知：平衡時有 80%A 轉化爲 B，即：$x_{eq} = 0.80a$

依據（4.3a）式，可知：

$$\frac{k_1}{k_{-1}} = \frac{x_{eq}}{a - x_{eq}} = \frac{0.80a}{0.20a} = 4 \implies k_{-1} = \frac{1}{4}k_1 = 5.0 \times 10^{-4} \ min^{-1}$$

又依據（4.5）式，可得：

$$t_{1/2} = \frac{\ln 2}{k_1 + k_{-1}} = \left(\frac{\ln 2}{2.0 \times 10^{-3} + 5.0 \times 10^{-4}} \right) min = 277 \ min$$

■ 例 **4.1.8** ■

若 $A \underset{k_{-1}}{\overset{k_1}{\rightleftharpoons}} B$　爲可逆的 1 級反應，A 的初濃度爲 a，當時間爲 t 時，A 和 B 的濃度分別爲 a−x 和 x。

（1）試證：

$$\ln \frac{a}{a - \frac{k_1 + k_{-1}}{k_1}x} = (k_1 + k_{-1})t \qquad （ㄅ）$$

（2）已知 k_1 爲 $0.2 \ s^{-1}$，k_{-1} 爲 $0.01 \ s^{-1}$，$a = 0.4 \ mole \cdot dm^{-3}$，求 100 s 後的轉化率。求該反應在 25°C 時的速率常數 k_A（A 代表 $FeCl_3$）。

：（1）　$A \underset{k_{-1}}{\overset{k_1}{\rightleftharpoons}} B$

t = 0 時：　a

－）　　　　　x

t = t 時：　a−x　　　x

以[A]表示的〝正向反應速率〞：

$$-\frac{d(a-x)}{dt} = k_1(a-x) \Rightarrow \left(\frac{dx}{dt} \right)_{正} = k_1(a-x)$$

以[B]表示的〝逆向反應速率〞：$\left(\frac{dx}{dt} \right)_{逆} = k_{-1} \cdot x$

淨反應速率 $= \frac{d[B]}{dt} = k_1(a-x) - k_{-1}x = \frac{dx}{dt}$

經移項後：$\dfrac{dx}{k_1a - x(k_1 + k_{-1})} = dt \Rightarrow \dfrac{-1}{k_1 + k_{-1}} \dfrac{d[k_1a - (k_1 + k_{-1})x]}{k_1a - (k_1 + k_{-1})x} = dt$

$\Rightarrow \dfrac{-1}{k_1 + k_{-1}} \displaystyle\int_0^x \dfrac{d[k_1a - (k_1 + k_{-1})x]}{k_1a - (k_1 + k_{-1})x} = \int_0^t dt$

$\Rightarrow \ln \dfrac{k_1a}{k_1a - (k_1 + k_{-1})x} = (k_1 + k_{-1})t$

$\Rightarrow \ln \dfrac{a}{a - \dfrac{(k_1 + k_{-1})}{k_1}x} = (k_1 + k_{-1})t$，即（ㄅ）式。

或可參考（4.2）式之證明。

（2）$k_1 = 0.2\ s^{-1}$，$k_{-1} = 0.01\ s^{-1}$，$a = 0.4\ mole \cdot dm^{-3}$，計算 $t = 100\ s$ 時的 $\dfrac{x}{a}$（即轉化率）。

$k_1 + k_{-1} = 0.21\ s^{-1}$，$\dfrac{k_1}{k_1 + k_{-1}} = \dfrac{0.2}{0.21} = 0.9524$

由（4-ㄊ）式可知：$\dfrac{x}{a} = \dfrac{k_1}{k_1 + k_{-1}}\{1 - \exp[-(k_1 + k_{-1})t]\}$

則 $\dfrac{x}{a} = 0.9524 \cdot \left\{1 - \exp[-(0.21 \times 100)]\right\} = 0.9524 \cdot [1 - \exp(-21)]$

$\because\ 0 < \exp(-21) \ll 1$，即 $\exp(-21)$ 極小，故可以略而不計。

$\therefore\ \dfrac{x}{a} = 0.9524 \approx 95\%$

■ 例 4.1.9 ■

對可逆反應：

$$A \underset{k_{-1}}{\overset{k_1}{\rightleftharpoons}} Y$$

在一定溫度下達平衡時，正逆反應速率常數相等，即 $k_1 = k_{-1}$。此說法是否正確？

：錯。應該是說：一般情況下，可逆反應達到平衡時，正、逆反應的反應速率相等。
  即 $r_1 = r_{-1}$，但不是 $k_1 = k_{-1}$。當然，平衡時若出現 $[A]_{eq} = [Y]_{eq}$ 的特殊情況，則可得
  $k_1 = k_{-1}$

■ 例 **4.1.10** ■

可逆反應：

$$A \underset{k_{-1}}{\overset{k_1}{\rightleftharpoons}} B$$

其正、逆向反應皆爲 1 級反應，k_1、k_{-1} 分別爲正、逆向反應速率常數。若從純 A 開始反應，求進行到[A] = [B]之所需時間 t：（續見【4.1.12】題）

（a）$t = \ln\left(\dfrac{k_1}{k_{-1}}\right)$

（b）$t = \dfrac{1}{k_1 - k_{-1}} \cdot \ln\left(\dfrac{k_1}{k_{-1}}\right)$

（c）$t = \dfrac{1}{k_1 + k_{-1}} \cdot \ln\left(\dfrac{2k_1}{k_1 - k_{-1}}\right)$

（d）$t = \dfrac{1}{k_1 + k_{-1}} \cdot \ln\left(\dfrac{k_1}{k_1 - k_{-1}}\right)$

：（c）。設該反應速率方程式爲 $r = k[A]^x[B]^Y$

若[A]一定，[B]加大一倍，反應速率加倍，則 $Y = 1$

若[B]一定，[A]加大一倍，反應速率爲原來的 4 倍，則 $x = 2$

反應總及數爲 $x + y = 2 + 1 = 3$

■ 例 **4.1.11** ■

在定容封閉體系中進行可逆反應：$M \rightleftharpoons N$，M 與 N 的初濃度分別爲$[M]_0 = a$，$[N]_0 = 0$，反應終了時，認爲：

（1）[M]能降低到零。

（2）[M]不可能降低到零。

（3）[N]可等於$[M]_0$。

（4）[N]只能小於$[M]_0$，

正確的是：（a）、（1）和（3），（b）、（2）和（4），（c）、（1）和（4），（d）、（3）和（4）。

：(b)。

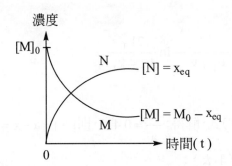

說明：即使達反應平衡時：$[N] > [M]$，而$[M] = [M]_0 - x_{eq} > 0$

━ ▌ 例 4.1.12 ▌━

某可逆反應：

$$A \underset{k_{-1}}{\overset{k_1}{\rightleftharpoons}} Y$$

已知 $k_1 = 0.006 \text{ min}^{-1}$，$k_{-1} = 0.002 \text{ min}^{-1}$，如果反應開始時只有 A，其濃度用$[A]_0$表示。

（1）當 A 和 Y 的濃度相等時需要多少時間？

（2）經 100 min 後，A 和 Y 的濃度各為多少？

：（1）利用（4.2）式，可知：（令 $a = [A]_0$）

$$t = \frac{1}{k_1 + k_{-1}} \cdot \ln \frac{k_1 \cdot a}{k_1 \cdot a - (k_1 + k_{-1})x} \tag{ㄅ}$$

$$A \underset{k_{-1}}{\overset{k_1}{\rightleftharpoons}} Y$$

當 $t = 0$ 時：　　a

$$\underline{\hspace{2cm} -)\quad x \hspace{5cm}}$$

當 $t = t$ 時：　a－x　　　x

故$[A] = a - x$ 及 $[Y] = x$

題目欲求$[A] = [B]$所需時間：$[A] = [Y] \Rightarrow a - x = x \Rightarrow a = 2x$ （ㄆ）

將（ㄆ）式代入（ㄅ）式，且 k_1 和 k_{-1} 也代入（ㄅ）式，得：

$$t = \frac{1}{0.006 + 0.02} \ln \frac{0.006 \cdot 2x}{0.006 \cdot 2x - (0.006 + 0.002) \cdot x}$$

解得：$t = 137.3 \, \text{min}$

或者利用【4.1.10】題之結果：

$$t = \frac{1}{k_1 + k_{-1}} \ln \frac{2k_1}{k_1 - k_1}$$

亦可求得 $t = 137.3 \, \text{min}$

(2)將 $k_1 \cdot k_{-1}$ 及 $t = 100 \, \text{min}$ 皆代入（ㄅ）式，解得：$\dfrac{x}{a} = 0.413$，則 $[A] = a - x = 0.587[A]_0$

且 $[Y] = x = 0.413[A]_0$ 或者利用（4-ㄊ）：

$$\frac{x}{a} = \frac{k_1}{k_1 + k_{-1}} \{1 - \exp[-(k_1 + k_{-1})t]\} \Rightarrow \text{故} [Y] = 0.413 \cdot [A]_0 = 0.413 = \frac{[Y]}{[A]_0}$$

且 $[A] = [A]_0 - Y = 0.587[A]_0$

▄ 例 4.1.13 ▄

關於可逆反應的描述，不正確的是：

（a）反應的正、逆向級數相同

（b）反應在任何時刻其正、逆向速率常數之比為正值

（c）簡單可逆反應只含兩個基本步驟

（d）反應達平衡時，正、逆向速率相等

（e）任何時刻其正、逆向速率之比為常數

：（a、e）。（e）∵正、逆向反應速率常數之比在任何時刻皆是常數；而正、逆向反應速率之比必須根據當時反應物、產物濃度而定，故不是常數。

▄ 例 4.1.14 ▄

反應：

$$\alpha\text{- 葡萄糖} \underset{k_{-1}}{\overset{k_1}{\rightleftharpoons}} \beta\text{- 葡萄糖}$$

是一可逆反應，正逆反應均為 1 級反應，試證明：

$$\frac{d[\beta]}{dt} = -(k_1 + k_{-1})([\beta] - [\beta]_{eq})$$

式中的 $[\beta] \cdot [\beta]_{eq}$ 分別代表在時間 t 和反應達平衡時的 β-葡萄糖濃度。

:   α-葡萄糖 ⇌ β-葡萄糖

當 t＝0 時：　　　　$[\alpha]_0$　　　　　　　　0

　　　　　一)　　　$[\beta]$

當 t＝t 時：　　$[\alpha]_0-[\beta]$　　　　　　$[\beta]$

依據〝淨反應速率〞（4-ㄈ）式的定義可知：

$$淨反應速率 = \frac{d[\beta]}{dt} = k_1([\alpha]_0 - [\beta]) - k_{-1}[\beta] = k_1[\alpha]_0 - (k_1 + k_{-1})[\beta] \tag{I}$$

$$平衡時 \frac{d[\beta]}{dt} = 0，且這時 [\beta] = [\beta]_{eq} \tag{II}$$

將（II）式代入（I）式，可得：

$$k_1[\alpha]_0 - (k_1 + k_{-1})[\beta]_{eq} = 0 \implies k_1[\alpha]_0 = (k_1 + k_{-1})[\beta]_{eq} \tag{III}$$

再將（III）式代入（I）式，可得：

$$\frac{d[\beta]}{dt} = (k_1 + k_{-1})[\beta]_{eq} - (k_1 + k_{-1})[\beta] \implies \therefore \frac{d[\beta]}{dt} = -(k_1 + k_{-1})([\beta] - [\beta]_{eq})$$

▄ 例 4.1.15 ▟

可逆反應 A ⇌ B，當 t＝0 時，[A]＝a，[B]＝0。達平衡時，$[A]_{eq} = \frac{1}{3}a$，試在下列座標中繪出 A、B 濃度隨時間變化的曲線。

：請參考下圖。

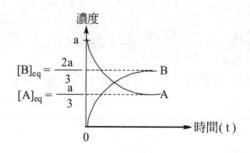

▄ 例 4.1.16 ▟

一個具有複雜機構的化學反應，其正、逆向反應的速率決定步驟是否一定相同？

：不一定。對複雜反應而言，雖然正向、逆向反應皆由「基本反應」組成，但各「基本反應」的正向、逆向活化能不同，因而其反應速率常數也不同。

┌ 例 **4.1.17** ┐

某可逆反應：

$$A \underset{k_-}{\overset{k_+}{\rightleftharpoons}} B$$

反應起始時，物質 A 的濃度爲 18.23mole · dm⁻³；實驗測得反應各時刻物質 B 的濃度數據如下：

t(min)	0	21	100	∞
[B](mole · dm⁻³)	0	2.41	8.90	13.28

試求正、逆向反應速率常數。

：已知「1 級可逆反應」的反應速率式爲：（見（4.4a）式）

$$\ln \frac{x_{eq}}{x_{eq} - x} = (k_+ + k_-)t \implies k_+ + k_- = \frac{1}{t} \cdot \ln \frac{x_{eq}}{x_{eq} - x} \tag{I}$$

當 t = ∞時，這表示此時產物 B 的濃度已達平衡狀態，故將 $x_{eq} = 13.28$ mole · dm⁻³
及 x 和 t 代入（I）式，可得下表結果：

t(min)	0	21	100	∞
$[B] = x(mole \cdot dm^{-3})$	0	2.41	8.90	13.28
$k_+ + k_-(min^{-1})$	0	9.54×10⁻³	1.11×10⁻²	——

取平均值：$k_+ + k_- = 1.03 \times 10^{-2}$ min⁻¹ \hfill （II）

再代回（4.3）式，得：

$$\frac{k_+}{k_-} = \frac{x_{eq}}{a - x_{eq}} = \frac{13.28}{18.23 - 13.28} = 2.68 \tag{III}$$

由（II）式及（III）式解得：$k_+ = 7.50 \times 10^{-3}$ min⁻¹，$k_- = 2.80 \times 10^{-3}$ min⁻¹

┌ 例 **4.1.18** ┐

測得 18°C 時反應

$$\beta\text{-}葡萄糖 \underset{k_{-1}}{\overset{k_1}{\rightleftharpoons}} \alpha\text{-}葡萄糖$$

的 $(k_1 + k_{-1})$ 爲 0.0116 min⁻¹，又知反應的平衡常數爲 0.557，試求 k_1 和 k_{-1}。

：題目已知：$k_1 + k_{-1} = 0.0116 \, min^{-1}$ (I)

且依據 (4.6) 式可知：平衡常數 $= \dfrac{k_1}{k_{-1}} = 0.557$ (II)

由 (II) 式得：$k_1 = 0.557 \, k_{-1}$ (III)

(III) 式代入 (I) 式，整理得：$k_{-1} = \left(\dfrac{0.0116}{1.557} \right) min^{-1} = 0.00745 \, min^{-1}$

$k_1 = (0.0116 - 0.00745) \, min^{-1} = 0.00415 \, min^{-1}$

▊ 例 4.1.19 ▊

1 級可逆反應：

$$A \underset{k_{-1}}{\overset{k_1}{\rightleftharpoons}} B$$

任一時刻反應物 A 濃度[A]與其平衡濃度$[A]_{eq}$的差值 $\Delta c = [A] - [A]_{eq}$，稱為反應物 A 的距平衡濃度差，反應速率方程時可表示為：$-d\Delta c/dt = (k_1 + k_{-1})\Delta c$。試寫出$[A] - [A]_{eq} = ([A]_0 - [A]_{eq})/2$，即反應完成了距平衡濃度差的一半時，所需時間的表示式。

：將 $\Delta c = [A] - [A]_{eq}$ 代入題目之式：$-d\Delta c/dt = (k_1 + k_{-1})\Delta c$，且二邊積分，可得：

$$\int_{[A]_0}^{[A]_0 - [A]_{eq}/2} \frac{d\Delta c}{(k_1 + k_{-1})([A] - [A]_{eq})} = \int_0^{t_{1/2}} dt$$

$$(k_1 + k_{-1})t = \ln[([A]_0 - [A]_{eq})/([A] - [A]_{eq})]$$

當 $[A] - [A]_{eq} = ([A]_0 - [A]_{eq})/2$ 時，$(k_1 + k_{-1})t = \ln 2$，且 $t_{1/2} = \dfrac{\ln 2}{k_1 + k_{-1}}$

上式表明，1 級可逆反應的 $t_{1/2}$ 與反應物初濃度的大小無關。

▊ 例 4.1.20 ▊

反應：

$$A \underset{k_{-1}}{\overset{k_1}{\rightleftharpoons}} B$$

的正逆兩個方向皆是 1 級反應，當 A、B 的初濃度分別為$[A]_0$和$[B]_0$時，求[A]隨反應時間 t 變化的函數關係，當 $t = \infty$，求 $\dfrac{[B]}{[A]}$ 的值？

：依據（4-ㄈ）式之〝淨反應速率〞之定義，可寫成：

$$-\frac{d[A]}{dt} = k_1[A] - k_{-1}[B] \tag{ㄅ}$$

根據〝物質平衡〞，會有右邊之關係：

$$[A]+[B] = [A]_0+[B]_0 \Rightarrow [B] = [A]_0+[B]_0-[A] \tag{ㄆ}$$

將（ㄆ）式代入（ㄅ）式：

$$\frac{d[A]}{dt} = -k_1[A] + k_{-1}([A]_0+[B]_0-[A]) = -(k_1+k_{-1})[A] + k_{-1}([A]_0+[B]_0) \tag{ㄇ}$$

積分（ㄇ）式，經整理得：

$$t = \frac{-1}{k_1+k_{-1}} \ln \frac{(k_1+k_{-1})[A] - k_{-1}([A]_0+[B]_0)}{k_1[A]_0 - k_{-1}[B]_0}$$

$$[A] = \frac{k_{-1}([A]_0+[B]_0)}{k_1+k_{-1}} + \frac{(k_1[A]_0 - k_{-1}[B]_0)\cdot \exp[-(k_1+k_{-1})t]}{k_1+k_{-1}} \tag{ㄈ}$$

當 $t=\infty$ 時，代入（ㄈ）式，可得：$[A]_\infty = \dfrac{k_{-1}([A]_0+[B]_0)}{k_1+k_{-1}}$ \tag{ㄉ}

又將（ㄉ）式代入（ㄆ）式可得：

$$[B]_\infty = [A]_0+[B]_0-[A]_\infty = \frac{k_1([A]_0+[B]_0)}{k_1+k_{-1}} \tag{ㄊ}$$

$$\therefore \frac{[B]_\infty}{[A]_\infty} = \frac{(ㄊ)式}{(ㄉ)式} = \frac{k_1}{k_{-1}}$$

例 4.1.21

3-羥基丁酸（3-Hydroxy butanoic acid）$CH_3CH(OH)CH_2COOH$ 在 25°C、0.2 mole·dm^{-3} 的 HCl 溶液中的酸性催化反應變成內酯（Lactone）是一個可逆的 1 級反應。

$$CH_3 - \overset{\overset{H}{|}}{\underset{\underset{OH}{|}}{C}} - CH_2COOH + HCl \underset{k_{-1}}{\overset{k_1}{\rightleftharpoons}} \underset{H_2C}{\overset{H_2C-CH_2}{\underset{O}{\diagdown}}} C=O + H_2O$$

羥基丁酸的初濃度為 18.23 mole·dm^{-3}。在不同時間測得 γ-丁內酯的濃度如下：

10^{-3} t/s	0	1.26	2.16	3.00	3.90	4.80	6.00	∞
[丁內酯]/mole·dm^{-3}	0	2.41	3.76	4.96	6.10	7.08	8.11	13.28

試計算平衡常數和反應速率常數 k_1 和 k_{-1}。

:

$$CH_3 - \overset{\overset{\displaystyle H}{|}}{\underset{\underset{\displaystyle OH}{|}}{C}} - CH_2COOH + HCl \underset{k_{-1}}{\overset{k_1}{\rightleftharpoons}} \begin{matrix} H_2C—CH_2 \\ H_2C_{\diagdown O}{}^{\diagup}C=O \end{matrix} + H_2O$$

當 t = 0 時:	a	0
一)	x	
當 t = t 時:	a－x	x
當 t = ∞ 時:	a－x_{eq}	x_{eq}

依（4.3a）式：$k_1(a-x_{eq}) = k_{-1} \cdot x_{eq}$ ，又 $k = \dfrac{k_1}{k_{-1}}$ ，則

系統達到平衡時：$K = \dfrac{k_1}{k_{-1}} = \dfrac{x_{eq}}{a - x_{eq}} \implies k_{-1} = \dfrac{a - x_{eq}}{x_{eq}} \cdot k_1$ （ㄅ）

則依據（4-ㄈ）式的〝淨反應速率〟之定義，得：

$$r = \dfrac{dx}{dt} = k_1(a-x) - k_{-1}x \qquad\qquad（ㄆ）$$

將（ㄅ）式代入（ㄆ）式，整理後可得：$\dfrac{dx}{(1 - \dfrac{x}{x_{eq}})} = ak_1 dt$ （ㄇ）

積分（ㄇ）式，即 $\displaystyle\int_0^{x_{eq}} \dfrac{1}{(1 - x/x_{eq})}dx = ak_1 \int_0^t dt$

可得：$k_1 = \dfrac{x_{eq}}{at} \cdot \ln \dfrac{x_{eq}}{x_{eq} - x}$ （ㄈ）

將已知實驗數據代入（ㄈ）式求 k_1 如下：

10^{-3}t/s	1.26	2.16	3.00	3.90	4.80	6.00	∞
[內酯]/mole · dm^{-3}	2.41	3.76	4.96	6.10	7.08	8.11	13.3
k×10^{-4}	1.16	1.12	1.14	1.15	1.16	1.15	——

取 k_1 平均值，可得：$\overline{k_1} = 1.15 \times 10^{-4}\ s^{-1}$

由（ㄅ）式可得：$K = \dfrac{13.28\ mole \cdot dm^{-3}}{(18.23 - 13.28)\ mole \cdot dm^{-3}} = 2.68$

$$\implies k_{-1} = \dfrac{k_1}{K} = \dfrac{1.15 \times 10^{-4}\ s^{-1}}{2.68} = 4.29 \times 10^5\ s^{-1}$$

例 4.1.22

「1 級可逆反應」

$$A \xrightarrow[k_{-1}]{k_1} B$$

在 370°K 時，$k_1 = 10^{-2}$ min，$k_{-1} = 2.5 \times 10^{-3}$ min^{-1}，在 370°K 的反應容器中放入 0.01 mole · dm^{-3} 的反應物 A，半小時後，A 與 B 的濃度各為多少？

：對反應體系的濃度分析：

$$A \xrightarrow[k_{-1}]{k_1} B$$

t=0 時：	a	0
t=t 時：	a－x	x
t=∞時：	a－x$_{eq}$	x$_{eq}$

平衡時：$K = \dfrac{x_{eq}}{a - x_{eq}} = \dfrac{k_1}{k_{-1}} = \dfrac{1 \times 10^{-2}}{2.5 \times 10^{-3}} = 4$

$$\Rightarrow x_{eq} = \frac{aK}{1+K} = \frac{0.01 \times 4}{1+4} = 8 \times 10^{-3} \text{ mole} \cdot \text{dm}^{-3} \text{（K 為平衡常數）} \tag{ㄅ}$$

根據「1 級可逆反應」之（4.4）式：

$$\ln \frac{x_{eq}}{x_{eq} - x} = (k_1 + k_{-1})t$$

將（ㄅ）式及 k_1 和 k_{-1} 數據代入上式，可得：

$$\ln \frac{8 \times 10^{-3}}{8 \times 10^{-3} - x} = (1 \times 10^{-2} + 2.5 \times 10^{-3}) \times 30$$

$$\Rightarrow \text{解得：} x = 2.5 \times 10^{-3} \text{ mole} \cdot \text{dm}^{-3}$$

$\therefore [A] = a - x = 0.01 - 2.5 \times 10^{-3} = 7.5 \times 10^{-3} \text{ mole} \cdot \text{dm}^{-3}$

$\therefore [B] = x = 2.5 \times 10^{-3} \text{ mole} \cdot \text{dm}^{-3}$

例 4.1.23

1, 2 二甲基環丙烷（1, 2-dimethyl cyclopropane）在 453°C 時，順和反的同分子異構作用（cis-trans isomerization）是一個可逆的反應，依照反應和反異構體在混合物中的百分數列表如下：

時間 t(s)	0	45	90	225	270	360	495	585	675	∞
反異構體(%)	0	10.8	18.9	37.7	41.8	49.3	56.5	60.1	62.7	70.0

計算這個反應的平衡常數和正向及逆向過程 1 級反應的速率常數。

：k 和 k' 各代表正向和逆向過程之「1 級反應」的反應速率常數。

這個反應的簡單表示式是

$$順異構體 \quad \underset{k'}{\overset{k}{\rightleftharpoons}} \quad 反異構體$$

當 t = 0 時：　　a

$$-) \qquad x$$

當 t = t 時：　　$a - x$ 　　　　　　x

在時間 t 時反應的淨速率為：

$$\frac{dx}{dt} = k(a - x) - k'x \tag{ㄅ}$$

∵在平衡時，

$$\frac{dx}{dt} = 0 \tag{ㄆ}$$

∴（ㄆ）式代入（ㄅ）式，可得：

$$k(a - x_{eq}) = k' x_{eq} \tag{ㄇ}$$

x_{eq} 是反異構體在平衡時的濃度量。

由（ㄇ）式，這個反應的平衡常數：

$$K = \frac{k}{k'} = \frac{x_{eq}}{a - x_{eq}} \tag{ㄈ}$$

依照題目所給資料，在平衡時：$x_{eq} = 70.0\%$，因此 $a - x_{eq} = 100\% - 70.0\% = 30\%$

於是利用（ㄈ）式，這個反應的平衡常數：

$$K = \frac{0.70}{0.30} = 2.33 \tag{ㄉ}$$

由（ㄇ）式：$k' = \dfrac{k(a - x_{eq})}{x_{eq}}$ 　　　　　　　　　　　　　　　（ㄊ）

將（ㄊ）式代入（ㄅ）式：

$$\frac{dx}{dt} = k(a - x) - \frac{kx}{x_{eq}}(a - x_{eq}) = \frac{ka}{x_{eq}}(x_{eq} - x) \tag{ㄋ}$$

（ㄋ）式在從 t=0 到 t=t，和從 x=0 到 x=x 的範圍內積分，可得：

$$\int_0^t \frac{kadt}{x_{eq}} = \int_0^x \frac{dx}{x_{eq} - x} \Rightarrow \text{積分後得：} \frac{kat}{x_{eq}} = \ln\left(\frac{x_{eq}}{x_{eq} - x}\right) \tag{ㄌ}$$

由（ㄇ）式：

$$k(a - x_{eq}) = k' \cdot x_{eq} \Rightarrow \frac{ka}{x_{eq}} = k + k' \tag{ㄍ}$$

將（ㄍ）式代入（ㄌ）式：

$$(k + k') \cdot t = \ln\left(\frac{x_{eq}}{x_{eq} - x}\right) \Rightarrow t = \frac{2.303}{(k + k')} \cdot \log\left(\frac{x_{eq}}{x_{eq} - x}\right)$$

$$\Rightarrow \text{改寫成：} \log x_{eq} - \log(x_{eq} - x) = \left(\frac{k + k'}{2.303}\right) \cdot t$$

因此，將 $\log(x_{eq} - x)$ 對 t 做圖，應可得斜率為 $-\dfrac{(k + k')}{2.303}$ 的一條直線。

現在將數據整理如下：

時間 t(s)	0	45	90	225	270
反應構體 x(%)	0	10.8	18.9	37.7	41.8
$x_{eq} - x$(%)	70.0	59.2	51.1	32.3	28.2
$\log(x_{eq} - x)$	1.845	1.772	1.708	1.509	1.450
時間 t(s)	360	495	585	675	∞
反應構體 x(%)	49.3	56.5	60.1	62.7	70.0
$x_{eq} - x$(%)	20.7	13.5	9.9	7.3	——
$\log(x_{eq} - x)$	1.316	1.130	0.996	0.863	——

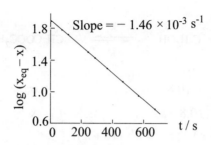

果然，如圖所示，可發現這條直線的斜率是：

$$-\left(\frac{k+k'}{2.303}\right) = -1.46\times10^{-3}\ s^{-1}$$

因此 $k+k' = 2.303\times1.46\times10^{-3}\ s^{-1} = 3.36\times10^{-3}\ s^{-1}$ （ㄅ）

由（ㄅ）式可知：

$$K = \frac{k}{k'} = 2.33 \implies k = 2.33\,k'$$

將上式代入（ㄅ）式：

$$2.33\,k' + k' = 3.33\,k' = 3.36\times10^{-3}\ min^{-1}$$

故逆向反應的反應速率常數：

$$k' = \frac{3.36\times10^{-3}}{3.33} = 1.01\times10^{-3}\ s^{-1}$$

而正向反應的反應速率常數：

$$k = 2.33\,k' = 2.33\times1.01\times10^{-3}\ s^{-1} = 2.35\times10^{-3}\ s^{-1}$$

例 4.1.24

乙酸和乙醇在酸催化下的酯化反應是一個可逆反應，測得在 100°C 時，$k = 4.76\times10^{-4}\ dm^3\cdot mole^{-1}\cdot min^{-1}$，$k' = 1.63\times10^{-4}\ dm^3\cdot mole^{-1}\cdot min^{-1}$。反應器裝料時，乙酸的初濃度為 4.00 mole·dm^{-3}，乙醇的初濃度為 10.8 mole·dm^{-3}，水的初濃度為 18.0 mole·dm^{-3}，試計算：

（1）反應 120 min 後，乙酸轉化為乙酯的百分數為多少？

（2）乙酸的平衡轉化率為多少？

$$CH_3COOH \quad + \quad C_2H_5OH \quad \underset{k'}{\overset{k}{\rightleftharpoons}} \quad CH_3COOC_2H_5 \quad + \quad H_2O$$

：

t=0 時：   4   10.8   0   18

t=t 時：   4−x   10.8−x   x   18+x

可得：$r_1 = k(4-x)(10.8-x)$ 及 $r_{-1} = k'x(18+x)r_{-1}$

$r(淨) = r_1 - r_{-1} = (4-x)(10.8-x) - k'x(18+x)$ （ㄅ）

又 $K = k/k' = 4.76 \times 10^{-4} / (1.63 \times 10^{-4}) = 2.92 \Rightarrow k = 2.92k'$ （ㄆ）

將（ㄆ）式帶入（ㄅ）式可得：

$dx/dt = 2.92k'(4-x)(10.8-x) - k'x(18+x) = k'(1.92x^2 - 61.2x + 126.1)$

       $= 1.92k'(x-2.21)(x-29.7)$

$$\Rightarrow \quad \frac{dx}{(x-2.21)(x-29.7)} = 1.92k'dt$$

上式二邊積分，可得：$\int_0^x \left(\frac{1}{x-29.7} - \frac{1}{x-2.21} \right) dx = 52.8 \int_0^t k'dt$

$$\Rightarrow \quad \ln\frac{x-29.7}{x-2.21} = \ln\frac{29.7}{2.21} + 8.6 \times 10^{-3} \, t = 2.6 + 8.6 \times 10^{-3} \, t$$

$$\Rightarrow \quad \frac{(x-29.7)}{(x-2.21)} = \exp(2.6 + 8.6 \times 10^{-3} \, t)$$

（1）反應 120 min：$(x-29.7) = (x-2.21) \times \exp(2.6 + 8.6 \times 10^{-3} \times 120)$

          $\Rightarrow x = 1.46 \; mole \cdot dm^{-3}$

      ∴乙酸的轉化率 $= \frac{1.46}{4} \times 100\% = 36.5\%$

（2）當 $t = \infty$，即反應達平衡時，由（ㄅ）式可知：

      $r(淨) = 0 \Rightarrow k(4-x_{eq})(10.8-x_{eq}) = k'x_{eq}(18+x_{eq})$

      $K = \frac{k}{k'} = \frac{x_{eq}(18.0+x_{eq})}{(4-x_{eq})(10.8-x_{eq})} = 2.92 \Rightarrow x_{eq} = 2.216 \; mole \cdot dm^{-3}$

      ∴乙酸的平衡轉化率 $= \frac{2.216}{4.00} \times 100\% = 55.4\%$

例 4.1.25

由 A 轉變爲 B 有兩種反應途徑

$$A+H^+ \underset{k_4}{\overset{k_3}{\rightleftharpoons}} B+H^+$$

$$A \underset{k_{-1}}{\overset{k_1}{\rightleftharpoons}} B$$

請推導 4 個反應速率常數間之關係。

：根據平衡關係，可得 $k_1 = k_1/k_2 = [B]_e/[A]_e$

$k_2 = k_3/k_4 = [B]_e[H^+]_e/[A]_e[H^+]_e$

於是，$k_1/k_2 = k_3/k_4$ 或 $k_1/k_4 = k_2/k_3$

例 4.1.26

$453°C$ 時，1,2-二甲基環丙烷的順反異構體之轉化反應是 1 級可逆反應，順式異構物隨時間改變的變化率如下所示：

t(s)	0	45	90	225	360	585	∞
w：順式異構體×10^2	100	89.2	81.1	62.3	50.7	39.9	30.0

試求此反應的：（1）平衡常數 K_c

　　　　　　（2）正、逆向反應速率常數。

$$順式 \underset{k_-}{\overset{k_+}{\rightleftharpoons}} 反式$$

：（1）

t=0 時：　　　　　a

　　－)　　　　　　x
─────────────────────────

t=t 時：　　　　a−x　　　　　x

t=∞(平衡)時：　a−x$_{eq}$　　　x$_{eq}$

故平衡時，$K = \dfrac{x_{eq}}{a-x_{eq}} = \dfrac{0.700\,a}{a-0.700\,a} = 2.33$

（2）已知「1級可逆反應」之（4.4b）式：

$$\ln \frac{x_{eq}}{x_{eq} - x} = \frac{k_+ \cdot a}{x_{eq}} \cdot t$$

以 $\ln \dfrac{x_{eq}}{x_{eq} - x}$ 對 t 做圖，所需數據列於下表：

t/s	0	45	90	225	360	585
w：順%	100	89.2	81.1	62.3	50.7	39.9
x%	0	10.8	18.9	37.7	49.3	60.1
$\ln \dfrac{x_{eq}}{x_{eq} - x}$	——	0.168	0.315	0.773	1.218	1.955

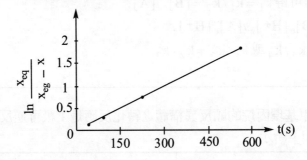

可得一條直線，且斜率為 $\dfrac{k_+ \cdot a}{x_{eq}}$

$\Rightarrow$ 斜率：$\dfrac{1.955 - 0.168}{585 - 45} = 3.31 \times 10^{-3} = \dfrac{k_+ \cdot a}{x_{eq}}$

$\Rightarrow$ $k_+ = \dfrac{3.31 \times 10^{-3} \times 0.7a}{a} = 2.32 \times 10^{-3}$

$k_- = \dfrac{k_+}{K} = 9.97 \times 10^{-4} \text{ s}^{-1}$

▄ 例 4.1.27 ▄

「基本反應」A＋B $\longrightarrow$ 2D，A 和 B 開始的濃度分別為 1 mole·dm⁻³ 和 2 mole·dm⁻³，D 為零。試在下列座標系中繪出三種物質濃度的變化曲線。

:

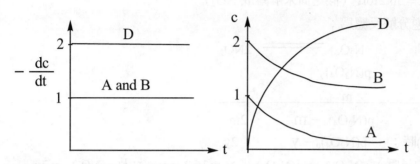

例 4.1.28

N_2O_5 在 20°C 和常壓下不可逆的分解反應遵循 1 級反應速率方程式，它的速率常數是 0.0010 min^{-1}。在相同溫度的 N_2O_4 進行可逆解離反應，它的平衡常數是 45 torr。如果 N_2O_5 在初壓爲 200 torr 時被通入一個在 20°C 眞空且封閉的容器中，在 200 mins 時間之後，容器中的 N_2O_5, N_2O_4 和 NO_2 各個的分壓該是多少？

：N_2O_5 分解到時間 t 時的氣壓可這樣表示：

$$N_2O_5 \longrightarrow N_2O_4 + \frac{1}{2}O_2$$

t＝0 時： p_0

$$-)\quad x$$

t＝t 時： p_0-x x $\frac{1}{2}x$

p_0 是 N_2O_5 最初的氣壓，x 是時間 t 時減少的氣壓，依照「1 級反應」速率方程式之(2.9)

式： $k = \dfrac{2.303}{t} \cdot \log\left(\dfrac{p_0}{p_0-x}\right)$

在時間 t＝200 mins 時： $0.0010\,min^{-1} = \dfrac{2.303}{200\,min} \cdot \log\left(\dfrac{200\,torr}{200\,torr-x}\right)$

可得：x＝36.2 torr

因此在這個時間的各個氣體分壓如下：

$p(N_2O_5) = p_0 - x = 200\,torr - 36.2\,torr = 163.8\,torr$

$p(O_2) = \dfrac{1}{2}x = \dfrac{1}{2} \times 36.2\,torr = 18.1\,torr$

$p(N_2O_4) = x = 36.2\,torr$ （假定尚未解離成 NO_2）

N_2O_4的可逆分解反應爲：

$$N_2O_4 \rightleftharpoons 2NO_2$$

t＝0 時：　　　　　 $p(N_2O_4)_0$

$$\underline{\hspace{2em} -)\qquad\qquad m \qquad\qquad\qquad\qquad\qquad}$$

t＝t 時：　　　　　 $p(N_2O_4)_0 - m$ 　　　　 $2m$

t＝t_{eq}(平衡)時：　 $p(N_2O_4)_0 - y$ 　　　　 $2y$

在平衡時的氣壓：$p(N_2O_4)_{eq} = p(N_2O_4)_0 - y = 36.2\,torr - y$ 及 $p(NO_2)_{eq} = 2y$

又 N_2O_4 在離解反應時的平衡常數是 $K_P = \dfrac{[p(NO_2)]^2}{p(N_2O_4)} = 45\,torr$

$\Rightarrow$ 代入數據後：$\dfrac{(2y)^2}{36.2\,torr - y} = 45\,torr$ $\Rightarrow$ 解得：$y = 15.3\,torr$

$\therefore p(N_2O_4)_{eq} = p(N_2O_4)_0 - y = 36.2\,torr - 15.3\,torr = 20.9\,torr$

$\quad p(NO_2)_{eq} = 2y = 2 \times 15.3\,torr = 30.6\,torr$

因此在 200 mins 時間後，容器中全部各個氣體的分壓是：

$\quad p(N_2O_5) = 163.8\,torr$，$p(N_2O_4) = 20.9\,torr$，$p(O_2) = 18.1\,torr$，$p(NO_2) = 30.6\,torr$

例 4.1.29

在 278.9°K 及 pH＝6.00 時研究下述反應：

$$Co(EDTA)^{2-} + Fe(CN)_6^{3-} \underset{k_r}{\overset{k_f}{\rightleftharpoons}} (EDTA)CoFe(CN)_6^{5-}$$

且於反應物 $Co(EDTA)^{2-}$ 過量存在下測定其反應速率方程式中的 k（巨觀）（見下表）：

$10^3\,Co(EDTA)^{2-}$/(mole · dm^{-3})	2.63	3.42	5.26	7.89	10.5
k（巨觀）/s^{-1}	109	137	203	286	373

已知其反應速率方程式爲下式，求 k_f 及 k_r。

$$-\frac{d[Fe(CN)_6]^{3-}}{dt} = k_f[Co(EDTA)^{2-}][Fe(CN)_6^{3-}] - k_r[(EDTA)CoFe(CN)_6^{5-}]$$

k（總）$= k_f[Co(EDTA)^{2-}] + k_r$

：$k(總) = k_f[Co(EDTA)^{2-}] + k_r$

$k(總)$ vs.$[Co(EDTA)^{2-}]$ 做圖，可得一直線，斜率 $= k_f$，截距 $= k_r$

$\therefore$ 斜率 $= k_f = \dfrac{373 - 109}{10.5 - 2.63} \times 10^3 = 3.36 \times 10^4 \text{ mole}^{-1} \cdot \text{dm}^3 \cdot \text{s}^{-1}$

$109 - k_r = 3.36 \times 10^4 \times (2.63 \times 10^{-3}) \Rightarrow k_r = 20.6 \text{s}^{-1}$

例 4.1.30

有一可逆反應：

$$A \xrightleftharpoons[k']{k_1} B$$

已知 A 的初濃度為 a，反應時間為 t 時 B 的濃度為 x，反應達平衡時 B 的濃度為 x_e，

試證明：$k = \dfrac{x_e}{at} \cdot \ln \dfrac{x_e}{x_e - x}$

：$r_{總} = r_1 - r_{-1} = k_1[A] - k_{-1}[B] = k_1(a - x) - k_{-1}x$

$$-\frac{d(a - x)}{dt} = \frac{dx}{dt} = k_1(a - x) - k_{-1}(x)$$

$$\frac{dc}{k_1(a - x) - k_{-1}(x)} = dt \Rightarrow \frac{1}{k_1 + k_{-1}} \cdot \frac{d[k_1 a - (k_1 + k_{-1})x]}{k_1 a - (k_1 + k_{-1})x} = dt$$

積分後可得：

$$\ln \frac{k_1 a}{k_1 a - (k_1 + k_{-1})x} = (k_1 + k_{-1})t \quad (4.2a)$$

當反應達平衡時：$\dfrac{dx}{dt} = 0$

$\therefore k_1(a - x) - k_1 x = 0 \Rightarrow k_1(a - x) = k_{-1}x$

$k_1(a - x_e) = k_1 x_e \Rightarrow k_1 a = (k_1 + k_{-1})x_e$（代入(4.29)式）

得 $\ln \dfrac{x_e}{x_e - x} = (k_1 + k_{-1})t \Rightarrow \ln \dfrac{x_e}{x_e - x} = \dfrac{k_1 a}{x_e}t$

$k_1 = \dfrac{x_e}{at} \ln \dfrac{x_e}{x_e - x}$

例 4.1.31

45°C 時 N_2O_5 按下式分解：$N_2O_{5(g)} \longrightarrow 2NO_{2(g)} + \dfrac{1}{2}O_{2(g)}$，其動力學方程式爲：

$$-\frac{dp(N_2O_5)}{dt} = kp(N_2O_5)$$

產物 NO_2 部份立即反應生成 N_2O_4，且迅速達到平衡：

$$2NO_{2(g)} \rightleftharpoons N_2O_{4(g)}$$

平衡常數 $K = 1405$。在一次試驗中容器內只有 N_2O_5，壓力爲 $46.46\ kP_a$，20 min 時，容器的壓力達 $69.13\ kP_a$。求 N_2O_5 分解反應的反應速率常數 k，設氣體爲理想氣體。

：若不考慮 NO_2 的二聚合反應（dimerization），則：

$$N_2O_5 \longrightarrow 2NO_2 + \frac{1}{2}O_2$$

$t = 0$ 時：	$p_0 = 46.46\ kP_a$	0	0
$-)$	x		
$t = 20\ min$ 時：	$p_0 - x$	$2x$	$\dfrac{1}{2}x$

進一步考慮 NO_2 的二聚合反應：

$$2NO_2 \rightleftharpoons N_2O_4$$

開始：	$2x$	
$-)$	y	
平衡：	$2x - y$	$y/2$

由題目得知：$t = 20\ min$ 時容器總壓 $p_{20} = 63.13\ kP_a$

$p_{20} = p_{N_2O_5, 20} + p_{O_2, 20} + p_{NO_2, 20} + p_{N_2O_4, 20}$

$$\Rightarrow 69.13 = (p_0 - x) + \left(\frac{1}{2}x\right) + (2x - y) + \left(\frac{1}{2}y\right) \tag{ㄅ}$$

已知 $p_0 = 46.46 kP_a$ 代入（ㄅ）式，並整理可得下式：

$$1.5x - 0.5y = 22.67 \tag{ㄆ}$$

又題目已知 NO_2 和 N_2O_4 的平衡常數 $K = 1405$，則

$$K = \frac{p_{N_2O_4}}{p_{NO_2}} = \frac{\frac{1}{2}y}{2x - y} = 1405$$

整理上式可得：$y = 2.0x$　　　　　　　　　　　　　　　　　　　　　　（ㄇ）

將（ㄇ）式代入（ㄆ）式，可得：

$1.5x - 1.0x = 22.67 \Rightarrow x = 45.34 kP_a$ 且 $y = 2.0x = 90.68 kP_a$

依據題目之動力學方程式：

$$-\frac{dp_{N_2O_5}}{dt} = kp_{N_2O_5} \Rightarrow \int_{p_{N_2O_5,0}}^{p_{N_2O_5,20}} -\frac{dp_{N_2O_5}}{dt} = \int_0^t kdt \Rightarrow 解得：\ln\frac{p_{N_2O_5,0}}{p_{N_2O_5}} = k \cdot t$$

$$\therefore k = \frac{1}{20}\ln\frac{46.46}{46.46 - 45.34} = 0.186\,min^{-1}$$

例 4.1.32

反應機構為：

$$A \underset{k_{-1}}{\overset{k_1}{\rightleftharpoons}} B$$

$t = t$ 時　　　　[A]　　　　　　　[B]

則此反應的反應速率方程式為何？

：$\dfrac{d[B]}{dt} = k_1[A] - k_{-1}[B]$

例 4.1.33

某物理量 1（如吸光係數、壓力等）與體系成份之濃度呈線性關係，請證明 1-1 級可逆反應。

$$A \underset{k_{-1}}{\overset{k_1}{\rightleftharpoons}} B$$

應有如下關係：$\ln\{(\ell_t - \ell_e)/(\ell_0 - \ell_e)\} = -(k_1 + k_{-1})t$

：1－1 級可逆反應的反應速率方程式為

$$\ln\{([A]-[A]_e/[A]_0-[A]_e)\}=-(k_1+k_{-1})t \tag{ㄅ}$$

本題只需將[A]換算為以 l 表示代入即可。若反應物產物及其它成份(如溶劑)對該物理量之貢獻，可寫為

t = 0 時：$l_0 = l_A[A]_0 + l_B[B]_0 + C$ (ㄆ)

t = t 時：$l_t = l_A[A] + l_B[B]_0 + C$ (ㄇ)

t = ∞ 時：$l_e = l_A[A]_e + l_B[B]_e + C$ (ㄈ)

由於　　$[A]_0 + [B]_0 = [A]_e + [B]_e = [A] + [B]$ (ㄉ)

且　　$k = [B]_e/[A]_e$ (ㄊ)

將式（5）、式（6）代入式（2）～（4），可得

$l_0 = (l_A - l_B)[A]_0 + l_B(1+k)[A]_e + C$ (ㄋ)

$l_t = (l_A - l_B)[A] + l_B(1+k)[A]_e + C$ (ㄌ)

$l_e = (l_A - kl_B)[A]_e + C$ (ㄍ)

由式（ㄋ）－式（ㄍ），得 $l_0 - l_e = ([A]_0 - [A]_e)(l_A - l_B)$ (ㄎ)

由式（ㄌ）－式（ㄍ），得 $l_t - l_e = ([A] - [A]_e)(l_A - l_B)$ (ㄏ)

將式（ㄎ）、式（ㄏ）代入式（ㄅ），即得

$$\ln[(l_t - l_e)/(l_0 - l_e)] = -(k_1 + k_{-1})t$$

┌例 4.1.34┐

有一個可逆的 2 級反應是：

$$A_2 + B_2 \underset{k'}{\overset{k}{\rightleftharpoons}} 2AB$$

用 k 和 k′ 項表示出平衡常數 K。

：在時間 t 時，反應物 A_2 的淨反應速率為：$-\dfrac{d[A_2]}{dt} = k[A_2][B_2] - k'[AB]^2$ (ㄅ)

在平衡時，$-\dfrac{d[A_2]}{dt} = 0 \Rightarrow$ 故由（ㄅ）式可得：$k[A_2][B_2] - k'[AB]^2 = 0$

因此可得：$k[A_2][B_2] = k'[AB]^2$ (ㄆ)

∴這個反應的平衡常數為：$K = \dfrac{k}{k'} = \dfrac{[AB]^2}{[A_2][B_2]}$

在上式可以看到：平衡常數 K 是生成物濃度對反應物濃度的比例。

例 4.1.35

反應：

$$A \underset{k_{-1}}{\overset{k_1}{\rightleftharpoons}} B$$

的正逆兩個方向均是 1 級反應，當 A、B 的初始濃度分別為$[A]_0$和$[B]_0$時，求$[A]$隨反應時間 t 變化的函數關係？以及當 $t = \infty$ 時，求 $\dfrac{[B]}{[A]}$ 的值？

：由題目已知：

$$A \underset{k_{-1}}{\overset{k_1}{\rightleftharpoons}} B$$

故可得：$\dfrac{d[A]}{dt} = -k_1[A] + k_{-1}[B]$ （ㄅ）

根據物質不滅定律，可知：$[A] + [B] = [A]_0 + [B]_0 \Rightarrow [B] = [A]_0 + [B]_0 - [A]$ （ㄆ）

將（ㄆ）式代入（ㄅ）式，可得：

$$\dfrac{d[A]}{dt} = -k_1[A] + k_{-1}([A]_0 + [B]_0 - [A]) = -(k_1 + k_{-1})[A] + k_{-1}([A]_0 + [B]_0)$$ （ㄇ）

積分（ㄇ）式，經整理得：

$$[A] = \dfrac{k_{-1}([A]_0 + [B]_0)}{k_1 + k_{-1}} + \dfrac{(k_1[A]_0 - k_{-1}[B]_0)\exp[-(k_1 + k_{-1})t]}{k_1 + k_{-1}}$$

當 $t = \infty$ 時，$[A]_\infty = \dfrac{k_{-1}([A]_0 + [B]_0)}{k_1 + k_{-1}}$ （ㄈ）

$$[B]_\infty = [A]_0 + [B]_0 - [A]_\infty = \dfrac{k_1([A]_0 + [B]_0)}{k_1 + k_{-1}}$$ （ㄉ）

$$\therefore \dfrac{[B]_\infty}{[A]_\infty} = \dfrac{（ㄉ）式}{（ㄈ）式} = \dfrac{k_1}{k_{-1}}$$

4.2 並行反應(simultaneous reactions or parallel reactions)

〝當反應物同時進行著兩個或兩個以上不同的反應時〞，就稱爲「並行反應」〝**simultaneous reactions**〞。有的書則命名爲「平行反應」，〝**parallel reactions**〞。通常以產量最多者爲「主反應」(main reaction)，其餘爲「副反應」(side reaction)。下面討論最簡單的「1級並行反應」。

「並行反應」有幾點重要特徵：

（A）「並行反應」的總反應速率＝各個「並行反應」的反應速率之和。

（B）「並行反應」的反應速率方程式與同級具有簡單反應級數的反應速率方程式，其法近乎一樣。所不同的只是將各個「並行反應」的反應速率常數之和代入原先簡單反應級數的反應速率方程式而已。（例如：見(4.17)式）

（C）當各產物的起始濃度都爲零時，則在「並行反應」的任一瞬間，各產物的濃度比＝各該反應速率常數之比。

（D）用合適的催化劑可以改變主反應的反應速率，進而提高產量。並且，用溫度調節法也可以改變產物的相對含量。

〈**1.**〉「並行反應」之反應速率方程式

在此只討論：由反應物 A 同時進行二個不同的「1級反應」，它們的產物分別爲 B 和 C，可表示爲：

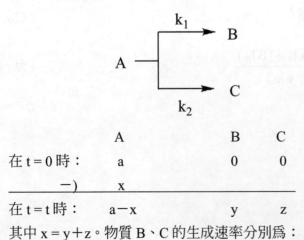

	A	B	C
在 t＝0 時：	a	0	0
－)	x		
在 t＝t 時：	a－x	y	z

其中 x＝y＋z。物質 B、C 的生成速率分別爲：

$$r_{A \to B} \text{（反應速率）} = \frac{d[B]}{dt} = \frac{dy}{dt} = k_1(a-x) \tag{4.9}$$

$$r_{A \to C} \text{（反應速率）} = \frac{d[C]}{dt} = \frac{dz}{dt} = k_2(a-x) \tag{4.10}$$

上述二式之和就是反應物 A 的消耗速率：

$$-\frac{d[A]}{dt} = -\frac{d(a-x)}{dt} = \frac{dx}{dt} = \frac{d(y+z)}{dt} = \frac{dy}{dt} + \frac{dz}{dt} = (k_1+k_2)(a-x) \tag{4.11a}$$

也可以這樣表達：$-\dfrac{d[A]}{dt} = (k_1+k_2)[A]$ \hfill (4.11b)

$$\Rightarrow \quad -\frac{d(a-x)}{dt} = (k_1+k_2)(a-x) \quad \Rightarrow \quad \frac{dx}{dt} = (k_1+k_2)(a-x) \tag{4.11a}$$

將（4.11a）式積分後：$\displaystyle\int_0^x \frac{dx}{(a-x)} = \int_0^t (k_1+k_2)dt$

可得：$\Rightarrow$
$$\begin{cases} \ln\dfrac{a}{a-x} = (k_1+k_2)t & (4.12a) \\[2mm] (a-x) = a \cdot \exp[-(k_1+k_2)t] & (4.12b) \end{cases}$$

◎ 這正是「1 級並行反應」之反應物 A 濃度隨時間變化的關係式。

注意：上述（4.12a）式與「1 級反應」的反應速率方程式（2.8）式非常相似，所不同的只是其中的反應速率常數換成了(k_1+k_2)。這說明本例相當於是一個以(k_1+k_2)爲反應速率常數的「1 級並行反應」。

將（4.12b）式代入（4.9）式得到：

$$\frac{dy}{dt} = k_1 a \cdot \exp[-(k_1+k_2)t] \tag{4.13}$$

將該式二邊積分：$\displaystyle\int_0^y dy = \int_0^t k_1 \cdot a \cdot \exp[-(k_1+k_2)t]dt$

$\Rightarrow$ 可得：
$$y = \frac{k_1 a}{k_1+k_2}\{1 - \exp[-(k_1+k_2)t]\} \tag{4.14}$$

◎ 這正是「1 級並行反應」之產物 B 濃度隨時間而變化的關係式。

將（4.12b）式代入（4.10）式得到：

$$\frac{dz}{dt} = k_2 a \cdot \exp[-(k_1+k_2)t]$$

將該式二邊積分：$\int_0^z dz = \int_0^t k_2 \cdot a \cdot \exp[-(k_1 + k_2)t]dt$

$\Rightarrow$　可得：$z = \dfrac{k_2 a}{k_1 + k_2}\{1 - \exp[-(k_1 + k_2)t]\}$　　　　　　　　　（4.15）

◎　這正是「1 級並行反應」之產物 C 濃度隨時間而變化的關係式。

〈**2**〉「並行反應」之動力學原理的應用

　　將物質 A、B、C 的相對應濃度（a−x）、y、z 對時間做圖，所得曲線如圖 4.2 所示。

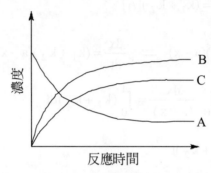

圖 4.2　「並行反應」之物質濃度與時間的關係圖

　　將（4.14）與（4.15）兩式相比，可得：

$$\frac{[B]}{[C]} = \frac{y}{z} = \frac{k_1}{k_2} = 常數 \qquad\qquad (4.16)$$

　　如果將（4.12）與（4.16）兩式聯立求解，則可分別得到 k_1 和 k_2。（4.16）式還說明：

> 　　任意二個相同「反應級數」的「並行反應」，其二個產物濃度之比等於該二個反應之反應速率常數之比，且這個比值與反應時間的長短及反應物的初濃度大小無關。亦即在反應過程中，二產物濃度之比保持固定不變，這是相同「反應級數」之「並行反應」的重要特徵。但對於「反應級數」不同的「並行反應」，則不具有此一特徵。

　　也就是說，隨著反應的進行，y 和 z 都逐漸增加，但 y 總保持在是 z 的 k_1/k_2 倍（即 (4.16)式），如圖 4.2 所示。在一定溫度下，產物的濃度比（即 y/z）等於常數，這是相同「反應級數」之「並行反應」的重要特徵。

　　並且，由於「並行反應」的各反應皆同時進行，故其總反應速率（及反應速率常數）等於「並行反應」之各反應速率（及反應速率常數）之和。即

$$r（總反應速率）= r_{A \to B} + r_{A \to C}$$
$$k（總反應速率常數）= k_1 + k_2 \qquad\qquad (4.17)$$

由上述分析可見：在實際處理「並行反應」時，主要關鍵是必須知道該兩個反應的反應速率常數 k_1 和 k_2。為此，在不同時間時，須實驗測定產物 B 和 C 的濃度，即 y 和 z 值，藉此可得 x = y + z 之值。然後根據（4.12a）式，以 $\ln[a/(a-x)]$ 對 t 做圖，由所得直線的斜率求出（$k_1 + k_2$），此即總反應速率常數（見(4.17)式）；再由每一組 y, z 之比值（y/z），去求出 k_1/k_2。最後將求出的（$k_1 + k_2$）與 k_1/k_2 聯立成二個方程式，就可求得 k_1 和 k_2。

因此，在這裡 k_1/k_2 代表了反應的「選擇性」（selectivity）。當 $k_1 \gg k_2$ 時，會生成物質 B 的反應是主反應；而當 $k_1 \ll k_2$ 時，生成物質 C 的反應就是主反應。所以「並行反應」的總反應速率主要是由速率較快的步驟來決定。

我們可用催化劑或適當的溫度來改變 k_1/k_2 之比值，如此一來，便可改變其「選擇性」，也就是抑制副反應，而使反應朝向我們希望的方向進行。

例如：由（4.16）式及第六章的（6.1a）式，可得：

$$\frac{[B]}{[C]} = \frac{k_1}{k_2} = \frac{A_1 \cdot \exp(-E_{a_1}/RT)}{A_2 \cdot \exp(-E_{a_2}/RT)} = \exp[(E_{a_2} - E_{a_1})/RT] \qquad (4.18)$$

由此可見，若不考慮「指數前因子」 A_1 及 A_2 的影響（即設 $A_1 \approx A_2$），則由（4.18）式可知：升高溫度將有利於活化能大的反應。例如：若令 $E_{a_1} > E_{a_2}$，則升溫可促使反應

多往[B]產物方向進行。

〈3〉「平行反應」的「選擇性」（**selectivity**）

所謂〝「平行反應」的「選擇性」〞指的是〝「平行反應」中不同產物相對量之間誰大誰小的問題〞。一般是將「選擇性」定義為〝不同反應的反應速率比或不同產物量之比〞。

在實際生產過程中，「平行反應」的「選擇性」涉及主要產物的量之多寡。因此，如何使目標產物的量越多越好，須視實際情況的不同而採不同的方法。現分別敘述如下：

（1） 若「平行反應」的反應物相同且各個反應之「反應級數」相同，則各個產物濃度量之比 = 各反應速率常數之比，這個比值與反應物的初始濃度和時間都無關。也就是說：在整個「平行反應」過程中，各個產物的濃度量之比始終保持固定。

⇒ 因此，想要提高某一目標產物的濃度量時，常用的辦法有兩種。一個是〝選擇合適的催化劑〞，使目標產物的反應速率常數明顯變大。另一個是〝適當調節反應的溫度〞，以便能使目標產物的濃度量增大，但其它副產物濃度量變小。

（2） 若「平行反應」裏的各個反應之「反應級數」都不相同，則隨時間的增加，「反應級數」較低的反應較佔優勢。

⇒ 因為隨時間的增加，反應物的濃度會逐漸下降。由於〝反應級數較高〞的反應對反應物濃度的依賴程度遠大於〝反應級數較低〞的反應（可見表2.1）。也就是說：反應時間增長，反應物濃度下降，造成「反應級數」較高者的反應速率下降較快；反之，「反應級數」較低者的反應速率下降較慢。故低濃度時，對「反應級數」較低的反應較為有利。

（3） 若「平行反應」為：一種反應物 A 和幾種不同的反應物 B_j（$j = 1, 2, 3...$）分別進行其「平行反應」時，如下所示：

$$A + B_1 \longrightarrow$$
$$A + B_2 \longrightarrow$$
$$A + B_3 \longrightarrow$$
$$\vdots$$
$$A + B_j \longrightarrow$$

則其「選擇性」的大小決定於〝各反應之反應速率常數及所消耗$[B_j]$濃度之相對量〞。

⇒ 因此，這種「平行反應」的「選擇性」會比較複雜。一般說來，B_j 相對濃度量所造成的影響會隨著時間的增長而逐漸加強。特別是當反應物 A 的初濃度量足夠大時，其「選擇性」最終將完全取決於所消耗 B_j 之相對濃度量。

【解題要訣一】：

若有一個「1 級並行反應」，可生成 B 和 C 二種產物，如下所示：

又設任意時刻內的二種產物濃度分別為[B]和[C]。則依據（4.16）式及（4.17）式，可得以下關係式：

$$\begin{cases} \dfrac{[B]}{[C]} = \dfrac{k_1}{k_2} & \text{（ㄅ）} \\[2mm] k(總) = k_1 + k_2 & \text{（ㄆ）} \end{cases}$$

經由試驗結果，可得[B]、[C]濃度及 k(總)數據，皆代入上述的（ㄅ）式和（ㄆ）式，可聯立求解，得到 k_1 及 k_2。

【解題要訣二】：

設 A 為反應物（a 為反應式裏的係數），在 n 個「並行反應」中，可得到 p_1 到 p_n 的不同產物。也就是：

◎ 則整個「並行反應」的總反應速率式寫為：

$$-\frac{1}{a}\frac{d[A]}{dt} = (k_1 + k_2 + \cdots + k_n)[A]^a$$

◎ 且各產物濃度的相對比值為：

$[P_1] : [P_2] : [P_3] : \ldots : [P_n] = k_1 : k_2 : k_3 : \ldots : k_n$

⇒ 也就是說：對於「反應級數」相同的的「並行反應」，其各個產物的濃度比等
　　於其反應常數之比。這比值與反應物的初始濃度及時間都無關。這是這類「並
　　行反應」的一大重要特徵。

◎ 且反應物 A 的半衰期：$t_{1/2} = \dfrac{\ln 2}{k_1 + k_2 + \cdots + k_n}$

◎ 又可將上面反應式簡寫為：

$$aA \longrightarrow P_1 + P_2 + P_3 + \ldots + P_n$$

當 t = 0 時：　　　　　$[A]_0$

　　　　　－)　　　　　　ax
─────────────────────────────

當 t = t 時：　　$[A]_0 - ax$　　　　p_1　　p_2　　p_3　　　　p_n

於是可知：$[A] = [A]_0 - ax$ 且 $ax = p_1 + p_2 + p_3 + \ldots + p_n$

且 $-\dfrac{1}{a}\dfrac{d[A]}{dt} = (k_1 + k_2 + \cdots + k_n)[A]^a$

⇒ $-\dfrac{1}{a}\dfrac{d([A]_0 - ax)}{dt} = (k_1 + k_2 + \cdots + k_n)\big([A]_0 - ax\big)^a$

⇒ $-\dfrac{1}{a}\dfrac{d([A]_0 - ax)}{([A]_0 - ax)^a} = (k_1 + k_2 + \cdots + k_n)dt$

⇒ 二邊積分後，便可得到反應物 A 濃度隨時間變化的關係式。

■ **例 4.2.1** ■

CH₂═CO 可由高溫下的醋酸裂解製備，副產物為 CH₄。

反應如下所示：

$$CH_3COOH \quad \overset{k_1}{\underset{k_2}{\Bigg\langle}} \quad \begin{array}{l} CH_2 = CO \ + \ H_2O \\[2ex] CH_4 \ + \ CO_2 \end{array}$$

已知在 916°C 時，$k_1 = 4.65 \ sec^{-1}$，$k_2 = 3.74 \ sec^{-1}$。反應經 0.5 秒後，試問

（i）醋酸的轉化率？

（ii）CH₂═CO 的最高產率？

（iii）想要提高 CH₂═CO 的產量，即增強 CH₂═CO 的選擇性，應採取何種措施？

（※續參考【4.2.6】題）

: （i）本題可參考前面（4.9）及（4.10）二式之解。假設 CH₃COOH 的初濃度為 a，用
　　掉 CH₃COOH 後轉化為產物的量為 x，故 CH₃COOH 的轉化率為 Q，即 Q = x/a。
　　代入（4.12a）式，可得：

$$\ln \frac{1}{1 - \dfrac{x}{a}} = (k_1 + k_2)t \qquad \Rightarrow \qquad \ln \frac{1}{1 - Q} = (k_1 + k_2)t$$

　　即　　　$\ln \dfrac{1}{1 - Q} = (4.65 + 3.74) \times 0.5 = 4.195$

　　整理後可得：Q = 0.985 = 98.5%（轉化率）

（ii）設 CH₃COOH、CH₂═CO、CH₄ 的濃度分別為 c_0、c_1、c_2，且 CH₂═CO 的產率
　　用 c_1/c_0 表示。

　　故在 0.5 秒後，由（i）之結果可知：原本初濃度為 c_0 的 CH₃COOH，有 98.5%轉
　　化為 CH₂═CO 及 CH₄，即 $0.985c_0 = c_1 + c_2$

　　得：$c_2 = 0.985c_0 - c_1$ 　　　　　　　　　　　　　　　　　　　　（ㄅ）

　　由（4.16）式，可知：$\dfrac{c_2}{c_1} = \dfrac{k_2}{k_1}$ 　　　　　　　　　　　　　（ㄆ）

（ㄅ）式代入（ㄆ）式，得：$\dfrac{0.985c_0 - c_1}{c_1} = \dfrac{3.74}{4.65}$

整理後，得：$\dfrac{c_1}{c_0} = \dfrac{0.985}{1.8043} = 0.5459 = 54.59\%$

此乃 $CH_2\!\!=\!\!CO$ 的最高產率。

(iii) 從動力學角度來看，已知 $k_1 > k_2$，代表著活化能 $E_1 < E_2$（理由見第六章）。因此升高溫度時，同時也使（$CH_4 + CO_2$）量增加，對生成 $CH_2\!\!=\!\!CO$ 不利；反之，降低溫度時反應速率減小，不能增加 $CH_2\!\!=\!\!CO$ 產量；即不論升溫或降溫，皆不利 $CH_2\!\!=\!\!CO$ 的生成。所以要提高 $CH_2\!\!=\!\!CO$ 的「選擇性」，即提高 c_1/c_2 的比值，應選擇適用於高溫下、且可促進 CH_3COOH 裂解成 $CH_2\!\!=\!\!CO$ 的催化劑，才是上策。

■ 例 4.2.2 ■

當碘做為催化劑時，氯苯(C_6H_5Cl)與氯在 CS_2 溶液中有如下的並行反應：

$$C_6H_5Cl + Cl_2 \xrightarrow{\ k_1\ } HCl + 鄰\text{-}C_6H_4Cl_2$$

$$C_6H_5Cl + Cl_2 \xrightarrow{\ k_2\ } HCl + 對\text{-}C_6H_4Cl_2$$

設在溫度和碘的濃度一定時，C_6H_5Cl 和 Cl_2 在 CS_2 溶液中的初濃度均為 0.5 mole・dm^{-3}，30 min 後有 15% 的 C_6H_5Cl 轉化為鄰- C_6H_4Cl，有 2% 的 C_6H_5Cl 轉變為對- C_6H_4Cl，試計算 k_1 和 k_2。

：因為有 2 個反應物出現，故假設「並行反應」的兩個反應均為「2 級反應」。

$$C_6H_5Cl + Cl_2 \longrightarrow 鄰\text{-}C_6H_4Cl_2 + 對\text{-}C_6H_4Cl_2 + HCl$$

t = 0 時 :	a		
－)	x		
t = t 時 :	a－x	y	z

也就是說：C_6H_5Cl 的初濃度為 a = 0.5 mole・dm^{-3}，在任一時刻（即 t = t 時），鄰-$C_6H_4Cl_2$ 的濃度 y，對-$C_6H_4Cl_2$ 的濃度為 z，C_6H_5Cl 的濃度為 (a－y－z)。

由題目已知：在過 30 min 後，[鄰-$C_6H_4Cl_2$] = y = 0.15 a，[對-$C_6H_4Cl_2$] = z = 0.25 a，

[C_6H_5Cl] = a－y－z = 0.6 a；

則利用（4.16）式可知：$\dfrac{k_1}{k_2} = \dfrac{y}{z} = \dfrac{0.15a}{0.25a} = 0.6$ （ㄅ）

參考（4.11）式，可知：

初濃度相等的「平行 2 級反應」速率公式為：

$$-\frac{d[C_6H_5Cl]}{dt} = -\frac{d(a-x)}{dt} = \frac{dx}{dt} = (k_1 + k_2)(a-x)^2$$

其中 x 為產物[鄰-$C_6H_4Cl_2$]和[對-$C_6H_4Cl_2$]的總濃度，即 x = y + z。

$$\frac{dx}{dt} = \frac{dy}{dt} + \frac{dz}{dt} = k_1(a-x)^2 + k_2(a-x)^2 = (k_1 + k_2)(a-x)^2$$

$$= (k_1 + k_2)[a-(y+z)]^2$$

將上式二邊取積分且代入題目數據，整理可得：

$$\int_0^{y+z} \frac{d(y+z)}{[a-(y+z)]^2} = \int_0^t (k_1 + k_2)dt$$

$$(k_1 + k_2) = \frac{1}{at} \times \frac{y+z}{a-y-z} = \frac{1}{30a} \times \frac{0.15a + 0.25a}{0.6a}$$

$$= \left(\frac{2}{30 \times 0.5 \times 3}\right) = 0.0444 \ dm^3 \cdot mole^{-1} \cdot min^{-1}$$ （ㄆ）

由（ㄅ）式和（ㄆ）式，解聯立方程式，整理可得：

$k_1 = 0.0167 \ dm^3 \cdot mole^{-1} \cdot min^{-1}$

$k_2 = 0.0278 \ dm^3 \cdot mole^{-1} \cdot min^{-1}$

■ **例 4.2.3** ■

某溫度時，平行反應

的 k_1 和 k_2 分別為 0.005 min^{-1} 和 0.002 min^{-1}，那麼 10 min 後 A 的轉化率為：

(a) 100%　　　(b) 81.9%　　　(c) 44.9%　　　(d) 63.2%

：（d）。

因爲由（4.12）式可知，「1級並行反應」之反應物 A 濃度隨時間變化的關係式爲：

$$\ln \frac{a}{a-x} = (k_1 + k_2)t \qquad (\text{ㄅ})$$

且反應物 A 的轉化率 $= \dfrac{\text{轉化過去的濃度}}{\text{初濃度}} = \dfrac{\text{B和C的濃度}}{\text{A初濃度}} = \dfrac{x}{a}$ （ㄆ）

題目已知：$k_1 = 0.005 \ min^{-1}$，$k_2 = 0.002 \ min^{-1}$ 和 t = 10 min，皆代入（ㄅ）式，再配合（ㄆ）式解之！

■ 例 **4.2.4** ■

定溫、定容理想氣體反應的機構爲：

反應開始時只有 $A_{(g)}$，任意時刻 t 時，A、B、D 的濃度分別爲[A]、[B]和[D]。則反應物 $A_{(g)}$ 消耗的速率可表示爲何？

：$r_{A \to D} = -\dfrac{d[A]}{dt} = k_1[A]$

$r_{A \to B} = -\dfrac{d[A]}{dt} = k_2[A]$

淨反應速率 $r = -\dfrac{d[A]}{dt} = r_{A \to D} + r_{A \to B} = (k_1 + k_2)[A]$

可得：$-\dfrac{d[A]}{dt} = (k_1 + k_2)[A]$　或參考(4.11)式。

■ 例 **4.2.5** ■

關於平行反應的描述不正確的是

（a）一切化學變化都是可逆反應，不能進行到底。

（b）平行反應中正逆反應的級數一定相同。

（c）平行反應無論是否達到平衡，其各平行反應的反應速率常數之比爲定值。

（d）平行反應達到平衡時，同時進行的各平行反應之反應速率相同。

：（b）。∵不一定。

■ 例 **4.2.6** ■

乙酸高溫分解時，實驗測得 $CH_3COOH(A)$、$CO(B)$、$CHCO(C)$的濃度隨時間的變化曲線如下圖，由此可斷定該反應是：

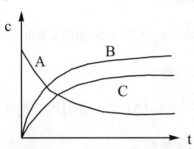

（a）基本反應　　（b）可逆反應　　（c）平行反應　　（d）連續反應

：（c）。見圖 4.2。

由（4.16）式可知：$\dfrac{[B]}{[C]} = \dfrac{k_1}{k_2} = $ 常數

也就是說：在「平行反應」之反應過程中，兩種產物濃度的比值會保持固定不變，這是具有相同反應級數之「平行反應」的重要特徵。

■ 例 **4.2.7** ■

某反應物 A 能夠同時轉化成三種不同的產物 F、G、H，可表示為：

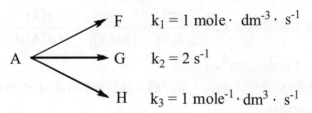

反應物初濃度$[A]_0 = 2$ mole·dm^{-3}，設 G 為主產物，F 和 H 為副產物，反應在等容密閉條件下進行。

（1）反應物濃度$[A]$降到何值時，生成產物中之主產物 G 產率可達到最大值？其最大值為多少？

（2）反應終了時，$[A] = 0$，此時反應系統中 G 的濃度$[G]$為多少？

：（1）由反應速率常數的單位可以判斷（參考〝表 2.1〞），生成各產物的反應級數是各不相同，卻可由題目給定的反應速率常數單位判知。假設皆為簡單級數反應，則其反應速率方程式分別為：

因生成 F 者為「零級反應」：

$$\frac{d[F]}{dt} = k_1 [A]^0 \implies d[F] = k_1 dt \tag{ㄅ}$$

因生成 G 者為「1 級反應」：

$$\frac{d[G]}{dt} = k_2 [A] \implies d[G] = k_2 [A] dt \tag{ㄆ}$$

因生成 H 者為「2 級反應」：

$$\frac{d[H]}{dt} = k_3 [A]^2 \implies d[H] = k_3 [A]^2 dt \tag{ㄇ}$$

在任一時刻，G 的含量（＝d[G]）佔產物總產量（＝d[F]＋d[G]＋d[H]）之 Q 百分比，稱為〝G 的產率〞。故〝G 的產率〞應為：（且將(ㄅ)式、(ㄆ)式、(ㄇ)式代入，又將 $k_1 = 1\ mole \cdot dm^{-3} \cdot s^{-1}$，$k_2 = 2\ s^{-1}$，$k_3 = 1\ mole^{-1} \cdot dm^3 \cdot s^{-1}$ 也皆代入）

$$Q = \frac{d[G]}{d[F]+d[G]+d[H]} = \frac{k_2 [A] dt}{(k_1 + k_2 [A] + k_3 [A]^2) dt} = \frac{2[A]}{1 + 2[A] + [A]^2}$$

$$= \frac{2[A]}{(1+[A])^2} \tag{ㄈ}$$

由 $\dfrac{dQ}{d[A]} = 0$，求極值點，即 $\dfrac{dQ}{d[A]} = \dfrac{2}{(1+[A])} - \dfrac{4[A]}{(1+[A])^2} = 0$

解得：$[A] = 1\ mole \cdot dm^{-3}$

即反應物濃度[A]降至 $1\ mole \cdot dm^{-3}$ 時，此時產物中的主產物 G 之產率達到最大值，此最大值應為：

$$Q_{max} = \frac{k_2 [A]}{k_1 + k_2 [A] + k_3 [A]^2} = \frac{2 \times 1}{1 + 2 + 1} = 50\%$$

（2）設任一時刻反應物濃度的變化為−d[A]，其中生成主產物 G 的產率為 Q，因此，主產物 G 的濃度增加為：（亦即將（ㄈ）式二邊微分）

$$d[G] = -\frac{2[A]}{(1+[A])^2} \cdot d[A] \tag{ㄉ}$$

當反應物由[A]₀減少到 0，反應生成的主產物 G 之濃度可寫為：（即將（ㄉ）式

二邊積分）

$$\int_0^{[G]} d[G] = \int_{[A]_0}^0 -\frac{2[A]}{(1+[A])^2} \cdot d[A] = \int_0^{[A]_0} \frac{2[A]}{(1+[A])^2} \cdot d[A]$$

$$\Rightarrow \quad [G] = \int_0^{[A]_0} \left[\frac{2}{1+[A]} - \frac{2}{(1+[A])^2} \right] \cdot d[A] = 2\ln(1+[A]_0) + \frac{2}{1+[A]_0} - 2$$

將 $[A]_0 = 2$ mole $\cdot$ dm^{-3} 代入上式，便可得到反應終了時，主產物 G 的濃度：

$$[G] = \left[2\ln(1+2) + \frac{2}{1+2} - 2 \right] \text{mole} \cdot \text{dm}^{-3} = 0.867 \text{ mole} \cdot \text{dm}^{-3}$$

例 4.2.8

醋酸高溫裂解製備 $CH_2{=}CO$，副反應生成 CH_4，兩個反應對醋酸均為 1 級反應：

$$CH_3COOH \xrightarrow{\ k_1\ } CH_2{=}CO + H_2O$$

$$CH_3COOH \xrightarrow{\ k_2\ } CH_4 + CO_2$$

已知 1089°K 時，$k_1 = 4.65$ s^{-1}，$k_2 = 3.74$ s^{-1}，計算：

（1）99%醋酸反應需時多少？

（2）續第（1）題，此時 $CH_2{=}CO$ 的最高產率 Y_{max} 為多少？（以醋酸分解的百分率表示）

（3）如何提高選擇性，為什麼？

（※續參考【4.2.1】題）

：本題可參考【4.2.1】題。

設在反應時間 t 時，$CH_2 = CO$ 與 CH_4 的濃度分別為 y 及 z，醋酸的初濃度為 a，則

$$CH_3COOH \longrightarrow CH_2 = CO + CH_4$$

t = 0 時：	a		
−）	x		
t = t 時：	a − x	y	z

故 x = y + z

$$-\frac{d[CH_3COOH]}{dt} = k_1[CH_3COOH] \quad \Rightarrow \quad -\frac{d(a-x)}{dt} = k_1(a-x)$$

$$\Rightarrow \quad \frac{dy}{dt} = k_1(a - y - z) \tag{ㄅ}$$

$$-\frac{d[CH_3COOH]}{dt} = k_2[CH_3COOH] \quad \Rightarrow \quad -\frac{d(a-x)}{dt} = k_2(a-x)$$

$$\Rightarrow \quad \frac{dz}{dt} = k_2(a - y - z) \tag{ㄆ}$$

（ㄅ）式＋（ㄆ）式：$\dfrac{d(y+z)}{dt} = (k_1 + k_2)(a - y - z)$

上式二邊積分後：$\displaystyle\int_0^{y+z} \frac{d(y+z)}{[a-(y+z)]} = \int_0^t (k_1 + k_2)\,dt$

上式整理後，可得：$t = \dfrac{1}{k_1 + k_2} \cdot \ln \dfrac{a}{a-(y+z)}$ （ㄇ）

（1）依據題意，可知：$y + z = 0.99a$ 代入（ㄇ）式，且題目已知：

$k_1 = 4.65\,s^{-1}$，$k_2 = 3.74\,s^{-1}$ 也皆代入（ㄇ）式，可得：$t = 0.549\,s$

（2）依據（4.16）式，可知：$\dfrac{y}{z} = \dfrac{k_1}{k_2} = \dfrac{4.65}{3.74} = 1.24$

又依據題意可知：$y + z = 0.99a$

故上述二式聯立求解：$y = 0.549a$，$z = 0.441a$

$$\Rightarrow \quad Y_{max} = \frac{y}{y+z} = \frac{0.549a}{0.549a + 0.441a} = 0.555$$

（3）由於本題的主、副反應的 k 值相近，這代表著該二者活化能之差不大，可見即使改變溫度仍不足以提高 $CH_2{=\!=}CO$ 的產率。但若選擇適當催化劑，則可降低主反應的活化能，這是個提高「選擇性」的有效辦法之一。

■ 例 4.2.9 ■

下述結論對平行反應不適合的是
（a）總反應速率等於同時進行的各個反應速率之和。
（b）總反應速率常數等於同時進行的各個反應速率常數之和。
（c）各產物的濃度之積等於相對應反應的反應速率常數之積。
（d）各反應產物的生成速率之比等於相對應產物的濃度之比。

：（c）。∵由（4.16）式，可得知 $\dfrac{[B]}{[C]} = \dfrac{k_1}{k_2} =$ 常數

■ **例 4.2.10** ■

定容封閉體系中進行平行反應：

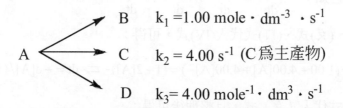

$$A \begin{cases} B & k_1 = 1.00 \text{ mole} \cdot \text{dm}^{-3} \cdot \text{s}^{-1} \\ C & k_2 = 4.00 \text{ s}^{-1} \text{ (C爲主產物)} \\ D & k_3 = 4.00 \text{ mole}^{-1} \cdot \text{dm}^3 \cdot \text{s}^{-1} \end{cases}$$

（1）當 $[A]_0 = 2.00 \text{ mole} \cdot \text{dm}^{-3}$ 時，試求產物 C 爲最大值時，反應物轉化的百分比有多少？

（2）當反應物全部消耗時，C 的濃度爲多少？

：（1）由反應速率常數的單位可以判斷（參考〝表 2.1〞），生成各產物的反應級數是各不相同，卻可由題目給定的反應速率常數單位判知。假設皆爲簡單級數反應，則其反應速率方程式分別爲：

因生成 B 者爲「零級反應」：

$$\frac{d[B]}{dt} = (1.00)[A]^0 \implies d[B] = (1.00)dt \tag{ㄅ}$$

因生成 C 者爲「1 級反應」：

$$\frac{d[C]}{dt} = (4.00)[A] \implies d[C] = (4.00)[A]dt \tag{ㄆ}$$

因生成 D 者爲「2 級反應」：

$$\frac{d[D]}{dt} = (4.00)[A]^2 \implies d[D] = (4.00)[A]^2 dt \tag{ㄇ}$$

在任一時刻，C 的含量（＝ d[C]）佔產物總產量（＝ d[B]＋d[C]＋d[D]）之 Q 百分比，稱爲〝C 的產率〞。故〝C 的產率〞應爲：

$$Q_c = d[C]/(d[B]+d[C]+d[D]) \tag{I}$$

將(ㄅ)式、(ㄆ)式、(ㄇ)式代入(I)式，可得：

$$Q_c = 4[A]/(1+4[A]+4[A]^2) = 4[A]/(1+2[A])^2 \tag{II}$$

依據數學極大值原理，想要 Q_c 最大時，必須 $\dfrac{dQ_c}{d[A]} = 0$ \tag{III}

將（II）式代入（III）式，可得：

$$\frac{dQ_c}{d[A]} = d\{4[A]/(1+2[A])^2\}/d[A] = 0 \qquad (IV)$$

由（IV）式可得：$[A] = [A]_0/2 = 1.00$ mole·dm^{-3} 時，Q_c 有極大值，即 $Q_{c_{max}} = 0.44$

（2）因爲題意已知：$-\dfrac{d[A]}{dt} = \dfrac{d[B]}{dt} + \dfrac{d[C]}{dt} + \dfrac{d[D]}{dt}$ \qquad （V）

將(ㄅ)式、(ㄆ)式、(ㄇ)式代入(IV)式，可得：

$$-\frac{d[A]}{dt} = (1.00 + 4.00[A] + 4.00[A]^2) = (1+2[A])^2 \Rightarrow dt = -d[A]/(1+2[A])^2 \quad (VI)$$

由（VI）式代入（ㄆ）式，且整理後可得：

$$d[C] = -\{4[A]/(1+2[A])^2\}d[A] \qquad (VII)$$

根據積分公式：$\int xdx/(a+bx)^2 = b^{-2}\{\ln(a+bx) + a/(a+bx)\}$

於是（VII）式積分後的結果爲：

$$[C] = \ln(1+2[A])\Big|_0^{2.00} + 1/(1+2[A])\Big|_0^{2.00} = 0.809 \text{ mole·dm}^{-3}$$

例 4.2.11

兩個都是 1 級反應的平行反應：

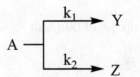

下列那個是錯誤的？

（a）$k(總) = k_1 + k_2$ \qquad （b）$E(總) = E_1 + E_2$

（c）$\dfrac{k_1}{k_2} = \dfrac{[Y]}{[Z]}$ \qquad （d）$t_{1/2} = \dfrac{\ln 2}{k_1 + k_2}$

：（b）。（∵見第六章之§6.1）

▌ 例 4.2.12 ▐

1 級平行反應：

$$A \quad \begin{array}{c} \xrightarrow{\text{反應I, } k_1} B \\ \xrightarrow{\text{反應II, } k_2} D \end{array}$$

中已知 $E_1 > E_2$，問採取下列那些辦法可改變產物 B 與 D 的比例？

（a）提高反應溫度。 （b）延長反應時間。

（c）加入適當的催化劑。 （d）降低反應溫度。

：措施（a）、（c）、（d）都能改變 B 與 D 的比例。對於「1 級平行反應」而言，依據（4.16）式，可知產物 B 與 D 的產量比例等於它們反應速率常數比：

$$\frac{d[B]/dt}{d[D]/dt} = \frac{[B]}{[D]} = \frac{k_1}{k_2}$$

這個比值與時間無關，所以延長反應時間不能改變產物 B 與 D 的比例。（依據第六章的 Arrhenius 公式：$k = k_0 \cdot \exp(-E_a/RT)$，相同反應物的反應 I 與反應 II 之指數前因子皆相同，當溫度同樣變化時，活化能大的反應（如：反應 I），其反應速率變化大，即溫度升高 $\Rightarrow$ 產物中 B 的比例增加；溫度下降 $\Rightarrow$ 產物中 B 的比例減少。若將催化劑加入反應 I，則其產物 B 的比例會增加。）

▌ 例 4.2.13 ▐

下列平行分解反應：

$$2NO_{(g)} \quad \begin{array}{c} \xrightarrow{k_1} N_{2(g)} + O_{2(g)} \\ \xrightarrow{k_2} N_2O_{(g)} + \frac{1}{2}O_{2(g)} \end{array}$$

對 NO 是 2 級反應，$T = 300°K$ 時，$[NO]_0 = 4.00 \text{ mole} \cdot dm^{-3}$，$k_1 = 25.7 \text{ dm}^3 \cdot \text{mole}^{-1} \cdot s^{-1}$，$k_2 = 18.2 \text{ dm}^3 \cdot \text{mole}^{-1} \cdot s^{-1}$，求 $t = 0.1 \text{ s}$ 時產物 N_2 和 N_2O 的濃度。

：因為此反應物的莫耳係數是 2，故假設此平行反應是「2 級平行反應」。

$$2NO_{(g)} \longrightarrow N_2 + N_2O$$

$t = 0$ 時：　　　a

$$-)\qquad\qquad 2x$$

$t = t$ 時：　$a - 2x$　　　　　y　　　　z　$\Rightarrow$ 其中　$x = y + z$

依據（4.11a）式之原理：

$$-\frac{1}{2}\frac{d[NO]}{dt} = -\frac{1}{2}\frac{d(a-2x)}{dt} = (k_1 + k_2)(a-2x)^2$$

整理可得：$\dfrac{dx}{dt} = (k_1 + k_2)(a - 2x)^2$

對上式二邊進行積分：

$$\int_0^{y+z}\frac{dx}{(a-2x)^2} = \int_0^t (k_1 + k_2)dt \Rightarrow \frac{1}{2}\left[\frac{1}{a - 2(y+z)} - \frac{1}{a}\right] = (k_1 + k_2)t \qquad (\text{ㄅ})$$

由題目已知：$\begin{cases} a = [NO]_0 = 4.00\,\text{mole}\cdot\text{dm}^{-3} \\ k_1 = 25.7\,\text{dm}^3\cdot\text{mole}^{-1}\cdot\text{s}^{-1} \\ k_2 = 18.2\,\text{dm}^3\cdot\text{mole}^{-1}\cdot\text{s}^{-1} \\ t = 0.1\,\text{s} \end{cases}$ ，皆代入（ㄅ）式：

$$\frac{1}{4 - 2(y+z)} - \frac{1}{4} = 2(25.7 + 18.2)\cdot 0.1$$

解得：$(y + z) = 1.945\,\text{mole}\cdot\text{dm}^{-3}$ 　　　　　　　　　　　　　　　（ㄆ）

由（4.16）式可知：$\dfrac{y}{z} = \dfrac{k_1}{k_2} = \dfrac{25.7}{18.2} = 1.41$ 　　　　　　　　　　（ㄇ）

將（ㄆ）和（ㄇ）式聯立方程式求解，可得：

$y = [N_2] = 1.138\,\text{mole}\cdot\text{dm}^{-3}$

$z = [N_2O] = 0.807\,\text{mole}\cdot\text{dm}^{-3}$

例 4.2.14

不同級數之平行反應：$A \xrightarrow{\ k_1\ } B$，$2A \xrightarrow{\ k_2\ } C + D$。
當反應初始只有反應物 A 時，推導反應速率方程式。

：利用積分式 $\int [x(a+bx)]^{-1}\,dx = -a^{-1} \cdot \ln[(a+bx)/x]$ ，

可得： $\ln\dfrac{[A]_0\,(k_1 + 2k_2\,[A])}{[A]_0\,(k_1 + 2k_2\,[A]_0)} = k_1 t$

假設 A $\begin{cases} \xrightarrow{\ k_1\ } B \\ \\ \xrightarrow{\ k_2\ } \dfrac{1}{2}C + \dfrac{1}{2}D \end{cases}$

$\qquad\qquad$ A $\longrightarrow$ $\quad$ B $\qquad \dfrac{1}{2}$C $\qquad \dfrac{1}{2}$D

$t = 0$ 時： $\qquad [A]_0$

$\underline{\quad -)\qquad\qquad x \qquad\qquad\qquad\qquad\qquad\qquad\qquad\qquad}$

$t = t$ 時： $\quad [A]_0 - x \qquad\qquad a \qquad \dfrac{1}{2}b \qquad \dfrac{1}{2}b$

其中 $x = a + \dfrac{1}{2}b + \dfrac{1}{2}b = a + b$

$r_1 = k_1[A] = \dfrac{d[B]}{dt} = k_1\,([A]_0 - x)$ $\qquad\qquad\qquad\qquad$ （ㄅ）

$r_2 = k_2[A]^2 = \dfrac{d[C]}{dt} = k_2\,([A]_0 - x)^2$ $\qquad\qquad\qquad\qquad$ （ㄆ）

（ㄅ）式 ＋（ㄆ）式之和即為[A]的消耗速率，故得：

$$-\dfrac{d[A]}{dt} = -\dfrac{d([A]_0 - x)}{dt} = \dfrac{dx}{dt} = \dfrac{d[B]}{dt} + 2\dfrac{d[C]}{dt}$$

$\dfrac{dx}{dt} = k_1\,([A]_0 - x) + 2k_2\,([A]_0 - x)^2$

▕ 例 **4.2.15** ▕

有一平行反應：

$$
A - \begin{cases} \xrightarrow{k_1} & C + D \\ \xrightarrow{k_2} & E + FH \end{cases}
$$

已知反應物 A 的初濃度爲 a，C、D、E、F 的初濃度爲零，當時間爲 t 時，C 和 D 的濃度皆爲 x_1，而 E 和 F 的濃度皆爲 x_2，試證明：$t = \dfrac{1}{k_1 + k_2} \cdot \ln \dfrac{a}{a - x}$，式中 $x = x_1 + x_2$。

$$
\frac{d[\beta]}{dt} = -(k_1 + k_{-1})([\beta] - [\beta]_{eq})
$$

式中的 $[\beta]$、$[\beta]_{eq}$ 分別代表在時間 t 和反應達平衡時的 β-葡萄糖濃度。

：本題的平行反應可簡化爲：

$$
A \longrightarrow C + D + E + F
$$

當 t=0 時：　　　　a

　　　　　－)　　　　x

當 t=t 時：　　　a－x　　　x_1　　x_1　　x_2　　x_2

其中 $x = x_1 + x_2$

由題意知：$[A] = a - x$，$[C] = [D] = x_1$，$[E] = [F] = x_2$　　　　　　（ㄅ）

且 $-\dfrac{d[A]}{dt} = k_1[A] + k_2[A]$　　　　　　　　　　　　　　　　（ㄆ）

（ㄅ）式代入（ㄆ）式得：$-\dfrac{d(a - x)}{dt} = (k_1 + k_2)(a - x)$

$$
\Rightarrow \int_0^x -\frac{d(a - x)}{(a - x)} = \int_0^t (k_1 + k_2)dt \Rightarrow -\ln \frac{a - x}{a} = (k_1 + k_2)t
$$

故整理可得：$t = \dfrac{1}{(k_1 + k_2)} \cdot \ln \dfrac{a}{a - x}$

▌例 **4.2.16** ▌

d-樟腦-3 羧酸（A）的熱分解反應爲：

$$C_{10}H_{15}OCOOH(A) \xrightleftharpoons{\qquad} C_{10}H_{16}O(B) + CO_2(C) \qquad (ㄅ)$$

實驗表明：溶劑不同，A 隨時間減少的反應速率不同，而以無水乙醇中減少較快，這是因爲在無水乙醇中有下列副反應發生：

$$C_{10}H_{15}OCOOH + C_2H_5OH \xrightleftharpoons{\qquad} C_{10}H_{15}OCOOC_2H_5(R) + H_2O(S) \qquad (ㄆ)$$

反應（ㄅ）、（ㄆ）對 A 均爲 1 級反應。今在 321.2°K 時用無水乙醇爲溶劑進行實驗，每次反應物的總體積爲 $2.00×10^{-4}$ m^3，在不同時間，每一次取出 $2.00×10^{-5}$ m^3 樣品，用 $5.00×10^{-2}$ mole·dm^{-3} 的 $Ba(OH)_2$ 滴定其中的酸(A)的量，並用 KOH 溶液吸收反應放出的 CO_2，數據如下：

$10^3t/s$	0	0.600	1.200	1.800	2.400	3.600	4.800
$10^{-6}V(Ba(OH)_2)/m^3$	20.00	16.26	13.25	10.68	8.74	5.88	3.99
$10^{-4}m(CO_2)/kg$	0	0.841	1.545	2.095	2.482	3.045	3.556

求算反應（ㄅ）和（ㄆ）的反應速率常數 k_1 和 k_2。

：設反應（ㄅ）爲「1 級反應」。而在 C_2H_5OH 之大量溶劑存在下，反應（ㄆ）對 A 可採用「假 1 級反應」處理，且假設在實驗時間內該反應的逆反應可忽略，則反應（ㄅ）和（ㄆ）可以下面類型的「1 級平行反應」處理：

$$A \xrightarrow{k_1} B+C \qquad (ㄇ)$$
$$a-y-z \qquad y \quad y$$

$$A \xrightarrow{k_2} R+S \qquad (ㄈ)$$
$$a-y-z \qquad z \quad z$$

即 A 的初濃度爲 a，t 時刻消耗的 A 濃度爲 x，其中通過反應（ㄅ）和（ㄆ）消耗的部分分別爲 y 和 z，則

$$x = y+z \qquad (ㄉ)$$

$$\frac{dy}{dt} = k_1(a-y-z) \qquad (ㄊ)$$

$$\frac{dz}{dt} = k_2(a-y-z) \qquad (ㄋ)$$

也就是說：$-\dfrac{d[A]}{dt} = k_1[A] + k_2[A] \Rightarrow -\dfrac{d(a-x)}{dt} = k_1(a-x) + k_2(a-x)$

$\Rightarrow \dfrac{dx}{dt} = (k_1+k_2)(a-x) \Rightarrow \dfrac{dx}{dt} = (k_1+k_2)(a-y-z) = (k_1+k_2)(a-x)$ （ㄉ）

則（ㄉ）式二邊積分：$\displaystyle\int_0^x \dfrac{dx}{(a-x)} = \int_0^t (k_1+k_2)dt$

整理可得：$k_1+k_2 = \dfrac{1}{t} \cdot \ln\dfrac{a}{a-x}$ （ㄍ）

由（ㄊ）式和（ㄋ）式兩式相除可得：$\dfrac{k_1}{k_2} = \dfrac{y}{z}$ （ㄎ）

$a = \dfrac{(20.00\times10^{-6}\,\text{m}^3)\times(5.00\times10^{-2}\,\text{mole}\cdot\text{dm}^{-3})}{2.00\times10^{-5}\,\text{m}^3}\times2 = 0.100\,\text{mole}\cdot\text{dm}^{-3}$ （I）

現以 $t = 0.600\times10^3$ s 為例做計算：（用題目表格左起第三行數據）

$a-x = \dfrac{(16.26\times10^{-6}\,\text{m}^3)\times(5.00\times10^{-2}\,\text{mole}\cdot\text{dm}^{-3})}{2.00\times10^{-5}\,\text{m}^3}\times2 = 0.0813\,\text{mole}\cdot\text{dm}^{-3}$ （II）

將（I）式及（II）式代入（ㄍ）式，可得：

$k_1+k_2 = \dfrac{1}{0.600\times10^3\,\text{s}} \cdot \ln\dfrac{0.100\,\text{mole}\cdot\text{dm}^{-3}}{0.0813\,\text{mole}\cdot\text{dm}^{-3}} = 3.45\times10^{-4}\,\text{s}^{-1}$ （III）

又 $n(CO_2) = \dfrac{0.841\times10^{-4}\,\text{kg}}{44.0\times10^{-3}\,\text{kg}\cdot\text{mole}^{-1}} = 1.91\times10^{-3}\,\text{mole}$

$\therefore y = \dfrac{1.91\times10^{-3}\,\text{mole}}{0.200\,\text{dm}^3} = 9.55\times10^{-3}\,\text{mole}\cdot\text{dm}^{-3}$ （ㄏ）

又 $x = a - (a-x) = $ (I)式 $-$ (II)式 $= 0.1 - 0.813 = 0.0187$ （ㄐ）

且由（ㄉ）式可知：$x = y+z \Rightarrow$（ㄐ）式 $=$（ㄏ）式 $+ z$

$\Rightarrow z = 0.0187 - 0.00955 = 9.15\times10^{-3}\,\text{mole}\cdot\text{dm}^{-3}$ （ㄑ）

將（ㄏ）式和（ㄑ）式代入（ㄎ）式後，可得：

$\dfrac{k_1}{k_2} = \dfrac{9.55\times10^{-3}\,\text{mole}\cdot\text{dm}^{-3}}{9.15\times10^{-3}\,\text{mole}\cdot\text{dm}^{-3}} = 1.04$ （IV）

故由（III）式和（IV）式聯立求解，得：$\begin{cases} \bar{k}_1 = 1.76\times10^{-4}\,\text{s}^{-1} \\ \bar{k}_2 = 1.69\times10^{-4}\,\text{s}^{-1} \end{cases}$

同理，其餘時刻的數據也可同樣求得 k_1 和 k_2 值：

$10^3 t/s$	0.600	1.200	1.800	2.400	3.600	4.800
$10^{-4} k_1/s^{-1}$	1.76	1.78	1.78	1.73	1.67	1.68
$10^{-4} k_2/s^{-1}$	1.69	1.64	1.71	1.73	1.73	1.67

以上結果說明 k_1 和 k_2 在實驗時間內均爲一常數，故反應（ㄅ）和（ㄆ）確爲「1級反

應」。取平均值，得到：$\begin{cases} \bar{k}_1 = 1.73 \times 10^{-4} \text{ s}^{-1} \\ \bar{k}_2 = 1.70 \times 10^{-4} \text{ s}^{-1} \end{cases}$

■ 例 4.2.17 ■

環丁酮（A）熱分解可發生下列反應：

656°K，當 $[A]_0 = 6.50 \times 10^{-5}$ mole·dm^{-3} 時，實驗測得如下數據。請按「1級平行反應」求 k_1、k_2。

t/min	1.0	2.0	3.0
$10^{-5} [B]/(\text{mole} \cdot dm^{-3})$	0.68	1.53	2.63
$10^{-7} [C]/(\text{mole} \cdot dm^{-3})$	0.47	1.24	2.20

：由（4.11b）式：$-\dfrac{d[A]}{dt} = (k_1 + k_2)[A]$　　　　　　　　　　（ㄅ）

上式二邊進行積分：

$$-\int_{[A]_0}^{[A]_t} \frac{d[A]}{[A]} = \int_0^t (k_1 + k_2) dt \Rightarrow \ln \frac{[A]_0}{[A]_t} = (k_1 + k_2) \cdot t \qquad （ㄆ）$$

而 $[A]_t = [A]_0 - [B] - [C]$　　　　　　　　　　　　　　　　　　　　（ㄇ）

將（ㄇ）式代入（ㄆ）式，可得：

$$\ln \frac{[A]_0}{[A]_0 - [B] - [C]} = (k_1 + k_2) \cdot t \qquad （ㄈ）$$

已知$[A]_0 = 6.50 \times 10^{-5}$ mole·dm^{-3} 且將題給數據代入，可求得（$k_1 + k_2$）值如下：

t/min	1.0	2.0	3.0
$[B] \cdot 10^{-5}$/mole·dm^{-3}	0.68	1.53	2.63
$[C] \cdot 10^{-7}$/mole·dm^{-3}	0.47	1.24	2.20
$[A]_0 - [B] - [C] = [A]_t$/mole·dm^{-3}	5.82×10^{-5}	4.96×10^{-5}	3.85×10^{-5}
$(k_1 + k_2)/s^{-1}$	1.86×10^{-3}	2.26×10^{-3}	2.91×10^{-3}

■ 例 4.2.18 ■

兩個不同的反應物 A、B 相混合，發生 1 級平行反應，即

$$A \xrightarrow{\quad k_1 \quad} C \qquad\qquad B \xrightarrow{\quad k_2 \quad} C$$

（1）寫出產物 C 濃度隨時間變化的方程式。

（2）當 $k_1 = k_2 = k$ 時如何求 k？

（3）當 $k_1 \neq k_2$，且 $k_1 > k_2$，請討論 k_1、k_2 之求法。

：（1）
$$A \longrightarrow C \qquad\qquad B \longrightarrow C$$

t=0 時： $[A]_0$ 和 t=0 時：$[B]_0$

$\underline{\quad -)\quad x \quad\quad}$ 和 $\underline{\quad -)\quad y \quad\quad}$

t=t 時： $[A]$ x t=t 時：$[B]$ y

$\Rightarrow [A] = [A]_0 - x \qquad\qquad \Rightarrow [B] = [B]_0 - y$

$\therefore [C] = x + y = ([A]_0 - [A]) + ([B]_0 - [B])$

在任一時刻，根據「1 級平行反應」的規律，利用（4.12b）式：

$(a - x) = a \cdot \exp[-(k_1 + k_2)t]$

$\therefore [A] = [A]_0 \cdot \exp[-k_1 \cdot t]$，$[B] = [B]_0 \cdot \exp[-k_2 \cdot t]$，代入可得：

$[C] = ([A]_0 - [A]) + ([B]_0 - [B])\,[C]$

$\qquad = ([A]_0 + [B]_0) - \{[A]_0 \cdot \exp(-k_1 t) + [B]_0 \cdot \exp(-k_2 t)\}$ （ㄅ）

（2）$\because k_1 = k_2 = k$，且將（ㄅ）式二邊取對數，則可簡化為：

$\ln([A]_0 + [B]_0 - [C]) = \ln([A]_0 + [B]_0) - kt$ （ㄆ）

根據（ㄆ）式，做 $\ln([A]_0 + [B]_0 - [C])$ 對 t 圖，由直線斜率可求出 k 值。

（3）反應初始階段，C 由 A、B 共同生成，根據（ㄆ）式，$\ln([A]_0 + [B]_0 - [C])$ 對 t 做圖是非線性的，但 $k_1 > k_2$，即 A 的消耗快於 B 的消耗，直到 A 全部反應完畢以後，便可表現為線性。

$$\ln([A]_0 + [B]_0 - [C]) = \ln[B]_0 - k_2 t \qquad (\text{ㄇ})$$

由該直線斜率即可求 k_2

改寫（ㄅ）式為：$\ln\{[A]_0 + [B]_0 - [C] - [B]_0 \cdot \exp(-k_2 t)\} = \ln[A]_0 - k_1 t \qquad (\text{ㄈ})$

由於 $[A]_0 + [B]_0 = [C]_\infty$，故得：

$$\ln\{[C]_\infty - [C] - [B]_0 \cdot \exp(-k_2 t)\} = \ln[A]_0 - k_1 t \qquad (\text{ㄉ})$$

根據（ㄉ）式做圖，即可透過直線斜率求 k_1。

∎例 4.2.19∎

氣相反應：

在定溫定容下進行，開始時只有 A 存在。

（1）試寫出以 $-\dfrac{d[A]}{dt}$、$\dfrac{d[B]}{dt}$、$\dfrac{d[C]}{dt}$、$\dfrac{d[D]}{dt}$ 表示的反應速率方程式。

（2）若 $[A]_0 = 1\ \text{mole} \cdot \text{dm}^{-3}$，$k_1 = 0.8\ \text{min}^{-1}$，$k_2 = 0.2\ \text{min}^{-1}$，$k_3 = 0.01\ \text{min}^{-1}$，$k_4 = 0.02\ \text{dm}^3 \cdot \text{mole}^{-1} \cdot \text{min}^{-1}$。問反應經足夠長時間後，容器中 A、B、C、D 的濃度各為多少？

：（1）對於組合反應中各物質的濃度變化速率，要按「質量作用定律」全面考慮有關的基本反應。

A 的消耗速率與反應 1、2 有關，由 A 出發進行 1 級平行反應。

$$-\frac{d[A]}{dt} = (k_1 + k_2)[A]$$

B 的生成速率由反應 1、4 兩部分組合而成，但是反應 3 要消耗 B，必須考慮在內。

$$\frac{d[B]}{dt} = k_1[A] + k_4[D]^2 - k_3[B]$$

C 的生成速率只與反應 2 有關。

$$\frac{d[C]}{dt} = k_2[A]$$

D 的生成來自反應 3，D 的消耗來自反應 4。要注意 D 的計量常數絕對值爲 2。

$$\frac{d[D]}{dt} = 2k_3[B] - 2k_4[B]$$

（2）A 在反應中只消耗而不生成，所以當 t=∞時，[A]=0。

根據「物質守恆定律」：$[C] + [B] + \frac{[D]}{2} = [A]_0$ （ㄅ）

對於 1 級平行反應 1 和 2，有如下關係：$\frac{[B]+[D]/2}{[C]} = \frac{k_1}{k_2} = \frac{0.8}{0.2} = 4$

即[B]+[D]/2＝4[C]，將此代入（ㄅ）式：

$\quad$ 5[C]＝[A]$_0$ [C]＝[A]$_0$

$\quad$ [C]＝[A]$_0$/5＝0.2 mole·dm^{-3}

又有 [B]+[D]/2＝0.8 mole·dm^{-3}

$\quad$ [B]＝0.8 mole·dm^{-3} －[D]/2 （ㄆ）

考慮可逆反應 3 和 4 達到平衡時，$k_3[B] = k_4[D]^2$ （ㄇ）

將（ㄆ）式代入（ㄇ）式：$k_3(0.8\,\text{mole·dm}^{-3} - \frac{[D]}{2}) = k_4[D]^2$

整理得：$4([D]/\text{mole·dm}^{-3})^2 + [D]/\text{mole·dm}^{-3} - 1.6 = 0$

捨去不合理解，得到：[D]＝0.52 mole·dm^{-3}

於是[B]＝0.8 mole·dm^{-3} －[D]/2＝0.54 mole·dm^{-3}

▌例 4.2.20 ▌

已知平行反應：

某溫度時，$k_1 = 3.74\ \text{s}^{-1}$，$k_2 = 4.65\ \text{s}^{-1}$，試求總反應的反應速率常數 k？

：（a）The rate equation, with the catalyst concentration incorporated in the rate constants, is

由（4.11）式可知：$-\frac{d[A]}{dt} = (k_1 + k_2)[A] = k[A]$

則 $k = k_1 + k_2 = (3.74 + 4.65)\,\text{s}^{-1} = 8.39\,\text{s}^{-1}$

例 4.2.21

已知某定溫、定容反應的反應機構如下：

$$A_{(g)} \xrightarrow{\begin{array}{c} k_1 \\ \end{array}} \begin{array}{c} B_{(g)} \quad \underset{k_4}{\overset{k_3}{\rightleftharpoons}} \quad D_{(g)} \\ \\ M_{(g)} \end{array}$$

反應開始時只有 A $_{(g)}$，且已知$[A]_0 = 2.0\ mole \cdot dm^{-3}$，$k_1 = 3.0s^{-1}$，$k_2 = 2.5s^{-1}$，$k_3 = 4.0s^{-1}$，$k_4 = 5.0s^{-1}$

（1）試寫出分別用 A、B、M、D 物質的濃度隨時間變化之反應速率方程式？

（2）求反應物 A 的半衰期？

（3）當 A $_{(g)}$ 完全反應掉時（即$[A] = 0$），B、M、D 物質的濃度各為若干？

：（1）任意時刻的反應速率方程式如下所示：

$$-\frac{d[A]}{dt} = (k_1 + k_2)[A] \tag{ㄅ}$$

$$\frac{d[B]}{dt} = k_1[A] + k_4[D] - k_3[B] \tag{ㄆ}$$

$$\frac{d[D]}{dt} = k_3[B] - k_4[D] \tag{ㄇ}$$

$$\frac{d[M]}{dt} = k_2[A] \tag{ㄈ}$$

（2）由（ㄅ）式可知：$t(k_1 + k_2) = \ln([A]_0 / [A])$，當$[A] = [A]_0 / 2$時，

$$t_{1/2} = \ln2/(k_1 + k_2) = \ln2/(3.0s^{-1} + 2.5s^{-1}) = 0.1260\,s$$

（3）由（ㄆ）式＋（ㄇ）式可得：$\dfrac{d([B]+[D])}{dt} = k_1[A]$ （ㄉ）

由（ㄉ）式/（ㄈ）式，可得：$\dfrac{d[B]}{d[M]} + \dfrac{d[D]}{d[M]} = k_1/k_2 = $ 常數

故上式可寫成下列形式：$\dfrac{[B]}{[M]} + \dfrac{[D]}{[M]} = k_1/k_2$ （ㄊ）

當$[A] = 0$時，$[B] + [D] + [M] = [A]_0$ （ㄋ）

$$\frac{d[D]}{dt} = 0 \text{ , } \frac{[D]}{[B]} = \frac{k_3}{k_4} \tag{ㄌ}$$

由（ㄊ）式可知：$[B] + [D] = (k_1/k_2)[M]$，將此式代入（ㄋ）式可得：

$$[M] = \frac{[A]_0}{1 + k_1/k_2} = \frac{k_2[A]_0}{k_1 + k_2} = \frac{2.5s^{-1} \times 2.0 \text{mole} \cdot \text{dm}^{-3}}{3.0s^{-1} + 2.5s^{-1}} = 0.9091 \text{ mole} \cdot \text{dm}^{-3}$$

將（ㄋ）式、（ㄌ）式與[M]的表示式相結合，可得：

$$[B] = \frac{k_1 k_4 [A]_0}{(k_1 + k_2)(k_3 + k_4)} = \frac{3.0 \times 5.0 \times 2.0}{(3.0 + 2.5)(4.0 + 5.0)} \text{ mole} \cdot \text{dm}^{-3} = 0.6061 \text{ mole} \cdot \text{dm}^{-3}$$

$$[D] = [A]_0 - [B] - [M] = (2.0 - 0.6060 - 0.9091) \text{ mole} \cdot \text{dm}^{-3} = 0.4848 \text{ mole} \cdot \text{dm}^{-3}$$

由上述關係也可以導出：

$$[D] = \frac{[A]_0 k_1 \cdot k_3}{(k_1 + k_2)(k_3 + k_4)} = 0.4848 \text{ mole} \cdot \text{dm}^{-3}$$

例 4.2.22

已知某平行反應：

在 1189°K 時 $k_1 = 3.74 \text{ min}^{-1}$，$k_2 = 4.65 \text{ min}^{-1}$，試問：

（1）經 0.5 min 反應物 A 的轉化率為若干？

（2）在 1189°K 時，若反應物 A 100% 反應，獲得主產物 C 的最大率（$\frac{[C]}{[A]_0}$）是多少？

：（1）由 k_1 和 k_2 的單位，可得知為「1 級反應」

$$\frac{-d[A]}{dt} = (k_1 + k_2)[A] \Rightarrow \ln\left(\frac{[A]}{[A]_0}\right) = -(k_1 + k_2)t = -(3.74 + 4.65)0.5 = -4.195$$

$$\frac{[A]}{[A]_0} = 0.015 \Rightarrow \therefore 轉化率 = 98.5\%$$

（2）已知 $\dfrac{[C]}{[B]} = \dfrac{4.65}{3.74} = \dfrac{k_2}{k_1}$，且 $[C] + [B] = [A]_0$

$$\therefore \frac{[C]}{[A]_0} = \frac{4.65}{4.65 + 3.74} = 0.554 = 55.4\%$$

4.3 連串反應 (consecutive reactions or continuous reactions)

如果一個複雜反應，要經過數個「基本反應」才達到最後產物，其中前一個「基本反應」的產物成爲下一個「基本反應」的反應物，如此不斷連續進行下去，這樣的反應就稱爲「連串反應」。

簡單的說：〝凡是反應所產生的物質能再進一步發生反應，而產生其它不同的物質，像這樣的反應就稱爲「連串反應」（**consecutive reactions**）〞。有的書則命名爲「連續反應」（**continuous reactions**）。

在此，我們介紹由兩個「1 級反應」組成的「連串反應」。

「連串反應」有幾點重要特徵：

（A） 在「連串反應」中，只有第一個「基本反應」的反應速率表達式與簡單級數的反應速率表達式相同，故較容易求得。

（B） 但「連串反應」之「中間產物」及最終「產物」的濃度求算頗爲複雜。故多半改採「速率控制步驟」、「穩定態近似法」和「平衡態近似法」等方法進行處理（詳見第五章）。

〈**1**〉「連串反應」之反應速率方程式

設有「1 級連串反應」，如下所示：

$$A \xrightarrow{\ k_1\ } B \xrightarrow{\ k_2\ } C$$

當 t = 0 時：　　a　　　　0　　　　0

當 t = t 時：　　x　　　　y　　　　z

則其各個物種的反應速率方程式寫爲：

$$
\begin{cases}
-\dfrac{d[A]}{dt} = k_1[A] \Rightarrow -\dfrac{dx}{dt} = k_1 x \\[2mm]
+\dfrac{d[B]}{dt} = k_1[A] - k_2[B] \Rightarrow \dfrac{dy}{dt} = k_1 x - k_2 y \\[2mm]
+\dfrac{d[C]}{dt} = k_2[B] \Rightarrow \dfrac{dz}{dt} = k_2 y
\end{cases}
$$

若反應開始時，只有反應物 A，且由上述反應式 A → B → C，可知各個物種的莫耳係數皆爲 1。這反映著：在任何時刻內，該反應均存在著以下的關係式：

$$[A]_0 = [A]+[B]+[C] \Rightarrow a = x+y+z$$

上式兩邊同時對時間 t 微分，可得：

$$0 = \frac{dx}{dt} + \frac{dy}{dt} + \frac{dz}{dt} \Rightarrow -\frac{dx}{dt} = \frac{dy}{dt} + \frac{dz}{dt}$$

由上式可知：一般情況下，會 $-\frac{dx}{dt} \neq \frac{dz}{dt}$，這表示說：反應物 A 的消耗速率通常不等於最終產物 C 的生成速率。只有在 $\frac{dy}{dt} = 0$ 時，才會出現 $-\frac{dx}{dt} = \frac{dz}{dt}$，此意味著「中間產物」B 的濃度已達穩定狀態，不再隨時間改變了。

◎ 物質 A 變化的反應速率方程式爲：

$$-\frac{dx}{dt} = k_1 x$$

移項積分後：$\int_a^x \frac{dx}{x} = \int_0^t -k_1 dt$

可得：$\ln\frac{a}{x} = k_1 t$ (4.19a)

或 $x = a \cdot \exp(-k_1 t)$ (4.19b)

（4.19）式是 A 物質濃度隨時間變化的關係式。

◎ 物質 B 變化的反應速率方程式爲：

$$\frac{dy}{dt} = k_1 x - k_2 y \tag{4.20}$$

（4.20）式爲 $\frac{dy}{dx} + P(t) \cdot y = Q(t)$ 型的一次線性微分方程式，經數學處理後，得：

$$y = \frac{k_1 a}{k_2 - k_1}[\exp(-k_1 t) - \exp(-k_2 t)] \tag{4.21}$$

（4.21）式是物質 B 濃度隨時間變化的關係式。

關於（4.20）式 ⟶ （4.21）式之解法如下所示：

【公式】：對於型如：$\dfrac{dy}{dt} + P(t) \cdot y = Q(t)$ 之一階線性微分方程式，則有以下之通解：

令 $u(t) = \exp[\int P(t)dt]$

故 $\dfrac{d}{dt}[u(t)y] = Q(t)u(t)$

$y = \dfrac{1}{u(t)}[\int u(t) \cdot Q(t)dt + C]$　便是答案

（上式的 C 為常數項）

【解法】：因為由（4.20）式可知：

$\dfrac{dy}{dt} + k_2 y = k_1 x$ $\Rightarrow$ 可知：$P(t) = k_2$，$Q(t) = k_1 x$

故令 $u(t) = \exp(\int k_2 dt) = \exp(k_2 t)$

所以 $y = \dfrac{1}{\exp(k_2 t)}[\int \exp(k_2 t) \cdot k_1 x dt + C]$　　　　　　　　　　（ㄅ）

將（4.19b）式代入上面的（ㄅ）式，得：

$y = \dfrac{1}{\exp(k_2 t)}[\int a k_1 \cdot \exp[(k_2 - k_1)t]dt + C]$

$= \dfrac{1}{\exp(k_2 t)}[a k_1 \cdot \dfrac{\exp[(k_2 - k_1)t]}{k_2 - k_1} + C]$　　　　　　　　　　　（ㄆ）

取初狀態時，$t = 0$，$x = a$，$y = 0$，代入（ㄆ）式，得：

$C = \dfrac{a k_1}{k_1 - k_2}$　　　　　　　　　　　　　　　　　　　　　　　（ㄇ）

將（ㄇ）式代入（ㄆ）式，整理後，即為（4.21）式。

◎ 物質 C 變化的反應速率方程式為：

$$\dfrac{dz}{dt} = k_2 y \tag{4.22}$$

對於 C，因為 $x + y + z = a$，所以 $z = a - x - y$，於是將（4.19b）式及（4.21）式代入 $z = a - x - y$ 後，可得：

$$z = a\left[1 - \exp(-k_1 t) - \frac{k_1}{k_2 - k_1}\exp(-k_1 t) + \frac{k_1}{k_2 - k_1}\exp(-k_2 t)\right]$$

$$= a\left[1 - \frac{k_2}{k_2 - k_1}\exp(-k_1 t) + \frac{k_1}{k_2 - k_1}\exp(-k_2 t)\right] \quad (4.23)$$

　　（4.23）式是物質 C 的濃度隨時間變化的關係式，實際上它就是微分方程（4.22）式的解。可以看出，當 t→∞時，z＝a，代表著：時間夠長時，反應物 A 將全部變為產物 C。

〈**2**〉「連串反應」之動力學原理的應用

　　由於「連串反應」的定義是：反應產生的物質能再進一步作用，而生成其它物質的反應。

⟹ 如此一來，因為「中間產物」既是前一步反應的〝產物〞，又是後一步反應的〝反應物〞可以想見：該「中間產物」的濃度會有一個〝先增後減〞的過程，也就是，該「中間產物」會出現一個極大值。假設「中間產物」為 B，則其[B]濃度在出現極大值時，這時它的一階微分導數為零，即

$$\frac{d[B]}{dt} = 0$$

根據上式我們可求得「中間產物」濃度 B 的極大值。

由以上結果可以看出，「連串反應」具有下面兩個特徵：

（1）若兩個反應速率常數 k_1 和 k_2 接近或相差不很大的情況下，則可畫出（4.19b）、（4.21）、（4.23）三式的三條曲線，即得到如圖 4.3 所示的圖形。

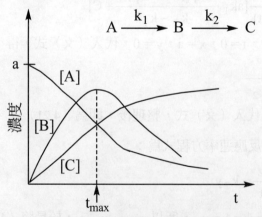

圖 4.3 「連串反應」的物質濃度與時間的關係圖（$k_1 \approx k_2$）

由圖 4.3 可以看出：反應物和產物之濃度對時間有著單調遞減或遞增關係。即反應物[A]濃度會隨時間單調減少，產物[C]濃度則隨時間單調增加，這和一般反應一樣有著相同的規律性。但「中間產物」B 的濃度則是先增加後減少，在曲線上會出現極大值。也就是說：當 k_1 和 k_2 二值相互接近時(即 $k_1 \approx k_2$)，在反應過程中「中間產物」濃度[B]會出現一個極大值，這正是先前提及「連串反應」的一個重要特徵。

將（4.21）式對 t 微分，並令 dy/dt = 0，則可求得出現極大值的時間：

$$t_{max} = \frac{\ln(k_2/k_1)}{k_2 - k_1} \qquad (4.24)$$

將此式代入（4.21）式，便可求得[B]濃度之極大值

$$y_{max} = a(\frac{k_1}{k_2})^{k_2/(k_2-k_1)} \qquad (4.25)$$

因此要計算 t_{max} 和 y_{max}，需要先知道 k_1 和 k_2。辦法是：有了反應過程中的 x 及 t 之實驗數據，便可由（4.19b）式求得 k_1；若直接拿中間產物[B]做實驗，則只有 $B \xrightarrow{k_2} C$ 一個反應，測定 y 及 t 或 z 及 t 數據，再分別代入（4.21）式及（4.23）式，皆可求得 k_2（關於反應速率常數的測定方法已在前面章節詳細介紹）。另一方面，（4.24）和（4.25）二式還表明：若能夠對「連串反應」的中間產物[B]進行跟蹤，測得 t_{max} 和 y_{max}，也可由此求出 k_1 和 k_2。

由於中間產物[B]濃度具有極大值，所以如果中間產物 B 是所希望的產物分子，而 C 只是副產物，則應控制合適的反應時間（即 t_{max}），以便得到 B 產物的含量最高。

若中間產物 B 為目的產物（而 C 為副產物），則[B]濃度達到極大值（$[B]_{max}$）的時間（t_{max}），就稱為〝中間產物的最佳時間〞。那麼可以根據圖 4.3，選擇 B 的濃度較大、而 C 的濃度還小的時間，立即中斷反應，並分離出產物 B；或者也可以選擇適當的催化劑，加速 B 的生成，抑制副產物 C 的出現。這都對大量生產物質 B 具有實際意義。

（2）現在再來看看 k_1 與 k_2 相差懸殊的情況。由於整個「連串反應」的反應速率 r 用最終產物 C 的生成速率表示：

$$r = k_2y （即（4.22）式）$$

將（4.21）式代入，得：

$$r = \frac{ak_1k_2}{k_2 - k_1}\left[\exp(-k_1t) - \exp(-k_2t)\right] \tag{4.26}$$

（ㄅ）若 $k_1 \gg k_2$，則 $k_2 - k_1 \approx -k_1$，且 $\exp(-k_1t) - \exp(-k_2t) \approx -\exp(-k_2t)$，於是（4.26）式可改寫爲：

$$r \approx -ak_2\left[-\exp(-k_2t)\right]$$

$$r = ak_2\exp(-k_2t) \tag{4.27}$$

表示整個反應速率只與反應速率常數較小的 k_2 有關。

　　如圖 4.4 之（ㄅ）所示：反應開始時，反應物 A 主要生成「中間產物」B，所以[B]濃度升高很快，直到反應物 A 消耗得差不多時，「中間產物」B 會慢慢變成最終產物 C。

（ㄆ）若 $k_1 \ll k_2$，則（4.26）式可改寫爲：

$$r = ak_1\exp(-k_1t) \tag{4.28}$$

　　表示此時整個反應速率只與反應速率常數較小的 k_1 有關。

　　（4.28）式的物理意義是說：當 $k_1 \ll k_2$ 時：反應物 A 一旦生成「中間產物」B，B 立刻變成最終產物 C，所以「中間產物」B 會一直處於低濃度狀態。如圖 4.4 之（ㄆ）所示。也就是說：反應物 A 生成多少的「中間產物」B，同時就會有同樣多量的物質 B 生成最終產物 C。反應物 A 總是不斷地消耗，而最終產物 C 總是不斷地增加。這時的[B]濃度幾乎是不變的。

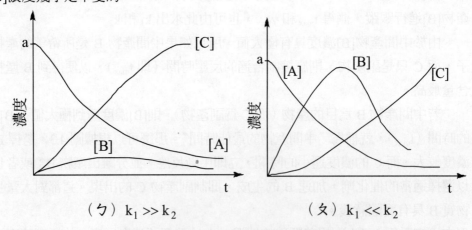

（ㄅ）$k_1 \gg k_2$　　　　　　　（ㄆ）$k_1 \ll k_2$

圖 4.4「連串反應」的物質濃度與時間 t 的關係圖

　　（4.27）和（4.28）兩式表示著：若「連串反應」其中的一步比其它步驟慢得多，則整個反應的反應速率主要由最慢的一步反應所決定。也可以說，整個「連串反應」的反應速率是由其中最慢的步驟所控制，通常把這最慢的步驟叫做「速率決定步驟」，意思是說它在整個反應速率中起了主要作用。這是不難理解的，因為「連串反應」中的每一步（第一步除外）都以前一步的產物為原料，整個反應就好像一條生產流水線。若其中最慢的一步得不到改善，整個速率是不可能明顯提高的；反之，若最慢步驟的速率加快，則整個反應亦隨之加快。

　　就一個具有複雜機構的反應來說，「反應機構」中會出現多個中間產物，前面步驟生成的中間產物必是後面步驟的反應物。所以就「反應機構」中的某個局部來看，情況可能是多種多樣的，但就整體而言卻類似於一個單向「連串反應」。在這種情況下，最慢的步驟將必然是「速率決定步驟」。由此可見，在討論「連串反應」的反應速率時，必須抓住「速率決定步驟」這個主要關鍵。

■ 例 **4.3.1** ■

連續反應的速率由其中最慢的一步決定，因此速率決定步驟的反應級數，就是總反應級數，對嗎？

：對。

■ 例 **4.3.2** ■

下圖繪出物質[G]、[F]、[E]濃度隨時間變化的規律，所對應的連續反應是：

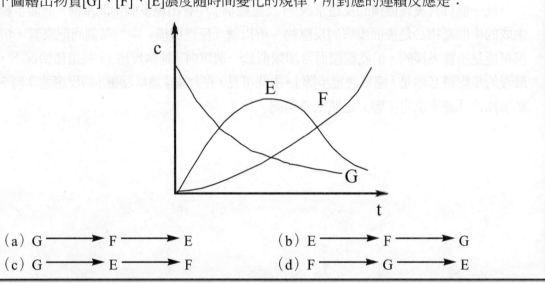

(a) G ——→ F ——→ E   (b) E ——→ F ——→ G

(c) G ——→ E ——→ F   (d) F ——→ G ——→ E

：(c)。參考圖 4.3。在「連串反應」中反應物和一般基本反應一樣：其濃度會隨時間單調遞減，如圖之 G 曲線；最終產物亦和一般基本反應一樣，其濃度會隨時間單調增加，如同 F 曲線；而中間產物會先增加、後減少，故出現最大值，如同 E 曲線。

■ 例 **4.3.3** ■

下列那個反應是連續反應：

(a) 乙烯在引發劑作用下生成聚乙烯。

(b) $H_2 + Cl_2$ 在光照下生成 $HCl_{(g)}$

(c) C_6H_6 與 Cl_2 反應生成 C_6H_5Cl 和 $C_6H_4Cl_2$

(d) CH_4 與空氣混合點燃

(e) C_6H_6 與 C_2H_4 製備 $C_6H_5CH_2CH_3$

：(c、e)。

▪ **例 4.3.4** ▪

複雜反應的反應速率取決於其中最慢的一步。

：錯，複雜反應中只有「連續反應」的速率決定於其中最慢的一步。

▪ **例 4.3.5** ▪

試在濃度 c 對時間 t 圖上畫出反應：$A \xrightarrow{k_1} B \xrightarrow{k_2} C$ 中各物質濃度隨時間變化的圖形。

（1）$k_1 \approx k_2$　　　　（2）$k_1 \gg k_2$　　　　（3）$k_1 \ll k_2$

：

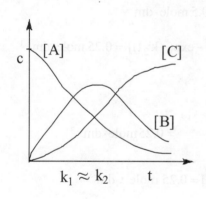

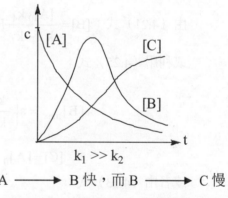

$A \longrightarrow B$ 快，而 $B \longrightarrow C$ 慢，

故[B]曲線上升部份陡，下降部份緩慢。

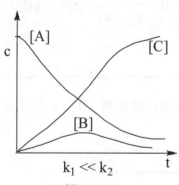

$A \longrightarrow B$ 慢，而 $B \longrightarrow C$ 快，

故[B]曲線上升部份緩慢；

而形成的[B]又快速形成[C]，故[B]變化幅度不大。

▪ 例 4.3.6 ▪

某連續反應：$A \xrightarrow{k_1} B \xrightarrow{k_2} C$，其中 $k_1 = 0.1 \ min^{-1}$，$k_2 = 0.2 \ min^{-2}$，在 $t = 0$ 時，$[B] = 0$，$[C] = 0$，$[A] = 1 \ mole \cdot dm^{-3}$。試求算：

（1）B 的濃度達到最大時，所需時間 $t_{B,max}$ 為多少？

（2）該時刻 A、B、C 的濃度各為若干？

：（1）對於「1 級連續反應」，由（4.24）式可知：

$$t_{B,max} = \frac{\ln(k_1/k_2)}{k_1 - k_2} = \left[\frac{\ln(0.1/0.2)}{0.1 - 0.2}\right] min = 6.93 \ min$$

（2）將 $t_{B,max} = 6.93 \ min$ 代入下列反應速率式：

由（4.19b）式：$[A] = [A]_0 \cdot \exp(-k_1 t) = 0.5 \ mole \cdot dm^{-3}$

由（4.21）式：$[B] = \frac{[A]_0 k_1}{k_2 - k_1}[\exp(-k_1 t) - \exp(-k_2 t)] = 0.25 \ mole \cdot dm^{-3}$

或利用（4.25）式：

$$[B]_{max} = a\left(\frac{k_1}{k_2}\right)^{k_2/(k_2 - k_1)} = 0.25 \ mole \cdot dm^{-3}$$

$$[C] = [A]_0 - [A] - [B] = 0.25 \ mole \cdot dm^{-3}$$

或者由（4.23）式：

$$[C] = [A]_0 \times \left[1 - \frac{k_2}{k_2 - k_1} \cdot \exp(-k_1 t) + \frac{k_1}{k_2 - k_1} \cdot \exp(-k_2 t)\right]$$

也可求得相同的結果。

▪ 例 4.3.7 ▪

2,3-4,6 二丙酮左羅糖（A）在酸性溶液中可水解生成抗壞血酸（B），C 是它分解的產物，故此反應是 1 級連續反應：

$$A \xrightarrow{k_1} B \xrightarrow{k_2} C$$

一定條件下測得 50°C 時的 $k_1 = 0.42 \times 10^{-2} \ min^{-1}$，$k_2 = 0.20 \times 10^{-4} \ min^{-1}$。試求 50°C 時，生成抗壞血酸最適宜的反應時間及相對應的最大產率。

：就「1 級連續反應」而言，由（4.24）式可知：

$$t_{max}=\frac{\ln(k_2/k_1)}{k_2-k_1} \quad (ㄅ)$$

且由（4.25）式，可知：$\frac{[B]_{max}}{[A]_0}=\left[\frac{k_1}{k_2}\right]^{k_2/(k_2-k_1)}$ （ㄆ）

其中 $\frac{[B]_{max}}{[A]_0}$，即爲[B]之產率。

故在 50°C 時，由（ㄅ）式可得：$t_{max}=\frac{\ln(0.020/4.2)}{[(0.020-4.2)\times 10^{-3}]}=1279\ \text{min}$

又由（ㄆ）式可得：$\frac{[B]_{max}}{[A]_0}=\left[\frac{4.2}{0.020}\right]^{0.020/(0.020-4.2)}=0.975=97.5\%$

【另解】：設最大產率爲 x：（用 $t_{max}=1279\,\text{min}$ 代入）

$$x=\frac{[B]_{max}}{[A]_0}=\frac{(4.21)式}{[A]_0}=\frac{k_1}{k_2-k_1}[\exp(-k_1t)-\exp(-k_2t)]$$

$$\approx\frac{k_1}{k_2-k_1}\cdot\exp(-k_1t)=97.5\%$$

例 4.3.8

對於某 1 級連串反應 $A \xrightarrow{k_1} B \xrightarrow{k_2} C$，想像以最經濟的方式，由原料 A 生產物質 B，則手段上應如何考慮？

：對於「1 級連串反應」：$A \xrightarrow{k_1} B \xrightarrow{k_2} C$

一般說來，爲了最經濟地由原料 A 生產物質 B，技術上應控制反應時間爲中間產物的最佳反應時間 $t_{max}=\ln(k_2/k_1)/(k_2-k_1)$（4.24）式，此時反應混合物中 B 的濃度達極大值。但如果原料 A 很貴，副產物 C 又價値不高，時間則應更短一些爲宜。

例 4.3.9

有一放射性衰變反應如下：

$$_{92}^{239}\text{U} \xrightarrow[t_{1/2}=23.5\ \text{min}]{\beta^-\ (k_1)} \ _{93}^{239}\text{Np} \xrightarrow[t_{1/2}=2.35\ \text{d}]{\beta^-\ (k_2)} \ _{94}^{239}\text{Pu}$$

試推導 U、Np 及 Pu 放射性強度與時間 t 的函數表示式。並分別求出 k_1 和 k_2？

：由題目已知：本題屬於「連續 1 級反應」，故

由（4.19b）式，可知：$[\text{U}]/[\text{U}]_0 = \exp[-k_1 t]$

由（4.21）式，可知：$[\text{Np}]/[\text{U}]_0 = \left(\dfrac{k_1}{k_2 - k_1}\right) \cdot [\exp(-k_1 t) - \exp(-k_2 t)]$

由（4.23）式，可知：$[\text{Pu}]/[\text{U}]_0 = 1 - \dfrac{k_2}{k_2 - k_1} \cdot \exp(-k_1 t) + \dfrac{k_1}{k_2 - k_1} \cdot \exp(-k_2 t)$

且由（2.10a）式：$t_{1/2} = \dfrac{\ln 2}{k}$

故 $k_1 = \dfrac{\ln 2}{(t_{1/2})_1} = \dfrac{\ln 2}{23.5\ \text{min}} = 2.95 \times 10^{-2}\ \text{min}^{-1}$

$k_2 = \dfrac{\ln 2}{(t_{1/2})_2} = \dfrac{\ln 2}{2.35\text{d} \cdot 24\text{h/d} \cdot 60\text{min/h}} = 2.05 \times 10^{-4}\ \text{min}^{-1}$

例 4.3.10

關於連續反應的各種說法中正確的是：

（a）連續反應進行時，中間產物的濃度必定會出現極大值。

（b）連續反應的中間產物淨生成速率等於零。

（c）所有連續反應都可用穩定態近似法處理。

（d）在不考慮可逆反應時，達穩定態的連串反應受最慢的基本步驟控制。

：（d）。

（a）當 $k_2 \gg k_1$ 時（中間產物）幾乎不變。

（b）此說法僅適用於 $k_2 \ll k_1$。

（c）詳見第五章。

■ 例 4.3.11 ■

$A \xrightarrow{k_1} B \xrightarrow{k_2} C$ 為 1 級連串反應，試證明若 $k_1 \gg k_2$，則 C 的生成速率決定於 k_2；若 $k_2 \gg k_1$，則決定於 k_1，也就是說：最慢的步驟是生成 C 的速率決定步驟。

：整個「連串反應」的反應速率利用最終產物 C 來表示。

$$r_C = k_2[B] = k_2 \cdot \frac{[A]_0 k_1}{k_2 - k_1}[\exp(-k_1 t) - \exp(-k_2 t)] \text{（將(4.21)式代入）}$$

若 $k_1 \gg k_2 \Rightarrow \exp(-k_1 t) \ll \exp(-k_2 t)$，則 $r_C \approx k_2[A]_0 \cdot \exp(-k_2 t)$

$\Rightarrow$ 即 C 的生成速率決定於 k_2。

若 $k_1 \ll k_2 \Rightarrow \exp(-k_1 t) \gg \exp(-k_2 t)$，則 $r_C \approx k_1[A]_0 \cdot \exp(-k_1 t)$

$\Rightarrow$ 即 C 的生成速率決定於 k_1。

■ 例 4.3.12 ■

連串反應各反應步驟中若含有一困難步驟（速率決定步驟），當反應過程穩定後，總反應速率可認為等於速率決定步驟及其以後任何一步的速率嗎？（可參考【4.3.14】題）

：以最簡單的「1 級連串反應」為例：

$$A \xrightarrow{k_1} B \xrightarrow{k_2} D$$

當 $k_1 \ll k_2$ 且在一定時間 t（很短）之後反應過程達到穩定，此時 B 物質濃度不可能累積，故[B]很小且 $\frac{d[B]}{dt} \cong 0$，於是 $-\frac{d[A]}{dt} = \frac{d[D]}{dt}$。

「速率決定步驟」可視為是第一步，而第一步反應速率也等於總反應速率。關鍵在於第一與第二步的難易必須足夠懸殊。「速率決定步驟」以後的「連串反應」步驟雖然容易進行反應（k 值大），但由上一步驟供給的反應物濃度很小，反應速率也只能很小。

■ 例 4.3.13 ■

$$A \xrightarrow{k_1} B \underset{k_3}{\overset{k_2}{\rightleftharpoons}} C$$

試寫出反應 的動力學方程式之微分形式和積分形式。

$$A \xrightarrow{\quad k_1 \quad} B \underset{k_3}{\overset{k_2}{\rightleftharpoons}} C$$

:

$t = 0$:	a	0	0
$t = t$:	x	y	z

求微分式：$-\dfrac{dx}{dt} = k_1 x$ 　　　　　　　　　　　　　　　　　　（ㄅ）

　　　　　　$-\dfrac{dy}{dt} = k_2 y - k_1 x - k_3 z$ 　　　　　　　　　（ㄆ）

　　　　　　$\dfrac{dz}{dt} = k_2 y - k_3 z$ 　　　　　　　　　　　　　　（ㄇ）

求積分式：

由（ㄅ）式得：$x = a \cdot \exp(-k_1 t)$ 　　　　　　　　　　　　（ㄈ）

（ㄈ）式及 $z = a - x - y$ 代入（ㄆ）式，得：

$$\frac{dy}{dt} + (k_2 + k_3)y = ak_3 + (k_1 - k_3)a \cdot \exp(-k_1 t)$$

解此一微分方程，得：

$$y = a\left\{ \frac{k_1 - k_3}{k_1 - k_2 - k_3}\left[\exp(-(k_2 + k_3)t - \exp(-k_1 t))\right] + \frac{k_3}{k_2 + k_3}\left[1 - \exp(-k_2 + k_3)t\right]\right\}$$

所以

$$z = a\left\{ 1 - \exp(-k_1 t) - \frac{k_3}{k_2 + k_3}\left[1 - \exp(-(k_2 + k_3)t)\right]\right.$$

$$\left. + \frac{k_1 - k_3}{k_1 - k_2 - k_3}\left[\exp(-k_1 t) - \exp(-(k_2 + k_3)t)\right]\right\}$$

例 4.3.14

設 A $\xrightarrow{\ k_1\ }$ B $\xrightarrow{\ k_2\ }$ C 為連續 1 級反應：

（a）請求出 B 濃度的極大值及出現極大值的反應時間

（b）請解釋：若 $k_1 \gg k_2$，則 C 的生成速率($\frac{d[C]}{dt}$)只與 k_2 有關；若 $k_2 \gg k_1$，則 C 的生成速率($\frac{d[C]}{dt}$)只與 k_1 有關。（參考【4.3.12】題）

：當 A 初濃度為 a 時，則由（4.21）式，可知：

$$[B] = \frac{ak_1}{k_2 - k_1} \cdot [\exp(-k_1 t) - \exp(-k_2 t)] \tag{ㄅ}$$

且由（4.23）式，可知：

$$[C] = a \cdot \left(1 - \frac{k_2}{k_2 - k_1} \cdot \exp(-k_1 t) + \frac{k_1}{k_2 - k_1} \cdot \exp(-k_2 t) \right) \tag{ㄆ}$$

（a）當 $t = t_{max}$ 時，[B]有極大值時 $\Rightarrow$ $-\frac{d[B]}{dt} = 0$

$$\therefore \frac{ak_1}{k_2 - k_1}[k_2 \cdot \exp(-k_2 t_{max}) - k_1 \cdot \exp(-k_1 t_{max})] = 0$$

$\Rightarrow$ $\ln k_2 - k_2 t_{max} = \ln k_1 - k_1 t_{max}$ ，則可得：$t_{max} = \frac{\ln k_2 - \ln k_1}{k_2 - k_1}$

（上式即為(4.24)式）

將 t_{max} 值代入（ㄅ）式可得：$[B]_{max} = a\left(\frac{k_1}{k_2} \right)^{\frac{k_2}{k_2 - k_1}}$

（上式即為(4.25)式）

（b）由（ㄆ）式可得：

$$\frac{d[C]}{dt} = \frac{ak_1 k_2}{k_2 - k_1} \cdot [\exp(-k_1 t) - \exp(-k_2 t)] \tag{ㄇ}$$

當 $k_1 \gg k_2$ 時 $\Rightarrow$ $\exp(-k_1 t) \ll \exp(-k_2 t)$，則由（ㄇ）式，可得：

$$\frac{d[C]}{dt} \to \frac{ak_1 k_2}{-k_1}[-\exp(-k_2 t)] = ak_2 \cdot \exp(-k_2 t)$$

故 C 的生成速率只與 k_2 有關。

當 $k_2 \gg k_1$ 時 $\Rightarrow$ $\exp(-k_1 t) \gg \exp(-k_2 t)$，則由（ㄇ）式，可得：

$$\frac{d[C]}{dt} \to \frac{ak_1 k_2}{k_2} \cdot \exp(-k_1 t) = ak_1 \cdot \exp(-k_1 t)$$

故 C 的生成速率只與 k_1 有關。

在上述兩種情況下，[C]值分別為：

$$[C] = a[1 - \exp(-k_2 t)] \qquad (k_1 \gg k_2)$$

$$[C] = a[1 - \exp(-k_1 t)] \qquad (k_2 \gg k_1)$$

（I）當 $k_1 \gg k_2$ 時，第二步為「速率決定步驟」，整個反應的反應速率近似等於

第二步的反應速率 $A \xrightarrow{k_2} C$，所以 $\dfrac{d[C]}{dt} = k_2[A] = ak_2 \cdot \exp(-k_2 t)$

C 的生成速率即為反應總速率。

（II）當 $k_1 \ll k_2$ 時，第一步為「速率決定步驟」，故反應可簡化為 $A \xrightarrow{k_1} C$，

所以 $\dfrac{d[C]}{dt} = k_1[A] = ak_1 \cdot \exp(-k_1 t)$ 。

■ 例 4.3.15 ■

設有一連續反應 $A \xrightarrow{\quad k_1 \quad} B \xrightarrow{\quad k_2 \quad} C$，已知 $k_1 = 0.1 \text{ h}^{-1}$，$k_2 = 0.05 \text{ h}^{-1}$

（1）求出反應物 A、中間物 B 和產物 C 的濃度時間變化的函數式。

（2）做各成份濃度對時間圖。

：該「連續反應」每一步均為「1 級反應」。

（1） $\qquad\qquad A \xrightarrow{\quad k_1 \quad} B \xrightarrow{\quad k_2 \quad} C$

在 t = 0 時： $\quad$ 1 $\qquad\qquad$ 0 $\qquad\qquad$ 0

在 t = t 時： $\quad$ 1 − x $\qquad\quad$ x − y $\qquad\quad$ y

可得：$[A] = 1 - x$，$[A]_0 = 1$，$[B] = x - y$，$[C] = y$

〈a〉 $\dfrac{d[A]}{dt} = -k_1[A]$ $\qquad\qquad\qquad\qquad\qquad\qquad$ （ㄅ）

積分（ㄅ）式得：$[A] = 1 - x = \exp(-k_1 t)$（此即(4.19b)式） $\qquad$ （ㄆ）

〈b〉 $\dfrac{d[B]}{dt} = k_1[A] - k_2[B] = k_1 \cdot \exp(-k_1 t) - k_2[B]$ （ㄇ）

以 $\exp(k_2 t)$ 乘（ㄇ）式兩邊，整理可得：

$$\exp(k_2 t) \cdot d[B] + \exp(k_2 t) \cdot k_2[B]dt = k_1\{\exp[(k_2 - k_1)t]\}dt$$

$\Rightarrow \quad d\{[B] \cdot \exp(k_2 t)\} = k_1 \cdot \{\exp[(k_2 - k_1)t]\}dt$

積分上式，得：

$$\int_0^{[B]} d\{[B] \cdot \exp(k_2 t)\} = \frac{k_1}{k_2 - k_1} \int_0^t \{\exp[(k_2 - k_1)t]\}\, d[(k_2 - k_1)t]$$

$\Rightarrow \quad [B] \cdot \exp(k_2 t) = \dfrac{k_1}{k_2 - k_1} \cdot \{\exp[(k_2 - k_1)t] - 1\}$ （ㄈ）

將（ㄈ）式二邊除以 $\exp(k_2 t)$，可得：

$[B] = x - y = \dfrac{k_1}{k_2 - k_1}[\exp(-k_1 t) - \exp(-k_2 t)]$ （ㄉ）

上式即為（4.21）式。

〈c〉∵ 已知 $[A] + [B] + [C] = [A]_0 = 1$

$\Rightarrow \quad [C] = y = 1 - [A] - [B]$ （將（ㄆ）式及（ㄉ）式代入）

$\therefore [C] = 1 - \dfrac{k_2}{k_2 - k_1} \cdot \exp(-k_1 t) + \dfrac{k_1}{k_2 - k_1} \cdot \exp(-k_2 t)$ （ㄊ）

上式即為（4.23）式。

（2）根據（ㄆ）、（ㄉ）、（ㄊ）三式計算不同時間各成份之濃度、數值及圖如下：

t/h	0	5	10	20	30	40	50	60
[A]	1	0.607	0.368	0.135	0.0498	0.0183	0.0067	0.0025
[B]	0	0.345	0.477	0.465	0.347	0.234	0.151	0.0946
[C]	0	0.0489	0.155	0.400	0.604	0.748	0.843	0.903

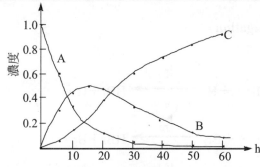

由圖可見中間物 B 的濃度隨反應時間會出現一高峰值。

4.4 連鎖反應(chain reactions)

有這樣一類的化學反應，一旦由外在因素（例如：加熱或照光）誘發某化學系統，使它產生高活性的「自由基」（free radicals）或「自由原子」（free atoms），反應便自動地連續不斷地進行下去，稱為「連鎖反應」。

在「連鎖反應」裏，起先被誘發的「自由基」雖然在反應中被消耗了，但反應本身能夠不斷再生出新的「自由基」，就像鎖鏈一樣，一節後面又產生新的一節。「自由基」不斷的再生，是「連鎖反應」得以自動連續進行的根本原因。

「連鎖反應」的每一步都與「自由基」（或「自由原子」）有關。由於「自由基」本身具有〝未成對電子〞（unpaired electron），如：$H \cdot$、$Br \cdot$、$HO \cdot$、$CH_3 \cdot$ …等。所以「自由基」或「自由原子」屬於高活性粒子，因此極易與穩定分子發生反應。正因高活性，新生成的「自由基」在與分子或其它「自由基」碰撞時，極易被消耗，因而「自由基」一定是短壽命的。

在「非連鎖反應」中，外在因素也可能誘發出像「自由基」這樣的「中間產物」，但一旦將誘發的外在因素撤除，反應立即停止。反之，「連鎖反應」在開始之後，系統中的「自由基」主要靠反應本身來產生。

一、連鎖反應的共同步驟

以 $H_2 + Br_2 \longrightarrow 2HBr$ 反應為例：

實驗證明，它的「反應機構」如下：

連鎖開始（chain initiation）：

$$Br_2 + M \xrightarrow{k_1} 2Br \cdot + M \tag{4-i}$$

連鎖傳遞（chain propagation）：

$$Br \cdot + H_2 \xrightarrow{k_2} HBr + H \cdot \tag{4-ii}$$

$$H \cdot + Br_2 \xrightarrow{k_3} HBr + Br \cdot \tag{4-iii}$$

…

連鎖抑制（**chain inhibition**）：

$$H \cdot + HBr \xrightarrow{k_4} H_2 + Br \cdot \tag{4-iv}$$

連鎖終止（**chain termination**）：

$$2Br \cdot + M \xrightarrow{k_5} Br_2 + M \tag{4-v}$$

上面式子裏，M 代表著能量的授受體（aceptor-donor），可以是引發劑、光子、高能量分子；它也可以是穩定分子或容器器壁，故又稱為「活性傳遞物」。

各步驟分析如下：

（**I**）　連鎖開始步驟（chain-initiating step）：

此步是「連鎖反應」的開始，經由加熱、照光、輻射、加入引發劑等外在因素，促使系統內產生「自由基」。HBr 合成反應機構的第(1)步（即(4-i)式）就是「連鎖開始」步驟，這一步驟必須將反應物的化學鍵打斷，因而活化能較大，約等於化學鍵鍵能。

（**II**）　連鎖傳遞步驟（**chain-propagating step**）：

「連鎖傳遞」的每一步驟多半是由一個「自由基」和一個分子反應。它有兩個特點：

i. 由於高活性的「自由基」參與反應，反應很容易進行，所以此步驟的活化能較小，約等於打斷化學鍵鍵能的 5.5 %，一般不超過 40 $kJ \cdot mole^{-1}$，而兩個分子反應一般為 100～400 $kJ \cdot mole^{-1}$。

ii. 若有一個「自由基」參與反應，必定會產生另一個或多個新的「自由基」。

「連鎖傳遞」步驟的這兩個特點一方面使得「連鎖反應」本身能夠持續發展，另一方面也說明使反應按連鎖方式進行比起按分子反應過程有較大的優勢，這也是「連鎖反應」普遍存在的原因。正因為如此，連鎖反應機構的發現，在歷史上曾大幅度促進動力學的發展。上述 HBr 合成反應機構中的第（4-ii）和第（4-iii）步即為「連鎖傳遞」步驟。在這些步驟裏，可以看到：一個「自由基」消失，同時產生一個新的「自由基」。

（**III**）連鎖抑制步驟（**chain-inhibiting step**）

（**IV**）連鎖終止步驟（**chain-terminating step**）：

　　「連鎖終止」也稱爲〝斷鏈〞，這是銷毀「自由基」的步驟。在 HBr 合成反應之第（4-v）步裏，兩個 Br・結合成穩定分子，是屬於「連鎖終止」步驟。雖然系統中還有可能存在 2H・ ⟶ H_2 和 H・ ＋ Br・ ⟶ HBr 的「連鎖終止」情況，但與實驗結果相比較可知：第（4-v）步是主要的〝斷鏈〞方式。由於「自由基」是高活性粒子，它們的結合不需要破壞任何化學鍵，所以「連鎖終止」步驟不需要活化能，也就是說：「連鎖終止」的活化能等於零。

　　必須指出：除上面所說的〝二個「自由基」結合在一起〞會終止「連鎖反應」外，在低壓時，「自由基」撞擊器壁也可以終止「連鎖反應」：

$$Br・＋器壁 \longrightarrow 終止連鎖反應$$

此種「器壁效應」是「連鎖反應」的一個特點，因此我們可以改變反應器形狀或內部表層塗料等來觀察反應速率的變化情況，這往往有助於判斷反應是否爲「連鎖反應」。

二、連鎖反應的分類

　　按照「連鎖反應」的各種不同「反應機構」，可以把「連鎖反應」區分爲「直接連鎖反應」（straight chain reaction）和「副連鎖反應」（side chain reaction）。前者是消耗一個活性傳遞物（「自由基」或「自由原子」），只產生一個新的活性傳遞物；後者是每消耗一個活性傳遞物，可同時產生兩個或兩個以上新的活性傳遞物。如圖 4.4 所示。

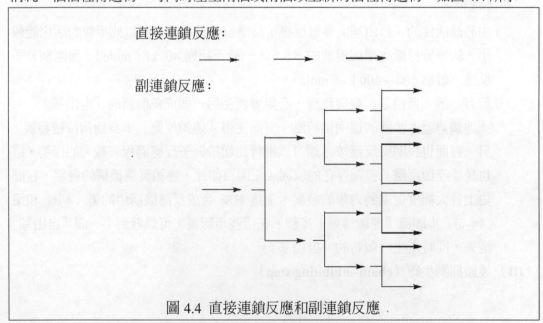

圖 4.4 直接連鎖反應和副連鎖反應

三、「直接連鎖反應」的反應速率方程式

再以 $H_2 + Br_2 \longrightarrow 2HBr$ 反應爲例，將前面的反應機構再次表示如下：

$$Br_2 + M \xrightarrow{k_1} 2Br\cdot + M \tag{4-i}$$

$$Br\cdot + H_2 \xrightarrow{k_2} HBr + H\cdot \tag{4-ii}$$

$$H\cdot + Br_2 \xrightarrow{k_3} HBr + Br\cdot \tag{4-iii}$$

$$2Br\cdot + M \xrightarrow{k_4} Br_2 + M \tag{4-iv}$$

依據上面(4-i)式－(4-iv)式之「反應機構」，將(4-ii)式和(4-iii)式配合「質量作用定律」，可得：（做法詳見第五章）

$$\frac{d[HBr]}{dt} = k_2[Br\bullet][H_2] + k_3[H\bullet][Br_2] \tag{4.29}$$

由於 $Br\cdot$ 與 $H\cdot$ 爲反應過程裏的「中間產物」，皆屬於難於測定的物質，所以在推導反應速率式時，應該用反應物（或產物）濃度來取代「中間產物」濃度。根據「穩定態近似法」（詳細內容請見第五章），可得：

$$\because \frac{d[Br\bullet]}{dt} = 0$$

$$\therefore \frac{d[Br\bullet]}{dt} = k_1[Br_2][M] - k_2[Br\bullet][H_2] + k_3[H\bullet][Br_2] - k_4[Br\bullet]^2[M] = 0 \tag{ㄅ}$$

$$\because \frac{d[H\bullet]}{dt} = 0$$

$$\therefore \frac{d[H\bullet]}{dt} = k_2[Br\bullet][H_2] - k_3[H\bullet][Br_2] \tag{ㄆ}$$

於是由（ㄆ）式，可得：$k_2[Br\bullet][H_2] = k_3[H\bullet][Br_2]$ \hfill （4.30）

再將（4.30）式代入（4.29）式可得：$\dfrac{d[HBr]}{dt} = 2k_2[H_2][Br\bullet]$

又將（4.30）式代入（ㄅ）式可得：$k_1[Br_2] = k_4[Br\bullet]^2$

故可得： $[Br\bullet] = (k_1/k_4)^{1/2}[Br_2]^{1/2}$ \hfill （4.31）

（4.31）式表明了中間產物自由基[Br•]與反應物[Br$_2$]之間的關係。於是將（4.30）式及（4.31）式代入（4.29）式，可得：

$$\frac{d[HBr]}{dt} = 2k_2 (k_1/k_4)^{1/2} [H_2][Br_2]^{1/2} = k[H_2][Br_2]^{1/2}$$

由上式結果可知：對反應物 H$_2$ 而言為「1 級反應」，對反應物 Br$_2$ 而言為「0.5 級反應」，而對 HBr 的總生成反應而言為「1.5 級反應」。這些結論皆與實驗結果一致，並且上面的推導結果也證實:實驗所測得的總反應速率常數 k 與數個「基本反應」的反應速率常數之關係為：k = 2k$_2$(k$_1$/k$_4$)$^{1/2}$。

※注意：像這種「反應級數」為分數級的反應，一般而言，分數級反應中若存在「**0.5 級反應**」，則該反應大多屬於「連鎖反應」。這是「連鎖反應」的另一重要特徵。因為存在「0.5 級反應」代表著「連鎖反應」中出現活性很強的「中間產物」（即「自由基」）。

▪ 例 **4.4.1** ▪

以下是運用自由基和乙烯基單分子 (Vinyl monomer，$CH_2＝CH－R$)在 50°C 時本體聚合（Bulk polymerization）的實驗記錄：

(註：這種聚合反應不用水或其他溶劑，純粹由它本身的液體或氣體的單分子進行聚合反應產生聚合物，可是當反應到某程度時，生成的聚合物不溶於單分子中便沉澱析出或是結晶成塊狀，所以又稱作塊狀聚合)

發動劑（Initiator）的濃度：$[I] = 6.21×10^{-4}$ mole · dm^{-3}

單分子的濃度：$[M] = 10.5$ mole · dm^{-3}

發動劑的分解速率常數：$k_d = \dfrac{-d[I]/dt}{[I]} = 2.3×10^{-6}$ s^{-1}

穩定狀態的聚合速率：$R_P = 1.355×10^{-4}$ mole · dm^{-3}

抑制劑（Inhibitor）對 Quinone $\left(O＝\bigcirc＝O \right)$ 存在濃度在 $2.73×10^{-5}$ mole · dm^{-3} 時的抑制時間 = 153 min

計算：（a）發動時的速率；（b）發動的效率；（c）$k_P^2/2k_t$

k_P 代表增殖反應的速率常數。K_t 代表結束反應的速率常數。在計算時，清楚的說明需要的任何假定。

: 假定自由基聚合作用的一般聚合反應機構如下：

$I \longrightarrow \alpha R$ （發動，initiation）

$R + M \rightarrow R_1$
$R_1 + M \rightarrow R_2$
$\cdots \quad \cdots \quad \cdots$ （增殖，Propagation）
$R_{n-1} + M \rightarrow R_n$

$R_n + M_m \longrightarrow P_{n+m}$ （結束，termination）

I 代表發動劑，M 代表單分子，R 代表自由基（Free radical）

P 代表聚合物（Polymer），α 代表從每個發動劑分子中獲得的自由基個數。

（a）假定一個對 Quinone 分子能有效的停止一個鏈的作用，那麼發動時的速率

$$r_i = \frac{抑制劑的濃度}{抑制的時間} = \frac{2.73×10^{-5}}{153×60} \text{ mole·dm}^{-3}·s^{-1} = 2.97×10^{-9} \text{ mole·dm}^{-3}·s^{-1}$$

（b）發動劑 I 的分解速率是：$-\dfrac{d[I]}{dt} = k_d \cdot [I]$

將有關數據代入上式

$$-\dfrac{d[I]}{dt} = (2.3 \times 10^{-6}\,s^{-1})(6.21 \times 10^{-4}\,mole \cdot dm^{-3})$$

$$= 1.43 \times 10^{-9}\,mole \cdot dm^{-3} \cdot s^{-1}$$

因此發動的效率：$\alpha = \dfrac{2.97 \times 10^{-9}}{1.43 \times 10^{-9}} = 2.08$

這個表示每個發動劑的分子分解成兩個自由基，然後從各個自由基將鏈連接蔓延。

（c）假定 k_P 是全部增殖反應的速率常數，k_t 是結束反應的速率常數而穩定狀態的聚合速率 R_P 可以這樣表示：

$$R_P = k_P \cdot \left(\dfrac{r_i}{2k_t}\right)^{1/2} [M]$$

因此 $\dfrac{k_P^2}{2k_t} = \dfrac{R_P^2}{r_i [M]^2} = \dfrac{(1.355 \times 10^{-4}\,mole \cdot dm^{-3} \cdot s^{-1})^2}{2.97 \times 10^{-9}\,mole \cdot dm^{-3} \cdot s^{-1}(10.5\,mole \cdot dm^{-3})^2}$

$$= 5.61 \times 10^{-2}\,dm^3 \cdot mole^{-1} \cdot s^{-1}$$

例 4.4.2

鏈鎖反應的一般步驟是：

：（1）鏈的引發（2）鏈的傳遞（3）鏈的終止。

例 4.4.3

發生爆炸反應的主要原因是什麼？

：爆炸的原因可分爲兩類：

一類爲熱爆炸；另一類爲支鏈反應爆炸。

4.5 快速反應的測定方法

　　前面第三章曾介紹測定反應速率常數（或反應級數）的方法，但這些方法只適用於不太快的反應。對於較快速的反應，若用第三章的一般方法測定，會遇到以下兩個問題：

（1）快速反應一般是在 1 秒或甚至遠小於 1 秒的時間內完成，而反應物的混合時間最少也需 1 秒，因此很難去確認快速反應的起始時間。

（2）由於發生反應的所需時間小於混合所需時間，即反應物還未完全混合均勻，反應早就已經完成，如此一來，反應過程中的濃度是不均勻的，這導致物質的濃度數值在計算上沒有實質意義。

　　由以上分析可知：要解決快速反應的測定，一種辦法是〝設法縮短反應物的混合時間〞。例如：利用射流技術可使混合時間降到只有千分之一秒，對一般的快速反應而言，反應物的混合要在這樣短的時間內完成，基本上其混合時間可以被忽略。另一種解決辦法是〝避免混合過程〞，即實驗過程中免去混合操作。例如：許多反應都存在著逆向反應（從化學平衡角度來說，任何反應都有逆向反應），即「可逆反應」。現在測定快速「可逆反應」的反應速率常數之方法，常用「鬆弛法」（relaxation method），它是屬於後一種的〝避免混合過程〞的辦法。以下將詳細介紹這種方法。

「鬆弛過程」（relaxation process）是指平衡中的分子體系受到「微擾」（perturbation, 即小的擾動）之後，經過體系自身的自動調節，重新趨向新平衡點的過程。經過多年的研發，「化學鬆弛法」已成為用來研究溶液中快速反應的主要方法。

> 　　簡單的說，「鬆弛法」的原理就是：首先使整個系統在固定的外在條件下先達到平衡，然後讓它受到一個突然的擾動，例如：溫度或壓力突然改變，使整個系統偏離原來的平衡狀態，而在新條件下，該反應系統會重新回到另一新的平衡狀態，等到系統重新建立適合於新外在環境下的平衡狀態時，這個過程就稱為「鬆弛過程」。
>
> 　　而從「擾動」後回到達新平衡狀態之所需時間稱為「鬆弛時間」（relaxation time）；或整個「鬆弛過程」所需時間就稱為「鬆弛時間」。

　　普通的「鬆弛法」是以溫度或壓力的突然上升法或電場脈衝法，給予一個「微擾」。例如：在 $1\mu s = （10^{-6}$秒）時間內，使體系溫度升高 3°C ~ 10°C。在開始擾動體系的瞬間，同時打開偵測器，以記錄光吸收或其它與濃度有關的某項物理量對時間的函數關係，由此可測得「鬆弛時間」τ，τ 與反應速率常數 k 有著定量關係，故可藉由 τ 值求得 k 值。

例如：有「1級可逆反應」表示如下：

$$A \underset{k_{-1}}{\overset{k_1}{\rightleftharpoons}} B$$

當 t=0 時：　　　a　　　　　　0

－)　　　　x

當 t=t 時：　　a－x　　　　　x

(平衡時)　當 t=t_{eq} 時：　　a－x_{eq}　　　　x_{eq}

於是「1級可逆反應」的反應速率方程式可寫爲：（見(4.4)式）

$$\ln \frac{x_{eq}}{x_{eq} - x} = (k_1 + k_{-1})t \tag{4.4}$$

其中 x 代表任意時刻 t 時產物 B 的濃度，x_{eq} 則是產物 B 的平衡濃度。若反應物 A 的初濃度爲 a，則[A]＝a－x　⟹　x＝a－[A]

故在新平衡狀態時，$x_{eq} = a - [A]_{eq}$

其中$[A]_{eq}$代表產物 A 的平衡濃度。將上述關係式代入（4.4）式：

$$\ln \frac{a - [A]_{eq}}{[A] - [A]_{eq}} = (k_1 + k_{-1})t \tag{4.32a}$$

（4.32a）式仍然是「1級可逆反應」的反應速率表達式，因爲「1級可逆反應」的過程實際上就是「鬆弛過程」，$(k_1 + k_{-1})$也可被稱爲「鬆弛速率常數」。

（4.32a）式又可寫成：

$$[A] - [A]_{eq} = (a - [A]_{eq}) \cdot \exp[-(k_1 + k_{-1})t] \tag{4.32b}$$

從（4.32a）式和（4.32b）式來看，它們與單向「1級反應」的反應速率方程式（即(2.6)式）極爲相似，只是將$(a - [A]_{eq})$取代（2.6）式裏的任意濃度[A]，以$(k_1 + k_{-1})$取代（2.6）式裏的反應速率常數 k_1。

再強調一次：
(1)　單向「1 級反應」((2.6)式)：$[A] = [A]_0 \cdot \exp(-k_1 t)$

可見（2.6）式之單向「1 級反應」以 k_1 為反應速率常數。

且當 $t \longrightarrow \infty$ 時，反應物極限濃度為：$[A] \longrightarrow 0$。

(2)　單向「1 級可逆反應」((4.32)式)：
$$[A] - [A]_{eq} = (a - [A]_{eq}) \cdot \exp[-(k_1 + k_{-1})t]$$

可見（4.32）式之「1 級可逆反應」的「鬆弛過程」以 $(k_1 + k_{-1})$ 為反應速率常數。

且當 $t \longrightarrow \infty$ 時，反應物極限濃度為：$[A] \longrightarrow [A]_{eq}$。

　　假設上述的「可逆反應」是快速反應。為了對它測定反應速率，先在一定條件下讓該反應達到平衡，然後再給系統一個突然的「擾動」，例如：利用高功率的超短脈衝光，可在 $10^{-9} \sim 10^{-12}$ s 的時間內使系統溫度突然變化，此法稱為〝溫度跳躍法（T-jump）〞。或利用其它擾動手段使系統產生〝壓力跳躍法（P-jump）〞、〝濃度跳躍法（C-jump）〞等。由於這些「擾動」〝跳躍法〞是在極短的時間內完成的，反應情況還來不及變化，就已經使反應偏離了平衡。於是在新的條件下系統開始產生「鬆弛過程」，以便使反應到達新的平衡。這時可用不同的方法來測定「鬆弛」時間，由此便可求出 k_1 和 k_{-1}。這種方法的最大優點就是：避開了反應物的混合，故稱為「鬆弛法」。

在「擾動」後的新條件下，「鬆弛過程」之（4.32b）式仍然成立，如果令：

(I)　$[A]_{eq}$ 代表新條件下 A 的平衡濃度，而 a 為舊條件下 A 的平衡濃度，則

　　$(a - [A]_{eq})$ 為「擾動」時（計為 $t = 0$）A 的初濃度與平衡濃度的差值。

(II)　$(a - [A]_{eq})$ 為「鬆弛過程」中在任意時刻 t 時 A 濃度與新平衡濃度的差值。

(III)　設起初偏離平衡狀態的濃度為：$a - [A]_{eq} = \Delta[A]_0$。

(IV)　任意時刻 t 時偏離平衡狀態的濃度為：$[A] - [A]_{eq} = \Delta[A]$。

　　則（4.32b）式可簡寫成：
$$\Delta[A] = \Delta[A]_0 \cdot \exp[-(k_1 + k_{-1})t] \tag{4.33}$$

（4.33）式是說：在「擾動」後的整個「鬆弛過程」中，A 濃度與平衡濃度的偏離程度由 $\Delta[A]_0$ 開始，接著逐漸減小，最終趨近於 0。也就是說，「鬆弛」的衰退過程是以指數形式出現。

若定義反應的「偏離平衡程度」是由 $\Delta[A]_0$ 衰退到 $\Delta[A]_0/e$，則其所需的時間就稱爲「鬆弛時間」（其中 e 是自然對數的底），用符號 τ 表示，即當 $t=\tau$ 時，$\Delta[A]=\Delta[A]_0/e$，代入（4.33）式，可得：

$$\frac{1}{e}\Delta[A]_0 = \Delta[A]_0 \cdot \exp[-(k_1 + k_{-1})\tau]$$

故得「鬆弛時間」：$\tau = \dfrac{1}{k_1 + k_{-1}}$ (4.34)

再將（4.34）式代入（4.33）式，可得：

$$\Delta[A] = \Delta[A]_0 \cdot \exp(-\frac{t}{\tau})$$ (4.35)

注意：反應物濃度由 $\Delta[A]_0$ 降到 $\Delta[A]_0/e$（我們稱這種現象爲「鬆弛過程」）的所需時間，稱爲「鬆弛時間」τ。這代表著：舊平衡狀態經「溫度跳躍」之「擾動」後，恢復到原平衡濃度的 $\dfrac{1}{e}(\approx 0.368)$ 倍時之所需時間，就稱爲「鬆弛時間」τ。也就是說：經過「鬆弛時間」τ 後，這時只剩下 36.8% 的 $\Delta[A]_0$ 未消耗掉，而已有 63.2% 的 $\Delta[A]_0$ 消耗掉。

◎ 「鬆弛時間」τ 的測定方法很多，利用（4.35）式就是其中的一種，即只要設法監測 $\Delta[A]$ 隨時間 t 的變化，就可求出 τ，進而由（4.34）式求得 (k_1+k_{-1})。再配合「1級反應」平衡常數 $K=k_1/k_{-1}$ 的測定，就可分別求出 k_1 和 k_{-1}。

————————————————————————————————

我們再強調一次：

對於一已知的平衡系統，改變它的壓力或溫度或電場後（即對系統進行「擾動」後），該反應系統會重新達到另一新的平衡狀態。而從「擾動」後恢復到達新平衡狀態之所需時間，進而測得其反應速率常數的方法，就稱爲「鬆弛法」。

前面曾提到過，常見的「鬆弛法」計有：「溫度跳躍」（Temperature-jump）、「壓力跳躍」（Pressure-jump）、「濃度跳躍」（Concentration-jump）等。

「溫度跳躍」法是在 1967 年由 Manfred Eigen 首先提出，他也因此而獲得諾貝爾獎。

現將常見快速反應的「鬆弛法」公式整理於下表 4.2：

快速反應式	〝鬆弛時間〞 τ（relaxation time）
（1） $A \underset{k_{-1}}{\overset{k_1}{\rightleftharpoons}} B$	$\tau = \dfrac{1}{k_1 + k_{-1}}$ （即(4.34)式，解法見【例 4.1】）
（2） $A \underset{k_{-1}}{\overset{k_1}{\rightleftharpoons}} B + C$	$\tau = \dfrac{1}{k_1 + k_{-1}(b_{eq} + c_{eq})}$ （即(4.39)式，解法見【例 4.2】）
（3） $A \underset{k_{-1}}{\overset{k_1}{\rightleftharpoons}} 2B$	$\tau = \dfrac{1}{k_1 + 4k_{-1} \cdot b_{eq}}$ （即(4.40)式，解法見【例 4.3】）
（4） $2A \underset{k_{-1}}{\overset{k_1}{\rightleftharpoons}} B$	$\tau = \dfrac{1}{4k_1 \cdot a_{eq} + k_{-1}}$ （即(4.41)式，解法見【例 4.4】）
（5） $A + B \underset{k_{-1}}{\overset{k_1}{\rightleftharpoons}} C$	$\tau = \dfrac{1}{k_1(a_{eq} + b_{eq}) + k_{-1}}$ （即(4.42)式，解法見前面【例 4.5】）
（6） $A + B \underset{k_{-1}}{\overset{k_1}{\rightleftharpoons}} C + D$	$\tau = \dfrac{1}{k_1(a_{eq} + b_{eq}) + k_{-1}(c_{eq} + d_{eq})}$ （此即(4.43)式，解法見【例 4.6】）

※ 上表中 a_{eq}、b_{eq}、c_{eq}、d_{eq} 分別代表著物質 A、B、C、D 在反應於平衡狀態時的濃度。

※ 注意：關於表 4.2 的結果，我們絕不鼓勵背公式，在此建議讀者將它們相互比較，必然可自行找出其規律性。

※ 關於快速反應「鬆弛時間」的求解法有數種之多，但為了解題迅速及易懂起見，我們多半建議採用「舊平衡式法」，即【例 4.1】的【解三】、【例 4.5】的【解 II】及【例 4.2】、【例 4.3】、【例 4.4】、【例 4.6】之解法。

現在將表 4.2 的各項快速反應式之數學處理方式，解說如下。

───────────────────────────────────

【例 4.1】：設「1 級可逆反應」如下所示，則其「鬆弛時間」之表達式？

$$A \xrightleftharpoons[k_{-1}]{k_1} B$$

【解一】：原先物質 A 與 B 均處於平衡濃度，在經由〝溫度跳躍〞法的「擾動」後，經過一段時間之後，這反應系統重新恢復到新平衡狀態。於是：

$$A \xrightleftharpoons[k_{-1}]{k_1} B$$

原平衡狀態時： a_{eq} b_{eq}

一) x_{eq}

─────────────────────────────

〝溫度跳躍〞「擾動」後，

回到新平衡狀態時： $a_{eq} - \Delta x_{eq}$ $b_{eq} + \Delta x_{eq}$

也就是說，系統在達到新平衡狀態時，可得以下關係式：

$$\begin{cases} [A]_{eq} = a_{eq} - \Delta x_{eq} \\ [B]_{eq} = b_{eq} + \Delta x_{eq} \end{cases} \tag{4.36}$$

若以物質的平衡濃度對時間 t 做圖，可得下圖所示：

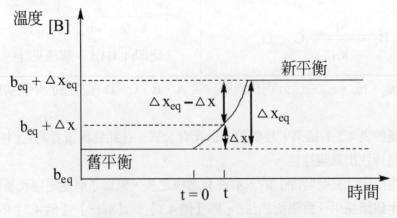

圖 4.5 〝溫度跳躍〞後之平衡態

經〝溫度跳躍〞法之「擾動」後，新平衡與舊平衡之間存在著（4.36）式之關係式。
再將（4.32a）式寫於如下：

$$\ln \frac{a-[A]_{eq}}{[A]-[A]_{eq}} = (k_1 + k_{-1})t \qquad (4.32a)$$

上述（4.32a）式的意思是說：

$$\ln \left(\frac{\text{初濃度} - \text{新平衡濃度}}{t\ \text{時間的濃度} - \text{新平衡濃度}} \right) = (k_1 + k_{-1})t \qquad (4.37)$$

同時配合圖 4.5 之結果所示，由此可得以下重要關係式：

$$\ln \left(\frac{\Delta x_{eq}}{\Delta x_{eq} - \Delta x} \right) = (k_1 + k_{-1})t \qquad (4.38)$$

- -

【解二】：

$$A \quad \underset{k_{-1}}{\overset{k_1}{\rightleftharpoons}} \quad B$$

舊平衡狀態時：　　　　a_{eq}　　　　　　　　　　b_{eq}

經 t 時間後：　　　$(a_{eq} - \Delta x) = [A]$　　　　　$(b_{eq} + \Delta x) = [B]$

新平衡狀態時：　　　$a_{eq} - \Delta x_{eq}$　　　　　　　$b_{eq} + \Delta x_{eq}$

則其反應速率方程式可寫爲：$-\dfrac{d[A]}{dt} = k_1[A] - k_{-1}[B]$

$$-\frac{d(a_{eq} - \Delta x)}{dt} = k_1(a_{eq} - \Delta x) - k_{-1}(b_{eq} + \Delta x)$$

$$\Rightarrow \frac{d(\Delta x)}{dt} = k_1(a_{eq} - \Delta x) - k_{-1}(b_{eq} + \Delta x) \qquad （ㄅ）$$

當回到新平衡狀態時，由（ㄅ）式可得以下關係式：

$$k_1(a_{eq} - \Delta x_{eq}) - k_{-1}(b_{eq} + \Delta x_{eq}) = 0$$

$$\Rightarrow k_1 a_{eq} - k_{-1} b_{eq} = k_1 \Delta x_{eq} + k_{-1} \Delta x_{eq} \qquad （ㄆ）$$

將（ㄆ）式代入（ㄅ）式中可得：$\dfrac{d(\Delta x)}{dt} = (k_1 + k_{-1})(\Delta x_{eq} - \Delta x) \qquad （ㄇ）$

積分（Π）式，即 $\int_1^{\Delta x} \frac{d(\Delta x)}{(\Delta x_{eq} - \Delta x)} = \int_0^t (k_1 + k_{-1}) dt$，整理可得：

$$\ln \frac{\Delta x_{eq}}{\Delta x_{eq} - \Delta x} = (k_1 + k_{-1}) t \tag{4.38}$$

由（4.38）式可推知，當 $\frac{\Delta x_{eq}}{\Delta x_{eq} - \Delta x} = e$，代入（4.38）式，則可得〝鬆弛

時間〞為：$\tau = (k_1 + k_{-1})^{-1}$，此正是先前所提到的（4.34）式。也就是系統回

到新平衡狀態所需的時間 t 定義為〝鬆弛時間〞τ。

必須注意的是：前面曾提及，即使經過〝鬆弛時間〞τ 之久，反應物只剩下

初濃度的 37%，也就是反應物濃度只完成 63% 而已（因為 $\frac{1}{e} \approx 0.37$）。

※ 關於利用〝溫度跳躍〞法解得反應速率常數，在此介紹更簡易的推導法，
  此法只用舊平衡式，不需用到新平衡式。見以下【解三】。

- -

【解三】：

$$A \underset{k_{-1}}{\overset{k_1}{\rightleftharpoons}} B$$

舊平衡狀態：　a_{eq} 　　　　　　b_{eq}

$$\underline{-) \Delta x }$$

經時間 t 後：$a_{eq} - \Delta x$ 　　　　　$b_{eq} + \Delta x$

故在 t＝t 時，$[A] = a_{eq} - \Delta x$，$[B] = b_{eq} + \Delta x$ 　　　　　　　　　（I）

且已知 $-\dfrac{d[A]}{dt} = k_1 [A] - k_{-1} [B]$ 　　　　　　　　　　　　　　（II）

將（I）式代入（II）式，可得：

（i）$-\dfrac{d(a_{eq} - \Delta x)}{dt} = \dfrac{d\Delta x}{dt} = k_1 (a_{eq} - \Delta x) - k_{-1} (b_{eq} + \Delta x)$ 　　（III）

（ii）由舊平衡態之關係式：$\dfrac{k_1}{k_{-1}} = \dfrac{b_{eq}}{a_{eq}} \Rightarrow k_1 a_{eq} = k_{-1} b_{eq}$ 代入上述(III)式，

整理可得：$\dfrac{d(\Delta x)}{dt} = -(k_1 + k_{-1}) \cdot \Delta x$

$$
\begin{cases}
\text{經積分後：} \int_1^{\Delta x} \frac{d(\Delta x)}{\Delta x} = \int_0^t -(k_1 + k_{-1})dt \\[3mm]
\text{於是 } \ln(\Delta x) = -(k_1 + k_{-1})t \\[3mm]
\text{（iii）當 } \Delta x = \frac{1}{e} \text{，代入（IV）式，則可得：}[\text{鬆弛時間}]\ \tau = \frac{1}{k_1 + k_{-1}} \qquad (4.34)
\end{cases}
$$

【例 4.2】：已知快速反應式如下所示，則其「鬆弛時間」之表達式？

$$
A \xrightleftharpoons[k_{-1}]{k_1} B + C
$$

【解】：

$$
A \xrightleftharpoons[k_{-1}]{k_1} B + C
$$

舊平衡狀態時：　　　a_{eq}　　　　　　　　b_{eq}　　　　　c_{eq}

經 t 時間後：　　　　$a_{eq} - \Delta x$　　　　　$b_{eq} + \Delta x$　　　$C_{eq} + \Delta x$

可知當 t=t 時：

$$
[A] = a_{eq} - \Delta x，[B] = b_{eq} + \Delta x，[C] = c_{eq} + \Delta x \qquad （ㄅ）
$$

且已知：$-\dfrac{d[A]}{dt} = k_1[A] - k_{-1}[B][C]$ 　　　　　　　　　　（ㄆ）

將（ㄅ）式代入（ㄆ）式，可得：

$$
-\frac{d(a_{eq} - \Delta x)}{dt} = k_1(a_{eq} - \Delta x) - k_{-1}(b_{eq} + \Delta x)(c_{eq} + \Delta x) \qquad （ㄇ）
$$

由舊平衡態之關係式：

$$
\frac{k_1}{k_{-1}} = \frac{b_{eq} \cdot c_{eq}}{a_{eq}} \implies k_1 a_{eq} = k_{-1} b_{eq} c_{eq} \qquad （ㄈ）
$$

將（ㄈ）式代入（ㄇ）式，且整理可得：

$$
\frac{d(\Delta x)}{dt} = -(k_1 + k_{-1}b_{eq} + k_{-1}c_{eq})\Delta x - k_{-1}(\Delta x)^2
$$

$$
\approx -(k_1 + k_{-1}b_{eq} + k_{-1}c_{eq})\Delta x \qquad （ㄉ）
$$

（因為$(\Delta x)^2$值太小，故可略而不計）

將（ㄅ）式二邊積分後，可得：

$$\int_1^{\Delta x} \frac{d(\Delta x)}{\Delta x} = \int_0^t -(k_1 + k_{-1}b_{eq} + k_{-1}c_{eq})dt$$

$$\Rightarrow \ln\Delta x = -[k_1 + k_{-1}(b_{eq} + c_{eq})]t \qquad\qquad （ㄊ）$$

當 $\Delta x = \dfrac{1}{e}$ 代入（ㄊ）式，可得：

〝鬆弛時間〞 $\tau = \dfrac{1}{k_1 + k_{-1}(b_{eq} + c_{eq})}$ \qquad\qquad (4.39)

————————————————————————————————

【例 4.3】：已知快速反應式如下所示，則其「鬆弛時間」之表達式？

$$A \quad \underset{k_{-1}}{\overset{k_1}{\rightleftharpoons}} \quad 2B$$

【解】：

$$A \quad \underset{k_{-1}}{\overset{k_1}{\rightleftharpoons}} \quad 2B$$

舊平衡狀態： $\qquad a_{eq} \qquad\qquad\qquad b_{eq}$

經 t 時間後： $\qquad a_{eq} - \Delta x \qquad\qquad b_{eq} + 2\Delta x$

可知當 $t = t$ 時：$[A] = a_{eq} - \Delta x$， $\qquad [B] = b_{eq} + 2\Delta x$ \qquad （ㄅ）

且已知：$-\dfrac{d[A]}{dt} = k_1[A] - k_{-1}[B]^2$ \qquad\qquad\qquad （ㄆ）

將（ㄅ）式代入（ㄆ）式，可得：

$$-\frac{d(a_{eq} - \Delta x)}{dt} = k_1(a_{eq} - \Delta x) - k_{-1}(b_{eq} + 2\Delta x)^2 \qquad （ㄇ）$$

由舊平衡態之關係式：$\dfrac{k_1}{k_{-1}} = \dfrac{(b_{eq})^2}{a_{eq}} \Rightarrow k_1 a_{eq} = k_{-1}(b_{eq})^2$ \qquad （ㄈ）

將（ㄈ）式代入（ㄇ）式，且整理可得：

$$\frac{d(\Delta x)}{dt} = -(k_1 + 4k_{-1}b_{eq})\Delta x - 4k_{-1}(\Delta x)^2 \qquad (ㄅ)$$

$$\approx -(k_1 + 4k_{-1}b_{eq}) \cdot \Delta x$$

（因為$(\Delta x)^2$值太小，故可略而不計）

將（ㄅ）式二邊積分後，可得：

$$\int_1^{\Delta x} \frac{d(\Delta x)}{\Delta x} = \int_0^t -(k_1 + 4k_{-1}b_{eq})dt \Rightarrow \ln\Delta x = -(k_1 + 4k_{-1}b_{eq})t \qquad (ㄊ)$$

當$\Delta x = \dfrac{1}{e}$代入（ㄊ）式，可得：

$$\text{``鬆弛時間''} \quad \tau = \frac{1}{k_1 + 4k_{-1}b_{eq}} \qquad (4.40)$$

- -

【例 4.4】：已知快速反應式如下所示，則其「鬆弛時間」之表達式？

$$2A \underset{k_{-1}}{\overset{k_1}{\rightleftharpoons}} B$$

【解】：

$$2A \underset{k_{-1}}{\overset{k_1}{\rightleftharpoons}} B$$

舊平衡狀態： a_{eq} $\qquad\qquad$ b_{eq}

$\underline{\qquad -)\qquad\qquad 2\Delta x \qquad\qquad\qquad\qquad\qquad}$

經時間 t 時（平衡）：$a_{eq} - 2\Delta x$ $\qquad$ $b_{eq} + \Delta x$

故在 t = t 時，$[A] = a_{eq} - 2\Delta x$，$[B] = b_{eq} + \Delta x$ $\qquad\qquad$ （Ⅰ）

且已知$-\dfrac{d[A]}{2dt} = k_1[A]^2 - k_{-1}[B]$ $\qquad\qquad$ （Ⅱ）

將（Ⅰ）式代入（Ⅱ）式，可得：

$$-\frac{d(a_{eq} - 2\Delta x)}{2dt} = k_1(a_{eq} - 2\Delta x)^2 - k_{-1}(b_{eq} + \Delta x) \qquad (Ⅲ)$$

當舊平衡態時，有著$\dfrac{k_1}{k_{-1}} = \dfrac{b_{eq}}{(a_{eq})^2}$之關係

$\Rightarrow$　$k_1 \cdot (a_{eq})^2 = k_{-1} \cdot (b_{eq})$　　　　　　　　　　　　　　　　（IV）

（IV）式代入（III）式，且將含$(\Delta x)^2$之項去之

（$\because (\Delta x)^2$ 值極小。$\therefore$可略之不計）

於是整理可得：$\dfrac{d(\Delta x)}{dt} = -(4k_1 \cdot a_{eq} + k_{-1})\Delta x$　　　　　　　　（V）

將（V）式二邊積分：

$$\int_1^{\Delta x} \frac{d(\Delta x)}{\Delta x} = \int_0^t -(4k_1 \cdot a_{eq} + k_{-1})dt \Rightarrow \ln(\Delta x) = -(4k_1 + a_{eq} + k_{-1})t \quad （VI）$$

當 $\Delta x = \dfrac{1}{e}$ 時，代入（VI）式，可得：

〝鬆弛時間〞$\tau = \dfrac{1}{4k_1 \cdot a_{eq} + k_{-1}}$　　　　　　　　　　　　　　　（4.41）

- -

【例 4.5】：已知快速反應式如下所示，則其「鬆弛時間」之表達式？

$$A \;+\; B \; \underset{k_{-1}}{\overset{k_1}{\rightleftharpoons}} \; C$$

【解 I】：

$$A \;+\; B \; \underset{k_{-1}}{\overset{\overset{\LARGE\cdot}{k_1}}{\rightleftharpoons}} \; C$$

舊平衡狀態時：　　　a_{eq}　　　　　　b_{eq}　　　　　　　　　c_{eq}

經 t 時間後：　　$a_{eq} - \Delta x$　　　$b_{eq} - \Delta x$　　　　　$c_{eq} + \Delta x$

新平衡狀態時：　$a_{eq} - \Delta x_{eq}$　　$b_{eq} - \Delta x_{eq}$　　　$c_{eq} + \Delta x_{eq}$

可知當 t=t 時：$[A] = a_{eq} - \Delta x$，$[B] = b_{eq} - \Delta x$，$[C] = c_{eq} + \Delta x$　　（ㄅ）

且已知　$-\dfrac{d[A]}{dt} = k_1[A][B] - k_{-1}[C]$　　　　　　　　　　　　　（ㄆ）

將（ㄅ）式代入（ㄆ）式，可得：

$$-\frac{d(a_{eq} - \Delta x)}{dt} = \frac{d(\Delta x)}{dt} = k_1(a_{eq} - \Delta x)(b_{eq} - \Delta x) - k_{-1}(c_{eq} + \Delta x) \quad （ㄇ）$$

當回到新平衡狀態時，由（ㄇ）式可得以下關係式：

$$k_1(a_{eq} - \Delta x_{eq})(b_{eq} - \Delta x_{eq}) - k_{-1}(c_{eq} + \Delta x_{eq}) = 0$$

$$\Rightarrow k_1 a_{eq} b_{eq} - k_{-1}c_{eq} = k_1 \Delta x_{eq}(b_{eq} + a_{eq}) - k_1(\Delta x_{eq})^2 + k_{-1}\Delta x_{eq} \quad （ㄈ）$$

將（ㄈ）式代入（ㄇ）式，整理可得：

$$\frac{d(\Delta x)}{dt} = -[k_{-1} + k_1(a_{eq} + b_{eq})](\Delta x - \Delta x_{eq}) + k_1[(\Delta x)^2 - (\Delta x_{eq})^2] \quad （ㄉ）$$

因 $[\Delta x^2 - (\Delta x_{eq})^2]$ 值過小，可忽略不計，故可簡化為：

$$\frac{d(\Delta x)}{dt} \approx -[k_{-1} + k_1(a_{eq} + b_{eq})](\Delta x - \Delta x_{eq}) \quad （ㄊ）$$

再將（ㄊ）式二邊積分，得：

$$\int_1^{\Delta x} \frac{d(\Delta x)}{(\Delta x - \Delta x_{eq})} = \int_0^t -[k_{-1} + k_1(a_{eq} + b_{eq})]dt$$

於是上式整理可得：$\ln \dfrac{\Delta x_{eq}}{\Delta x_{eq} - \Delta x} = [k_{-1} + k_1(a_{eq} + b_{eq})]t \quad （ㄋ）$

由（ㄊ）式可推知：當 $\dfrac{\Delta x_{eq}}{\Delta x_{eq} - \Delta x} = e$，代入（ㄋ）式，可得：

"鬆弛時間" $\tau = [k_{-1} + k_1(a_{eq} + b_{eq})]^{-1}$ (4.42)

【解 II】：

$$A \quad + \quad B \quad \underset{k_{-1}}{\overset{k_1}{\rightleftharpoons}} \quad C$$

舊平衡狀態： a_{eq} b_{eq} c_{eq}

經時間 t 後： $a_{eq} - \Delta x$ $b_{eq} - \Delta x$ $c_{eq} + \Delta x$

故在 $t = t$ 時，$[A] = a_{eq} - \Delta x$，$[B] = b_{eq} - \Delta x$，$[C] = c_{eq} + \Delta x$ （V）

且已知 $-\dfrac{d[A]}{dt} = k_1[A][B] - k_{-1}[C]$ （VI）

將（V）式代入（VI）式，可得：

(i) $-\dfrac{d(a_{eq}-\Delta x)}{dt}=\dfrac{d(\Delta x)}{dt}=k_1(a_{eq}-\Delta x)(b_{eq}-\Delta x)-k_{-1}(c_{eq}+\Delta x)$ （VII）

(ii) 由舊平衡態之關係式：$\dfrac{k_1}{k_{-1}}=\dfrac{c_{eq}}{a_{eq}\cdot b_{eq}}\Rightarrow k_1 a_{eq} b_{eq}=k_{-1}c_{eq}$，代入上述

（VII）式中，整理可得：

$$\dfrac{d(\Delta x)}{dt}=-k_1(a_{eq}+b_{eq})\Delta x-k_{-1}\Delta x+k_1\Delta x^2$$

$$\approx-[k_{-1}+k_1(a_{eq}+b_{eq})]\Delta x$$

（因為 Δx^2 值太小，故可忽略而不計）

經積分後：$\displaystyle\int_1^{\Delta x}\dfrac{d(\Delta x)}{\Delta x}=\int_0^t-[k_{-1}+k_1(a_{eq}+b_{eq})]dt$

於是 $\ln(\Delta x)=-[k_{-1}+k_1(a_{eq}+b_{eq})]\cdot t$ （VIII）

(iii) 當 $\Delta x=\dfrac{1}{e}$ 代入（VIII）式，可得：

〝鬆弛時間〞 $\tau=\dfrac{1}{k_{-1}+k_1(a_{eq}+b_{eq})}$ (4.42)

- -

【例 4.6】：

$$A\ +\ B\ \underset{k_{-2}}{\overset{k_2}{\rightleftharpoons}}\ C\ +\ D$$

【解】：

$$A\ +\ B\ \underset{k_{-2}}{\overset{k_2}{\rightleftharpoons}}\ C\ +\ D$$

舊平衡狀態時： a_{eq} b_{eq} c_{eq} d_{eq}
經 t 時間後： $a_{eq}-\Delta x$ $b_{eq}-\Delta x$ $c_{eq}+\Delta x$ $d_{eq}+\Delta x$

可知當 t＝t 時：$[A]=a_{eq}-\Delta x$，$[B]=b_{eq}-\Delta x$，$[C]=c_{eq}+\Delta x$，$[D]=d_{eq}+\Delta x$ （ㄅ）

且已知：$-\dfrac{d[A]}{dt}=k_2[A][B]-k_{-2}[C][D]$ （ㄆ）

將（ㄅ）式代入（ㄆ）式，可得：

$$-\frac{d(a_{eq} - \Delta x)}{dt} = k_2 (a_{eq} - \Delta x)(b_{eq} - \Delta x) - k_{-2} (c_{eq} + \Delta x)(d_{eq} + \Delta x) \qquad （ㄇ）$$

由舊平衡態之關係式：

$$\frac{k_2}{k_{-2}} = \frac{c_{eq} \cdot d_{eq}}{a_{eq} \cdot b_{eq}} \implies k_2 a_{eq} b_{eq} = k_{-2} c_{eq} d_{eq} \qquad （ㄈ）$$

將（ㄈ）式代入（ㄇ）式，且整理可得：

$$\frac{d(\Delta x)}{dt} = -[k_2 (a_{eq} + b_{eq}) + k_{-2} (c_{eq} + d_{eq})]\Delta x + (k_2 + k_{-2})(\Delta x)^2$$

$$\approx -[k_2 (a_{eq} + b_{eq}) + k_{-2} (c_{eq} + d_{eq})]\Delta x \qquad （ㄉ）$$

（因為$(\Delta x)^2$值太小，故可略而不計）

將（ㄉ）式二邊積分後，可得：

$$\int_1^{\Delta x} \frac{d(\Delta x)}{\Delta x} = \int_0^t -[k_2 (a_{eq} + b_{eq}) + k_{-2} (c_{eq} + d_{eq})]dt$$

$$\implies \ln\Delta x = -[k_2 (a_{eq} + b_{eq}) + k_{-2} (c_{eq} + d_{eq})]t \qquad （ㄊ）$$

當$\Delta x = \dfrac{1}{e}$代入（ㄊ）式，可得：

$$\text{"鬆弛時間"} \quad \tau = \frac{1}{k_2 (a_{eq} + b_{eq}) + k_{-2} (c_{eq} + d_{eq})} \qquad (4.43)$$

- -

■ 例 4.5.1 ■

用溫度-跳躍技術測量水的離解反應：

$$H_2O \underset{k_{-1}}{\overset{k_1}{\rightleftharpoons}} H^+ + OH^-$$

當溫度由 15°C 躍升至 25°C 時，測得鬆弛時間 $\tau = 37 \times 10^{-6}$ s，試求該反應正向和逆相反應的速率常數 k_1 和 k_{-1}。

$$A \underset{k_{-1}}{\overset{k_1}{\rightleftharpoons}} B + C$$

：（1）本題型如〝　　　　　　　　　　　　　　　　　〞，故依(4.39)式解法可得：

$$\tau^{-1} = k_1 + k_{-1}([H^+]_{eq} + [OH^-]_{eq}) \quad （即(4.39)式）$$

（2）因為 $K_w = [H^+][OH^-] = 1 \times 10^{-14}$ (mole·dm^{-3})^2，故

$$K = \frac{k_1}{k_{-1}} = \frac{[H^+][[OH^-]}{[H_2O]} = \left(\frac{1 \times 10^{-14}}{55.5}\right) = 1.8 \times 10^{16} \text{ mole·dm}^{-3}$$

$$\Rightarrow k_1 = Kk_{-1} = 1.8 \times 10^{-16} k_{-1}$$

$$[H^+] = [OH^-] = \sqrt{K_w} = 1 \times 10^{-7} \text{ mole·dm}^{-3}$$

由
$$\begin{cases} \dfrac{1}{37 \times 10^{-6}} = k_1 + k_{-1}(10^{-7} + 10^{-7}) \\ \dfrac{k_1}{k_{-1}} = \dfrac{[H^+]_{eq}[OH^-]_{eq}}{[H_2O]_{eq}} = \dfrac{10^{-14}}{55.5} \end{cases}$$

得：
$$\begin{cases} k_1 = 2.44 \times 10^{-5} \text{ s}^{-1} \\ k_{-1} = 1.35 \times 10^{11} \text{ dm}^3 \cdot \text{mole}^{-1} \cdot \text{s}^{-1} \end{cases}$$

推導過程中假定「平衡反應」由「基本反應」組成，但只要符合 $r_+ = k_1[H_2O]$，$r_- = k_{-1}[H^+][OH^-]$，得到的 τ 的表達式對複雜過程組成的「平衡反應」仍然適用。

■ **例 4.5.2** ■

有一化合物 RNH_2 在水溶液中，可以以鹼式形態 RNH_2 或酸式形態 RNH_3^+ 存在，並很快達到平衡。今放入另一化合物 A，則該化合物與 A 發生化學變化，生成產物 P，但不知究竟是以那種形態與 A 發生作用？

試推出 PH 對此反應的影響，並由此設計一實驗來證明 RNH_2 和 RNH_3^+ 何者是活潑形態。

：RNH_2 與 RNH_3^+ 的快速平衡及 A 與兩者之間的反應可分別表示如下：

$$RNH_3^+ \quad \underset{k_{-1}}{\overset{k_1}{\rightleftharpoons}} \quad RNH_2 \quad + \quad H^+ \tag{ㄅ}$$

$$A + RNH_2 \xrightarrow{k_2} P_1 \tag{ㄆ}$$

$$A + RNH_3^+ \xrightarrow{k_3} P_2 \tag{ㄇ}$$

其中（ㄆ）式和（ㄇ）式中只能有一個反應發生。

由（ㄅ）式可得：$K = \dfrac{[RNH_2][H^+]}{[RNH_3^+]}$ \tag{ㄈ}

設 RNH_2 及 A 的初濃度分別為：$c_{0,1}$ 和 $c_{0,2}$，兩者之差為 Δc_0，假設 $[RNH_2]_0 = C_{0,1}$，

$[A]_0 = C_{0,2}$

$$RNH_3^+ \quad \underset{k_{-1}}{\overset{k_1}{\rightleftharpoons}} \quad RNH_2 \quad + \quad H^+$$

$\quad\quad a \quad\quad\quad\quad\quad\quad C_{0,1} - a$

假設（1）$\quad A \quad + \quad RNH_2 \quad \xrightarrow{k_2} \quad P_1$

$\quad\quad C_{0,2} - b \quad\quad C_{0,1} - a - b \quad\quad\quad\quad b$

$[A] = C_{0,2} - b$

$[RNH_2] = C_{0,1} - a - b = C_{0,1} - [RNH_3^+] - b$

或

（2）
$$A \quad + \quad RNH_3^+ \quad \xrightarrow{\quad k_3 \quad} \quad P_2$$
$$C_{0,2} - C \qquad a_{0,2} - C \qquad\qquad C$$

$$[A] = C_{0,2} - C \; ; \; [RNH_2] = C_{0,1} - a \; ; \; [RNH_3^+] = a - C = C_{0,1} - [RNH_2] - C$$

則在反應的任何瞬間應有：

$$\Delta c_0 = c_{0,1} - c_{0,2} = [RNH_2] + [RNH_3^+] - [A] \tag{ㄅ}$$

由（ㄈ）式：$[RNH_2] = \dfrac{k[RNH_3^+]}{[H^+]}$，代入（ㄅ）式

可得 RNH_3^+ 的平衡濃度：

$$[RNH_3^+] = \frac{[H^+](\Delta C_0 + [A])}{k + [H^+]} \tag{ㄊ}$$

$$[RNH_3^+] = \frac{[RNH_2][H^+]}{[RNH_3^+]} \text{ 代入（ㄅ）式}$$

可得 RNH_2 的平衡濃度：

$$[RNH_2] = \frac{k(\Delta C_0 + [A])}{k + [H^+]} \tag{ㄋ}$$

若反應（ㄆ）發生，則其反應速率爲：

$$r_2 = -\frac{d[A]}{dt} = k_2[RNH_2][A] = \frac{k_2 K(\Delta c_0 + [A])[A]}{K + [H^+]} \tag{ㄌ}$$

若反應（ㄇ）發生，則其反應速率爲：

$$r_3 = -\frac{d[A]}{dt} = k_3[RNH_3^+][A] = \frac{k_3[H^+](\Delta c_0 + [A])[A]}{K + [H^+]} \tag{ㄍ}$$

在固定[A]的條件下，（ㄌ）式和（ㄍ）式分別對[H$^+$]微分，得到：

$$\left(\frac{dr_2}{d[H^+]}\right)_{[A]} = \frac{-k_2 K(\Delta C_0 + [A])[A]}{(K + [H^+])^2} < 0$$

$$\therefore \; [H^+]\left(\frac{dr_2}{d[H^+]}\right)_{[A]} < 0 \; \Rightarrow \; \left(\frac{dr_2}{d(pH)}\right)_{[A]} > 0 \tag{ㄎ}$$

$$\left(\frac{dr_3}{d[H^+]}\right)_{[A]} = \frac{k_3 K(\Delta C_0 + [A])[A]}{(K + [H^+])^2} > 0$$

$$\therefore \left(\frac{dr_3}{d(pH)}\right)_{[A]} < 0 \qquad\qquad (\Gamma)$$

根據（ㄎ）和（ㄏ）式，只要從實驗測得：在不同 pH 值時，[A]對 t 做圖。在相同[A]時，求各曲線上切線的斜率 r（即 r_2 或 r_3），由 r 對 pH 依賴關係，即可判斷 RNH_2 和 RNH_3^+ 中何者與 A 發生了反應。

▪ 例 4.5.3 ▪

在 25°C 時用壓力技術研究下列反應：

$$Ni(NCS)^+ \quad + \quad NCS^- \quad \underset{k_{-1}}{\overset{k_1}{\rightleftharpoons}} \quad Ni(NCS)_2$$

根據下列數據：

$[Ni(NCS)_2]/(mole \cdot dm^{-3})$	0.001	0.002	0.005	0.010
τ/ms	4.08	3.74	2.63	1.84
$[Ni(NCS)_2]/(mole \cdot dm^{-3})$	0.025	0.05	0.10	——
τ/ms	1.31	0.88	0.67	——

計算 k_1，k_{-1} 和 K，τ 為鬆弛時間，假定反應物的初濃度相等。

：用[A]、[B]、[C]分別代表$[Ni(NCS)^+]$、$[NCS^-]$、$[Ni(NCS)_2]$，則型如

$$\text{'' A} \quad + \quad B \quad \underset{k_{-1}}{\overset{k_1}{\rightleftharpoons}} \quad C \text{ ''}$$ 之「鬆弛時間」可參考（4.42）式，表示如下：

$$\tau = \frac{1}{k_1([A]_{eq} + [B]_{eq}) + k_{-1}} \qquad\qquad (\mathrm{ㄅ})$$

假定$[A]_{eq} = [B]_{eq}$，則$k_1 / k_{-1} = [C]_{eq} / [A]_{eq}[B]_{eq} = [C]_{eq} / [A]_{eq}^2$

$$\Rightarrow [A]_{eq} = (k_{-1} / k_1)^{1/2} [C]_{eq}^{1/2} \qquad\qquad (\mathrm{ㄆ})$$

（ㄆ）式代入（ㄅ）式，得：

$$\tau = 1/[2k_1(k_{-1}/k_1)^{1/2}[C]_{eq}^{1/2} + k_{-1}] = 1/[2(k_1 k_{-1})^{1/2}[C]_{eq}^{1/2} + k_{-1}]$$

$$\Rightarrow \quad \therefore 1/\tau = 2(k_1 k_{-1})^{1/2}[C]_{eq}^{1/2} + k_{-1} \qquad （ㄇ）$$

由（ㄇ）式可知：$1/\tau$ 對 $[C]_{eq}^{1/2}$ 做圖可得一直線，且所得直線之斜率 $= 2(k_1 k_{-1})^{1/2}$ 及截距 $= k_{-1}$

$[C]_{eq}^{1/2}/mole^{1/2} \cdot dm^{-3/2}$	0.0316	0.0447	0.0707	0.1000
$1/\tau/s^{-1}$	245	267	380	543
$[C]_{eq}^{1/2}/mole^{1/2} \cdot dm^{-3/2}$	0.1580	0.2240	0.3160	—
$1/\tau/s^{-1}$	763	1136	1493	—

可得：截矩 $= 106.3 s^{-1} = k_{-1}$

斜率 $= 4.388 \times 10^3 = 2(k_1 \cdot k_{-1})^{1/2} \Rightarrow k_1 = 4.53 \times 10^4 \, dm^3 \cdot mole^{-1} \cdot s^{-1}$

$\therefore$ 平衡常數 $K = k_1/k_{-1} = 4.26 \times 10^2 \, dm^3 \cdot mole^{-1}$

■ 例 4.5.4 ■

（a）試導出反應 $A \underset{k_{-2}}{\overset{k_1}{\rightleftarrows}} 2B$ 的鬆弛時間 τ 的表達式。

（b）298.2 K 時，反應 $N_2O_4(g) \underset{k_{-2}}{\overset{k_1}{\rightleftarrows}} 2NO_2(g)$ 的反應速率常數 $k_1 = 4.80 \times 10^4 \, s^{-1}$，已知 NO_2 和 N_2O_4 的 ΔG_m^θ 值分別為 $51.3 \, kJ \cdot mol^{-1}$ 和 $97.8 \, kJ \cdot mol^{-1}$，試計算 298.2°K，$N_2O_4$ 的初始壓力為 $1p^\theta$ 時，NO_2 的平衡分壓？並求初該反應的鬆弛時間 τ？

：（a）用【例 4.3】題的方法，可求得反應 $A \underset{k_{-2}}{\overset{k_1}{\rightleftarrows}} 2B$ 的鬆弛時間為

$$\tau = \frac{1}{k_1 + 4x_e k_{-2}}$$

此處 x_e 為產物 B 的平衡濃度，即 $x_e = [B]_e$。

（b）$\Delta_r G_m^\theta = 2\Delta_f G_m^\theta(NO_2) - \Delta_f G_m^\theta(N_2O_4) = (2 \times 51.3 - 97.8)kJ \cdot mol^{-1}$

$\qquad = 4.8 \, kJ \cdot mol^{-1}$

對理想氣體而言，

$$K_p^\theta = \exp\left(-\frac{\Delta G_m^\theta}{RT}\right) = \exp\left[\frac{-4.8\times10^3\,J\cdot mol^{-1}}{(8.314J\cdot mol^{-1}\cdot k^{-1})\times(298.2k)}\right] = 0.144$$

由 $K_p^\theta = K_p(p^\theta)^{-1}$ 可得，$K_p = K_p^\theta P^\theta = 0.144p^\theta$

故 $k_{-2} = \dfrac{k_1}{K_P} = \dfrac{4.80\times10^4\,s^{-1}}{0.144\times(101\ 325)P_a} = 3.29P_a^{-1}\cdot s^{-1}$

$$N_2O_4(g) \rightleftharpoons 2NO_2(g)$$

$t=0$ 時：	p^θ	0
$t=t_e$ 時：	$p^\theta - \dfrac{1}{2}p_{NO_2}$	p_{NO_2}

$$K_P = \frac{p_{NO_2}^2}{p^\theta - \dfrac{1}{2}p_{NO_2}} = 0.144p^\theta，求得 p_{NO_2} = 3.50\times10^4\,P_a$$

$$\therefore \tau = \frac{1}{k_1 + 4k_{-2}p_{NO_2}} = \frac{1}{4.80\times10^4\,s^{-1} + 4\times(3.29P_a^{-1}\cdot s^{-1})\times(3.50\times10^4\,P_a)}$$

$$= 1.97\times10^{-6}\,s$$

▌ 例 4.5.5 ▌

$$A \underset{k_{-2}}{\overset{k_1}{\rightleftharpoons}} B + C$$

快速反應　　　　　　　　　　　　裏的正向反應為 1 級反應，逆向反應為 2 級反應。
如用鬆弛法測定反應速率常數，請推導鬆弛時間 τ 的表達式。

：

	A	$\overset{k_1}{\underset{k_{-2}}{\rightleftharpoons}}$	B	$+$	C
$t=0$ 時：	a		0		0
$-)$	x				
$t=t$ 時：	$a-x$		x		x

$$r = -\frac{d[A]}{dt} = k_1[A] - k_{-2}[B][C] \Rightarrow r = -\frac{d(a-x)}{dt} = k_1(a-x) - k_{-2} \cdot x^2$$

$$\Rightarrow r = \frac{dx}{dt} = k_1(a-x) - k_{-2}x^2 \qquad\qquad (ㄅ)$$

設法給體系以極快速的微擾，則原平衡被破壞，體系向新條件下的平衡轉移。設新條件下產物的平衡濃度為 x_e，則存在以下關係式：

$$k_1(a-x_e) = k - 2x_e^2 \qquad\qquad (ㄆ)$$

體系在未達新平衡前，產物濃度 x 與 x_e 之差為 Δx。 $\qquad\qquad (ㄇ)$

將（ㄇ）式代入（ㄅ）式可得：

$$\frac{d(\Delta x)}{dt} = k_1(a - x_e - \Delta x) - k_{-2}(x_e + \Delta x)^2 \qquad\qquad (ㄈ)$$

Δx 很小，故 $(\Delta x)^2$ 項與 Δx 項相比可忽略，又將（ㄆ）式代入（ㄈ）式後可得：

$$\frac{d(\Delta x)}{dt} = -(k_1 + 2k_{-2} \cdot x_e)\Delta x$$

積分上式：

$$\int_{x_0}^{\Delta x} \frac{d(\Delta x)}{\Delta x} = \int_0^t -(k_1 + 2k_{-2} \cdot x_e)dt$$

當 $t = 0$，$\Delta x = \Delta x_0$ 為微擾剛停止並開始計時之偏離新平衡的最大值，

則可得：$\ln \dfrac{\Delta x_0}{\Delta x} = (k_1 + 2k_{-2} \cdot x_e)t \qquad\qquad (ㄉ)$

令 $\dfrac{\Delta x_0}{\Delta x} = e$ 代入（ㄉ）式，得「鬆弛時間」：$\tau = \dfrac{1}{k_1 + 2k_{-2} \cdot x_e}$

◎本題 〝 $A \underset{k_{-2}}{\overset{k_1}{\rightleftharpoons}} B+C$ 〞 型已在【例 4.2】及題【4.5.6】證明過。

本題只是再次介紹另一種解題方式。

▌ 例 4.5.6 ▌

弱酸 HA 的電離常數 $K_a = 3 \times 10^{-6}$，用濃度為 2×10^{-3} mole·dm^{-3} 的溶液做試驗，在同一溫度下測得鬆弛時間 $\tau = 6.9 \times 10^{-6}$ 秒，計算 HA 的離解與生成速率常數 k_1 與 k_{-1}。

：

$$HA \quad \underset{k_{-1}}{\overset{k_1}{\rightleftharpoons}} \quad H^+ \quad + \quad A^-$$

$t = 0 \qquad a \qquad\qquad\qquad\quad 0 \qquad\qquad 0$

$t = t \qquad a-x \qquad\qquad\qquad x \qquad\qquad x$

$t = \infty \qquad a-x_{eq} \qquad\qquad x_{eq} \qquad\qquad x_{eq}$

平衡時，$x_{eq}^2 /(a-x)_{eq} = K_a = k_1/k_{-1}$，$k_1(a-x_{eq}) = k_{-1}x_{eq}^2$

進行鬆弛實驗測定，設 y 爲距離新平衡點的濃度差，則有以下關係式：

$[H^+] = [A] = x_{eq} + y$，$[HA] = a - x_{eq} - y$，

$$\therefore \frac{d[H^+]}{dt} = \frac{dy}{dt} = k_1[HA] - k_{-1}[H^+][A^-]$$

$$dy/dt = k_1(a-x_{eq}-y) - k_{-1}(x_{eq}+y)^2$$

$$= k_1(a-x_{eq}) - k_1 y - k_{-1}x_{eq}^2 - 2k_{-1}x_{eq}y - k_{-1}y^2$$

$$= [k_1(a-x_{eq}) - k_{-1}x_{eq}^2] - (k_1 + 2k_{-1}x_{eq})y - k_{-1}y^2 \qquad (ㄅ)$$

由於原平衡狀態下存在著關係式：$K = \dfrac{k_1}{k_{-1}} = \dfrac{x_{eq}^2}{(a-x_{eq})} \qquad (ㄆ)$

$\Rightarrow k_1(a-x_{eq}) = k_{-1}x_{eq}^2$，而 $k_{-1}y^2$ 太小，可忽略不計，於是

$（ㄅ）式 = 0 - (k_1 + 2k_{-1}x_{eq})y - 0 = -(k_1 + 2k_{-1}x_{eq})y$

$\therefore \tau = 1/(k_1 + 2k_{-1}x_{eq}) = 6.9 \times 10^{-6}$

由（ㄆ）式：

$$x_{eq} = (a-x_{eq})^{1/2} \cdot K_a^{1/2} \approx a^{1/2} \cdot K_a^{1/2} = (2 \times 10^{-3} \times 3 \times 10^{-6})^{1/2} = 7.746 \times 10^{-5}$$

$$k_1 + 2k_{-1}x_{eq} = 1.449 \times 10^5 \Rightarrow k_1 + 2k_{-1} \times 7.746 \times 10^{-5} = 1.449 \times 10^5 \qquad (ㄇ)$$

又題目已知：$K_a = k_1/k_{-1} = 3 \times 10^{-6} \qquad (ㄈ)$

（ㄇ）、（ㄈ）二式聯立求解，

可得：$k_1 = 2.75 \times 10^3\ s^{-1}$，$k_{-1} = 9.18 \times 10^8\ mole^{-1} \cdot dm^3 \cdot s^{-1}$

■ 例 **4.5.7** ■

298°K 時用壓力跳躍（P-jump）技術處理下列反應

$$Ni(NCS)^+ \;+\; NCS^- \;\underset{k_{-1}}{\overset{k_1}{\rightleftharpoons}}\; Ni(NCS)_2$$

實驗測得不同產物濃度時的鬆弛時間 τ 值如下：

$[Ni(CNS)_2]/(mol \cdot dm^{-3})$	0.001	0.002	0.005	0.010
$10^3\tau/s$	4.08	3.74	2.63	1.84
$[Ni(CNS)_2]/(mol \cdot dm^{-3})$	0.025	0.050	0.100	—
$10^3\tau/s$	1.31	0.88	0.67	—

假設反應物的初始濃度相等，試計算 k_1、k_{-1}？

：對 〝 $A + B \;\underset{k_{-2}}{\overset{k_1}{\rightleftharpoons}}\; C$ 〞 型反應，τ 具有如下一般表達式：

（見【例 4.5】） $\tau = \dfrac{1}{k_1([A]_e + [B]_e) + k_{-1}}$

已知反應物的初始濃度相等，故可推知 $[A]_e = [B]_e$，且

$$K = k_1/k_{-1} = \frac{[C]_e}{[A]_e[B]_e} = \frac{[C]_e}{[A]_e^2} \Rightarrow \therefore [A]_e = (k_{-1}/k_1)^{1/2}[C]_e^{1/2}$$

代入（ㄅ）式，可得：

$$\tau = \frac{1}{2k_1(k_{-1}/k_1)^{1/2}[C]_e^{1/2} + k_{-1}} \Rightarrow 1/\tau = 2(k_1k_{-1})^{1/2}[C]_e^{1/2} + k_{-1}$$

由已知實驗數據可得

$[C]_e^{1/2}/(mol \cdot dm^{-3})$	0.0316	0.0447	0.0707	0.1000
$(1/\tau)/s$	245	267	380	543
$[C]_e^{1/2}/(mol \cdot dm^{-3})$	0.1581	0.2236	0.3160	——
$(1/\tau)/s$	763	1136	1493	——

以 $1/\tau$ 對 $[C]_e^{1/2}$ 做圖，可得一直線，且截距 $= 78.7 s^{-1} = k_{-1}$，

斜率 $= 4.525 \times 10^3 = 2(k_1k_{-1})^{1/2}$

$\therefore k_1 = 6.50 \times 10^4 \, dm^3 \cdot mol^{-1} \cdot s^{-1}$

第五章 平衡態近似法和穩定態近似法

　　由「可逆反應」、「平行反應」、「連串反應」等以下不同形式組合而成的反應，就稱爲「複雜反應」（complicated reactions），又稱爲「綜合反應」。
原則上，「複雜反應」之簡化處理法如下：

（1）對於「可逆反應」：總反應速率爲其〝淨反應速率〞，由正向及逆向反應速率決定。
　　◎當反應進行時間夠長的話，則假定該「可逆反應」可達到平衡狀態，故一般最好採用「平衡態近似法」處理「可逆反應」（參考§5.1）。
（2）對於「平行反應」：總反應速率是由〝最慢反應步驟〞所決定。
（3）對於「連串反應」：總反應速率是由「速率決定步驟」（即最慢反應步驟）所決定。
　　◎一般處理「連串反應」多半採用「穩定態近似法」。也就是把中間產物視爲不穩定的化合物，且 $\dfrac{d[中間產物]}{dt} = 0$（參考§5.2）。

　　第四章所討論的四種簡單型「複雜反應」之反應速率方程式，皆是可以嚴格推導而出的。可是對於更複雜的反應，想要用嚴謹的數學方法，去建立總反應動力學方程式往往是相當的困難，這使人們不得不採用近似方法，以簡化反應的複雜性，而又能同時保持反應的重點之處。舉例來說，考慮以下由「可逆反應」與「連串反應」組合而成的更複雜反應（其中每步反應都是「基本反應」）：

$$A \underset{k_{-1}}{\overset{k_1}{\rightleftharpoons}} B \overset{k_2}{\longrightarrow} C$$

假設反應是在定溫、定體積條件下進行的。根據「基本反應」的質量作用定律，可得：

（ㄅ1）　$-\dfrac{d[A]}{dt} = k_1[A] - k_{-1}[B]$

（ㄆ1）　$+\dfrac{d[B]}{dt} = k_1[A] - (k_{-1} + k_2)[B]$

（ㄇ1）　$+\dfrac{d[C]}{dt} = k_2[B]$

　　要獲得上述反應速率微分方程式的積分形式，一方面要解微分方程式，顯然這是很麻煩的一件事；另一方面，上述各方程式中，都包含著不能由實驗測定的「中間產物」[B]濃度（「中間產物」的濃度絕不能在最後的積分式中出現，以便所獲得的最後積分式中之所有濃度變量都可由實驗來測定）。為此，有必要找出能由實驗測定的濃度變量（反應物或產物的濃度）與[B]之間的關係，以代替[B]。為解決這一問題，在本章裏，我們將介紹兩種近似處理法，即「平衡態近似法」（equilibrium-state appoximation methods）和「穩定態近似法」（steady-state appoximation methods）。

在推導「複雜反應」之反應速率式時，應注意以下三個問題：

（1）對一些反應，如：爆炸反應，在這樣的反應中不存在〝近似穩定〞和〝平衡〞問題，所以對這類反應不可使用「穩定態近似法」和「平衡態近似法」處理。

（2）對存在「速率決定步驟」的反應，若「穩定態近似法」和「平衡態近似法」都可以使用，在一般情況下，使用「平衡態近似法」會使推導過程簡單些，所以應該優先考慮使用「平衡態近似法」。

（3）一個反應的速率有多種表示形式。原則上，化學反應式中任一物質濃度隨時間的變化率都可用來表示反應速率，但到底要選用那一種物質，就必須要好好分析。尤其是「複雜反應」，若物質選擇適當，會使推導過程大幅度簡化。

以上所提及的三個應注意的問題，是順利導出反應速率方程式的具體措施：第（1）條必須照辦不可；而第（2）、（3）條則屬於技巧問題。

一般要綜合考慮以下兩方面的問題：

(a) 看「速率決定步驟」。

因為「速率決定步驟」是決定總反應速率的關鍵，所以一般應選擇出現在該步驟中的反應物或產物來描述反應速率。

(b) 看各種反應物和產物在「反應機構」中出現的次數。

一般應選用出現次數較少的物質來描述反應速率，因為這樣會使所列出的反應速率方程式之項數減少，處理起來有時會較簡單一些。

5.1 平衡態近似法

一個化學反應通常是由一系列「基本反應」按一定順序連續進行，如果其中有一步，它對總反應的速率有強烈影響，或按傳統的說法：它的速率最慢，因而總反應的速率就等於這最慢步驟的速率，而其它步驟如果是可逆的，可預期它們能較快地達成平衡，故視這些反應步驟皆處於〝近似化學平衡狀態〞，這就是「平衡態近似法」。簡而言之，〝凡是根據快速平衡而導出的反應速率方程式的方法〞，就稱為「平衡態近似法」。

※但必須指出：

因為反應系統要想達到真正的〝完全平衡狀態〞會相當困難。所以「平衡態近似法」僅僅只是一種近似處理方法。

採用「平衡態近似法」必須掌握三個重要步驟：

（I）先找到平衡式的步驟，並根據此一平衡式步驟，寫出其「平衡反應式」：

$$K = \frac{k_{正向}}{k_{逆向}} = \frac{[產物]}{[反應物]} \qquad (ㄅ)$$

（II）接著，找到「反應機構」中的「速率決定步驟」，也就是找到反應速率最慢的步驟，寫出其反應速率表達式。

（III）將上述（ㄅ）之數學式改寫成以[中間產物]為主的濃度表達式，再代入（II）的反應速率表達式，便可得到答案。

【例 5.1】：有一反應 $A + C \longrightarrow D$

假定它的「反應機構」為

（I）　　$A \underset{k_{-1}}{\overset{k_1}{\rightleftharpoons}} B$　　（快速平衡）

（II）　　$C + B \xrightarrow{k_2} D$　　（慢）

根據「平衡態近似法」，可視反應（I）處於近似化學平衡，故寫為：

$$K = \frac{k_1}{k_{-1}} = \frac{[B]}{[A]}$$

（即總反應速率常數 $= \dfrac{正向反應速率常數}{逆向反應速率常數} = \dfrac{[產物濃度]}{[反應物濃度]}$）

$$\Rightarrow [B] = \frac{k_1}{k_{-1}}[A] = K[A] \quad\quad\quad\quad\quad （ㄆ）$$

又已知總反應速率等於「速率決定步驟」（Ⅱ）的反應速率，故代入（ㄆ）式，可得：

$$r = -\frac{d[C]}{dt} = \frac{d[D]}{dt} = k_2[C][B] = k_2[C]\cdot(K[A])$$

這就是上述總反應的動力學反應方程式。

———————————————————————————————

◎ 由此可見，利用「平衡態近似法」及「速率決定步驟」，可以很簡便地從已知的「反應機構」推導出反應速率方程式，而免去求解複雜的微分方程式。

■ 例 **5.1.1** ■

某化學反應的反應速率方程式為：

$$\frac{d[B]}{dt} = k_{A1}[A]^2 - k_{A2}[B] - k_2[B]$$

則該反應為：

(a) $2A \underset{k_{A2}}{\overset{k_{A1}}{\rightleftharpoons}} B \xrightarrow{k_2} C$

(b) $2A \xrightarrow{k_{A1}} B \underset{k_{-2}}{\overset{k_2}{\rightleftharpoons}} C$

(c) $2A \xrightarrow{k_{A1}} B$

$B + C \xrightarrow{k_2} D$

(d) $2A \underset{k_{A2}}{\overset{k_{A1}}{\rightleftharpoons}} 2B \xrightarrow{k_2} C$

：(a)。

∵ (b) $\dfrac{d[B]}{dt} = k_{A1}[A]^2 - k_2[B] + k_{-2}[C]$

∵ (c) $\dfrac{d[B]}{dt} = k_{A1}[A]^2 - k_2[B][C]$

∵ (d) $\dfrac{d[B]}{dt} = 2k_{A1}[A]^2 - 2k_{A2}[B]^2 - 2k_2[B]^2$

■ 例 **5.1.2** ■

在自我催化反應中，反應產物之一對正向反應有促進作用，因而反應速率增長極快，今有一簡單反應 $A \longrightarrow B$，其速率方程式為：$-\dfrac{d[A]}{dt} = k[A][B]$，當初濃度分別為$[A]_0$和$[B]_0$時，解上述速率方程，以求出在反應某時刻 t 時產物 B 的濃度。

$$: \qquad A \longrightarrow B$$

$$t = 0 \qquad [A]_0 \qquad\qquad [B]_0$$

$$t = t \qquad [A]_0 - x \qquad\qquad [B]_0 + x$$

$$\therefore \frac{dx}{dt} = k([A]_0 - x)([B]_0 + x)$$

$$kdt = \frac{dx}{([A]_0 - x)([B]_0 - x)} = \frac{1}{([A]_0 + [B]_0)}\left\{ \frac{dx}{([A]_0 - x)} + \frac{dx}{([B]_0 - x)} \right\}$$

積分上式可得：

$$kt = \frac{1}{([A]_0 + [B]_0)} \cdot \ln\frac{([B]_0 + x)[A]_0}{([A]_0 - x)[B]_0} \Rightarrow \frac{[B]_0 + x}{[A]_0 - x} = \frac{[B]_0}{[A]_0} \cdot \exp\{([A]_0 + [B]_0)kt\}$$

為簡化起見，令 $([A]_0 + [B]_0)kt = M$，則

$$[B]_0 + x = \frac{[B]_0}{[A]_0}([A]_0 - x) \cdot \exp(M) \Rightarrow x = \frac{[B]_0 \cdot \exp(M) - [B]_0}{1 + \frac{[B]_0}{[A]_0} \cdot \exp(M)}$$

$$\therefore [B] = [B]_0 + x = [B]_0 + \frac{[B]_0 \cdot \exp(M) - [B]_0}{1 + \frac{[B]_0}{[A]_0} \cdot \exp(M)} = \frac{[B]_0([A]_0 + [B]_0)}{[A]_0 \exp(-M) + [B]_0}$$

$$= \frac{[B]_0([A]_0 + [B]_0)}{[A]_0 \exp[-([A]_0 + [B]_0)t] + [B]_0}$$

例 5.1.3

定容下某複雜反應（取單位體積）的反應機構為：

$$2A \underset{k_{-1}}{\overset{k_1}{\rightleftharpoons}} B \overset{k_2}{\longrightarrow} C$$

分別以 A 和 B 反應物的濃度變化來計算反應速率，其中完全正確的 1 組是：

(a) $r_A = k_1[A]^2$，$r_B = k_2[B]$

(b) $r_A = k_1[A] - k_{-1}[B]$，$r_B = k_{-1}[B] + k_2[C]$

(c) $r_A = k_1[A]^2 - k_{-1}[B]$，$r_B = k_{-1}[B] + k_2[C]$

(d) $r_A = -k_1[A]^2 + k_{-1}[B]$，$r_B = k_1[A]^2 - k_{-1}[B] - k_2[B]$

：（d）

例 5.1.4

下列複雜反應有所示的基本反應組成：

$$A \underset{k_2}{\overset{k_1}{\rightleftharpoons}} 2B$$

$$B + C \xrightarrow{k_3} D$$

下列反應速率表達式何者正確：

（a）$\dfrac{d[A]}{dt} = -k_1[A] + 2k_2[B]^2$

（b）$\dfrac{d[B]}{dt} = 2k_1[A] - 2k_2[B]^2 - k_3[B][C]$

（c）$\dfrac{d[C]}{dt} = -k_3[B]^3[C]$

：（b）。

$\because$（a）$\dfrac{d[A]}{dt} = -k_1[A] + k_2[B]^2$

$\because$（c）$\dfrac{d[C]}{dt} = -k_3[B][C]$

例 5.1.5

破壞臭氧的反應機構為：

$$NO + O_3 \longrightarrow NO_2 + O_2$$

$$NO_2 + O \longrightarrow NO + O_2$$

在此反應機構中，NO 是

（a）總反應的產物　　（b）總反應的反應物　　（c）催化劑　　（d）上述都不是

：（c）。$O_3 + O \longrightarrow 2O_2$，由此可知 NO 是催化劑，$NO_2$ 是中間產物。

例 5.1.6

已知某複雜反應的反應過程爲：

$$A \underset{k_{-1}}{\overset{k_1}{\rightleftharpoons}} B$$

$$B + D \xrightarrow{k_2} J$$

則 B 的濃度隨時間的變化率 $-\dfrac{d[B]}{dt}$ 是：

(a) $k_1[A] - k_2[D][B]$

(b) $k_1[A] - k_{-1}[B] - k_2[D][B]$

(c) $k_1[A] - k_{-1}[B] + k_2[D][B]$

(d) $-k_1[A] + k_{-1}[B] + k_2[D][B]$

：(d)

例 5.1.7

定溫、定容下某反應的反應機構爲

$$A + B \underset{k_{-1}}{\overset{k_1}{\rightleftharpoons}} C \xrightarrow{k_3} D$$

$d[C]/dt =$ _____ ； $-d[A]/dt =$ _____ 。

：$d[C]/dt = k_1[A][B] - k_{-1}[C] - k_3[C]$

$-d[A]/dt = k_1[A][B] - k_{-1}[C]$

例 5.1.8

反應 $A \longrightarrow Y$ 的反應機構如下：

$$A \xrightarrow{k_1} B \underset{k_{-2}}{\overset{k_2}{\rightleftharpoons}} Y$$

試寫出 $-\dfrac{d[A]}{dt}$ 、 $\dfrac{d[B]}{dt}$ 及 $\dfrac{d[Y]}{dt}$ 。

$$: -\frac{d[A]}{dt} = k_1[A]$$

$$\frac{d[B]}{dt} = k_1[A] - k_2[B] + k_{-2}[Y]$$

$$\frac{d[Y]}{dt} = k_2[B] - k_{-2}[Y]$$

例 5.1.9

定溫、定容理想氣體反應的反應機構如下：

$$A(g) \quad + \quad B(g) \quad \xrightarrow{k_B} \quad 2D(g) \quad \xrightarrow{k_C} \quad C(g)$$
$$\xrightarrow{k_E} \quad E(g)$$

$-d[B]/dt = $ _____ ； $d[D]/dt = $ _____ 。

$$: -d[B]/dt = k_B[A][B] + k_E[A][B] = (k_E + k_B)[A][B]$$

$$d[D]/dt = 2k_B[A][B] - 2k_C[D]^2$$

例 5.1.10

反應：$2NO_2 + F_2 \longrightarrow 2NO_2F$，按下面兩步進行：

$$(1) \quad NO_2 + F_2 \underset{k_{-1}}{\overset{k_1}{\rightleftharpoons}} NO_2F + FH$$

$$(2) \quad F + NO_2 \underset{k_{-2}}{\overset{k_2}{\rightleftharpoons}} NO_2F$$

試導出反應速率常數與平衡常數的關係。

$$: \frac{k_1}{k_{-1}} = \frac{[NO_2F][F]}{[NO_2][F_2]} \qquad (ㄅ)$$

$$\frac{k_2}{k_{-2}} = \frac{[NO_2F]}{[F][NO_2]} \qquad (ㄆ)$$

$$r = k_動[NO_2]^2 \cdot [F_2] \qquad (ㄇ)$$

由（ㄅ）×（ㄆ）：$\dfrac{k_1}{k_{-1}} \cdot \dfrac{k_2}{k_{-2}} = \dfrac{[NO_2F]^2}{[NO_2]^2[F_2]} = K_熱$

$$k_動 = \frac{k_1}{k_{-1}} \cdot \frac{k_2}{k_{-2}} = K_熱$$

例 5.1.11

定溫、定容下某反應的反應機構為：

$$A \ + \ B \ \underset{k_{-1}}{\overset{k_1}{\rightleftharpoons}} \ C \ \xrightarrow{k_3} \ D$$

$d[C]/dt = \ ? \ -[A]/dt = \ ?$

：$d[C]/dt = k_1[A][B] - k_{-1}[C] - k_3[C]$

$-d[A]/dt = k_1[A][B] - k_{-1}[C]$

例 5.1.12

對 1 級循環可逆反應：

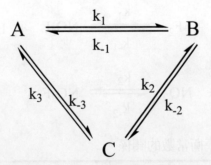

假定 t = 0 時，$[A] = [A]_0$，$[B] = [C] = 0$，t = t 時，A、B、C 的量滿足關係式：$[A]_0 = [A] + [B] + [C]$。應用仔細平衡原理，導出平衡時$[A]$、$[B]$、$[C]$的表示式。

$\therefore$ 已知 $\dfrac{k_1}{k_{-1}} = \dfrac{[B]}{[A]}$ （ㄅ）

$\dfrac{k_2}{k_{-2}} = \dfrac{[C]}{[B]}$ （ㄆ）

$\dfrac{k_3}{k_{-3}} = \dfrac{[A]}{[C]}$ （ㄇ）

又已知 $[A]_0 = [A]+[B]+[C]$ （ㄈ）

由（ㄅ）得知：$[B] = \dfrac{k_1}{k_{-1}}[A]$；由（ㄇ）可得：$[C] = \dfrac{k_{-3}}{k_3}[A]$

皆代入（ㄈ），可得：$[A]_0 = [A] + \dfrac{k_1}{k_{-1}}[A] + \dfrac{k_{-3}}{k_3}[A]$

$\Rightarrow [A]_0 = \dfrac{k_{-1}k_3 + k_1k_3 + k_3k_{-1}}{k_{-1} \cdot k_3}[A] \Rightarrow [A] = \dfrac{k_{-1} \cdot k_3}{k_{-1}k_3 + k_1k_3 + k_{-1}k_{-3}}[A]_0$

同理可得：$[B] = \dfrac{k_1k_3}{k_{-1}k_3 + k_1k_3 + k_{-1}k_{-3}}[A]_0$

$[C] = \dfrac{k_{-1}k_{-3}}{k_{-1}k_3 + k_1k_3 + k_{-1}k_{-3}}[A]_0$

例 5.1.13

反應的機構為：

$$A \underset{k_{-1}}{\overset{k_1}{\rightleftharpoons}} B \xrightarrow{k_2} D$$

反應開始時只有反應物 A，經過時間 t，A、B、D 三種物質的濃度分別為[A]、[B]和[D]。則此反應的反應速率方程式為何？

：$-\dfrac{d[A]}{dt} = k_1[A] - k_{-1}[B]$

$\dfrac{d[B]}{dt} = k_1[A] - k_{-1}[B] - k_2[B]$

$\dfrac{d[D]}{dt} = k_2[B]$

$k_2 = K \cdot k_1 = 1.4 \times 10^{11} \text{ liter} \cdot \text{mole}^{-1} \cdot \text{sec}^{-1}$

▪ 例 5.1.14 ▪

下列「複雜反應」分別由所示的若干「基本反應」所組成。

請用「質量作用定律」寫出「複雜反應」中 $\dfrac{d[A]}{dt}$、$\dfrac{d[B]}{dt}$、$\dfrac{d[C]}{dt}$、$\dfrac{d[D]}{dt}$ 與各物質濃度的關係。

(1) 　　　　　　　　　　　　　　(2)

$$A \begin{array}{c} \xrightarrow{k_1} B \underset{k_3}{\overset{k_2}{\rightleftarrows}} C \\ \xrightarrow{k_4} D \end{array}$$

$$A \underset{k_2}{\overset{k_1}{\rightleftarrows}} B$$

$$B + C \xrightarrow{k_3} D$$

(3) 　　　　　　　　　　　　　　(4)

$$A \underset{k_2}{\overset{k_1}{\rightleftarrows}} 2B$$

$$2A \underset{k_2}{\overset{k_1}{\rightleftarrows}} B \xrightarrow{k_3} C$$

: (1) $\dfrac{d[A]}{dt} = -k_1[A] - k_4[A]$

$\dfrac{d[B]}{dt} = k_1[A] - k_2[B] + k_3[C]$

$\dfrac{d[C]}{dt} = k_2[B] - k_3[C]$

$\dfrac{d[D]}{dt} = k_4[A]$

(2) $\dfrac{d[A]}{dt} = -k_1[A] + k_2[B]$

$\dfrac{d[B]}{dt} = k_1[A] - k_2[B] - k_3[B][C]$

$\dfrac{d[C]}{dt} = -k_3[B][C]$

$\dfrac{d[D]}{dt} = k_3[B][C]$

（3）$\dfrac{d[A]}{dt} = -k_1[A] + k_2[B]^2$

$\dfrac{d[B]}{dt} = 2(k_1[A] - k_2[B]^2)$

（4）$\dfrac{d[A]}{dt} = -2k_1[A]^2 + 2k_2[B]$

$\dfrac{d[B]}{dt} = k_1[A]^2 - k_2[B] - k_3[B]$

$\dfrac{d[C]}{dt} = k_3[B]$

例 5.1.15

試寫出反應

$$A \xrightarrow{\ k_1\ } B \underset{k_3}{\overset{k_2}{\rightleftharpoons}} C$$

的動力學方程的微分形式和積分形式。

$$A \xrightarrow{\ k_1\ } B \underset{k_3}{\overset{k_2}{\rightleftharpoons}} C$$

：

當 t＝0 時： a   0   0
當 t＝t 時： x   y   z
由上面可知：a＝x＋y＋z，可得：

$$-\dfrac{dx}{dt} = k_1 x \tag{ㄅ}$$

$$-\dfrac{dy}{dt} = k_2 y - k_1 x - k_3 z \tag{ㄆ}$$

$$-\dfrac{dz}{dt} = -k_2 y + k_3 z \tag{ㄇ}$$

求積分式：由（ㄅ）式得：$x = a \cdot \exp(-k_1 t)$ （ㄈ）

因[A]由 a→x，則 $-\displaystyle\int \dfrac{dx}{x} = \int k_1 dt \Rightarrow \ln\dfrac{x}{a} = -k_1 t \Rightarrow x = a \cdot \exp(-k_1 t)$

以（ㄈ）式及 z＝a－x－y 代入（ㄆ）式可得：

$$\frac{dy}{dt} + k_2 y = k_1 x + k_3 z \Rightarrow \frac{dy}{dt} + k_2 y = k_1 x + k_3 (a - x - y)$$

$$\Rightarrow \frac{dy}{dt} + (k_2 + k_3)y = ak_3 + (k_1 - k_3)a \cdot \exp(-k_1 t)$$

解此一級微分方程式,得到:

$$y = a\left\{ \frac{k_1 - k_3}{k_1 - k_2 - k_3} \cdot \left(\exp[-(k_2 + k_3)t] - \exp(-k_1 t) \right) \right.$$

$$\left. + \frac{k_3}{k_2 + k_3}[1 - \exp[-(k_2 + k_3)t]] \right\} \tag{ㄅ}$$

將(ㄈ)式及(ㄅ)式代入 $z = a - x - y$,可得:

$$\therefore \quad z = a\left\{ 1 - \exp(-k_1 t) - \frac{k_3}{k_2 + k_3}\left(1 - \exp[-(k_2 + k_3)t] \right) \right.$$

$$\left. - \frac{k_1 - k_3}{k_1 - k_2 - k_3}\left(\exp(-k_1 t) - \exp[-(k_2 + k_3)t] \right) \right\}$$

$$= k_1 / k_{-1} = 4.26 \times 10^2 \ dm^3 \cdot mole^{-1}$$

例 5.1.16

下列「複雜反應」由所示的「基本反應」組成,請運用「基本反應」的質量作用定律,分別寫出用各成份的反應速率方程式。

(1) $\quad A \xrightarrow{k_1} 2B \underset{k_3}{\overset{k_2}{\rightleftharpoons}} C$

$\quad\quad A \xrightarrow{k_4} D$

(2) $\quad 2A \underset{k_2}{\overset{k_1}{\rightleftharpoons}} B$

$\quad\quad A + 2C \xrightarrow{k_3} D$

：運用「質量作用定律」寫出複雜反應的速率方程式時，必須注意如下幾點：

（ㄅ）「質量作用定律」僅適用於「基本反應」。

（ㄆ）由「質量作用定律」知：速率方程式僅與反應物的濃度有關，其濃度項的指數等於該項前面的化學計量常數（即〝莫耳數〞）。

（ㄇ）用某一成份表示反應速率，必須用其對應的反應速率常數。

（ㄈ）反應速率常數之間的關係為 $k = \dfrac{k_{正}}{r_{逆}}$。見（1.9）式。

（1）$\dfrac{d[A]}{dt} = -k_1[A] - k_4[A]$

$\dfrac{d[B]}{dt} = 2k_1[A] - 2k_2[B]^2 + 2k_3[C]$

$\dfrac{d[C]}{dt} = k_2[B]^2 - k_3[C]$

$\dfrac{d[D]}{dt} = k_4[A]$

（2）$\dfrac{d[A]}{dt} = -2k_1[A]^2 + 2k_2[B] - k_3[A][C]^2$

$\dfrac{d[B]}{dt} = k_1[A]^2 - k_2[B]$

$\dfrac{d[C]}{dt} = -2k_3[A][C]^2$

$\dfrac{d[D]}{dt} = k_3[A][C]^2$

◖ 例 5.1.17 ◗

設一反應 A＋B $\longrightarrow$ 2C＋D 的速率方程式為：$r = k[A][B]$。

（1）請推導此一反應的反應速率方程式之積分式。

（2）若 $[A]_0 = 0.100 \text{ mole} \cdot \text{dm}^{-3}$，$[B]_0 = 0.001 \text{ mole} \cdot \text{dm}^{-3}$，$k = 0.100 \text{ dm}^3 \cdot \text{mole} \cdot \text{s}^{-1}$，請大致描繪出 [B] 對 t 的曲線圖。

：（1）　　　　　　　A ＋ B ⟶ 2C ＋ D

當 t = 0： [A]$_0$　　[B]$_0$

　　　−） x　　　 x

當 t = t： [A]$_0$−x　[B]$_0$−x　　　2x　　 x

故可知在 t = t 時，[A] = [A]$_0$−x，[B] = [B]$_0$−x

則 $-\dfrac{d[A]}{dt} = k[A][B]$ ⇒ $-\dfrac{d([A]_0 - x)}{dt} = k([A]_0 - x)([B]_0 - x)$

⇒ $\dfrac{dx}{([A]_0 - x)([B]_0 - x)} = kdt$

或 $\dfrac{1}{[B]_0 - [A]_0}\left\{\dfrac{dx}{([A]_0 - x)} - \dfrac{dx}{([B]_0 - x)}\right\} = kdt$

積分上式得： $\dfrac{1}{[B]_0 - [A]_0} \cdot \ln\dfrac{[A]_0([B]_0 - x)}{[B]_0([A]_0 - x)} = kt$

（2）將[A]$_0$ = [A]$_0$ − x 及[B]$_0$ = [B]$_0$ − x 和 k 的給定值代入上面的反應速率方程式，

可得： $\ln\dfrac{[B]}{[A]} = 1.01 \times 10^{-2}\ t/s - 4.61$

計算出不同時刻的 x 值，進而可得到[B]值，有關數據如下：（為做圖方便，t 以分為單位）

t/min	0.50	1.00	2.00	4.00	6.00	8.00	10.00	20.00
x · 10^3/mole · dm^{-3}	0.35	0.82	2.26	9.10	26.2	55.4	81.0	100
[B] · 10^3/mole · dm^{-3}	1.35	1.82	3.26	10.10	27.2	56.4	82.0	101

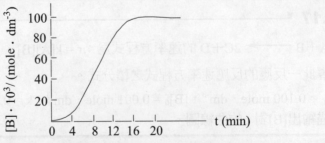

由圖可看到，反應有一誘導期，其後反應速率急劇上升，達到一最大值後，速率逐漸趨於平緩。

例 5.1.18

反應 $2O_3 \longrightarrow 3O_2$ 的反應機構若為：

$$O_3 \underset{}{\overset{K}{\rightleftharpoons}} O_2 + O \quad （快速平衡）$$

$$O + O_3 \xrightarrow{\ k_1\ } 2O_2 \quad （慢）$$

證明：$-\dfrac{d[O_3]}{dt} = k_1 \dfrac{K[O_3]^2}{[O_2]}$

$\because K = \dfrac{[O_2][O]}{[O_3]} \ \Rightarrow\ [O] = \dfrac{K[O_3]}{[O_2]}$ ，$\therefore -\dfrac{[O_3]}{dt} = k_1[O][O_3] = k_1 \dfrac{K[O_3]^2}{[O_2]} \ s^{-1}$

例 5.1.19

測得反應：$2Fe^{2+} + 2Hg^{2+} \rightleftharpoons 2Fe^{3+} + Hg_2^{2+}$ 的正向反應的速率方程式為：
$r_+ = k_+[Fe^{2+}][Hg^{2+}]$ ，假設該反應按如下兩步進行：

$$Fe^{2+} + Hg^{2+} \underset{k_{-1}}{\overset{k_1}{\rightleftharpoons}} Fe^{3+} + Hg^+ \qquad 速率決定步驟$$

$$2Hg^+ \overset{k_2}{\rightleftharpoons} Hg_2^{2+} \qquad 近似平衡$$

（1）試寫出逆向反應的速率方程式

（2）求出 k_+、k_- 與 K 之間的關係

若反應分三步進行：

$$Fe^{2+} + Hg^{2+} \underset{k_{-1}}{\overset{k_1}{\rightleftharpoons}} Fe^{3+} + Hg^+ \qquad 速率決定步驟$$

$$Hg^+ + Fe^{2+} \overset{k_3}{\rightleftharpoons} Fe^{3+} + Hg \qquad 近似平衡$$

$$Hg + Hg^{2+} \overset{k_4}{\rightleftharpoons} Hg_2^{2+} \qquad 近似平衡$$

（3）試寫出逆向反應的速率方程式

（4）求出 k_+、k_- 與 K 之間的關係。

：討論 k 與 K 之間的關係按如下步驟：

◎設反應機構 I：

$$Fe^{2+} + Hg^{2+} \underset{k_{-1}}{\overset{k_1}{\rightleftharpoons}} Fe^{3+} + Hg^+ \qquad 速率決定步驟$$

$$2Hg^+ \overset{k_2}{\rightleftharpoons} Hg_2^{2+} \qquad 近似平衡$$

（1）先寫出正逆向的反應速率方程式：

$r_+ = k_1[Fe^{2+}][Hg^{2+}]$

$r_- = k_{-1}[Fe^{3+}][Hg^+]$

$k_2 = [Hg_2^{2+}]/[Hg^+]^2 \Rightarrow [Hg^+] = ([Hg_2^{2+}]/k_2)^{1/2}$

故 $r_- = k_{-1}[Fe^{3+}](1/k_2)^{1/2}[Hg_2^{2+}]^{1/2} = k_{-1}/k_2^{1/2} \cdot [Fe^{3+}][Hg_2^{2+}]^{1/2} = k[Fe^{3+}][Hg_2^{2+}]^{1/2}$

（2）再利用〝化學平衡時有 $r_+ = r_-$ 之關係〞，導出最終結果如下：

$k_+[Fe^{2+}][Hg^{2+}] = k_-[Fe^{3+}][Hg_2^{2+}]^{1/2}$

$k_+/k_- = [Fe^{3+}][Hg_2^{2+}]^{1/2}/([Fe^{2+}][Hg^{2+}])$

$K = [Fe^{3+}]^2[Hg_2^{2+}]/[Fe^{2+}][Hg^{2+}]^2$

所以 $k_+/k_- = K^{1/2}$

◎設反應機構 II：

$$Fe^{2+} + Hg^{2+} \underset{k_{-1}}{\overset{k_1}{\rightleftharpoons}} Fe^{3+} + Hg^+ \qquad （速率決定步驟）$$

$$Hg^+ + Fe^{2+} \overset{k_3}{\rightleftharpoons} Fe^{3+} + Hg$$

$$Hg + Hg^{2+} \overset{k_4}{\rightleftharpoons} Hg_2^{2+}$$

（3）$r_- = k_{-1}[Fe^{3+}][Hg^+]$

$$\begin{cases} [Fe^{3+}][Hg]/[Hg^+][Fe^{2+}] = k_3 \\ [Hg_2^{2+}]/[Hg][Hg^{2+}] = k_4 \end{cases} \Rightarrow [Hg^+] = [Fe^{3+}][Hg_2^{2+}]/(k_3k_4[Fe^{2+}][Hg^{2+}])$$

故 $r_- = k_{-1}[Fe^{3+}] \cdot [Fe^{3+}][Hg_2^{2+}]/(k_3k_4[Fe^{2+}][Hg^{2+}])$

$= (k_{-1}/k_3k_4) \cdot ([Fe^{3+}]^2[Hg_2^{2+}]/[Fe^{2+}][Hg^{2+}]) = (k_-) \cdot ([Fe^{3+}]^2[Hg_2^{2+}]/[Fe^{2+}][Hg^{2+}])$

（4）接著利用〝化學平衡時有 $r_+ = r_-$ 之關係〞，導出最後結果如下：

$k_+[Fe^{2+}][Hg^{2+}] = (k_-) \cdot ([Fe^{3+}]^2[Hg_2^{2+}]/[Fe^{2+}][Hg^{2+}])$

$\therefore k_+/k_- = [Fe^{3+}]^2[Hg_2^{2+}]/[Fe^{2+}]^2[Hg^{2+}]^2 = K$

例 5.1.20

在以水爲介質的均相體系中，以鎢酸爲催化劑，用過氧化氫氧化丙烯醇合成甘油，實驗結果表明，總反應的速率方程爲 $r = k'[丙][H_2O_2]$。式中的 k' 與鎢酸的濃度成正比，實驗證實反應過程中有環氧化物生成，認爲反應按如下反應過程進行：

$$H_2O_2 + H_2WO_4 \underset{k_{-1}}{\overset{k_1}{\rightleftharpoons}} HWO_3OOH + H_2O$$

$$CH_2=CHCH_2OH + HWO_3OOH \xrightarrow{k_2} \underset{\underset{O}{\diagdown\diagup}}{CH_2\text{—}CH}\text{—}CH_2OH + H_2WO_4$$

$$\underset{\underset{O}{\diagdown\diagup}}{CH_2\text{—}CH}CH_2OH + H_2O \xrightarrow{k_3} \underset{\underset{OH}{|}}{CH_2}\text{—}\underset{\underset{OH}{|}}{CH}\text{—}\underset{\underset{OH}{|}}{CH_2}$$

如果第二步爲反應速率決定步驟，試導出反應速率表示式及反應速率常數 k'。

：$r = k_2[CH_2=CHCH_2OH] = [HWO_3OOH]$

$k_1/k_{-1} = [HWO_3OOH][H_2O]/[H_2O_2][H_2WO_4]$

$\Rightarrow [HWO_3OOH] = (k_1/k_{-1}) \cdot [H_2O_2][H_2WO_4]/[H_2O]$

所以

$r = k_2[CH_2=CHCH_2OH] \cdot (k_1/k_{-1}) \cdot [H_2O_2][H_2WO_4]/[H_2O] = k'[CH_2=CHCH_2OH][H_2O_2]$

其中，$k' = (k_1k_2/k_{-1})[H_2WO_4]/[H_2O]$

例 5.1.21

表示出這個反應：$2NO + H_2 \longrightarrow 2NOH$ 是一個 3 級反應，可以應用以下兩個之中任何一個的反應機構。

（a）$NO + H_2 \underset{}{\overset{K}{\rightleftharpoons}} NOH_2$，　　$NOH_2 + NO \xrightarrow{K} 2NOH$

（b）$2NO \underset{}{\overset{K'}{\rightleftharpoons}} N_2O_2$，　　$N_2O_2 + H_2 \xrightarrow{K'} 2NOH$

但是其中沒有三分子反應（trimolecular reaction）的步驟。

：（a）平衡常數 $K = \dfrac{[NOH_2]}{[NO][H_2]} \implies [NOH_2] = K[NO][H_2]$

反應速率 $\dfrac{d[NOH]}{dt} = 2k[NOH_2][NO] = 2kK[NO]^2[H_2]$，這是一個 3 級反應。

（因為 $[NOH_2] = K[NO][H_2]$）

（b）平衡常數 $K' = \dfrac{[N_2O_2]}{[NO]^2} \implies [N_2O_2] = K'[NO]^2$

反應速率 $\dfrac{d[NOH]}{dt} = 2k'[N_2O_2][H_2] = 2k'K'[NO]^2[H_2]$，這是一個 3 級反應。

（因為 $[N_2O_2] = K'[NO]^2$）

▄ 例 5.1.22 ▄

298°K 時，在水溶液中有反應：$ClO^- + I^- \longrightarrow Cl^- + IO^-$。當反應初濃度改變時，其反應初速也隨之改變，實驗結果如下：

	1	2	3	4
$10^3[ClO^-]_0/(mole \cdot dm^{-3})$	4.00	2.00	2.00	2.00
$10^3[I^-]_0/(mole \cdot dm^{-3})$	2.00	4.00	2.00	2.00
$10^3[OH^-]_0/(mole \cdot dm^{-3})$	1000	1000	1000	250
$10^3r_0/(mole \cdot dm^{-3} \cdot s^{-1})$	0.48	0.50	0.24	0.94

根據以上數據，求出反應速率方程式和反應速率常數，並推測其反應機構，以便與所求反應速率方程式相互一致。

：設反應速率方程式為 $r = k[ClO^-]^a[I^-]^b[OH^-]^c$，則利用第三章之§3.2 的「孤立法」。

由實驗 3、4 組數據可知，僅改變 $[OH^-]$，而其它組成的濃度不變時：

$$\frac{r_{0,3}}{r_{0,4}} = \frac{0.24 \times 10^{-3}}{0.94 \times 10^{-3}} \approx \frac{1}{4}$$

而 $\dfrac{r_{0,3}}{r_{0,4}} = \left(\dfrac{[OH]_{0,3}}{[OH]_{0,4}}\right)^c = \left(\dfrac{1000}{250}\right)^c = \left(\dfrac{1}{4}\right)^{-1} \implies$ 故 $c = -1$

同理，分別由實驗 2、3 組實驗數據和實驗 1、2 組數據，可得：$b = 1$，$a = 1$

所以反應速率方程式為：$r = k[ClO^-][I^-][OH^-]^{-1}$

將四組數據分別代入速率方程式可得 k 值如下：

	1	2	3	4
k/s^{-1}	60	62.5	60	58.8

取平均值為 $\bar{k} = 60.3 \text{ s}^{-1}$

OH$^-$不出現在化學反應的計量式中，而出現在反應速率方程式中，且反應級數為 -1，這說明 OH$^-$為負催化劑，故 OH$^-$在反應速率決定步驟前的快速平衡反應之產物(OH$^-$) 一旦出現，即其不參加反應速率決定步驟。所以，推測反應機構如下：

$$I^- + H_2O \underset{k_{-2}}{\overset{k_2}{\rightleftharpoons}} HI + OH^-$$

$$HI + ClO^- \overset{k_3}{\longrightarrow} IO^- + H^+ + Cl^-$$

應用「平衡態近似法」可知：

$$\frac{k_2}{k_{-2}} = \frac{[HI][OH^-]}{[I^-][H_2O]} \implies [HI] = \frac{k_2[I^-][H_2O]}{k_{-2}[OH^-]}$$

由「速率決定步驟」，可得：

$$r = k_3[HI][ClO^-] = \frac{k_2 k_3[H_2O]}{k_{-2}}[ClO^-][I^-][OH^-]^{-1} = k[ClO^-][I^-][OH^-]^{-1}$$

上式中，$k = \dfrac{k_2 k_3[H_2O]}{k_{-2}}$，H$_2$O 是溶劑，其濃度不變，故可歸在常數項，因此由上述反應機構推導出的反應速率方程式與實驗所得的反應方程式一致。

■ 例 5.1.23 ■

合成氨反應的過程可以設想如下：

化學吸附：

$$N_2 + 2(Fe) \rightleftharpoons 2N(Fe) \qquad\qquad (ㄅ)$$

$$H_2 + 2(Fe) \rightleftharpoons 2H(Fe) \qquad\qquad (ㄆ)$$

表面反應：

$$N(Fe) + H(Fe) \rightleftharpoons NH(Fe) + (Fe) \qquad\qquad (ㄇ)$$

$$NH(Fe) + H(Fe) \rightleftharpoons NH_2(Fe) + (Fe) \qquad\qquad (ㄈ)$$

$$NH_2(Fe) + H(Fe) \rightleftharpoons NH_3(Fe) + (Fe) \qquad\qquad (ㄉ)$$

解離吸附：

$$NH_3(Fe) \rightleftharpoons NH_3 + (Fe) \qquad\qquad (ㄊ)$$

：由（ㄅ）－（ㄊ）式可得：

$$K_1 = \frac{[N(Fe)]^2}{[N_2][(Fe)]^2}$$

$$K_2 = \frac{[H(Fe)]^2}{[H_2][(Fe)]^2}$$

$$K_3 = \frac{[NH(Fe)][(Fe)]}{[N(Fe)][H(Fe)]}$$

$$K_4 = \frac{[NH_2(Fe)][(Fe)]}{[NH(Fe)][H(Fe)]}$$

$$K_5 = \frac{[NH_3(Fe)][(Fe)]}{[NH_2(Fe)][H(Fe)]}$$

$$K_6 = \frac{[NH_3][(Fe)]}{[NH_3(Fe)]}$$

$$\therefore K_1 K_2^3 K_3^2 K_4^2 K_5^2 K_6^2 = \frac{[NH_3]^2}{[N_2][H_2]^3}$$

令 $K = K_1 K_2^3 K_3^2 K_4^2 K_5^2 K_6^2$，則 $K = \frac{[NH_3]^2}{[N_2][H_2]^3}$

▌例 5.1.24 ▌

光氣（$COCl_2$）熱分解的總反應為：$COCl_2 \longrightarrow CO + Cl_2$，該反應的反應過程為：

$$(1) \quad Cl_2 \underset{k_{-1}}{\overset{k_1}{\rightleftharpoons}} 2Cl$$

$$(2) \quad Cl + Cl_2 \xrightarrow{k_2} CO + Cl_3$$

$$(3) \quad Cl_3 + CO \underset{k_{-3}}{\overset{k_3}{\rightleftharpoons}} Cl_2 + ClH$$

其中反應（2）為速率決定步驟，（1）、（3）是快速可逆反應，試證明反應的速率方程式為：

$$\frac{d[CO]}{dt} = k[COCl_2][Cl_2]^{1/2}$$

：設任一時刻，CO 的濃度為 x，因反應（2）為速率決定步驟，故

$$\frac{d[CO]}{dt} = \frac{dx}{dt} = k_2[Cl][COCl_2] \qquad (ㄅ)$$

而已知反應（1）是快速可逆反應，故有以下關係：

$$\frac{[Cl]^2}{[Cl_2]} = K = \frac{k_1}{k_{-1}} \implies [Cl] = \left(\frac{k_1}{k_{-1}}\right)^{1/2}[Cl_2]^{1/2} \qquad (ㄆ)$$

（ㄆ）式代入（ㄅ）式，可得：

$$\frac{d[CO]}{dt} = \frac{dx}{dt} = k_2[Cl][COCl_2] = k_2\left(\frac{k_1}{k_{-1}}\right)^{1/2}[Cl_2]^{1/2}[COCl_2]$$

$$= k[COCl_2][Cl_2]^{1/2} \quad (其中, \; k = k_2\left(\frac{k_1}{k_{-1}}\right)^{1/2})$$

例 5.1.25

N_2O_5 分解反應過程如下：

$$N_2O_5 \xrightarrow{k_1} NO_2 + NO_3 \qquad\qquad (快速反應)$$

$$NO_2 + NO_3 \xrightarrow{k_2} N_2O_5 \qquad\qquad (速率決定步驟)$$

$$NO_2 + NO_3 \xrightarrow{k_3} NO + O_2 + NO_2 \qquad (快速反應)$$

$$NO + NO_3 \xrightarrow{k_4} 2NO_2 \qquad\qquad (快速反應)$$

（1）以 NO_3 及 NO 為活性中間物，用穩定態近似法證明，N_2O_5 消耗速率對 N_2O_5 的濃度為「1 級反應」。

（2）證明實驗觀測的速率常數 k 可寫為 $k = 2k_1k_3/(k_2 + 2k_3)$。

（3）實驗發現，反應 $2Cl_2O + 2N_2O_5 \longrightarrow 2NO_3Cl + 2NO_2Cl + O_2$ 的速率常數與 N_2O_5 分解反應速率常數在數值上十分接近。試解釋這一實驗現象。

：(1) $\dfrac{d[NO]}{dt} = 0$ 及 $\dfrac{d[NO_3]}{dt} = 0$，可用「穩定態近似法」：

$$\frac{d[NO]}{dt} = k_3[NO_3][NO_2] - k_4[NO][NO]_3 \qquad (ㄅ)$$

$$\frac{d[NO_3]}{dt} = k_1[N_2O_5] - k_2[NO_2][NO_3] - k_3[NO_2][NO_3] - k_4[NO][NO_3] \qquad (ㄆ)$$

由（ㄅ）式 ＝（ㄆ）式，可得：$[NO_3] = \dfrac{k_1}{(2k_3 + k_2)} \cdot \dfrac{[N_2O_5]}{[NO_2]}$ （ㄇ）

而總反應方程為：$2N_2O_5 \rightleftharpoons 4NO_2 + O_2$

(2) 以 O_2 之生成速率表示總反應速率式，則 $r = \dfrac{d[O_2]}{dt} = -\dfrac{1}{2} \times \dfrac{d[N_2O_5]}{dt}$

並代入（ㄇ）式：

$$r = k_3[NO_2][NO_3] = \frac{k_1 \cdot k_3}{2k_3 + k_2}[N_2O_5]$$

$$-\frac{d[N_2O_5]}{dt} = 2r = \frac{2k_1 \cdot k_3}{2k_3 + k_2}[N_2O_5] = k[N_2O_5]$$

$k = 2k_1k_3/(2k_3 + k_2)$

(3) "反應速率相同" 通常暗示著：該反應之「速率決定步驟」前的反應步驟也是相同。而已知 Cl_2O 參與了「速率決定步驟」後的反應，故對總反應速率沒有影響。

例 5.1.26

已知某有機金屬反應：$2Fe(CN)_6^{3-} + 2I^- \longrightarrow 2Fe(CN)_6^{4-} + I_2$，它的反應機構為：

(a) $Fe(CN)_6^{3-} + 2I^- \underset{k_{-1}}{\overset{k_1}{\rightleftharpoons}} Fe(CN)_6^{4-} + I_2^-$

(b) $I_2^- + Fe(CN)_6^{3-} \overset{k_2}{\longrightarrow} Fe(CN)_6^{4-} + I_2$

則該反應之反應速率式為何？

：由（a）式，可知：

$$K = \frac{k_1}{k_{-1}} = \frac{[Fe(CN)_6^{4-}][I_2^{-}]}{[Fe(CN)_6^{3-}][I^-]^2} \tag{ㄅ}$$

由（b）式，可知：

$$rate = \frac{d[Fe(CN)_6^{4-}]}{dt} = k_2[I_2^-][Fe(CN)_6^{3-}] \tag{ㄆ}$$

（ㄅ）式整理得：

$$[I_2^-] = \frac{K \cdot [Fe(CN)_6^{3-}][I_2^-]}{[Fe(CN)_6^{4-}]} \tag{ㄇ}$$

（ㄇ）式代入（ㄆ）式，得：

$$rate = k_2 \cdot K[Fe(CN)_6^{3-}]^2[I^-]^2[Fe(CN)_6^{4-}]^{-1}$$

例 5.1.27

（1）請根據下表實驗數據，確立各反應物的反應級數 α、β、γ 及其反應速率常數 k。

編號	$r_0(10^{-5}mole \cdot m^{-3} \cdot s^{-1})$	$[A]_0(mole \cdot m^{-3})$	$[B]_0(mole \cdot m^{-3})$	$[C]_0(mole \cdot m^{-3})$
1	5.0	0.010	0.005	0.010
2	5.0	0.010	0.005	0.015
3	2.5	0.010	0.010	0.010
4	14.1	0.020	0.005	0.010

已知：$r_0 = k[A]_0^{\alpha}[B]_0^{\beta}[C]_0^{\gamma}$

（2）有人推測上面反應的反應機構為：

$$A \underset{k_{-1}}{\overset{k_1}{\rightleftharpoons}} 2Y \qquad\qquad 快速平衡 \qquad\qquad （ㄅ）$$

$$A + Y \underset{k_{-2}}{\overset{k_2}{\rightleftharpoons}} B + Z \qquad\qquad 快速平衡 \qquad\qquad （ㄆ）$$

$$Z \overset{k_3}{\longrightarrow} P \qquad\qquad 速率決定步驟 \qquad\qquad （ㄇ）$$

Y 和 Z 為不穩定中間產物。試由反應機構推導出反應的速率方程式。你認為此反應機構有可能是該反應的反應機構嗎？簡述理由。

：（1）本解採用第三章之§3.2的「孤立法」。

$$\frac{r_{0,4}}{r_{0,1}} = \left\{ \frac{[A]_{0,4}}{[A]_{0,1}} \right\}^{\alpha} \quad , \quad \frac{14.1}{5.0} = \left\{ \frac{0.020}{0.010} \right\}^{\alpha} \quad , \quad \alpha = \frac{\ln\dfrac{14.1}{5.0}}{\ln 2} = 1.496 \approx 1.5$$

$$\frac{r_{0,3}}{r_{0,1}} = \left\{ \frac{[B]_{0,3}}{[B]_{0,1}} \right\}^{\beta} \quad , \quad \frac{2.5}{5.0} = \left\{ \frac{0.010}{0.005} \right\}^{\beta} \quad , \quad \frac{1}{2} = 2^{\beta} \quad , \quad \beta = -1$$

$$\frac{r_{0,2}}{r_{0,1}} = \left\{ \frac{[C]_{0,2}}{[C]_{0,1}} \right\}^{\gamma} \quad , \quad \frac{5.0}{5.0} = \left\{ \frac{0.015}{0.010} \right\}^{\gamma} \quad , \quad \gamma = 0$$

可得：$r_0 = k[A]_0^{1.5}[B]_0^{-1}$

$$k = \frac{r_0}{[A]_0^{1.5}[B]_0^{-1}} = \frac{5.0 \times 10^{-5} \text{ mole} \cdot \text{dm}^{-3} \cdot \text{s}^{-1}}{(0.010 \text{ mole} \cdot \text{dm}^{-3})^{1.5} \times (0.005 \text{ mole} \cdot \text{dm}^{-3})^{-1}}$$

$$= 2.5 \times 10^{-4} \text{ (mole} \cdot \text{dm}^{-3})^{0.5} \cdot \text{s}^{-1}$$

（2）$r = k_3[Z]$ （a）

由（夂）式，用平衡態近似法：$[Z] = \dfrac{k_2[A][Y]}{k_{-2}[B]}$ （b）

由（ㄅ）式，可得：$[Y] = \left\{ \dfrac{k_1[A]}{k_{-1}} \right\}^{1/2}$ （c）

將（b）、（c）代入（a）：$r = k_3 \dfrac{k_2[A]}{k_{-2}[B]} \left\{ \dfrac{k_2[A]}{k_{-1}} \right\}^{1/2} = k[A]^{1.5}[B]^{-1}$

　　由此題意推導出的反應速率方程式與由實驗數據確立的反應速率方程式是一致。僅從這一點看此反應機構有可能是該反應的反應機構。但須指出的是：不穩定中間產物 Y 和 Z 不能爲自由原子和自由基，因反應機構的最後一步是〝同分異構物變化〞。若 Y 爲自由基，產物 P 也必爲自由基。做爲穩定產物 P 不可能爲自由基，要想確立是否爲該反應的反應機構，還需要做其它多方面的實驗和工作。

例 5.1.28

若分解反應 $2N_2O_5 \longrightarrow 4NO_2 + O_2$ 的反應機構如下：

$$N_2O_5 \underset{k_{-1}}{\overset{k_1}{\rightleftharpoons}} NO_2 + NO_3 \qquad 快$$

$$NO_2 + NO_3 \overset{k_2}{\longrightarrow} NO + O_2 + NO_2 \qquad 慢$$

$$NO + NO_3 \overset{k_3}{\longrightarrow} 2NO_2 \qquad 快$$

試導出該反應速率方程式，並說明巨觀反應速率常數與各「基本反應」速率常數的關係。

：由反應機構可見：該反應存在〝速率決定步驟〞。在 N_2O_5、NO_2 和 O_2 三種物質中，O_2 出現在〝速率決定步驟〞中，且它在反應機構中只出現了一次，而 N_2O_5 和 NO_2 都在多個反應中出現，所以反應速率方程式為：

$$\frac{d[O_2]}{dt} = k_2[NO_2][NO_3] \qquad （ㄅ）$$

根據「平衡近似法」

$$k_1[N_2O_5] = k_{-1}[NO_2][NO_3] \Rightarrow [NO_2][NO_3] = \frac{k_1}{k_{-1}}[N_2O_5] \qquad （ㄆ）$$

（ㄆ）式代入（ㄅ）式，可得：

$$\frac{d[O_2]}{dt} = \frac{k_1 k_2}{k_{-1}}[N_2O_5]$$

寫做：$\dfrac{d[O_2]}{dt} = k[N_2O_5]$

所以該反應為「1 級反應」，巨觀反應速率常數 $k = k_1 k_2/k_{-1}$。在此例中若不用「平衡近似法」而用「穩定態近似法」，或用 $\frac{1}{4}d[NO_2]/dt$ 或 $-\frac{1}{2}d[N_2O_5]/dt$ 來表示速率方程式，都將比以上方法繁瑣得多，在此不再示範，讀者可以自行驗證。

■ 例 **5.1.29** ■

下列複雜反應由所示的基本反應組成，試運用質量作用定律分別寫出 $\dfrac{d[A]}{dt}$ 、$\dfrac{d[B]}{dt}$ 和

$\dfrac{d[C]}{dt}$ 與有關物質濃度的關係式：

（1） $A \xrightarrow{\ k_1\ } B \underset{k_3}{\overset{k_2}{\rightleftharpoons}} C$

（2） $2A \underset{k_{A-1}}{\overset{k_{A1}}{\rightleftharpoons}} B \underset{k_3}{\overset{k_2}{\rightleftharpoons}} C$

：（1） $\dfrac{d[A]}{dt} = -k_1[A]$

$\dfrac{d[B]}{dt} = k_1[A] - k_2[B] + k_3[C]$

$\dfrac{d[C]}{dt} = k_2[B] - k_3[C]$

（2） $\dfrac{d[A]}{dt} = -k_{A1}[A]^2 + k_{A-1}[B]$

$\dfrac{d[B]}{dt} = k_{A1}[A]^2 - k_{A-1}[B] - k_2[B] + k_3[C]$

因為， $k_{B1} = \dfrac{k_{A1}}{2}$ ， $k_{B-1} = \dfrac{k_{A-1}}{2}$

則： $\dfrac{d[B]}{dt} = \dfrac{k_{A1}}{2}[A]^2 - \dfrac{k_{A-1}}{2}[B] - k_3[B]$

$\dfrac{d[C]}{dt} = k_2[B] - k_3[C]$

◢ 例 5.1.30 ◣

氣相反應：

在定溫定容下進行，開始時只有 A 存在。

（1）試寫出 $-\dfrac{d[A]}{dt}$ 、$\dfrac{d[B]}{dt}$ 、$\dfrac{d[C]}{dt}$ 、$\dfrac{d[D]}{dt}$ 的反應速率方程式。

（2）若 $[A]_0 = 1$ mole · dm^{-3}，$k_1 = 0.8$ min^{-1}，$k_2 = 0.2$ min^{-1}，$k_3 = 0.01$ min^{-1}，

$k_4 = 0.02$ dm^3 · $mole^{-1}$ · min^{-1}。問反應經足夠長時間後，容器中 A、B、C、D 的濃度各為多少？

:（1）對於組合反應中各物質的濃度變化速率，要按「質量作用定律」全面考慮相關的基本反應。

A 的消耗速率與反應 1、2 有關，由 A 出發進行「1 級平行反應」。

$$-\frac{d[A]}{dt} = (k_1 + k_2)[A]$$

B 的生成速率由反應 1、4 兩部分組合而成，但是反應 3 要消耗 B，必須考慮在內。

$$\frac{d[B]}{dt} = k_1[A] + k_4[D]^2 - k_3[B]$$

C 的生成速率只與反應 2 有關。

$$\frac{d[C]}{dt} = k_2[A]$$

D 的生成來自反應 3，D 的消耗來自反應 4。要注意 D 的計量常數絕對值為 2。

$$\frac{d[D]}{dt} = 2k_3[B] - 2k_4[D]^2$$

（2）A 在反應中只消耗而不生成，所以當 t = ∞ 時，[A] = 0。

根據「質量守恆定律」，可知：

$$[C]+[B]+\frac{[D]}{2}=[A]_0 \qquad (ㄅ)$$

對於「1 級平行反應」存在著以下關係：

$$\frac{[B]+[D]/2}{[C]}=\frac{k_1}{k_2}=\frac{0.8}{0.2}=4$$

即$[B]+[D]/2 = 4[C]$，將此代入（ㄅ）式：

$$5[C] = [A]_0$$

$$[C] = [A]_0/5 = 0.2 \text{ mole} \cdot dm^{-3}$$

又有 $[B]+[D]/2 = 0.8 \text{ mole} \cdot dm^{-3}$

$$[B] = 0.8 \text{ mole} \cdot dm^{-3}-[D]/2 \qquad (ㄆ)$$

考慮可逆反應 3 和 4 達到平衡時，$k_3[B] = k_4[D]^2$ $\qquad (ㄇ)$

將（ㄆ）式代入（ㄇ）式：

$$k_3(0.8 \text{ mole} \cdot dm^{-3} -\frac{[D]}{2}) = k_4[D]^2$$

整理得：$4([D]/\text{mole} \cdot dm^{-3})^2+[D]/\text{mole} \cdot dm^{-3}-1.6 = 0$

捨去不合理解，得到：$[D] = 0.52 \text{ mole} \cdot dm^{-3}$

於是$[B] = 0.8 \text{ mole} \cdot dm^{-3}-[D]/2 = 0.54 \text{ mole} \cdot dm^{-3}$

▄ 例 5.1.31 ▄

氣相反應：$I_2+H_2 \xrightarrow{k} 2HI$，已知反應是 2 級反應，在 673.2°K 時其反應速率常數為 9.869×10^{-9} $(kP_a \cdot s)^{-1}$。現在一反應器中加入 50.663 kP_a 的氫氣，反應器中已含有過量的固體碘，固體碘在 673.2°K 的蒸氣壓為 121.59 kP_a（假定固體碘和它的蒸氣很快達成平衡），且沒有逆向反應。

（1）計算所加入的氫氣反應掉一半所需要的時間

（2）證明下面反應機構是否正確

$$I_{2(g)} \underset{}{\overset{K}{\rightleftharpoons}} 2I \quad \text{（快速平衡，K 為平衡常數）}$$

$$H_2+2I \xrightarrow{k} 2HI \quad \text{（慢步驟，k 反應速率常數）}$$

：（1）2 級反應，則 $r = kp_{I_2} p_{H_2}$

有過量的 $I_{2(s)}$ 存在，則 p_{I_2} 不變，上式變爲 $r = k'p_{H_2}$

式中 $k' = kp_{I_2} = (9.869 \times 10^{-9} \times 121.59)\ s^{-1} = 1.20 \times 10^{-6}\ s^{-1}$，

反應對 H_2 爲「1 級反應」，故 $t_{1/2} = \dfrac{\ln 2}{k'} = \left(\dfrac{\ln 2}{1.20 \times 10^{-6}} \right) s = 577623\ s$

（2）因反應機構的第一步是快速平衡，

$$K = \frac{p_I^2}{p_{I_2}}\ ,\ p_I^2 = K \cdot p_{I_2}$$

而第二步爲「速率決定步驟」，故

$$r = kp_I^2 p_{H_2} = kKp_{I_2} p_{H_2} = k_2 p_{I_2} p_{H_2} \qquad (k_2 = kK)$$

爲「2 級反應」，所以反應機構正確。

▪ 例 5.1.32 ▪

氣相反應：$2Cl_2O + 2N_2O_5 \longrightarrow 2NO_3Cl + 2NO_2Cl + O_2$ 假設反應過程如下：

（1）$N_2O_5 \underset{k_{-1}}{\overset{k_1}{\rightleftharpoons}} NO_2 + NO_3$　（快速平衡）

（2）$NO_2 + NO_3 \xrightarrow{k_2} NO + O_2 + NO_2$（速率決定步驟）

（3）$NO + Cl_2O \xrightarrow{k_3} NO_2Cl + Cl$（快速反應）

（4）$Cl + NO_3 \xrightarrow{k_4} NO_3Cl$（快速反應）

（3）式以後的反應，爲由反應物 Cl_2O 參與的若干快速基本反應組成。請根據「平衡態近似法」寫出其速率表達式。

：由「平衡態近似法」可得：

$k_1[N_2O_5] = k_{-1}[NO_2][NO_3] \Rightarrow [NO_2][NO_3] = \dfrac{k_1}{k_{-1}}[N_2O_5]$

速率決定步驟的反應速率即爲反應總速率，故得：

$$r = k_2[NO_2][NO_3] = \frac{k_1 k_2}{k_{-1}}[N_2O_5]$$

■ 例 5.1.33 ■

已知某定溫、定容反應的反應機構如下：

$$A_{(g)} \underset{k_2}{\overset{k_1}{\Big\langle}} \begin{array}{l} B_{(g)} \underset{k_4}{\overset{k_3}{\rightleftharpoons}} D_{(g)} \\ M_{(g)} \end{array}$$

反應開始時只有 A$_{(g)}$，且已知[A]$_0$ = 2.0 mole · dm^{-3}，k$_1$ = 3.0 s^{-1}，k$_2$ = 2.5 s^{-1}，k$_3$ = 4.0 s^{-1}，k$_4$ = 5.0 s^{-1}

（1）試寫出分別用 A、B、M、D 物質的濃度隨時間變化的反應速率方程式。

（2）求反應物 A 的半衰期。

（3）當 A$_{(g)}$ 完全反應掉時（即[A]=0），B、M、D 物質的濃度各爲若干？

：（1）任意時刻的反應速率方程式：

$$-\frac{d[A]}{dt} = (k_1 + k_2)[A] \tag{ㄅ}$$

$$\frac{d[B]}{dt} = k_1[A] + k_4[D] - k_3[B] \tag{ㄆ}$$

$$\frac{d[D]}{dt} = k_3[B] - k_4[D] \tag{ㄇ}$$

$$\frac{d[M]}{dt} = k_2[A] \tag{ㄈ}$$

（2）由（ㄅ）式可知：

$$-\frac{d[A]}{dt} = (k_1 + k_2)[A] \Rightarrow \frac{d[A]}{[A]} = -(k_1 + k_2) \cdot dt \Rightarrow t(k_1 + k_2) = \ln([A]_0/[A]),$$

當[A] = [A]$_0$/2 時，t$_{1/2}$ = ln2/(k$_1$ + k$_2$) = ln2/(3.0 s^{-1} + 2.5 s^{-1}) = 0.1260 s

（3）由（ㄆ）式＋（ㄇ）式，對於「1 級平行反應」可得：

$$\frac{[B]+[D]}{[M]} = \frac{k_1}{k_2} \quad 或 \quad \frac{d([B]+[D])}{dt} = k_1[A] \tag{ㄉ}$$

由（ㄉ）式/（ㄈ）式，可得：

$$\frac{d[B]}{d[M]} + \frac{d[D]}{d[M]} = k_1/k_2 = 常數$$

故上式可寫成下列形式：

$$\frac{[B]+[D]}{[M]} = k_1/k_2 \qquad\qquad (ㄊ)$$

當[A] = 0 時，[B]＋[D]＋[M] = [A]$_0$ \qquad\qquad (ㄋ)

而 $\dfrac{d[D]}{dt} = 0$ ， $\dfrac{[D]}{[B]} = \dfrac{k_3}{k_4} \Rightarrow [D]k_4 = k_3[B]$ \qquad\qquad (ㄌ)

由（ㄊ）式可知：[B]＋[D] = (k$_1$/k$_2$)[M]，將此式代入（ㄋ）式可得：

$$[M] = \frac{[A]_0}{1+k_1/k_2} = \frac{k_2[A]_0}{k_1+k_2} = \frac{2.5s^{-1} \times 2.0\,mole \cdot dm^{-3}}{3.0s^{-1}+2.5s^{-1}} = 0.9091\,mole \cdot dm^{-3}$$

將（ㄌ）式代入（ㄋ）式，並代入[M] = 0.9091，

$$[B] = \frac{([A]_0-[M])k_4}{k_4+k_3} = \frac{5.0s^{-1}(2.0-0.9091)mole \cdot dm^{-3}}{(5.0+4.0)s^{-1}} = 0.6061\,mole \cdot dm^{-3}$$

[D] = [A]$_0$－[B]－[M] = (2.0－0.6061－0.9091)mole · dm^{-3} = 0.4848 mole · dm^{-3}

另外由上述關係，將（ㄌ）式，代入（ㄋ）式，也可導出：

$$[D] = \frac{([A]_0-[M])k_3}{k_4+k_3} = 0.4848\,mole \cdot dm^{-3}$$

▄ 例 5.1.34 ▄

如果臭氧分解反應：$2O_3 \longrightarrow 3O_2$ 的反應機構是：

$$O_3 \underset{}{\overset{k}{\rightleftharpoons}} O+O_2$$

$$O+O_3 \xrightarrow{k_1} 2O_2$$

請指出這個反應對 O_3 而言可能是

（a）0 級反應　　（b）1 級反應　　（c）2 級反應　　（d）1.5 級反應

：（b）。即 $-\dfrac{d[O_3]}{dt} = k_1K\dfrac{[O_3]^2}{[O_2]}$ （可見【5.1.9】）

▪ 例 5.1.35 ▪

以 $PdCl_2$ 為催化劑，將乙烯氧化製乙醛的反應機構如下所示：

$$C_2H_4 + \frac{1}{2}O_2 \xrightarrow{\text{在溶有}PdCl_2\text{和}CuCl_2\text{的水溶液中}} CH_3CHO$$

（a）$C_2H_4 + PdCl_4^{2-} \underset{}{\overset{K_1}{\rightleftharpoons}} [C_2H_4PdCl_3]^- + Cl^-$

（b）$[C_2H_4PdCl_3]^- + H_2O \underset{}{\overset{K_2}{\rightleftharpoons}} [C_2H_4PdCl_2(H_2O)] + Cl^-$

（c）$[C_2H_4PdCl_2(H_2O)] + H_2O \underset{}{\overset{K_3}{\rightleftharpoons}} [C_2H_4PdCl_2(OH)]^- + H_3O^+$

（d）

$$\xrightarrow{\text{快}} CH_3CHO + HCl + Pd + Cl^-$$

試由上述反應機構推導該反應速率方程式：

$$-\frac{d[C_2H_4]}{dt} = k \cdot \frac{[PdCl_4^{2-}][C_2H_4]}{[Cl^-]^2[H^+]}$$

推導中可假定前三步為快速步驟，第四步為慢步驟。

：由題給反應及其反應機構可知：

$$-\frac{d[C_2H_4]}{dt} = \frac{d[CH_3CHO]}{dt} = -\frac{d[[C_2H_4PdCl_2(OH)]^-]}{dt} \qquad (ㄅ)$$

由反應機構（a）＋（b）＋（c）可得：

$$PdCl_4^{2-} + C_2H_4 + 2H_2O \underset{}{\overset{K}{\rightleftharpoons}} [C_2H_4PdCl_2(OH)]^- + 2Cl^- + H_3O^+$$

$$K = K_1 \cdot K_2 \cdot K_3 \qquad (ㄆ)$$

所以 $[[C_2H_4PdCl_2(OH)]^-] = \dfrac{K[C_2H_4][PdCl_4^{2-}][H_2O]^2}{[Cl^-]^2[H_3O^+]} \qquad (ㄇ)$

又因 $[H_3O^+] = [H^+]$，所以

$$[[C_2H_4PdCl_2(OH)]^-] = \dfrac{K'[C_2H_4][PdCl_4^{2-}]}{[Cl^-]^2[H^+]} \quad (其中 K' = K[H_2O]^2) \qquad (ㄈ)$$

可將水溶液中的 $[H_2O]$ 視為常量，且由（d）式可得：

$$-\dfrac{d[[C_2H_4PdCl_2(OH)]^-]}{dt} = k_d[[C_2H_4PdCl_2(OH)]^-] \qquad (ㄉ)$$

將（ㄆ）、（ㄇ）、（ㄈ）、（ㄉ）式皆代入（ㄅ）式，可得：

$$-\dfrac{d[C_2H_4]}{dt} \doteqdot k \cdot \dfrac{[PdCl_4^{2-}][C_2H_4]}{[Cl^-]^2[H^+]} \quad (上式中 k = K_1K_2K_3k_d[H_2O]^2)$$

▪ 例 5.1.36 ▪

定容氣相反應：$2NO_{(g)} + H_{2(g)} \longrightarrow N_2O_{(g)} + H_2O_{(g)}$

設反應機構為：

$$2NO \underset{k_{-1}}{\overset{k_1}{\rightleftharpoons}} N_2O_2 \quad (快速平衡)$$

$$N_2O_2 + H_2 \overset{k_2}{\longrightarrow} N_2O + Ac$$

試用「平衡態近似法」導出該反應的反應速率方程式。

$: \dfrac{d[N_2O]}{dt} = k_2[N_2O_2][H_2] \qquad (ㄅ)$

$\dfrac{k_1}{k_{-1}} = \dfrac{[N_2O_2]}{[NO]^2} \qquad (ㄆ)$

由（ㄆ）式得：$[N_2O_2] = \dfrac{k_1}{k_{-1}}[NO]^2$

代入（ㄅ）式得反應速率方程式：$\dfrac{d[N_2O]}{dt} = k_2\dfrac{k_1}{k_{-1}}[NO]^2[H_2] = k[NO]^2[H_2]$

上式中 $k = \dfrac{k_1k_2}{k_{-1}}$

例 5.1.37

反應 $H_{2(g)} + D_{2(g)} \longrightarrow 2HD_{(g)}$，在定容下用等物質的量之 H_2 和 D_2 反應，得到以下實驗數據：

T(K)	1008		946		
	（ㄅ）	（ㄆ）	（ㄇ）	（ㄈ）	（ㄉ）
$p_0(P_a)$	533.3	1067	600	1067	4266
$t_{1/2}(s)$	196	135	1330	1038	546

（1）求該反應級數 n。

（2）若可能的反應過程為

$$\text{(I)} \quad H_2 \underset{k_{-1}}{\overset{k_1}{\rightleftharpoons}} 2H$$

$$\text{(II)} \quad D_2 \underset{k_{-2}}{\overset{k_2}{\rightleftharpoons}} 2D$$

$$\text{(III)} \quad H + D_2 \overset{k_3}{\longrightarrow} HD + D$$

$$\text{(IV)} \quad D + H_2 \overset{k_4}{\longrightarrow} HD + H$$

$$\text{(V)} \quad D + HH \overset{k_5}{\longrightarrow} HD$$

對反應（V）中，由於 H 與 D 的濃度在體系中很小，故生成的 HD 可忽略不計。試寫出反應速率方程式，並驗證所得出的級數。

：（1）依據（2.47）式，則：

$$t_{1/2} = \frac{2^{n-1}-1}{kp_0^{n-1}(n-1)} \quad \Rightarrow \quad n = 1 + \frac{\ln t_{1/2} - \ln t'_{1/2}}{\ln p'_0 - \ln p_0} \quad \text{（此即(3.6)式）}$$

在 1008°K 下，(ㄅ)與(ㄆ)成一組，用上式求出：n = 1.54 ⎫

在 946°K 下，(ㄇ)與(ㄈ)成一組，用上式求出： n = 1.43 ⎬

(ㄉ)與(ㄊ)成一組，用上式求出： n = 1.46 ⎭

$\Rightarrow$ 可得平均值 $\bar{n} = 1.48 \approx 1.5$

∴可知該反應為「1.5 級反應」

（2）依據本題之反應機構，再次表示如下：

$$（ I ）\quad H_2 \;\underset{k_{-1}}{\overset{k_1}{\rightleftharpoons}}\; 2H \qquad 快速平衡 \qquad K_1 = \frac{k_1}{k_{-1}}$$

$$（ II ）\quad D_2 \;\underset{k_{-2}}{\overset{k_2}{\rightleftharpoons}}\; 2D \qquad 快速平衡 \qquad K_2 = \frac{k_2}{k_{-2}}$$

$$（III）\quad H + D_2 \;\overset{k_3}{\longrightarrow}\; HD + D$$

$$（IV）\quad D + H_2 \;\overset{k_4}{\longrightarrow}\; HD + H$$

$$（ V ）\quad H + D \;\overset{k_5}{\longrightarrow}\; HD$$

由於[H]和[D]的濃度在體系中屬於很小的值，故(V)式中生成的[HD]可忽略不計。對(ㄅ)和(ㄆ)用「平衡態近似法」，可得：

$$p_H = (K_1 p_{H_2})^{1/2}\;,\; p_D = (K_2 p_{D_2})^{1/2}$$

$$\therefore r = k_3 p_H p_{D_2} + k_4 p_D p_{H_2} = k_3 (K_1 p_{H_2})^{1/2} p_{D_2} + k_4 (K_2 p_{D_2})^{1/2} p_{H_2}$$

由於(ㄅ)組和(ㄆ)組是快速反應，且（ㄇ）組和（ㄈ）組是等分子反應，故 $p_{H_2} = p_{D_2}$。

$$\therefore r = (k_3 K_1^{1/2} + k_4 K_2^{1/2}) \cdot (p_{H_2})^{1.5}$$

上述反應速率方程式與實驗結果相符，但仍需做進一步的實驗，以便證明該過程的確是正確的。

5.2 穩定態近似法

這種方法考慮到「中間產物」X 很活潑，一經生成便與其它分子起作用，故在反應過程中它的濃度始終很低，當「中間產物」X 達到生成速率與消耗速率相等時，以致其[中間產物 X]濃度處於不會隨時間改變而變的狀態，這時我們稱[中間產物 X]濃度處於「穩定態」（steady state）。即：

$$\frac{d[X]}{dt} = 生成\ X\ 的速率 - 消耗\ X\ 的速率 \approx 0 \implies \frac{d[中間產物]}{dt} = 0 \qquad (5.1)$$

根據上述的特性，於是化學家發明「穩定態近似法」。所謂「穩定態近似法」就是：找出[中間產物]濃度和[反應物]或[產物]濃度之間的數學關係式，再代入含[中間產物]濃度的微分方程式裏，進而消除掉[中間產物]濃度，得到不含[中間產物]濃度變量的關係式，這才是我們所要的反應速率方程式。因為這樣一來，該反應速率方程式裏的濃度變量皆可用實驗法測知，進而求得反應速率的數學關係式。

對於複雜反應，在何種條件下，才能對任一「中間產物」X 運用「穩定態近似法」處理？

「中間產物」X 非常活潑，反應能力很強，[X]濃度很小，且 $\frac{d[X]}{dt} = 0$。

在滿足這些條件後，才能對「中間產物」X 運用「穩定態近似法」處理。

反應過程中，出現多少種的「中間產物」，就會有多少個像（5.1）式這樣的代數方程式，進而可解出這些「穩定態」的[中間產物 X]濃度，使複雜反應的動力學之數學處理得到大幅度簡化。

【例 5.2】：反應 A＋B ⟶ C＋D 若存在下列的「反應機構」：

（ㄅ3） $A \xrightarrow{\ k_1\ } M+C$

（ㄆ3） $M+C \xrightarrow{\ k_{-1}\ } A$

$\left. \right\} \quad A \underset{k_{-1}}{\overset{k_1}{\rightleftharpoons}} M+C$

（ㄇ3） $M+B \xrightarrow{\ k_2\ } D$

其中 M 是活潑的「中間產物」。所以在整個反應中，此「中間產物」M 是不會積聚起來的，比起反應物或產物的濃度，「中間產物」[M]濃度算是相當相當的小，所以將中間產物[M]濃度視爲不隨時間而改變，即 $\dfrac{d[M]}{dt} = 0$。

於是將（ㄅ3）、（ㄆ3）、（ㄇ3）三式代入上式，可得：

$$\frac{d[M]}{dt} = k_1[A] - k_2[M][B] - k_{-1}[M][C] = 0$$

$\Rightarrow$ 解得：$[M] = \dfrac{k_1[A]}{k_2[B] + k_{-1}[C]}$　　　　　　　　　　（5-i）

接著，按照「反應機構」之（ㄇ3）式，可得：

$$-\frac{d[B]}{dt} = \frac{d[D]}{dt} = k_2[M][B]$$　　　　　　（5-ii）

故將（5-i）式代入（5-ii）式，可得：

$$-\frac{d[B]}{dt} = \frac{k_1 k_2[A][B]}{k_2[B] + k_{-1}[C]}$$

這就是上述反應的總動力學方程式。

　　但是，必須要說明的是：當由「反應機構」所推得的動力學方程式與實驗結果相互一致時，只能說這是我們所設想的「反應機構」有可能是對的，眞正是否正確，還必須配合其它實驗手段加以佐證。這是因爲〝兩個不同的「反應機構」往往也能夠推得相同的總反應動力學方程式〞。因此，要能眞正確定化學反應的「反應機構」是一項很愼重且精細的工作。

【例5.3】：反應 $H_2 + I_2 \longrightarrow 2HI$，長期以來一直被認爲是一個典型的「雙分子基本反應」，因爲實驗測得它是個「2級反應」，這和由「質量作用定律」所推得的動力學方程式：

$$r = \frac{1}{2}\frac{d[HI]}{dt} = k[H_2][I_2]$$

相互一致；並且，由「基本反應速率理論」所求得的反應速率常數也與實驗值有著相同的數量級。一直到最近二十年，這種看法才開始有人質疑，其根據是：

（1）1967 年有人通過實驗證實：這個反應在溫度爲 418～520°K 的範圍內可以因照光而加快反應，而所用的波長是 578 nm，它只能使 I_2 分子解離，但不能使 H_2 分子解離。這就表明「反應機構」一定涉及到 I_2 分子的解離。由此得到的 Arrhenius 活化能與在 633～730°K 之間進行的熱反應（不用照光）活化能相同，這說明〝不用照光〞與〝用照光〞都應具有相同的「反應機構」。因此，有人提出如下的「反應機構」：

$$I_2 + M \underset{k_{-1}}{\overset{k_1}{\rightleftharpoons}} 2I\bullet \qquad K = \frac{k_1}{k_{-1}} \tag{a}$$

$$H_2 + 2I\bullet \xrightarrow{k_2} 2HI \tag{b}$$

式中 M 代表反應中存在的 H_2 和 I_2 等氣體分子。在定溫時，設若 k_1＞k_2，所以（b）爲反應的最慢步驟，於是反應速率式寫爲：

$$r = k_2 [H_2][I\bullet]^2$$

因爲反應（a）可視爲近乎達到平衡，所以 $K = [I\bullet]^2/[I_2]$ $\Rightarrow$ $[I\bullet]^2 = K[I_2]$，代入上式，可得：

$$r = k_2[H_2]K[I_2] = k[H_2][I_2]$$

由此可知：這個反應是〝2 級反應〞，但不是一個〝雙分子反應〞。

（2）根據「分子軌域理論」，H_2 分子中的「最高佔據軌域」（即 HOMO）$\sigma(1s)$ 是鏡像對稱的，而 I_2 分子的「最低未佔據軌域」（即 LUMO）$\sigma(5p)^*$ 是

鏡像反對稱的，因此，根據「分子軌域對稱守恆原理」，該反應應屬於〝對稱性禁止〞（symmetry forbidden），同樣道理，H_2 分子的 LUMO 和 I_2 分子的 HOMO 也是屬於〝對稱性禁止〞，即 H_2 和 I_2 分子不能直接碰撞生成 HI。

另一方面，「分子軌域對稱守恆原理」也可證明「基本反應」（a）和（b）是屬於〝對稱性允許〞（symmetry allowed）的，因此上述（a）和（b）之「反應機構」是可行的。

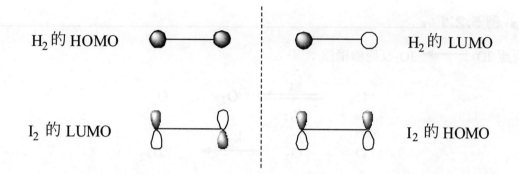

H_2 的 HOMO

H_2 的 LUMO

I_2 的 LUMO

I_2 的 HOMO

　　總之，要確定一個化學反應的「反應機構」必須進行大量的測試工作，除了進行必要的動力學測定，求得反應級數、反應速率常數和活化能外，還必須運用各種方法進行具體的分析研究。例如：用量子化學的知識以及用同位素追蹤等方法來判斷。若能就「反應機構」中的一些〝中間步驟〞單獨進行試驗，則更爲有效。如果全部事實與理論都一致，這個反應的「反應機構」才算正式被確定下來。

■ 例 **5.2.1** ■

反應 $2O_3 \longrightarrow 3O_2$ 反應機構為：

$$O_3 \;\; \overset{k_1}{\underset{k_{-1}}{\rightleftharpoons}} \;\; O_2 \;+\; O$$

$$O \;+\; O_3 \;\; \overset{k_2}{\longrightarrow} \;\; 2O_2$$

試求反應速率方程式。

：

$$r = -\frac{1}{2}\frac{d[O_3]}{dt} = \frac{1}{3}\frac{d[O_2]}{dt}$$

對基本反應可用質量作用定律，所以

$$-\frac{d[O_3]}{dt} = k_1[O_3] - k_{-1}[O_2][O] + k_2[O][O_3] \qquad (ㄅ)$$

但此速率方程式中含有不穩定物質（即指〝中間產物〞）的濃度，故必須做轉換，以避免〝中間產物〞濃度的存在。觀察題目之反應機構，可看到自由原子 O 為此反應的活性中間產物，故可對其做「穩定態近似法」處理。

亦即：$\dfrac{d[O]}{dt} = k_1[O_3] - k_{-1}[O_2][O] - k_2[O][O_3] = 0$

$\Rightarrow$ 求得 O 原子的穩定態濃度：$\quad [O] = \dfrac{k_1[O_3]}{k_{-1}[O_2] + k_2[O_3]} \qquad (ㄆ)$

$\Rightarrow$ 移項後：$k_1[O_3] - k_{-1}[O_2][O] = k_2[O][O_3] \qquad (ㄇ)$

將（ㄆ）式及（ㄇ）式代入（ㄅ）式，可得：

$$-\frac{d[O_3]}{dt} = 2k_2[O][O_3] = \frac{2k_1k_2[O_3]^2}{k_{-1}[O_2] + k_2[O_3]} \qquad (ㄈ)$$

以 O_2 分子為主，可寫出其反應速率式如下：

$$\frac{d[O_2]}{dt} = k_1[O_3] - k_{-1}[O_2][O] + 2k_2[O][O_3]$$

$$= 3k_2[O][O_3] = \frac{3k_1k_2[O_3]^2}{k_{-1}[O_2] + k_2[O_3]} \quad (\because (ㄇ) 式及 (ㄆ) 式代入)$$

$$\therefore r = k_2[O][O_3] = \frac{k_1k_2[O_3]^2}{k_{-1}[O_2] + k_2[O_3]} \quad (\because (ㄆ) 式代入) \qquad (ㄉ)$$

【討論】：

（1） 在反應達到平衡穩定後，過程中的速率方程將如上式所示。

（2） 當反應剛達到穩定狀態時，產物 O_2 的濃度很小，具有以下關係：

$$k_{-1}[O_2] << k_2[O_3]$$

此條件下的反應速率方程式可簡化為：（見（ㄈ）式）

$$r = \frac{k_1 k_2 [O_3]^2}{k_2 [O_3]} = k_1 [O_3]$$

（3） 當反應進行到末期，即反應進度 ξ 很大時，或者當反應系統中 O_2 濃度很大時，會有 $k_{-1}[O_2] >> k_2[O_3]$

此時（ㄅ）式可改寫為：

$$r = \frac{k_1 k_2 [O_3]^2}{k_{-1}[O_2]} = k_2 K_1 \frac{[O_3]^2}{[O_2]} \quad （其中 K_1 = \frac{k_1}{k_{-1}}）$$

▊ 例 **5.2.2** ▊

T/K 時，恆容反應：$A_{(g)} + B_{(g)} \longrightarrow 2D_{(g)}$ 所測得的數據如下：

實驗 1	（起始 $p_{A,0} = 266.64\ P_a$，$p_{B,0} = 53328\ P_a$）		
t/min	0	32	64	∞
p_D/P_a	0	266.64	399.96	533.28
實驗 2	（起始 $p_{A,0} = 533.28\ P_a$，$p_{B,0} = 213312\ P_a$）		
t/min	0	8	16	∞
p_D/P_a	0	533.28	799.92	1066.56

（1）反應速率為：$r = k p_A^{\alpha} p_B^{\beta}$，試確定 α、β 和 k 的數據。

（2）關於上述反應，如下的反應機制如果能成立，需要什麼條件？

$$B \underset{k_{-1}}{\overset{k_1}{\rightleftharpoons}} 2I$$

，$2I + A \xrightarrow{k_2} 2D$，其中 I 為氣態不穩定中間產物。

：（1）$r = (1/2) \cdot (\dfrac{dp_D}{dt}) = kp_A^{\alpha} p_B^{\beta}$

由於 $p_{B,0} \gg p_{A,0}$，數據表明，即使反應完全 p_B 也不過相差 $p_{B,0}1\%$，所以可以假定是個常數，這樣 $r = kp_B^{\beta} \cdot p_A^{\alpha} = k'p_A^{\alpha}$，$k' = kp_B^{\beta}$

假定對 A 為「1 級反應」，$\alpha = 1$，則 $(1/2) \cdot (\dfrac{dp_D}{dt}) = k' \cdot p_A$ （ㄅ）

$$A_{(g)} \quad + \quad B_{(g)} \quad \rightleftharpoons \quad 2D_{(g)}$$

t = 0 時： $p_{A,0}$		0
$-)$ x		
t = t 時： $p_{A,0} - x$		2x

故將 $p_A = p_{A,0} - x$ 和 $p_0 = 2x$ 代入（ㄅ）式，可得：$(1/2) \cdot (\dfrac{d2x}{dt}) = k' \cdot p_A$

$dx/dt = k'(p_{A,0} - x)$，$\ln[p_{A,0}/(p_{A,0} - p_D/2)] = k't$

$\ln(p_{A,0} - p_D/2)$ 對時間 t 做圖：

實驗一：t/min	0	32	64
$\ln[(p_{A,0} - p_D/2)]/P_a$	5.586	4.893	4.200

斜率（b）$= -0.0217 \Rightarrow k_1' = 0.0217 \ min^{-1}$

實驗二：t/min	0	8	16
$\ln[(p_{A,0} - p_D/2)]/P_a$	6.279	5.586	4.893

斜率（b）$= -0.0866 \Rightarrow k_2' = 0.0866 \ min^{-1}$

因為 $\ln k' = \ln k + \beta \ln p_B$，而分別由實驗一和實驗二的數據可得：

$$\ln 0.0217 = \ln k' + \beta \ln 53328，\ln 0.0866 = \ln k' + \beta \ln 213312$$

$\ln k'$ 對 $\ln p_B$ 做圖，得：$\beta = 1$，$k = 4.068 \times 10^{-7} \ P_a^{-1} \cdot min^{-1}$

（2）$d[I]/dt = 2k_1[B] - 2k_{-1}[I]^2 - 2k_2[I]^2[A] = 0$，所以 $[I]^2 = k_1[B]/(k_{-1} + k_2[A])$

$$2I + A \xrightarrow{k_2} 2D$$

$(1/2) \cdot (d[D]/dt) = k_2[I]^2[A] = k_2[A] \cdot k_1[B]/(k_{-1} + k_2[A])$

所以當 $k_{-1} \gg k_2[A]$ 時，$\dfrac{d[D]}{dt} = \dfrac{2k_1 k_2}{k_{-1}}[A][B]$ 滿足題目所述反應機構。

■ 例 **5.2.3** ■

反應：$H_2 + Cl_2 \longrightarrow 2HCl$ 的反應機構為：

（1） $Cl_2 + M \xrightarrow{\quad k_1 \quad} 2Cl + M$

（2） $Cl + H_2 \xrightarrow{\quad k_2 \quad} HCl + H$

（3） $H + Cl_2 \xrightarrow{\quad k_3 \quad} HCl + Cl$

（4） $2Cl + M \xrightarrow{\quad k_4 \quad} Cl_2 + M$

試證明：$\dfrac{d[HCl]}{dt} = 2k_2 \left(\dfrac{k_1}{k_4} \right)^{1/2} [H_2][Cl_2]^{1/2}$

：題目既已註明是要證明 $\dfrac{d[HCl]}{dt}$，故配合寫出下面式子：

$$\frac{d[HCl]}{dt} = k_2[H_2][Cl] + k_3[H][Cl_2] \qquad\qquad (ㄅ)$$

須找出[H]、[Cl]與各物理量的關係。對 H、Cl 用「穩定態近似法」，則有：

$$\frac{d[H]}{dt} = k_2[H_2][Cl] - k_3[H][Cl_2] = 0 \qquad\qquad (ㄆ)$$

及 $\dfrac{d[Cl]}{dt} = 2k_1[Cl_2][M] - k_2[H_2][Cl] + k_3[H][Cl_2] - 2k_4[Cl]^2[M] = 0$ （ㄇ）

由（ㄆ）式可得：$k_2[H_2][Cl] = k_3[H][Cl_2] \;\Rightarrow\; [H] = \dfrac{k_2[H_2][Cl]}{k_3[Cl_2]}$ （ㄈ）

將（ㄈ）式代入（ㄇ）式可解得：$[Cl] = \left(\dfrac{k_1}{k_4} \right)^{1/2} [Cl_2]^{1/2}$ （ㄉ）

將（ㄈ）式和（ㄉ）式代入（ㄅ）式，可得：

$$\therefore \frac{d[HCl]}{dt} = k_2[H_2][Cl] + k_3[H][Cl_2] = 2k_2[H_2][Cl] = 2k_2 \left(\frac{k_1}{k_4} \right)^{1/2} [H_2][Cl_2]^{1/2}$$

■ 例 **5.2.4** ■

求具有下列反應機構的某氣相反應之反應速率方程式:

$$A \xrightleftharpoons[k_{-1}]{k_1} B$$

$$B + C \xrightarrow{k_2} D$$

與 A、C 及 D 的濃度相比較,B 的濃度很小,所以可運用穩定態近似法,證明此反應在高壓下為「1 級反應」,低壓下為「2 級反應」。

:總反應速率式可用唯一的產物之生成速率來表示:

$$\frac{d[D]}{dt} = k_2[B][C] \tag{ㄅ}$$

上式中[B]為反應過程中不穩定物質的濃度,因此上式不能做為速率方程的最終形式。注意!最後的總反應速率方程式必須用穩定物質的濃度來表示。

對 B 用「穩定態近似法」處理,即:

$$\frac{d[B]}{dt} = k_1[A] - k_{-1}[B] - k_2[B][C] = 0$$

可得:

$$[B] = \frac{k_1[A]}{k_{-1} + k_2[C]} \tag{ㄆ}$$

(ㄆ)式代入反應速率方程式(即(ㄅ)式),可得:

$$\frac{d[D]}{dt} = \frac{k_1 k_2[A][C]}{k_{-1} + k_2[C]} \tag{ㄇ}$$

(1)在高壓時,氣體濃度很大 $\Rightarrow$ $k_2[C] \gg k_{-1}$,所以 $k_{-1} + k_2[C] \approx k_2[C]$,

代入(ㄇ)式,可得:$\dfrac{d[D]}{dt} = k_1[A]$ $\Rightarrow$ 故表現為「1 級反應」。

(2)低壓時,氣體濃度很小 $\Rightarrow k_2[C] \ll k_{-1}$,所以 $k_{-1} + k_2[C] \approx k_{-1}$,代入(ㄇ)式,

可得:$\dfrac{d[D]}{dt} = \dfrac{k_1 k_2}{k_{-1}}[A][C]$ $\Rightarrow$ 故表現為「2 級反應」。

■ 例 **5.2.5** ■

對反應：

$$A \underset{k_{-1}}{\overset{k_1}{\rightleftharpoons}} B \overset{k_2}{\longrightarrow} C$$

若 t＝0 時，[A]＝[A]$_0$，[B]＝[C]＝0，對 B 做「穩定態近似法」處理，試求出：

（1）$\dfrac{d[C]}{dt}$ 的表示式。

（2）若 k$_2$>>k$_{-1}$，$\dfrac{d[C]}{dt}$ 等於什麼？反應的速率決定步驟是那一步？

（3）若 k$_{-1}$/k$_2$>>1，$\dfrac{d[C]}{dt}$ 等於什麼？反應的速率決定步驟是那一步？

：（1）

$$A \underset{k_{-1}}{\overset{k_1}{\rightleftharpoons}} B \overset{k_2}{\longrightarrow} C$$

$$\frac{d[C]}{dt} = k_2[B] \qquad\qquad (ㄅ)$$

對 B 做「穩定態近似法」處理：

$$\frac{d[B]}{dt} = k_1[A] - k_{-1}[B] - k_2[B] = 0$$

$$[B] = \frac{k_1[A]}{k_{-1} + k_2}$$

代入（ㄅ）式可得：$\dfrac{d[C]}{dt} = \dfrac{k_2 k_1[A]}{k_{-1} + k_2}$

（2）若 k$_2$>>k$_{-1}$，則 $\dfrac{d[C]}{dt} = k_1[A]$ 反應的「速率決定步驟」是第一步。

（3）若 k$_{-1}$/k$_2$>>1，即 k$_{-1}$>>k$_2$，

$\dfrac{d[C]}{dt} = k_2 \dfrac{k_1}{k_{-1}}[A]$，此時 $\left(\dfrac{k_1}{k_{-1}}\right)$ 很小，故反應的「速率決定步驟」是第二步。

例 5.2.6

某物質 A 在有固體催化劑 C 存在時起分解作用，產物為 B。現用符號 X 表示 A 與 C 所形成的活化態，並假定依下列步驟（1）~（3）進行，達到穩定後，$\dfrac{d[X]}{dt} = 0$，$\dfrac{d[C]}{dt} = 0$。

$$A + C \xrightarrow{\ k_1\ } X \qquad\qquad\qquad 步驟（1）$$

$$X \xrightarrow{\ k_2\ } C + A \qquad\qquad\qquad 步驟（2）$$

$$X \xrightarrow{\ k_3\ } C + B \qquad\qquad\qquad 步驟（3）$$

（1）試導出反應速率 $r = -\dfrac{d[A]}{dt}$ 的一般表示式（不含 X 項）。

（2）當 $k_2 \gg k_3$ 或 $k_2 \ll k_3$ 時，對該一般式進行簡化，由此可以得到什麼啟示。

：達穩定態後，由（1）式－（3）式，可得以下關係式：

$$\frac{d[X]}{dt} = k_1[A][C] - k_2[X] - k_3[X] = 0 \qquad\qquad （ㄅ）$$

$$\frac{d[C]}{dt} = -k_1[A][C] + k_2[X] + k_3[X] = 0 \qquad\qquad （ㄆ）$$

由（ㄅ）式或（ㄆ）式均可求得：

$$[X] = \frac{k_1[A][C]}{k_2 + k_3}$$

於是 $r = -\dfrac{d[A]}{dt} = k_1[A][C] - k_2[X] = k_1[A][C] - \dfrac{k_1 k_2[A][C]}{k_2 + k_3}$

$\Rightarrow$ 解得：$r = \dfrac{k_1 k_3}{k_2 + k_3}[A][C]$ \qquad\qquad （ㄇ）

若 $k_2 \gg k_3$，則由（ㄇ）式可知：$r = \dfrac{k_1 k_3}{k_2}[A][C]$

若 $k_2 \ll k_3$，則由（ㄇ）式可知：$r = k_1[A][C]$

■ **例 5.2.7** ■

通過兩個平行反應途徑的反應：

$$A \underset{k_{-1}}{\overset{k_1}{\rightleftharpoons}} C$$

$$A + B \underset{k_{-2}}{\overset{k_2}{\rightleftharpoons}} B + C$$

若體積達平衡時，對[A]做穩定態近似處理，得：

$$\frac{d[A]}{dt} = 0 = -(k_1 + k_2[B])[A] + (k_{-1} + k_{-2}[B])[C] \text{ ，}$$

因而得出：

$$K_{熱} = \frac{[C]_{eq}}{[A]_{eq}} = \frac{(k_1 + k_2[B])}{(k_{-1} + k_{-2}[B])} \text{ 。}$$

這個結果對嗎？如何應用平衡原理來得出反應速率常數與平衡常數 $K_{熱}$ 間的正確關係。

$$A \underset{k_{-1}}{\overset{k_1}{\rightleftharpoons}} C \text{ , } A + B \underset{k_{-2}}{\overset{k_2}{\rightleftharpoons}} B + C$$

對 A 做「穩定態近似法」處理，可得：

$$\frac{d[A]}{dt} = -(k_1 + k_2[B])[A] + (k_{-1} + k_{-2}[B])[C] = 0$$

$$K_{熱} = \frac{[C]_{eq}}{[A]_{eq}} = \frac{(k_1 + k_2[B])}{(k_{-1} + k_{-2}[B])}$$

這個結果沒有錯，但按「平衡原理」，還有

$k_1/k_{-1} = [C]_{eq}/[A]_{eq}$，$k_2/k_{-2} = [B][C]/[A][B] = [C]_{eq}/[A]_{eq}$

令 $k_1/k_{-1} = k_2/k_{-2} = \alpha$，則 $k_1 = \alpha k_{-1}$，$k_2 = \alpha k_{-2}$

$$(k_1 + k_2[B])/(k_{-1} + k_{-2}[B]) = (\alpha k_{-1} + \alpha k_{-2}[B])/(k_{-1} + k_{-2}[B]) = \alpha = \frac{k_1}{k_{-1}} = \frac{k_2}{k_{-2}}$$

所以最後的結論是：$K_{熱} = k_1/k_{-1} = k_2/k_{-2}$

▪ **例 5.2.8** ▪

SO_2 在氣相中用 NO 爲催化劑氧化爲 SO_3，反應過程爲：

$$2NO + O_2 \xrightarrow{k_1} 2NO_2$$

$$NO_2 + SO_2 \xrightarrow{k_2} NO + SO_3$$

若第一步是速率決定步驟，試導出以 $d[SO_3]/dt$ 表示的速率方程式。爲什麼在導出速率方程式中不包含 SO_2 的濃度？

：運用「質量作用定律」寫出複雜反應的速率方程式時，必須注意如下幾點：

$$\frac{d[SO_3]}{dt} = k_2 [NO]^2 [SO_2] \qquad\qquad (ㄅ)$$

而 NO_2 是「中間產物」，故可利用「平衡態近似法」來解此題。

$$\frac{d[NO_2]}{dt} = 2k_1 [NO]^2 [O_2] - k_2 [NO_2][SO_2] = 0$$

$$\Rightarrow 2k_1 [NO]^2 [O_2] = k_2 [NO_2][SO_2]$$

將 $[NO_2] = \dfrac{2k_1 [NO]^2 [O_2]}{k_2 [SO_2]}$ 代入（ㄅ）式

$$\frac{d[SO_3]}{dt} = k_2 \frac{2k_1 [NO]^2 [O_2]}{k_2 [SO_2]}[SO_2] = 2k_1 [NO]^2 [O_2]$$

又因爲反應速率方程式是由「速率決定步驟」決定的。已知$[SO_2]$出現在速率決定步驟之後，所以不會出現在反應速率方程式中。

▪ **例 5.2.9** ▪

某一種單分子氣體在反應中混合著一種惰性氣體，應用 Lindemann 學說，用反應氣體的濃度，惰性氣體的濃度和各個涉及的反應速率常數項表示出這個反應生成物的速率方程式。

：設 A 是反應氣體，B 是惰性氣體，C 和 D 是生成物，A*代表活化能單分子

$$A \ + \ A \ \underset{k_{-1}}{\overset{k_1}{\rightleftharpoons}} \ A^* \ + \ A \qquad\qquad （ㄅ）$$

$$A \ + \ B \ \underset{k_{-2}}{\overset{k_2}{\rightleftharpoons}} \ A^* \ + \ B \qquad\qquad （ㄆ）$$

$$A^* \ \xrightarrow{k_3} C+D \qquad\qquad （ㄇ）$$

在平衡的穩定態狀態時

$$\frac{d[A^*]}{dt} = k_1[A]^2 - k_{-1}[A^*][A] + k_2[A][B] - k_{-2}[A^*][B] - k_3[A^*] \approx 0$$

$$[A^*](k_{-1}[A] + k_{-2}[B] + k_3) = k_1[A]^2 + k_2[A][B]$$

$$[A^*] = \frac{k_1[A]^2 + k_2[A][B]}{k_{-1}[A] + k_{-2}[B] + k_3} \qquad\qquad （ㄈ）$$

但是 $\dfrac{d[C]}{dt} = \dfrac{d[D]}{dt} = k_3[A^*]$ $\qquad\qquad （ㄉ）$

將（ㄈ）式代入（ㄉ）式：因此 $\dfrac{d[C]}{dt} = \dfrac{d[D]}{dt} = \dfrac{k_3(k_1[A]^2 + k_2[A][B])}{k_{-1}[A] + k_{-2}[B] + k_3}$

■ 例 5.2.10 ■

下列「複雜反應」分別由所示的若干「基本反應」所組成。

若反應 $A_2 + B_2 \longrightarrow 2AB$ 的反應機構如下：

$$（I）A_2 \xrightarrow{k_1} 2A \ （很慢）$$

$$（II）B_2 \underset{}{\overset{K}{\rightleftharpoons}} 2B \ （快速平衡，平衡常數 K 很小）$$

$$（III）A + B \xrightarrow{k_2} AB \ （快）$$

試用穩定態近似法導出以 $\dfrac{d[AB]}{dt}$ 表示的反應速率方程式。

：反應系統達到穩定狀態時，反應（II）可隨時保持平衡，其平衡常數：

$$K = \frac{[B]^2}{[B_2]} \quad \Rightarrow \quad \text{所以} [B] = (K[B_2])^{1/2} \tag{ㄅ}$$

反應（I）一旦有產物 A 出現，將立即被反應（III）消耗掉，故可對 A 採用「穩定態近似法」，即 $\dfrac{d[A]}{dt} = 2k_1[A_2] - k_2[A][B] = 0$

所以 $[A] = \dfrac{2k_1[A_2]}{k_2[B]}$ （ㄆ）

化合物 AB 產生的速率：$\dfrac{d[AB]}{dt} = k_2[A][B]$ （ㄇ）

將（ㄆ）式代入（ㄇ）式可得：$\dfrac{d[AB]}{dt} = k_2\dfrac{2k_1[A_2]}{k_2[B]} \cdot [B] = 2k_1[A_2]$

本題推導表明，如果一個反應機構是由幾步步驟連結而成，其中最慢的一步對整個反應起了決定作用，則整個總反應速率就等於最慢一步的反應速率。

例 5.2.11

反應：N_2O_5（1）$+ NO$（2）$\longrightarrow 3NO_2$（3）在 298.2°K 進行。

第一次實驗：$p_1^0 = 1.33 \times 10^2\ P_a$，$p_2^0 = 1.33 \times 10^4\ P_a$，做 $\log(p_1)$ 對 t 圖爲一直線，由斜率得 $t_{1/2} = 2\ hr$；第二次實驗：$p_1^0 = p_2^0 = 6.67 \times 10^3\ P_a$，測得不同時刻總壓力，數據如下：

t/h	0	1	2
$p_t/10^4\ P_a$	1.33	1.53	1.67

（1）假設實驗速率方程式爲 $r = kp_1^x p_2^y$，試求 x、y 並計算 k 值。

（2）設想該反應的過程爲：

$$N_2O_5 \underset{k_{-1}}{\overset{k_1}{\rightleftharpoons}} NO_2 + NO_3$$

$$NO + NO_3 \xrightarrow{k_2} 2NO_2$$

　　請用穩定態近似法推導速率方程式。

（3）當 $p_1^0 = 1.33 \times 10^4\ P_a$，$p_2^0 = 1.33 \times 10^2\ P_a$ 時，NO 反應掉一半所需的時間爲多少？

：(1) $-\dfrac{dp_1}{dt} = kp_1^x p_2^y$

據第一次實驗 $p_2 \gg p_1$，則 $-\dfrac{dp_1}{dt} = k'p_1^x$

由實驗已知 $\log(p_1)$ 對 t 做圖可得一直線，這是「1 級反應」的特點，故知：$x = 1$

	N_2O_5	+	NO	$\longrightarrow$	$3NO_2$	總壓力
t=0 時：	p_1^0		p_2^0		p_3^0	p_0
t=t 時：	$p_1^0 - x$		$p_2^0 - x$		$p_3^0 + 3x$	p_t
t=∞時：	0		$p_2^0 - p_1^0$		$p_3^0 + 3p_1^0$	p_∞

由上面可知：$p_0 = p_1^0 + p_2^0 + p_3^0$

$\qquad\qquad\quad p_t = p_1^0 + p_2^0 + p_3^0 + x$

$\qquad\qquad\quad p_\infty = 2p_1^0 + p_2^0 + p_3^0$

$\therefore \dfrac{p_\infty - p_t}{p_\infty - p_0} = \dfrac{p_1^0 - x}{p_1^0} = $ 反應未完成的比率

由第二次實驗數據，$p_1^0 = p_2^0 = 6.67 \times 10^3 \, P_a$，$p_3^0 = 0$，故 $p_\infty = 3p_1^0 = 2.00 \times 10^4 \, P_a$

t=1h 時，反應未完成百分比 $= \dfrac{(2.00 - 1.53) \times 10^4 \, P_a}{(2.00 - 1.33) \times 10^4 \, P_a} = 70.1\%$

t=2h 時，反應未完成百分比 $= \dfrac{(2.00 - 1.67) \times 10^4 \, P_a}{(2.00 - 1.33) \times 10^4 \, P_a} = 49.3\%$

可見，第一小時後，反應完成約 30%，如將 t=1h 時的壓力做為初壓力，則又

過 1h 後，反應完成也約為 $30\% \left(\dfrac{70.1\% - 49.3\%}{70.1\%} \right)$，這說明該反應的半衰期與

反應物初濃度無關，這是「1 級反應」的特點。

$\because p_1^0 = p_2^0$

$\therefore r = kp_1^x p_2^y = kp_1^{x+y} = kp_1 \Longrightarrow x+y=1$，而 $x=1$，故 $y=0$

$\therefore k_1 = \dfrac{\ln 2}{t_{1/2}} = \dfrac{\ln 2}{7.20 \times 10^3 \, s} = 9.63 \times 10^{-5} \, s^{-1}$

（2）對 NO_3 用「穩定態近似法」可得：

$$\frac{dp_{NO_3}}{dt} = k_1 p_1 - k_{-1} p_3 \cdot p_{NO_3} - k_2 p_2 p_{NO_3} = 0$$

$$\therefore p_{NO_3} = \frac{k_1 p_1}{k_{-1} p_3 + k_2 p_2}$$

若反應過程第二步為速率決定步驟，則

$$r = k_2 p_2 p_{NO_3} = \frac{k_1 k_2 p_1 p_2}{k_{-1} p_3 + k_2 p_2} = k p_1$$

上式中 $k = \dfrac{k_1 k_2 p_2}{k_{-1} p_3 + k_2 p_2}$ （ㄅ）

據實驗結果，反應速率僅與 p_1 有關，當 $k_2 p_2 \gg k_{-1} p_3$ 時，則由（ㄅ）式可知：

$k = k_1$，於是 $r = k_1 p_1$

（4） $p_1 \gg p_2$，據（1）之結果 $k = 9.63 \times 10^{-5} \text{ s}^{-1}$

$$t = \frac{1}{k} \cdot \ln \frac{p_1^0}{p_1^0 - x} = \frac{1}{9.63 \times 10^{-5} \text{ s}^{-1}} \cdot \ln \frac{1.33 \times 10^4 \text{ P}_a}{(1.33 \times 10^4 - 1/2 \times 1.33 \times 10^2) \text{P}_a} = 52.1 \text{s}$$

例 5.2.12

乙醛的氣相熱分解反應構成：（$CH_3CHO \rightleftharpoons CH_4 + CO$）

（1） $CH_3CHO \xrightarrow{\ k_1\ } CH_3 \cdot + CHO \cdot$

（2） $CH_3 \cdot + CH_3CHO \xrightarrow{\ k_2\ } CH_4 + CH_3CO \cdot$

（3） $CH_3CO \cdot \xrightarrow{\ k_3\ } CH_3 \cdot + CO$

（4） $2CH_3 \cdot \xrightarrow{\ k_4\ } C_2H_6$

試證明此反應的速率公式為：$\dfrac{d[CH_4]}{dt} = k[CH_3CHO]^{3/2}$

（本題續見【5.2.13】）

：產物 CH_4 的生成速率為：$\dfrac{d[CH_4]}{dt} = k_2[CH_3\bullet][CH_3CHO]$ （ㄅ）

反應的中間產物為活潑自由基，故按「穩定態近似法」處理：

$\dfrac{d[CH_3\bullet]}{dt} = k_1[CH_3CO\bullet] - k_2[CH_3\bullet][CH_3CHO] + k_3[CH_3CO\bullet] - 2k_4[CH_3\bullet]^2 = 0$

（ㄆ）

$\dfrac{d[CH_3CO\bullet]}{dt} = k_2[CH_3\bullet][CH_3CHO] - k_3[CH_3CO\bullet] = 0$ （ㄇ）

（ㄆ）式＋（ㄇ）式得：$k_1[CH_3CHO] = 2k_4[CH_3\bullet]^2$

$\Rightarrow \quad [CH_3\bullet] = \left(\dfrac{k_1}{2k_4}\right)^{1/2}[CH_3CHO]^{1/2}$ （ㄈ）

（ㄈ）式代入（ㄅ）式，可得：$\dfrac{d[CH_4]}{dt} = \left(\dfrac{k_1}{2k_4}\right)^{1/2}k_2[CH_3CHO]^{3/2} = k[CH_3CHO]^{3/2}$

其中 $k = k_2\left(\dfrac{k_1}{2k_4}\right)^{1/2}$

■ **例 5.2.13** ■

Derive the law for the reaction：$H_2 + Br_2 \rightleftharpoons 2HBr$, assuming the following mechanism：

（1）$Br_2 \longrightarrow 2Br$

（2）$Br + H_2 \longrightarrow HBr + H$

（3）$H + Br_2 \longrightarrow HBr + Br$

（4）$H + HBr \longrightarrow H_2 + Br$

（5）$Br + Br \longrightarrow Br_2$

：根據題意，有 $\dfrac{d[HBr]}{dt} = k_2[Br][H_2] + k_3[H][Br_2] - k_4[H][HBr]$ （ㄅ）

對中間產物 Br、H 採用「穩定態近似法」處理，得：

$$\frac{d[Br]}{dt} = 2k_1[Br_2] - k_2[Br][H_2] + k_3[H][Br_2] + k_4[H][HBr] - 2k_5[Br]^2 = 0 \quad （ㄆ）$$

$$\frac{d[H]}{dt} = k_2[Br][H_2] - k_3[H][Br_2] - k_4[H][HBr] = 0 \quad （ㄇ）$$

由（ㄇ）式得：$k_2[Br][H_2] = k_3[H][Br_2] + k_4[H][HBr]$ （ㄈ）

$$[H] = \frac{k_2[Br][H_2]}{k_3[Br_2] + k_4[HBr]} \quad （ㄉ）$$

將（ㄉ）式代入（ㄆ）式，得：$k_1[Br_2] = k_5[Br]^2$

$$[Br] = \left(\frac{k_1}{k_5}\right)^{1/2}[Br_2]^{1/2} \quad （ㄊ）$$

將（ㄊ）式代入（ㄉ）式，得：

$$[H] = k_2\left(\frac{k_1}{k_5}\right)^{1/2} \cdot \frac{[Br_2]^{1/2}[H_2]}{k_3[Br_2] + k_4[HBr]} \quad （ㄋ）$$

將（ㄈ）式和（ㄋ）式代入（ㄅ）式，得：

$$\frac{d[HBr]}{dt} = 2k_3[H][Br_2] = 2k_3 k_2\left(\frac{k_1}{k_5}\right)^{1/2} \frac{[Br_2]^{1/2}[H_2]}{k_3[Br_2] + k_4[HBr]}[Br_2]$$

$$= 2k_2\left(\frac{k_1}{k_5}\right)^{1/2}\frac{[H_2][Br_2]^{1/2}}{1 + \dfrac{k_4[HBr]}{k_3[Br_2]}} = \frac{k[H_2][Br_2]^{1/2}}{1 + k'\dfrac{[HBr]}{[Br_2]}}$$

上式中，$k = 2k_2\left(\dfrac{k_1}{k_5}\right)^{1/2}$ 且 $k' = \dfrac{k_4}{k_3}$

▪ **例 5.2.14** ▪

N_2O_5 氣相分解反應：$N_2O_5 \longrightarrow 2NO_2 + \dfrac{1}{2}O_2$ 的反應機構如下：

（i）$N_2O_5 \xrightarrow{\ k_1\ } NO_2 + NO_3$

（ii）$NO_2 + NO_3 \xrightarrow{\ k_{-1}\ } N_2O_5$

（iii）$NO_2 + NO_3 \xrightarrow{\ k_2\ } NO_2 + O_2 + NO$

（iv）$NO + NO_3 \xrightarrow{\ k_3\ } 2NO_2$

試推導出總反應機構速率方程式。

：用「穩定態近似法」處理，則：

$$\frac{d[NO_3]}{dt} = k_1[N_2O_5] - k_{-1}[NO_2][NO_3] - k_2[NO_2][NO_3] - k_3[NO][NO_3] = 0$$

$$\frac{d[NO]}{dt} = k_2[NO_2][NO_3] - k_3[NO][NO_3] = 0$$

以上兩式相減，得：$k_1[N_2O_5] = (k_{-1} + 2k_2)[NO_2][NO_3]$

$$-\frac{d[N_2O_5]}{dt} = k_1[N_2O_5] - k_{-1}[NO_2][NO_3] = k_1[N_2O_5] - k_{-1}\frac{k_1[N_2O_5]}{k_{-1} + 2k_2}$$

$$= \frac{2k_1k_2}{k_{-1} + 2k_2}[N_2O_5] = k[N_2O_5] \quad \left(k = \frac{2k_1k_2}{k_{-1} + 2k_2}\right)$$

▪ **例 5.2.15** ▪

臭氧在適中的氣壓下，它的均勻分解是 2 級反應，並且受到氧的抑制，通常建議這個反應的機構是：

$$O_3 + O_3 \rightleftharpoons O_3 + O_2 + O$$

$$O + O_3 \longrightarrow 2O_2$$

假定這是一個穩定的平衡情況，導出臭氧的分解速率表示式，它和實驗所得的結果是一致的。

：設 k_1、k_{-1} 和 k_2 是各個反應的速率常數

$$O_3 \; + \; O_3 \; \underset{k_{-1}}{\overset{k_1}{\rightleftharpoons}} \; O_3 \; + \; O_2 \; + \; O \tag{ㄅ}$$

$$O + O_3 \xrightarrow{k_2} 2O_2 \tag{ㄆ}$$

氧原子在平衡狀態時的速率是

$$\frac{d[O]}{dt} = k_1[O_3]^2 - k_{-1}[O_3][O_2][O] - k_2[O][O_3] = 0 \tag{ㄇ}$$

因此 $[O] = \dfrac{k_1[O_3]^2}{k_{-1}[O_3][O_2] + k_2[O_3]} = \dfrac{k_1[O_3]}{k_{-1}[O_2] + k_2}$ \hfill （ㄈ）

臭氧分解的速率是 $-\dfrac{d[O_3]}{dt} = k_1[O_3]^2 - k_{-1}[O_3][O_2][O] + k_2[O][O_3]$ \hfill （ㄉ）

（ㄉ）式 − （ㄇ）式： $-\dfrac{d[O_3]}{dt} - \dfrac{d[O]}{dt} = 2k_2[O][O_3]$

因為 $\dfrac{d[O]}{dt} = 0$，所以 $-\dfrac{d[O_3]}{dt} = 2k_2[O][O_3]$ \hfill （ㄊ）

將（ㄈ）式代入（ㄊ）式： $-\dfrac{d[O_3]}{dt} = \dfrac{2k_1k_2[O_3]^2}{k_{-1}[O_2] + k_2}$

這個臭氧的分解速率表示式，預測臭氧的分解速率是「2 級反應」，並會受到氧的抑制，它和實驗所得的結果是一致的。

■ 例 5.2.16 ■

若反應 $A_2 + B_2 \longrightarrow 2AB$ 的反應機構如下：

(1) $A_2 \xrightarrow{k_1} 2A$ （很慢）

(2) $B_2 \overset{K}{\rightleftharpoons} 2B$ （快速平衡，平衡常數 K 很小）

(3) $A + B \xrightarrow{k_2} AB$ （快）

k_1 是以[A]的變化表示反應的速率常數。試用穩定態法導出 d[AB]/dt 表示的反應速率方程式。

：反應系統達到穩定態狀態時，反應（2）可隨時保持平衡，其平衡常數：

$K = [B]^2/[B_2]$

所以 $[B] = \{K[B_2]\}^{1/2}$ （ㄅ）

反應（1）一旦有產物 A，將立即被反應（3）消耗掉，故可對 A 運用穩定態法，即

$d[A]/dt = k_1[A_2] - k_2[A][B] = 0$

所以 $[A] = k_1[A_2]/k_2[B]$ （ㄆ）

化合物 AB 產生的反應速率：$d[AB]/dt = k_2[A][B]$ （ㄇ）

將（ㄆ）式代入（ㄇ）式可得：

$$\frac{d[AB]}{dt} = k_2 \frac{k_1[A_2]}{k_2[B]}[B] = k_1[A_2]$$

▪ 例 5.2.17 ▪

過氧化氫單獨存在時，依下式分解的速率會很慢。

$$(a) \quad 2H_2O_2 \underset{k_{-1}}{\overset{k_1}{\rightleftharpoons}} 2H_2O + O_2$$

但當有適量的 I^- 離子存在時，I^- 可做為催化劑使反應迅速發生，其分解分為兩步進行：

$$(b) \quad H_2O_2 + I^- \underset{k_{-2}}{\overset{k_2}{\rightleftharpoons}} H_2O + IO^-$$

$$(c) \quad H_2O_2 + IO^- \underset{k_{-3}}{\overset{k_3}{\rightleftharpoons}} H_2O + O_2 + I^-$$

試表示 H_2O_2 在中性溶液中，當有 I^- 存在時的分解速率。假定：

（1）反應依（b）、（c）式進行，其中反應（c）極為迅速。

（2）反應依（b）、（c）式進行，但由（b）式所產生的 IO^- 在極短時間內，即可使反應
（b）、（c）以等速進行。

：（1）反應（c）極為迅速，則反應（b）為「速率決定步驟」，即

$$-\frac{d[H_2O_2]}{dt} = k_2[H_2O_2][I^-] \qquad (ㄅ)$$

（2）反應（b）、（c）以等速進行，則

$$-\frac{d[H_2O_2]}{dt} = k_2[H_2O_2][I^-] + k_3[H_2O_2][IO^-] \qquad (ㄆ)$$

對 IO^- 進行「穩定態近似法」處理，即

$$\frac{d[IO^-]}{dt} = k_2[H_2O_2][I^-] - k_3[H_2O_2][IO^-] = 0 \qquad (ㄇ)$$

$$\Rightarrow 解得：k_2[H_2O_2][I^-] = k_3[H_2O_2][IO^-] \qquad (ㄈ)$$

（ㄈ）式代入（ㄆ）式，得：$-\dfrac{d[H_2O_2]}{dt} = 2k_2[H_2O_2][I^-]$

或者 $\dfrac{d[O_2]}{dt} = k_3[H_2O_2][IO^-]$ \qquad (ㄉ)

（ㄈ）式代入（ㄉ）式，可得：$\dfrac{d[O_2]}{dt} = k_2[H_2O_2][I^-]$

例 5.2.18

通常都承認氫和碘有兩種反應機構：

（I）$H_{2(g)} + I_{2(g)} \xrightarrow{k} 2HI_{(g)}$

（II）

$$I_2 \xrightleftharpoons[k_{-1}]{k_1} 2I \qquad (1)$$

$$2I + H_2 \xrightarrow{k_2} 2HI \qquad (2)$$

（a）用速率定律表示出反應機構（I）和（II）各自的 $\dfrac{d[HI]}{dt}$，如有需要，可應用平衡狀態的方法

（b）用反應速率定律表示出反應機構（II）中的 $\dfrac{d[HI]}{dt}$，在什麼情況時，在（a）和（b）中會達成一致的結果？

：(a) 反應機構（I） $\dfrac{d[HI]}{dt} = 2k[H_2][I_2]$ （ㄅ）

反應機構（II） $\dfrac{d[I]}{dt} = 2k_1[I_2] - 2k_{-1}[I]^2 - 2k_2[I]^2[H_2]$ （ㄆ）

在平衡狀態時，$\dfrac{d[I]}{dt} = 0$，

因此 $2k_1[I_2] - 2k_{-1}[I]^2 - 2k_2[I]^2[H_2] = 0 \Longrightarrow$ 解得：$[I]^2 = \dfrac{k_1[I_2]}{k_{-1} + k_2[H_2]}$ （ㄇ）

$\dfrac{d[HI]}{dt} = 2k_2[I]^2[H_2]$ （ㄈ）

將（ㄇ）式代入（ㄈ）式，因此反應機構（II）

$\dfrac{d[HI]}{dt} = \dfrac{2k_1k_2[H_2][I_2]}{k_{-1} + k_2[H_2]}$ （ㄉ）

(b) 依照題示， $I_2 \underset{k_{-1}}{\overset{k_1}{\rightleftharpoons}} 2I$ ，反應的平衡常數 $\dfrac{k_1}{k_{-1}} = K$

因此 $\dfrac{[I]^2}{[I_2]} = K$ ， $[I]^2 = K[I_2]$ （ㄊ）

將（ㄊ）式代入（ㄈ）式，

$\dfrac{d[HI]}{dt} = 2k_2K[H_2][I]$ （ㄋ）

如果在(a)中的（ㄉ）式，$k_2[H_2] \ll k_{-1}$，也就是說如果這個反應 $2I + H_2 \xrightarrow{k_2} 2HI$

比反應 $2I \xrightarrow{k_{-1}} I_2$ 慢得很多，那麼（a）中的（ㄉ）式便變成

$$\dfrac{d[HI]}{dt} = 2\left(\dfrac{k_1}{k_{-1}}\right)k_2[H_2][I_2] = 2Kk_2[H_2][I_2]$$

在這種情況時，反應機構（II）的 $\dfrac{d[HI]}{dt}$ 在（a）中的（ㄉ）式和（b）中的（ㄋ）

式將會達成一致的結果。

■ 例 5.2.19 ■

對於加成反應 A+B ⟶ P，在一定時間 Δt 範圍內有下列關係：

$[P]/[A]=k_r[A]^{m-1}[B]^n \cdot \Delta t$，其中 k_r 為此反應的實驗速率常數。進一步實驗表明：$[P]/[A]$ 與 $[A]$ 無關；$[P]/[B]$ 與 $[B]$ 有關。當 $\Delta t=100\,h$ 時：

$[B]($ p$^{(mole \cdot dm^{-3})})$	10	5
$[P]/[B]$	0.04	0.01

（1）此反應對於每個反應物來說，級數各為多少？

（2）有人認為上述反應機構可能是：

$$2B \; \underset{\longleftarrow}{\overset{K_1}{\longrightarrow}} \; B_2 \;,K_1 \;(平衡常數) \qquad 快$$

$$B \;+\; A \; \underset{\longleftarrow}{\overset{K_2}{\longrightarrow}} \; 錯合物 \;,K_2 \;(平衡常數) \quad 快$$

$$B_2 \;+\; 錯合物 \; \overset{k_3}{\longrightarrow} \; P \;+\; B \,,k_3 \;(速率常數) \quad 慢$$

導出其反應速率方程式，並說明此「反應機構」有無道理。

：（1）$[P]/[A]$ 在 Δt 內與 $[A]$ 無關，由 $[P]/[A]=k_r[A]^{m-1}[B]^n \cdot \Delta t$ 可知：$m-1=0$，$m=1$

由 $[P]/[A]=k_r[A]^{m-1}[B]^n \cdot \Delta t$

則 $[P]=k_r[A][B]^n \cdot \Delta t$，$[P]/[B]=k_r[A][B]^{n-1} \cdot \Delta t$

將兩組實驗數據代入，

$0.04=k_r[A][10]^{n-1} \cdot \Delta t$ ， $0.01=k_r[A][5]^{n-1} \cdot \Delta t$

解得：$n=3$

故此反應對 A 為「1 級反應」，對 B 為「3 級反應」。

（2）「速率決定步驟」為第 3 步：$d[P]/dt=k_3[B_2][錯合物]$

因為 $[B_2]=K_1[B]^2$，$[錯合物]=K_2[A][B]$

所以 $d[P]/dt=k_3K_1[B]^2K_2[A][B]=k_3K_2K_1[B]^3[A]$

對 A 為「1 級反應」，對 B 為「3 級反應」，符合實驗，「反應機構」正確。

■ 例 **5.2.20** ▪

實驗表明，$C_2H_6 \longrightarrow C_2H_4 + H_2$ 為「1 級反應」。有人認為此反應為鏈鎖反應，並提出可能的反應機構如下：

鏈引發：

$$C_2H_6 \xrightarrow{k_1} 2CH_3 \cdot$$

鏈傳遞：

$$CH_3 \cdot + C_2H_6 \xrightarrow{k_2} CH_4 + C_2H_5 \cdot$$

$$C_2H_5 \cdot \xrightarrow{k_3} C_2H_4 + H \cdot$$

$$H \cdot + C_2H_6 \xrightarrow{k_4} C_2H_5 \cdot + H_2$$

鏈終止：

$$H \cdot + C_2H_5 \cdot \xrightarrow{k_5} C_2H_6$$

試用「穩定態近似法」，證明此連鎖反應速率式的最後結果是與 C_2H_6 濃度的 1 次方成正比。並表明「1 級反應」的反應速率常數 k 與上述五個基本反應之反應速率常數之間的關係。

：設以上各基本反應的速率為 r_1、r_2、r_3、r_4、r_5，反應速率式為：

$$r = \frac{d[C_2H_4]}{dt} = r_3 = k_3[C_2H_5 \bullet]$$

或

$$r = \frac{d[H_2]}{dt} = r_4 = k_4[H\bullet][C_2H_6]$$

即 $r = (r_3 r_4)^{1/2} = (k_3 k_4 [H \cdot][C_2H_5 \cdot][C_2H_6])^{1/2}$ （ㄅ）

而 $CH_3 \bullet$ 用「穩定態近似法」處理後，得：

$$\frac{d[CH_3 \bullet]}{dt} = 2k_1[C_2H_6] - k_2[CH_3 \bullet][C_2H_6] = 2r_1 - r_2 = 0 \quad （ㄆ）$$

$$\frac{d[C_2H_5 \bullet]}{dt} = k_2[CH_3 \bullet][C_2H_6] - k_3[C_2H_5 \bullet] + k_4[H\bullet][C_2H_6] - k_5[H\bullet][C_2H_5 \bullet]$$

$$= r_2 - r_3 + r_4 - r_5 = 0 \qquad (\text{ㄇ})$$

$$\frac{d[H\bullet]}{dt} = k_3[C_2H_5\bullet] - k_4[H\bullet][C_2H_6] - k_5[H\bullet][C_2H_5\bullet] = r_3 - r_4 - r_5 = 0 \qquad (\text{ㄈ})$$

（ㄆ）＋（ㄇ）＋（ㄈ）得：$r_1 = r_5$，即：$k_1[C_2H_6] = k_5[H\bullet][C_2H_5\bullet]$

代入（ㄅ）式：$r = \left(\dfrac{k_1 k_3 k_4}{k_5}\right)^{1/2}[C_2H_6] = k[C_2H_6]$

■ 例 5.2.21 ■

有反應 $C_2H_6 + H_2 \rightleftharpoons 2CH_4$，其反應過程可能是：

(1) $\quad C_2H_6 \underset{k_{-1}}{\overset{k_1}{\rightleftharpoons}} 2CH_3$

(2) $CH_3 + H_2 \xrightarrow{k_2} CH_4 + H$

(3) $H + C_2H_6 \xrightarrow{k_3} CH_4 + CH_3$

設反應（1）為快速可逆反應，對 H 可用「穩定態近似法」處理，試證明：

$$\frac{d[CH_4]}{dt} = 2k_2 K^{1/2}[C_2H_6]^{1/2}[H_2]$$

：由題給反應過程可得：$\dfrac{d[CH_4]}{dt} = k_2[CH_3][H_2] + k_3[H][C_2H_6] \qquad (\text{ㄅ})$

因反應（1）為〝快速可逆反應〞，則

$$\frac{[CH_3]^2}{[C_2H_6]} = K = \frac{k_1}{k_{-1}} \implies [CH_3] = K^{1/2}[C_2H_6]^{1/2} \qquad (\text{ㄆ})$$

對 H 做「穩定態近似法」處理，得：

$$\frac{d[H]}{dt} = k_2[CH_3][H_2] - k_3[H][C_2H_6] = 0 \qquad (\text{ㄇ})$$

將（ㄇ）式和（ㄆ）式代入（ㄅ）式，得：

$$\frac{d[CH_4]}{dt} = 2k_2[CH_3][H_2] = 2k_2 K^{1/2}[C_2H_6]^{1/2}[H_2]$$

▌例 5.2.22 ▌

甲烷均勻熱解作用（homogeneous pyrolysis）的反應熱機構被認為是：

$$CH_4 \xrightarrow{k_1} CH_3 + H \qquad （ㄅ）$$

$$CH_3 + CH_4 \xrightarrow{k_2} C_2H_6 + H \qquad （ㄆ）$$

$$H + CH_4 \xrightarrow{k_3} CH_3 + H_2 \qquad （ㄇ）$$

$$H + CH_3 + M \xrightarrow{k_4} CH_4 + M \qquad （ㄈ）$$

M 代表任何分子（或許是 CH_4 或是 C_2H_6）的能量，它會使得 H 和 CH_3 重新化合。應用這些反應機構，推演出生成 C_2H_6 的速率。CH_3 和 H 的濃度在反應中存在的量是非常的小並且很穩定，在這個答案中應不會出現。

：在平衡時，利用「穩定態近似法」處理 CH_3 和 H，可得：

$$\frac{d[CH_3]}{dt} = k_1[CH_4] - k_2[CH_3][CH_4] + k_3[H][CH_4] - k_4[H][CH_3][M] = 0 \qquad （ㄉ）$$

$$\frac{d[H]}{dt} = k_1[CH_4] + k_2[CH_3][CH_4] - k_3[H][CH_4] - k_4[H][CH_3][M] = 0 \qquad （ㄊ）$$

（ㄉ）式＋（ㄊ）式：$2k_1[CH_4] - 2k_4[H][CH_3][M] = 0$ \qquad （ㄋ）

（ㄉ）式－（ㄊ）式：$-2k_2[CH_3][CH_4] + 2k_3[H][CH_4] = 0$ \qquad （ㄌ）

從（ㄋ）式，得：$[H][CH_3] = \dfrac{k_1[CH_4]}{k_4[M]}$ \qquad （ㄍ）

從（ㄌ）式，得：$\dfrac{[H]}{[CH_3]} = \dfrac{k_2}{k_3}$ \qquad （ㄎ）

■ 例 **5.2.23** ■

對於反應 $H_2 + Br_2 \longrightarrow 2HBr$，Christiansen 等人，提出如下連鎖反應的機構：

（1） $Br_2 \xrightarrow{\ k_1\ } 2Br$　鏈開始步驟　(Chain-initiating step)

（2） $Br + H_2 \xrightarrow{\ k_2\ } HBr + H$　鏈增殖步驟　(Chain-propagating step)

（3） $H + Br_2 \xrightarrow{\ k_3\ } HBr + Br$　鏈增殖步驟　(Chain-propagating step)

（4） $HH + HBr \xrightarrow{\ k_4\ } H_2 + Br$　鏈抑制步驟　(Chain-inhibiting step)

（5） $2Br \xrightarrow{\ k_5\ } Br_2$　鏈終止步驟　(Chain-terminating step)

表示出速率 $\dfrac{d[HBr]}{dt}$、$\dfrac{d[H]}{dt}$ 和 $\dfrac{d[Br]}{dt}$。

假定 $\dfrac{d[H]}{dt} = \dfrac{d[Br]}{dt} = 0$，用 $[H_2]$、$[Br_2]$ 和 $[HBr]$ 項表示出 $\dfrac{d[HBr]}{dt}$。

試用「穩定態近似法」導出 $\dfrac{d[HBr]}{dt} = \dfrac{k[H_2][Br_2]^{1/2}}{1 + k'\dfrac{[HBr]}{[Br_2]}}$

（該反應速率方程式是 1906 年 Bodenstein 通過實驗測定的）

：從（2）式，得：

$$\frac{d[HBr]}{dt} = k_2[Br][H_2] \tag{6}$$

從（3）式，得：

$$\frac{d[HBr]}{dt} = k_3[H][Br_2] \tag{7}$$

從（4）式，得：

$$\frac{d[HBr]}{dt} = -k_4[H][HBr] \tag{8}$$

（5）式＋（7）式＋（8）式，得：

$$\frac{d[HBr]}{dt} = k_2[Br][H_2] + k_3[H][Br_2] - k_4[H][HBr] \tag{9}$$

同樣的從（2）式，得：

$$\frac{d[H]}{dt} = k_2[Br][H_2] \tag{10}$$

從（3）式，得：

$$\frac{d[H]}{dt} = -k_3[H][Br_2] \tag{11}$$

從（4）式，得：

$$\frac{d[H]}{dt} = -k_4[H][HBr] \tag{12}$$

（10）式＋（11）式＋（12）式，得：

$$-\frac{d[H]}{dt} = k_2[Br][H_2] - k_3[H][Br_2] - k_4[H][HBr] \tag{13}$$

由於 H 是個具有未成對電子的自由基（H·），是活潑的中間產物，故 $\frac{d[H]}{dt} = 0$，因此由（13）式可知：

$$k_2[Br][H_2] - k_3[H][Br_2] - k_4[H][HBr] = 0 \tag{14}$$

同樣的，從（1）式，得：$\dfrac{d[Br]}{dt} = 2k_1[Br_2]$ （15）

從（2）式，得：$\dfrac{d[Br]}{dt} = -k_2[Br][H_2]$ （16）

從（3）式，得：$\dfrac{d[Br]}{dt} = k_3[H][Br_2]$ （17）

從（4）式，得：$\dfrac{d[Br]}{dt} = k_4[H][HBr]$ （18）

從（5）式，得：$\dfrac{d[Br]}{dt} = -2k_5[Br]^2$ （19）

（15）式＋（16）式＋（17）式＋（18）式＋（19），得：

$$\frac{d[Br]}{dt} = 2k_1[Br_2] - k_2[Br][H_2] + k_3[H][Br_2] + k_4[H][HBr] - 2k_5[Br]^2 \tag{20}$$

由於 Br 是個具有未成對電子的自由基（Br·），是活潑的中間產物，故 $\dfrac{d[Br]}{dt} = 0$

因此 $2k_1[Br_2] - k_2[Br][H_2] + k_3[H][Br_2] + k_4[H][HBr] - 2k_5[Br]^2 = 0$ （21）

（14）式＋（21）式：$2k_1[Br_2] = 2k_5[Br]^2$

因此 $[Br] = \left(\dfrac{k_1}{k_5}\right)^{1/2} [Br_2]^{1/2}$ (22)

從（14）式可得：

$$[H] = \frac{k_2 [H_2][Br]}{k_3[Br_2] + k_4[HBr]}$$ (23)

將（22）式代入（23）式：

$$[H] = k_2 \left(\frac{k_1}{k_5}\right)^{1/2} \frac{[H_2][Br_2]^{1/2}}{k_3[Br_2] + k_4[HBr]}$$ (24)

將（22）式和（24）式代入（9）式，可得：

$$\frac{d[HBr]}{dt} = k_2 \left[\left(\frac{k_1}{k_5}\right)^{1/2} [Br_2]^{1/2} \right] [H_2]$$

$$+ k_3 \left[k_2 \cdot \left(\frac{k_1}{k_5}\right)^{1/2} \cdot \frac{[H_2][Br_2]^{1/2}}{k_3[Br_2] + k_4[HBr]} \right] [Br_2]$$

$$- k_4 \left[k_2 \cdot \left(\frac{k_1}{k_5}\right)^{1/2} \cdot \frac{[H_2][Br_2]^{1/2}}{k_3[Br_2] + k_4[HBr]} \right] \cdot [HBr]$$

$$= 2k_2 \left(\frac{k_1}{k_5}\right)^{1/2} \cdot \frac{[H_2][Br_2]^{1/2}}{1 + \left(\dfrac{k_4}{k_3}\right) \cdot \left(\dfrac{[HBr]}{[Br_2]}\right)}$$

$$= \frac{k[H_2][Br_2]^{1/2}}{1 + k' \dfrac{[HBr]}{[Br_2]}}$$

由上式可得：$k = 2k_2 (\dfrac{k_1}{k_5})^{1/2}$ 且 $k' = \dfrac{k_4}{k_3}$

■ 例 5.2.24 ■

在某些生物體中，存在著一種超氧化酵素（E），它可將有害的 O_2^- 變成 O_2，反應如下：

$$2O_2^- + 2H^+ \xrightarrow{\ \ E\ \ } O_2 + H_2O_2$$

在 pH＝9.1，酵素的初濃度$[E]_0 = 4 \times 10^{-7}$ mole · dm^{-3} 的條件下，測得實驗數據如下表所示：

實驗編號	$r(O_2)$（mole · dm^{-3} · s^{-1}）	$[O_2^-]$（mole · dm^{-3}）
1	3.85×10^{-3}	7.69×10^{-6}
2	1.67×10^{-2}	3.33×10^{-5}
3	0.1	2.00×10^{-4}

$r(O_2)$ 為以產物 O_2 表示的反應速率。

設此反應機構為：

$$E + O_2^- \xrightarrow{\ \ k_1\ \ } E^- + O_2 \qquad (a)$$

$$E^- + O_2^- + 2H^+ \xrightarrow{\ \ k_2\ \ } E + H_2O_2 \qquad (b)$$

其中 E^- 為中間物，已知 $k_2 = 2k_1$。

（1）建立該反應的動力學方程式

（2）求 k_1 及 k_2 的值。

：（1）設反應$[O_2^-]$為 n 級，因$[H^+]$＝常數，意即求 n 及 $k(O_2)$的值。

用「微分法」，見 §3.2 之二。

$$n = \frac{\ln(r_{A,1}/r_{A,2})}{\ln([A]_1/[A]_2)}$$

將實驗數據按 1, 2；1, 3 及 2, 3 的組合，分別代入上式，得：

$$n_{1,2} = \frac{\ln[3.85 \times 10^{-3}/(1.67 \times 10^{-2})]}{\ln[7.69 \times 10^{-6}/(3.33 \times 10^{-5})]} = 1$$

同理，$n_{1,3} = 1$，$n_{2,3} = 1$，故反應的動力學方程式為：$r(O_2) = k(O_2)[O_2^-]$

而 $k(O_2)_1 = \dfrac{r(O_2)_1}{[O_2^-]} = \dfrac{3.85 \times 10^{-3}\ \text{mole} \cdot \text{dm}^{-3} \cdot \text{s}^{-1}}{7.69 \times 10^{-6}\ \text{mole} \cdot \text{dm}^{-3}} = 500\ \text{s}^{-1}$

同理 $k(O_2)_2 = k(O_2)_3 = 500\ \text{s}^{-1}$，即 $k(O_2) = 500\ \text{s}^{-1}$

（2）需先推導出反應速率方程式，找出 $k(O_2)$ 與 k_1、k_2 的關係，方可求得 k_1 和 k_2。

根據題意，由反應（a），$\dfrac{d[O_2]}{dt} = k_1[E][O_2^-]$

因為 $[E] = [E]_0 - [E^-]$，所以 $\dfrac{d[O_2]}{dt} = k_1\{[E]_0 - [E^-]\}[O_2^-]$

應用「穩定態近似法」，根據題意：

$\dfrac{d[E^-]}{dt} = k_1[E][O_2^-] - k_2[E^-][O_2^-] = k_1\{[E]_0 - [E^-]\}[O_2^-] - k_2[E^-][O_2^-] = 0$

$\Rightarrow \dfrac{d[O_2]}{dt} = k_1\{[E]_0 - \dfrac{[E]_0}{3}\}[O_2^-] = \dfrac{2}{3}k_1[E]_0[O_2^-]$

對比由實驗得到的動力學方程式，得： $k(O_2) = \dfrac{2k_1[E]_0}{3}$

所以 $k_1 = \dfrac{3k(O_2)}{2[E]_0} = \dfrac{3 \times 500\,s^{-1}}{2 \times 4 \times 10^{-7}\,mole \cdot dm^{-3}} = 1.875 \times 10^9\,dm^3 \cdot mole^{-1} \cdot s^{-1}$

又 $k_2 = 2k_1 = 2 \times 1.875 \times 10^9\,dm^3 \cdot mole^{-1} \cdot s^{-1} = 3.75 \times 10^9\,dm^3 \cdot mole^{-1} \cdot s^{-1}$

◢ 例 5.2.25 ◣

光氣（$COCl_2$）熱分解的總反應為 $COCl_2 \longrightarrow CO + Cl_2$，該反應分三步完成：

（i）$COCl_2 \rightleftharpoons 2Cl + CO$ 　　　　快速可逆

（ii）$Cl + COCl_2 \longrightarrow CO + Cl_3$ 　　慢

（iii）$Cl_3 \rightleftharpoons Cl_2 + Cl$ 　　　　快速可逆

總反應速率方程式： $-\dfrac{d[COCl_2]}{dt} = k[COCl_2][Cl_2]^{1/2}$，則此總反應為？

（a）1.5 級，雙分子反應

（b）1.5 級，不存在反應分子數

（c）不存在反應級數與分子數

：（b）。

例 5.2.26

亞硝酸鈉(NaNO₂)和氧之間的化學反應機構，Anderson 和 Freeman 建議有如下列的過程：

$$NO_2^- + O_2 \xrightarrow{k_1} NO_3^- + O \tag{ㄅ}$$

$$O + NO_2^- \xrightarrow{k_2} NO_3^- \tag{ㄆ}$$

$$O + O \xrightarrow{k_3} O_2 \tag{ㄇ}$$

（a）證明 $\dfrac{d[NO_3^-]}{dt} = k_1[NO_2^-][O_2] \cdot \left(1 + \dfrac{k_2[NO_2^-]}{2k_3[O] + k_2[NO_2^-]}\right)$

（b）如果假定（ㄇ）式的反應比（ㄆ）式的反應慢很多，證明（a）式便簡化成

$$\frac{d[NO_3^-]}{dt} = 2k_1[NO_2^-][O_2]$$

:（a）$\dfrac{d[NO_3^-]}{dt} = k_1[NO_2^-][O_2] + k_2[O][NO_2^-]$ （ㄈ）

$\dfrac{d[O]}{dt} = k_1[NO_2^-][O_2] - k_2[O][NO_2^-] - 2k_3[O]^2$ （ㄉ）

假定[O]在（ㄉ）式是平衡狀態，$\dfrac{d[O]}{dt} = 0$，$k_1[NO_2^-][O_2] = [O] \cdot (k_2[NO_2^-] + 2k_3[O])$

$[O] = \dfrac{k_1[NO_2^-][O_2]}{k_2[NO_2^-] + 2k_3[O]}$ （ㄊ）

將（ㄊ）式代入（ㄈ）式：$\dfrac{d[NO_3^-]}{dt} = k_1[NO_2^-][O_2] + \dfrac{k_1k_2[NO_2^-]^2[O_2]}{k_2[NO_2^-] + 2k_3[O]}$

因此 $\dfrac{d[NO_3^-]}{dt} = k_1[NO_2^-][O_2] \cdot \left(1 + \dfrac{k_2[NO_2^-]}{2k_3[O] + k_2[NO_2^-]}\right)$ （ㄋ）

（b）如果假定（ㄇ）式的反應比（ㄆ）式的反應慢得很多，也就是說假定 $2k_3[O] \ll k_2[NO_2^-]$。因此（ㄋ）式便簡化成

$$\frac{d[NO_3^-]}{dt} = k_1[NO_2^-][O_2] \cdot \left(1 + \frac{k_2[NO_2^-]}{k_2[NO_2^-]}\right) = 2k_1[NO_2^-][O_2]$$

例 5.2.27

有一氧化還原反應，其反應過程為：

（1）

$$Fe^{3+} + V^{4+} \underset{k_{-1}}{\overset{k_1}{\rightleftharpoons}} Fe^{2+} + V^{5+}$$

（2）$V^{5+} + V^{3+} \xrightarrow{k_2} 2V^{4+}$

（a）請寫出該反應之總反應方程式。

（b）推導總反應速率方程式。

（c）已知 $H_m^{\ominus}(1) = -21 \ kJ \cdot mole^{-1}$，$E_a = 50 \ kJ \cdot mole^{-1}$，求 E_2。

（d）若 V^{5+} 為微量活性中間物，應用「穩定態近似法」，求 $[V^{5+}]$ 之表達式。

：（a）$Fe^{3+} + V^{3+} \longrightarrow Fe^{2+} + V^{4+}$

（b）假設 step（1）是快速平衡反應，step（2）是速率決定步驟，

從 step（1），可得：

$$K_1 = \frac{k_1}{k_{-1}} = \frac{[Fe^{2+}][V^{5+}]}{[Fe^{3+}][V^{4+}]} \ ,$$

則 $[V^{5+}] = \frac{k_1}{k_{-1}} \cdot \frac{[Fe^{3+}][V^{4+}]}{[Fe^{2+}]} = K_1 \cdot \frac{[Fe^{3+}][V^{4+}]}{[Fe^{2+}]}$

從 step（2）

$$\frac{d[V^{4+}]}{dt} = 2k_2[V^{5+}][V^{3+}] = \frac{2k_2 K_1 [Fe^{3+}][V^{4+}][V^{3+}]}{[Fe^{2+}]}$$

（c）$E_2 = 71 \ kJ \cdot mole^{-1}$

（d）$\dfrac{d[V^{5+}]}{dt} = 0 = k_1[Fe^{3+}][V^{4+}] - k_{-1}[Fe^{2+}][V^{5+}] - k_{-2}[V^{5+}][V^{3+}]$

$$[V^{5+}] = \frac{k_1[Fe^{3+}][V^{4+}]}{k_{-1}[Fe^{2+}] + k_2[V^{3+}]}$$

▎例 5.2.28 ▎

丙酮的鹵素取代反應為：$CH_3COCH_3 + X_2 \xrightarrow{\text{HA}} CH_3COCH_2X + HX$

其中間產物 C、D 及 E 依次為 $(CH_3)_2COH^+$、$CH_2C(OH)CH_3$ 及 $XCH_2C(OH)CH_3^+$，催化劑 HA 是一種酸，且其反應過程可寫為：

$$R（丙酮）+ HA \xrightarrow{k_1} C + A^- \tag{1}$$

$$C + A^- \xrightarrow{k_2} R + HA \tag{2}$$

$$C + A^- \xrightarrow{k_3} D + HA \tag{3}$$

$$D + X_2 \xrightarrow{k_4} E + X^- \tag{4}$$

$$E + A^- \xrightarrow{k_5} P + HA \tag{5}$$

（a）請用「穩定態近似法」，求以丙酮消耗速率表示的反應速率方程式？

（b）若 $k_3 \gg k_2$，「速率決定步驟」為那一個基本反應？為什麼？

（c）若 $k_3 \ll k_2$，「速率決定步驟」為那一個基本反應？為什麼？

：（a）根據「穩定態近似法」，可寫出丙酮之消耗速率及中間物之反應速率如下：

$$-d[R]/dt = k_1[R][HA] - k_2[C][A^-]$$

$$d[C]/dt = k_1[R][HA] - (k_2 + k_3)[C][A^-] = 0$$

則 $[C][A^-] = \dfrac{k_1}{k_2 + k_3}[R][HA]$

$$-d[R]/dt = \left(k_1 - \dfrac{k_1 k_2}{k_2 + k_3} \right)[R][HA] = \dfrac{k_1 k_3}{k_2 + k_3}[R][HA]$$

（b）當 $k_3 \gg k_2$，則 $r = k_1[R][HA]$。根據「連續反應」的總反應之特徵為：「速率決定步驟」所表現，故此時「速率決定步驟」為 (1)。

（c）當 $k_3 \ll k_2$，則 $r = k_1 k_3/k_2[R][HA] = Kk_3[R][HA]$。由此可見，當反應 (1)、(2) 為「速率決定步驟」，且達到平衡，則總反應速率與「速率決定步驟」後之「基本反應」無關，故反應 (3) 為「速率決定步驟」。

■ 例 **5.2.29** ■

乙烯（Ethylene）的氫化作用 $C_2H_4+H_2 \longrightarrow C_2H_6$ 在含有水銀蒸汽的氫化作用中經過的步驟可以這樣的表示：

$$Hg+H_2 \xrightarrow{k_1} Hg+2H \qquad （ㄅ）$$

$$H+C_2H_4 \xrightarrow{k_2} C_2H_5 \qquad （ㄆ）$$

$$C_2H_5+H_2 \xrightarrow{k_3} C_2H_6+H \qquad （ㄇ）$$

$$H+H \xrightarrow{k_4} H_2 \qquad （ㄈ）$$

假定 H 和 C_2H_5 達到平衡，用速率常數 k_i 和濃度[Hg]、[H$_2$]及[C$_2$H$_4$]表示出乙烷（Ethane，C_2H_6）形成的速率。

：（ㄇ）式的速率方程式可以這樣表示，

$$\frac{d[C_2H_6]}{dt} = k_3[C_2H_5][H_2] \qquad （ㄅ）$$

假定 H 和 C_2H_5 達到平衡狀態濃度，於是

$$\frac{d[H]}{dt} = 2k_1[Hg][H_2] - k_2[H][C_2H_4] + k_3[C_2H_5][H_2] - 2k_4[H]^2 = 0 \qquad （ㄊ）$$

同樣的 $\dfrac{d[C_2H_5]}{dt} = k_2[H][C_2H_4] - k_3[C_2H_5][H_2] = 0 \qquad （ㄋ）$

從（ㄋ）式 $k_2[H][C_2H_4]=k_3[C_2H_5][H_2]$ 代入（ㄊ）式
因此（ㄊ）式變成：

$$2k_1[Hg][H_2] - 2k_4[H]^2 = 0 \qquad （ㄌ）$$

（ㄋ）式刪去常數 2，並開平方 $[H] = \left(\dfrac{k_1[Hg][H_2]}{k_4} \right)^{1/2} \qquad （ㄍ）$

將（ㄍ）式代入（ㄋ）式求[C$_2$H$_5$]，

因此 $[C_2H_5] = \dfrac{k_2[C_2H_4]}{k_3[H_2]} \left(\dfrac{k_1[Hg][H_2]}{k_4} \right)^{1/2} \qquad （ㄎ）$

將（ㄅ）式代入（ㄉ）式，

形成乙烷的速率

$$\frac{d[C_2H_6]}{dt} = \frac{k_3 k_2 [C_2H_4]}{k_3 [H_2]} \left(\frac{k_1 [Hg][H_2]}{k_4} \right)^{1/2} [H_2]$$

$$= k_2 [C_2H_4] \cdot \left(\frac{k_1 [Hg][H_2]}{k_4} \right)^{1/2}$$

▎例 5.2.30▕

硝酸(HNO_3)的分解反應機構被認為是：

$$HNO_3 \xrightarrow{k_1} HO + NO_2 \tag{ㄅ}$$

$$HO + NO_2 \xrightarrow{k_2} HNO_3 \tag{ㄆ}$$

$$HO + HNO_3 \xrightarrow{k_3} H_2O + NO_3 \tag{ㄇ}$$

（a）假定 HO 是一個穩定的狀態，證明 HNO_3 分解反應速率方程式是

$$\frac{d[HNO_3]}{dt} = -2k_1 [HNO_3] \cdot \frac{1}{1 + \dfrac{k_2 [NO_2]}{k_3 [HNO_3]}}$$

（b）如果 NO_2 的消耗是一個快速反應

$$NO_3 + NO_2 \xrightarrow{k_4} NO_2 + O_2 + NO \tag{ㄈ}$$

那麼以上 HNO_3 分解反應的速率方程式將變成怎樣的形式？

：（a）由（ㄅ）至（ㄇ）式可得：

$$\frac{d[HNO_3]}{dt} = -k_1 [HNO_3] + k_2 [HO][NO_2] - k_3 [HO][HNO_3] \tag{ㄅ}$$

已知 HO 是一個穩定的狀態，也由（ㄅ）至（ㄇ）式可得：

$$\frac{d[HO]}{dt} = k_1 [HNO_3] - k_2 [HO][NO_2] - k_3 [HO][HNO_3] = 0$$

$$\Rightarrow 解得：[HO] = \frac{k_1 [HNO_3]}{k_2 [NO_2] + k_3 [HNO_3]} \tag{ㄆ}$$

將（ㄆ）式代入（ㄅ）式，經簡化後，得：

$$\frac{d[HNO_3]}{dt} = \frac{-2k_1k_3[HNO_3]^2}{k_2[NO_2]+k_3[HNO_3]} \qquad (\text{ㄇ})$$

（ㄇ）式的右邊分子和分母同時除以 $k_3[HNO_3]$，則得：

$$\frac{d[HNO_3]}{dt} = -2k_1[HNO_3] \cdot \frac{1}{1+\dfrac{k_2[NO_2]}{k_3[HNO_3]}} \qquad (\text{ㄈ})$$

（b）如果 NO_2 的消耗是一個快速反應，所剩的 $[NO_2]$ 趨近於零，以致於在（ㄈ）式中，

$\dfrac{k_2[NO_2]}{k_3[HNO_3]}$ 趨近於零，因此 HNO_3 分解反應的反應速率方程式將變成：

$$\frac{d[HNO_3]}{dt} = -2k_1[HNO_3] \cdot \frac{1}{1+0} = -2k_1[HNO_3]$$

■ 例 **5.2.31** ■

光氣合成反應 $CO_{(g)} + Cl_{2(g)} \longrightarrow COCl_{2(g)}$ 反應機構如下：

$$Cl_2 + M \xrightarrow{k_1} 2Cl + M$$

$$Cl + CO + M \xrightarrow{k_2} COCl + M$$

$$COCl + M \xrightarrow{k_3} CO + Cl + M$$

$$COCl + Cl_2 \xrightarrow{k_4} COCl_2 + Cl$$

$$COCl_2 + Cl \xrightarrow{k_5} COCl + Cl_2$$

$$Cl + Cl + M \xrightarrow{k_6} Cl_2 + M$$

試推導總反應速率方程式，可對中間產物用「穩定態近似法」處理。

$$: \frac{d[COCl_2]}{dt} = k_4[COCl][Cl_2] - k_5[COCl_2][Cl] \quad （ㄅ）$$

對活性中間產物 COCl 和 Cl 用「穩定態近似法」處理，可得：

$$\frac{d[COCl]}{dt} = k_2[Cl][CO][M] - k_3[COCl][M]$$

$$-k_4[COCl][Cl_2] + k_5[COCl_2][Cl] = 0 \quad （ㄆ）$$

$$\frac{d[Cl]}{dt} = 2k_1[Cl_2][M] - k_2[Cl][CO][M] + k_3[COCl][M]$$

$$+k_4[COCl][Cl_2] - k_5[COCl_2][Cl] - 2k_6[Cl]^2[M] = 0 \quad （ㄇ）$$

（ㄆ）＋（ㄇ）得：$2k_1[Cl_2][M] - 2k_6[Cl]^2[M] = 0$

$$[Cl] = \left(\frac{k_1}{k_6}\right)^{1/2}[Cl_2]^{1/2} \quad （ㄈ）$$

將（ㄈ）式帶入（ㄆ）式得：

$$[COCl] = \frac{k_2[CO][M] + k_5[COCl_2]}{k_3[M] + k_4[Cl_2]} \cdot \left(\frac{k_1}{k_6}\right)^{1/2} \cdot [Cl_2]^{1/2} \quad （ㄉ）$$

將（ㄈ）、（ㄉ）二式代入（ㄅ）式得：

$$\frac{d[COCl_2]}{dt} = k_4\left(\frac{k_1}{k_6}\right)^{1/2}[Cl_2]^{3/2}\frac{k_2[CO][M] + k_5[COCl_2]}{k_3[M] + k_4[Cl_2]}$$

$$-k_5\left(\frac{k_1}{k_6}\right)^{1/2}[COCl_2][Cl_2]^{1/2}$$

■ 例 **5.2.32** ■

光氣生成和解離的總反應是：$CO + Cl_2 \rightleftharpoons COCl_2$

其反應機構如下：

$$(1) \quad Cl_2 + M \xrightarrow{\ k_1\ } 2Cl \cdot + M$$

$$(2) \quad Cl \cdot + CO \xrightarrow{\ k_2\ } COCl \cdot$$

$$(3) \quad COCl \cdot \xrightarrow{\ k_3\ } Cl \cdot + CO$$

$$(4) \quad COCl \cdot + Cl_2 \xrightarrow{\ k_4\ } COCl_2 + Cl \cdot$$

$$(5) \quad COCl_2 + Cl \cdot \xrightarrow{\ k_5\ } COCl \cdot + Cl_2$$

$$(6) \quad 2Cl \cdot + M \xrightarrow{\ k_6\ } Cl_2 + M$$

反應 (1)、(6) 和 (2)、(3) 均易達到平衡，對於光氣的生成，反應 (4) 為速率決定步驟，對於光氣的解離，反應 (5) 為速率決定步驟。試分別導出光氣生成和解離的速率公式。

：對於光氣的生成和解離過程，其反應均等於速率決定步驟的速率，即：

$$r_+ = r_4 = k_4[COCl \cdot][Cl_2] \tag{ㄅ}$$

$$r_- = r_5 = k_5[COCl_2][Cl \cdot] \tag{ㄆ}$$

根據題意，(1)、(6) 和 (2)、(3) 均易達到平衡，所以用「平衡態近似法」處理：

$$K_1 = \frac{k_1}{k_6} = \frac{[Cl\bullet]^2}{[Cl_2]} \tag{ㄇ}$$

$$K_2 = \frac{k_2}{k_3} = \frac{[COCl\bullet]}{[Cl\bullet][CO]} \tag{ㄈ}$$

則 $$[Cl\bullet] = \left(\frac{k_1}{k_6}\right)^{1/2}[Cl_2]^{1/2} \tag{ㄉ}$$

$$[\text{COCl}\bullet] = \left(\frac{k_1}{k_6}\right)^{1/2} \cdot \frac{k_2}{k_3}[\text{Cl}_2]^{1/2}[\text{CO}] \qquad\qquad (ㄊ)$$

將（ㄌ）、（ㄊ）式分別代入（ㄅ）、（ㄆ）式，得：

$$r_+ = \left(\frac{k_1}{k_6}\right)^{1/2} \cdot \frac{k_2 k_4}{k_3}[\text{CO}][\text{Cl}_2]^{3/2} = k_+[\text{CO}][\text{Cl}_2]^{3/2}$$

$$r_- = \left(\frac{k_1}{k_6}\right)^{1/2} k_5[\text{COCl}_2][\text{Cl}_2]^{1/2} = k_-[\text{COCl}_2][\text{Cl}_2]^{1/2}$$

例 5.2.33

某一有機鹵化物，在水-重氮化物溶液中進行水解，其產物為 ROH 及 RN₃ 之混合物。有人提出兩種反應過程：

（1）根據以上可能的反應過程，分別推導準 1 級反應速率常數的表示式，推導產率比 [ROH]/[RN₃]。

以上表示式中，除 k 值外可含有[N₃⁻]。

（2）用下述實驗數據去區別兩種過程之可能性，並求其反應速率常數及反應速率常數之比。

[N₃⁻](mole · dm⁻³)	0.00	0.076	0.155	0.237
10⁴ k(實驗)	2.21	3.02	3.64	4.11
[ROH]/[RN₃]	0.00	0.625	1.28	1.95

：先研究「過程 II」。以 A 表示 RX

$$-\frac{d[A]}{dt} = (k'_S + k'_N [N_3^-])[A] = k_{II}[A]$$

即 $k_{II} = k'_S + k'_N [N_3^-]$

應為線性關係，若依據數據將 k_{II} 對 $[N_3^-]$ 做圖，可得知與題意不符，故「過程 II」不可能。

對「過程 I」，可寫為：

$$A \underset{k_{-1}}{\overset{k_1}{\rightleftharpoons}} A^* \quad, \quad A^* \xrightarrow{k_S} P_1 \quad, \quad A^* + N_3^- \xrightarrow{k_N} P_2$$

其中 $A = RX$，$A^* = (R^+ \ X^-)$，$P_1 = ROH$，$P_2 = RN_3$

根據 $\dfrac{d[A^*]}{dt} = 0$，則 $[A^*] = k_1[A]/(k_{-1} + k_S + k_N[N_3^-])$

$$\frac{d[A]}{dt} = d[P_1]/dt + d[P_2]/dt = k_S[A^*] + k_N[N_3^-][A^*] = k_I[A]$$

$$k_I = (k_1 k_S + k_1 k_N[N_3^-])/(k_{-1} + k_S + k_N[N_3^-]) = \frac{1}{k_1} + \frac{k_{-1}}{k_1 k_S}\left(\frac{1}{1 + (k_N/k_S)[N_3^-]}\right)$$

k_I 與 $\dfrac{1}{1 + (k_N/k_S)[N_3^-]}$ 做圖，可得一直線，故「過程 I」有可能。

由於依據（4.16）式，可知平行反應：$[P_1]/[P_2] = (k_N + k_S)[N_3^-]$

從實驗結果可得：$(k_N/k_S) = 8.23\,\text{mole}^{-1} \cdot \text{dm}^3$

從直線斜率及截距可得：$k_1 = 8.85 \times 10^{-4}\,\text{s}^{-1}$ 及 $k_{-1}/k_S = 2.31$

5.3 「平衡態近似法」和「穩定態近似法」的比較

　　「平衡態近似法」和「穩定態近似法」兩種方法相互間的關係和應用條件，我們可用前面【例 5.1】做進一步闡明：

$$A \underset{k_{-1}}{\overset{k_1}{\rightleftharpoons}} B \overset{k_2}{\longrightarrow} C$$

假設反應是在定溫、定體積條件下進行的，則可得：

$$（ㄅ1）\quad -\frac{d[A]}{dt} = k_1[A] - k_{-1}[B]$$

$$（ㄆ1）\quad \frac{d[B]}{dt} = k_1[A] - (k_{-1} + k_2)[B]$$

$$（ㄇ1）\quad \frac{d[C]}{dt} = k_2[B]$$

《平衡態近似法》

　　假定 $B \overset{k_2}{\longrightarrow} C$ 為「速率決定步驟」，這代表著 k_2 值很小，故可知：（ㄅ1）、（ㄆ1）、（ㄇ1）式裏的 $k_1 \gg k_2$ 及 $k_{-1} \gg k_2$，且在此「速率決定步驟」之前的「可逆反應」亦可預期會很快地達成平衡，故得：

$$\frac{[B]}{[A]} = \frac{k_1}{k_{-1}} = K_1 \quad \Longrightarrow \quad [B] = K_1[A]$$

又因已假設 $B \overset{k_2}{\longrightarrow} C$ 為「速率決定步驟」，所以上式代入微分方程式（ㄇ1），可得：

$$\frac{d[C]}{dt} = k_2 K_1[A] \tag{5-I}$$

《穩定態近似法》

　　以【例 5.1】為例，將「中間產物」[B] 濃度用「穩定態近似法」來處理，也就是 $\frac{d[B]}{dt} \approx 0$（即「中間產物」B 的生成速率近似於其消耗速率)，則由微分程式（ㄆ1），可知：

$$\frac{d[B]}{dt} = k_1[A] - (k_{-1} + k_2)[B] = 0$$

$$\Rightarrow 解得：[B] = \frac{k_1}{k_{-1} + k_2}[A] \qquad\qquad （5\text{-}II）$$

上式代入微分方程式（ㄅ1）或（ㄇ1），可得：

$$-\frac{d[A]}{dt} = (k_1 - \frac{k_1 k_{-1}}{k_{-1} + k_2})[A]$$

及 $\dfrac{d[C]}{dt} = \dfrac{k_1 k_2}{k_{-1} + k_2}[A]$

可見：「穩定態近似法」不但消除了微分方程式中的「中間產物」[B]濃度，而且也使得到的結果比直接解微分方程式得到的結果，還要來得簡化。

《平衡態近似法與穩定態近似法的比較》

就這兩種近似法的應用條件來說：

由（5-I）式可知：「平衡態近似法」應用於 $k_1 \gg k_2$ 及 $k_{-1} \gg k_2$ 的情況。

由（5-II）式可知：「穩定態近似法」應用於 $k_1 \ll (k_{-1} + k_2)$ 的情況。

「平衡態近似法」所得到的最終動力學方程式只含有一個動力學參數（k_2），而且包含在 $k_2 K_1$ 的乘積中；而「穩定態近似法」的主要優點是：所得到的最終動力學方程式可包含「複雜反應」中的全部動力學參數（k_1, k_{-1}, k_2）。所以，當我們進行動力學實驗測定時，應用「穩定態近似法」會比用「平衡態近似法」可以得到較多的動力學數據。

但必須強調的是：從上述兩種近似方法所得到的動力學方程式之最終形式來看，「穩定態近似法」比「平衡態近似法」要複雜一些，這是「平衡態近似法」的優點之一。

綜合上面所述，究竟用那種近似法處理較為理想呢？這要根據實驗條件及目的而定。

就上述的例子來說：

（I）由於 A 與 B 之間已達成近似的化學平衡，故 $[B] = \dfrac{k_1}{k_{-1}}[A]$，且在反應

過程中維持這一關係，可從（5-I）式看出，必須要求：

$$k_1 \gg k_2 \text{ 及 } k_{-1} \gg k_2$$

這就是使用「平衡態近似法」的條件。

（**II**）要使中間產物[B]濃度很小，使得 $\dfrac{d[B]}{dt} \approx 0$，則可從（5-II）式看出，必須要求：

$$k_1 \ll k_{-1} + k_2$$

這就是使用「穩定態近似法」的條件，同時還要加上時間夠長的條件（這可幫助 $\dfrac{d[B]}{dt} \to 0$）。

近年來電子計算機的迅速發展，使得過去不能嚴格求解的複雜聯立微分方程式可以較快地求出解答，如此一來，這為「平衡態近似法」或「穩定態近似法」提供一個檢驗測試標準。雖是如此，在一般的「複雜反應」之動力學處理中，我們還是常用「平衡態近似法」或「穩定態近似法」，因為至少可以很快知道粗略的結果。

─────────────────────────────

在反應中，若其中一步比其它各步慢得多，則該最慢的一步就稱為「速率決定步驟」，意義是：〝最慢的一步是決定總反應速率的關鍵〞。除此之外，「速率決定步驟」在動力學中還有兩個衍生的意義：

（1）　「速率決定步驟」之後的步驟不影響總反應速率。

（2）　「速率決定步驟」之前的「可逆反應」步驟保持平衡。

【例 5.3】：實驗測得溶液反應。

$$A + B + C \xrightarrow{\quad H^+ \;(催化劑)\quad} P + Q$$

其反應速率方程式為：

$$r = k[A][B][H^+]$$

即該反應為「3 級反應」，且反應速率與反應物 C 濃度無關。假設「反應機構」為：

（5-a）　$A \;+\; B \underset{k_{-1}}{\overset{k_1}{\rightleftharpoons}} AB$　　快

（5-b）　$AB + H^+ \xrightarrow{\;k_2\;} M + P$　　慢（速率決定步驟）

（5-c）　$M + C \xrightarrow{\;k_3\;} H^+ + Q$　　快

其中 AB 和 M 是高活性「中間產物」，反應（5-b）是「速率決定步驟」。按照前面介紹的觀點：

（1）反應（5-c）在「速率決定步驟」之後，它不影響總反應速率，即總反應速率常數 k 中不包括 k_3。一般來說，「速率決定步驟」之後的「基本反應」之反應物是「速率決定步驟」的產物，所以它們必受「速率決定步驟」的約束，也就是它們的反應速率完全由「速率決定步驟」決定，因此「速率決定步驟」之後的各步驟對總反應速率不產生影響是合乎道理的。

（2）反應（5-a）是「速率決定步驟」之前的「可逆反應」步驟，它保持平衡之論點的正確性值得研究。乍看之下，由於反應（5-b）很慢，使得反應（5-a）中的正、逆反應有足夠時間達到平衡。但仔細分析，對一個正在進行的化學反應而言，是不可能存在平衡的。只要反應（5-b）和反應（5-c）在進行，反應（5-a）就不可能保持真正的平衡。嚴格來說：這種平衡只能是〝近似的達到化學平衡〞，所以稱為「平衡態近似法」。

可由上述反應的「反應機構」推導其反應速率方程式如下：

因為只有反應（5-b）才生成產物 P，所以可由該步寫出總反應的反應速率方程式，即：

$$\frac{d[P]}{dt} = k_2[AB][H^+]$$

為了求出「中間產物」濃度[AB]。由「平衡態近似法」可知，當反應（5-a）保持平衡時，即：

$$\frac{k_1}{k_{-1}} = \frac{[AB]}{[A][B]} \implies [AB] = \frac{k_1}{k_{-1}}[A][B]$$

將此結果帶入上述之反應速率方程式裏，可得：

$$\frac{d[P]}{dt} = \frac{k_1 k_2}{k_{-1}}[A][B][H^+] \tag{5-ㄅ}$$

寫做

$$\frac{d[P]}{dt} = k[A][B][H^+]$$

其中 $k = k_1 k_2 / k_{-1}$。此結果與實驗相符合，並且表明 k 中不包括「速率決定步驟」之後的 k_3，與前面(1)的分析一致。進一步分析可知，反應速率方程式中之所以不包括[C]，是由於反應物 C 只出現在不影響反應速率的反應（5-c）裏。

在上例中，「平衡態近似法」認為反應（5-a）保持平衡。但絕不能以熱力學的化學平衡之觀點來看待反應（5-a），不能認為反應（5-a）中的各物質的量都不再隨時間而變化。如果是這樣的話，反應（5-a）即停止，因為這已表明 A 和 B 的消耗速率均等於零，這顯然是錯誤的。實際上，由於 A 和 B 的消耗速率等於產物 P（或 Q）的生

成速率,所以每當「速率決定步驟」反應(5-b)的「基本反應」進行 1 mole 時,反應(5-a)中必同時發生了 1 mole 朝正方向的淨變化。因此,「平衡態近似法」只能理解爲:在處理「速率決定步驟」時,可把其前面的「可逆反應」視爲平衡,即對於「速率決定步驟」而言,其前面的「可逆反應」保持平衡;而對於「可逆反應」自己本身而言,卻並不平衡。換句話說:「平衡態近似法」不僅是一種近似,同時還具有相對性,在具體應用時應該要注意。

在上面的例子中,若用「穩定態近似法」推導速率方程式,則先由反應(5-b)列出反應速率方程式:

$$\frac{d[P]}{dt} = k_2[AB][H^+]$$

據「穩定態近似法」

$$\frac{d[AB]}{dt} = k_1[A][B] - k_{-1}[AB] - k_2[AB][H^+] = 0$$

解此代數方程式,得:

$$[AB] = \frac{k_1[A][B]}{k_{-1} + k_2[H^+]}$$

將此結果帶入前面的反應速率方程式,得:

$$\frac{d[P]}{dt} = \frac{k_2 k_1[A][B][H^+]}{k_{-1} + k_2[H^+]} \qquad (5\text{-}ㄆ)$$

此式是由「穩定態近似法」導出,若考慮到反應(5-b)是「速率決定步驟」,即 $k_2 \ll k_{-1}$,因而 $k_2[H^+] \ll k_{-1}$,$k_{-1} + k_2[H^+] \approx k_{-1}$,於是(5-ㄆ)式簡化爲:

$$\frac{d[P]}{dt} = \frac{k_1 k_2}{k_{-1}}[A][B][H^+]$$

此式與「平衡態近似法」導出的(5-ㄅ)式相同。這表示:「穩定態近似法」和「平衡態近似法」做爲兩種處理方法,二者是殊途同歸。

對存在「速率決定步驟」且其前面有「可逆反應」的化學反應而言,既可以用「平衡態近似法」也可以用「穩定態近似法」。從這意義上來說,「穩定態近似法」包括「平衡態近似法」或許比「平衡態近似法」的適用範圍來得更爲寬廣,而「平衡態近似法」只是「穩定態近似法」的一種特例。從上述這兩種近似法的關係來看,相較之下,「穩定態近似法」是基礎,故具有更大的重要性。

※由反應機制推導反應速率方程式時應該注意的問題

　　以上介紹了推導反應速率方程式的兩種近似方法，在實際應用時還有一些具體問題應該注意。由「反應機構」推導反應速率方程式是動力學的重要內容之一，同時也是一項技巧性較高的工作。對於複雜的「反應機構」，如果不加思索地盲目推導，往往會事半功倍，甚至可能得出錯誤結果。

例 5.3.1

反應 $RCl + OH^- \longrightarrow ROH + Cl^-$ 的可能反應機構為：

$$RCl \underset{k_{-1}}{\overset{k_1}{\rightleftharpoons}} R^+ + Cl^-$$

$$R^+ + OH^- \overset{k_2}{\longrightarrow} ROH$$

試用：(1) 用平衡態近似法推導速率方程式。

　　　(2) 用穩定態近似法推導速率方程式。

：(1) 設 $(k_1 + k_{-1}) \gg k_2$，則第二步驟為「速率決定步驟」，用「平衡態近似法」較合理。

$$\frac{d[ROH]}{dt} = k_2[R^+][OH^-]$$

$$\frac{[R^+][Cl^-]}{[RCl]} = K_c = \frac{k_1}{k_{-1}}$$

則 $[R^+] = \dfrac{k_1[RCl]}{k_{-1}[Cl^-]}$

所以 $\dfrac{d[ROH]}{dt} = \dfrac{k_1 k_2}{k_{-1}} \times \dfrac{[RCl] \cdot [OH^-]}{[Cl^-]}$

(2) 設 $(k_1 + k_{-1}) \gg k_1$，即中間物 R^+ 生成速率慢，而消耗速率快，則 R^+ 可作為活潑中間物來處理，用「穩定態近似法」較合理。

$$\frac{d[ROH]}{dt} = k_2[R^+][OH^-]$$

$$\frac{d[R^+]}{dt} = k_1[RCl] - k_{-1}[R^+][Cl^-] - k_2[R^+][OH^-] = 0$$

則 $[R^+] = \dfrac{k_1[RCl]}{k_{-1}[Cl^-] + k_2[OH^-]}$

所以 $\dfrac{d[ROH]}{dt} = \dfrac{k_1 k_2[RCl][OH^-]}{k_{-1}[Cl^-] + k_2[OH^-]}$

由此看出，對於同一反應機構，若用不同的方法來處理，得到的結果稍有差異，只有引入更進一步的假設才能使二種近似法的結果相同。

■ **例 5.3.2** ■

高溫下氣相反應 $H_2+I_2 \longrightarrow 2HI$ 的反應機構為：

$$(1) \quad I_2 \underset{k_{-1}}{\overset{k_1}{\rightleftharpoons}} 2I\bullet \qquad\qquad (快)$$

$$(2) \quad H_2 + 2I\bullet \overset{k_2}{\longrightarrow} 2HI\bullet \quad (慢)$$

試分別用「平衡態近似法」和「穩定態近似法」推導出反應速率方程式，且與實驗速率

方程式：$r = \dfrac{d[HI]}{dt} = k[H_2][I_2]$ 相比較。

:《平衡態近似法》：

由平衡態條件：$K_c = \dfrac{[I\bullet]^2}{[I_2]} = \dfrac{k_1}{k_{-1}}$

$\therefore [I\bullet]^2 = \dfrac{k_1}{k_{-1}}[I_2]$

$\dfrac{d[HI]}{dt} = 2k_2[H_2][I\bullet]^2 = \dfrac{2k_1 k_2}{k_{-1}}[H_2][I_2] = k[H_2][I_2]$

《穩定態近似法》：

$\dfrac{d[I\bullet]}{dt} = 2k_1[I_2] - 2k_{-1}[I\bullet]^2 - 2k_2[H_2][I\bullet]^2 = 0$

$[I\bullet]^2 = \dfrac{k_1 \cdot [I_2]}{k_{-1} + k_2[H_2]}$

$\dfrac{d[HI]}{dt} = 2k_2[H_2][I\bullet]^2 = \dfrac{2k_1 k_2[H_2][I_2]}{k_{-1} + k_2[H_2]}$

由於「速率決定步驟」前為快速平衡，故 $k_{-1} >> k_2[H_2]$

$\therefore \dfrac{d[HI]}{dt} = \dfrac{2k_1 k_2[H_2][I_2]}{k_{-1}} = k[H_2][I_2]$

用「穩定態近似法」和「平衡態近似法」都可推得與實驗速率方程式相一致的結果，

其中 $k = \dfrac{2k_1 k_2}{k_{-1}}$ 。

▪ **例 5.3.3** ▪

已知反應：$2NO + O_2 \longrightarrow 2NO_2$，實驗測得其反應速率方程式為：$r = k[NO]^2[O_2]$。
（1）試問此反應速率方程式之推測，有那幾種可能的反應機構？
（2）論證所推測的反應機構的可能性。

：（1）推測如下三種反應機構：

（i）1 步反應機構：

$$2NO + O_2 \longrightarrow 2NO_2 \tag{ㄅ}$$

（ii）3 步反應機構：

$$2NO \underset{k_{-1}}{\overset{k_1}{\rightleftharpoons}} N_2O_2 \qquad （快速平衡） \tag{ㄆ}$$

$$N_2O_2 + O_2 \xrightarrow{k_2} 2NO_2 （慢） \tag{ㄇ}$$

（iii）3 步反應機構：

$$NO + O_2 \underset{k_4}{\overset{k_3}{\rightleftharpoons}} NO_3 \qquad （快速平衡） \tag{ㄈ}$$

$$NO_3 + NO \xrightarrow{k_5} 2NO_2 \qquad （慢） \tag{ㄉ}$$

（2）反應機構（i）的可能性比較小，因為三分子的基本反應極少。
 若反應機構（ii）成立，則

由（ㄇ）式 $\Rightarrow r = -\dfrac{d[O_2]}{dt} = \dfrac{1}{2}\dfrac{d[NO_2]}{dt} = k_2[N_2O_2][O_2]$ $\tag{a}$

用「平衡態近似法」，處理，可得：

$$k_1[NO]^2 = k_{-1}[N_2O_2] \Rightarrow [N_2O_2] = \dfrac{k_1}{k_{-1}}[NO]^2 \tag{b}$$

將（b）式代入（a）式，得：

$$r = k_2[O_2]\dfrac{k_1}{k_{-1}}[NO]^2 = k[NO]^2[O_2] \quad （其中，k = \dfrac{k_1 \cdot k_2}{k_{-1}}）$$

與實驗速率方程式相符。

若反應機構（iii）成立，則

由（ㄅ）式 $\Rightarrow r = \dfrac{1}{2}\dfrac{d[NO_2]}{dt} = -\dfrac{d[NO]}{dt} = k_5[NO_3][NO]$ (c)

用「平衡態近似法」處理，可得：

$$k_3[NO][O_2] = k_4[NO_3] \Rightarrow [NO_3] = \dfrac{k_3}{k_4}[NO][O_2] \tag{d}$$

將（d）式代入（c）式，得：

$$r = k_5[NO]\dfrac{k_3}{k_4}[NO][O_2] = k[NO]^2[O_2] \ \left(\text{其中} \ k = \dfrac{k_3 \cdot k_5}{k_4}\right)$$

與實驗速率方程式亦相符。

反應機構（ii）的中間產物 N_2O_2，反應機構（iii）的中間產物為 NO_3，尚需由實驗檢測在反應條件下是否存在。再利用熱力學原理和量子化學計算加以分析，才能推斷反應機構（ii）、（iii）何者成立，或者在不同反應條件下顯現不同的反應機構。

▪ 例 5.3.4 ▪

有反應 N_2O_5（1）$+NO$（2）$\longrightarrow 3NO_2$（3），今在 298°K 下進行實驗。第一次實驗：$p^\circ_1 = 133 \ P_a$，$p^\circ_2 = 13.3 \ kP_a$，做 $\log(p_1)$ 對 t 圖為一直線，由斜率得：$t_{1/2} = 2 \ h$；第二次實驗：$p^\circ_1 = p^\circ_2 = 6.67 \ kP_a$，測得下列數據：

p(總/kP$_a$)	13.3	15.3	16.7
t(h)	0	1	2

設速率方程式為：$r = kp_1^x p_2^y$，請求出 x 及 y 值，並推測可能的反應機構。

：由題意已知：$-\dfrac{dp_1}{dt} = kp_1^x p_2^y$ (I)

〈實驗一〉：題意已知：$p^\circ_2 \gg p^\circ_1$，故（I）式可改寫為：

$$-\dfrac{dp_1}{dt} = k'p_1^x \ (k' = kp^\circ_2) \tag{II}$$

$\log p_1$ 對 t 做圖可得直線，這證明本反應屬於「1 級反應」，故 x＝1。

〈實驗二〉：

$$N_2O_5 \quad + \quad NO \quad \longrightarrow \quad 3NO_2 \qquad 總壓力$$

當 t=0 時：	$p°_1$	$p°_2$	0	$p(總)_0$
當 t=t 時：	$p°_1-x$	$p°_2-x$	$3x$	$p(總)_t$
當 t=∞時：	0	0	$3p°_1$（或 $3p°_2$）	$p(總)_\infty$

$(p_\infty - p_t)/(p_\infty - p_0) = (p°_1 - x)/p°_1$ 代表著反應物未完成的百分比。

可知：$p(總)_0 = p°_1 + p°_2 = 2p°_1$，$p(總)_t = 2p°_1 + x$，$p(總)_\infty = 3p°_1 = 3p°_2$

t=1 h，反應未完成的百分比 $= \dfrac{(2.00-1.53)\times10^4 \ P_a}{(2.00-1.33)\times10^4 \ P_a} = 70.1\%$

t=2 h，反應未完成的百分比 =49.3%

證明該反應的分數衰期與初濃度無關，這正是「1 級反應」的特徵。

又因題意已知：$p°_1 = p°_2$，故 $r = k_2 p_1^x p_2^y = k_2 p_1^{x+y} = k_2 p_1$

$\Rightarrow$ x+y=1，且先前已證明，x=1

故 y=0，$k = 9.63\times10^{-5} \ s^{-1}$

〈推測反應機構〉：

$$N_2O_5\,(p_1) \underset{k_{-1}}{\overset{k_1}{\rightleftharpoons}} NO_2\,(p_3) + NO_3 \qquad 平衡過程$$

$$NO\,(p_2) \quad + \quad NO_3 \quad \overset{k_2}{\longrightarrow} \quad 2NO_2 \qquad 速率決定步驟$$

應用「穩定態近似法」可得：

$$r = k_2\,(p_2)(p_{NO_3})，\quad 又 \ p_{NO_3} = \frac{k_1 p_1}{k_{-1}p_3 + k_2 p_2}$$

$$r = \frac{k_2 k_1 p_1 p_2}{k_{-1}p_3 + k_2 p_2} = kp_1，\quad k = \frac{k_1 k_2 p_2}{k_{-1}p_3 + k_2 p_2}$$

當 $k_2 p_2 >> k_{-1}p_3$ 時，$k = k_1$，則 $r = k_1 p_1$ 與實驗結果相符。這就意味著：該反應機構應如下所示：

$$N_2O_5 \underset{k_{-1}}{\overset{k_1}{\rightleftharpoons}} NO_2 + NO_3$$

$$NO + NO_3 \overset{k_2}{\longrightarrow} 2NO_2$$

■ 例 **5.3.5** ■

在水溶液中，Br⁻催化的苯胺與亞硝酸反應式如下：

$$H^+ + HNO_2 + C_6H_5NH_2 \xrightarrow{\quad Br^-\quad} C_6H_5N_2^+ + 2H_2O$$

已知反應速率方程式為 $r = k[H^+][HNO_2][Br^-]$，若中間物 NOBr 存在，試推測其反應過程。

：Br⁻在計量方程式中不存在，卻出現在反應速率方程式中且級數為正，則 Br⁻可能是催化劑，或為「速率決定步驟」前平衡反應的反應物，或參加「速率決定步驟」反應，而在隨後的快速反應中再生。反應物 $C_6H_5NH_2$ 不出現在反應速率方程式中，故在「速率決定步驟」後出現。假設反應機構如下：

$$(1) \quad H^+ + HNO_2 \underset{k_{-1}}{\overset{k_1}{\rightleftharpoons}} H_2NO_2^+ \quad (快速平衡)$$

$$(2) \quad H_2NO_2^+ + Br^- \xrightarrow{k_2} NOBr + H_2O \quad (速率決定步驟)$$

$$(3) \quad NOBr + C_6H_5NH_2 \xrightarrow{k_3} C_6H_5N_2^+ + H_2O + Br^- \quad (快速反應)$$

由於（2）是總反應的「速率決定步驟」，故總反應速率為：

$$r = k_2[H_2NO_2^+][Br^-]$$

中間產物的濃度$[H_2NO_2^+]$可由快速平衡反應（1）求得：

$$[H_2NO_2^+] = \frac{k_1}{k_{-1}}[H^+][HNO_2]$$

則 $r = \dfrac{k_1 k_2}{k_{-1}}[H^+][HNO_2][Br^-] = k[H^+][HNO_2][Br^-]$

式中 $k = \dfrac{k_1 k_2}{k_{-1}}$．

可見，由反應機構（1）、（2）、（3）導出的反應速率方程式與實驗得出的速率方程式一致。

■ 例 **5.3.6** ■

298.2°K 在水溶液中有反應 $ClO^- + I^- \longrightarrow Cl^- + IO^-$。在不同初濃度時，測得相應的初速率，實驗結果如下：

	1	2	3	4
$10^3[ClO^-]_0/mole \cdot dm^{-3}$	4.00	2.00	2.00	2.00
$10^3[I^-]_0/mole \cdot dm^{-3}$	2.00	4.00	2.00	2.00
$10^3[OH^-]_0/mole \cdot dm^{-3}$	1000	1000	1000	250
$10^3 r_0/mole \cdot dm^{-3} \cdot s^{-1}$	0.48	0.50	0.24	0.94

（1）求反應速率方程式及反應速率常數。

（2）試設計一反應過程，使符合（1）之反應速率方程式。

：（1）設該反應速率方程式為：

$$r = k[ClO^-]^a[I^-]^b[OH^-]^c \qquad （ㄅ）$$

先由實驗（3）、（4）數據進行分析。僅改變$[OH^-]$而其他組不變時，代入（ㄅ）式：

$$\frac{r_0(3)}{r_0(4)} = \frac{0.24 \times 10^{-3}\ mole \cdot dm^{-3} \cdot s^{-1}}{0.94 \times 10^{-3}\ mole \cdot dm^{-3} \cdot s^{-1}} \approx \frac{1}{4}$$

$$\frac{r_0(3)}{r_0(4)} = \left(\frac{[OH^-](3)}{[OH^-](4)}\right)^c = \left(\frac{1000}{250}\right)^c = \frac{1}{4} \Rightarrow \therefore c = -1$$

同理，分別由實驗（2）、（3）數據和實驗（1）、（2）數據得：

$b = 1$，$a = 1$

$$\therefore r = k[ClO]^-[I^-][OH^-]^{-1} \qquad （ㄆ）$$

將四組實驗數據分別代入（ㄆ）式求 k，並取平均值得到：

$$\bar{k} = 60.3s^{-1}$$

（2）OH^-不出現在計量方程式中，而出現在速率方程式中，且級數為-1，故 OH^-為負催化劑，在「速率決定步驟」前，快速平衡反應的產物一方出現而又不參加「速率決定步驟」。可設想如下反應過程：

$$I^- + H_2O \underset{k_{-2}}{\overset{k_2}{\rightleftharpoons}} HI + OH^- \quad （快速平衡）$$

$$HI + ClO^- \xrightarrow{\ k_3\ } IO^- + H^+ + Cl^- \text{（速率決定步驟）}$$

$$k_2[I^-][H_2O] = k_{-2}[OH^-][HI]$$

$$[HI] = \frac{k_2[I^-][H_2O]}{k_{-2}[OH^-]}$$

$$\therefore r = k_3[HI][ClO^-] = \frac{k_2 k_3[H_2O]}{k_{-2}}[ClO^-][I^-][[OH^-]]^{-1}$$

$$= k[ClO^-][I^-][OH^-]^{-1}$$

式中 $k = \dfrac{k_2 k_3[H_2O]}{k_{-2}}$，$H_2O$ 爲溶劑，故$[H_2O]$歸入常數項。可見，由上述反應機構導出的速率方程式與實驗方程式一致。

■ 例 5.3.7 ■

氣相反應：$2NO_2Cl \longrightarrow 2NO_2 + Cl_2$

實驗速率方程式：$r = k[NO_2Cl]$。試爲該反應推測一反應機構。

：由反應速率方程式可知：反應物 NO_2Cl 的級數小於其計量方程式中的化學計量數（即莫耳數），故不可能是〝一步反應機構〞，因此反應物 NO_2Cl 除了在「速率決定步驟」中參與反應外，在「速率決定步驟」之後還會繼續參與反應，所以推測反應機構如下：

$$NO_2Cl \xrightarrow{\ k_1\ } NO_2 + Cl \qquad \text{（慢）}$$

$$NO_2Cl + Cl \xrightarrow{\ k_2\ } NO_2 + Cl_2 \qquad \text{（快）}$$

用「穩定態近似法」處理，可得：

$$\frac{d[Cl]}{dt} = k_1[NO_2Cl] - k_2[NO_2Cl][Cl] = 0 \implies \text{解得：} [Cl] = \frac{k_1}{k_2} \qquad \text{（ㄅ）}$$

若以 NO_2Cl 的消耗速率做爲反應速率，則：

$$r = -\frac{1}{2} \cdot \frac{d[NO_2Cl]}{dt} = \frac{1}{2}\left(k_1[NO_2Cl] + k_2[NO_2Cl][Cl]\right) \qquad \text{（ㄆ）}$$

（ㄅ）式代入（ㄆ）式，可得：

$r = k_1[NO_2Cl]$ 與實驗速率方程式一致。

若眞的在實驗中檢測到中間產物 Cl 的存在，則上述設定的反應機構有可能是眞的。

■ 例 **5.3.8** ■

實驗測得反應 $N_2O_{(g)} \longrightarrow N_{2(g)} + \frac{1}{2}O_{2(g)}$ 的速率方程式爲：

$$-\frac{d[N_2O]}{dt} = \frac{k_1[N_2O]^2}{1+k[N_2O]}$$

試分析下列反應機構成立嗎？

（1）$N_2O \;+\; N_2O \;\underset{k_{-1}}{\overset{k_1}{\rightleftarrows}}\; N_2O^* \;+\; N_2O$

（2）$N_2O^* \xrightarrow{\;k_2\;} N_2 + O$

（3）$O + O \xrightarrow{\;k_3\;} O_2$

N_2O^*爲激發態分子。

：由（1）式至（3）式可得：

$$-\frac{d[N_2O]}{dt} = k_1[N_2O]^2 - k_{-1}[N_2O][N_2O^*] \tag{ㄅ}$$

對 N_2O^*用「穩定態近似法」處理：

$$\frac{d[N_2O^*]}{dt} = k_1[N_2O]^2 - k_{-1}[N_2O][N_2O^*] - k_2[N_2O^*] = 0$$

$$[N_2O^*] = \frac{k_1[N_2O]^2}{k_2 + k_{-1}[N_2O]} \tag{ㄆ}$$

將（ㄆ）式代入（ㄅ）式得：

$$-\frac{d[N_2O]}{dt} = k_1[N_2O]^2 - \frac{k_{-1}[N_2O]k_1[N_2O]^2}{k_2 + k_{-1}[N_2O]} = k_1[N_2O]^2\left(1 - \frac{k_{-1}[N_2O]}{k_2 + k_{-1}[N_2O]}\right)$$

$$= \frac{k_1k_2[N_2O]^2}{k_2 + k_{-1}[N_2O]} = \frac{k_1[N_2O]^2}{1 + \frac{k_{-1}}{k_2}[N_2O]} = \frac{k_1[N_2O]^2}{1 + k'[N_2O]}$$

由題目的反應機構推導出的反應速率方程式與實驗結果一致，這暗示著該反應機構有可能是眞的。

■ 例 **5.3.9** ■

NO_2NH_2 在緩衝介質（水溶液）中緩慢分解：

$$NO_2NH_2 \longrightarrow N_2O_{(g)} \uparrow + H_2O$$

實驗測得下列規律：

（a）定溫下，在溶液上部固定體積中可測定分壓 p 來測定反應速率，根據 p 對 t 做圖所得的曲線可得以下方程式：

$$\ln \frac{p_\infty}{p_\infty - p} = k't$$

（b）改變緩衝介質 pH 值，並求 $t_{1/2}$，據 $\ln t_{1/2}(s)$ 對 t 圖得一直線，斜率為－1，截距為 $\ln(0.693/k)$，試回答下列問題：

（1）根據以上實驗，求微分反應速率方程式。

（2）有人提出如下兩種反應方程式：

$$（I）\quad NO_2NH_2 \quad \xrightarrow{\ k_1\ } \quad N_2O_{(g)} \quad + \quad H_2O$$

$$（II）\quad NO_2NH_2 \ + \ H_3O^+ \quad \underset{k_{-2}}{\overset{k_2}{\rightleftharpoons}} \quad NO_2NH_3^+ \ + \ H_2O$$

$$NO_2NH_3^+ \quad \xrightarrow{\ k_3\ } \quad N_2O \ + \ H_3O^+ \quad （速率決定步驟）$$

你認為上述反應過程與實驗事實是否相符？為什麼？

（3）請提出你認為比較合理的反應方程式，並求與該過程相一致的反應速率方程式，與實驗速率方程式相對照。

：（1）令反應速率方程式為：$r = k[NO_2NH_2]^m[H^+]^n$

已知緩衝溶液中$[H^+]$為常數，故上式可改寫為：

$r = k'[NO_2NH_2]^m$，（其中 $k' = k[H^+]^n$）。

若 $m = 1$，應為 $\ln(c_0/c) = k't$，與產物 N_2O 濃度呈線性關係的是壓力。

當溫度一定時，可得：$p_\infty \propto c_0$，$(p_\infty - p) \propto c$，

比例常數為定值，則 $\ln[p_\infty/(p_\infty - p)] = k't$，與實驗一致，$m = 1$，

又據準級數反應：$\ln(t_{1/2}/s) = \ln(0.693/\{k\}) - n \cdot \ln[H^+] = \ln(0.693/\{k\}) + npH$

由於 $\ln(t_{1/2}/s) = \lg(0.693/\{k\}) - PH$，故 $n = -1$

（2）一反應方程式是否符合實際，可由反應過程中各基本反應所得之總速率方程式來判別。反應過程（I）對$[NO_2NH_2]$為「1級反應」，對$[H^+]$為「零級反應」，顯然與（I）中所得速率方程式不一致。反應過程（II）對$[NO_2NH_2]$為「1級反應」，對$[H^+]$也為「1級反應」，也與（ㄅ）式之反應速率方程式不符合。

（3）根據 $r=k[NH_2NO_2]/[H^+]$，所有可能的反應過程中，其「速率決定步驟」反應物元素總組成必須為 $1 \times NH_2NO_2 - 1 \times H$，故可能還有以下幾種過程：

（III）　$NO_2NH_2 + OH^- \overset{K_1}{\underset{}{\rightleftharpoons}} NO_2NH^- + H_2O$

$NO_2NH^- \overset{k_4}{\longrightarrow} N_2O + OH^-$（速率決定步驟）

可得反應速率方程式為：

$r = k_4[NO_2NH^-] = k_4K_1[NH_2NO_2][OH^-]/[H_2O]$

$\because K_w = [H^+][OH^-]/[H_2O]$

$\therefore r = k_4K_1K_w[NH_2NO_2]/[H^+] = k[NH_2NO_2]/[H^+]$

$k = k_4K_1K_w$

（IV）$NO_2NH_2 + H_2O \rightleftharpoons NO_2NH_2OH^- + H^+$

$NO_2NH_2OH^- \overset{k_5}{\longrightarrow} N_2O + OH^- + H_2O$（速率決定步驟）

$H^+ + OH^+ \longrightarrow H_2O$

本反應過程中，「速率決定步驟」之「正向反應」為〝單分子反應〞，而「逆向反應」為〝三分子反應〞，只能說有這種可能性，但機率較小。

（V）　$NO_2NH_2 \rightleftharpoons NO_2NH^- + H^+$

$NO_2NH^- \longrightarrow N_2O + OH^-$（速率決定步驟）

$H^+ + OH^- \longrightarrow H_2O$

由本題可見：與同一反應速率方程式相符合的反應過程可以有多個，到底那一個才是真正的「反應機構」，尚須做一系列實驗才能正式確認。

例 5.3.10

液相反應：$Cr^{3+} + 3Ce^{4+} \longrightarrow Cr^{6+} + 3Ce^{3+}$。

實驗求得其反應速率方程式為：$r = k[Ce^{4+}]^2[Cr^{3+}][Ce^{3+}]^{-1}$

請推測其反應方程式。

：根據規則 I 可對該反應的過程做如下分析：

(1)「速率控制步驟」的反應物其元素總組成應為 $2Ce + Cr^- - Ce \rightleftharpoons Ce + Cr$，活性中間物之價數可能藉於 Cr^{3+} 與 Cr^{6+} 之間，即 Cr^{4+} 或 Cr^{5+}。

(2) Ce^{3+} 為負級數，故在反應過程中應在「速率控制步驟」前快速平衡過程的產物一方，而又不參加「速率控制步驟」的反應。

(3) 反應對 Ce^{4+} 為「2 級反應」，而計量數為 3，因此 Ce^{4+} 在「速率控制步驟」前出現在 2 個「基本反應」中，且在「速率控制步驟」後還必須有其參加的「基本反應」。

根據以上分析，可推測反應過程如下：

$$Ce^{4+} + Cr^{3+} \overset{K}{\rightleftharpoons} Ce^{3+} + Cr^{4+} \text{（快速平衡）}$$

$$Ce^{4+} + Cr^{4+} \overset{k_2}{\longrightarrow} Ce^{3+} + Cr^{5+} \text{（速率控制步驟）}$$

$$Ce^{4+} + Cr^{5+} \overset{k_3}{\longrightarrow} Ce^{3+} + Cr^{6+} \text{（快速反應）}$$

由上反應過程，可得總反應方程式為：

$$3Ce^{4+} + Cr^{3+} \longrightarrow 3Ce^{3+} + Cr^{6+}$$

應用「平衡態近似法」：

$$K = \frac{[Ce^{3+}][Cr^{4+}]}{[Ce^{4+}][Cr^{3+}]} \Rightarrow [Cr^{4+}] = K \cdot \frac{[Ce^{4+}][Cr^{3+}]}{[Ce^{3+}]}$$

可得：$r = k_2[Ce^{4+}][Cr^{4+}] = k_2 K [Ce^{4+}]^2 [Cr^{3+}][Ce^{3+}]^{-1}$

與實驗所得相一致，且知 $k = k_2 K$

■ 例 5.3.11 ■

一氧化氮氧化的反應機構如下：

$$2NO \underset{k_{-1}}{\overset{k_1}{\rightleftharpoons}} 2NO_2$$

$$N_2O_2 + O_2 \overset{k_2}{\longrightarrow} 2NO_2$$

試分別採用「穩定態近似法」和「平衡態近似法」處理，並導出總反應速率式，並討論各種方法的適用條件。

：反應速率公式為：$r = \dfrac{d[NO_2]}{dt} = 2k_2[N_2O_2][O_2]$

（ㄅ）「穩定態近似法」處理：

$$\frac{d[N_2O_2]}{dt} = 0 = k_1[NO]^2 - k_{-1}[N_2O_2] - k_2[N_2O_2][O_2]$$

$$\Rightarrow \quad [N_2O_2] = \frac{k_1[NO]^2}{k_{-1} + k_2[O_2]}$$

$$r = \frac{2k_1k_2}{k_{-1} + k_2[O_2]}[NO]^2[O_2]$$

「穩定態近似法」的條件是：中間產物$[N_2O_2]$很活潑，而且其濃度要很小，使 $k_1[NO]^2 - k_{-1}[N_2O_2] = k_2[N_2O_2][O_2]$，不難看出當 $k_{-1} + k_2[O_2] >> k_1$ 時，能滿足此條件。

（ㄆ）現用「平衡態近似法」處理：

$$[N_2O_2] = \frac{k_1}{k_{-1}}[NO]^2 \quad \Rightarrow \quad r = \frac{2k_1k_2}{k_{-1}}[NO]^2[O_2]$$

條件 $k_{-1} >> k_2[O_2]$，即第二步為速率控制步驟，k_2 很小。若把此條件代入到「穩定態近似法」的反應速率式中，兩種不同處理方法皆能得到相同的結果。

例 5.3.12

在 $300°K$ 研究反應 $A_2 + 2B \rightleftharpoons C + 2D$ 假設其速率方程式為：$r = k[A_2]^x[B]^y$

（1）當 A_2、B 初濃度分別為 0.010 mole·dm^{-3} 和 0.020 mole·dm^{-3} 時，測得反應物 B 在不同時刻的濃度數據如下：

t(s)	0	90	217
[B]/(mole·dm^{-3})	0.020	0.010	0.0050

求反應總級數。

（2）當 A_2、B 初濃度均為 0.020 mole·dm^{-3} 時，測得初反應速率僅為實驗 1 時的 1.4 倍，請求對 A_2、B 之反應級數 x、y。

（3）求算 k 值。

（4）據以上實驗事實，設計一可能的反應過程，並用「穩定態近似法」驗證之。

：（1）由於是按化學計量比進料，故將反應速率方程式改寫為：

$$r = k'[B]^{x+y} = k'[B]^m \Rightarrow m = x+y$$

若 $m \neq 1$，則其半衰期表達式為：$t_{1/2} = 1/(k'[B]_0^{m-1})$

從實驗數據知：當 $[B]_0 = 0.020$ mole $\cdot$ dm^{-3} 時，$t_{1/2} = 90$ s

當 $[B]_0' = 0.010$ mole $\cdot$ dm^{-3} 時，$t_{1/2} = (217-90)$ s $= 127$ s

則用 $t_{1/2}$ 之比來求反應級數：

$$\frac{t_{1/2}}{t_{1/2}'} = \frac{k'[B]_0'^{m-1}}{k'[B]_0^{m-1}} = \left(\frac{[B]_0'}{[B]_0}\right)^{m-1} \Rightarrow \frac{90}{127} = \left(\frac{0.01}{0.02}\right)^{m-1}$$

上式取對數後，可得 $m = x+y = 1.5$

（2）第二次實驗 $[A_2]_0$ 和 $[B]_0$ 相等，

於是 $r_{0,1}/r_{0,2} = 1/1.4 = \{[A_2]_{0,1}/[A_2]_{0,2}\}^x = (0.010/0.020)^x$

解之可得：$x = 0.5$ 和 $y = 1$

（3）$r = -\dfrac{d[B]}{2dt} = k[A_2]^{1/2}[B]$，$[A_2]_0 = [B]_0/2$

所以 $r_0 = (k/\sqrt{2})[B]_0^{3/2} = k'[B]_0^{3/2}$

$$t_{1/2} = \frac{\theta^{1-n}-1}{2(n-1)k'[B]_0^{n-1}} = \frac{\sqrt{2}-1}{2 \times 0.5(k/\sqrt{2})(0.02)^{1/2}} = 90 \text{ s}$$

可得：$k = 0.0461$ mole$^{-1/2}$ $\cdot$ dm$^{3/2}$ $\cdot$ s^{-1}

（4）當出現反應級數為分數型時（如本題解得為「1.5級反應」），這暗示著「速率決定步驟」前必出現解離平衡，且「速率決定步驟」的過渡態（或反應物）的元素總組成寫為：$A_2/2 + B \rightleftharpoons A + B$，據此我們假設該反應機構如下：

$$A_2 \underset{}{\overset{K}{\rightleftharpoons}} 2A \qquad \text{快速平衡}$$

$$A + B \xrightarrow{k_2} AB \qquad \text{速率決定步驟}$$

應用「平衡近似法」，可得：$r = K^{1/2} \cdot k_2[A_2]^{1/2}[B]$

這與實驗所得的反應速率方程式相互一致，這表示：所假設的反應機構可能是對的，但仍需設計進一步實驗來驗證，例如檢測反應中間物 A 是否存在。

例 5.3.13

反應 $N_2O_5 + NO \longrightarrow 3NO_2$ 在 25°C 時進行。第一次實驗：$p_i(N_2O_5) = 1.0 \times 10^2\ P_a$，$p_i(NO) = 1.0 \times 10^4\ P_a$，（$p_i$ 表示初分壓力），以 $\ln p(N_2O_5)$ 對 t 作圖得一直線，由圖求得 N_2O_5 的半衰期為 2 h；第二次實驗：$p_i(N_2O_5) = p_i(NO) = 5.0 \times 10^3\ P_a$，並測得下列數據：

t(h)	0	1	2
p(總/$10^3 P_a$)	10.0	11.5	12.5

（1）設實驗的速率公式形成為 $r = k[p(N_2O_5)]^\alpha[p(NO)]^\beta$。試求 α、β 值，並求算反應的巨觀反應速率常數 k 值。

（2）設該反應機構為：

$$N_2O_5 \xrightleftharpoons[k-]{k_+} NO_2 + NO_3$$

$$NO + NO_3 \xrightarrow{k_2} 2NO_2$$

試推斷在怎樣的條件下，由該反應機構導出的速率公式能夠與實驗結果一致？

（3）當 $p_i(N_2O_5) = 1.00 \times 10^4\ P_a$，$p_i(NO) = 1.0 \times 10^2\ P_a$，NO 反應掉一半需要多少時間？

：（1）$r = k[p(N_2O_5)]^\alpha[p(NO)]^\beta$

由第一次實驗：$p_i(N_2O_5) << p_i(NO)$，故：$r = k'[p(N_2O_5)]^\alpha$

因 $\ln p(N_2O_5)$ 對 t 圖為一直線，這是「1 級反應」特徵，故 $\alpha = 1$

由第二次實驗，根據計量程式：

$$N_2O_5 \quad + \quad NO \quad \longrightarrow \quad 3NO_2$$

當 t = 0 時： p_i：$5.0 \times 10^3\ P_a$ $\quad$ $5.0 \times 10^3\ P_a$ $\qquad\quad$ 0

當 t = t 時： $\qquad p_i - p$ $\qquad\qquad$ $p_i - p$ $\qquad\qquad\quad$ 3p

$p(總) = 2p_i + p$，$p = p(總) - 2p_i$

當 t = 1h，反應物消耗的百分比為：

$$\frac{p(總) - 2p_i}{p_i} = \frac{(11.5 - 2 \times 5.0) \times 10^3}{5.0 \times 10^3} = 30\%$$

當 t = 2h，反應物消耗的分數為：

$$\frac{p(總) - 2p_i}{p_i} = \frac{(12.5 - 2 \times 5.0) \times 10^3}{5.0 \times 10^3} = 50\%$$

在第 2 個小時內，反應物又消耗了：$\dfrac{0.50-0.30}{0.70}\approx 30\%$，可見該反應的分數半

衰期與初濃度無關，這是「1 級反應」的特點。

由於 $p_i(N_2O_5)=p_i(NO)$，故：$r=k[p(N_2O_5)]^\alpha[p(NO)]^\beta=k[p(N_2O_5)]^{\alpha+\beta}$

由上面的分析，$\alpha+\beta=1$，所以 $\beta=0$

$$k'=k=\frac{\ln2}{t_{1/2}}=\frac{0.693}{2h}=0.35\,h^{-1}$$

（2）由反應機構，則反應速率方程式為：

$$r=-\frac{dp(NO)}{dt}=k_2p(NO)p(NO_3)\qquad(ㄅ)$$

利用「穩定態近似法」處理：

$$\frac{dp(NO_3)}{dt}=k_+p(N_2O_5)-k_-p(NO_2)p(NO_3)-k_2p(NO)p(NO_3)=0$$

可得：$p(NO_3)=\dfrac{k_+p(N_2O_5)}{k_-p(NO_2)+k_2p(NO)}\qquad(ㄆ)$

代入（ㄅ）式得：$r=\dfrac{k_+k_2p(NO)p(N_2O_5)}{k_-p(NO_2)+k_2p(NO)}\qquad(ㄇ)$

當滿足 $k_-p(NO_2)<<k_2p(NO)$條件時，（ㄇ）式可以化為：

$$r=k_+p(N_2O_5)=kp(N_2O_5)\qquad(ㄈ)$$

與實驗結果一致。

（3）根據實驗得反應速率公式為（ㄈ）式，所以：

$$t=\frac{1}{k}\cdot\ln\frac{p_i(N_2O_5)}{p(N_2O_5)}$$

當 NO 反應掉一半時：

$$p(N_2O_5)=p_i(N_2O_5)-\frac{1}{2}p_i(NO)=9950\,P_a$$

$$t=\left(\frac{3600}{0.35}\cdot\ln\frac{1.0\times10^4}{9950}\right)s=51.5\,s$$

例 5.3.14

臭氧(O_3)氣相分解反應：$2O_3 \longrightarrow 3O_2$ 其反應過程如下：

$$(\text{I}) \quad O_3 \underset{k_{-1}}{\overset{k_1}{\rightleftharpoons}} O_2 + O$$

$$(\text{II}) \quad O + O_3 \overset{k_2}{\longrightarrow} 2O_2$$

（1）寫出 $\dfrac{d[O_2]}{dt}$, $\dfrac{d[O_3]}{dt}$ 的表達式。

（2）若對 O 用穩定態近似法，試證明：

$$\frac{d[O_2]}{dt} = 3k_2[O_3][O]$$

$$\frac{d[O_3]}{dt} = -2k_2[O_3][O]$$

$$r = \frac{k_1 k_2 [O_3]^2}{k_{-1}[O_2] + k_2[O_3]}$$

（3）若（I）為快速平衡，（II）為速率決定步驟，請導出反應速率方程式。

$：（1） \dfrac{d[O_2]}{dt} = k_1[O_3] - k_{-1}[O_2][O] + 2k_2[O][O_3]$ (III)

$\dfrac{d[O_3]}{dt} = -k_1[O_3] + k_{-1}[O_2][O] - k_2[O][O_3]$ (IV)

（2）對 O 用「穩定態近似法」可得：

$$\frac{d[O]}{dt} = k_1[O_3] - k_{-1}[O_2][O] - k_2[O][O_3] = 0 \quad\quad (\text{V})$$

將（V）式代入（III）、（IV）式即得：

$$\frac{d[O_2]}{dt} = 3k_2[O][O_3] \quad\quad (\Leftarrow (\text{III}) - (\text{V}))$$

$$\frac{d[O_3]}{dt} = -2k_2[O][O_3] \quad\quad (\Leftarrow (\text{IV}) + (\text{V}))$$

由（V）式可求出[O]

$$[O] = \frac{k_1[O_3]}{k_{-1}[O_2] + k_2[O_3]}$$

$$\therefore r = \frac{1}{3} \cdot \frac{d[O_2]}{dt} = -\frac{1}{2} \cdot \frac{d[O_3]}{dt} = k_2[O_3][O] = \frac{k_1 k_2 [O_3]^2}{k_{-1}[O_2] + k_2[O_3]}$$

（3）反應（I）為快速平衡，由「平衡態近似法」得：

$$K = \frac{[O_2][O]}{[O_3]} = \frac{k_1}{k_{-1}} \implies [O] = \frac{k_1[O_3]}{k_{-1}[O_2]}$$

已知反應（II）為速率決定步驟，故得：$r = k_2[O_3][O] = \dfrac{k_1 k_2 [O_3]^2}{k_{-1}[O_2]}$

▪ 例 5.3.15 ▪

設某一有機鹵化物，在水－重氮化物溶液中進行水解，其產物為 ROH 及 RN_3 之混合物，有人提出兩種反應過程：

反應過程 I：

反應過程 II：

（1）根據以上可能的反應過程，分別推導：準 1 級反應之反應速率常數表示式，和產率比[ROH]/[RN_3]表示式，以上表示式中除 k 值外，可能含有[N_3^-]。

（2）用下面實驗數據，以區別兩種反應過程之可能性，並求其反應速率常數及反應速率常數比。

$[N_3^-]/(mole \cdot dm^{-3})$	0.00	0.076	0.155	0.237
$10^4 \, k/s^{-1}$	2.21	3.02	3.64	4.11
$[ROH]/[RN_3]$	——	0.625	1.28	1.95

：（1）以 A 表示 RX，而 A*表示[R$^+$X$^-$]，$P_1 = ROH$，$P_2 = RN_3$

先分析反應過程 II，簡寫為：

$$A^* \xrightarrow{\ k'_S\ } P_1$$

$$A^* + N_3^- \xrightarrow{\ k'_N\ } P_2 + \ldots$$

則 $-d[A^*]/dt = k'_S[A^*] + k'_N[N_3^-][A^*] = k[A]$（$k = k'_S + k'_N[N_3^-]$）

做 k 對[N$_3^-$]圖，因不具有線性關係，故過程 II 與實驗不符。

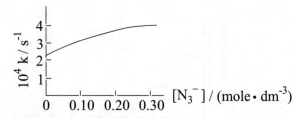

再分析反應過程 I，簡寫為：

$$A \underset{k_{-1}}{\overset{k_1}{\rightleftharpoons}} A^*$$

$$A^* \xrightarrow{\ k_S\ } P_1 \, , \, A^* + N_3^- \xrightarrow{\ k_N\ } P_2$$

根據「穩定態近似法」，可得：$\dfrac{d[A^*]}{dt} = k_1[A] - (k_{-1} + k_S + k_N[N_3^-])[A^*] = 0$

$\Rightarrow$ 得：$[A^*] = \dfrac{k_1[A]}{k_{-1} + k_S + k_N[N_3^-]}$

又 $\dfrac{d[P_1] + d[P_2]}{dt} = \dfrac{k_1 k_S}{k_{-1} + k_S + k_N[N_3^-]}[A] + \dfrac{k_1 k_S[N_3^-]}{k_{-1} + k_S + k_N[N_3^-]}[A] = k[A]$

故 $k[A] = \dfrac{k_1 k_S + k_1 k_N[N_3^-]}{k_{-1} + k_S + k_N[N_3^-]} = k_1 \left(\dfrac{1 + k_N[N_3^-]/k_S}{k_{-1}/k_S + 1 + (k_N/k_S)[N_3^-]} \right)$

$$\Rightarrow \ \text{得}: \frac{1}{k} = \frac{k_{-1}}{k_1 k_S} \left(\frac{1}{1 + (k_N/k_S)[N_3{}^-]} \right)$$

做 $\dfrac{1}{k}$ 對 $\dfrac{1}{1+(k_N/k_S)[N_3{}^-]}$ 圖。若為直線，則說明反應過程 I 可能性大。

又對平行反應：$\dfrac{[P_1]}{[P_2]} = \dfrac{k_N}{k_S}[N_3{}^-]$，由題給數據可得：$\overline{\dfrac{k_N}{k_S}} = 8.22 \ \text{mole}^{-1} \cdot \text{dm}^3$

由下圖可知確為一直線，並由斜率和截距可得：$k_1 = 8.85 \times 10^{-4} \ \text{s}^{-1}$，$k_{-1}/k_S = 2.31$

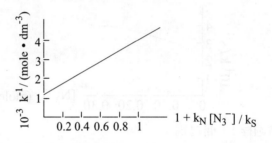

■ 例 5.3.16 ■

N_2O_5 分解過程如下：

$$(\text{I}) \quad N_2O_5 \ \underset{k_{-1}}{\overset{k_1}{\rightleftharpoons}} \ NO_2 + NO_3 \quad (\text{快速平衡})$$

$$(\text{II}) \ NO_2 + NO_3 \ \xrightarrow{\ k_2\ } \ NO + O_2 + NO_2$$

$$(\text{III}) \ NO + NO_3 \ \xrightarrow{\ k_3\ } \ 2NO_2$$

(1) 請用穩定態近似法證明：$r_a = k[N_2O_5]$，此處 $k = \dfrac{k_1 k_2}{k_{-1} + 2k_2}$

(2) 請用平衡態假設法求反應速率方程式 r_b。設反應（II）為速率決定步驟。

(3) 在什麼條件下 $r_a = r_b$？

(4) 為什麼反應：$2Cl_2O + 2N_2O_5 \longrightarrow 2NO_3Cl + 2NO_2Cl + O_2$ 的反應速率常數與 N_2O_5 分解反應的速率常數數值上相等？

：（1）對 NO 和 NO_3 用「穩定態近似法」：

$$\frac{d[NO]}{dt} = k_2[NO_2][NO_3] - k_3[NO][NO_3] = 0$$

即 $k_2[NO_2][NO_3] = k_3[NO][NO_3]$ （IV）

$$\frac{d[NO_3]}{dt} = k_1[N_2O_5] - k_{-1}[NO_2][NO_3]$$

$$- k_2[NO_2][NO_3] - k_3[NO][NO_3] = 0$$ （V）

將（IV）式代入（V）式可得：$[NO_3] = \dfrac{k_1[N_2O_5]}{(k_{-1} + 2k_2)[NO_2]}$ （VI）

反應（II）為速率決定步驟，故有：$r_a = k_2[NO_2][NO_3]$ （VII）

將（VI）式代入（VII）式：

$$r_a = \frac{k_1 k_2}{k_{-1} + 2k_2}[N_2O_5] = k[N_2O_5]$$

上式 $k = \dfrac{k_1 k_2}{k_{-1} + 2k_2}$ （ㄅ）

（2）應用「平衡態近似法」：

$$K = \frac{[NO_2][NO_3]}{[N_2O_5]} = \frac{k_1}{k_{-1}}$$

$$\therefore r_b = k_2[NO_2][NO_3] = \frac{k_1 k_2}{k_{-1}}[N_2O_5] = k'[N_2O_5]$$

上式 $k' = \dfrac{k_1 k_2}{k_{-1}}$ （ㄆ）

（3）當 $k_2 \ll k_{-1}$，即反應（II）確實很慢時，則由（ㄅ）式和（ㄆ）式可知：$k = k'$，由「平衡態近似法」及「穩定態近似法」所得反應速率方程式相同，此時 $r_a = r_b$。

（4）反應： $2Cl_2O + 2N_2O_5 \longrightarrow 2NO_3Cl + 2NO_2Cl + O_2$

其中 $k' = \dfrac{k_1 k_2}{k_{-1}}$，與本題 N_2O_5 分解反應的速率常數相同。原因在於速率決定步驟前的反應步驟相同。儘管速率決定步驟之後的反應步驟不同，但對反應速率方程式沒有影響。

例 5.3.17

對於連續反應：

$$A \; + \; B \; \underset{k_{-1}}{\overset{k_1}{\rightleftarrows}} \; C$$

$$C+B \xrightarrow{k_2} D$$

令 C 為活性中間物，當 $k_2[B] \gg k_{-1}$ 及 $k_2[B] \ll k_{-1}$ 兩種情況時，分別討論該反應之反應級數及總反應速率常數 k 之表示式。

：應用「穩定態近似法」：

$$d[C]/dt = k_1[A][B] - k_{-1}[C] - k_2[C][B] = 0$$

$$[C] = k_1[A][B]/(k_{-1} + k_2[B]) \tag{1}$$

$$r = d[D]/dt = k_2[C][B] = k_1 k_2 [A][B]^2/(k_{-1} + k_2[B]) \tag{2}$$

（i）當 $k_2[B] \gg k_{-1}$，則 $r = k_1[A][B]$ $\tag{3}$

由（3）式可知：該反應為「2 級反應」，且 $k = k_1$，

即反應 A＋B $\longrightarrow$ C 是「速率決定步驟」。

（ii）當 $k_2[B] \ll k_{-1}$，則 $r = (k_2 k_1/k_{-1})[A][B]^2$ $\tag{4}$

由（4）式可知，該反應為「3 級反應」，$k = k_2 k_1/k_{-1}$，即反應 C＋B $\longrightarrow$ D 為「速率決定步驟」。

而 A＋B $\rightleftarrows$ C 可認為能保持平衡，應用「平衡態近似法」：

$$[C] = K_1[A][B]$$

$$r = k_2[C][B] = k_2 K_1 [A][B]^2 \tag{5}$$

（5）式與（4）式完全一樣，只是推導過程更簡單，而「平衡態近似法」應滿足的條件，除 $k_1 \gg k_{-1}$，$k_1 \gg k_2[B]$ 外，還應有 $k_{-1} \gg k_2[B]$。故可認為「平衡態近似法」包含於「穩定態近似法」中，兩者不是互為獨立的近似方法。

由上面的討論也可得到啟示，通過對總反應級數及總反應速率常數的研究，將有助於對反應過程之判斷，具體情形可參考【5.3.15】。

例 5.3.18

O_3 分解反應動力學研究得到如下一些規律：反應初階段，對$[O_3]$爲「1 級反應」；而在反應後期，對$[O_3]$爲「2 級反應」，對$[O_2]$爲「負 1 級反應」；且在反應體系中檢測到的唯一中間產物爲自由原子 O。請根據以上實驗事實推測 O_3 分解反應過程。

：本題從反應後期的規律入手，由於對$[O_2]$爲「負 1 級反應」，可設想存在一快速平衡，O_2 在平衡反應的產物一方，即

$$O_3 \underset{k_2}{\overset{k_1}{\rightleftharpoons}} O_2 + O \quad （快速平衡）$$

$$O + O_3 \xrightarrow{k_3} 2O_2 \qquad （速率決定步驟）$$

可得：$r = (k_1 k_3 / k_2)[O_3]^2[O_2]^{-1}$ （ㄅ）

但對反應初期，$[O_2]$很低，上述平衡上不能滿足，因此可將上述反應過程修正爲：

$$O_3 \xrightarrow{k_1} O_2 + O$$

$$O + O_2 \xrightarrow{k_2} O_3$$

$$O + O_3 \xrightarrow{k_3} 2O_2 \quad （速率決定步驟）$$

對$[O]$應用「穩定態近似法」，可得：

$$[O] = k_1[O_3] / (k_3[O_3] + k_2[O_2]) \qquad （ㄆ）$$

$$r = k_3[O][O_3] = k_1 k_3[O_3]^2 / (k_3[O_3] + k_2[O_2]) \qquad （ㄇ）$$

由（ㄇ）式，反應初期可認爲：$k_3[O_3] \gg k_2[O_2]$，則

$$r = k_1[O_3] \qquad （ㄈ）$$

反應後期，$[O_2]$增加，$[O_3]$減少，$k_3[O_3] \ll k_2[O_2]$，則

$$r = (k_1 k_3 / k_2)[O_3]^2 / [O_2] \qquad （ㄉ）$$

（ㄈ）式、（ㄉ）式結果與實驗結果相一致，可認爲所設反應過程是合理的。

▪ 例 **5.3.19** ▪

（1）對於加成反應：

$$C_3H_7Cl \rightleftharpoons C_3H_6（A）+HCl（B） \longrightarrow CH_3CHClCH_3（P）$$

在一定時間範圍內，發現下列關係：

$$[P]/[A] = k[A]^{m-1}[B]^n \Delta t$$

式中 k 為此反應的實驗速率常數。進一步的實驗表明：[P]/[A]這一比值與 C_3H_6（A）的濃度無關，[P]/[B]這一比值與 HCl（B）的濃度有關。當 $\Delta t = 100$ h 時，有下列數據：

[B](mole · dm⁻³)	0.4	0.2
[P]/[B]	0.05	0.01

試問此反應對每種反應物各為幾級反應？

（2）有人認為上述反應機構可能是：

$$2B \underset{k_{-1}}{\overset{k_1}{\rightleftharpoons}} B_2 \qquad K_1 （快）$$

$$B + A \underset{k_{-2}}{\overset{k_2}{\rightleftharpoons}} AB \qquad K_2 （快）$$

$$B_2 + AB \overset{k_3}{\longrightarrow} P + B \qquad （慢）$$

請根據此反應機構導出反應速率式，說明此機構有無道理。

：（1）反應：$A + B \longrightarrow P$

設速率方程式為：$\dfrac{d[P]}{dt} = k[A]^m[B]^n$

在一定範圍內：$\Delta[P] = k[A]^m[B]^n \Delta t$

對於產物，其初濃度為零，

所以 $\Delta[P] = [P] - [P]_0 = [P]$，$[P] = k[A]^m[B]^n \Delta t$

整理為：$[P]/[A] = k[A]^{m-1}[B]^n \Delta t$

這就是題給的反應速率表示式。

實驗表明，[P]/[A]與[A]無關，故 $m - 1 = 0$，$m = 1$。

$[P] = k[A][B]^n \Delta t$

整理為：$[P]/[B] = k[A][B]^{n-1}\Delta t$

實驗表明，$[P]/[B]$ 與 $[B]$ 有關，所以 $n-1 \neq 0$，將題給兩組實驗數據代入上式，並相除得：

$$\frac{([P]/[B])_2}{([P]/[B])_1} = \left(\frac{[B]_2}{[B]_1}\right)^{n-1} \text{，即} \frac{0.05}{0.01} = \left(\frac{0.4}{0.2}\right)^{n-1}$$

$$n = 1 + \frac{\ln 5}{\ln 2} = 3.3 \approx 3$$

因此，反應對 CH_3CHCH_2 為「1 級反應」，對 HCl 為「3 級反應」。其表觀速率方程式為：

$$\frac{d[P]}{dt} = k[A][B]^3$$

（2）題目的反應機構之第三步為「速率決定步驟」，前二步驟皆可用「平衡態近似法」處理：

$$\frac{d[P]}{dt} = k_3[B_2][AB]$$

$$K_1 = \frac{[B_2]}{[B]^2} \text{，} K_2 = \frac{[AB]}{[A][B]}$$

$$\frac{d[P]}{dt} = k_3 K_1 K_2 [A][B]^3 = k[A][B]^3$$

其中 $k = k_3 K_1 K_2$。由假設的反應機構所導出的反應速率方程式與實驗結果確定的反應速率方程式一致，說明所推論的反應機構有可能是正確的，也就是說有可能是真的。但是僅僅據此尚不能斷言該反應機構一定正確，有待實驗做更微觀的檢測來證實。

例 5.3.20

RCl 與 L$^-$在 S 溶劑中進行取代反應，可能的反應機構為：

$$RCl + S \underset{k_{-1}}{\overset{k_1}{\rightleftharpoons}} RS^+ + Cl^-$$

$$RS^+ + L^- \overset{k_2}{\longrightarrow} RL + S$$

$$RCl + L^- \overset{k_3}{\longrightarrow} RL + Cl^-$$

RS$^+$為活性中間物。請推導反應速率方程式，說明在什麼條件下，可按準 1 級反應處理，且如何求得此準 1 級反應的總反應速率常數及半衰期？

：[RS$^+$]是中間產物，依「穩定態近似法」處理，則：

$$\frac{d[RS^+]}{dt} = k_1[RCl][S] - k_{-1}[RS^+][Cl^-] - k_2[RS^+][L^-] = 0$$

$$\Rightarrow [RS^+] = \frac{k_1[RCl][S]}{k_{-1}[Cl^-] + k_2[L^-]} \tag{ㄅ}$$

$$r = \frac{d[RL]}{dt} = k_2[RS^+][L^-] + k_3[RCl][L^-] \tag{ㄆ}$$

將（ㄅ）式代入（ㄆ）式：

$$r = \frac{k_2 k_1[RCl][S][L^-]}{k_{-1}[Cl^-] + k_2[L^-]} + k_3[RCl][L^-]$$

$$= \left(\frac{k_1 k_2[S]}{k_{-1}[Cl^-] + k_2[L^-]} + k_3 \right)[RCl][L^-]$$

$$= \left(\frac{k_1 k_2[S] + k_3 k_{-1}[Cl^-] + k_3 k_2[L^-]}{k_{-1}[Cl^-] + k_2[L^-]} + k_3 \right)[RCl][L^-]$$

而當[L$^-$] >> [RCl]時，即 r = k'[RCl]，得[L$^-$]併入k'中，此時是「準 1 級反應」。

故可用：$t_{1/2} = \ln 2 / k$，

$$k' = \left(\frac{k_1 k_2[S] + k_3 k_{-1}[Cl^-] + k_3 k_2[L^-]}{k_{-1}[Cl^-] + k_2[L^-]} + k_3 \right) \cdot [L^-]$$

▪ **例 5.3.21** ▪

總反應 $A_2 + B_2 \rightleftharpoons 2AB$ 可考慮有下列四種反應過程。推導各反應過程的反應速率方程式，並指出那一步為速率決定步驟？

過程 I	過程 II
$A_2 \xrightarrow{\ k_1\ } 2A$ $A + B_2 \xrightarrow{\ k_2\ } AB + B$ $A + B \xrightarrow{\ k_3\ } AB$ $k_1 \ll k_2 \ll k_3$	$A_2 \underset{}{\overset{K}{\rightleftharpoons}} 2A$ $B_2 \xrightarrow{\ k_1\ } 2B$ $A + B \xrightarrow{\ k_2\ } AB$ $k_1 \ll k_2$
過程 III	過程 IV
$A_2 + B_2 \xrightarrow{\ k_1\ } (AB)_2$ $(AB)_2 \xrightarrow{\ k_2\ } 2AB$ $k_1 \ll k_2$	$A_2 \overset{k_1}{\rightleftharpoons} 2A$ $B_2 \overset{k_2}{\rightleftharpoons} 2B$ $A + B \xrightarrow{\ k\ } AB$

：在過程 I 裏，$k_1 \ll k_2 \ll k_3$，所以 $A_2 \xrightarrow{\ k_1\ } 2A$ 為速率決定步驟，$(I) = k_1[A_2]$

在過程 II 裏，$k_1 \ll k_2$，所以 $B_2 \xrightarrow{\ k_1\ } 2B$ 為速率決定步驟，$r(II) = k_1[B_2]$

在過程 III 裏，$k_1 \ll k_2$，所以 $A_2 + B_2 \xrightarrow{\ k_1\ } (AB)_2$ 為速率決定步驟，

$r(III) = k_1[A_2][B_2]$

在過程 IV 裏，$A + B \xrightarrow{\ k\ } AB$，為速率決定步驟，$r(IV) = k[A][B]$

由 $K_1 = \dfrac{[A]^2}{[A_2]}$，得 $[A] = (K_1[A_2])^{1/2}$，又 $K_2 = \dfrac{[B]^2}{[B_2]}$，得 $[B] = (K_2[B_2])^{1/2}$

則 $r(IV) = k[A][B] = kK_1^{1/2}K_2^{1/2}[A_2]^{1/2}[B_2]^{1/2}$

例 5.3.22

對反應：$2O_{3(g)} \longrightarrow 3O_{2(g)}$，提出過下述三種反應過程。請依據題給的反應過程，推導各自的反應速率方程式。

過程 I	過程 II	過程 III
$O_3 \xrightarrow{k_1} O_2+O$	$O_3 \xrightarrow{k_1} O+O_2$	$O_3 + M \underset{k_{-2}}{\overset{k_2}{\rightleftharpoons}} O_2 + O + M$
$O+O_3 \xrightarrow{k_2} 2O_2$	$O+O_2 \xrightarrow{k_2} O_3$	$O+O_3 \xrightarrow{k_3} 2O_2$
	$O+O_3 \xrightarrow{k_3} 2O_2$	

：[過程 I]：

O 是中間產物，以「穩定態近似法」處理，則：

$$\frac{d[O]}{dt}=k_1[O_3]-k_2[O][O_3]=0 \Rightarrow [O]=\frac{k_1}{k_2} \tag{ㄅ}$$

$$\text{而 } r=\frac{d[O_2]}{dt}=k_1[O_3]+2k_2[O][O_3] \tag{ㄆ}$$

將（ㄅ）式代入（ㄆ）則可得：$r_I=k_1[O_3]+2k_2\dfrac{k_1}{k_2}[O_3]=3k_1[O_3]$

[過程 II]：

O 是中間產物，以「穩定態近似法」處理，則：

$$\frac{d[O]}{dt}=k_1[O_3]-k_2[O][O_2]-k_3[O][O_3]=0$$

$$\Rightarrow [O]=\frac{k_1[O_3]}{k_2[O_2]+k_3[O_3]} \tag{ㄇ}$$

$$\text{而 } r=\frac{d[O_2]}{dt}=k_1[O_3]-k_2[O][O_2]+2k_3[O][O_3] \tag{ㄈ}$$

將（ㄇ）式代入（ㄈ）式：

$$r_{II}=k_1[O_3]-\frac{k_2k_1[O_3][O_2]}{k_2[O_2]+k_3[O_3]}+\frac{2k_3k_1[O_3]^2}{k_2[O_2]+k_3[O_3]}$$

$$= \frac{k_3 k_1 [O_3]^2}{k_2 [O_2] + k_3 [O_3]}$$

[過程 III]:

$$\frac{k_2}{k_{-2}} = \frac{[O_2][O]}{[O_3]} \Rightarrow [O] = \frac{k_2 [O_3]}{k_{-2} [O_2]} \tag{ㄉ}$$

$$r = \frac{d[O_2]}{dt} = k_2 [O_3][M] - k_{-2} [O_2][O][M] + 2k_3 [O][O_3] \tag{ㄊ}$$

將（ㄉ）式代入（ㄊ）式：

$$r_{III} = k_2 [O_3][M] - k_{-2} [O_2] \frac{k_2 [O_3]}{k_{-2} [O_2]} [M] + 2k_3 \frac{k_2 [O_3]^2}{k_{-2} [O_2]}$$

$$= 2 \frac{k_3 k_2 [O_3]^2}{k_{-2} [O_2]} \Leftarrow 這是經「平衡態近似法」得到的結果。$$

又 O 是中間產物，以「穩定態近似法」處理則：

$$\frac{d[O]}{dt} = k_2 [O_3][M] - k_{-2} [O_2][O][M] - k_3 [O][O_3] = 0$$

可得：$[O] = \dfrac{k_2 [O_3][M]}{k_{-2} [O_2][M] + k_3 [O_3]}$ （ㄋ）

將（ㄋ）式代入（ㄊ）式：

$$r_{III} = k_2 [O_3][M] - k_{-2} \frac{k_2 [O_3][M]^2}{k_{-2} [O_2][M] + k_3 [O_3]} + 2k_3 \frac{k_2 [O_3]^2 [M]}{k_{-2} [O_2][M] + k_3 [O_3]}$$

$$= \frac{k_2 k_3 [O_3]^2}{k_3 [O_3][M]^{-1} + k_3 [O_3]}$$

例 5.3.23

N_2O_5 分解反應過程如下：

$$(\text{i})\ N_2O_5 \xrightarrow{k_1} NO_2 + NO_3$$

$$(\text{ii})\ NO_2 + NO_3 \xrightarrow{k_2} N_2O_5$$

$$(\text{iii})\ NO_2 + NO_3 \xrightarrow{k_3} NO + O_2 + NO_2$$

$$(\text{iv})\ NO + NO_3 \xrightarrow{k_4} 2NO_2$$

(1) 以 NO_3、NO 爲活性中間物，用「穩定態近似法」證明，N_2O_5 之消失速率對 N_2O_5 爲 1 級反應。

(2) 實驗發現，反應 $2Cl_2O + 2N_2O_5 \longrightarrow 2NO_3Cl + 2NO_2Cl + O_2$ 的速率常數與 N_2O_5 分解反應速率常數在數值上十分接近，請解釋這一現象。

：(1) 先對 NO_3 及 NO 用「穩定態近似法」處理，則得：

$$\frac{d[NO_3]}{dt} = k_1[N_2O_5] - k_2[NO_2][NO_3]$$

$$- k_3[NO_2][NO_3] - k_4[NO][NO_3] = 0 \qquad (\text{ㄅ})$$

$d[NO]/dt = k_3[NO_2][NO_3] - k_4[NO][NO_3] = 0 \qquad (\text{ㄆ})$

由（ㄅ）式及（ㄆ）式，可得：$[NO_3] = k_1[N_2O_5]/\{(2k_3 + k_2)[NO_2]\}$ （ㄇ）

若以 O_2 的生成速率表示總反應速率，則由（iii）式且代入（ㄇ）式，可得：

$$r = k_3[NO_2][NO_3] = [k_1k_3/(2k_3 + k_2)][N_2O_5] = k[N_2O_5] \qquad (\text{ㄈ})$$

$k = k_1k_3/(2k_3 + k_2)$

若用「平衡態近似法」處理，則得：

$$K = [NO_2][NO_3]/[N_2O_5] = k_1/k_2$$

$$r = k_3[NO_2][NO_3] = Kk_3[N_2O_5] \qquad (\text{ㄉ})$$

由（ㄈ）式及（ㄉ）式之結果，可見：該反應之總反應速率僅決定於前三步反應，可見反應（iii）爲「速率決定步驟」。

(2) 反應 $2Cl_2O + 2N_2O_5 \longrightarrow 2NO_3Cl + 2NO_2Cl + O_2$ 之所以與 N_2O_5 分解速率相同，在於 Cl_2O 僅在「速率決定步驟」後參與反應，故與 Cl_2O 之濃度無關。

第六章　溫度對反應速率的影響

6.1 Arrhenius 經驗方程式

〈**I**〉1889 年，Arrhenius 根據實驗提出了一個經驗公式：

$$k = A \cdot \exp\left(-\frac{E_a}{RT}\right) \tag{6.1a}$$

或　　　$$\ln(k) = \ln A - \frac{E_a}{RT} \qquad （將(6.1a)式二邊取對數） \tag{6.1b}$$

或　　　$$\ln(k) = B - \frac{E_a}{RT} \tag{6.1c}$$

或　　　$$\log(k) = \frac{B}{2.303} - \frac{E_a}{2.303\,RT} \tag{6.1d}$$

◎ （6.1a）式（6.1b）式中的 A 稱爲「指數前因子」（preexponential factor），A 其實是個〝比例常數〞，且 A 與反應速率常數 k 的單位相同。（6.1a）式中 E_a 稱爲反應的「活化能」(activation energy)，B（＝$\ln(A)$）爲積分常數。

◎ A、E_a 和 B 均可看成與溫度無關，但對不同反應各有不同的數值。

上述（6.1c）式和（6.1d）式分別說明以 $\ln(k)$ 對 $\frac{1}{T}$ 作圖或以 $\log(k)$ 對 $\frac{1}{T}$ 作圖，皆可得一直線，從直線的斜率可以求出活化能 E_a，即分別爲：

$$斜率 = -\frac{E_a}{R} \tag{6.2a}$$

或　　　$$斜率 = -\frac{E_a}{2.303\,R} \tag{6.2b}$$

【例一】：下面以蔗糖在 H^+ 催化下水解轉化為葡萄糖和果糖為例說明（6.1）式的應用。

$$C_{12}H_{22}O_{11} + H_2O \xrightarrow{H^+} \underset{葡萄糖}{C_6H_{12}O_6} + \underset{果糖}{C_6H_{12}O_6}$$

有關實驗數據列於下表：

溫度 T/K	$10^3/(T/K^{-1})$	$10^5 \ k/s^{-1}$	log(k)
293	3.41	0.459	-5.338
303	3.30	1.83	-4.738
323	3.10	22.9	-3.640

【解】：根據（6.1d）式，利用以上數據做 log(k) 對 $\dfrac{1}{T}$ 圖，可得一直線，以直線的斜率（見（6.2b）式）可求算出活化能（見圖 6.1）。

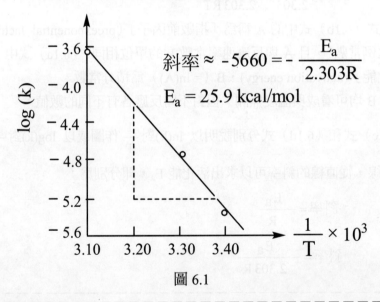

斜率 $\approx -5660 = -\dfrac{E_a}{2.303R}$

$E_a = 25.9$ kcal/mol

圖 6.1

〈**II**〉若將（6.1c）式二邊同時微分，則：

$$d \ln(k) = d\left(-\frac{E_a}{RT} + B\right) = \frac{E_a}{RT^2}dT$$

可得：

$$\frac{d \ln(k)}{dT} = \frac{E_a}{RT^2} \tag{6.3}$$

此式是 Arrhenius 公式的另一種表示式，它說明：$\dfrac{d \ln(k)}{dT}$ 和活化能 E_a 值成

正比。也就是說：（6.3）式裏的 E_a 值愈大(即活化能越高的反應)，則溫度 T 升高，

反應速率常數 k 亦升高，其反應速率增加得越大，即升溫有利於活化能高的反應。

〈**III**〉若將（6.3）式的二邊進行定積分，則可得：

$$\int_{k_1}^{k_2} d\ln(k) = \int_{T_1}^{T_2} \frac{E_a}{RT^2}dT = \frac{E_a}{R}\int_{T_1}^{T_2} \frac{dT}{T^2}$$

所以得：

$$\ln \frac{k_2}{k_1} = \frac{E_a}{R}\left(\frac{1}{T_1} - \frac{1}{T_2}\right) \tag{6.4}$$

此式是 Arrhenius 經驗公式（(6.1b)式）的定積分表達式，該式中包括了溫度（T_1 及 T_2）、活化能 E_a 和反應速率常數（k_1 及 k_2），這為我們提供了計算不同溫度下的反應速率常數、或者已知兩個溫度下的反應速率常數求算反應活化能的方法。

【例二】：N_2O_5 的熱分解速率常數在 288°K 時是 9.67×10^{-6} s^{-1}，在 338°K 時是 4.87×10^{-3} s^{-1}。求該反應的活化能。

【解】：由（6.4）式可得：

$$E_a = \frac{RT_1T_2}{T_2 - T_1} \cdot \ln \frac{k_2}{k_1} = \frac{8.314 \times 338 \times 288}{338 - 288} \times \ln \frac{4.87 \times 10^{-3}}{9.67 \times 10^{-6}} = 100.7 \, kJ \cdot mol^{-1}$$

Arrhenius 經驗公式除了可用於計算不同溫度下的反應速率常數(見〈**III**〉)，或依

據實驗數據將 $\ln(k)$ 對 $\dfrac{1}{T}$ 做圖求得活化能 E_a(見〈**I**〉或〈**II**〉)之外，還可以提供選擇

反應之適宜溫度的計算方法。

【解題思考技巧（一）】

在此先將本章著名、常用的數學式整理如下：

（ㄅ） $k = A \cdot \exp\left(-\dfrac{E_a}{RT}\right)$ (6.1a)

或 $\ln(k) = \ln A - \dfrac{E_a}{RT}$ (6.1b)

或 $\ln(k) = B - \dfrac{E_a}{RT}$ (6.1c)

或 $\log(k) = \dfrac{B}{2.303} - \dfrac{E_a}{2.303\,RT}$ (6.1d)

（ㄆ） $\dfrac{d\ln(k)}{dT} = \dfrac{E_a}{RT^2}$ (6.3)

（ㄇ） $\ln\dfrac{k_2}{k_1} = \dfrac{E_a}{R}\left(\dfrac{1}{T_1} - \dfrac{1}{T_2}\right)$ (6.4)

注意：

$$k = A \cdot \exp\left(-\frac{E_a}{RT}\right)$$

$$(\text{反應速率常數}) = (\text{比例常數}) \cdot \exp\left(-\frac{\text{活化能}}{RT}\right)$$

* 當題目問到：反應速率常數（k）在不同溫度（T）下的變化情形？

⇒ 這暗示著在問〝k 與 T 之間的關係〞。

⇒ 故馬上想到要用（6.4）式處理。

【解題思考技巧（二）】

＊ 假設反應速率方程式滿足下列形式的反應：

$$-\frac{d[A]}{dt} = k[A]^n$$

如果在不同溫度下，反應從同一初濃度進行到相同末態濃度時，則有：

T_1 溫度時，$\int_{[A]_0}^{[A]} -\frac{d[A]}{[A]^n} = k_1 t_1$ （ㄅ）

T_2 溫度時，$\int_{[A]_0}^{[A]} -\frac{d[A]}{[A]^n} = k_2 t_1$ （ㄆ）

此二式中被積函數與積分上下限均爲相同，故（ㄅ）式＝（ㄆ）式

即 $k_1 t_1 = k_2 t_2 \implies \dfrac{k_2}{k_1} = \dfrac{t_1}{t_2}$

也就是說：

對於任意反應級數 n，若初濃度相同，轉化率相同（溫度可以不同），且反應速率

方程式寫爲：$-\dfrac{d[A]}{dt} = k[A]^n$ 形式，則必然存在著以下關係式：

$$k(T_1) \cdot t_1 = k(T_2) \cdot t_2$$

其中 $k(T_1)$ 是指在 T_1 溫度時的反應速率常數。

t_1 是指反應進行了 t_1 時間。

其中 $k(T_2)$ 是指在 T_2 溫度時的反應速率常數。

t_2 是指反應進行了 t_2 時間。

從（6.1a）式：$k = A \cdot \exp\left(-\dfrac{E_a}{RT}\right)$，可以看到：$E_a$ 和 T 都在指數 exp 內，顯然 E_a 和 T 數值的大小對 k 值有著很大的影響。也就是說：通常溫度 T 上升，則 k 必定增大；且 E_a 越大，則 k 越小。

K 隨溫度的變化可由「熱力學」的著名式子得知：$\dfrac{d\ln K}{dT} = \dfrac{\Delta H}{RT^2}$ （6.5）

這個「熱力學」公式和（6.3）式很相像。（6.5）式是從「熱力學」角度說明溫度對平衡常數 K 的影響。（6.3）式則是從「動力學」角度說明溫度對反應速率常數 k 的影響。

假設 k_1、k_{-1}、K 分別代表著「正向反應的反應速率常數」、「逆向反應的反應速率常數」、「平衡常數」，k_1、k_{-1} 與 K 都是溫度 T 的函數，且已知 $K = (k_1 / k_{-1})$。

（1）對「吸熱反應」而言，當 $\Delta H > 0$ 時，由（6.5）式可知：

$$\frac{d\ln K}{dT} = \frac{\Delta H}{RT^2} > 0 \implies \text{故升高反應溫度 T，K 值會增大。}$$

也就是說：$\dfrac{d\ln K}{dT} = \dfrac{d\ln(k_1/k_{-1})}{dT} > 0 \implies \dfrac{d(k_1/k_{-1})}{dT} > 0$

從「熱力學」角度來看：即隨溫度 T 升高，(k_1/k_{-1})值會增大，這意味著 k_1 比 k_{-1} 增大得更多。所以升高溫度對「正向反應」（k_1）有利。

從「動力學」角度來看：從 Arrhenius 之（6.3）式：$\dfrac{d\ln k}{dT} = \dfrac{E_a}{RT^2}$，可知當溫度 T 上升，則 k 值也會增加。

$\implies$ 因此無論是從「熱力學」還是「動力學」的角度來看：溫度 T 升高，對「吸熱反應」一定有利。

　　當然在實際情況下，不能只從這點就認為溫度越高越好，還要配合其它因素（如：設備材質、能量消耗、催化劑的活性溫度及副反應等），才能真正提高反應速率。

（2）對「放熱反應」而言，當 $\Delta H < 0$ 時，由（6.5）式可知：

$$\frac{d\ln K}{dT} = \frac{\Delta H}{RT^2} < 0 \implies \text{故升高反應溫度 T，K 值會減小。}$$

也就是說：$\dfrac{d\ln K}{dT} = \dfrac{d\ln(k_1/k_{-1})}{dT} < 0 \implies \dfrac{d(k_1/k_{-1})}{dT} < 0$

從「熱力學」角度來看：隨著溫度 T 升高，(k_1/k_{-1})值會減少，這意味著 k_{-1} 比 k_1 增大得更多，所以升高溫度對「逆向反應」（k_{-1}）有利。

但從「動力學」角度來看：升高溫度 T，總是會使反應加快，對「正向反應」（k_1）有利。

$\implies$ 由此看來，在「放熱反應」時，「熱力學」和「動力學」二種觀點會出現矛盾現象。因此如何既提高生產量，又能同時加快反應速率，在實際處理問題時，還必須多方面考慮其它因素的配合（像是：催化劑活性的適宜溫度、副反應、能量消耗、等等…）。

若以 lnk 對 $\frac{1}{T}$ 做圖，根據 Arrhenius 經驗式，直線的斜率為 $-\frac{E_a}{R}$ ，見圖 6.2，圖中縱座標採用自然對數座標，所以其讀數就是 k 值。

⇒ E_a 越大，則斜率（指絕對值）亦越大，所以圖中 I、II、III 三個反應的活化能是 E_a（III）＞E_a（II）＞E_a（I）。

◎ 對於一個給定的反應而言，在低溫範圍內，該反應的反應速率隨溫度的變化會更敏感。

例如：反應 II 的溫度由 376°K 增加到 463°K，即增加 87°K，k 值就增加一倍；而在高溫範圍內，若要 k 值增加一倍，溫度就要由 1000°K 變為 2000°K（即增加 1000°K）才行。

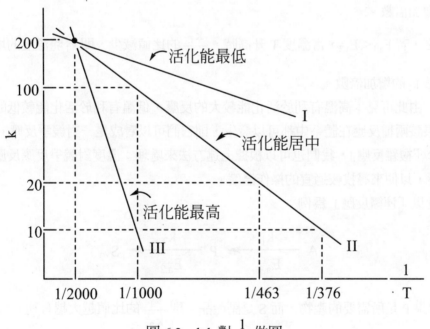

圖 6.2　lnk 對 $\frac{1}{T}$ 做圖

◎ 對於活化能不同的反應，當溫度增加時，E_a 較大的反應速率之增加倍數會比 E_a 較小的反應速率之增加倍數來得大。

例如：對於反應 III 和 II，因為 E_a（III）＞E_a（II），當溫度從 1000°K 變為 2000°K 時，k（II）從 100 增加到 200 增大了一倍，而 k（III）卻從 10 變為 200，增加了 20 倍。

◎ 所以若幾個反應同時發生時，升高溫度對活化能 E_a 較大的反應較有利。這種關係也可用以下關係式來說明，根據（6.3）式可知：

$$\frac{d\ln k_1}{dT} = \frac{E_{a,1}}{RT^2}$$

$$\frac{d\ln k_2}{dT} = \frac{E_{a,2}}{RT^2}$$

上述二式相減可得：$\dfrac{d\ln \dfrac{k_1}{k_2}}{dT} = \dfrac{E_{a,1} - E_{a,2}}{RT^2}$

若 $E_{a,1} > E_{a,2}$，當溫度 T 升高時，$\dfrac{k_1}{k_2}$ 的比值增加，即 k_1 隨溫度的增加倍數大於 k_2 的增加倍數。

反之，若 $E_{a,1} < E_{a,2}$，當溫度 T 升高時，$\dfrac{k_1}{k_2}$ 的比值減少，即 k_1 隨溫度的增加倍數小於 k_2 的增加倍數。

由此可見：高溫有利於活化能較大的反應，低溫有利於活化能較低的反應。如果該兩種反應在體系中都可以發生，則它們可以看成是一對競爭反應。

◎ 對於「複雜反應」，我們也可以根據上述方法來處理：溫度對競爭反應反應速率的影響，以便來尋找較適宜的操作溫度。

（A）就以「連續反應」為例：

$$A \xrightarrow[E_{a,1}]{k_1} P \xrightarrow[E_{a,2}]{k_2} S$$

如果 P 是所需要的產物，而 S 是副產品，則 $\dfrac{k_1}{k_2}$ 的比值越大越有利 P 的生成。

因此，如果 $E_{a,1} > E_{a,2}$ ⇒ 則最好用較高的反應溫度；

反之，如果 $E_{a,1} < E_{a,2}$ ⇒ 最好用較低的反應溫度。

（B）又以「平行反應」為例：

$$A \xrightarrow[\substack{k_2 , E_{a,2}}]{\substack{k_1 , E_{a,1}}} \begin{array}{l} P \text{（主產物）} \\ \\ S \text{（副產物）} \end{array}$$

同樣的，$\dfrac{k_1}{k_2}$ 的比值越大 $\Rightarrow$ 越有利於 P 的生成。

若 $E_{a,1} > E_{a,2}$ $\Rightarrow$ 則最好用較高的反應溫度；

反之，如果 $E_{a,1} < E_{a,2}$ $\Rightarrow$ 則最好用較低的反應溫度。

（C）再以「1 級平行反應」為例：

$$A \begin{array}{l} \xrightarrow{k_1 , E_{a,1}} P \quad \text{（主產物）} \\ \xrightarrow{k_2 , E_{a,2}} S_1 \quad \text{（副產物）} \\ \xrightarrow{k_3 , E_{a,3}} S_2 \quad \text{（副產物）} \end{array}$$

這類反應常見於有機反應中的硝基化、氯化反應。設若 $E_{a,3} > E_{a,1} > E_{a,2}$，這時就需要尋找一個最有利於主產物 P 生成的中間溫度，同樣採取求極值的方法（證明見【6.1.20】）可得出這中間溫度應滿足以下的公式：

$$T = \frac{E_{a,3} - E_{a,2}}{R \cdot \ln\left(\dfrac{E_{a,3} - E_{a,1}}{E_{a,1} - E_{a,2}} \cdot \dfrac{A_3}{A_2} \right)}$$

當然，若能找到一個合適的催化劑，降低 $E_{a,1}$，增大 k_1，則反應對主產物 P 的選擇性同樣會大大提高。

■ 例 6.1.1 ■

某 1 級反應，在 298°K 及 308°K 時的反應速率常數分別爲：3.19×10^{-4} s^{-1} 和 9.86×10^{-4} s^{-1}。試根據 Arrhenius 方程式計算反應的活化能及指數前因子。

：$T_1 = 298°K$，$k_1 = 3.19 \times 10^{-4}$ s^{-1}

$T_2 = 308°K$，$k_2 = 9.86 \times 10^{-4}$ s^{-1}

由（6.4）式：$\ln \dfrac{k_2}{k_1} = \dfrac{E_a (T_2 - T_1)}{RT_2 T_1}$

由上式可知，題給反應的活化能：

$E_a = [RT_1 T_2 / (T_2 - T_1)] \cdot \ln(k_2/k_1)$

$\quad = [8.314 \times 298 \times 308/(308 - 298)]$ J·mole$^{-1} \times \ln(9.86/3.19)$

$\quad = 86112$ J·mole^{-1}

又由（6.1a）式：$k = A \cdot \exp(-E_a/RT)$，題給反應的指數前因子爲：

$A = k \cdot \exp(+E_a/RT_1) = 3.19 \times 10^{-4}$ $s^{-1} \cdot \exp[86112/(8.314 \times 298)] = 3.966 \times 10^{11}$ s^{-1}

■ 例 6.1.2 ■

某「1 級反應」在 300°K 時的半衰期爲 50 min；在 310°K 時的半衰期爲 10 min，則此反應的活化能 $E_a = $ ？

：【解一】：因已知是「1 級反應」，故依據（2.10a）式：$k t_{1/2} = \ln 2$，且利用（6.4）式：

$$\ln \frac{k_2}{k_1} = \ln \frac{t_{1/2,1}}{t_{1/2,2}} = \frac{E_a (T_2 - T_1)}{RT_2 T_1}$$

$$E_a = \frac{RT_1 T_2}{T_2 - T_1} \cdot \ln \frac{t_{1/2,1}}{t_{1/2,2}} = \left(\frac{8.314 \times 310 \times 300}{10} \cdot \ln \frac{50}{10} \right) \text{J·mole}^{-1}$$

$$= 124.4 \text{ kJ·mole}^{-1}$$

【解二】：採用【解題思考技巧（二）】，故可取 $k(T_1) \cdot t_1 = k(T_2) \cdot t_2$

配合題意，所以令 $k(300°K) \cdot (50 \text{ min}) = k(310°K) \cdot (10 \text{ min})$　　　　（ㄅ）

利用（6.4）式：$\ln \dfrac{k(310°K)}{k(300°K)} = \dfrac{E_a}{R} \left(\dfrac{1}{300} - \dfrac{1}{310} \right)$　　　　（ㄆ）

將（ㄅ）式代入（ㄆ）式，解得：$E_a = 124.4$ kJ·mole^{-1}

▎ **例 6.1.3** ▎

反應 $A_{(g)} \longrightarrow Y_{(g)}$，其反應速率方程式為 $-\dfrac{dp_A}{dt} = k_{A,p}\, p_A^2$，實驗測得在溫度 T_1 及

T_2 時的反應速率常數分別為 $k_{A,p,1}$ 及 $k_{A,p,2}$，則該反應的活化能 $E_a = R\dfrac{T_1 T_2}{T_2 - T_1} \cdot \ln \dfrac{k_{A,p,2}}{k_{A,p,1}}$，

對嗎？

：不對。要把 $k_{A,p}$ 換算成 $k_{A,c}$，再代入 Arrhenius 方程式求活化能。依據 (2.49) 式，
對於「2 級反應」：$k_{A,c} = k_{A,p} RT$

則 $E_a = R \cdot \dfrac{T_1 T_2}{T_2 - T_1} \cdot \ln \dfrac{k_{A,c,2}}{k_{A,c,1}} = R \cdot \dfrac{T_1 T_2}{T_2 - T_1} \cdot \ln \dfrac{k_{A,p,2} \cdot T_2}{k_{A,p,1} \cdot T_1}$

▎ **例 6.1.4** ▎

對下述反應：

(1)

$$A \xrightarrow{E_1} B \xrightarrow{E_2} Y$$
$$A \xrightarrow{E_3} Z$$

（a）若 $E_1 > E_3$；（b）$E_1 < E_3$

(2)

$$A \xrightarrow{E_1} B \xrightarrow{E_2} Y$$
$$B \xrightarrow{E_3} Z$$

（a）若 $E_2 > E_3$；（b）$E_2 < E_3$

為得到主產物 Y，是在高溫下反應還是在低溫下反應有利？

：（1）(a) $E_1 > E_3$，高溫有利；(b) $E_1 < E_3$，低溫有利。

（2）(a) $E_2 > E_3$，高溫有利；(b) $E_2 < E_3$，低溫有利。

因為活化能愈高者，其反應速率常數對溫度變化愈敏感。

■ **例 6.1.5** ■

實驗測得某反應在 $10°C$ 時的反應速率常數爲 $1.08×10^{-4}$ s^{-1}，$30°C$ 的反應速率常數爲 $1.05×10^{-3}$ s^{-1}，試求該反應的活化能 E_a。

：因爲由（6.4）式，可知：$\ln\dfrac{k_2}{k_1}=\dfrac{E_a}{R}(\dfrac{1}{T_1}-\dfrac{1}{T_2})$

將題目已知數據：$T_1=(10+273)°K=283°K$

$$k_1=1.08×10^{-4}\ s^{-1}$$

$$T_2=(30+273)°K=303°K$$

$$k_2=1.05×10^{-3}\ s^{-1}$$

代入上式可求得：$E_a=81.07\ kJ\cdot mol^{-1}$

■ **例 6.1.6** ■

有兩個反應其活化能不同，要使二者的反應速率均比 $500°C$ 時提高一倍，問反應溫度分別需升高多少度？（將結果填入下表），此結果說明了什麼？

反應	（1）	（2）
$E_a/\ kJ\cdot mol^{-1}$	80.00	320.0
$\Delta T/\ K$	?	?

：按（6.4）式：$\ln\dfrac{k_2}{k_1}=\dfrac{E_a}{R}(\dfrac{1}{T_1}-\dfrac{1}{T_2})$　　　　　　　　　　（ㄅ）

以 $\dfrac{k_2}{k_1}=2$ 代入（ㄅ）式，整理後可求得：

$$T_2=\dfrac{E_a}{\dfrac{E_a}{T_1}-R\ln\dfrac{k_2}{k_1}}=\dfrac{E_a}{\dfrac{E_a}{T_1}-R\ln2}\qquad（ㄆ）$$

分別將 E_a 和 T 代入（ㄆ）式，可得：

反應（1）$T_1=773.15K$，$T_2=818.75K$，$\Delta T=45.60K$

反應（2）$T_1=773.15K$，$T_2=784.07K$，$\Delta T=10.92K$

　　此結果表明：同樣使反應速率增加一倍，對於活化能低的反應（1）需升溫 45.60K，而對於活化能高的反應（2）只需升溫 10.92K，這說明活化能越高，其反應速率受溫度的影響越顯著。

▪ 例 **6.1.7** ▪

反應 aA ⟶ 產物，其反應速率常數 k 與溫度的關係爲：

$$\ln k = -\frac{6909}{T} + 23.03$$

式中 k 的單位$(mol \cdot dm^{-3})^{-1} \cdot min^{-1}$

（1）試求該反應的反應級數和活化能？

（2）已知反應物起始濃度爲 $1.00\ mol \cdot dm^{-3}$，若在 10.0 分鐘反應化率達 90.0%，問反應應控制在多少度？

：（1）由 k 的單位可知這是「2 級反應」。

將（6.1b）式：$\ln k = -\frac{E_a}{RT} + \ln A$ 與 $\ln k = -\frac{6909}{T} + 23.03$ 比較，可知：

$E_a = 6909 \times R = (6909 \times 8.314)\ J \cdot mol^{-1} = 57.44\ kJ \cdot mol^{-1}$

（2）由 10.0 分鐘達到 90% 的轉化率的數據求反應速率常數 k，按（2.18）式：

$$k = \frac{x_A}{t[A]_0(1-x_A)} = [\frac{0.900}{10.0 \times 1.00(1-0.90)}](mol \cdot dm^{-3})^{-1}\ min^{-1}$$

$$= 0.900\,(mol \cdot dm^{-3})^{-1} \cdot min^{-1}$$

將 k 值代入 $\ln k = -\frac{6909}{T} + 23.03$ 中求得：$T = 298.6°K$

即要在 10 分鐘內轉化率達到 90.0%，溫度應控制在 298.6°K。

▪ 例 **6.1.8** ▪

某可逆反應：

$$A_{(g)} \underset{k_{-1}}{\overset{k_1}{\rightleftharpoons}} B_{(g)}$$

的速率常數分別爲 k_1 和 k_{-1}，已知溫度由 298°K 增加到 310°K 時，k_1、k_{-1} 均增加到原來的兩倍，試計算正、逆反應的活化能 $E_{a,1}$、$E_{a,-1}$ 和定容反應熱 ΔE。

：設 $T_1 = 298K$ 時的反應速率常數爲 k_1

$T_1' = 310K$ 時的反應速率常數爲 k_1'

按題意已知：$\dfrac{k_1'}{k_1} = 2$，則利用（6.4）式：

$$\ln\frac{k_1'}{k_1} = \frac{E_{a,1}}{R}\left(\frac{1}{T_1} - \frac{1}{T_1'}\right) = \frac{E_{a,1}}{R}\left(\frac{T_1' - T_1}{T_1 \cdot T_1'}\right)$$

$$E_{a,1} = \frac{RT_1 T_1' \ln\dfrac{k_1'}{k_1}}{T_1' - T_1} = \left(\frac{8.314 \times 298 \times 310 \times \ln 2}{310 - 298}\right) J \cdot mol^{-1} = 44.36\,kJ \cdot mol^{-1}$$

同理，也可計算逆反應 $E_{a,-1} = 44.36\,kJ \cdot mol^{-1}$

由此可知：$E_{a,1} = E_{a,-1} \Rightarrow$ 則 $\Delta E = E_{a,1} - E_{a,-1} = 0$

■ 例 6.1.9 ■

某平行反應：

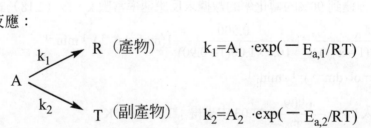

$$A \begin{array}{c} \nearrow^{k_1} R\ （產物） \qquad k_1 = A_1 \cdot \exp(-E_{a,1}/RT) \\ \searrow_{k_2} T\ （副產物） \qquad k_2 = A_2 \cdot \exp(-E_{a,2}/RT) \end{array}$$

（1）已知 $E_{a,1} > E_{a,2}$，$A_1 > A_2$，問在溫度超過多少度後，生成主產物的速率大於副產物的速率？

（2）分別畫出 $E_{a,1} > E_{a,2}$ 時，下列三種情況的 $\ln k$ 對 $\dfrac{1}{T}$ 圖

（a）$A_1 > A_2$ ， （b）$A_1 = A_2$ ， （c）$A_1 < A_2$

設上題所求的溫度爲 T_S，討論那種情況下存在 T_S

：（1）由題意可知：$\dfrac{k_1}{k_2} = \dfrac{A_1}{A_2} \cdot \exp\left(\dfrac{E_{a,2} - E_{a,1}}{RT}\right)$

$\Rightarrow$ 二邊取對數：

$$\ln\left(\frac{k_1}{k_2}\right) = \ln\left(\frac{A_1}{A_2}\right) + \frac{E_{a,2} - E_{a,1}}{RT} \tag{ㄅ}$$

當生成主產物的反應速率大於生成副產物的反應速率時（即 $k_1 > k_2$），由（ㄅ）

式可得：

$$\ln(\frac{k_1}{k_2}) = \ln(\frac{A_1}{A_2}) + \frac{E_{a,2} - E_{a,1}}{RT} > 0 \Rightarrow \ln\frac{A_1}{A_2} > \frac{E_{a,1} - E_{a,2}}{RT}$$

$$\Rightarrow \text{整理可得：} T > \frac{E_{a,1} - E_{a,2}}{R\ln\dfrac{A_1}{A_2}}$$

∴在 $T > \dfrac{E_{a,1} - E_{a,2}}{R\ln\dfrac{A_1}{A_2}}$ 時，生成主產物的反應速率大於生成副產物的反應速率。

（2）（a）當 $E_{a,1} > E_{a,2}$、$A_1 > A_2$ 時，存在著 T_S，故由（ㄅ）式可知：

$$T > T_S = \frac{E_{a,1} - E_{a,2}}{R\ln\dfrac{A_1}{A_2}}$$

即 $\dfrac{1}{T} < \dfrac{1}{T_S}$ 時，$k_1 > k_2$，如圖（a）所示。

（b）當 $E_{a,1} > E_{a,2}$、$A_1 = A_2$ 時，且 $T_S \to \infty$，即 $\dfrac{1}{T_S} \to 0$ 處，會有 $k_1 = k_2$，如圖（b）所示。

（c）當 $E_{a,1} > E_{a,2}$、$A_1 < A_2$ 時，T 取任何值，會有 $k_1 < k_2$，如圖（c）所示。

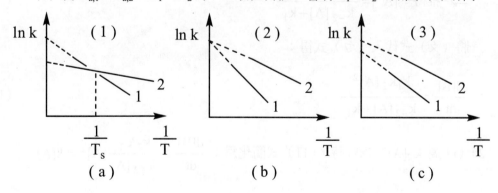

■ 例 **6.1.10** ■

對於僅有一種反應物的 1 級反應，例如反應 A ——→ B，F.A.Lindemann 提出單分子反應機構如下：

（a） $A + A \xrightarrow[\;k_{-2}\;]{\;k_2\;} A^* + A$

（b） $A^* \xrightarrow{\;k_1\;} B$

式中 A*為活潑中間產物

（1）用「穩定態近似法」導出 $\dfrac{d[B]}{dt} = \dfrac{k_1 k_2 [A]^2}{k_{-2}[A] + k_1}$

（2）當 $k_{-2}[A] \gg k_1$ 和 $k_{-2}[A] \ll k_1$ 時，分別為幾級反應？導出「巨觀活化能」與基本反應活化能的關係？

：（1）由反應機構可知 $\dfrac{d[B]}{dt} = k_1[A^*]$　　　　　　　　　　　　　　　（ㄅ）

按「穩定態近似法」可寫為：

$$\frac{d[A^*]}{dt} = k_2[A]^2 - k_{-2}[A^*][A] - k_1[A^*] = 0$$

$\Rightarrow$ 推得：$[A^*] = \dfrac{k_2[A]^2}{k_{-2}[A] + k_1}$　　　　　　　　　　　　　　　　　（ㄆ）

將（ㄆ）式代入（ㄅ）式得：

$$\frac{d[B]}{dt} = \frac{k_1 k_2[A]^2}{k_{-2}[A] + k_1}$$　　　　　　　　　　　　　　　　　　　（ㄇ）

（2）（i）當 $k_{-2}[A] \gg k_1$ 時，（ㄇ）式簡化為：$\dfrac{d[B]}{dt} \cong \dfrac{k_1 k_2}{k_{-2}[A]}[A]^2 = k[A]$

式中 $k = \dfrac{k_1 k_2}{k_{-2}}$，$\therefore$ 可知該反應為「1 級反應」

又因 $k = \dfrac{k_1 k_2}{k_{-2}}$ $\Rightarrow$ $\ln k = \ln k_1 + \ln k_2 - \ln k_{-2}$（等號二邊取 ln）

則 $\dfrac{dlnk}{dT} = \dfrac{dlnk_1}{dT} + \dfrac{dlnk_2}{dT} - \dfrac{dlnk_{-2}}{dT}$

依據（6.3）式，可知：

$$\dfrac{E_a}{RT^2} = \dfrac{E_{a,1}}{RT^2} + \dfrac{E_{a,2}}{RT^2} - \dfrac{E_{a,-2}}{RT^2} \Rightarrow \therefore E_a = E_{a,1} + E_{a,2} - E_{a,-2}$$

（ii）當 $k_{-2}[A] \ll k_1$ 時，（ㄇ）式簡化為：

$$\dfrac{d[B]}{dt} \cong \dfrac{k_1 k_2}{k_1}[A]^2 = k_2[A]^2 = k'[A]^2$$

式中 $k' = k_2 \Rightarrow \therefore$ 可知該反應為「2 級反應」

又因 $k' = k_2 \Rightarrow lnk' = lnk_2$

則 $\dfrac{dlnk'}{dT} = \dfrac{dlnk_2}{dT}$

依據（6.3）式，可知：$\dfrac{E_a}{RT^2} = \dfrac{E_{a,2}}{RT^2} \Rightarrow \therefore E_a = E_{a,2}$

例 6.1.11

某有機化合物 A，在酸的催化下發生水解反應，測得下列實驗結果：

T(k)	$[H^+](mol \cdot dm^{-3})$	$[A]_0 (mol \cdot dm^{-3})$	$t_{1/2}$(h)	編號
298	0.001	0.1	1	（1）
		0.2	1	（2）
	0.002	0.1	0.5	（3）
		0.1	0.5	（4）
308	0.001	0.1	0.5	（5）

設反應的速率方程式為 $-\dfrac{d[A]}{dt} = k[A]^{\alpha}[H^+]^{\beta}$

試求：（a）α、β 值

（b）速率常數 k_{298}、k_{308}

（c）該反應的活化能

：（a）由題目提供數據可知：不論$[H^+] = 0.001$ mole $\cdot$ dm^{-3} 或$[H^+] = 0.002$ mole $\cdot$ dm^{-3}
時，$[H^+]$皆是常數。

所以可改寫爲：$-\dfrac{d[A]}{dt} = k[A]^{\alpha}[H^+]^{\beta} = k'[A]^{\alpha}$

式中$k' = k[H^+]^{\beta}$

由（1）、（2）組或（3）、（4）組數據看出 $t_{1/2}$ 與$[A]_0$無關，這是「1 級反應」的
特點，即 $\alpha = 1$，k'爲 1 級反應的速率常數，

按（2.10a）式：$t_{1/2} = \dfrac{0.693}{k'} = \dfrac{0.693}{k[H^+]^{\beta}}$ （ㄅ）

因 k 與溫度有關，k'還與$[H^+]$有關。設同一溫度 T，酸濃度爲$[H^+]_1$時的速率常
數爲k'_1，半衰期$(t_{1/2})_1$。當酸濃度爲$[H^+]_2$時的速率常數爲k'_2，半生期$(t_{1/2})_2$。

則有 $\dfrac{(t_{1/2})_1}{(t_{1/2})_2} = \dfrac{k'_2}{k'_1} = \dfrac{k[H^+]_2^{\beta}}{k[H^+]_1^{\beta}} = [\dfrac{[H^+]_2}{[H^+]_1}]^{\beta}$

如取（1）、（3）組數據代入上式：$\dfrac{1}{0.5} = (\dfrac{0.002}{0.001})^{\beta} \Rightarrow \therefore \beta = 1$

因此，求得 $\alpha = 1$，$\beta = 1$。

（b）由（ㄅ）式可知：

$k' = k[H^+] = \dfrac{0.693}{t_{1/2}}$

$k = k_{298K} = \dfrac{0.693}{t_{1/2}[H^+]} = \dfrac{0.693}{1 \times 0.001} = 6.93 \times 10^2$ $(mol \cdot dm^{-3})^{-1} \cdot h^{-1}$

同理可得：

$k_{308K} = \dfrac{0.693}{t_{1/2}[H^+]} = \dfrac{0.693}{0.5 \times 0.001} = 1.39 \times 10^3$ $(mol \cdot dm^{-3})^{-1} \cdot h^{-1}$

（c）依據（6.4）式：$\ln \dfrac{k_2}{k_1} = \dfrac{E_a}{R}(\dfrac{1}{T_1} - \dfrac{1}{T_2})$ （ㄆ）

$T_1 = 298°K$，$k_1 = k_{298K} = 6.93 \times 10^2$ $(mol \cdot dm^{-3})^{-1} h^{-1}$

$T_2 = 308°K$，$k_2 = k_{308K} = 1.39 \times 10^3$ $(mol \cdot dm^{-3})^{-1} h^{-1}$

代入（ㄆ）式可得：$E_a = 53.1$ kJ $\cdot$ mol^{-1}

━■ 例 6.1.12 ■━

實驗測得某反應在 298°K 時的反應速率常數爲 3.46×10^{-5} s^{-1}，已知該反應的活化能是 103.6
kJ $\cdot$ mol^{-1}，試計算該反應在 338°K 時的反應速率常數。

$$: \ln \frac{k_2}{k_1} = \frac{E_a}{R}\left(\frac{1}{T_1} - \frac{1}{T_2}\right) = \frac{E_a(T_2 - T_1)}{RT_1T_2} \Rightarrow k_2 = k_1 \cdot \exp\left[\frac{E_a(T_2 - T_1)}{RT_1T_2}\right]$$

$$\therefore k_{338K} = 4.88 \times 10^{-3}\,s^{-1}\,k$$

例 6.1.13

在 378.50°K 時，$(CH_3)_2O$ 的熱分解反應爲 1 級反應，已知該反應的半衰期是 363 分，活化能爲 217.57 kJ·mol^{-1}，試計算 401.55°K 時欲使 75.0%的$(CH_3)_2O$ 分解，需多少時間？

：∵由題目已知爲「1 級反應」，故 $t_{1/2} = \dfrac{\ln 2}{k}$

$$k(378.50°K) = 1.91 \times 10^{-3}\,min^{-1}$$

又由（6.4）式：$\ln \dfrac{k_2}{k_1} = \dfrac{E_a}{R}\left(\dfrac{1}{T_1} - \dfrac{1}{T_2}\right) \Rightarrow k(401.55°K) = 1.01 \times 10^{-1}\,min^{-1}$

而 $\ln(25\%) = -kt$ $t = 13.7\,min$

例 6.1.14

某些農藥的水解反應式爲 1 級反應，而水解速率是考察其殺蟲效果的重要指標。表示農藥水解速率的方法通常用水解速率常數或半衰期。

（1）20°C 時，DDT 在酸性介質中的半衰期爲 61.5 d，試求它 20°C 時在酸性介質中的反應速率常數。

（2）70°C 時，DDT 在酸性介質中的反應速率常數爲 0.173 h^{-1}，試求 DDT 水解反應的活化能。

：（1）已知 DDT 的水解反應是「1 級反應」，其半衰期爲：$t_{1/2} = \dfrac{0.693}{k_A}$

$$\Rightarrow k_A = \frac{0.693}{t_{1/2}} = \frac{0.693}{61.5\,d} = 1.13 \times 10^{-2}\,d^{-1}$$

已知 20°C 時，DDT 水解的反應速率常數爲 $k_A = 1.13 \times 10^{-2}$，$d^{-1} = 27.12 \times 10^{-2}\,h^{-1}$，又已知 70°C 時，$k_A = 0.173\,h^{-1}$。利用這些數據及（6.4）式，可求得 DDT 水解反應的活化能：

$$E_a = R\frac{\ln\left(\dfrac{k_{A,2}}{k_{A,1}}\right)}{\left(\dfrac{1}{T_1} - \dfrac{1}{T_2}\right)} = 8.3145\,J \cdot mole^{-1} \cdot K^{-1} \times \frac{\ln\dfrac{27.12 \times 10^{-2}\,h^{-1}}{0.173\,h^{-1}}}{\left(\dfrac{1}{293.15\,K} - \dfrac{1}{343.15\,K}\right)}$$

$$= 7.520\,kJ \cdot mole^{-1}$$

┌ 例 **6.1.15** ┐

某氣相反應的機構如下：

$$A \xrightleftharpoons[k_{-1}, E_{a,-1}]{k_1, E_{a,1}} B \quad (\text{快速平衡})$$

$$B + C \xrightarrow{k_2, E_{a,2}} D \quad (\text{慢})$$

（1）試用「平衡態近似法」導出該反應的速率方程式（以 $\dfrac{d[D]}{dt}$ 表示反應速率）？

（2）導出該反應之「巨觀活化能」與各基本反應活化能的關係？

：（1）$r = \dfrac{d[D]}{dt} = k_2[B][C]$，利用平衡態近似法：

$$\frac{k_1}{k_{-1}} = \frac{[A]}{[B]} \Rightarrow [B] = \frac{k_1}{k_{-1}}[A]$$

$$r = k_2[B][C] = \frac{k_1 k_2}{k_{-1}}[A][C] = k[A][C] \text{ 其中 } k = \frac{k_1 k_2}{k_{-1}}$$

（2）$\ln k = \ln k_1 + \ln k_2 - \ln k_{-1}$ （ㄅ）

由（6.3）式知：

$$\frac{d\ln k}{dT} = \frac{E_a}{RT^2}$$ （ㄆ）

將（ㄅ）式代入（ㄆ）式，可得：

$$\frac{d\ln k}{dT} = \frac{d\ln k_1}{dT} + \frac{d\ln k_2}{dT} - \frac{d\ln k_{-1}}{dT}$$

及

$$\frac{E_a}{RT^2} = \frac{E_{a,1}}{RT^2} + \frac{E_{a,1}}{RT^2} - \frac{E_{a,-1}}{RT^2} \Rightarrow \therefore E_a = E_{a,1} + E_{a,2} - E_{a,-1}$$

┌ 例 **6.1.16** ┐

溫度升高，正、逆反應速度都增大，因此平衡常數也不隨溫度而改變。

：錯。∵正、逆反應速率增加的倍數不同。

例 6.1.17

反應 A＋2B $\longrightarrow$ Y 速率方程式爲：

$$-\frac{d[A]}{dt} = k_A [A]^{0.5} [B]^{1.5}$$

（1）$[A]_0 = 0.1$ mole·dm^{-3}，$[B]_0 = 0.2$ mole·dm^{-3}，$300°K$ 時反應 20 s 後，$[A] = 0.01$ mole·dm^{-3}，問再反應 20 s 後，$[A] = ?$

（2）反應物的初濃度同上，定溫 $400°K$ 下反應 20 s 後，$[A] = 0.003918$ mole·dm^{-3}，求反應的活化能。

：∵題目已知：$[A]_0 / [B]_0 = \nu_A / \nu_B = 1/2$

∴反應過程中 $[A]/[B] = \nu_A / \nu_B = 1/2$

將 $[B] = 2[A]$ 代入原反應速率方程式，整理得新反應速率方程式爲：

$$-\frac{d[A]}{dt} = k[A]^{0.5} (2[A])^{1.5} = 2^{1.5} k[A]^2 = k'[A]^2$$

其中，$k' = 2^{1.5}k$

（1）$300°K$ 時，利用「2 級反應」之（2.17）式：

$$k'(300°K)t = \left(\frac{1}{[A]} - \frac{1}{[A]_0} \right) = \left(\frac{1}{0.01} - \frac{1}{0.1} \right) dm^3 \cdot mole^{-1} = 90 \ dm^3 \cdot mole^{-1}$$

再繼續反應 20 s，t 相同，而這時反應物的新初濃度 $[A]'_0 = 0.01$ mole·dm^{-3}，求此時的 $[A]'$ 如下：

$$k't = \left(\frac{1}{[A]'} - \frac{1}{[A]'_0} \right) = \frac{1}{[A]'} - \frac{1}{0.01\,mole \cdot dm^{-3}}$$

$$\frac{1}{[A]'} = k't + \frac{1}{0.01\,mole \cdot dm^{-3}} = 90 + \frac{1}{0.01} = 190 \ dm^3 \cdot mole^{-1}$$

$$\Rightarrow \quad \therefore [A]' = 0.00526 \ mole \cdot dm^{-3}$$

（2）$400°K$ 時，初濃度同上，反應速率方程式形式亦同上

$$-\frac{d[A]}{dt} = k'(400°K)[A]^2$$

t 仍爲 20 s，則有以下之關係：（見（2.17）式）

$$\frac{k'(400°K)}{k'(300°K)} = \frac{k'(400°K)t}{k'(300°K)t} = \frac{\left(\dfrac{1}{0.003918} - \dfrac{1}{0.1}\right)}{\left(\dfrac{1}{0.01} - \dfrac{1}{0.1}\right)} = 2.7248$$

又利用（6.4）式，可得：

$$E_a = \frac{RT_1 T_2}{T_2 - T_1} \cdot \ln\frac{k'(T_2)}{k'(T_1)} = \left(\frac{8.314 \times 400 \times 300}{400 - 300} \cdot \ln 2.7248\right) J \cdot mole^{-1}$$

$$= 10001 J \cdot mole^{-1} = 10 \, kJ \cdot mole^{-1}$$

例 6.1.18

已知 A 分解為 B 和 D。在兩個溫度下分別測得不同初始壓力的和半衰期數據列於下表：

T(k)	p_{A_0} (kPa)	$t_{1/2}$(s)
967	39.20	1520
	19.60	3040
1030	39.20	259.5
	19.60	519.0

試求：（1）反應級數

（2）兩個溫度下的反應速率常數 k

（3）反應活化能 E_a

：（1）由數據可發現 $t_{1/2}$ 和初始壓力有關，所以不為 1 級反應。

$$t_{1/2} = \frac{2^{n-1} - 1}{[A]_0^{n-1}(n-1)k} \quad (for \; n \neq 1) \; （見（2.47）式）$$

$$= \frac{2^{n-1} - 1}{(P_{A,0})^{n-1}(n-1)k}$$

At 967K，$\dfrac{(t_{1/2})^1}{(t_{1/2})} = \dfrac{3040s}{1520s} = \left(\dfrac{39.20}{19.60}\right)^{n-1}$，故 n = 2

（2）$t_{1/2} = \dfrac{1}{[A]_0 k} = \dfrac{RT}{P_{A,0} k}$

At 967K，$1520s = \dfrac{(0.082 \, atm \cdot dm^3 / mol \cdot k) \cdot (967k)}{\left(\dfrac{39.20 \times 10^3}{101325} atm\right) k_{967}}$

$\Rightarrow k_{967} = 1.349 \times 10^{-1} (mol \cdot dm^{-3})^{-1} s^{-1}$ （已知 $1atm \approx 101325 P_a$ ）

同理，在 1030K 時，$k_{1030} = 8.413 \times 10^{-1} (mol \cdot dm^{-3})^{-1} s^{-1}$

（3）由（6.4）式，$\ln \dfrac{k_2}{k_1} = \dfrac{E_a}{R}\left(\dfrac{1}{T_1} - \dfrac{1}{T_2}\right)$

$\ln\left(\dfrac{8.413 \times 10^{-1}}{1.349 \times 10^{-1}}\right) = \dfrac{E_a}{R}\left(\dfrac{1}{967k} - \dfrac{1}{1030k}\right)$，$R = 8.314 J / mol \cdot k$

$E_a = 240.6 kJ \cdot mol^{-1}$

例 6.1.19

乙烷熱分解反應：$C_2H_6 \longrightarrow C_2H_4 + H_2$

其「反應機構」如下：

i. $C_2H_6 \xrightarrow{\ k_1\ } 2CH_3$ $\qquad\qquad$ $E_1 = 351.5 \, kJ \cdot mole^{-1}$

ii. $CH_3 + C_2H_6 \xrightarrow{\ k_2\ } CH_4 + C_2H_5$ $\qquad$ $E_2 = 33.5 \, kJ \cdot mole^{-1}$

iii. $C_2H_5 \xrightarrow{\ k_3\ } C_2H_4 + H$ $\qquad\qquad$ $E_3 = 167 \, kJ \cdot mole^{-1}$

iv. $H + C_2H_6 \xrightarrow{\ k_4\ } H_2 + C_2H_5$ $\qquad\quad$ $E_4 = 29.3 kJ \cdot mole^{-1}$

v. $H + C_2H_5 \xrightarrow{\ k_5\ } C_2H_6$ $\qquad\qquad$ $E_5 = 0 \, kJ \cdot mole^{-1}$

（1）推導出該反應的反應速率方程式。

（2）計算乙烷熱分解反應的巨觀活化能。

k_1 是「連鎖引發步驟」的反應速率常數，由於這步所需的活化能相當大，故 k_1 一般很小。

:（1）由（III）式可知：生成產物 C_2H_4 的反應速率爲：

$$\frac{d[C_2H_4]}{dt} = k_3[C_2H_5] \tag{ㄅ}$$

利用「穩定態近似法」求出[C_2H_5]與[C_2H_6]之間的關係如下：

$$\frac{d[C_2H_5]}{dt} = k_2[CH_3][C_2H_5] - k_3[C_2H_5]$$

$$+ k_4[H][C_2H_6] - k_5[C_2H_5][H] = 0 \tag{ㄆ}$$

又將其中的[H]與[CH_3]也用「穩定態近似法」處理，可得：

$$\frac{d[H]}{dt} = k_3[C_2H_5] - k_4[H][C_2H_6] - k_5[C_2H_5][H] = 0 \tag{ㄇ}$$

$$\frac{d[CH_3]}{dt} = 2k_1[C_2H_6] - k_2[CH_3][C_2H_6] = 0 \tag{ㄈ}$$

（ㄆ）式＋（ㄇ）式＋（ㄈ）式得：

$$2k_1[C_2H_6] - 2k_5[H][C_2H_5] = 0 \implies [H] = \frac{k_1[C_2H_6]}{k_5[C_2H_5]} \tag{ㄉ}$$

把（ㄉ）式代入（ㄇ）式得：

$$[C_2H_5]^2 - \frac{k_1}{k_3}[C_2H_6][C_2H_5] - \frac{k_1k_4}{k_3k_5}[C_2H_6]^2 = 0$$

這是一個以[C_2H_5]爲變數的二次方程式，其解爲：

$$[C_2H_5] = [C_2H_6] \cdot \left[\frac{2k_1}{k_3} \pm \sqrt{\left(\frac{k_1}{2k_3}\right)^2 + \left(\frac{k_1k_4}{k_3k_5}\right)} \right]$$

已知 k_1 是「連鎖引發步驟」的反應速率常數，一般很小，故可略去不計。同時，負值不合理也不予考慮。所以上式可簡化爲：

$$[C_2H_5] = \left(\frac{k_1k_4}{k_3k_5}\right)^{1/2} \cdot [C_2H_6] \tag{ㄊ}$$

將（ㄊ）式代入（ㄅ）式得：

$$\frac{d[C_2H_4]}{dt} = k_3\left(\frac{k_1k_4}{k_3k_5}\right)^{1/2} \cdot [C_2H_6] = \left(\frac{k_1k_3k_4}{k_5}\right)^{1/2} \cdot [C_2H_6] = k[C_2H_6]$$

（2）由上面的反應速率方程式得到：

$$k = \left(\frac{k_1 k_3 k_4}{k_5} \right)^{1/2}$$ （3）

根據溫度與反應速率常數的關係（即（6.1）式）：

$k = A \cdot \exp(-E/RT)$，則（3）式可改寫為：

$$A \cdot \exp(-E_a /RT) = \left(\frac{A_1 A_3 A_4}{A_5} \right)^{1/2} \cdot \exp[-\frac{1}{2}(E_1 + E_3 + E_4 - E_5)/RT]$$

$$E_a = \frac{1}{2}(E_1 + E_3 + E_4 - E_5) = \frac{1}{2}(351.5 + 167 + 29.3 - 0) = 274(kJ \cdot mole^{-1})$$

例 6.1.20

已知反應 $A \longrightarrow B$ 滿足反應速率方程式：

$$-\frac{d[A]}{dt} = k[A]^n$$

現測得如下實驗數據：

$[A]_0(kmole \cdot m^{-3})$	$t_{1/2}(min)$	T(K)
10	100	300
10	12.45	320
1	19.80	340

求此反應的級數 n，活化能 E 以及 300°K 時的反應速率常數 k。

：對於同一反應（假定其反應機構相同且無副反應）若初壓力相同、轉化率相同，其反應速率方程式具有 $r = kc^n$ 的形式時，則有：

$k_1 t_1 = k_2 t_2$，即 $\frac{k_2}{k_1} = \frac{t_1}{t_2}$（見【解題思考技巧（二）】）

上式二邊取 ln，且依據（6.4）式，可得：

$$\ln \frac{k_2}{k_1} = \ln \frac{(t_{1/2})_1}{(t_{1/2})_2} = \frac{E}{R}(\frac{1}{T_1} - \frac{1}{T_2})$$

題目數據代入上式，得：

$$\ln \frac{100}{12.45} = \frac{E}{8.314}(\frac{1}{300} - \frac{1}{320})$$

求得：$E = 83.145 \, (kJ \cdot mole^{-1})$

該反應的半衰期爲：

$$t_{1/2} = \frac{2^{n-1} - 1}{k(n-1)}[A]_0^{1-n} \quad （即（2.47）式）$$

由上式可得到兩個不同溫度下半衰期與初濃度關係：

$$\frac{(t_{1/2})_1}{(t_{1/2})_2} = \frac{k_2}{k_1}\left[\frac{([A]_0)_1}{([A]_0)_2}\right]^{1-n} \quad （即（3.5）式）$$

上式二邊取對數：

$$\ln \frac{(t_{1/2})_1}{(t_{1/2})_2} = \ln \frac{k_2}{k_1} + (1-n)\ln \frac{([A]_0)_1}{([A]_0)_2} = \frac{E}{R}(\frac{1}{T_1} - \frac{1}{T_2}) + (1-n)\ln \frac{([A]_0)_1}{([A]_0)_2}$$

將題目數據代入：

$$\ln \frac{100}{19.8} = \frac{83145}{8.314}(\frac{1}{300} - \frac{1}{340}) + (n-1) \cdot \ln \frac{10}{1}$$

解得：n＝2

又依據（2.19a）式，可知：

300°K 時，$k = \frac{1}{[A]_0 \cdot t_{1/2}} = \frac{1}{100 \times 10} = 10^{-3} \, (m^3 \cdot kmole^{-1} \cdot min^{-1})$

▌例 6.1.21 ▌

已知平行「1級反應」爲：

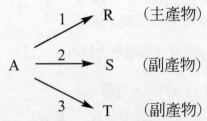

設 k_1、k_2、k_3、E_1、E_2、E_3、$k_{1,0}$、$k_{2,0}$、$k_{3,0}$ 分別爲各「基本反應」的反應速率常數、「活化能」和指數前因子。已知 $E_1 > E_2$ 且 $E_1 < E_3$，若想要經由改變溫度來提高 R（主產物）的比例，求該反應的最佳溫度 T_{op}。

：題目已知：$E_1 > E_2$，故需要高溫。又題目已知：$E_1 < E_3$，故需要低溫，所以想要使生成 R（產物）的反應速率最大，必須控制在一適當溫度。

各反應的反應速率分別為：

$$r_1 = k_1[A] = k_{1,0}[A] \cdot \exp(-E_1/RT) \tag{ㄅ}$$

$$r_2 = k_2[A] = k_{2,0}[A] \cdot \exp(-E_2/RT) \tag{ㄆ}$$

$$r_3 = k_3[A] = k_{3,0}[A] \cdot \exp(-E_3/RT) \tag{ㄇ}$$

令 $K = \dfrac{r_2 + r_3}{r_1}$

$$K = \frac{k_{2,0}}{k_{1,0}} \cdot \exp[(E_1 - E_2)/RT] + \frac{k_{3,0}}{k_{1,0}} \cdot \exp[(E_1 - E_3)/RT] \tag{ㄉ}$$

將（ㄉ）式二邊皆對溫度 T 微分，且欲取極值，故其微分值 $= 0$，得：

$$\frac{dK}{dT} = -\left(\frac{k_{2,0}}{k_{1,0}}\right)\left(\frac{E_1 - E_2}{RT_{op}^2}\right) \cdot \exp[(E_1 - E_2)/RT_{op}]$$

$$-\left(\frac{k_{3,0}}{k_{1,0}}\right)\left(\frac{E_1 - E_3}{RT_{op}^2}\right) \cdot \exp[(E_1 - E_3)/RT_{op}] = 0$$

$$\Rightarrow 解得：\frac{1}{T_{op}} = \frac{R}{E_3 - E_2} \cdot \ln\left[\frac{E_3 - E_1}{E_1 - E_2} \cdot \frac{k_{3,0}}{k_{2,0}}\right]$$

$$\therefore T_{op} = \frac{E_3 - E_2}{R\ln\left[\dfrac{E_3 - E_1}{E_1 - E_2} \cdot \dfrac{k_{3,0}}{k_{2,0}}\right]}$$

▌ 例 6.1.22 ▌

今有單一反應物 A 的「n 級反應」，在一定溫度下，反應物的初濃度$[A]_0$，反應時間 t 以及 t 時反應物濃度$[A]$皆可測出，t 時的 $\left(-\dfrac{d[A]}{dt}\right)$ 值亦可用作圖求出。

（1）請導出一直線方程式 $y = mt + b$，從 m 求出反應級數 n，從 b 求出反應速率常數 k，則 y、m、b 的表示式各為何種形式？

（2）此反應在 $340°K$ 時經 13.20 min 可完成反應的 20%，$300°K$ 時需 12.60 min 也可完成同等數量，求此反應的活化能。

：(1) 該反應速率方程式為： $-\dfrac{d[A]}{dt} = k[A]^n$ （ㄅ）

積分得： $\dfrac{1}{[A]^{n-1}} - \dfrac{1}{[A]_0^{n-1}} = (n-1) \cdot kt$ （ㄆ）

整理後：

$$[A]^{n-1} = \left[(n-1)kt + \dfrac{1}{[A]_0^{n-1}} \right]^{-1} \Rightarrow \therefore [A]^n = [A] \left[(n-1)kt + \dfrac{1}{[A]_0^{n-1}} \right]^{-1} \quad （ㄇ）$$

將（ㄇ）式代入（ㄅ）式，得： $-\dfrac{d[A]}{dt} = k[A] \left[(n-1)kt + \dfrac{1}{[A]_0^{n-1}} \right]^{-1}$

$$\Rightarrow \left(-\dfrac{d[A]}{[A]dt} \right)^{-1} = k^{-1} \left[(n-1)kt + \dfrac{1}{[A]_0^{n-1}} \right] = (n-1) \cdot t + \dfrac{1}{k[A]_0^{n-1}}$$

上式恰為直線方程式 $y = mt + b$ 的形式

所以 $y = \left(-\dfrac{d[A]}{[A]dt} \right)^{-1}$ ， $m = n-1$ ， $b = \dfrac{1}{k[A]_0^{n-1}}$

(2) 已知 $t_{20\%}$ 時， $[A] = 0.8[A]_0$ ，則利用（ㄆ）式，可得：

溫度 $T_1 = 340°K$ 時， $\dfrac{1}{(n-1)} \left[\dfrac{1}{(0.8[A]_0)^{n-1}} - \dfrac{1}{[A]_0^{n-1}} \right] = k_1 t_1$ （ㄈ）

溫度 $T_2 = 300°K$ 時， $\dfrac{1}{(n-1)} \left[\dfrac{1}{(0.8[A]_0)^{n-1}} - \dfrac{1}{[A]_0^{n-1}} \right] = k_2 t_2$ （ㄉ）

故由（ㄈ）、（ㄉ）二式，可得： $k_1 t_1 = k_2 t_2$

上式二邊取 ln 且依據（6.4）式，可得： $\ln \dfrac{k_2}{k_1} = \ln \dfrac{t_1}{t_2} = \dfrac{E}{R} \left(\dfrac{1}{T_1} - \dfrac{1}{T_2} \right)$

將數據代入： $\ln \dfrac{13.20}{12.60} = \dfrac{E}{8.314} \left(\dfrac{1}{340} - \dfrac{1}{300} \right)$

$\therefore$ 解得： $E = 29.06 \ kJ \cdot mole^{-1}$

例 6.1.23

複雜反應的反應機構如下：

$$A \xrightarrow{\ 1\ } M \xrightarrow{\ 3\ } R$$
$$A \xrightarrow{\ 2\ } S_1 \qquad M \xrightarrow{\ 4\ } S_2$$

A 為反應物，M 為中間物，S_1 和 S_2 為副產物，R 為主產物，各步驟均為「1 級反應」。

已知，$k_1 = 10^9 \cdot \exp(-6000/T)$ ；$k_2 = 10^7 \cdot \exp(-4000/T)$ ；$k_3 = 10^8 \cdot \exp(-9000/T)$ ；$k_4 = 10^{12} \cdot \exp(-12000/T)$

且 $t = 0$ 時，$[A] = [A]_0$，$[M]_0 = [S_1]_0 = [S_2]_0 = [R]_0 = 0$

在時刻 t 時，

$$[M] = \frac{k_1 [A]_0}{(k_3 + k_4) - (k_1 + k_2)}\{\exp[-(k_1 + k_2)t] - \exp[-(k_3 + k_4)t]\}$$

求：

（1）R 與 S_2 的濃度隨時間變化的規律公式？

（2）在 27°C 時，產物中 R 與 S_2 的比例？

（3）為了提高產物中 R 的比例，反應應當先在較高溫度下進行，隨後使溫度降低。請說明理由。

：（1）生成產物 R 的反應速率為：

$$\frac{d[R]}{dt} = k_3 [M] \tag{ㄅ}$$

$$= \frac{k_1 k_3 [A]_0}{(k_3 + k_4) - (k_1 + k_2)}\{\exp[-(k_1 + k_2)t] - \exp[-(k_3 + k_4)t]\}$$

積分得：

$$[R] = \frac{k_1 k_3 [A]_0}{(k_3 + k_4) - (k_1 + k_2)}\left\{ -\frac{1}{(k_1 + k_2)} \cdot \exp[-(k_1 + k_2)t] \right.$$

$$\left. + \frac{1}{(k_3 + k_4)} \cdot \exp[-(k_3 + k_4)t] \right\} \tag{ㄆ}$$

生成副產物 S_2 的反應速率為：

$$\frac{d[S_2]}{dt} = k_4[M] \tag{ㄇ}$$

$$= \frac{k_1 k_4 [A]_0}{(k_3 + k_4) - (k_1 + k_2)} \{\exp[-(k_1 + k_2)t] - \exp[-(k_3 + k_4)t]\}$$

積分得：

$$[S_2] = \frac{k_1 k_4 [A]_0}{(k_3 + k_4) - (k_1 + k_2)} \left\{ \frac{-1}{(k_1 + k_2)} \cdot \exp[-(k_1 + k_2)t_{-1}] \right.$$

$$\left. + \frac{1}{(k_3 + k_4)} \cdot \exp[-(k_3 + k_4)t] \right\} \tag{ㄈ}$$

（2）（ㄆ）式、（ㄈ）式相除，可得：

$$\frac{[R]}{[S_2]} = \frac{k_3}{k_4} = \frac{10^8 \cdot \exp(-9000/T)}{10^{12} \cdot \exp(-12000/T)} = 10^{-4} \cdot \exp[(12000 - 9000)/T]$$

$$= 10^{-4} \times 22026 \approx 2.20$$

（3）同理，$\dfrac{k_1}{k_2} = \dfrac{10^9 \cdot \exp(-6000/T)}{10^7 \cdot \exp(-4000/T)} = 10^2 \cdot \exp(-2000/T)$

故溫度升高時，則 $\dfrac{k_1}{k_2}$ 值增加。

$$\frac{k_3}{k_4} = \frac{10^8 \cdot \exp(-9000/T)}{10^{12} \cdot \exp(-12000/T)} = 10^{-4} \cdot \exp(3000/T)$$

故溫度下降時，則 $\dfrac{k_3}{k_4}$ 值增加。

所以溫度先高後低，對增加產物中 R 的比例有利。

■ 例 6.1.24 ■

定容氣相反應：$2NO_{(g)} + H_{2(g)} \longrightarrow N_2O_{(g)} + H_2O_{(g)}$

其反應速率方程式為 $\dfrac{dp(N_2O)}{dt} = k[p(NO_2)]^2\, p(H_2)$，試提出一個只涉及雙分子步驟的反應機構，並由反應機構導出該反應的反應速率方程式，求出基本反應活化能和巨觀活化能的關係。

：假設反應機構爲：

$$2NO \underset{k_{-1}}{\overset{k_1}{\rightleftharpoons}} N_2O_2$$

$$N_2O_2 + H_2 \xrightarrow{k_2} N_2O + H_2O$$

若用「平衡態近似法」求解，則：

$$\frac{p(N_2O_2)}{[p(NO)]^2} = \frac{k_1}{k_{-1}} \tag{ㄅ}$$

$$\frac{dp(N_2O)}{dt} = k_2 p(N_2O_2) p(H_2) \tag{ㄆ}$$

（ㄅ）式代入（ㄆ）式，得：$\dfrac{dp(N_2O)}{dt} = \dfrac{k_1 k_2}{k_{-1}}[p(NO)]^2 p(H_2) = k[p(NO)]^2 p(H_2)$

上式中，$k = \dfrac{k_1}{k_{-1}} k_2$ \tag{ㄇ}

兩邊取對數，且利用（6.3）式，可得：

$$\ln k = \ln k_1 + \ln k_2 - \ln k_{-1} \Rightarrow \frac{\ln k}{dT} = \frac{\ln k_1}{dT} + \frac{\ln k_2}{dT} - \frac{\ln k_{-1}}{dT}$$

$$\Rightarrow \frac{E_a}{RT^2} = \frac{E_1}{RT^2} + \frac{E_2}{RT^2} - \frac{E_{-1}}{RT^2} \Rightarrow \therefore E_a = E_1 + E_2 - E_{-1}$$

■ 例 6.1.25 ■

A 和 B 按下列反應：

$$2A \xrightarrow{k_1} Y \text{，} r_Y = k_{0,1} \cdot \exp(-E_1/RT)[A]^2$$

$$A + B \xrightarrow{k_2} Z \text{（目前的產物）} \quad r_Z = k_{0,2} \cdot \exp(-E_2/RT)[A][B]$$

$$2B \xrightarrow{k_3} G \text{，} r_G = k_{0,3} \cdot \exp(-E_3/RT)[B]^2$$

分別指出下列情況反應的適宜溫度範圍（高、中、低）：

（1）$E_2 \geqq E_1$，E_3。　　　（2）$E_2 \leqq E_1$，E_3。　　　（3）$E_1 > E_2 > E_3$。

：（1）若 $E_2 \geq E_1, E_3$，僅可能在高溫，這樣目的產物 Z 才能是主要產物。

（2）若 $E_2 \leq E_1, E_3$，僅可能在低溫，有利於 Z 的生成。

（3）若 $E_1 > E_2 > E_3$，反應溫度宜爲中溫；太高，則有利於 Y 的生成；
溫度太低，則有利於 G 的生成；只有中間溫度才有利於 Z 的生成。

■ 例 6.1.26 ■

在 673°K，設反應 $NO_{2\,(g)} \rightleftharpoons NO_{(g)} + \dfrac{1}{2} O_{2\,(g)}$ 可以進行完全，產物對反應速率無影

響，經實驗證明該反應是 2 級反應，即 $-\dfrac{d[NO_2]}{dt} = k[NO_2]^2$

k 與溫度 T 之間的關係爲 $\ln k = -\dfrac{12886.7}{T} + 20.27$ （k 的單位爲 $mole^{-1} \cdot dm^3 \cdot s^{-1}$）

（1）求此反應的指數前因子 A 及實驗活化能 E_a？

（2）若在 673°K 時，將 $NO_{2\,(g)}$ 通入反應器，使其初壓力爲 26.66 kP_a，然後發生上述反應，試計算反應器中的壓力達到 32.0 kP_a 時所需的時間？

：（1）由（6.1b）式可知：$\ln k = \ln A - \dfrac{E_a}{RT}$，與題目之式比較，可得：

$$A = \exp(20.27) = 6.355 \times 10^8 \, mole^{-1} \cdot dm^3 \cdot s^{-1}$$

$$E_a = 12886.7R = 12886.7 \times 8.314 = 107.1 \, kJ$$

（2）當 T＝673°K 代入題目之式，得：

$$\ln k = -\dfrac{12886.7}{673} + 20.27 = 1.122 \implies k = \exp(1.122) = 3.071 \, mole^{-1} \cdot dm^3 \cdot s^{-1}$$

$$
\begin{array}{lcccl}
& NO_{2\,(g)} & \longrightarrow & NO_{(g)} \quad + \quad \dfrac{1}{2}O_{2\,(g)} & \text{總壓力} \\
t = 0: & 26.66 & & & \\
-) & p & & & \\
\hline
t = t: & 26.66 - p & p & \dfrac{1}{2}p & p(\text{總}) \\
\end{array}
$$

$$p(\text{總}) = 26.66 + \dfrac{1}{2}p = 32.0 \implies p = 10.68 \, kP_a$$

$$\therefore p_{NO_2} = 26.66 - 10.68 = 15.98 \, kP_a$$

已知本題反應爲「2 級反應」，故依據（2.17）式，可知：

$$\left(\frac{1}{[A]} - \frac{1}{[A]_0}\right) = kt，又已知 p = [A]RT \implies \frac{1}{[A]} = \frac{RT}{p}$$

代入數據：$RT\left(\frac{1}{p_A} - \frac{1}{p_{A,0}}\right) = 8.314 \times 673 \times \left(\frac{1}{15.98} - \frac{1}{26.66}\right) = 3.071t$

∴解得：$t = 45.67$ s

▌例 6.1.27 ▌

At a temperature of 300°K, it takes 12 min for a certain reaction to be 20% completed, and at 340°K the same reaction takes 3.20 min. Calculate the activation energy E_a for the reaction.

某反應在 300°K 時完成 20%需時 12 min，在 340°K 同樣完成 20%需時 3.2 min，計算反應的活化能。

：見【解題思考技巧（二）】：無論是 n 級反應，同一反應具有相同反應進度時，在不同溫度下，可存在以下之關係：

$k_1 t_1 = k_2 t_2 \implies$ 即 $k_2/k_1 = t_1/t_2$ （ㄅ）

由（6.4）式可知：

$$\ln\frac{k_2}{k_1} = -\frac{E_a}{R}\left(\frac{1}{T_2} - \frac{1}{T_1}\right)$$ （ㄆ）

（ㄅ）式代入（ㄆ）式，可得：$\ln\frac{t_1}{t_2} = -\frac{E_a}{R}\left(\frac{1}{T_2} - \frac{1}{T_1}\right)$

代入數據：$\ln\frac{12}{3.2} = -\frac{E_a}{8.314}\left(\frac{1}{340} - \frac{1}{300}\right)$

$$\therefore E_a = 8.314 \times \left(\frac{340 \times 300}{340 - 300}\right) \cdot \ln\frac{12}{3.2} = 28.02 \text{ kJ} \cdot \text{mole}^{-1}$$

▌例 6.1.28 ▌

65°C 時 N_2O_5 氣相分解的反應速率常數爲 0.292 min^{-1}，活化能爲 103.3 kJ·$mole^{-1}$，求 80°C 時的 k 及 $t_{1/2}$。

：由反應速率常數單位可判斷其爲「1 級反應」。

利用（6.4）式：$\ln\left(\dfrac{k_2}{k_1}\right) = \dfrac{E_a}{R}\left(\dfrac{1}{T_1} - \dfrac{1}{T_2}\right) \Rightarrow k_{80°C} = 1.39\,\text{min}^{-1}$

且 $t_{1/2} = \dfrac{\ln 2}{k} = 0.499\,\text{min}$

▪ 例 6.1.29 ▪

氣相反應 $A_2 + B_2 \longrightarrow 2AB$ 的反應速率方程式爲：$\dfrac{d[AB]}{dt} = k_{AB}[A_2][B_2]$

已知：$\log[k_{AB}(\text{dm}^3 \cdot \text{mole}^{-1} \cdot \text{s}^{-1})] = -\dfrac{9510}{T} + 12.30$

（1）求反應的活化能 E_a？

（2）在 700°K，A_2 和 B_2 的初壓力分別爲 60.8 kPa 和 40.5 kPa，反應開始時沒有 AB，計算反應 5 min 時，$\dfrac{d[AB]}{dt}$ 和 $\dfrac{d[A_2]}{dt}$ = ？

：（1）比較題給的 k_{AB} 與 T 關係式和 Arrhenius 方程式（6.1d）式：

$$\ln(k) = -\frac{E_a}{2.303RT} + \frac{B}{2.303}$$

比較可知：$-\dfrac{E_a}{2.303R} = -9510$

∴ $E_a = 9510°K \times 2.303 \times 8.314\,\text{J} \cdot \text{mole}^{-1} \cdot \text{K}^{-1} = 182.1\,\text{kJ} \cdot \text{mole}^{-1}$

（2）溫度爲 700°K 時，代入題目之式，可求得：$k_{AB} = 0.0518\,\text{dm}^3 \cdot \text{mole}^{-1} \cdot \text{s}^{-1}$

又由計量關係，即（1.8b）式，可知：$k_A = \dfrac{1}{2} k_{AB}$

假設 5 min 時 A_2 消耗掉的壓力爲 $p_{A,x}$，利用兩種反應物初濃度不同的「2 級反應」的積分速率方程式，可求得 $p_{A,x}$（即見（2.32）式）：

$$t = \frac{1}{k_A([A]_0 - [B]_0)} \cdot \ln \frac{([A]_0 - [A]_x)[B]_0}{[A]_0([B]_0 - [A]_x)}$$

將 $[A] = p_A/RT$ 代入上式，整理後，得：

$$t = \frac{2RT}{k_{AB}(p_{A,0} - p_{B,0})} \cdot \ln \frac{(p_{A,0} - p_{A,x})p_{B,0}}{p_{A,0}(p_{B,0} - p_{A,x})}$$

代入數據：

$$5 \times 60s = \frac{2 \times 8.314J \cdot mole^{-1} \cdot K^{-1} \times 700°K}{0.0518dm^3 \cdot mole^{-1} \cdot s^{-1} \times (60.8kP_a - 40.5kP_a)}$$

$$\times \ln \frac{(60.8kP_a - p_{A,x}) \times 40.5kP_a}{60.8kP_a \times (40.5kP_a - p_{A,x})}$$

解得：$p_{A,x} = 3.08$ kP$_a$

那麼 5 min 時，

$p_A = p_{A,0} - p_{A,x} = 60.8$ kP$_a$ － 3.08 kP$_a$ = 57.72 kP$_a$

$p_B = p_{B,0} - p_{A,x} = 40.5$ kP$_a$ － 3.08 kP$_a$ = 37.42 kP$_a$

$$\therefore \frac{d[AB]}{dt} = k_{AB}[A][B] = k_{AB}p_A p_B (RT)^{-2}$$

$$= 0.0518dm^3 \cdot mole^{-1} \cdot s^{-1} \times 57.72kP_a \times 37.42kP_a$$

$$\times (8.314J \cdot mole^{-1} \cdot K^{-1} \times 700°K)^{-2}$$

$$= 3.303 \times 10^{-6} \, mole \cdot dm^{-3} \cdot s^{-1}$$

且 $-\dfrac{d[A]}{dt} = \dfrac{1}{2} \cdot \dfrac{d[AB]}{dt} = \dfrac{1}{2} \times 3.303 \times 10^{-6} \, mole \cdot dm^{-3} \cdot s^{-1}$

$$= 1.652 \times 10^{-6} \, mole \cdot dm^{-3} \cdot s^{-1}$$

▂ 例 6.1.30 ▂

N$_2$O$_{(g)}$ 的熱分解反應為 $2N_2O_{(g)} \xrightarrow{k} 2N_{2(g)} + O_{2(g)}$，從實驗測出不同溫度時各個初壓力與半衰期值如表所示。

反應溫度 T(°K)	初壓力 p$_0$(kP$_a$)	半衰期 t$_{1/2}$(s)
967	166.787	380
967	39.197	1520
1030	7.066	1440
1030	47.996	212

（1）求反應級數和兩種溫度下的反應速率常數。

（2）求活化能 E$_a$。

（3）若 1030°K 時，N$_2$O$_{(g)}$ 的初壓力為 54.00 kP$_a$，求壓力達到 64.00 kP$_a$ 時所需的時間。

: (1) 利用半衰期法確定反應級數,故採用 (3.6) 式:

$$n = 1 + \frac{\log(t_{1/2}/t'_{1/2})}{\log(a'/a)} = 1 + \frac{\log(t_{1/2}/t'_{1/2})}{\log(p'_0/p_0)}$$

在 967°K 時, $n = 1 + \dfrac{\log(1520/380)}{\log(166.787/39.197)} = 1.96 \approx 2$

在 1030°K 時, $n = 1 + \dfrac{\log(212/1440)}{\log(7.066/47.996)} = 2$

所以,反應級數為 $\bar{n} = 2$

將實驗數據代入「2 級反應」半衰期的公式: $k_p = \dfrac{1}{t_{1/2}p_0}$ ((2.19c)式)

在 967°K 時,

$$k_{p,1} = \frac{1}{t_{1/2}p_0} = \left(\frac{1}{380 \times 166.787} \right) (kP_a \cdot s)^{-1} = 1.578 \times 10^{-5} \ (kP_a \cdot s)^{-1}$$

$$k_{p,2} = \frac{1}{t_{1/2}p_0} = \left(\frac{1}{1520 \times 39.197} \right) (kP_a \cdot s)^{-1} = 1.678 \times 10^{-5} \ (kP_a \cdot s)^{-1}$$

故取平均值: $\bar{k}_p(967°K) = 1.628 \times 10^{-5} \ (kP_a \cdot s)^{-1}$

同理可得: $\bar{k}_p(1030°K) = 9.828 \times 10^{-5} \ (kP_a \cdot s)^{-1}$

(2) 利用 (6.4) 式: $\ln \dfrac{k_2}{k_1} = -\dfrac{E_a}{R} \left(\dfrac{1}{T_2} - \dfrac{1}{T_1} \right)$

$$\ln \frac{9.828 \times 10^{-5}}{1.628 \times 10^{-5}} = -\frac{E_a}{8.314} \left(\frac{1}{1030} - \frac{1}{967} \right) \Rightarrow E_a = 236.32 \, kJ \cdot mole^{-1}$$

(3) $2N_2O_{(g)}$ ⇌ $2N_{2(g)}$ + $O_{2(g)}$

t=0 時: p_0 0   0

　　　　－)   x

t=t 時: $p_0 - x$ x $\dfrac{x}{2}$

可知: $p(N_2O) = p_0 - x = p \Rightarrow x = p_0 - p$

$p(N_2) = x = p_0 - p$

$p(O_2) = x/2 = (p_0 - p)/2$

$$p(總) = p + x + \frac{x}{2} = \frac{3}{2}p_0 - \frac{1}{2}p = 64 \text{ kP}_a，$$

且已知 $p_0 = 54.00 \text{ kP}_a \Rightarrow p = (3 \times 54.00 - 2 \times 64.00) \text{ kP}_a = 34.00 \text{ kP}_a$

因是「2 級反應」，故依據（2.21）式：

$$t = \frac{1}{\overline{k}_p(1030°K)}\left(\frac{1}{p} - \frac{1}{p_0}\right) = \left[\frac{1}{9.828 \times 10^{-5}} \times \left(\frac{1}{34.00} - \frac{1}{54.00}\right)\right] s = 110.8 \text{ s}$$

▪ 例 **6.1.31** ▪

CH_3Br 的分解反應為 1 級反應，該反應的活化能為 229.3 kJ · mol^{-1} 已知在 650°K 時的 k $= 2.14 \times 10^{-4}$ s^{-1}。現在要使此反應的轉化率在 10 分鐘時達到 90%，試問此反應的溫度應控制在多少度？

：根據（1.29d）式，可知：$\ln\dfrac{1}{1-y} = kt$

先求出 10 分鐘達到轉化率為 90% 的反應速率常數值（k_2）：

$$\ln\frac{1}{1-0.90} = k_2 \times 600$$

則 $k_2 = \dfrac{\ln 10}{600} = 3.84 \times 10^{-3}$ s^{-1}

代入 $\ln\dfrac{k_2}{k_1} = \dfrac{E_a}{R}\left(\dfrac{1}{T_1} - \dfrac{1}{T_2}\right)$

式中已知：$k_1 = 2.14 \times 10^{-4}$ s^{-1} ; $k_2 = 3.84 \times 10^{-3}$ s^{-1} , $E_a = 229.3 \times 10^3$ J · mol^{-1} ,

$\qquad T_1 = 650°K$

則 $\dfrac{1}{T_2} = \dfrac{1}{T_1} - \dfrac{R\ln\dfrac{k_2}{k_2}}{E_a} = \dfrac{1}{650} - \dfrac{8.314 \times \ln\dfrac{3.84 \times 10^{-3}}{2.14 \times 10^{-4}}}{229.3 \times 10^3}$

解得：$T_2 = 697°K$

因此欲使此反應 10 分鐘內轉化 90%，溫度應控制在 697°K。

■ **例 6.1.32** ■

定容氣相反應：$A + 2B \longrightarrow Y$，已知反應速率常數 k_B 與溫度關係爲：

$$\ln[k_B/(dm^3 \cdot mole^{-1} \cdot s^{-1})] = -\frac{9622}{T} + 24.000$$

（1）試計算反應的活化能 E_a。

（2）若反應開始時，$[A]_0 = 0.1 \text{ mole} \cdot dm^{-3}$，$[B]_0 = 0.2 \text{ mole} \cdot dm^{-3}$，欲使 A 在 10 min 內轉化率達 90%，則反應溫度 T 應控制在多少 K？

：（1）根據 Arrhenius 方程式之（6.1b）式：$\ln(k) = -\dfrac{E_a}{RT} + \ln A$

與題目式子相比較可知：

$$-\frac{E_a}{R} = -9622°K \implies E_a = 9622°K \times 8.3145 \text{ J} \cdot K^{-1} \cdot mole^{-1} = 80.00 \text{ kJ} \cdot mole^{-1}$$

（2）$-\dfrac{d[A]}{dt} = k_A[A][B]$，$-\dfrac{d[B]}{dt} = k_B[A][B]$

由（1.8b）式之計量關係式可知：$k_A = \dfrac{1}{2}k_B$

代入上式後：$-\dfrac{d[A]}{dt} = \dfrac{1}{2}k_B[A][B]$

又題目已知：$[A]_0 : [B]_0 = 1 : 2 \implies$ 即$[B] = 2[A]$，代入上式，可得：$-\dfrac{d[A]}{dt} = k_B[A]^2$

上式分離變量後，二邊積分，得：$\dfrac{1}{[A]_t} - \dfrac{1}{[A]_0} = k_B t$

把 $t = 10 \text{ min}$，$[A]_0 = 0.1 \text{ mole} \cdot dm^{-3}$，$[A]_t = [A]_0(1-0.9) = 0.01 \text{ mole} \cdot dm^{-3}$ 代入上式，得：

$$k_B = \frac{1}{t} \cdot \left(\frac{1}{[A]_t} - \frac{1}{[A]_0}\right) = \frac{1}{10 \text{ min}}\left(\frac{1}{0.01} - \frac{1}{0.1}\right) mole^{-1} \cdot dm^3$$

$$= 9 \text{ dm}^3 \cdot mole^{-1} \cdot min^{-1} = 1.500 \times 10^{-1} \text{ dm}^3 \cdot mole^{-1} \cdot s^{-1}$$

將求得的 k_B 值代回題目式子：

$$\ln\frac{1.500 \times 10^{-1} \text{ dm}^3 \cdot mole^{-1} \cdot s^{-1}}{dm^3 \cdot mole^{-1} \cdot s^{-1}} = -\frac{9622}{T} + 24.00 \implies \therefore 解得：T = 371.5 \text{ K}$$

▪ 例 **6.1.33** ▪

某反應：

$$A \xrightarrow[(1)]{k_1} B \xrightarrow[(2)]{k_2} Y$$

若指前參量 $k_{0,1} < k_{0,2}$，活化能 $E_{a,1} < E_{a,2}$，試在同一座標圖上做兩反應的 $\ln\{k\}$ 對 $\{1/T\}$ 表示圖。說明在低溫及高溫時，總反應速率各由那一步指（（1）或（2））來控制？

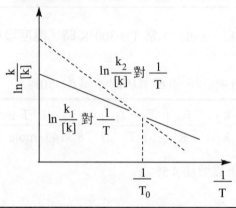

：由 Arrhenius 方程式可知，對反應（1）及（2）分別有

$$\ln\frac{k_1}{[k]} = \frac{-E_1}{RT} + \ln\frac{k_{0,1}}{[k_{0,1}]}$$

$$\ln\frac{k_2}{[k]} = \frac{-E_2}{RT} + \ln\frac{k_{0,2}}{[k_{0,2}]}$$

因為 $k_{0,1} < k_{0,2}$，$E_1 < E_2$，則上述兩直線在座標圖上相交，如上圖所示，實線為 $\ln\dfrac{k_1}{[k]}$ 對 $\dfrac{1}{T}$，虛線為 $\ln\dfrac{k_2}{[k]}$ 對 $\dfrac{1}{T}$。

化學反應速率一般由慢步驟及 k 小的步驟控制。所以從圖中可以看出：

當 $T > T_0$ 時，即高溫時，$k_2 > k_1$，則總反應由（1）控制。

當 $T < T_0$ 時，即低溫時，$k_2 < k_1$，則總反應由（2）控制。

▪ 例 **6.1.34** ▪

某反應由相同初濃度開始到轉化率達 20% 所需時間，在 40°C 時為 15 min，60°C 時為 3 min。試計算此反應的活化能。

：題目已知：$T_1 = (273.15 + 40)°K = 313.15°K$，$t_1 = 15$ min

$\quad\quad\quad T_2 = (273.15 + 60)°K = 333.15°K$，$t_2 = 3$ min

$\therefore k(T_2)/k(T_1) = t_1/t_2 = 15/3 = 5$

故 $E_a = \dfrac{RT_1T_2}{T_2 - T_1} \cdot \ln\dfrac{k(T_2)}{k(T_1)} = \left(\dfrac{8.314 \times 333.15 \times 313.15}{333.15 - 313.15} \cdot \ln5 \right) J \cdot mole^{-1}$

$\quad\quad = 69.8 \ kJ \cdot mole^{-1}$

▪ 例 6.1.35 ▪

某反應的活化能是 $33 \ kJ \cdot mole^{-1}$，當 $T = 300°K$ 時，溫度增加 $1°K$，反應速率常數增加的百分數約為：

(a) 4.5%　　　(b) 9.4%　　　(c) 11%　　　(d) 50%

：(a)。由（6.4）式：$\ln\dfrac{k_2}{k_1} = \dfrac{E_a}{R}\left(\dfrac{T_2 - T_1}{T_1T_2} \right) = \dfrac{33 \times 10^3 \ J \cdot mole^{-1}}{8.314 \ J \cdot mole^{-1} \cdot k^{-1}} \times \left(\dfrac{1°K}{300°K \cdot 301°K} \right)$

$\dfrac{k_2}{k_1} = 1.045$，所以增加 4.5%。

▪ 例 6.1.36 ▪

反應：

$$A \quad \underset{k_{-1}}{\overset{k_1}{\rightleftharpoons}} \quad B$$

正逆反應均為 1 級反應，已知：

$$\log k_1 = -\dfrac{2000}{T} + 4.0$$

$$\log K = \dfrac{2000}{T} - 4.0 \ （K \ 為平衡常數）$$

反應開始 $[A]_0 = 0.5 \ mole \cdot dm^{-3}$，$[B]_0 = 0.05 \ mole \cdot dm^{-3}$。計算：

（1）逆反應的活化能。

（2）$400°K$ 反應經 10 s 後，A 和 B 的濃度？

（3）$400°K$ 反應達平衡時，A 和 B 的濃度？

：（1）∵ $K = k_1/k_{-1}$ 二邊取對數：

$$\log k_{-1} = \log k_1 - \log K = \left(-\frac{2000}{T} + 4.0\right) - \left(\frac{2000}{T} - 4.0\right) = -\frac{4000}{T} + 8.0$$

上式二邊皆對溫度 T 微分，可得：$\dfrac{d \log k_{-1}}{dT} = \dfrac{4000}{T^2}$

依據（6.3）式：$\dfrac{2.303 d \log k}{dT} = \dfrac{E_a}{RT^2}$

$$\therefore E_{-1} = RT^2 \times 2.303 \left(\frac{d \log k_{-1}}{dT}\right) = 8.314 \times 2.303 \times 4000 = 76.59 \text{ kJ} \cdot \text{mole}^{-1}$$

（2）由題給第 1 個式子，可得：$\log k_1 = -\left(\dfrac{2000}{400}\right) + 4.0 \Rightarrow k_1 = 0.1$

利用「1 級反應」之（2.7）式，得：

$[A] = [A]_0 \cdot \exp(-k_1 t) = 0.5 \cdot \exp(-0.1 \times 10) = 0.1839 \text{ mole} \cdot \text{dm}^{-3}$

$$A \rightleftharpoons B$$

t = 0 時：　　$[A]_0$　　　　$[B]_0$

$$-)　　　　x$$

t = t 時：　　$[A]_0 - x$　　　$[B]_0 + x$

$x = [A]_0 - [A] = 0.5 - 0.1839 = 0.3161$

$[B] = [B]_0 + x = 0.3161 + 0.05 = 0.3661 \text{ mole} \cdot \text{dm}^{-3}$

（3）將 T = 400 代入 $\log K = \dfrac{2000}{T} - 4.0 \Rightarrow$ 可得：K = 10

$K = 10 = \dfrac{[B]}{[A]} = \dfrac{0.05 + x}{0.5 - x} \Rightarrow$ 解得：x = 0.45

$\therefore [A] = 0.05 \text{ mole} \cdot \text{dm}^{-3}$

　　$[B] = 0.5 \text{ mole} \cdot \text{dm}^{-3}$

▌例 6.1.37 ▌

對於一般服從 Arrhenius 方程式的化學反應，溫度越高，反應速率越快，因此升高溫度有利於生成更多的產物。

：錯。∵若爲可逆反應，溫度升高則逆反應速率常數也增加，故反而產物會減少。

┏ 例 6.1.38 ┓

設某化合物分解反應爲 1 級反應，若此化合物分解 30%則無效，今測得溫度 50°C、60°C 時分解反應速率常數分別是 7.08×10^{-4} hr^{-1} 與 1.7×10^{-3} hr^{-1}，計算這個反應的活化能，並求溫度爲 25°C 時此反應的有效期是多少？

：根據 Arrhenius 方程式：$\ln(k_2/k_1) = E_a(T_2 - T_1)/RT_1T_2$（即（6.4）式）

$E_a = [RT_1T_2/(T_2 - T_1)] \cdot \ln(k_2/k_1) = [8.314 \times 323 \times 333/(333 - 323)] \cdot \ln(1.7 \times 10^{-3}/7.08 \times 10^{-4})$
   $= 78.33$ kJ $\cdot$ mole^{-1}

設 25°C 時的反應速率常數爲 k_3，$T_3 = 298$°K，代入（6.4）式，得：

$\ln(k_1/k_3) = 78.33 \times 10^3(323 - 298)/(8.314 \times 323 \times 298) = 2.447$

$\Rightarrow k_1/k_3 = 11.554 \Rightarrow k_3 = k_1/11.554 = 7.08 \times 10^{-4}/11.554 = 6.13 \times 10^{-5}$ hr^{-1}

又依據「1 級反應」之（2.8）式：$\ln[a/(a-x)] = k_1 t$

∴$t = \ln[a/(a-x)]/k_3 = \ln[1/(1-0.3)]/6.13 \times 10^{-5} = 5819$ hr $= 242.5$ 天

┏ 例 6.1.39 ┓

400°C，反應 $NO_{2\ (g)} \longrightarrow NO_{(g)} + \dfrac{1}{2}O_{2\ (g)}$ 是 2 級反應，產物對反應速率無影響，

$NO_{2\ (g)}$ 的消失表示反應速率的速率常數 k（dm^3 $\cdot$ mole^{-1} $\cdot$ s^{-1}）與溫度 T(K)的關係式爲：

$\log k = -25600/4.575\ T + 8.8$。

（1）若在 400°C 時，將壓力爲 26664 P_a 的 $NO_{2\ (g)}$ 通入反應器中，使之發生上述反應，試求反應器中壓力達到 31997 P_a 時所需要的時間。

（2）求此反應的活化能與指數前因子。

：（1）T $= 400 + 273 = 673$°K

依據題目之式，可得：$\log k = -25600/(4.575 \times 673) + 8.8 = 0.486$

$\Rightarrow$ 解得：$k = 3.06$ dm^3 $\cdot$ mole^{-1} $\cdot$ s^{-1}

	$NO_{2\ (g)}$	$\longrightarrow$	$NO_{(g)}$	$+$	$\dfrac{1}{2}O_{2\ (g)}$	總壓力
t = 0 時：	26664		0		0	26664
一）	p_x					
t = t 時：	$26664 - p_x$		p_x		$1/2 p_x$	p(總)

p(總) $= 26664 - p_x + p_x + 1/2 p_x = 26664 + 1/2 p_x = 31997 \Rightarrow p_x = 10666$ P_a

$c_0 = p_0/RT = 26664 \times 10^{-3}/(8.314 \times 673) = 4.765 \times 10^{-3}$ mole $\cdot$ dm^{-3}

$[NO_2] = (26664 - p_x) \times 10^{-3}/RT = 15998 \times 10^{-3}/(8.314 \times 673) = 2.859 \times 10^{-3} \text{ mole} \cdot \text{dm}^{-3}$

由於題目已知本反應為「2 級反應」，則依據（2.17）式：$\left(\dfrac{1}{[A]} - \dfrac{1}{[A]_0} \right) = k_2 t$

$$\Rightarrow \quad t = \frac{([A]_0 - [A])}{[A]_0 \cdot [A] \cdot k_2} = (4.765 - 2.859) \times 10^{-3}/(3.06 \times 4.765 \times 2.859 \times 10^{-6})$$

$$= 45.6 \, s$$

（2）利用（6.1b）式：$\log k = \log A - E_a/2.303RT$ 和題目之式 $\log k = 8.8 - 25600/4.575T$ 比較，
可得：

$\log A = 8.8 \Rightarrow \therefore A = 6.31 \times 10^8 \text{ dm}^3 \cdot \text{mole}^{-1} \cdot \text{s}^{-1}$

$E_a/2.303RT = 25600/4.575T$

$\therefore E_a = 25600 \times 2.303 \times 8.314/4.575 = 107 \text{ kJ} \cdot \text{mole}^{-1} \cdot \text{s}^{-1}$

╺ 例 6.1.40 ╸

已知某反應的活化能 $E_a = 80 \text{ kJ} \cdot \text{mole}^{-1}$，試問：

（1）由 20°C 變到 30°C，其反應速率常數增大多少倍？

（2）由 100°C 變到 110°C，其反應速率常數增大了多少倍？

：（1）利用（6.4）式，則：

$$\frac{k_2}{k_1} = \exp\left[\frac{E_a (T_2 - T_1)}{RT_1 T_2} \right] = \exp\left(\frac{80 \times 10^3 \times 10}{8.314 \times 293 \times 303} \right) \approx 3$$

（2）$\dfrac{k_2}{k_1} = \exp\left(\dfrac{80 \times 10^3 \times 10}{8.314 \times 373 \times 383} \right) \approx 2$

╺ 例 6.1.41 ╸

有兩個反應其活化能相差 $4.184 \text{ kJ} \cdot \text{mole}^{-1}$，如果忽略此二反應的指數前因子的差異，計算此二反應速率常數在 300°K 時相差多少倍？

：由題意 $\Delta E = E_2 - E_1 = 4.184 \text{ kJ} \cdot \text{mole}^{-1}$，$A_1 = A_2$，則代入（6.1a）式

$$\therefore \frac{k_1}{k_2} = \exp\left(\frac{\Delta E}{RT} \right) = \exp\left(\frac{4.184 \times 10^3}{8.314 \times 300} \right) = 5.35$$

例 **6.1.42**

甲酸在金表面上的分解反應在 140°C 及 185°C 時反應速率常數分別爲 5.5×10^{-4} s^{-1} 及 9.2×10^{-3} s^{-1}。試求此反應的活化能。

：由 Arrhenius 公式 $\ln \dfrac{k_2}{k_1} = \dfrac{E_a}{R} \cdot \dfrac{(T_2 - T_1)}{T_1 T_2}$ （即（6.4）式），得：

$$E_a = \frac{R \cdot T_1 T_2}{(T_2 - T_1)} \cdot \ln \frac{k_2}{k_1} = \frac{8.314 \times 413 \times 458}{45} \cdot \ln \frac{9.2 \times 10^{-3}}{5.5 \times 10^{-4}} = 98.4 \, kJ \cdot mole^{-1}$$

例 **6.1.43**

鄰硝基氯苯的氨化反應是 2 級反應，實驗測得不同溫度的反應速率常數如下：

T(°K)	413	423	433
$k(10^{-4} \, mole^{-1} \cdot dm^3 \cdot min^{-1})$	2.24	3.93	7.10

試用做圖法求活化能，並確定 k＝f（T）的具體關係式。

：根據 $\ln k = -\dfrac{E_a}{RT} + B$（（6.1c）式）可知：以 $\ln k$ 對 $\dfrac{1}{T}$ 做圖可得直線，其斜率爲 $-\dfrac{E_a}{R}$。

$\dfrac{1}{T(10^{-3} \, k^{-1})}$	2.421	2.364	2.309
lnk	−8.40	−7.84	−7.25

解得：$E_a = -斜率 \times R = 1.03 \times 10^4 \times 8.314 = 8.56 \times 10^4 \, J \cdot mole^{-1}$

且截距 B＝16.53，故可得：$\ln k = -\dfrac{1.03 \times 10^4}{T/K} + 16.53$

$\Rightarrow \therefore k = 1.51 \times 10^7 \cdot \exp(-1.03 \times 10^4 / T) \, mole^{-1} \cdot dm^3 \cdot min^{-1}$

例 **6.1.44**

在水溶液中，2－硝基丙烷與鹼作用爲 2 級反應。其反應速率常數與溫度的關係爲：

$$\log k (mole^{-1} \cdot dm^3 \cdot min^{-1}) = 11.90 - \frac{3163}{T} \, 。$$

試求該反應的活化能，求當兩種反應物的初濃度均爲 8.0×10^{-3} $mole \cdot dm^{-3}$，10°C 時反應半衰期爲多少？

：將題給公式與（6.1c）式：$\log k = B - \dfrac{E_a}{2.303RT}$ 比較，

可得：$E_a = (3163 \times 2.303R) = 60.56 \text{ kJ} \cdot \text{mole}^{-1}$

當 10°C 時，將 $T = (273 + 10)$ 代入題給公式：$\log k = 11.90 - \dfrac{3163}{283} = 0.7233$

$\therefore k(283°K) = 5.288 \text{ mole}^{-1} \cdot \text{dm}^3 \cdot \text{min}^{-1}$

利用「2 級反應」之（2.19a）式：$t_{1/2} = \dfrac{1}{k \cdot [A]_0} = \dfrac{1}{5.288 \times 8.0 \times 10^{-3}} = 23.64 \text{ min}$

例 6.1.45

實驗發現，在等溫條件下 NO 分解反應的半衰期 $t_{1/2}$ 與 NO 的初壓力 p_i 成反比。不同溫度時測得如下數據：

t(°C)	694	757	812
p_i(kP$_a$)	39.20	48.00	46.00
$t_{1/2}$(s)	1520	212	53

試求：（1）反應在 694°C 的反應速率常數？

　　　（2）在 $t = t_{1/2}$ 時，反應混合物中 N_2 的物質質量分率？

　　　（3）活化能？

：（1）根據題意，由「2 級反應」之半衰期公式 $t_{1/2} = \dfrac{1}{k_p p_0}$（即（2.19c）式），得：

$$k_p(967°K) = \frac{1}{1520 \times 39.20 \times 10^3} = 1.678 \times 10^{-8} \text{ P}_a^{-1} \cdot \text{s}^{-1}$$

（2）　　　　　$NO_{(g)} \longrightarrow \dfrac{1}{2} N_{2\,(g)} + \dfrac{1}{2} O_{2\,(g)}$　　總壓力

$t = 0$ 時：　p_0

$\underline{\qquad -)\qquad x \qquad\qquad\qquad\qquad\qquad\qquad\qquad\qquad}$

$t = t$ 時：　$p_0 - x$　　　　　　$\dfrac{x}{2}$　　　　$\dfrac{x}{2}$　　　　p(總)

可知：p(總)$= p_0 - x + \dfrac{x}{2} + \dfrac{x}{2} = p_0$　$\Rightarrow$ 這意思是說：在等溫等容條件下，系統總壓力不變，即 p(總)$= p_0 =$ 初壓力

又知當 $t = t_{1/2}$ 時，$p(NO) = \dfrac{p_0}{2}$，$p(N_2) = \dfrac{1}{2}(\dfrac{p_0}{2}) = \dfrac{p_0}{4}$，$p(O_2) = \dfrac{p_0}{4}$

$\therefore x(N_2) = \dfrac{p(N_2)}{p(總)} = \dfrac{p_i/4}{p_i} = 0.25$

（3）同（1）的方法，可計算出：

$k_p(1030°K) = 9.827 \times 10^{-8} \ P_a^{-1} \cdot s^{-1}$

$k_p(1085°K) = 4.102 \times 10^{-7} \ P_a^{-1} \cdot s^{-1}$

根據 Arrhenius 公式（即（6.4）式）：$E_a = \dfrac{R \cdot T_1 T_2}{(T_2 - T_1)} \cdot \ln \dfrac{k_2}{k_1}$

分別代入題目之前兩組和後兩組數據，得：

E_a（1）$= 232 \ kJ \cdot mole^{-1}$，$E_a$（2）$= 241 \ kJ \cdot mole^{-1}$

平均值：$\overline{E_a} = 237 \ kJ \cdot mole^{-1}$

╻ 例 6.1.46 ╻

反應 2HI $\longrightarrow$ H$_2$＋I$_2$ 在無催化劑存在時，其活化能 E_a（非催化）$= 184.1 \ kJ \cdot mole^{-1}$；在以 Au 作催化劑時，反應的活化能 E_a（催化）$= 104.6 \ kJ \cdot mole^{-1}$。若反應在 503°K 時進行，如果指數前因子 A（催化）值比 A（非催化）值小 10^8 倍，試估計以 Au 為催化劑的反應速率常數將比非催化的大多少倍？

：$\dfrac{k(催化)}{k(非催化)} = \dfrac{A(催化)}{A(非催化)} \cdot \exp\{-[E_a(催化) - E_a(非催化)]\}/RT$

$\quad = 10^{-8} \cdot \exp[-(104.6 - 184.1) \times 10^3 /(8.314 \times 503] = 1.8$

╻ 例 6.1.47 ╻

乙醛蒸氣的熱分解反應：CH$_3$CHO $\longrightarrow$ CH$_4$＋CO 為非可逆反應，518°C 下在一定容積中的壓力變化有如下兩組數據：

純乙醛的初壓/mmHg	100 秒後系統的總壓/mmHg
400	500
200	229

（1）求反應級數和反應速率常數。

（2）若活化能為 190.4 kJ $\cdot$ mole^{-1}，問在什麼溫度下其反應速率常數為 518°C 時的 2 倍？

: (1) $CH_3CHO \longrightarrow CH_4 + CO$ 總壓力

當 t = 0 時： p_0 0   0

        $-)$ x

當 t = t 時： p_0-x x   x   p(總)

可知：$p(CH_3CHO) = p_0-x = p \Rightarrow x = p_0-p$

$p(CH_4) = x = p_0-p$；$p(CO) = x = p_0-p$

$p(總) = (p_0-x)+x+x = p+2(p_0-p) = 2p_0-p \Rightarrow p = 2p_0-p(總)$

當 $p_0 = 400$ mmHg 且 p(總) = 500 mmHg 時，p = 300 mmHg

當 $p_0 = 200$ mmHg 且 p(總) = 229 mmHg 時，p = 171 mmHg

〈方法一〉：

兩次實驗，反應時間相同而初壓不同。第一次實驗經 100 s，反應物轉化 1/4；第二次實驗初壓較低，經 100 s 轉化不足 1/4，若也要轉化 1/4 則反應時間將超過 100 s。可見反應不是「1 級反應」。再從

$t_{1/2} \propto \dfrac{1}{[A]_0^{\alpha-1}}$（見（3.5）式）來看（$t_{1/4}$ 與 $[A]_0$ 也有同樣關係），濃度

減小，$t_{1/2}$ 增大，則 $\alpha-1 > 0$，即 $\alpha > 1$。

用嘗試法，將數據代入「2 級反應」方程式（見（2.21）式）：

$$k = \frac{1}{t} \cdot \left(\frac{1}{p} - \frac{1}{p_0}\right) = \frac{1}{t} \cdot \frac{p_0-p}{p_0 \cdot p}$$

第一次實驗數據：

$$k = \frac{1}{100s}\left(\frac{100}{300 \times 400}\right) mmHg^{-1} = 8.33 \times 10^{-6}\ mmHg^{-1} \cdot s^{-1}$$

第二次實驗數據：

$$k = \frac{1}{100s}\left(\frac{29}{171 \times 200}\right) mmHg^{-1} = 8.48 \times 10^{-6}\ mmHg^{-1} \cdot s^{-1}$$

平均：$\bar{k} = 8.4 \times 10^{-6}\ mmHg^{-1} \cdot s^{-1}$

∵ 單位換算：760 mmHg = 101.325 kP_a

可將上述 $\bar{k}$ 值單位從（mmHg）改爲（kP_a）。

∴ $k_p = (8.4 \times 10^{-6} \times 760/101.325)(kP_a)^{-1} \cdot s^{-1} = 6.3 \times 10^{-5}(kP_a)^{-1} \cdot s^{-1}$

依據（2.49）式，且 n = 2，則：

$$k_c = k_p(RT)^{n-1} = 0.414\ dm^3 \cdot mole^{-1} \cdot s^{-1}$$

〈方法二〉：

對於 α 級反應：$-\dfrac{dp}{dt} = kp^{\alpha}$，故二邊積分後可得：

$$kt = \frac{1}{\alpha-1}\left(\frac{1}{p^{\alpha-1}} - \frac{1}{p_0^{\alpha-1}}\right)$$

對於同一反應兩次實驗，因為 α 相同，溫度不變且 k 相同，時間 t 也相同，故應有以下之關係；

$$\frac{1}{300^{\alpha-1}} - \frac{1}{400^{\alpha-1}} = \frac{1}{171^{\alpha-1}} - \frac{1}{200^{\alpha-1}}$$

令 $x = 1 - \alpha$，上式可變為：$3^x - 4^x = 1.71^x - 2^x$，解出 x 即可。

為了求得 x 的近似解，可用牛頓法：

$$x_{n+1} = x_n - \frac{f(x_n)}{f'(x_n)}$$

此處下標 n 表示連續代換次數。

$f(x) = 4^x - 3^x - 2^x + 1.71^x$

$f'(x_n) = 4^x \cdot \ln 4 - 3^x \cdot \ln 3 - 2^x \cdot \ln 2 + 1.71^x \cdot \ln 1.71$

設初值 $x_0 = -1$

$$x_1 = -1 - \frac{0.001462}{-0.05246} = -1 + 0.0279 = -0.9721$$

再以 $x_1 = -0.9271$ 代入，得：

$$x_2 = -0.9721 - \frac{1.176 \times 10^{-6}}{-0.052232} = -0.9721 + 2.251 \times 10^{-5}$$

取近似值為 $x = -0.9721$

$\therefore \alpha = 1 - x = 1 + 0.9721 \approx 2$

故為「2 級反應」。

〈方法三〉：

設 $y_1 = 3^x - 4^x$

$y_2 = 1.71^x - 2^x$

用做圖法解聯立方程式。如下圖所示，給不同的 x 值，得 $y_1 = f_1(x)$ 及 $y_2 = f_2(x)$ 兩條曲線，兩曲線交點所對應的 x 即為所求。

x	−1.2	−1.1	−1.0	−0.9	−0.8
y_1	0.0781	0.0810	0.0833	0.0849	0.0854
y_2	0.0900	0.0877	0.0848	0.0811	0.0767

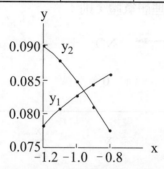

圖解得：x ＝ −0.972，α＝ 1−x ＝ 1.972≈2

（2）已知：$T_1 = (273.15+518)°K = 791.15°K$，$E_a = 190.4 \text{ kJ} \cdot \text{mole}^{-1}$，

且題目已知：$k_c(T_2)/k_c(T_1) = 2$，

又由（6.4）式可知：$\ln \dfrac{k_c(T_2)}{k_c(T_1)} = \dfrac{E_a}{R}\left(\dfrac{1}{T_1} - \dfrac{1}{T_2}\right)$

得：$\dfrac{1}{T_2} = \dfrac{1}{T_1} - \dfrac{R\ln 2}{E_a} = \left(\dfrac{1}{791.5} - \dfrac{8.314 \cdot \ln 2}{190.4 \times 10^3}\right) K^{-1} = 1.2337 \times 10^{-3}\ K^{-1}$

∴$T_2 = 810.56°K$

▪ 例 6.1.48 ▪

反應：$NO_2 \longrightarrow NO + \dfrac{1}{2}O_2$，經實驗確定其反應速率方程式為：

$$-\dfrac{d[NO_2]}{dt} = k[NO_2]^2$$

其中反應速率常數 k 與熱力學溫度 T 的關係為：

$$\ln[k(\text{mole}^{-1} \cdot dm^3 \cdot d^{-1})] = -\dfrac{12.6 \times 10^3}{T} + 20.26$$

（1）400°C 時，求初壓力為 $2.50 \times 10^4\ P_a$ 的 NO_2 在密閉定容反應器中反應至總壓力達到 $3.10 \times 10^4\ P_a$ 所需時間。

（2）求該反應的巨觀活化能 E_a 和指數前因子 A 的值。

：（1）673°K 時，本反應的反應速率常數為：

$$\ln k = -\frac{12.6 \times 10^3}{673} + 20.26 = 1.538 \implies k = 4.65\, \text{mole}^{-1} \cdot \text{dm}^3 \cdot \text{s}^{-1}$$

設參加反應的氣體均為理想氣體，則：

$$NO_2 \longrightarrow NO + \frac{1}{2}O_2 \qquad 總壓力$$

t＝0 時： p_0 0   0

－）   x

t＝t 時： $p = p_0 - x$ x $\frac{x}{2}$ p(總)

已知 $p_0 = 2.50 \times 10^4\, P_a$

$$p(總) = (p_0 - x) + x + \frac{x}{2} = p_0 + \frac{x}{2} = 3.10 \times 10^4\, P_a \implies x = 1.20 \times 10^4$$

$$p(NO_2) = p_0 - x = (2.50 \times 10^4 - 1.20 \times 10^4)\, P_a = 1.30 \times 10^4\, P_a$$

由 2 級反應速率公式（即（2.20）式）：$-\dfrac{dp(NO_2)}{dt} = k_p p^2 (NO_2)$

故得：$t = \dfrac{1}{k_p} \left(\dfrac{1}{p} - \dfrac{1}{p_0} \right)$ （ㄅ）

其中 $k_p = \dfrac{k_c}{RT}$ （見（2.49）式）   （ㄆ）

（ㄆ）式代入（ㄅ）式，可得：

$$t = \frac{RT}{k_c} \left(\frac{1}{p} - \frac{1}{p_0} \right) = \frac{8.314 \times 673}{4.65 \times 10^{-3}} \left(\frac{1}{1.30 \times 10^4} - \frac{1}{2.50 \times 10^4} \right) = 44.4\, s$$

（2）Arrhenius 的溫度關係式（6.1c）式：$\ln k = -\dfrac{E_a}{RT} + B$，

將題給反應速率常數與 Arrhenius 溫度關係式相比較可知：

$$E_a = 12.6 \times 10^3 \times R = 104.8\, kJ \cdot mole^{-1}$$

$$B = \ln A = 20.26\, mole^{-1} \cdot dm^3 \cdot s^{-1}$$

$$\therefore A = 6.29 \times 10^8\, mole^{-1} \cdot dm^3 \cdot s^{-1}$$

例 6.1.49

氯甲酸甲酯高溫分解反應：$ClCOOCCl_{3\,(g)} \longrightarrow 2COCl_{2\,(g)}$ 為單向 1 級反應，在定溫定容下測量不同時間之總壓 p 及 t＝∞，數據如下：

T(°K)	t(s)	p(kPa)	p_∞ (kPa)
553	454	2.476	4.008
578	320	2.838	3.554

計算反應的活化能。

：假設活化能 E_a 與溫度無關，由 Arrhenius 公式（即（6.4）式）可知：

$$E_a = R \cdot \frac{T_1 T_2}{T_2 - T_1} \cdot \ln \frac{k_2}{k_1} \qquad (ㄅ)$$

由（ㄅ）式表明：關鍵是解決由兩次實驗數據求 k_2/k_1。

為此，今將反應在 t＝0，t＝∞時各物質的壓力如下表示：

$$ClCOOCCl_{3\,(g)} \longrightarrow 2COCl_{2\,(g)}$$

t＝0 時：　　　p_0　　　　　　　　　　0

t＝t 時：　　　p_t　　　　　　　　$2(p_0 - p_t)$

t＝∞時：　　　0　　　　　　　　　　p_∞

由於反應是單向反應，故知：$p_\infty = 2p_0$ $\qquad (ㄆ)$

在時刻 t 的總壓力為：

$$p(總) = p_t + 2(p_0 - p_t) = 2p_0 - p_t = p_\infty - p_t \Rightarrow p_t = p_\infty - p(總) \qquad (ㄇ)$$

根據「1 級反應」速率方程式的積分式（即（2.9）式）：

$$\ln \frac{p_0}{p_t} = kt \qquad (ㄈ)$$

將（ㄇ）式代入（ㄈ）式：$\ln \dfrac{p_\infty}{2[p_\infty - p(總)]} = kt$ $\qquad (ㄉ)$

$$\frac{k_2}{k_1} = \frac{t_1 \cdot \ln\{p_\infty / 2(p_\infty - p)\}_2}{t_2 \cdot \ln\{p_\infty / 2(p_\infty - p)\}_1} \qquad (ㄊ)$$

將（ㄊ）式代入（ㄅ）式即得：$E_a = R \cdot \dfrac{T_1 T_2}{T_2 - T_1} \cdot \ln \dfrac{t_1 \cdot \ln\{p_\infty / 2(p_\infty - p)\}_2}{t_2 \cdot \ln\{p_\infty / 2(p_\infty - p)\}_1}$

將表中兩組數據代入上式即得：$E_a = 166 \text{ kJ} \cdot \text{mole}^{-1}$

例 6.1.50

均相反應 $2A+B \longrightarrow 3Y+Z$ 在一定溫度及體積下進行，測得動力學數據如下表：

編號	反應溫度 T(°K)	$[A]_0$ (mole·m^{-3})	$[B]_0$ (mole·m^{-3})	$r_{A,0}$ (mole·m^{-3}·s^{-1})
1	300	1200	500	108
2	300	1200	300	64.8
3	300	600	500	27.0
4	320	800	800	11530

其中$[A]_0$及$[B]_0$分別表示 A 及 B 的初濃度；$r_{A,0}$ 表示 A 的初消耗速率，即 $\left(-\dfrac{d[A]}{dt}\right)_0$，

假定反應速率方程式的形式為：$r_A = k_A[A]^\alpha[B]^\beta$

（1）確定 α、β 的值和總反應級數。

（2）計算活化能。

：（1）$r_A = k_A[A]^\alpha[B]^\beta$

由實驗 1、3 知：$[B]_0$ 不變，$[A]_0$ 減半，而 $r_{A,0}$ 僅為原來的 1/4，可知：α＝2。

由實驗 1、2 知：$[A]_0$ 不變，$[B]_0$ 從 500 mole·m^{-3} 降到 300 mole·m^{-3}，而 $r_{A,0}$ 從 108 mole·m^{-3}·s^{-1} 降至 64.8 mole·m^{-3}·s^{-1}，可知：β＝1。

從實驗 1、2、3 可以計算出 300°K 時，$k_A(300°K) = 1.5×10^{-7}$ mole^{-2}·m^6·s^{-1}

從實驗 4 的數據可求得：$k_A(320°K) = 2.25×10^{-5}$ mole^{-2}·m^6·s^{-1}

（2）把（1）的結果代入 Arrhenius 方程（即（6.4）式），可得：

$$\ln\frac{k_A(320°K)}{k_A(300°K)} = -\frac{E_a}{R}\left(\frac{1}{320°K - 300°K}\right)$$

解得：$E_a = 200$ kJ·mole^{-1}

例 6.1.51

環氧乙烷的分解是 1 級反應。380°C 的半衰期為 363 min，反應的活化能為 217.57 kJ·mole^{-1}。試求該反應在 450°C 條件下完成 75%所需時間。

：依據「1 級反應」之（2.10a）式：

$$k(653°K) = \frac{\ln 2}{t_{1/2}} = 1.91 \times 10^{-3} \text{ min}^{-1}$$

由（6.4）式：$\ln \dfrac{k(T_2)}{k(T_1)} = \dfrac{E_a (T_2 - T_1)}{RT_1 T_2}$

可得：$\ln \dfrac{k(723°K)}{k(653°K)} = \dfrac{E_a (723 - 653)}{R \times 723 \times 653}$

$$\Rightarrow \ln[k(723°K)] = \frac{217.57 \times 10^3 \times 70}{8.314 \times 653 \times 723} + \ln 1.91 \times 10^{-3}$$

得：$k(723°K) = 9.25 \times 10^{-2} \text{ min}^{-1}$

又依據（2.10b）式可知：

$$t_{1/4} = 2t_{1/2} = 2 \cdot \frac{\ln 2}{k} = \frac{2\ln 2}{9.25 \times 10^{-2}} = 15.0 \text{ min}$$

例 6.1.52

已知環氧乙烷分解反應在 380°C 的反應速率常數 $k = 1.909 \times 10^{-3} \text{min}^{-1}$，在 450°C 時的半衰期為 7.5 min。試求該反應在 400°C 時的半衰期 $t_{1/2}$。

：由 k 的單位可知反應為「1 級反應」。

$$k_1 = 1.909 \times 10^{-3} \text{ min} \text{ , } k_2 = \frac{\ln 2}{t_{1/2}} = \frac{\ln 2}{7.5} = 9.24 \times 10^{-2} \text{ min}^{-1}$$

利用（6.4）式：$E_a = \dfrac{RT_1 T_2}{T_2 - T_1} \cdot \ln \dfrac{k_2}{k_1} = \dfrac{8.314 \times 653 \times 723}{70} \cdot \ln \dfrac{9.24 \times 10^{-2}}{1.909 \times 10^{-3}}$

$$= 217543 \text{ J} \cdot \text{mole}^{-1}$$

又 $\ln \dfrac{k_2}{k_1} = \dfrac{E_a (T_2 - T_1)}{RT_1 T_2} = \dfrac{217543 \times 20}{8.314 \times 653 \times 673} = 1.1908 \Rightarrow \dfrac{k_3}{k_1} = 3.29$

$k_3 = 3.29 k_1 = 6.281 \times 10^{-3} \text{ min}^{-1}$

依據（2.10a）式：$k = \ln 2 / t_{1/2}$

$\therefore$ 400°C 時的半衰期 $t_{1/2} = \dfrac{\ln 2}{6.281 \times 10^{-3}} = 110.4 \text{ min}$

■ 例 6.1.53 ■

450°C 時，實驗測得氣相反應：3A＋B ——→ Z 的動力學數據如下：

實驗	$p_{A,0}(kP_a)$	$p_{B,0}(kP_a)$	$r_0(P_a \cdot h^{-1})$
（a）	13330	133.3	1.333
（b）	26660	133.3	5.332
（c）	53320	66.65	10.664

（1）設反應的速率方程為 $r' = k_{A,p} p_A^\alpha p_B^\beta$，求 α、β。

（2）計算實驗（c）條件下，B 反應掉一半所需的時間。

（3）若反應在 500°C 條件下進行，計算實驗（c）條件下的初速率（已知反應的活化能為 188 kJ · mole⁻¹）。

：（1）已知 $r = k_p p_A^\alpha p_B^\beta$，代入數據，得：

$$\begin{cases} 1.333\, P_a \cdot h^{-1} = k_p (13330\, kP_a)^\alpha \times (133.3\, kP_a)^\beta \\ 5.332\, P_a \cdot h^{-1} = k_p (26660\, kP_a)^\alpha \times (133.3\, kP_a)^\beta \\ 10.664\, P_a \cdot h^{-1} = k_p (53320\, kP_a)^\alpha \times (66.65\, kP_a)^\beta \end{cases}$$

解得：$\alpha=2$，$\beta=1$，$k_p = 5.628 \times 10^{-20}\, P_a^{-2} \cdot h^{-1}$

（2）由上式知（c）條件下 $p_{A,0} \gg p_{B,0}$，$p_A \approx p_{A,0}$，故 $-\dfrac{dp_B}{dt} = k_p \cdot p_A^2 p_B = k' p_B$

於是 $t_{1/2} = \dfrac{\ln2}{k_p \cdot p_{A,0}^2} = \dfrac{0.693}{5.628 \times 10^{-20}\, P_a^{-2} \cdot h^{-1} \times (53320\, kP_a)^2} = 4.33 \times 10^3\, h$

（3）利用（6.4）式：

$$\ln \frac{k_1}{k_2} = -\frac{E_a}{R} \left(\frac{1}{T_1} - \frac{1}{T_2} \right)$$

把 $k_1 = 5.63 \times 10^{-20}\, P_a^{-2} \cdot h^{-1}$，$T_1 = 723.2\, K$，$T_2 = 773.2\, K$，$E_a = 188\, kJ \cdot mole^{-1}$，

代入上式得：$k_2 = 4.25 \times 10^{-19}\, P_a^{-2} \cdot h^{-1}$

則 $r_0 = k_2 \cdot [A]_0^2 [B]_0 = 80.5\, P_a \cdot h^{-1}$

例 6.1.54

雙光氣分解反應：ClCOOCCl₃ ⟶ 2COCl₂ 爲 1 級反應，現測得不同溫度下反應的數據如下：

280°C：	t/s	751	∞
	p/kPₐ	2710.4	4007.6
305°C：	t/s	320	∞
	p/kPₐ	2838.4	3554.3

試求反應在 295°C 時的半衰期 $t_{1/2}$。

解：

$$ClCOOCCl_3 \quad \longrightarrow \quad 2COCl_2 \qquad 總壓力$$

t = 0 時：　　　　p_0

$-)$　　　　　　　x

_____

t = t 時：　　　$p_0 - x$　　　　　　$2x$　　　$p(總)$

t = ∞時：　　　　0　　　　　　　$2p_0 = p_\infty$

由上述可知：$p_0 = \dfrac{1}{2}p_\infty$

對於「1 級反應」，由（3.3）式可知：$k = \dfrac{1}{t} \cdot \ln\dfrac{p_\infty - p_0}{p_\infty - p_t}$，可求得不同溫度下的 k：

$k_1 = 5.790 \times 10^{-4}\ s^{-1}$，$k_2 = 2.841 \times 10^{-3}\ s^{-1}$

利用（6.4）式：

$$E_a = \frac{RT_1T_2}{T_2 - T_1} \cdot \ln\frac{k_2}{k_1} = \frac{8.314 \times 578.15 \times 553.15}{25} \cdot \ln\frac{2.841 \times 10^{-3}}{5.790 \times 10^{-4}} \times 10$$

$$= 169.2\ kJ \cdot mole^{-1}$$

設 295°C 時反應的半衰期爲 $t_{1/2}$，反應速率常數爲 k_3，則利用（6.4）式：

$$\ln\frac{k_3}{k_1} = \frac{E_a(T_3 - T_1)}{RT_1T_3} = \frac{169.2 \times 10^3 \times 15}{8.314 \times 553.15 \times 568.15} = 0.97135$$

$$\Rightarrow \quad \frac{k_3}{k_1} = 2.6415 \quad \Rightarrow \quad k_3 = 2.6415k_1 = 1.529 \times 10^{-3}\ s^{-1}$$

利用「1 級反應」之半衰期公式（2.10a）式：$t_{1/2} = \dfrac{\ln 2}{k_3} = \dfrac{0.6931}{1.529 \times 10^{-3}} = 453.3\ s$

例 6.1.55

一氧化氮的分解反應為：$NO \longrightarrow \frac{1}{2}N_2 + \frac{1}{2}O_2$，定溫下測得反應的半衰期 $t_{1/2}$ 與 NO 的初壓力 p_0 成反比，現測得不同溫度、不同初壓力時的 $t_{1/2}$ 數據如下：

$t(°C)$	694	757	812
$p_0 \times 10^{-4}(P_a)$	3.920	4.800	4.600
$t_{1/2}(s)$	1520	212	53

（1）694°C 時的反應速率常數及在 $t_{1/2}$ 時反應混合物中 N_2 的莫耳分率。

（2）730°C，$p_0 = 4.000 \times 10^4 \, P_a$ 時反應的半衰期 $t_{1/2}$。

（3）反應的活化能 E_a。

：（1）由題意可看出：$t_{1/2}$ 與 p_0 成反比，∴可知 $n = 2$（參考（2.19c）式）694°C 時：

$$k_{Pt} = \frac{1}{t_{1/2}p_0} = \frac{1}{1520 \times 3.920 \times 10^4} = 1.679 \times 10^{-8} \, P_a^{-1} \cdot s^{-1}$$

在 $t_{1/2}$ 時，NO 反應掉一半，∴N_2 的莫耳分率 $X(N_2) = \frac{1}{4}$

（2）若求 730°C，$p_0 = 4.000 \times 10^4 \, P_a$ 的 $t_{1/2}$ 應求得 k_p，

為此先利用 $\ln \frac{k_{P_2}}{k_{P_1}} = \frac{E_P(T_2 - T_1)}{RT_1T_2}$，求得 E_P：

757°C 時：$k_{P_2} = \frac{1}{212 \times 4.800 \times 10^4} = 9.826 \times 10^{-8} \, P_a^{-1} \cdot s^{-1}$

812°C 時：$k_{P_3} = \frac{1}{53 \times 4.6 \times 10^4} = 4.102 \times 10^{-7} \, P_a^{-1} \cdot s^{-1}$

代入 $E_P = \frac{RT_1T_2}{T_2 - T_1} \cdot \ln \frac{k_{P2}}{k_{P1}}$，求得 E_P：$E_P(kJ \cdot mole^{-1})$：232.3、236.3、241.3

平均值：$\overline{E_P} = 236.6 \, kJ \cdot mole^{-1}$

$$\ln \frac{k_P}{k_{P_1}} = \frac{236.6 \times 10^3 \times 36}{8.314 \times 967 \times 1003} = 1.0563 \Rightarrow \text{解得：} \frac{k_P}{k_{P_1}} = 2.876$$

∴ $k_P = 2.876 \, k_{p_1} = 2.876 \times 1.679 \times 10^{-8} = 4.829 \times 10^{-8} \, P_a^{-1} \cdot s^{-1}$

$$t_{1/2} = \frac{1}{k_P p_0} = \frac{1}{4.829 \times 10^{-8} \times 4 \times 10^4} = 517.7 \, s$$

（3）對於 n＝2，由（2.49）式可知：$k_C = k_P RT$，代入（6.3）式：$E_a = RT^2 \dfrac{d\ln k_C}{dT}$

$$故\ E_a = RT^2 \frac{d\ln k_C}{dT} = RT^2 \frac{d\ln k_P}{dT} + RT = E_P + RT$$

$$= 236.6 + 8.314 \times 1026 \times 10^{-3} = 245.1\ kJ \cdot mole^{-1}$$

◥ 例 6.1.56 ◣

反應：$[Co(NH_3)_5F]^{2+}(A) + H_2O \underset{}{\overset{H^+}{\rightleftharpoons}} [Co(NH_3)_5(H_2O)]^{3+}(B) + F^-$ 是一個酸催化反應。

若反應速率式為：$r = k[A]^\alpha[H^+]^\beta$ 在一定溫度及初濃度條件下測得分數衰期如下：

T/K	298	298	308
[A]/mole · dm^{-3}	0.1	0.2	0.1
[H$^+$]/mole · dm^{-3}	0.01	0.02	0.01
t$_{1/2}$/10^2 s	36	18	18
t$_{1/4}$/10^2 s	72	36	36

其中 $t_{1/4}$ 是指當反應物濃度為初濃度的 1/4 時所需時間。求：

（1）反應級數 α 和 β 的數值。

（2）不同溫度時的反應速率常數 k 值。

（3）反應實驗活化能 E_a 值。

：因 H^+ 為催化劑，在反應過程中[H^+]＝常數，故可將其併入 k 項，所以 $k[H^+]^\beta = k'$ 且 $A = Co(NH_3)_5F^{2+}$，則反應速率方程式改寫為：$r = k[A]^\alpha[H^+]^\beta = k'[A]^\alpha$。

（1）從第 1、第 2 組數據看，298°K 時，濃度雖不同，但 $t_{1/4} = 2t_{1/2}$，這是「1 級反應」的特徵，所以 α＝1，即 $r = k'[A]$。

依據（2.10a）式：$k' = k[H^+]^\beta = \ln 2 / t_{1/2}$　　　　　　　　　　（ㄅ）

代入題目數據：$k_1' = k(0.01)^\beta$，$k_2' = k(0.02)^\beta$　　　　　　　（ㄆ）

由（ㄅ）、（ㄆ）式可知：$\dfrac{(t_{1/2})_1}{(t_{1/2})_2} = \dfrac{k_2'}{k_1'} = \dfrac{k(0.02)^\beta}{k(0.01)^\beta} = 2^\beta$

$\dfrac{(t_{1/2})_1}{(t_{1/2})_2} = \dfrac{3600}{1800} = 2 \implies$ 兩式相較得：β＝1。

∴反應速率式為：$r = k[A][H^+] \implies$ 為「2 級反應」。

（2）依據（2.10a）式，「1級反應」的半衰期：$t_{1/2} = \dfrac{\ln 2}{k'} = \dfrac{\ln 2}{k[H^+]}$

$$k(298°K) = \frac{\ln 2}{[H^+] \cdot t_{1/2}} = \left(\frac{\ln 2}{0.01 \times 3600} \right) = 1.93 \times 10^{-2} \text{ mole}^{-1} \cdot \text{dm}^3 \cdot \text{s}^{-1}$$

$$k(308°K) = \left(\frac{\ln 2}{0.01 \times 1800} \right) = 3.85 \times 10^{-2} \text{ mole}^{-1} \cdot \text{dm}^3 \cdot \text{s}^{-1}$$

（3）利用（6.4）式：

$$E_a = R \frac{T_1 T_2}{(T_2 - T_1)} \cdot \ln \frac{k(T_2)}{k(T_1)} = R \left(\frac{298 \times 308}{10} \right) \cdot \ln 2 = 52.7 \text{ kJ} \cdot \text{mole}^{-1}$$

例 6.1.57

某溶液中的反應 $A + B \longrightarrow P$，當 $[A]_0 = 1 \times 10^{-4} \text{ mole} \cdot \text{dm}^{-3}$、$[B]_0 = 1 \times 10^{-2} \text{ mole} \cdot \text{dm}^{-3}$ 時，實驗測得不同溫度下吸光度（及光密度）隨時間的變化如下表：

t(min)	0	57	130	∞
298°K：A(吸光度)	1.390	1.030	0.706	0.100
308°K：A(吸光度)	1.460	0.542	0.210	0.110

當固定 $[A]_0 = 1 \times 10^{-4} \text{ mole} \cdot \text{dm}^{-3}$，改變 $[B]_0$ 時，實驗測得 $t_{1/2}$ 隨 $[B]_0$ 的變化如下：

$[B]_0$(mole · dm⁻³)	1×10^{-2}	2×10^{-2}
$t_{1/2}$(min)	120	30

設速率方程式為：$r = k[A]^\alpha [B]^\beta$。求 α、β、k 及反應的活化能 E_a。

：（1）由已知數據：$[A]_0 = 1 \times 10^{-4} \text{ mole} \cdot \text{dm}^{-3} << [B]_0 = 1 \times 10^{-2} \text{ mole} \cdot \text{dm}^{-3}$

∴$r = k[A]^\alpha [B]^\beta = k'[A]^\alpha$，其中 $k' = k[B]^\beta$

用嘗試法求 α：假定 $\alpha = 1$，$k' = \dfrac{1}{t} \cdot \ln \dfrac{[A]_0}{[A]} = \dfrac{1}{t} \cdot \ln \dfrac{A_\infty - A_0}{A_\infty - A_t}$

298°K：$k_1' \times 10^3 (\text{min}^{-1})$：5.741、5.812

308°K：$k_2' \times 10^2 (\text{min}^{-1})$：1.999、2.002

兩溫度下的 k 基本為一常數 $\Rightarrow$ ∴$\alpha = 1$

$k_1' = 5.776 \times 10^{-3} \text{ min}^{-1}$，$k_2' = 2.000 \times 10^{-2} \text{ min}^{-1}$

（2）確定 β：$[B]_0$ 過量，但過量的數量不同，所對應的 k' 值不同，所以不能直接用半
　　　衰期公式求 β，當 $[B]_0$ 大過量時，$r = k[A]^\alpha[B]^\beta = k'[A]^\alpha$，其中 $k' = k[B]^\beta$，
　　　對於「1 級反應」的 (2.10a) 式：$t'_{1/2} = \dfrac{\ln 2}{k'}$，

即 $(t_{1/2})_1 = \dfrac{\ln 2}{k'_1}$，$(t_{1/2})_2 = \dfrac{\ln 2}{k'_2}$，兩式相比：$\dfrac{(t_{1/2})_1}{(t_{1/2})_2} = \dfrac{\dfrac{\ln 2}{k'_1}}{\dfrac{\ln 2}{k'_2}} = \dfrac{k'_2}{k'_1} = \dfrac{k[B]_2^\beta}{k[B]_1^\beta}$

$$\therefore \frac{120}{30} = \frac{[B]_2^\beta}{[B]_1^\beta} = \left(\frac{2 \times 10^{-2}}{1 \times 10^{-2}}\right)^\beta = 2^\beta，即\ 2^\beta = 4 \quad \Rightarrow \quad \therefore \beta = 2$$

（3）求 k 及 E_a：由（1）知：$k = \dfrac{k'}{[B]^2}$，將數據代入求得兩個溫度下的 k：

$$k_{298} = \frac{5.776 \times 10^{-3}}{(10^{-2})^2} = 57.76\ \text{mole}^{-2} \cdot \text{dm}^6 \cdot \text{min}^{-1}$$

$$k_{308} = \frac{2.000 \times 10^{-2}}{(10^{-2})^2} = 200\ \text{mole}^{-2} \cdot \text{dm}^6 \cdot \text{min}^{-1}$$

$$E_a = \frac{RT_1 T_2}{T_2 - T_1} \cdot \ln \frac{k_2}{k_1} = \frac{8.314 \times 298 \times 308}{10} \cdot \ln \frac{200}{57.76}$$
$$= 94778\ \text{J} \cdot \text{mole}^{-1} = 94.78\ \text{kJ} \cdot \text{mole}^{-1}$$

例 6.1.58

某氣相反應由相同初壓力開始到轉化率達 75% 所需時間，在 40°C 為 15 小時，在 60°C 為 3 小時。現若使反應在 1 小時達此轉化率，初壓力不變，問需多高溫度？

對於同一反應（假定其反應機構相同且無副反應）若初壓力相同、轉化率相同，其速率方程式具有 $r = kc^n$ 的形式時，則有：$k_1 t_1 = k_2 t_2$ 之關係，

即 $\dfrac{k_2}{k_1} = \dfrac{t_1}{t_2}$（見【解題思考技巧（二）】）

代入 Arrhenius 方程式（6.4）式：

$$E_a = \frac{RT_1 T_2}{T_2 - T_1} \cdot \ln \frac{k_2}{k_1} = \frac{RT_1 T_2}{T_2 - T_1} \cdot \ln \frac{t_1}{t_2}$$

$$= \frac{8.314\,J\cdot mole^{-1}\cdot °K^{-1} \times 333.15°K \times 313.15°K \cdot \ln\dfrac{15}{3}}{20°K} = 69798.6\,J\cdot mole^{-1}$$

同理，$k_1 t_1 = k_3 t_3$，$\dfrac{k_3}{k_1} = \dfrac{t_1}{t_3} = 15$

$$\ln\frac{k_3}{k_1} = \frac{E_a}{R}\left(\frac{1}{T_1} - \frac{1}{T_3}\right)$$

$$\frac{1}{T_3} = \frac{1}{T_1} - \frac{R\ln 15}{E_a} = \frac{1}{313.15} - \frac{8.314\cdot\ln 15}{69798.6}$$

$$= 3.193\times10^{-3}\,K^{-1} - 0.323\times10^{-3}\,K^{-1} = 2.87\times10^{-3}\,K^{-1}$$

$$T_3 = 348.43°K，t = 75.28°C$$

上述反應在初壓力相同，1 小時轉化率達 75%，需在 75.3°C 下進行。

例 6.1.59

定容氣相反應：$A_{(g)} \longrightarrow D_{(g)}$ 的反應速率常數 k 與溫度 T 具有如下關係式：

$$\ln[k(s^{-1})] = 24.00 - \frac{9622}{T}$$

（1）確定此反應的級數。

（2）計算此反應的活化能。

（3）欲使 $A_{(g)}$ 在 10 min 內轉化率達到 90%，則反應溫度應控制在多少度？

：（1）因為反應速率常數的單位為時間的倒數，由此可判定該反應為「1 級反應」。

（2）Arrhenius 方程式之（6.1c）式：$\ln k = B - \left(\dfrac{E_a}{RT}\right)$

與題給式子相比較，得：$E_a = 9622R = 9622 \times 8.314 = 80.0\,kJ\cdot mole^{-1}$

（3）由題目已知：t = 10 min，轉化率 x = 0.9

根據「1 級反應」之（2.13）式：

$$k(T) = \frac{1}{t}\cdot\ln\frac{1}{1-x} = \frac{1}{10\times60\,s}\cdot\ln\frac{1}{0.1} = 3.838\times10^{-3}\,s^{-1}$$

將此 k 值再代回到題給式子，可得：$T = \left[\dfrac{9622}{24 - \ln(k)}\right]°K = 325.5°K$

例 6.1.60

甲醇蒸氣在空氣中的爆炸低限和高限分別是 7.3%和 36%(體積分率)，已知甲醇飽和蒸氣壓 p 與溫度 T 的關係為（適用於－10°C ~ 80°C）：

$$\ln p = 25.1631 - \frac{4609.82}{T}$$

工業上以甲醇和空氣為原料製備甲醛。

（1）當用銀做催化劑時，混合氣體總壓力為 $1.07×10^5$ Pa，反應器在甲醇過量的條件下操作，即在爆炸高限以上工作，試求反應開始點火時，甲醇蒸發器的溫度不得低於多少度？

（2）當用鐵做催化劑時，混合氣體總壓力為標準壓力，是在甲醇不足而空氣過量的條件下操作，即在爆炸低限以下工作，試求點火時，甲醇蒸發器的溫度不得高於多少度？

：（1）甲醇的飽和蒸氣壓不能低於爆炸高限，即：

$$25.1631 - \frac{4609.82}{(T/K)} \geq \ln(1.07×10^5 × 0.36) \implies T \geq 316°K$$

（2）甲醇的飽和蒸氣壓不能高於爆炸低限，即：

$$25.1631 - \frac{4609.82}{(T/K)} \leq \ln(10^5 × 0.073) \implies T \leq 283°K$$

例 6.1.61

已知在 25°C 時 NaOCl 分解反應速率常數 k = 0.0093 s^{-1}，在 30°C 時 k = 0.0144 s^{-1}。試求在 40°C 時，NaOCl 要用多少時間能分解掉 99%？

：由題目已知 k(298°K) = 0.0093 s^{-1} 及 k(303°K) = 0.0144 s^{-1}，利用（6.4）式可得：

$$\ln \frac{k(303°K)}{k(298°K)} = -\frac{E_a}{8.314 \, J \cdot mole^{-1} \cdot K^{-1}}\left(\frac{1}{303°K} - \frac{1}{298°K}\right)$$

解得：E_a = 65644 J · $mole^{-1}$

$$\ln \frac{k(313°K)}{k(298°K)} = -\frac{65644 \, J \cdot mole^{-1}}{8.314 \, J \cdot mole^{-1} \cdot K^{-1}}\left(\frac{1}{313°K} - \frac{1}{298°K}\right)$$

解得：k(313°K) = 0.0331 s^{-1}

因為是「1 級反應」，所以利用（2.13）式：$t = \frac{1}{0.0331\,s^{-1}} \cdot \ln\frac{1}{1-0.99} = 139 \, s$

▪ 例 6.1.62 ▪

設有 $E_1 = 50.00$ kJ・$mole^{-1}$，$E_2 = 150.00$ kJ・$mole^{-1}$，$E_3 = 300.00$ kJ・$mole^{-1}$ 的三個反應：

（1）計算它們在 0°C 和 400°C 兩個初溫度下，為使速率常數加倍，所需要升高的溫度是多少？

（2）討論上述三個反應的反應速率常數對溫度變化的敏感性。

：（1）由 Arrhenius 方程式（即（6.4）式）：$\ln\dfrac{k_2}{k_1} = \dfrac{E_a}{R}\left(\dfrac{1}{T_1} - \dfrac{1}{T_2}\right)$

為使反應速率常數加倍，意即 $k_2/k_1 = 2$，代入上式，整理得：

$$T_2 = \frac{E_a}{(E_a/T_1) - R \cdot \ln 2}$$

T_2 為使反應速率常數加倍所需由初溫升高的高溫，進而可算得所需升高的溫度 $\Delta T = T_2 - T_1$。計算結果列於下表：

初溫度 T(°K)	ΔT(°K)		
	反應 1	反應 2	反應 3
273.15	8.88	2.90	1.44
673.15	56.62	17.87	8.82

（2）由（1）的計算結果可知：不管反應的初溫度高低如何，活化能愈高者，其反應速率常數加倍所需提高的溫度愈小。這表示：活化能愈高，則該反應速率常數對溫度變化愈敏感。又對同一反應而言，反應的初溫度愈低，可使反應速率常數加倍所需提高的溫度愈小。這表示：對同一反應而言，當活化能一定，反應的初溫度愈低者，反應速率常數對溫度的變化愈敏感。

▪ 例 6.1.63 ▪

對同一反應，活化能一定，則反應的初溫度愈低，反應的反應速率常數對溫度的變化愈敏感。

：（○）。參考【6.1.62】題。

▪ 例 6.1.64 ▪

對於基本反應，反應速率常數總隨溫度的升高而增大。

：（○）。

■ 例 **6.1.65** ■

在定溫定容下測得氣相反應：$A_{(g)} + 3B_{(g)} \longrightarrow 2Y_{(g)}$ 的速率方程式為：

$$-\frac{dp_A}{dt} = k_A p_A p_B^2$$

在 720°K 時，當反應物初壓力 $p_{A,0} = 1333\ P_a$，$p_{B,0} = 3999\ P_a$ 時測出用總壓力表示的初反應速率為：

$$-\left[\frac{dp(總)}{dt}\right]_{t=0} = 200\ P_a \cdot min^{-1}$$

（1）試求上述條件下反應初反應速率 $-\left(\dfrac{dp_A}{dt}\right)_{t=0}$，$k_A$ 及氣體 B 反應掉一半所需的時間。

（2）已知該反應的活化能為 83.14 $kJ \cdot mole^{-1}$，試求反應在 800°K，$p_{A,0} = p_{B,0} = 2666\ P_a$
      時的初反應速率 $-\left(\dfrac{dp_A}{dt}\right)_{t=0}$。

: （1） $A_{(g)}$ + $3B_{(g)}$ $\longrightarrow$ $2Y_{(g)}$ 總壓力

t = 0 時： $p_{A,0}$ $p_{B,0}$ 0

　　　　　 $-)$ x   3x

t = t 時：$p_{A,0}-x$ $p_{B,0}-3x$ 2x p(總)

∴ $p_A = p_{A,0} - x \Rightarrow x = p_{A,0} - p_A$

 $p_B = p_{B,0} - 3x = p_{B,0} - 3(p_{A,0} - p_A)$

 $p_Y = 2x = 2(p_{A,0} - p_A)$

p(總) $= (p_{A,0} - x) + (p_{B,0} - 3x) + 2x = p_{B,0} - p_{A,0} + 2p_A$

上式二邊對 t 微分，可得：$-\dfrac{dp(總)}{dt} = -\dfrac{2dp_A}{dt}$

且配合題目之式子，則 $-\left[\dfrac{dp_A}{dt}\right]_{t=0} = 100\ P_a \cdot min^{-1}$

已知 $r_A = -\dfrac{dp_A}{dt} = k_A p_A p_B^2$ （ㄅ）

故 $k_{A,p} = \dfrac{r_{A,0}}{p_{A,0} p_{B,0}^2} = 4.69 \times 10^{-9}\ P_a^{-2} \cdot min^{-1}$

$\dfrac{p_{A,0}}{p_{B,0}} = \dfrac{r_A}{r_B} = \dfrac{p_A}{p_B} = \dfrac{1}{3}$ 代入（ㄅ）式後，整理可得：$-\dfrac{dp_B}{dt} = k_{B,p}p_B^3/3 = k_{A,p}p_B^3$

見（2.47）式：$t_{1/2} = \dfrac{2^{3-1}-1}{(3-1)k_A p_{B,0}^2} = 20 \, min$

（2）因反應總級數爲「3 級反應」，故 $k_{A,p} = k_{A,c}(RT)^{1-3} = k_{A,c}(RT)^{-2}$，則

$$\ln\dfrac{k_{A,c}(800°K)}{k_{A,c}(720°K)} = \ln\dfrac{k_{A,p}(800°K)\times(800°K)^2}{k_{A,p}(720°K)\times(720°K)^2} = \dfrac{E_a}{R}\left[\dfrac{(800-720°K)}{800°K\times720°K}\right]$$

$k_{A,p}(800°K) = 1.52\times10^{-8} \, P_a^{-2}\cdot min^{-1}$

在此條件下 $-\dfrac{dp_A}{dt} = k_{A,p}p_{A,0}p_{B,0}^2 = 288 \, P_a\cdot min^{-1}$

▪ 例 6.1.66 ▪

反應活化能 $E_a = 250 \, kJ\cdot mole^{-1}$，反應溫度從 $300°K$ 升高到 $310°K$，速率常數 k 增加多少倍？

：$k(310°K)/k(300°K) = 25.36$。由（6.4）式：$\ln\dfrac{k_2}{k_1} = \dfrac{E_a}{R}\left(\dfrac{1}{T_1} - \dfrac{1}{T_2}\right)$

▪ 例 6.1.67 ▪

今有氣相反應：$2A_{(g)} \longrightarrow 2B_{(g)} + C_{(g)}$

已知此反應的半衰期與反應物 $A_{(g)}$ 的初壓力成反比。實驗測得：在溫度 $900°K$ 時，反應物 A 的初壓力爲 39.20 kP_a，所對應的半衰期 $t_{1/2}$（$900°K$）爲 1520 s；溫度爲 $1000°K$ 時，反應物 A 的初壓力爲 48.00 kP_a 時，半衰期 $t_{1/2}$（$1000°K$）爲 212 s。

（1）計算上述反應在 $900°K$ 與 $1000°K$ 下的速率常數 k。

（2）在 $1000°K$ 下，將反應物 $A_{(g)}$ 放入抽空的密閉容器中，初壓力爲 53.33 kP_a，試求當系統總壓達 64.00 kP_a 時所需的時間。

（3）在某溫度 T 下，將反應物 $A_{(g)}$ 放入抽空的密閉容器中，初壓力爲 53.33 kP_a，試求當系統總壓達 64.00 kP_a 時所需的時間爲 100 s，求此反應溫度爲多少度？

：（1）根據題給條件可知：反應的半衰期與反應物 $A_{(g)}$ 的初壓力成反比，這證明本反應為「2 級反應」，故其半衰期可用（2.19c）式：

$$t_{1/2} = \frac{1}{k_{A,p} \cdot p_{A,0}} \qquad （ㄅ）$$

已知 900°K 時，$p_{A,0} = 39.20\ kP_a$, $t_{1/2} = 1520\ s$ 代入（ㄅ）式，

可得：$k_{A,p}(900°K) = 1.68×10^{-5}\ kP_a^{-1} \cdot s^{-1}$

已知 1000°K 時，$p_{A,0} = 48.00\ kP_a$, $t_{1/2} = 212\ s$ 再代入（ㄅ）式，

可得：$k_{A,p}(1000°K) = 9.83×10^{-5}\ kP_a^{-1} \cdot s^{-1}$

（2）

	$2A_{(g)}$	$\longrightarrow$	$2B_{(g)}$	+	$C_{(g)}$	總壓力
t = 0 時：	53.33 kP_a		0		0	
－）	p_x					
t = t 時：	(53.33 kP_a － p_x)		p_x		$p_x/2$	p(總)

所以 p(總) = 53.33 kP_a ＋ $p_x/2$

則有：$p_x = 2[p(總)-53.33]\ kP_a = 2×(64.00-53.33)\ kP_a = 21.34\ kP_a$

而 $p_A = p_{A,0} - p_x = (53.33-21.34)\ kP_a = 31.99\ kP_a$

由於已知本反應為「2 級反應」，依據（2.21）式：

$$\frac{1}{p_A} = k_{A,p} \cdot t + \frac{1}{p_{A,0}} \implies t = \frac{p_{A,0} - p_A}{p_{A,0}\, p_A\, k_{A,p}} \qquad （ㄆ）$$

將題目數據代入（ㄆ）式，得：

$$t = \frac{53.33 - 31.99}{53.33 × 31.99 × 9.83×10^{-5}} = 127.25\ s$$

（3）首先求活化能 E_a 與 $k_{A,p}(T)$：因為是「2 級反應」，由（2.21）式：

$$k_{A,p}(T) = \frac{1}{t} \cdot \left(\frac{1}{p_A} - \frac{1}{p_{A,0}} \right) = \frac{1}{100s} \cdot \left(\frac{1}{31.99} - \frac{1}{53.33} \right) \qquad •（ㄇ）$$

$$= 1.25×10^{-4}\ kP_a^{-1} \cdot s^{-1}$$

又由（2.49）式：

$$k_{A,p} = k_{A,c}(RT)^{1-2} = k_{A,c}(RT)^{-1} \implies k_{A,c} = k_{A,p}(RT) \qquad （ㄈ）$$

再根據 Arrhenius 方程式，即（6.4）式：

$$\ln \frac{k_{A,c}(1000°K)}{k_{A,c}(900°K)} = \ln \frac{k_{A,p}(1000°K) \times 1000°K}{k_{A,p}(900°K) \times 900°K} = -\frac{E_a}{R}\left(\frac{1}{1000°K} - \frac{1}{900°K}\right)$$

代入數據及（ㄇ）、（ㄈ）式：

$$\ln \frac{9.83 \times 10^{-5} \times 1000°K}{1.68 \times 10^{-5} \times 900°K} = -\frac{E_a}{8.314 J \cdot mole^{-1} \cdot K^{-1}}\left(\frac{1}{1000°K} - \frac{1}{900°K}\right)$$

解得：$E_a = 140.1 \ kJ \cdot mole^{-1}$

再由 $\ln \dfrac{k_{A,p}(T) \cdot T}{k_{A,p}(1000°K) \times 1000°K} = -\dfrac{E_a}{R}\left(\dfrac{1}{T} - \dfrac{1}{1000°K}\right)$

即 $\ln \dfrac{1.25 \times 10^{-4} kP_a^{-1} \cdot s^{-1} \cdot T}{9.83 \times 10^{-5} kP_a^{-1} \cdot s^{-1} \times 1000°K} = -\dfrac{140.1 J \cdot mole^{-1}}{8.314 J \cdot mole^{-1} \cdot K^{-1}}\left(\dfrac{1}{T} - \dfrac{1}{1000°K}\right)$

解得：$T = 1015.4°K$

▪ 例 6.1.68 ▪

硝基丙烷在水溶液中與鹼的中和反應是 2 級反應，其反應速率常數可用下式表示：

$$\ln[k(dm^3 \cdot mole^{-1} \cdot min^{-1})] = -\frac{7284.4}{T/°K} + 27.383$$

（1）計算該反應的活化能 E_a。

（2）在 283°K 時，若硝基丙烷與鹼的初濃度均為 0.008 mole $\cdot$ dm^{-3}，求反應的半衰期 $t_{1/2}$。

：（1）將題給式子與（6.1c）式：$\ln k = -\dfrac{E_a}{RT} + B$ 比較，可知：

$$E_a = 7284.4°K \times 8.314 \ J \cdot mole^{-1} \cdot K^{-1} = 60.563 \ kJ \cdot mole^{-1} \qquad （\#）$$

（2）當 $T = 283°K$ 代入題給式子：

解得：$\ln k = -\dfrac{7284.4}{283} + 27.383 = 1.643 \implies k(283°K) = 5.171 \ dm^3 \cdot mole^{-1} \cdot min^{-1}$

因已知是「2 級反應」，故利用（2.19a）式：

$$t_{1/2} = \frac{1}{k_A \cdot [A]_0} = \frac{1}{5.171 \, dm^3 \cdot mole^{-1} \cdot min^{-1} \times 0.008 \, mole \cdot dm^{-3}}$$

$$= 24.17 \ min$$

■ 例 **6.1.69** ■

如果反應（1）的活化能大於反應（2）的活化能，降低溫度對那個反應有利？為什麼？

：對反應（2）有利。因為 $E_1 > E_2$，由（6.1c）式之(lnk)對 $1/T(°K)$ 的關係：$\ln k = B - \dfrac{E_a}{RT}$，

可知：降低溫度時，$\Delta k_1 < \Delta k_2$。

■ 例 **6.1.70** ■

下述氣相反應：$A_{(g)} + 2B_{(g)} \longrightarrow Y_{(g)}$，已知該反應的速率方程式為：$-\dfrac{dp_A}{dt} = k_A p_A p_B$

在保持定溫、定容的真空容器內，注入反應物 $A_{(g)}$ 及 $B_{(g)}$，當 $700°K$ 時，$p_{A,0} = 1.33\ kP_a$，

$p_{B,0} = 2.66kP_a$，實驗測得，以總壓力 p(總) 表示的初反應速率為：

$$-\left(\dfrac{dp(總)}{dt}\right)_{t=0} = 1.2 \times 10^4\ P_a \cdot h^{-1}\ 。$$

（1）試導出 $-\dfrac{dp_A}{dt}$ 與 $-\dfrac{dp(總)}{dt}$ 的關係。

（2）試求上述條件下，以 A 的消耗速率表示的初反應速率 $-\left(\dfrac{dp_A}{dt}\right)_{t=0}$；$k_{A,p}(700°K)$ 及

以 B 的消耗速率表示的速率常數 $k_{B,p}(700°K)$。

（3）計算上述條件下，氣體 $A_{(g)}$ 反應掉 80% 所需時間為多少？

（4）$800°K$，測得該反應速率常數 $k_{A,p}(800°K) = 3.00 \times 10^{-3}\ P_a^{-1} \cdot h^{-1}$，求該反應的活化能為多少？

：（1）　　　　$A_{(g)}$　　　$+$　$2B_{(g)}$　$\longrightarrow$　　$Y_{(g)}$　　　總壓力

$t = 0$ 時：　$p_{A,0}$　　　　$p_{B,0}$　　　　　　　0

$\underline{\hspace{2cm}-)\quad x \qquad\qquad 2x \hspace{5cm}}$

$t = t$ 時：　$p_{A,0} - x$　　$p_{B,0} - 2x$　　　　　x　　　　$p(總)$

可知：$p_A = p_{A,0} - x \Rightarrow x = p_{A,0} - p_A$

　　　$p_B = p_{B,0} - 2x = p_{B,0} - 2(p_{A,0} - p_A)$

　　　$p_Y = x = p_{A,0} - p_A$

　　　$p(總) = (p_{A,0} - x) + (p_{B,0} - 2x) + x = p_{B,0} - p_{A,0} + 2p_A$

　　　$\Rightarrow$ 將上式對時間 t 微分，可得：$-\dfrac{dp(總)}{dt} = -\dfrac{2dp_A}{dt}$

（2）由上面（1）之結果，可得：

$$-\left(\frac{dp_A}{dt}\right)_{t=0} = -\frac{1}{2}\frac{dp(總)}{dt} = \frac{1}{2}\times 1.2\times 10^4 \text{ Pa}\cdot\text{h}^{-1} = 6\times 10^3 \text{ Pa}\cdot\text{h}^{-1}$$

$$\Rightarrow \quad k_{A,p}(700°K) = \frac{r_{A,0}}{p_{A,0}p_{B,0}} = \frac{0.6\times 10^4}{1.33\times 10^3 \times 2.66\times 10^3} = 1.696\times 10^{-3} \text{ Pa}^{-1}\cdot\text{h}^{-1}$$

由計量方程式知：$\dfrac{r_A}{r_B} = \dfrac{1}{2}$ （見（1.8a）式）

所以 $k_{B,p}(700°K) = 2\times k_{A,p}(700°K) = 3.39\times 10^{-3} \text{ Pa}^{-1}\cdot\text{h}^{-1}$

（3）因為 $\dfrac{p_{A,0}}{p_{B,0}} = \dfrac{r_A}{r_B} = \dfrac{p_A}{p_B} = \dfrac{1}{2}$，代入該反應的速率方程式，

整理得：$-\dfrac{dp_A}{dt} = 2k_{A,p}p_A^2$

積分上式得：$t = \dfrac{1}{2k_{A,p}}\left[\dfrac{1}{p_A} - \dfrac{1}{p_{A,0}}\right]$，代入數據後解得：$t = 0.887 \text{ h} = 53.22 \text{ min}$

（4）已知反應級數為「2 級反應」，故依據（2.49）式：$k_{A,p} = k_{A,c}(RT)^{1-n} = k_{A,c}(RT)^{-1}$，
又利用（6.4）式：

$$\ln\frac{k_{A,c}(800°K)}{k_{A,c}(700°K)} = \ln\frac{k_{A,p}(800°K)\times(800°K)}{k_{A,p}(700°K)\times(70°K)} = \frac{E_a}{R}\left[\frac{(800-700°K)}{800°K\times 700°K}\right]$$

$\Rightarrow$ 解得：$E_a = 32.771 \text{ kJ}\cdot\text{mole}^{-1}$

▪ 例 6.1.71 ▪

對於在同樣溫度下進行兩個反應（I）A $\longrightarrow$ Y；（II）B $\longrightarrow$ Z，若該二反應指數前因子相同，而反應（I）的活化能大於反應（II）的活化能（$E_1 > E_2$）。試分析：

（1）那個反應的速率常數 k 受溫度的影響較大？

（2）能否通過改變溫度使 $k_1 > k_2$？

：（1）反應（I）的反應速率常數 k 受溫度的影響較大（參考【6.1.63】題）。

（2）不能經由改變溫度而使 $k_1 > k_2$。

■ 例 **6.1.72** ■

若反應（1）的活化能爲 E_1，反應（2）的活化能爲 E_2，且 $E_1 > E_2$，則在同一溫度下 k_1 一定小於 k_2。

：（×）。因爲還必須考慮到「指數前因子」。

■ 例 **6.1.73** ■

平行反應：

$\dfrac{k_1}{k_2}$ 值不隨溫度的變化而變化。

：（×）。∵由（6.1a）式：$\dfrac{k_1}{k_2} = \dfrac{A_1}{A_2} \cdot \exp[-(E_1 - E_2)/RT]$

■ 例 **6.1.74** ■

比較相同類型的反應（1）和（2），發現活化能 $E_1 > E_2$，但反應速率常數卻是 $k_1 > k_2$，其原因是？

：指數前因子：$A_1 > A_2$。

■ 例 **6.1.75** ■

平行反應：

主、副反應的指數前因子相同，主反應的活化能爲 $120 \text{ kJ} \cdot \text{mole}^{-1}$，副反應的活化能爲 $80 \text{ kJ} \cdot \text{mole}^{-1}$

（1）$400°K$ 時，$[Y] : [Z] = $ ？

（2）$1000°K$ 時，$[Y] : [Z] = $ ？

：

$$A \begin{cases} Y \quad (主反應)，Ea_1 = 120kJ \cdot mole^{-1} \\ Z \quad (副反應)，Ea_2 = 80kJ \cdot mole^{-1} \end{cases}$$

假設皆爲「1 級反應」。

$$[Y] = \frac{k_1 [A]_0}{k_1 + k_2} \{[1 - \exp[-(k_1 + k_2)t]\}$$

$$[Z] = \frac{k_2 [A]_0}{k_1 + k_2} \{1 - \exp[-(k_1 + k_2)t]\}$$

又因（6.1a）式，$k = A \cdot \exp\left(-\frac{Ea}{RT}\right)$，題給 A 相同

所以$[Y]:[Z] = k_1 : k_2 = \exp(-Ea_1 / RT) : \exp(-Ea_2 / RT)$

（1） At $400°K$ 時，$[Y]:[Z] = 5.98 \times 10^{-6} : 1$

（2） At $1000°K$ 時，$[Y]:[Z] = 8.14 \times 10^{-3} : 1$

例 6.1.76

酸催化反應 $A \xrightarrow{H^+} B$ 速率方程式爲：$\frac{d[A]}{dt} = k[H^+][A]$，在 $300°K$ 時，在 pH = 1 的溶液中，$t_{1/2} = 30$ min，$310°K$ 時，在 pH = 2 的溶液中，$t_{1/2} = 15$ min，求反應的活化能 E_a。

：因已知本反應是「1 級反應」，故由（2.10a）式：

$$t_{1/2} = \frac{\ln 2}{k[H^+]} \Rightarrow k = \frac{\ln 2}{t_{1/2}[H^+]}$$

$$k(300°K) = \frac{\ln 2}{30 \times 0.1} = 0.231 \, min^{-1} \cdot mole^{-1} \cdot dm^3$$

$$k(310°K) = \frac{\ln 2}{15 \times 0.01} = 4.62 \, min^{-1} \cdot mole^{-1} \cdot dm^3$$

利用（6.4）式：$\ln \frac{k_2}{k_1} = -\frac{E_a}{R}\left(\frac{1}{T_2} - \frac{1}{T_1}\right)$

$$\therefore E_a = \frac{RT_2 T_1}{T_2 - T_1} \cdot \ln \frac{k_2}{k_1} = \frac{8.314 \times 300°K \times 310°K}{310°K - 300°K} \cdot \ln \frac{4.62}{0.231} = 231.63 kJ \cdot mole^{-1}$$

┌ **例 6.1.77** ┐

反應：$A_{(g)} + 2B_{(g)} \longrightarrow \dfrac{1}{2}C_{(g)} + D_{(g)}$ 在一密閉容器中進行，假設速率方程式爲

$r = kp_A^a p_B^b$ 。

實驗發現：

（A）當反應物的初壓力分別爲 $p_A^0 = 26.664\,kP_a$，$p_B^0 = 106.66\,kP_a$ 時，反應中 $\ln p_A$ 隨時間的變化率與 p_A 無關。

（B）當反應物的初壓力分別爲 $p_A^0 = 53.328\,kP_a$，$p_B^0 = 106.66\,kP_a$，反應 r/p_A^2 爲常數。並測得 $500°K$ 和 $510°K$ 時該常數分別爲 1.974×10^{-3} 和 $3.948 \times 10^{-3}(kP_a \cdot min)^{-1}$，試確定：

（1）反應速率方程式中的 a、b 和 $500°K$ 時的 k。

（2）反應的活化能。

：（1）題目已知：$p_A^0 = 26.664\,kP_a$，$p_B^0 = 106.66\,kP_a$

⇒ 可見：B 是過量的，故 p_B 可視爲常數，

因此 $r = -\dfrac{dp_A}{dt} = kp_A^a p_B^b \approx k'p_A^a$ （ㄅ）

上式整理爲：$\dfrac{1}{p_A} \cdot \dfrac{dp_A}{dt} = -k' \cdot \dfrac{p_A^a}{p_A}$ ⇒ $\dfrac{d(\ln p_A)}{dt} = -k' \cdot \dfrac{p_A^a}{p_A}$

因已知反應中 $\ln p_A$ 隨時間的變化率與 p_A 無關，

故 $\dfrac{p_A^a}{p_A} = 1$ ⇒ 解得：a = 1，即 $r = kp_A^1 p_B^b$ （ㄆ）

$$A \quad + \quad 2B \longrightarrow \dfrac{1}{2}C + D$$

t = 0 時：　　p_A^0　　　p_B^0

　－)　　　　 p　　　　2p

――――――――――――――――――――――

t = t 時：　　$p_A^0 - p$　$p_B^0 - 2p$　　　$\dfrac{p}{2}$　　　p

當 $p_A^0 = 53.328\,kP_a$，$p_B^0 = 106.66\,kP_a$ 時，

（ㄆ）式的二邊除以 p_A^2，且代入上述數據，得：

$$\frac{r}{p_A^2} = \frac{kp_A p_B^b}{p_A^2} = \frac{kp_B^b}{p_A} = k\frac{(106.66kP_a - 2p)^b}{53.328kP_a - p} = 2^b k\frac{(53.33kP_a - p)^b}{53.328kP_a - p} \quad （\Pi）$$

因為此時題目已提到：$r/p_A^2 = $ 常數，故（Π）式可化簡為：

$$\frac{(53.328\,kP_a - p)^b}{53.328\,kP_a - p} = 1 \;\Rightarrow\; 解得：b = 1$$

當 500°K 時，由（Π）式得：

$$\frac{r}{p_A^2} = \frac{kp_A p_B^b}{p_A^2} = k\frac{106.66kP_a - 2p}{53.328kP_a - p} = 2k = 1.974 \times 10^{-3}\ (kP_a \cdot min)^{-1}$$

$$\Rightarrow \;\therefore k(500°K) = 9.87 \times 10^{-4}\ (kP_a \cdot min)^{-1}$$

同理，510°K 時，由（Π）式得：

$$\frac{r}{p_A^2} = \frac{kp_A p_B^b}{p_A^2} = k\frac{106.66kP_a - 2p}{53.328kP_a - p} = 2k = 3.948 \times 10^{-3}\ (kP_a \cdot min)^{-1}$$

$$\Rightarrow \;\therefore k(510°K) = 1.974 \times 10^{-3}\ (kP_a \cdot min)^{-1}$$

（2）將上述結果代入（6.4）式：$E_a = \dfrac{RT_1 T_2}{T_2 - T_1} \cdot \ln\dfrac{k_2}{k_1}$ 中，

可得：

$$E_a = \left(\frac{8.314 \times 500 \times 510}{510 - 500} \cdot \ln\frac{1.974 \times 10^{-3}}{9.87 \times 10^{-4}} \right) J \cdot mole^{-1} = 147\,kJ \cdot mole^{-1}$$

■ 例 **6.1.78** ■

某 1 級反應速率常數 k 與溫度 T 的關係為：

$$\ln[k(min^{-1})] = 27.6 - \frac{43600}{T} + 2\ln(T)\ min^{-1}$$

求 500°K 時 Arrhenius 活化能 E_a。

：將題給式子二邊對溫度 T 微分，且與（6.3）式：$\dfrac{dlnk}{dT} = \dfrac{E_a}{RT^2}$ 相比較，

可得：$\dfrac{dlnk}{dT} = \dfrac{43600°K}{T^2} + \dfrac{2}{T} = \dfrac{43600R + 2RT}{RT^2} = \dfrac{E_a}{RT^2}$

$\Rightarrow \; E_a = 43600R + 2RT = (43600 + 2 \times 500)R = 370.8\,kJ \cdot mole^{-1}$

例 6.1.79

C_2H_5Cl 分解反應為：$C_2H_5Cl \longrightarrow C_2H_4 + HCl$，反應速率常數 k 與溫度 T 的關係為：

$$\log[k(s^{-1})] = -\frac{13290}{T} + 14.6$$

（1）求反應的活化能 E_a。

（2）27°C 時將壓力為 26.66 kP_a 的 C_2H_5Cl 引入反應器中，求總壓達 46.66 kP_a 的時間。

：（1）題給式子與（6.1d）：$\log k = -\dfrac{E_a}{2.303RT} + B$ 相比較，可得：

$E_a = 2.303R \times 13290 = 2.303 \times 8.314 \times 13290 = 254.466 \text{ kJ} \cdot \text{mole}^{-1}$

（2）27°C（＝300°K）代入題給式子，可求得：$k = 1.995 \times 10^{-30} \text{ s}^{-1}$

$$C_2H_5Cl \longrightarrow C_2H_4 + HCl \quad 總壓力$$

$t = 0$ 時：$p_{A,0} = 26.66 \text{ kP}_a$ 0   0

$\qquad\qquad -)\qquad\qquad\quad x$

$t = t$ 時：$p_A = p_{A,0} - x \qquad\quad x \qquad\quad x \qquad p(總)$

故 $p(總) = p_{A,0} + x \implies 46.66 \text{ kP}_a = 26.66 \text{ kP}_a + x$

$\implies x = 20.00 \text{ kP}_a$ 且 $p_A = p_{A,0} - x = 26.66 - 20 = 6.66 \text{ kP}_a$

因本題為「1 級反應」，故利用（2.9）式：

$$t = \frac{1}{k} \cdot \ln\frac{p_{A,0}}{p_A} = \frac{1}{1.995 \times 10^{-30}} \cdot \ln\frac{26.66}{6.66} = 6.95 \times 10^{29} \text{ s}$$

例 6.1.80

N_2O 的熱分解反應在定溫時 N_2O 的半衰期 $t_{1/2}$ 與初壓 p_0 成反比。今測得不同溫度時的資料如下。試推測其反應級數，並求：

（1）各溫度下的反應速率常數(濃度以 $mol \cdot dm^{-3}$ 表示，時間以 s 表示)

（2）反應的活化能。

t/°C	694	757
p_0/kP_a	39.2	48.0
$t_{1/2}/s$	1520	212

：因為 $t_{1/2}$ 與 p_0 成反比，依據（2.19a）式，可知本反應為「2 級反應」

（1）依據「2 級反應」之（2.19）式：$k_A = \dfrac{1}{t_{1/2} c_{A0}} = \dfrac{RT}{t_{1/2} p_0}$　　　　　（ㄅ）

當 $694°C(= 967.15°K)$ 時，代入（ㄅ）式可得：

$$k_A = \left(\frac{8.3145 \times 967.15}{1520 \times 39.2 \times 10^3} \right) m^3 \cdot mol^{-1} \cdot s^{-1} = 0.135 \, dm^3 \cdot mol^{-1} \cdot s^{-1}$$

$757°C$ 時$(= 1030.15°K)$ 時，代入（ㄅ）式可得：

$$k_A = \left(\frac{8.3145 \times 1030.15}{212 \times 48.0 \times 10^3} \right) m^3 \cdot mol^{-1} \cdot s^{-1} = 0.842 \, dm^3 \cdot mol^{-1} \cdot s^{-1}$$

（2）依據（6.4）式可得：

$$E_a = \frac{RT_2 T_1}{T_2 - T_1} \cdot \ln \frac{k_A(T_2)}{k_A(T_1)} = \left[\left(\frac{8.3145 \times 1030.15 \times 967.15}{1030.15 - 967.15} \right) \times \ln \frac{0.842}{0.135} \right] J \cdot mol^{-1}$$
$$= 240.7 \, kJ \cdot mol^{-1}$$

┏■ 例 6.1.81 ■

山腳下大氣壓力為 $101.325 \, kP_a$，山頂上大氣壓力為 $71 \, kP_a$，在山腳下煮雞蛋 10 min 可以煮好，而在山頂上煮雞蛋 30 min 才能煮好。求該反應的活化能。已知水的氣化熱為 40.6 $kJ \cdot mole^{-1}$。

：設水在山頂上的沸點為 T_2，則由熱力學公式，壓力 p 與溫度 T 與反應熱 ΔH 間的關係式寫為：

$$\ln \frac{p_2}{p_1} = -\frac{\Delta H_{(g)}}{R} \left(\frac{1}{T_2} - \frac{1}{T_1} \right)$$

$$\ln \frac{71}{101.325} = -\frac{40600}{8.314} \left(\frac{1}{T_2} - \frac{1}{373.15°K} \right) \Rightarrow T_2 = 363.28°K$$

又依據（6.4）式：$\ln \dfrac{k_2}{k_1} = \ln \dfrac{t_1}{t_2} = -\dfrac{E_a}{R} \left(\dfrac{1}{T_2} - \dfrac{1}{T_1} \right)$

$$\therefore E_a = \frac{RT_2 T_1}{T_2 - T_1} \cdot \ln \frac{t_1}{t_2} = \frac{8.314 \times 373.15°K \times 363.28°K}{363.28°K - 373.15°K} \cdot \ln \frac{10}{30} = 125.4 \, kJ \cdot mole^{-1}$$

┏■ 例 6.1.82 ■

Arrhenius 經驗式的適用條件是什麼？實驗活化能 E_a 對於基本反應和複雜反應涵義有何不同？

：因 Arrhenius 經驗式已先假定〝指數前因子 A〞和〝實驗活化能 E_a〞為與溫度無關的常數，所以適用於溫度區間變化不太大的「基本反應」或大部分非基本反應；但對爆炸反應和光化學反應則不適用。

就「基本反應」而言，E_a 被認為是活化分子的平均能量與反應物分子的平均能量之差。對「複雜反應」而言，E_a 無明確物理意義，故在「複雜反應」中，E_a 則被視為「巨觀活化能」。

例 6.1.83

$$(CH_2)_6C \begin{matrix} Cl \\ \\ CH_3 \end{matrix}$$

在 80%的乙醇溶液中，$(CH_2)_6C$ 接 Cl 和 CH_3 的水解反應為 1 級反應。

測得不同溫度下的 k 如下表所示。求活化能 E_a 和指數前因子 K_0。

溫度(°C)	0	25	35	45
k(s⁻¹)	$1.06×10^{-5}$	$3.19×10^{-4}$	$9.86×10^{-4}$	$2.92×10^{-3}$

：以 ln 對 $\dfrac{1}{T}×10^3$ 做圖，可得一直線，其斜率為 −10.86，截距為 28.32。

$\dfrac{1}{T}×10^3 \, (k^{-1})$	3.661	3.354	3.245	3.143
ln[k(s⁻¹)]	−11.46	−8.050	−6.922	−5.836

$\therefore E_a = -(-10.86×10^3 \, k)×8.314 J·k^{-1}·mole^{-1} = 90 kJ·mole^{-1}$

且 $k_0 = \exp(28.32) = 2.0×10^{12} \, s^{-1}$

例 6.1.84

某定容氣相反應的半衰期與初壓力成反比，在不同溫度和初壓力下測得半衰期如下：

溫度(°C)	$p_0(kP_a)$	$t_{1/2}(min)$
694	294	1520
757	360	212

（1）推斷反應級數？

（2）求反應的指數前因子？

：（1）由題意已知：〝反應的半衰期與初壓力成反比〞 $\Rightarrow$ 故本反應可以推斷爲「2 級反應」。

（2）依據「2 級反應」之（2.19b）式：

$$T_1 = (273 + 694)°K = 967°K \Rightarrow k_1 = \frac{1}{t_{1/2} \cdot p_{A,0}} = \frac{1}{1520 \times 294} kP_a \cdot min^{-1}$$

$$T_2 = (273 + 757)°K = 1030°K \Rightarrow k_2 = \frac{1}{t_{1/2} \cdot p_{A,0}} = \frac{1}{360 \times 212} kP_a \cdot min^{-1}$$

利用（6.4）式：

$$\ln\frac{k_2}{k_1} = -\frac{E_a}{R}\left(\frac{1}{T_2} - \frac{1}{T_1}\right) \Rightarrow E_a = \frac{RT_2T_1}{T_2 - T_1} \cdot \ln\frac{k_2}{k_1}$$

$$\therefore E_a = \frac{8.314 J \cdot K^{-1} \cdot mole^{-1} \times 1030°K \times 967°K}{1030°K - 967°K} \cdot \ln\frac{1520 \times 294}{360 \times 212}$$

$$= 232.3 \, kJ \cdot mole^{-1}$$

利用（6.1a）式：

$$\therefore A = k \cdot \exp(E_a/RT) = \frac{kP_a \cdot min^{-1}}{360 \times 212} \cdot \exp\left(\frac{232.3 \times 10^3}{8.314 \times 1030}\right)$$

$$= 7.91 \times 10^6 \, kP_a^{-1} \cdot min^{-1}$$

■ 例 6.1.85 ■

NO_2 的分解爲 2 級反應，已知各溫度下的速率常數 k 如下。試以做圖法求活化能 E_a 和指數前因子 A。

T/K	592	603	627	652	656
$k/cm^3 \cdot mol^{-1} \cdot s^{-1}$	522	755	1700	4020	5030

：

$\frac{1}{T} \times 10^3 /K^{-1}$	1.689	1.658	1.595	1.534	1.524
$\ln(k)/cm^3 \cdot mol^{-1} \cdot s^{-1}$	6.258	6.627	7.438	8.299	8.523

以 $\ln(k)$ 對 $\frac{1}{T} \times 10^3$ 做圖，可得一直線，其斜率爲 -13.59，截距爲 29.17。

$$\therefore E_a = -(-13.59 \times 10^3 \, K) \times 8.3145 J \cdot K^{-1} \cdot mol^{-1} = 113 kJ \cdot mol^{-1}$$

$$A = \exp(29.17) \, cm^3 \cdot mole^{-1} \cdot s^{-1} = 4.66 \times 10^{12} \, cm^3 \cdot mole^{-1} \cdot s^{-1}$$

▪ 例 **6.1.86** ▪

某藥物溶液若分解 30% 即告無效。今測得：該藥物在 323°K、333°K、343°K 時的反應速率常數分別爲 $7.08×10^{-4}$ h^{-1}，$1.70×10^{-3}$ h^{-1}，$3.55×10^{-3}$ h^{-1}，試計算此反應的活化能及 298°K 時藥物的有效期限。

：

T/K	323	333	343
$\dfrac{1}{T}×10^3$ /K^{-1}	3.10	3.00	2.92
$k×10^3/h^{-1}$	0.708	1.70	3.55
lnk	-7.253	-6.377	-5.641

以 lnk 對 1/T 做圖，如下圖所示，其斜率爲 $-8.95K$。

$E_a = -R×$斜率 $= -8.314$ $J·K^{-1}·mole^{-1}×(-8.95×10^3$ $K) = 74.4$ $kJ·mole^{-1}$

由圖中得出：$298K\left(1/T = 3.36×10^{-3}$ $K^{-1}\right)$ 時對應的 lnk 爲 -9.547，即 $k = 7.14×10^{-5}$ h^{-1}。

從題目的反應速率常數單位可以看出：該反應爲「1 級反應」，其反應物濃度與時間的關係式，可利用（2.8）式：

$$t = \frac{1}{k_1}·\ln\frac{a}{a-x} = \frac{1}{7.14×10^{-5} h^{-1}}·\ln\frac{1}{1-0.3} = 4995h ≈ 7 \text{ month}$$

∴在 298°K 時，該藥物的有效期限是 7 個月。

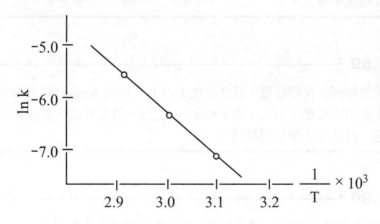

例 6.1.87

已知 $CO(CHCOOH)$ 在水溶液的分解反應速率常數在 $333°K$ 和 $283°K$ 時分別爲 5.48×10^{-2} s^{-1} 和 1.080×10^{-4} s^{-1}。求

（1）該反應的活化能？

（2）該反應在 303K 時進行了 1000s，問轉化率爲多少？

：（1）將已知數據代入（6.4）式：$\ln \dfrac{k_2}{k_1} = \dfrac{E}{R} \cdot \dfrac{T_2 - T_1}{T_2 T_1}$

則 $\ln \dfrac{5.48 \times 10^{-2}}{1.080 \times 10^{-4}} = \dfrac{E}{R} \cdot \dfrac{333 - 283}{333 \times 283}$ $\implies$ 活化能 $E = 97614 \; J \cdot mole^{-1}$

（2）先求出 $303°K$ 時的反應速率常數（利用（6.4）式）：

$\ln \dfrac{5.48 \times 10^{-2}}{k_3} = \dfrac{97614}{8.314} \cdot \dfrac{303 - 283}{303 \times 283}$ $\implies$ $k_3 = 3.54 \times 10^{-3} \; s^{-1}$

由 k 的單位可確定該反應爲「1 級反應」，代入（2.13）式得：

$3.54 \times 10^{-3} \; s^{-1} = \dfrac{1}{1000} \ln \dfrac{1}{1 - x_A}$ $\implies$ $x_A = 97.10\%$

例 6.1.88

Arrhenius 公式裏的 E_a 定義爲活化分子所具有的能量。溫度升高，E_a 降低，反應速率常數增大，故反應速率增大。

：（×）。

例 6.1.89

兩個反應級數相同的化學反應，其活化能 $E_1 > E_2$，根據 Arrhenius 方程式可知，在相同條件下，活化能小的反應速率大，即 $r_1 < r_2$；若從同一溫度升溫，其他條件不變，則活化能越大的反應，反應速率增加得越快。

：（○）。

例 6.1.90

1 級反應的半衰期等皆與起始濃度無關，其反應速率常數 k 又不變，故在定溫下反應時，應都相同。

：（×）。

■ 例 6.1.91 ■

如果兩個反應的活化能不同，則該二個反應的反應速率在任何條件下都不會相等。

：（×）。

■ 例 6.1.92 ■

某 1 級反應 A ——→ B 在一定溫度範圍內，其反應速率常數與溫度(K)的關係為

$\log k = \dfrac{-4000}{T} + 7.0$ (k的單位為min^{-1})。

求：（1）反應的巨觀活化能與指數前因子 A？

（2）若希望在 2min 內 A 反應掉 65%，應如何控制反應溫度？

：（1）題給式子可改寫為：$\ln k = \dfrac{-4000 \times 2.303}{T} + 7.0 \times 2.303$

又 Arrhenius 方程（6.1b）式：$\ln k = \dfrac{-E_a}{RT} + \ln A$

上述兩式相比較得：$4000 \times 2.303 = \dfrac{E_a}{R}$ 且 $7.0 \times 2.303 = \ln A$

$\Rightarrow$ 解得：$E_a = 76.589 \, \text{kJ} \cdot \text{mol}^{-1}$，$A = 1 \times 10^7 \, \text{min}^{-1}$

（2）對「1 級反應」，利用（2.13）式，$k = \dfrac{1}{t} \ln \dfrac{1}{1-y}$ (y 為反應物消耗的百分比)

$k = \dfrac{1}{2} \ln \dfrac{1}{1-0.65} \Rightarrow k = 0.525 \text{min}^{-1}$

代入題給式子：$\log 0.525 = \dfrac{-4000}{T} + 7.0$

解得：$T = 549.5°K$

■ 例 6.1.93 ■

溫度對反應速率的影響很大，溫度變化主要是改變下列那一項？

（a）活化能 　　　　（b）反應機構 　　（c）物質濃度或分壓

（d）反應速率常數 　　（e）指數前因子

：(d)。因為在 Arrhenius 方程（6.1a）式：$k = A \cdot \exp(-E_a/RT)$ 中，可假設 A 和 E_a 受溫度影響很小，但溫度 T 處在指數項裏，故溫度 T 的變化對 k 的影響很大。溫度對物質濃度或分壓雖有影響，但比起其在 Arrhenius 之（6.1a）式中的作用就小得多了。

■ 例 6.1.94 ■

氣相反應：A＋2B $\longrightarrow$ D 的速率方程式為：$-\dfrac{dp_A}{dt} = kp_A^x p_B^y$

定容條件下實驗結果如下：

實驗	T/K	$p_{A,0}/P_a$	$p_{B,0}/P_a$	$-\left[\dfrac{dp(總)}{dt}\right]_{t=0} /P_a \cdot h^{-1}$	$t_{1/2}/h$
1	800	133	13300	5.32	34.7
2	800	133	26600	21.28	
3	800	266	26600	42.56	8.675
4	840	13300	26600	——	3.75

（1）求反應分級數 x 和 y。

（2）求反應活化能。

：（1）先找出以 p(總)變化表示的反應速率和以 p_A 變化表示的反應速率間的關係：

$$\begin{array}{ccccccc} & A & + & 2B & \longrightarrow & D & 總壓力 \\ t=0 \text{ 時：} & p_{A,0} & & p_{B,0} & & 0 & \\ \hline -) & x & & 2x & & & \\ t=t \text{ 時：} & p_A & & p_B & & p_0 & p(總) \end{array}$$

可知：$p_A = p_{A,0} - x \implies x = p_{A,0} - p_A$

$p_B = p_{B,0} - 2x = p_{B,0} - 2(p_{A,0} - p_A)$

$p_D = x = p_{A,0} - p_A$

$p(總) = p_A + p_B + p_D = p_{B,0} - p_{A,0} + 2p_A$

∴上式二邊對時間 t 微分，可得：$\dfrac{dp(總)}{dt} = \dfrac{2dp_A}{dt}$

對比實驗 1 與實驗 2：

$$-\left(\frac{dp_A}{dt}\right)_{t=0,1} = k \times (133 P_a)^x (13300 P_a)^y = \frac{5.32}{2} P_a \cdot h^{-1}$$

$$-\left(\frac{dp_A}{dt}\right)_{t=0,2} = k \times (133 P_a)^x (26600 P_a)^y = \frac{21.28}{2} P_a \cdot h^{-1}$$

$$\left(\frac{26600}{13300}\right)^y = \left(\frac{21.28}{5.32}\right) = 4 \implies \therefore y = 2$$

實驗 1、3 中 B 大大過量，表列的半衰期數據為 A 反應掉一半所需要的時間。

對於實驗 1：

$$-\left(\frac{dp_A}{dt}\right)_{t=0,1} = k p_{A,0,1}^x p_{B,0,1}^2 = (k \times 13300^2 \, P_a^{\,2}) \cdot (133 P_a)^x$$

$$= k' p_{A,0,1}^x = \frac{5.32}{2} P_a \cdot h^{-1}$$

對於實驗 3：

$$-\left(\frac{dp_A}{dt}\right)_{t=0,3} = k p_{A,0,3}^x p_{B,0,3}^2 = (k \times 26600^2 \, P_a^{\,2}) \cdot (266 P_a)^x$$

$$= k'' p_{A,0,3}^x = \frac{42.56}{2} P_a \cdot h^{-1}$$

二式相除得：$8 = 4 \times 2^x \implies \therefore x = 1$

$\therefore$反應速率方程式為：$-\dfrac{dp_A}{dt} = k p_A p_B^2$ 　　　　　　　（ㄅ）

由實驗 1 數據：

$$-\left(\frac{dp_A}{dt}\right)_{t=0} = k p_{A,0} p_{B,0}^2 = -\frac{1}{2}\left[\frac{dp(總)}{dt}\right]_{t=0}$$

$$k(800°K) = \left(\frac{5.32}{2 \times 133 \times 13300^2}\right) P_a^{-2} \cdot h^{-1} = 1.13 \times 10^{-10} \, P_a^{-2} \cdot h^{-1}$$

（2）對於實驗 4（溫度已為 840°K）

$$\frac{p_{A,0}}{p_{B,0}} = \frac{r_A}{r_B} = \frac{1}{2} \implies p_B = 2p_A \text{ 代入（ㄅ）式，可得：}$$

$$-\frac{dp_A}{dt} = k(840°K)p_A p_B^2 = 4k(840°K) \cdot p_A^3$$

又「3 級反應」的半衰期計算式為：$t_{1/2} = \dfrac{3}{2[4k(840°K)]p_{A,0}^2}$

（可見（2.35a）式）

$\therefore \ k(840°K) = \left(\dfrac{3}{8 \times 3.75 \times 13300^2}\right) P_a^{-2} \cdot h^{-1} = 5.65 \times 10^{-10}\ P_a^{-2} \cdot h^{-1}$

依據 Arrhenius 之（6.4）式得：

$$E_a = R \cdot \frac{T_1 \cdot T_2}{T_2 - T_1} \cdot \ln\left[\frac{k(T_2)}{k(T_1)} \times \left(\frac{T_2}{T_1}\right)^{n-1}\right]$$

$$= \left\{8.314 \cdot \frac{800 \times 840}{40} \cdot \ln\left[\frac{5.65 \times 10^{-10}}{1.13 \times 10^{-10}} \times \left(\frac{840}{800}\right)^2\right]\right\} J \cdot mole^{-1}$$

$$= 238.4\ kJ \cdot mole^{-1}$$

▪ 例 6.1.95 ▪

已知氣相反應：$2A \longrightarrow 2B + D$ 的半衰期 $t_{1/2}$ 與反應物初壓力 $p_{A,0}$ 成反比，且：

T/K	$p_{A,0}$/kPa	$t_{1/2}$/s
900	39.2	1520
1000	48.0	212

（1）計算 $k_p(900°K)$ 和 $k_p(1000°K)$。

（2）計算活化能 E_a。

（3）將 1000°K 時將 A 放入抽空的容器中，達到 $p_{A,0} = 53.3$ kPa，計算到達總壓 $p(總) = 64.0$ kPa 所需要的時間。

：（1）題給條件為 $t_{1/2}$ 與 $p_{A,0}$ 成反比，這是「2 級反應」的特徵，所以反應速率方程式可寫為：

$$-\frac{1}{2} \cdot \frac{dp_A}{dt} = kp_A^2 \ \Rightarrow \ -\frac{dp_A}{dt} = k'p_A^2 \quad (k' = 2k)$$

依據（2.10a）式，可知：$k' = 1/t_{1/2} \cdot p_{A,0}$ 且 $k = k'/2 = 1/(2t_{1/2} \cdot p_{A,0})$

$k(900°K) = 1/(2 \times 1520\ s \times 39.2\ kPa) = 8.39 \times 10^{-6}\ (kPa)^{-1} \cdot s^{-1}$

$k(1000°K) = 1/(2 \times 212\ s \times 48.0\ kPa) = 4.91 \times 10^{-5}\ (kPa)^{-1} \cdot s^{-1}$

（2）由 Arrhenius 方程式之（6.4）式，已知：

$$E_a = \frac{RT_1T_2}{T_2-T_1} \cdot \ln\left\{\frac{k(T_2)}{k(T_1)} \cdot (\frac{T_2}{T_1})^{n-1}\right\}$$

$$= \left(\frac{8.314 \times 900 \times 1000}{1000-900} \cdot \ln\frac{4.91 \times 10^{-5}}{8.39 \times 10^{-6}} \times \frac{1000}{900}\right) J \cdot mole^{-1}$$

$$= 140.1 \, kJ \cdot mole^{-1}$$

（3） $2A \longrightarrow 2B + D$ 總壓力

t＝0 時：　$p_{A,0}$　　　　0　　　0

－）　　x

t＝t 時：　p_A　　　x　　　$\dfrac{x}{2}$　　　p(總)

可知：$p_A = p_{A,0} - x \Rightarrow x = p_{A,0} - p_A$

$p_B = x = p_{A,0} - p_A$

$p_D = \dfrac{x}{2} = (p_{A,0} - p_A)/2$

$p(總) = p_A + (p_{A,0} - p_A) + \dfrac{1}{2}(p_{A,0} - p_A) = \dfrac{3}{2}p_{A,0} - \dfrac{1}{2}p_A$

$\Rightarrow p_A = 3p_{A,0} - 2p(總) = 3 \times 53.3 \, kP_a - 2 \times 64 \, kP_a = 31.9 \, kP_a$

依據「2 級反應」的（2.21）式：

$$t = \frac{1}{k} \cdot \left(\frac{1}{p_A} - \frac{1}{p_{A,0}}\right) = \left[\frac{1}{4.91 \times 10^{-5}}\left(\frac{1}{31.9} - \frac{1}{53.3}\right)\right] s = 256 \, s$$

例 6.1.96

某一反應的活化能為 50 kJ · mole⁻¹，當溫度從 300°K 升至 310°K 時，問反應速率增大幾倍？

：由（6.4）式：$\ln\dfrac{k_2}{k_1} = \dfrac{E_a}{R}\left(\dfrac{1}{T_1} - \dfrac{1}{T_2}\right) = \dfrac{50 \times 10^3 \, J \cdot mole^{-1}}{8.314 J \cdot mole^{-1} \cdot °K}\left(\dfrac{310°K - 300°K}{300°K \cdot 310°K}\right)$

$\dfrac{k_2}{k_1} = 1.91$

例 6.1.97

N_2O 熱分解反應爲：$2N_2O_{(g)} \longrightarrow 2N_{2(g)} + O_{2(g)}$，已知實驗數據如下所示：

溫度/°C	初壓力/kP$_a$	半衰期/s
694	39.20	1520
	166.8	380
757	7.066	1440
	48.00	212

（1）求反應活化能？

（2）若 727°C 時，N_2O 的初壓力爲 53.33 kP$_a$，求壓力爲 63.99 kP$_a$ 時所需時間？

：（1）$n = 1 + \ln(t_{1/2}/t'_{1/2})/\ln(p'_0/p_0) = 1 + \ln(380/1520)/\ln(39.20/166.8) = 2$ 爲「2 級反應」，

所以半衰期與壓力的關係爲（見（2.19c）式）：

$t_{1/2} = 1/k_2p_0$，即 $k_2 = \dfrac{1}{t_{1/2} \cdot p_0}$

$T = 967°K(694°C)$，$\bar{k}_2 = 1.63 \times 10^{-8}$ P$_a^{-1} \cdot s^{-1}$

$T = 1030°K(757°C)$，$\bar{k}'_2 = 9.83 \times 10^{-8}$ P$_a^{-1} \cdot s^{-1}$

由 Arrhenius 方程式之（6.1b）式：$\ln k = \ln A - (E_a/R) \cdot (1/T)$

$\ln k$ 對 $1/T$ 做圖：$\begin{cases} 截距(a) = \ln A = 11.56 \\ 斜率(b) = -E_a/R = -2.852 \times 10^4 \end{cases}$

得：$\begin{cases} A = 10.48 \times 10^4 \text{ P}_a^{-1} \cdot s^{-1} \\ E_a = 237.1 \text{k J} \cdot mole^{-1} \end{cases}$

（2）$T = 1000°K(727°C)$ 時，

$k''_2 = A \cdot \exp(-E_a/RT) = 10.48 \times 10^4 \times \exp[-2.371 \times 10^3/(8.314 \times 1000)]$

$= 4.32 \times 10^{-8}$ P$_a^{-1} \cdot s^{-1}$

	$2N_2O$	$\longrightarrow$	$2N_2$	$+$	O_2	總壓力
t = 0 時：	p_0		0		0	
−)	$2x$					
t = t 時：	$p_0 - 2x$		$2x$		x	$p(總)_t = p_0 + x$

可知：$p(N_2O) = p_0 - 2x$

$\qquad p(N_2) = 2x$

$$p(O_2) = x$$

$$p(總)_t = p_0 + x$$

代入 $-\dfrac{d[p(NO_2)]}{2dt} = k_2''[p(N_2O)]^2 \implies \dfrac{dx}{dt} = k_2''(p_0 - 2x)^2$

經積分後可得：$1/(p_0 - 2x) - 1/p_0 = 2k_2''t$ （ㄅ）

已知 $p_0 = 53.33$，且 $p(總)_t = p_0 + x = 63.99\ kP_a$

故 $x = p_t - p_0 = 63.99 - 53.33 = 10.66\ kP_a$

將以上數據代入（ㄅ）式，可得：

$1/(53.33 - 2\times10.66) - 1/53.33 = 2\times4.32\times10^{-5}\times t \implies$ 解得：$t = 144.5\ s$

【另解】：本題也可用下列方式求解：

先依據（6.4）式：$\ln(k_2/k_1) = -(E_a/R)(1/T_2 - 1/T_1)$

由 (k_1, T_1) 和 (k_2, T_2) 可求出 E_a，然後由 (k_1, T_1) 和 E_a 可求出 T_3 時的 k_3。

■ 例 6.1.98 ■

二氯乙烷的熱裂解是個吸熱反應：

$$ClCH_2CH_2Cl \longrightarrow CH_2 = CHCl + HCl$$

非催化裂解大都採用空管熱解方式進行。假定管內流體爲理想活塞流，裂解管內徑爲 10 mm，管長爲 1000 mm，反應管反應壓力爲 506.625 kP_a，進料流量 $F(A_0)$爲 1.0205 mole·h^{-1}，測得在不同溫度下的轉化率爲：

溫度/°K	783	790	803	813	823
轉化率/x	0.45	0.523	0.568	0.633	0.688

計算在不同溫度時的反應速率常數以及反應的巨觀活化能。已知熱裂解的速率方程式爲：$r = k[C_2H_4Cl_2]$。

：由題目已知 $F(A_0) =$ 莫耳數，故：

$$ClCH_2CH_2Cl \longrightarrow CH_2 = CHCl + HCl$$

t = 0 時：　　$F(A_0)$

－)　　　$F(A_0)x$

t = t 時：　$F(A_0) - F(A_0)x$　　　　　$F(A_0)x$　　　　　$F(A_0)x$

$n(C_2H_4Cl_2) = F(A_0) \cdot (1 - x)$

$n(CH_2 = CHCl) = F(A_0) \cdot x$

$n(HCl) = F(A_0) \cdot x$

$n(總) = F(A_0) - F(A_0)x + F(A_0)x + F(A_0)x = F(A_0)(1+x)$

$PV = n(總) \cdot RT \implies V = \dfrac{n(總) \cdot RT}{P} = \dfrac{F(A_0)(1+x)RT}{P}$

故 $[C_2H_4Cl_2] = \dfrac{n(C_2H_4Cl_2)}{V} = \dfrac{F(A_0) \cdot (1-x)P}{F(A_0) \cdot (1+x)RT} = \dfrac{(1-x)}{(1+x)} \cdot \dfrac{P}{RT}$

$\therefore r = k[C_2H_4Cl_2] = k\dfrac{(1-x)}{(1+x)} \cdot \dfrac{P}{RT}$

由於爲理想活塞流，故：

$V = F(A_0) \cdot \displaystyle\int_0^x \dfrac{1}{r}dx$

$\dfrac{V}{F(A_0)} = \dfrac{RT}{kP} \displaystyle\int_0^x \dfrac{(1+x)}{(1-x)} \cdot dx$

$\dfrac{V}{F(A_0)} = \dfrac{RT}{kP} \displaystyle\int_0^x \left[\dfrac{2}{(1-x)} - 1 \right]dx = \dfrac{RT}{kP}[-2\ln(1-x) - x]$

$k = \dfrac{F(A_0) \cdot RT}{PV}[-2 \cdot \ln(1-x) - x]$

$V = S \cdot l = \dfrac{1}{4}\pi d^2 l = 7.85 \times 10^{-5} \text{ m}^3$

$F(A_0) = 2.835 \times 10^{-4} \text{ mole} \cdot \text{s}^{-1}$

$p(總) = 5.066 \times 10^5 \text{ P}_a$

$k = 5.927 \times 10^{-5} \text{ T}[-2 \cdot \ln(1-x) - x]$

溫度/°K	783	790	803	813	823
轉化率/x	0.45	0.523	0.568	0.633	0.688
k/s^{-1}	0.0346	0.0448	0.0529	0.0661	0.0801

因爲 $k = A \cdot \exp(-E_a/RT)$，所以 $\ln k = -E_a/RT + \ln A$

T^{-1}/K^{-1}	1.28×10^{-3}	1.27×10^{-3}	1.25×10^{-3}	1.23×10^{-3}	1.22×10^{-3}
lnk	−3.364	−3.106	−2.939	−2.717	−2.524

lnk 對 1/T 做圖得：斜率(b) = -1.268×10^4

$E_a = -bR = 105.4 \text{ kJ} \cdot \text{mole}^{-1}$

┏ 例 6.1.99 ┓

醋酸酐的分解反應式 1 級反應，該反應的巨觀活化能 $E_a = 144.35$ kJ·mole^{-1}，已知在 284°C 這個反應的 $k = 3.3 \times 10^{-2}$ s^{-1}。現要控制此反應在 10 min 內轉化率達到 90%，試問反應溫度應控制在幾度？

：$k(T_2) = \dfrac{1}{600s} \ln \dfrac{1}{1-90\%} = 3.8 \times 10^{-3}$ s^{-1}

由（6.4）式：$\ln \dfrac{k(T_2)}{k(557°K)} = \dfrac{144.35 \times 10^3 \text{ J·mole}^{-1}}{8.314 \text{ J·mole}^{-1} \cdot °K} \left(\dfrac{1}{557°K} - \dfrac{1}{T_2} \right)$

求得 $T_2 = 521°K = 248°C$

┏ 例 6.1.100 ┓

某 1 級反應，在 300°K 時的半衰期為 1.733×10^{-5} s；在 350°K 時的半衰期為 8.664×10^{-6} s。求此反應的活化能 E_a 為若干？

：對於「1 級反應」，根據（2.10a）式：$kt_{1/2} = \ln 2$，故 $k/k' = t'_{1/2}/t_{1/2}$ （ㄅ）

又（6.4）式：$\ln(k/k') = E_a(T - T')/RTT'$ （ㄆ）

（ㄅ）式代入（ㄆ）式，可得：$\ln(k/k') = \ln(t'_{1/2}/t_{1/2}) = E_a(T - T')/RTT'$

$\Rightarrow E_a = \dfrac{RTT' \cdot \ln(t'_{1/2}/t_{1/2})}{T - T'}$

$= \dfrac{8.314 \times 350 \times 300 \cdot \ln(1.733 \times 10^{-5}/8.664 \times 10^{-6})}{350 - 300}$ J·mole^{-1}

$= 12.104$ kJ·mole^{-1}

┏ 例 6.1.101 ┓

定溫、定容條件下，某一 n 級氣相反應的速率方程式可以表示為：$-\dfrac{dp_A}{dt} = k_p p_A^n$

也可表示為：$-\dfrac{d[A]}{dt} = k_c [A]^n$，由 Arrhenius 活化能的定義式：$E_a = RT^2 \cdot d\ln k/dT$

用 k_c 計算的活化能為 $E_{a,V}$，用 k_P 計算的活化能為 $E_{a,P}$。

試證明理想氣體反應的 $E_{a,P} - E_{a,V} = (1-n)RT$

：依據（2.49）式，已知：n 級理想氣體反應的 $k_P = k_c(RT)^{1-n}$

又根據（6.3）式：

$$E_{a,P} = RT^2 \cdot \frac{dlnk_P}{dT} = RT^2 \cdot \frac{dlnk_c(RT)^{1-n}}{dT}$$

$$= RT^2 \cdot \frac{dlnk_c}{dT} + RT^2 \cdot \frac{dln(RT)^{1-n}}{dT} = E_{a,V} + (1-n)RT$$

$$\therefore E_{a,P} - E_{a,V} = (1-n)RT$$

┏例 6.1.102┛

乙醇溶液中進行如下反應：$C_2H_5I + OH^- \longrightarrow C_2H_5OH + I^-$

實驗測得不同溫度下的 k 如下：

t/°C	15.83	32.02	59.75	90.61
$10^3 k/(dm^3 \cdot mole^{-1} \cdot s^{-1})$	0.0503	0.368	6.71	119

試用做圖法求該反應的活化能。

：將 Arrhenius 方程式 $k = A \cdot exp(-E_a/RT)$ 兩邊取對數，可得：

$$lnk = -E_a/RT + lnA$$

對於任一指定反應，假設它們的 A 及 E_a 為常數，lnk 與(1/T)成直線關係。故不同溫度下的 lnk 與(1/T)列表如下：

T(°K)	288.98	305.17	332.90	363.76
$10^3/T(1/°K)$	3.460	3.277	3.004	2.749
$-lnk$	9.898	7.907	5.004	2.129

$-lnk$ 對 $10^3/T$ 做圖，如下圖所示。

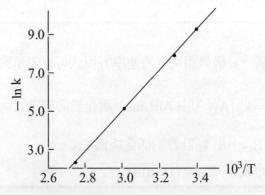

該直線的斜率：$-(9.898-2.129)/(3.460×10^{-3}-2.749×10^{-3}) = -10927 = -E_a/R$

反應的活化能：$E_a = 10927×R = 10927×8.314 \; J \cdot mole^{-1} = 90.85 \; kJ \cdot mole^{-1}$

▪例 6.1.103▪

在 651.7°K 時，$(CH_3)_2O$ 的熱分解反應爲 1 級反應，其半衰期爲 363 min，活化能 $E_a = 217570$ $J \cdot mole^{-1}$。試計算此分解反應在 723.2°K 時的反應速率常數 k？以及使$(CH_3)_2O$ 分解掉 75% 所需的時間？

：已知 $T_1 = 651.7$°K，「1 級反應」的半衰期 $t_{1/2} = 363$ min，故由（2.10a）式，可求算出反應速率常數：

$k_1 = \ln2/t_{1/2} = \ln2/363$ min $= 1.909 \times 10^{-3}$ min^{-1}

又已知活化能 $E_a = 217570$ J $\cdot$ mole^{-1}

設 $T_2 = 723.2$°K 時對應的反應速率常數爲 k_2。

將（6.4）式：$\ln(k_2/k_1) = E_a(T_2 - T_1)/(RT_2T_1)$改寫成：

$$\ln(k_2) = \ln(k_1) + \frac{E_a(T_2 - T_1)}{RT_2T_1}$$

$$= \ln(1.909 \times 10^{-3}) + \frac{217570J \cdot mole^{-1} \times (723.2 - 651.7)°K}{8.314J \cdot mole^{-1} \cdot °K^{-1} \times 723.2°K \times 651.7°K} = -2.2912$$

$\Rightarrow$ 解得 $k_2 = 0.1011$ min^{-1}

又依據（2.13）式，$(CH_3)_2O$ 分解掉 75%所需的時間（T = 723.2°K）：

$$t = \frac{1}{k} \cdot \ln\frac{1}{1 - 0.75} = \frac{\ln(1/0.25)}{0.1011 \, min^{-1}} = 13.71 \, min$$

▪例 6.1.104▪

某溶液含有 NaOH 和 $CH_3COOCH_2CH_3$，濃度均爲 0.0100 mole $\cdot$ dm^{-3}。298.2°K 時，反應經 6.00×10^2 s 有 39.0%分解，在 308.2°K 時，反應經同樣時間後則有 55.0%分解。

（1）估算 288.2°K 時，6.00×10^2 s 能分解多少？

（2）試計算 293.2°K 時，若有 50.0%的 $CH_3COOCH_2CH_3$ 分解，需時多少？

：（1）反應式爲：$CH_3COOCH_2CH_3 + NaOH \longrightarrow CH_3COONa + CH_3CH_2OH$

簡寫成：$A + B \longrightarrow C + D$

已知酯的水解反應爲「2 級反應」，故設該反應爲「2 級反應」，且[A] = [B]，

故爲：$-\dfrac{d[A]}{dt} = k_2[A]^1[B]^1 = k_2[A]^2$ （ㄅ）

積分（ㄅ）式：$\dfrac{1}{[A]} - \dfrac{1}{[A]_0} = k_2t$ （ㄆ）

令分解分率 $y = \dfrac{[A]_0 - [A]}{[A]_0}$ ，代入（夂）式可得：

$$\frac{y}{1-y} = k_2 [A]_0\, t \implies k_2 = \frac{y}{1-y} \times \frac{1}{[A]_0 \cdot t} \tag{ㄇ}$$

數據代入（ㄇ）式可得：

$$k_2(298.2°K) = \frac{0.390}{1-0.390} \times \frac{1}{0.0100\ \text{mole}\cdot \text{dm}^{-3} \times 6.00\times 10^2\ \text{s}}$$

$$= 0.107\ \text{mole}^{-1}\cdot \text{dm}^3\cdot \text{s}^{-1}$$

$$k_2(308.2°K) = \frac{0.550}{1-0.550} \times \frac{1}{0.0100\ \text{mole}\cdot \text{dm}^{-3} \times 6.00\times 10^2\ \text{s}}$$

$$= 0.204\ \text{mole}^{-1}\cdot \text{dm}^3\cdot \text{s}^{-1}$$

設該反應的活化能 E_a 和指數前因子 A 在本題考慮的溫度範圍內基本不變，則在

ΔT 均為 $10°K$ 時可得：$\dfrac{k_2(298.2°K)}{k_2(288.2°K)} \cong \dfrac{k_2(308.2°K)}{k_2(298.2°K)}$

$$\therefore k_2(288.2°K) = [k_2(298.2°K)]^2 \times [k_2(308.2°K)]^{-1}$$

$$= 0.0561\ \text{mole}^{-1}\cdot \text{dm}^3\cdot \text{s}^{-1} \tag{ㄉ}$$

將（ㄉ）式及 $[A]_0 = 0.01\ \text{mole}\cdot \text{dm}^{-3}$ 及 $t = 6.00\times 10^2\ \text{s}$ 代入（ㄇ）式，
可求得：$y = 25.2\%$

(2) 由 Arrhenius 方程式之（6.4）式可得：

$$\ln \frac{k_2(308.2°K)}{k_2(298.2°K)} = \frac{E_a}{R}\left(\frac{308.2°K - 298.2°K}{308.2°K \times 298.2°K} \right) \implies 求得\ E_a = 49.3\ \text{kJ}\cdot \text{mole}^{-1}$$

再由 $\ln \dfrac{k_2(293.2°K)}{k_2(298.2°K)} = \dfrac{49.3\times 10^3\ \text{J}\cdot \text{mole}^{-1}}{R} \times \left(\dfrac{293.2°K - 298.2°K}{293.2°K \times 298.2°K} \right)$

$\implies$ 求得 $k_2(293.2°K) = 0.0762\ \text{mole}^{-1}\cdot \text{dm}^3\cdot \text{s}^{-1}$

再由（ㄇ）式可得：

$$t_{1/2} = \frac{y}{1-y} \times \frac{1}{k_2(293.2°K)[A]_0}$$

$$= \frac{0.500}{1-0.500} \times \frac{1}{0.0762\ \text{mole}^{-1}\cdot \text{dm}^3\cdot \text{s}^{-1} \times 0.0100\ \text{mole}\cdot \text{dm}^{-3}} = 1.31\times 10^3\ \text{s}$$

例 6.1.105

實驗測得不同溫度下丙酮二羧酸在水溶液中分解反應的反應速率常數 k 值數據如下：

T/K	273.2	293.2	313.2	333.2
10^6 k/s^{-1}	0.41	7.92	96.0	913

（1）求反應的表現活化能 E_a 及指數前因子 A。

（2）373.2°K 時，反應的半衰期為多少？

：（1）由已知數據可得：

10^3/T(K^{-1})	3.66	3.41	3.19	3.00
log(k/s^{-1})	-6.39	-5.10	-4.02	-3.04

由 Arrhenius 方程式之（6.1b）式：

$$\log k = \log A - \frac{E_a}{2.303RT} \qquad （ㄅ）$$

做圖後，可得到直線的斜率和截距分別為 -5.06×10^3 和 12.13，

故得：$-\dfrac{E_a}{2.303R} = -5.06 \times 10^3 \implies E_a = 96.9 \text{ kJ} \cdot \text{mole}^{-1}$

$\log A = 12.13 \implies A = 1.35 \times 10^{12} \text{ s}^{-1}$

（2）由 k 的單位為 "s^{-1}" 可知，反應為「1 級反應」。

將上述 E_a、A 值代入（ㄅ）式：$\log k = 12.13 - \dfrac{5.06 \times 10^3}{T}$

則當 T = 373.2°K 時 $\implies$ k = 3.73×10^{-2} s^{-1}

又利用（2.10a）式：$t_{1/2} = \dfrac{\ln 2}{k} = \dfrac{\ln 2}{3.73 \times 10^{-2} \text{ s}^{-1}} = 18.6 \text{ s}$

例 6.1.106

乙烯熱分解反應：$C_2H_4 \longrightarrow C_2H_2 + H_2$ 為 1 級反應，在 1073.2°K 時，反應經過 3.60×10^4 s 有 50%的乙烯分解，已知該反應的活化能為 250.8 kJ·mole^{-1}，求該反應在 1573.2°K 時使 50%乙烯分解所需時間。

：已知本反應為「1級反應」，故將（6.1a）式代入（2.10a）式，可得：

$$t_{1/2} = \frac{\ln 2}{k_1} = \frac{\ln 2}{A \cdot \exp\left(-\dfrac{E_a}{RT}\right)} = \frac{\ln 2}{A} \cdot \exp\left(\frac{E_a}{RT}\right) \qquad (ㄅ)$$

同理：$t'_{1/2} = \dfrac{\ln 2}{A} \cdot \exp\left(\dfrac{E'_a}{RT'}\right)$ （ㄆ）

假設指數前因子和活化能不隨溫度而變，則(ㄅ)式 /(ㄆ)式：

$$\frac{t_{1/2}}{t'_{1/2}} = \exp\left[\frac{E_a}{R}(\frac{1}{T} - \frac{1}{T'})\right] \Rightarrow t'_{1/2} = t_{1/2} \cdot \exp\left[\frac{E_a}{R}(\frac{1}{T'} - \frac{1}{T})\right]$$

$$= (3.60 \times 10^4 \text{ s}) \cdot \exp\left[\frac{250.8 \times 10^3 \text{ J} \cdot \text{mole}^{-1}}{8.314 \text{J} \cdot \text{mole}^{-1} \cdot \text{K}^{-1}}\left(\frac{1}{1573.2\text{K}} - \frac{1}{1073.2\text{K}}\right)\right] = 4.75 \text{ s}$$

例 6.1.107

反應 $2A + B \longrightarrow M + N$ 服從速率方程式：$\dfrac{dp_M}{dt} = kp_A^2 p_B$，實驗在定溫定容下進行，

有數據如表所示：

編號	p_A^0 /kPa	p_B^0 /kPa	$t_{1/2}$/s	T/K
1	79.99	1.333	19.2	1093.2
2	79.99	2.666	□	1093.2
3	1.333	79.99	835	1093.2
4	2.666	79.99	□	1093.2
5	79.99	1.333	10	1113.2

（1）求表中方框內空白處的半衰期值？

（2）計算 1093.2°K 時的反應速率常數 k 值（單位為 $kP_a^{-2} \cdot s^{-1}$）？

（3）計算活化能？

：（1）在實驗 1、2 中，$p_A^0 >> p_B^0$，故 p_A 可視為常數，且 $p_A \approx p_A^0$，

因此 $\dfrac{dp_M}{dt} = kp_A^2 p_B \approx k_1 p_B$（$k_1 = kp_A^2$） （ㄅ）

此為「準 1 級反應」，由於已知「1 級反應」的特徵：〝半衰期與反應物 B 的初壓力無關〞，故 $t_{1/2}(2) = t_{1/2}(1) = 19.2$ s

在實驗 3、4 中，$p_A^0 << p_B^0$，故 p_B 可視為常數，且 $p_B \approx p_B^0$，

因此 $\dfrac{dp_M}{dt} = kp_A^2 p_B \approx k_2 p_A^2$ （$k_2 = kp_B$） （ㄆ）

此為「準 2 級反應」，由於已知「2 級反應」的特徵："半衰期與反應物 A 的初壓力成反比"，

故表示為：$\dfrac{t_{1/2}\,(3)}{t_{1/2}\,(4)} = \dfrac{p_A^0\,(4)}{p_A^0\,(3)}$

$$\Rightarrow\ t_{1/2}\,(4) = \frac{t_{1/2}\,(3)p_A^0\,(3)}{p_A^0\,(4)} = \left(\frac{835 \times 1.333}{2.666}\right)s = 417.5\,s$$

（2）從上述（1）已證明在 1093.2°K 時，由（ㄅ）式可知為「1 級反應」，

$k_1 = k\,p_A^2 = \ln 2/t_{1/2}$ （∵是「1 級反應」∴見（2.10）式）

$$k = \frac{\ln 2}{t_{1/2}/p_A^2} = \left(\frac{\ln 2}{19.2 \times 79.99^2}\right)(kP_a)^{-2} \cdot s^{-1} = 5.642 \times 10^{-6}\,(kP_a)^{-2} \cdot s^{-1}$$

（3）在實驗 1、5 中，反應物的起始分壓相同，均可視為「準 1 級反應」，則

$$\frac{k_5}{k_1} = \frac{t_{1/2}\,(1)}{t_{1/2}} = \frac{19.2}{10} = 1.92$$

故利用（6.4）式：

$$E_a = \frac{RT_1 T_5}{T_5 - T_1} \cdot \ln\frac{k_5}{k_1} = \left(\frac{8.314 \times 1093.2 \times 1113.2}{1113.2 - 1093.2} \times \ln 1.92\right)J \cdot mole^{-1}$$

$$= 330\,kJ \cdot mole^{-1}$$

例 6.1.108

A commonly-used rule of thumb is that rate constants will double for each 10°C rise in temperature. Assuming it applies in the vicinity of room temperature, what does this rule suggest about typical activation energies？

通常可以這麼說，每增加溫度 10°C，化學反應的速率會變成二倍，如果一個化學反應在 300°K（即室溫）鄰近溫度時發生反應，對這種說法是確實的話，那麼這個反應的活化能必須是多少？

：設 $k_{295°K}$ ＝ 在 295°K 時的反應速率常數

　　$k_{305°K}$ ＝ 在 305°K 時的反應速率常數

反應溫度的相差 ＝ 305°K－295°K ＝ 10°K ＝ 10°C（300°K 是 295°K 和 305°K 的平均溫度）

反應速率變成二倍，即 $\dfrac{k_{305°K}}{k_{295°K}} = 2$

應用 Arrhenius 方程式，即（6.4）式：$\ln\left(\dfrac{k_2}{k_1}\right) = \dfrac{Ea}{k_1}\left(\dfrac{1}{T_1} - \dfrac{1}{T_2}\right)$

$$\ln 2 = \frac{Ea}{R}\left(\frac{1}{295} - \frac{1}{305}\right) = \frac{Ea}{R}\left(\frac{10}{295 \times 305}\right)$$

∴這個反應的活化能必須是

$$E_a = \frac{0.693 \times 8.314 \times 89975}{10} \, J \cdot mole^{-1} = 51851.0 \, J \cdot mole^{-1} = 51.85 \, kJ \cdot mole^{-1}$$

例 6.1.109

戊酮二酸（Acetone-dicarboxylic acid，$CO(CH_2COOH)_2$）的分解是一種單分子反應，它的反應速率常數在 0°C 時是 $2.46 \times 10^{-5} \, s^{-1}$，在 40°C 時是 $5.76 \times 10^{-3} \, s^{-1}$，計算它的活化熱（cal · $mole^{-1}$）。

：由於題目裏提到不同溫度(T)時的反應速率常數(k)，這強烈暗示著可應用 Arrhenius 方程式之（6.4）式：（ΔH_a ＝ 活化熱）

$$\ln \frac{k_2}{k_1} = \frac{\Delta H_a}{R} \cdot \left(\frac{T_2 - T_1}{T_1 T_2}\right)$$

∴活化熱

$$\Delta H_a = 2.303 \cdot \log \frac{5.76 \times 10^{-3} \, s^{-1}}{2.46 \times 10^{-5} \, s^{-1}} \times 1.987 \, cal \cdot °K^{-1} \cdot mole^{-1} \times \frac{273°K \times 313°K}{40°K}$$

$$= 2.303 \times 2.369 \times 1.987 \times 2136.225 \, cal \cdot mole^{-1} = 23158.15 \, cal \cdot mole^{-1}$$

$$= 23.16 \, kcal \cdot mole^{-1}$$

例 6.1.110

在水溶液中，2-硝基丙烷與鹼作用為 2 級反應，其速率常數與溫度關係為 $\ln(k/dm^3 \cdot mol^{-1} \cdot min^{-1}) = 11.90 - 3163/T$，已知兩個反應物初始濃度均為 8.00×10^{-3} mol · dm^{-3}，試求在 15min 內使 2-硝基丙烷轉化率達 70%的反應溫度。

：因已知是「2 級反應」，故利用（2.18）式：

$$k = \frac{\alpha}{t[A]_0(1-\alpha)} = \frac{0.70}{15 \times 8.00 \times 10^{-3}(1-0.70)} dm^3 \cdot mol^{-1} \cdot min^{-1}$$

$$= 19.4 dm^3 \cdot mole^{-1} \cdot min^{-1}$$

再代入題目式子：$\ln(19.4) = 11.90 - \dfrac{3163}{T/K} \Rightarrow \therefore T = 354°K$

例 6.1.111

有雙分子反應 $CO_{(g)} + NO_{2(g)} \longrightarrow CO_{2(g)} + NO_{(g)}$，已知在 540～727°K 之間發生定容反應，其速率常數 k 的表示為 $k_c/(mole^{-1} \cdot dm^3 \cdot s^{-1}) = 1.2 \times 10^{10} \cdot \exp(-132\ kJ \cdot mole^{-1}/RT)$ 若在 600°K 時，$CO_{(g)}$ 和 $NO_{2(g)}$ 的初壓力分別為 667 和 933 P_a，試計算：

（1）該反應在 600°K 時的 k_p 值

（2）反應進行 10h 以後，NO 的分壓為若干？

：（1）由 k_c 的單位可知，該反應為「2 級反應」，則在 600°K 時，代入題目式子：

$$k_c = \left[1.2 \times 10^{10} \cdot \exp\left(\frac{-132000}{8.314 \times 600} \right) \right] mole^{-1} \cdot dm^3 \cdot s^{-1}$$

$$= 0.03865\ mole^{-1} \cdot dm^3 \cdot s^{-1} = 0.03865 \times 10^{-3}\ mole^{-1} \cdot m^3 \cdot s^{-1}$$

又由（2.49）式及 n＝2，可得：

$$k_p = k_c(RT)^{1-n} = \frac{k_c}{RT} = \left(\frac{0.03865 \times 10^{-3}}{8.314 \times 600} \right)(P_a \cdot s)^{-1} = 7.748 \times 10^{-9}\ (P_a \cdot s)^{-1}$$

（2）因反應物的初壓力不相等，故必須採用不等濃度「2 級反應」的動力學方程式
（參考（2.32）式）：

$$\frac{1}{p_{CO,0} - p_{NO_2,0}} \cdot \ln \frac{p_{NO_2,0}(p_{CO,0} - p_{NO})}{p_{CO,0}(p_{NO_2,0} - p_{NO})} = k_p t$$

將題目已知數據代入上式，得：

$$\ln \frac{933 \times (667 - p_{NO})}{667 \times (933 - p_{NO})} = 7.748 \times 10^{-9} \times 10 \times 3600 \times (667 - 933) = -0.0742$$

$$\Rightarrow \frac{933 \times (667 - p_{NO})}{667 \times (933 - p_{NO})} = 0.9285 \Rightarrow \therefore 解得：p_{NO} = 141.8\ P_a$$

┏例 6.1.112┓

N_2O_5 分解反應實驗測得不同溫度之 k 值如下表所示。試問該反應爲幾級反應,並求其 E_a

T/K	318	328	338
10^3 k/s^{-1}	0.459	1.51	4.56

:依據(2.48)式,可知:k 的單位:(濃度)$^{1-n}$・(時間)$^{-1}$,配合題目給的 k 之單位,可得:$1-n=0$

$\therefore n=1 \implies$ 即本反應爲「1 級反應」

又由(6.4)式:$E_a = R[(T_1 T_2)/(T_2-T_1)]・\ln(k_2/k_1)$

將各組數據分別代入上式,並取平均值,可得:$\overline{E_a} = 103\ kJ・mole^{-1}$

┏例 6.1.113┓

氯乙烯的熱分解爲「1 級反應」,在 378°C 半衰期爲 363 min,在 480°C 半衰期爲 262 min,求 378°C 和 480°C 分解 75%所需的時間及活化能。

:因爲對「1 級反應」有如右之關係式:$t_{1/2} = \dfrac{\ln 2}{k_A}$ (即(2.10a)式),

所以 $\dfrac{(t_{1/2})_1}{(t_{1/2})_2} = \dfrac{k_{A,2}}{k_{A,1}}$ 。

再配合(6.4)式,於是有:

$$\ln \frac{(t_{1/2})_1}{(t_{1/2})_2} = \ln \frac{k_{A,2}}{k_{A,1}} = -\frac{E_a}{8.314\ J・mole^{-1}・K^{-1}} \left(\frac{1}{T_2} - \frac{1}{T_1} \right)$$

將$(t_{1/2})_1 = 363$ min,$T_1 = 651$°K;$(t_{1/2})_2 = 262$ min,$T_2 = 753$°K 代入上式,可解得:$E_a = 13.028\ kJ・mole^{-1}$

利用(2.10b)式可知:

「1 級反應」的 $t_{1/4} = \dfrac{\ln 4}{k}$, $t_{1/2} = \dfrac{\ln 2}{k} \implies$ 故 $t_{1/4} = 2t_{1/2}$

在 378°C 分解 75%所需的時間爲 $t_{1/4} = 2t_{1/2} = 2 \times 363$ min $= 726$ min

在 480°C 分解 75%所需的時間爲 $t_{1/4} = 2t_{1/2} = 2 \times 262$ min $= 524$ min

┏例 6.1.114┓

Arrhenius 方程式 $k = A・\exp(-E_a/RT)$ 中, $\exp(-E_a/RT)$ 一項的含意是什麼? $\exp(-E_a/RT) > 1$, $\exp(-E_a/RT) < 1$, $\exp(-E_a/RT) = 1$,對基本反應而言,那種情況是不可能的?那種情況爲大多數?

：exp($-E_a/RT$)稱爲「波茲曼因子」（Boltzmann factor），表示系統中活化分子數占系統中總分子數的比例。

對「基本反應」而言，exp($-E_a/RT$)＞1的情況是不可能的；exp($-E_a/RT$)＜1的情況則佔大多數。

（※例外：但對於巨觀活化能爲負値的總反應，當然 exp($|E_a|/RT$)＞1）

例 6.1.115

設有一反應：$2A_{(g)} + B_{(g)} \longrightarrow G_{(g)} + H_{(s)}$ 在某定溫密閉容器中進行，開始時 A 和 B 的物質的量之比爲 2：1，起始總壓爲 3.0 kP$_a$，在 400°K 時，60 s 後容器中的總壓爲 2.0 kP$_a$，

設該反應的反應速率方程爲：$-\dfrac{dp_B}{dt} = k_p p_A^{1.5} p_B^{0.5}$

實驗活化能爲 100 kJ · mole^{-1}

（1）求 400°K 時，150 s 後容器中 B 的分壓爲若干？

（2）在 500°K 時，重複上述實驗，求 50 s 後 B 的分壓爲若干？

：（1）因 T、V 相同，由 PV = nRT 可知：$n_A/n_B = p_A/p_B = 2/1$，則

$$-\frac{dp_B}{dt} = k_p (2p_B)^{1.5} p_B^{0.5} = k' p_B^2 \qquad (k' = 2^{1.5} k_p)$$

積分上式，得：$k' = \dfrac{1}{t}\left(\dfrac{1}{p_B} - \dfrac{1}{p_{B,0}}\right)$ （ㄅ）

$$2A_{(g)} + B_{(g)} \rightleftharpoons G_{(g)} + H_{(s)}$$

t = 0 時： $\quad 2p_{B,0} \qquad p_{B,0} \qquad\quad 0 \qquad\quad 0 \qquad p(總)_0 = 3p_{B,0}$

$\qquad\quad -)\quad\ 2x \qquad\quad x$

─────────────────────────────

t = t 時： $\quad 2p_B \qquad\quad p_B \qquad\quad x \qquad\quad 0 \qquad p(總) = p_{B,0} + 2p_B$

可知：$p(A) = 2p_{B,0} - 2x = 2p_B \implies x = p_{B,0} - p_B$

$\qquad p(B) = p_{B,0} - x = p_B$

$\qquad p(G) = x = p_{B,0} - p_B$

$\qquad p(總) = p(A) + p(B) + p(G) = p_{B,0} + 2p_B$

當 t = 60 s 時，$p_{B,0} = \dfrac{1}{3} p(總)_0 = 1.0 \text{ kP}_a$

$p_B = \dfrac{1}{2}[p(總) - p_{B,0}] = \dfrac{1}{2}(2.0 - 1.0) = 0.5 \text{ kP}_a$

將上述數據代入（ㄅ）式，可得：$k' = \dfrac{1}{60} \times \left(\dfrac{1}{0.5} - 1 \right)(kP_a \cdot s^{-1}) = 0.0167\,(kP_a \cdot s)^{-1}$

當 $t = 150\,s$ 時，同理把上面數據代入（ㄅ）式，可得：

$$\dfrac{1}{p_B} = \dfrac{1}{p_{B,0}} + tk' = (1 + 150 \times 0.0167)\,kP_a^{-1} = 3.505\,kP_a^{-1}$$

解得：$p_B = 0.285\,kP_a$

（2）設反應在 $500°K$ 時的速率常數為 k''，則利用（6.4）式：

$$\ln \dfrac{k''}{k'} = \dfrac{E_a}{R} \left(\dfrac{1}{T'} - \dfrac{1}{T''} \right) = \dfrac{100000}{8.314} \times \left(\dfrac{1}{400} - \dfrac{1}{500} \right) = 6.014 \implies \dfrac{k''}{k'} = 409.1$$

$\implies$ 由於已知 $k' = 0.0167\,(kP_a \cdot s)^{-1}$，故 $k'' = 6.832\,(kP_a \cdot s)^{-1}$

故 $t = 50\,s$ 時，利用上面數據及（ㄅ）式，可得：

$$\dfrac{1}{p_B} = \dfrac{1}{p_{B,0}} + tk'' = (1 + 50 \times 6.832)\,kP_a^{-1} = 342.6\,kP_a^{-1} \implies \therefore \text{解得 } p_B = 2.92\,P_a$$

▪例 6.1.116▪

在氣相中，異丙烯基丙基醚（A）異構化為烯丙基丙酮（B）是 1 級反應。其反應速率常數與溫度的關係為：$k = 5.4 \times 10^{11}\,s^{-1} \cdot \exp(-122500\,J \cdot mole^{-1}/RT)$

$150°C$ 時，由 $101.325\,kP_a$ 的 A 開始，到 B 的分壓達到 $40.023\,kP_a$，需要多長時間？

：$T = 423.15°K$ 代入題給式子，得 $k = 4.075 \times 10^{-4}\,s^{-1}$

$$t = 0：\quad A \longrightarrow B$$

$$\qquad\qquad A_0$$

$$\underline{\qquad x \qquad\qquad x}$$

$$t = t：\quad A_0 - x \qquad x$$

$B = x = 40.023\,kP_a$

$A = A_0 - x = 101.325 - 40.023 = 61.302\,kP_a$

已知 1 級反應：$t = \dfrac{1}{k} \ln \dfrac{A_0}{A}$，將上述數值代入，可得 $t = 1233\,s$。

▉例 **6.1.117**▉

298.2°K 時，乙酸乙酯的皂化反應：

$$NaOH + CH_3COOC_2H_5 \longrightarrow CH_3COONa + C_2H_5OH$$

開始時 NaOH 與 $CH_3COOC_2H_5$ 的濃度均為 0.0100 $mole^{-1} \cdot dm^3$，600 s 後，有 39.0%的 $CH_3COOC_2H_5$ 轉化，而在 308.2°K 時，在相同的時間內有 55%的 $CH_3COOC_2H_5$ 轉化。

（1）求該反應的巨觀活化能？

（2）估算在 288.2°K 時，600 s 後有多少 $CH_3COOC_2H_5$ 轉化？

（3）在 288.2°K 時，若有 50%的 $CH_3COOC_2H_5$ 轉化，需多少時間？

：由於已知「皂化反應」為「2 級反應」，且題目已知：$[A]_0 = [B]_0$，則依據（2.17）式，可知：

$$kt = \frac{1}{[A]} - \frac{1}{[A]_0} \tag{ㄅ}$$

令轉化率 $Y = \dfrac{[A]_0 - [A]}{[A]_0}$ ，代入（ㄅ）式，可得：

$$[A]_0 \cdot kt = \frac{[A]_0 - [A]}{[A]} = \frac{Y}{1-Y} \tag{ㄆ}$$

（1）故由（ㄆ）式可知：$k = \dfrac{Y}{1-Y} \cdot \dfrac{1}{[A]_0 \cdot t}$ ，代入題目數據可得：

$$k_{298.2°K} = \frac{0.39}{1-0.39} \times \frac{1}{0.01 \times 600} = 0.107 \, mole^{-1} \cdot dm^3 \cdot s^{-1} \tag{ㄇ}$$

$$k_{308.2°K} = \frac{0.55}{1-0.55} \times \frac{1}{0.01 \times 600} = 0.204 \, mole^{-1} \cdot dm^3 \cdot s^{-1} \tag{ㄈ}$$

且由（6.4）式：$\ln \dfrac{k_{298.2°K}}{k_{308.2°K}} = \dfrac{E_a}{R} \left(\dfrac{T_2 - T_1}{T_2 \cdot T_1} \right)$ \tag{ㄉ}

代入（ㄇ）式和（ㄈ）式數據於（ㄉ）式：

$$\ln \frac{0.107}{0.204} = \frac{E_a}{8.314} \times \frac{298.2 - 308.2}{298.2 \times 308.2}$$

$\Rightarrow$ 解得：$E_a = 49307 \, J \cdot mole^{-1} = 49.31 \, kJ \cdot mole^{-1}$

（2）再代入數據於（ㄅ）式：

$$\ln \frac{0.107}{k_{288.2°K}} = \frac{49307}{8.314} \times \frac{298.2 - 288.2}{298.2 \times 288.2}$$

$\Rightarrow$ 解得：$k_{288.2°K} = 0.054 \, mole^{-1} \cdot dm^3 \cdot s^{-1}$

由（ㄆ）式：$k_{288.2°K} = \dfrac{Y}{1-Y} \times \dfrac{1}{0.01 \times 600} = 0.054 \Rightarrow$ 解得：$Y = 24.5\%$

（3）故 50%轉化所需的時間 $\Rightarrow$ 利用「2 級反應」之（2.19a）式：

$$t_{1/2} = \frac{1}{k \cdot [A]_0} = \frac{1}{0.054 \times 0.01} = 1852 \, s$$

例 6.1.118

某藥物在一定溫度下每小時分解率與物質的量濃度無關，反應速率常數與溫度間的關係
為：

$$\ln(k/h^{-1}) = -\frac{8938}{T} + 20.40$$

（1）在 30°C 時每小時分解率是多少？

（2）若此藥物分解 30%即無效，問在 30°C 保存時，有效期限為多少個月？

（3）欲使有效期限延長到 2 年以上，保存溫度不能超過多少度？

：由題目已知：藥物的分解率與物質的濃度量無關，此乃「1 級反應」的特徵，故可
判知此一藥物反應為「1 級反應」。

（1）$T = 303°K$，代入題目式子可求得：反應速率常數 $k = 1.119 \times 10^{-4} \, h^{-1}$，假設每小
時分解率為 x_A，則利用（2.13）式：

$$t = \frac{1}{k} \cdot \ln \frac{1}{1 - x_A} \tag{ㄅ}$$

將 $t = 1 \, h$，$k = 1.118 \times 10^{-4} \, h^{-1}$ 代入（ㄅ）式，解得：$x_A = 1.12 \times 10^{-4}$

（2）將 $x_A = 0.3$ 和 $k = 1.118 \times 10^{-4} \, h^{-1}$ 代入（ㄅ）式，可求得：$t = 3.2 \times 10^3 \, h = 4.43$（月）

（3）將 $t = 2$ 年和 $x_A = 0.3$，代入（ㄅ）式，可求得：$k = 2.0358 \times 10^{-5} \, h^{-1}$

將 $k = 2.0358 \times 10^{-5} \, h^{-1}$ 代入題目式子，可得：溫度 $T = 286.5°K$，所以保存溫度不
能超過 13.5°C。

例 6.1.119

氣相反應 $2NO + H_2 \longrightarrow N_2O + H_2O$ 能進行完全，且具有反應速率方程式

$r = k p_{NO}^{\alpha} p_{H_2}^{\beta}$，實驗結果如下：

實驗組數	（1）	（2）	（3）	（4）	（5）
p_{NO}^0 (kP$_a$)	80	80	1.3	2.6	80
$p_{H_2}^0$ (kP$_a$)	1.3	2.6	80	80	1.3
$t_{1/2}$(s)	19.2	19.2	830	415	10
T(K)	1093	1093	1093	1093	1113

求 α、β、E_a 值。

：利用第（1）、（2）組數據得：β= 1

利用第（3）、（4）組數據得：α= 2

由第（1）、（2）組數據可知：$p_{NO} \gg p_{H_2}$，因此 $r = k p_{NO}^2 p_{H_2} = k' p_{H_2}$

（其中 $k' = k p_{NO}^2$）

因已證明是「1 級反應」，故依據（2.10a）式：$k = \ln 2 / t_{1/2} \cdot p_{NO}^2$，可求得不同溫度下

的 k 值：

T(K)	1093	1113
k(kP$_a^{-2}$ · s^{-1})	5.64×10^{-6}	10.83×10^{-6}

將表中數據代入（6.4）式：$\ln \dfrac{k_2}{k_1} = \dfrac{E_a}{R} \left(\dfrac{1}{T_1} - \dfrac{1}{T_2} \right)$

∴解得：$E_a = 330 \, kJ \cdot mole^{-1}$

例 6.1.120

已知某反應的活化能是 $60 \, kJ \cdot mole^{-1}$，試求：

（1）由 20°C 變到 30°C 反應速率常數增大多少倍？

（2）100°C 變到 110°C 反應速率常數增大多少倍？

：由（6.4）式，$\ln \dfrac{k_2}{k_1} = \dfrac{Ea}{R}\left(\dfrac{T_2 - T_1}{T_1 T_2}\right)$

（1）$\ln \dfrac{k_{303°K}}{k_{293°K}} = \dfrac{60000}{8.314}\left(\dfrac{303 - 293}{293 \cdot 303}\right) = 0.8129$ ；$\dfrac{k_{303°K}}{k_{293°K}} = 2.25$

（2）$\ln \dfrac{k_{383°K}}{k_{373°K}} = \dfrac{60000}{8.314}\left(\dfrac{383 - 373}{373 \cdot 383}\right) = 0.5052$ ；$\dfrac{k_{383°K}}{k_{373°K}} = 1.66$

例 6.1.121

反應 $CO_2 + H_2O \xrightleftharpoons{\hspace{2cm}} H_2CO_3$，已知 $k_1(298°K) = 0.0375\ s^{-1}$，$k_1(273°K) = 0.0021\ s^{-1}$，$\Delta H = 4728\ J \cdot mole^{-1}$，設 ΔH 在此溫度範圍內為常量。試求正向、逆向反應的活化能。

：依據（6.4）式：$\ln \dfrac{k_1(T_2)}{k_1(T_1)} = \dfrac{E_a}{R}\left(\dfrac{T_2 - T_1}{T_2 T_1}\right)$，代入數據後，得：

正向反應：$E_{a,1} = \dfrac{RT_2 T_1}{T_2 - T_1} \cdot \ln \dfrac{k_1(T_2)}{k_1(T_1)} = \dfrac{8.314 \times 298 \times 273}{298 - 273} \cdot \ln \dfrac{0.0375}{0.0021}$

$\qquad = 77.984\ kJ \cdot mole^{-1}$

∵已知：$\Delta H = E_{a,1} - E_{a,-1}$（∵（6.5）式）

∴逆向反應：$E_{a,-1} = E_{a,1} - \Delta H = 73.256\ kJ \cdot mole^{-1}$

例 6.1.122

定溫、定容條件下，某 n 級氣相反應的速率方程為：

$$-\dfrac{d[A]}{dt} = k_c [A]^n \quad \text{或} \quad -\dfrac{dp_A}{dt} = k_p p_A^n$$

由 Arrhenius 方程可知：$E_a = RT^2 \cdot dlnk/dT$。若用 k_c 計算的活化能為 $E_{a,V}$，用 k_p 計算的活化能 $E_{a,P}$，試證明理想氣體反應的 $E_{a,P} - E_{a,V} = (1-n)RT$

：由（2.49）式已知：「n 級反應」理想氣體反應：$k_p = k_c(RT)^{1-n}$
又由（6.3）式已知：

$E_{a,P} = RT^2 \dfrac{dlnk_P}{dT} = RT^2 \dfrac{dlnk_c (RT)^{1-n}}{dT}$

$\qquad = RT^2 \cdot dlnk_c/dT + RT^2 \cdot dln(RT)^{1-n}/dT = E_{a,V} + (1-n)RT$

$\Rightarrow \quad \therefore E_{a,P} - E_{a,V} = (1-n)RT$

■例 **6.1.123**■

（1）a.反應

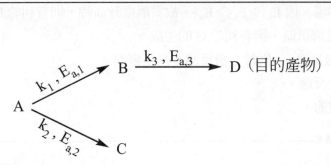

已知：$E_{a,1} > E_{a,2} > E_{a,3}$

b. 若 A 和 B 按下列反應機構

$$2A \xrightarrow{k_1 , E_{a,1}} D$$

$$A + B \xrightarrow{k_2 , E_{a,2}} S \text{（目的產物）}$$

$$2B \xrightarrow{k_3 , E_{a,3}} G$$

已知：$E_{a,1} > E_{a,2} > E_{a,3}$

　　試問，為有利於生成目的產物，（a）與（b）原則上選擇高溫、低溫或中溫？

（2）若某 1 級反應與 2 級反應有相同的半衰期，並設 $t_{1/2}$ 為 2 min，那麼當反應進行到 $[A] = [A]_0 / 4$ 即完成 3/4，所用的時間對於 1 級、2 級反應，下面那個結果是正確的。

　　　　　　a. 4 分

　　　　　　b. 6 分

　　　　　　c. 8 分

（3）試判斷下列反應那個是催化反應。

　　　　　　a. A＋B ⟶ C

　　　　　　b. A＋K ⟶ AK，AK＋B ⟶ AB＋K

　　　　　　c. A ⇌ B，B＋C ⟶ D

（4）某物質能否成為催化劑，首先

　　　　　　a.與反應物之一能形成穩定的中間化合物

　　　　　　b.不能與任何反應物形成中間化合物

　　　　　　c.與反應物之一形成不穩定的中間化合物

：（1）a.因 $E_{a,1} > E_{a,2} > E_{a,3}$，則選擇高溫

　　　b.選擇中溫。因 $E_{a,1} > E_{a,2} > E_{a,3}$，故當溫度升高時，則有利於 D 的生成；反之，當溫度降低時，則有利於 G 的生成。

（2）對於 1 級反應 a，對於 2 級反應 b 是正確的。

（3）b.是催化反應。

（4）c.是正確的。

┃例 6.1.124┃

反應：$[Co(NH_3)_5F]^{2+} + H_2O \longrightarrow [Co(NH_3)_5 \cdot (H_2O)]^{3+} + F^-$ 是一個酸催化反應，設反應的速率方程式可用下式表示：

$$-\frac{d[Co(NH_3)_5F]^{2+}}{dt} = k\{[Co(NH_3)_5F]^{2+}\}^a[H^+]^b$$

今摘取某三次實驗結果列於下表：

$Co(NH_3)_5F^{2+}$的初濃度 $(k \cdot mol \cdot m^{-3})$	H^+的濃度 $(k \cdot mol \cdot m^{-3})$	$t(°C)$	半衰期 $t_{1/2}$ (hr)	反應進行到 3/4 的時間 (hr)
0.1	0.01	25	1	2
0.2	0.02	25	0.5	1
0.1	0.01	35	0.5	1

（1）試問 a 和 b 分別等於多少？

（2）求算速率常數 k？

（3）求該反應的巨觀活化能？

：（1）從任一組數據皆可以看出：$\dfrac{t_{3/4}}{t_{1/2}} = \dfrac{2}{1} = \dfrac{1}{0.5} = 2$

　　　這是「1 級反應」的特徵，故 a = 1

　　　已知酸為催化劑，在反應過程中$[H^+]$濃度保持不變，即$[H^+] =$ 常數，故修改為：

$$-\frac{d[Co(NH_3)_5F]^{2+}}{dt} = k\{[Co(NH_3)_5F]^{2+}\}^a[H^+]^b = k'\{[Co(NH_3)_5F]^{2+}\}^a \quad（ㄅ）$$

　　　上式中 $k' = k[H^+]^b$

　　　取第一、二組數據，因溫度相同 $\Rightarrow$ k 相同，故得：

$$\frac{(t_{1/2})_1}{(t_{1/2})_2} = \frac{\left(\dfrac{\ln 2}{k'}\right)_1}{\left(\dfrac{\ln 2}{k''}\right)_2} = \frac{(k')_2}{(k'')_1} = \frac{(k[H^+]^b)_2}{(k[H^+]^b)_1} = \frac{([H^+]^b)_2}{([H^+]^b)_1} = \left(\frac{0.02}{0.01}\right)^b$$

因爲 $\dfrac{(t_{1/2})_1}{(t_{1/2})_2} = 2 \implies$ 所以解得：$b = 1$

（2）取一、三組數據代入（2.10a）式：$k = \ln 2/t_{1/2}$ 裏，可得：

$$k_{25^\circ C} = \frac{\ln 2}{(t_{1/2})_1 ([H^+])_1} = \frac{0.693}{1 \times 0.01} = 69.3 \, (hr)^{-1}$$

$$k_{35^\circ C} = \frac{\ln 2}{(t_{1/2})_3 ([H^+])_3} = \frac{0.693}{0.5 \times 0.01} = 138.6 \, (hr)^{-1}$$

（3）根據 Arrhenius 方程式，即（6.4）式：$\ln \dfrac{k_2}{k_1} = \dfrac{E}{R}(\dfrac{T_2 - T_1}{T_1 T_2})$

代入數據：$\ln \dfrac{138.6}{69.3} = \dfrac{E}{8.314}(\dfrac{10}{298.2 \times 308.2}) \implies \therefore$ 解得：$E = 52.97 \, kJ \cdot mol^{-1}$

■例 6.1.125■

已知硝基丙烷與鹼中和反應爲 2 級反應，反應速率常數 k 與溫度 T 具有下列關係：

$$\ln[k(dm^3 \cdot mole^{-1} \cdot min^{-1})] = -\frac{7284.4}{T/^\circ K} + 27.383$$

（1）計算該反應的活化能。
（2）在 $283^\circ K$ 時，若硝基丙烷的初濃度均爲 $0.008 \, mole \cdot dm^{-3}$，求反應的半衰期。

：（1）將題給數據代入題目式子裏，可得：
$E_a = 7284.4^\circ K \times 8.314 \, J \cdot mole^{-1} \cdot K^{-1} = 60.563 \, kJ \cdot mole^{-1}$

（2）當 $T = 283^\circ K$，則得：

$$\ln k = -\frac{7284.4}{283} + 27.383 = 1.643 \, dm^3 \cdot mole^{-1} \cdot min^{-1}$$

$$\implies k(283^\circ K) = 5.171 \, dm^3 \cdot mole^{-1} \cdot min^{-1}$$

利用「2 級反應」之（2.19a）式，可得：

$$t_{1/2} = \frac{1}{k_A \cdot [A]_0} = \frac{1}{5.171 \, dm^3 \cdot mole^{-1} \cdot min^{-1} \times 0.008 \, mole \cdot dm^{-3}} = 24.17 \, min$$

例 6.1.126

某平行反應：

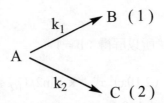

反應（1）和（2）的指數前因子均為 10^{13} s^{-1}，而活化能 E(1) = 108.8 kJ·mole^{-1}，E(2) = 83.69 kJ·mole^{-1}，試求算 1000°K 時產物 B 和 C 濃度的比值是 300°K 時多少倍？

：已知是「1 級平行反應」，故產物的濃度比為：

$$\frac{[B]}{[C]} = \frac{k_1}{k_2} = \frac{A\exp(-E_1/RT)}{A\exp(-E_2/RT)} = \exp[(E_2 - E_1)/RT]$$

$$\Rightarrow \frac{[B]}{[C]}(1000°K) \bigg/ \frac{[B]}{[C]}(300°K) = \exp\left[\frac{(83.69 - 108.8)\cdot 10^3}{R}\cdot\left(\frac{1}{1000} - \frac{1}{300}\right)\right] = 1150$$

例 6.1.127

某平行反應：

$$A \longrightarrow \begin{array}{c} \xrightarrow{k_1,\ E_{a,1}} B\ (主產物) \\ \xrightarrow{k_2,\ E_{a,2}} C \end{array}$$

若 A→B、A→C 均為 1 級反應，而且 $E_{a,1} < E_{a,2}$，$A_1 \cong A_2$，試問，為提高[B]/[C]的比值，可採取什麼措施？

：由題意已知：本題為「1 級平行反應」，且配合（6.1a）式，故產物量的比值為：

$$[B]/[C] = k_1/k_2 = \exp\left(-\frac{E_{a,1} - E_{a,2}}{RT}\right) = \exp\left(\frac{E_{a,2} - E_{a,1}}{RT}\right)$$

$\Rightarrow$ 可採取下列兩種辦法提高[B]/[C]的比值：

（1）因已知 $E_{a,1} < E_{a,2}$ 則[B]/[C]將隨溫度的降低而增大，所以可採用〝降低溫度〞的辦法。

（2）溫度一定，增大 ΔE（$\Delta E = E_{a,2} - E_{a,1}$），即通過添加適當的觸媒，以降低 $E_{a,1}$，同時使 $E_{a,2}$ 提高，這樣使 ΔE 增大，於是[B]/[C]可增大。

例 6.1.128

$$A + B \xrightleftharpoons[k_2, E_2]{k_1, E_1} Y + Z$$

正向、逆向反應都是 2 級反應，已知逆向反應的反應速率常數與溫度常數關係式為：

$$k_2 = 2 \times 10^9 \text{ dm}^3 \cdot \text{mole}^{-1} \cdot \text{s}^{-1} \cdot \exp(-120000 \text{ J} \cdot \text{mole}^{-1}/RT)$$

在 700°K 時的平衡常數為 $K_c = 10$。

（1）若反應開始時，只有 A 和 B，$[A]_0 = [B]_0$，且$[A]_0$反應到時間 t 時，生成物 Y 和 Z 的濃度為[Y]，試寫出該反應的微分動力學方程式。

（2）若反應開始時，只有 A 和 B，且$[A]_0 = [B]_0 = 0.01 \text{ mole} \cdot \text{dm}^{-3}$ 當逆反應忽略不計時，試計算在 700°K，A 的轉化率為 10%時，所需時間是多少？

：（1）由題意：

$$A + B \xrightleftharpoons[k_2, E_2]{k_1, E_1} Y + Z$$

可得：$-\dfrac{d[A]}{dt} = k_1[A][B] - k_2[Y][Z] = k_1[A]^2 - k_2[Y]^2$

（2）由 $K_c = \dfrac{k_1}{k_2} = 10$

$\Rightarrow k_1 = 10 \times k_2 = 2 \times 10^{10} \text{ dm}^3 \cdot \text{mole}^{-1} \cdot \text{s}^{-1} \cdot \exp(-12\,0000\text{J} \cdot \text{mole}^{-1}/RT)$

當 T = 700°K 時，代入上式，可得：$k_1 = 22 \text{ dm}^3 \cdot \text{mole}^{-1} \cdot \text{s}^{-1}$

若逆向反應忽略不計，則反應速率式寫為：

$$-\dfrac{d[A]}{dt} = k_1[A]^2$$

上式二邊積分後，可得：

$$\dfrac{1}{[A]} - \dfrac{1}{[A]_0} = k_1 t \Rightarrow \dfrac{1}{[A]_0(1-x_A)} - \dfrac{1}{[A]_0} = k_1 t \qquad （ㄅ）$$

把$[A]_0 = 0.01 \text{ mole}^{-1} \cdot \text{dm}^3$，$x_A = 10\%$代入（ㄅ）式，得：$t = 0.505 \text{ s}$

例 6.1.129

某 1 級反應，在 298°K 及 308°K 時的反應速率常數分別為：$3.19 \times 10^{-4} \text{ s}^{-1}$ 和 $9.86 \times 10^{-4} \text{ s}^{-1}$。試根據 Arrhenius 方程計算反應的活化能及指數前因子。

：$T_1 = 298°K$，$k_1 = 3.19 \times 10^{-4} \, s^{-1}$

$T_2 = 308°K$，$k_2 = 9.86 \times 10^{-4} \, s^{-1}$

由（6.4）式可知：$\ln \dfrac{k_2}{k_1} = \dfrac{E_a(T_2 - T_1)}{RT_2 T_1}$

代入數據於上式後，可得：

$E_a = [RT_1 T_2 / (T_2 - T_1)] \cdot \ln(k_2/k_1)$

$\quad = [8.314 \times 298 \times 308/(308 - 298)] J \cdot mole^{-1} \times \ln(9.86 \times 10^{-4}/3.19 \times 10^{-4})$

$\quad = 86112 \, J \cdot mole^{-1}$

由（6.1a）式：$k = A \cdot \exp(-E_a/RT)$ 可知，題給反應的指數前因子：

$A = k_1 \cdot \exp(E_a/RT_1) = 3.19 \times 10^{-4} \, s^{-1} \cdot \exp[86112/(8.314 \times 298)] = 3.966 \times 10^{11} \, s^{-1}$

例 6.1.130

已知基本反應 $A + B \rightarrow P + \cdots$ 的活化能 $E_a = 100 \, kJ \cdot mol^{-1}$，在定容條件下，在 50°C 起始濃度 $c_{A,0} = c_{B,0} = a(mol \cdot L^{-1})$ 時，測得其半衰期為 $t_{1/2}$，在 100°C 起始濃度 $c_{A,0} = c_{B,0} = a(mol \cdot L^{-1})$ 時，測得其半衰期為 $t'_{1/2}$，則

(a) $t'_{1/2} < t_{1/2}$　　　(b) $t'_{1/2} = t_{1/2}$　　　(c) $t'_{1/2} > t_{1/2}$　　　(d) $t'_{1/2} \approx t_{1/2}$

：(a)。題目有說明為基本反應，故可知為「2 級反應」，$r = k[A][B]$。

又知「2 級反應」的半衰期 $t_{1/2} = \dfrac{1}{[A]_0 \cdot k}$　（見（2.19a）式）

在 50°C 和在 100°C 時，$[A]_0$ 都一樣，k 不一樣，所以 $t_{1/2} \propto \dfrac{1}{k}$。

由（6.4）式：$\ln \dfrac{k'}{k} = \dfrac{E_a}{R} \cdot \dfrac{50}{323.373} > 0$，所以 $k' > k$，則 $t'_{1/2} < t_{1/2}$

例 6.1.131

化學反應 $[CrCl_2(H_2O)_4]^+ + H_2O \longrightarrow [CrCl(H_2O)_5]^{2+} + Cl^-$ 分析實驗數據，可得其巨觀速率常數 k（巨觀）為：

$$k（巨觀）= k_0 + k(H^+)/[H^+]$$

即 H^+ 是該反應的阻化劑，請從下列實驗數據求 k_0、$k(H^+)$.

$10^3[HCl]/(mole \cdot dm^{-3})$	0.200	0.861	1.005	4.196	8.000	9.953
$10^3 k$（巨觀）$/s^{-1}$	1.10	0.341	0.307	0.170	0.078	0.070

：k（巨觀）vs. $\dfrac{1}{[H]^+}$ 做圖。

$10^3[HCl]/(mole \cdot dm^{-3})$	0.200	0.861	1.005	4.196	8.000	9.953
$10^{-3}[H^+]^{-1}/(mole \cdot dm^{-3})^{-1}$	5.000	1.161	0.995	0.238	0.125	0.100

斜率 $= k(H^+) = 2.05 \times 10^{-7} \, mole^{-1} \cdot dm^3 \cdot s^{-1}$

截距 $= k_0 = 8.42 \times 10^{-5} \, s^{-1}$

▪例 6.1.132▪

下列反應原則上應如何選擇反應溫度或其它條件，才對產物生成有利？

$$A \xrightarrow{\quad E_1 \quad} B（主產物）\xrightarrow{\quad E_2 \quad} C$$

$$A \xrightarrow{\quad E_3 \quad} D$$

E_1、E_2、E_3 為各相對應反應的活化能。

（1）若 $E_1 > E_2$，$E_2 > E_3$。

（2）若 $E_2 > E_1 > E_3$。

：（1）升高溫度。（2）降低溫度。

▪例 6.1.133▪

在 651.7K 時，$(CH_3)_2O$ 的熱分解反應為 1 級反應，其半衰期為 363 min，活化能 $E_a = 217570 \, J \cdot mol^{-1}$。試計算此分解反應在 723.2 K 時的反應速率常數 k 及使 $(CH_3)_2O$ 分解掉 75%所需的時間。

：已知 $T_1 = 651.7K$，1 級反應的半衰期 $t_{1/2} = 363 \, min$，對應的反應速率常數：

$k_1 = \ln 2 / t_{1/2} = \ln 2 / 363 \, min = 1.909 \times 10^{-3} \, min^{-1}$

活化能 $E_a = 217570 \, J \cdot mol^{-1}$

設 $T_2 = 723.2K$ 時對應的反應速率常數為 k_2。

將式 $\ln(k_2/k_1) = E_a(T_2 - T_1)/(RT_2T_1)$ 改寫成

$$\ln(k_2/min^{-1}) = \ln(k_1/min^{-1}) + \frac{E_a(T_2 - T_1)}{RT_2T_1}$$

$$= \ln 1.909 \times 10^{-3} + \frac{217570 \, J \cdot mol^{-1} \times (723.2 - 651.7)K}{8.314 \, J \cdot mol^{-1} \cdot K^{-1} \times 723.2K \times 651.7K} = -2.2912$$

$\therefore k_2 = 0.1011 \, min^{-1}$

例 6.1.134

相同級數的下列平行反應：

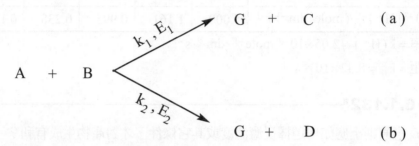

對 A 和 B 均為 1 級反應。

（1）若 $[C]_0 = [D]_0 = 0$，請得出 $[C]/[D]$ 用溫度 T 及活化能 E_1、E_2 的表達式；並討論提高平行反應選擇性的動力學途徑。

（2）試求下表條件下的 $[C]/[D]$。

$(E_2-E_1)/(kJ \cdot mole^{-1})$	$T/°K$	$[C]/[D]$
20	522	（ㄅ）
20	261	（ㄆ）
40	522	（ㄇ）

：（1）設活化能 E_1 和 E_2 與溫度 T 無關，可得：

$$[C]/[D] = k_1/k_2 = \exp[(E_2 - E_1)/RT] \qquad （ㄈ）$$

設（a）為主反應，（b）為副反應，$E_2 > E_1$。由（ㄈ）式知，提高 $[C]/[D]$ 的動力學途徑有二：

（i）選用適當的催化劑使 (E_2-E_1) 增大。

（ii）降低反應的溫度，因為副反應的 E_2 比主反應的 E_1 大，根據 Arrhenius 經驗式之（6.1）式，降溫時副反應的反應速率常數要比主反應的反應速率常數降低得多。因此，降溫可提高平行反應的選擇性。順便指出，降溫雖然可提高選擇性。但由於反應速率變慢，伴隨的後果是生產率的降低，故在實際生產中要同時兼顧。

（2）將表中 T、E_1、E_2 代入（ㄈ）式，即可求出 $[C]/[D]$

	（ㄅ）	（ㄆ）	（ㄇ）
$[C]/[D]$	100	10065	10065

▪例 6.1.135▪

已知組成蛋白質的卵白朊之熱變作用爲 1 級反應，其活化能約爲 85 kJ · mole^{-1}，在與海平面同高度處的沸水中，"煮熟"一個蛋需要 10 min。試求在海拔 2213 m 高的山頂上的沸水中"煮熟"一個蛋需要多長時間？假設空氣的體積組成爲 80% N_2 和 20% O_2，空氣按高度分布服從公式 $p = p_0 \cdot \exp(-Mgh/RT)$。氣體從海平面到山頂都保持 293.2°K。水的正常汽化熱爲 2.278 kJ · g^{-1}。

：設空氣爲理想氣體，則其體積分數即爲莫耳分數，所以空氣的莫耳質量爲：

$$M = (0.8 \times 28 \times 10^{-3} + 0.2 \times 32 \times 10^{-3}) \text{ kg} \cdot \text{mole}^{-1} = 28.8 \times 10^{-3} \text{ kg} \cdot \text{mole}^{-1}$$

$$\ln \frac{p}{p_0} = -\frac{Mgh}{RT} = -\frac{28.8 \times 10^{-3} \times 9.8 \times 2213}{8.314 \times 293.2} = -0.2562$$

設山頂上的水沸點爲 T，根據 Clausius-Clapeyron 方程和 Arrhenius 方程，有

$$\ln \frac{p}{p_0} = \frac{\Delta_{vap} H_m}{R} \left(\frac{1}{T_0} - \frac{1}{T} \right)$$

$$\ln \frac{k}{k_0} = \frac{E_a}{R} \left(\frac{1}{T_0} - \frac{1}{T} \right)$$

兩式相除，得：

$$\ln \frac{k}{k_0} = \frac{E_a}{\Delta_{vap} H_m} \cdot \ln \frac{p}{p_0} = \frac{85 \times (-0.2562)}{2.278 \times 28.8} = -0.3319$$

$$\Rightarrow \frac{k}{k_0} = 0.7176 = \frac{t_0}{t}$$

所以，在山頂上煮熟一個蛋需時爲：$t = \dfrac{t_0}{0.7176} = \left(\dfrac{10}{0.7176} \right) \text{min} = 14 \text{ min}$

▪例 6.1.136▪

某反應物的分解爲相同反應級數的平行反應：

假設各反應的指數前因子和活化能分別爲 A_1、A_2、A_3、E_1、E_2、E_3，求 P 最大產率時的溫度（以函數形式表示）。

：$(E_3 - E_2)/T = \ln[(E_3 - E_1)A_3/(E_1 - E_2)A_2]$。證明見【6.1.19】

例 6.1.137

環氧乙烷的熱分解是 1 級反應，在 378°C 時測得此反應的半衰期是 363 min，反應的表觀活化能爲 217 kJ · mole⁻¹，試估算環氧乙烷在 450°C 時分解 75%所需的時間。

：由「1 級反應」之（2.10a）式：$t_{1/2} = \ln2/k = 0.693/k$

$\Rightarrow \therefore k_{378°C} = 0.693/363 = 1.909 \times 10^{-3}$ min⁻¹，$E_a = 217$ kJ · mole⁻¹

依據（6.4）式：$\ln\dfrac{k_2}{k_1} = -\dfrac{E_a}{R}\left(\dfrac{1}{T_2} - \dfrac{1}{T_1}\right)$

所以 450°C 時（即 723.2°K）

$\Rightarrow \ \ln\dfrac{k_{450°C}}{k_{378°C}} = \ln\dfrac{k_{450°C}}{1.909 \times 10^{-3}} = -\dfrac{217 \times 10^3}{8.314}\left(\dfrac{1}{723.2} - \dfrac{1}{651.2}\right)$

$\Rightarrow$ 得：$k_{450°C} = 0.103$ min⁻¹

又因（2.6）式：$\ln[A]/[A]_0 = -kt$

故在 450°C 時，$[A] = 0.25[A]_0$ 代入上面式子，得：

$$t = -\dfrac{1}{k_{450°C}} \cdot \ln([A]/[A]_0) = -\dfrac{1}{0.103} \cdot \ln 0.25 = 13.5 \text{ min}$$

例 6.1.138

請證明相同級數平行反應巨觀活化能 E_a 與各平行反應 E_i 之關係爲：
$$E_a = \sum k_i E_i \Big/ \sum k_i$$

：根據活化能的定義及相同級數的平行反應的關係式，即得：

$$E(巨觀) = RT^2 \cdot \dfrac{1}{k(巨觀)} \cdot \dfrac{dk(巨觀)}{dT} = RT^2 \cdot \dfrac{1}{\sum\limits_i k_i} \cdot \dfrac{d\sum\limits_i k_i}{dT}$$

$$= \sum_i RT^2 \cdot \dfrac{dk_i}{dT} \Big/ \sum_i k_i = \sum_i k_i\left(RT^2 \dfrac{1}{k_i}\dfrac{dk_i}{dT}\right) \Big/ \sum_i k_i$$

$$= \sum_i k_i E_i \Big/ \sum_i k_i$$

若平行反應中第 1 個反應的 k_1 遠比其它反應的 k_j 大得多時，即 $k_1 \gg k_j$（j 爲 1 除外的所有其它反應），在此情況下則有 $E(巨觀) \approx E_1$

例 6.1.139

某一反應有兩種可能的反應過程：

（1）反應物直接生成產物 A $\xrightarrow{k_0}$ P，$E_a = 200$ kJ $\cdot$ mole^{-1}。

（2）分兩步進行 A $\xrightarrow{k_1}$ C $\xrightarrow{k_2}$ P，且已知 $E_1 = 160$ kJ $\cdot$ mole^{-1}，

$E_2 = 120$ kJ $\cdot$ mole^{-1}。

若忽略指數前因子的差別，試問：（a）上述兩種反應過程中那一種可能性更大？（b）若直接反應也有可能，試計算在同一體系中兩種反應過程的速率比，由上可否說明分步反應之普遍性和「穩定態近似法」的合理性？

：（a）分兩步進行反應可能性較大。

（b）由（2）反應過程 $E_1 > E_2$，可知反應第一步決定於：

$$k = A \cdot \exp\left(\frac{-200 \times 10^3}{RT}\right) , \quad k' = A \cdot \exp\left(\frac{-160 \times 10^3}{RT}\right)$$

則 $\dfrac{r_1}{r_2} = \dfrac{k}{k'} = \exp\dfrac{(160-200) \times 10^3}{RT} = 9.7 \times 10^{-8}$

（假設 $A = A'$，$T = 298°K$）

例 6.1.140

測得乙烷的熱分解反應：$C_2H_6 \longrightarrow CH_2 = CH_2 + H_2$ 在不同溫度下的反應速率常數值為：

T/K	856	886	910
k/s^{-1}	1.83×10^{-4}	7.4×10^{-4}	20.8×10^{-4}

試用做圖法求算反應的巨觀活化能和指數前因子。

：$k = A \cdot \exp(-E_a / RT) \Rightarrow \ln k = \ln A - \dfrac{E_a}{RT}$。所以做 $\ln k$ 對 T^{-1} 的圖，

$10^{-3}T^{-1}$	1.168	1.129	1.099
lnk	-8.606	-7.209	-6.175

得斜率：$-\dfrac{E_a}{R} = -35260$，故 $E_a = 293$ kJ $\cdot$ mole^{-1}

且截距 $\ln A = 32.58$

$\therefore A = 1.41 \times 10^{14}$ s^{-1}

6.2 Arrhenius 活化能概念

Arrhenius 對自己的經驗方程式進行了理論上的解釋，提出「活化分子」（active molecule）和「活化能」的概念。他認為，在任何「基本反應」中，並不是所有的分子都參與反應，只有那些能量超過一定數值的分子才能發生反應，這種分子就叫做「活化分子」。所以「活化能」就是〝把一般的反應物分子變成「活化分子」時，所需要的能量〞。

舉例來說，「基本反應」

$$2HI \longrightarrow H_2 + 2I \cdot$$

兩個 HI 分子要能發生反應總要先碰撞，如下圖所示。

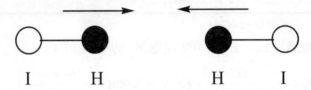

$$I \qquad H \qquad H \qquad I$$

有兩個迎面而來的 HI 分子，當兩個 HI 分子中的 H 原子相互趨近而發生碰撞時，會受到兩個 H 原子核外的 H－I 鍵之鍵結電子的斥力，致使它們難以靠近到足夠近的程度，以形成新的 H－I 鍵；同時這兩個 H 又受到 H－I 鍵的吸引力，使舊的化學鍵難以斷裂。為了克服新鍵形成之前的斥力和舊鍵斷裂之前的引力，兩個相撞的分子就必須具有足夠大的能量。相撞分子若不具有這項基本的能量條件，就不可能達到化學鍵新舊交替的〝活化狀態〞。這種狀態可以表示為 I...H...H...I，即新的化學鍵（H－H）將要形成和舊的化學鍵（H－I）將要斷裂的狀態。反應物達不到這種狀態就不可能發生反應。所以，Arrhenius 認為：具有平均能量的普通分子必須吸收足夠的能量，先變成〝活化分子〞，才能發生反應。他將普通分子變成活化分子至少需要吸收的能量稱為「活化能」。

也可將「活化能」視為化學反應所必須克服的「能量障礙」（energy barrier，簡稱「能障」）。「能量障礙」愈高，反應的阻力愈大，反應就愈難以進行，化學反應的「活化能」的大小就代表著「能量障礙」的高低。

隨後 Tolman 教授對「基本反應」的「活化能」做更進一步的統計力學解釋：

$E_a = \langle E_T^* \rangle - \langle E_T \rangle$，即活化能 E_a 是「活化分子」的平均能量 $\langle E_T^* \rangle$ 與反應物分子的平均能量 $\langle E_T \rangle$ 之差（按每 mole 計算）。這裏 E_T^* 與 E_T 均受溫度影響，略有變化，但兩者的變化多少會相互抵銷，所以 E_a 與溫度的關係暫時視爲影響不大。

Arrhenius 的「活化分子」和「活化能」的概念在反應速率理論的發展過程中起了相當大的作用，雖然這個概念已有一百多年的歷史，但迄今仍時常被人拿來引用、討論。Arrhenius 公式不僅可應用在簡單反應，而且對複雜反應中的每個「基本反應」也可適用；對某些複雜反應，只要其反應速率公式具有 $r = kc_A^{\alpha} c_B^{\beta} \cdots$ 的形式，Arrhenius 公式仍可應用，但此時公式中的「活化能」無明確含意，僅僅只是組成複雜反應的各「基本反應」之活化能的代數和，因此它通常被稱爲：「巨觀活化能」(apparent activation energy)。

— —

以下面反應爲例：

$$H_2 \ + \ I_2 \ \xrightarrow{\ k\ } \ 2HI$$

則依據（6.1）式，可知：$k = A \cdot \exp\left(-\dfrac{E_a}{RT} \right)$ \hfill (i)

已知其反應機構爲：

$$I_2 \ + \ M \ \underset{k_{-1}}{\overset{k_1}{\rightleftharpoons}} \ 2I\cdot \ + \ M$$

\hfill （ㄅ）

同理：$k_1 = A_1 \cdot \exp\left(-\dfrac{E_{a,1}}{RT} \right)$ \hfill (ii)

$$k_{-1} = A_{-1} \cdot \exp\left(-\dfrac{E_{a,-1}}{RT} \right)$$ \hfill (iii)

$$H_2 \ + \ 2I\cdot \ \xrightarrow{\ k_2\ } \ 2HI$$

\hfill （ㄆ）

同理：$k_2 = A_2 \cdot \exp\left(-\dfrac{E_{a,2}}{RT}\right)$ （iv）

由於實驗證明本反應可迅速達成平衡，故存在著以下關係式：

$$\frac{k_1}{k_{-1}} = K = \frac{[I\bullet]^2}{[I_2]} \implies [I\bullet]^2 = \frac{k_1}{k_{-1}}[I_2]$$ （ㄇ）

若以 HI 生成速率為反應速率，則依據（ㄆ）式，可得：

$$\frac{d[HI]}{2dt} = k_2[H_2][I\bullet]^2$$

將（ㄇ）式代入上式，可得：

$$\frac{d[HI]}{dt} = 2k_2[H_2] \times \frac{k_1}{k_{-1}}[I_2] = k[H_2][I_2]$$

$$\therefore \quad k = \frac{2k_1 k_2}{k_{-1}} = \frac{2A_1 \cdot \exp\left(-\dfrac{E_{a,1}}{RT}\right) A_2 \cdot \exp\left(-\dfrac{E_{a,2}}{RT}\right)}{A_{-1} \cdot \exp\left(-\dfrac{E_{a,-1}}{RT}\right)} \quad (\text{代入(i)}-\text{(iv)式})$$

$$= \frac{2A_1 A_2}{A_{-1}} \exp(-\frac{E_{a,1} + E_{a,2} - E_{a,-1}}{RT}) = A\exp(-\frac{E_a}{RT})$$

其中 $A = \dfrac{2A_1 A_2}{A_{-1}}$ 和 $E_a = E_{a,1} + E_{a,2} - E_{a,-1}$ （ㄈ）

由（ㄈ）式可見：「非基本反應」的活化能 E_a 乃是各「基本反應」活化能（指 $E_{a,1}$、$E_{a,2}$、$E_{a,-1}$）的組合而已，並沒有明確的物理意義。此時 E_a 稱反應的「巨觀活化能」（apparent activation energy），A 稱「巨觀指數前因子」（apparent preexponential factor）。

- -

　　由前面 Arrhenius 經驗方程式之不同表達式（見§6.1 的〈I〉、〈II〉、〈III〉），聰明的你或許已注意到：這些公式與 van't Hoff 的熱力學等壓方程式頗為類似，實際上，Arrhenius 當年之所以能夠提出動力學經驗方程式，就是受到了熱力學等壓方程式的啟示。下面我們將舉例介紹：如何找尋出「活化能」E_a 與反應熱 ΔH 之間的關係式，這有助於我們對「活化能」的背後物理意義有更進一步的了解。

　　設某一可逆反應為：

$$A + B \underset{k_{-1}}{\overset{k_1}{\rightleftharpoons}} C$$

對於正反應有：$\dfrac{d(\ln k_1)}{dT} = \dfrac{E_1}{RT^2}$

對於逆反應有：$\dfrac{d(\ln k_{-1})}{dT} = \dfrac{E_{-1}}{RT^2}$

式中 E_1、E_{-1} 為正、逆反應活化能（可參考（6.3）式），上面二式相減可得：

$$\dfrac{d(\ln \dfrac{k_1}{k_{-1}})}{dT} = \dfrac{E_1 - E_{-1}}{RT^2}$$

已知 $\dfrac{k_1}{k_{-1}} = K$（即平衡常數），上式可改寫成：

$$\dfrac{d(\ln K)}{dT} = \dfrac{E_1 - E_{-1}}{RT^2} \tag{6.5}$$

已知 van't Hoff 的等壓方程式為：

$$\dfrac{d(\ln K)}{dT} = \dfrac{\Delta H}{RT^2} \tag{6.6}$$

比較（6.5）式與（6.6）式可以得出：

$$E_1 - E_{-1} = \Delta H \tag{6.7}$$

即　　　（正反應活化能）－（逆反應活化能）＝該反應之反應熱

ΔH 為「反應熱」（reaction enthalpy）。

由此可見：「反應熱」等於正、逆反應活化能的差值。

（6.7）式的關係可從圖 6.3 中更清楚了解：I 表示反應物 A＋B 的平均能量，II 表示產物 C 的平均能量，「活化分子」必須具有較原先反應物之平均能量高出 E_1 的能量，才能達到「活化」狀態，接著越過高峰而變成產物分子（C）。可見：活化能是一般反應物分子變成「活化分子」至少需吸收的能量，或是說：「活化分子」的平均能量與所有反應物分子的平均能量之差。

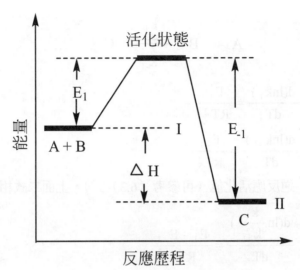

圖 6.3 反應體系中能量的變化

$E_1 - E_{-1} = \Delta H$ 可說是聯繫「化學動力學」和「化學熱力學」的重要關係式。

{ 當 $E_1 > E_{-1}$ 時，$\Delta H > 0$，也就是由 I 變為 II 是「吸熱反應」（endothermicity）。
{ 當 $E_1 < E_{-1}$ 時，$\Delta H < 0$，則由 I 變為 II 是「放熱反應」（exothermicity）。

　　圖 6.3 還說明無論從正、逆反應那一個方向進行，都必須爬越一定的能量高峰（energy barrier），所以儘管許多反應是「放熱反應」，但依然需要加熱才能使反應發生。

　　例如：許多金屬的氧化反應（$Mg + O_2$，$Al + O_2$，…）以及其它許許多多的化學反應，都能放出大量的熱，然而，開始時總是要先進行點燃，才能使反應發生。

　　另外還必須指出的是：雖然升高溫度對正、逆反應的速率都會加快，但 E_1 和 E_{-1} 在一般情況下是絕不相同的，因此 $\dfrac{d\ln k_1}{dT}$ 與 $\dfrac{d\ln k_{-1}}{dT}$ 增加的幅度並不相同；通常活化能大的，其反應速率變化更為顯著。

從（6.1a）式可以看出，雖然反應速率常數（k）是受兩個因素影響，即 A 和 $\exp(-E_a/RT)$，但 $\exp(-E_a/RT)$ 指數因子的影響更為顯著。

【例三】某些反應的活化能 $E_1 = 85600 \text{ J} \cdot \text{mol}^{-1}$，指數前因子 $A_1 = 1.59 \times 10^7$；而另一反應的活化能 $E_2 = 89600 \text{ J} \cdot \text{mol}^{-1}$，指數前因子 $A_2 = 1.74 \times 10^7$。若反應都在 $503°\text{K}$ 進行，二者的反應速率常數之比為：

$$\frac{k_1}{k_2} = \frac{A_1 \exp\left(-\dfrac{E_1}{RT}\right)}{A_2 \exp\left(-\dfrac{E_2}{RT}\right)}$$

已知 $A_1 \approx A_2$，故 $\dfrac{k_1}{k_2} \approx \exp\dfrac{(89600 - 85600)}{8.314 \times 503} \approx 2.6$

由上述計算結果可見：兩個反應的活化能僅差 $4 \text{ kJ} \cdot \text{mol}^{-1}$，但反應速率常數之比可高達 2.6 倍，這明白說明：反應的「活化能」對反應速率的快慢扮演著相當重要的角色。

> 因此，為了加快反應，除了改變反應物濃度之外，〝改變溫度〞和〝採用催化劑〞都可顯著地降低反應的活化能數值，其中〝採用催化劑〞較為有效。

這一點在實際生產中十分重要，以合成 NH_3 反應為例：當在 $673°\text{K}(400°\text{C})$ 條件下，使用催化劑(Fe)時，可降低活化能，使反應速率常數增加 10^{12} 倍左右。反之，若要使反應速率增大同樣多倍，但不使用〝降低活化能〞的辦法，而改採〝升高溫度〞，那麼就需要 $1273°\text{K}$，才能使反應順利進行，但這麼高的溫度，可以想見：用升高溫度來生產 NH_3 的辦法，在實際應用上是不被建議採納的。

一般化學反應的活化能數值大約在 $60 \sim 250 \text{ kJ} \cdot \text{mol}^{-1}$（$15 \sim 60 \text{ kcal} \cdot \text{mol}^{-1}$）之間。如果活化能小於 $40 \text{ kJ} \cdot \text{mol}^{-1}$，則其反應速率常數將大到利用一般的實驗方法也無法測量的程度。

必須指出的是：原則上，Arrhenius 把實驗活化能視為常數，也就是說：Arrhenius 預先假設「活化能」E_a 與溫度無關；但這與實際實驗和其它反應速率理論的證明有所出入。事實上，活化能和溫度二者間存在著密切的關係。

－－－－－－－－－－－－－－－－－－－－－－－－－－－－－－－－－－－

【例四】已知氣相合成反應 $H_2 + Cl_2 \longrightarrow 2HCl$ 的反應機構如下：

$$Cl_2 \xrightarrow{\ k_1\ } 2Cl\cdot \qquad\qquad E_1 = 243\ kJ\cdot mol^{-1}$$

$$Cl\cdot + H_2 \xrightarrow{\ k_2\ } HCl + H\cdot \qquad E_2 = 25\ kJ\cdot mol^{-1}$$

$$H\cdot + Cl_2 \xrightarrow{\ k_3\ } HCl + Cl\cdot \qquad E_3 = 12.6\ kJ\cdot mol^{-1}$$

$$2Cl\cdot + M \xrightarrow{\ k_4\ } Cl_2 + M \qquad E_4 = 0\ kJ\cdot mol^{-1}$$

試由上述反應機構導出「HCl 合成反應」的反應速率方程式。

- -

【解】：由反應機構可知：只有第二步反應消耗 H_2，所以可由該步寫出 HCl「合成反應」的反應速率方程式，即

$$-\frac{d[H_2]}{dt} = k_2[Cl\bullet][H_2] \qquad\qquad (ㄅ)$$

由於 $[Cl\bullet]$ 是難於測定的量，所以必須用反應物（或產物）的濃度取代上述反應速率方程式中的 $[Cl\bullet]$。根據「穩定態近似法」，假設

$$\frac{d[Cl\bullet]}{dt} = 0 \quad,\quad \frac{d[H\bullet]}{dt} = 0$$

即

$$\frac{d[Cl\bullet]}{dt} = 2k_1[Cl_2] - k_2[Cl\bullet][H_2] + k_3[H\bullet][Cl_2] - 2k_4[Cl\bullet]^2 = 0 \qquad (ㄆ)$$

$$\frac{d[H\bullet]}{dt} = k_2[Cl\bullet][H_2] - k_3[H\bullet][Cl_2] = 0 \qquad\qquad (ㄇ)$$

這是一個關於 $[Cl\bullet]$ 和 $[H\bullet]$ 的代數方程組，將（ㄇ）代入（ㄆ）解得：

$$[Cl\bullet] = \left(\frac{k_1}{k_4}\right)^{1/2}[Cl_2]^{1/2} \qquad\qquad (ㄈ)$$

此式表明了 $[Cl\bullet]$ 與反應物 $[Cl_2]$ 濃度的關係，代入（ㄅ）式，得：

$$-\frac{d[H_2]}{dt} = k_2 \cdot \left(\frac{k_1}{k_4}\right)^{1/2} [Cl_2]^{1/2} \cdot [H_2]$$

這就是 HCl「合成反應」的反應速率方程式，可簡寫做：

$$-\frac{d[H_2]}{dt} = k[Cl_2]^{1/2} \cdot [H_2]$$

這表明該反應為 1.5 級，與實驗結果一致，同時還表明實驗測定的反應速率常數 k 與數個「基本反應」的反應速率常數之關係為：

$$k = k_2 \cdot \left(\frac{k_1}{k_4}\right)^{1/2} \qquad （ㄅ）$$

根據此關係，我們可對上述反應機構做更進一步的分析。由 Arrhenius 公式（6.1a）式，可知：

$$k = A \cdot \exp\left(-\frac{E}{RT}\right)，\ k_2 = A_2 \cdot \exp\left(-\frac{E_2}{RT}\right)$$

$$k_1 = A_1 \cdot \exp\left(-\frac{E_1}{RT}\right)，\ k_4 = A_4 \cdot \exp\left(-\frac{E_4}{RT}\right)$$

將此四式代入（ㄅ）式，得：

$$A \cdot \exp\left(-\frac{E}{RT}\right) = A_2 \left(\frac{A_1}{A_4}\right)^{1/2} \cdot \exp\left[-\frac{E_2 + \frac{1}{2}(E_1 - E_4)}{RT}\right]$$

$$\therefore A = A_2 \left(\frac{A_1}{A_4}\right)^{1/2}$$

$$且\ E = E_2 + \frac{1}{2}(E_1 - E_4) \qquad （ㄊ）$$

$$= 25\,kJ \cdot mol^{-1} + \frac{1}{2} \times (243 - 0)\,kJ \cdot mol^{-1}\ \ = 146.5\,kJ \cdot mol^{-1}$$

由上面例子（比較（ㄅ）式和（ㄊ）式）可得知一個重要關係式：

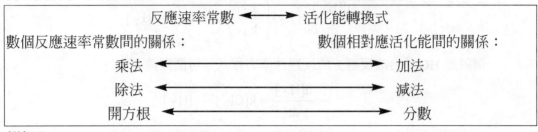

例如：

$$k = k_2 \cdot \left(\frac{k_1}{k_4} \right)^{1/2} \quad\longleftrightarrow\quad E = E_2 + \frac{1}{2}(E_1 - E_4)$$

$$k = \frac{k_1}{k_3} \cdot \left(\frac{k_2}{k_4} \right)^{1/3} \quad\longleftrightarrow\quad E = (E_1 - E_3) + \frac{1}{3}(E_2 - E_4)$$

$$k = k_1 \cdot k_2 \cdot k_3 \cdot \left(\frac{1}{4k_4} \right)^{1/5} \quad\longleftrightarrow\quad E = E_1 + E_2 + E_3 + \frac{1}{5}(-E_4)$$

從理論的觀點來看，Arrhenius 經驗式將溫度對反應速率的影響，提供了進一步的解釋，但其物理圖像仍有不足之處。

(1) 該物理圖像假定：反應物和產物之間存在一種中間活化狀態。但對這種活化狀態的型態和結構，Arrhenius 經驗式並未給出明確的說明。

(2) 關於活化能之物理圖像，Arrhenius 經驗式沒有在理論基礎上給予具體的說明，也沒有確定的計算方法，只能靠實驗測定數值。

(3) 物理圖像中的橫座標（即反應座標）也未能具體說明。

以上這些問題將在下一章（第七章）的「碰撞理論」裏，加以解釋說明。

■ 例 **6.2.1** ■

已知異構反應：

$$T \quad \overset{k_1}{\underset{k_2}{\rightleftarrows}} \quad C$$

是 1 級「可逆反應」，在 25°C 時平衡常數 $K_C = 1$，T 異構化為 C 的半衰期為 30 min（即從只含 T 的溶液開始，設 T 的初濃度為$[T]_0$，平衡時濃度為$[T]_{eq}$，當 T 濃度達到 $\frac{1}{2}([T]_0 + [T]_{eq})$時所需要的時間。在溫度為 30°C 時，$K_C$ 變為 $\frac{1}{2}$，而 k_2 增加一倍，試計算：

（1）25°C 時的 k_1 和 k_2。
（2）活化能 E_1 和 E_2。

：（1）

$$T \quad \overset{k_1}{\underset{k_2}{\rightleftarrows}} \quad C$$

t＝0 時： $[T]_0$ 0

        −)   x

t＝t 時： $[T]_0 - x$ x

可知：$[T] = [T]_0 - x \implies x = [T]_0 - [T]$

     $[C] = x = [T]_0 - [T]$

由題目已知：在 25°C 時，$k_c = \dfrac{k_1}{k_2} = 1 \implies \therefore k_1 = k_2$ （ㄅ）

由可逆 1 級反應之（4.5）式：$t_{1/2} = \dfrac{\ln 2}{k_1 + k_2}$ （ㄆ）

（ㄅ）式代入（ㄆ）式，可得：

$$2k_1 = \frac{\ln 2}{t_{1/2}} = \frac{\ln 2}{30} \implies \therefore 解得：k_1 = k_2 = 0.01155 \text{ min}^{-1}$$

（2）當 30°C 時，由題目已知 $k_c = \dfrac{k_1'}{k_2'} = \dfrac{1}{2}$ （ㄇ）

且 $k_2' = 2k_2 = 0.0231 \text{ min}^{-1}$ （ㄈ）

將（ㄈ）式代入（ㄇ）式，可得：$k_1' = \dfrac{1}{2} k_2' = 0.01155 \ min^{-1}$

由 Arrhenius 方程式之（6.4）式：$\ln \dfrac{k_1'}{k_1} = \dfrac{E_1}{R}(\dfrac{1}{T_1} - \dfrac{1}{T_2})$ （ㄅ）

因為已證明 $k_1' = k_1 = 0.01155 \ min^{-1}$ （ㄊ）

將（ㄊ）式代入（ㄅ）式，可得：$E_1 = 0 \Rightarrow$ 即正向反應的活化能是零。

$$E_2 = \dfrac{RT_1T_2}{T_2 - T_1} \cdot \ln \dfrac{k_2'}{k_2} = \dfrac{8.314 \times 298 \times 303}{303 - 298} \cdot \ln \dfrac{0.0231}{0.01155} = 104.1 (kJ \cdot mole^{-1})$$

$\Rightarrow$ 即逆向反應的活化能是 104.1 kJ · mole⁻¹。

■ 例 6.2.2 ■

合成氨的變換反應為：

$$CO_{(g)} \quad + \quad H_2O_{(g)} \quad \underset{k_2}{\overset{k_1}{\rightleftarrows}} \quad CO_{2(g)} \quad + \quad H_{2(g)}$$

已知此反應是可逆放熱反應，在 $1.013 \times 10^5 \ P_a$ 下，用 FeO 做為催化劑進行反應時，其反應速率方程式為：

$$r = k_1 p_{CO} (\dfrac{p_{H_2O}}{p_{H_2}})^{0.5} - k_2 p_{CO_2} (\dfrac{p_{H_2}}{p_{H_2O}})^{0.5}$$

若半水煤氣的組成（莫耳分率）為：

CO（30.7%）；CO_2（7.7%）；H_2（38.3%）：N_2（23.3%）

反應器入口水蒸氣與半水煤氣之比為 1：1，試求：變換爐內轉化率為 80% 時最適宜的溫度？

已知此變換反應正向和逆向反應的活化能分別為：$E_1 = 52.3 \ kJ \cdot mole^{-1}$；$E_2 = 89.12 \ kJ \cdot mole^{-1}$，並已知此反應的反應平衡常數與溫度的關係為：

$$\log K_P = \dfrac{2150}{T} - 2.216$$

：題目已知變換反應的反應速率方程式為：

$$r = k_1 p_{CO} (\frac{p_{H_2O}}{p_{H_2}})^{0.5} - k_2 p_{CO_2} (\frac{p_{H_2}}{p_{H_2O}})^{0.5} \qquad （ㄅ）$$

將上式對 T 微分，並令 $\frac{dr}{dT} = 0$，所解得的 T 正是最適宜的溫度。

在式中除 k_1 與 k_2 是溫度的函數外，其餘均與溫度無關。故（ㄅ）式對 T 微分得：

$$\frac{dr}{dT} = \frac{dk_1}{dT} \cdot p_{CO} (\frac{p_{H_2O}}{p_{H_2}})^{0.5} - \frac{d \cdot k_2}{dT} p_{CO_2} (\frac{p_{H_2}}{p_{H_2O}})^{0.5} = 0 \qquad （ㄆ）$$

因由（6.3）式：$\frac{d\ln k}{dT} = \frac{E}{RT^2} \implies \frac{1}{dT} \cdot \frac{dk}{k} = \frac{E}{RT^2}$

所以 $\frac{dk}{dT} = \frac{kE}{RT^2}$ $\qquad （ㄇ）$

將（ㄇ）式代入（ㄆ）式，得：$\frac{k_1 E_1}{RT^2} p_{CO} (\frac{p_{H_2O}}{p_{H_2}})^{0.5} = \frac{k_2 E_2}{RT^2} p_{CO_2} (\frac{p_{H_2}}{p_{H_2O}})^{0.5}$

化簡得：$\frac{p_{CO_2} p_{H_2} E_2}{p_{CO} p_{H_2O} E_1} = \frac{k_1}{k_2} = K_p \implies$ 左式二邊取對數且配合題目式子，可得：

$$\log(\frac{p_{CO_2} p_{H_2} E_2}{p_{CO} p_{H_2O} E_1}) = \log K_p = \frac{2150}{T} - 2.216 \qquad （ㄈ）$$

對此反應，各物質平衡時的物質的量如下：（題目已說轉化率為 80%）

$$CO_{(g)} + H_2O_{(g)} \rightleftharpoons CO_{2(g)} + H_{2(g)}$$

$0.307(1-0.8) \qquad 1-0.307\times0.8 \qquad 0.077+0.307\times0.8 \qquad 0.383+0.307\times0.8$

對氣體反應，體系中各物質分壓與其物質的量成正比，故由（ㄈ）式：

$$\log \frac{(0.077+0.307\times0.8)(0.383+0.307\times0.8)\times89120}{(0.307-0.307\times0.8)(1-0.307\times0.8)\times52300} = \frac{2150}{T} - 2.216$$

$\implies \therefore$ 解得：$T = 696°K$（即 $t = 423°C$）

■ 例 **6.2.3** ■

反應

$$A \xrightleftharpoons[k_{-1}]{k_1} B$$

25°C 時，$k_1 = 0.006 \ s^{-1}$，$k_{-1} = 0.002 \ s^{-1}$，若開始只有 A，試計算：

（1）25°C，達到[A] = [B]時所需時間？

（2）25°C，100 s 後，[B]/[A] = ？

（3）35°C 時，$k'_1 = 3k_1$，$k'_{-1} = 2k_{-1}$，反應熱力學能量「變化」多少？

：（1）由（4.2a）式：$t = \dfrac{1}{k_1 + k_{-1}} \cdot \ln \dfrac{k_1}{k_1 - (k_1 + k_{-1})x_A}$

因為要達到[A]＝[B]，即 $x_A = 0.50$，代入上式，得：

$$t = \frac{1}{(0.006 + 0.002) \, s^{-1}} \times \ln \frac{0.006 \, s^{-1}}{0.006 \, s^{-1} - (0.006 + 0.002) \, s^{-1} \times 0.50} = 137 s$$

（2）已知（4.2a）式：$t = \dfrac{1}{k_1 + k_{-1}} \cdot \ln \dfrac{k_1}{k_1 - (k_1 + k_{-1})x_A}$，將題目條件代入左式，

可得：

$$100 \, s = \frac{1}{(0.006 + 0.002) \, s^{-1}} \cdot \ln \frac{0.006 \, s^{-1}}{0.006 \, s^{-1} - (0.006 + 0.002) \, s^{-1} \cdot x_A}$$

$\Rightarrow$　∴解得：$x_A = 0.413$

$$A \xrightleftharpoons[k_{-1}]{k_1} B$$

t＝0 時：　　　　$[A]_0$　　　　　　　0

　　　－)　　　　$x_A[A]_0$　　　　　　$x_A[A]_0$

t＝t 時：　　$[A]_0 - x_A[A]_0$　　　$x_A[A]_0$

可知：$[A] = [A]_0(1 - x_A)$，$[B] = [A]_0 \cdot x_A$

$\Rightarrow$　∴$\dfrac{[B]}{[A]} = \dfrac{x_A}{1 - x_A} = \dfrac{0.1413}{0.413} = 0.704$

（3）依據（6.5）式：$\Delta H = E_1 - E_{-1}$

$$E_1 = \frac{R\ln\dfrac{k_1'}{k_1}}{\left(\dfrac{1}{T_1} - \dfrac{1}{T_1'}\right)} = \frac{8.3145\,J\cdot K^{-1}\cdot mole^{-1}\cdot\ln\dfrac{3k_1}{k_1}}{\left(\dfrac{1}{298.15\,K} - \dfrac{1}{308.15\,K}\right)}$$

$$E_{-1} = \frac{R\ln\dfrac{k_{-1}'}{k_{-1}}}{\left(\dfrac{1}{T_1} - \dfrac{1}{T_{-1}'}\right)} = \frac{8.3145\,J\cdot K^{-1}\cdot mole^{-1}\cdot\ln\dfrac{2k_{-1}}{k_{-1}}}{\left(\dfrac{1}{298.15\,K} - \dfrac{1}{308.15\,K}\right)}$$

解得：$\Delta H = R\ln\left(\dfrac{3}{2}\right)\times\dfrac{298.15\,K\times308.15\,K}{10\,K} = 31\,kJ\cdot mole^{-1}$

▪ 例 6.2.4 ▪

在水溶液中，以 M 為催化劑，發生下述反應：

$$A + B + C \xrightarrow{\ M\ } Y + 2Z$$

實驗測知，速率方程式為：$\dfrac{d[Y]}{dt} = k[A][B][M]$

設反應機構為：

（i）$\quad A + B \ \underset{k_{-1},\,E_{-1}}{\overset{k_1,\,E_1}{\rightleftharpoons}}\ F$ （快）

（ii）$\quad F + M \xrightarrow{k_2,\,E_2} G + Z$ （慢）

（iii）$\quad G + C \xrightarrow{k_3,\,E_3} Y + Z + M$ （快）

（1）按上述反應機構試導出反應速率方程式。

（2）導出巨觀活化能 E_a 與各基本反應活化能間的關係式。

：(1) 由（iii）式得：$\dfrac{d[Y]}{dt} = k_3[G][C]$，式中[G]可由「穩定態近似法」

求得：

$$\dfrac{d[G]}{dt} = k_2[F][M] - k_3[G][C] = 0 \;\Rightarrow\; [G] = \dfrac{k_2[F][M]}{k_3[C]} \tag{ㄅ}$$

（ㄅ）式代入反應速率方程式 $\dfrac{d[Y]}{dt} = k_3[G][C]$ 中，得：

$$\dfrac{d[Y]}{dt} = k_3 \dfrac{k_2[F][M]}{k_3[C]} \cdot [C] = k_2[F][M] \tag{ㄆ}$$

又[F]也可由（i）式之「平衡態近似法」求出：

$$[F] = \dfrac{k_1}{k_{-1}}[A][B] \tag{ㄇ}$$

（ㄇ）代入（ㄆ）式：$\dfrac{d[Y]}{dt} = k_2\dfrac{k_1}{k_{-1}}[A][B][M] = k[A][B][M]$

(2) 由 $k = k_2\dfrac{k_1}{k_{-1}}$ 及 Arrhenius 方程式（見（6.1a）式），得：

$$A \cdot \exp(-E_a/RT) = A_2 \cdot \exp(-E_2/RT) \cdot \dfrac{A_1 \cdot \exp(-E_1/RT)}{A_{-1} \cdot \exp(-E_{-1}/RT)}$$

得：$A = A_2 \times \dfrac{A_1}{A_{-1}}$ 且 $E_a = E_2 + E_1 - E_{-1}$

例 6.2.5

反應：

$E_1 > E_2$，爲獲取更多的主產物 Y，可採取那些措施？

：因爲 $E_1 > E_2$，〝提高溫度〞對主反應有利；其次添加對主反應選擇性好的催化劑（降低主反應的活化能）也是很好的措施。

例 6.2.6

反應 $2A + B_2 \longrightarrow 2AB$ 的反應速率方程式為：$\dfrac{d[AB]}{dt} = k[A][B_2]$

假定反應機構為：

$$\text{(i)} \quad A + B_2 \xrightarrow{\quad k_1 , E_1 \quad} AB + B$$

$$\text{(ii)} \quad A + B \xrightarrow{\quad k_2 , E_2 \quad} AB$$

$$\text{(iii)} \quad 2B \xrightarrow{\quad k_3 , E_3 \quad} B_2$$

並假定：$k_2 \gg k_1 \gg k_3$

(1) 請按上述反應機構，引入合理近似法後，導出反應速率方程式，並證明：

$$-\frac{d[B_2]}{dt} = \frac{1}{2} \cdot \frac{d[AB]}{dt}$$

(2) 導出巨觀活化能 E_a 與各基本反應活化能間的關係式。

(3) 假定巨觀活化能為 114.86 kJ·mole^{-1}，且已知 600°K 時，當反應物的初濃度$[A]_0 = $ 2.00 mole·dm^{-3}，$[B_2]_0 = 1.00 \times 10^{-4}$ mole·dm^{-3}，測得 B_2 的半衰期為 30 min。請計算在 400°K，當$[A]_0 = 0.400$ mole·dm^{-3}，$[B_2]_0 = 3.00$ mole·dm^{-3}，使 B_2 轉化百萬分之一時需多少時間？

：(1) 由反應機構（i）－（iii）可知：

$$\frac{d[AB]}{dt} = k_1[A][B_2] + k_2[A][B] \tag{a}$$

$$\frac{d[B]}{dt} = k_1[A][B_2] - k_2[A][B] - 2k_3[B]^2 \tag{b}$$

因已知 $k_2 \gg k_1$，故可對 B 應用「穩定態近似法」 $\Rightarrow \dfrac{d[B]}{dt} = 0$

故由（b）式得：$k_1[A][B_2] - k_2[A][B] - 2k_3[B]^2 = 0$ $\tag{c}$

由於 $k_2 \gg k_1$，B 為活潑中間產物，[B]應很小，又因 $k_2 \gg k_1 \gg k_3$，故（c）式的最後一項可略去，則得：

$$k_1[A][B_2] - k_2[A][B] = 0 \tag{d}$$

將（d）式代入（a）式，可得：

$$\frac{d[AB]}{dt} = 2k_1[A][B_2] = k[A][B_2] \tag{e}$$

其中 $k = 2k_1$ （f）

又已知 $-\dfrac{d[B_2]}{dt} = k_1[A][B_2] - k_3[B]^2$ （g）

同理，因已知[B]很小，且 $k_1 \gg k_3$，故（g）式等號右邊第二項可略去，則得：

$$-\frac{d[B_2]}{dt} = k_1[A][B_2] \tag{h}$$

比較（e）式與（h）式得到：$-\dfrac{d[B_2]}{dt} = \dfrac{1}{2} \cdot \dfrac{d[AB]}{dt}$ （i）

∴（i）式正好符合題目要求。

（2）由（f）式 $\Rightarrow \dfrac{d\ln k}{dT} = \dfrac{d\ln k_1}{dT}$，又配合（6.3）式，可得：

$$E_a/RT^2 = E_1/RT^2 \Rightarrow \therefore E_a = E_1 \tag{j}$$

（3）先求 $k_1(600°K)$，因已知 $[A]_0 \gg [B_2]_0$，故 $[A] \approx [A]_0$，（h）式可改寫成：

$$-\frac{d[B_2]}{dt} = k_1[A][B_2] = k_1[A]_0[B_2]$$

$\Rightarrow$ 對 B_2 為「假1級反應」，所以利用「1級反應」之（2.10a）式：$t_{1/2} = \dfrac{\ln 2}{k_1[A]_0}$

得：$k_1(600°K) = \dfrac{\ln 2}{t_{1/2}[A]_0} = \dfrac{\ln 2}{3.00\,\text{min} \times 2.00\,\text{mole} \cdot \text{dm}^{-3}}$

$$= 0.1155\,\text{mole}^{-1} \cdot \text{dm}^3 \cdot \text{min}^{-1}$$

由題目已知且配合（j）式，可得：$E_a = E_1 = 114.86\,\text{kJ} \cdot \text{mole}^{-1}$

再求 $k_1(400°K)$，即利用（6.4）式：

$$\ln\frac{k_2}{k_1} = \frac{E_a}{R}\left(\frac{1}{T_1} - \frac{1}{T_2}\right) \Rightarrow \ln\frac{k_1(400°K)}{0.1155\,\text{mole}^{-1} \cdot \text{dm}^3 \cdot \text{min}^{-1}}$$

$$= \frac{(114.86 \times 10^3\,\text{J} \cdot \text{mole}^{-1}) \times (400°K - 600°K)}{(8.3145\,\text{J} \cdot \text{mole}^{-1} \cdot \text{K}^{-1}) \times (600°K) \times (400°K)}$$

$\Rightarrow$ 解得：$k_1(400°K) = 1.155 \times 10^{-6}\,\text{dm}^3 \cdot \text{mole}^{-1} \cdot \text{min}^{-1}$

$$2A \ + \ B_2 \longrightarrow \ 2AB$$

t＝0 時：　　[A]₀　　　[B₂]₀

$$-) \qquad 2x \qquad x$$

t＝t 時：　[A]₀－2x　[B₂]₀－x　　　　2x

可知：[A]＝[A]₀－2x ⇒ x＝([A]₀－[A])/2

　　　　[B₂]＝[B₂]₀－x＝[B₂]₀－([A]₀－[A])/2

已知當[A]₀＝2[B₂]₀，則 $[B_2] = [B_2]_0 - \dfrac{1}{2}([A]_0 - [A]) = \dfrac{[A]}{2}$

故任何時刻都有[A] = 2[B₂]，代入（h）式後，得：$-\dfrac{d[B_2]}{dt} = 2k_1[B_2]^2$

以[B₂] = [B₂]₀[1－y(B₂)]代入上式後，分離變量積分，得：$t = \dfrac{y(B_2)}{[1 - y(B_2)]2k_1[B_2]}$

其中 y(B₂)為 B₂ 的轉化率，於是將數據代入上式，得：

$$t = \frac{1 \times 10^{-6}}{1 \times 2 \times 1.155 \times 10^{-6} \ dm^3 \cdot mole^{-1} \cdot min^{-1} \times 0.200 \ mole \cdot dm^{-3}} = 2.16 \ min$$

例 6.2.7

有二反應，其活化能相差 4.184 kJ·mole⁻¹，若忽略此二反應的指數前因子的差異，試計算此二反應速率常數之比值。

　　（1）當 T = 300°K？

　　（2）當 T = 600°K？

：依據（6.4）式：$\dfrac{k'_A}{k_A} = \dfrac{A'}{A} \cdot \exp\left(\dfrac{E_a - E'_a}{RT}\right)$

因為已假設 A' ≈ A

則 $\exp(\Delta E_a/RT) = \exp[4.18 \text{kJ} \cdot \text{mole}^{-1}/(8.3145 \text{J} \cdot \text{K}^{-1} \cdot \text{mole}^{-1} \times T)] = \exp(503°K/T)$ 　（ㄅ）

（1）當 T = 300°K 代入（ㄅ）式，得：$\dfrac{k'_A}{k_A} = \exp(503°K/300°K) = 5.35$

（2）當 T = 600°K 代入（ㄅ）式，得：$\dfrac{k'_A}{k_A} = \exp(503°K/600°K) = 2.31$

■ **例 6.2.8** ■

$N_2O_{(g)}$ 的熱分解反應：$2N_2O_{(g)} \longrightarrow 2N_{2\,(g)} + O_{2\,(g)}$，在一定溫度下，反應的半衰期與初壓力成反比。在 694°C，$N_2O_{(g)}$ 的初壓力爲 3.92×10^4 P_a，半衰期爲 1520 s；在 757°C，初壓力爲 4.8×10^4 P_a 時，半衰期爲 212 s。

（1）求 694°C 和 757°C 時的反應速率常數。

（2）求反應的活化能和指數前因子。

（3）在 757°C，初壓力爲 5.33×10^4 P_a（假定開始只有 N_2O 存在）。求總壓達 6.4×10^4 P_a 所需的時間。

：（1）由題意已知：反應的半衰期與初壓力成反比。此乃「2 級反應」的特徵，故該反應爲「2 級反應」。

利用（2.19c）式，則在 694°C 時，得：

$$k_{A,p,1} = \frac{1}{t_{1/2}p_{A,0}} = \frac{1}{1520s \times 3.92 \times 10^4\ P_a} = 1.678 \times 10^{-8}\ P_a^{-1} \cdot s^{-1}$$

757°C 時，得：$k_{A,p,2} = \dfrac{1}{t_{1/2}p_{A,0}} = \dfrac{1}{212s \times 4.8 \times 10^4\ P_a} = 9.827 \times 10^{-8}\ P_a^{-1} \cdot s^{-1}$

（2）假設 E_a 與溫度無關，則根據（6.4）式：

$$\ln \frac{k_{A,c,2}}{k_{A,c,1}} = \frac{E_a}{R} \left(\frac{1}{T_1} - \frac{1}{T_2} \right) \qquad\qquad （ㄅ）$$

又由（2.49）式：$k_{A,c} = k_{A,p}(RT)^{n-1} = k_{A,p}RT$ （n＝2） （ㄆ）

則（ㄆ）式代入（ㄅ）式，且代入題目數據：

$$\ln \frac{9.827 \times 10^{-8}\ P_a^{-1} \cdot s^{-1} \times 1030°K}{1.678 \times 10^{-8}\ P_a^{-1} \cdot s^{-1} \times 967°K} = \frac{E_a}{8.314J \cdot mole^{-1} \cdot K^{-1}} \left(\frac{1}{967°K} - \frac{1}{1030°K} \right)$$

$\Rightarrow$ ∴解得：$E_a = 240.7$ kJ · mole^{-1}

又指數前因子 $A = k_{A,1} \exp(E_a / RT_1)$

$$A = 1.678 \times 10^{-8}\ P_a^{-1} \cdot s^{-1} \cdot \exp\left(\frac{240.7 kJ \cdot mole^{-1}}{8.314 J \cdot mole^{-1} \cdot K^{-1} \times 967°K} \right)$$

$$= 1.687 \times 10^5\ P_a^{-1} \cdot s^{-1}$$

（3）　　　　　　　　$2N_2O_{(g)} \longrightarrow 2N_{2\,(g)} + O_{2\,(g)}$　　總壓力

$t=0$ 時：　　$p_{A,0}$　　　　　0　　　　　0

　　　　$-)$　　　x

t=t：　　　$p_{A,0}-x$　　　　x　　　$\dfrac{x}{2}$　　　p(總)

可知：$p(N_2O) = p_{A,0} - x = p_A \implies x = p_{A,0} - p_A$

　　　　$p(N_2) = x = p_{A,0} - p_A$

　　　　$p(O_2) = \dfrac{x}{2} = \dfrac{(p_{A,0} - p_A)}{2}$

$p(總) = p_A + (p_{A,0} - p_A) + \dfrac{1}{2}(p_{A,0} - p_A) = \dfrac{3}{2} p_{A,0} - \dfrac{1}{2} p_A \implies p_A = 3p_{A,0} - 2p(總)$

由「2 級反應」的反應速率方程式：$t = \dfrac{1}{k_A}\left(\dfrac{1}{p_A} - \dfrac{1}{p_{A,0}}\right)$（見（2.21）式）：

將題目數據代入上式，可得：

$$t = \frac{1}{9.827 \times 10^{-8}\,P_a^{-1} \cdot s^{-1}} \cdot \left(\frac{1}{3 \times 5.33 \times 10^4\,P_a - 2 \times 6.4 \times 10^4\,P_a} - \frac{1}{5.33 \times 10^4\,P_a} \right)$$

$= 128s$

所以總壓達 $6.4 \times 10^4\,P_a$ 時，所需時間爲 128 s。

■ 例 6.2.9 ■

在 T = 300°K 的定溫槽中測定反應的速率常數 k，設 $E_a = 84$ kJ · mole^{-1}。如果溫度的波動範圍爲±1°K，問溫度及反應速率常數的相對誤差各爲多少？

：溫度的相對誤差 $\dfrac{\Delta T}{T} = \dfrac{\pm 1°K}{300°K} = \pm 0.33\%$

又因爲（6.3）式：$\dfrac{d\ln k}{dT} = \dfrac{E_a}{RT^2} \implies \dfrac{dk}{k} = \dfrac{E_a}{RT} \cdot \dfrac{dT}{T}$　　　　　（ㄅ）

（ㄅ）式可改寫成：

$$\frac{\Delta k}{k} \approx \frac{E_a}{RT} \cdot \frac{\Delta T}{T} = \frac{84000J \cdot mole^{-1}}{8.314J \cdot mole^{-1} \cdot K^{-1} \times 300°K} \times \frac{\pm 1°K}{300°K} = \pm 11\%$$

例 6.2.10

已知某反應活化能為 $80\ kJ \cdot mole^{-1}$，試計算反應溫度從 T_1 到 T_2 時，反應速率常數增大的倍數。

（1）$T_1 = 293.0°K$，$T_2 = 303.0°K$。

（2）$T_1 = 373.0°K$，$T_2 = 383.0°K$。

（3）計算結果說明什麼？

：由（6.4）式：$\ln\dfrac{k(T_2)}{k(T_1)} = -\dfrac{E_a}{R}\left(\dfrac{1}{T_2} - \dfrac{1}{T_1}\right) = \dfrac{E_a(T_2 - T_1)}{RT_2 T_1}$

（1）$\ln\dfrac{k(303.0°K)}{k(293.0°K)} = \dfrac{80kJ \cdot mole^{-1}(303.0°K - 293.0°K)}{8.3145J \cdot K^{-1} \cdot mole^{-1} \times 303.0°K \times 293.0°K} = 1.08385$

$\Rightarrow \dfrac{k(303.0°K)}{k(293.0°K)} = 2.956 \approx 3$，增大了 2 倍

（2）$\ln\dfrac{k(383.0°K)}{k(373.0°K)} = \dfrac{80kJ \cdot mole^{-1}(383.0°K - 373.0°K)}{8.3145J \cdot K^{-1} \cdot mole^{-1} \times 383.0°K \times 373.0°K} = 0.674$

則 $\dfrac{k(383.0°K)}{k(373.0°K)} = 1.96 \approx 2$，增大了 1 倍

（3）由此可以看出，對於同一反應，不同的溫度區間，即使溫度間隔相同，反應速率常數隨溫度變化的倍數也有可能是不相同的。一般來說，初溫度越低，反應速率常數變化越大。

例 6.2.11

反應 $H_2 + I_2 \longrightarrow 2HI$ 的反應機構為：

$$I_2 + M \xrightarrow{\ k_1\ } 2I + M \qquad E_1 = 150.6\ kJ \cdot mole^{-1} \qquad (a)$$

$$H_2 + 2I \xrightarrow{\ k_2\ } 2HI \qquad E_2 = 20.9\ kJ \cdot mole^{-1} \qquad (b)$$

$$2I + M \xrightarrow{\ k_{-1}\ } I_2 + M \qquad E_{-1} = 0 \qquad (c)$$

（1）推導該反應的反應速率方程式。

（2）計算反應的巨觀活化能 E_a。

：（1）由（b）知：$\dfrac{d[HI]}{dt} = 2k_2[H_2][I]^2$ （d）

對中間產物[I]採用「穩定態近似法」，可得：

$$\dfrac{d[I]}{dt} = 2k_1[I_2][M] - 2k_2[H_2][I]^2 - 2k_{-1}[I]^2[M] = 0$$

$\Rightarrow$ $\therefore$解得：$[I]^2 = \dfrac{2k_1[I_2][M]}{2k_2[H_2] + 2k_{-1}[M]}$ （ㄅ）

因為由（c）式可知：$E_{-1} = 0$ $\Rightarrow$ 所以 $k_{-1} \gg k_2$ （ㄆ）

（ㄆ）式代入（ㄅ）式，得：$[I]^2 = \dfrac{k_1[I_2][M]}{k_{-1}[M]} = \dfrac{k_1[I_2]}{k_{-1}}$ （ㄇ）

把（ㄇ）式代入（d）式，得：$\dfrac{d[HI]}{dt} = \dfrac{2k_2k_1}{k_{-1}}[H_2][I_2] = k[H_2][I_2]$

（2）故 $k = \dfrac{2k_1k_2}{k_{-1}}$ $\Rightarrow$ $\dfrac{d\ln(k)}{dT} = \dfrac{d\ln(k_1)}{dT} + \dfrac{d\ln(k_2)}{dT} - \dfrac{d\ln(k_{-1})}{dT}$ （ㄈ）

將（6.3）式代入（ㄈ）式，且化簡後得：

$E_a = E_{a,1} + E_{a,2} - E_{a,-1} = 150.6 + 20.9 - 0 = 171.5 \text{kJ} \cdot \text{mole}^{-1}$

◾ 例 6.2.12 ◾

反應：

$$A_{(g)} \xrightleftharpoons[k_{-1}]{k_1} Y_{(g)} + Z_{(g)}$$

在 25°C 時 k_1 和 k_{-1} 分別是 0.20 s^{-1} 和 $4.94 \times 10^{-9} \text{ Pa}^{-1} \cdot \text{s}^{-1}$，且溫度升高 10°C 時 k_1 和 k_{-1} 都加倍。試計算：

（1）25°C 時反應的平衡常數 K_p？

（2）正反應和逆反應的活化能？

（3）反應熱力學能量變化多少？

（4）如果開始時只有 A，且開始壓力為 10^5 Pa，求總壓力達到 1.5×10^5 Pa 時所需的時間（可忽略逆反應）？

：（1） $K_p = \dfrac{k_1}{k_{-1}} = \dfrac{0.20s^{-1}}{4.94 \times 10^{-9}\,Pa^{-1} \cdot s^{-1}} = 4.05 \times 10^7\,Pa$

（2）利用（6.4）式： $E_a = \dfrac{RT_2 T_1}{T_2 - T_1} \cdot \ln \dfrac{k_2}{k_1}$

所以 $E_{a,1} = \dfrac{8.3145J \cdot mole^{-1} \cdot K^{-1} \times 298°K \times 308°K}{308°K - 298°K} \cdot \ln2 = 52.90\,kJ \cdot mole^{-1}$

$E_{a,-1} = \dfrac{8.3145J \cdot mole^{-1} \cdot K^{-1} \times 298°K \times 308°K}{308°K - 298°K} \cdot \ln2 = 52.90\,kJ \cdot mole^{-1}$

（3）利用（6.5）式： $\Delta H = E_{a,1} - E_{a,-1} = 0$

（4）

$$A_{(g)} \underset{k_{-1}}{\overset{k_1}{\rightleftharpoons}} Y_{(g)} + Z_{(g)} \qquad 總壓力$$

$t=0$ 時： $p_0 = 10^5\,Pa$ 0 0

$\underline{\qquad\qquad -)\quad x \qquad\qquad\qquad\qquad\qquad\qquad\qquad\qquad\qquad}$

$t=t$ 時： $p_0 - x$ x x $p(總)$

可知： $p(A) = p = p_0 - x \Rightarrow x = p_0 - p$

$p(Y) = x = p_0 - p$

$p(Z) = x = p_0 - p$

$p(總) = (p_0 - x) + x + x = p_0 + x = 2p_0 - p$

若忽略逆反應，則反應速率方程式為：

$-\dfrac{dp(A)}{dt} = k_1 [p(A)]^1 \Rightarrow -\dfrac{d(p_0 - x)}{dt} = k_1 (p_0 - x)$

$\Rightarrow \dfrac{dx}{dt} = k_1 (p_0 - x) = k_1 (10^5\,Pa - x)$

上式二邊積分後，可得： $t = \dfrac{1}{k_1} \cdot \ln \dfrac{10^5\,Pa}{10^5\,Pa - x}$ （ㄅ）

因 $p(總) = 2p_0 - p \Rightarrow 1.5 \times 10^5\,Pa = 2 \times 10^5\,Pa - p \Rightarrow p = 0.5 \times 10^5\,Pa$

代入（ㄅ）式，可得：

$$t = \dfrac{1}{0.20s^{-1}} \cdot \ln \dfrac{10^5\,Pa}{(10^5 - 0.5 \times 10^5)Pa} = 3.466\,s$$

■ 例 **6.2.13** ■

平行反應：

$$A \quad + \quad 2B \quad \underset{k_{A,2}, E_2}{\overset{k_{A,1}, E_1}{\diagdown}} \quad \begin{matrix} Y & （主反應） \\ \\ Z & （副反應） \end{matrix}$$

總反應 A 和 B 均為 1 級反應，對 Y 和 Z 均為零級反應，已知：

$$\log[k_{A,1}\,(dm^3 \cdot mole^{-1} \cdot min^{-1})] = -\frac{8000}{T} + 15.700 \tag{i}$$

$$\log[k_{A,2}\,(dm^3 \cdot mole^{-1} \cdot min^{-1})] = -\frac{8500}{T} + 15.700 \tag{ii}$$

（1）若 A 和 B 初物質的濃度分別為 $[A]_0 = 0.100\ mole \cdot dm^{-3}$，$[B]_0 = 0.200\ mole \cdot dm^{-3}$，計算 500°K 時經過 30 min，A 的轉化率為多少？此時 Y 和 Z 物質的濃度各為多少？

（2）分別計算活化能 E_1 和 E_2？

（3）試用相關公式計算分析，改變溫度時，能否改變[Y]/[Z]？要提高主產物的收成率應採用降溫措施，還是升溫措施？並用 500°K 和 400°K 的計算結果驗證。

（4）若不改變溫度，能否有其它辦法改變比值[Y]/[Z]？

：（1）將 T＝500°K 分別代入 $k_{A,1}$ 和 $k_{A,2}$ 與溫度的關係式（即（i）和（ii）式）中，得：

$$k_{A,1} = 0.5012\ dm^3 \cdot mole^{-1} \cdot min^{-1}$$

$$k_{A,2} = 0.05012\ dm^3 \cdot mole^{-1} \cdot min^{-1}$$

對於該平行反應有

$$-\frac{d[A]}{dt} = (k_{A,1} + k_{A,2})[A][B] \tag{ㄅ}$$

因為題目已知 $[B]_0 = 2[A]_0$ 且與計量數的比相同

即 $[B] = 2[A]$ \qquad\qquad（ㄆ）

（ㄆ）式代入（ㄅ）式，則 $-\dfrac{d[A]}{dt} = (k_{A,1} + k_{A,2})2[A]^2$

設 A 的轉化率為 x_A，則

$$-\frac{dx_A}{dt} = (k_{A,1} + k_{A,2})2[A]_0(1 - x_A)^2$$

上式二邊積分後，得：

$$2[A]_0 (k_{A,1} + k_{A,2})t = \frac{x_A}{1 - x_A} \qquad (\Pi)$$

將題目數據代入（ㄇ）式，可得：

$$2 \times 0.100 \text{mole} \cdot \text{dm}^{-3} \times (0.5012 + 0.05012) \text{dm}^3 \cdot \text{mole}^{-1} \cdot \text{min}^{-1} \times 30 \text{min} = \frac{x_A}{1 - x_A}$$

$$\Rightarrow \quad \therefore \text{解得：} x_A = 0.768$$

因為由（4.16）式可知：$[Y]+[Z]=[A]_0 \cdot x_A$，且 $\dfrac{[Y]}{[Z]} = \dfrac{k_{A,1}}{k_{A,2}}$

代入數據，得：$\begin{cases} [Y]+[Z]=0.1 \text{mole} \cdot \text{dm}^{-3} \times 0.768 \\ [Y]/[Z]=10/1 \end{cases}$

解得：$\begin{cases} [Y]=6.98 \times 10^{-2} \text{ mole} \cdot \text{dm}^{-3} \\ [Z]=6.98 \times 10^{-3} \text{ mole} \cdot \text{dm}^{-3} \end{cases}$

（2）將題目裏的（i）和（ii）式和（6.1b）式相比較，可得：

$E_1 = 8000°\text{K} \times 2.303R = 153.2 \text{ kJ} \cdot \text{mole}^{-1}$

$E_2 = 8500°\text{K} \times 2.303R = 162.8 \text{ kJ} \cdot \text{mole}^{-1}$

（3）$\dfrac{[Y]}{[Z]} = \dfrac{k_{A,1}}{k_{A,2}} = \dfrac{k_0 \cdot \exp(-E_1/RT)}{k_0 \cdot \exp(-E_2/RT)} = \exp[(E_2 - E_1)/RT] \qquad (\Box)$

因為由（2）以證出 $E_2 > E_1$，且 $T > 0$，所以，當 T 下降時，[Y]/[Z] 增大，故要想提高產物收率，應採用〝降溫措施〞。

在 $T = 500°\text{K}$ 時，由（ㄈ）式可知：

$$\left(\frac{[Y]}{[Z]} \right)_{T=500°k} = \exp[(162.8-153.2)/500R] = \frac{10}{1}$$

在 $T = 400°\text{K}$ 時，由（ㄈ）式可知：

$$\left[\frac{[Y]}{[Z]} \right] = \exp[(162.8-153.2) \text{ kJ} \cdot \text{mole}^{-1}/400R] = \frac{18}{1}$$

上述計算結果驗證了（3）的結論。

（4）在溫度不改變的情況下，可以引入適當的催化劑，藉以改變 $\dfrac{[Y]}{[Z]}$ 的值，這是利

用催化劑的選擇性。

例 6.2.14

有氧存在時，臭氧的分解反應機構為：

$$O_3 \underset{k_{-1}}{\overset{k_1}{\rightleftharpoons}} O_2 + O \quad \text{（快速平衡）}$$

$$O + O_3 \xrightarrow[E_2]{k_2} 2O_2 \quad \text{（慢）}$$

（1）分別導出用 O_3 分解速率和 O_2 生成速率所表示的反應速率方程式，並指出二者的關係。

（2）已知臭氧分解反應的巨觀活化能為 $119.2 \text{ kJ} \cdot \text{mole}^{-1}$，$O_3$ 和 O 的標準莫耳生成熱分別為 $142.3 \text{ kJ} \cdot \text{mole}^{-1}$ 和 $247.4 \text{ kJ} \cdot \text{mole}^{-1}$，求上述第二步反應的活化能 E_2。

：（1）由題目之反應機構，可得：

$$-\frac{d[O_3]}{dt} = k_1[O_3] - k_{-1}[O_2][O] + k_2[O_3][O] \tag{a}$$

$$\frac{d[O_2]}{dt} = k_1[O_3] - k_{-1}[O_2][O] + k_2[O_3][O] \tag{b}$$

應用「穩定態近似法」：$\dfrac{d[O]}{dt} = 0$，即

$$\frac{d[O]}{dt} = k_1[O_3] - k_{-1}[O_2][O] - k_2[O_3][O] = 0 \tag{c}$$

（c）式代入（a）式得：$-\dfrac{d[O_3]}{dt} = 2k_2[O_3][O]$ （d）

又由（c）式，可得：$[O] = \dfrac{k_1[O_3]}{k_{-1}[O_2] + k_2[O_3]}$，

且題目已知 $k_{-1} \gg k_2$，所以可化簡為：$[O] \approx \dfrac{k_1[O_3]}{k_{-1}[O_2]}$ （e）

將（e）式代入（d）式，得：$-\dfrac{d[O_3]}{dt} = \dfrac{2k_2k_1}{k_{-1}}[O_3]^2[O_2]^{-1}$

同理將（e）式代入（b）式得：$\dfrac{d[O_2]}{dt} = \dfrac{3k_2k_1}{k_{-1}}[O_3]^2[O_2]^{-1}$

所以 $-\dfrac{d[O_3]}{dt} : \dfrac{d[O_2]}{dt} = 2 : 3$

（2）由（1）知：$k = \dfrac{k_2 k_1}{k_{-1}}$　　　　　　　　　　　　　　　　　　　（f）

（也就是：對 $k[O_3] = \dfrac{2k_2 k_1}{k_{-1}}$ ，對 $k[O_2] = \dfrac{3k_2 k_1}{k_{-1}}$ ）

將（6.3）式代入（f）式，且化簡後得：

所以 $E_a = E_{a,2} + E_{a,1} - E_{a,-1}$

即 $E_{a,2} = E_a - (E_{a,1} - E_{a,-1}) = E_a - (\Delta H)_1 \approx E_a - (\Delta_r H_m)_1$

代入數據得：$E_{a,2} = 119.2 - (247.4 - 142.3) = 14.1 \; kJ \cdot mole^{-1}$

■ **例 6.2.15** ■

若反應（1）的活化能為 E_1，反應（2）的活化能為 E_2，且 $E_1 > E_2$，則在同一溫度下 k_1 一定小於 k_2。

：（×）。k 與 E_a 和 A 都有關。

■ **例 6.2.16** ■

若某化學反應的 $\Delta_r U_m < 0$，則該化學反應的活化能小於零。

：（×）。$E_a > 0$

■ **例 6.2.17** ■

平行反應：

$$A - \begin{array}{c} \xrightarrow{k_1} B \\ \\ \xrightarrow{k_2} C \end{array}$$

k_1/k_2 的比值不隨溫度的變化而變化。

：（×）。因為 $k_1/k_2 = (A_1/A_2) \cdot \exp[(E_1 - E_2)/RT]$

■ **例 6.2.18** ■

如果某反應的 ΔH_m 為 $-100 \; kJ \cdot mole^{-1}$，則該反應的活化能 E_a 是：

（a）$E_a \geq -100 \; kJ \cdot mole^{-1}$　　　（b）$E_a \leq -100 \; kJ \cdot mole^{-1}$

（c）$E_a = -100 \; kJ \cdot mole^{-1}$　　　（d）無法確定

：（d）。

▪ 例 **6.2.19** ▪

1 級平行反應：

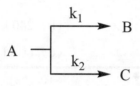

速率常數 k 與溫度 T 的關係如下圖所示，下列各式正確的是：

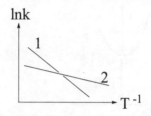

（a）$E_1 < E_2$，$A_1 < A_2$

（b）$E_1 < E_2$，$A_1 > A_2$

（c）$E_1 > E_2$，$A_1 < A_2$

（d）$E_1 > E_2$，$A_1 > A_2$

：（d）。∵依據（6.1a）式，可知：

$$\frac{k_1}{k_2} = \frac{A_1}{A_2} \cdot \exp\left[(E_1 - E_2)/RT\right] \qquad\qquad (ㄅ)$$

（1）當 $\dfrac{1}{T} \longrightarrow$ 小時，代表 T $\longrightarrow$ 大，由圖上可看到：

這時 $\ln k_1 > \ln k_2$，代表 $k_1 > k_2$。

即高溫時，k_1 會大於 k_2（A $\longrightarrow$ B 進行得較 A $\longrightarrow$ C 來得快）。

（2）當 $\dfrac{1}{T} \longrightarrow$ 大時，代表 T $\longrightarrow$ 小，由圖上可看到：

這時 $\ln k_1 < \ln k_2$，代表 $k_1 < k_2$。

即低溫時，k_1 會小於 k_2（A $\longrightarrow$ B 進行得較 A $\longrightarrow$ C 來得慢）。

（3）故由（1）、（2）及（ㄅ）式可判知：

$$E_1 > E_2 \text{ 且 } A_1 > A_2 。$$

▪ **例 6.2.20** ▪

1 個基本反應，正反應的活化能是逆反應活化能的 2 倍，反應吸熱 120 kJ · mole⁻¹，則正反應的活化能是：

（a）120 kJ · mole⁻¹

（b）240 kJ · mole⁻¹

（c）360 kJ · mole⁻¹

（d）60 kJ · mole⁻¹

：（b）。∵

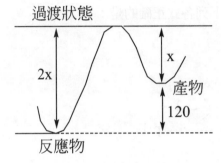

$$\Rightarrow \quad \therefore 2x = x + 120 \quad \Rightarrow \quad x = 120$$

∴正反應活化能：$2x = 240$。

▪ **例 6.2.21** ▪

反應物分子的能量高於產物分子的能量，則此反應就不需要活化能。

：（×）。若該反應是放熱反應，則中間產物的能量會比反應物高，仍需要活化能。

例如：

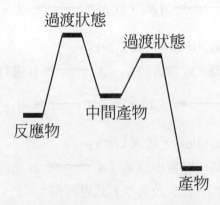

例 6.2.22

對於連續反應

$$A \xrightarrow[E_1]{k_1} B \xrightarrow[E_2]{k_2} D$$

已知 $E_1 > E_2$，若想提高產品 B 的百分數，應：

（a）增加原料 A　　（b）及時移去 D　　（c）降低溫度　　（d）升高溫度

：（d）。

例 6.2.23

平行反應：

$$A \begin{cases} \xrightarrow{k_1, E_1} B \\ \xrightarrow{k_2, E_2} D \end{cases}$$

已知 $E_1 > E_2$，設兩反應的指數前因子相等。當溫度不斷升高時，最後則有：

（a）[B] > [D]　　　（b）[B] < [D]　　　（c）[B] = [D]　　　（d）| [B] − [D] | 最大

：（c）。

例 6.2.24

反應：

$$A \begin{cases} \xrightarrow{E_1} B \xrightarrow{E_3} C \\ \xrightarrow{E_2} D \end{cases}$$

已知 $E_1 > E_2$，$E_1 < E_3$，要提高產物 B 的產率，應：

（a）提高溫度

（b）降低溫度

（c）反應器入口處提高溫度，出口處降低溫度

（d）反應器入口處降低溫度，出口處提高溫度

：（c）。

例 6.2.25

平行反應：

$$B \quad \begin{array}{c} \xrightarrow{\ 1\ } P \\ \xrightarrow{\ 2\ } Q \end{array}$$

已知活化能 $E_1 > E_2$，指數前因子 $A_1 > A_2$。

那麼 （1）降低反應溫度　　　　（2）提高反應溫度

　　　（3）加入適當催化劑　　　（4）延長反應時間。

其中能增加產物 P 的方法有：

（a）（1）、（3）。

（b）（2）、（4）。

（c）（3）、（4）。

（d）（2）、（3）。

：（d）。

例 6.2.26

複雜反應巨觀速率常數 k 與各基本反應速率常數間的關係爲 $k = k_2(k_1/2k_4)^{1/2}$，則巨觀活化能與各基本反應活化能 E_i 間的關係爲：

（a）$E_a = E_2 + 1/2(E_1 - 2E_4)$　　　　（b）$E_a = E_2 + (E_1 - E_4)/2$

（c）$E_a = E_2 + (E_1 - E_4)^{1/2}$　　　　　（d）$E_a = E_2 \times (E_1 - 2E_4)$

：（b）。

例 6.2.27

在 294.2°K 時，1 級反應 A ⟶ C，直接進行時 A 的半衰期爲 1000 分鐘，溫度升高 45.76°K，則反應開始 0.1 分鐘後，A 的濃度降到初濃度的 1/1024，若改變反應條件，使反應分兩步進行：

$$A \xrightarrow{\ k_1\ } B \xrightarrow{\ k_2\ } C,$$ 已知兩步的活化能 $E_1 = 105.52$ kJ · mole^{-1}，

$E_2 = 167.36$ kJ · mole^{-1}，問 500°K 時，該反應是直接進行快，還是分步進行快（假定指數前因子不變）？兩者比值多少？

：（1）直接進行：已知 $T_1 = 294.2°K$，已知「1 級反應」的半衰期公式（2.10a）式：

$$t_{1/2} = \frac{\ln 2}{k} \implies k_1 = 0.693/1000 = 6.93 \times 10^{-4} \text{ min}^{-1}$$

$T_2 = 294.2 + 45.76 = 339.96°K$，

依據（2.8）式：$k_2 = \frac{1}{t} \cdot \ln\left(\frac{a}{c}\right) = \frac{1}{0.1} \times \ln 1024 = 69.3 \text{ min}^{-1}$

$\implies \therefore$ 利用（6.4）式：$E_a = \frac{RT_1 T_2}{T_2 - T_1} \cdot \ln\left(\frac{k_2}{k_1}\right) = 209.2 \text{ kJ} \cdot \text{mole}^{-1}$

（2）兩步進行：$\because$ 已知 $E_1 < E_2$　$\therefore$ 反應由第二步決定。

$$k = A \cdot \exp\left(\frac{-209.2 \times 10^3}{RT}\right)$$

$$k' = A' \cdot \exp\left(\frac{E_2}{RT}\right) = A' \cdot \exp\left(\frac{-167.36 \times 10^3}{RT}\right)$$

假定 A 與 A' 相等，

$k'/k = \exp(-167.36 \times 10^3/RT)/\exp(-209.2 \times 10^3/RT) = \exp(10) = 2.2 \times 10^4$

$\therefore$ 分「兩步進行」的反應速率較快，且快 2.2×10^4 倍

例 6.2.28

設乙醛熱分解 $CH_3CHO \longrightarrow CH_4 + CO$ 式按下列過程進行的：

$$CH_3CHO \xrightarrow{k_1} CH_3 \cdot + CHO$$

$$CH_3 \cdot + CH_3CHO \xrightarrow{k_2} CH_4 + CH_3CO \cdot \quad （放熱反應）$$

$$CH_3CO \cdot \xrightarrow{k_3} CH_3 \cdot + CO$$

$$CH_3 \cdot + CH_3 \cdot \xrightarrow{k_4} C_2H_6$$

（1）用穩定態近似法求出該反應的速率方程式：$\dfrac{d[CH_4]}{dt} = ?$

（2）已知鍵能 $\varepsilon_{C-C} = 355.64 \text{ kJ} \cdot \text{mole}^{-1}$，$\varepsilon_{C-H} = 422.58 \text{ kJ} \cdot \text{mole}^{-1}$，求該反應的巨觀活化能。

：（1） $r = \dfrac{d[CH_4]}{dt} = k_2[CH_3\bullet][CH_3CHO]$ （a）

$\dfrac{d[CH_3\bullet]}{dt} = k_1[CH_3CHO] - k_2[CH_3\bullet][CH_3CHO]$

$$+ k_3[CH_3CO\bullet] - 2k_4[CH_3\bullet]^2 = 0 \qquad\qquad (b)$$

$\dfrac{d[CH_3CO\bullet]}{dt} = k_2[CH_3\bullet][CH_3CHO] - k_3[CH_3CO\bullet] = 0$ （c）

（b）式＋（c）式： $k_1[CH_3CHO] = 2k_4[CH_3\bullet]^2$

$\Rightarrow$ $[CH_3\bullet] = (k_1/2k_4)^{1/2}[CH_3CHO]^{1/2}$，代入（a）式，可得：

$r = k_2(k_1/2k_4)^{1/2}[CH_3CHO]^{3/2} = k_a[CH_3CHO]^{3/2}$

其中 $k_a = k_2(k_1/2k_4)^{1/2}$

（2）由（1）之結果，配合「反應速率常數 $\longleftrightarrow$ 活化能」轉換方式可判知：

$E_a = E_2 + 1/2(E_1 - E_4)$ （d）

$E_1 = \varepsilon_{C-C} = 355.64\,kJ\cdot mole^{-1}$

$E_2 = \varepsilon_{C-H} \times 5\% = 21.3\,kJ\cdot mole^{-1}$，$E_4 = 0$ （原因可見【6.2.81】之解）

上面數據代入（d）式得： $E_a = 21.13 + 1/2(355.64 - 0) = 198.95\,kJ\cdot mole^{-1}$

■ 例 6.2.29 ■

假定：

$$2NO \quad + \quad O_2 \quad \underset{k-}{\overset{k_+}{\rightleftharpoons}} \quad 2NO_2$$

正、逆向反應都是基本反應；正、逆向速率常數分別為 k_+ 和 k_-，實驗測得下列數據：

T(°K)	600	645
k_+($mole^{-2}\cdot dm^6\cdot min^{-1}$)	6.63×10^5	6.52×10^5
k_-($mole^{-1}\cdot dm^3\cdot min^{-1}$)	8.39	40.7

（1）600°K 及 645°K 時反應的平衡常數 K_c

（2）正向反應 ΔU 及 ΔH

（3）正、逆向反應活化能 E_+ 及 E_-

（4）判斷原假定是否正確。

：（1）根據題意，正、逆向反應都是基本反應

$$r_+ = k_+[NO]^2[O_2]，r_- = k_-[NO_2]^2$$

反應平衡時，$r_+ = r_-$

所以 $K_c = \dfrac{k_+}{k_-} = \dfrac{[NO_2]^2}{[NO]^2[O_2]}$

$$K_c(600°K) = \frac{k_+(600°K)}{k_-(600°K)} = \frac{6.63 \times 10^5}{8.39} = 7.90 \times 10^4 \text{ mole}^{-1} \cdot dm^3$$

$$K_c(645°K) = \frac{k_+(645°K)}{k_-(645°K)} = \frac{6.52 \times 10^5}{40.7} = 1.60 \times 10^4 \text{ mole}^{-1} \cdot dm^3$$

（2）根據熱力學的結論，平衡常數 K_c 與溫度的關係為：

$$\frac{d\ln(K_c)}{dT} = \frac{\Delta U}{RT^2} \Rightarrow \ln\frac{K_c(T_2)}{K_c(T_1)} = \frac{\Delta U}{R}\left(\frac{1}{T_1} - \frac{1}{T_2}\right) \qquad （ㄅ）$$

將上面（1）的 K_c 與 T 數據代入（ㄅ）式，得：$\Delta U = -114 \text{ kJ} \cdot \text{mole}^{-1}$

因為 $\Delta H = \Delta U + (\Delta n)RT = \Delta U - RT$ \qquad （ㄆ）

（ㄆ）式代入（ㄅ）式，得：

$$\frac{d\ln(K_c)}{dT} = \frac{\Delta H + RT}{RT^2} = \frac{\Delta H}{RT^2} + \frac{1}{T}$$

$$\Rightarrow \ln\frac{K_c(T_2)}{K_c(T_1)} = \frac{\Delta H}{R}\left(\frac{1}{T_1} - \frac{1}{T_2}\right) + \ln\frac{T_2}{T_1}$$

$\therefore \Delta H = -119 \text{ kJ} \cdot \text{mole}^{-1}$

（3）由 Arrhenius 方程式（6.4）式：$\ln\dfrac{k_2(T_2)}{k_1(T_1)} = \dfrac{E_a}{R} \cdot \left(\dfrac{1}{T_1} - \dfrac{1}{T_2}\right)$

$$\ln\frac{k_+(T_2)}{k_+(T_1)} = \frac{E_+}{R} \cdot \left(\frac{1}{T_1} - \frac{1}{T_2}\right) \Rightarrow \ln\frac{6.52 \times 10^5}{6.63 \times 10^5} = \frac{E_+}{8.314}\left(\frac{1}{600} - \frac{1}{645}\right)$$

$\Rightarrow$ 解得：$E_+ = -1.20 \text{ kJ} \cdot \text{mole}^{-1}$

同理 $E_- = 113 \text{ kJ} \cdot \text{mole}^{-1}$

（4）Tolman 曾用統計力學證明，對基本反應來說，活化能是活化分子的平均能量與所有分子平均能量之差，可用下式表示：

$E_a = \langle E^* \rangle - \langle E \rangle$。即基本反應的活化能一定大於零。

本題解得：$E_+ < 0$，說明正向反應不是基本反應。既然正向反應不是基本反應，則逆向反應亦不是基本反應，因此原假定不正確。

■ 例 **6.2.30** ■

對於平行反應：

設 E_a、E_1、E_2 分別為總反應的巨觀活化能和兩個平行反應的活化能，證明存在以下關係式：$E_a = (k_1E_1 + k_2E_2)/(k_1 + k_2)$

∴總反應速率：$-\dfrac{d[A]}{dt} = k_1[A] + k_2[A] = (k_1 + k_2)[A] = k'[A]$

其中 $k' = k_1 + k_2 = A \cdot \exp(-E'/RT)$ （ㄅ）

∵依據（6.3）式：$\dfrac{d\ln k'}{dT} = \dfrac{E'}{RT^2}$ （ㄆ）

（ㄅ）式代入（ㄆ）式得：

$$\frac{d\ln k'}{dT} = \frac{d\ln(k_1 + k_2)}{dT} = \frac{1}{k_1 + k_2} \cdot \frac{d(k_1 + k_2)}{dT}$$

$$= \frac{1}{(k_1 + k_2)} \times \left(\frac{dk_1}{dT} + \frac{dk_2}{dT}\right) = \frac{1}{k_1 + k_2} \times \left(\frac{k_1 dk_1}{k_1 dT} + \frac{k_2 dk_2}{k_2 dT}\right)$$

$$= \frac{1}{(k_1 + k_2)} \times \left(k_1 \frac{d\ln k_1}{dT} + k_2 \frac{d\ln k_2}{dT}\right) = \frac{1}{k_1 + k_2} \times \left(\frac{k_1 E_1}{RT^2} + \frac{k_2 E_2}{RT^2}\right)$$

$$= \frac{1}{RT^2} \times \left(\frac{k_1 E_1 + k_2 E_2}{k_1 + k_2}\right)$$ （ㄇ）

（ㄆ）式和（ㄇ）式相比較，可知：

$$E' = \left(\frac{k_1 E_1 + k_2 E_2}{k_1 + k_2}\right) \Rightarrow \ 即 E_a = \left(\frac{k_1 E_1 + k_2 E_2}{k_1 + k_2}\right)$$

■ 例 **6.2.31** ■

某反應在催化劑存在時，反應的活化能降低了 41.840 kJ·mole^{-1}，反應溫度為 625.0°K，測得反應速率常數增加為無催化劑時的 1000 倍，試通過計算，並結合催化劑的基本特徵說明該反應中，催化劑試怎樣使反應速率常數增加？

：由 Arrhenius 方程式之（6.1a）式：$k_A = A \cdot \exp(-E_a/RT)$ 可知：

該反應有催化劑存在時，$k'_A = A' \cdot \exp(-E'_a/RT)$

無催化劑時，$k_A = A \cdot \exp(-E_a/RT)$

則 $\dfrac{k'_A}{k_A} = \dfrac{A' \cdot \exp(-E'_a/RT)}{A \cdot \exp(-E_a/RT)} = \dfrac{A'}{A} \cdot \exp[(E_a - E'_a)/RT]$

$\qquad\qquad = \dfrac{A'}{A} \cdot \exp[41840/(8.3145 \times 625.0°K)]$

$\Rightarrow$ 得：$1000 = \dfrac{A'}{A} \times 3140 \Rightarrow \dfrac{A'}{A} = \dfrac{1}{3.14}$

根據催化劑的基本特徵，催化劑的加入為反應開闢了一條活化能降低的新途徑，與原途徑同時發生。上述計算表明，由於加入催化劑，活化能降低，可使反應速率增加到 3140 倍，但實際上卻只增加到 1000 倍。這是由於有、無催化劑存在時兩者的反應機構不同，這造成有催化劑存在時的指數前因子是無催化劑存在時的指數前因子的 1/3.14 倍，總的結果是：有催化劑時僅使該反應的反應速率常數增加到原來的 1000 倍。

▂ 例 6.2.32 ▕

設可逆反應的正方向是放熱反應，並假定正、逆反應都是基本反應，則升高溫度更利於增大正反應的反應速率常數。

：（×）。

▂ 例 6.2.33 ▕

平行反應：

B 和 C 為產物，D 和 E 為副產物。活化能 $E_1 > E_2$，且該二反應的指數前因子相同，可否改變溫度使 $k_1 > k_2$？還可採取什麼措施使 $k_1 > k_2$？

：改變溫度不能使 $k_1 > k_2$，選用適當的催化劑，該催化劑能降低 E_1，可使 $k_1 > k_2$。

■ 例 **6.2.34** ■

已知某反應的活化能 $E_a = 80\ kJ \cdot mole^{-1}$，試問：

（1）由 20°C 變到 30°C

（2）由 100°C 變到 110°C，其速率常數增大了多少倍？

：（1）$\dfrac{k_2}{k_1} = \exp\left[\dfrac{E_a\,(T_2 - T_1)}{RT_1 T_2}\right] = \exp\left(\dfrac{80 \times 10^3 \times 10}{8.314 \times 293 \times 303}\right) \approx 3$

（2）$\dfrac{k_2}{k_1} = \exp\left(\dfrac{80 \times 10^3 \times 10}{8.314 \times 373 \times 383}\right) \approx 2$

■ 例 **6.2.35** ■

設平行反應（I）$A \xrightarrow{k_1} B$ 與（II）$A \xrightarrow{k_2} C$ 有下列動力學數據：

	$E_a(kJ \cdot mole^{-1})$	$A(s^{-1})$
（I）	108	10^{13}
（II）	94	10^{13}

（1）試問改變溫度，那一個反應速率變化快？提高反應溫度能否改變 k_1、k_2 關係？

（2）當溫度由 300°K 增到 500°K 時，產物 B 與 C 之關係將如何變化？

（3）求平行反應的巨觀活化能。

：（1）根據 Arrhenius 方程式（6.3）式：$\dfrac{d\ln k}{dT} = \dfrac{E_a}{RT^2}$

故 $\dfrac{d\ln(k_1)}{dT} = \dfrac{E_{a,1}}{RT^2}$ ，$\dfrac{d\ln(k_2)}{dT} = \dfrac{E_{a,2}}{RT^2}$

且題意已知：$E_{a,1} > E_{a,2} \Rightarrow$ 故 $\dfrac{d\ln(k_1)}{dT} > \dfrac{d\ln(k_2)}{dT}$

又依據（6.1a）式，可知：

又 $\dfrac{k_1}{k_2} = \dfrac{A_1}{A_2} \cdot \exp\left[-\dfrac{(E_{a,1} - E_{a,2})}{RT}\right] = \exp\left(-\dfrac{14000\ J \cdot mole^{-1}}{RT}\right)$ （ㄅ）

由於 $A_1 = A_2$，$E_{a,1} > E_{a,2}$，故在一般溫度下 $k_1 < k_2$。提高溫度 k_1 較 k_2 升得快，但即使 $T \to \infty$，也只能使 $k_1 = k_2$，決不可能改變 $k_2 \geq k_1$ 之關係。

（2）當 t = 0，$[B]_0 = 0$，$[C]_0 = 0$，則

$$\frac{[B]}{[C]} = \frac{k_1}{k_2} = x \tag{ㄆ}$$

根據（ㄆ）式：$\dfrac{x(500°K)}{x(300°K)} = \dfrac{\exp(-14000/R \cdot 500°K)}{\exp(-14000/R \cdot 300°K)} = 9.5$

（3）平行反應的巨觀活化能 $E_a = RT^2 \cdot \dfrac{d\ln(k)}{dT}$ （ㄇ）

又依據相同級數平行反應的關係：$k = \Sigma k_i$

可得：

$$\frac{d\ln(k)}{dT} = \frac{dk}{kdT} = \frac{d(\sum k_i)}{\sum k_i \cdot dT} = \frac{1}{\sum k_i}\left(\sum \frac{k_i \cdot dk_i}{k_i dT}\right) = \frac{1}{\sum k_i}\left(\frac{k_i d\ln(k_i)}{dT}\right)$$

上面等式兩邊乘以 RT^2，且配合（ㄇ）式，可得：

$E_a = \Sigma k_i E_i / \Sigma k_i$（可參考【6.2.30】題） （ㄈ）

將數據代入（ㄈ）式，可得：$E_a = 94.05 \text{ kJ} \cdot \text{mole}^{-1}$

▪ 例 6.2.36 ▪

某個 1~2 級可逆反應：

$$A \underset{k_b}{\overset{k_f}{\rightleftharpoons}} 2B$$

在 300°K 時，實驗平衡常數 $K_c = 100 \text{ mole} \cdot \text{dm}^{-3}$，$\Delta U = -25.0 \text{ kJ} \cdot \text{mole}^{-1}$，反應溫度區間內為常數，已知正反應 $k_f = 10^9 \cdot \exp[-10000K/T]s^{-1}$。若反應物從純物 A 開始，在 A 的轉化率為 50% 時，物料總濃度為 0.300 mole · dm⁻³，求使反應速率達最大的最佳溫度。

: $\dfrac{d\ln(K_c)}{dT} = \dfrac{\Delta U}{RT^2}$

$\ln(K_c) = -\dfrac{\Delta U}{RT} + I$ （積分常數）

已知 T = 300°K 時，$K_c = 100 \text{ mole} \cdot \text{dm}^{-3}$，$\Delta U = -25.0 \text{ kJ} \cdot \text{mole}^{-1}$，

代入可得 I = −5.418，

故 $\ln(K_c) = \dfrac{3007°K}{T} - 5.418$ （1）

$K_c = k_f / k_b$，$\ln(k_c) = \ln(k_f) - \ln(k_b)$ （2）

已知：

$k_f = 10^9 \exp[-10000°K/T]s^{-1}$，$\ln(k_f) = 20.723 - 10000°K/T$ (3)

代入（2）式：

$\ln(k_b) = \ln(k_f) - \ln(k_c) = 26.14 - 13007°K/T$ (4)

$k_b = 2.25 \times 10^{11} \cdot \exp[-13007°K/T]$ (5)

又由題目可知：$r = k_f[A] - k_b[B]^2$ (6)

爲建立 r 與 T 之關係，必須求算[A]及[B]。

$$A \quad \underset{k_b}{\overset{k_f}{\rightleftharpoons}} \quad 2B \qquad 總量$$

t＝0 時： a 0

$\underline{\quad -)\qquad\qquad x}$

t＝t 時： a－x 2x n(總) = a＋x

當 t = $t_{1/2}$ 時，x = a/2，

代入 n(總) = a＋x = 2x＋x = 3x $\Rightarrow$ x = n(總)/3 = 0.100 mole·dm^{-3}

故[B] = 2x = 0.200 mole·dm^{-3}

[A] = x = 0.100 mole·dm^{-3}

以前面求得的 k_f、k_b 及[B]、[A]代入（6）式，可得：

$r = k_f[A] - k_b[B]^2$

$= 10^9 \cdot \exp(-10000°K/T)s^{-1} \times 0.100 mole·dm^{-3}$

$\quad - 2.25 \times 10^{11} \cdot \exp(-13007°K/T)mole^{-1}·dm^3·s^{-1} \times (0.200mole·dm^{-3})^2$

$= 10^8 \cdot \exp(-10000°K/T) - 9.00 \times 10^9 \cdot \exp(-13007°K/T)mole·dm^{-3}·s^{-1}$

$$\frac{dr}{dT} = 10^8 \times \frac{10000°K}{T^2} \times \exp\left(\frac{-10000°K}{T}\right) - 9.00 \times 10^9 \times \frac{13007°K}{T^2} \times \exp\left(\frac{-13007°K}{T}\right)$$

$= 0$

$\Rightarrow$ 化簡可得：$117.06 \cdot \exp\left(-\frac{13007°K}{T}\right) = \exp\left(-\frac{1000°K}{T}\right)$

$\Rightarrow$ ∴解之可得：T = 631.4°K

例 6.2.37

Arrhenius 活化能的定義是 $E_a \overset{def}{=\!=\!=} RT^2 \cdot \dfrac{d\ln(k)}{dT}$。

：（○）。$\therefore \dfrac{d\ln(k)}{dT} = \dfrac{E_a}{RT^2}$ 。

▪ 例 6.2.38 ▪

反應：

$$A \xrightleftharpoons[k_{-1}]{k_1} B$$

正逆反應均為 1 級反應，已知：

$$\log k_1 = -\dfrac{2000}{T} + 4.0$$

$$\log K = \dfrac{2000}{T} - 4.0 \quad (K \text{ 為平衡常數})$$

反應開始$[A]_0 = 0.5$ mole·dm^{-3}，$[B]_0 = 0.05$ mole·dm^{-3}。計算：

（1）逆反應的活化能。

（2）400°K 反應經 10 s 後，A 和 B 的濃度？

（3）400°K 反應達平衡時，A 和 B 的濃度？

：（1）《解法一》：

可逆反應：$K_c = \dfrac{k_+}{k_-}$

上式二邊取對數：$\ln K_c = \ln k_+ - \ln k_-$

將題給公式代入上式得：

$$\ln k_- = \ln k_+ - \ln K_c = -\dfrac{4606}{T} + 9.212 - \dfrac{4606}{T} + 9.212 \ \text{s}^{-1}$$

$$= -\dfrac{9212}{T} + 18.42 \ \text{s}^{-1} \qquad (\text{ㄅ})$$

（ㄅ）式和 Arrehius 式之（6.1c）式：$\ln k_- = -\dfrac{E_-}{RT} + B$ 相比較，可知：

$E_- = 9212 \times R = 7.659 \times 10^4$ J·$mole^{-1}$

《解法二》：

$$\text{根據} \ln K_c = -\frac{\Delta U}{RT} + B' \text{和} \ln k_+ = -\frac{E_+}{RT} + B$$

$$\Delta U = -4606 \times R = -3.829 \times 10^4 \, J \cdot mole^{-1}$$

$$E_+ = 4606 \times R = 3.829 \times 10^4 \, J \cdot mole^{-1}$$

可逆反應：$\Delta U = E_+ - E_-$

$$E_- = E_+ - \Delta U = 7.658 \times 10^4 \, J \cdot mole^{-1}$$

（2）當 $T = 400°K$ 時：

$$\ln k_+ = -\frac{4606}{400} + 9.212 = -2.303 \, s^{-1} \, , \ k_+ = 0.100 \, s^{-1}$$

$$\ln K_c = \frac{k_+}{k_-} = \frac{4606}{400} - 9.212 = 2.303 \, , \ K_c = 10.0$$

故解得：$k_- = 0.010 \, s^{-1}$

《解法三》：

首先要導出 A、B 的濃度與時間的關係。

$$A \underset{k_-}{\overset{k_+}{\rightleftharpoons}} B$$

t＝0 時：   a   b

　　　 $-)$ x

t＝t 時：   a－x   b＋x

可知：$[A] = a - x$，$[B] = b + x$

代入 $-\dfrac{d[A]}{dt} = k_+[A] - k_{-1}[B]$

$$\Rightarrow \frac{dx}{dt} = k_+(a-x) - k_-(b+x) = (k_+ a - k_- b) - (k_+ + k_-)x$$

$$\Rightarrow \int_0^x \frac{dx}{(k_+ a - k_- b) - (k_+ + k_-)x} = \int_0^t dt$$

$$\Rightarrow \ln \frac{k_+ a - k_- b}{(k_+ a - k_- b) - (k_+ + k_-)x} = (k_+ + k_-)t \qquad (ㄅ)$$

代入 $k_+ = 0.100 \, s^{-1}$，$k_- = 0.010 \, s^{-1}$

a = 0.50 mole · dm^{-3}，b = 0.050 mole · dm^{-3}

$$\ln \frac{0.0495}{0.0495 - 0.110x \, (mole \cdot dm^{-3})} = 0.11t$$

當 t = 10 s 時，x = 0.30 mole · dm^{-3}。

所以剩餘的[A] = 0.20 mole · dm^{-3}，[B] = 0.35 mole · dm^{-3}

《解法四》：

若先求出平衡時的 x_{eq}

則 $\dfrac{b + x_{eq}}{a - x_{eq}} = K_c = \dfrac{k_+}{k_-}$ $\Rightarrow$ $x_{eq} = \dfrac{k_+ a - k_- b}{k_+ + k_-}$

代入（ㄅ）式，得：

$$\ln \frac{k_+ a - k_- b}{(k_+ a - k_- b) - (k_+ + k_-)x} = \ln \frac{x_{eq}}{x_{eq} - x} = (k_+ + k_-)t$$

$\Rightarrow$ $x_{eq} - x = x_{eq} \cdot \exp[-(k_+ + k_-)t]$

無論 b 是否為 0，上式都是適用的。當 t = 10 s 時：

[A] = a − x = a − $x_{eq}\{1 - \exp[-(k_+ + k_-)t]\}$ = 0.20 mole · dm^{-3}

[B] = b + x = b + $x_{eq}\{1 - \exp[-(k_+ + k_-)t]\}$ = 0.35 mole · dm^{-3}

（3）平衡時，$K_c = \dfrac{[B]_{eq}}{[A]_{eq}} = \dfrac{b + x_{eq}}{a - x_{eq}} = 10.0$ （ㄆ）

由題意可知：a = [A]$_0$ = 0.5 mole · dm^{-3}，b = [B]$_0$ = 0.05 mole · dm^{-3}

皆代入（ㄆ）式，則得：$x_{eq} = 0.46$ mole · dm^{-3}

■ 例 6.2.39 ■

某平行反應：

$$A \underset{(2)}{\overset{(1)}{\diagup\diagdown}} \begin{matrix} B \\ C \end{matrix}$$

反應（1）和（2）指數前因子分別為 10^{13} 和 10^{11} s^{-1}，且其活化能分別為 160 kJ · mole^{-1} 和 120 kJ · mole^{-1}。欲使反應（1）的反應速率大於反應（2）的反應速率，則需控制溫度最低為若干？

：欲使 r（1）＞r（2），即 $k_1 > k_2$，則 $k_1 = k_2$ 時的溫度即爲最低溫度。

$$A_1 \cdot \exp(-E_1/RT) \geq A_2 \cdot \exp(-E_2/RT)$$

$$T \geq \frac{E_1 - E_2}{R \cdot \ln(A_1/A_2)} = \left[\frac{40 \times 10^3}{8.314 \cdot \ln(10^{13}/10^{11})} \right]°K = 1045°K$$

▪ 例 6.2.40 ▪

試分析下列反應，原則上是溫度高有利還是溫度低有利？

(1) A $\xrightarrow{\text{(I)} \ E_1}$ B $\xrightarrow{\text{(II)} \ E_2}$ C（產物）

　　 $\searrow$ (III) E_3 $\to D$ ，

　　(a) 若 $E_1 > E_3$；(b) 若 $E_1 < E_3$

(2) A $\xrightarrow{\text{(I)} \ E_1}$ B $\xrightarrow{\text{(II)} \ E_2}$ C（產物）

　　 $\searrow$ (III) E_3 $\to D$ ，

　　(a) 若 $E_2 > E_3$；(b) 若 $E_2 < E_3$

(3) A $\xrightarrow{\text{(I)} \ E_1}$ B（產物）$\xrightarrow{\text{(II)} \ E_2}$ C

　　 $\searrow$ (III) E_3 $\to D$

　　(a) 若 $E_1 > E_2$，$E_1 > E_3$；(b) 若 $E_2 > E_1 > E_3$；

　　(c) 若 $E_1 < E_2$，$E_1 < E_3$；(d) 若 $E_2 < E_1 < E_3$

：如果只考慮動力學因素，則根據升高溫度有利於活化能大的反應的原則，因此上述反應對生成產物有利的溫度是：

(1)（a）高溫；（b）低溫。

(2)（a）高溫；（b）低溫。

(3)（a）高溫；（b）適中；（c）低溫；（d）適中。

▪ 例 6.2.41 ▪

反應 $I_{2(g)} \rightleftharpoons 2I_{(g)}$ 的 $\Delta U = 160$ kJ·mole^{-1}，碘原子複雜反應的活化能爲零，則 I_2 分解反應的活化能爲多少？

：160 kJ·mole^{-1}，因爲 $\Delta U = E_1 - E_{-1}$。

例 6.2.42

氣相可逆反應：

$$A \underset{k_{-1}}{\overset{k_1}{\rightleftharpoons}} B$$

25°C 時，$k_1 = 0.2\ s^{-1}$，$k_{-1} = 4 \times 10^{-4}\ s^{-1}$，35°C 時二者皆增爲原來的 2 倍。試求：

（1）25°C 時的平衡常數 K_P。

（2）正逆反應的活化能 E_+ 和 E_-。

（3）該可逆反應恆壓反應熱 ΔH。

：（1）$K_P = 500$，$k_p = \dfrac{k_1}{k_{-1}} = 500$

（2）$E_+ = E_- = 52.90\ kJ \cdot mole^{-1}$。

$$\ln \frac{k_2}{k_1} = \frac{E_a}{R}\left(\frac{1}{T_1} - \frac{1}{T_2}\right) \Rightarrow E_a = 52.90\ kJ \cdot mole^{-1}$$

（3）利用（6.5）式：$E_{a_1} - E_{a,-1} = \Delta H \Rightarrow \Delta H = 0$

例 6.2.43

下列平行反應，主、副反應都是 1 級反應：

已知 $\log k_1 = -\dfrac{2000}{T/K} + 4.00$，$\log k_2 = -\dfrac{4000}{T/K} + 8.00$

（1）若一開始只有 A，且 $[A]_0 = 0.1\ mole \cdot dm^{-3}$，計算 400°K 時，經 10 s，A 的轉化率爲多少？Y 和 Z 的濃度各爲多少？

（2）用具體計算說明，該反應在 500°K 進行時，是否比 400°K 時更爲有利？

：（1）由「1 級平行反應」之（4.12）式：$\ln \dfrac{1}{1-x_A} = (k_1 + k_2)t$

代入已知條件：$k_1(400°K) = 0.1\ s^{-1}$，$k_2(400°K) = 0.01\ s^{-1}$

則 $\ln \dfrac{1}{1-x_A} = (0.1s^{-1} + 0.01s^{-1}) \cdot 10s$

解得：$x_A = 0.667$

$\therefore \dfrac{[Y]}{[Z]} = \dfrac{k_1}{k_2} = 10$，$[Y]+[Z] = [A]_0 \cdot x_A$，$\therefore [Y] = 0.0606\ mole \cdot dm^3$

（2）400°K 時，$\dfrac{[Y]}{[Z]} = \dfrac{k_1(400°K)}{k_2(400°K)} = 10$

500°K 時，$\dfrac{[Y]}{[Z]} = \dfrac{k_1(500°K)}{k_2(500°K)} = 1$

故在 400°K 反應對主產物（Y）較有利。

例 6.2.44

已知平行反應：

$$A \quad \begin{array}{c} \xrightarrow{k_1,\ E_1} \quad B \quad (副產物) \\[2mm] \xrightarrow{k_2,\ E_2} \quad C \quad (主產物) \end{array}$$

其指數前因子 $A_1 = A_2$，活化能 $E_1 = 138.4\ kJ \cdot mole^{-1}$，$E_2 = 101.3\ kJ \cdot mole^{-1}$。請計算：

（1）反應在 100°C 下進行時，B 與 C 的產量之比為多少？

（2）反應在 600°C 下進行時，B 與 C 的產量之比又為多少？

計算結果說明什麼問題？

：B 與 C 的產量之比即 $\dfrac{[B]}{[C]}$，此值在反應過程中將保持不變。

已知 $A_1 = A_2$ 且利用（6.1a）式，可得：

$$\dfrac{[B]}{[C]} = \dfrac{k_1}{k_2} = \dfrac{A_1 \cdot \exp(-E_1/RT)}{A_2 \cdot \exp(-E_2/RT)} = \exp[(E_2 - E_1)/RT]$$

$$= \exp\left[\dfrac{(101.3 - 138.4) \times 10^3}{8.314T}\right] = \exp\dfrac{-4462.4}{T}$$

（1）$T = 373.2°K$，$\exp\dfrac{-4462.4}{373.2} = 6.413 \times 10^{-6} = \dfrac{[B]}{[C]}$

（2）$T = 873.2°K$，$\exp\dfrac{-4462.4}{873.2} = 6.034 \times 10^{-3} = \dfrac{[B]}{[C]}$

上述計算結果說明：100°C 時，B 的產量爲 C 產量的 6.41×10^{-6}，600°C 時則爲 6.03×10^{-3}，主要產物爲 C，但升溫後 B 的產量比 C 增長得快。即：

$$\dfrac{\left(\dfrac{[B]}{[C]}\right)_{873.2}}{\left(\dfrac{[B]}{[C]}\right)_{373.2}} = \dfrac{6.03 \times 10^{-3}}{6.41 \times 10^{-6}} = 941$$

故上述計算結果證實〝活化能大的反應對溫度較爲敏感〞的原理。

例 6.2.45

平行反應：

爲 1 級反應，反應的活化能 $E_1 = 108.8 \text{ kJ} \cdot \text{mole}^{-1}$，$E_2 = 83.7 \text{ kJ} \cdot \text{mole}^{-1}$，指數前因子 $A_1 = A_2$，試問溫度由 300°K 升高至 600°K，反應產物中 Y 與 Z 的濃度之比提高了多少倍？

：已知 $A_1 = A_2$ 且由（6.1a）式可得：

$$\dfrac{[Y]}{[Z]} = \dfrac{k_1}{k_2} = \dfrac{A_1 \cdot \exp(-E_1/RT)}{A_2 \cdot \exp(-E_2/RT)} = \exp[-(E_1 - E_2)/RT]$$

$$\dfrac{\left(\dfrac{[Y]}{[Z]}\right)_{600°K}}{\left(\dfrac{[Y]}{[Z]}\right)_{300°K}} = \exp\left\{[-(E_1 - E_2)/R] \times \left(\dfrac{1}{T''} - \dfrac{1}{T'}\right)\right\}$$

$$= \exp\{[-(E_1 - E_2)/R](1/T'' - 1/T')\}$$
$$= \exp\{-[(108.8 - 83.7)/(8.314 \text{J} \cdot \text{K}^{-1} \cdot \text{mole}^{-1})]$$
$$\times 10^3 (1/600°K - 1/300°K)\}$$
$$= 153$$

例 6.2.46

有如下平行反應：

$$A \xrightarrow{\begin{array}{c} k_1 \\ k_2 \\ k_3 \end{array}} \begin{array}{c} Q \\ S \\ P \end{array}$$

且 $E_3 > E_1 > E_2$，應如何控制反應溫度可使主要產物 Q 的產量最大？

：配合題意要求，若設 A ⟶ Q 反應爲主反應，其它的 A ⟶ S 和 A ⟶ P 爲副反應。設該三個反應均爲「1 級反應」，則依據（6.1a）式，其反應速率可分別表示爲：

$$r_1 = k_1[A] = A_1 \cdot \exp(-E_1/RT) \cdot [A]$$
$$r_2 = k_2[A] = A_2 \cdot \exp(-E_2/RT) \cdot [A]$$
$$r_3 = k_3[A] = A_3 \cdot \exp(-E_3/RT) \cdot [A]$$

令 $k = \dfrac{r_2 + r_3}{r_1}$，代表主副反應速率之比 $\Rightarrow$ k 值越小即 $r_1 \gg r_2 + r_3$，也就是說：主

反應（r_1）越快越多，而副反應（$r_2 + r_3$）則越慢越少。

則：$k = \dfrac{A_2 \cdot \exp(-E_2/RT) + A_3 \cdot \exp(-E_3/RT)}{A_1 \cdot \exp(-E_1/RT)}$

$$= \frac{A_2}{A_1} \cdot \exp[(E_1 - E_2)/RT] + \frac{A_3}{A_1} \cdot \exp[(E_1 - E_3)/RT]$$

將（ㄅ）式對溫度求導數：

$$\frac{dk}{dT} = -\frac{A_2}{A_1}\left(\frac{E_1 - E_2}{RT^2}\right) \cdot \exp[(E_1 - E_2)/RT] - \frac{A_3}{A_1}\left(\frac{E_1 - E_3}{RT^2}\right) \cdot \exp[(E_1 - E_3)/RT]$$

當 $\dfrac{dk}{dT} = 0$ 時，k 會出現極小值，此時 T 爲最適宜溫度。

$\therefore$ 解得：$T = \dfrac{E_3 - E_2}{R} \cdot \ln\dfrac{(E_1 - E_2)A_2}{(E_3 - E_1)A_3}$

▉ 例 **6.2.47** ▉

某 1 級平行反應：

$$A \xrightarrow{\begin{array}{c}k_1 \\ \\ k_2\end{array}} \begin{array}{c}Y（1）\\ \\ Z（2）\end{array}$$

兩反應指數前因子參量比 $k_{0,1}:k_{0,2}=100:1$，若又知反應（1）的活化能比反應（2）的活化能大 $14.7\ kJ\cdot mole^{-1}$，試求反應溫度 $464°K$ 時 Y 在產物中的莫耳分數可達多少。

: $\dfrac{[Y]}{[Z]}=\dfrac{k_1}{k_2}=100\times exp[(-14.7\times10^3\ J\cdot mole^{-1})/RT]$ （ㄅ）

當 $T=464°K$ 時，代入（ㄅ）式，解得：$\dfrac{k_1}{k_2}=2.21$

$\Rightarrow$ 故 $\dfrac{[Y]}{[Y]+[Z]}=\dfrac{2.21}{2.21+1}=0.69$

▉ 例 **6.2.48** ▉

某 1 級平行反應如下所示：

$$A \xrightarrow{\begin{array}{c}k_1 \\ \\ k_2\end{array}} \begin{array}{c}Y（主反應）\\ \\ Z（副反應）\end{array}$$

（1）若副反應可忽略，$800°K$ 時，A 反應掉一半所需時間為 $138.6s$，求 A 反應掉 99%所需時間？

（2）若副反應不可忽略（以下各問題同此條件），$800°K$ 時，A 反應掉 99%所需時間 873 s，求（k_1+k_2）？

（3）若已知 $800°K$ 時，$k_1=4.7\times10^{-3}\ s^{-1}$，求 k_2 及產物分佈[Y]/[Z]。

（4）若 $800°K$ 時兩反應的指數前因子相同，活化能 $E_1=80\ kJ\cdot mole^{-1}$，求 E_2？

（5）在同一座標上繪出兩平行反應的 lnk 對 1/T 表示圖，若需提高主反應的產率，反應溫度是降還是升好，為什麼？

（6）試導出巨觀活化能與各基本反應活化能的關係式，並求活化能？

：(1) 若本反應略去副反應，即爲簡單「1級反應」，利用題目給的半衰期，可求 800°K 時的 k（即利用（2.10a）式）：

$$\Rightarrow \quad k = \frac{0.693}{t_{1/2}} = \frac{0.693}{138.6s} = 0.005\,s^{-1}$$

又利用（2.13）式且題目已知 $x_A = 0.99$

$$t = \frac{1}{k} \cdot \ln \frac{1}{1-x_A} = \frac{1}{0.005s^{-1}} \cdot \ln \frac{1}{1-0.99} = 921\,s$$

(2) 由（4.12）式可知：「1級平行反應」：$t = \frac{1}{(k_1+k_2)} \cdot \ln \frac{1}{1-x_A}$

所以 $(k_1+k_2) = \frac{1}{t} \cdot \ln \frac{1}{1-x_A} = \frac{1}{837s} \cdot \ln \frac{1}{1-0.99} = 0.0055\,s^{-1}$

(3) 由於已算出 $k_1 + k_2 = 0.0055\,s^{-1}$，而 $k_1 = 0.0047\,s^{-1}$，

則產物分佈 $[B]/[C] = k_1/k_2 = 0.0047\,s^{-1}/0.0008\,s^{-1} = 5.875$

(4) 因爲由（6.1a）式可得：

$$\frac{k_1}{k_2} = \frac{A_1 \cdot \exp(-E_1/RT)}{A_2 \cdot \exp(-E_2/RT)} = \exp[(E_2-E_1)/RT] \quad (\because A_1 = A_2)$$

$$\Rightarrow \quad E_2 = RT \cdot \ln \frac{k_1}{k_2} + E_1$$

$$= 8.3145\,J \cdot mole^{-1} \cdot k^{-1} \times 800°K \cdot \ln 5.875 + 80000\,J \cdot mole^{-1}$$

$$= 91778\,J \cdot mole^{-1}$$

(5) 因爲由（6.1b）式可知：$\ln k = -\frac{E_a}{RT} + \ln A$ （ㄅ）

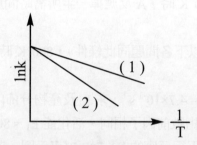

現在已知 $A_1 = A_2$，故（ㄅ）式的截矩相同，且上面已證明：$E_1 < E_2$，

故由（ㄅ）式得知：反應（1）的斜率小於反應（2）的斜率，如上圖所示。

又因爲（6.3）式：$d\ln k/dT = E_a/RT^2$，可知：當 E_a 大時，k 隨 T 的變化增大。

又已知：主反應 E_1 小，故降溫對反應（1）有利。

（6）因為 $-\dfrac{d[A]}{dt} = (k_1 + k_2)[A] = k[A]$ （夂）

其中 $k = k_1 + k_2$

據 Arrhenius 方程式（6.3）式：$d\ln k/dT = E/RT^2$，可知：

$$\frac{d\ln(k_1 + k_2)}{dT} = \frac{d(k_1 + k_2)}{(k_1 + k_2)dT} = \frac{1}{(k_1 + k_2)}\left(\frac{dk_1}{dT} + \frac{dk_2}{dT}\right)$$

$$= \frac{1}{(k_1 + k_2)}\left(\frac{k_1 dk_1}{k_1 dT} + \frac{k_2 dk_2}{k_2 dT}\right)$$

$$= \frac{1}{(k_1 + k_2)} \cdot \left(k_1 \frac{d\ln k_1}{dT} + k_2 \frac{d\ln k_2}{dT}\right)$$

$$= \frac{1}{(k_1 + k_2)}\left(\frac{k_1 E_1}{RT^2} + \frac{k_2 E_2}{RT^2}\right)$$

$$= \frac{1}{(k_1 + k_2)} \times \frac{k_1 E_1 + k_2 E_2}{RT^2}$$

$$\therefore E = \frac{k_1 E_1 + k_2 E_2}{k_1 + k_2} = \frac{4.7 \times 10^{-3} \times 80 + 0.8 \times 10^{-3} \times 91.778}{4.7 \times 10^{-3} + 0.8 \times 10^{-3}}$$

$$= 81.71\,kJ \cdot mole^{-1}$$

■ 例 6.2.49 ■

反應：$2NO + O_2 \longrightarrow 2NO_2$ 的反應機構及各基本反應的活化能為：

（i）$2NO \xrightarrow{\ k_1\ } N_2O_2$；$E_1 = 82\ kJ \cdot mole^{-1}$

（ii）$N_2O_2 \xrightarrow{\ k_{-1}\ } 2NO$；$E_{-1} = 205\ kJ \cdot mole^{-1}$

（iii）$O_2 + N_2O_2 \xrightarrow{\ k_2\ } 2NO_2$；$E_2 = 82\ kJ \cdot mole^{-1}$

設前兩個基本反應達平衡狀態，試用「平衡態近似法」建立總反應的動力學方程式，並求巨觀活化能。

：由平衡態近似法：$\dfrac{d[N_2O_2]}{dt} = 0$

故由第（i）、（ii）反應可知：

$$k_1[NO]^2 = k_{-1}[N_2O_2] \Rightarrow [N_2O_2] = \dfrac{k_1}{k_{-1}}[NO]^2 \qquad (ㄅ)$$

由第（iii）反應可得：

$$\dfrac{d[NO_2]}{dt} = 2k_2[N_2O_2][O_2] = 2k_2\dfrac{k_1}{k_{-1}}[NO]^2[O_2] = \dfrac{2k_1k_2}{k_{-1}}[NO]^2[O_2]$$

$$= k[NO]^2[O_2]$$

上式中 $k = \dfrac{2k_1k_2}{k_{-1}}$。

接著，利用「反應速率常數 ⟶ 活化能」轉換方式，則可得：

$$\therefore E = E_1 + E_2 - E_{-1} = 82 + 82 - 205 = -41 \text{ kJ} \cdot \text{mole}^{-1}$$

■ 例 6.2.50 ■

在一定容的容器中，反應物 A 發生如下的平行反應：

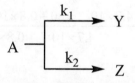

（1）實驗得到 50°C 時，[Y]/[Z]＝恆為 2。當反應 10 min 後，A 的轉化率為 50%；反應時間延長 1 倍，轉化率 75%。試確定反應級數，並求反應速率常數 k_1 與 k_2。

（2）當溫度提高 10°C，測得[Y]/[Z]恆為 3，試求反應的活化能 E_1、E_2 之差。

：（1）因由題意可知：〝半衰期與初濃度無關〞，故判定該反應為「1 級反應」。

則依據「1 級平行反應」之（4.12）式：$t_{1/2} = \dfrac{\ln 2}{k_1 + k_2}$

$$\Rightarrow k_1 + k_2 = \dfrac{\ln 2}{t_{1/2}} = \dfrac{\ln 2}{10 \text{ min}} = 0.0693 \text{ min}^{-1} \qquad (ㄅ)$$

且已知 $\dfrac{k_1}{k_2} = \dfrac{[Y]}{[Z]} = 2 \qquad (ㄆ)$

故由（ㄅ）式和（ㄆ）式，可得：$k_1 = 0.0462 \text{ min}^{-1}$，$k_2 = 0.0231 \text{ min}^{-1}$

(2) 利用 (6.4) 式,則

反應 1 (A $\longrightarrow$ Y), $\ln\left[\dfrac{k_1(T_2)}{k_1(T_1)}\right] = -\dfrac{E_1}{R} \cdot \dfrac{T_1 - T_2}{T_1 T_2}$　　　　　　　　　(ㄇ)

反應 2 (A $\longrightarrow$ Z), $\ln\left[\dfrac{k_2(T_2)}{k_2(T_1)}\right] = -\dfrac{E_2}{R} \cdot \dfrac{T_1 - T_2}{T_1 T_2}$　　　　　　　　　(ㄈ)

故 (ㄇ) 式 $-$ (ㄈ) 式:

$$\ln\dfrac{\left[\dfrac{k_1(T_1)}{k_1(T_2)}\right]}{\left[\dfrac{k_2(T_1)}{k_2(T_2)}\right]} = \dfrac{E_1 - E_2}{R} \cdot \dfrac{T_2 - T_1}{T_1 T_2}$$

$$\Rightarrow \ln\dfrac{\left[\dfrac{k_1(T_1)}{k_1(T_2)}\right]}{\left[\dfrac{k_2(T_1)}{k_2(T_2)}\right]} = \ln\dfrac{3}{2} = \dfrac{E_1 - E_2}{8.314 J \cdot K^{-1} \cdot mole^{-1}} \times \dfrac{(333 - 323)°K}{333°K \times 323°K}$$

故 $E_1 - E_2 = 36.26 \, kJ \cdot mole^{-1}$

▄ 例 6.2.51 ▄

平行反應:

若指數前因子 $A_1 \approx A_2$,且 $E_1 > E_2$,當升高反應溫度時,對提高 Y 的產率有利。請指出,下述解釋中何者正確。

(a) 升高溫度,可使 $k_1 > k_2$

(b) 升高溫度可使反應 (1) 加快,使反應 (2) 減慢

(c) 升高溫度,可使 k_1/k_2 增加

:(c)。

■ 例 **6.2.52** ■

反應 A＋B＋C ────→ Y 的反應機構為：

$$（i）\quad A \ + \ B \ \underset{k_{-1}}{\overset{k_1}{\rightleftharpoons}} \ AB$$

$$（ii）\quad AB \ + \ C \ \xrightarrow{k_2} \ Y$$

其中（i）式為快速平衡。請證明其反應速率常數與溫度的關係為：

$$k = A \cdot exp[-(E_2 + \Delta U)/RT]$$

其中 ΔU 代表（i）式的熱力學能變化，E_2 代表（ii）式的活化能。

:

$$\frac{d[Y]}{dt} = k_2 [AB][C] \tag{ㄅ}$$

由（i）式用「平衡態近似」，得：

$$K = \frac{k_1}{k_{-1}} = \frac{[AB]}{[A][B]} \Rightarrow [AB] = \frac{k_1}{k_{-1}} \cdot [A][B] \tag{ㄆ}$$

（ㄆ）式代入（ㄅ）式，得：

$$\frac{d[Y]}{dt} = k_2 \cdot \frac{k_1}{k_{-1}} \cdot [A][B][C] \tag{ㄇ}$$

令 $k = k_2 \cdot \dfrac{k_1}{k_{-1}}$ \hfill （ㄈ）

則（ㄇ）式改寫為：

$$\frac{d[Y]}{dt} = k \cdot [A][B][C]$$

對（ㄈ）式兩邊取對數後，對溫度 T 求導數：

$$\frac{d\ln(k)}{dT} = \frac{d\ln(k_2)}{dT} + \frac{d\ln(k_1)}{dT} - \frac{d\ln(k_{-1})}{dT} \tag{ㄉ}$$

代入 Arrhenius 方程式之（6.3）式：

$$\frac{d\ln(k)}{dT} = \frac{E}{RT^2}$$

故（ㄉ）式兩邊同乘以 RT^2，可得：

$$E_a = E_2 + E_1 - E_{-1} = E_2 + \Delta U$$

代入反應速率常數的指數式，即（6.1a）式，可得：

$$k = A \cdot exp(-E/RT) = A \cdot exp[-(E_2 + \Delta U)/RT]$$

■ 例 6.2.53 ■

某反應速率常數與各基本反應速率常數的關係為：

$$k = k_2 \left(\frac{k_1}{2k_4} \right)^{1/4}$$

則該反應的巨觀活化能與各基本反應活化能的關係是：

（a）$E_a = E_2 + \dfrac{1}{2} E_1 - E_4$ 　　　　　　　　（b）$E_a = E_2 + \dfrac{1}{4}(E_1 - E_4)$

（c）$E_a = E_2 + (E_1 - E_4)^{1/4}$ 　　　　　　（d）$E_a = E_2 + \dfrac{1}{4}(E_1 - E_4)$

：（b）。參考「反應速率常數 ⟶ 活化能」之轉換方式。

■ 例 6.2.54 ■

有某 2 級平行反應（對 A、B 各為 1 級）：

（1）若 A 和 B 的初濃度都等於 c_0，求 A 的濃度隨時間變化的積分表示式。

（2）在 $500°K$，$c_0 = 0.5 \text{ mole} \cdot \text{dm}^{-3}$，經過 30 min 後，Y 和 Z 的產量分別是 0.075 和 0.125 mole，求 k_1 和 k_2。

（3）已知兩個反應的指數前因子相同，在 $500°K$ 時，$E_1 = 150 \text{ kJ} \cdot \text{mole}^{-1}$，求 $E_2 = ?$

：（1）

$t = 0$ 時：　　c_0　　　　　　　c_0

　　　−）　$c_{x,1} + c_{x,2}$　　　$c_{x,1} + c_{x,2}$

$t = t$ 時：$c_0 - c_{x,1} - c_{x,2}$　　　$c_0 - c_{x,1} - c_{x,2}$

可知：$[A] = c_0 - c_{x,1} - c_{x,2}$，$[B] = c_0 - c_{x,1} - c_{x,2}$，$[Y] = c_{x,1}$，$[Z] = c_{x,2}$

則代入：$-\dfrac{d[A]}{dt} = k_1[A][B] + k_2[A][B]$

$\Rightarrow -\dfrac{d(c_0 - c_{x,1} - c_{x,2})}{dt} = k_1(c_0 - c_{x,1} - c_{x,2})^2 + k_2(c_0 - c_{x,1} - c_{x,2})^2$

$\Rightarrow \dfrac{dx}{dt} = (k_1 + k_2)(c_0 - x)^2$（令 $x = c_{x,1} + c_{x,2}$）

$\Rightarrow \displaystyle\int_0^x \dfrac{dx}{(c_0 - x)^2} = \int_0^t (k_1 + k_2)dt$

積分得：$(k_1 + k_2) = \dfrac{1}{t} \cdot \dfrac{x}{c_0(c_0 - x)}$　　　　　　　　　　　　（ㄅ）

（2）將數據代入（ㄅ）式，可得：

$k_1 + k_2 = \dfrac{1}{30} \cdot \dfrac{(0.075 + 0.125)}{0.5[0.5 - (0.075 + 0.125)]} = 0.044$　　　　　（ㄆ）

$\dfrac{k_1}{k_2} = \dfrac{c_{x,1}}{c_{x,2}} = \dfrac{0.075}{0.125} = 0.6$　　　　　　　　　　　　　　　（ㄇ）

（ㄆ）式和（ㄇ）式兩式聯立求解得：

$k_1 = 0.0165\ \text{mole}^{-1} \cdot \text{min}^{-1}$；$k_2 = 0.0275\ \text{mole}^{-1} \cdot \text{min}^{-1}$

（3）由（6.1b）式可知：$\ln(k_1) = \ln(A) - \dfrac{E_1}{RT} \Rightarrow \ln(A) = \ln(k_1) + \dfrac{E_1}{RT}$

代入數據：$\ln(A) = \ln 0.0165 + \dfrac{150000}{8.314 \times 500} = \ln 0.0275 + \dfrac{E_a}{8.314 \times 500}$

$\Rightarrow \therefore$ 解得：$E_2 = 147.88\ \text{kJ} \cdot \text{mole}^{-1}$

■ 例 6.2.55 ■

若基本反應的 $\Delta_r U_m < 0$，則該化學反應的活化能小於零。

：（×），$E_a \geqq 0$。

Tolman 教授曾用統計力學證明，對「基本反應」來說，活化能是活化分子的平均能量與反應物分子平均能量之差值，$E_a = (E^*) - (E)$，即「基本反應」的活化能一定大於零。

■ 例 6.2.56 ■

有下列反應：

$$A_{(g)} \xrightleftharpoons[k_{-1}]{k_1} Y_{(g)} + Z_{(g)}$$

上式中，k_1 與 k_{-1} 分別是正向和逆向基本反應的反應速率常數，它們在不同溫度時的量值如下表所示：

溫度 $T(°K)$	$k_1(s^{-1})$	$k_{-1}(s \cdot kP_a)^{-1}$
298	$3.33×10^{-3}$	$6.67×10^{-7}$
308	$6.67×10^{-3}$	$1.33×10^{-6}$

（1）請計算上述可逆反應在 298°K 時的平衡常數 K_p。

（2）分別計算正向和逆相反應的活化能 E_1 與 E_{-1}。

（3）計算可逆反應的莫耳反應熱 ΔU。

（4）若反應容器開始時只有 A，其初壓力 p_0 爲 $1\ kP_a$，問系統總壓力 p' 達到 $1.5\ kP_a$ 時所需時間爲多少？（298°K）

：（1）298°K 下，$K_p = \dfrac{k_1}{k_{-1}} = \dfrac{3.33×10^{-3}}{6.67×10^{-7}} = 5.0×10^3\ kP_a$

（2）由 Arrhenius 方程式（即(6.4)式），可求得正向反應的活化能爲：

$$E_1 = R \cdot \ln\frac{k_1(298°K)}{k_1(308°K)} \times \left(\frac{T_1 T_2}{T_2 - T_1}\right)$$

$$= 8.3145 \cdot \ln\frac{3.33×10^{-3}}{6.67×10^{-3}} \times \left(\frac{298°K × 308°K}{298°K - 308°K}\right)$$

$$= 52.72\ kJ \cdot mole^{-1}$$

且求得逆向反應的活化能爲：

$$E_{-1} = R \cdot \ln\frac{k_{-1}(298°K)}{k_{-1}(308°K)} \times \left(\frac{T_1 T_2}{T_2 - T_1}\right)$$

$$= 8.3145 \cdot \ln\frac{6.67×10^{-7}}{1.33×10^{-6}} \times \left(\frac{298°K × 308°K}{298°K - 308°K}\right)$$

$$= 52.72\ kJ \cdot mole^{-1}$$

（3）$\Delta U = E_1 - E_{-1} = 0$

（4）

$$A \underset{k_{-1}}{\overset{k_1}{\rightleftharpoons}} Y + Z \qquad 總壓力$$

t＝0 時： p_0

$$\underline{-) \qquad x}$$

t＝t 時： p $\qquad$ x $\qquad$ x $\qquad$ p(總)＝p′

可知：$p(A) = p_0 - x = p \Rightarrow x = p_0 - p$

$p(Y) = p(Z) = x = p_0 - p$

$p(總) = p′ = p + x + x = p + 2x = p + 2(p_0 - p) = 2p_0 - p$

已知：$p′ = 1.5$ 且 $p_0 = 1\ kP_a \Rightarrow$ 故 $p′ = 2p_0 - p \Rightarrow 1.5 = 2 - p$

$\therefore p = 0.5\ kP_a$

因此總壓力達 1.5 kP_a 的時間 t 就是 A 的半衰期 $t_{1/2}$。

$$\frac{dp(A)}{dt} = -k_1 p(A) + k_{-1} p(Y) p(Z) \Rightarrow \frac{d(p_0 - x)}{dt} = -k_1(p_0 - x) + k_{-1} \cdot x^2$$

$$\Rightarrow \frac{dx}{dt} = k_1(p_0 - x) - k_{-1} x^2$$

由題給數據可知：$k_1 \gg k_{-1}$，故可忽略逆反應，而得「1 級反應」的反應速率方程式，利用（2.10a）式，可得總壓力達到 1.5 kP_a 的時間為：

$$t = t_{1/2} = \frac{\ln 2}{k_1} = 208\ s$$

■ 例 6.2.57 ■

連續反應 $A \overset{k_1}{\longrightarrow} Y \overset{k_2}{\longrightarrow} Z$，$k_1$ 與 k_2 隨溫度變化的關係為：

$$\ln k_1 = \frac{-2000}{T} + 4\ s^{-1} \text{ 和 } \ln k_2 = \frac{-4000}{T} + 8\ s^{-1}$$

則（1）$E_1 = ?\ E_2 = ?$

（2）1000°K 經幾秒後，中間產物 Y 的濃度達極大，中間產物最大濃度$[Y]_m$是初濃度的幾倍？

：（1）對照（6.1c），$\ln k = -\dfrac{E_a}{RT} + B$

$E_1 = 2000R = 16.28 kJ \cdot mole^{-1}$

$E_2 = 4000R = 33.256 kJ \cdot mole^{-1}$

（2）根據（4.24 式）：$t_{max} = \dfrac{\ln(k_2/k_1)}{k_2 - k_1} = \dfrac{\ln k_2 - \ln k_1}{k_2 - k_1}$

當 $T = 1000°K$ 時，$\ln k_1 = 2$，$\ln k_2 = 4$。

$t_{max} = \dfrac{\ln k_2 - \ln k_1}{\exp(4) - \exp(2)} = 0.042s$

根據（4.25）式：$y_{max} = a\left(\dfrac{k_1}{k_2}\right)^{k_2/(k_2 - k_1)}$

將 $a = [A]_0$；$k_1 = \exp(1)$；$k_2 = \exp(4)$ 代入$[Y]_m = 0.099[A]_0$

▪ 例 6.2.58 ▪

關於「活化控制」，下面的說法中正確的是

（a）在低溫區，活化能大的反應為主

（b）在高溫區，活化能小的反應為主

（c）升高溫度，活化能小的反應的速率常數增加大

（d）升高溫度，活化能大的反應的速率常數增加大

：（d）。(因為 $\dfrac{d\ln k}{dT} = \dfrac{E_a}{RT^2}$)

▪ 例 6.2.59 ▪

對於一般化學反應，當溫度升高時應該是

（a）活化能明顯降低

（b）平衡常數一定變大

（c）正逆反應的反應速率常數成比例變化

（d）反應達到平衡的時間縮短

：（d）。

■ 例 **6.2.60** ■

下述反應：$2A_{3(g)} \longrightarrow 3A_{2(g)}$

有人提出以下反應機構：

$$A_{3(g)} \underset{k_{-1}, E_{-1}}{\overset{k_1, E_1}{\rightleftharpoons}} A_{2(g)} + A_{(g)}$$

$$A_{3(g)} + A_{(g)} \xrightarrow[E_2]{k_2} 2A_{2(g)}$$

已知 $k_1 = 4.60 \times 10^{15} \text{ s}^{-1} \cdot \exp(-1.00 \times 10^5 \text{ J} \cdot \text{mole}^{-1}/RT)$

$\quad k_{-1} = 6.00 \times 10^{10} \text{ dm}^3 \cdot \text{mole}^{-1} \cdot \text{s}^{-1} \cdot \exp(-2.51 \times 10^3 \text{ J} \cdot \text{mole}^{-1}/RT)$

$\quad k_2 = 2.96 \times 10^9 \text{ dm}^3 \cdot \text{mole}^{-1} \cdot \text{s}^{-1} \cdot \exp(-2.51 \times 10^4 \text{ J} \cdot \text{mole}^{-1}/RT)$

上述反應速率常數均為以 A_2 為反應速率表示的反應速率常數。

（1）分別計算 $T = 300°K$ 時的 k_1、k_{-1}、k_2 的數值。

（2）試由所給反應機構推導出上述反應機構的反應速率方程式：

$$-\frac{d[A_2]}{dt} = k(A_2) \cdot \frac{[A_3]^2}{[A_2]}$$

（3）推導出上述反應的巨觀活化能 E_a 與各基本反應的活化能的關係，並據此計算出 E_a 的數值。

（4）若反應在溫度 $300°K$ 保持的密閉容器中進行，A_3 及 A_2 的初濃度$[A_3]_0 = 1.00 \times 10^{-4}$ $\text{mole} \cdot \text{dm}^{-3}$，$[A_2]_0 = 1.00 \times 10^{-3} \text{ mole} \cdot \text{dm}^{-3}$，試計算 A_3 反應掉80%所需時間？

：（1）把 $T = 300°K$ 代入題目裏 k_1、k_{-1}、k_2 與溫度的關係式中，可求得：

$\quad k_1 = 1.78 \times 10^{-2} \text{ s}^{-1}$ ；

$\quad k_{-1} = 2.19 \times 10^{10} \text{ dm}^3 \cdot \text{mole}^{-1} \cdot \text{s}^{-1}$

$\quad k_2 = 1.26 \times 10^5 \text{ dm}^3 \cdot \text{mole}^{-1} \cdot \text{s}^{-1}$

（2）由題目反應機構可知，將該二式相加，可得：

$$2A_{3(g)} \xrightarrow[E_a]{k(A_3)} 3A_{2(g)}$$

（ㄅ）

因為$(k_2 + k_{-1}) \gg k_1$，所以用「穩定態近似法」推導反應機構的反應速率方程更為合理。

由題目之反應機構：$-\dfrac{d[A_2]}{dt} = 2k_2[A_3][A]$ （ㄆ）

由「穩定態近似法」求解[A]：

$\dfrac{d[A]}{dt} = k_1[A_3] - k_{-1}[A_2][A] - k_2[A_3][A] = 0 \Rightarrow [A] = \dfrac{k_1[A_3]}{k_{-1}[A_2] + k_2[A_3]}$

因為前面（1）已證明：$k_{-1} \gg k_2$，

所以$[A] = \dfrac{k_1[A_3]}{k_{-1}[A_2]}$，代入（ㄆ）式，得：$-\dfrac{d[A_2]}{dt} = 2k_2[A_3]\dfrac{k_1[A_3]}{k_{-1}[A_2]}$

和題目提供：$k(A_2)\dfrac{[A_3]^2}{[A_2]}$ 相比較，可知：

$k(A_2) = \dfrac{2k_2k_1}{k_{-1}}$ （ㄇ）

(3) 由（ㄅ）式，可知：$k(A_3) = \dfrac{2}{3} \cdot k(A_2) = \dfrac{2}{3} \cdot \dfrac{2k_2k_1}{k_{-1}}$ （∵配合（ㄇ）式），

上式二邊取對數：$\ln k(A_3) = \ln\left(\dfrac{4}{3}\right) + \ln k_1 + \ln k_2 - \ln k_{-1}$

上式二邊同時對溫度 T 微分：$\dfrac{d\ln k(A_3)}{dT} = \dfrac{d\ln k_1}{dT} + \dfrac{d\ln k_2}{dT} - \dfrac{d\ln k_{-1}}{dT}$

由 Arrhenius 方程式之（6.3）式，可知：$\dfrac{E_a}{RT^2} = \dfrac{E_1}{RT^2} + \dfrac{E_2}{RT^2} - \dfrac{E_{-1}}{RT^2}$

$\therefore E_a = E_1 + E_2 - E_{-1} = 122.6 \ kJ \cdot mole^{-1}$

(4) 由 $-\dfrac{d[A_3]}{dt} = k(A_3)\dfrac{[A_3]^2}{[A_2]_0}$ ，因為$[A_2]_0 \gg [A_3]_0$

$\therefore -\dfrac{d[A_3]}{dt} = k'(A_3)[A_3]^2$ （ㄈ）

式中$k'(A_3) = k(A_3)/[A_2]_0$，積分（ㄈ）式，得：

$t = \dfrac{1}{k(A_3)/[A_2]_0}\left[\dfrac{1}{[A_3]} - \dfrac{1}{[A_3]_0}\right] = \dfrac{1}{\dfrac{2}{3}k(A_2)/[A_2]_0}\left[\dfrac{1}{0.2[A_3]_0} - \dfrac{1}{[A_3]_0}\right]$

$= 2.93 \times 10^8 \ s$

▪ 例 **6.2.61** ▪

反應：

$$A \begin{cases} \xrightarrow{k_1} B \xrightarrow{k_3} D \\ \xrightarrow{k_2} G \end{cases}$$

若 $E_2 > E_1 > E_3$，則（1）當 D 為產物時，應如何控制溫度。

　　　　　　　　（2）當 G 為產物時，應如何控制溫度。

：（1）溫度應控制較低。

　（2）溫度應控制較高。

▪ 例 **6.2.62** ▪

某複雜反應速率常數與基本反應速率常數之間的關係為：

$$k = 2k_1 k_2 \sqrt{\frac{k_3}{k_4}}$$

則該反應巨觀活化能與基本反應活化能之間的關係為：

（a）$E = 2E_1 + E_2 + \dfrac{1}{2}(E_3 - E_4)$　　（b）$E = E_1 + E_2 + \dfrac{1}{2}(E_3 - E_4)$

（c）$E = E_1 + E_2 + E_3 - E_4$　　　　（d）$E = 2(E_1 + E_2) + \dfrac{1}{2}(E_3 - E_4)$

：（b）。

▪ 例 **6.2.63** ▪

反應 $CO_{(g)} + 2H_{2\,(g)} \rightleftharpoons CH_3OH_{(g)}$ 不存在催化劑時，正反應的活化能為 E_a，平衡常數為 K。若加入催化劑，反應速率明顯加快，此時正反應的活化能為 E'_a，平衡常數為 K′，則

（a）$K = K'$，$E_a = E'_a$　　　　　（b）$K > K'$，$E_a < E'_a$

（c）$K = K'$，$E_a > E'_a$　　　　　（d）$K > K'$，$E_a > E'_a$

：（c）。

例 6.2.64

已知可逆反應

$$2NO_{(g)} + O_{2\,(g)} \underset{k_{-1}}{\overset{k_1}{\rightleftharpoons}} 2NO_{2\,(g)}$$

在不同溫度下的 k 值如下表所示：

T (K)	k_1 $(mole^{-2} \cdot dm^6 \cdot min^{-1})$	k_{-1} $(mole^{-1} \cdot dm^3 \cdot min^{-1})$
600	6.63×10^5	8.39
645	6.52×10^5	40.7

試計算：

（1）不同溫度下反應的平衡常數值。

（2）該反應的 ΔE（設該值與溫度無關）和 660°K 時的 ΔH。

：（1）已知：$K = \dfrac{k_1}{k_{-1}}$

則 600°K 時：$K = \dfrac{k_1}{k_{-1}} = \dfrac{6.63 \times 10^5}{8.39} = 7.9022 \times 10^4 \ mole^{-1} \cdot dm^3$

645°K 時：$K = \dfrac{k_1}{k_{-1}} = \dfrac{6.52 \times 10^5}{40.7} = 1.6019 \times 10^4 \ mole^{-1} \cdot dm^3$

（2）將上述結果代入（6.4）式：$\ln \dfrac{k_2}{k_1} = -\dfrac{\Delta E}{R}\left(\dfrac{1}{T_2} - \dfrac{1}{T_1}\right)$

$\ln \dfrac{1.6019 \times 10^4}{7.902 \times 10^4} = -\dfrac{\Delta E}{8.314}\left(\dfrac{1}{645} - \dfrac{1}{600}\right)$

$\Delta E = -1.141 \times 10^5 \ J \cdot mole^{-1}$

$\Delta H = \Delta E + \sum \nu_B RT = -1.141 \times 10^5 - 8.314 \times 660 = -119.6 \ kJ \cdot mole^{-1}$

例 6.2.65

利用活化能和溫度對反應速率的影響關係能控制某些複雜反應的反應速率，即所謂「活化控制」。下面的反應中都可進行「活化控制」的是

（a）平行反應和連續反應　　　（b）可逆反應和鏈反應

（c）可逆反應和連續反應　　　（d）連續反應和鏈反應

：（a）。

■ 例 6.2.66 ■

"一個化學反應，其向右進行的趨勢很大(ΔG 負值大)則其反應速率也很大"，這種說法對嗎？

：(×)。ΔG 只能表示反應**趨勢**，不能代表反應速率。反應速率除了與體系本性有關外，
還與外界條件如溫度、溶劑、催化劑等因素有關。

■ 例 6.2.67 ■

反應：

$$A \begin{cases} \xrightarrow{(1)} B \xrightarrow{(2)} D \quad (主反應) \\ \xrightarrow{(3)} G \quad (副反應) \end{cases}$$

$E_1 > E_3$ 且反應（2）是快速的，提高 D 的產率可以：

（a）升高溫度　　　　（b）降低溫度　　　　（c）溫度不變　　　　（d）即時移走 G

：（a）。

■ 例 6.2.68 ■

乙醛熱分解的反應機構爲：

$$CH_3CHO \xrightarrow{k_1} CH_3 + CHO$$

$$CH_3 + CH_3CHO \xrightarrow{k_2} CH_4 + CH_2CHO$$

$$CH_2CHO \xrightarrow{k_3} CO + CH_3$$

$$CH_3 + CH_3 \xrightarrow{k_4} C_2H_6$$

試用「穩定態近似法」導出生成甲烷的速率方程式，若以上各基本反應的活化能依次爲
$E_1 = 318$ kJ・mole^{-1}，$E_2 = 41.84$ kJ・mole^{-1}，$E_3 = 75.3$ kJ・mole^{-1}，$E_4 = 0$，求生成甲烷的巨觀活化能。

：$\dfrac{d[CH_4]}{dt} = k_2[CH_3][CH_3CHO]$　　　　　　　　　　　　　　（1）

由於 CH_3 和 CH_2CHO 爲中間產物，可採用「穩定態近似法」處理：

$$\dfrac{d[CH_3]}{dt} = k_1[CH_3CHO] - k_2[CH_3][CH_3CHO] + k_3[CH_2CHO] - 2k_4[CH_3]^2$$

$$= 0 \qquad\qquad\qquad\qquad\qquad\qquad\qquad (2)$$

$$\dfrac{d[CH_2CHO]}{dt} = k_2[CH_3][CH_3CHO] - k_3[CH_2CHO] = 0 \qquad (3)$$

（2）式 +（3）式得：$[CH_3] = \left(\dfrac{k_1}{2k_4}\right)^{1/2}[CH_3CHO]^{1/2}$ 　　　　（4）

將（4）式代入（1）式，可得：

$$\dfrac{d[CH_4]}{dt} = k_2\left(\dfrac{k_1}{2k_4}\right)^{1/2}[CH_3CHO]^{3/2} = k[CH_3CHO]^{3/2} \qquad (5)$$

亦即 $k = k_2\left(\dfrac{k_1}{2k_4}\right)^{1/2}$，則依據「反應速率常數 $\longleftrightarrow$ 活化能」之轉換法，可得：

$$E = E_2 + \dfrac{1}{2}(E_1 - E_4) = 41.84 + \dfrac{1}{2}(318 - 0) = 200.84 \text{ kJ} \cdot \text{mole}^{-1}$$

▪ 例 6.2.69 ▪

有一平行反應

$$A \quad \overset{E_1}{\underset{E_2}{\Bigg\langle}} \quad \begin{matrix} B \\ \\ C \end{matrix}$$

已知 $E_1 > E_2$，若 B 是所需要的產品從動力學的角度定性地考慮應採用怎樣的反應溫度。

：適當提高反應溫度。

▪ 例 6.2.70 ▪

連續反應 $A \xrightarrow{\ E_1\ } B(產品) \xrightarrow{\ E_2\ } C$，$E_1 > E_2$，若要提高產率可採取什麼措施？

：提高反應溫度。

■ 例 6.2.71 ■

某個化學反應從相同初濃度開始到轉化率爲20%所需的時間，在40°C爲15min，而在60°C爲 3min，求反應巨觀活化能。

:

使用 Arrhenius 定積分式求 E_a，當 T_1，T_2 已知時，關鍵在求 $\dfrac{k(T_1)}{k(T_2)}$ 的值。

雖然題目沒有告知反應級數，但根據反應速率表示：

$$-\frac{d[反應物]}{dt} = k[A]^\alpha \cdot [B]^\beta \cdots$$

移項整理並積分，可得 kt 是（某些）物質濃度的函數，而有些濃度也可用轉化率來表達，故可以說：對任意反應級數的某個反應，當濃度相同，轉化率相同時，必存在 $k(T_1) \cdot t_1 = k(T_2) \cdot t_2$ 之重要關係式。

此題依據§6.1的【解題思考技巧（二）】可知：

$k_1 t_1 = k_2 t_2$ （ㄅ）

$t_1 = 15$ min，$T_1 = 273.2 + 40 = 313.2°K$

$t_2 = 3$ min，$T_2 = 273.2 + 60 = 333.2°K$

故由（ㄅ）式，可知：

$$k(T_1) \times 15 = k(T_2) \times 3 \implies \frac{k(T_2)}{k(T_1)} = \frac{15}{3} = 5$$

Arrhenius 方程式之（6.4）式：

$$\ln\frac{k(T_2)}{k(T_1)} = \frac{E_a(T_2 - T_1)}{RT_2 \cdot T_1} \implies \ln5 = \frac{E_a \times (333.2 - 313.2)}{8.314 \times 333.2 \times 313.2}$$

解得：$E_a = 69820$ J·mol^{-1} = 69.82 kJ·mol^{-1}

■ 例 6.2.72 ■

對於 $\Delta H = 100$ kJ·mole^{-1} 的某吸熱反應，其逆反應的活化能應符合下列那種情況？

（a）一定小於 100 kJ·mole^{-1}

（b）一定大於 100 kJ·mole^{-1}

（c）可能小於 100 kJ·mole^{-1}，也可能大於 100 kJ·mole^{-1}

（d）一定大於正反應的活化能

（e）可能小於正反應的活化能，也可能大於正反應的活化能。

：（c）。因為由（6.7）式：$E_1 - E_{-1} = \Delta H = 100 \text{ kJ} \cdot \text{mole}^{-1}$，$E_1 = E_{-1} + 100 \text{ kJ} \cdot \text{mole}^{-1}$ 活化能一般為正值，逆反應活化能 E_{-1} 只能小於正反應活化能 E_1。E_1 一定大於 $100 \text{ kJ} \cdot \text{mole}^{-1}$，而 E_{-1} 大於或小於 $100 \text{ kJ} \cdot \text{mole}^{-1}$ 的情況都有可能出現。

■ 例 **6.2.73** ■

（1）試推導出快速可逆反應

$$A \underset{k_{-2}}{\overset{k_1}{\rightleftarrows}} 2B$$

的「鬆弛時間」τ 的表達式。

（2）反應

$$N_2O_{4(g)} \underset{k_{-2}}{\overset{k_1}{\rightleftarrows}} 2NO_{2(g)}$$

在 298.2K 時正反應速率常數 $k_1 = 4.80 \times 10^4 \text{ s}^{-1}$，請計算該溫度下當 $N_2O_{4(g)}$ 的初壓力為 p（標準壓力）時，$NO_{2(g)}$ 的平衡分壓？並計算反應的「鬆弛時間」τ。

已知 $N_2O_{4(g)}$ 與 $NO_{2(g)}$ 的標準生成自由能分別為 51.3 和 97.8 $\text{kJ} \cdot \text{mole}^{-1}$。

：（1）

$$A \underset{k_{-2}}{\overset{k_1}{\rightleftarrows}} 2B$$

t = 0 時：　　a　　　　　　0

$\underline{\qquad -)\qquad x/2 \qquad\qquad\qquad}$

t = t 時：　a－x/2　　　　x

t = t_{eq} 時：$a - \dfrac{x_{eq}}{2}$　　　x_{eq}

已知：[A] = a－x/2，[B] = x

代入：$\dfrac{d[B]}{2dt} = k_1[A] - k_{-2}[B]^2 \Rightarrow \dfrac{dx}{2dt} = k_1\left(a - \dfrac{x}{2}\right) - k_{-2}x^2$　　　（ㄅ）

在新條件下，微擾後可得新的平衡，故（ㄅ）式可改寫成：

$$\frac{dx}{2dt} = k_1\left(a - \frac{x_{eq}}{2}\right) - k_{-2}\left(x_{eq}\right)^2 = 0 \Rightarrow k_1\left(a - \frac{x_{eq}}{2}\right) = k_{-2}\left(x_{eq}\right)^2 \qquad (\text{ㄆ})$$

設體系未達平衡時，產物濃度 x 與平衡濃度 x_{eq} 之差為 Δx，

$$\Delta x = x - x_{eq} \Rightarrow x = \Delta x + x_{eq}$$

代入（ㄅ）式，可得：

$$\frac{d\left(\Delta x + x_{eq}\right)}{2dt} = k_1\left(a - \frac{\Delta x + x_{eq}}{2}\right) - k_{-2}\left(\Delta x + x_{eq}\right)^2 \qquad (\text{ㄇ})$$

略去 Δx^2，將（ㄆ）式代入（ㄇ）式，並整理得：

$$\frac{d\left(\Delta x\right)}{t} = -\left(k_1 \Delta x + 4k_{-2}x_{eq} \cdot \Delta x\right)$$

移項積分，當 $t = 0$ 時，$\Delta x = \Delta x_0$ 為微擾剛停止且開始計時之偏離新平衡的最大值，得：

$$\int_{\Delta x_0}^{\Delta x}\frac{d\left(\Delta x\right)}{\Delta x} = \int_0^t -\left(k_1 + 4k_{-2}x_{eq}\right)dt \Rightarrow \ln\frac{\Delta x_0}{\Delta x} = \left(k_1 + 4k_{-2}x_{eq}\right)t \qquad (\text{ㄈ})$$

因系統恢復到距新平衡點濃度 Δx_0 的 $\dfrac{1}{e}$ 所需時間為鬆弛時間(τ)

$$\Rightarrow \quad 即 \Delta x = \frac{\Delta x_0}{e}$$

從（ㄈ）式得：

$$\tau = \frac{1}{k_1 + 4k_{-2}x_{eq}} \quad （此正是(4.40)式） \qquad (\text{ㄉ})$$

(2) $\Delta G = 2\Delta G(NO_2) - \Delta G(N_2O_4) = 2 \times 51.3 - 97.8 = 4.8 kJ \cdot mol^{-1}$

$$K = \exp\left(-\frac{\Delta G}{RT}\right) = \exp\left(-\frac{4.8 \times 10^3}{8.314 \times 298.2}\right) = 0.144$$

$$K_p = K(p)^{\Sigma \nu_i} = K(p)^1 = 0.144\,p \qquad (\text{ㄊ})$$

又 $K_p = \dfrac{k_1}{k_{-2}} \Rightarrow k_{-2} = \dfrac{k_1}{K_p} = \dfrac{4.80 \times 10^4\,s^{-1}}{0.144 \times 101325\,P_a} = 3.29\,P_a^{-1} \cdot s^{-1}$

$$N_2O_{4(g)} \underset{k_{-2}}{\overset{k_1}{\rightleftharpoons}} 2NO_{2(g)}$$

$t = 0$ 時： $\quad p \quad\quad\quad\quad\quad\quad 0$

$$-) \quad \frac{1}{2}p_{NO_2}$$

$t = t_{eq}$ 時： $p - \dfrac{1}{2}p_{NO_2} \quad\quad\quad p_{NO_2}$

$$\Rightarrow \quad K_p = \frac{[NO_2]^2}{[N_2O_4]} = \frac{(p_{NO_2})^2}{p - \dfrac{1}{2}p_{NO_2}} = 0.144\,p \quad (\because 見（ㄊ）式)$$

解得： $p_{NO_2} = 3.50 \times 10^4\, P_a$

故由（ㄅ）式可得：

$$\tau = \frac{1}{k_1 + 4k_{-2}x_{eq}} = \frac{1}{4.80 \times 10^4 + 4 \times 3.29 \times 3.50 \times 10^4} = 1.97 \times 10^{-6}\, s$$

例 6.2.74

請驗證基本反應：$I + H_2 \longrightarrow HI + H$ 的熱效應為 $\Delta H = 138.1\, kJ \cdot mole^{-1}$（已知 $\varepsilon_{H-I} = 297.0$ $kJ \cdot mole^{-1}$，$\varepsilon_{H-H} = 435.1\, kJ \cdot mole^{-1}$）

（1）說明為什麼反應活化能 $E_a > 138.1\, kJ \cdot mole^{-1}$。

（2）該逆反應的熱效應是放熱反應，從有關鍵能和 5% 規則估計這個反應的活化能 E'_a。

（3）根據微觀可逆性原理，從 E'_a 得出 E_a。

：$\Delta H = -(\varepsilon_{H-I} - \varepsilon_{H-H}) = -(297.0 - 435.1)\, kJ \cdot mole^{-1} = 138.1\, kJ \cdot mole^{-1}$
該反應為吸熱反應

（1）根據微觀可逆性原理：吸熱反應的活化能 E_a 是其放熱逆反應的活化能 E'_a 和吸熱量($|\Delta H|$)之和，即（6.7）式，故有 $E_a = E'_a + |\Delta H| > 138.1\, kJ \cdot mole^{-1}$

（2）若基本反應為「放熱反應」，且反應中有活性很大的原子或自由基，則〝活化自由基約為須被改組化學鍵能的 **5%**〞，故有

$\quad\quad\quad E'_a = \varepsilon_{H-I} \times 5\% = 297.0\, kJ \cdot mole^{-1} \times 5\% = 14.9\, kJ \cdot mole^{-1}$

（3）$E_a = E'_a + |\Delta H| = (14.9 + 138.1)\, kJ \cdot mole^{-1} = 153\, kJ \cdot mole^{-1}$

┏━ 例 **6.2.75** ┣━

乙醛的熱分解反應機構如下：

$$(i)\ CH_3CHO \xrightarrow{\ k_1\ } CH_3 \bullet + CHO \bullet \qquad\qquad 鏈的斷裂$$

$$(ii)\ CH_3 \bullet + CH_3CHO \xrightarrow{\ k_2\ } CH_4 + CH_2CHO \bullet$$
$$(iii)\ CH_2CHO \bullet \xrightarrow{\ k_3\ } CO + CH_3 \bullet$$
鏈的傳遞

$$(iv)\ CH_3 \bullet + CH_3 \bullet \xrightarrow{\ k_4\ } CH_3CH_3 \qquad\qquad 鏈的終止$$

（1）找出甲烷的生成速率及乙醛的消耗速率之表達式。

（2）若知各基本反應的活化能分別為 E_1、E_2、E_3、E_4，求甲烷生成反應的巨觀活化能。

：這是一個連鎖反應的反應機構。

主反應式為：$CH_3CHO \longrightarrow CH_4 + CO$

自由基 $CH_3 \bullet$ 和 $CH_3CHO \bullet$ 為反應中不穩定的活性中間產物，可對它們使用「穩定態近似法」處理。

（1）甲烷的生成只與第二個反應有關：

$$-\frac{d[CH_4]}{dt} = k_2[CH_3][CH_3CHO] \qquad\qquad （ㄅ）$$

（ㄅ）式雖是甲烷生成速率的正確表示，但由於含有不穩定物的濃度，所以不能做為甲烷生成速率的最終表達式。必須找出此不穩定物 $CH_3 \bullet$ 基的濃度與其它穩定物濃度的關係，再利用「穩定態近似法」處理之。

$$\frac{d[CH_3]}{dt} = k_1[CH_3CHO] - k_2[CH_3][CH_3CHO]$$
$$+ k_3[CH_2CHO] - 2k_4[CH_3]^2 = 0 \qquad\qquad （ㄆ）$$

$$\frac{d[CH_2CHO]}{dt} = k_2[CH_3][CH_3CHO] - k_3[CH_2CHO] = 0 \qquad\qquad （ㄇ）$$

（ㄆ）式＋（ㄇ）式得：

$$k_1[CH_3CHO] = 2k_4[CH_3]^2$$

$$[CH_3] = \left(\frac{k_1[CH_3CHO]}{2k_4}\right)^{1/2}$$

代入（ㄅ）式，得：

$$-\frac{d[CH_4]}{dt} = k_2\left(\frac{k_1}{2k_4}\right)^{1/2} \cdot [CH_3CHO]^{3/2} = k[CH_3CHO]^{3/2} \Rightarrow k_2\left(\frac{k_1}{2k_4}\right)^{1/2}$$

為甲烷生成反應的反應速率常數。

乙醛之消耗速率：

$$-\frac{d[CH_3CHO]}{dt} = k_1[CH_3CHO] + k_2[CH_3][CH_3CHO]$$

$$= k_1[CH_3CHO] + k_2\left(\frac{k_1}{2k_4}\right)^{1/2}[CH_3CHO]^{3/2}$$

（2）導出動力學方程式一般按照以下步驟進行：

選用一種物質表示反應速率，如果題目沒有要求，一般以主要產物表示：

$$\frac{d[CH_4]}{dt} = k_2[CH_3][CH_3CHO] \tag{ㄅ}$$

為了解出上面反應速率，表示式裏的中間產物濃度可按「穩定態近似法」列出方程式：

$$\frac{d[CH_3]}{dt} = k_1[CH_3CHO] - k_2[CH_3][CH_3CHO] + k_3[CH_3CO] - 2k_4[CH_3]^2$$

$$= 0 \tag{ㄆ}$$

$$\frac{d[CH_3CO]}{dt} = k_2[CH_3][CH_3CHO] - k_3[CH_3CO] = 0 \tag{ㄇ}$$

由（ㄆ）式和（ㄇ）式，解得：$[CH_3] = (k_1/2k_4)^{1/2}[CH_3CHO]^{1/2}$ （ㄈ）

（ㄈ）式代入（ㄅ）式可得：

$$\frac{d[CH_4]}{dt} = k_2[CH_3][CH_3CHO] = k_2(k_1/2k_4)^{1/2}[CH_3CHO]^{1/2}[CH_3CHO]$$

$$= k_2 \cdot (k_1/2k_4)^{1/2}[CH_3CHO]^{3/2} = k[CH_3CHO]^{3/2}$$

故依據「反應速率常數 ◀───▶ 活化能」轉換式之要求，可得：

$$E = E_2 + \frac{1}{2}(E_1 - E_4)$$

▪ 例 6.2.76 ▪

在 294.20°K 時，1 級反應 A ————→ C 直接進行時 A 的半衰期 1000 min，溫度升高 45.76°K，則反應開始 0.1 min 後 A 的濃度降至初濃度的 1/1024，若改變反應條件，使該反應分兩步進行：

$$A \xrightarrow[k_{-1}, E_1]{k_1, E_1} A^*$$

$$A^* \xrightarrow{k_2, E_2} C \circ$$

已知兩步的活化能分別為 $E_1 = 125.52 \text{ kJ} \cdot \text{mole}^{-1}$，$E_{-1} = 110.30 \text{ kJ} \cdot \text{mole}^{-1}$，$E_2 = 167.36 \text{ kJ} \cdot \text{mole}^{-1}$，試計算 500°K 時反應是直接進行還是分步進行速率較快？快多少倍？

：（A）已知：「1 步反應」為「1 級反應」，故利用（2.10a）式：

$k_{294.20°K} = \ln2/t_{1/2} = \ln2/1000 = 6.93 \times 10^{-4} \text{ min}^{-1}$

且依據（2.6）式：

$-\ln([A]/[A]_0) = kt \implies -\ln\{([A]_0/1024)/[A]_0\} = 0.1 \times k_{339.96°K}$

$\therefore k_{339.96°K} = 69.31 \text{ min}^{-1}$

又由（6.4）式可知：

$\ln(k_2/k_1) = (E/R) \cdot [(T_2 - T_1)/T_2 \cdot T_1]$，

代入數據後：$(E_a/8.314) \cdot 45.76/(29420 \times 339.96) = \ln(69.31/6.93 \times 10^{-4}) = 11.51$

$\implies$ 解得：$E_{a1} = 209.21 \text{ kJ} \cdot \text{mole}^{-1}$

（B）分兩步時，因為 $E_2 > E_1$，所以 k_2 為「速率控制步驟」

$r = k_2[A^*]$，又 $k_1/k_{-1} = [A^*]/[A] \implies r = k_2 \cdot (k_1/k_{-1}) \cdot [A] = k[A]$，

故依據「反應速率常數 ◀——▶ 活化能」轉換式之要求，可得：

$E_{a_2} = E_2 + E_1 - E_{-1} = 167.36 + 125.52 - 110.30 = 182.58 \text{ kJ} \cdot \text{mole}^{-1}$

假定 1 步和兩步的指數前因子相等，則由（6.1a）式可得：

$r_2/r_1 = \exp[-(E_{a2} - E_{a1})/RT] = \exp[-(172.58 - 209.21) \times 10^3/8.314 \times 500]$

$= 606$ 倍

計算結果表明：分步進行要比直接進行快得多，約快 606 倍。

本題結果說明：加入催化劑之所以加快反應，主要是由於改變了反應過程，進而減小反應裏的活化能。

例 6.2.77

活化能的物理意義是什麼？

：普通分子成為活化分子所需吸收的最小能量，或是活化分子與普通分子的平均能量之差。是化學反應發生所必須克服的能量障礙。

例 6.2.78

如果一個反應的 $\Delta H = 0$，則此反應的活化能 $E_a = 0$。

：（×）。不一定。因為 $\Delta H = \Delta E_1$（正向活化能）$- \Delta E_{-1}$（逆向活化能）。

例 6.2.79

催化劑能夠大大縮短化學反應達到化學平衡的時間，而不能改變化學反應的什麼？

：催化劑能夠降低反應的活化能，而縮短反應時間，但並不會改變〝平衡狀態〞。

例 6.2.80

在任意條件下，任一基本反應的活化能 E_a 為何？任一非基本反應的活化能 E_a 又為何？

：「基本反應」的活化能一定大於零。
　「非基本反應」的活化能可以是正值，也可以是負值，甚至為零，若未給出具體反應，則其活化能無法確定。

例 6.2.81

我們在實驗試用電解銀為催化劑測得 H_2O_2 分解反應的反應速率常數在 4°C 和 25.2°C 時分別為 1.611×10^{-2} min^{-1} 和 5.69×10^{-2} min^{-1}，求該反應的巨觀活化能和 15°C 時的反應速率常數。

：由（6.4）式，$\ln\left(\dfrac{k_2}{k_1}\right) = \dfrac{E_a}{R}\left(\dfrac{1}{T_1} - \dfrac{1}{T_2}\right)$

求得 $E_a = 40919 \text{J} \cdot \text{mole}^{-1} = 4.1 \times 10^4 \text{ kJ} \cdot \text{mole}^{-1}$

$\ln\left(\dfrac{k}{1.611 \times 10^{-2}}\right) = \dfrac{4.1 \times 10^4}{8.314}\left(\dfrac{1}{277.15} - \dfrac{1}{288.15}\right)$

可求得 $k = 3.18 \times 10^{-2}$ min^{-1}

■ 例 **6.2.82** ■

反應：$H_2 + Cl_2 \longrightarrow 2HCl$，按下面反應機構進行：

$$Cl_2 + M \xrightarrow{\ k_1\ } 2Cl + M \qquad\qquad E_1 = 242.7\ \text{kJ} \cdot \text{mole}^{-1}$$

$$Cl + H_2 \xrightarrow{\ k_2\ } HCl + H \qquad\qquad E_2 = 25.1\ \text{kJ} \cdot \text{mole}^{-1}$$

$$H + Cl_2 \xrightarrow{\ k_3\ } HCl + Cl \qquad\qquad E_3 = 8.4\ \text{kJ} \cdot \text{mole}^{-1}$$

$$Cl + Cl + M \xrightarrow{\ k_4\ } Cl_2 + M \qquad\qquad E_4 = 0\ \text{kJ} \cdot \text{mole}^{-1}$$

導出以生成 HCl 表示的反應速率方程式及計算反應的巨觀活化能。

：利用「穩定態近似法」：

$$\frac{d[Cl]}{dt} = 2k_1[Cl_2][M] - k_2[Cl][H_2] + k_3[H][Cl_2] - 2k_4[Cl]^2[M] = 0 \qquad (ㄅ)$$

$$\frac{d[H]}{dt} = k_2[Cl][H_2] - k_3[H][Cl_2] = 0 \qquad\qquad\qquad (ㄆ)$$

將（ㄆ）代入（ㄅ），得：$[Cl] = \left(\dfrac{k_1}{k_4}\right)^{1/2}[Cl_2]^{1/2}$

$$\frac{1}{2}\frac{d[HCl]}{dt} = -\frac{d[H_2]}{dt} = k_2[Cl][H_2] = k_2\left(\frac{k_1}{k_4}\right)^{1/2}[Cl_2][H_2]$$

所以 $\dfrac{d[HCl]}{dt} = 2k_2(k_1/k_4)^{1/2}[Cl_2]^{1/2}[H_2]$

本反應的巨觀活化能為：

$$E_a = E_2 + \frac{1}{2}(E_1 - E_4) = 25.1 + \frac{1}{2}(242.7) = 146.45\,\text{kJ} \cdot \text{mole}^{-1}$$

■ 例 **6.2.83** ■

兩個 H・與 M 粒子同時相碰撞，發生下列反應：

$$H \cdot + H \cdot + M \longrightarrow H_{2\,(g)} + M$$

因此反應的活化能 $E_a = $ ？

（a）大於 0　　（b）等於 0　　（c）小於 0　　（d）不能確定

：（b）。兩個自由基複合成分子的反應中，無須破壞任何化學鍵，故 $E_a = 0$。

例 6.2.84

反應 $2NO + O_2 \longrightarrow 2NO_2$ 的一個可能過程為：

（1）$NO + NO \xrightarrow{\ k_1\ } N_2O_2$ $\qquad\qquad E_{a,1} = 82\,kJ \cdot mol^{-1}$

（2）$N_2O_2 \xrightarrow{\ k_2\ } 2NO$ $\qquad\qquad\quad E_{a,2} = 205\,kJ \cdot mol^{-1}$

（3）$N_2O_2 + O_2 \xrightarrow{\ k_3\ } 2NO_2$ $\qquad\quad E_{a,3} = 82\,kJ \cdot mol^{-1}$

已知基本反應(2)中消耗的 N_2O_2 與基本反應(3)消耗的 N_2O_2 相比只佔極小部分。求反應的巨觀活化能，並對結果加以解釋。

：由題意，可對(1)、(2)做「平衡態近似法」處理，得：$k_1[NO]^2 = k_2[N_2O_2]$

$$[N_2O_2] = \frac{k_1}{k_2}[NO]^2$$

代入 $r = \dfrac{1}{2}\dfrac{d[NO_2]}{dt} = k_3[N_2O_2][O_2] = \dfrac{k_1 k_3}{k_2}[NO]^2[O_2] = k[NO]^2[O_2]$

其中，$k = \dfrac{k_1 k_3}{k_2}$，所以依據「反應速率常數 $\longleftrightarrow$ 活化能」之轉換方法，可得：

$$E = E_{a,1} + E_{a,3} - E_{a,2} = 82 + 82 - 205 = -41\,kJ \cdot mol^{-1}$$

活化能出現負值，分析原因可能是：反應(1) N_2O_2 的聚合反應是放熱反應，

$\Delta H = E_{a,1} - E_{a,2} = -123\,kJ \cdot mol^{-1}$，故(1)與(2)平衡時，$N_2O_2$ 的濃度隨溫度升高而降

低，進而影響了基本反應(3)，使基本反應(3)的反應速率也隨溫度升高而變小，出現了反應速率為負溫度常數的特殊情況，使反應的 $E_a < 0$。

例 6.2.85

For the two parallel reactions $A \xrightarrow{\ k_1\ } B$ and $A \xrightarrow{\ k_2\ } C$, show that the activation energy E' for the disappearance of A is given in terms of the activation energies E_1 and E_2 for the two paths by $E' = \dfrac{k_1 E_1 + k_2 E_2}{k_1 + k_2}$

：The rate equation for A is $\dfrac{d[A]}{dt} = k_1[A] + k_2[A] = (k_1 + k_2)[A] = k'[A]$

where $k' = k_1 + k_2 = A \cdot \exp(-E'/RT)$

$$\dfrac{d\ln k'}{dt} = \dfrac{E'}{RT^2} = \dfrac{d\ln(k_1+k_2)}{dT} = \dfrac{d(k_1+k_2)}{(k_1+k_2)dT} = \dfrac{1}{(k_1+k_2)}\left(\dfrac{dk_1}{dT} + \dfrac{dk_2}{dT}\right)$$

$$= \dfrac{1}{(k_1+k_2)}\left(k_1\dfrac{d\ln k_1}{dT} + k_2\dfrac{d\ln k_2}{dT}\right) = \dfrac{1}{(k_1+k_2)}\left(\dfrac{k_1E_1}{RT^2} + \dfrac{k_2E_2}{RT^2}\right)$$

$$E' = \dfrac{k_1E_1 + k_2E_2}{k_1 + k_2}$$

▪ 例 6.2.86 ▪

有汞蒸氣存在下的乙烯加氫反應：$C_2H_4 + H_2 \longrightarrow C_2H_6$，若按下面的反應機構進行：

(i) $Hg + H_2 \xrightarrow{\ k_1\ } Hg + 2H$ E_1

(ii) $H + C_2H_4 \xrightarrow{\ k_2\ } C_2H_5$ E_2

(iii) $C_2H_5 + H_2 \xrightarrow{\ k_3\ } C_2H_6 + H$ E_3

(iv) $H + H \xrightarrow{\ k_4\ } H_2$ E_4

（1）求出以$[Hg]$、$[H_2]$和$[C_2H_4]$表示的乙烷生成的反應速率方程式。

（2）導出巨觀活化能與基本反應活化能間的關係。

：（1）$\dfrac{d[C_2H_4]}{dt} = k_2[H][C_2H_4]$ （ㄅ）

因為 C_2H_5 和 H 為中間產物，故用「穩定態近似法」處理可得：

$$\dfrac{d[C_2H_5]}{dt} = k_2[H][C_2H_4] - k_3[C_2H_5][H_2] = 0 \tag{ㄆ}$$

$$\dfrac{d[H]}{dt} = 2k_1[Hg][H_2] - k_2[H][C_2H_4] + k_3[C_2H_5][H_2] - 2k_4[H]^2 = 0 \tag{ㄇ}$$

（ㄆ）式＋（ㄇ）式得：

$$2k_1[Hg][H_2] = 2k_4[H]^2 \Rightarrow [H] = \left(\dfrac{k_1}{k_4}\right)^{1/2}[Hg]^{1/2}[H_2]^{1/2} \tag{ㄈ}$$

將（ㄇ）式和（ㄈ）式代入（ㄅ）式，可得：

$$-\frac{d[C_2H_4]}{dt} = k_2[H][C_2H_4]$$

$$= k_2\left(\frac{k_1}{k_4}\right)^{1/2}[Hg]^{1/2}[H_2]^{1/2}[C_2H_4] \qquad （ㄉ）$$

$$-\frac{d[C_2H_4]}{dt} = k[Hg]^{1/2}[H_2]^{1/2}[C_2H_4] \Rightarrow \therefore k = k_2\left(\frac{k_1}{k_4}\right)^{1/2} \qquad （ㄊ）$$

（2）由（ㄊ）式及配合「反應速率常數 ⟷ 活化能」之轉換方式，可得：

$$\Rightarrow \therefore E = E_2 + \frac{1}{2}(E_1 - E_4)$$

▪ 例 **6.2.87** ▪

350°K 時甲基丙烯酸甲酯(M)由偶氮二異丁(A)做引發劑，在苯中聚合，反應爲鏈鎖反應。實驗證明聚合的速度(r_M)除了與聚合單體甲基丙烯酸甲酯的濃度[M]有關外，還與引發劑濃度[A]有關：

$$r_M = k_2\left(\frac{k_1}{k_3}\right)^{1/2}[M][A]^{1/2}$$

k_1、k_2、k_3 分別爲鏈引發、傳遞、中止時的速率常數，該反應的表現活化能爲 83 kJ·mol^{-1} 並測得實驗數據如下：

組別	1	2	3	4	…
[M]/mol·dm^{-3}	9.04	7.19	4.96	2.07	…
[A]/10^{-4} mol·dm^{-3}	2.35	2.55	3.13	2.11	…
r_M/10^{-4} mol·dm^{-3}·s^{-1}	1.93	1.65	1.22	0.415	…

求：（1）若鏈鎖傳遞，鏈中止的活化能分別爲 29 kJ·mol^{-1} 及 17 kJ·mol^{-1}，求鏈鎖引發的活化能 E_1 爲多少？

（2）聚合反應的指數前因子 A 值。

：（1）由題意已知：聚合反應的反應速率常數 $k = k_2 \left(\dfrac{k_1}{k_3} \right)^{1/2} = \dfrac{r_M}{[M][A]^{1/2}}$

代入各組實驗於上式，分別得：

$k_1 = 1.39 \times 10^{-3}$ 、$k_2 = 1.44 \times 10^{-3}$ 、$k_3 = 1.39 \times 10^{-3}$ 、

$k_4 = 1.38 \times 10^{-3}$ （$dm^{3/2} \cdot mol^{-1/2} \cdot s^{-1}$）

$\Rightarrow$ ∴得平均值：$\bar{k} = 1.40 \times 10^{-3} \, dm^{3/2} \cdot mol^{-1/2} \cdot s^{-1}$ 。

因已知 $k = k_2 \left(\dfrac{k_1}{k_3} \right)^{1/2}$ 依據「反應速率常數 $\longleftrightarrow$ 活化能」之轉換式要求，

可得：$E_a = E_2 + \dfrac{1}{2}(E_1 - E_3)$

代入數據：$83 = 29 + \dfrac{1}{2}(E_1 - 17)$ $\Rightarrow$ ∴$E_1 = 125 \, kJ \cdot mol^{-1}$

（2）因為由（6.1a）式：$k = A \cdot \exp\left(\dfrac{-E_a}{RT} \right)$，代入數據後，得：

$$1.40 \times 10^{-3} = A \cdot \exp\left(\dfrac{-83 \times 10^3}{8.314 \times 350} \right) \Rightarrow \therefore A = 3.42 \times 10^9 \, dm^{3/2} \cdot mol^{-1/2} \cdot s^{-1}$$

▪ 例 6.2.88 ▪

臭氧分解為氧：$2O_3 \rightleftharpoons 3O_2$，其反應機構為：

$$O_3 \xrightarrow{\ k_1\ } O_2 + O \qquad\qquad E_1 = 242.7 \, kJ \cdot mole^{-1}$$

$$O + O_2 \xrightarrow{\ k_2\ } O_3 \qquad\qquad E_2 = 137.6 \, kJ \cdot mole^{-1}$$

$$O + O_3 \xrightarrow{\ k_3\ } 2O_2 \qquad\qquad E_3 = 14.1 \, kJ \cdot mole^{-1}$$

（1）導出以 $-d[O_3]/dt$ 表示的臭氧的穩定態分解的速率方程式，其中包含 k_1、k_2、k_3、$[O_2]$。

（2）基於所給的活化能值，簡化反應速率方程式，並說明簡化的原因。

（3）計算總反應的巨觀活化能。

：（1）利用「穩定態近似法」，$\dfrac{d[O]}{dt} = k_1[O_3] - k_2[O][O_2] - k_3[O][O_3] = 0$ 　　　（ㄅ）

$$[O] = \dfrac{k_1[O_3]}{k_2[O_2] + k_3[O_3]}$$

$$-\dfrac{d[O]}{dt} = k_1[O_3] - k_2[O][O_2] + k_3[O][O_3]$$

將（ㄅ）代入（ㄆ），得 $-\dfrac{d[O_3]}{dt} = 2k_3[O][O_3] = \dfrac{2k_1k_3[O_3]^2}{k_2[O_2] + k_3[O_3]}$

（2）因為 $k_2[O_2] \gg k_3[O_3]$，所以簡化為 $-\dfrac{d[O_3]}{dt} = \dfrac{2k_1k_3}{k_2} \cdot \dfrac{[O_3]^2}{[O_2]}$

（3）$E_a = E_1 + E_3 - E_2 = 119.2 \text{ kJ} \cdot \text{mole}^{-1}$

▪ 例 6.2.89 ▪

已知下列兩平行 1 級反應的速率常數 k 與溫度 T 的函數關係：

$$A \quad \Big\langle \begin{array}{l} \xrightarrow{\ k_1\ } B \quad \log(k_1/s^{-1}) = \ -2000/(T/K) + 4 \\[2ex] \xrightarrow[k_2]{\ } D \quad \log(k_2/s^{-1}) = \ -4000/(T/K) + 8 \end{array}$$

（1）試證明該反應總的活化能 E 與反應 1 和反應 2 的活化能 E_1 和 E_2 的關係為：
$E = (k_1E_1 + k_2E_2)/(k_1 + k_2)$，並計算 $400°K$ 時的 E 為若干？

（2）求在 $400°K$ 的密閉容器中，$[A]_0 = 0.1 \text{ mole} \cdot \text{dm}^{-3}$，反應經過 10 s 後 A 剩餘的百分數為若干？

：（1）由(4.11)式可知「平行 1 級反應」的總反應之反應速率常數：

　　　$k_A = k_1 + k_2$ 　　　　　　　　　　　　　　（ㄅ）

　（ㄅ）式對溫度 T 微分可得：$dk_A/dT = dk_1/dT + dk_2/dT$ 　　　（ㄆ）

又由（6.3）式可知：$d\ln k_i/dT = dk_i/k_i dT = E_i/RT^2 \implies dk_i/dT = k_i E_i/RT^2$

所以（ㄆ）式可改寫成下列形式：

$$\dfrac{k_A E}{RT^2} = \dfrac{k_1 E_1}{RT^2} + \dfrac{k_2 E_2}{RT^2} = \dfrac{k_1 E_1 + k_2 E_2}{RT^2} \qquad （ㄇ）$$

將（ㄅ）式代入（ㄇ）式，即可證明：$E = (k_1E_1 + k_2E_2)/(k_1 + k_2)$

活化能 E 的計算：

$E_1 = 2000R \cdot \ln 10 = 2000 \times 8.134 \text{ J} \cdot \text{mole}^{-1} \times \ln 10 = 38287 \text{ J} \cdot \text{mole}^{-1}$

$E_2 = 4000R \cdot \ln 10 = 2E_1 = 76574 \, J \cdot mole^{-1}$

$T = 400°K$ 時，$\log(k_1/s^{-1}) = -2000/400 + 4 = -1.0$

$\therefore k_1 = 0.1 \, s^{-1}$

$\log(k_2/s^{-1}) = -4000/400 + 8 = -2.0$

$\therefore k_2 = 0.01 \, s^{-1}$

由（Π）式：

$$E = \frac{k_1 E_1 + k_2 E_2}{k_1 + k_2} = \frac{0.1 \times 38287 + 0.01 \times 76574}{0.1 + 0.01} \, J \cdot mole^{-1} = 41.768 \, kJ \cdot mole^{-1}$$

（2）$T = 400°K$，$[A]_0 = 0.1 \, mole \cdot dm^{-3}$，$t = 10 \, s$

由「1 級平行反應」之（4.11）式可知：

$$(k_1 + k_2)t = \ln \frac{[A]_0}{[A]} = \ln \frac{[A]_0}{[A]_0(1-\alpha)} = \ln \frac{1}{1-\alpha}$$

$\ln(1-\alpha) = -(k_1 + k_2)t = -(0.1 + 0.01) \times 10 = -1.10$

$\therefore 1 - \alpha = 0.3329$

反應 10 s 之後 A 剩餘的百分數為 33.29%

▪ 例 6.2.90 ▪

平行反應：

已知反應（1）的活化能 $E_{a,1} = 80 \, kJ \cdot mole^{-1}$，反應（2）的活化能 $E_{a,2} = 40 \, kJ \cdot mole^{-1}$，為有利於產物 $B_{(g)}$ 的生成，應當採取何種方法？

（a）恆溫反應

（b）升高反應溫度

（c）降低反應溫度

（d）將副產物 $D_{(g)}$ 及時排出反應器

：（b）。升高反應溫度。升高反應溫度，可以使活化能較大的反應（1）之反應速率增
　　　大倍數遠大於活化能較小的反應（2）之反應速率增大倍數，因而有利於產物 B
　　　的生成。

例 6.2.91

定溫、定容氣相反應：$2NO + O_2 \longrightarrow 2NO_2$ 的反應機構為：

$$2NO \underset{k_2}{\overset{k_1}{\rightleftharpoons}} N_2O_2 \qquad \text{(快速平衡)}$$

$$N_2O_2 + O_2 \overset{k_3}{\longrightarrow} 2N_2O \qquad \text{(慢)}$$

上述三個基本反應的活化能分別為 80、200、80 $kJ \cdot mole^{-1}$，試求題給反應的動力學微分方程式 $-\dfrac{d[O_2]}{dt} = ?$ 反應級數 n = ？當反應系統的溫度升高時，反應速率將如何變化？

∵當反應達到平衡狀態時，$\dfrac{[N_2O_2]}{[NO]^2} = \dfrac{k_1}{k_2} \Rightarrow [N_2O_2] = (\dfrac{k_1}{k_2})[NO]^2$

代入 $-\dfrac{d[O_2]}{dt} = k_3[O_2][N_2O_2] = \left(\dfrac{k_1 \cdot k_3}{k_2}\right)[O_2][NO]^2 = k[O_2][NO]^2$

由上式可知：反應級數 n = 1 + 2 = 3，即「3級反應」。

且上式中 $k = k_1 k_3 / k_2$ （ㄅ）

（ㄅ）式二邊取對數後再對溫度 T 微分可得：

$$\frac{d\ln(k)}{dT} = \frac{d\ln(k_1)}{dT} + \frac{d\ln(k_3)}{dT} - \frac{d\ln(k_2)}{dT} \quad \text{(配合 (6.3) 式)}$$

$$\Rightarrow \frac{E_a}{RT^2} = \frac{E_1}{RT^2} + \frac{E_3}{RT^2} - \frac{E_2}{RT^2} = \frac{E_1 + E_3 - E_2}{RT^2}$$

故本反應的巨觀活化能：

$$E_a = E_1 + E_3 - E_2 = (80 + 80 - 200) \, kJ \cdot mole^{-1} = -40 \, kJ \cdot mole^{-1}$$

$$\Rightarrow \frac{d\ln(k)}{dT} = \frac{E_a}{RT^2} < 0$$

∴當升高反應的溫度時，反應速率必然下降。

例 6.2.92

對自由基反應 $A + B-C \longrightarrow A-B + C$，已知莫耳反應熱為 $-90 \, kJ \cdot mole^{-1}$，$B-C$ 的鍵能是 $210 \, kJ \cdot mole^{-1}$，那麼逆向反應的活化能為：

(a) $10.5 \, kJ \cdot mole^{-1}$　　(b) $100.5 \, kJ \cdot mole^{-1}$　　(c) $153 \, kJ \cdot mole^{-1}$　　(d) $300 \, kJ \cdot mole^{-1}$

：（b）。若基本反應爲「放熱反應」，且反應中有活性很大的原子或自由基，則〝活化
自由基約爲須被改組化學鍵能的 5%〞，故

$$E_a = \varepsilon_{B-C} \times 5\% = 10.5 \, kJ \cdot mole^{-1}$$

又（正反應活化能 E_a）－（逆反應活化能 E_a'）＝反應熱

所以 $E_a' = 10.5 - (-90) = 100.5 \, kJ \cdot mole^{-1}$

■ 例 6.2.93 ■

請估算下列基本反應的活化能：

$$(1) \; I_2 + M \longrightarrow 2I + M$$
$$(2) \; 2H + M \longrightarrow H_2 + M$$
$$(3) \; H + C_6H_5CH_3 \longrightarrow CH_4 + C_6H_5$$
$$(4) \; CH_3 + H_2 \longrightarrow CH_4 + H$$

已知有關鍵能數據爲：$\varepsilon_{I-I} = 150.6 \, kJ \cdot mole^{-1}$，$\varepsilon_{H-H} = 453.1 \, kJ \cdot mole^{-1}$，$\varepsilon_{C-H} = 414.2 \, kJ \cdot mole^{-1}$，$\varepsilon_{C-C} = 347.3 \, kJ \cdot mole^{-1}$

：（1）分子裂解成兩個自由原子，因不形成新的化學鍵，故 E_a 即爲分子的鍵能，即

$$E_a = \varepsilon_{I-I} = 150.6 \, kJ \cdot mole^{-1}$$

（2）兩個自由原子複合成分子的反應中，無須破壞任何化學鍵，故 $E_a = 0$

（3）反應熱能爲：

$$\Delta H = \Sigma \text{ 反應物鍵能} - \Sigma \text{ 生成物鍵能} = \varepsilon_{C-C} - \varepsilon_{C-H} = (347.3 - 414.2) \, kJ \cdot mole^{-1}$$
$$= -66.9 \, kJ \cdot mole^{-1}$$

反應爲放熱反應，故可用 5% 規則，即

$$E_a = 0.05 \cdot \varepsilon_{C-C} = 0.05 \times 347.3 \, kJ \cdot mole^{-1} = 17.37 \, kJ \cdot mole^{-1}$$

（4）$\Delta H = \varepsilon_{H-H} - \varepsilon_{C-H} = (435.1 - 414.2) \, kJ \cdot mole^{-1} = 20.9 \, kJ \cdot mole^{-1}$

反應爲吸熱反應，故先估算逆反應的活化能 E_a'，其值爲：

$$E_a' = 0.05 \times \varepsilon_{C-H} = 0.05 \times 414.2 \, kJ \cdot mole^{-1} = 20.71 \, kJ \cdot mole^{-1}$$
$$\therefore E_a = E_a' + \Delta H = (20.71 + 20.9) \, kJ \cdot mole^{-1} = 41.6 \, kJ \cdot mole^{-1}$$

■ 例 6.2.94 ■

在一定 T、p 下，$HI_{(g)}$ 的莫耳生成焓 $\Delta_f H_m < 0$，而 $HI_{(g)}$ 的分解反應

$$HI_{(g)} \longrightarrow 0.5 H_{2(g)} + 0.5 I_{2(g)}$$

過程的 $\Delta H > 0$，則此反應過程活化能 $E_a = $ ？

（a）$< \Delta H$ 　　　　（b）$= \Delta H$ 　　　　（c）$< \Delta G$ 　　　　（d）$> \Delta H$

：（d）。設該反應的活化能為 $E_{a,1}$，逆反應的活化能為 $E_{a,2}$。

由（6.7）式：$E_{a,1} - E_{a,2} = \Delta H > 0 \implies E_{a,1} = E_{a,2} + \Delta H$

所以 $E_{a,1} > \Delta H$

▪ 例 6.2.95 ▪

反應 $A \xrightarrow{\ k_1\ } B$（I），$A \xrightarrow{\ k_2\ } D$（II）；已知反應（I）的活化能 E_1 大於反應（II）的活化能 E_2，以下措施中那一種不能改變獲得 B 和 D 的比例？

（a）提高反應溫度 　　　　　　（b）延長反應時間

（c）加入適當催化劑 　　　　　　（d）降低反應溫度

：（b）。

（a）提高反應溫度有利於活化能大的反應，提高[B]/[C]的比例。

（c）加入適當催化劑會影響反應速率，改變[B]/[C]的比例。

（d）降低反應溫度有利於活化能小的反應，降低[B]/[C]的比例。

▪ 例 6.2.96 ▪

對丙酮在 $1000°K$ 時的熱分解反應，曾提出過如下的反應過程：

（I）$CH_3COCH_3 \xrightarrow{\ k_1\ } CH_3 + CH_3CO$ 　　　　　　$E_{a,1} = 351.5 \ kJ \cdot mole^{-1}$

（II）$CH_3CO \xrightarrow{\ k_2\ } CH_3 + CO$ 　　　　　　　　$E_{a,2} = 41.8 \ kJ \cdot mole^{-1}$

（III）$CH_3 + CH_3COCH_3 \xrightarrow{\ k_3\ } CH_4 + CH_3COCH_2$ 　$E_{a,3} = 62.8 \ kJ \cdot mole^{-1}$

（IV）$CH_3COCH_2 \xrightarrow{\ k_4\ } CH_3 + CH_2CO$ 　　　　$E_{a,4} = 200.8 \ kJ \cdot mole^{-1}$

（V）$CH_3 + CH_3COCH_2 \xrightarrow{\ k_5\ } C_2H_5COCH_3$ 　　　$E_{a,5} = 20.9 kJ \cdot mole^{-1}$

若分解反應對丙酮為 1 級反應，請推導總反應速率表達式，並計算反應巨觀活化能 E_a 和反應鏈長（l）的關係式？

：應用「穩定態近似法」，有

$$\frac{d[CH_3]}{dt} = k_1[CH_3COCH_3] + k_2[CH_3CO] - k_3[CH_3][CH_3COCH_3]$$

$$+ k_4[CH_3COCH_2] - k_5[CH_3][CH_3COCH_2] = 0 \qquad (1)$$

$$\frac{d[CH_3CO]}{dt} = k_1[CH_3COCH_3] - k_2[CH_3CO] = 0 \qquad (2)$$

$$\frac{d[CH_3COCH_2]}{dt} = k_3[CH_3][CH_3COCH_3] - k_4[CH_3COCH_2]$$

$$- k_5[CH_3][CH_3COCH_2] = 0 \qquad (3)$$

由（1）、（2）、（3）式，可得到[CH₃]的一元二次方程式，

$$k_3k_5[CH_3]^2 - k_1k_5[CH_3] - k_1k_4 = 0 \qquad (4)$$

解（4）得到：

$$[CH_3] = \frac{k_1k_5\left[1 \pm \sqrt{1 + \dfrac{4k_3k_4}{k_1k_5}}\right]}{2k_3k_5} \qquad (5)$$

如果近似地認爲（I）－（V）的指數前因子相同，則

$$\frac{k_3k_4}{k_1k_5} \cong \exp\left(-\frac{E_{a,3} + E_{a,4} - E_{a,1} - E_{a,5}}{RT}\right)$$

$$= \exp\left[-\frac{(62.8 + 200.8 - 351.5 - 20.9) \times 10^3 \, J \cdot mole^{-1}}{8.314 J \cdot mole^{-1} \cdot K^{-1} \times 1000K}\right] = 4.82 \times 10^5 \gg 1$$

$$\therefore [CH_3] \cong \frac{k_1k_5\sqrt{\dfrac{4k_3k_4}{k_1k_5}}}{2k_3k_5} = \sqrt{\frac{k_1k_4}{k_3k_5}} \qquad (6)$$

若以丙酮消耗速率來表示反應速率，則

$$r = k_3[CH_3][CH_3COCH_3] + k_1[CH_3COCH_3]$$

$$= \left[k_3\sqrt{\frac{k_1k_4}{k_3k_5}} + k_1\right][CH_3COCH_3] = \left[\sqrt{\frac{k_1k_3k_4}{k_5}} + k_1\right][CH_3COCH_3] \qquad (7)$$

$$\therefore \frac{\sqrt{\dfrac{k_1 k_3 k_4}{k_5}}}{k_1} = \sqrt{\dfrac{k_3 k_4}{k_1 k_5}} \cong \sqrt{4.8 \times 10^5} \gg 1$$

$$\therefore（7）式可化簡爲：r = \left(\dfrac{k_1 k_3 k_4}{k_5}\right)^{1/2}[CH_3COCH_3] = k[CH_3COCH_3] \qquad （8）$$

由（8）式可知丙酮的熱分解反應爲「1 級反應」。

且由（8）式可得：$k = \left(\dfrac{k_1 k_3 k_4}{k_5}\right)^{1/2}$

故由「反應速率常數 ⟷ 活化能」轉換法，可得：

$$E_a = \frac{1}{2}(E_{a,1}+E_{a,3}+E_{a,4}-E_{a,5}) = \frac{1}{2}(351.5+62.8+200.8-20.9) \text{ kJ} \cdot mole^{-1}$$

$$= 297 \text{ kJ} \cdot mole^{-1}$$

反應平均鏈長（l）爲總反應速率與引發反應速率之比，故

$$（l）= \left(\frac{k_1 k_3 k_4}{k_5}\right)^{1/2}[CH_3COCH_3]/k_1[CH_3COCH_3] = \left(\frac{k_3 k_4}{k_1 k_5}\right)^{1/2} = \sqrt{4.82 \times 10^5}$$

$$= 694$$

■ 例 **6.2.97** ■

設平行反應 A $\xrightarrow{k_1}$ B（1）與 A $\xrightarrow{k_2}$ C（2）有如下動力學數據：

反應	活化能 E_a/kJ · $mole^{-1}$	指數前因子 A/s^{-1}
（1）	108.8	1.00×10^{13}
（2）	83.7	1.00×10^{13}

（1）試問提高反應溫度時，那一個反應的反應速率增加較快？

（2）提高反應溫度，能否使 $k_1 > k_2$？

（3）如把溫度由 300°K 增高至 1000°K，試問反應產物中 B 和 C 的分佈（以物質量爲主）
　　　發生了怎樣的變化？

：由 Arrhenius 方程式之（6.1a）式及（6.3）式：

$$k = A \cdot \exp(-\frac{E_a}{RT}) \text{ 及 } \frac{d\ln k}{dT} = \frac{E_a}{RT^2}$$

（1）$\dfrac{d\ln k_1}{dT} = \dfrac{E_{a,1}}{RT^2}$

$\dfrac{d\ln k_2}{dT} = \dfrac{E_{a,2}}{RT^2}$

$\because E_{a,1} > E_{a,2}$

$\therefore \dfrac{d\ln k_1}{dT} > \dfrac{d\ln k_2}{dT}$

即提高反應溫度時，反應（1）的反應速率 k_1 增加較快。

（2）已知 $A_1 = A_2$，故有：

$$\frac{k_1}{k_2} = \exp\left(\frac{-E_{a,1} + E_{a,2}}{RT}\right) = \exp\left(-\frac{3019°K}{T}\right) < 1$$

即 $k_1 < k_2$，即使 $T \to \infty$，也只能使 $k_1 \to k_2$。

（3）$\dfrac{d[B]}{dt} = k_1[A]$

$\dfrac{d[C]}{dt} = k_2[A]$

$\therefore \dfrac{d[B]/dt}{d[C]/dt} = \dfrac{k_1}{k_2}$

由於反應（1）和（2）同時開始而又彼此獨立進行，且開始時$[B]_0 = [C]_0 = 0$，

所以有：$\dfrac{d[B]/dt}{d[C]/dt} = \dfrac{[B]}{[C]}$，$\dfrac{[B]}{[C]} = \dfrac{k_1}{k_2}$

$$\frac{\left(\dfrac{[B]}{[C]}\right)_{T=1000K}}{\left(\dfrac{[B]}{[C]}\right)_{T=300K}} = \frac{\left(\dfrac{k_1}{k_2}\right)_{T=1000K}}{\left(\dfrac{k_1}{k_2}\right)_{T=300K}} = \frac{\exp\left(-\dfrac{3019K}{1000K}\right)}{\exp\left(-\dfrac{3019K}{300K}\right)} = e^{7.04} = 1.14 \times 10^3$$

即把反應溫度由 300K 升到 1000K，反應產物中 B 和 C 的物質的量之比提高 1.14×10^3 倍。但不管溫度增加多少，[B]/[C]增大多少倍，[B]不可能超過[C]。

例 6.2.98

異丙苯氧化成過氧化氫異丙苯的反應式為：

可簡寫為：$RH + O_2 \longrightarrow ROOH$

其反應過程為：

鏈引發	$\Delta H/kJ \cdot mole^{-1}$	$E/kJ \cdot mole^{-1}$	$E'/kJ \cdot mole^{-1}$	
$ROOH \xrightarrow{k_1} RO + HO$	150.6	150.6	0	(1)
$RO + RH \xrightarrow{k_2} ROH + R$	−104.6	16.74	121.3	(2)
$HO + RH \xrightarrow{k_3} H_2O + R$	−104.6	16.74	121.3	(3)
鏈增長	$\Delta H/kJ \cdot mole^{-1}$	$E/kJ \cdot mole^{-1}$	$E'/kJ \cdot mole^{-1}$	
$R + O_2 \xrightarrow{k_4} RO_2$	−8.37	8.37	16.74	(4)
$RO_2 + RH \xrightarrow{k_5} ROOH + R$	−104.6	16.74	121.3	(5)
鏈終止	$\Delta H/kJ \cdot mole^{-1}$	$E/kJ \cdot mole^{-1}$	$E'/kJ \cdot mole^{-1}$	
$2RO_2 \xrightarrow{k_6} ROOR + O_2$	−355.6	0	355.6	(6)

E, E′ 分別表示正向和逆相反應的活化能。試導出反應速率方程並求算總反應的巨觀活化能 E_a。

：$r = \dfrac{d[ROOH]}{dt} = k_5[RO_2][RH] - k_1[ROOH]$

由於 $E_1 >> E_5$，故 $k_1 << k_5$，即（5）生成 ROOH 的速率比（1）消耗 ROOH 的速率大得多，因此

$$r = k_5[RO_2][RH] \tag{7}$$

應用「穩定態近似法」，可得：

$$\frac{d[R]}{dt} = k_2[RO][RH] + k_3[HO][RH] - k_4[R][O_2] + k_5[RO_2][RH] = 0 \qquad (8)$$

$$\frac{d[RO]}{dt} = k_1[ROOH] - k_2[RO][RH] = 0 \qquad (9)$$

$$\frac{d[HO]}{dt} = k_1[ROOH] - k_3[HO][RH] = 0 \qquad (10)$$

$$\frac{d[RO_2]}{dt} = k_4[R][O_2] - k_5[RO_2][RH] - 2k_6[RO_2]^2 = 0 \qquad (11)$$

（8）、（9）、（10）和（11）四式相加可得：$2k_1[ROOH] - 2k_6[RO_2]^2 = 0$

$$\therefore [RO_2] = \left(\frac{k_1}{k_6}[ROOH]\right)^{1/2} \qquad (12)$$

將（12）式代入（7）式即得：

$$r = k_5\left(\frac{k_1}{k_6}\right)^{1/2}[RH][ROOH]^{1/2} = k[RH][ROOH]^{1/2} \Rightarrow \text{可得：} k = k_5\left(\frac{k_1}{k_6}\right)^{1/2}$$

利用「反應速率常數 ◆━━━▶ 活化能」轉換方式，

$$\therefore E_a = E_5 + \frac{1}{2}(E_1 - E_6) = [16.74 + \frac{1}{2}(150.6 - 0)] \text{ kJ} \cdot \text{mole}^{-1} = 92.04 \text{ kJ} \cdot \text{mole}^{-1}$$

■ 例 6.2.99 ■

汞蒸氣存在下的乙烯加氫反應：$C_2H_4 + H_2 \xrightarrow{\text{Hg}} C_2H_6$ 按下列反應過程進行：

$$Hg + H_2 \xrightarrow{k_1} Hg + 2H$$

$$H + C_2H_4 \xrightarrow{k_2} C_2H_5$$

$$C_2H_5 + H_2 \xrightarrow{k_3} C_2H_6 + H$$

$$H + H + Hg \xrightarrow{k_4} H_2 + Hg$$

求 C_2H_6 的生成速率表示式，巨觀活化能 E_a 與各基本反應活化能的關係。

：C_2H_6 的生成速率為：　　$\dfrac{d[C_2H_6]}{dt} = k_3[H_2][C_2H_5]$　　　　　　　　　　　　(1)

對中間產物 C_2H_5 及 H 用「穩定態近似法」處理，得：

$$\frac{d[C_2H_5]}{dt} = k_2[H][C_2H_4] - k_3[H_2][C_2H_5] = 0$$

則 $k_2[H][C_2H_4] = k_3[H_2][C_2H_5]$　　　　　　　　　　　　　　　　　　(2)

$$\frac{d[H]}{dt} = 2k_1[H_2] - k_2[H][C_2H_4] + k_3[H_2][C_2H_5] - 2k_4[H]^2$$

$$= 2k_1[H_2] - 2k_4[H]^2 = 0$$

$$[H] = \left(\frac{k_1}{k_4}\right)^{1/2}[H_2]^{1/2}$$　　　　　　　　　　　　　　　　　(3)

將（2）式和（3）式代入（1）式，得 C_2H_6 的生成速率表示式：

$$\frac{d[C_2H_6]}{dt} = k_3[H_2][C_2H_5] = k_2[H][C_2H_4]$$

$$= k_2\left(\frac{k_1}{k_4}\right)^{1/2}[C_2H_4][H_2]^{1/2} = k[C_2H_4][H_2]^{1/2}$$

式中，$k = k_2\left(\dfrac{k_1}{k_4}\right)^{1/2}$ 為巨觀反應速率常數。

代入（6.1a）式，可得：

$$A \cdot \exp\left(-\frac{E_a}{RT}\right) = A_2\left(\frac{A_1}{A_4}\right)^{1/2} \cdot \exp\left[-\frac{E_2 + \dfrac{1}{2}(E_1 - E_4)}{RT}\right]$$

所以，巨觀活化能 E_a 與各基本反應活化能之間的關係為：$E_a = E_2 + \dfrac{1}{2}(E_1 - E_4)$

▪例 6.2.100▪

某一氣相反應：

$$A_{(g)} \xrightleftharpoons[k_{-1}]{k_1} \quad B_{(g)} \quad + \quad C_{(g)}$$

已知在 298°K 時，$k_1 = 0.21\ s^{-1}$，$k_{-1} = 5 \times 10^{-9}\ P_a^{-1} \cdot s^{-1}$，當溫度升至 310°K 時，$k_1$ 和 k_{-1} 值均增加 1 倍，試求：

（1）298°K 時的平衡常數 $K_p^\ominus$

（2）正、逆反應的實驗活化能

（3）反應的 ΔH

（4）在 298°K 時，A 的初壓力為 101.325 kP_a，若使總壓力達到 151.99 kP_a，問需時若干？

：（1）因 $r_+ = k_1 p_A$，$r_- = k_{-1} p_B p_C$，當反應達到平衡時，$r_+ = r_-$，即

$$K_p = \frac{p_B p_C}{p_A} = \frac{k_1}{k_{-1}} = \left(\frac{0.21}{5 \times 10^{-9}}\right) P_a = 4.2 \times 10^7\ P_a$$

$$K_p^\ominus = \frac{(p_B/p^\ominus)(p_C/p^\ominus)}{(p_A/p^\ominus)} = \frac{K_p}{p^\ominus} = \frac{4.2 \times 10^7}{100000} = 420$$

（2）設在題給溫度範圍內活化能與溫度無關，則

$$\ln\frac{k'}{k} = \frac{E_a}{R}\left(\frac{1}{T} - \frac{1}{T'}\right)$$

$$E_a = \frac{RTT'}{T'-T} \cdot \ln\frac{k'}{k}$$

當溫度由 298°K 升至 310°K 時，因為正、逆反應均有 $k'/k = 2$，

故 E_a（正）$= E_a$（逆）$= \left(\frac{8.314 \times 298 \times 310}{310 - 298} \cdot \ln 2\right) J \cdot mole^{-1} = 44.36\ kJ \cdot mole^{-1}$

（3）$\dfrac{d\ln K_p}{dT} = \dfrac{d\ln k_1}{dT} - \dfrac{d\ln k_2}{dT} = \dfrac{E_a（正）}{RT^2} - \dfrac{E_a（逆）}{RT^2} = 0$

又 $\dfrac{d\ln K_p}{dT} = \dfrac{\Delta H}{RT^2}$

故由（6.7）式：$\Delta H = E_a$（正）$- E_a$（逆）$= 0$

（4）

$$A_{(g)} \underset{k_{-1}}{\overset{k_1}{\rightleftharpoons}} B_{(g)} + C_{(g)} \qquad 總壓力$$

t = 0 時： $\qquad p_0 \qquad\qquad 0 \qquad\quad 0$

$\qquad\qquad -) \qquad p$

t = t 時： $\qquad p_0-p \qquad\qquad p \qquad\quad p \qquad\quad p(總)$

可知：$p(A) = p_0-p$ $\qquad\qquad\qquad\qquad\qquad$（ㄅ）

$\qquad p(B) = p(C) = p$ $\qquad\qquad\qquad\qquad\qquad$（ㄆ）

當 $p(總) = p_0+p = 151.99 \, kP_a \Rightarrow p = p(總)-p_0$

$\Rightarrow p = (151.99-101.325) \, kP_a = 50.665 \, kP_a$

將（ㄅ）式和（ㄆ）式代入 $\dfrac{dp(C)}{dt} = k_1 p(A) - k_{-1}p(B)p(C)$

$\Rightarrow \dfrac{dp}{dt} = k_1(p_0-p) - k_{-1}p^2 \approx k_1(p_0-p)$ （因題意已知 $k_{-1} \ll k_1$）

則 $\displaystyle\int_0^p \dfrac{dp}{p_0-p} = k_1 \cdot \int_0^t dt$

故 $t = \dfrac{1}{k_1} \cdot \ln\dfrac{p_0}{p_0-p} = \left(\dfrac{1}{0.21} \cdot \ln\dfrac{101.325}{101.325-50.665}\right)s = 3.3 \, s$

例 6.2.101

反應：

$$A_{(g)} \underset{k_{-1}}{\overset{k_1}{\rightleftharpoons}} B_{(g)} + C_{(g)}$$

k_1 和 k_{-1} 在 25°C 時分別為 0.2 s^{-1} 和 3.9477×10^{-9} $P_a^{-1} \cdot s^{-1}$，在 35°C 時兩者皆增為 2 倍。求：

（1）25°C 時的平衡常數。

（2）正、逆反應的活化能。

（3）反應熱。

：（1）$K_p^\theta = K_p (p^\theta)^{-\Delta v} = K_p / p^\theta = 500$

（∵ $\Delta v = (1+1)-1 = 1$）

（2）利用（6.14）式，$E_a = \dfrac{RT_2 T_1}{T_2 - T_1} \cdot \ln\left(\dfrac{k_2}{k_1}\right)$

$$E_{a,1} = E_{a,-1} = \frac{8.314 \text{J} \cdot \text{mole}^{-1} \cdot \text{k}'^{-1} \times 298\text{k} \times 308\text{k}}{308\text{k} - 298\text{k}} \cdot \ln 2 = 53\text{kJ} \cdot \text{mole}^{-1}$$

利用（6.5）式：$E_{a,1} - E_{a,-1} = \Delta H$，$\Delta H = 0$

■例 6.2.102■

對於相同級數的平行反應，證明巨觀活化能 E_a 與各平行反應的活化能 E_i 與速率常數 k_i 的關係為 $E_a = \Sigma k_i E_i / \Sigma k_i$。若某複雜反應，巨觀反應速率常數 k_a 與各基本反應的反應速率常數 k_i 間存在著 $k_a = \prod k_i^{n_i}$ 關係。證明巨觀活化能 E_a 與各基本反應的反應活化能 E_i 間必存在 $E_a = \Sigma n_i E_i$。

：相同反應級數的平行反應有這樣的關係：$\Sigma k_i = k_1 + k_2 + \dots + k_n = k$，

依據（6.1a）式可知：$k_i = A_i \cdot \exp(-E_i/RT)$，$k = A \cdot \exp(-E/RT)$

$$\Rightarrow \ d\ln(k)/dT = \frac{dk}{k} dT = \frac{d\sum k_i}{\sum k_i} dT = \frac{\sum dk_i}{\sum k_i} dT$$

$$= \frac{1}{\sum k_i} \sum \frac{k_i dk_i}{k_i dT} = \frac{1}{\sum k_i} \sum \frac{k_i d\ln(k_i)}{dT}$$

可知：根據統計學之〝平均值〞的定義，上式即為各平行反應活化能的統計平均值，
即總反應的「巨觀活化能」。

對於連續反應有這樣的關係：$k_a = \prod k_i^{n_i}$，故二邊取對數得：

$$\ln(k) = \Sigma n_i \ln(k_i) \ \Rightarrow \ \frac{d\ln(k)}{dT} = \sum \frac{n_i d\ln(k_i)}{dT}$$

上式左右兩邊乘以 $(1/RT^2)$，並配合（6.3）式，可得：$E_a = \Sigma n_i E_i$。

對於複雜反應而言，上式是個很有用的關係式。

■例 6.2.103■

某雙原子分子分解反應能量為 83.7 kJ $\cdot$ mole^{-1}，試計算 300.2°K 時活化分子所佔的分數。

$$: q = \exp\left(-\frac{E_c}{RT}\right)$$

當 T = 300.2°K 時，$q = \exp\left(-\dfrac{83.7 \times 10^3 \, J \cdot mole^{-1}}{8.314 J \cdot mole^{-1} \cdot K^{-1} \times 500.2°K}\right) = 1.82 \times 10^{-9}$

■例 6.2.104■

反應：

$$A \quad \underset{k_{-1}}{\overset{k_1}{\rightleftharpoons}} \quad B$$

正、逆反應均為 1 級，已知

$$\log k_1 (s^{-1}) = -\frac{2000}{T/K} + 4.0$$

$$\log K (平衡常數) = \frac{2000}{T/K} - 4.0$$

反應開始 $[A]_0$ = 0.5 mole · dm⁻³，$[B]_0$ = 0.05 mole · dm⁻³。計算：

　　（1）逆反應活化能

　　（2）400°K 時，反應 10 秒鐘時 A 和 B 濃度

　　（3）400°K 時，反應達平衡時 A 和 B 濃度

$: (1) 因為 K = \dfrac{k_1}{k_{-1}}$，則 $\log k_{-1} = \log k_1 - \log K = -\dfrac{4000}{T/K} + 8.0$

$$2.303 \frac{d\log k_{-1}}{dt} = \frac{2.303 \times 4000}{T^2} = \frac{E_{-1}}{RT^2}$$

　　故 E_{-1} = (8.314×2.303×4000) J · mole⁻¹ = 76.59 kJ · mole⁻¹

（2）T = 400°K，代入 $\log k_1$ 和 $\log k_{-1}$ 表示式中，分別算得：

　　k_1 = 0.1 s⁻¹，K = 10，k_{-1} = 0.01 s⁻¹

$$A \quad \underset{k_{-1}}{\overset{k_1}{\rightleftharpoons}} \quad B$$

t = 0 時：	$[A]_0$		$[B]_0$
一)	x		
t = t 時：	$[A]_0 - x$		$[B]_0 + x$

可知：$[A] = [A]_0 - x$　　　　　　　　　　　　　　　　（ㄅ）

$[B] = [B]_0 + x$　　　　　　　　　　　　　　　　（ㄆ）

則（ㄅ）式和（ㄆ）式代入 $-\dfrac{d[A]}{dt} = k_1[A] - k_{-1}[B]$

$$\Rightarrow -\frac{d([A]_0 - x)}{dt} = \frac{dx}{dt} = k_1([A]_0 - x) - k_{-1}([B]_0 + x)$$

$$= 0.1 \cdot (0.5 - x) - 0.01 \cdot (0.05 + x) = 0.0495 - 0.11x$$

$$\int_0^x \frac{dx}{0.0495 - 0.11x} = \int_0^t dt$$

$$t = \frac{1}{0.11} \times \ln \frac{0.0495}{0.0495 - 0.11x}$$

$\ln(0.0495 - 0.11x) = \ln 0.0495 - 0.11t$

將 $t = 10\ s$ 代入上式，解得：$x = 0.3\ mole \cdot dm^{-3}$

故 $[A] = [A]_0 - x = 0.2\ mole \cdot dm^{-3}$

$[B] = [B]_0 + x = 0.35\ mole \cdot dm^{-3}$

(3) 平衡時，$k_1(0.5 - x_{eq}) = k_{-1}(0.05 + x_{eq})$，解得：$x_{eq} = 0.45\ mole \cdot dm^{-3}$

則 $[A]_{eq} = [A]_0 - x_{eq} = 0.05\ mole \cdot dm^{-3}$

$[B]_{eq} = [B]_0 + x_{eq} = 0.5\ mole \cdot dm^{-3}$

■例 6.2.105■

設平行反應（ㄅ）$A \xrightarrow{\ k_1\ } B$ 與（ㄆ）$A \xrightarrow{\ k_2\ } C$ 有如下動力學數據：

反應	活化能 E_a /(kJ·mole^{-1})	指數前因子 A/s^{-1}
（ㄅ）	108.8	1.00×10^{13}
（ㄆ）	83.7	1.00×10^{13}

(a) 試問提高反應溫度時，那一個反應的反應速率增加較快？為什麼？

(b) 提高反應溫度，能否使 $k_1 > k_2$？

如把溫度由 300K 增高至 1000K，試問反應物中 B 和 C 的分布（乙物質的量之比）發生了怎樣的變化？

：由 Arrhenius 公式：$k = A \exp\left(-\dfrac{E_a}{RT}\right)$，$\dfrac{d\ln k}{dT} = \dfrac{E_a}{RT^2}$

（a）$\dfrac{d\ln k_1}{dT} = \dfrac{E_{a,1}}{RT^2}$，$\dfrac{d\ln k_2}{dT} = \dfrac{E_{a,2}}{RT^2}$

　　$\because E_{a,1} > E_{a,2}$，$\therefore \dfrac{d\ln k_1}{dT} > \dfrac{d\ln k_2}{dT}$

　　即提高反應溫度，反應（ㄅ）的反應速率 k_1 增加較快。

（b）已知 $A_1 = A_2$，故有 $\dfrac{k_1}{k_2} = \exp\left(\dfrac{-E_{a,1} + E_{a,2}}{RT}\right) = \exp\left(-\dfrac{3019K}{T}\right) < 1$

　　即 $k_1 < k_2$，即使 $T \to \infty$，也只能使 $k_1 \to k_2$。

（c）$\dfrac{d[B]}{dt} = k_1[A]$，$\dfrac{d[C]}{dt} = k_2[A]$

　　$\therefore \dfrac{d[B]/dt}{d[C]/dt} = \dfrac{k_1}{k_2}$

　　由於反應（ㄅ）和反應（ㄆ）同時開始而又彼此獨立進行，且開始時

　　$[B]_0 = [C]_0 = 0$，所以有 $\dfrac{d[B]/dt}{d[C]/dt} = \dfrac{[B]}{[C]}$，$\dfrac{[B]}{[C]} = \dfrac{k_1}{k_2}$

$$\dfrac{\left(\dfrac{[B]}{[C]}\right)_{T=1000K}}{\left(\dfrac{[B]}{[C]}\right)_{T=300K}} = \dfrac{\left(\dfrac{k_1}{k_2}\right)_{T=1000K}}{\left(\dfrac{k_1}{k_2}\right)_{T=300K}} = \dfrac{\exp\left(-\dfrac{3019K}{1000K}\right)}{\exp\left(-\dfrac{3019K}{300K}\right)} = e^{7.04} = 1.14 \times 10^3$$

　　即把反應溫度由 300K 升到 1000K，反應產物中 B 和 C 的物質的量之比提高 1.14×10^3 倍。但不管溫度增加多少，[B]/[C]增大多少倍，[B]不可能超過[C]。

▪例 6.2.106▪

在 300°K 時，如果分子 A 和 B 要經過每一千萬次碰撞才能發生一次反應，這個反應的臨界能量將是

（a）170 kJ · mole⁻¹　　　　　　　　（b）10.5 kJ · mole⁻¹

（c）40.2 kJ · mole⁻¹　　　　　　　　（d）－15.7 kJ · mole⁻¹

：（c）。 $q = \exp\left(\dfrac{E_c}{RT}\right)$， $q = 10^{-7}$

▪例 6.2.107▪

在一定 T、V 下，反應機構為：

$$A_{(g)} \quad + \quad B_{(g)} \quad \overset{(1)}{\underset{(2)}{\rightleftharpoons}} \quad D_{(g)}$$

此反應的 $\Delta U = 60.0\ kJ \cdot mole^{-1}$，則上述正向反應的活化能 $E_1 =$ ？

（a）一定是大於 $60.0\ kJ \cdot mole^{-1}$

（b）一定是等於 $60.0\ kJ \cdot mole^{-1}$

（c）一定是大於 $-60.0\ kJ \cdot mole^{-1}$

（d）既可以大於也可以小於 $60.0\ kJ \cdot mole^{-1}$

：（a）。

（正向反應的活化能 E_1）－（逆向反應的活化能 E_2）＝ $60.0 kJ \cdot mole^{-1}$

所以 $E_1 = 60.0 kJ \cdot mole^{-1} + E_2$ ； $E_1 > 60.0 kJ \cdot mole^{-1}$

▪例 6.2.108▪

某氣相 2 級可逆反應：

$$A_{(g)} \quad \overset{k_+}{\underset{k_-}{\rightleftharpoons}} \quad B_{(g)} \quad + \quad C_{(g)}$$

已知在 298°K 時，$k_+ = 0.20\ s^{-1}$，$k_- = 5 \times 10^{-9}\ P_a^{-1} \cdot s^{-1}$，當溫度升至 310°K 時，$k_+$ 和 k_- 值均增大 1 倍，試求算：

（1）298°K 時平衡常數 $K^{\ominus}$。

（2）正、逆反應的活化能。

（3）總反應的 ΔH。

（4）在 298°K 時，A 的初壓力為 $1.0 \times 10^5\ P_a$，則當總壓力達到 $1.5 \times 10^5\ P_a$，問需要多長的時間？

：（1）從題給 k_- 的單位可以看出：反應速率常數不是 k_c，而是 k_p。由平衡常數與反應速率常數的關係可知：

$$K_p = \frac{k_{p,+}}{k_{p,-}} = \frac{0.20}{5.0 \times 10^{-9}} = 4.0 \times 10^7 \text{ Pa}$$

$$K^\Theta = K_p (p^\Theta)^{-\Delta v} = K_p / p^\Theta = 395 \quad (\because \Delta v = (1+1) - 1 = 1)$$

（2）由 Arrhenius 方程式之（6.4）式：

$$\ln \frac{k(T_2)}{k(T_1)} = \frac{E_a}{R} \left(\frac{1}{T_1} - \frac{1}{T_2} \right)$$

當溫度由 $298°K$ 升高到 $310°K$ 時，k_+ 和 k_- 均增大一倍，即：

$$E_+ = E_- = \frac{R \cdot \ln \dfrac{k_2}{k_1}}{\left(\dfrac{1}{T_1} - \dfrac{1}{T_2} \right)} = \frac{8.314 \cdot \ln 2}{\left(\dfrac{1}{310} - \dfrac{1}{298} \right)} = 44.4 \text{ kJ} \cdot \text{mole}^{-1}$$

（3）由平衡常數和溫度的關係式（即（6.6）式）：

$$\frac{d \ln K^\Theta}{dT} = \frac{\Delta H}{RT^2}$$

代入 $K_p = \dfrac{k_{p,+}}{k_{p,-}}$ 於上式，得：

$$\frac{d \ln K^\Theta}{dT} = \frac{d \ln k_{p,+}}{dT} - \frac{d \ln k_{p,-}}{dT} = \frac{E_+}{RT^2} - \frac{E_-}{RT^2}$$

$$\Rightarrow \quad \Delta H = E_+ - E_- = 0$$

（4）

	$A_{(g)}$	$\rightleftharpoons$	$B_{(g)}$	$+$	$C_{(g)}$	總壓力

$t = 0$ 時： p_0 0   0

$-)$ p

$t = t$ 時： $p_0 - p$ p p $p(總)$

$p(總) = (p_0 - p) + p + p \Rightarrow p = p(總) - p_0 = 1.5 \times 10^5 - 1.0 \times 10^5 = 5 \times 10^4 \text{ Pa}$

反應速率公式為：

$$-\frac{dp_A}{dt} = -\frac{d(p_0 - p)}{dt} = \frac{dp}{dt} = k_+ p_A - k_- p_B p_C = k_+ (p_0 - p) - k_- p^2$$

$$= k_+ p_0 - (k_+ + k_- p) p \qquad (ㄅ)$$

由於在 t 時刻時，將 k_- 數據及（ㄅ）式代入，可得：

$$k_{-p} = (5.0 \times 10^{-9} \times 5 \times 10^4) s^{-1} = 2.5 \times 10^{-4} \ s^{-1} << k_+ = 0.20 \ s^{-1}$$

$$\Rightarrow \quad \therefore k_+ + k_{-p} \approx k_+$$

則（ㄆ）式可近似簡化為：

$$\frac{dp}{dt} = k_+ (p_0 - p)$$

$\Rightarrow$ 經積分後：

$$t = \frac{1}{k_+} \cdot \ln \frac{p_0}{p_0 - p} = \frac{1}{0.20} \cdot \ln \frac{1.0 \times 10^5}{5 \times 10^4} = 3.47 \ s$$

■例 **6.2.109**■

現有如下可逆氣相基本反應（設氣體為理想氣體）

$$aA \ + \ bB \ \rightleftharpoons \ gG \ + \ hH$$

（a）以壓力和濃度為單位表示反應速率時，相對應的反應速率常數為 k_p 和 k_c。請尋找出兩者之間的關係式。

（b）同一反應，以壓力和濃度單位表示物種數量時的 Arrhenius 活化能分別為 $E_{a,p}$ 和 $E_{a,c}$。請問兩者是否相等？對上述正、逆反應，兩者的關係如何？
"正逆反應的活化能之差 ＝ 反應熱變化"，請問此命題是否成立？

：（a）$r_c = -\dfrac{1}{a} \dfrac{d[A]}{dt} = k_c [A]^a [B]^b$　　　　　　　　　　　　（ㄅ）

$r_p = -\dfrac{1}{a} \dfrac{dP_A}{dt} = k_p P_A^a P_B^b$　　　　　　　　　　　　（ㄆ）

對理想氣體，

$$[A] = \frac{p_A}{RT}$$

$$[B] = \frac{p_B}{RT} .$$

將 $\dfrac{d[A]}{dt} = \dfrac{1}{RT} \dfrac{dP_A}{dt}$ 代入（ㄅ）式，可得：

$$-\frac{1}{a}\frac{d[A]}{dt} = -\frac{1}{a}\frac{1}{RT}\frac{dP_A}{dt} = k_c\left(\frac{p_A}{RT}\right)^a\left(\frac{p_B}{RT}\right)^b$$

$$\therefore -\frac{1}{a}\frac{dP_A}{dt} = k_c\,(RT)^{1-(a+b)}\,P_A^a P_B^b \qquad\qquad (ㄇ)$$

比較（ㄆ）式、（ㄇ）式，得：

$$k_P = k_c\,(RT)^{1-(a+b)} = k_c\,(RT)^{1-n} \qquad\qquad (ㄈ)$$

$n = a + b$ 為反應總級數。

（b）活化能的定義為 $E_a = RT^2\dfrac{d\ln k}{dT}$，

用於（ㄈ）式可得：

$$RT^2\frac{d\ln k_P}{dT} = RT^2\frac{d\ln k_c}{dT} + [1-(a+b)]RT$$

$$E_{a,P} = E_{a,c} + [1-(a+b)]RT$$

這是對上式正反應而言，故可寫成：

$$E_{a,P}(正) = E_{a,c}(正) + [1-a+b]RT \qquad\qquad (ㄉ)$$

同理

$$E_{a,P}(逆) = E_{a,c}(逆) + [1-(g+h)]RT \qquad\qquad (ㄊ)$$

（c）由 Vant't Hoff 方程式，對理想氣體

$$\frac{d\ln K_P^\theta}{dT} = \frac{\Delta rH_m^\theta}{RT^2}$$

$$\frac{d\ln K_c^\theta}{dT} = \frac{\Delta rU_m^\theta}{RT^2}$$

或

$$\frac{d\ln K_P}{dT} = \frac{\Delta rH_m^\theta}{RT^2}$$

$$\frac{d\ln K_c}{dT} = \frac{\Delta rU_m^\theta}{RT^2}$$

$$\therefore \frac{d\ln k_P(正)}{dT} - \frac{d\ln k_P(逆)}{dT} = \frac{\Delta rH_m^\theta}{RT^2}$$

$$\frac{d\ln k_c (正)}{dT} - \frac{d\ln k_c (逆)}{dT} = \frac{\Delta rU_m^\theta}{RT^2}$$

由此可得：

$E_{a,P}(正) - E_{a,P}(逆) = \Delta rH_m^\theta$ 　　　　　　　　　　　　　　　（ㄋ）

$E_{a,c}(正) - E_{a,c}(逆) = \Delta rU_m^\theta$ 　　　　　　　　　　　　　　　（ㄌ）

因此，"正逆反應活化能之差 ＝ 反應熱變化"這一命題式不全面的。

此外，由於 $\Delta rH_m^\theta = \Delta rU_m^\theta + \Delta(pV) = \Delta rU_m^\theta + [(g+h)-(a+b)]RT$

故由（ㄋ）式、（ㄌ）式，

$E_{a,P}(正) - E_{a,P}(逆) = E_{a,c}(正) - E_{a,c}(逆) + [(g+h)-(a+b)]RT$ 　　（ㄍ）

而由（ㄋ）式－（ㄌ）式同樣可得到（ㄍ）式。

特例是當反應前後分子數不變，即 $g+h = a+b$，

則 $\Delta rH_m^\theta = \Delta rU_m^\theta$，$E_{a,P}(正) - E_{a,P}(逆) = E_{a,c}(正) - E_{a,c}(逆)$ 此時題中所給命題完全正確。

▪例 6.2.110▪

某一反應有兩種可能的反應過程：

(I) 反應物直接生成產物：

$$A \xrightarrow{k_0} P，E_a = 200\ kJ \cdot mole^{-1}$$

(II) 分兩步進行：

$$A \xrightarrow[E_1]{k_1} C \xrightarrow[E_2]{k_2} P$$

且已知：$E_1 = 160\ kJ \cdot mole^{-1}$，$E_2 = 120\ kJ \cdot mole^{-1}$

（1）若忽略指數前因子的差別，問上述兩種反應過程中的那一種發生的可能性更大？

（2）若直接反應有可能，試計算在同一體系中兩種反應過程速率比。由上述例證可否說明分步反應的普遍性，以及「穩定態近似法」的合理性。

：（1）$k_1/k_2 = \exp\{(E_2 - E_1)RT\} = 9.7 \times 10^{-8}$，$k_2 \gg k_1$

（2）$r_1/r_2 = k_1/k_2$，證明「分步反應」具有普遍性。

例 6.2.111

某氣相反應

$$A + B \underset{k_{-1}}{\overset{k_1}{\rightleftharpoons}} C + D$$

的反應速率方程式為：$-\dfrac{dp_A}{dt} = k_1 p_A \left(\dfrac{p_B}{p_C}\right)^{1/2} - k_{-1} p_D \left(\dfrac{p_C}{p_B}\right)^{1/2}$

已知 300K 時，$k_1 = 0.2 \text{ min}^{-1}$，$k_{-1} = 0.1 \text{ min}^{-1}$，反應熱 $\Delta_r H_m = 41.6 \text{ kJ} \cdot \text{mol}^{-1}$ 且當溫度升高 $10°C$，k_1 增大一倍。求：

（1）$300°K$ 的反應平衡常數 K^θ。

（2）正逆反應的活化能(E_+ 和 E_-)。

（3）若 $[A]_0 = [B]_0 = 1 \text{ mol} \cdot \text{dm}^{-3}$ 時，求 A 的轉化率為 80% 的溫度。

：（1）$300°K$時，$K = \dfrac{k_1}{k_{-1}} = \dfrac{0.2}{0.1} = 2$

（2）對正反應：$\dfrac{k_1(T_2)}{k_1(T_1)} = \dfrac{k_1(310°K)}{k_1(300°K)} = 2$ （$T_1 = 300°K$，$T_2 = 310°K$）

所以 $\ln \dfrac{k_1(T_2)}{k_1(T_1)} = \dfrac{E_+ (T_2 - T_1)}{RT_2 T_1}$

所以 $E_+ = \dfrac{RT_2 T}{T_2 - T_1} \ln \dfrac{k_1(T_2)}{k_1(T_1)} = \dfrac{8.314 \times 310 \times 300}{10} \ln 2 = 53.594 \text{ kJ} \cdot \text{mol}^{-1}$

$E_- \approx E_+ - \Delta_r H_m^\theta = 53.594 - 41.6 = 11.994 \text{ kJ} \cdot \text{mol}^{-1}$

（3）$[A]_0 = [B]_0 = 1 \text{ mol} \cdot \text{dm}^{-3}$ 時，A 的轉化率為 80%，

所以平衡時，$[A] = [B] = 0.2 \text{ mol} \cdot \text{dm}^{-3}$，$[C] = [D] = 0.8 \text{ mol} \cdot \text{dm}^{-3}$

$\therefore K^\theta (T) = \dfrac{k_1}{k_{-1}} = \dfrac{0.8^2}{0.2^2} = \dfrac{0.64}{0.04} = 16$，且已知 $K^\theta(300°K) = 2$

根據等壓方程式

$\ln \dfrac{K^\theta(T)}{K^\theta(300°K)} = -\dfrac{\Delta_r H_m^\theta}{R} \left(\dfrac{1}{T} - \dfrac{1}{300}\right) \Rightarrow \ln \dfrac{16}{2} = -\dfrac{41600}{8.314} \left(\dfrac{1}{T} - \dfrac{1}{300}\right)$

得溫度：$T = 343°K$

6.3 反應機構的推測

研究「化學反應動力學」的主要任務之一是確定「反應機構」。所謂的「反應機構」，即指〝反應物轉變爲產物的眞正過程〞，確認總反應中所有的「基本反應」及其先後次序。

一個化學反應速率方程式的形式如何，在本質上取決於「反應機構」。就這個角度來說：反應速率方程式是微觀機構的巨觀表現。所以，要從更高層次上了解化學反應的規律性，掌握各種化學反應之反應速率方程式千差萬別的內在原因，就必須要來研究「反應機構」。

如能正確地掌握「反應機構」，就能更有效地控制化學反應。

正確地推測「反應機構」是件難度頗高的工作，它與許多新的實驗技術以及有關物質結構的知識密切相關。到目前爲止，人們對「反應機構」的認識是十分膚淺的，還有待科學技術的發展進一步提高，在此只簡單介紹推測「反應機構」的一般方法。專門從事「反應機構」研究的專家和學者至今已提出了許多擬定「反應機構」的具體方案，但這些方案一般都是純經驗性的。有興趣的人可查閱專著和文獻。

一般來說，推測一個反應的機構可分做「準備工作」和「擬定機構」兩個階段：

1.準備工作

首先查閱資料和文獻，了解前人在「反應機構」方面所做的工作。在此基礎上還需要做實驗，目的是確定反應的反應速率方程式，一般主要是確定反應級數和反應速率常數；了解反應速率常數隨溫度的變化關係，確定反應的實際活化能。這是最基本的「準備工作」，即弄清楚反應的巨觀規律性。

爲了給「擬定機構」提供更詳盡的資料，還要有目的、有計劃地進行化學分析和儀器分析實驗，主要目的是獲得一些與「反應機構」本身有直接關係的訊息，一般包括以下幾個方面：

（1）通過各種方法，如：化學分析、吸收光譜、順磁、紙上色層、質譜、極譜、電泳等手段，以檢測反應過程中可能出現的「中間產物」。應該指出，即使通過大量的實驗工作，多半仍難以發現所有的「中間產物」。

（2）利用跟蹤原子技術判斷反應過程中部分化學鍵的斷裂位置。

（3）向反應系統中加入少量 NO 等具有未成對電子的、易於捕獲自由基的物質，觀察反應速率是否下降，以判斷反應是否可能是「連鎖反應」。

（4）判斷反應是否由於照光所引發的，並確定所用的光頻率以及這種頻率的光能夠破壞的是什麼化學鍵。

通過以上「準備工作」，掌握了反應的巨觀特徵，同時獲得了部分微觀的訊息，爲推測「反應機構」提供了紮實的步驟根據。

2.擬定反應機構

根據在「準備階段」所獲得的知識，對「反應機構」提出假設。首先，這種假設必須考慮以下幾種因素：

（1）速率因素：按所假設的「反應機構」，推導出的反應速率方程式必須與實驗結果相一致。

（2）能量因素：就「基本反應」而言，活化能可用化學鍵的鍵能估算，如果同一個成份有多個反應的可能，則以活化能最低者發生的機率最大。就總反應而言，按假設「反應機構」所求出的實際活化能必須與實驗活化能相一致。

（3）結構因素：所假設的「反應機構」中之所有物質及「基本反應」都必須與結構化學的規律性相符合。

所假設的「反應機構」必須滿足上述三個因素才有可能正確，也就是說，不滿足的一定是不正確的。

例如：先前提到的「HI 合成反應」並非是一個簡單反應，經研究才提出了如下機構：

$$I_2 \quad \underset{k_{-1}}{\overset{k_1}{\rightleftharpoons}} \quad 2I \cdot$$

$$H_2 + 2I \cdot \xrightarrow{k_2} 2HI$$

由於上述「反應機構」與前述的三個因素相符，因此目前得到了較廣泛的承認。

必須指出的是：在擬定「反應機構」過程中，如果由假設的「反應機構」導出的反應速率方程式和由此計算出的活化能與實驗結果相符合，只能說明此「反應機構」有可能正確，而不能得出肯定的結論；但是若與實驗結果不符合，則可以肯定該「反應機構」是不正確的。換句話說，肯定一個「反應機構」要比否定一個「反應機構」困難得多。因爲要否定一個「反應機構」只要有足夠的實驗證據即可；而要肯定一個「反應機構」卻需要考慮並否定其它任何機構的可能性。

在動力學的發展史上往往發生兩種現象：一種是有些「反應機構」在提出的當時與實驗事實相符合，並認為是正確的，但是隨著科學理論與實驗技術的進一步發展，往往發現以前的「反應機構」是錯誤的，於是取而代之以新的「反應機構」；另一種現象是，有時有幾個不同的「反應機構」同時都能解釋一個反應的許多實驗事實，長久以來卻得不到一個公認比較合理的「反應機構」。此時只能說這幾個「反應機構」中最多只能有一個是正確的，也可能都不正確。因此，學術界曾經流傳過一句話：

〝我們不能證明一個「反應機構」的成立，只能反證一個「反應機構」的不成立〞。

這句話真正道盡了動力學上的種種困境。雖是如此，近些年來「微觀反應動力學」理論（見第七章）的發展，配合著交叉分子束等實驗技術的應用，為直接證明「反應機構」帶來了新的希望，因此我們有理由相信破解各種反應的內在「反應機構」，在不久的將來必然是指日可待的。

▪ 例 **6.3.1** ▪

乙烷裂解反應：$C_2H_6 \longrightarrow C_2H_4 + H_2$ 的反應機構推測過程如下：

（1）經實驗測定，該反應爲「1 級反應」，故反應速率方程式爲：$\dfrac{d[H_2]}{dt} = k[C_2H_6]$

並測定活化能 $E = 292$ kJ·mol^{-1}；用質譜法證明反應系統中存在 $CH_3\cdot$、$C_2H_5\cdot$ 等中間產物；加入易於捕獲自由基的 NO 後，反應受到抑制，進一步證明該反應是「連鎖反應」。

（2）經研究，假定反應機構爲：

$$C_2H_6 \xrightarrow{\ k_1\ } 2CH_3\cdot \qquad\qquad E_1 = 351.5 \text{ kJ·mole}^{-1}$$

$$CH_3\cdot + C_2H_6 \xrightarrow{\ k_2\ } CH_4 + C_2H_5\cdot \qquad E_2 = 33.5 \text{ kJ·mole}^{-1}$$

$$C_2H_5\cdot \xrightarrow{\ k_3\ } C_2H_4 + H\cdot \qquad\qquad E_3 = 167.4 \text{ kJ·mole}^{-1}$$

$$H\cdot + C_2H_6 \xrightarrow{\ k_4\ } H_2 + C_2H_5\cdot \qquad\quad E_4 = 29.3 \text{ kJ·mole}^{-1}$$

$$H\cdot + C_2H_5\cdot \xrightarrow{\ k_5\ } C_2H_6 \qquad\qquad E_5 = 0 \text{ kJ·mole}^{-1}$$

其中各「基本反應」的活化能是由鍵能數據算出的。以下驗證該反應機構是否合理。

：（1）先由反應機構推導反應速率方程式：

$$\frac{d[H_2]}{dt} = k_4 [H\bullet][C_2H_6] \tag{ㄅ}$$

根據「穩定態近似法」，可得：

$$\begin{cases} \dfrac{d[H\bullet]}{dt} = k_3[C_2H_5\bullet] - k_4[H\bullet][C_2H_6] - k_5[H\bullet][C_2H_5\bullet] = 0 \\[2mm] \dfrac{d[C_2H_5\bullet]}{dt} = k_2[CH_3\bullet][C_2H_6] - k_3[C_2H_5\bullet] + k_4[H\bullet][C_2H_6] - k_5[H\bullet][C_2H_5\bullet] \\[2mm] \qquad\qquad = 0 \\[2mm] \dfrac{d[CH_3\bullet]}{dt} = 2k_1[C_2H_6] - k_2[CH_3\bullet][C_2H_6] \end{cases}$$

解此聯立方程組，得：$[H\bullet] = \left(\dfrac{k_1 k_3}{k_4 k_5}\right)^{1/2}$

將此結果代入反應速率方程（ㄅ）式，得：$\dfrac{d[H_2]}{dt} = \left(\dfrac{k_1 k_3 k_4}{k_5}\right)^{1/2}[C_2 H_6]$

簡寫做：$\dfrac{d[H_2]}{dt} = k \cdot [C_2 H_6]$

導出的反應速率方程式與實驗結果相符合，且實際反應速率常數 k 為：

$$k = \left(\frac{k_1 k_3 k_4}{k_5}\right)^{1/2}$$

為進一步檢驗上述機構，將 Arrhenius 公式（即（6.1a）式）代入上式，得：

$$A \cdot \exp\left(-\frac{E}{RT}\right) = \left(\frac{A_1 A_3 A_4}{A_5}\right)^{1/2} \cdot \exp\left[-\frac{\frac{1}{2}(E_1 + E_3 + E_4 - E_5)}{RT}\right]$$

比較上式等號兩邊，得：

$$E = \frac{1}{2}(E_1 + E_3 + E_4 - E_5) = \frac{1}{2} \times (351.5 + 167.4 + 29.3 - 0)\ kJ \cdot mol^{-1}$$

$= 274\ kJ \cdot mol^{-1}$

這表示：由「反應機構」算出的活化能為 $274\ kJ \cdot mol^{-1}$，與實驗值 $292\ kJ \cdot mol^{-1}$ 相比，二者很接近。

通過以上的驗證，可以認為上述假設的「反應機構」很可能是正確的。

例 6.3.2

氣體 H_2、Cl_2 和 Br_2 的標準分解熱各是 435、243 和 222 $kJ \cdot mole^{-1}$ 氣體 HCl 和 HBr 的標準生成熱各是 -92 和 -38 $kJ \cdot mole^{-1}$。計算下列反應過程的能量變化並用反應機構的觀點比較這兩個反應的結果。

$$Cl + H_2 \longrightarrow HCl + H$$
$$Br + H_2 \longrightarrow HBr + H$$

：依照題示，各個反應的能量變化如下：

$$H_2 \longrightarrow H+H \qquad\qquad \Delta H_1 = +435 \text{ kJ} \cdot \text{mole}^{-1} \qquad\qquad （ㄅ）$$

$$Cl_2 \longrightarrow Cl+Cl \qquad\qquad \Delta H_2 = +243 \text{ kJ} \cdot \text{mole}^{-1} \qquad\qquad （ㄆ）$$

$$Br_2 \longrightarrow Br+Br \qquad\qquad \Delta H_3 = +222 \text{ kJ} \cdot \text{mole}^{-1} \qquad\qquad （ㄇ）$$

$$\frac{1}{2}H_2 + \frac{1}{2}Cl_2 \longrightarrow HCl \qquad\qquad \Delta H_4 = -92 \text{ kJ} \cdot \text{mole}^{-1} \qquad\qquad （ㄈ）$$

$$\frac{1}{2}H_2 + \frac{1}{2}Br_2 \longrightarrow HBr \qquad\qquad \Delta H_5 = -38 \text{ kJ} \cdot \text{mole}^{-1} \qquad\qquad （ㄉ）$$

應用 Hess 總能量不變定律，獲得結果如下：

$\frac{1}{2}\big[（ㄅ）式-（ㄆ）式\big]+（ㄈ）式$，得：

$$Cl+H_2 \longrightarrow HCl+H \qquad\qquad \Delta H_6 = +4 \text{ kJ} \cdot \text{mole}^{-1} \qquad\qquad （ㄊ）$$

$\frac{1}{2}\big[（ㄅ）式-（ㄇ）式\big]+（ㄉ）式$，得：

$$Br+H_2 \longrightarrow HBr+H \qquad\qquad \Delta H_7 = +68.5 \text{ kJ} \cdot \text{mole}^{-1} \qquad\qquad （ㄋ）$$

（ㄊ）式和（ㄋ）式是指氫氣與鹵素在反應時的「連鎖增值過程」（chain-propagation process）。計算所得的能量等於「正向反應」和「逆向反應」在活化能上的差值。

在比較（ㄊ）式和（ㄋ）式過程的活化能：

（ㄊ）式 $Cl+H_2 \longrightarrow HCl+H$ 的活化能遠比（ㄋ）式 $Br+H_2 \longrightarrow HBr+H$ 低得多，於是 H_2+Cl_2 反應要快得很多。所以在 H_2+Cl_2 的反應中缺少「抑制劑」（Inhibitor）時會變得非常的劇烈，然而 H_2+Br_2 的反應卻是以穩定的速率進行著。

另外為什麼：H_2+Br_2 的反應會比 H_2+Cl_2 的反應來得慢？

這是因為（ㄊ）式和（ㄋ）式中「逆向反應」的活化能有著明顯的不同。

$$HCl+H \longrightarrow Cl+H_2 \qquad\qquad \Delta H_8 = +21 \text{ kJ} \cdot \text{mole}^{-1} \qquad\qquad （ㄌ）$$

$$HBr+H \longrightarrow Br+H_2 \qquad\qquad \Delta H_9 = +4 \text{ kJ} \cdot \text{mole}^{-1} \qquad\qquad （ㄍ）$$

（ㄍ）式的活化能比（ㄌ）式的活化能低得很多，$HBr+H$ 容易發生反應，因此在（ㄋ）式或是 H_2+Br_2 發生反應時，反應的生成物 HBr 便變成了它們的「抑制劑」，所以反應反而變得緩慢。

■ **例 6.3.3** ■

合成橡膠的主要原料是丁二烯，有人想由 1-丁烯來合成丁二烯，並提出以下兩個方案：

（1）1-丁烯脫氫製丁二烯：

$$CH_2=CHCH_2CH_{3\,(g)} \longrightarrow CH_2=CH-CH=CH_{2\,(g)} + H_{2\,(g)}$$

（2）1-丁烯氧化脫水製丁二烯：

$$CH_2=CHCH_2CH_{3\,(g)} + \frac{1}{2}O_{2\,(g)} \longrightarrow CH_2=CH-CH=CH_{2\,(g)} + H_2O_{(g)}$$

爲了加速反應需尋求合適的催化劑，試判斷上述方案中那個是可行的？

：查表得 25°C 時 1-丁烯、丁二烯、$H_2O_{(g)}$ 的 ΔG 分別爲：

72.05、153.68、$-228.60\,kJ \cdot mole^{-1}$

對反應（1）和（2）：

$\Delta_f G_m$（1）$=(153.68-72.05)kJ \cdot mole^{-1}=81.63\,kJ \cdot mole^{-1} \gg 0$

$\Delta_f G_m$（2）$=(153.68-228.60-72.05)kJ \cdot mole^{-1}=-146.97\,kJ \cdot mole^{-1} < 0$

可見方案（1）不可行。

■ **例 6.3.4** ■

反應：$H_{2\,(g)} + Cl_{2\,(g)} \xrightarrow{\ 25^oC\ } 2HCl_{(g)}$ 在催化劑作用下，可大大地加快此反應的速率，則此反應的 ΔG(298.15°K)＝？

：查表得 25°C 時，HCl 的 ΔG 爲 $-95.299\,kJ \cdot mole^{-1}$。

$(298.15°K)=2 \times \Delta G(HCl_{(g)}, 298.15°K)=-190.598\,kJ \cdot mole^{-1}$

第七章 基本反應的反應速率理論

前一章討論了反應的巨觀動力學之經驗規律，對於這些巨觀規律，必須要有學理的基礎，才能站得住腳，否則將流於「知其然而不知其所以然」的經驗之說罷了。例如：在 Arrhenius 定理中引入了兩個反應動力學參數：「活化能」E_a 和「指數前因子」A，這二參數的背後物理意義到底是什麼呢？

關於「活化能」，這在第六章已做了一些理論探討，而「指數前因子」A 卻尚未做理論分析。在「基本反應」中，原子和分子是如何發生反應的？如何從分子的性質，用理論推導的方法求得「基本反應」之反應速率常數？這正是本章要研究的主要內容。在反應速率理論的發展過程中，先後有兩個理論的誕生：一個是 1918 年 Lewis 在氣體分子運動論的基礎上，建立起來的「簡單碰撞理論」；另一個是 1935 年 Eyring 等人在分子結構的基礎上，建立起來的「過渡狀態理論」。近百年來，許多科學家對這兩個理論進行了修正和改進，到目前為止，化學反應速率理論仍不斷地進行發展中，且在國際上也是熱門研究題材之一。

7.1 氣相反應硬球碰撞理論

一、 理論的出發點

「碰撞理論」（collision theory）是建立在 Arrhenius 的活化狀態和活化能概念的基礎上，於 19 世紀下半葉由 M. Trantz 和 W. C. Lewis 所發展起來的最常用之反應速率基本理論。該理論以「氣體分子運動論」為基礎，假設分子在體系內部是以硬球（hard sphere）形式存在，把氣相中的雙分子反應看做是兩個硬球激烈碰撞的結果。這裡只介紹「簡單碰撞理論」（simple collision theory，簡寫 SCT），以〝硬球碰撞〞做為模型，導出「基本反應」之巨觀反應速率常數的計算公式，故又稱為「硬球碰撞理論」（hard-sphere collision theory）。

二、 硬球碰撞理論的基本假設

以雙分子「基本反應」〝A＋B ⟶ 產物〞為例，「硬球碰撞理論」的基本假設列有下列四點：

（1） 在體系內部，皆把 A 和 B 反應物分子視為無結構的〝剛性球體〞（rigid sphere）。

◎ 事實上，從量子力學角度來看，在無外作用力作用時，氣體分子的電子雲分佈可視為是〝球形對稱〞，此假設忽略了各種分子結構的多樣性，為符合實際的需要，由此誕生了後來的校正項 P（見（7.18）式）。

(2)　分子 A 和 B 要發生反應，必須先碰撞。

◎ "碰撞" 是分子間發生反應的必要條件，即單位時間、單位體積內分子的碰撞頻率越大，反應速率越大，但是否兩個分子一碰撞就能發生反應呢？如果能，則任何氣相反應均可瞬間完成，但事實並非如此。

(3)　只有少數相互碰撞的分子，當它們的相對動能大於分子電子雲彼此相互排斥的位能時，才會發生反應。這種能夠生成產物的碰撞就稱為 "有效碰撞"（effective collisions），這是發生反應的必要條件。

◎ 並不是所有分子間碰撞都能發生反應，只有當碰撞分子的能量超過某一臨界值 ε_0 時（ε_0 稱為化學反應的 "臨界能"，threshold energy），這樣的碰撞才能導致反應的發生。而這些超過 "臨界能" 的分子就稱為 "活化分子"（active molecules）。

◎ 活化分子數(N*)只佔總分子數(N)的一部份，用 g 來表示（$g = \dfrac{N^*}{N}$），故 g 稱為「有效碰撞比例」（efficient fraction of collision）。簡單地說，分子間的碰撞是化學反應的必要條件。而反應速率取決於活化分子的 "有效碰撞"。

(4)　在反應進行中，A、B 氣體分子必須遵守 Maxwell-Boltzmann 分佈規律，即使是反應速率比分子間的能量傳遞速率慢得多。

三、　反應速率常數 k 的理論表達式

　　單位時間、單位體積中 **A** 分子和 **B** 分子的碰撞次數稱為「碰撞頻率」（**collision frequency**），用 Z_{AB} 表示。根據「碰撞理論」，認為反應速率應寫為：

反應速率（r）＝（單位時間、單位體積內，A、B 二分子的碰撞次數）

$$\times（具有足夠能量來反應的碰撞分子數）$$

$$＝（碰撞頻率）\times（有效碰撞比例）＝ Z_{AB} \times g \qquad (7.ㄅ)$$

設若反應：A＋B ⟶ 產物

則　　　　　$r = -\dfrac{d\left(\dfrac{N_A}{V}\right)}{dt} = Z_{AB} \cdot g$ 　（根據(7.ㄅ)式）　　　　　　　　(7.1)

式中 $\dfrac{N_A}{V}$ 是指 "單位體積中 A 分子的數目"，g 為「有效碰撞比例」。

（1）　碰撞頻率 Z_{AB} 的求法：

　（a）設體系中 A、B 兩種氣體分子的莫耳質量分別爲 M_A、M_B，碰撞直徑分別爲 d_A、d_B。當 A、B 分子碰撞時，二個氣體分子中心的最小距離爲：

$$d_{AB} = \frac{d_A + d_B}{2} = \frac{2r_A + 2r_B}{2} = r_A + r_B \tag{7.2}$$

（7.2）式的 d_{AB} 稱爲〝有效碰撞半徑〞。

以此半徑畫圓，其圓面積等於 πd_{AB}^2，稱爲「碰撞截面」，如圖 7.1 所示。

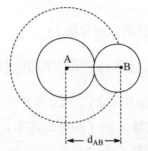

圖 7.1　A、B 分子間的碰撞與有效直徑 d_{AB} 表示圖

首先求出一個以平均速率 $\overline{u_A}$ 運動中的 A 分子與 $\dfrac{N_B}{V}$（單位體積內 B 分子的數目）個靜止不動的 B 分子的碰撞頻率 Z'_{AB}。

爲了求 Z'_{AB}，設想有一個長度爲 $\overline{u_A} \cdot t$ 且橫截面積爲 πd_{AB}^2 的圓柱體，則此

圓柱體的體積爲：長×截面積＝$\overline{u_A} \cdot t \cdot \pi d_{AB}^2$。

對 B 分子來說，可以認爲凡是其質心落在此圓柱體內者，都能與運動中的 A 分子碰撞，則 A 分子在運動 t 時間後，剛好從頭至尾掃過此圓柱體，如圖 7.2 所示。

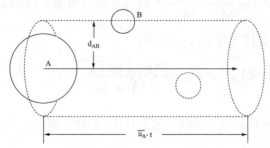

圖 7.2　A 分子在運動 t 時間後在空間掃過的圓柱體體積

因此，一個 A 分子在單位時間內碰到 B 分子的次數（即碰撞頻率 Z'_{AB}）為：

$$Z'_{AB}\left(\text{個}\middle/\text{秒}\right) = \frac{(\text{圓柱體體積}) \times (\text{單位體積內B分子的數目} \frac{N_B}{V})}{t}\left(\text{個}\middle/\text{秒}\right)$$

$$Z'_{AB} = \frac{(\overline{u_A} \cdot t \cdot \pi\, d_{AB}^2) \times (\frac{N_B}{V})}{t} = \pi\, d_{AB}^2 \cdot \overline{u_A} \cdot \frac{N_B}{V} \tag{7.3}$$

（$N_B = n_B$（mole 數）×亞佛加厥常數 L）

（b）設 B 分子也在運動，求出以 $\overline{u_r}$ 相對平均速率運動中的一個 A 分子與 $\frac{N_B}{V}$ 個運動著的 B 分子之碰撞頻率 Z''_{AB}。因為 B 分子也在運動，故需用 A、B 分子的相對平均速率 $\overline{u_r}$ 代替 A 分子的平均速率 $\overline{u_A}$，根據§7.1 的假設（4），氣體分子 A 和 B 的相對速率 $\overline{u_r}$ 為：

$$\overline{u_r} = \sqrt{\frac{8RT}{\pi\, \mu}} \tag{7.4}$$

而分子 A 的平均速率 $\overline{u_A}$ 為：

$$\overline{u_A} = \sqrt{\frac{8RT}{\pi\, M_A}} \tag{7.5}$$

且 B 分子的平均速率 $\overline{u_B}$ 為：

$$\overline{u_B} = \sqrt{\frac{8RT}{\pi\, M_B}} \tag{7.6}$$

（7.4）式中 $\mu = \dfrac{M_A \cdot M_B}{M_A + M_B}$，稱為「折合質量」（reduced mass）。

將（7.4）式代入（7.3）式，則

$$Z''_{AB} = \pi\, d_{AB}^2 \cdot \frac{N_B}{V} \sqrt{\frac{8RT}{\pi\, \mu}} \tag{7.7}$$

注意！上式代表著：一個正運動中的 A 分子與 $\frac{N_B}{V}$ 個正運動著的 B 分子之碰撞頻率 Z''_{AB}。

（c）設有 $\dfrac{N_A}{V}$ 個正運動中的 A 分子與 $\dfrac{N_B}{V}$ 個正運動著的 B 分子之碰撞頻率為 Z_{AB}，則：

$$Z_{AB} = \pi\, d_{AB}^2 \cdot \frac{N_A}{V} \cdot \frac{N_B}{V} \sqrt{\frac{8RT}{\pi\,\mu}} \tag{7.8}$$

$$(N_A = n_A(\text{mole 數}) \times \text{亞佛加厥常數 } L)$$

（7.8）式乃是兩種不同氣體分子的「碰撞頻率」之數學表達式。

若把〝單位體積中的分子數〞換算成〝物質的量濃度〞，則：

$$[A] = \frac{n_A}{V} = \frac{n_A \times L}{V} \times \frac{1}{L} = \frac{N_A}{V} \times \frac{1}{L} \Rightarrow \text{故得 } \frac{N_A}{V} = [A] \cdot L \tag{7.ㄆ}$$

$$[B] = \frac{n_B}{V} = \frac{n_B \times L}{V} \times \frac{1}{L} = \frac{N_B}{V} \times \frac{1}{L} \Rightarrow \text{故得 } \frac{N_B}{V} = [B] \cdot L \tag{7.ㄇ}$$

於是（7.8）式可改寫成：

$$Z_{AB} = \pi\, d_{AB}^2 \cdot L^2 [A][B] \cdot \sqrt{\frac{8RT}{\pi\,\mu}} \tag{7.9}$$

同理，（7.9）式也是兩種不同氣體分子的「碰撞頻率」之數學表達式。

（i）若體系中只有一種 A 分子，則 $N_A = N_B$，且 $\overline{u_A} = \overline{u_B}$，又

$$\overline{u_r} = \sqrt{2} \cdot \overline{u_A} = \sqrt{2}\sqrt{\frac{8RT}{\pi\, M_A}}\,。$$

（ii）我們也考慮到每次碰撞需 2 個 A 分子（若不同種的分子 A、B 碰撞時，則每次碰撞各需 1 個 A 分子和 1 個 B 分子）。

（iii）為了避免重複計算分子的碰撞次數，所以除以 2。

把上述（i）、（ii）、（iii）的考慮代入（7.8）式，則：

可得到同種 A 分子的碰撞頻率 Z_{AA}：

$$Z_{AA} = \frac{\sqrt{2}}{2} \pi\, d_{AA}^2 \cdot \left(\frac{N_A}{V}\right)^2 \sqrt{\frac{8RT}{\pi\, M_A}} \tag{7.10}$$

若〝單位體積中的 A 分子數〞改用〝物質的量濃度〞表示，則參考（7.9）式，可寫成：

$$Z_{AA} = \frac{\sqrt{2}}{2} \pi\, d_{AA}^2 \cdot L^2 \cdot [A]^2 \sqrt{\frac{8RT}{\pi\, M_A}} = 2\pi\, d_{AA}^2 \cdot L^2 \cdot [A]^2 \cdot \sqrt{\frac{RT}{\pi\, M_A}} \tag{7.11a}$$

或將 $d_{AA} = 2r_A$ 代入（7.11a）式，也可得：

$$Z_{AA} = 8r_A^2 \cdot L^2 \cdot [A]^2 \cdot \sqrt{\frac{RT}{\pi M_A}} \qquad (7.11b)$$

在常溫、常壓下，A 和 B 的碰撞頻率（Z_{AB}）之數量級約為 10^{35} 次・m^{-3}・s^{-1}。若 A 和 B 每次碰撞都能發生反應，依據（7.1）式且令（7.1）式的 $g=1$，又配合（7.夕）式或（7.ㄇ）式，則反應速率 r 寫為：

$$r = -\frac{d\left(\dfrac{N_A}{V}\right)}{dt} = -\frac{d[A]}{dt} \cdot L = Z_{AB}$$

將（7.9）式代入上式得：

$$-\frac{d[A]}{dt} = \frac{Z_{AB}}{L} = \pi \, d_{AB}^2 \cdot L \cdot [A][B] \sqrt{\frac{8RT}{\pi \mu}} \qquad (7.12)$$

將（7.12）式與 $-\dfrac{d[A]}{dt} = k[A][B]$ 相比較，可知：

$$k_{理論} = \pi \, d_{AB}^2 \cdot L \sqrt{\frac{8RT}{\pi \mu}} \qquad (7.13)$$

事實上，計算（7.13）式的理論反應速率常數 $k_{理論}$ 值會比實驗值 $k_{實驗}$ 大得多。由此可見：A、B 分子並不是每次碰撞都能發生反應，即 Z_{AB} 中只有一部份碰撞是「有效碰撞」，我們就取 g 做為「修正因子」（此 g 相當於（7.1）式的「有效碰撞比例」的 g），因此實際反應的反應速率常數 k(T)：

$$k(T) = k_{理論} \cdot g \qquad (7.14)$$

從上式可以看出，因已有了 $k_{理論}$（（7.13）式），故只要找出 g 的表示式，就能計算出 k(T) 值。

（2）有效碰撞比例 g 的表示式

假設 A 分子和 B 分子是兩個沒有結構，且分子間無作用力的硬球分子，當它們發生碰撞時，其總「平移動能」（transitional kinetic energy）可以分解成兩項：

（a）A 分子和 B 分子的質心運動平移動能，該能量對化學反應無貢獻。

（b）A 分子和 B 分子相對運動的平移動能在其質心連線上的分量，該能量對化學反應有貢獻。

根據上述「硬球碰撞理論」之§7.1 基本假設（3）、（4）可知：只有當 A 分子和 B 分子之間的相對「平移動能」在質心連線上的分量超過「臨界能」ε_c 時，碰撞後方能發生反應。假設發生反應時分子的能量分佈符合 Maxwell-Boltzmann 分佈定律，並將分子碰撞看做是二維運動，則分子具有二維平移運動自由度的 Maxwell-Boltzmann 能量分佈函數為：

$$f_2(\varepsilon) = (\frac{1}{k_B T}) \cdot \exp(-\frac{\varepsilon}{k_B T}) \tag{7.ㄅ}$$

於是依據（7.ㄅ）式，則「平移動能」超過 ε_c 以上的分子數 N* 佔總分子數 N 的比例可寫為：

$$g = \frac{N^*}{N} = \int_{\varepsilon_c}^{\infty} (\frac{1}{k_B T}) \cdot \exp(-\frac{\varepsilon}{k_B T}) d\varepsilon = \exp(-\frac{\varepsilon_c}{k_B T}) = \exp(-\frac{E_c}{RT}) \tag{7.15}$$

（7.15）式中 $E_c = \varepsilon_c \times L$ 和 $R = k_B \times L$，且 $\exp(-\frac{E_c}{RT})$ 的數值為介於 0～1 之間的分數。其中 k_B 稱為 Boltzmann constant，$k_B = 1.38 \times 10^{-23}$ J·K^{-1}。

（3）反應速率常數 k（T）的表示式

將（7.13）及（7.15）式代入（7.14）式得：

$$k(T) = \pi d_{AB}^2 \cdot L \cdot \sqrt{\frac{8RT}{\pi \mu}} \cdot \exp(-\frac{E_c}{RT}) \tag{7.16}$$

（7.16）式為二種不同氣體分子的反應速率常數之理論數學式。

同理，對於同樣都是 A 分子的雙分子反應（如：2A→P 之反應），則將「折合質量」$\mu = \dfrac{M_A}{2}$ 代入（7.16）式後，整理可得（參考（7.10）式）：

$$k(T) = \frac{\sqrt{2}}{2} \pi d_{AA}^2 \cdot L \cdot \sqrt{\frac{8RT}{\pi M_A}} \cdot \exp(-\frac{E_c}{RT})$$

$$= 2\pi d_{AA}^2 \cdot L \cdot \sqrt{\frac{RT}{\pi M_A}} \cdot \exp(-\frac{E_c}{RT}) \tag{7.17}$$

（7.17）式為同種氣體分子的反應速率常數之理論數學式。

四、 碰撞理論與 **Arrhenius** 公式的比較

（1） 反應臨界能 E_c 與 **Arrhenius** 活化能 E_a 的關係

根據 Arrhenius 活化能 E_a 的定義（見（6.3）式）：

$$E_a = RT^2 \frac{dln(k)}{dT} \tag{6.3}$$

將（7.16）式代入上式，整理可得：

$$E_a = RT^2 \cdot (\frac{1}{2T} + \frac{E_c}{RT^2}) = \frac{1}{2}RT + E_c \tag{7.18}$$

上式意思是說：E_a 與 E_c 之間相差 $\frac{1}{2}RT$。如果 $E_c >> \frac{1}{2}RT$，（一般來說，E_a 約為

100 kJ · mole^{-1}，$\frac{1}{2}RT$ 約為 2 kJ · mole^{-1}）則可認為 $E_a \approx E_c$，但兩者物理意義完

全不同：

◎ E_a 是指：1 莫耳活化分子的平均能量($\overline{E*}$)與 1 莫耳反應物分子的平均能量($\overline{E_r}$)
之差。

◎ E_c 是指：1 莫耳反應物分子發生有效碰撞時，相對「平移動能」在質心連線上的
分量所必須超過的「臨界能」（threshold energy）。E_c 值是由分子性質決定，且 E_c
與溫度 T 無關，而 E_a 則與溫度 T 有關。

（2） 指數前因子 **A**

若將（7.18）式的 $E_c = E_a - \frac{1}{2}RT$ 代入（7.16）式，則（7.16）式可改寫為：

$$k(T) = \pi d_{AB}^2 \cdot L \cdot \sqrt{\frac{8RT}{\pi \mu}} \cdot exp\left[\frac{-(E_a - RT/2)}{RT}\right]$$

$$= \pi d_{AB}^2 \cdot L \cdot \sqrt{\frac{8RT \cdot e}{\pi \mu}} \cdot exp(-\frac{E_a}{RT})$$

$$= d_{AB}^2 \cdot L \cdot \sqrt{\frac{8RT \cdot e \pi}{\mu}} \cdot exp\left(-\frac{E_a}{RT}\right) \tag{7.19}$$

同理將（7.18）式代入（7.17）式，整理後也可得：

$$k(T) = 2\pi d_{AA}^2 \cdot L \cdot \sqrt{\frac{RT \cdot e}{\pi M_A}} \cdot exp\left(-\frac{E_a}{RT}\right) \tag{7.20}$$

$(\because \exp(\dfrac{1}{2}) = e^{\frac{1}{2}} = \sqrt{e} \ \text{且} \ d_{AB} = r_A + r_B)$

上式中 e＝2.718，是自然對數的底。

將（7.16）式和 Arrhenius 經驗式之（6.1a）式：$k = A \cdot \exp(-\dfrac{E_a}{RT})$ 相比較，可得

「指數前因子」A 的理論表達式爲：

$$A = \pi \, d_{AB}^2 \cdot L \cdot \sqrt{\dfrac{8RT \cdot e}{\pi \, \mu}} \qquad (7.21a)$$

（7.21a）式爲二種不同氣體分子的「指數前因子」A 之理論表達式。

同理，對於同樣都是 A 分子的雙分子反應，將（7.18）式代入（7.17）式，且和（6.1a）式相比較，整理可得：

$$A = 2\pi \, d_{AA}^2 \cdot L \cdot \sqrt{\dfrac{RT \cdot e}{\pi \, M_A}} \qquad (7.22)$$

（7.22）式爲同種氣體分子的「指數前因子」A 之理論表達式。

— —

從以上的理論推導結果裏，我們了解幾項事實：

(1)「硬球碰撞理論」揭開了「質量作用定律」的實質意義，從微觀基礎上說明：「基本反應」的反應速率與濃度次數乘績成正比的原因所在。

　　也就是說：反應速率之所以隨著反應物濃度的增加而增大，是因爲濃度增加，連帶造成分子間的碰撞次數增大所導致。

(2)「硬球碰撞理論」點明了 Arrhcnius 經驗式中〝指數前因子〞A 的物理意義。

　　將（7.2）式代入（7.21a）式，可得：

$$A = \pi \cdot (r_A + r_B)^2 \cdot L \cdot \sqrt{\dfrac{8\pi \, RT}{\mu}} \qquad (7.21b)$$

這說明「指數前因子」A 與反應物的分子量及分子的尺寸大小有關，這反映了化學反應本身的基本特性。同時由（7.21b）式也可以看出 A 與溫度 T 有關，即 $A \propto \sqrt{T}$，只有當溫度變化不大時，A 才能看做與溫度無關。換句話說，Arrhenius 經驗式之（6.1）式強調：〝「指數前因子」A 與溫度無關〞之說法是錯誤的。

（3）「硬球碰撞理論」指明了 Arrhcnius 經驗式中可能出現的誤差。

從（7.19）式可以看出：「硬球碰撞理論」像 Arrhcnius 經驗式一樣，即活化能是決定反應速率快慢的重要因素，並且指明溫度對反應速率的影響。

由（7.18）式可以看出：Arrhcnius 經驗式中的實驗活化能 E_a 實際上是（$E_c + \dfrac{1}{2}RT$）。由此可見，嚴格來說，實驗活化能（E_a）必然與溫度（T）有關，這一點已被眾多實驗所証實。事實上，實驗曾發現：在溫度較高時，以 ln(k) 對 $\dfrac{1}{T}$ 做圖並非直線，要以 $\ln\dfrac{k}{\sqrt{T}}$ 對 $\dfrac{1}{T}$ 做圖才是直線。

這說明了 Arrhcnius 經驗式可能出現的偏差，換言之，Arrhcnius 經驗式只能適用在某些溫度區隔內。

（4）「硬球碰撞理論」闡明了〝反應究竟是如何進行的〞，並提供一個簡單而清晰的物理圖像，確定了活化能的自身意義。

即在發生反應時，分子必須具有的最低平均動能稱為反應的「活化能」。

它與 Arrhcnius 的「活化能」概念不同，前者不是一個巨觀的實驗值，而是微觀上得到的「基本反應」之理論值；它也不是一個差值，而是發生〝有效碰撞〞之〝活化分子〞所必須具有的最低能量，故又稱為「臨界能」（threshold energy）。而實驗活化能（E_a）與簡單碰撞理論活化能（E_c）之間的關係為：

$$E_a = E_c + \dfrac{1}{2}RT \tag{7.18}$$

先前曾討論過：當溫度不高或 E_c 很大時，$\dfrac{1}{2}RT$ 皆可忽略，這時 $E_a \approx E_c$。

- -

由此可見，「碰撞理論」賦與 Arrhenius 公式中「指數前因子」A 之明確的物理意義。並且對於有些反應，碰撞理論計算的 k 值還蠻吻合實驗 k 值，舉例來說，經常被「碰撞理論」拿來做範例的 HI 之分解反應：

$$2HI \longrightarrow H_2 + I_2$$

當取「概率因子」（probability fartor）P＝1 時，計算「指數前因子」A 並利用實驗活化能來計算反應速率常數 k，可得到與實驗值相符合的結果，從此以後「碰撞理論」開始為人們所廣泛接受。雖是如此，後來的科學發展證明，當時採用粘度法所測定的

HI 分子直徑 d_{HI} 之數據不太準確,若利用後來確定的精確 d_{HI} 數據代入以計算「指數前因子」A,所得反應速率常數 k 的計算值與實驗 k 值只是在數量級上一致,但數值上仍差很多。

由於考慮到古典「碰撞理論」本身已引入許多近似假設,因此上述這種情形還算可以接受。此外,雖然近年的實驗研究證明:HI 的分解反應不是一步完成的「基本反應」,但其「反應機構」中的快速步驟仍是「雙分子反應」,因此以「碰撞理論」來處理「雙分子反應」,還是蠻合理的(儘管相符程度不算太好)。

(3) 機率因子 P

「碰撞理論」雖然比 Arrhenius 理論有進步,但由於在其理論模型假設中完全忽略了分子結構和碰撞方位上的空間因素,也忽略了分子之間相互作用力等等,因此對於有些反應來說,用「碰撞理論」計算出的 k 值與實驗 k 值相差頗大,有時甚至相差到若干個數量級。

例如:乙烯在氣相中的二聚合反應之理論 k 值要比實驗 k 值大 2000 倍,而$(C_2H_5)_2N$ $+C_2H_5I$ 在 413°K 時的氣相反應理論 k 值則比實驗 k 值大 10^8 倍。

這樣大的偏差實在很難推說是實驗誤差造成的,這使「碰撞理論」解釋遇到了困境,為解決這一困難,有人提出應在「碰撞理論」中引入「機率因子」(probability factor) P 或稱「空間因子」(steric factor),以便對原先 Arrhenius 經驗式進行校正,即:

$$k(T) = P \cdot A \cdot \exp(-\frac{E_a}{RT}) \qquad (7.23)$$

這是因為:分子發生反應,不僅要有能量因素,還必須取某種確定的空間方位,才能引發反應。

假如以圖 7.3(a)方位接近的 HI 分子就可能引發反應,而以(b)方位接近就不能引發反應。

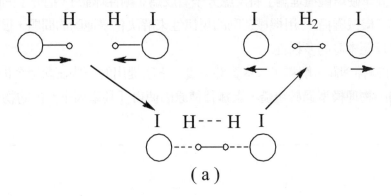

（a）

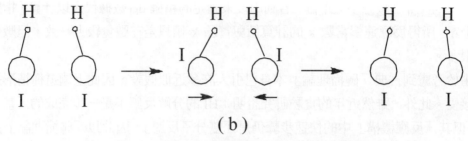

（b）

圖 7.3 碰撞方位對碰撞反應結果的影響

另外，當兩個分子相互碰撞時，能量高的分子將一部份化學能量傳給能量低的分子，這種傳遞作用需要一定的碰撞延續時間。若這種碰撞延續時間不夠長，則能量來不及彼此傳遞，二個碰撞分子就會分開，而使能量低的分子達不到〝活化〞，形成〝無效碰撞〞。或者分子碰撞後雖獲得能量，還需要一定時間來進行內部能量傳遞，以便使分子內最弱的化學鍵斷裂，但在未達到此時間之前，它又與其它分子碰撞而失去分子的活化能量，如此一來，也會構成〝無效碰撞〞。

再者，對於複雜分子，化學鍵必須從一定的部位斷裂，倘若在該鍵附近有較大的原子團，則由於「空間遮蔽效應」或稱「立體效應」（steric effect），進而影響該化學鍵與其它分子的碰撞機會。上述這些因素都會使反應速率降低，所以 P 做為「校正因子」的取值範圍在 $10^0 \sim 10^{-9}$。P 值的變化範圍很大，可以從 1 變化到 10^9；P 本身也包括了降低分子〝有效碰撞〞的各種因素。

簡而言之，「機率因子」P 包含以下三種因素：

（i）方位因素；（ii）能量傳遞速率因素；（iii）空間遮蔽因素。

但是，「硬球碰撞理論」並不能直接計算活化能，這使得它失去了預言 k 的理論意義。況且「方位因子」的取值範圍如此之大，也沒有合理的解釋和明確的物理意義。這是因為「簡單硬球碰撞理論」將反應分子看成為「剛性球體」，把分子間的複雜作用簡單地視為〝機械碰撞〞，用機械運動的規律性來解決化學運動的問題，很顯然的，這忽視了化學反應本身的多樣性。

總之，「硬球碰撞理論」解釋了一些實驗事實，它所提出的一些概念至今仍十分有用，但畢竟描繪的物理模型過於粗糙，上述種種原因使得「利率因子」P 的物理意義變得很不明確。

　　綜合上面所述，「硬球碰撞理論」的反應速率是由三個因素所決定：「分子碰撞數」、「活化能」和「方位因子」。

　　就總體而言，分子「碰撞理論」顯然比 Arrhenius 經驗式更前進一步。尤其是從分子的微觀角度，解決了分子間碰撞頻率問題，並對反應活化能給予理論說明和統計力學的推導。但是由於理論中採用了不合乎實際的某些基本假設，使該理論存在許多不合理之處。

（a）　由於「碰撞理論」採用的是〝彈性剛球模型〞，認為〝作用分子是個直徑不變、質量不變的實心球體〞，反應分子間進行的是無相互作用力的〝完全彈性〞碰撞。顯然這與結構十分複雜、作用前後千變萬化的真實分子相差甚遠，因而不可避免地造成一系列問題。

（b）　分子「碰撞理論」給出了〝碰撞頻率〞（Z_{AA} 或 Z_{AB}），但這與 Arrhenius 理論的指數前因子 A 並不符合，有時該二者甚至相差好幾個數量級。為了解決這個問題，「碰撞理論」引入「機率因子」P，以求彼此符合，但 P 又無法直接計算（因為「碰撞理論」本身無法推導出「機率因子」P 的數學式），只能從實驗估計其值，所以，「碰撞理論」尚有待做更進一步改進。

（c）　雖然「碰撞理論」從統計理論基礎上對活化能進行了分析，並給出了物理意義說明，但是仍然不夠明確、不夠完善，不能從理論數學公式上直接給出數值，仍須從實驗測得，所以從活化能求值的觀點來看，「碰撞理論」並無多大進步。

（d）　「碰撞理論」只能適用於一般的雙分子反應，對於單分子反應、三分子反應以及液相中的反應，均需引入一些新假定或新模型。且對電子運動及激發態反應均不適用。

－－－－－－－－－－－－－－－－－－－－－－－－－－－－－－－－－－

　　綜合上面所述，「碰撞理論」只能從理論上推算出〝碰撞頻率〞，至於計算反應速率常數 k 值或是「臨界能」E_c 值，還必須依靠從實驗上求出「活化能」和「機率因子」。由此可見，「碰撞理論」仍屬於〝半經驗性〞的理論。（一個數學物理式子的部份參數仍須用到實驗數值幫忙，才能進行計算，就稱此公式屬於〝半經驗性〞，semi-empirical。）因此有必要對「基本反應」進行更深入的研究，以便能夠從理論上就可對「反應速率」和「活化能」進行〝絕對〞的計算，也就是說：〝直接從數學式求得和實驗值相同的理論值〞，當我們能夠做到這一點，才能真正代表我們完全徹底了解整個化學反應的內在本質。這樣的理念導致了後來「過渡態理論」的誕生（見§7.2）。

－－－－－－－－－－－－－－－－－－－－－－－－－－－－－－－－－－

例 7.1.1

溫度升高，分子的碰撞頻率增高，所以反應速率增加。

：錯。溫度升高，反應速率增加的主要原因是活化分子的比例增加。

例 7.1.2

碰撞理論認為反應速率等於：

：活化碰撞頻率。

例 7.1.3

Arrhenius 活化能 E_a 與碰撞理論活化能 E_c 之間的關係是？

：$E_a = E_c + \dfrac{1}{2}RT$ （即（6.5）式）

例 7.1.4

NO 分解為 2 級反應，其在不同溫度下的反應速率常數見下表：

T(°K)	k(cm³ · mole⁻¹ · s⁻¹)
603	755
627	1700

（1）求活化能 E_a。

（2）根據簡單碰撞理論的數學式，推出 E_a 與 E_c 的關係式。

（3）求 610°K 時，上述反應的 E_c。

：（1）由 Arrhenius 經驗式，即（6.4）式，可得：

$$E_a = \frac{RT_1 T_2}{T_1 - T_2} \cdot \ln \frac{k(603°K)}{k(627°K)} = 1.063 \times 10^5 \ J \cdot mole^{-1}$$

（2）由「簡單碰撞理論」的數學之（7.16）式，可知：

$$k(T) = \pi\, d_{AB} \cdot L \cdot \sqrt{\frac{8RT}{\pi\, \mu}} \cdot \exp\left(-\frac{E_c}{RT}\right) = \sigma_{AB} \cdot L \cdot \left(\frac{8kT}{\pi\, \mu}\right)^{1/2} \cdot \exp(-E_c/RT)$$

$$= BT^{1/2} \cdot \exp(-E_c/RT) \tag{ㄅ}$$

其中 $B = \sigma_{AB} \cdot L \left(\dfrac{8k}{\pi \mu} \right)^{1/2}$，可見 B 與 T 無關。

依據 E_a 的定義，即（6.3）式，且代入（ㄅ）式，可得：

$$E_a = RT^2 \cdot \frac{dln[k(T)]}{dT} = RT^2 \left(\frac{1}{2T} + \frac{E_c}{RT^2} \right) = \frac{1}{2} \cdot RT + E_c$$

$$\Rightarrow \ 得：E_a = \frac{1}{2}RT + E_c$$

（3）$E_c (610°K) = E_a - \dfrac{1}{2}RT = 1.038 \times 10^5 \ J \cdot mole^{-1}$

例 7.1.5

下列雙分子反應中

（1）$Br + Br \longrightarrow Br_2$

（2）$CH_3CH_2OH + CH_3COOH \longrightarrow CH_3CH_2COOCH_3 + H_2O$

（3）$CH_4 + Br_2 \longrightarrow CH_3Br + HBr$

碰撞理論中的機率因子 P 的大小順序為：

（a）$P_1 > P_2 > P_3$　　　　（b）$P_1 > P_3 > P_2$

（c）$P_1 < P_2 < P_3$　　　　（d）$P_1 < P_3 < P_2$

：（b）。∵分子越大，結構越複雜，碰撞方位越難掌握，導致其發生反應的可能性降低
　　⇒ 故 P 越小。

例 7.1.6

實驗測得反應：$H_A + H_BH_C \longrightarrow H_AH_B + H_C$ 的活化能 $E_a = 31.4 \ kJ \cdot mole^{-1}$；指數前因子 $A = 8.45 \times 10^{10} \ mole^{-1} \cdot dm^3 \cdot s^{-1}$。

另外已知 H 及 H_2 的碰撞直徑分別為 7.4×10^{-11} m 及 2.5×10^{-10} m。

試用：（1）Arrhenius 公式。

（2）碰撞理論公式計算上述反應在 300°K 條件下的反應速率常數，並將結果進行比較。

：（1）由 Arrhenius 經驗式之（6.1a）式：

$$k = A \cdot \exp\left(-\frac{E_a}{RT}\right) = \left[8.45 \times 10^{10} \cdot \exp\left(-\frac{31.4 \times 10^3}{8.314 \times 300}\right)\right] mole^{-1} \cdot dm^3 \cdot s^{-1}$$

$$= 2.88 \times 10^5 \ mole^{-1} \cdot dm^3 \cdot s^{-1}$$

（2）由「碰撞理論」，單位體積、單位時間內 H 與 H_2 的碰撞次數，即「碰撞頻率」，見（7.7）式：

$$Z_{AB} = \pi \, d_{AB}^2 \left[\frac{8RT}{\pi}\left(\frac{1}{M(H)} + \frac{1}{M(H_2)}\right)\right]^{1/2}$$

$$Z_{AB} = 3.14 \times \left(\frac{7.4 \times 10^{-11} + 2.5 \times 10^{-10}}{2}\right)^2 \times \left[\frac{8 \times 8.314 \times 300}{3.14}\left(1 + \frac{1}{2}\right) \times 10^3\right]^{1/2}$$

$$= 2.54 \times 10^{-16} \ mole \cdot c^{-1} \cdot m^3 \cdot s^{-1}$$

由（7.13）式可知：

$$k' = Z_{AB} \cdot \exp\left(-\frac{E_c}{RT}\right) = Z_{AB} \cdot e^{1/2} \cdot \exp\left(-\frac{E_a}{RT}\right)$$

$$= 1.43 \times 10^{-21} \ mole \cdot c^{-1} \cdot m^3 \cdot s^{-1}$$

$$k = k' \times 1000L = 8.61 \times 10^5 \ mole^{-1} \cdot dm^3 \cdot s^{-1}$$

由於 H 和 H_2 的分子結構比較簡單，可近似看做「剛性球體」，無空間方位因素的影響，因此「碰撞理論」的計算值與實驗值符合的較好，至少數量級上相同。

例 7.1.7

簡單碰撞理論中，引入了機率因子 P，它包含那些因素？

：機率因子 P 包含以下三種因素：

（1）方位因素；（2）能量傳遞速率因素；（3）遮蔽因素。

例 7.1.8

在 300°K 條件下將 1g N_2 及 0.1g H_2 在體積爲 1.00 dm^3 的容器中混合。已知 N_2 和 H_2 分子碰撞直徑分別爲 3.5×10^{-10} 及 2.5×10^{-10} m。試求此容器每秒內兩種分子間的碰撞頻率。

：根據「碰撞理論」，不同氣體分子間的「碰撞次數」，見 Z_{AB}（7.8）式，即 H_2 與 N_2 分子之間「碰撞頻率」爲：

$$Z_{AB} = \left(\frac{\sigma(H_2) + \sigma(N_2)}{2}\right)^2 \cdot \left[8\pi RT\left(\frac{1}{M(H_2)} + \frac{1}{M(N_2)}\right)\right]^{1/2} \frac{N(H_2)}{V} \cdot \frac{N(N_2)}{V}$$

其中：$\dfrac{N(H_2)}{V} = \dfrac{m(H_2)L}{M(H_2)V} = 3.01\times10^{25}\ m^{-3}$，$\dfrac{N(N_2)}{V} = \dfrac{m(N_2)L}{M(N_2)V} = 2.15\times10^{25}\ m^{-3}$

$$Z_{AB} = \left\{\left(\frac{3.5 + 2.5}{2}\right)^2 \times 10^{-20} \times \left[8\times3.14\times8.314\times300\times\left(\frac{1}{2} + \frac{1}{28}\right)\times10^3\right]^{1/2}\right\}$$

$$\times 3.01\times10^{25} \times 2.15\times10^{25}$$

$$= 3.4\times10^{35}\ m^{-3}\cdot s^{-1} = 3.4\times10^{32}\ dm^{-3}\cdot s^{-1}$$

例 7.1.9

（實驗測得反應：$H_A + H_B H_C \longrightarrow H_A H_B + H_C$ 的活化能 $E_a = 31.4\ kJ\cdot mole^{-1}$；指數前因子 $A = 8.45\times10^{10}\ mole^{-1}\cdot dm^3\cdot s^{-1}$。另外已知 H 及 H_2 的碰撞直徑分別爲 $7.4\times10^{-11}\ m$ 及 $2.5\times10^{-10}\ m$。試用：

（1）計算 Arrhenius 經驗式？

（2）計算上述反應在 300°K 條件下的碰撞頻率？

：（1）Arrhenius 經驗式，即（6.1a）式：

$$k = A\cdot\exp\left(-\frac{E_a}{RT}\right) = 8.45\times10^{10}\cdot\exp\left(-\frac{31.4\times10^3}{8.314\times300}\right)$$

$$= 2.88\times10^5\ mol^{-1}\cdot dm^3\cdot s^{-1}$$

（2）由「碰撞理論」，單位體積、單位時間內 H 及 H_2 的「碰撞頻率」，見（7.8）式，可得：

$$Z_{AB} = \pi d_{AB}^2\left[\frac{8RT}{\pi}\left(\frac{1}{M(H_2)} + \frac{1}{M(N_2)}\right)\right]_0^{1/2}$$

$$= 3.14\times\left(\frac{7.4\times10^{-11} + 2.5\times10^{-10}}{2}\right)^2 \times \left[\frac{8\times8.314\times300}{3.14}\times(1 + \frac{1}{2})\times10^3\right]^{1/2}$$

$$= 2.54\times10^{-16}\ molec^{-1}\cdot m^3\cdot s^{-1}$$

◢ 例 **7.1.10** ◣

二個甲基自由基($CH_3 \cdot$)結合爲乙烷分子 C_2H_6 時，在碰撞過程中無需第三個分子參加。已知甲基自由基的碰撞直徑爲 $3.08×10^{-10}$ m。一般視該複雜反應的活化能爲零，機率因子 P 爲 1。試根據碰撞理論公式計算 T＝300°K 時的速率常數 k，單位分別以 ˝mole$\cdot c^{-1} \cdot m^3 \cdot s^{-1}$˝、˝mole$^{-1} \cdot m^3 \cdot s^{-1}$˝、˝mole$^{-1} \cdot dm^3 \cdot s^{-1}$˝ 表示。

：同種氣體分子的「碰撞頻率」，見（7.10）式，可得：

$$Z_{AA} = 2\sigma^2 \left(\frac{\pi RT}{M} \right)^{1/2} = 2 \times (3.08 \times 10^{-10})^2 \left(\frac{3.14 \times 8.314 \times 300}{15.0 \times 10^{-3}} \right)^{1/2}$$

$$= 1.37 \times 10^{-16} \text{ mole} \cdot c^{-1} \cdot m^3 \cdot s^{-1}$$

由於 $E_a＝0$，$P＝1$，所以：（參考（7.23）式）

$$\Rightarrow \quad k' = PZ_{AA} \cdot \exp(-E_a/RT) = Z_{AA} = 1.37 \times 10^{-16} \text{ mole} \cdot c^{-1} \cdot m^3 \cdot s^{-1}$$

$$k = k'L = 8.25 \times 10^7 \text{ mole}^{-1} \cdot m^3 \cdot s^{-1} = 8.25 \times 10^{10} \text{ mole}^{-1} \cdot dm^3 \cdot s^{-1}$$

◢ 例 **7.1.11** ◣

某氣相雙分子反應：$2A_{(g)} \longrightarrow B_{(g)} + C_{(g)}$，能發生反應的臨界能爲 1×10^5 J $\cdot$ mole^{-1}，已知 A 的相對分子值量爲 60，分子的直徑爲 0.35nm，試計算在 300°K 時，該分解作用的速率常數 k 值。

：A 的莫耳質量爲 60×10^{-3} kg $\cdot$ mole^{-1}，則

$$k = 2 \pi d_{AA}^2 L^2 \sqrt{\frac{RT}{\pi M_A}} \cdot \exp\left(\frac{-E_c}{RT} \right)$$

$$= 2 \times 3.14 \times (3.5 \times 10^{-10})^2 \times 6.022 \times 10^{23}$$

$$\times \sqrt{\frac{8.314 \times 300}{3.14 \times 60 \times 10^{-3}}} \cdot \exp\left(\frac{-1 \times 10^5}{8.314 \times 300} \right) m^3 \cdot \text{mole}^{-1} \cdot s^{-1}$$

$$= 2.063 \times 10^{-10} \text{ m}^3 \cdot \text{mole}^{-1} \cdot s^{-1}$$

◢ 例 **7.1.12** ◣

乙炔熱分解是 2 級反應，乙炔的分子直徑爲 5.00×10^{-10} m，若反應的臨界能爲 190.4kJ $\cdot$ mol^{-1}，根據碰撞理論計算（1）反應在 800K 時的反應速率常數；（2）800°K 時的指數前因子；（3）反應速率常數與溫度的關係。

：(1) 同種氣體分子碰撞的反應速率常數 k（即（7.17）式）：

$$k = 2\pi d_{AA}^2 \cdot L \cdot \sqrt{\frac{RT}{\pi M_A}} \cdot \exp\left(-\frac{E_c}{RT}\right)$$

$$= 2 \times 3.14 \times (5.00 \times 10^{-10})^2 \times 6.022 \times 10^{23} \times \sqrt{\frac{8.314 \times 800}{3.14 \times 26 \times 10^{-3}}} \cdot \exp\left(-\frac{190.4 \times 10^3}{8.314 \times 800}\right)$$

$$= 9.97 \times 10^{-5} \text{ mole}^{-1} \cdot m^3 \cdot s^{-1}$$

(2) 由 Arrhenius 經驗式（6.1a）式：$k = A \cdot \exp\left(-\frac{E_a}{RT}\right)$　　　　　　　　　（ㄅ）

又因（7.18）式：$E_a = E_c + \frac{1}{2}RT \Rightarrow E_c = E_a - \frac{1}{2}RT$

所以 $k = 2\pi d_{AA}^2 \cdot L \cdot \sqrt{\frac{RT}{\pi M_A}} \cdot \exp\left(-\frac{E_a}{RT}\right) \cdot e^{1/2}$　　　　　　　　（ㄆ）

將（ㄅ）式和（ㄆ）式相比較，可得：

$$A = 2\pi d_{AA}^2 \cdot L \cdot \sqrt{\frac{RTe}{\pi M_A}}$$ （這正是（7.22）式）

$$= 2 \times 3.14 \times (5.00 \times 10^{-10})^2 \times 6.022 \times 10^{23} \times \sqrt{\frac{8.314 \times 800 \times 2.718}{3.14 \times 26 \times 10^{-3}}}$$

$$= 4.45 \times 10^8 \text{ mol}^{-1} \cdot m^3 \cdot s^{-1}$$

(3) 由（7.17）式，可得：

$$k = 2\pi d_{AA}^2 \cdot L \cdot \sqrt{\frac{RT}{\pi M_A}} \cdot \exp\left(-\frac{E_c}{RT}\right)$$

$$= 2 \times 3.14 \times (5.00 \times 10^{-10})^2 \times 6.022 \times 10^{23} \times \sqrt{\frac{8.314 \times 800}{3.14 \times 26 \times 10^{-3}}} T^{1/2} \cdot \exp\left(-\frac{190.4 \times 10^3}{8.314 \times T}\right)$$

$$\Rightarrow \therefore k = 9.54 \times 10^6 T^{1/2} \cdot \exp\left(-\frac{22901}{T}\right)$$

■ 例 7.1.13 ■

NO$_2$ 分解反應：$2NO_2 \longrightarrow 2NO + O_2$，500°K 時實驗測得指數前因子為 2.00×10^6 mole$^{-1} \cdot m^3 \cdot s^{-1}$，碰撞截面 $\sigma_c = 1.00 \times 10^{-19}$ m^2，試計算該反應的方位因子 P。

：由反應速率的「簡單碰撞理論」之（7.17）式，可得：

$$k = 2\pi \, d_{AA}^2 L \cdot \sqrt{\frac{RT}{\pi M_A}} \cdot \exp\left(-\frac{E_c}{RT}\right) \qquad (ㄅ)$$

將（ㄅ）式代入（6.3）式：$E_a = RT^2 \dfrac{d\ln(k)}{dT}$

$$\therefore E_a = RT^2 \frac{d\ln k}{dT} = RT^2 \left(\frac{1}{2T} + \frac{E_c}{RT^2}\right) = E_c + \frac{1}{2}RT$$

$$E_c = E_a - \frac{1}{2}RT \qquad (ㄆ)$$

將（ㄆ）式代入（ㄅ）式，可得：

$$k = 2\pi \, d_{AA}^2 L \cdot \sqrt{\frac{RTe}{\pi M_A}} \cdot \exp\left(-\frac{E_a}{RT}\right) \qquad (ㄇ)$$

將（ㄇ）式和（6.1a）式：$k = A \cdot \exp\left(-\dfrac{E_a}{RT}\right)$ 相比較，則可得：

$$A_{理論} = 2\pi \, d_{AA}^2 L \cdot \sqrt{\frac{RTe}{\pi M_A}}$$

$$= 2\sigma_c L \cdot \sqrt{\frac{RTe}{\pi M_A}} = 2 \times (1.00 \times 10^{-19} \, m^2) \times (6.022 \times 10^{23} \, mole^{-1})$$

$$\times \sqrt{\frac{8.314 J \cdot mole^{-1} \cdot K^{-1} \times 500°K \times 2.718}{3.14 \times (46 \times 10^{-3} \, kg \cdot mole^{-1})}}$$

$$= 3.37 \times 10^7 \, mole^{-1} \cdot m^3 \cdot s^{-1}$$

$$\therefore P = \frac{A_{實驗}}{A_{理論}} = \frac{2.00 \times 10^6 \, mole^{-1} \cdot m^3 \cdot s^{-1}}{3.37 \times 10^7 \, mole \cdot m} = 5.93 \times 10^{-2}$$

▗ 例 **7.1.14** ▖

乙炔的熱分解反應是 2 級反應，其臨界能爲 190.4 kJ · $mole^{-1}$，分子直徑爲 5.00×10^{-10} m，試計算：

（1）800°K、101.325 kP_a 時單位時間、單位體積內的碰撞數？

（2）求上述反應條件下的反應速率常數？

（3）求上述反應條件下的初始反應速率？

：（1）設乙炔（A）氣體為理想氣體，則 A 的濃度為：

$$[A] = \frac{p}{RT} = \left(\frac{101325}{8.314 \times 800}\right) mole \cdot m^{-3} = 15.23 \, mole \cdot m^{-3}$$

利用（7.11a）式，可得：

$$Z_{AA} = 2\pi \, d_{AA}^2 L^2 \cdot \sqrt{\frac{RT}{\pi M_A}} [A]^2$$

$$= 2 \times 3.14 \times (5 \times 10^{-10} \, m)^2 \times (6.022 \times 10^{23} \, mole^{-1})^2$$

$$\times \sqrt{\frac{8.314 J \cdot mole^{-1} \cdot K^{-1} \times 800°K}{3.14 \times (26 \times 10^{-3} \, kg \cdot mole^{-1})}} \times (15.23 mole \cdot m^{-3})^2$$

$$= 3.77 \times 10^{34} \, m^{-3} \cdot s^{-1}$$

（2）利用（7.17）式，可得：

$$k = 2\pi \, d_{AA}^2 L \cdot \sqrt{\frac{RT}{\pi M_A}} \cdot \exp\left(-\frac{E_c}{RT}\right)$$

$$= 2 \times 3.14 \times (5 \times 10^{-10} \, m)^2 \times (6.022 \times 10^{23} \, mole^{-1})$$

$$\times \sqrt{\frac{8.314 J \cdot mole^{-1} \cdot K^{-1} \times 800°K}{3.14 \times (26 \times 10^{-3} \, kg \cdot mole^{-1})}}$$

$$\times \exp\left(-\frac{190.4 \times 10^3 \, J \cdot mole^{-1}}{8.314 J \cdot mole^{-1} \cdot K^{-1} \times 800°K}\right)$$

$$= 9.97 \times 10^{-5} \, mole \cdot m^{-3} \cdot s^{-1}$$

$$r_0 = k[A]^2 = (9.97 \times 10^{-5} \, mole^{-1} \cdot m^3 \cdot s^{-1}) \times (15.23 mole \cdot m^{-3})^2$$

$$= 2.31 \times 10^{-2} \, mole \cdot m^{-3} \cdot s^{-1}$$

例 7.1.15

請計算在定容下溫度每增加 10.0°K，

（1）碰撞頻率增加的百分數。

（2）碰撞時在分子的連心線上的相對平均動能超過 $E_c = 80.0 \, kJ \cdot mole^{-1}$ 的活化分子增加的百分數。

（3）根據（1）、（2）的計算結果，可得出什麼結論？

：（1）由反應速率「簡單碰撞理論」之（7.9）式，則碰撞頻率 Z_{AB} 為：

$$Z_{AB} = \pi \, d_{AB}^2 L^2 \cdot \sqrt{\frac{8RT}{\pi M_A}} \, [A][B] \qquad\qquad (ㄅ)$$

將（ㄅ）式二邊取對數，則：

$$\ln Z_{AB} = \ln\left(\pi \, d_{AB}^2 L^2 \cdot \sqrt{\frac{8R}{\pi M_A}} \, [A][B] \right) + \frac{1}{2}\ln T \qquad\qquad (ㄆ)$$

再將（ㄆ）式二邊對溫度 T 微分，可得：

$$\frac{d\ln Z_{AB}}{dT} = \frac{1}{2T} \quad\Rightarrow\quad \frac{dZ_{AB}}{Z_{AB}} = \frac{dT}{2T} \qquad\qquad (ㄇ)$$

當溫度變化範圍不很大時，（ㄇ）式可近似認為：$\dfrac{\Delta Z_{AB}}{Z_{AB}} = \dfrac{\Delta T}{2T}$ （ㄈ）

如 T＝298.2°K，ΔT＝10.0°K，則代入（ㄈ）式後，可得：

$$\frac{\Delta Z_{AB}}{Z_{AB}} = \frac{10.0°K}{2 \times 298.2°K} = 1.70\%$$

（2）碰撞時，相對平均動能超過 E_c 的活化分子在所有分子中所佔的分數為：

$$q = \exp\left(-\frac{E_c}{RT} \right) \qquad\qquad (ㄉ)$$

將（ㄉ）式二邊取對數，且二邊對溫度 T 微分，可得：

$$\therefore \frac{d\ln q}{dT} = \frac{E_c}{RT^2} \quad\Rightarrow\quad \frac{dq}{q} = \frac{E_c}{RT^2} \cdot dT \qquad\qquad (ㄊ)$$

當 E_c＝80 kJ · mole^{-1}，ΔT＝10.0°K 時，代入（ㄊ）式後，可得：

$$\frac{\Delta q}{q} = \frac{E_c}{RT^2} \cdot \Delta T = \frac{80.0 \times 10^3 \, J \cdot mole^{-1}}{8.314 J \cdot mole^{-1} \cdot K^{-1} \times (298.2°K)^2} \times 10.0°K = 108\%$$

（3）由上面計算結果可看到：溫度升高時，碰撞頻率的增加並不明顯，而活化分子數卻成倍地增加。由此可知，溫度升高使反應速率增大，其原因主要是由於活化分子數的顯著增加，但「碰撞頻率」的影響甚微。

例 7.1.16

乙炔氣體的熱分解是 2 級反應，其發生反應的臨界能為：

（1）800°K、101.325 kP$_a$ 時單位時間、單位體積內的碰撞數？

（2）求上述反應條件下的反應速率常數？

（3）求上述反應條件下的初始反應速率？

：（1）$Z_{AA} = 2\pi d_{AA}^2 L^2 \sqrt{\dfrac{RT}{\pi M_A}} \cdot [A]^2$

$$= [2 \times 3.14 \times (5 \times 10^{-10})^2 \times (6.022 \times 10^{23})^2$$

$$\times \sqrt{\dfrac{8.314 \times 800}{3.14 \times 26.036 \times 10^{-3}}} \times 15.23^2 \,] m^{-3} \cdot s^{-1}$$

$$= 3.77 \times 10^{34} \, m^{-3} \cdot s^{-1}$$

（2）反應速率常數為：

$$k = \dfrac{Z_{AA}}{[A]^2 L} \cdot \exp\left(\dfrac{-E_c}{RT}\right)$$

$$= \left[\dfrac{3.77 \times 10^{34}}{15.23^2 \times 6.022 \times 10^{23}} \cdot \exp\left(\dfrac{-1.904 \times 10^5}{8.314 \times 800}\right)\right] mole \cdot m^{-3} \cdot s^{-1}$$

$$= 0.023 \, mole \cdot m^{-3} \cdot s^{-1}$$

（3）$r = k \times [A]^2 = (9.96 \times 10^{-5} \times 15.23^2) \, mole \cdot m^{-3} \cdot s^{-1} = 0.023 \quad mole \cdot m^{-3} \cdot s^{-1}$

例 7.1.17

和 Arrhenius 理論相比，碰撞理論有較大的進步，但以下的敘述中有一點是不正確的，即

（a）能說明質量作用定律只適用於基本反應

（b）引入機率因子，說明有效碰撞數小於計算值的原因

（c）可從理論上計算速率常數和活化能

（d）證明活化能與溫度有關

：（c）。

例 7.1.18

在 393.7°C 時，氣體狀態的 HI，它的分解反應的 2 級反應速率常數是 2.6×10^{-4} $1 \cdot \text{mole}^{-1} \cdot$ s^{-1}。已知這個反應的 Arrhenius 活化能 $E_a = 45.6$ $\text{kcal} \cdot \text{mole}^{-1}$。從碰撞理論計算這個反應的 2 級反應速率常數 k。HI 的分子量 $= 127.9$ g $\cdot \text{mole}^{-1}$，碰撞直徑 $= 3.5\text{Å}$，分子中原子的空間因數 P $= 1$。

：依照氣體的分子碰撞理論，這個反應的「2 級反應」的反應速率常數 k 該是這樣的表示：

$$k = 2 \times 10^3 \, N_A P \left(\frac{\pi RT}{M} \right)^{1/2} \cdot \sigma^2 \cdot \exp(-E_a/RT) \qquad （ㄅ）$$

$N_A =$ Avogadro 數 $= 6.02 \times 10^{23}$ mole^{-1}

P $=$ 分子中原子的空間因數 $= 1$

$\sigma =$ 碰撞直徑 $= 3.5\text{Å} = 3.5\text{Å} \times \dfrac{10^{-10} \text{ m}}{1\text{Å}} = 3.5 \times 10^{-10}$ m

$E_0 =$ 反應的臨界能（Threshold energy）

$$E_0 = E_a - \frac{RT}{2} \qquad （ㄆ）$$

$E_a =$ 活化能（activation energy），因此

$$E_0 = 45.6 \, \text{kcal} \cdot \text{mole}^{-1} - \frac{1.987 \times 10^{-3} \, \text{kcal} \cdot {}^{\circ}\text{K}^{-1} \cdot \text{mole}^{-1} \times 666.7 {}^{\circ}\text{K}}{2}$$

$$= (45.6 - 0.662) \, \text{kcal} \cdot \text{mole}^{-1} = 44.94 \, \text{kcal} \cdot \text{mole}^{-1}$$

將有關數據代入（ㄅ）式，得這個反應的「2 級反應」的反應速率常數 k，

$$k = (2 \times 10^3 \, 1 \cdot \text{m}^{-3})(6.02 \times 10^{23} \, \text{mole}^{-1}) \cdot (1) \times \left(\frac{\pi \times 8.314 \text{J} \cdot {}^{\circ}\text{K} \cdot \text{mole}^{-1} \times 666.7 {}^{\circ}\text{K}}{4.4 \times 10^{-2} \, \text{kg} \cdot \text{mole}^{-1}} \right)^{1/2}$$

$$\times (3.5 \times 10^{-10} \, \text{m})^2 \cdot \exp(-44940 \, \text{cal} \cdot \text{mole}^{-1}/1.987 \text{cal} \cdot {}^{\circ}\text{K}^{-1} \cdot \text{mole}^{-1} \times 666.7 {}^{\circ}\text{K})$$

$$= 2 \times 10^3 \times 6.02 \times 10^{23} \times 368.986 \times 12.25 \times 10^{-20} \times e^{-33.924} \, 1 \cdot \text{mole}^{-1} \cdot \text{s}^{-1}$$

$$= 54421.745 \times 10^6 \times (1.863 \times 10^{-15}) = 1.014 \times 10^{-4} \, 1 \cdot \text{mole}^{-1} \cdot \text{s}^{-1}$$

已知本題這個分解反應另一種計算所得的「2 級反應」的反應速率常數值是 2.6×10^{-4} $1 \cdot \text{mole}^{-1} \cdot \text{s}^{-1}$，兩相比較，略有差異。

例 7.1.19

將 1.0g 氧氣和 0.1g 氫氣於 300°K 時在 1 dm³ 的容器內混合，試計算每秒鐘、每單位體積內分子的碰撞總數為若干？設 O_2 和 H_2 為硬球分子，其直徑為 0.339 和 0.247 nm。

：設 O_2 和 H_2 分別為 A 和 B，則

$$d_{AB} = \frac{d_A + d_B}{2} = \left[\frac{(0.339 + 0.247) \times 10^{-9}}{2} \right] m = 2.93 \times 10^{-10} \, m$$

$$\mu = \frac{M_A M_B}{M_A + M_B} = \left[\frac{32.00 \times 10^{-3} \times 2.016 \times 10^{-3}}{(32.00 + 2.016) \times 10^{-3}} \right] kg \cdot mole^{-1} = 1.897 \times 10^{-3} \, kg \cdot mole^{-1}$$

$$[A] = \frac{W_A / M_A}{V} = \left(\frac{1.0 \times 10^{-3}}{32.00 \times 10^{-3} \times 1 \times 10^{-3}} \right) mole \cdot m^{-3} = 31.25 \, mole \cdot m^{-3}$$

$$[B] = \frac{W_B / M_B}{V} = \left(\frac{0.1 \times 10^{-3}}{2.016 \times 10^{-3} \times 1 \times 10^{-3}} \right) mole \cdot m^{-3} = 49.60 \, mole \cdot m^{-3}$$

$$Z_{AB} = \pi \, d_{AB}^2 L^2 \sqrt{\frac{8RT}{\pi \mu}} \, [A][B]$$

$$= 3.14 \times (2.93 \times 10^{-10})^2 \times (6.022 \times 10^{23})^2$$

$$\times \sqrt{\frac{8 \times 8.314 \times 300}{3.14 \times 1.897 \times 10^{-3}}} \times 31.25 \times 49.60 \, m^{-3} \cdot s^{-1}$$

$$= 2.77 \times 10^{35} \, m^{-3} \cdot s^{-1}$$

例 7.1.20

雙原子分子分解反應的能為 83.68 kJ · mole⁻¹，試分別計算 300°K 及 500°K 時，具有足夠能量可能分解的分子占分子總數的比例為多少？

：有效碰撞分數與能量、溫度的關係為：$q = \exp\left(\frac{-E_c}{RT} \right)$

當 T＝300°K 時，$q = \exp\left(\frac{-83680}{8.314 \times 300} \right) = 2.69 \times 10^{-15}$

當 T＝500°K 時，$q = \exp\left(\frac{-83680}{8.314 \times 500} \right) = 1.81 \times 10^{-9}$

例 7.1.21

氣體狀態的乙醛（Acetaldehyde），它的熱分解活化能是 $E_a = 45500 \text{ cal} \cdot \text{mole}^{-1}$，分子的直徑是 $\sigma = 5 \times 10^{-8} \text{ cm}$，這種熱分解是 2 級反應（Second order reaction）。

（a）測定在 800°K 和 760 torr 氣壓下每秒每 ml 中分子碰撞的次數。

（b）計算 2 級反應速率常數 $k(\text{l} \cdot \text{mole}^{-1} \cdot \text{s}^{-1})$。

：（a）依照分子碰撞動力學原理，相同的分子在單位體積和單位時間內碰撞的次數是

$$Z = 2\left(\frac{\pi RT}{M}\right)^{1/2} \cdot \sigma^2 \cdot n^2 \qquad (\textstyle ㄅ)$$

σ＝分子的碰撞直徑，n＝單位體積內分子的個數

$$n = \frac{\text{分子的個數}}{\text{容器的體積}} = \frac{\text{mole數} \times \text{每個 mole 中的分子個數}}{\text{容器的體積}} = \frac{mN_A}{V}$$

在這裡，m＝mole 數，N_A＝Avogadro 數，V 用 m^3 作單位

依照理想氣體定律 $PV = mRT$ 或是 $\dfrac{P}{RT} = \dfrac{m}{V}$

但是分子個數：$n = \dfrac{m}{V}N_A$，因此

$$n = \frac{N_A P}{RT} = \frac{6.02 \times 10^{23} \text{ molecules} \cdot \text{mole}^{-1} \times 760\text{torr} \times \dfrac{1\text{atm}}{760\text{torr}}}{0.08211 \cdot \text{atm} \cdot {}^\circ\text{K}^{-1} \cdot \text{mole}^{-1} \times 800^\circ\text{K}}$$

$$= 9.17 \times 10^{21} \frac{\text{molecules}}{l} \times \frac{1000l}{1m^3} = 9.17 \times 10^{24} \text{ molecules} \cdot m^{-3}$$

在（ㄅ）式中，M 是乙醛分子的分子量＝44.03

將有關數據代入（ㄅ）式，分子碰撞的次數將是

$$Z = 2\left(\frac{\pi \cdot 8.314 \text{ J} \cdot {}^\circ\text{K} \cdot \text{mole}^{-1} \cdot 800^\circ\text{K}}{4.4 \times 10^{-2} \text{ kg} \cdot \text{mole}^{-1}}\right)^{1/2} \times (5 \times 10^{-10} \text{ m})^2$$

$$\times (9.17 \times 10^{24} \text{ molecules} \cdot \text{cm}^{-3})^2$$

$$= 2 \times \left(4.749 \times 10^5 \frac{\text{kg} \cdot \text{m}^2 \cdot \text{s}^{-2}}{\text{kg}}\right)^{1/2} \times 2.102 \times 10^{31} \text{ molecules}^{-2} \cdot \text{m}^{-4}$$

$$= 2 \times 689.130 \ \text{m} \cdot \text{s}^{-1} \times 2.102 \times 10^{31} \ \text{molecules}^2 \cdot \text{m}^{-4}$$

$$= 2.897 \times 10^{34} \ \text{molec}^2 \cdot \text{m}^{-3} \cdot \text{s}^{-1}$$

$$= 2.897 \times 10^{34} \ \text{molec}^2 \cdot \text{m}^{-3} \cdot \text{s}^{-1} \cdot \left(\frac{1 \ \text{m}}{100 \ \text{cm}} \right)^3 \times \left(\frac{1 \ \text{cm}^3}{1 \ \text{ml}} \right)$$

$$= 2.897 \times 10^{28} \ \text{molec}^2 \cdot \text{ml}^{-1} \cdot \text{s}^{-1}$$

（b）依照氣體的分子碰撞理論，「2 級反應」的反應速率常數可以這樣的表示：

$$k = 2 \times 10^3 \ N_A P \left(\frac{\pi RT}{M} \right)^{1/2} \cdot \sigma^2 \cdot \exp(-E_a/RT) \qquad （ㄆ）$$

N_A＝Avogadro 數，E_a＝活化能，P＝分子中原子的空間因數（在本題的情況下，取做為 1）。將有關數據代入（ㄆ）式，因此，這個「2 級反應」的反應速率常數 k 將是

$$k = (2 \times 10^3 \ 1 \cdot \text{m}^{-3})(6.02 \times 10^{23} \ \text{mole}^{-1})(1) \times \left(\frac{\pi \times 8.314 \text{J} \cdot {}^\circ\text{K} \cdot \text{mole}^{-1} \times 800^\circ\text{K}}{4.4 \times 10^{-2} \ \text{kg} \cdot \text{mole}^{-1}} \right)^{1/2}$$

$$\times (5 \times 10^{-10} \ \text{m})^2 \cdot \exp(-45500 \text{cal} \cdot \text{mole}^{-1}/1.987 \text{cal} \cdot {}^\circ\text{K}^{-1} \cdot \text{mole}^{-1} \times 800^\circ\text{K})$$

$$= 2 \times 10^3 \times 6.02 \times 10^{23} \times 6.89 \times 10^2 \times 25 \times 10^{-20} \times \exp(-28.624)$$

$$= 2073.89 \times 10^8 \times (3.705 \times 10^{-13}) = 0.077 \text{1} \cdot \text{mole}^{-1} \cdot \text{s}^{-1}$$

▐ 例 **7.1.22** ▐

乙醛氣相熱分解為 2 級反應。活化能為 190.4 kJ · mole^{-1}，乙醛分子直徑為 5×10^{-10} m。乙醛的分子量 ＝ 44.053×10^{-3} kg · mole^{-1}

（1）試計算 101325 P_a、800°K 下的分子碰撞頻率 Z_{AA}。

（2）計算 800°K 時以乙醛濃度變化表示的反應速率常數 k_A。

：（1）以 A 代表乙醛分子，$M_A = 44.053 \times 10^{-3}$ kg · mole^{-1}，R＝8.314 kJ · mole^{-1} · K^{-1}，

T＝800°K，P＝101325 P_a

$$m_A = \frac{M_A}{L} = \frac{44.053 \times 10^{-3}}{6.02205 \times 10^{23}} \ \text{kg} = 7.3153 \times 10^{-26} \ \text{kg}$$

$$[A] = \frac{P}{RT} \cdot L = \frac{101325 \times 6.02205 \times 10^{23}}{8.314 \times 800} \ \text{m}^{-3} = 9.174 \times 10^{24} \ \text{m}^{-3}$$

$$k = 1.38066 \times 10^{-23} \ \text{J} \cdot \text{K}^{-1}$$

或 $[A] = \dfrac{P}{RT} \cdot L = \dfrac{P}{kT} = \dfrac{101325}{1.38066 \times 10^{-23} \times 800}$ m^{-3} = 9.174×10^{24} m^{-3}

利用（7.11b）式，可得：

$$Z_{AA} = 8 r_A{}^2 \left(\frac{\pi RT}{m_A} \right)^{1/2} [A]^2$$

$$= 8 \left(\frac{5 \times 10^{-10}}{2} \right)^2 \left(\frac{\pi \times 1.38066 \times 10^{-23} \times 800}{7.3153 \times 10^{-26}} \right)^{1/2} \times (9.174 \times 10^{24})^2 \ m^{-3} \cdot s^{-1}$$

$$= 2.898 \times 10^{34} \ m^{-3} \cdot s^{-1}$$

（2）碰撞頻率為：$Z_{AA} \cdot \exp(-E_c/RT)$，且可近似認為 $E_c = E_a = 190.4$ kJ $\cdot$ mole^{-1}。對於同類分子 A 和 A 每發生一次有效碰撞，就有一對 A 分子進行化學反應，故反應速率為：

$$-\frac{d[A]}{dt} = 2 Z_{AA} \cdot \exp(-E_c/RT)$$

$\because [A] = L \cdot [A]_0$

$$\therefore -\frac{d[A]_0}{dt} = \frac{1}{L} \cdot \left(-\frac{d[A]}{dt} \right) = k_A [A]^2$$

因此

$$k_A = \frac{2 Z_{AA}}{L \cdot [A]_0{}^2} \cdot \exp(-E_a/RT) = \frac{2 Z_{AA} \cdot L}{[A]^2} \cdot \exp(-E_a/RT)$$

$$= \frac{2 \times 2.898 \times 10^{34} \times 6.02205 \times 10^{23}}{(9.174 \times 10^{24})^2} \cdot \exp(-190400/8.314 \times 800) \ m^3 \cdot mole^{-1} \cdot s^{-1}$$

$$= 1.533 \times 10^{-4} \ m^3 \cdot mole^{-1} \cdot s^{-1} = 0.1533 \ dm^3 \cdot mole^{-1} \cdot s^{-1}$$

例 7.1.23

定容下，溫度由 298°K 升高到 308°K，請計算：

（1）碰撞頻率增加的百分數

（2）碰撞時在分子連心線上的相對平動能超過 $E_c = 80$ kJ $\cdot$ mole^{-1} 的活化分子對增加的百分數

（3）由上述計算結果可得出什麼結論？

：（1）由碰撞理論可知，碰撞頻率為：$Z_{AB} = \pi d_{AB}^2 L^2 \sqrt{\dfrac{8RT}{\pi \mu}} [A][B] = AT^{1/2}$

式中，$A = \pi d_{AB}^2 L^2 \sqrt{\dfrac{8R}{\pi \mu}} [A][B]$，與溫度無關。溫度由 298°K 升高到 308°K，

則 $\dfrac{\Delta Z_{AB}}{Z_{AB}} = \dfrac{T_2^{1/2} - T_1^{1/2}}{T_1^{1/2}} = \dfrac{308^{1/2} - 298^{1/2}}{298^{1/2}} = 0.017 = 1.7\%$

即溫度上升 10°K，碰撞頻率增加 1.7%

（2）碰撞時在分子連心線上的相對平動能超過 E_c 的活化分子對在所有分子中占的分

數為 $q = \exp\left(-\dfrac{E_c}{RT}\right)$

將上式兩邊取對數，再對溫度微分，得：$\dfrac{d\ln q}{dT} = \dfrac{E_c}{RT^2}$

即 $\dfrac{dq}{q} = \dfrac{E_c}{RT^2} dT$

當溫度變化範圍不很大時，近似地有

$\dfrac{\Delta q}{q} = \dfrac{E_c \Delta T}{RT^2} = \dfrac{80.0 \times 10^3 \times 10}{8.314 \times 298^2} = 1.08 = 108\%$

即溫度上升 10°K，活化分子對的數目增加 108%

（3）由上述計算結果可見，溫度升高，碰撞頻率的增加並不明顯，而活化分子對的數目成倍地增加。因此，升高溫度使反應速率增大，主要是由於活化分子對的數目增加，從而提高了有效碰撞數，而碰撞頻率的提高對反應速率所起的作用是微小的。

▎例 7.1.24 ▎

在 283°C 時，HI 的濃度是 1 mole·dm^{-3}。每個 cm^3 中每秒鐘 HI 分子碰撞的次數是 6×10^{31}。這個反應的活化能是 187 kJ，計算每個 cm^3 中每秒鐘有多少個分子在作用。

：這個反應是 $2HI \longrightarrow H_2 + I_2$

設 A 為反應物含有濃度 1 mole·dm^{-3} 在每個 cm^3 中每秒內分子碰撞的次數，X 為這些活動分子的分數，因此分子在每個 cm^3 每秒中雙分子反應的反應速率常數是

$\qquad Z = AX$ （1）

A，在題中已是給與，X 可從下列方程式中計算出來

$$X = -\exp(-E/RT) \tag{2}$$

E 是活化能（Activation energy），R 是氣體常數，T 是絕對溫度。

將（2）式代入（1）式：

$$Z = A \cdot \exp(-E/RT) \tag{3}$$

將有關數據代入（3）式 Z＝ $(6 \times 10^{31}) \cdot \text{Exp}(-187000/8.314 \times 556)$ （4）

（4）式兩邊取對數

$$\log Z = \log(6 \times 10^{31}) - \frac{187000}{8.314 \times 556} \times \log e = 31.778 - 40.454(0.4342)$$

$$= 31.778 - 17.565 = 14.213$$

因此，作用分子的個數：$Z = 1.633 \times 10^{14} \text{ cm}^{-3} \cdot \text{s}^{-1}$

例 7.1.25

有一個涉及一種反應物種（A）的 2 級反應，此反應的反應速率常數為：$k_C = 4.0 \times 10^{10} T^{1/2} \cdot \exp(-145.2 \times 10^3 \text{ J} \cdot \text{mole}^{-1}/RT) \text{ mole}^{-1} \cdot \text{dm}^{-3} \cdot \text{s}^{-1}$ 式中 T 為溫度。

（1）如果濃度用 cm^{-3} 表示，時間用 min（分）表示，寫出 k_N 的表示式。

（2）在 600°K 時，$[A]_0 = 0.10 \text{ mole} \cdot \text{dm}^{-3}$，求反應的半衰期 $t_{1/2}$（以秒表示）。

（3）試問 300°K 時，該反應的 Arrhenius 活化能 E_a 為多少？

（4）若該反應過程為：

$$A \underset{k_{-1}}{\overset{k_1}{\rightleftharpoons}} B$$

$$B + A \xrightarrow{k_2} C \text{（速率決定步驟）}$$

$$C \xrightarrow{k_3} P \text{。}$$

P 為最終產物，用「穩定態近似法」或「平衡態近似法」，求該反應的反應速率方程式，並回答在什麼條件下該反應會表現為 2 級反應？

：（1） c/mole · dm^{-3} = (1000/L)n，dc = (1000L)dn，dt(min) =dt(s)/60

$$\left(\frac{1000}{60L}\right)\frac{dn}{dt_m} = k_c\left(\frac{1000}{L}n\right)^2 \Rightarrow \frac{dn}{dt_m} = \left(\frac{6\times10^4}{L}\right)k_c \cdot n^2 = k_n \cdot n^2$$

其中 $k_n = (6\times10^4/L)k_c = 4.0\times10^{-9}\sqrt{T} \cdot \exp(-145.2\times10^3/RT)cm^3 \cdot min^{-1}$

（2） $\therefore k_c(T = 600°K) = 2.7\times10^{-1}$ mole^{-1} · dm^3 · s^{-1}

又依據「2級反應」之（2.19a）式 $\Rightarrow t_{1/2} = 1/k_c \cdot c_0 = 37$ s

（3） $E_a = RT/2 + E_0 = 146.4$ kJ · mole^{-1}

（4） 對 B、C 應用「穩定態近似法」：

$$\frac{d[B]}{dt} = k_1[A] - k_{-1}[B] - k_2[A][B] = 0 \qquad\qquad (ㄅ)$$

$$\frac{d[C]}{dt} = k_2[B][A] - k_3[C] = 0 \qquad\qquad (ㄆ)$$

由（ㄅ）式得：$[B]_{ss} = k_1[A]/(k_{-1}+k_2[A])$

由（ㄆ）式得：$[C]_{ss} = k_1k_2[A]^2/(k_{-1}+k_2[A])$

$\Rightarrow \therefore$當 $k_1 >> k_2[A]$（「平衡態近似法」條件），

此時 $r = (k_1k_2 / k_{-1})[A]^2$ 為「2級反應」。

7.2 過渡態理論

「過渡態理論」（transition state theory）又稱「活化錯合物理論」（active complex theory）或「絕對反應速率理論」（absolute rate theory）。

「過渡態理論」是 1931～1935 年由 Erying 和 Polanyi 提出的，該理論以量子力學和統計力學為基礎，原則上試圖不採用實驗值，僅用理論計算的方法，根據分子的某些基本性質如：振動頻率、質量、原子核間距離、轉動慣量等等，來計算反應速率常數，故此理論又稱為「絕對反應速率理論」（absolute rate theory）。

「過渡態理論」不僅可適用於氣體、液體及表面上單分子吸附之「基本反應」和雙分子吸附「基本反應」，而且也可適用於任何反應速率過程，只要這些過程中具有一定數量的活化能（$E_a \geq 5RT$）。

「過渡態理論」的核心是通過位能面來討論反應速率問題。

「過渡態理論」的基本觀點是：當兩個具有足夠能量的反應物分子相互接近時，分子的〝共價鍵〞（valence bond）會經過重新排列，能量也要經過重新分配，才能進行有效碰撞，以便生成產物分子。在此過程中，整個體系要經過一個與活化能有關的「過渡狀態」（**transition state**），才能最後變成產物。處於「過渡狀態」的反應系統就稱為「活化錯合物」（**active complexes**）。反應物分子通過「過渡狀態」的速率就是反應速率。

在某些假設條件下，我們是可以嚴格地推導出這個理論（根據分子動力學的基本原理），但為了讓初學者容易了解起見，以下介紹的推導過程將改採較不嚴格的方式，以方便進行解說。

一、　過渡態理論的要點假設

【1】認為化學反應速率與物質內部結構緊密相關。

「過渡態理論」認為結構不同的物質其反應速率本來就有所不同，這彌補了「碰撞理論」把反應分子當做剛性球體處理的先天性不足。「過渡態理論」認為反應分子不是硬球，而是具有各種各樣的結構，故利用「配分函數」（equipartion funation）來計算「活化能趨疲」（active entropy）、「活化反應熱」（active reaction enthalpy），以進一步計算「反應速率常數」k 及「指數前因子」A。而「配分函數」則由分子的結構、質量、轉動慣量、振動頻率等因素決定。

【2】化學反應不是只通過簡單的一次碰撞就變成產物，而是要經過一個中間「過渡狀態」**(transition state)**，這個狀態就是「活化錯合物」（**active complexes**）。

此「過渡狀態」是由反應物分子以一定構形形式存在的「活化錯合物」。並與反應物分子之間建立一定形式的化學平衡。其反應速率可由「活化錯合物」分解成產物的分解速率所決定。

從體系的總位能來看，「過渡狀態」具有比反應物分子更高的能量（這個能量就是反應進行時必須克服的位能），但又比其它任何可能的中間狀態之位能來得低，因而可以說「活化錯合物」是個具有最低活化位能的構形。

【3】反應物分子內的原子間相互作用位能 E_p，是以分子內原子的核間距離 **r** 做為變數之函數：

$$E_p = E_p(r)$$

我們了解所謂的化學反應，實際上就是反應體系中原子相對位置（即〝構形〞）的變化、伴隨著電子雲的不同機率分佈，因此在整個反應過程中 E_p 是一直不斷在變化著。

【4】反應體系中的能量符合「**Boltzmann** 能量分佈定律」。並假設：即使體系處於不平衡狀態，「活化錯合物」的濃度也可以藉由平衡的假設來進行求算。

【5】反應速率取決於「活化錯合物」本身之化學鍵的振動頻率。

換言之，化學鍵振動越快，則該鍵越容易斷，導致反應速率越快；反之，化學鍵振動越慢，該鍵越不容易斷，於是反應速率越慢。

【6】提出了「位能障礙」E_b 的概念。

認為反應物必須翻越「位能障礙」（potential barrier energy）才能生成產物，同時允許體系越過「位能障礙」的運動，可以從與「活化錯合物」相聯繫的其它運動中分離出來。

反應物是經過什麼樣的途徑到達「過渡態」而成為「活化錯合物」的？「活化錯合物」又是如何達成最後的產物？「過渡態理論」在解釋這樣的問題時，採用一種物理模型，即反應體系的位能面，根據前面該理論之要點假設【3】，反應體系從「初態」（initial state）經過「過渡態」到「末態」（final state）的變化，必然伴隨著位能的變化，如果將此各個狀態的位能連續標示出來，必然構成一個如山巒起伏狀的位能面，而反應分子就好比在位能面上運動的一個質點。

　　「基本反應」的反應速率常數和「反應機構」及整個位能面的形狀皆有關，因而要圖像似地把反應過程描繪出來，必須正確算出反應體系的位能面，爲達此目的，關鍵在於找出 E_p 與原子核間距離 r 的具體函數形式。原則上，位能函數可由量子力學的計算獲得，但這種方法即使是對最簡單的雙原子分子體系，也是不容易求算出來的，更不用說是對多原子分子求算位能面，因此多原子分子體系至今尚未獲得足夠準確的位能數據。

　　位能面被研究得最徹底的反應就是：H+H_2 ⟶ H_2+H。1931 年 Eyring 和 Polanyi 首先用量子力學方法計算了 H_3 三原子體系的位能面，但直到 1960 年才獲得真正準確的結果，可以想見，求算分子的正確位能面是一件相當艱難的工作，因此爲獲得足夠準確的位能數據，常改用經驗公式計算。

　　「過渡態理論」所使用的位能面是由：反應體系中原子間相互作用能與原子間距離的關係而繪製出來，爲此要首先了解原子間的相互作用問題。

二、　過渡態理論的物理模型——位能面和活化能的概念。

　　「過渡狀理論」的起點是反應體系的位能面，它是量子力學對簡單體系進行近似計算所得到的，這裏只做定性介紹。

（1）三原子體系的位能面以簡單的反應爲例：

$$X+Y-Z \rightleftharpoons X...Y...Z \longrightarrow X-Y+Z$$

　　反應物　　　　　活化錯合物　　　　　產物
　　（初態）　　　　　（過渡態）　　　　　（末態）

　　若 X 與 YZ 沿著 Y−Z 軸的方向相互碰撞，X 與 Y 之間距離 r_{XY} 和 Y 與 Z 之間距離 r_{YZ} 隨能量不同而變化，即整個體系位能是 r_{XY} 和 r_{YZ} 的函數。以 E_p 代表位能，則有 $E_p=E(r_{XY}, r_{YZ})$ 之數學關係式。

　　設以 r_{XY} 和 r_{YZ} 爲平面上相互垂直的兩個座標，E_p 位能座標垂直於紙面。給定一個 r_{XY} 和 r_{YZ} 的值，就可對應體系一個位能值，在空間上就對應一個點描述該體系的狀態。許多不同的 r_{XY} 和 r_{YZ} 值，便可對應一系列高低位置不同的點，在空間裏構成了一個高低起伏的曲面，這就叫做「位能面」（potential energy surface）。如此一來，三原子體系的位能變化就可改用三維空間曲面，即「位能面」表示，如圖 7.4 所示。

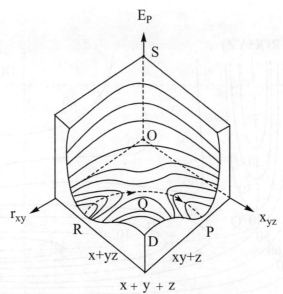

圖 7.4　X ＋ YZ ⟶ XY ＋ Z 反應的「位能面」表示圖。
　　　（E_p 代表位能）。

該「位能面」最顯著的特點是：

(a)　它是一個「能量曲面」（energy surface），高低不平，猶如起伏的山巒，代表著：原子間的相互作用位能 E_p 值是隨著 r_{AB} 和 r_{BC} 的變化而不同。

(b)　「位能面」模型很像一個馬鞍，馬鞍前後有兩個高峰 S 和 D，兩個山谷谷口 R 和 P 分別對應著「初態」反應物（X＋YZ）和「末態」產物（XY＋Z）所在的位置，這相當於馬鞍的兩個左右腳蹬。

(c)　左右山谷 R ⟶ P 被一個山峰所隔，山峰的頂點稱為位能面的「馬鞍點」（saddle point）Q，Q 點的能量比左山谷口 R 和右山谷口 P 皆來得高，卻比馬鞍前後兩個高峰 S、D 的能量低。

（2）　等位能線及反應途徑的選擇

　　為方便起見，如果把立體的三維位能面由上至下投影到由 r_{XY} 和 r_{YZ} 所組成之座標平面上，且將位能相同的點連成曲線，這種曲線就稱為「等位能線」（類似於氣象圖上的等溫線，或地圖上的等高度線），如圖 7.5 所示。

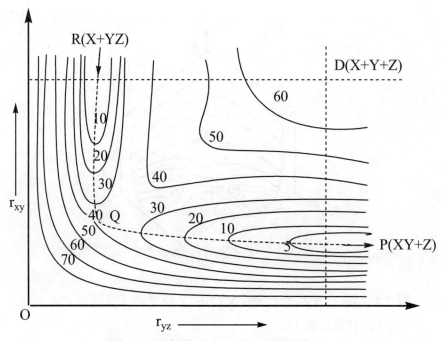

圖 7.5 反應體系之位能面投影圖

圖 7.5 中的每一點代表著反應體系中某一特定構形 X－Y－Z 的位能值，線上的數字代表位能的相對數值。數字越大，表示體系的位能越高；數字越小，表示體系的位能值越低。

◎ R 點處於位能深谷中，代表 X 分子遠離 Y－Z 分子的反應物「初態」。

◎ P 點處於另一側的位能深谷中，代表 Z 遠離 X－Y 分子的產物「末態」。

◎「馬鞍點」Q 點相當於「活化錯合物」之「過渡態」。

◎ D 點或更遠處的點代表著三個原子 X、Y、Z 完全分離的高位能態。

※ S 點與 D 點的能量均比 Q 點能量來得高。

從反應物 R 點到產物 P 點，可以有許多途徑，但只有圖中虛線所表示的途徑 R…Q…P 是能量最低途徑，也是最有可能進行的捷徑，這條途徑稱為"最小能量途徑"（the least reaction energy pathway），或稱"反應座標"（reaction coordinate）。

之所以選擇該條捷徑，是因為所要爬越的「位能障礙」（簡稱「能障」; potential barrier energy）最小，即反應物「初態」X＋YZ 沿 R 點附近的深谷翻越過 Q 點的「馬鞍點」（屬於低「能障」）地區，然後就可直下 P 點處的深谷，達到產物 XY＋Z 的「末態」。如圖 7.6 所示。

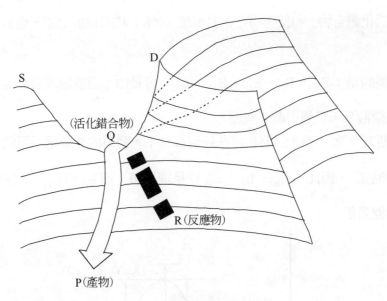

圖 7.6 反應途徑表示圖

（3） 位能面縱剖面圖

　　如果以座標 RQP 為橫座標，位能為縱座標，做位能面的剖面圖於圖 7.7，由此圖可看出：從反應物 X＋YZ 到生成物 XY＋Z 沿反應座標 RQP 通過「馬鞍點」Q 前進，這是能量最低的通道，即可不必先破壞 Y－Z 鍵再形成 X－Y 鍵，而是沿著 X＋

YZ ——→ $[X...Y...Z]^{\neq}$ ——→XY＋Z 途徑進行。這時 Y－Z 鍵的斷裂和 X－Y 鍵

的形成同時進行，這就要求形成三原子直線形的中間「過渡態」，即圖中 Q 點所示。雖然這是能量最低的反應路徑，但也必須爬越「位能障礙」E_b，到達「過渡態」形成「活化錯合物」，然後「活化錯合物」再分解成產物 XY＋Z。

◎「位能障礙」E_b 是「活化錯合物」（Q）與反應物（R）兩者最低位能之差，故 E_b 稱　為由反應物到產物（R→P）的「正向活化能」（forward activation energy）。

◎E_i 是「活化錯合物」（Q）與產物（P）兩者最低位能之差，故 E_i 稱為由產物到反應　物（P→R）的「逆向活化能」（inverse activation energy）。

◎E_H 是反應物（R）與產物（P）兩者最低位能之差，故 E_H 稱為「反應熱」（reaction　enthalpy）。

◎$E_{H'}$ 是反應物（R）與產物（P）兩者在絕對零度（0°K）時的位能之差，故 $E_{H'}$ 稱　為 0°K 時的「反應熱」。

◎E_0是「活化錯合物」和反應物在絕對零度（0°K）時的位能之差，也稱 0°K 時的「活化能」。

☆必須強調的是：E_b、E_i、E_0、E_H、$E_{H'}$ 皆是由「過渡態理論」推導出來的分子觀點之微觀量，且皆與溫度無關。

☆又由「熱力學第三定律」可知：〝在任何條件下，體系的能量絕不可能下降到絕對零度時的能量〞，因此，E_b、E_i、E_H 皆是理論值，而 E_0 和 $E_{H'}$ 才是真正可由實驗測得的能量值。

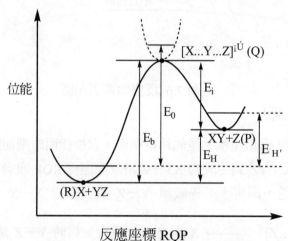

（R：反應物，Q：過渡態，P：產物）

圖 7.7 反應途徑的位能剖面圖

三、　反應速率常數公式的建立

就以基本反應：X＋Y－Z $\longrightarrow$ X－Y＋Z 為例。

「過渡態理論」認為：

1. 反應物分子應先活化為處於過渡態的「活化錯合物」，然後再分解為產物。

2. 反應物與「活化錯合物」之間處於熱平衡。

3. 如果「活化錯合物」是線形的，則沿反應座標方向上的〝不對稱伸縮振動〞（X→←YZ→）將使「活化錯合物」分解，因[X...Y...Z]$^{\neq}$處於位能面的頂點，沒有回復力，所以一次振動就會使「活化錯合物」分解成產物，也就是說：在「活化錯合物」中必有一個化學鍵容易斷裂。若此化學鍵的振動為 v，即單位時間內導致一個「活化錯合物」分子分解成產物的振動次數。

$$X + YZ \underset{}{\overset{K_c^{\neq}}{\rightleftharpoons}} [X...Y...Z]^{\neq} \xrightarrow{\nu} XY + Z$$

又根據上述說的：〝反應物與「活化錯合物」之間處於熱平衡〞，可知：

$$K_c^{\neq} = \frac{[X...Y...Z]^{\neq}}{[X][YZ]} \tag{7.20a}$$

$$\Rightarrow \quad [X...Y...Z]^{\neq} = [X][YZ] K_c^{\neq} \tag{7.20b}$$

（7.20）式中 $K_c^{\neq}$ 表示「活化錯合物」與反應物的平衡常數。

設 $[X...Y...Z]^{\neq}$ 為線形三原子分子，它有 3 個平移運動自由度，2 個轉動自由度，其振動自由度為 $3n-5 = 4$（其中 n 為分子中的原子數，在此 $n = 3$）。這 4 個振動裏，有 2 個是穩定的〝彎曲振動〞（見圖 7.8 的（a）、（b））有 1 個是〝對稱伸縮振動〞（見圖 7.8 的（c）），這些都不會導致「活化錯合物」的分解。

只有一種〝不對稱伸縮振動〞是無回復力的（見圖 7.8 的（d）），只要振動一次，就會造成不牢固的 Y...Z 化學鍵斷裂，進而導致「活化錯合物」的分解。

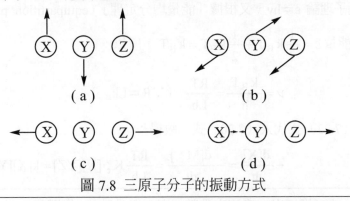

圖 7.8 三原子分子的振動方式

又現在以（$M^{\neq}$）代替 $(X...Y...Z)^{\neq}$，$[M^{\neq}]$ 就是單位時間、單位體積內「活化錯合物」分解成產物的數目(也就是說：$[M^{\neq}]$ 為從反應物方向越過位能頂點的「活化錯合物」的濃度)。則反應速率就是「活化錯合物」的分解速率，可寫為：（且代入（7.20b）式）

$$r = -\frac{d[M^{\neq}]}{dt} = \nu[M^{\neq}] = \nu K_c^{\neq} [X][YZ] \tag{7.21}$$

注意：（7.21）式中的 ν 為〝不對稱伸縮振動頻率〞，也是「活化錯合物」在反應途徑方向的振動頻率。

根據「質量作用定律」，「基本反應」：$X+YZ \longrightarrow XY+Z$ 的反應速率可寫為：

$$r = k[X][YZ]$$

上式中的 k 為雙分子反應的反應速率常數。與（7.21）式比較，可得反應速率常數的表達式：

$$反應速率常數\ k = \nu K_c^{\neq}$$

因此，只要能計算出單位時間、單位體積內越過活化能的「活化錯合物」的數目，就可求得反應速率。

必須指出的是：在推導「過渡態理論」公式時，曾做出〝反應物與「活化錯合物」之間存在熱力學平衡〞的假設（即（7.20）式）。該假設意味著反應物分子服從「Boltzmann 能量分佈」，只要分子間的傳遞能量速率遠大於反應速率時，這個條件就可以滿足。因為形成「活化錯合物」的反應物分子是一些含有〝能量豐富的分子〞（energized molecule），當它們經歷「過渡態」而形成產物後，由於傳遞能量速率快，立即會有一些分子又變成含有〝能量豐富的分子〞，因此，整個反應過程裏，始終遵守著「Boltzmann 能量分佈」關係。

根據量子理論 $\varepsilon = h\nu$，又根據「能量均分定理」（equipartition principle）：一個振動自由度的能量 $\varepsilon = \dfrac{1}{2}k_B T + \dfrac{1}{2}k_B T = k_B T$，所以

$$\nu = \frac{k_B T}{h} = \frac{RT}{Lh} \quad (\because R = Lk_B) \tag{7.22}$$

（7.21）式及（7.22）式代入（7.20）式，故得：

$$-\frac{d[X]}{dt} = -\frac{d[M^{\neq}]}{dt} = \frac{RT}{Lh}K_c^{\neq}[X][YZ] = k[X][YZ] \tag{7.23}$$

於是由（7.23）式可推導出反應速率常數 k 與平衡常數 $K_c^{\neq}$ 的關係式：

$$k = \frac{RT}{Lh}K_c^{\neq} = \frac{k_B T}{h}K_c^{\neq} \tag{7.24}$$

（7.24）式中 R 是氣體常數，T 是絕對溫度，L 是亞佛加厥常數，k_B 為 Boltzmann 常數，h 是 Planck 常數。

（7.24）式說明：在溫度一定時，$\dfrac{RT}{Lh} = \dfrac{k_B T}{h}$ 會是一個常數。所以，只要知道平衡常數 $K_c^{\neq}$ 及溫度 T，就可從（7.24）式算出反應速率常數 k。

平衡常數 $K_c^{\neq}$ 既可以用微觀數據（即用統計熱力學方法計算），也可以從古典熱力學來計算。再配合（7.24）式，就可算出反應速率常數 k 值。下面我們只討論古典熱力學的方法。

雖是如此，以濃度表示的「活化錯合物」平衡常數 $K_c^{\neq}$ 的值，為統一規格起見，有必要以標準態平衡常數 K_c^{θ} 來表示，故將每個濃度都與濃度標準態相比，則依據（7.20a）式，可得：

$$K_c^{\theta} = \frac{[M^{\neq}]/[C^{\theta}]}{\dfrac{[X]}{[C^{\theta}]} \times \dfrac{[YZ]}{[C^{\theta}]}} = \frac{[M^{\neq}]}{[X][YZ]} \times [C^{\theta}]^{2-1} = K_c^{\neq}[C^{\theta}]^{2-1}$$

假定不是〝雙分子反應〞，而是〝n 分子反應〞（設 n 為所有反應物物種之和），則上式可改寫成一般式為：

$$K_c^{\theta} = K_c^{\neq} \times [C^{\theta}]^{n-1} \Rightarrow K_c^{\neq} = K_c^{\theta} \times [C^{\theta}]^{1-n} \tag{7.25}$$

即： 「活化錯合物」的平衡常數 = 標準態平衡常數 $\times$(濃度)$^{1-n}$

將（7.25）式代入（7.24）式，且將$[C^{\theta}]$改以(C^{θ})取代，可得：

$$k = \frac{k_B T}{h} K_c^{\neq} = \frac{k_B T}{h} K_c^{\theta} (C^{\theta})^{1-n} \tag{7.26}$$

四、 反應速率常數的熱力學表達式

若以 θ 代表〝標準狀態〞，而 ≠ 代表〝過渡狀態〞，則：

$\begin{cases} \Delta G_{\neq}^{\theta} \text{代表形成「活化錯合物」的平衡步驟中之「標準自由能變化」。} \\ \Delta H_{\neq}^{\theta} \text{代表形成「活化錯合物」的平衡步驟中之「標準反應熱變化」。} \\ \Delta S_{\neq}^{\theta} \text{代表形成「活化錯合物」的平衡步驟中之「標準能趨疲變化」。} \end{cases}$

又 $\Delta G_{\neq}^{\theta}$、$\Delta H_{\neq}^{\theta}$、$\Delta S_{\neq}^{\theta}$ 通常直接稱為「活化自由能」、「活化反應熱」和「活化能趨疲」。在一定溫度下，它們彼此間存在以下關係式：

$$\Delta G_{\neq}^{\theta} = \Delta H_{\neq}^{\theta} - T\Delta S_{\neq}^{\theta} \tag{7.27}$$

根據先前的反應方程式，在第一步驟中，生成「活化錯合物」之標準莫耳 Gibbs 自由能的變化值$\Delta G_{\neq}^{\theta}$與平衡常數K_c^{θ}的關係為：

$$\Delta G_{\neq}^{\theta} = -RT \cdot \ln K_c^{\theta} \Rightarrow \ln K_c^{\theta} = -\frac{\Delta G_{\neq}^{\theta}}{RT} \tag{7.28}$$

將（7.27）式代入（7.28）式，可得：

$$\ln K_c^\theta = -\frac{\Delta H_{\neq}^\theta - T\Delta S_{\neq}^\theta}{RT}$$

$$\Rightarrow \quad K_c^\theta = \exp\left(-\frac{\Delta G_{\neq}^\theta}{RT}\right) = \exp\left(\frac{\Delta S_{\neq}^\theta}{R}\right) \cdot \exp\left(-\frac{\Delta H_{\neq}^\theta}{RT}\right) \tag{7.29}$$

將（7.29）式代入（7.26）式，可得：

$$k = \frac{k_B T}{h} K_c^{\neq} = \frac{k_B T}{h} K_c^\theta (C^\theta)^{1-n} = \frac{k_B T}{h}(C^\theta)^{1-n} \cdot \exp\left(-\frac{\Delta G_{\neq}^\theta}{RT}\right) \tag{7.30a}$$

$$= \frac{k_B T}{h}(C^\theta)^{1-n} \cdot \exp\left(\frac{\Delta S_{\neq}^\theta}{R}\right) \cdot \exp\left(-\frac{\Delta H_{\neq}^\theta}{RT}\right) \tag{7.30b}$$

◎（7.30）式就是「過渡態理論」用熱力學方法計算反應速率常數的公式。

◎從（7.30）式可以看出，「過渡態理論」認為一個化學反應的反應速率
　（或說是反應速率常數）是由兩個因素所共同決定的：
$$(1)「活化能」（\Delta H_{\neq}^\theta）和（2）「活化能趨疲」（\Delta S_{\neq}^\theta）。$$

　　這是從「過渡態理論」得到的一個重要概念。有些反應的「活化能」很接近而反應速率卻相差很大，這是由於「活化能趨疲」不同所引起；而有些反應的「活化能」相差很大，但由於它們的「活化能趨疲」相差也很大，所以在相同條件下反應速率仍很接近。

　　一般來說，「活化能」的差值常是導致反應速率常數不同的主要原因。但在需要特殊方位的反應中，$\Delta S_{\neq}^\theta$對反應速率常數的影響也會十分顯著。

＜對於氣相反應而言＞：

因為 $pV = nRT \Rightarrow p = \left(\frac{n}{V}\right)RT = CRT \Rightarrow C = \frac{p}{RT}$ 代入（7.30）式，可改寫為：

$$k = \frac{k_B T}{h}\left(\frac{p}{RT}\right)^{1-n} \cdot \exp\left(\frac{\Delta S_{\neq}^\theta}{R}\right) \cdot \exp\left(-\frac{\Delta H_{\neq}^\theta}{RT}\right) \tag{7.31}$$

由（7.30）式可知：反應速率常數 k 與 $\Delta S_{\neq}^\theta$ 呈指數關係。

　　原則上，我們只要知道「活化錯合物」的結構，就可根據光譜數據及統計力學的方法，把 $\Delta S^\theta_\neq$ 和 $\Delta H^\theta_\neq$ 計算出來。這樣就可以得到反應速率常數 k。然而，由於想要確定「活化錯合物」的結構，在實驗上仍存在相當大的困難，故想要將「過渡態理論」真正用於實際情況至今仍窒礙難行。

　　為了與實驗結果比較，要找出 $\Delta H^\theta_\neq$ 與實驗「活化能」E_a 的關係。為此，將（7.24）式二邊取自然對數，並對溫度 T 求微分，得：

$$\left(\frac{\partial \ln k}{\partial T}\right)_V = \frac{1}{T} + \left(\frac{\partial \ln K^\neq_c}{\partial T}\right)_V \tag{7.32}$$

由於 $K^\neq_c$ 是濃度平衡常數，它與溫度 T 的關係為：（此乃著名熱力學公式）

$$\left(\frac{\partial \ln K^\neq_C}{\partial T}\right)_V = \frac{\Delta U^\theta_\neq}{RT^2} \quad（U \text{ 為內能}）\tag{7.33}$$

將（7.31）式代入（7.32）式得：

$$\frac{d \ln k}{dT} = \frac{RT + \Delta U^\theta_\neq}{RT^2} \tag{7.34}$$

（7.34）式與 Arrhenius 經驗式之（6.3）式：$\dfrac{d \ln k}{dT} = \dfrac{E_a}{RT^2}$ 比較，得：

$$E_a = RT + \Delta U^\theta_\neq \tag{7.35}$$

由於已知 $H = U + pV \Rightarrow$ 則二邊皆取微分差值（Δ），可得：$\Delta H^\theta_\neq = \Delta U^\theta_\neq + \Delta(pV)$
$\Rightarrow \Delta U^\theta_\neq = \Delta H^\theta_\neq - \Delta(pV) = \Delta H^\theta_\neq - \Delta n_\neq RT$，代入（7.35）式後，可得：

$$E_a = RT + \Delta H^\theta_\neq - \Delta n_\neq RT = \Delta H^\theta_\neq + (1 - \Delta n^\neq)RT = \Delta H^\theta_\neq + nRT \tag{7.36}$$

（7.36）式中 1 為「活化錯合物」的莫耳數，n 為反應物總莫耳數之和，故 $\Delta n^\neq$（$=1-n$）為由反應物生成「活化錯合物」時莫耳數的變化量。
又（7.36）式的 E_a 為定容過程的活化能。
由（7.36）式，可得：

$$\Delta H^\theta_\neq = E_a - nRT \tag{7.37}$$

將（7.37）式代入（7.29）式，可得反應速率常數：

$$k = \frac{k_B T}{h} \cdot (C^\theta)^{1-n} \cdot \exp(\Delta S^\theta_\neq / R) \cdot \exp(n) \cdot \exp(-E_a / RT) \tag{7.38}$$

將（7.38）式與 Arrhenius 的經驗式之（6.1a）式：$k = A \cdot \exp\left(\dfrac{-E_a}{RT}\right)$ 比較，可知：

$$\Rightarrow \text{指數前因子 A 為：} \quad A = \frac{k_B T}{h} \cdot (C^\theta)^{1-n} \cdot \exp(\Delta S_{\neq}^\theta / R) \cdot \exp(n) \qquad (7.39)$$

對於定壓過程，由於 $\Delta H_{\neq}^\theta = \Delta U_{\neq}^\theta + p\Delta V_{\neq}^\theta$，代入（7.35）式後得：

$$E_a = \Delta H_{\neq}^\theta + RT - p\Delta V_{\neq}^\theta \qquad (7.40)$$

如果是單分子氣相反應，則由反應生成「活化錯合物」時沒有分子數變化，故 $\Delta V_{\neq}^\theta = 0$。因此

$$E_a = \Delta H_{\neq}^\theta + RT \Rightarrow \Delta H_{\neq}^\theta = E_a - RT \qquad (7.41)$$

（7.41）式中 E_a 為定壓過程的活化能。將此結果代入（7.39）式，得：

$$k = \frac{k_B T}{h} \cdot \exp(\Delta S_{\neq}^\theta / R) \cdot \exp(-E_a / RT) \cdot \left(\frac{p}{RT}\right)^{1-n} \cdot \exp(1) \qquad (7.42)$$

將（7.42）式與 Arrhenius 的經驗式之（6.1a）式：$k = A \cdot \exp\left(\dfrac{-E_a}{RT}\right)$ 比較，可知：

$$\Rightarrow \text{指數前因子 A 為：} \quad A = \frac{k_B T}{h} \cdot \exp(\Delta S_{\neq}^\theta / R) \cdot \left(\frac{p}{RT}\right)^{1-n} \cdot \exp(1) \qquad (7.43)$$

以上結果是對氣相反應而言。

從以上的理論推導結果裏，我們了解幾項事實：

溶液或凝聚相中進行的反應，在常壓下，由於 $\Delta H_{\neq}^\theta \approx \Delta U_{\neq}^\theta$，則：

當 $\Delta H_{\neq}^\theta \gg RT$ 時，由（7.41）式可知：$E_a \approx \Delta H_{\neq}^\theta$，因此（7.30b）式可寫成：

$$k = \frac{k_B T}{h} \cdot \exp(\Delta S_{\neq}^\theta) \cdot \exp(-E_a / RT) \cdot (C^\theta)^{1-n} \qquad (7.44)$$

（7.44）式表明：可以用反應速率常數 k 和「活化能」E_a 的實驗值代入（7.44）式求出「標準活化能趨疲」，由此可推測「活化錯合物」的結構。

因為 $\Delta S^{\neq}$ =（活化錯合物的能趨疲）－（反應物的能趨疲），

（a）$\Delta S^{\neq} > 0 \Rightarrow$ 代表：活化錯合物的能趨疲 $(S^{\neq}) >$ 反應物的能趨疲 $(S_{初})$，即：活化

錯合物結構的亂度較大，而反應物結構較有秩序性。

（b）$\Delta S^{\neq} < 0 \Rightarrow$ 代表：活化錯合物的能趨疲 $(S^{\neq}) <$ 反應物的能趨疲 $(S_{初})$，即：反

應物結構的亂度較大，而活化錯合物結構較有秩序性。

因此，如果「活化錯合物」的結構比反應物分子的結構鬆散，或者說對分子的內
轉動和振動有更弱的限制力時，都會使「活化能趨疲」大於零；反之，則小於零。

比較（7.31）式與「硬球碰撞理論」公式（7.23）式：$k = P \cdot A \cdot \exp\left(-\dfrac{E_c}{RT}\right)$，

可得：$P \cdot A = \dfrac{RT}{Lh} \cdot \exp\left(\dfrac{\Delta S_{\neq}^{\theta}}{R}\right) = \dfrac{k_B T}{h} \cdot \exp\left(\dfrac{\Delta S_{\neq}^{\theta}}{R}\right)$ （7.45）

在數量級上，（7.45）式的 $RT/Lh = k_B T/h$ 與（7.18）式的〝指數前因子 A〞相近
（即 $A \approx RT/Lh = k_B T/h$），因此可近似看做 $P \approx \exp(\Delta S_{\neq}^{\theta}/R)$。由此可見，「活化能
趨疲」$\Delta S_{\neq}^{\theta}$ 與「硬球碰撞理論」中的〝方位因子 P〞有某種關聯性。這也就是說，「過
渡態理論」用 $\Delta S_{\neq}^{\theta}$ 解釋了「硬球碰撞理論」中的〝方位因子 P〞之內在本質意義。

因此，〝方位因子 **P**〞的大小取決於「活化能趨疲」$\Delta S_{\neq}^{\theta}$ 的大小。如果「活化錯合
物」的分子結構同產物分子的結構很相似，則反應的「活化能趨疲」$\Delta S_{\neq}^{\theta}$ 就近似地等
於反應前後的能趨疲變化量（$\Delta S_{\neq}^{\theta} = \Delta S_{末}^{\theta} - \Delta S_{初}^{\theta}$）。

下面給出一些反應的〝方位因子 P〞和「活化能趨疲」的數據。

反應	P	$\exp(\Delta S_{\neq}^{\theta}/R)$
二甲基苯胺 $+ CH_3I$	0.5×10^{-7}	0.9×10^{-8}
乙酸乙酯的皂化反應	2.0×10^{-5}	5.0×10^{-4}
HI 的解離反應	0.5	0.15
N_2O 的解離反應	1	1

從表中數據可看出：P 和 $\exp(\Delta S_{\neq}^{\theta}/R)$ 的數值很接近。因此，從「活化能趨疲」的概念可以說明爲什麼不同的反應，它們的〝方位因子 P〞會相差如此懸殊（從 1 到 10^{-9}），這主要是來自於「活化能趨疲」相差很大所造成的。

必須指出，「活化能趨疲」可以用實驗測定得知，也可以根據推測的過渡態構形，用統計熱力學的方法計算出來。因此，可以從「活化能趨疲」計算出空間〝方位因子 P〞的數值。

再強調一次：

（a）對於結構簡單的分子而言，在形成「活化錯合物」時，秩序性略有增加，即反應的混亂度略有降低，故 $\Delta S_{\neq}^{\theta}$ 的負值不大，所以，此時「硬球碰撞理論」中的 P 趨近於 1。

（b）但對結構複雜的分子來說，在形成「活化錯合物」時，秩序性增加較多，即反應的混亂度降低許多，因此 $\Delta S_{\neq}^{\theta}$ 的負值較大，此時「硬球碰撞理論」中的 P 遠小於 1。

五、 幾種活化能的比較

關於「活化能」的說法我們已介紹了好幾種，「活化能」不僅在不同的理論中定義不同，就是在同一理論的不同表達式中，其含意也不盡相同。這反映著活化能在不同理論層次中具有不同物理意義。

原則上，「活化能」代表了發生化學反應時，分子所需要越過的能量高峰。

活化能的建立，對化學反應速率理論發生了很大的作用。化學動力學中曾引入幾種活化能：

---

1. Arrhenius 經驗式中的「實驗活化能」（**activation energy**）E_a。

2. 「過渡態理論」中的「位能障礙」（**barrier energy**）E_b。

3. 「硬球碰撞理論」中的「臨界能」（**threshold energy**）E_c。

4. E_0 是「活化錯合物」和反應物在絕對零度（**0°K**）時的能量之差，也稱「**0°K** 時的活化能」。

它們的物理意義雖各不相同，但在數值上有一定的關聯性。

（**1**）在 **Arrhenius** 經驗式中，「活化能」E_a是一個經驗值，利用（**6.1b**）式可以經由

$\ln(k)$對$\frac{1}{T}$做圖求得。

E_a的定義爲：活化分子的平均能量與反應物分子的平均能量之差。

顯然，「活化能」E_a是一個巨觀的統計平均量。E_a可看成反應時分子需要克服的一種能量高峰。

◎早在 1925 年，R. C. Tolman 就提出「活化能」E_a是反應分子（活化分子）的平均能量與反應物分子平均能量之差。認爲 E_a 是一個與溫度有關的統計量、巨觀量。這種觀點正好是對 Arrhenius「活化能」E_a的最好解釋，因爲 Arrhenius「活化能」正是對大量分子體系之實驗求出的巨觀量，是一個統計的平均值，用式子可表示爲：$E_a = \overline{E^*} - \overline{E}$，其中$\overline{E^*}$和$\overline{E}$分別代表活化分子與反應物分子的平均能量。

◎經過證明，「實驗活化能」E_a與其它兩種活化能存在著如下關係：

$$E_a = E_c + \frac{1}{2}RT \tag{7.18}$$

$$E_a = E_0 + mRT \tag{7.46}$$

通常$-2 \leq m \leq \frac{1}{2}$，溫度低時 m 爲負值，溫度高時 m 爲正值。

當溫度不高時，$\frac{1}{2}RT$ 和 mRT 均可忽略，則$E_a \approx E_c$，$E_a \approx E_0$；只有在這個條件下，Arrhenius 經驗式（即（6.1）式）是成立的。

（**2**）「位能障礙」（簡稱「能障」）E_b是反應物形成活化錯合物時必須超越的能量高峰；E_0是「活化錯合物」的零點能與反應物零點能之差值。它們也是微觀量、理論量，E_b 與 E_0的關係爲：

$$E_0 = E_b + \left(\frac{1}{2}h\nu^{\neq} - \frac{1}{2}h\nu_{0,反應物}\right) \cdot L \tag{7.47}$$

（7.47）式中，m 爲各類與溫度 T 有關的因子。在一定的反應體系時，m 有定值。

◎在「過渡態理論」中，我們介紹了利用位能面描述「活化能」的概念，也就是說：「位能障礙」E_b 代表「活化錯合物」的馬鞍點與反應物都處於「基本態」(ground state) 時（即 **0 °K** 時）的最低位能差。

（**3**）「臨界能」E_c 是指在分子發生有效碰撞時反應所需的最低平均動能。E_c 是個微觀量、理論量，且與溫度無關，數值上也不等於「實驗活化能」E_a，（7.18）式表示了 E_c 與 E_a 的關係：$E_a = E_c + \dfrac{1}{2}RT$。

◎在「簡單硬球碰撞理論」中，相互碰撞的分子之平均動能必須大於或等於 E_c 時，才能引發有效的碰撞反應，因此 E_c 做為「活化能」代表著：在「基本反應」裏破壞了原有化學鍵，建立新的化學鍵所必須具備的能量。

— —

以上除了 E_a 為巨觀量外，E_b 與 E_c 都是在反應速率理論發展過程中，由各自理論模型提出對「活化能」概念的描述，因此 E_b 和 E_c 只適用於各相關的反應速率理論。

例 **7.2.1**

過渡態理論認為反應物首先形成什麼？反應速率等於？

：活化錯合物；活化錯合物的分解速率。

例 **7.2.2**

實驗測得氣相反應：$A_{(g)} \longrightarrow 2B_{(g)}$ 的反應速率常數 $k = 2 \times 10^{17} \cdot \exp(-349000/RT)s^{-1}$，$R = 8.314$ J·mole^{-1}·K^{-1}，溫度為 1000°K 時，$k_B T/h = 2 \times 10^{13}$ s^{-1}，試求 1000°K 時，該反應的活化能趨疲 ΔS？

：由題目 $A_{(g)} \longrightarrow 2B_{(g)}$ 反應，可判知該 A 分子含有 2 個粒子（B），故取 $n = 2$。

由「過渡態理論」的熱力學表達式（即（7.31）式）：

$$k = (k_B T/h)(RT/p) \cdot \exp(\Delta S_{\neq}^{\theta}/R) \cdot \exp(\Delta H_{\neq}^{\theta}/RT) \qquad (ㄅ)$$

由題目已知：$k = 2 \times 10^{17} \cdot \exp(-349000/RT)$ s^{-1} $\qquad$ (ㄆ)

（ㄅ）式和（ㄆ）式相比較，得：

$$(k_B T/h)(RT/p) \cdot \exp[\Delta S_{\neq}^{\theta}/R] = 2 \times 10^{17} \qquad (ㄇ)$$

將題目數據代入（ㄇ）式，可得：

$$2 \times 10^{13} \times (8.314 \times 1000°K/100000 \ P_a) \cdot \exp[\Delta S_{\neq}^{\theta}/8.314] = 2 \times 10^{17}$$

$\Rightarrow$ ∴活化能趨疲 $\Delta S_{\neq}^{\theta} = 55.9$ J·mole^{-1}·K^{-1}

例 **7.2.3**

馬鞍點是反應最低能量途徑上的最高點，但它不是位能面上的最高點，也不是位能面上的最低點。

：對。

例 **7.2.4**

過渡態理論中的活化錯合物就是一般反應過程中的活化分子。（3）求 610°K 時，上述反應的 E_c。

：對。

例 **7.2.5**

有兩個反應級數相同的反應，其活化能數值相同，但二者的活化能趨疲相差 60.00 J·K^{-1}·mole^{-1}。試求此二反應在 300°K 時的反應速率常數之比。

：依據「過渡態理論」之（7.30b）式，可知：

$$k = \frac{k_B T}{h}(C^\theta)^{1-n} \cdot \exp\left(\frac{\Delta S_{\neq}^{\theta}}{R}\right) \cdot \exp\left(-\frac{\Delta H_{\neq}^{\theta}}{RT}\right) \qquad （ㄅ）$$

則在 $T = 300\,°K$ 時，依據（ㄅ）式，該二者反應的反應速率常數熱力學表達式可寫為：

$$k_1 = \frac{k_B T}{h}(C^\theta)^{1-n} \cdot \exp\left(\frac{\Delta S_{\neq}^{\theta}(1)}{R}\right) \cdot \exp\left(-\frac{\Delta H_{\neq}^{\theta}}{RT}\right) \qquad （ㄆ）$$

$$k_2 = \frac{k_B T}{h}(C^\theta)^{1-n} \cdot \exp\left(\frac{\Delta S_{\neq}^{\theta}(2)}{R}\right) \cdot \exp\left(-\frac{\Delta H_{\neq}^{\theta}}{RT}\right) \qquad （ㄇ）$$

$\Rightarrow$ 故 $\dfrac{（ㄆ）式}{（ㄇ）式} = \dfrac{k_1}{k_2}$ ，整理可得：

$$\frac{k_1}{k_2} = \exp\left(\frac{\Delta S_{\neq}^{\theta}(1) - \Delta S_{\neq}^{\theta}(2)}{R}\right) = \exp\left(\frac{60.00}{8.314}\right) = 1.36 \times 10^3$$

■ 例 7.2.6 ■

發生反應的所有分子，一定都是沿反應最低能量途徑進行的嗎？

：不一定。發生反應的分子都是活化分子，而活化分子的能量高低是參差不齊的。按統計規律，大部份反應分子是沿著反應最低能量途徑進行的，但不能排除某些能量更高的分子沿著較高能量途徑進行。

■ 例 7.2.7 ■

有兩個雙分子反應，實驗測得在 $300°K$ 條件下二者的指數前因子分別為 3.2×10^{10} 和 $5.7 \times 10^7\,mole^{-1} \cdot cm^3 \cdot s^{-1}$，試分別計算此二反應的活化能趨疲。如果將以上兩反應的反應速率常數換成以 $mole^{-1} \cdot dm^3 \cdot s^{-1}$ 為單位，活化能趨疲又為多少？試解釋為什麼活化能趨疲的數值與反應速率常數所採用的單位有關。

：指數前因子與活化能趨疲的關係為：（見(7.39)式，且由題目已知為雙分子反應，故 n = 2）

$$A = \frac{RT}{Lh}(C^\theta)^{1-2} \cdot \exp(2)\exp(\Delta S^\theta_{\neq} / R) \tag{ㄅ}$$

其中，$C^\theta = 1 \text{ mole} \cdot \text{cm}^{-3}$，且

$$\frac{LhC^\theta}{RT \cdot e^2} = \frac{6.022 \times 10^{23} \times 6.63 \times 10^{-34} \text{ J} \cdot \text{s} \times 1\text{mole} \cdot \text{cm}^{-3}}{8.314 \text{J} \cdot \text{mole}^{-1} \cdot \text{K}^{-1} \cdot 300\text{K} \cdot e^2}$$

$$= 2.165 \times 10^{-14} \text{ mole} \cdot \text{s} \cdot \text{cm}^{-3} \tag{ㄆ}$$

當 $A_1 = 3.2 \times 10^{10} \text{ mole}^{-1} \cdot \text{cm}^3 \cdot \text{s}^{-1}$，$A_2 = 5.7 \times 10^7 \text{ mole}^{-1} \cdot \text{cm}^3 \cdot \text{s}^{-1}$ 時，由（ㄅ）式可改寫為如下，且代入（ㄆ）式，則：

$$\Delta S^\theta_{\neq} = R \cdot \ln \frac{ALhC^\theta}{RTe^2} = R \cdot \ln A \times 2.165 \times 10^{-14}$$

當 $A_1 = 3.2 \times 10 \text{ mole}^{-1} \cdot \text{cm}^3 \cdot \text{s}^{-1}$，$A_2 = 5.7 \times 10^5 \text{ mole}^{-1} \cdot \text{cm}^3 \cdot \text{s}^{-1}$ 時，

$$(\Delta S^\theta_{\neq})_1 = [8.314 \cdot \ln(3.2 \times 10^{10} \times 2.165 \times 10^{-14})] = -60.5 \text{J} \cdot \text{K}^{-1} \cdot \text{mole}^{-1}$$

$$(\Delta S^\theta_{\neq})_2 = [8.314 \cdot \ln(5.7 \times 10^7 \times 2.165 \times 10^{-14})] = -113 \text{J} \cdot \text{K}^{-1} \cdot \text{mole}^{-1}$$

因為活化能趨疲的值與標準狀態的選擇有關，即指數前因子 A 以 $\text{mole}^{-1} \cdot \text{cm}^3 \cdot \text{s}^{-1}$ 為單位時，$C^\theta = 1 \text{ mole} \cdot \text{cm}^{-3}$；反之，若 A 以 $\text{mole}^{-1} \cdot \text{dm}^3 \cdot \text{s}^{-1}$ 為單位時，$\text{dm} = 10^{-3} \text{ m} = 10^{-1} \text{ m}$，$C^\theta = 10^{-3} \cdot \text{mole} \cdot \text{cm}^{-3}$，如此一來，這相當於 A 的數值縮小了 1000 倍。$\Delta(\Delta S^\theta_{\neq}) = R \ln 1000 = 8.314 \ln 1000 = 57.4 \text{J} \cdot \text{K}^{-1} \cdot \text{mole}^{-1}$，即在這兩種不同標準狀態時的 $\Delta S^\theta_{\neq}$，就已相差 $57.4 \text{J} \cdot \text{K}^{-1} \cdot \text{mole}^{-1}$

▌例 7.2.8 ▌

已知反應：$2NO_{(g)} \longrightarrow N_{2(g)} + O_{2(g)}$ 在 1423°K 時，和 1681°K 時，反應速率常數別為：1.843×10^{-3}、$5.743 \times 10^{-2} \text{ mole}^{-1} \cdot \text{dm} \cdot \text{s}^{-1}$。試計算此反應的活化反應熱和活化能趨疲，並根據過渡態理論的公式計算反應在 1373°K 時的反應速率常數。

：根據（7.30b）式且 n = 2（因為兩個 NO 分子參與反應）：

$$k = \frac{k_B T}{h}(C^\theta)^{-1} \cdot \exp\left(\frac{\Delta S^\theta_{\neq}}{R}\right) \cdot \exp\left(\frac{\Delta H^\theta_{\neq}}{RT}\right) \tag{ㄅ}$$

上式二邊取對數且移項後：

$$\ln\left(\frac{k}{T} \cdot \frac{h \cdot C^\theta}{k_B}\right) = -\frac{\Delta H^\theta_{\neq}}{RT} + \frac{\Delta S^\theta_{\neq}}{R} \tag{ㄆ}$$

設反應的活化反應熱（$\Delta H^\theta_{\neq}$）、活化能趨疲（$\Delta S^\theta_{\neq}$）不隨溫度變化，則在 T_1 溫度時，依據（ㄆ）式，可得：

$$\ln\left[\frac{k(T_1)}{T_1} \cdot \frac{h \cdot C^\theta}{k_B}\right] = -\frac{\Delta H^\theta_{\neq}}{RT_1} + \frac{\Delta S^\theta_{\neq}}{R} \tag{ㄇ}$$

在 T_2 溫度時，依據（ㄆ）式，可得：

$$\ln\left[\frac{k(T_2)}{T_2} \cdot \frac{h \cdot C^\theta}{k_B}\right] = -\frac{\Delta H^\theta_{\neq}}{RT_2} + \frac{\Delta S^\theta_{\neq}}{R} \tag{ㄈ}$$

於是由 $\dfrac{（ㄇ）式}{（ㄈ）式}$，整理可得：$\ln\dfrac{k(T_2)}{k(T_1)} = -\dfrac{\Delta H^\theta_{\neq}}{R}\left(\dfrac{1}{T_2} - \dfrac{1}{T_1}\right) + \ln\dfrac{T_2}{T_1}$ （ㄉ）

$$\Rightarrow \Delta H^\theta_{\neq} = \frac{RT_1T_2}{(T_1 - T_2)} \cdot \left(\ln\frac{T_2}{T_1} - \ln\frac{k(T_2)}{k(T_1)}\right)$$

$$= \frac{8.314 \times 1423 \times 1681}{-258} \cdot \left(\ln\frac{1681}{1423} - \ln\frac{5.743 \times 10^{-2}}{1.843 \times 10^{-3}}\right) = 2.52 \times 10^5 \ J \cdot mole^{-1}$$

由（ㄉ）式可得：

$$\Delta S^\theta_{\neq} = \frac{\Delta H^\theta_{\neq}}{T} + R\ln\left(\frac{khC^\theta}{k_BT}\right)$$

$$= \left[\frac{2.52 \times 10^5}{1423} + 8.314\ln\left(\frac{1.843 \times 10^{-3} \times 6.626 \times 10^{-34} \times 1}{1.38 \times 10^{-23} \times 1423}\right)\right]$$

$$= -1.33 \ J \cdot K^{-1} \cdot mole^{-1}$$

$1373°K$ 時的反應速率常數為：（將上面數據代入（ㄉ）式）

$$\Rightarrow \therefore k = \frac{k_BT}{h}(C^\theta)^{-1} \cdot \exp\left(\frac{\Delta S^\theta_{\neq}}{R}\right) \cdot \exp\left(-\frac{\Delta H^\theta_{\neq}}{RT}\right)$$

$$= \left[\frac{1.38 \times 10^{-23} \times 1373}{6.626 \times 10^{-34} \times 1}\right] \cdot \exp\left(\frac{-133}{8.314}\right) \cdot \exp\left(-\frac{2.52 \times 10^5}{8.314 \times 1373}\right)$$

$$= 8.34 \times 10^{-4} \ mole^{-1} \cdot dm^3 \cdot s^{-1}$$

■ 例 7.2.9 ■

某一個化學反應，可用兩種反應方式完成，一種是直接路徑，另一種是催化作用，直接路徑的活化能趨疲比催化作用多 10 J · °K · mole^{-1}，並且直接路徑的活化能比催化作用多 10 kJ · mole^{-1}，計算這兩種方法在 25°C 時反應速率常數的比例。

：化學反應的反應速率常數方程式可以這樣表示：（見（7.38）式）

$$k = \exp(n) \cdot \frac{k_B T}{h} \cdot \exp(\Delta S^{\neq}/R) \cdot \exp(-\Delta E^{\neq}/RT) \qquad （ㄅ）$$

其中，$\begin{cases} n = 分子數(\text{Molecularity}) \\ k_B = \text{Boltzmann}常數 \\ h = \text{Planck}常數 \\ \Delta S^{\neq} = 活化能趨疲 \\ \Delta E^{\neq} = 活化能 \end{cases}$

（ㄅ）式二邊取自然對數，可得：

$$\ln k = n \cdot \ln e + \ln\left(\frac{k_B T}{h}\right) + \frac{\Delta S^{\neq}}{R} \cdot \ln e - \frac{\Delta E^{\neq}}{R} \cdot \ln e \quad （\because \ln e = 1）$$

$$\Rightarrow \ln k = n + \ln\left(\frac{k_B T}{h}\right) + \frac{\Delta S^{\neq}}{R} - \frac{\Delta E^{\neq}}{R} \qquad （ㄆ）$$

（I）用直接路徑時：$\ln k_1 = n + \ln\left(\dfrac{k_B T}{h}\right) + \dfrac{\Delta S_1^{\neq}}{R} - \dfrac{\Delta E_1^{\neq}}{R}$ （ㄇ）

（II）用催化作用時：$\ln k_2 = n + \ln\left(\dfrac{k_B T}{h}\right) + \dfrac{\Delta S_2^{\neq}}{R} - \dfrac{\Delta E_2^{\neq}}{R}$ （ㄈ）

（ㄇ）式－（ㄈ）式：

$$\ln k_1 - \ln k_2 = \frac{1}{R}\left(\Delta S_1^{\neq} - \Delta S_2^{\neq}\right) - \frac{1}{RT}\left(\Delta E_1^{\neq} - \Delta E_2^{\neq}\right) \qquad （ㄉ）$$

將題中所給數據代入（ㄉ）式：

$$\ln k_1 - \ln k_2 = \frac{1}{8.314} \cdot (10) - \frac{1}{8.314 \times 298} \cdot (10000)$$

$$\Rightarrow \ln \frac{k_1}{k_2} = \frac{2980 - 10000}{8.314 \times 298} = \frac{-7020}{2477.572} \Rightarrow \frac{k_1}{k_2} = 0.0588$$

因此在 25°C 時，兩種反應方式的反應速率常數之比例為：

$$\frac{k_1}{k_2} = \frac{5.88 \times 10^{-2}}{1} \quad 或是 \quad \frac{k_2}{k_1} = \frac{17.01}{1}$$

■ 例 **7.2.10** ■

實驗偵測丁二烯的氣相二聚合反應，其反應速率常數 k 與溫度 T 的關係為：

$$k = 9.2 \times 10^9 \times \exp\left(-\frac{12058}{T}\right)(\text{mole}^{-1} \cdot \text{cm}^3 \cdot \text{s}^{-1})$$

（1）此反應的 $\Delta S_m = -60.79 \, \text{J} \cdot \text{K}^{-1} \cdot \text{mole}^{-1}$，試用過渡態理論公式求此反應在 600°K 的指數前因子 A。

（2）丁二烯的碰撞直徑為 5.00×10^{-10} m，試用碰撞理論公式求此反應在 600°K 的指數前因子 A。

（3）討論兩個計算結果。

：（1）過渡態理論中，若以濃度 C^θ 為標準態時，則反應速率常數寫為：

$$k = \frac{k_B T}{h}(C^\theta)^{1-n} \cdot \exp\left(\frac{\Delta S_{\neq}^\theta}{R}\right) \cdot \exp\left(-\frac{\Delta H_{\neq}^\theta}{RT}\right) \quad ((7.30b)\text{式}) \qquad （ㄅ）$$

對氣相反應，以 p 為標準狀態時，反應速率常數寫為：

$$k = \frac{k_B T}{h}\left(\frac{p}{RT}\right)^{1-n} \cdot \exp\left(\frac{\Delta S_{\neq}^\theta}{R}\right) \cdot \exp\left(-\frac{\Delta H_{\neq}^\theta}{RT}\right) \quad ((7.31)\text{式}) \qquad （ㄆ）$$

本題從 k 對 T 的關係式單位中可知是以 C^θ（$C^\theta = 1\text{mole} \cdot \text{cm}^{-3}$）為標準狀態的氣相反應，將 Arrhenius 公式與（ㄅ）對比，可知指數前因子 A 為：

$$A = \frac{k_B T}{h}(C^\theta)^{1-n} \cdot \exp(n) \cdot \exp\left(\frac{\Delta S_{\neq}^\theta}{R}\right) \quad (\because (7.39)\text{式}) \qquad （ㄇ）$$

由題意可知 n = 2，故（ㄇ）式可寫為：

$$A = \frac{RT}{Lh}(C^\theta)^{-1} \cdot \exp(2) \cdot \exp\left(\frac{\Delta S_{\neq}^\theta}{R}\right)$$

$$= \left[\frac{8.314 \times 600 \times 2.718^2}{6.02 \times 10^{23} \times 6.626 \times 10^{-34}} \cdot \exp\left(\frac{-60.79}{8.314}\right)\right]$$

$$= 6.17 \times 10^{10} \, \text{mole}^{-1} \cdot \text{cm}^3 \cdot \text{s}^{-1}$$

與實驗值 9.2×10^9 mple$^{-1} \cdot \text{cm}^3 \cdot \text{s}^{-1}$ 比較接近。

（2）根據「碰撞理論」，氣相丁二烯二聚合反應為相同分子的碰撞，若將 E_c 近乎視為 E_a 時（即 $E_a \approx E_C$）：

$$k = 2\pi d^2 N_A \sqrt{\frac{RT}{\pi M}} \cdot \exp\left(-\frac{E_c}{RT}\right) = A \cdot \exp\left(-\frac{E_a}{RT}\right) \qquad （即（7.17）式）$$

$$\Rightarrow \therefore A = 2\pi d^2 L \sqrt{\frac{RT}{\pi M}} \cdot \exp\left(\frac{1}{2}\right) \qquad （即（7.22）式） \qquad （ㄈ）$$

因此由（ㄈ）式，可得：

$$A = 2d_A^2 \left(\frac{\pi RT}{M}\right)^{1/2} \cdot Le^{1/2}$$

$$= [2 \times (5.00 \times 10^{-10})^2 \times \left(\frac{3.14 \times 8.314 \times 600}{54 \times 10^{-3}}\right)^{1/2} \times 6.02 \times 10^{23} \times 2.718^{1/2}]$$

$$= 2.67 \times 10^8 \ mole^{-1} \cdot m^3 \cdot s^{-1} = 2.67 \times 10^{14} \ mole^{-1} \cdot cm^3 \cdot s^{-1}$$

（4）　上面計算可看出：用「硬球碰撞理論」公式計算的指數前因子與實驗值相差很大，其主要原因是因為「硬球碰撞理論」模型過於簡單，沒有考慮〝空間方位因子〞。

▎**例 7.2.11** ▎

理想氣體反應：$A + BC \rightleftharpoons [ABC]^{\neq} \longrightarrow$ 產物，若設 E_a 為 Arrhenius 活化能，$\Delta H_{\neq}^{\theta}$ 表示活化錯合物與反應物在標準狀態下的反應熱差，則

（a）$E_a = \Delta^{\neq} H_m^{\theta} + RT$　　　　　　（b）$E_a = \Delta^{\neq} H_m^{\theta} + 2RT$

（c）$E_a = \Delta^{\neq} H_m^{\theta} + 3RT$　　　　　　（d）$E_a = \Delta^{\neq} H_m^{\theta} - 2RT$

：（b）。對於理想氣體反應，$E_a = \Delta H_m^{\theta} + nRT$（見（7.37）式），n 為氣態反應物的莫耳數之和。

▎**例 7.2.12** ▎

絕對反應速率理論的假設不包括：

（a）反應物分子再碰撞時相互作用的位能是分子同相對位置的函數。

（b）反應物分子與活化錯合物分子之間存在著化學平衡。

（c）活化錯合物的分解快速步驟。

（d）反應物分子的相對碰撞功能達到或超過某個值時才發生反應。

：（d）。

例 7.2.13

按照絕對反應速率理論，實際的反應過程非常複雜，涉及的問題很多，與其有關的下列說法中正確的是：

（a）反應分子組實際經歷的途徑中每個狀態的能量都是最低。

（b）位能就是活化錯合物分子在馬鞍點的能量與反應物分子的平均能量之差。

（c）反應分子組到達馬鞍點之後也可能返回初始狀態。

（d）活化錯合物分子在馬鞍點的能量最高。

：（c）。

例 7.2.14

氣體反應的碰撞理論的要點是：

（a）氣體分子可看成剛球，一經碰撞就能引起反應。

（b）反應分子必須互相碰撞且限於一定方向才能引起反應。

（c）反應物分子只要互相迎面碰撞就能引起反應。

（d）一對反應分子具有足夠的能量的迎面碰撞才能引起反應。

：（d）。

例 7.2.15

化學反應的過渡態理論的要點是：

（a）反應物通過簡單碰撞就變成產物。

（b）反應物首先要形成活化錯合物，反應速度取決於活化錯合物分解為產物的分解速度。

（c）在氣體分子運動論的基礎上提出來的。

（d）引入方位因子的概念，並認為它與能趨疲變化有關。

：（d）。

例 7.2.16

松節油帖的消旋作用為 1 級反應，在 457.6 ~ 510.1°K 溫度區間，實驗活化能為 $183 \, kJ \cdot mol^{-1}$，在 457.6°K 時，反應速率常數為 $3.67 \times 10^{-7} \, s^{-1}$，求反應在平均溫度時的活化能趨疲 $\Delta S_m^{\neq}$ 及 Arrhenius 公式的指數前因子 A 的值？

：因 $T_1 = 457.6°K$，故平均溫度 $T_2 = (457.6 + 510.1) \times \dfrac{1}{2} = 483.9°K$

且題目已知：$k_1 = 3.67 \times 10^{-7} \, s^{-1}$，$E_a = 183 \, kJ \cdot mole^{-1}$

代入 $\ln \dfrac{k_2}{k_1} = \dfrac{E_a}{R} \left(\dfrac{1}{T_1} - \dfrac{1}{T_2} \right)$ （即（6.4）式）

$$\ln \dfrac{k_2}{3.67 \times 10^{-7} \, s^{-1}} = \dfrac{183 \times 10^3}{8.314} \times \dfrac{483.9 - 457.6}{457.6 \times 483.9}$$

可得：$k_2 = 5.01 \times 10^{-6} \, s^{-1}$（平均溫度為 $483.9°K$）

又對凝聚相反應而言，會有：$\Delta H^{\neq} = E_a - RT$ （ㄅ）

$$k_2 = \dfrac{k_B T}{h} (C^{\theta})^{1-n} \cdot \exp \left(-\dfrac{\Delta H^{\theta}_{\neq}}{RT} \right) \cdot \exp \left(\dfrac{\Delta S^{\theta}_{\neq}}{R} \right) \quad (\because （7.29）式) \quad （ㄆ）$$

將（ㄅ）式代入（ㄆ）式，且題意已知 $n = 1$，則得：

$$k_2 = \dfrac{k_B T}{h} e \cdot \exp \left(-\dfrac{E_a}{RT} \right) \cdot \exp \left(\dfrac{\Delta S^{\theta}_{\neq}}{R} \right) \quad （此即（7.37）式）$$

$$5.01 \times 10^{-6} = \dfrac{1.38 \times 10^{-23} \times 483.9}{6.63 \times 10^{-34}} \cdot \exp \left(\dfrac{-183 \times 10^3}{8.314 \times 483.9} \right) \cdot \exp \left(\dfrac{\Delta S^{\theta}_{\neq}}{8.314} \right)$$

解得：$\Delta S^{\theta}_{\neq} = 19.5 \, J \cdot mole^{-1} \cdot K^{-1}$

又因：依據（7.39）式及 $n = 1$，可得：

$$A = \dfrac{k_B T}{h} \cdot e \cdot \exp \left(\dfrac{\Delta S^{\theta}_{\neq}}{R} \right) = \dfrac{1.38 \times 10^{-23} \times 483.9}{6.63 \times 10^{-34}} \times 2.718 \cdot \exp \left(\dfrac{19.5}{8.314} \right)$$

$$= 2.857 \times 10^{14} \, s^{-1}$$

【另解】：由 Arrhenius 方程式之（6.4）式，可得：$\ln \dfrac{k_2}{k_1} = \dfrac{E_a}{R} \left(\dfrac{1}{T_1} - \dfrac{1}{T_2} \right)$

$$\ln \dfrac{5.12 \times 10^{-5} \, s^{-1}}{3.67 \times 10^{-7} \, s^{-1}} = \dfrac{E_a}{8.314 \, J \cdot mole^{-1} \cdot K^{-1}} \left(\dfrac{1}{457.6°K} - \dfrac{1}{510.1°K} \right)$$

$\Rightarrow$ 求得：$E_a = 183 \, kJ \cdot mole^{-1}$

設平均溫度為 T_3，對應的反應速率常數為 k_3，則

平均溫度　$T_3 = \dfrac{(457.6 + 510.1)°K}{2} = 483.9°K$

且依據（6.4）式，已知：$\ln \dfrac{k_3}{k_1} = \dfrac{E_a}{R}\left(\dfrac{1}{T_1} - \dfrac{1}{T_3}\right)$　　　　　（ㄇ）

代入數據於（ㄇ）式，可得：

$\ln \dfrac{k_3}{3.67 \times 10^{-7}\,s^{-1}} = \dfrac{183 \times 10^3\,J \cdot mole^{-1}}{8.314\,J \cdot mole^{-1} \cdot K^{-1}}\left(\dfrac{1}{457.6°K} - \dfrac{1}{483.9°K}\right)$

$\Rightarrow$ 解得：$k_3 = 5.01 \times 10^{-6}\,s^{-1}$

對凝聚相反應：$\Delta H_{\neq}^{\theta} = E_a - RT$，代入（夂）式，可得：（$n = 1$）

$\therefore k_3 = \dfrac{k_B T}{h}(C^{\theta})^{1-n} \cdot \exp\left(\dfrac{-\Delta H_{\neq}^{\theta}}{RT}\right) \cdot \exp\left(\dfrac{-\Delta S_{\neq}^{\theta}}{R}\right)$

$\qquad = \dfrac{k_B T}{h} \cdot \exp\left(-\dfrac{E_a}{RT}\right) \cdot \exp\left(-\dfrac{\Delta S_{\neq}^{\theta}}{R}\right)$

代入題目數據於上式，可得：

$5.01 \times 10^{-6}\,s^{-1} = \dfrac{1.38 \times 10^{-23}\,J \cdot K^{-1} \times 483.9°K}{6.63 \times 10^{-34}\,J \cdot s} \times 2.718$

$\qquad\qquad \times \exp\left(-\dfrac{183 \times 10^3\,J \cdot mole^{-1}}{8.314\,J \cdot mole^{-1} \cdot K^{-1} \times 483.9°K}\right) \cdot \exp\left(\dfrac{\Delta S_{\neq}^{\theta}}{R}\right)$

$\therefore$ 求得：$\Delta S_{\neq}^{\theta} = 19.5\,J \cdot mole^{-1} \cdot K^{-1}$

■ 例 **7.2.17** ■

今研究下述單分子氣相重排反應：

方法是將反應器置於恆溫箱中，過一定時間間隔取出樣品迅速冷卻，使反應停止，然後測定樣品折射率，以便分析反應混合物組成。由此得到 393.2°K 時，$k_1 = 1.806 \times 10^{-4}\,s^{-1}$；413.2°K 時，$k_2 = 9.140 \times 10^{-4}\,s^{-1}$，求該重排反應的 E_a 及 393.2°K 時的 $\Delta H_{\neq}$ 和 $\Delta S_{\neq}$ 值。

：由 Arrhenius 公式可得：$\log \dfrac{k_2}{k_1} = \dfrac{E_a}{2.303R} \times \dfrac{T_2 - T_1}{T_1 T_2}$ （見（6.4）式）

$\therefore E_a = \dfrac{2.303RT_1T_2}{T_2 - T_1} \cdot \log \dfrac{k_2}{k_1}$

$= \dfrac{2.303 \times (8.314 \text{J} \cdot \text{mole}^{-1} \cdot \text{K}^{-1}) \times (413.2°\text{K}) \times (393.2°\text{K})}{(413.2 - 393.2)°\text{K}} \times \log \dfrac{9.140 \times 10^{-4}\text{ s}^{-1}}{1.806 \times 10^{-4}\text{ s}^{-1}}$

$= 109.5 \text{ kJ} \cdot \text{mole}^{-1}$

對於單分子氣相反應，$T = 393.2°\text{K}$ 時，代入（7.36 式），可得：

$\Delta H_{\neq} = E_a - RT = 109.5 \text{ kJ} \cdot \text{mole}^{-1} - 8.314 \text{J} \cdot \text{mole}^{-1} \cdot \text{K}^{-1} \times 393.2°\text{K}$

$= 106.2 \text{ kJ} \cdot \text{mole}^{-1}$

$\because k_1 = \dfrac{k_B T}{h} (C^{\theta})^{1-n} \cdot \exp\left(\dfrac{\Delta S_{\neq}}{R}\right) \cdot \exp\left(-\dfrac{\Delta H_{\neq}}{RT}\right)$ （$\because$（7.29）式）

上式二邊取對數，整理可得：$\log \dfrac{k_1 h}{k_B T} = \dfrac{\Delta S_{\neq}}{2.303R} - \dfrac{\Delta H_{\neq}}{2.303RT}$

$\log \dfrac{(1.806 \times 10^{-4}\text{ s}^{-1}) \times (6.63 \times 10^{-34}\text{ J} \cdot \text{s})}{(1.38 \times 10^{-23}\text{ J} \cdot \text{K}^{-1}) \times 393.2°\text{K}}$

$= \dfrac{\Delta S_{\neq}}{2.303 \times 8.314 \text{J} \cdot \text{mole}^{-1} \cdot \text{K}^{-1}} - \dfrac{106.2 \times 10^3 \text{ J} \cdot \text{mole}^{-1}}{2.303 \times 8.314 \text{J} \cdot \text{mole}^{-1} \cdot \text{K}^{-1} \times 393.2°\text{K}}$

$\therefore$ 解得：$\Delta S_{\neq} = -48.82 \text{J} \cdot \text{mole}^{-1} \cdot \text{K}^{-1}$

▗ 例 7.2.18 ▗

過渡態理論中，以濃度表示標準莫耳活化 Gibbs 自由能、活化能趨疲和活化反應熱分別寫爲：$\Delta G_{\neq}$、$\Delta S_{\neq}$ 和 $\Delta H_{\neq}$，而以壓力表示時則分別寫爲 $\Delta G_{\neq}^{\theta}$、$\Delta S_{\neq}^{\theta}$ 和 $\Delta H_{\neq}^{\theta}$。請指出這些對應函數間的關係式，並寫出以壓力表示時的反應速率常數表達式。

：$\displaystyle\sum_{B} \nu_B \mu_B^{\theta}(T, p^{\theta}) = \Delta G_{\neq}^{\theta} = -RT \cdot \ln K_{p/p^{\theta}}^{\neq}$

$\displaystyle\sum_{B} \nu_B \mu_B^{\theta}(T, c^{\theta}) = \Delta G_{\neq} = -RT \cdot \ln K_{c/c^{\theta}}^{\neq}$

$\because K_{p/p^{\theta}}^{\neq} = K_p^{\neq} (p^{\theta})^{n-1}$，$K_{c/c^{\theta}}^{\neq} = K_c^{\neq} (C^{\theta})^{n-1}$

（此處 n 爲所有反應物的莫耳數之和）

$$\therefore \Delta G_{\neq}^{\theta} - \Delta G_{\neq} = -RT \cdot \ln \frac{K_{p/p^{\theta}}^{\neq}}{K_{c/c^{\theta}}^{\neq}} = -RT \cdot \ln \frac{K_p^{\neq}(p^{\theta})^{n-1}}{K_c^{\neq}(C^{\theta})^{n-1}}$$

由於 $K_p^{\neq} = K_c^{\neq}(RT)^{1-n}$

$$\therefore \Delta G_{\neq}^{\theta} - \Delta G_{\neq} = -RT \cdot \ln \left(\frac{RTC^{\theta}}{p^{\theta}} \right)^{1-n} = (n-1)RT\ln \left(\frac{RTC^{\theta}}{p^{\theta}} \right)$$

$$\Rightarrow \Delta G_{\neq}^{\theta} = \Delta G_{\neq} + (n-1)RT\ln \left(\frac{RTC^{\theta}}{p^{\theta}} \right) \qquad （ㄅ）$$

ΔH 不因表示方法不同而改變，故 $\Delta H_{\neq}^{\theta} = \Delta H_{\neq}$ （ㄆ）

（ㄅ）式－（ㄆ）式，可得：

$$-T \Delta S_{\neq}^{\theta} = -T \Delta S_{\neq} + (n-1)RT\ln \left(\frac{RTC^{\theta}}{p^{\theta}} \right)$$

$$\therefore \Delta S_{\neq}^{\theta} = \Delta S_{\neq} - (n-1)RT\ln \left(\frac{RTC^{\theta}}{p^{\theta}} \right) \qquad （ㄇ）$$

則反應速率常數表達式寫爲：

$$k = \frac{k_B T}{h} K_c^{\neq} = \frac{k_B T}{h} K_p^{\neq}(RT)^{n-1} = \frac{k_B T}{h} K_{p/p^{\theta}}^{\neq} \left(\frac{p^{\theta}}{RT} \right)^{1-n}$$

$$= \frac{k_B T}{h} \left(\frac{p^{\theta}}{RT} \right)^{1-n} \cdot \exp \left(-\frac{\Delta G_{\neq}^{\theta}}{RT} \right)$$

$$= \frac{k_B T}{h} \left(\frac{p^{\theta}}{RT} \right)^{1-n} \cdot \exp \left(-\frac{\Delta S_{\neq}^{\theta}}{RT} \right) \cdot \exp \left(\frac{-\Delta H_{\neq}^{\theta}}{RT} \right) \qquad （此正是（7.31）式）$$

■ 例 7.2.19 ■

試證明 E_a 和 $\Delta H_{\neq}^{\theta}$ 間有如下關係：

（1）對凝聚相反應：$E_a = \Delta H_{\neq}^{\theta} + RT$

（2）對 n 分子氣相反應：$E_a = \Delta H_{\neq}^{\theta} + nRT$

：由「過渡態理論」之（7.24）式：$k = \dfrac{k_B T}{h} \cdot K_c^{\neq}$

代入「實驗活化能」的定義之（6.3）式：

$$E_a = RT^2 \cdot \frac{d\ln k}{dT} = RT^2\left[\frac{1}{T} + \left(\frac{\partial \ln K_c^{\neq}}{\partial T}\right)_V\right] = RT^2\left(\frac{1}{T} + \frac{\Delta U_{\neq}^{\theta}}{RT^2}\right)$$

$$= RT + \Delta U_{\neq}^{\theta} = RU + \Delta H_{\neq}^{\theta} - \Delta(pV) \tag{ㄅ}$$

（1）對凝聚相反應而言，$\Delta(pV)$ 很小，由（ㄅ）式可得：$E_a = \Delta H_{\neq}^{\theta} + RT$

（2）若氣體是理想氣體，則 $pV = nRT \Rightarrow \Delta(pV) = \sum\limits_B \nu_B^{\neq} RT$

上式中 $\sum\limits_B \nu_B^{\neq}$ 是反應物形成活化錯合物時，氣態物質的莫耳量之差，即

$$\sum\limits_B \nu_B^{\neq} = （反應後的莫耳數）-（反應前的莫耳數）= 1-n \tag{ㄆ}$$

將（ㄆ）式代入（ㄅ）式，可得：

$$\therefore\ E_a = RT + \Delta H_{\neq}^{\theta} - (1-n)RT = \Delta H_{\neq}^{\theta} + nRT$$

■ 例 7.2.20 ■

用過渡態理論和下表數據，計算不同酯在鹼性條件下（25°C）水解反應速率常數 k，解釋反應速率相差的原因。

編號	溶劑	酯	$\Delta H_{\neq}^{\theta}/kJ\cdot mol^{-1}$	$\Delta S_{\neq}^{\theta}/kJ\cdot mol^{-1}$
1	水	甲酸甲酯	41.0	−70.03
2	水	乙酸	40.12	−125.9

：依據（7.29）式，且取 $C^{\theta} = 1\ mole\cdot cm^{-3}$，則由題目數據，可求得：

$$k_1 = \frac{1.381\times 10^{-23}\times 298}{6.626\times 10^{-34}}(1)^{1-2}\exp\left(\frac{-70.03}{8.314}\right)\exp\left(\frac{-41.0\times 10^3}{8.314\times 298}\right)$$

$$= 88.97\ dm^3\cdot mole^{-1}\cdot s^{-1}$$

$$k_2 = \frac{1.381\times 10^{-23}\times 298}{6.626\times 10^{-34}}(1)^{1-2}\exp\left(\frac{-125.9}{8.314}\right)\exp\left(\frac{-40.21\times 10^3}{8.314\times 298}\right)$$

$$= 4.23\ dm^3\cdot mole^{-1}\cdot s^{-1}$$

■ 例 **7.2.21** ■

（實驗表示氣相反應 $C_2H_{6(g)} \longrightarrow 2CH_{3(g)}$ 反應速率常數表達式爲：

$$k = 2.0 \times 10^{17} \cdot \exp\left(-\frac{363800 J \cdot mol^{-1}}{RT}\right) s^{-1}$$

求 1000°K 時反應的半衰期及活化能趨疲？若化學反應標準能趨疲變爲 $\Delta S^\theta = 74.1 \, J \cdot K^{-1} \cdot mol^{-1}$，試討論活化錯合物的構形。

：題意已知：k 的單位爲 s^{-1}，可見該反應爲「1 級反應」。

1000°K 時， $k = 2.0 \times 10^{17} \cdot \exp\left(-\frac{363800}{8.314 \times 1000}\right) = 1.98 \times 10^{-2} \, s^{-1}$

依據「1 級反應」之（2.10a）式： $t_{1/2} = \frac{\ln 2}{k} = \frac{\ln 2}{1.98 \times 10^{-2}} = 35.0 s$

從反應速率表達式可知，指數前因子： $A = 2.0 \times 10^{17} \, s^{-1}$

由「過渡態理論」之（7.39）式：

$A = \frac{k_B T}{h} \cdot \exp(n) \cdot (C^\theta)^{1-n} \cdot \exp\left(\frac{\Delta S_{\neq}^\theta}{R}\right)$ ，其中 n = 1 。

$\Rightarrow \quad 2.0 \times 10^{17} = \frac{1.38 \times 10^{-23} \times 1000}{6.63 \times 10^{-34}} \times 2.718 \cdot \exp\left(\frac{\Delta S_{\neq}^\theta}{R}\right)$

$\Rightarrow \quad \therefore$ 解得： $\Delta S_{\neq}^\theta = 68.0 \, J \cdot K^{-1} \cdot mole^{-1}$

由於生成活化錯合物時 $\Delta S_{\neq}^\theta > 0$，可見活化錯合物的構形比反應物 C_2H_6 複雜。$\Delta S_{\neq}^\theta$ 與 ΔS^θ 數值很接近（68.0 及 74.1 $J \cdot K^{-1} \cdot mole^{-1}$）這說明活化錯合物的構形和產物 CH_3

很類似，靠弱化學鍵聯繫在一起。

■ 例 **7.2.22** ■

化合物（$CH_3-O-N=O$）通過繞 O−N 鍵的旋轉而發生順−反異構化反應。由核磁共振法測得，該異購化反應爲 1 級反應，其半衰期在 298.2°K 時爲 $1.00 \times 10^{-6} \, s$，假定該反應的 $\Delta S_{\neq} = 0$，試問：（1）旋轉的能障之高度是多少？（2）$\Delta S_{\neq} = 0$ 這一假設爲什麼是合理的？

：（1）由題意可知，此順-反異構化反應可寫為：

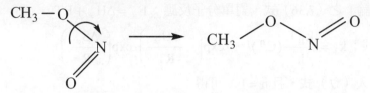

因已知上述反應為「1 級反應」，故由（2.10a）式，可知：

$$k_1 = \frac{\ln 2}{t_{1/2}} = \frac{\ln 2}{1.00 \times 10^{-6} \text{ s}} = 6.93 \times 10^5 \text{ s}^{-1}$$

又由「過渡態理論」之（7.38）式，可知：

$$k_1 = \frac{k_B T}{h} (C^\theta)^{1-n} \cdot \exp\left(\frac{\Delta S^{\neq}}{R}\right) \cdot \exp\left(-\frac{E_a}{RT}\right) \cdot \exp(n) \qquad （ㄅ）$$

由題目已知：$\Delta S_{\neq} = 0$ 且 $n = 1$ 代入（ㄅ）式，可得：

$$k_1 = \frac{k_B T}{h} \cdot \exp\left(-\frac{E_a}{RT}\right) \cdot \exp(1)$$

$$\Rightarrow 6.93 \times 10^5 \text{ s}^{-1} = \frac{1.38 \times 10^{-23} \text{ J} \cdot \text{K}^{-1} \times 298.2^\circ \text{K}}{6.63 \times 10^{-34} \text{ J} \cdot \text{s}} \times 2.718$$

$$\times \exp\left(-\frac{E_a}{8.314 \text{J} \cdot \text{mole}^{-1} \cdot \text{K}^{-1} \times 298.2^\circ \text{K}}\right)$$

由此可求得：$E_a = 42.2 \text{kJ} \cdot \text{mole}^{-1}$

此即為順-反異構化時繞 N－O 鍵旋轉的能障（barrien energy）。

（2）由於活化錯合物含有和反應物分子一樣多的原子數目，而且構形也較類似，故 $\Delta S_{\neq} = 0$ 的假設是合理的。

■ 例 **7.2.23** ■

$$\begin{array}{ccc} & \text{CH} & \text{CH} \\ \text{H}_2\text{C} & | & \| \\ & \text{CH} & \text{CH} \end{array}$$

的異構化是單分子反應，其反應速率常數可表示為：

$$\log(k_1) = 14.21 - \frac{1.124 \times 10^5 \text{ J} \cdot \text{mole}^{-1}}{2.303 RT} \qquad （ㄅ）$$

試求 323.2°K 時的實驗活化能 E_a 和 $\Delta S_{\neq}$ 值。

：由（ㄅ）式可知：$E_a = 1.124 \times 10^5 \, J \cdot mole^{-1}$

由「過渡態理論」之（7.36）式，對單分子反應：$E_a = \Delta H_{\neq} + RT$ （ㄆ）

又由（7.29）式：$k_1 = \dfrac{k_B T}{h}(C^{\theta})^{1-n} \cdot \exp\left(-\dfrac{\Delta H_{\neq}}{RT}\right) \cdot \exp\left(\dfrac{\Delta S_{\neq}}{R}\right)$ （ㄇ）

將（ㄆ）式代入（ㄅ）式，且 $n = 1$，可得：

$k_1 = \dfrac{k_B T}{h} \cdot \exp\left(\dfrac{E_a}{RT}\right) \cdot \exp\left(\dfrac{\Delta S_{\neq}}{R}\right) \cdot \exp(1) \Rightarrow \Delta S_{\neq} = \dfrac{E_a}{T} + R\left(\ln \dfrac{k_1 h}{k_B T} - 1\right)$ （ㄈ）

$T = 323.2°K$ 時，

$$\log(k_1) = 14.21 - \frac{1.124 \times 10^5 \, J \cdot mole^{-1}}{2.303 \times (8.314 J \cdot mole^{-1} \cdot K^{-1}) \times (323.2°K)} = -3.953$$

$\Rightarrow$ 解得：$k_1 = 1.114 \times 10^{-4} \, s^{-1}$

再代入（ㄇ）式，可得：

$$\therefore \Delta S_{\neq} = \frac{1.124 \times 10^5 \, J \cdot mole^{-1}}{323.2°K} + (8.314 J \cdot mole^{-1} \cdot K^{-1})$$

$$\times (\ln \frac{1.114 \times 10^{-4} \, s^{-1} \times 6.63 \times 10^{-34} \, J \cdot s}{1.38 \times 10^{-23} \, J \cdot K^{-1} \times 323.2°K} - 1)$$

$$= 18.15 J \cdot K^{-1} \cdot mole^{-1}$$

在單分子反應中，活化能趨疲 $\Delta S_{\neq}$ 是反應物分子和活化錯合物之間構形差異的量度。現求得 $\Delta S_{\neq} = 18.15 J \cdot k^{-1} \cdot mole^{-1} > 0$，這說明活化錯合物的亂度比反應物的亂度大，雖是如此，但又因 $\Delta S_{\neq}$ 的值算很小，這也說明該二者的構形差異不大。

▌例 7.2.24 ▌

某氣相分子的二聚合反應之活化能為 $100.2 \, kJ \cdot mole^{-1}$，其反應速率常數可表示為：

$$k = 9.20 \times 10^9 \cdot \exp\left(-\frac{100.2 \times 10^3 \, J \cdot mole^{-1}}{RT}\right) mole^{-1} \cdot dm^3 \cdot s^{-1}$$

（1）用過渡態理論計算 $600.2°K$ 時的指數前因子，並與實驗值做比較已知 $\Delta S_{\neq} = -60.8 J \cdot K^{-1} \cdot mole^{-1}$。

（2）用碰撞理論計算 $600.2°K$ 時的指數前因子，假定有效碰撞直徑 $D_{AA} = 5.00 \times 10^{-10} \, m$，且已知分子量 $M = 5.40 \times 10^{-2} \, kg \cdot mole^{-1}$。

（3）求碰撞理論中的方位因子 P。

：（1）由「過渡態理論」之（7.38）式及（7.39）式，可知：

$$k = \frac{k_B T}{h} \cdot (C^\theta)^{1-n} \cdot \exp\left(\frac{\Delta S_{\neq}}{R}\right) \cdot \exp\left(-\frac{E_a}{RT}\right) \cdot \exp(n) \tag{ㄅ}$$

$$\therefore A = \frac{k_B T}{h} \cdot (C^\theta)^{1-n} \cdot \exp\left(\frac{\Delta S_{\neq}}{R}\right) \cdot \exp(n) \tag{ㄆ}$$

$$= \frac{(1.38 \times 10^{-23}\,J \cdot K^{-1}) \times (600.2\,°K)}{6.63 \times 10^{-34}\,J \cdot s} \times 2.718^2$$

$$\times (1\,mole \cdot dm^{-3})^{-1} \cdot \exp\left(\frac{-60.8 J \cdot mole^{-1} \cdot K^{-1}}{8.314 J \cdot mole^{-1} \cdot K^{-1}}\right)$$

$$= 6.15 \times 10^{10}\,mole^{-1} \cdot dm^3 \cdot s^{-1}$$

此計算結果與實驗值 $9.20 \times 10^9\,mole^{-1} \cdot dm^3 \cdot s^{-1}$ 比較，尚屬接近。

（2）由「碰撞理論」之（7.17）式及（7.22）式，可知：

$$k = 2\pi D_{AA}^2 \cdot L \left(\frac{RT \cdot e}{\pi M}\right)^{1/2} \cdot \exp\left(-\frac{E_a}{RT}\right) \tag{ㄇ}$$

$$A = 2\pi D_{AA}^2 \cdot L \left(\frac{RT \cdot e}{\pi M}\right)^{1/2} \tag{ㄈ}$$

$$= 2 \times 3.14 \times (5.00 \times 10^{-10}\,m)^2 \times (6.022 \times 10^{23}\,mole^{-1})$$

$$\times \left(\frac{8.314 J \cdot mole^{-1} \cdot K^{-1} \times 600.2\,°K \times 2.718}{3.14 \times 5.40 \times 10^{-2}\,kg \cdot mole^{-1}}\right)$$

$$= 2.67 \times 10^8\,mole^{-1} \cdot m^3 \cdot s^{-1} = 2.67 \times 10^{11}\,mole \cdot dm^3 \cdot s^{-1}$$

此計算值與實驗值產生的偏差比起由「過渡態理論」計算值產生的偏差略大一些。

（3）所求方位因子為：

$$P = \frac{A_{實驗}}{A_{理論}} = \frac{9.20 \times 10^9\,mole^{-1} \cdot dm^3 \cdot s^{-1}}{2.67 \times 10^{11}\,mole^{-1} \cdot dm^3 \cdot s^{-1}} = 0.0345$$

■ 例 7.2.25 ■

試由 $k = (kT/h) \cdot K_c^{\neq}$ 及化學平衡的定容方程式證明：

（1）$E_a = \Delta U_{\neq}^\theta + RT$

（2）對雙分子氣相反應 $E_a = \Delta H_{\neq}^\theta + 2RT$

：（1）對於定溫定容反應：$\dfrac{\mathrm{dln}K_c^{\neq}}{\mathrm{d}T}=\dfrac{\Delta U_{\neq}^{\theta}}{RT^2}$　（$\because$（7.33）式）　　　　　　（ㄅ）

上式二邊取對數，再對溫度 T 求微分，可得：$\dfrac{\mathrm{dln}k}{\mathrm{d}T}=\dfrac{1}{T}+\dfrac{\mathrm{dln}K_c^{\neq}}{\mathrm{d}T}$

將（ㄅ）式代入上式得：$\dfrac{\mathrm{dln}k}{\mathrm{d}T}=\dfrac{1}{T}+\dfrac{\Delta U_{\neq}^{\theta}}{RT^2}=\dfrac{RT+\Delta U_{\neq}^{\theta}}{RT^2}$　　　　（ㄆ）

對照 Arrhenius 方程式：$\dfrac{\mathrm{dln}k}{\mathrm{d}T}=\dfrac{E_a}{RT^2}$　（$\because$（6.3）式）　　　　　（ㄇ）

（ㄆ）和（ㄇ）二式等號左邊相等，所以右邊也必然相同，即

$$E_a=\Delta U_{\neq}^{\theta}+RT \qquad\qquad\qquad （ㄈ）$$

（2）對於雙分子氣相反應：$A_{(g)}+B_{(g)}\longrightarrow X^{\neq}{}_{(g)}$

$$\Delta H_{\neq}^{\theta}=\Delta U_{\neq}^{\theta}+\Delta(pV)\quad（\because（7.36）式）\qquad （ㄉ）$$

$$\Delta(pV)=\sum \nu_g\cdot RT=(1-2)RT=-RT \qquad （ㄊ）$$

（ㄊ）式代入（ㄉ）式可得：

$$\Delta U_{\neq}^{\theta}=\Delta H_{\neq}^{\theta}+RT \qquad（\because（7.5）式）\qquad （ㄋ）$$

再將（ㄋ）式代入（ㄈ）式，可得：$E_a=\Delta U_{\neq}^{\theta}+RT=\Delta H_{\neq}^{\theta}+2RT$

▪ 例 7.2.26 ▪

實驗測得 N_2O_5 分解反應在不同溫度時的反應速率常數，數據如下所示：

T/K	298.2	308.2	318.2	328.2	338.2
$10^5 k_1/\mathrm{s}^{-1}$	1.720	6.651	24.95	75.00	240.0

請計算 Arrhenius 公式中的指數前因子 A 和實驗活化能 E_a；並計算 323.2°K 時的 $\Delta H_{\neq}$、$\Delta G_{\neq}$ 和 $\Delta S_{\neq}$ 值。

：由 Arrhenius 公式之（6.1a）式得：$\log(k_1)=\log(A)-\dfrac{E_a}{2.303RT}$　　（ㄅ）

不同溫度時相對應的 $\dfrac{1}{T}$ 和 $\log(k_1)$ 值如下所示：

T/K	298.2	308.2	318.2	328.2	338.2
$10^3\dfrac{1}{T}/\mathrm{K}^{-1}$	3.353	3.245	3.143	3.047	2.957
$\log(k_1)$	−4.764	−4.177	−3.603	−3.125	−2.620

按（ㄅ）式，將 $\log(k_1)$ 和 $\frac{1}{T}$ 數據做圖，得：

$$直線斜率 = -\frac{E_a}{2.303R} = -5.395 \times 10^3 \text{ K} \qquad (ㄆ)$$

$$直線截矩 = \log(A) = 13.33 \qquad (ㄇ)$$

∴由（ㄆ）式可得：$E_a = 2.303 \times (8.314 \text{ J} \cdot \text{mole} \cdot \text{K}^{-1}) \times (5.395 \times 10^3 \text{ K}) = 103.3 \text{ kJ} \cdot \text{mole}^{-1}$

由（ㄇ）式可得：$A = \log^{-1}(13.33) = 2.14 \times 10^{13} \text{ s}^{-1}$

$T = 323.2°\text{K}$ 時，由（ㄅ）式可得：

$$k_1 = A \cdot \exp\left(-\frac{E_a}{RT}\right) = 2.14 \times 10^{13} \text{ s}^{-1} \cdot \exp\left(-\frac{103.3 \times 10^3 \text{ J} \cdot \text{mole}^{-1}}{8.314 \text{ J} \cdot \text{mole}^{-1} \cdot \text{K}^{-1} \times 323.2 \text{K}}\right)$$

$$= 4.31 \times 10^{-4} \text{ s}^{-1}$$

由「過渡態理論」之（7.30a）式，且 $n = 1$，可知：

$$k_1 = \frac{k_B T}{h} \cdot \exp\left(-\frac{\Delta G_{\neq}^{\theta}}{RT}\right) \qquad (ㄈ)$$

將數據代入（ㄈ）式，可得：

$$4.31 \times 10^{-4} \text{ s}^{-1} = \frac{(1.38 \times 10^{-23} \text{ J} \cdot \text{K}^{-1}) \times (323.2 \text{K})}{6.63 \times 10^{-34} \text{ J} \cdot \text{s}} \cdot \exp\left(-\frac{\Delta G_{\neq}^{\theta}}{RT}\right)$$

求得：$\Delta G_{\neq}^{\theta} = 100.2 \text{ kJ} \cdot \text{mole}^{-1}$

又由（7.37）式且 $n = 1$，可得：

$$\Delta H_{\neq} = E_a - RT = 103.3 \text{ kJ} \cdot \text{mole}^{-1} - (8.314 \text{ J} \cdot \text{mole}^{-1} \cdot \text{K}^{-1}) \times (323.2 \text{K})$$

$$= 100.6 \text{ kJ} \cdot \text{mole}^{-1}$$

$$\therefore \Delta S_{\neq} = \frac{\Delta H_{\neq} - \Delta G_{\neq}}{T} = \frac{(100.6 - 100.2) \times 10^3 \text{ J} \cdot \text{mole}^{-1}}{323.2 \text{K}} = 1.0 \text{ J} \cdot \text{K}^{-1}$$

例 7.2.27

試由上題結論證明在雙分子氣相反應裏，存在以下關係式：

$$k = \frac{kT}{hC^{\theta}} e^2 \cdot \exp(\Delta S_{\neq}^{\theta}/R) \cdot \exp(-E_a/RT)$$

且 $A = e^2 \cdot \frac{kT}{hC^{\theta}} \cdot \exp(\Delta S_{\neq}^{\theta}/R)$

$$: k = \frac{k_B T}{hC^\theta} \cdot \exp(\Delta S^\theta_{\neq}/R) \cdot \exp(-\Delta H^\theta_{\neq}/RT) \qquad (ㄅ)$$

（∵由（7.30b）式，且 n = 2）

由上題已知：$E_a = \Delta H^\theta_{\neq} + 2RT \Rightarrow \Delta H^\theta_{\neq} = E_a - 2RT \qquad (ㄆ)$

（ㄆ）式代入（ㄅ）式得：

$$k = \frac{kT}{hC^\theta} \cdot \exp(\Delta S^\theta_{\neq}/R) \cdot \exp[(-E_a + RT)/RT] = \frac{kT}{hC^\theta} \cdot \exp(\Delta S^\theta_{\neq}/R) \cdot \exp(2 - E_a/RT)$$

$$= \frac{kT}{hC^\theta} \cdot \exp(\Delta S^\theta_{\neq}/R) \cdot \exp(2) \cdot \exp(-E_a/RT)$$

對照 Arrhenius 公式之（6.1a）式：$k = A \cdot \exp(-E_a/RT)$

可得：$A = \exp(2) \cdot \dfrac{kT}{hC^\theta} \cdot \exp(\Delta S^\theta_{\neq}/R)$

▌例 7.2.28 ▌

在 298°K 時某化學反應，如加了催化劑後使其活化能趨疲和活化反應熱比不加催化劑時分別下降了 $10J \cdot K^{-1}mole^{-1}$ 和 $10kJ \cdot mole^{-1}$，試求在加催化劑前後兩個反應速率常數的比值。

: 設加催化劑的反應速率常數為 k_1，不加催化劑的反應速率常數 k_0，則：

$$\ln \frac{k_1}{k_0} = \frac{\Delta S_{\neq 1} - \Delta S_{\neq 0}}{R} - \frac{\Delta H_{\neq 1} - \Delta H_{\neq 0}}{RT} \quad （利用（7.30b）式）$$

$$= \frac{-10}{8.314} - \frac{-10000}{8.314 \times 298} = 2.8334 \Rightarrow \therefore \frac{k_1}{k_0} = 17$$

▌例 7.2.29 ▌

設 $N_2O_{5(g)}$ 的分解反應為基本反應，在不同溫度下測得的反應速率常數 k 值如下表所示：

T/K	273	298	318	338
k/min^{-1}	4.7×10^{-5}	2.0×10^{-3}	3.0×10^{-2}	0.30

試從這些數據求：Arrhenius 經驗式中的指數前因子 A，實驗活化能 E_a，在 273°K 時過渡態理論中的 $\Delta S_{\neq}$ 和 $\Delta H_{\neq}$。

：設 A、E_a 與 T 無關，則由 Arrhenius 公式得：

$$\ln k = -\frac{E_a}{RT} + \ln A \qquad (\because (6.1a) \ \text{式}) \qquad (\text{ㄅ})$$

由題給數據求得：

$(1/T)/K^{-1}$	0.00366	0.00335	0.00314	0.00295
$\ln(k/min^{-1})$	-9.97	-6.22	-3.51	-1.20

將上述數據按（ㄅ）式做圖，可得一直線：$\ln k = -\dfrac{1.24 \times 10^4}{T} + 35.4$ （ㄆ）

（ㄅ）式和（ㄆ）式相比較，知：

$$E_a = 1.24 \times 10^4 \times R = 1.24 \times 10^4 \times 8.314 = 103 kJ \cdot mole^{-1}$$

且 $\ln A = 35.4 \Rightarrow A = \exp(35.4) = A = 3.94 \times 10^{13} \ s^{-1}$

因為是單分子氣相反應，$n = 1$，故在 $273°K$ 時： （利用（7.37）式）

$$\Delta H_{\neq} = E_a - RT = (103000 - 8.314 \times 273) \ J \cdot mole^{-1} = 100.7 \ kJ \cdot mole^{-1}$$

$$k = \frac{k_B T}{h} \cdot \exp\left(\frac{\Delta S_{\neq}}{R}\right) \cdot \exp\left(\frac{-\Delta H_{\neq}}{RT}\right) \qquad (\because \text{利用}（7.30b）\text{式}) \qquad (\text{ㄇ})$$

已知 $273°K$ 時，$k = 4.7 \times 10^{-5} \ min^{-1} = (4.7/60) \times 10^{-5} \ s^{-1}$，則（ㄇ）式改寫為：

$$\exp\left(\frac{\Delta S_{\neq}}{R}\right) = \frac{kh}{k_B T} \cdot \exp\left(\frac{-\Delta H_{\neq}}{RT}\right)$$

$$= \frac{4.7 \times 10^{-5} \times 6.626 \times 10^{-34}}{60 \times 1.38 \times 10^{-23} \times 273} \cdot \exp\left(\frac{100700}{8.314 \times 273}\right) = 2.555$$

$$\Rightarrow \therefore \Delta S_{\neq} = 7.8 \ J \cdot K^{-1} \cdot mole^{-1}$$

▪ 例 7.2.30 ▪

$298°K$ 時有兩個級數相同的基本反應 A 和 B，兩者活化反應熱相同，但反應速率常數 $k_A = 10 \ k_B$，求兩個反應的活化能趨疲相差多少？

：$\because$ 利用（7.30b）式，可得：

$$\ln \frac{k_A}{k_B} = \frac{\Delta S_{\neq A} - \Delta S_{\neq B}}{R} - \frac{\Delta H_{\neq A} - \Delta H_{\neq B}}{RT} \qquad (\text{ㄅ})$$

題目已知：$\Delta H_{\neq A} = \Delta H_{\neq B}$，則（ㄅ）式寫為：

$$\Delta S_{\neq A} - \Delta S_{\neq B} = R \cdot \ln \frac{k_A}{k_B} = (8.314 \times \ln 10) \ J \cdot mole^{-1} \cdot K^{-1} = 19.14 \ J \cdot mole^{-1} \cdot K^{-1}$$

■ 例 7.2.31 ■

已知可逆反應：

$$2NO_{(g)} + O_{2(g)} \underset{k_{-1}}{\overset{k_1}{\rightleftharpoons}} 2NO_{2(g)}$$

在不同溫度下的 k 值為：

T/K	$k_1/(mole^{-2} \cdot dm^6 \cdot min^{-1})$	$k_{-1}/(mole^{-1} \cdot Dm^3 \cdot min^{-1})$
600	6.63×10^5	8.39
645	6.52×10^5	40.7

試計算：

（1）不同溫度下反應的平衡常數值？

（2）該反應的 ΔU（設該值與溫度無關）和 $600°K$ 時的 ΔH？

：（1） $K_c(600°K) = \dfrac{k_1(600°K)}{k_{-1}(600°K)} = \left(\dfrac{6.63 \times 10^5}{8.39}\right) mole^{-1} \cdot dm^3$

$$= 7.902 \times 10^4 \ mole^{-1} \cdot dm^3$$

$K_c(645°K) = \dfrac{k_1(645°K)}{k_{-1}(645°K)} = \left(\dfrac{6.52 \times 10^5}{40.7}\right) mole^{-1} \cdot dm^3$

$$= 1.602 \times 10^4 \ mole^{-1} \cdot dm^3$$

（2）因為反應的 ΔU 與溫度無關，所以依據（6.4）式：

$$\ln \frac{k_1(T_1)}{k_2(T_2)} = \frac{\Delta U}{R} \times \frac{T_1 - T_2}{T_1 \times T_2} \Rightarrow \ln \frac{K_c(645°K)}{K_c(600°K)} = \frac{\Delta U}{R} \cdot \frac{645 - 600}{645 \times 600}$$

$$\Rightarrow \Delta U = \left(\frac{8.314 \times 645 \times 600}{645 - 600} \cdot \ln \frac{1.602 \times 10^4}{7.902 \times 10^4}\right) J \cdot mole^{-1} = -114.1 \ kJ \cdot mole^{-1}$$

$$\Delta H = \Delta U + \sum_B \nu_B RT = -114100 + (2-3) \times 8.314 \times 600 = -119.1 \ kJ \cdot mole^{-1}$$

■ 例 7.2.32 ■

松節油（液體）的消旋作用是 1 級反應，在 $457.6°K$ 和 $510.1°K$ 時的反應速率常數分別為 $2.2 \times 10^{-5} \ min^{-1}$ 和 $3.07 \times 10^{-3} \ min^{-1}$，試求反應的實驗活化能 E_a 及在平均溫度時的活化反應熱和活化能趨疲。

：由 Arrhenius 方程式之（6.4）式：

$$E_a = \frac{RT_1T_2}{T_2 - T_1} \cdot \ln\frac{k_2}{k_1} = \left(\frac{8.314 \times 457.6 \times 510.1}{510.1 - 457.6} \cdot \ln\frac{3.07 \times 10^{-3}}{2.2 \times 10^{-5}}\right) J \cdot mole^{-1}$$

$$= 182.6\,kJ \cdot mole^{-1}$$

設平均溫度爲 T_3，相對應的反應速率常數爲 k_3，則

$$T_3 = \frac{T_1 + T_2}{2} = \left(\frac{457.6 + 510.1}{2}\right) K = 483.9\,K$$

由（6.4）式，可得：$\ln\frac{k_3}{k_1} = \frac{E_a}{R}\left(\frac{1}{T_1} - \frac{1}{T_3}\right) = \frac{182600}{8.314} \times \left(\frac{1}{457.6} - \frac{1}{483.9}\right) = 2.61$

$\Rightarrow$ 解得：$k_3/k_1 = 13.6$

$\therefore k_3 = k_1 \times 13.6 = (13.6 \times 2.2 \times 10^{-5})\,min^{-1} = 4.99 \times 10^{-6}\,s^{-1}$

因是凝聚相反應，故有（利用（7.37）式且 $n = 1$）

$$\Delta H_{\neq} = E_a - RT = (182600 - 8.314 \times 483.9)\,J \cdot mole^{-1} = 178.6\,kJ \cdot mole^{-1}$$

利用（7.30b）式且 $n = 1$：$k_3 = \frac{k_B T_3}{h} \cdot \exp\left(\frac{\Delta S_{\neq}}{R}\right) \cdot \exp\left(\frac{-\Delta H_{\neq}}{RT_3}\right)$

上式整理後，可得：

$$\exp\left(\frac{\Delta S_{\neq}}{R}\right) = \frac{k_3 h}{k_B T_3} \cdot \exp\left(\frac{-\Delta H_{\neq}}{RT_3}\right)$$

$$= \frac{4.99 \times 10^{-6} \times 6.626 \times 10^{-34}}{1.38 \times 10^{-23} \times 483.9} \cdot \exp\left(\frac{178600}{8.314 \times 483.9}\right) = 9.428$$

$\therefore \Delta S_{\neq} = 18.7\,J \cdot K^{-1} \cdot mole^{-1}$

例 7.2.33

有單分子重排反應 $A \longrightarrow P$，實驗測得在 $393°K$ 時的反應速率常數爲 $1.806 \times 10^{-4}\,s^{-1}$，$413°K$ 時爲 $9.14 \times 10^{-4}\,s^{-1}$。試計算該基本反應的 Arrhenius 活化能，及 $393°K$ 時的活化能趨疲和活化反應熱。

∵由 Arrhenius 方程式之（6.4）式，可得：

$$E_a = \frac{RT_1T_2}{T_2 - T_1} \cdot \ln \frac{k_2}{k_1} = \left(\frac{8.314 \times 393 \times 413}{413 - 393} \times \ln \frac{9.14 \times 10^{-4}}{1.806 \times 10^{-4}} \right) J \cdot mole^{-1}$$

$$= 109.4 \, kJ \cdot mole^{-1}$$

∵已知是單分子反應　∴n＝1，故利用（7.37）式，可得：

$$\Delta H_{\neq} = E_a - RT = (109400 - 8.314 \times 393) \, J \cdot mole^{-1} = 106.1 \, kJ \cdot mole^{-1}$$

又利用（7.30b）式：$k = \frac{k_B T}{h} \exp\left(\frac{\Delta S_{\neq}}{R} \right) \cdot \exp\left(\frac{\Delta H_{\neq}}{RT} \right)$

整理可得：

$$\exp\left(\frac{\Delta S_{\neq}}{R} \right) = \frac{kh}{k_B T} \cdot \exp\left(\frac{-\Delta H_{\neq}}{RT} \right)$$

$$= \frac{1.806 \times 10^{-4} \times 6.626 \times 10^{-34}}{1.38 \times 10^{-23} \times 393} \cdot \exp\left(\frac{106100}{8.314 \times 393} \right) = 0.002794$$

∴$\Delta S_{\neq} = -48.9 \, J \cdot K^{-1} \cdot mole^{-1}$

■ 例 7.2.34 ■

實驗測得氣相反應：$C_2H_{6(g)} \rightleftharpoons 2CH_{3(g)}$ 的反應速率常數 k 的表達式為：

$$k = 2.0 \times 10^{17} \cdot \exp\left(-\frac{363800}{RT} \right)$$

試求 1000°K 時的以下各值（已知常數值 $\frac{k_B T}{h} = 2 \times 10^{13} \, s^{-1}$）

（1）反應的半衰期？

（2）反解反應的活化能趨疲？

（3）已知 1000°K 時該反應的標準活化能趨疲變化：

$$\Delta S^{\theta} = 2S^{\theta}(CH_3) - S^{\theta}(C_2H_6) = 74.1 \, J \cdot K^{-1} \cdot mole^{-1}$$

將此值與（2）的計算結果比較，定性地討論該反應的活化錯合物之性質。

：（1）將 1000°K 代入題給反應速率常數表達式中，得：

$$k = \left[2.0 \times 10^{17} \cdot \exp\left(-\frac{363800}{8.314 \times 1000} \right) \right] s^{-1} = 1.98 \times 10^{-2} \, s^{-1}$$

由反應速率常數的單位可知：反應爲「1 級反應」，其半衰期爲：

$$t_{1/2} = \frac{\ln 2}{k} = \left(\frac{\ln 2}{0.0198} \right) s = 35.0 \, s \quad （利用（2.10a）式）$$

（2）$A = \dfrac{k_B T}{h} e^n (C^\theta)^{1-n} \cdot \exp\left(\dfrac{\Delta S_{\neq}^\theta}{R} \right)$（∵見（7.39）式）　　　　　　（ㄅ）

n 是所有反應物的莫耳數之和。將題給反應速率常數表達式：

$k = 2.0 \times 10^{17} \cdot \exp\left(-\dfrac{363800}{RT} \right)$ 與 Arrhenius 方程式之（6.1a）式：

$k = A \cdot \exp\left(-\dfrac{E_a}{RT} \right)$ 比較，可知：$A = 2.0 \times 10^{17} \, s^{-1}$，且 n＝1，故（ㄅ）式改寫爲：

$$\Delta S_{\neq}^\theta = \left[\ln A - \ln\left(\frac{k_B T}{h} \right) - 1 \right] \cdot R$$

$$= \left\{ [\ln(2.0 \times 10^{17}) - \ln(2 \times 10^{13}) - 1] \times 8.314 \right\} J \cdot mole^{-1} \cdot K^{-1}$$

$$= 68.3 \, J \cdot mole^{-1} \cdot K^{-1}$$

（3）$\Delta S_{\neq}^\theta (= 68.3 J \cdot mole^{-1} \cdot K^{-1})$ 和 $\Delta S^\theta (= 74.1 J \cdot mole^{-1} \cdot K^{-1})$ 數據相近，說明活化錯合物和生成物 CH_3 的構型相似。

■ 例 7.2.35 ■

在 298°K 時，反應：

$$N_2O_{4(g)} \quad \underset{k_{-1}}{\overset{k_1}{\rightleftharpoons}} \quad 2NO_{2(g)}$$

的反應速率常數 $k_1 = 4.80 \times 10^4 \, s^{-1}$，已知 NO_2 和 N_2O_4 的生成 Gibbs 自由能分別爲 51.3 和 97.8 $kJ \cdot mole^{-1}$，試求：

（1）298°K 時，N_2O_4 的初壓力爲 101.325 kP_a 時，$NO_{2(g)}$ 的平衡分壓？

（2）該反應的鬆弛時間？

：（1）$\Delta G^\theta = 2\Delta_f G^\theta (NO_2) - \Delta_f G^\theta (N_2O_4) = (2 \times 51.3 - 97.8) \, kJ \cdot mole^{-1} = 4.8 \, kJ \cdot mole^{-1}$

則 $K_P^\theta = \exp\left(\dfrac{-\Delta G^\theta}{RT}\right) = \exp\left(\dfrac{-4.8 \times 10^3}{8.314 \times 298}\right) = 0.144$

又 $K_P^\theta = \dfrac{(p_{NO_2}/p^\theta)^2}{p_{N_2O_4}/p^\theta} = \dfrac{p_{NO_2}^2}{p_{N_2O_4}} \cdot \dfrac{1}{p^\theta} = K_p (p^\theta)^{-1}$

$K_p = K_P^\theta p^\theta = 0.144 \, p^\theta$

$$N_2O_{4(g)} \underset{k_{-1}}{\overset{k_1}{\rightleftharpoons}} 2NO_{2(g)}$$

t＝0 時： $\qquad p_{N_2O_4,0} \qquad\qquad\qquad 0$

$\qquad$ $-$）$\qquad \dfrac{1}{2}p_{NO_2}$

―――――――――――――――――――――――――

t＝t_{eq} 時： $p_{N_2O_4,0} - \dfrac{1}{2}p_{NO_2} \qquad\qquad p_{NO_2}$

故 $K_p = \dfrac{p_{NO_2}^2}{p_{N_2O_4,0} - \dfrac{1}{2}p_{NO_2}} = 0.144 \, p^\theta = 14.4 \, kP_a$，得：$p_{NO_2} = 34.77 \, kP_a$

（2）由 $K_p = k_1/k_{-1}$，得：$k_{-1} = \dfrac{k_1}{K_p} = \left(\dfrac{4.8 \times 10^4}{0.144 \times 100000}\right)(P_a \cdot s)^{-1} = 3.33 \, (P_a \cdot s)^{-1}$

因本題反應是屬於〝$A \underset{k_{-1}}{\overset{k_1}{\rightleftharpoons}} B$〞型，

故依據（4.40）式：

$$\tau = \dfrac{1}{k_1 + 4k_{-1}p_{NO_2}} = \left(\dfrac{1}{4.8 \times 10^4 + 4 \times 3.33 \times 34770}\right) s = 1.96 \times 10^{-6} \, s$$

▌例 7.2.36 ▌

丁二酮（Diacetyl，$CH_3CO \cdot COCH_3$）在 285℃ 時會產生單分子分解反應，分解時的碰撞因子是 $8.7 \times 10^{15} \, s^{-1}$，計算這個反應在 285℃ 時的活化能趨疲。

：應用反應速率常數方程式之（7.38）式：（且取 n＝1）

$$k = \exp(n) \cdot \frac{k_B T}{h} \cdot \exp(\Delta S_{\neq}/R) \cdot \exp(-\Delta E_{\neq}/RT) \qquad (ㄅ)$$

但是反應速率方程式亦可以這樣表示：（即（6.1a）式）

$$k = A \cdot \exp(-\Delta E_{\neq}/RT) \qquad (ㄆ)$$

$$\begin{cases} A\text{是碰撞因子} \\ n\text{是分子數} \\ k_B\text{是Boltzmann常數} = 1.380 \times 10^{-23}\ J \cdot {}^{\circ}K^{-1} \\ h\text{是Planck常數} = 6.626 \times 10^{-34}\ J \cdot s \\ \Delta S_{\neq}\text{是活化能趨疲} \\ \Delta E_{\neq}\text{是活化能} \end{cases}$$

將（ㄆ）式代入（ㄅ）式後，可得：$A = \exp(n) \cdot \dfrac{k_B T}{h} \cdot \exp(\Delta S_{\neq}/R)$ （ㄇ）

因為丁二酮是單分子分解，故 n＝1，因此（ㄇ）式可寫為：

$$A = \exp(1) \cdot \frac{k_B T}{h} \cdot \exp(\Delta S_{\neq}/R)$$

或寫成　$A = e \cdot \left(\dfrac{k_B T}{h} \right) \cdot \exp(\Delta S_{\neq}/R)$ （ㄈ）

（ㄈ）式兩邊取自然對數，可得：$\ln A = \ln e + \ln\left(\dfrac{k_B T}{h} \right) + \dfrac{\Delta S_{\neq}}{R} \cdot \ln e$ （∵ln e＝1）

$$\Rightarrow \ln A = 1 + \ln\left(\frac{k_B T}{h} \right) + \frac{\Delta S_{\neq}}{R}$$

$$\Rightarrow \text{或是 } 2.303 \cdot \log A = 1 + 2.303 \cdot \log\left(\frac{k_B T}{h} \right) + \frac{\Delta S_{\neq}}{R} \qquad (ㄉ)$$

（ㄉ）式重新整理，可得：$\Delta S_{\neq} = R\left[2.303 \cdot \log A - 1 - 2.303 \cdot \log\left(\dfrac{k_B T}{h} \right) \right]$ （ㄊ）

將有關數據代入（ㄊ）式，故這個反應在 285℃ 時的活化能趨疲是

$$\Delta S_{\neq} = 8.314 J \cdot {}^{\circ}K^{-1} \cdot mole^{-1}$$

$$\times \left[2.303 \cdot \log(8.7 \times 10^{15}) - 1 - 2.303 \cdot \log\left(\frac{1.380 \times 10^{-23} \times 558}{6.626 \times 10^{-34}} \right) \right]$$

$$= 8.314 \times 5.621 = 46.73\ J \cdot {}^{\circ}K^{-1} \cdot mole^{-1}$$

■ 例 **7.2.37** ►

有一酸催化反應：$A + B \xrightarrow{H^+} C + D$，已知該反應的反應速率公式爲：

$$\frac{d[C]}{dt} = k[H^+][A][B]$$

當$[A]_0 = [B]_0 = 0.01$ mole·dm^{-3}時，在 pH$= 2$ 的條件下，在 298°K 時的反應半衰期爲 1h，若其它條件均不變，在 288°K 時 $t_{1/2} = 2h$，試計算：

（1）在 298°K 時反應的反應速率常數 k 值。

（2）在 298°K 時反應的活化 Gibbs 自由能、活化反應熱、活化能趨疲

（設 $\dfrac{k_B T}{h} = 10^{13}$ s^{-1}）。

：（1）H$^+$ 做爲催化劑，其濃度在反應過程中保持不變，故

$$\frac{d[C]}{dt} = k[H^+][A][B] = k'[A][B]$$

這是對於$[A]_0 = [B]_0$ 的「2 級反應」，所以利用（2.19a）式：

$$t_{1/2} = \frac{1}{k'[A]_0} = \frac{1}{k[H^+][A]_0} \qquad\qquad (ㄅ)$$

在 298°K，PH$= 2$ 時，$t_{1/2} = 1h$，則

$$k_{298°K} = \frac{1}{t_{1/2}[H^+][A]_0} = \left(\frac{1}{1 \times 0.01 \times 0.01}\right) \text{mole}^{-1} \cdot \text{dm}^3 \cdot \text{h}^{-1}$$

$$= 1.0 \times 10^4 \text{ mole}^{-1} \cdot \text{dm}^3 \cdot \text{h}^{-1} = 2.78 \text{ mole}^{-1} \cdot \text{dm}^3 \cdot \text{s}^{-1}$$

（2）$k_{298°K} = \dfrac{k_B T}{h} \cdot \exp\left(-\dfrac{\Delta G_{\neq}^{\theta}}{RT}\right)(C^{\theta})^{1-n}$　（∵利用（7.30a）式）

因是凝聚反應，n$= 1$，故上式改寫爲：

$$\Delta G_{\neq}^{\theta} = RT\left(\ln\frac{k_B T}{h} - \ln k_{298°K}\right) = [8.314 \times 298(\ln 10^{13} - \ln 2.78)] \text{J} \cdot \text{mole}^{-1}$$

$$= 71.63 \text{ kJ} \cdot \text{mole}^{-1}$$

在 288°K，pH$= 2$ 時，$t_{1/2} = 2h$，則利用（ㄅ）式，可得：

$$k_{288°K} = \frac{1}{t_{1/2}[H^+][A]_0} = \left(\frac{1}{2 \times 0.01 \times 0.01}\right) mole^{-1} \cdot dm^3 \cdot h^{-1}$$

$$= 5.0 \times 10^3 \, mole^{-1} \cdot dm^3 \cdot h^{-1}$$

又利用（6.4）式，可得：

$$E_a = \frac{RT_1T_2}{T_2 - T_1} \cdot \ln\frac{k_2}{k_1} = \left(\frac{8.314 \times 288 \times 298}{298 - 288} \cdot \ln\frac{1 \times 10^4}{5 \times 10^3}\right) J \cdot mole^{-1}$$

$$= 49.46 \, kJ \cdot mole^{-1}$$

且利用（7.37）式，則：$\Delta H_{\neq}^{\theta} = E_a - RT = 46.98 \, kJ \cdot mole^{-1}$

$$\Delta S_{\neq}^{\theta} = \frac{\Delta H_{\neq}^{\theta} - \Delta G_{\neq}^{\theta}}{T} = \left(\frac{46980 - 71630}{298}\right) J \cdot K^{-1} \cdot mole^{-1} = -82.7 \, J \cdot K^{-1} \cdot mole^{-1}$$

▪ 例 7.2.38 ▪

某順式偶氮烷烴在乙醇溶液中不穩定，通過測量其分解放出的 N_2 氣，來計算其分解的反應速率常數 k 值，一系列不同溫度下測定 k 值如下表示：

T/°K	248	252	256	260	264
k×10⁴/s⁻¹	1.22	2.31	4.39	8.50	14.3

試計算該反應在 298°K 時的實驗活化能、活化反應熱、活化能趨疲和活化 Gibbs 自由能。

：設 A、E_a 與 T 無關，則由 Arrhenius 方程式之（6.1b）式，可得：

$$\ln k = -\frac{E_a}{RT} + \ln A \tag{ㄅ}$$

由題給數據求得：

(1/T)/K⁻¹	0.00403	0.00397	0.00391	0.00385	0.00379
ln(k/s⁻¹)	−9.01	−8.37	−7.73	−7.70	−6.55

將上述數據按（ㄅ）式做圖，可得一直線：

$$\ln k = -\frac{1.08 \times 10^4}{T/K} + 34.4 \tag{ㄆ}$$

與（ㄅ）式相比較，故

$$E_a = (1.08 \times 10^4 \times 8.314) J \cdot mole^{-1} = 89.8 kJ \cdot mole^{-1}$$

$$\Delta H_{\neq} = E_a - RT = 87.4 \, kJ \cdot mole^{-1} \quad (\because 由（7.37）式)$$

$$又 \, k = \frac{k_B T}{h} \cdot \exp\left(\frac{\Delta S_{\neq}}{R}\right) \cdot \exp\left(\frac{-\Delta H_{\neq}}{RT}\right) \quad (\because 由（7.30b）式且 n=1)$$

而由（ㄆ）式得：

$$\ln k(298°K) = -\frac{1.08 \times 10^4}{298} + 34.4 = -1.8416 \Rightarrow 得：k(298°K) = 0.1586 \, s^{-1}$$

又利用（7.30b）式且 $n = 1$，則

$$\exp\left(\frac{\Delta S_{\neq}}{R}\right) = \frac{kh}{k_B T} \cdot \exp\left(\frac{-\Delta H_{\neq}}{RT}\right)$$

$$= \frac{0.1586 \times 6.626 \times 10^{-34}}{1.38 \times 10^{-23} \times 298} \cdot \exp\left(\frac{87400}{8.314 \times 298}\right) = 53.4$$

解得：$\Delta S_{\neq} = 33.1 \, J \cdot K^{-1} \cdot mole^{-1} \Rightarrow \Delta G_{\neq} = \Delta H_{\neq} - T\Delta S_{\neq} = 77.5 \, kJ \cdot mole^{-1}$

▌ 例 7.2.39 ▐

已知 $298°K$ 時，$\Delta G^{\theta}(HCl, g) = -92.307 \, kJ \cdot mole^{-1}$，反應 $H_{2(g)} + Cl_{2(g)} \longrightarrow 2HCl_{(g)}$ 在催化劑的作用下，可大大加快反應的速率，則此反應的 $\Delta G^{\theta}(298°K)$ 為：

（a）$-92.307 \, kJ \cdot mole^{-1}$　　　　　（b）$-228.4 \, kJ \cdot mole^{-1}$

（c）$-184.614 \, kJ \cdot mole^{-1}$　　　　（d）不能確定

：（c）。催化劑不能改變反應的 ΔG^{θ}。

▌ 例 7.2.40 ▐

血紅蛋白熱變性是 1 級反應，不同溫度時半衰期如下：$T_1 = 333.2°K$，$t_{1/2} = 3460s$；$T_2 = 338.2°K$，$t'_{1/2} = 530s$；計算 $333.2°K$ 時該反應之 $\Delta H_{\neq}$、$\Delta G_{\neq}$、$\Delta S_{\neq}$。
已知 Boltzmann 常數 $k_B = 1.3806 \times 10^{-23} \, J \cdot K^{-1}$，Planck 常數 $h = 6.6262 \times 10^{-34} \, J \cdot s$。

：由 Arrhenius 方程式之（6.4）式，可得：

$$\ln \frac{k_2}{k_1} = \frac{E_a}{R}\left(\frac{1}{T_1} - \frac{1}{T_2}\right) \Rightarrow E_a = \frac{RT_1 T_2}{T_2 - T_1} \cdot \ln \frac{k_2}{k_1}$$

因是「1 級反應」，故（2.10a）式：$k = \ln 2 / t_{1/2}$，代入上式可得：

$$E_a = \frac{RT_1 T_2}{T_2 - T_1} \cdot \ln \frac{t_{1/2}}{t'_{1/2}} = \left(\frac{8.314 \times 333.2 \times 338.2}{338.2 - 333.2} \times \ln \frac{3460}{530}\right) J \cdot mole^{-1}$$

$$= 351.5 \, kJ \cdot mole^{-1}$$

故由（7.37）式且 $n = 1$，則：

$$\Delta H_{\neq} = E_a - RT = 351.5 \times 10^3 - 8.314 \times 333.2 = 348.7 \, kJ \cdot mole^{-1}$$

又（7.31）式：$k = \dfrac{k_B T}{h} \cdot \exp\left(-\dfrac{\Delta G_{\neq}}{RT}\right) \Rightarrow \Delta G_{\neq} = RT \cdot \ln\dfrac{k_B T}{hk}$ （ㄅ）

在 333.2°K 時，$k = \dfrac{\ln 2}{t_{1/2}} = \left(\dfrac{\ln 2}{3460}\right) s^{-1} = 2.003 \times 10^{-4}\ s^{-1}$

$\dfrac{k_B T}{h} = \left(\dfrac{1.3860 \times 10^{-23} \times 333.2}{6.6262 \times 10^{-34}}\right) s^{-1} = 6.942 \times 10^{12}\ s^{-1}$

將上面數據代入（ㄅ）式，得：

$\Delta G_{\neq} = 8.314 \times 333.2 \times \ln\dfrac{6.942 \times 10^{12}}{2.003 \times 10^{-4}} = 105.5\ kJ \cdot mole^{-1}$

據 $\Delta G_{\neq} = \Delta H_{\neq} - T\Delta S_{\neq}$，得：

$\Delta S_{\neq} = \dfrac{\Delta H_{\neq} - \Delta G_{\neq}}{T} = \left[\dfrac{(348.7 - 105.5) \times 10^3}{333.2}\right] J \cdot K^{-1} \cdot mole^{-1} = 729.9\ J \cdot K^{-1} \cdot mole^{-1}$

▪ 例 7.2.41 ▪

某個化學反應是 1 級反應，在 260°C 時，當一小量的催化劑加入，它的反應速率自 $r = 1.5 \times 10^{-2}\ s^{-1}$ 增加到 $r_C = 4.6\ s^{-1}$，計算在催化反應中減低了多少活化熱含量，假定活化能趨疲 S°不受催化劑的影響。

：催化劑可以幫助很多反應改變反應途徑。當一個反應在改變反應途徑時，不是熱含量的值改變就是能趨疲的值改變，或是兩者都改變。

在這樣情況下，催化劑可降低反應自由能的障礙，而使該反應的反應速率增加。

現在用反應速率方程式來表示有和無催化劑的反應，註腳 C 代表加有催化劑（Catalyst）。

無催化劑的反應速率 $r = r_0 \cdot \exp(-G°/RT)$ （ㄅ）

有催化劑的反應速率 $r_C = r_0 \cdot \exp(-G_C°/RT)$ （ㄆ）

在這裡 r_0 是一個常數

（ㄆ）式÷（ㄅ）式，可得：

$\dfrac{r_C}{r} = \dfrac{\exp(-G_C°/RT)}{\exp(-G°/RT)} = \exp[(G° - G_C°)/RT]$ （ㄇ）

（ㄇ）式兩邊取自然對數，可得：$\ln\dfrac{r_C}{r} = \dfrac{G° - G_C°}{RT}$

或是 $RT \cdot \ln \dfrac{r_C}{r} = G^\circ - G_C^\circ$ 　　　　　　　　　　　　　　　（ㄈ）

但是從「熱力學」已知 $G^\circ = H_{\neq} - TS_{\neq}^\circ$，代入（ㄈ）式：

$RT \cdot \ln \dfrac{r_C}{r} = H_{\neq} - H_{\neq C} - T(S_{\neq}^\circ - S_{\neq C}^\circ)$ 　　　　　　　　　　（ㄅ）

依照題示，假定活化能趨疲 $S_{\neq}^\circ$ 不受催化劑的影響，$S_{\neq}^\circ$ 便等於 $S_{\neq C}^\circ$

也就是 $(S_{\neq}^\circ - S_{\neq C}^\circ) = 0$，因此（ㄅ）式變成

$H_{\neq} - H_{\neq C} = RT \cdot \ln \dfrac{r_C}{r} = 1.987 \, cal \cdot {}^\circ K^{-1} \cdot mole^{-1} \times 533^\circ K \times 2.303 \cdot \log \dfrac{4.6 s^{-1}}{0.015 s^{-1}}$

∴在催化反應中減低的活化熱含量：

$$H_{\neq} - H_{\neq C} = 6065 \, cal \cdot mole^{-1} = 6.07 \, kcal \cdot mole^{-1}$$

▌ 例 7.2.42 ▐

某化學反應的〝通常反應〞和〝加催化劑反應〞在定壓 1 atm 下，是 1 級反應，其反應速率常數如下所示：

溫度	通常反應 $k(s^{-1})$	加催化劑反應 $k_C(s^{-1})$
$T_1 = 473^\circ K$	1.76×10^{-2}	6.10
$T_2 = 573^\circ K$	0.804	88.10

假定這些反應速率常數的值不受溫度影響，計算有和無催化劑反應之各個活化熱含量和活化能趨疲。

：應用 Arrhenius 方程式，表示反應速率常數 K 和溫度 T 之間的關係：

$\dfrac{d \ln k}{dT} = \dfrac{H_{\neq}}{RT^2}$ 　　　　（見（6.3）式）　　　　　　　（ㄅ）

$H_{\neq} =$ 活化熱含量＝使反應物上升到一個活化狀態時，每 mole 反應物需要增加的熱量。

（ㄅ）式二邊積分：$\displaystyle\int_{k_1}^{k_2} d \cdot \ln k = \dfrac{H_{\neq}}{R} \cdot \int_{T_1}^{T_2} \dfrac{dT}{T^2}$

可得：$\ln \dfrac{k_2}{k_1} = -\dfrac{H_{\neq}}{R} \left(\dfrac{1}{T_2} - \dfrac{1}{T_1} \right)$

改寫成：$R \cdot \ln \dfrac{k_2}{k_1} = -H_{\neq} \cdot \left(\dfrac{1}{T_2} - \dfrac{1}{T_1} \right)$ 　　　　　　　　　（ㄆ）

（Ｉ）〝通常反應〞時，則（ㄆ）式可寫成：

$$1.987 \times 10^{-3} \text{ kcal} \cdot {}^{\circ}\text{K}^{-1} \cdot \text{mole}^{-1} \cdot \ln\frac{0.80}{1.76 \times 10^{-2}} = -H^{\neq}\left(\frac{1}{573^{\circ}\text{K}} - \frac{1}{473^{\circ}\text{K}}\right)$$

因此可得（Ｉ）活化熱含量：

$$H_{\neq} = \frac{1.987 \times 10^{-3} \times 3.82 \text{ kcal} \cdot {}^{\circ}\text{K}^{-1} \cdot \text{mole}^{-1}}{3.689 \times 10^{-4} \; {}^{\circ}\text{K}^{-1}} = 20.59 \text{ kcal} \cdot \text{mole}^{-1}$$

（ＩＩ）〝加催化劑反應〞時，則（ㄆ）式可寫成：

$$1.987 \times 10^{-3} \text{ kcal} \cdot {}^{\circ}\text{K}^{-1} \cdot \text{mole}^{-1} \cdot \ln\frac{88.10}{6.10} = -H_C^{\neq}\left(\frac{1}{573^{\circ}\text{K}} - \frac{1}{473^{\circ}\text{K}}\right)$$

因此可得（ＩＩ）之活化熱含量：

$$H_{\neq C} = \frac{1.987 \times 10^{-3} \times 2.670 \text{ kcal} \cdot {}^{\circ}\text{K}^{-1} \cdot \text{mole}^{-1}}{3.689 \times 10^{-4} \; {}^{\circ}\text{K}^{-1}} = 14.38 \text{ kcal} \cdot \text{mole}^{-1}$$

又假定碰撞因素 A 固定，反應速率常數方程式是：

$$k = \exp(-E_{\neq}/RT) = \exp[-(H_{\neq} - TS_{\neq})/RT] \quad （∵依據（6.1a） \qquad （ㄇ）$$

將（ㄇ）式兩邊取自然對數，可得：

$$\ln k = -\frac{(H_{\neq} - TS_{\neq})}{RT}$$

整理後，可得：$S_{\neq} = R \cdot \ln k + \dfrac{H_{\neq}}{T}$ \qquad （ㄈ）

因此，將有關數據代入（ㄈ）式，可得〝通常反應〞的活化能趨疲：

$$S_{\neq} = 1.987 \text{ cal} \cdot {}^{\circ}\text{K}^{-1} \cdot \text{mole}^{-1} \cdot \ln(1.76 \times 10^{-2}) + \frac{20590 \text{ cal} \cdot \text{mole}^{-1}}{473^{\circ}\text{K}}$$

$$= 35.50 \text{ cal} \cdot {}^{\circ}\text{K}^{-1} \cdot \text{mole}^{-1} = 35.50 \text{ eu}$$

又將有關數據代入（ㄈ）式，也可得〝加催化劑反應〞的活化能趨疲

$$S_{\neq C} = 1.987 \text{ cal} \cdot {}^{\circ}\text{K}^{-1} \cdot \text{mole}^{-1} \cdot \ln 6.10 + \frac{14380 \text{ cal} \cdot \text{mole}^{-1}}{437^{\circ}\text{K}}$$

$$= 33.99 \text{ cal} \cdot {}^{\circ}\text{K}^{-1} \cdot \text{mole}^{-1} = 34.0 \text{ eu}$$

$$\left(\begin{array}{l} 在這裡 \text{eu} = \text{entropy units} 能趨疲的單位,代表 \text{cal} \cdot {}^{\circ}\text{K}^{-1} \cdot \text{mole}^{-1} \\ 1\text{eu} = 4.184\text{J} \cdot {}^{\circ}\text{K}^{-1} \cdot \text{mole}^{-1} \end{array}\right)$$

7.3 單分子反應理論

雖然上述「過渡狀態理論」是以雙分子反應 A＋BC ⟶ AB＋C 做爲例子來加以介紹，但應指出，這個理論也能夠推廣到〝單分子反應〞和〝三分子反應〞。

二十世紀初，人們發現許多氣相反應屬於「1級反應」，並認爲都是〝單分子反應〞（unimolecular reaction）。當時對「1級反應」和〝單分子反應〞這二個概念還相當的混亂，總認爲既然是〝單分子反應〞，就不可能經由雙分子碰撞而獲得反應所需的「臨界能」（threshold energy）。

一直到現在，根據實驗事實指出：〝單分子反應〞是指活化分子 A*一步轉化爲產物的反應，即

$$A^* \longrightarrow P$$

其餘的所謂〝單分子反應〞，如穩定分子的解離反應（見（7-ㄅ））和異構化反應（見（7-ㄆ）），都是〝假單分子反應〞（pseudo unimolecular reactions），即它們不是單一的「基本反應」，而是由數個「基本反應」組成的反應，但由於歷史的原因，人們還是把它們稱爲〝單分子反應〞。

研究〝單分子反應〞具有十分重要的意義，這是因爲：(1) 許多重要的化學反應，包括〝連鎖反應〞，最關鍵的一步就是單分子解離反應；(2) 有些重要的有機化合物異構化反應是屬於〝單分子反應〞；(3) 在雷射化學中出現的多光子離解反應也屬於〝單分子反應〞。

對於〝單分子反應〞，按照§7.2 所提到的「過渡態理論」模型，可寫爲：

$$A \rightleftharpoons X^{\neq} \longrightarrow P$$

由此可推導出相對應的反應速率常數計算公式。但此時算得結果僅在反應氣體壓力不太低時才與實驗值符合。事實上，許多〝單分子反應〞如：

$$\underset{H_2C \overline{\quad\quad} CH_2}{\overset{CH_2}{\diagup \diagdown}} \longrightarrow CH_3 - CH = CH_2 \qquad (7\text{-}ㄅ)$$

$$C_2H_6 \longrightarrow 2CH_3 \cdot \qquad (7\text{-}ㄆ)$$

$$CH_3NC \longrightarrow CH_3CN \qquad (7\text{-}ㄇ)$$

上述化學反應都具有以下特徵：在壓力較高時是「1級反應」，且反應需要一定的活化能，但隨著壓力的降低，反應速率常數減小，反應級數則由 1 級變成 2 級。

根據上述〝單分子反應〞的特徵，在 1922 年時，F. A. Lindemann 提出了單分子反應機構(Lindemann's mechanism)，得到了很好的解釋實驗結果。

（一）**Lindemann** 理論

　　眾多實驗指出：〝單分子反應〞在高壓時是「1 級反應」，而在低壓時是「2 級反應」，在高壓與低壓之間存在一個過渡區。

　　Lindemann 用「時滯（time lag）論」定性地解釋了這一實驗現象。他認為，首先要通過雙分子的熱碰撞，使一部分反應物分子 A 獲得比反應「臨界能」E_c 多的能量，而成為〝激發分子〞（或稱〝活化分子〞）A*，即〝活化分子〞A*的能量 E*＞「臨界能」E_c。

$$A \;+\; M \xrightarrow{\;\;k_1\;\;} A* \;+\; M \qquad\qquad（ㄅ）$$

◎ （ㄅ）式中，M 可以是 A 分子、器壁、或是加入的惰性氣體分子。

◎ 生成的〝活化分子〞A*並不立即進行化學反應，而是要經過一段時間，把獲得的能量轉移到分解所必須涉及的化學鍵上，這就產生了〝滯留〞（這個過程需要一定的時間）。而在這段時間內，〝活化分子〞A*也可能與一個 M 碰撞失去原先獲得的能量（或稱〝失去活性〞），而成為穩定分子 A，即

$$A* \;+\; M \xrightarrow{\;\;k_{-1}\;\;} A \;+\; M \qquad\qquad（ㄆ）$$

◎ Lindemann 認為每一次這樣的碰撞，都會使〝活化分子〞A*失去多餘的能量。顯然，（ㄅ）和（ㄆ）不是〝化學變化過程〞，而是屬於〝能量傳遞過程〞。

◎ 例如：就（ㄅ）來說，A 分子在與 M 做有效碰撞後，會把相對的平移動能轉變為 A 分子自己內部的能量，生成振動激發態的 A 分子，即 A*。經過一段時間的停滯後，一部份〝活化分子〞A*會發生反應，而生成產物 P，即

$$A* \xrightarrow{\;\;k_2\;\;} P \qquad\qquad（ㄇ）$$

為加深印象，我們再強調如下：

　　如果 A 分子是一個簡單分子（例如一個雙原子分子），它一旦獲得了超過它的離解能的振動能量時，就會立即分解，這時反應顯然應表現為「2 級反應」。但是，如果 A 是一個複雜的多原子分子，那麼它獲得了足夠的能量後，並不一定能立即分解。其原因在於：如果分子內各個振動自由度能量分佈非常均勻，則該分子內的化學鍵不易斷裂；所以，需要把過剩的能量集中到要破壞的化學鍵上。分子內的原子數目越多，這種能量集中的機率越小，且能量集中所需時間會越長。因而，在 A 分子獲得能量形

成 A*以及 A*分解的過程之間，會有一段時間的滯留。在這滯留時間裏，A*有兩個可能的反應途徑，即：

$$A^* \;+\; M \;\xrightarrow{\;k_{-1}\;}\; A \;+\; M \qquad\qquad (ㄆ)$$

$$A^* \;\xrightarrow{\;k_2\;}\; P \qquad\qquad\qquad (ㄇ)$$

過程（ㄆ）是〝能量傳遞過程〞，（ㄆ）也是（ㄅ）的逆向過程，它使 A*失去原先獲得的激發能。過程（ㄅ）和（ㄆ）都與體系的壓力或濃度有關。如果稱過程（ㄅ）為〝活化過程〞，則過程（ㄆ）就是〝失去活化過程〞。而（ㄇ）式是指激發態分子（A*單分子）變化為產物 P 的過程。

在常溫常壓的氣體中，分子的平均自由徑成約為10^{-5} cm，而分子的平均速率為$10^4 \cdot s^{-1}$；因此，在兩次連續的碰撞之間，分子自由飛行的平均時間為10^{-9} s。對於一個波數為$600 cm^{-1}$的振動，1 秒鐘內要振動$600 \times 3 \times 10^{10} = 1.8 \times 10^{13}$次，所以一個分子在碰撞獲得能量後，直到下一次碰撞之前，已經振動了約至少 20000 次。可以想像，一個獲得能量的分子在這期間已經經歷了許許多多不同的構型變化，如果其中有一個正好是對應於在要破壞的鍵上有過剩能量的構型，則反應即可發生。

過程（ㄅ）、（ㄆ）和（ㄇ）的總和，可整理為：

$$A \;+\; M \;\overset{k_1}{\underset{k_{-1}}{\rightleftharpoons}}\; A^* \;+\; M$$

$$A^* \;\xrightarrow{\;k_2\;}\; P$$

此即為「Lindemann 單分子反應機構」。

因此，〝單分子反應〞的反應速率式可寫為：

$$r = -\frac{d[A]}{dt} = k_2[A^*] \qquad\qquad (7.48)$$

由於 A*是活潑的中間物，當反應達穩定後，A*的生成速率與其消失速率相等，故可用「穩定態處理法」，得：

$$\frac{d[A^*]}{dt} = k_1[A][M] - k_{-1}[A^*][M] - k_2[A^*] = 0$$

由上式整理得：

$$[A^*] = \frac{k_1[A][M]}{k_{-1}[M] + k_2} \qquad (7.49)$$

將（7.49）式結果代入（7.48）式，得：

$$r = -\frac{d[A]}{dt} = \frac{k_1 k_2[A][M]}{k_{-1}[M] + k_2} \qquad (7.50)$$

由（7.50）式可清楚看到：〝單分子反應〞沒有簡單的反應級數。

[I] 當氣體壓力較高時，即 $k_{-1}[M] \gg k_2$，則（7.50）式改寫為：

$$r_\infty = \frac{k_1 k_2}{k_{-1}}[A] = k_\infty[A] \qquad (7.51)$$

其中 $$k_\infty = \frac{k_1 k_2}{k_{-1}} \qquad (7.52)$$

所以高壓時，〝單分子反應〞表現為「1 級反應」。

[II] 當氣體壓力較低時，即 $k_{-1}[M] \ll k_2$，則（7.50）式改寫為：

$$r_0 = k_1[A][M]$$

如果沒有其它氣體加入，則 $[M] = [A]$，所以低壓時〝單分子反應〞表現為「2 級反應」。

Lindemann's mechanism 與「過渡態理論」的差別可以這樣來理解：

　　在壓力較高時，由於反應物分子間有較多的碰撞機會，致使〝活化分子〞A*的失去活性速率遠大於產物的生成速率，因此，反應物分子 A 與〝活化分子〞A*之間保持著平衡關係，這時由 Lindemann's mechanism 導出的結果與由「過渡狀態理論」導得的結果相同。因為後者正是假定〝活化態與反應物之間保持熱力學平衡〞。雖是如此，在壓力較低時，由於分子間的碰撞機會減小，〝活化分子〞A*的失去活性速率減慢，導致該熱力學平衡遭到破壞，因此，〝反應物的活化〞步驟就成為「速率決定步驟」，導致〝單分子反應〞變成「2 級反應」，而對於這種情況，「過渡狀態理論」就不再適用。

　　最後必須指出：Lindemann's mechanism 雖能定性解釋〝單分子反應〞的先前所述特徵，但在定量上還不算滿意，因此後來陸續有其它單分子反應速率理論被提出。在下一單元裏，我們再介紹一個解釋「單分子反應」之著名理論模型。

（二）**RRKM 理論**

　　至今爲止，與實驗結果符合得最好的〝單分子反應〞理論就是 RRKM 理論。RRKM 代表 Rice-Ramsperger-Kassal-Marcus 四人姓名的字首。

　　RRKM 理論吸取了「過渡態理論」中活化錯合物的概念，並考慮分子內部的能量轉移，故將 Lindemann's mechanism 修改爲：

（1）　　$A \ + \ M \ \underset{k_{-1}}{\overset{k_1}{\rightleftharpoons}} \ A^* \ + \ M$

（2）　　$A^* \ \xrightarrow{\ k_2\ } \ A^{\neq} \ \xrightarrow{\ k^{\neq}\ } \ P$

　　其中 A* 爲經碰撞產生的〝激發分子〞，或稱〝活化分子〞（又稱〝能量豐富的分子，energized molecule〞）。

　　A* 要轉變爲產物分子 P，必須在反應途徑中發生分子內部的能量轉移，先形成「活化錯合物」$A^{\neq}$。在此過程中，〝活化分子〞A* 獲得達到「活化錯合物」$A^{\neq}$ 的所需能量 E_0。Lindemann 提出的〝滯留論〞其實相當於 RRKM 所提出的〝由 A* 轉變成 $A^{\neq}$ 的過程〞。

————————————————————————————————

　〝活化分子〞A* 和「活化錯合物」$A^{\neq}$ 的能量關係表示於圖 7.9。

◎ 圖 7.9 裏的〝活化分子〞A* 和反應物分子 A 具有相同（或說非常相似）的幾何結構。且〝活化分子〞A* 具有振動能 E_v^* 和轉動能 E_r^*。即：

$$\text{〝活化分子〞} A^* \text{的內能} = E^* = E_v^* + E_r^* \tag{7.53}$$

◎ 圖 7.9 裏的「活化錯合物」$A^{\neq}$ 爲過渡態分子，因此 $A^{\neq}$ 的幾何結構和反應物分子 A 的結構會大不相同。且 $E_t^{\neq}$、E_v^*、E_r^* 分別是「活化錯合物」$A^{\neq}$ 的平移動能、振動能、轉動能。即：

$$\text{「活化錯合物」} A^{\neq} \text{的內能} = E^{\neq} = E_v^{\neq} + E_r^{\neq} + E_t^{\neq} \tag{7.54}$$

◎ 圖 7.9 裏的 E_0 是反應物 A 達到「活化錯合物」$A^{\neq}$ 的所需位能，即 E_0 是 A 與 $A^{\neq}$ 之間的位能差，故 E_0、E*、$E^{\neq}$ 的數學關係式可寫爲：

$$E_0 = E^* - E^{\neq} \tag{7.55}$$

　　即：　反應物達到「活化錯合物」的所需位能

　　　＝〝活化分子〞的內能 −「活化錯合物」的內能

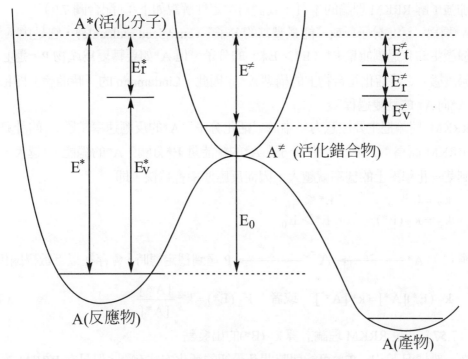

圖 7.9 RRKM 理論的能量關係圖

RRKM 理論提出了一個描述 A* 與 A≠ 之間的能量轉移模型，並有以下假設：（配合圖 7.9）

【A】〝活化分子〞A*所獲得的能量會很快地在分子內所有的振動模式之間進行再分配，能量傳遞速率比反應速率快得多。這意味著 A*（$E^* > E_0$）的所有振動量子態對 A*轉化為產物的貢獻是相等的。此一假設已被實驗證實。

【B】假設 A* 與 A≠ 之間一直存在著熱力學平衡，故 A≠ 的濃度可以始終維持在平衡濃度上（平衡假設）。當反應（2）達到穩定態時，會存在著以下關係式：

$$k_2 = k^{\neq} \frac{[A^{\neq}]}{[A^*]} \tag{7.56}$$

此式是「RRKM 理論」計算 k_2 的出發點。

【C】假設反應物分子的激發只是一步的隨機碰撞，即 A* 與 M 的每一次碰撞均導致失去活性，而 A 與 M 的每一次有效碰撞均能產生〝活化分子〞。

根據以上幾個基本假定，由統計力學和量子力學可以導出〝單分子反應〞的微觀反應速率常數。

＿＿＿＿＿＿＿＿＿＿＿＿＿＿＿＿＿＿＿＿＿＿＿＿＿＿＿＿＿＿＿＿＿＿＿＿

為了加強了解 RRKM 理論的本質，我們再次定性解說如下：（配合圖 7.9）

A*稱為〝活化分子〞或〝能量豐富的分子〞（energized molecule），它是由 A 與 M 的碰撞產生的有過剩能量 E*（E*＞E_0）的分子。但 A*如要轉變為產物 P，還必須獲得「過渡態」之「活化錯合物」的構型 A≠。因此，Lindemann 的「時滯論」即相當於〝由 A*向 A≠ 的轉變過程〞。

RRKM 理論把主要注意力集中於〝活化分子〞A*的反應速率常數k_2的計算上。因為 RRKM 認為：k_3與〝活化分子〞A*的總能量 E*有關，A*的總能 E*越大，能量集中到某一化學鍵上的機率就越大，因而反應速率會越快，即

$$k_2 = 0 \qquad\qquad E^* < E_0$$
$$k_2 = k_2(E^*) \qquad\quad E^* > E_0$$

在反應（2）：A* $\xrightarrow{\quad k_2 \quad}$ A≠ $\xrightarrow{\quad k^≠ \quad}$ P 達到穩定態時，會存在以下數學關係式：

$$k_2(E^*)[A^*] = k^≠[A^≠] \quad 或者 \quad k_2(E^*) = k^≠ \frac{[A^≠]}{[A^*]} \tag{7.57}$$

所以（7.57）式是 RRKM 理論計算$k_2(E^*)$的出發點。

在一般情況下，$k_2(E^*)$可能與時間及最初的活化方式有關，但是在 RRKM 的理論裏已先假設〝$k_2(E^*)$與時間和活化方式無關〞。換言之，只要分子獲得能量 E*，它的分解機率是相同的，這個假設稱為「隨機分解的假設」；也就是說，具有能量 E*的所有狀態最終都能發生反應。因此，這也就意味著：能量在分子內部自由度上的傳遞是快速的（比 A*的分解速率快的多）和隨機的(random)。在這個假設下，便可允許 RRKM 用統計力學的方法計算$k_2(E^*)$之值。但這種計算比較複雜，非本章範圍內所能講清楚，有興趣讀者可找專門書籍做進一步了解。

持平而論，從上面 RRKM 理論模型的介紹裏，不難看出：RRKM 模型只能適用在某些特定的化學反應上（這些反應必須符合前面提及的（1）和（2）反應機構）。也就是說，還有好多好多的化學反應並不是遵循（1）和（2）的反應機構，所以 RRKM 模型不是一個〝放諸四海而皆準〞的好模型。雖是如此，畢竟 RRKM 理論在化學動力學的進展中仍立下了一個重要里程碑，以致其中的 Marcus 教授因參與此一動力學理論模型的創建，而拿到 1992 年的諾貝爾化學獎（其他 3 人因已先過世，故來不及拿獎）。

在本章節裏，之所以簡單介紹 RRKM 理論的基本涵義，就是希望能激發更多的有志學子參與化學動力學研究，尋找到一個更好、更完善、涵蓋面更廣的動力學理論模型。

例 7.3.1

一種單分子氣體在反應中混合著一種惰性氣體，應用 Lindemann 學說，用反應氣體的濃度、惰性氣體的濃度和各個涉及的反應速率常數項，來表示出這個反應生成物的反應速率方程式。

：設 A 是反應氣體，B 是惰性氣體，C 和 D 是生成物，A*代表活化能單分子

$$A + A \underset{k_{-1}}{\overset{k_1}{\rightleftharpoons}} A^* + A \tag{1}$$

$$A + B \underset{k_{-2}}{\overset{k_2}{\rightleftharpoons}} A^* + B \tag{2}$$

$$A^* \overset{k_3}{\longrightarrow} C + D \tag{3}$$

在穩定態狀態時，可得：

$$\frac{d[A^*]}{dt} = k_1[A]^2 - k_{-1}[A^*][A] + k_2[A][B] - k_{-2}[A^*][B] - k_3[A^*] = 0$$

$$\Rightarrow [A^*](k_{-1}[A] + k_{-2}[B] + k_3) = k_1[A]^2 + k_2[A][B]$$

$$\Rightarrow [A^*] = \frac{k_1[A]^2 + k_2[A][B]}{k_{-1}[A] + k_{-2}[B] + k_3} \tag{4}$$

但是 $\dfrac{d[C]}{dt} = \dfrac{d[D]}{dt} = k_3[A^*]$ \hfill (5)

將（4）式代入（5）式：

因此 $\dfrac{d[C]}{dt} = \dfrac{d[D]}{dt} = \dfrac{k_3(k_1[A]^2 + k_2[A][B])}{k_{-1}[A] + k_{-2}[B] + k_3}$

例 7.3.2

在 740°K，從丁烯-2 的順式-反式異構化這一單分子反應中得到如下數據：

[A]/10^{-5} mole · dm^{-3}	0.25	0.30	0.60	1.20	5.90
k(單)/10^{-5} s^{-1}	1.05	1.14	1.43	1.65	1.82

試求 k_∞ 及 k_1。

：由 Lindemann 學說導出的單分子反應速率常數為：

$$k(單) = \frac{k_1 k_3 / k_2}{1 + k_3 / k_2 [M]}$$

式中 $k_1 k_3 / k_2 = k_\infty$，在無惰性氣時，$[M] = [A]$，則：

$$\frac{1}{k(單)} = \frac{k_2}{k_1 k_3} + \frac{1}{k_1 [M]} = \frac{1}{k_\infty} + \frac{1}{k_1 [A]}$$

以 $\dfrac{1}{k(單)}$ 對 $\dfrac{1}{[A]}$ 作圖，可得一直線，斜率為 $\dfrac{1}{k_1}$，截距為 $\dfrac{1}{k_\infty}$。

將題給數據整理如下：

$\dfrac{1}{[A]}$ /10^5 mole^{-1} · dm^3	4.00	3.33	1.67	0.833	0.169
$\dfrac{1}{k(單)}$ /10^5 s	0.952	0.877	0.699	0.606	0.549

解得：$k_1 = \left(\dfrac{1}{0.106} \right) = 9.41 \, \text{mole}^{-1} \cdot \text{dm}^3 \cdot \text{s}^{-1}$

$$k_\infty = \left(\frac{1}{5.24 \times 10^4} \right) = 1.91 \times 10^{-5} \, \text{s}^{-1}$$

▪ 例 7.3.3 ▪

對於僅有一種反應物的 1 級反應，例如反應 A ⟶ B，F. A. Lindemann 提出單分子反應機構如下：

$$(a) \quad A + A \underset{k_{-2}}{\overset{k_2}{\rightleftharpoons}} A^* + A$$

$$(b) \quad A^* \xrightarrow{k_1} B$$

式中 A^* 為活潑中間產物

（1）用「穩定態近似法」導出 $\dfrac{d[B]}{dt} = \dfrac{k_1 k_2 [A]^2}{k_{-2} [A] + k_1}$

（2）當 $k_{-2}[A] \gg k_1$ 和 $k_{-2}[A] \ll k_1$ 時，分別為幾級反應？

導出「巨觀活化能」與基本反應活化能的關係？

：(1) 由反應機構可知 $\dfrac{d[B]}{dt} = k_1[A]^*$ (ㄅ)

按「穩定態近似法」可寫為：

$$\dfrac{d[A]^*}{dt} = k_2[A]^2 - k_{-2}[A]^*[A] - k_1[A]^* = 0$$

$\Rightarrow$ 推得：$[A]^* = \dfrac{k_2[A]^2}{k_{-2}[A] + k_1}$ (ㄆ)

將（ㄆ）式代入（ㄅ）式得：$\dfrac{d[B]}{dt} = \dfrac{k_1 k_2[A]^2}{k_{-2}[A] + k_1}$ (ㄇ)

(2) (i) 當 $k_{-2}[A] \gg k_1$ 時，（ㄇ）式簡化為：$\dfrac{d[B]}{dt} \cong \dfrac{k_1 k_2}{k_{-2}[A]}[A]^2 = k[A]$

式中 $k = \dfrac{k_1 k_2}{k_{-2}}$，$\therefore$ 可知：該反應為「1 級反應」。

又因 $k = \dfrac{k_1 k_2}{k_{-2}}$ $\Rightarrow$ $\ln k = \ln k_1 + \ln k_2 - \ln k_{-2}$（等號二邊取 $\ln$）

則 $\dfrac{d\ln k}{dT} = \dfrac{d\ln k_1}{dT} + \dfrac{d\ln k_2}{dT} - \dfrac{d\ln k_{-2}}{dT}$

依據（6.3）式，可知：

$$\dfrac{E_a}{RT^2} = \dfrac{E_{a,1}}{RT^2} + \dfrac{E_{a,2}}{RT^2} - \dfrac{E_{a,-2}}{RT^2} \Rightarrow \therefore E_a = E_{a,1} + E_{a,2} - E_{a,-2}$$

(ii) 當 $k_{-2}[A] \ll k_1$ 時，（ㄇ）式簡化為：

$$\dfrac{d[B]}{dt} \cong \dfrac{k_1 k_2}{k_1}[A]^2 = k_2[A]^2 = k'[A]^2$$

式中 $k' = k_2$ $\Rightarrow$ $\therefore$ 可知該反應為「2 級反應」

又因 $k' = k_2$ $\Rightarrow$ $\ln k' = \ln k_2$

則 $\dfrac{d\ln k'}{dT} = \dfrac{d\ln k_2}{dT}$

依據（6.3）式，可知：$\dfrac{E_a}{RT^2} = \dfrac{E_{a,2}}{RT^2}$ $\Rightarrow$ $\therefore$ $E_a = E_{a,2}$

■ 例 7.3.4 ■

The following values of the overall rate constant, k', were obtained for the decomposition of dimethyl ether：

Initial concentration/mmole $\cdot$ dm^{-3}	1.20	1.89	3.55	5.42	8.18
$10^4 k^1 / s^{-1}$	2.48	3.26	4.61	5.54	6.29

Use the data to demonstrate the validity of Lindemann theory and obtain the limiting value of k' at high pressure.

[University of Durham, B.Sc. (1st year)]

：Lindemann proposed that for a unimolecular reaction,

$$A \longrightarrow products,$$

The mechanism can be represented as follows：

$$A + A \underset{k_{-1}}{\overset{k_1}{\rightleftarrows}} A^* + A$$

$$A^* \xrightarrow{k_2} products$$

where A and A* are the normal and energized reactant, respectively.

Assuming a steady-state concentration of A*, it can be shown that the rate of reaction, r, is given by

$$r = \frac{k_1 k_2 [A]^2}{k_{-1}[A] + k_2} = k'[A]$$

where k' is the overall first-order rate constant.

Therefore, $k' = \dfrac{k_1 k_2 [A]}{k_{-1}[A] + k_2}$

At high pressures, $k_{-1}[A] \gg k_2$, and the overall rate constant limits to the value $k_\infty = k_1 k_2 / k_{-1}$

Taking reciprocals in the expression for k' gives

$$\frac{1}{k'} = \frac{k_{-1}}{k_1 k_2} + \frac{1}{k_1 [A]} = \frac{1}{k_\infty} + \frac{1}{k_1 [A]}$$

Therefore, a plot of $1/k'$ against $1/[A]$ will give a straight line of slope $1/k_1$ and intercept $1/k_\infty$.

$[A]$/mmole $\cdot$ dm^{-3}	$10^4\,k'/$s^{-1}	mmole $\cdot$ dm^{-3}/$[A]$	10^4 s^{-1}/k'
1.20	2.48	0.833	0.403
1.89	3.26	0.529	0.307
3.55	4.61	0.282	0.217
5.42	5.54	0.185	0.181
8.18	6.29	0.122	0.159

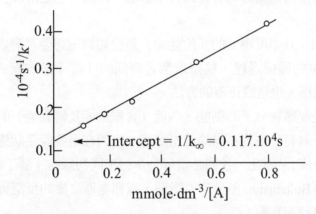

Since the graph is a straight line,

Lindemann theory is valid for this reaction and intercept $= 1/k_\infty = 0.117 \times 10^4$ s

giving $k_\infty = 8.55 \times 10^{-4}$ s^{-1}

7.4 位能面及古典力學之運動軌跡計算

說穿了，化學反應的實質意義就是指：〝反應物中原子之間的相互作用所導致的重新組合〞罷了。而這種相互作用也就是所謂的「相互作用位能」，在三維空間中的具體表現就是「位能面」（potential energy surface）。

「位能面」在「分子反應動力學」中被廣泛地應用。從一個已知的「基本反應」位能面，可以計算出這個反應的各種動力學參數，同時，也是解釋實驗現象的最好依據。

假定一個氣相「基本反應」的「位能面」是已知的，想要了解處於特定初態的反應分子之間所發生的碰撞過程，精確求解含時間的「薛丁格方程式（Schrodödinger equstion）」是最嚴格、也是最正確的方法。

而反應機率是反應物分子的動能、內能（含振動能及轉動能）的函數；在一定溫度下，反應物分子具有一系列不同的能量狀態，它們在這些能量狀態上的分佈是遵循「Boltzmann 熱分佈」。因此，我們必須解一系列不同初態的「薛丁格方程式」，然後把這些結果進行「Boltzmann 熱分佈」處理，這種處理之後的反應機率能夠正確地給出該反應的「反應速率常數」。

雖是如此，要解這種「薛丁格方程式」一般來說是相當困難，而且計算量也非常的龐大。一般變通而常用的方法就是：把原子的運動改用「古典力學」來處理。

在特定初態的反應物中，一個原子 A 所受到的作用力寫為：

$$F_A = -\frac{\partial V}{\partial X_A} \quad \left(\text{即 } 力 = \frac{能量}{位移}\right)$$

上式中 X_A 為 A 原子的座標；V 為反應物中原子之間的作用位能。

根據牛頓定律：F = ma，我們得到（m_A 為 A 原子的質量）：

$$-\frac{\partial V}{\partial X_A} = m_A \frac{\partial^2 X_A}{\partial t^2} \quad \left(\text{即 加速度} a = \frac{\partial^2 X_A}{\partial t^2}\right)$$

用數值法求解上述方程式，可以得到 A 原子在反應過程中、不同時間的座標值，這些座標值合起來就相當於〝A 原子的運動軌跡〞。於是，對反應物中所有原子做同樣的計算，然後經過適當的分析，我們可獲得關於這一反應過程的各種資料。對於所有可能的初態做一系列計算，把計算結果再做「Boltzmann 熱分佈」處理，如此一來，就能得到在一定溫度下的「反應速率常數」。

下面就以 A + BC ⟶ BC + C 反應為例，解釋其「運動軌跡圖」。

圖 7-10 和圖 7-11 是指 A 和 BC 在特定碰撞條件下、發生反應的運動軌跡圖。這裏假定碰撞角度剛好是180°，即 A 原子沿著 B—C 化學鍵方向向 B 原子運動，而剛開始時，BC 分子處於振動的「基本態」（即 $v = 0$）。

<1> 圖 7-10 跟蹤了原子間的距離隨時間的變化情形。

◎ 在 t = 0時，r_{BC} 恰為 BC 分子的平衡鍵長，A 原子在較遠的地方，還沒有和 BC 分子發生任何相互作用。

◎ 隨著時間發展，A 原子以一定的速度沿著 BC 化學鍵向 B 原子運動，即形成〝A → B—C〞情形。當 A 和 B 之間的距離小到一定值時（進入位能的有效範圍之內），碰撞發生了。

◎ 在這碰撞的一瞬間（約10^{-14}秒的數量級），反應發生了。這時 r_{AB} 的鍵長約在 AB 分子的平衡距離附近範圍內，而 r_{AC} 和 r_{BC} 快速增大，這說明 C 原子離開了產物 AB 分子，形成〝A—B……C〞的結果。

◎ 由圖 7.10，從產物 AB 分子的鍵長以較大的幅度在 r_{AB} 平衡鍵長附近振盪來看，可知：該反應生成的 AB 分子是處於「振動激發態」。

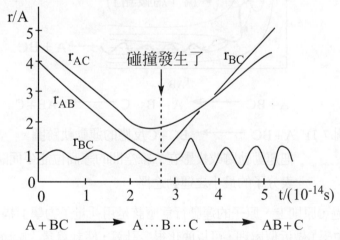

圖 7.10 原子間的鍵長在反應過程中隨時間的變化圖。

<2> 如果把這個運動軌跡投影在二維空間的等高位能平面上，見（圖 7-11），整個反應過程就更能夠形象化表示出來。

當 r_{AB} 漸漸地變小時，意謂著 A 原子向 BC 分子靠近。r_{BC} 鍵長在起初運動時，會有些小的振盪，這是由於 BC 分子具有「零點能」的緣故（因而導致「測不準原理」的現象發生）。當 r_{AB} 靠近「馬鞍點」（即「過渡態」）時，碰撞發生了，由於這裏反應途徑偏離了最小位能曲線路徑，以致偏離了「馬鞍點」，當從陡峭的位能壁上碰撞反彈回來，形成了處於「振動激發態」的產物 AB 分子。

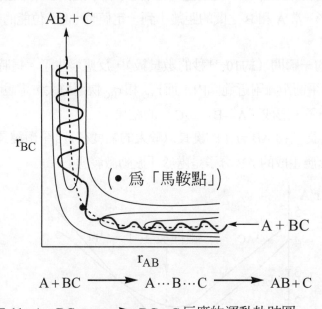

圖 7-11　A + BC ⟶ BC + C 反應的運動軌跡圖。
把運動軌跡改投影在二維空間的等高位能平面圖上。圖中虛線代表分子的最小之運動途徑。

前面已說過，原則上，原子的運動行為應該是用「量子力學」描述，才算正確。但是用「古典力學」做近似處理，可以簡化很多計算，使計算量大幅降低。「古典力學」計算的另一個明顯好處是：計算結果可以更加形象、生動地表示出來，容易使人理解。

在研究位能面的形貌、碰撞能量及反應物能量等因素對反應的影響時，由「古典力學」所求得的總趨勢往往和實驗結果相符合。也就是說，在表現化學反應的非量子力學方面，「古典力學」似乎是個不錯的工具。當然，「古典力學」計算不能給出反應的各種量子效應，（像是：「穿隧效應」，tunnel effect）。這些量子效應常發生在一些具有很多輕原子或分子參與的反應中。

下面我們討論一些「古典力學」計算所給出的對於化學反應的定性結論。

（一）反應位能面的內在性質對產物能量分配的影響：

「古典力學」計算結果證明，越是〝吸引型〞的「位能面」，反應所釋放的能量越能有效地轉化成產物分子的「振動能」，也就是會有更多的產物分子處於「振動激發態」。下面的簡單模型可以清楚說明這個結論。

在〝吸引型〞位能面上（見圖 7-12），A 原子向 BC 分子運動，A 原子在較遠處就開始和 BC 分子發生相互作用，產生初期能量的釋放，而這種能量釋放使得 B 朝 A 運動，導致 A—B 鍵生成，而 B—C 鍵斷裂，這時生成的 AB 分子具有較多的振動能，以致產物 AB 分子處於較高的振動激發態。

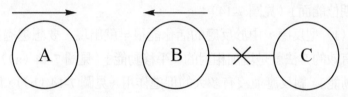

圖 7-12 當位能面為〝吸引型〞時，產物 AB 分子得到振動激發能。
x 號代表〝斷鍵〞。

如果位能面是〝排斥型〞時（見圖 7-13），當 A 向 BC 運動時，B—C 鍵開始拉長，而 A 和 B 間的距離漸漸縮短，在 A 和 B 非常靠近處，由於 A 原子的動能已轉化成位能，故此一碰撞運動基本上停止了，這時反應所釋放的能量，使得 AB 分子整體發生平移運動，而留下單獨的 C 原子，因而產生的 AB 分子具有較小的振動激發能。

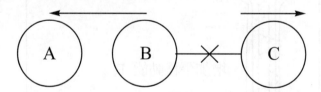

圖 7-13 當位能面為〝排斥型〞時，反應釋放能量於 AB 分子的平移運動上，因此產物 AB 分子具有較少振動激發能。x 號代表〝斷鍵〞。

這些定性的結論皆已被實驗所證實。如 $H + Br_2$ 反應位能面比 $H + Cl_2$ 更具有〝吸引型〞的特徵。因為，實驗測得該二反應的產物分子之振動能與反應總釋放能量的比值分別為 0.55（$H + Br_2 \longrightarrow HBr + Br$）和 0.39（$H + Cl_2 \longrightarrow HCl + Cl$）。由此可見：$H + Br_2$ 可以更有效地把反應釋放能量轉化成產物的振動能，所以 $H + Br_2$ 的位能面是屬於〝吸引型〞。

（二）　具有活化能的反應對反應物能量的選擇性要求

　　　　我們知道反應物分子具有「平移動能」和「內能」（振動能及轉動能）。研究化學反應裏〝反應物能量的選擇性〞，對於如何增加反應速率具有很重大的意義。

　　　　如果一個特定反應需要反應物分子處於「振動激發態」才能順利進行，那麼只是增加反應物分子的「平移動能」絕不能使反應有效進行，必須增加反應物分子的「內能」，也就是增加反應物分子的「振動能」，才能進一步增大反應速率。

這種對於反應物能量的要求，也就是我們下面所要討論的內容。

（I）型之「早期位能面」（見圖 7-14）：

　　　　對於（I）型反應，由於反應的活化能很早就出現，要想越過活化能而發生反應，最有效的方法就是增加相對的「平移動能」（見圖 7-14（a）），但增加反應物的「振動能」，對反應並沒有多大的促進作用（見圖 7-14（b）），所以從圖 7-14（b）可以看到：反應物分子只是在位能谷裏來回振盪，無法越過活化能，因此反應不能發生。

（I）型：〝「早期位能面」之模型〞

（a）

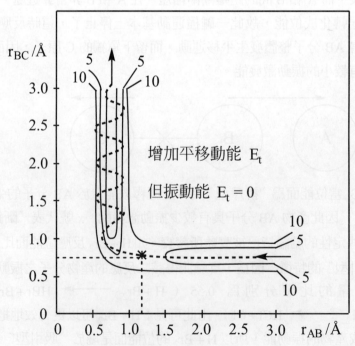

(b)

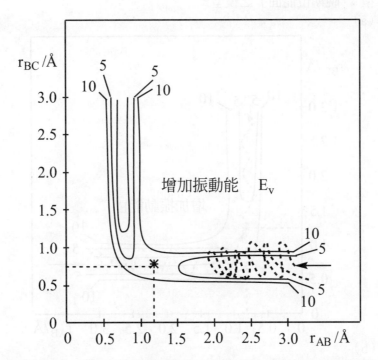

圖 7-14（I）型〝「早期位能面」之模型〞，又叫做〝吸引型〞位能面。位能面上〝＊〞代表著活化能的位置，圖上給出了「古典力學」之運動軌跡。這裏 A、B、C 原子的質量假定皆是相同。

（II）型之「晚期位能面」（見圖 7-15）：

但對 II 型位能面來說，情況完全不同。由於活化能出現在晚期，想要完成化學反應必須靠產物分子的相對平移動能，見圖 7-15（a）。但如果只是增加反應物分子的相對「平移動能」，則反應在陡峭的位能壁上會反彈回來，無法越過活化能，因此沒有化學反應發生（見圖 7-15（b））。反之，如果增加反應物的「振動能」，反而在位能面的轉彎處（即「馬鞍點」處），可以有效地轉化成產物的動能，進而越過「活化能」（見圖 7-15（a）），發生化學反應。

（**II**）型：「晚期位能面」之模型：

(a)

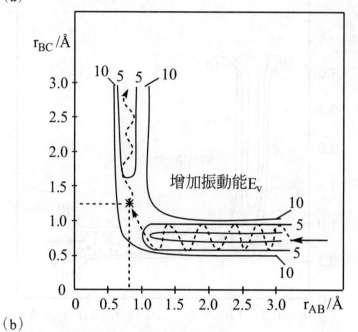

(b)

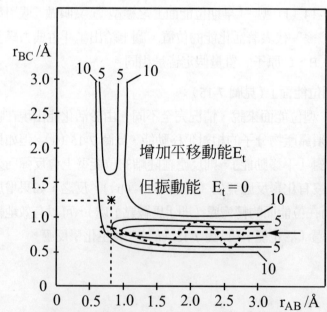

圖 7-15（**II**）型 〝「晚期活化能」之模型〞，又叫做 〝排斥型〞位能面。位
　　　能面上 〝✳〞 代表著活化能的位置，圖上給出了「古典力學」之
　　　運動軌跡。這裏 A、B、C 原子的質量假定皆是相同。

(三) 反應物分子的相對質量對於產物能量分配的影響

前面已討論了位能面的特徵對化學反應的影響。現進一步討論：考慮反應物分子之間不同的質量組合，對反應所釋放能量在產物分子的自由度之分配影響。

圖 7-16 給出兩種簡單的是反應模型。

當 A 原子的質量相對於 B 和 C 的原子質量來說很小時（見圖 7-16），由於 A 原子的快速運動，使得它能在反應能量釋放之前、很快達到 AB 分子的平衡鍵長，後來的釋放能量只是把 AB 整個分子彈出去，因而 AB 產物分子會有較多的平移動能和較少的振動能。

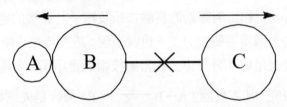

圖 7-16　A 原子質量相對於 B 和 C 很小的情況。

當 A 原子的質量相對於 B 和 C 的原子質量來說較大時（見圖 7-17），在 A 原子還沒有接近 BC 分子到足夠去形成 A—B 鍵時，大部分的 B—C 之間的排斥能會釋放出來，這時 B 原子會彈向 A 原子的方向，形成了處於振動激發態的 AB 產物分子。

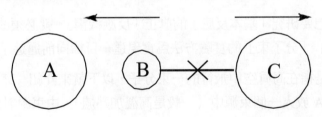

圖 7-17 A 原子相對質量於 B 和 C 很大的情況。

$H+Cl_2$ 的反應相當於第一種情形，只有反應總釋放能的 39%轉化為產物的「振動能」。而 $Cl+HI$ 的反應對應於後一種情況，有反應總釋放能的 71%轉化為產物分子的振動激發能。附帶一提的是，在這兩種情況，如果 A 原子不是剛好沿著 B—C 之化學鍵碰撞時，則產物 AB 分子得到可能只是轉動激發能。

7.5 微觀反應動力學簡介

「微觀反應化學動力學」（microscopic chemical kinetics）也稱做「分子反應動態學」（molecular reaction dynamics），又稱做「化學基本反應的動態學」（dynamics of chemical elementary reactions），是從分子的角度研究「基本反應」的微觀「反應機構」。它主要研究反應物分子如何碰撞，如何進行能量交換；碰撞時的反應機率與碰撞角度、相對平移動能（relative translational kinetic energy）等的關係，以及產物分子在它的各種平移（translation）、轉動（rotation）、振動（vibration）量子態上如何分佈。

「微觀反應化學動力學」最早建立於 1930 年代，但是直到 1960 年代，有了「分子束」（molecular beam）和雷射等新的實驗技術及電子計算機的應用發展之後，才開始逐漸成為動力學的一個重要研究分支。也就是說：近些年來「微觀反應化學動力學」的發展，在很大程度上是與「分子束」和雷射技術的應用與改進息息相關的。

要從分子角度研究「基本反應」A＋B ⟶ P，最好是先選好給定量子態的 A、B 分子，讓它們相互碰撞、生成一特定量子態的產物分子 P，這種反應就稱為「態到態反應」（state to state reaction）。如此一來，A、B 的反應機率只取決於碰撞角度。這在傳統動力學實驗中，是辦不到的。因為一般反應下的反應物分子總是處在「Boltzmann 熱平衡分佈」，而產物分子又由於周圍分子的碰撞可以達到既定溫度時的熱平衡，因而所測得的反應速率常數 k 對參與反應的物質而言只是一個統計平均值。

正因如此，想要研究「基本反應」的真正「反應機構」，就必須改變這種狀況，實行「態對態反應」。「分子束」的實驗方法為實現這一目標向前邁進了一大步。

「分子束」是指在高真空中飛行的一束分子，以下就來介紹〝交叉分子束實驗〞。

先把反應物 A 放入一個束源中（一般是高溫加熱爐），由束源射出的 A 分子經過狹縫後變為平行分子束，如圖 7.10 所示。

若使高壓氣通過狹縫突然以超聲速向真空腔膨脹，氣體消耗掉大量的內能，導致分子自身溫度降得很低，使其轉動和振動處於「基本態」（ground state）。「分子束」的速度可以根據需要做篩選，因此我們可以控制分子的平移動能；振動激發態也可用雷射的共振吸收，把分子激發到某一給定的振動態；分子的轉動和取向也可經由外加電場和磁場來控制。如此一來，至少在原則上有希望製備出處於某特定狀態的分子 A。這樣的 A 分子束與從另一個沿垂直方向射來的 B 分子束在散射中心 O 發生碰撞。產物分子 P 被散射到各個角度 θ，可用檢測器從各個方向進行檢測。由於整個操作全部

在高眞空中，所以由 O 點散射出的產物分子可以不經碰撞地到達檢測器，故這樣檢測到的產物分子均爲處於初生量子態的分子。

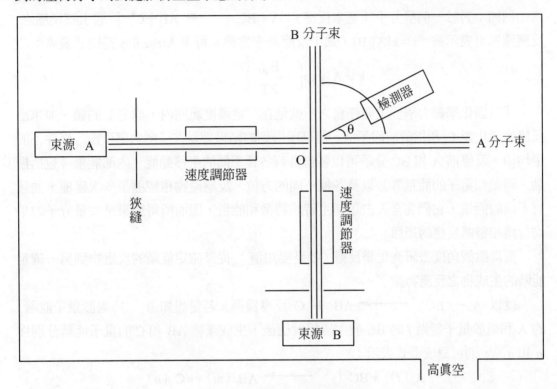

圖 7.10 交叉分子束實驗

　　由於技術上某些尚不能克服的原因，迄今能用「分子束」方法進行實驗的反應還算是少數，雖是如此，未來「分子束」技術對於動力學的發展卻是不可輕估的。

一、 分子碰撞與「態到態反應」（**state to state reaction**）

凡涉及兩個粒子間的反應必然經歷碰撞過程。

例如：對於一個雙分子「基本反應」：A＋BC ───→ AB＋C，巨觀上該反應之反應速率可表示為：r＝k[A][B]，式中反應速率常數 k 可用 Arrhenius 經驗式表達：

$$k = A \cdot \exp\left(-\frac{E_a}{RT}\right) \qquad (6.1a)$$

「巨觀化學動力學」主要任務之一就是在一定溫度範圍內，測定 k 的值、並求出反應的活化能 E_a 和指數前因子 A，但是所得到的結果都是在 〝熱力學平衡〞條件下的平均值。反應前 A 和 BC 分子可以各自具有各種不同的平移動能、內部能量（包括振動、轉動和電子的能量等）以及各種不同的方位。反應產物也經歷了多次碰撞，並且有不同的能量，它們完全失去了初生時的特徵和能量，因而所得結果是大量分子的平均行為和整體反應的規律。

而從微觀角度去研究化學反應，就是要知道 〝 從某確定能階的反應物到另一確定能階的生成物之反應特徵 〞。

就以 A ＋ BC ───→ AB ＋ C 反應為例，若是想知道 〝 將處於量子能階 i 的 A 和處於量子能階 j 的 BC 發生碰撞反應後，生成產物 AB 和 C 的量子能階分別為 m 和 n 〞，則可寫成下式表示：

$$A(i) + BC(j) \longrightarrow AB(m) + C(n)$$

這種確定反應前後能階的反應就稱為「態到態反應」（state to state reaction），這樣的反應只能靠個別分子的單次碰撞來完成，因此需要從微觀分子的角度來處理問題。

────────────────────────────────────

分子的碰撞可以區分為「彈性碰撞」、「非彈性碰撞」和「反應碰撞」。前兩種碰撞不會發生化學變化，後一種碰撞則會引起化學反應。

<ㄅ>在「彈性碰撞」過程中，分子之間由於可以交換平均動能，所以碰撞前後分子的速度發生了變化，但總的平移動能是守恆的。而在「彈性碰撞」中，分子的內能（轉動、振動及電子能量等）保持不變。分子間平移動能的交換速率很快，在大量分子的平衡體系中，分子的能量和運動速率分佈遵從「Maxwell－Boltzmann 分佈定律」。

<ㄆ>在「非彈性碰撞」過程中，分子平移動能可以與其內部的能量相互交換（雖然這種的交換速率是比較慢），以致「非彈性碰撞」前後的平均動能不守恆，而分子的轉動能之間的交換速率又較快，大約在幾次碰撞（甚至是每次碰撞）中，

　　就會有一次碰撞出現轉動能的交換，因此分子的轉動、振動以及電子態之間的「Boltzmann 能量分佈」靠分子的「非彈性碰撞」維持。

<ㄇ>在「反應碰撞」中，不但有平均動能與內部能量的交換，同時分子的完整性也由於發生了化學反應而產生變化，如果反應速率很快，整個體系就可能來不及維持平衡態的「Boltzmann 能量分佈」。

　　從「微觀反應化學動力學」的實驗，我們可以測知特定能階與能階之間的反應，這在「巨觀化學動力學」（又稱「古典化學動力學」）實驗中是辦不到的。前面已說過，這是因為在一般的條件下，後者實驗的反應物和產物之能階並不是單一的，而是呈「Boltzmann 能量分佈」之熱平衡關係。

　　為了選擇反應物分子的某一特定量子能階，需要一些特殊的裝置（如：雷射光、產生分子束裝置），同時對於產物的能階也需要用特殊的檢測器以進行檢測分析。方法見表 7.1 和表 7.1。

表 7.1　分子束實驗中如何製備特定量子能階

選擇特定量子能階	方法和裝置
平移動能或運動動速度	速度調節器、超聲波噴管技術
轉動能	非均勻電磁場
振動能	雷射選擇激發
電子能	雷射激發或電子轟擊
分子碰撞方位	非均勻電磁場聚焦（Stark 效應等） 偏振雷射激發

表 7.2　檢測散射分子

檢測項目	常用方法
散射強度	四級質譜儀
散射角度分佈	四級質譜儀
平移動能或運動速度	飛行時間技術
轉動能	化學發光、雷射誘導螢光、雷射多光子電離質譜儀
振動能	化學發光、雷射誘導螢光、雷射多光子電離質譜儀
電子能	光譜

二、　直接碰撞反應和形成錯合物的碰撞反應

在「分子束」實驗中，主要的測量參數就是：產物分子的速度分佈及角度分佈（即產物分子流與角度 θ 的關係）。從這兩個物理量，可以得到一些由傳統動力學實驗所不能得到的關於「基本反應」微觀「反應機構」的資料。

實驗測得的產物之角度分佈會因反應不同而有所不同，故呈明顯的特徵；也就是說，不同產物的角度分佈會對應著不同類型的反應碰撞。

在「質心座標系」下，反應後的產物有的集中在前半球，有的集中在後半球，也有的是對稱地分佈在前後半球中（所謂「質心座標系」是以互撞分子的質心做為原點而做圖。如果設想觀察者坐在質心上，且觀察兩個分子的碰撞，則他將看到兩個分子總是沿著一條通過質心的直線、從相反的方向相互趨近）。

若生成產物的角度分佈在某些方向特別集中，這代表著：由於反應碰撞時間過短，短到小於分子自身的轉動週期（10^{-12} s），以致正在碰撞的反應物沒有足夠的時間完成數次轉動，反應過程卻早已結束，這種碰撞就稱為〝直接碰撞反應〞。目前的實驗結果指出，大致上〝直接碰撞反應〞可區分以下數種：

─────────────────────────────

〔I〕「搶奪模型」（**stripping model**）

例如：$K + I_2 \longrightarrow KI + I$

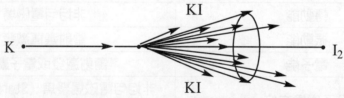

產物分子（KI）的散射方向與原子 K 的入射方向一致，呈〝向前散射〞，如上圖所示。猶如 K 原子在前進方向上與 I_2 相遇時，摘取了一個 I 原子而繼續向前，因此這種〝向前散射〞的〝直接碰撞反應〞之動態模型就稱為「搶奪模型」。

◎ K 和 I_2 的反應可以推廣到鹼金屬原子 M 和鹵素 X_2 的反應，該反應過程實際是一個電子轉移的過程，因為鹵素原子 X 的電子親合力較大，而鹼金屬的游離能又不是很大，所以在 M 與 X 相距較大時，電子轉移可能早已完成

$$M + X_2 \longrightarrow M^+ \cdot X_2^-$$

鹼金屬 M 很容易拋出價電子給一個鹵素分子 X_2，就像把魚叉投向魚一樣，進而形成離子對（$M^+X_2^-$），由於電子質量很小，這種電子轉移即使在反應物相距 0.1 nm 以上時，也是可能發生的。然後由於庫倫引力（像一根繩子）將鹵素離子 X^-（魚）拉回來，形成穩定的 MX 分子而推斥另一個 X 原子，這種反應機構被稱做為「魚叉機構」（harppon mechanism）。

〔**II**〕「回彈模型」（**rebound model**）

例如：K＋CH₃I ⟶ KI＋CH₃

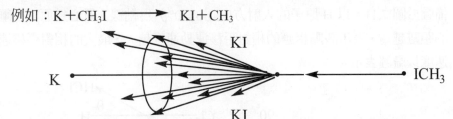

上述反應的產物 KI 分佈與先前〔**I**〕反應不大相同，KI 分子的散射優勢方向與 K 原子的入射方向相反，這是一種〝向後散射〞的〝直接碰撞反應〞，稱為「回彈模型」，如上圖所示。

〔**III**〕形成「中間活化錯合物」的反應

例如：Cs＋SF₆ ⟶ CsF＋SF₅

其產物的角度分佈前後左右都有，在空間中向各方向同時散射開來，如上圖所示。這是由於在反應過程中，反應物分子相互碰撞後生成一個壽命較長的「活化錯合物」，在它分解成產物之前，它已經歷過多次的轉動，因而產物分子呈對稱性散射狀分佈，即產物在空間的各個方向之出現機率均等；而不會形成像上述 **[I]** 和 **[II]** 那樣的不對稱散射分佈、以致產物在空間某些方向出現的機率特別大。

在此，我們不可能定量地敘述反應過程的細節，僅從以上的定性敘述中，便可以看出：產物的角度分佈與「基本反應」的微觀過程之間是密切相關的。

以上對於分子反應動力學原理及實驗作了簡單介紹。「分子反應動態學」這門新興學科，隨著科學技術日新月異的突破及人們對分子反應位能面認識的不斷加深，必將得到更大更快的發展。正如諾貝爾化學獎得主 John C. Polanyi 所說的那樣：「分子反應動態學」的偉大史詩，還有待後繼者繼續譜寫下去。

【例 7.1】在「質心座標系」下，反應 $H + Cl_2 \longrightarrow HCl + Cl$ 的產物 HCl 散射角度分佈圖於圖 7.11。以 H 原子的入射方向（$\theta = 0°$）為軸線。質心為原點，離質心距離越遠，表示該點相應的相對平移運動速度越大，最大的相對平移運動速度以虛圓表示。

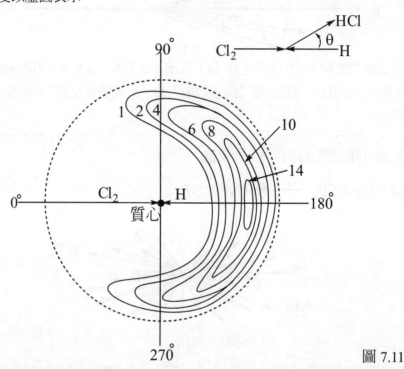

圖 7.11

由圖 7.11 可知：

（1） 相對於 H 原子的入射方向，產物 HCl 分子的散射方向主要是〝向後散射〞，故本反應是屬於〝向後散射〞的「回彈模型」。

（2） 圖中數字大小（即 1、2、4、6、8、10、14）代表 HCl 分子的密度高低。產物 HCl 分子的密度最高區出現在散射角 $\theta = 180°$ 附近，故可推測該反應的「活化錯合物」最可能的幾何構型是〝直線型〞。又因為產物 HCl 分子的角度分佈強烈傾向於某一個方向（即 $\theta = 180°$ 附近），故推測其「活化錯合物」的壽命比反應物自身轉動週期（$\sim 10^{-12}$ s）還來得短。

（3） 從密度最高區很靠近大虛圓，可推測總能量中相對平移動能所佔的比例較大。

從能量分佈圖朝向散射角 $\theta = 180°$ 附近來看，可進一步推測：該反應位能面上的「能障」位置應是座落於〝反應過程的晚期〞。

【例 7.2】在「質心座標系」下，反應 $F + H_2 \longrightarrow HF(v', j') + H$ 的產物 $HF(v', j')$
散射角度分佈圖於圖 7.12。以 F 原子的入射方向（$\theta = 0°$）為軸線。相對於
F 原子的入射方向，產物 $HF(v' = 2)$ 主要是〝向後散射〞，而產物 $HF(v' = 3)$
主要是〝向前散射〞。

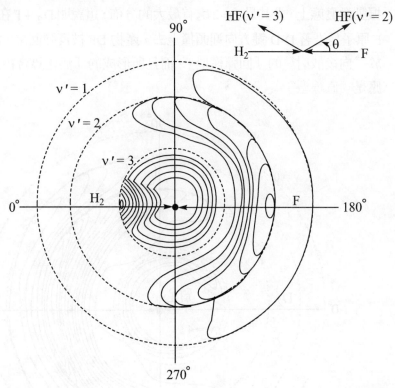

圖 7.12

【例 7.3】在「質心座標系」下，反應 $F + D_2 \longrightarrow DF + D$ 的產物 DF 散射角度分佈圖於圖 7.13。以 F 原子的入射方向（$\theta = 0°$）為軸線。F 和 D_2 的起始相對碰撞能量是 $7.62 \, kJ \cdot mole^{-1}$。以質心為圓點的虛圓代表著產物 DF 在已知振動態時的最大相對運動速度。從圖上可以看到，大部分產物分子 DF 處於振動激發態上，尤其是 $\nu = 2$ 處有最大的分佈，這說明 $D_2 + F$ 在進行反應時，F 原子是沿著 D-D 鍵方向迎頭撞上去，產物 DF 被反彈回來，故本反應是屬於〝向後散射〞的「回彈模型」。而且所形成的「活化錯合物」之幾何構形應是〝直線型〞。

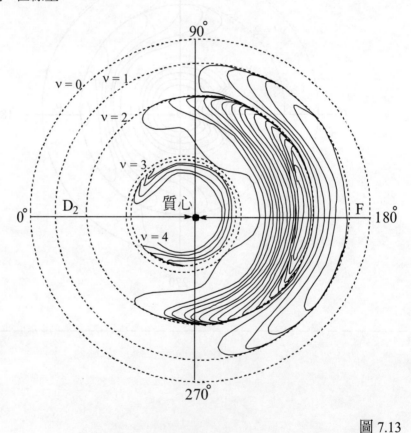

圖 7.13

【例 7.4】在「質心座標系」下，反應 A+BC ⟶ AB+C 的產物 AB 散射角度分佈圖於圖 7.14。以 A 原子的入射方向（θ=0°）為軸線。圖上的數目（像 10、20、30、40、50）代表著該同心圓上測得產物分子的相對數目，亦可視為產物分子出現的密度區。

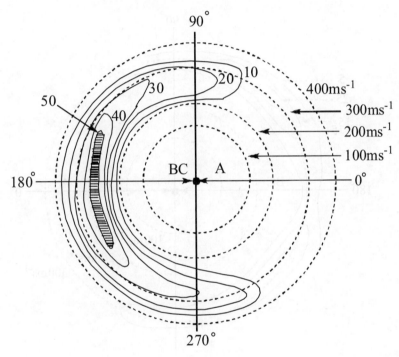

圖 7.14

由圖 7.14 可知：

（1）　相對於反應物 A 原子的入射方向，產物 AB 分子的散射方向主要是〝向前散射〞，故本反應是屬於〝向前散射〞的「搶奪模型」。

（2）　產物分子的散射方向最可能出現在散射角 θ=180°附近。

（3）　產物分子出現的最大可能速度是約 250ms⁻¹。

（4）　產物分子的密度最高區出現在標記 50 的同心圓部位。

（5）　產物分子散射方向最不可能出現在第一及第四象限。

【例 7.5】在「質心座標系」下，反應 A + BC ⟶ AB + C 的產物 AB 散射角度分佈圖於圖 7.15。以 A 原子的入射方向（θ = 0°）爲軸線。圖上的數目（像 5、15、25）代表著該同心圓測得產物分子的相對數目，亦可視爲產物分子出現的密度區。

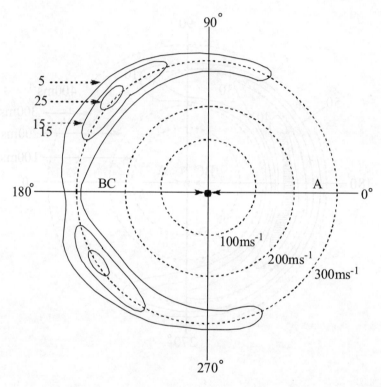

圖 7.15

由圖 7.15 可知：

（1）　相對於反應物 A 原子的入射方向，產物 AB 分子的散射方向主要是〝向前散射〞，故本反應是屬於〝向前散射〞的「搶奪模型」。

（2）　產物分子的散射方向最可能出現在約散射角 θ = 150° 及 210° 附近。

（3）　產物分子出現的最大可能速度是 $300 ms^{-1}$。

（4）　產物分子的密度最高區出現在標記 25 的同心圓部位。

（5）　產物分子的散射方向最不可能出現在第一及第四象限。

【例 7.6】在「質心座標系」下，反應 A＋BC ⟶ AB＋C 的產物 AB 散射角度分佈圖於圖 7.16。以 A 原子的入射方向（θ＝0°）為軸線。圖上的數目（像 10、15、20、25、30）代表著該同心圓測得產物分子的相對數目，亦可視為產物分子出現的密度區。

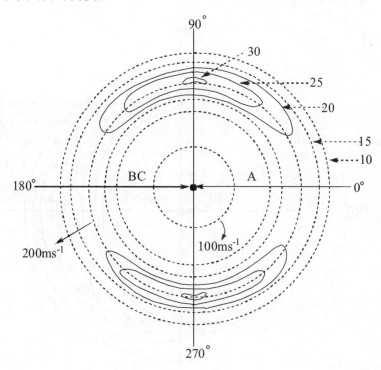

圖 7.16

由圖 7.16 可知：

（1）　產物分子的散射方向最可能出現在散射角 θ＝90°及 270°附近。

（2）　產物分子出現的最大可能速度是 200ms⁻¹。

（3）　產物分子的密度最高區出現在標記 30 的同心圓部位。

（4）　產物分子的散射方向最不可能出現在散射角 θ＝0°及 180°附近。

（5）　由於產物分子的密度最高區出現在散射角 θ＝90°及 270°附近，故推測其「活化錯合物」的最可能幾何構形為〝彎曲型〞。

（6）　由於產物分子的角度分佈頗為對稱，故推測其「活化錯合物」的壽命比反應物的自身轉動週期要來得長。

- -

【例 7.7】在「質心座標系」下，反應 A＋BC ⟶ AB＋C 的產物 AB 散射角度分佈圖於圖 7.17。以 A 原子的入射方向（θ＝0°）為軸線。圖上的數目（像 10、20、30、35、40）代表著該同心圓測得產物分子的相對數目，亦可視為產物分子出現的密度區。

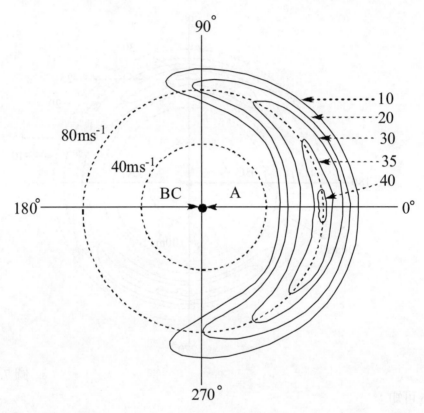

圖 7.17

由圖 7.17 可知：

（1） 相對於 A 原子的入射方向，產物 AB 分子的散射方向主要是〝向後散射〞，故本反應是屬於〝向後散射〞的「回彈模型」。

（2） 產物分子的散射方向最可能出現在散射角 θ＝0° 附近。

（3） 產物分子出現的最大可能速度是約 80ms⁻¹。

（4） 產物分子的密度最高區出現在標記 40 的同心圓部位。

（5） 產物分子的散射方向最不可能出現在第二及三象限。

- -

【例 7.8】在「質心座標系」下，反應 A + BC ⟶ AB + C 的產物 AB 散射角度分佈圖於圖 7.18。以 A 原子的入射方向（θ = 0°）為軸線。圖上的數目（像 5、10、15）代表著該同心圓測得產物分子的相對數目，亦可視為產物分子出現的密度區。

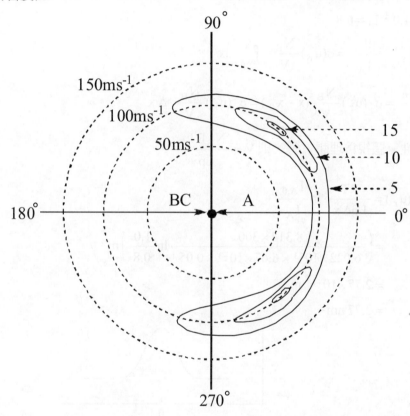

圖 7.18

由圖 7.18 可知：

（1）　相對於 A 原子的入射方向，產物 AB 分子的散射方向主要是〝向後散射〞，故本反應是屬於〝向後散射〞的「回彈模型」。

（2）　產物分子的散射方向最可能出現在約散射角 θ = 60° 及 300° 附近。

（3）　產物分子出現的最大可能速度是約 100 ms⁻¹。

（4）　產物分子的密度最高區出現在標記 15 的同心圓部位。

（5）　產物分子的散射方向最不可能出現在第二及第三象限。

■ 例 **7.5.1** ■

一股分子束通過一個長爲 5 cm 的室，其中含有 $300°K$、6.67×10^{-3} P_a 壓力下的惰性氣體，束強度減弱 20%。試求分子與惰性氣體的碰撞截面積是多少？

：設分子束初強度爲 $I_{A,0}$，通過長爲 $\Delta x = 0.05$ m 的室後，強度爲 I_A；則由題意可知：

$I_{A,0} = 1.0$，$I_A = 0.8$

因 $-\int_{I_{A,0}}^{I_A} \dfrac{dI_A}{I_A} = \sigma(u_r) \dfrac{N_B}{V} \cdot \int_{x_0}^{x} dx$

$\ln \dfrac{I_{A,0}}{I_A} = \sigma \cdot (u_r) \dfrac{N_B}{V}(x - x_0) = \sigma \cdot (u_r) \dfrac{N_B}{V} \cdot \Delta x$

將惰性氣體視爲理想氣體，則 $V = \dfrac{N_B RT}{Lp}$

故 $\sigma \cdot (u_r) = \dfrac{RT}{Lp\Delta x} \cdot \ln \dfrac{I_{A,0}}{I_A}$

$= \left(\dfrac{8.314 \times 300}{6.022 \times 10^{23} \times 6.67 \times 10^{-3} \times 0.05} \cdot \ln \dfrac{1.0}{0.8} \right) m^2$

$= 2.77 \times 10^{-18} \ m^2$

$= 2.77 \ nm^2$

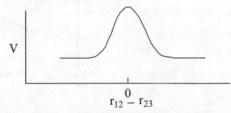

■ 例 **7.5.2** ■

如上所述，碰撞物質的最可幾相對速率是 $1600 \ m \cdot s^{-1}$。截面隨相對速度而變，$\sigma \cdot (u_r) = (常數) \cdot u_r^{-1/2}$。若分子束最可幾相對速度選擇爲 $400 \ m \cdot s^{-1}$。惰性氣體的分子束厚 1 mm，濃度爲 3×10^{12} 分子 $\cdot cm^{-3}$。從束中散射的分子占多少百分數？

：由題意可知：

$$\sigma_2 \cdot (u_{r,2}) = \sigma_1 \cdot (u_{r,1}) \cdot \left(\frac{u_{r,2}}{u_{r,1}}\right)^{-1/2} = \left[2.77 \times \left(\frac{400}{1600}\right)^{-1/2}\right] nm^2 = 5.54 \times 10^{-18} \ m^2$$

$$\frac{N_B}{V} = 3 \times 10^{18} 分子 \cdot m^{-3}，\Delta x = 0.001 \ m$$

由上題結果可得：

$$\ln \frac{I_{A,0}}{I_A} = \sigma \cdot (u_r) \frac{N_B}{V} (x - x_0) = \sigma \cdot (u_r) \frac{N_B}{V} \cdot \Delta x = 5.54 \times 10^{-18} \times 3 \times 10^{18} \times 0.001$$

$$= 0.01662$$

$$則 1 - \frac{I_A}{I_{A,0}} = 1 - \exp(-0.01662) = 0.0165$$

即從束中散射的分子占 1.65%。

第八章 表面化學與催化化學

8.1 固體表面上的吸附作用

「吸附」一般是指物質在兩相界面濃集的現象，其中以固體表面的「吸附」為重要。像液體表面一樣，固體表現的原子或離子具有「剩餘力場」，可以「吸附」氣體或液體。這種「吸附現象」很早就為人們能認識，如：大陸的長沙馬王堆漢墓裏就採用了木炭做為防腐層和吸濕劑，這說明中國早在兩千多年以前對「吸附」的應用已具相當水準。如今，「吸附」的應用遍及各個領域，在工農業生產和日常生活中發揮著重要作用。如：產品的去雜質、貴重金屬與天然物的分離和提純、石油加工、藥物有效成份的「吸附」與控制釋放、污水處理、空氣淨化、催化合成等等。

1. 物理吸附與化學吸附

根據「吸附分子」與固體表面間的作用力之不同性質，可以把「吸附」分為兩類，即「物理吸附」（physical adsorption）和「化學吸附」（chemical adsorption）。

〔I〕 「物理吸附」時，氣體分子靠「Van der Waals Force」吸附在固體表面，不會產生化學鍵的生成與斷裂。由於「Van der Waals Force」作用弱，所以「吸附熱」較小，一般小於 20 kJ · mol^{-1}。

◎「物理吸附」既可以是單分子層也可以是多分子層，分子間的「Van der Waals Force」原本是普遍存在的，所以「物理吸附」沒有選擇性。

◎ 此類「物理吸附」基本上不需要「活化能」（即使需要也很少），吸附速率和解離速率都很快，且一般不受溫度的影響。

◎「物理吸附」一般用來研究固體物質的表面結構和性質，例如：測定固體的表面積、孔徑分佈等。

〔II〕 「化學吸附」類似如「化學反應」。氣體分子與固體表面的活性中心形成了與化學鍵相似的吸附鍵，生成表面物種。因此「吸附熱」與化學反應熱相當。例如：O_2 在 W（鎢）金屬上的「吸附熱」為 8.12 kJ · mol^{-1}，而 O_2 與 W 生成 WO_3 的反應熱是 808 kJ · mol^{-1}。

◎「化學吸附」是單分子層吸附，具有選擇性，一般有較大的「活化能」，吸附速率與解離速率都較小，且受溫度的影響較大。也就是說：低溫時「化學吸附」很慢，這時「物理吸附」佔優勢；當溫度逐漸升高時，「化學吸附」逐漸代替「物理吸附」而佔優勢。參考圖 8.1。

◎「物理吸附」與「化學吸附」的比較參見表 8.1。

表 8.1 「物理吸附」與「化學吸附」的比較

吸附特性	物理吸附	化學吸附
吸附力 （兩類吸附的本質區別）	Van der Waals Force	化學鍵力
吸附程度	弱吸附 (類似氣體液化和蒸氣凝聚)	強吸附 (可形成吸附化學鍵)
吸附熱（焓）	放熱少 (一般為 $1 \sim 20$ kJ $\cdot$ mol^{-1}，接近氣體液化熱)	放熱較多，(一般為 $40 \sim 400$ kJ $\cdot$ mol^{-1} 左右，也有 800 kJ $\cdot$ mol^{-1}，接近化學反應熱)
選擇性	無	有
吸附分子層	單分子層或多分子層	單分子層
活化能	不需要或很少	活化吸附需要活化能。 非活化吸附則不需要活化能
吸附穩定性	不固定位，吸附不穩定、易解離	固定位吸附，較穩定，不易解離。
吸附速率與解離速率	吸附較快，受溫度影響小。且解離快，易脫附（脫離吸附）	吸附較慢，也難解離。溫度升高可使吸附、解離速率加快

必須指出的是：雖然「化學吸附」是單分子層的，但在「化學吸附」層上有時也可以繼續發生多分子層的「物理吸附」。

「化學吸附」是氣體－固體催化反應的前置步驟，常用於描述氣－固催化反應動力學行為。

用吸收光譜可以鑑別：分子在固體表面上是發生「物理吸附」，還是「化學吸附」。

◎即若在紫外及紅外光譜區，出現新的特徵吸收帶，便可說明存在「化學吸附」。

◎而「物理吸附」只能使原吸附分子的特徵吸收帶出現某些位移或者在強度上有所改變，但不會產生新的特徵光譜帶。

「物理吸附」與「化學吸附」的本質區別如圖 8.1 所示的位能曲線來表示。途中曲線 p 表示固體金屬 M（如：Ni）與雙原子分子氣體 X_2（如：H_2）之間的物理作用能，曲線 C 表示化學作用能。曲線 p 表明分子不發生解離時「物理吸附」、「活化能」基本

是上爲零，吸附熱較小。「物理吸附」往往是「化學吸附」的前置步驟，即分子在固體表面由「物理吸附」轉變爲「化學吸附」，其能量曲線由曲線 p 和 C 組合而成，雙曲線的交點對應的能量即爲「化學吸附活化能」。吸附熱由圖可以看出，如果在「化學吸附」之前不存在「物理吸附」的話，則「化學吸附活化能」將等於氣體分子 X_2 的離解能，顯然「物理吸附」的存在對「化學吸附」產生很重要的促進作用。

一、 碰撞理論與 **Arrhenius** 公式的比較

（1） 反應臨界能 E_c 與 **Arrhenius** 活化能 E_a 的關係

根據 Arrhenius 活化能 E_a 的定義（見（6.3）式）：

$$E_a = RT^2 \frac{d\ln(k)}{dT} \tag{6.3}$$

將（7.16）式代入上式，整理可得：

$$E_a = RT^2 \cdot \left(\frac{1}{2T} + \frac{E_c}{RT^2}\right) = \frac{1}{2}RT + E_c \tag{7.18}$$

上式意思是說：E_a 與 E_c 之間相差 $\frac{1}{2}RT$。如果 $E_c \gg \frac{1}{2}RT$，（一般來說，E_a 約爲 100 kJ·mole^{-1}，$\frac{1}{2}RT$ 約爲 2 kJ·mole^{-1}）則可認爲 $E_a \approx E_c$，但兩者物理意義完全不同：

◎ E_a 是指：1 莫耳活化分子的平均能量($\overline{E^*}$)與 1 莫耳反應物分子的平均能量($\overline{E_r}$)之差。

◎ E_c 是指：1 莫耳反應物分子發生有效碰撞時，相對「平移動能」在質心連線上的分量所必須超過的「臨界能」（threshold energy）。E_c 值是由分子性質決定，且 E_c 與溫度 T 無關，而 E_a 則與溫度 T 有關。

（2） 指數前因子 **A**

若將（7.18）式的 $E_c = E_a - \frac{1}{2}RT$ 代入（7.16）式，則（7.16）式可改寫爲：

$$k(T) = \pi d_{AB}^2 \cdot L \cdot \sqrt{\frac{8RT}{\pi \mu}} \cdot \exp\left[\frac{-(E_a - RT/2)}{RT}\right] = \pi d_{AB}^2 \cdot L \sqrt{\frac{8RT \cdot e}{\pi \mu}} \cdot \exp\left(-\frac{E_a}{RT}\right)$$

$$= d_{AB}^2 \cdot L \cdot \sqrt{\frac{8RT \cdot e\pi}{\mu}} \cdot \exp\left(-\frac{E_a}{RT}\right) \tag{7.19}$$

同理將（7.18）式代入（7.17）式，整理後也可得：

$$k(T) = 2\pi\, d_{AA}^2 \cdot L \cdot \sqrt{\frac{RT \cdot e}{\pi\, M_A}} \cdot \exp\left(-\frac{E_a}{RT}\right) \tag{7.20}$$

$$(\because \exp(\frac{1}{2}) = e^{\frac{1}{2}} = \sqrt{e}\ \text{且}\ d_{AB} = r_A + r_B\,)$$

上式中 e＝2.718，是自然對數的底。

將（7.16）式和 Arrhenius 經驗式之（6.1a）式：$k = A \cdot \exp(-\frac{E_a}{RT})$ 相比較，可得

「指數前因子」A 的理論表達式為：

$$A = \pi\, d_{AB}^2 \cdot L \cdot \sqrt{\frac{8RT \cdot e}{\pi\, \mu}} \tag{7.21a}$$

（7.21a）式為二種不同氣體分子的「指數前因子」A 之理論表達式。

同理，對於同樣都是 A 分子的雙分子反應，將（7.18）式代入（7.17）式，且和（6.1a）式相比較，整理可得：

$$A = 2\pi\, d_{AA}^2 \cdot L \cdot \sqrt{\frac{RT \cdot e}{\pi\, M_A}} \tag{7.22}$$

（7.22）式為同種氣體分子的「指數前因子」A 之理論表達式。

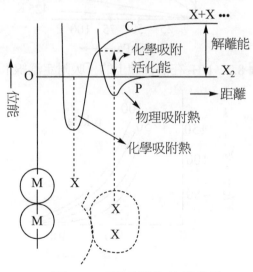

圖 8.1　兩種吸附的位能曲線

2. 吸附曲線

描述吸附系統中吸附能力的大小，往往採用吸附平衡時的「吸附量（Γ）」來標誌。「吸附量」定義是：在一定 T、p 下，氣體在固體表面達到吸附平衡時，單位質量的固體所吸附的氣體體積（V）（一般換算成 273.15 K、101.325 Kp$_a$ 下的體積）或物質的量（n）。

$$\Gamma_V \xlongequal{def} \frac{V}{m}, \quad \Gamma_n \xlongequal{def} \frac{n}{m} \tag{8.1}$$

實驗表明，對於一個給定的吸附系統，其吸附量與溫度、氣體壓力有關。即 Γ＝f（T，p）。左式中因有三個變量，常固定一個變量，測出其它兩個變量間關係，則可繪得相對應吸附曲線。

(a) 當 T 固定時，則 Γ＝f(p)，獲得「吸附定溫線」。

(b) 當 p 固定時，則 Γ＝f(T)，獲得「吸附定壓線」。

(c) 當 Γ 固定時，則 p＝f(T)，獲得「吸附等量線」。

以下圖 8.2～圖 8.4 分別爲 NH$_3$ 在活性碳上的定溫、定壓、等量吸附曲線圖。

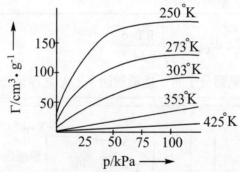

圖 8.2 NH$_3$ 在活性碳上的「吸附定溫線」

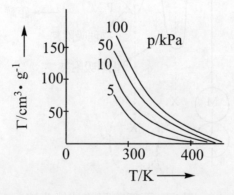

圖 8.3 NH$_3$ 在活性碳上的「吸附定壓線」

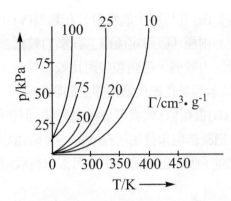

圖 8.4　NH$_3$ 在活性碳上的「吸附等量線」

　　顯然的，上述的三種吸附曲線是相互關連的，從一種曲線可轉化為另一種曲線。最常用的是「吸附定溫曲線」，Brunaur 將「吸附定溫線」區分為五種類型，如圖 8.5 所示。

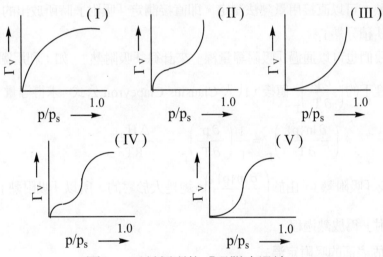

圖 8.5　五種類型的「吸附定溫線」

類型(I)（例如：78°K 時 N$_2$ 在活性碳上的吸附）

　　　　表現吸附量隨壓力的升高很快達到一個極限值 V$_m$，這種類型稱為 Langmuir 型（簡稱 L 型）。「L 型吸附」是單分子層的，極限值 V$_m$ 代表明以單分子蓋滿了固體吸附表面，吸附量不再增加。

類型(II)（例如：78°K 時 N$_2$ 在矽膠上或鐵催化劑上的吸附）

　　　　表現固體表面上的多分子層之「物理吸附」，低壓時為單分子層吸附，高壓時形成多分子層吸附。這種吸附類型比較常見，通常又稱「S 型定溫線」。

類型(III)（例如：352°K 時 Br_2 在矽膠上的吸附）和**類型(V)**（例如：373°K 時水蒸氣在木炭上的吸附）兩種「吸附定溫線」在壓力較低部份都是向上凹的，說明單分子層中的吸附力較弱，這兩類吸附比較少見。

類型(IV)（例如：323°K 時苯蒸氣在氧化鐵凝膠上的吸附）

低壓部份與**類型(II)**很相似，代表單層吸附較快，但在較高壓力部份與**類型(V)**相似，表示有毛細凝結現象發生。在 $p/p_s \to 1$ 時趨於飽和，這個飽和值相當於吸附劑的孔充滿了吸附質液體，由此可以求得吸附劑的孔體積。

3. 吸附熱

〝「吸附」過程的熱效應〞稱為「吸附熱」。

氣體或蒸氣分子在固體表面上的「吸附」是固體表面 Gibbs energy (ΔG)減少的過程，同時也是 entropy 值 (ΔS) 減少的過程，由公式 ΔG＝ΔH＋TΔS 可知：吸附過程一般是放熱的。

「吸附熱」可以直接用量熱法測定，即直接測定「吸附」時所放出的熱量，這樣所得到的是「積分熱」。

另外，我們也可以通過「吸附等量線」來計算「吸附熱」。如：利用圖 8.5 中曲線求出不同溫度下的 $\left(\dfrac{\partial p}{\partial T}\right)_\Gamma$ 值後，代入 Clausius-Clapeyron 公式，求得等量「吸附熱」：

$$\left(\frac{\partial \ln\{p\}}{\partial T}\right)_\Gamma = \frac{1}{p}\left(\frac{\partial p}{\partial T}\right)_\Gamma = -\frac{\Delta H_{ads}}{RT^2} \tag{8.2}$$

式中 ΔH_{ads} 表「吸附熱」，由於 $\left(\dfrac{\partial \ln\{p\}}{\partial T}\right)_\Gamma$ 總是大於零的，所以「吸附熱」ΔH_{ads} 為負值，即「吸附」為放熱過程。

二、　氣－固表面的吸附定溫式

建立固定溫度下的吸附量與壓力的關係式稱為「吸附定溫式」。

常見的數學表達式計有「Langmuir 定溫式」、「Freundlich 定溫式」和 Branauer、Emmett 和 Teller 三人提出的「定溫式」，即「BET 式」等三種。

最簡單的「化學吸附」情況是：氣體原子或分子被吸附在表面的單個活性中心上，並且被吸附後並不發生離解。這種「吸附」和「脫附」（脫離吸附）過程可表示為：

$$G + -S- \rightleftharpoons \overset{\displaystyle G}{\underset{\displaystyle |}{-S-}}$$

G 代表被吸附的分子或原子，— S —代表固體表面的活性中心。

[I]、Langmuir 單分子層吸附定溫式

1916 年 Langmuir 從動力學觀點出發，提出了固體對氣體的吸附理論，稱為「單分子層吸附理論」（theory of adsorption of unimolecular layer），其基本假設如下：

(i) <u>固體表面對氣體的吸附是「單分子層」的。</u>

即固體表面上每個吸附中心只能吸附一個分子，氣體分子只有碰撞到固體的空白表面上才能被吸附

(ii) <u>固體表面是均勻的。</u>

即固體表面上所有部位的吸附能力相同。

(iii) <u>被吸附的氣體分子間無相互作用力。</u>

即「吸附」或「脫附」的難易與鄰近有無吸附分子無關。

(iv) 吸附平衡是動態平衡。

即達吸附平衡時，「吸附」和「脫附」過程同時進行，不過速率相同。

以上假設即作為理論模型，它把複雜的實際問題做了簡化處理，便於進一步的定量地理論推導。

以 k_a 和 k_d 分別代表「吸附」與「脫附」反應速率常數，A 代表氣體分子，S 代表固體表面，則「吸附」過程可表示為：

$$A \ + \ -S- \ \underset{k_d}{\overset{k_a}{\rightleftharpoons}} \ \overset{\overset{A}{|}}{-S-}$$

設 θ 為固體表面被覆蓋的分率，稱為「表面覆蓋度」（coverage of surface），即

$$\theta = \frac{被吸附質覆蓋的固體表\ 面積}{固體總的表面積} \tag{8.3}$$

則（$1-\theta$）代表尚未被覆蓋的部分所佔的分率。

依據「吸附模型」，「吸附速率」r_a 應正比於氣體的壓力 p 及空白表面分率（$1-\theta$），即

$$r_a = k_a (1-\theta) p$$

「脫附速率」r_d 應正比於表面覆蓋度 θ，即

$$r_d = k_d \theta$$

當吸附達平衡時，「吸附速率」 ＝ 「脫附速率」，即 $r_a = r_d$，所以

$$k_a (1-\theta) p = k_d \theta$$

解出得

$$\theta = \frac{k_a p}{k_d + k_a p} \qquad (8.4)$$

令 $b = \dfrac{k_a}{k_d}$，稱爲「吸附平衡常數」（equilibriam constant of adsorption），其值與吸附劑、被吸附氣體的本性及溫度有關，b 的大小代表了固體吸附氣體能立的強弱程度。將其代入（8.4）式得：

$$\theta = \frac{bp}{1 + bp} \qquad (8.5)$$

此式稱爲「Langmuir 吸附定溫式」（Langmuir adsorption isotherm）。（8.5）式可以正確說明圖 8.5 類型(I)的 Langmuir 吸附定溫曲線。

下面討論公式的兩種極限情況：

（1）　當壓力很低或吸附很弱時，bp<<1，（8.5）式可改變得：

$$\theta \approx bp$$

即覆蓋度 θ 與壓力成正比，它說明了圖 8.6 中的開始直線段。

（2）　當壓力很高或吸附很強時，bp>>1，（8.5）式可改變得：

$$\theta \approx 1 \text{ 或 } 1 - \theta \approx \frac{1}{bp}$$

說明固體表面已全部被覆蓋，吸附達到飽和狀態，吸附量達最大值，故覆蓋 θ 與氣體壓力 p 無關。圖 8.6 裏的水平線段就反映了這種情況。

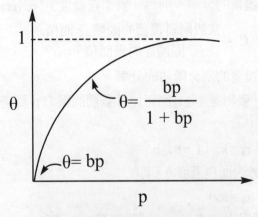

圖 8.6　Langmuir 吸附等溫線

　　若壓力 p 時，每克催化劑吸附的氣體體積為 V，當達到飽和吸附時則為 V_∞。顯然的，由（8.3）式可知：$\theta = \dfrac{V}{V_\infty}$，則代入（8.5）式，可改寫為：

$$\frac{p}{V} = \frac{1}{bV_\infty} + \frac{p}{V_\infty} \quad \text{或} \quad \frac{1}{V} = \frac{1}{pbV_\infty} + \frac{1}{V_\infty} \tag{8.6}$$

或者說：（8.6）式中的 V（在吸附平衡溫度 T 及壓力 p 下吸附氣體的體積）；V_∞（是在吸附平衡溫度 T，壓力 p 下吸附劑被蓋滿一層時氣體的體積）。（8.6）式是「Langmuir 吸附定溫式」的另一種表達形式。

　　由（8.6）式可見，若以 p/V 對 p 做圖，可得一直線，由直線的斜率 $1/V_\infty$ 及截距 $1/bV_\infty$ 可求得 b 與 V_∞。或者以 1/V 對 1/p 作圖，可得一直線，由其截矩和斜率可分別求出 V_∞ 及 b（吸附平衡常數），參考圖 8.7。

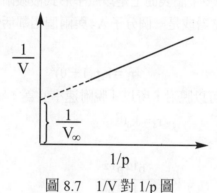

圖 8.7　1/V 對 1/p 圖

─────────────────────────────

【例 8.1】：用活性碳吸附 $CHCl_3$ 時，0°C 時最大吸附量（蓋滿一層）為 93.8 $dm^3 \cdot kg^{-1}$。已知該溫度下 $CHCl_3$ 的分壓為 1.34×10^3 P_a 時的平衡吸附量為 82.5 $dm^3 \cdot kg^{-1}$，試計算：

（1）「Langmuir 吸附定溫式」中的常數 b。

（2）0°C，$CHCl_3$ 分壓為 6.67×10^3 P_a 下的吸附平衡時每 kg 吸附劑吸附氣體的體積。

─────────────────────────────

【解】：（1）設 V 和 V_∞ 分別為 0°C 時，平衡吸附和蓋滿一層時吸附氣體的體積，則依據（4.5）式，可知：$\theta = V/V_\infty = bp/1 + bp$

即 $b = \dfrac{V}{(V_\infty - V)p} = \dfrac{82.5}{(93.8 - 82.5) \times 1.34 \times 10^4 \ P_a} = 5.98 \times 10^{-4} \ P_a^{-1}$

（2）$V = \dfrac{V_\infty bp}{1+bp} = \dfrac{93.8\,dm^3 \cdot kg^{-1} \times 1\,kg \times 5.98 \times 10^{-4}\,P_a^{-1} \times 6.67 \times 10^3\,P_a}{1+5.98 \times 10^{-4}\,P_a^{-1} \times 6.67 \times 10^3\,P_a}$

$\qquad\qquad = 75.9\,dm^3$

- -

◎此外，如果一個吸附質分子吸附時，可離解成兩個粒子，而且各占一個吸附中心，
　即：

$$A_2 \ + \ -S-S- \ \xrightleftharpoons{\qquad} \ \overset{\displaystyle G \quad\ \ G}{\underset{}{-S-S-}}$$

　　例如：曾發現 H_2 在許多金屬表面上是以原子形式被吸附，每一個 H 佔據一個活
性中心。這時吸附過程應當看成是一個分子 A_2 與兩個相鄰活性中心的作用，因而「吸
附速率」為：

$$r_a = k_a p(1-\theta)^2$$

而脫附時因為兩個粒子都可以脫附，所以「脫附速率」為：

$$r_d = k_d \theta^2$$

平衡時，$r_a = r_d$，則可得到：

$$\theta = \frac{b^{1/2}p^{1/2}}{1+b^{1/2}p^{1/2}} \qquad\qquad\qquad (8.7)$$

上式中 $b = k_a/k_d$，在低壓下，$b^{1/2}p^{1/2} \ll 1$，上式簡化為：

$$\theta \approx b^{1/2}p^{1/2}$$

可得 $\theta \propto \sqrt{p}$，即當 p 很小時，$\theta \propto p^{1/2}$；當 p 很大時，$(1-\theta) \propto p^{-1/2}$。此結果可以作為
雙原子分子在吸附時發生解離的標誌。

◎ 兩種氣體 A 和 B 在表面上被同種類的活性中心吸附的情況，對於複相催化反應動
　力學很重要。

　　設被分子 A 覆蓋的表面分率為 θ_A，被 B 覆蓋的分率為 θ_B，未被覆蓋的表面分率
顯然是：$(1-\theta_A-\theta_B)$。

　　如果 A 和 B 吸附時都不解離，則對 A 來說，「吸附速率」與「脫附速率」分別為：

$$吸附速率 = r_{a,A} = k_{a,A} \cdot p_A(1-\theta_A-\theta_B)$$
$$脫附速率 = r_{d,A} = k_{d,A} \cdot \theta_A$$

上述式子中，p_A 為 A 的氣相分壓。平衡時，$r_{a,A} = r_{d,A}$，故對 A 的吸附現象可得：

$$k_{a,A} p_A (1 - \theta_A - \theta_B) = k_{d,A} \theta_A$$

兩邊同除以 k_d，且令 $b_A = k_{a,A}/k_{d,A}$，則

$$\frac{\theta_A}{1 - \theta_A - \theta_B} = b_A p_A \tag{8.8}$$

同理，對於 B 的吸附，也是 $r_{a,B} = r_{d,B}$，可以得到：

$$\frac{\theta_B}{1 - \theta_A - \theta_B} = b_B p_B \tag{8.9}$$

（8.9）式中，p_B 為 B 的氣相分壓。

（8.8）及（8.9）式必須同時成立，聯立求解，可得：

$$\theta_A = \frac{b_A p_A}{1 + b_A p_A + b_B p_B} \tag{8.10}$$

$$\theta_B = \frac{b_B p_B}{1 + b_A p_A + b_B p_B} \tag{8.11}$$

從兩式可以看出：增加 p_A 則 θ_B 減小；反之，增加 p_B 則 θ_A 減小。這是因為 A 和 B 兩種氣體成分同時競爭表面的同樣活性中心。

由此可知，當多種氣體在同一固體表面上發生「混合吸附」（mixed adsorption）時，Langmuir 公式 (即（8.5）式或（8.10）及（8.11）式)可寫成如下通式：

$$\theta_g = \frac{b_g p_g}{1 + \sum_g b_g p_g} \tag{8.12}$$

「Langmuir 吸附定溫式」(即（8.5）式)適用於大多數「化學吸附」，以及低壓高溫下的「物理吸附」。但應該指出的是，該模型所做的假定有些是不符合實際情況的，如：

（1） 大多數固體表面是不均勻的，脫附速度與被吸附分子所處的位置有關。

（2） 被吸附分子間的相互作用力往往是不能忽略的。

（3） 「吸附熱」與「表面覆蓋度」有關。

正因為如此，大多數系統不能在較大 θ 範圍內符合「Langmuir 定溫式」。為此，人們後來又提出了其它一些定溫式(如: Freunlich 吸附等溫式)，並從理論上給出了解釋。雖是如此，催化動力學中所用的方程式大多是從「Langmuir 定溫式」推導出來的，而其結果也為實驗所證實。

[II] Freundlich 吸附定溫式

「Freundlich 吸附定溫式」開始是以經驗式提出來的，後來才給予理論上的說明，並根據理論模型可以推導出此式。

該模型修正了 Langmuir 的固體表面絕對均勻的假定，而把固體表面上的吸附中心按不同「吸附熱」分成若干種，每一種吸附中心具有一定的「吸附熱」。若假定「吸附熱」是以指數形式隨表面覆蓋度而變化的話，便可推導出「Freundlich 等溫式」：

$$\theta = C \cdot p^{\alpha} \tag{8.13}$$

式中 p 是氣體的平衡壓力，在一定溫度和一定的系統下，C、α 均為常數，且 α < 1。上式取對數後得到：

$$\ln(\theta) = \ln(C) + \alpha \ln(p) \tag{8.14}$$

即以 $\ln(\theta)$ 對 $\ln(p)$ 作圖應為一直線，由直線的截距和斜率便可求得常數 C 和 α。對於一定的吸附質，C 與吸附劑性質有關，C 值愈大，表明吸附劑吸附性能愈好。

「Freundlich 定溫式」應用於廣闊的「物理吸附」或「化學吸附」的中壓部份，所得結果能很好地與實驗數據相符，因而應用較為廣泛。

如：CO 在炭上的「吸附定溫線」能很好地符合「Freundlich 定溫式」（見圖 8.8）。但當應用於「吸附定溫線」的低壓部份和高壓部份時會出現較大的偏差。

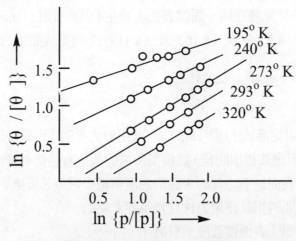

圖 8.8　CO 在炭上的吸附

[III] BET 公式

1938 年 Brunauer、Emmett 和 Teller 三人在 Langmuir「單分子層吸附理論」基礎上提出「多分子層吸附理論」（theory of adsorption of polymolecular layer），簡稱「BET 理論」。

「BET 理論」採納了 Langmuir 的下列假設：

（a）固體表面是均勻的。

（b）被吸附的氣體分子間無相互作用力。

（c）吸附與脫附建立起動態平衡。

所不同的是 BET 理論假設吸附靠分子間力，表面與第一層吸附是靠該種分子同固體的分子間力，第二層吸附、第三層吸附...之間是靠該種分子本身的分子間力，由此形成多層吸附。並且還認為，第一層吸附未滿前其它層的吸附就可開始，如圖 8.9 所示。

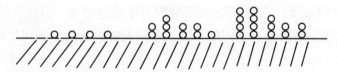

圖 8.9 多分子層吸附表示圖

當「吸附」達到平衡以後，氣體的吸附量（V）等於各層吸附量的總和，由此可以推導出 BET 的公式結果：

$$\frac{p}{V(p^*-p)} = \frac{1}{V_\infty C} + \frac{C-1}{V_\infty C} \cdot \frac{p}{p^*} \qquad (8.15)$$

此式稱為「BET 多分子層吸附定溫式」。

（8.15）式中，V：T，p 下質量為 m 的吸附劑吸附達平衡時吸附氣體的體積。V_∞：T，p 下質量為 m 的吸附劑蓋滿一層時吸附氣體的體積。p^*：被吸附氣體在溫度 T 時呈液體時的飽和蒸氣壓。

C：與吸附第一層氣體的吸附熱及該氣體的液化熱有關的常數。

對於在一定溫度 T 指定的吸附系統，C 和 V_∞ 皆為常數。由（8.15）式可見，若以 $\frac{p}{V(p^*-p)}$ 對 $\frac{p}{p^*}$ 做圖可得一直線，其

$$\begin{cases} 斜率 = \dfrac{C-1}{V_\infty C} \\ 截距 = \dfrac{1}{V_\infty C} \end{cases} 解得：V_\infty = \dfrac{1}{截距 + 斜率} \qquad (8.16)$$

由所得的 V_∞ 可算出單位質量的固體表面舖滿單分子層所需的分子個數。若已知每個分子所佔的面積，則可算出固體的質量表面。公式如下：

$$A_m = \frac{V_\infty}{VM_B} \times L \times \sigma \qquad\qquad (8.17)$$

（8.17）式中，L：亞佛加厥常數；M_B：被吸附氣體莫耳質量。V：質量爲 m 時的吸附劑吸附氣體的體積（T, p 下平衡時）。V_∞：質量爲 m 的吸附劑在 T, p 下吸滿一層時氣體的體積。σ：每個吸附分子所佔的面積。

測定時，常用的吸附質是 N_2，其截面積 $\sigma = 16.2 \times 10^{-20}$ m^2。

要注意，有時還常把 V、V_∞ 由 T, p 下的體積換算成標準狀況（即 $0°C$, 101.325 P_a，用 STP 表示）下的體積。

在推導（8.15）式時，需要假定吸附層數可無限地增加。但在孔徑很小的多孔性固體上吸附，其吸附層數有一定限制，設至多只能吸附 n 層，則可以得到包含三個常數的「BET 公式」：

$$V = V_\infty \frac{C_p}{(p_s - p)}\left[\frac{1 - (n+1)p_r^n + np_r^{n+1}}{1 + (C-1)p_r - Cp_r^{n+1}}\right] \qquad\qquad (8.18)$$

式中 $p_r = p/p_s$ 表示「比壓」。如果 n=1，即爲單分子層吸附，上式可簡化爲「Langmuir 等溫式」。

如果 $n = \infty$，即吸附層可以無限制地增多，則（8.18）式可化爲（8.14）式。顯然，（8.18）式的適用範圍更廣。當平衡壓力較低，例如：n=3 時，用三常數和二常數式計算的結果相差約爲 5%。若層數增多，則兩式的結果更爲接近。通常爲了方便起見，在低壓時，常直接用（8.15）式來計算固體的比表面。

「BET 公式」通常用只適用於「比壓」p_r 約在 0.05～0.35 之間。

當「比壓」小於 0.05 時，因壓力太小，不能建立起多層「物理吸附」平衡，甚至連單分子層「物理吸附」也未能完全形成。這樣，表面的不均勻性就顯得突出。另一方面，當比壓力大於 0.35 時，毛細凝聚現象又變得比較顯著，因而破壞了多層「物理吸附」平衡。當比壓值在 0.35～0.610 之間則只能使用三常數式。在更高的比壓下，三常數式也不能較好地表達實驗事實。偏差的主要原因是「BET 理論」仍然忽視表面的不均勻性、同一層上吸附分子之間的相互作用力、以及在壓力較高時，多孔性吸附劑的孔徑因吸附多分子層後而變細，可能使蒸氣在毛細管中發生凝聚作用。

儘管如此，「BET 公式」較之「Langmuir 公式」還是有較大的發展，特別是能較好地表達全部五種類型的「吸附定溫線」的中間部份，這可謂是一大成就。

希望讀完本章節資料的有志之士，能繼續開創更好的表面化學公式，以確實了解表面化學的眞相。

◾ **例 8.1.1** ◾

若氣體 A 與 B 同時在某固體表面上進行 Langmuir 吸附，平衡時吸附與解附吸速率相等，即

$$k_A \theta_A = k'_A P_A (1 - \theta_A - \theta_B)$$

$$k_B \theta_B = k'_B P_B (1 - \theta_A - \theta_B)$$

若以 $k'_A / k_A = b_A$，$k'_B / k_B = b_B$ 代入上二式，則

$$\theta_A = b_A P_A (1 - \theta_A - \theta_B)$$

$$\theta_B = b_B P_B (1 - \theta_A - \theta_B)$$

試證明

$$\theta_A = \frac{b_A p_A}{1 + b_A p_A + b_B p_B}$$

$$\theta_B = \frac{b_B p_B}{1 + b_A p_A + b_B p_B}$$

: 已知 $\theta_A = b_A P_A (1 - \theta_A - \theta_B)$ （ㄅ）

$\theta_B = b_B P_B (1 - \theta_A - \theta_B)$ （ㄆ）

聯立（ㄅ）式和（ㄆ）式得：

$$\frac{\theta_A}{b_A p_A} = \frac{\theta_B}{b_B p_B} \text{ 或 } \theta_A b_B p_B = \theta_B b_A p_A$$ （ㄇ）

由（ㄅ）式得：$\theta_A = b_A p_A - b_A p_A \theta_A - b_A p_A \theta_B$

將（ㄇ）式代入上式，整理得：

$$\theta_A (1 + b_A p_A + b_B p_B) = b_A p_A$$

$$\theta_A = \frac{b_A p_A}{1 + b_A p_A + b_B p_B}$$

同理可得：$\theta_B = \dfrac{b_B p_B}{1 + b_A p_A + b_B p_B}$

◾ **例 8.1.2** ◾

HI 氣體在 Pt 上催化分解的反應速率方程式，在高壓下為 $r_1 = k_1$（100°C 時 $k_1 = 5.0 \times 10^4$ $P_a \cdot s^{-1}$），在低壓下為 $r = k_2 p(HI)$（100°C 時 $k_2 = 50 \, s^{-1}$）。假定表面反應速率與 HI 在 Pt 上的吸附量成正比，試計算在 100°C 時，$r = 2.5 \times 10^4$ $P_a \cdot s^{-1}$ 的 p(HI)。

：假定 HI 在 Pt 表面上的吸附遵守 Langmuir 等溫式，b 和 p 分別爲 HI 的吸附平衡常

數和分壓力，則 HI 分解的反應速率爲：$r = k\theta = \dfrac{kbp}{1+bp}$ （ㄅ）

在高壓下，$1+bp \approx bp$，代入（ㄅ）式，可得：$r = k = k_1 = 5.0 \times 10^4\ P_a \cdot s^{-1}$ （ㄆ）

在低壓下，$1+bp \approx 1$，代入（ㄅ）式，可得：$r = kbp = k_1bp = k_2p$ （ㄇ）

所以由（ㄆ）式和（ㄇ）式，可知：

$$b = \frac{k_2}{k_1} = \frac{50}{5.0 \times 10^4}\ P_a^{-1} = 1.0 \times 10^{-3}\ P_a^{-1} \qquad （ㄈ）$$

將 $r = 2.5 \times 10^4\ P_a \cdot s^{-1}$ 和 k、b 代入（ㄅ）式，得：$p = \dfrac{r}{(k_1 - r)b} = 1.0 \times 10^3\ P_a$

■ 例 8.1.3 ■

丁二烯與氟在某催化劑上進行氟化反應，已知氟在該催化劑上的吸附服從 Langmuir 等溫式，丁二烯的吸附服從 Freundlich 等溫式（n＝2）。假定此氟化反應是氟和丁二烯在催化劑上的表面反應之〝反應速率決定步驟〞，試導出該反應的反應速率公式。

：以 A 和 B 分別代表丁二烯和氟，S 代表催化劑，P 代表產物，則反應機構可表示爲：

$$A + S \underset{k_{-1}}{\overset{k_1}{\rightleftharpoons}} S - A \qquad （吸附平衡）$$

$$B + S \underset{k_{-2}}{\overset{k_2}{\rightleftharpoons}} S - B \qquad （吸附平衡）$$

$$S - A + S - B \xrightarrow{k_3} P + 2S \quad （表面平衡）$$

因 A 的吸附服從 Freundlich 等溫式（n＝2），故吸附量：

$$\theta_A = k'p_A^{1/2}$$

其中 k′ 爲 Freundlich 吸附常數。B 的吸附服從 Langmuir 等溫式，故：

$$k_2(1-\theta_A-\theta_B)p_B = k_{-2}\theta_B \Rightarrow \theta_B = \frac{k_2(1-k'p_A^{1/2})p_B}{k_{-2} + k_2p_B} = \frac{(1-k'p_A^{1/2})b_Bp_B}{1+b_Bp_B}$$

式中 $b_B = \dfrac{k_2}{k_{-2}}$ 爲 F_2 的吸附平衡常數，反應速率式可寫爲：

$$r = k_3\theta_A\theta_B = \frac{k_3k'(1-k'p_A^{1/2})b_Bp_A^{1/2}p_B}{1+b_Bp_B} = \frac{k(1-k'p_A^{1/2})p_A^{1/2}p_B}{1+b_Bp_B}$$

▪ 例 **8.1.4** ▪

丁烯在氧化鉻和氧化鋁催化劑表面上脫氫生成丁二烯，其總反應為：

$$C_4H_8 \longrightarrow C_4H_6 + H_2$$

可能的反應機構是：

$$(1) \quad C_4H_8 + S \xrightarrow{\ k_1\ } C_4H_7-S + H-S$$

$$(2) \quad C_4H_7-S \xrightarrow{\ k_2\ } C_4H_6 + H-S$$

$$(3) \quad 2H-S \xrightarrow{\ k_3\ } H_2 + 2S$$

其中 S 代表催化劑表面活性中心，已知 $k_3 \ll k_1$，$k_3 \gg k_2$，而 $k_1 \approx k_2$，試導出該催化反應的反應速率方程式。

：由於 $k_3 \ll k_1$，$k_3 \gg k_2$，而 $k_1 \approx k_2$，所以該反應沒有明確的「反應速率決定步驟」，不宜採用「平衡態近似法」處理。用「穩定態近似法」處理：

$$\frac{d\theta_1}{dt} = k_1 p(C_4H_8)\theta_0 - k_2\theta_1 = 0 \qquad (\text{ㄅ})$$

其中 θ_1 為 C_4H_7-S 在催化劑表面的覆蓋度，θ_0 為未被覆蓋的催化劑表面。由於 k_3 很大，說明 $H-S$ 的脫離吸附反應是極快步驟，因此 $H-S$ 在催化劑表面的覆蓋度可忽略不計，所以：$\theta_0 \approx 1 - \theta_1$

將 θ_0 代入（ㄅ）式，即得：$k_1 p(C_4H_8)(1-\theta_1) = k_2\theta_1$

$$\theta_1 = \frac{k_1 p(C_4H_8)}{k_2 + k_1 p(C_4H_8)} \qquad (\text{ㄆ})$$

丁二烯的生成速率為：（將（ㄆ）式代入下式）

$$r = k_2\theta_1 = \frac{k_1 k_2 p(C_4H_8)}{k_2 + k_1 p(C_4H_8)}$$

8.2 催化劑對反應速率的影響

一、催化劑的定義

什麼叫「催化劑」（catalyst）？

按 IUPAC 推薦的定義是：存在少量就能顯著加速反應，而本身最後並無損耗的物質稱為該反應的「催化劑」。

「催化劑」的這種作用稱為「催化作用」（catalysis）。由此不難理解，「催化作用」有正負之分，這視「催化劑」對反應速率是加速還是減慢而定。

一般，人們感興趣的是「正催化作用」。然而，「負催化作用」有時也具有積極的意義，如：橡膠的防老化、金屬的防腐蝕、燃燒作用的防爆震等。

按上述定義，則減慢反應速率的物質稱為「阻化劑」（inhibitors）（以前曾叫「負催化劑」）。有時，反應產物之一也對反應本身起「催化作用」，這叫「自催化作用」（autocatalysis）。

在高分子聚合反應中，有時往往加入少量「引發劑」，以提高反應速率。然而它在反應以後，既改變了化學型態，又被消耗。顯然，「引發劑」不屬於催化劑之列。

現在的許多大型化工生產，如：合成氨、石油裂解、高分子材料的合成、油脂加氫、脫氫、藥物的合成等等無不使用「催化劑」。因而「催化劑」的研究已成為現代化學研究領域的一個重要分支。

二、催化作用的分類

按催化反應系統所處相態來分，可分為「同相催化」（homogenous catalysis）和「非同相催化」（nonhomeneous catalysis），也叫異相催化」（heterogeneous catalysis）。

（1） 同相催化

反應物、產物及「催化劑」都處於同一相內，即為「同相催化」。

有「氣相同相催化」，如：

$$SO_2 + \frac{1}{2} O_2 \xrightarrow{NO} SO_3$$

反應機構：$NO + \frac{1}{2} O_2 \longrightarrow NO_2$

$$SO_2 + NO_2 \longrightarrow SO_3 + NO$$

式中，NO 即為「氣體催化劑」，它與反應物及產物處同一相內。

也有「液相同相催化」，如：蔗糖水解反應

$$C_{12}H_{22}O_{11}+H_2O \xrightarrow{\quad H^+ \quad} C_6H_{12}O_6+C_6H_{12}O_6$$

是以 H_2SO_4 為「催化劑」，反應在水溶液中進行。

（2） **異相催化**

反應物、產物及「催化劑」可以是不同相。有「氣-固相催化」。

如：合成氨反應

$$N_2 + 3H_2 \xrightarrow[\quad K_2O \,,\ Al_2O_3 \quad]{\quad Fe \quad} 2NH_3$$

「催化劑」為固相，反應物及產物均為氣相，這種「氣-固相催化」反應的應用最為普遍。此外還有「氣-液相」、「液-固相」、「氣-液-固」三項的「異相催化」反應。

三、 **催化劑作用的共同基本特徵**

（1） 催化劑之加入，雖然能顯著地改變反應速率，但不能改變體系的熱力學平衡。

根據熱力學第二定律：$\Delta G = -RT\ln K+RT\ln Q$，由於 ΔG 是狀態函數，故當初態及末態確定時（即 Q 已知），ΔG 不會因途徑改變而改變其值，因而其平衡態的常數也不會改變，因而平衡也決不會在同樣條件下因加入催化劑而改變，催化劑的作用只在於改變達到平衡的速率。

以 H_2+O_2 體系而言，在無催化劑時，只有在高溫下才能以可觀的反應速率進行；常溫常壓下，儘管它在熱力學上很有利，但靜置幾十年也可能看不到有產物生成。但當加入少量 Pt，反應會在一剎那即告完成。這就給我們以下的啟示：在熱力學原理許可時，「催化劑」可使反應在較低的溫度、壓力下順利進行。

既然「催化劑」不能改變平衡位置，那麼，它就應當對正向反應及逆向反應都有加速作用。

因此，正反應催化劑在同樣條件下，也必然是逆反應催化劑。事實正是如此，許多脫氫催化劑同時也是加氫催化劑；某種酵素是蛋白質水解為氨基酸的催化劑，那麼該種酵素也是氨基酸縮合為該蛋白質的催化劑。

應該指出：只有在平衡時，正逆反應速率才同樣被加速，即平衡時，正逆反應速率在催化劑的作用下仍然相等；如果遠離平衡態，在催化劑參與下，正逆反應速率可能相差很大；此外，正逆反應的有利溫度範圍也往往不同。因此，對正向反應具有活性的催化劑，在該條件下，對逆向反應可能不顯活性。

(i)　　對 $\Delta G(T, p) > 0$ 的反應，加入「催化劑」也不能促使其發生。

(ii)　　由 $\Delta G(T) = -RT \cdot \ln K$ 可知：

由於「催化劑」不能改變 $\Delta G(T)$，所以也就不能改變反應的標準平衡常數 K_c。

(iii)　由於「催化劑」不能改變反應的平衡，而 $K_c = k_1/k_{-1}$，所以「催化劑」加快正逆反應的反應速率常數 k_1 及 k_{-1} 的倍數必然相同。

（2）　「催化作用」根本上是反應過程的改變；其巨觀表現是活化能的顯著變化，導致反應速率的改變。

由於「催化劑」本身在反應終了時組成及數量不變，因而它必須參與反應，而又在反應中復生。

(i)　　「催化劑」參與化學反應。

如反應：　　A＋B $\xrightarrow{\text{K}}$ AB　　　　K 為「催化劑」

反應機構：A＋K $\longrightarrow$ AK　　　　（消耗催化劑）

　　　　　AK＋B $\longrightarrow$ AB＋K　　（催化劑復生）

(ii)　　催化劑開闢了新途徑，與原途徑同時進行。

「催化劑」參與了化學反應，為反應開闢了一條新途徑，與原途徑同時進行。如圖 8.10 所表示。

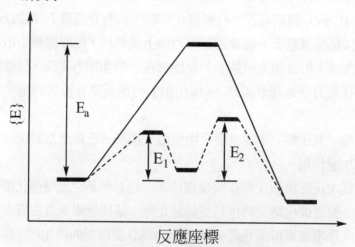

圖 8.10 反應過程中能量的變化

（實線為「非催化過程」，虛線為「催化過程」）

實線表示無「催化劑」參與反應的原途徑。虛線表示加入「催化劑」後為反應開闢了新途徑，與原途徑同時發生。

(iii) 新途徑降低了活化能。

如圖 8.10 所示，新途徑中兩步反應的活化能 E_1、E_2 與無「催化劑」參與的原途徑活化能 E_a 比，$E_1 < E_a$，$E_2 < E_a$。個別能量高的活化分子仍可按原途徑進行反應。

若某一反應：$A \longrightarrow P$ 為非催化過程時，反應速率

$$r_0 = k_0[A]$$

那麼當催化劑存在時，其反應過程至少應為：

$$A + C \xrightarrow{k_c} M$$

$$M \xrightarrow{k_{-c}} A + C$$

$$M \longrightarrow P + C$$

催化反應速率 r_c 可用「穩定態近似法」或「平衡態近似法」求得：

$$r_c = k_c[A][C]$$

若體系中催化與非催化兩種反應過程同時存在，其總反應速率為 r，則：

$$r = r_0 + r_c = (k_0 + k_c[C])[A] = k[A] \tag{ㄅ}$$

$$k = k_0 + k_c[C] \tag{ㄆ}$$

根據（ㄅ）式及（ㄆ）式，當催化劑作用存在時，嚴格說其反應速率常數用催化的與非催化的兩部份組成；但由於 $k_c \gg k_0$，且[C]在反應過程中保持不變（據「催化劑」定義），故一般可以認為 $k \cong k_c[C]$，即非催化反應速率的貢獻與催化反應比較往往可忽略不計。

（3） 催化劑具有選擇性。

「催化劑」的「選擇性」（slectivity）有兩方面含意：

其一，是不同類型的反應需用不同的「催化劑」。

例如：氧化反應和脫氫反應的「催化劑」則是不同類型的「催化劑」，即使同一類型的反應通常「催化劑」也不同。

例如：SO_2 的氧化用 V_2O_5 做「催化劑」而乙烯氧化卻用 Ag 做「催化劑」。

其二，對同樣的反應物選擇不同的「催化劑」可得到不同的產物。

例如：乙醇轉化，在不同「催化劑」作用下可製取 25 種產品：

$$C_2H_5OH \begin{cases} \xrightarrow[200^oC,\ -250^oC]{Cu} & CH_3CHO\ +\ H_2 \\[2ex] \xrightarrow[350^oC,\ -360^oC]{Al_2O_3\ 或\ ThO_2} & C_2H_4\ +\ H_2O \\[2ex] \xrightarrow[250^oC]{Al_2O_3} & (C_2H_5)_2O\ +\ H_2O \\[2ex] \xrightarrow[400^oC,\ -450^oC]{ZnO\ \cdot\ Cr_2O_3} & CH_2=CH-CH=CH\ +\ 2H_2O\ +\ H_2 \\[2ex] \text{------------------------------} \\[1ex] \text{------------------------------} \end{cases}$$

四、 催化劑的主要類型

（**1**） 酸鹼催化劑

「酸鹼催化劑」（acid-base catalysis）包括普通的酸 H^+、鹼 OH^- 做為「催化劑」；還包括「廣義的酸鹼」（generalized acid-base）做為「催化劑」，即凡是能給出質子的物質叫「Bronsted 酸」，凡是接受質子的物質叫「Bronsted 鹼」；凡是能給出電子對的物質叫「Lewis 酸」，凡是接受電子對的物質叫「Lewis 鹼」。

（**2**） 錯合催化劑

「錯合催化」（complex catalysis）是「催化劑」與反應物中發生反應的基團直接形成配價鍵構成活性中間錯合物，進而加速了反應。「錯合催化劑」通常是過渡金屬離子（具有 d 電子空軌域），而反應物通常是烯烴或炔烴（具有獨對電子或 π 鍵）二者形成「配位錯合物」。

使乙烯直接氧化成乙醛的反應，是典型的「錯合催化反應」：

$$C_2H_4+PdCl_2+H_2O \longrightarrow CH_3CHO+Pd+2HCl \qquad\qquad （ㄅ）$$

$$2CuCl_2+Pd \longrightarrow 2CuCl+PdCl_2 \qquad\qquad （ㄆ）$$

$$2CuCl+2HCl+\frac{1}{2}O_2 \longrightarrow 2CuCl_2+H_2O \qquad\qquad （ㄇ）$$

總包反應為：$C_2H_4+\dfrac{1}{2}O_2 \longrightarrow CH_3CHO$

（3） 酵素催化劑

「酵素催化劑」（enzyme catalysis）普遍存在於生物體內的生化反應中以及應用於抗菌速生產、發酵工業及三發處理中。

「酵素」（enzyme）是大分子蛋白質，也有一些酵素分子結構中含有蛋白質部分和非蛋白質部分。生物體中進行的水解、氧化、轉移、加合、異構化等反應均是在各種「酵素」的作用下進行的。

「酵素催化」的主要特點是反應條件溫和（常溫常壓），高效率（量很少）和專一性，多「酵素」系統的協同作用好等等。所以許多工業催話都在進行「酵素」的模擬催化研究，以達到改善公藝條件和設備條件，降低生產成本的目的，如：固氮「酵素」的模擬就特別有意義。

有關「酵素」催化「反應機制」的研究，最著名的是「Michaelis-Menten 機制」

$$E + S \underset{k_{-1}}{\overset{k_1}{\rightleftharpoons}} X \longrightarrow E + P$$

（酵素）（產物）　　　（中間物）　　　（產物）

（4） 金屬及合金催化劑

各種「金屬」（metal），如：Ag、Pd、Pt、Cu、Ni 等對一些氧化反應、加氫脫氫反應等有較好的催化活性。

最著名的金屬「催化劑」是「骨架鎳」（skeleton Ni）催化劑，它是 1925 年時，先由 M. Raney 研製成的，所以又叫 RNi，最初它是用鹼處理成的 Ni－Si 合金，由於其硬度高、不易粉碎，後來被 Ni－Al 合金所代替，即把 Ni 與 Al 等金屬熔融成合金，再用鹼(NaOH)把 Al 溶解掉，進而製成多孔性的如同海綿狀的骨架結構，形成孔內的巨大內表面，發揮著催化活性的作用。以後又發展擴大成骨架金屬家族，如：RCo、RCu、RFe、RIr、RRu、RRh、RPt、RPd 等。目前又採取多種改性辦法來提高 Rni 的催化活性和選擇性，如：加入鉬(Mo)製成合金「催化劑」，顯著提高了 RNi 的加氫活性；又如：用雜多酸鹽（如：磷鉬酸鹽）改性 RNi，則是一類優良的羰基選擇加氫的「催化劑」。

（5） 其它類型催化劑

許多金屬的「氧化物催化劑」（oxide catalysis）如：V_2O_5、Ag_2O、MnO 等；「有機金屬化合物催化劑」（organo-metallic complex catalysis）其中著名的是「齊格勒－納塔催化劑」（Ziegler－Natta catalysis），如用於乙烯聚合反應的 $Al(C_2H_5)_3 \cdot TiCl_4$，丙烯聚合反應的 $Al(C_2H_5)_3 \cdot TiCl_3$ 等；還有「高聚物催化劑」（high polymer catalysis）等等。

五、 固體催化劑的組成

固體「催化劑」，通常由以下幾部分組成：

「主催化劑」（principal catalyst）：<u>具有催化活性的主體</u>。

「助催化劑」（promoter）：<u>本身無催化活性或活性很少，但加入之後可提高「主催化劑」的活性或延長「主催化劑」的壽命等等</u>。

載體（carrier）：<u>對「主催化劑」及「助催化劑」起承載和分散作用</u>。

「載體」往往是一些天然的或人造的多孔性物質，如：天然沸石、矽膠、人造分子篩等。

六、 關於催化劑的一些基本知識

「催化劑」的「活性」（active）與「活性中心」（active centres）：<u>「催化劑」的「活性」是指其加快反應速率能力的大小，可以用不同的指標來表示</u>。「活性中心」是固體「催化劑」表面具有催化能力的活性部位，它佔整個「催化劑」固體表面的很少部分。「活性中心」往往是「催化劑」的晶體的棱、角、台階、缺陷等部位，或晶體表面的游離原子等。

「催化劑的壽命」（life of catalyst）、「中毒」（poisn）與「再生」（regeneration）：<u>「催化劑」的使用具有一定時間，從誘導期 ⟶ 成熟期 ⟶ 衰減期即為「催化劑」的整個壽命</u>。開發一個新「催化劑」常常要做壽命實驗，以考察它的使用壽命。反應系統中某些雜質的存在往往會使催化劑「中毒」（poison），分為暫時中毒和永久中毒兩類，暫時中毒可以通過一定的辦法「再生」（regeneration）恢復其「活性」，而永久中毒則不能「再生」。

■ 例 **8.2.1** ■

催化劑只能加快反應速率，而不能改變化學反應的標準平衡常數。

：對。

■ 例 **8.2.2** ■

催化劑的定義是什麼？

：存在少量就能顯著加快反應而本身最後並無損耗的物質稱為該反應的催化劑。

■ 例 **8.2.3** ■

設一反應 $A + B \longrightarrow 2B + C$ 的反應速率方程式為 $r = k[A][B]$。

（a）請推導該自催化反應的速率方程式的積分式。

（b）若 $[A]_0 = 0.100\,mole \cdot dm^{-3}$，$[B]_0 = 0.001\,mole \cdot dm^{-3}$，$k = 0.100\,dm^3 \cdot mole^{-1} \cdot s^{-1}$，請大致描出 $[B]_{-t}$ 曲線。

：（a）　$r = k[A][B]$，$-\dfrac{d[A]}{dt} = \dfrac{dx}{dt} = k([A]_0 - x)([B]_0 + x)$

$$\frac{dx}{([A]_0 - x)([B]_0 + x)} = kdt$$

或 $\dfrac{1}{[A]_0 + [B]_0} \left\{ \dfrac{dx}{([A]_0 - x)} + \dfrac{dx}{([B]_0 + x)} \right\} = kdt$

積分上式，得：$\dfrac{1}{[A]_0 + [B]_0} \ln \dfrac{[A]_0 ([B]_0 + x)}{[B]_0 ([A]_0 - x)} = kt$

或寫成：$\dfrac{1}{[A]_0 + [B]_0} \ln \dfrac{[B]_0^{-1} [B]}{[A]_0^{-1} + [A]} = kt$

（b）將 $[A]_0$、$[B]_0$ 和 k 的給定值代入速率方程積分式，得 $\ln \dfrac{[B]}{[A]} = 1.01 \times 10^{-2}\, t/s - 4.61$

計算出不同時刻的 x 值，進而可得到 [B] 值，有關數據如下（為做圖方便，t 以分為單位）：

t/min	0.50	1.00	2.00	4.00
$x \times 10^3 /(\text{mole} \cdot \text{dm}^{-3})$	0.35	0.82	2.26	9.10
$[B] \times 10^3 /(\text{mole} \cdot \text{dm}^{-3})$	1.35	1.82	3.26	10.10
t/min	6.00	8.00	10.00	20.00
$x \times 10^3 /(\text{mole} \cdot \text{dm}^{-3})$	26.2	55.4	81.0	100
$[B] \times 10^3 /(\text{mole} \cdot \text{dm}^{-3})$	27.2	56.4	82.0	101

由下圖可看到，反應有一誘導期，其後反應速率急劇上升，達到一最大值後，速率逐漸趨於平緩。

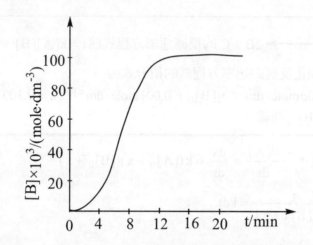

例 8.2.4

催化劑的共同特徵是什麼？

：（1）催化劑不能改變反應的平衡規律（方向與限度）。

（2）催化劑參與了化學反應，為反應開闢了一條新途徑，與原途徑同時進行。

（3）催化劑具有選擇性。

例 8.2.5

某反應：

$$A + B \underset{k_{-1}}{\overset{k_1}{\rightleftharpoons}} P$$

加入催化劑後正逆反應的速率常數分別變為 k'_1 和 k'_{-1}，且 $k'_1 = 2k_1$，則 $k'_{-1} = ?\ k_{-1}$

：$k'_{-1} = 2k_{-1}$

▫ 例 8.2.6 ▫

在自催化反應中，反應產物之一對正反應有促進作用，因而反應速率增長極快，今有一簡單反應 $A \longrightarrow B$，其反應速率方程式為：

$$-\frac{d[A]}{dt} = k[A][B]$$

當初始濃度分別為 $[A]_0$ 和 $[B]_0$ 時，解上述反應速率方程式，以求出再反應某時刻 t 時產物 B 的濃度。

： $\qquad\qquad\qquad A \longrightarrow B$

當 $t = 0$ 時： $\qquad [A]_0 \qquad\qquad [B]_0$

當 $t = t$ 時： $\qquad [A]_0 - x \qquad\quad [B]_0 + x$

$\therefore \dfrac{dx}{dt} = k([A]_0 - x)([B]_0 + x)$

$kdt = \dfrac{dx}{([A]_0 - x)([B]_0 + x)} = \dfrac{1}{([A]_0 + [B]_0)}\left\{\dfrac{dx}{([A]_0 - x)} + \dfrac{dx}{([B]_0 + x)}\right\}$

積分上式，可得：$kt = \dfrac{1}{[A]_0 + [B]_0}\ln\dfrac{([B]_0 + x)[A]_0}{([A]_0 - x)[B]_0}$

或 $\dfrac{[B]_0 + x}{[A]_0 - x} = \dfrac{[B]_0}{[A]_0}\exp\{([A]_0 + [B]_0)kt\}$ 為簡化，

令 $([A]_0 + [B]_0)kt = M$，則 $[B]_0 + x = \dfrac{[B]_0}{[A]_0}([A]_0 - x)e^M$

$x = \dfrac{[B]_0 e^M - [B]_0}{1 + \dfrac{[B]_0}{[A]_0}e^M}$

$\therefore [B] = [B]_0 + x = [B]_0 + \dfrac{[B]_0 e^M - [B]_0}{1 + \dfrac{[B]_0}{[A]_0}e^M} = \dfrac{[B]_0([A]_0 + [B]_0)}{[A]_0 e^{-M} + [B]_0}$

$\qquad = \dfrac{[B]_0([A]_0 + [B]_0)}{[A]_0\ e^{-([A]_0 + [B]_0)kt} + [B]_0}$

■ **例 8.2.7** ■

某反應在一定條件下進行，轉化率爲 30%，若加入催化劑，則轉化率爲？

：仍是 30%

■ **例 8.2.8** ■

固體催化劑一般由那些部份組成？

：（1）主催化劑；（2）助催化劑；（3）載體

■ **例 8.2.9** ■

催化劑在反應前後所有性質都不改變。

：錯，催化劑在反應後物理性質可能改變。

8.3 酵素催化

與生命現象關係密切的反應大多是「酵素」（enzymes）催化反應。

酵素是一種蛋白質分子，是由氨基酸按一定順序聚合起來的大分子，有些酵素還結合了一些金屬，如：過氧化氫分解酵素含有鐵，分解二氧化碳的酵素含又鉻，固氮酵素含有鐵、鉬、釩等金屬離子。由於酵素分子大小約為 3～100 nm，因此酵素催化反應就催化劑的大小而言，已屬於「同相催化」與「異相催化」的過渡範圍。

酵素催化反應的特點：

（**1**）**高度的選擇性。**

例如：尿素酵素（urease）僅僅能迅速地將尿素轉化為氨及二氧化碳，而對其他反應從來沒有催化活性。就選擇性來說，酵素超過了最好的人造催化劑。

（**2**）**酵素催化反應的催化效率高，比一般的無機或有機催化劑有時高出成億倍，乃至 10 萬億倍（1×10^{12}）。**

例如：一個過氧化氫分解酵素的分子，能再 1 s 內分解 10 萬個過氧化氫分子；而石油裂解所使用過的硅酸鋁催化劑在 773°K 條件下，約 4 s 才分解一個烴分子。

（**3**）**酵素催化反應所需的條件溫和，一般在常溫常壓下就能進行。**

以合成氨為例：工業合成需高壓（$\approx300\times10^5$ P_a，30 MP_a）、高溫（≈770°K）及特殊設備，且生成氨的效率低（7%～10%）；而某些植物莖部的固氮生物酵素，能在常溫常壓下固定空氣中的氮，且將它還原成氨。

（**4**）**酵素反應過程的複雜性，其具體表現為反應速率方程複雜；對酸度和離子強度十分敏感、與溫度關係密切。**

這就增加了研究酵素催化反應的困難性。如何模擬自然界中生物酵素的催化劑，是當前科學中的一大課題。

目前，酵素催化的研究是十分活潑的領域，但至今酵素催化理論還很不成熟。

最簡單的酵素催化機構是 Michaelis 和 Menton 提出的。

酵素(E)與底物（substrate，簡寫 S），(S)先形成「中間錯合物」(ES)，然後「中間錯合物」(ES)在進一步分解為產物(P)，並釋放出酵素(E)。

$$S \;+\; E \;\underset{k_{-1}}{\overset{k_1}{\rightleftharpoons}}\; ES \;\xrightarrow{\;k_2\;}\; E \;+\; P$$

ES 分解為產物(P)的速率很慢，故為整個反應的「反應速率決定步驟」，所以反應速率式可寫為：

$$r = \frac{d[P]}{dt} = k_2 [ES] \qquad (8.19)$$

「中間錯合物」(ES)用「穩定態近似法」整理得：

$$\frac{d[ES]}{dt} = k_1 [S][E] - k_{-1} [ES] - k_2 [ES] = 0$$

$$[ES] = \frac{k_1 [E][S]}{k_{-1} + k_2} = \frac{[E][S]}{K_M} \qquad (8.20)$$

（8.20）式中，$K_M = \dfrac{k_{-1} + k_2}{k_1}$ 稱爲「Michaelis constant」。（8.20）式也叫「Michaelis formula」。可見，K_M 爲「中間錯合物」(ES)之消耗反應速率常數（$k_{-1} + k_2$）與生成反應速率常數（k_1）之比。

將（8.20）式代入（8.19）式可得：

$$r = \frac{d[P]}{dt} = k_2 [ES] = \frac{k_2 [E][S]}{K_M} \qquad (8.21)$$

從（8.20）式還可看出：

$$K_M = \frac{[E][S]}{[ES]}$$

因而「Michaelis constant」K_M 又相當於反應 $E + S \rightleftharpoons$ [ES]的不穩定反應常數，而不是一個平衡常數。

若酵素的初濃度爲$[E]_0$，反應達穩定後，一部分酵素變成「中間錯合物」[ES]，另一部份仍處於游離狀態，則有

$$[E]_0 = [E] + [ES]$$

游離酵素[E]的濃度即爲：

$$[E] = [E_0] - [ES]$$

代入（8.20）式得：

$$[ES] = \frac{[E_0][S]}{K_M + [S]} \qquad (8.22)$$

將（8.22）式代入（8.19）式得：

$$r = \frac{d[P]}{dt} = k_2 [ES] = \frac{k_2 [E_0][S]}{K_M + [S]} \qquad (8.23)$$

（A）當底物濃度[S]很大時，[S]>>K_M，則由（8.23）式可得 $r = k_2[E_0]$，說明此時反應速率 r 只與酵素的初總濃度[E_0]成正比，而與底物濃度[S]無關，對[S]來說表現的是「零級反應」。

（B）當底物濃度[S]很小時，$K_M + [S] \approx K_M$，則 $r = \dfrac{k_2}{K_M}[E_0][S]$，對[S]來說表現為「1級反應」。這些結論能很好地解釋圖 8.11 所描繪的實驗事實。

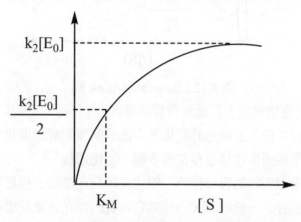

圖 8.11　酵素催化反應速率與底物濃度[S]的關係

（C）當底物濃度[S] $\longrightarrow$ ∞時，反應速率趨於極大 r_{max}，即有 $r_{max} = k_2[E_0]$，代入（8.23）式得：

$$\frac{r}{r_{max}} = \frac{[S]}{K_M + [S]} \tag{8.24}$$

從（8.23）式可以看出，當反應速率達到最大反應速率的一半，即 $r = \dfrac{r_{max}}{2}$ 時，底物濃度[S]在數值上等於「Michaelis constant」，即有 $K_M = [S]$。

將（8.24）式重排得：

$$\frac{1}{r} = \frac{K_M}{r_{max}} \cdot \frac{1}{[S]} + \frac{1}{r_{max}} \tag{8.25}$$

以 $\dfrac{1}{r}$ 對 $\dfrac{1}{[S]}$ 做圖為一直線，直線斜率為 $\dfrac{K_M}{r_{max}}$，截距為 $\dfrac{1}{r_{max}}$，二者聯立可解出 K_M 和 r_{max}。

由於是 Lineweaver 及 Burk 首先提出，故又稱為 Lineweaver-Burk 圖。

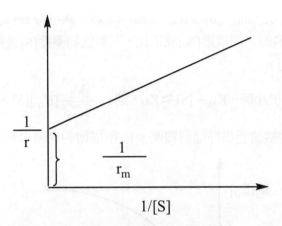

圖 8.12 Lineweaver-Burk 圖

（8.25）式的反應機構能很好地解釋實驗事實。

實際上，上述酵素催化反應過於簡化，即使最簡單的酵素催化反應也比上述情況複雜得多，且在反應機構中往往還存在著多種〝阻化過程〞。

例如：研究酵素對底物的專一性時，則往往是取在結構上與底物類似的物質，研究對其反應速率的影響。一般地說，一些其它物質的存在會使反應速率降低，該現象稱爲「抑制作用」，這類物質叫做「抑制劑」。

從動力學作用上來區分，「抑制作用」有多種類型。最普通的是結構及大小與底物相似的「抑制劑」與底物〝競爭〞，佔據酵素上能約束底物的活性中心，如以 I 代表「抑制劑」，

在反應

$$S + E \underset{k_{-1}}{\overset{k_1}{\rightleftharpoons}} ES \overset{k_2}{\longrightarrow} E + P \text{ 中附加反應：}$$

$$E + I \underset{k_{-3}}{\overset{k_3}{\rightleftharpoons}} EI$$

則酵素的總濃度爲：$[E_0] = [E] + [ES] + [EI]$ （8.26）

令 $\quad K_I = \dfrac{[E][I]}{[EI]}$

$$[EI] = \dfrac{[E][I]}{K_I} \qquad (8.27)$$

將 $[E] = \dfrac{K_M[ES]}{[S]}$ 及（8.27）式代入（8.26）式得：

$$[ES] = \frac{[E_0]}{\dfrac{K_M}{[S]} + 1 + \dfrac{K_M[I]}{K_I[S]}}$$

$$r = k_2[ES] = \frac{k_2[E_0]}{\dfrac{K_M}{[S]} + 1 + \dfrac{K_M[I]}{K_I[S]}} \tag{8.28}$$

研究結構上類似的各種「抑制劑」對反應速率的影響，可考察酵素對底物的專一性。
另外，酵素的「抑制作用」機構還有很多種，詳情請參閱有關專書。

■ 例 **8.3.1** ■

實驗測得某酵素催化反應的下列數據，試用作圖法求算該反應的最大反應速率 r_m 和 K_M 之值。

$[S]/10^{-3}$ mole $\cdot$ dm^{-3}	10	2.0	1.0	0.5	0.33
$r/10^{-6}$ mole $\cdot$ dm^{-3} $\cdot$ s^{-1}	1.17	0.99	0.79	0.62	0.50

：酵素催化反應速率公式為：（見（8.20）式）

$$r = \frac{k_2[E_i][S]}{K_M + [S]} = \frac{r_m[S]}{K_M + [S]}$$

經重排，上式變為：$r = r_m - K_M \dfrac{r}{[S]}$

以 r 對 $r/[S]$ 作圖，所需數據如下：

$r/10^{-6}$ mole $\cdot$ dm^{-3} $\cdot$ s^{-1}	1.17	0.99	0.79	0.62	0.50
$(r/[S])/10^{-3}$ s^{-1}	0.117	0.495	0.79	1.24	1.52

得一直線，相關常數為 0.9956。

$$K_M = -斜率 = 4.80 \times 10^{-4} \text{ mole} \cdot \text{dm}^{-3}$$
$$r_m = 截距 = 1.21 \times 10^{-6} \text{ mole} \cdot \text{dm}^{-3} \cdot \text{s}^{-1}$$

■ 例 **8.3.2** ■

酵素催化反應具有 Michaelis-Menten 反應機構，今在 25°C，測得反應速率為 1.15×10^{-3} mole $\cdot$ dm^{-3} $\cdot$ s^{-1}，底物$[S]_0 = 0.110$ mole $\cdot$ dm^{-3}。已知 $K_M = 0.035$ mole $\cdot$ dm^{-3}，求最大反應速率。

：根據公式：$r_M = k_2[E]_0$，$r = r_M[S]/(K_M + [S])$

$r_M = \{(K_M + [S])/[S]\} \cdot r = 1.52 \times 10^{-3}$ mole $\cdot$ dm^{-3} $\cdot$ s^{-1}

■ **例 8.3.3** ■

葡萄糖再葡萄糖異構酵素存在時轉化為果糖的反應機制為：

$$S \quad + \quad E \quad \underset{k_{-1}}{\overset{k_1}{\rightleftarrows}} \quad X \quad \underset{k_{-2}}{\overset{k_2}{\rightleftarrows}} \quad E \quad + \quad P$$

（葡萄糖）（酵素）　　　（中間物）　　　（酵素）　（果糖）

試分別用如下不同方法推導出反應速率方程式：

（1）平衡態近似法

（2）穩定態近似法

：（1）反應達平衡時，$k_1[S][E] = k_{-1}[X]$，可得：$[X] = \dfrac{k_1}{k_{-1}}[S][E]$

反應速率方程式：

$$\frac{d[P]}{dt} = k_2[X] - k_{-2}[E][P] = \frac{k_1 k_2[S][E]}{k_{-1}} - k_{-2}[E][P] = 0$$

假設中間物生成果糖後，果糖轉化為中間物的反應極難進行，則反應速率方程

式可簡化為：$\dfrac{d[P]}{dt} = \dfrac{k_1 k_2}{k_{-1}}[S][E]$

（2）當反應穩定進行時，可利用穩定態近似法：

$$\frac{d[X]}{dt} = k_1[S][E] - k_{-1}[X] - k_2[X] + k_{-2}[E][P] = 0$$

可得：$[X] = \dfrac{k_1[S][E] + k_{-2}[E][P]}{k_{-1} + k_2}$

反應速率方程式：

$$\frac{d[P]}{dt} = k_2[X] - k_{-2}[E][P] = \frac{k_1 k_2[S][E] + k_2 k_{-2}[E][P]}{k_{-1} + k_2} - k_{-2}[E][P]$$

化簡得：$\dfrac{d[P]}{dt} = \dfrac{k_1 k_2[S][E] + k_{-1} k_{-2}[E][P]}{k_{-1} + k_2}$

■ 例 8.3.4 ■

許多酵素催化反應並不如 Michaelis-Menten 反應機構那樣簡單，尤其是第二步也是對峙反應，即

$$E \ + \ S \ \underset{k'_a}{\overset{k_a}{\rightleftharpoons}} \ ES \ \underset{k'_b}{\overset{k_b}{\rightleftharpoons}} \ P \ + \ E$$

請推導產物生成速率之表示式，並列出兩種極限情況：

（1）底物濃度[S]很大

（2）[S]較小時之 d[P]/dt 表示式

：$\dfrac{d[ES]}{dt} = 0$ 及 $[E]_0 = [E] + [ES]$，可得：

$$[ES] = \frac{k_a[E]_0[S] + k'_b[E]_0[P]}{k_a[S] + k'_a + k_b + k'_b} = \frac{[E]_0[S] + (k'_b/k_a)[E]_0[P]}{K_M + [S] + (k'_b/k_a)[P]} \ , \ \left(K_M = \frac{k'_a + k_b}{k_a} \right)$$

$d[P]/dt = k_b[ES] - k'_b[P][E]$，可得：

$$\frac{d[P]}{dt} = \frac{k_b\{[E]_0[S] + (k'_b/k_a)[E]_0[P]\} - k'_b[E]_0[P]K_M}{K_M + [S] + (k'_b/k_a)[P]}$$

$$= \frac{k_b[E]_0[S] + (k'_a k'_b/k_a)[E]_0[P]}{K_M + [S] + (k'_b/k_a)[P]}$$

當$[S] \gg K_M$ 和 $[S] \gg [P]$時，（反應初期）

$$d[P]/dt = k_b[E]_0$$

當$[S] \gg K_M$，但$[S] \approx [P]$時，（反應中期）

$$\frac{d[P]}{dt} = k_b[E]_0 \left\{ \frac{[S] - (k/k_b)[P]}{[S] + (k/k'_a)[P]} \right\} \ , \ k = k'_a k'_b/k_a$$

當$[S] \to 0$時，（反應後期）

$$\frac{d[P]}{dt} = \frac{-k_a[E]_0[P]}{k_P + [P]} \ , \ k_P = \frac{k'_a + k_b}{k'_b}$$

$d[P]/dt < 0$，意味其逆反應（消耗 P）發生，事實上此反應中 S 及 P 的地位是可互換的。

■ **例 8.3.5** ■

假定有一個酵素催化作用（enzyme catalysis）的反應機構如下：

$$E + S \underset{k_{-1}}{\overset{k_1}{\rightleftharpoons}} X \underset{k_{-2}}{\overset{k_2}{\rightleftharpoons}} E + P$$

E 是酵素催化（enzymatic site），S 是受催化物質（substrate），X 是酵素催化錯合物（enzyme substrate complex），P 是作用的生成物（product）。

假定 $\dfrac{d[X]}{dt} = 0$，導出這個過程的速率方程式，並討論這個反應在最初時期的結果。

：有關這個複雜反應的速率方程式，可用組成份合機構中各個成分單獨反應的總速度方程式來表示，因此酵素催化錯合物 X 將會含有四項，那個就是

$$\frac{d[X]}{dt} = 0 = k_1[E][S] - k_{-1}[X] - k_2[X] + k_{-2}[E][P] \tag{ㄅ}$$

[　]代表濃度，k_1、k_{-1}、k_2 和 k_{-2} 各是速率常數。

同樣的原則，$\dfrac{d[P]}{dt} = k_2[X] - k_{-2}[E][P]$ $\tag{ㄆ}$

從（ㄅ）式，$k_{-1}[X] + k_2[X] = k_1[E][S] + k_{-2}[E][P]$

$$[X] = \frac{k_1[E][S] + k_{-2}[E][P]}{k_{-1} - k_2} \tag{ㄇ}$$

將（ㄇ）式代入（ㄆ）式

$$\frac{d[P]}{dt} = k_2 \left(\frac{k_1[E][S] + k_{-2}[E][P]}{k_{-1} + k_2} \right) - k_{-2}[E][P] \tag{ㄈ}$$

爲了要使（ㄈ）式右邊兩像的分母是一樣的，

因此最後一項乘上 $\left(\dfrac{k_{-1} + k_2}{k_{-1} + k_2} \right)$

（ㄈ）式變成：

$$\frac{d[P]}{dt} = k_2 \left(\frac{k_1[E][S] + k_{-2}[E][P]}{k_{-1} + k_2} \right) - k_{-2}[E][P] \cdot \left(\frac{k_2 k_{-2}[E][P]}{k_{-1} + k_2} \right)$$

$$= \frac{k_2 k_1[E][S]}{k_{-1} + k_2} + \frac{k_2 k_{-2}[E][P]}{k_{-1} + k_2} - \frac{k_{-2} k_{-1}[E][P]}{k_{-1} + k_2} - \frac{k_2 k_{-2}[E][P]}{k_{-1} + k_2} \tag{ㄉ}$$

設 $k_S = \dfrac{k_{-1} + k_2}{k_1}$ 和 $k_P = \dfrac{k_{-1} + k_2}{k_{-2}}$ 代入（ㄅ）式

（ㄅ）式變成：

$$\frac{d[P]}{dt} = \frac{k_2[E][S]}{k_S} + \frac{k_2[E][P]}{k_P} - \frac{k_{-1}[E][P]}{k_P} - \frac{k_2[E][P]}{k_P} \quad （ㄊ）$$

並設最初時期 $[E]_0 = [E] + [X]$，因此 $[E] = [E]_0 - [X]$ 代入（ㄊ）式

（ㄊ）式變成：

$$\frac{d[P]}{dt} = \frac{k_2[S]([E]_0 - [X])}{k_S} + \frac{k_2[P]([E]_0 - [X])}{k_P}$$

$$- \frac{k_{-1}[P]([E]_0 - [X])}{k_P} - \frac{k_2[P]([E]_0 - [X])}{k_P}$$

$$= \frac{k_2[S][E]_0}{k_S} - \frac{k_2[S][X]}{k_S} + \frac{k_2[P][E]_0}{k_P} - \frac{k_2[P][X]}{k_P} - \frac{k_{-1}[P][E]_0}{k_P}$$

$$+ \frac{k_{-1}[P][X]}{k_P} - \frac{k_2[P][E]_0}{k_P} - \frac{k_2[P][E]_0}{k_P} + \frac{k_2[P][X]}{k_P} \quad （ㄋ）$$

又設 $V_P = k_{-1}[E]_0$，$V_S = k_2[E]_0$ 代入（ㄋ）式

（ㄋ）式變成：

$$\frac{d[P]}{dt} = \frac{V_S[S]}{k_S} - \frac{k_2[S][X]}{k_S} + \frac{V_S[P]}{k_P} - \frac{k_2[P][X]}{k_P} - \frac{V_P[P]}{k_P}$$

$$+ \frac{k_{-1}[P][X]}{k_P} - \frac{V_S[P]}{k_P} + \frac{k_2[P][X]}{k_P}$$

$$= \frac{V_S[S]}{k_S} - \frac{V_P[P]}{k_P} + \frac{k_{-1}[P][X]}{k_P} - \frac{k_2[S][X]}{k_S} \quad （ㄌ）$$

將（ㄇ）式 [X] 代入（ㄌ）式，並簡化，得生成物速率方程式：

$$\frac{d[P]}{dt} = \frac{\left(\dfrac{V_S}{k_S}\right) \cdot [S] - \left(\dfrac{V_P}{k_P}\right) \cdot [P]}{1 + \left(\dfrac{[S]}{k_S}\right) + \left(\dfrac{[P]}{k_P}\right)} \quad （ㄍ）$$

如果這個反應在最初時期，[P] 近乎近於零，這個速率方程式的（ㄍ）式便簡化成：

Michaelis-Menten 方程式：

$$\frac{d[P]}{dt} = \frac{\left(\dfrac{V_S}{k_S}\right) \cdot [S]}{1 + \left(\dfrac{[S]}{k_S}\right)} = \frac{V_S}{\left(\dfrac{k_S}{[S]}\right) + 1} \qquad (ㄅ)$$

如果（ㄅ）式中，$[S] < k_S$，對[S]來說，這個反應速率是一級反應。

如果（ㄅ）式中，$[S] > k_S$，對[S]來說，這個反應速率是零級反應。

在這兩種情況，反應作用是依靠著 V_S，當$[E]_0$時，這是一級反應。研究濃度對於酵素反應速率的影響，認為以上 Michaelis-Menten 方程式是一個相當嚴格的規定，但是以反應再最初時為對象，因為由於酵素反應的生成物往往干擾反應速率使得反應機構便得更為複雜。從（10）式，如果受催化物質 S 的 Michaelis 常數 k_S 等於受催化物質濃度[S]值時，那麼生成物反應的最高速率便會達到一個極限值，它相當於

$$\frac{d[P]}{dt} = \frac{1}{2} V_S$$

■ **例 8.3.6** ■

以下是蔗糖用蔗糖酵素（Sucrase）的催化水解實驗記錄：

蔗糖最初濃度 (mole·dm⁻³)	0.1370	0.0995	0.0670	0.0262
水解相對速率(υ_t)	22.0	20.5	19.0	12.5
蔗糖最初濃度 (mole·dm⁻³)	0.0136	0.0100	0.0079	——
水解相對速率(υ_t)	9.0	7.0	6.0	——

計算這個反應的 Michaelis 常數和最高速率的相對極限值。

：應用上題同樣的原理，當所有酵素和基質形成錯合物時，$(\theta = 100\%)$亦就是$[ES] = [E]_0$，催化水解會獲得一個最高速的極限值：$\upsilon_{max} = k_t[ES] = k_t[E]_0$

因此從上題的（ㄋ）式變成：

$$\upsilon_t = \frac{k_t[S][E]_0}{K_m + [S]} = \frac{\upsilon_{max}[S]}{K_m + [S]} \qquad (ㄍ)$$

（ㄍ）式兩邊取倒數

$$\frac{1}{\upsilon_t} = \frac{K_m}{\upsilon_{max}} \cdot \frac{1}{[S]} + \frac{1}{\upsilon_{max}} \qquad (ㄎ)$$

將 $\dfrac{1}{\upsilon_t}$ 對 $\dfrac{1}{[S]}$ 的值標點在座標裏該會獲得斜率等於 $\dfrac{K_m}{\upsilon_{max}}$ 的一條直線，這條直線在

$\dfrac{1}{\upsilon_t}$ 軸上的截距便是 $\dfrac{1}{\upsilon_{max}}$ 。

依照題中資料，獲得下列結果：

蔗糖最初濃度 (mole·dm⁻³)	0.1370	0.0995	0.0670	0.0262	0.0136	0.0100	0.0079
$\dfrac{1}{[S]}$ (dm³·mole⁻¹)	7.30	10.05	14.93	38.17	73.53	100.00	126.58
分解速率(υ_t)	22.0	20.5	19.0	12.5	9.0	7.0	6.0
$\dfrac{1}{\upsilon_t}$	0.045	0.049	0.053	0.080	0.111	0.143	0.167

將以上表中 $\dfrac{1}{\upsilon_t}$ 對 $\dfrac{1}{[S]}$ 的值標點裏獲得一條直線，如圖。

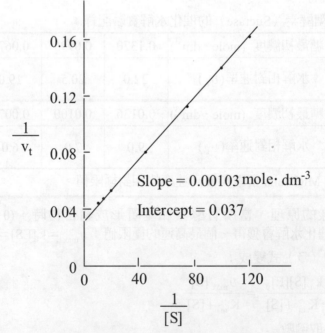

從圖上發現在 $\dfrac{1}{\upsilon_t}$ 軸上的截距是 $\dfrac{1}{\upsilon_{max}} = 0.037$

因此這個水解反應最高速度的相對極限值是 $\upsilon_{max} = \dfrac{1}{0.037} = 27.0$

這條直線斜率 $= \dfrac{K_m}{\upsilon_{max}} = 0.00103 \text{ mole} \cdot \text{dm}^{-3}$

因此，這個反應的 Michaelis 常數

$\qquad K_m = 0.00103 \text{ mole} \cdot \text{dm}^{-3} \times 27.0 = 0.0278 \text{ mole} \cdot \text{dm}^{-3}$

本題另一個解法，可應用上題的（ㄌ）式

將 $\dfrac{\upsilon_t}{[S]}$ 對 υ_t 的值標點在座標裏會獲得斜率等於 $-\dfrac{1}{K_m}$ 的一條直線，這條直線交在

υ_t 軸上的截距 $= k_t[E]_0 = \upsilon_{max}$

所得的 Michaelis 常數 K_m 和最高速度的極限值 υ_{max} 都會獲得同樣的結果。

▪ 例 **8.3.7** ▪

一種酵素（Enzyme）在溫度 37°C 和 PH＝6.5 時對一列基質（Substrate）不同濃度的反應有下列實驗的結果：（基質是接受酵素催化作用的物質）

基質的濃度(mole · dm⁻³)	$\dfrac{1}{5}$	$\dfrac{1}{10}$	$\dfrac{1}{20}$	$\dfrac{1}{40}$	$\dfrac{1}{60}$
開始時的速率×10⁶ (dm³ · O₂ · min⁻¹)	19.2	18.2	16.7	14.3	12.5
基質的濃度(mole · dm⁻³)	$\dfrac{1}{80}$	$\dfrac{1}{100}$	$\dfrac{1}{200}$	$\dfrac{1}{500}$	$\dfrac{1}{1000}$
開始時的速率×10⁶ (dm3 · O2 · min-1)	11.2	10.0	6.7	3.3	1.8

計算這個反應的 Michaelis 常數 K_m。

：酵素反應進行著兩個步驟：

（a）酵素和基質之間形成一個錯合物（complex）

$$E \ + \ S \ \underset{k'}{\overset{k}{\rightleftharpoons}} \ ES \qquad\qquad （ㄅ）$$

（b）錯合物分解成生成物和再生的酵素（Regeneration of the enzyme）

$$ES \xrightarrow{\ k_t\ } 生成物 + E \qquad\qquad （ㄆ）$$

支配著這種反應的速率方程式叫做 Michaelis-Menten 方程式，它可以這樣的被演導出來：在這裡，E 代表酵素，S 代表基質，ES 代表錯合物。

k 是形成錯合物的速率常數，k'是倒逆反應的速率常數。

k_t 是錯合物分解成生成物的速率常數

假定形成錯合物中所占酵素分子的百分數是 θ，錯合物在（ㄅ）式中形成的速度（自左至右）將會和自由酵素的濃度$(1-\theta)[E]_0$成正比例，因此

$$\text{生成錯合物的速率 } \upsilon = k(1-\theta)[E]_0[S] \tag{ㄇ}$$

（ㄅ）式的倒逆反應的速度是和錯合物的濃度 θ 成比例，因此倒逆反應的速率：

$$\upsilon' = k'\theta[E]_0$$

在平衡時，$\upsilon = \upsilon'$，因此 $k(1-\theta)[E]_0[S] = k'\theta[E]_0$

$$\frac{\theta}{(1-\theta)} = \frac{k}{k'}[S] \tag{ㄈ}$$

但是，$\dfrac{k}{k'} = K$，這是（ㄅ）式的平衡常數。

因此（ㄈ）式變成 $\theta = K[S](1-\theta) = K[S] - K[S]\theta$

$\theta(1+K[S]) = K[S]$

亦就是 $\theta = \dfrac{K[S]}{1+K[S]}$ \qquad\qquad\qquad\qquad\qquad（ㄉ）

如果假定（ㄆ）式的反應 $ES \xrightarrow{\ k_t\ } $ 生成物$+E$ 很是緩慢，對於（ㄅ）式的

分解平衡沒有妨礙，於是（ㄆ）式的分解反應速率υ_t將會和錯合物的濃度成比例

$$\upsilon_t = k_t \cdot \theta \cdot [E]_0 = \frac{k_t K[S][E]_0}{1+K[S]} \tag{ㄊ}$$

（ㄊ）式可重新寫成 $\upsilon_t = \dfrac{k_t[S][E]_0}{\dfrac{1}{K}+[S]}$

在這裡 $K_m = \dfrac{1}{K}$ 稱作 Michaelis 常數，它是酵素-基質錯合物的離解常數（Dissociation constant）

（ㄋ）式就是俗稱的 Michaelis-Menten 方程式

（ㄋ）式重新排列 $\upsilon_t (K_m + [S]) = k_t[S][E]_0$

$\upsilon_t K_m = k_t[S][E]_0 - \upsilon_t [S] = [S](k_t[E]_0 - \upsilon_t)$

因此 $\dfrac{\upsilon_t}{[S]} = \dfrac{k_t [E]_0}{K_m} - \dfrac{\upsilon_t}{K_m}$ 　　　　　　　　　　　　　（ㄌ）

從（ㄌ）式，將 $\dfrac{\upsilon_t}{[S]}$ 對 υ_t 的值標點在座標裏會獲得斜率等於 $-\dfrac{1}{K_m}$ 的一條直線。這條直線交在 υ_t 軸上的截距便是 $k_t[E]_0$，它是錯合物在 $\theta = 1$ 時獲得的最高極限分解速度。亦就是說，當基質的濃度很高時，酵素與基質已完全的行成錯合物。在這種情況下，繼續增加基質的濃度不會繼續再增加錯合物的濃度。因此這個分解反應的速度是和錯合物的濃度成正比而不再依靠基質的濃度，它達到一個極限值。

依照題中資料，獲得下列結果：

$\dfrac{\upsilon_t}{[S]} \times 10^6$ dm$^3 \cdot$ O$_2 \cdot$ min^{-1} (mole $\cdot$ dm^{-3})$^{-1}$	96	182	334	572	748.4
$\upsilon_t \times 10^6$ (dm$^3 \cdot$ O$_2 \cdot$ min^{-1})	19.2	18.2	16.7	14.3	12.5
$\dfrac{\upsilon_t}{[S]} \times 10^6$ dm$^3 \cdot$ O$_2 \cdot$ min^{-1} (mole $\cdot$ dm^{-3})$^{-1}$	896	1000	1340	1650	1800
$\upsilon_t \times 10^6$ (dm$^3 \cdot$ O$_2 \cdot$ min^{-1})	11.2	10.0	6.7	3.8	1.8

將以上表中 $\dfrac{\upsilon_t}{[S]}$ 對 υ_t 的值標點在座標裏獲得一條直線，如圖

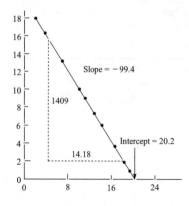

這條直線的斜率 $= -\dfrac{1409}{14.18} = -99.4 = -\dfrac{1}{K_m}$，因此這個反應的 Michaelis 常數

$$K_m = \frac{1}{99.4} = 0.0101 \, mole \cdot dm^{-3}$$

從圖上發現在 υ_t 軸上的截距 $k_t[E]_0 = 20.2 \times 10^{-6} \, dm^3 \cdot O_2 \cdot min^{-1}$，它是錯合物分解速率最高的極限值。

從（3）式，我們可以看到，當 $[S] = K_m$ 時，則 $\upsilon_t = \dfrac{1}{2} k_t [E]_0$，亦就是實驗所得的分解速率，它是最高極限值的一半。如果取用充分高農度的基質，將最初的分解速率對基質濃度的值標點在座標裏亦會獲得一個最高速度的極限值和 $\dfrac{1}{2}$ 最高速率的極限值，如圖。從這個圖便可找出最高速率的極限值，然後也可以找出 Michaelis 常數 K_m，但是這個方法不及以上方法準確，因為極限的速率只可以大約的估計。

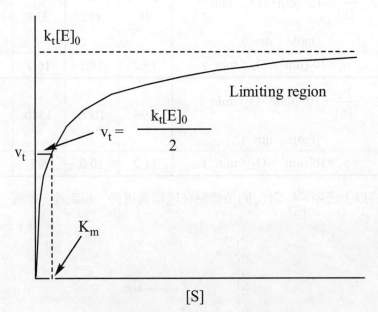

8.4 非同相催化反應（異相催化反應）

許多重要的工業化學反應是用固體觸媒催化的氣相反應，所以這裡要介紹氣－固相催化反應。

一、氣－固相催化反應的步驟

一般而言，氣-固表面催化反應包括以下 7 個基本步驟：

（1）反應物由氣相擴散（diffusion）到觸媒外表面（外擴散）。

（2）反應物由觸媒外表面向內表面擴散（內擴散）。

（3）反應物化學吸附（chemisorption）在觸媒表面活性中心上。

（4）進行「表面反應」。

（5）產物在表面脫附（desorption）（脫附）。、

（6）產物由觸媒表面向外表面擴散（內擴散）。

（7）產物由外表面向氣相擴散（外擴散）。

其中（1）、（2）、（6）、（7）為擴散過程，（3）、（4）、（5）為表面過程。以上七步驟是連續進行的。當擴散因素基本上已消除，而且（3）、（4）、（5）三步中第（4）步即表面反應的速率最慢時，則稱「表面反應」為整個反應的控制步驟。

以上 7 個步驟有物理變化也有化學變化，總反應速率則由其中最慢的一步控制。譬如：「表面反應」步驟相對於其它步驟為最慢時，即為表面反應控制。此時，「吸附」可以認為達到平衡，擴散阻力可忽略，反應物在固體表面附近的濃度或分壓與體相中的濃度或分壓相等。通常把吸附控制、表面反應控制級解吸控制統稱為「動力學控制」。

若擴散步驟最慢時即為「擴散控制」。工業上進行生產一般都希望避免這種「擴散控制」的情況，進行動力學研究時，也必須設法消除擴散的影響。一般情況下，採用足夠大的氣體流速和足夠小的催化劑顆粒粒度，則擴散作用的影響基本上可以忽略。

二、表面反應為速率決定步驟的反應速率方程式

通常，屬於「動力學控制」的多相催化反應主要是「表面反應」控制這種類型。這時，反應物在表面上的「吸附」應達平衡，表面上吸附分子的濃度則可由「吸附定溫式」來表達。根據「表面反應」的不同過程，我們分以下幾種情況來討論反應速率方程。

〈**1**〉 單分子反應 (只有一種反應物的表面反應)

設反應為一種氣體 A 在催化劑表面上進行反應，生成產物 B，如下所示：

$$A + -S- \underset{k_{-1}}{\overset{k_1}{\rightleftharpoons}} \overset{A}{\underset{|}{-S-}} \overset{k_2}{\longrightarrow} \overset{B}{\underset{|}{-S-}} \underset{k_{-3}}{\overset{k_3}{\rightleftharpoons}} -S- + B$$

這裏 S 表示催化劑表面上的反應活性中心。上面的反應又可寫成下面形式：

反應機構為：

$$A \longrightarrow B$$

吸附：

$$A + S \underset{k_{-1}}{\overset{k_1}{\rightleftharpoons}} AS \quad (快)$$

表面反應：$AS \overset{k_2}{\longrightarrow} BS \quad (慢)$

脫附：

$$BS \underset{k_{-3}}{\overset{k_3}{\rightleftharpoons}} B + S \quad (快)$$

上式中 S 為觸媒表面的活性中心，AS 及 BS 分別為吸附在觸媒表面上的 A、B 分子。

由於「吸附」和「脫附」的速率都很快，所以反應物的「吸附」和「脫附」能較快地建立平衡。而表面反應的速率較慢，總反應速率取決於觸媒表面上吸附分子 A 的濃度，亦即取決於它在觸媒表面的覆蓋度 θ。由於「表面反應」為控制步驟，故反應速率可表示為：

$$r = \frac{-dp_A}{dt} = k_2 \theta_A \tag{8.29}$$

上式中 k_2 為表面反應速率常數，θ_A 為 A 在觸媒表面的覆蓋度。若 A 在表面上的吸附行為符合「Langmuir 吸附定溫式」，且不考慮產物的「吸附」，則(8.29)式可改寫為(參考(8.5)式)：

$$\frac{-dp_A}{dt} = k_2 \theta_A = k_2 \frac{b_A p_A}{1 + b_A p_A} \tag{8.30}$$

(8.30)式中 k_2、b_A 都是常數，p_A 是可測量的，所以反應速率可由上式計算。根據具體情況又做如下簡化：

(1) 壓力很低或表面與 A 吸附很弱，$b_A p_A \ll 1$，則：

$$r = -\frac{dp_A}{dt} = k_2 b_A p_A = k p_A$$

式中 $k_2 b_A = k$，此時該反應表現為「1 級反應」。

又該反應的「巨觀活化能」為：$E = E_2 + E_1 - E_{-1} = E_2 - Q$，

且 $Q \approx 1$（即整個表面全部都已被覆蓋）。

(2) 壓力很高或表面與 A 吸附很強，$b_A p_A \gg 1$，則：

$$r = k_2$$

故表現為「零級反應」。

又該反應的「巨觀活化能」為：$E = E_2$

(3) 壓力適中或表面和 A 吸附強度適中，則：

$$r = k \, p_A^{1/n} \qquad (0 < \frac{1}{n} < 1)$$

表現為「分數級反應」。

由上述三種情形可以看到，在只有反應物被吸附（產物吸附較弱，可以忽略）的單分子反應中，隨著反應氣體壓力的增加，反應的級數可由「1 級反應」經過「分數級反應」而下降為「零級反應」。

例如 PH_3 在鎢表面上的分解反應，可對這一情況做很好地說明：當溫度在 883~993K 時：

在較大壓力下，$r = k c_{PH_3}^0$，為「零級反應」；

在中等壓力下，$r = \dfrac{k c_{PH_3}}{1 + b c_{PH_3}}$，為「分數級反應」；

在低壓下，$r = k c_{PH_3}$，為「1 級反應」。

如果產物（或其它局外物質）也被催化劑表面吸附時，因產物佔據了一部份表面，使得催化劑表面的活性中心數目減少，抑制了反應，故這時產物（或其他局外物質）所產生的作用相當於「毒物」，以致改變了動力學公式。假定反應按下列步驟進行：

$$A + -\overset{(吸附)}{\underset{(脫附)}{\overset{|}{S}}} - \overset{k_1}{\underset{k_{-1}}{\rightleftarrows}} \left(\overset{A}{\underset{-\overset{|}{S}-}{|}} \right)^{\neq} \overset{k_2}{\longrightarrow} Z + -\overset{|}{S} -$$

$r_a(A) = k_1 p_A (1 - \theta_A - \theta_Z)$

$r_d(A) = k_{-1} \theta_A$

求得： $\theta_A = \dfrac{b_A p_A}{1 + b_A p_A + b_z p_z}$

上式中 $b_A = \dfrac{k_1}{k_{-1}}$ 。

同理： $r_a(Z) = k'_1 p_z (1 - \theta_A - \theta_z)$

$r_d(Z) = k'_{-1} \theta_z$

求得： $\theta_A = \dfrac{b_A p_A}{1 + b_A p_A + b_z p_z}$

則反應速率為 $r = -\dfrac{dp_A}{dt} = k_2 \theta_A = k_2 \dfrac{b_A p_A}{1 + b_A p_A + b_z p_z}$ (8.31)

上式分母中存在著 $b_z p_z$ 項，表示產物（或其它局外物質）吸附時具有抑制作用。(8.31)
式也可以在不同條件下予以簡化：

（a）若反應物 A 的吸附很弱，而產物 Z 的吸附很強（或在反應的末期），
$b_z p_z \gg 1 + b_A p_A$ ，則：

$$r \approx \frac{k_2 b_A p_A}{b_z p_z} = k \frac{p_A}{p_z}$$

這時，反應的表活化能為： $E_{表} = E_2 + E_A - E_z = E_2 - Q_c(A) + Q_c(Z)$

例如：在溫度範圍為 $1206 \sim 1488°K$、壓力範圍 $13 \sim 26\ kP_a$ 時，NH_3 在 Pt 表面上
的分解反應速率公式為：

$$r = k \frac{p_{NH_3}}{p_{H_2}}$$

NH_3 分解後的產物 H_2 會以原子狀態強吸附在 Pt 表面上，對原 NH_3 分解反
應起抑制作用。

（b）當反應物和產物都強烈地被吸附時，會有

$$r = -\frac{dp_A}{dt} = \frac{k_2 b_A p_A}{b_A p_A + b_z p_z}$$

例如：C_2H_5OH 在 Cu 催化劑上的脫水反應速率方程式為：

$$r = \frac{kp_{C_2H_5OH}}{b_{C_2H_5OH}p_{C_2H_5OH} + b_{H_2O}p_{H_2O}}$$

表明反應物 C_2H_5OH 和產物 H_2O 均在 Cu 催化劑表面上發生強吸附。

〈2〉 雙分子反應

研究表面雙分子反應會有兩種可能的「反應機構」。

一種是在表面鄰近位置上，兩種被吸附的粒子之間的反應，稱為「Langmuir-Hinshelwood mechanism」（簡稱「L-H 機構」），雙分子表面反應大多數屬於這種機構。

另一種是吸附在表面上的粒子和氣態分子之間進行的反應，通常稱為「Rideal-Elsy mechanism」（簡稱「R-E 機構」）。

（1） L-H 機構

反應機構為(S 為觸媒表面的活性中心)：

吸附　　　　　A ＋ S $\underset{k_{-1}}{\overset{k_1}{\rightleftharpoons}}$ AS （快）

吸附　　　　　B ＋ S $\underset{k_{-2}}{\overset{k_2}{\rightleftharpoons}}$ BS （快）

表面反應　　AS ＋ BS $\xrightarrow{k_3}$ RS （慢）

脫附　　　　　RS $\underset{k_{-4}}{\overset{k_4}{\rightleftharpoons}}$ R ＋ S （快）

這種「反應機構」稱為「Langmuir-Hinshelwood mechanism」。

控制步驟為雙分子的「表面反應」，則反應速率為：

$$r = k_3 \theta_A \theta_B \qquad (8.32)$$

根據「Langmuir 恆溫方程式」(即(8.5)式或(8.10)式及(8.11)式)，可得：

$$\theta_A = \frac{b_A p_A}{1 + b_A p_A + b_B p_B} \tag{8.33}$$

$$\theta_B = \frac{b_B p_B}{1 + b_A p_A + b_B p_B} \tag{8.34}$$

將（8.33）式及（8.34）式代入（8.32）式，可得：

$$r = \frac{k_3 b_A b_B p_A p_B}{(1 + b_A p_A + b_B p_B)^2} = \frac{k p_A p_B}{(1 + b_A p_A + b_B p_B)^2} \tag{8.35}$$

（8.35）式中，$k = k_3 b_A b_B$。

下面分幾種情況討論：

（a）若 A、B 都是弱吸附或 p_A、p_B 很小，$b_A p_A + b_B p_B \ll 1$，（8.25）式變為：

$$r = k p_A p_B$$

這類似於氣相「2 級反應」。但反應速率常數 k 與吸附係數有關(即 k $= k_3 b_A b_B$)。

因為將 $k = k_3 b_A b_B$ 的等式二邊取對數，得：$\ln k = \ln k_3 + \ln b_A + \ln b_B$

再將上式二邊對溫度 T 微分，則

$$\frac{d \ln k}{dT} = \frac{d \ln k_3}{dT} + \frac{d \ln b_A}{dT} + \frac{d \ln b_B}{dT} = \frac{E_3}{RT^2} + \frac{Q_A}{RT^2} + \frac{Q_B}{RT^2} = \frac{E_a}{RT^2}$$

∴「巨觀現活化能」$E_a = E_3 + Q_A + Q_B$

式中 E_3、Q_A 和 Q_B 分別為表面反應活化能、A 和 B 的吸附熱。

（b）若 A 是微弱的吸附或 p_A 很小，則 $1 + b_B p_B \gg b_A p_A$，（8.35）式成為：

$$r = \frac{k_3 b_A b_B p_A p_B}{(1 + b_B p_B)^2}$$

（c）若 A 是吸附或 p_A 很小，而 B 吸附很強或 p_B 很大，則 $b_B p_B \gg 1 + b_A p_A$，（8.35）式成為：

$$r = \frac{k_3 b_A b_B p_A p_B}{b_B^2 p_B^2} = \frac{k_3 b_A p_A}{b_B p_B} = k \frac{p_A}{p_B}$$

可見，過強的吸附反而阻抑反應。這時

∴「巨觀現活化能」$E_a = E_3 + Q_A - Q_B$

◎ **Langmuir-Hinchelwood** 反應機構的缺陷

「Langmuir-Hinshelwood 反應機構」是建立在「Langmuir 吸附理論」的基本假設基礎上，屬於單分子層的化學吸附範疇。它假定固體表面吸附中心的位置固定，氣體分子只有碰撞到吸附中心空白位置上，才能發生吸附，即所謂〝定位吸附〞。該反應機構認為：每個吸附中心在吸附氣體分子時的吸附熱是固定且相同，而表面各處活性一樣，即所謂〝均勻吸附〞。

以上這些假設是把固體表面視為理想表面，這對於一般的物理吸附在進行近似處理時還可以，但對於化學吸附來說，該假設與實際情況偏差太大。例如其吸附量與吸附表面的分子能量有關，且每個吸附中心的活性是各不同，又各位置的吸附熱也是有差異的。

在 Langmuir 吸附理論的基本假設中，認為被吸附的分子之間不會產生影響，即不發生相互作用。但實際情況並非如此，尤其對於雙分子反應而言，兩種反應物分子吸附強弱的差異會直接影響到它們的吸附量，進而影響它們之間的化學反應。在實際過程中，第二種物質的加入，往往影響第一種物質的吸附量，使其減小或增大。例如在合成氨反應中，由於氫氣的加入，導致氮氣的吸附量的增加，其原因是起源於氫氣分子對氮氣分子發生作用的結果。

（2） R-E 機構

「（Rideal）反應機構」是針對理想表面上雙分子反應而提出的。假定氣態分子的吸附情況是與「Langmuir-Hinshelwood 反應機構」相同，所不同的只是：「Rideal 反應機構」假定兩種反應物之一和固體表面發生吸附作用，形成中間錯合物，隨後是另一種物質與該中間錯合物作用，最終生成產物。該反應機構可用下面的式子表示：

吸附分子 A 與氣相分子 B 之間反應，反應機構為(S 為觸媒表面的活性中心)：

$$A \; + \; S \; \underset{k_{-1}}{\overset{k_1}{\rightleftharpoons}} \; AS \qquad （快）$$

$$B \; + \; AS \; \xrightarrow{k_2} \; RS \qquad （慢）$$

$$RS \; \underset{k_{-3}}{\overset{k_3}{\rightleftharpoons}} \; R \; + \; S \qquad （快）$$

這種「反應機構」稱為「Rideal-Elsy mechanism」。

吸附分子 A 與氣相分子 B 的反應為控制步驟，則反應速率為：

$$r = k_2 p_B \theta_A \qquad (8.36)$$

根據「Langmuir 恆溫方程式」(即(8.5)式)，可得：$\theta_A = \dfrac{b_A p_A}{1 + b_A p_A}$

將上式代入（8.36）式，可得：$r = \dfrac{k_2 b_A p_A p_B}{1 + b_A p_A} \qquad (8.37)$

若保持 p_B 壓力固定，而只改變壓力 p_A，則（8.37）式之反應速率式將改寫為

$r = \dfrac{k' p_A}{1 + b_A p_A}$，故如圖 8.13 所示的那樣：反應速率 r 將趨向於一極限值。

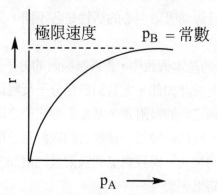

圖 8.13 「R-E 機構」的反應速率與 p_A 的關係

另外：

（a）若分子 A 吸附很強，$b_A p_A \gg 1$，則 $r = k_2 p_B$

　　　這時「巨觀現活化能」$E_a = E_2$。

（b）若分子 A 吸附很弱，$b_A p_A \ll 1$，則 $r = k_2 b_A p_A p_B$

此時的「R-E 機構」動力學表現與「L-H 機構」的相同。而且，這時「巨觀現活化能」$E_a = E_2 + Q_A$。

――――――――――――――――――――――――――――――――――

【例 8.2】：已知反應 $A_{2\,(g)} + 2B_{(g)} \longrightarrow 2AB_{(g)}$ 的「反應機構」為：

吸附　　　$A_{2(g)} + 2S \underset{k_{-1}}{\overset{k_1}{\rightleftharpoons}} 2AS$　　（快）

表面反應　$AS + B \overset{k_2}{\longrightarrow} RS$　　（慢）

脫附　　　$RS \longrightarrow R + S$　　（快）

試推導其動力學方程式。

――――――――――――――――――――――――――――――――――

【解】：「表面反應」為「反應速率決定步驟」，反應速率為：$r = k_2\theta_A p_B$　　　　（1）

A_2 的「吸附」與「脫附」處於快速平衡

$$k_1 p_{A_2}(1-\theta_A)^2 = k_{-1}\theta_{A_2}^2$$

$$\theta_A = \frac{b_A^{1/2} p_A^{1/2}}{1 + b_A^{1/2} p_A^{1/2}}$$

將 θ_A 代入（1）式得：$r = k_2\theta_A p_B = k_2 \dfrac{b_A^{1/2} p_A^{1/2}}{1 + b_A^{1/2} p_A^{1/2}}$

【例 8.3】：以 trans-丁烯為原料製備丁二烯的反應：

$$C_4H_{8\,(g)} \longrightarrow C_4H_{6\,(g)} + H_{2\,(g)}$$

設該反應在 $Ca\text{-}Ni\text{-}PO_4$ 催化劑上分以下幾步完成：

$$(\text{I})\quad C_4H_{8(g)} + S \underset{k_{-1}}{\overset{k_1}{\rightleftharpoons}} C_4H_8S$$

$$(\text{II})\quad C_4H_8S \xrightarrow{k_2} C_4H_6S + H_2S$$

$$(\text{III})\quad C_4H_6S \underset{k_{-3}}{\overset{k_3}{\rightleftharpoons}} C_4H_6S + S$$

$$(\text{IV})\quad H_2S \underset{k_{-4}}{\overset{k_4}{\rightleftharpoons}} H_2 + S$$

假定 C_4H_8、C_4H_6 和 H_2 的吸附都很弱，第 II 步為整個反應的控制步驟。

（1）試從理論上推求該反應對丁二烯的反應級數。

（2）在 948°K 時丁二烯以每小時 0.03 m^3（標準狀態）的速率進入反應器，當丁二烯分解 5% 時，需時間 19.34 min。試求丁二烯脫氫反應的反應速率常數 k 及丁二烯分解 10% 時所需時間 t。

（3）若已知該反應在 800°K 時速率常數 $k = 7.78 \times 10^{-5}$ min^{-1}，試計算該反應的「活化能」。

若反應 1 小時後，測得丁二烯的剩餘量為 20.78 g，生成丁二烯的量為 47.38 g。試計算丁二烯的轉化率為若干？催化劑的活性（以丁二烯的收率表示）和催化劑對丁二烯的選擇性各為若干。

【解】：(1) 第（II）步是「反應速率決定步驟」，故反應速率方程式爲：

$$r = -\frac{dp_{C_4H_8}}{dt} = k_2\theta_{C_4H_8} \tag{ㄅ}$$

吸附平衡時，根據「Langmuir 恆溫方程式」(即(4.12)式) ，可得：

$$\theta_{C_4H_8} = \frac{b_{C_4H_8}\,p_{C_4H_8}}{1 + b_{C_4H_8}\,p_{C_4H_8} + b_{C_4H_6}\,p_{C_4H_6} + b_{H_2}p_{H_2}} \tag{ㄆ}$$

因此（ㄆ）式可近似寫成：

$$\theta_{C_4H_8} \approx b_{C_4H_8}p_{C_4H_8} \tag{ㄇ}$$

將上式代入（ㄅ）式得：

$$r = -\frac{dp_{C_4H_8}}{dt} = k_2b_{C_4H_8}\,p_{C_4H_8} = kp_{C_4H_8} \tag{ㄈ}$$

故丁二烯在 Ca-Ni-PO$_4$ 催化劑上脫氫反應爲「1 級反應」。

(2) 將（ㄈ）式積分，得：

$$\ln\frac{p_{0,C_4H_8}}{p_{C_4H_8}} = \ln\frac{1}{1-y} = kt$$

p_{0,C_4H_8} 爲 C_4H_8 的初壓力，y 爲經時刻 t 時 C_4H_8 分解的百分數。

所以

$$k = \frac{1}{t}\ln\frac{1}{1-y} = \frac{1}{19.34\times60}\ln\frac{1}{1-0.05} = 4.446\times10^{-5}\ (s^{-1})$$

丁二烯分解 10%所需的時間爲：

$$t = \frac{1}{4.446\times10^{-5}}\cdot\ln\frac{1}{1-0.10} = 2366\ (s)$$

(3) 已知 $T_1 = 800°K$ 時：

$$k_{800} = 7.78\times10^{-5}\ min^{-1} = 0.130\times10^{-5}\ s^{-1}$$

$T_2 = 948°K$ 時：

$$k_{948} = 4.446\times10^{-5}\ s^{-1}$$

因為 $\ln \dfrac{k_2}{k_1} = \dfrac{E(T_2 - T_1)}{RT_1 T_2}$

將兩個不同溫度下的 k 值代入上式,即可求得反應的「活化能」

$$E = 1.506 \times 10^5 \, J \cdot mol^{-1}$$

(4)反應 1 小時後丁二烯的剩餘量為 20.78g;又知每小時進入反應器的丁二烯為 0.03m³(標準狀態下),換算成質量為:

$$\frac{0.03}{22.4 \times 10^{-3}} \times 56 = 74.97 \, (g)$$

故丁二烯的轉化率為:

$$\alpha = \frac{74.97 - 20.78}{74.97} \times 100\% = 72.3\%$$

丁二烯的收率 β 為:

$$\beta = \frac{n_{C_4H_6}}{n_{C_4H_8}} \times 100\% = \frac{\dfrac{W_{C_4H_6}}{M_{C_4H_6}}}{\dfrac{W_{C_4H_8}}{M_{C_4H_8}}} \times 100\% = \frac{47.38 \times 56}{74.97 \times 54} \times 100\% = 65.5\%$$

催化劑對丁二烯的選擇性為:

$$S = \frac{轉化為目的產品的原料量}{原料總的轉化量} \times 100\% = \frac{單程收率(或產率)}{轉化率} \times 100\%$$

所以 $S = \dfrac{\alpha}{\beta} \times 100\% = \dfrac{0.655}{0.723} \times 100\% = 90.6\%$

【例 8.4】:反應物 A 在催化劑 K 上進行單分子分解反應,試討論在下述情況下,反應為幾級?

(1)若壓力很低或者反應物 A 在催化劑 K 上是弱吸附(b_A 很小時)

(2)若壓力很大或者反應物 A 在催化劑 K 上是強吸附(b_A 很大時)

(3)若壓力和吸附的強弱都適中

【解】：由表面單分子「反應機構」則有 $r_A = k_A \theta_A$ (a)

而 $\theta_A = \dfrac{b_A p_A}{1 + b_A p_A}$

於是 $r_A = \dfrac{k_2 b_A p_A}{1 + b_A p_A}$ (b)

(1) 由（b）式，因為 $b_A p_A \ll 1$，則得：$r_{A,(p)} = -\dfrac{dp_A}{dt} = k_2 b_A p_A = k p_A$

即為「1 級反應」。

(2) 由（b）式，因為 $b_A p_A \gg 1$，則得：$r_{A,(p)} = -\dfrac{dp_A}{dt} = k_2$

即為「零級反應」。

(3) 即為（b）式原式，反應級數介於 0～1 之間的分數。

【例 8.5】：1173°K 時，$N_2O(A)$ 在 Au 上的吸附（符合 Langmuir 吸附）分解，得到下列實驗數據：

t(s)	0	1800	3900	600
$p_A(10P_a)$	2.667	1.801	1.140	0.721

討論 $N_2O(A)$ 在 Au 上吸附的強弱。

【解】：Langmuir 吸附定溫式為：

$$\theta = \dfrac{bp_A}{1 + b_A p_A}$$ (ㄅ)

$N_2O(A)$ 在 Au 上吸附解離的「反應機制」可假設為：

(a) $A \;+\; * \;\underset{k_{-1}}{\overset{k_1}{\rightleftharpoons}}\; \overset{A}{\underset{*}{|}}$ （反應物吸附平衡）

(b) $\overset{A}{\underset{*}{|}} \;\overset{k_2}{\longrightarrow}\; \overset{B}{\underset{*}{|}}$ （反應物進行表面化學反應）

(c) $\overset{B}{\underset{*}{|}} \;\underset{k_{-3}}{\overset{k_3}{\rightleftharpoons}}\; * \;+\; B$ （產物吸附平衡）

若表面反應為「反應速率決定步驟」，則有

$$-\frac{dp_A}{dt} = k_2\theta \qquad\qquad (ㄆ)$$

把（ㄅ）式代入（ㄆ）式，可得：

$$-\frac{dp_A}{dt} = \frac{k_2 b p_A}{1 + b p_A}$$

討論：若吸附為弱吸附，則 $b_A p_A \ll 1$，$-\frac{dp_A}{dt} = k_A p_A$，即為「1 級反應」，式中 $k_A = k_2 b$。

若吸附為弱吸附，則 $b_A p_A \gg 1$，$-\frac{dp_A}{dt} = k_2$，即為「零級反應」。

將實驗數據代入「1 級反應」的積分式：

即代入 $k_A = \frac{1}{t} \cdot \frac{p_{A,0}}{p_A}$，可得：

$$k_{A,1} = 2.16\times10^{-4}\ \text{s}^{-1}$$
$$k_{A,2} = 2.18\times10^{-4}\ \text{s}^{-1}$$
$$k_{A,3} = 2.18\times10^{-4}\ \text{s}^{-1}$$

將實驗數據代入「零級反應」的積分式：

即代入 $k_A = \frac{p_{A,0} - p_A}{t}$，可得：

$$k_{A,1} = 4.81\times10^{-4}\ P_a\cdot\text{s}^{-1}$$
$$k_{A,2} = 3.92\times10^{-4}\ P_a\cdot\text{s}^{-1}$$
$$k_{A,3} = 3.24\times10^{-4}\ P_a\cdot\text{s}^{-1}$$

顯然，實驗結果符合「1 級反應」規律。故可確定 N_2O 在 Au 中屬於弱吸附。

_____

■ 例 **8.4.1** ■

設下列酵素催化反應有簡單的 Michaelis-Menten 反應機制

$$E \; + \; S \; \underset{k_{-1}}{\overset{k_1}{\rightleftharpoons}} \; ES \; \overset{k_2}{\longrightarrow} \; E \; + \; P$$

實驗表明 k_1、k_{-1} 非常大,並測得下列數據:

$$280°K,k_2 = 100 \text{ s}^{-1},K_M = 10^{-4} \text{ mole} \cdot \text{dm}^{-3}$$

$$300°K,k_2 = 200 \text{ s}^{-1},K_M = 1.5 \times 10^{-4} \text{ mole} \cdot \text{dm}^{-3}$$

(1)求 $[S] = 0.1$ mole · dm^{-3} 和 $[E]_0 = 10^{-5}$ mole · dm^{-3},$280°K$ 時產物生成速率

(2)計算 k_2 步驟的活化能

(3)問 $280°K$ 時 ES 的生成平衡常數是多少?

(4)求 ES 生成反應的 $\Delta_r H_m^{\ominus}$

:(1)將題給條件代入 Michaelis-Menten 速率方程式,得:

$$r = \frac{k_2 [E]_0 [S]}{K_M + [S]} = \frac{k_2 [E]_0}{1 + K_M/[S]} = \left(\frac{100 \times 10^{-5}}{1 + 10^{-4}/0.1} \right) \text{mole} \cdot \text{dm}^{-1} \cdot \text{s}^{-1}$$

$$= 9.99 \times 10^{-4} \text{ mole} \cdot \text{dm}^{-1} \cdot \text{s}^{-1}$$

(2)由 Arrhenius 公式可得:

$$E_{a,2} = \frac{RT_1 T_2}{T_2 - T_1} \cdot \ln \frac{k_2 (T_2)}{k_1 (T_1)} = \left(\frac{8.314 \times 280 \times 300}{300 - 200} \cdot \ln \frac{200}{100} \right) \text{J} \cdot \text{mole}^{-1}$$

$$= 24.2 \text{ kJ} \cdot \text{mole}^{-1}$$

(3)設 $280°K$ 時 ES 的生成平衡常數為 $K_{298°K}$,則

$$K_{M,280°K} = \frac{k_2 + k_{-1}}{k_{+1}} \approx \frac{k_{-1}}{k_{+1}} = \frac{1}{K_{280°K}}$$

故 $K_{280°K} = \dfrac{1}{K_{M,280°K}} = 10^4 \text{ mole}^{-1} \cdot \text{dm}^{-3}$

(4)由平衡常數與溫度關係可得:

$$\Delta_r H_m^{\ominus} = \frac{RT_1 T_2}{T_2 - T_1} \cdot \ln \frac{K_{300°K}}{K_{280°K}} = \frac{RT_1 T_2}{T_2 - T_1} \cdot \ln \frac{K_{M,280°K}}{K_{M,300°K}}$$

$$= \left(\frac{8.314 \times 280 \times 300}{300 - 280} \cdot \ln \frac{10^{-4}}{1.5 \times 10^{-4}} \right) \text{J} \cdot \text{mole}^{-1} = -14.2 \text{ kJ} \cdot \text{mole}^{-1}$$

8.5 表面單分子反應

如果有一種反應物,且吸附是速率決定步驟,這是表面反應中最簡單的一種情況。根據 Langmuir 吸附等溫式(見(8.5)式):

$$\theta = \frac{bp}{1+bp}$$

如果以單位表面催化劑(A)上、在單位時間(t)內發生反應的物質數量(n_A)來表示反應速率,顯然,反應速率 r 應與 θ 成正比,即

$$r = -\frac{1}{A} \cdot \frac{dn_A}{dt} = k_A \theta_A = \frac{k_A bp}{1+bp} \tag{8.38}$$

上式中,k_A 為一常數。這個結果實際上是在假定:吸附平衡不受表面反應影響的條件下得到的,實驗證明在多數情況下,此假定是合理的。

從(8.38)式看到:當壓力很高時,bp>>1,則 $r \approx k_A$,此時表面反應是「零級反應」。這是因為在高壓下,表面吸附已達飽和,所以氣相壓力不會影響被吸附分子的表面濃度。

反之,在低壓時,bp<<1,$r = k_A \cdot bp$,此時表面反應是「1 級反應」。

◎ 有一種複雜情況是經常出現的,即如果有另外某種非反應物 i 也被表面吸附,這時成分 i 將產生一種如抑制劑或毒物的作用。如果表面被 A 的覆蓋度為 θ_A,則(參考(8.12)式):$\theta_A = \dfrac{b_A p_A}{1+b_A p_A + \sum b_i p_i}$ ($i \neq A$) $\tag{8.39}$

式中,p_i 為第 i 種成分的壓力。因此,反應速率可寫為:

$$r = \frac{k_A b_A p_A}{1+b_A p_A + \sum b_i p_i} \tag{8.40}$$

例如:N_2O 在許多金屬上的分解反應速率方程式可歸結為下式:

$$r = \frac{kp(N_2O)}{1+a'p(N_2O) + b'p(O_2)} \tag{8.41}$$

◎ 如果 A 的分壓極低,則表面將被 A 分子覆蓋很少,於是:$b_A p_A < 1 + \sum b_i p_i$

代入(10.40)式,可得:$r = \dfrac{k_A b_A p_A}{1+\sum b_i p_i}$ $\tag{8.42}$

如果抑制劑被強烈吸附時,則 $\sum b_i p_i >> 1 + b_A p_A$,於是

$$r = \frac{k_A b_A p_A}{\sum b_i p_i} \tag{8.43}$$

這時反應對 A 而言為「1 級反應」，而與抑制劑分壓 p_i 成反比。

例如：NH_3 在 Pt 上的分解反應就是屬於這一類型，因為該反應產物 H_2 會被 Pt 強吸附，NH_3 分解速率方程式寫為：

$$r = \frac{kp(NH_3)}{p(H_2)} \qquad (8.44)$$

表面單分子反應的活化能 E_a 可按下法求出。根據第六章的（6.xxx）式，可知：

$$\frac{dln(k)}{dT} = \frac{E_a}{RT^2} \qquad (8.45)$$

同理，表面吸附平衡常數 $K = k_a/k_d$，其可隨溫度變化的表達式寫為：

$$\frac{dln(K)}{dT} = -\frac{\lambda}{RT^2} \qquad (8.46)$$

上式中，λ 為吸附過程中每莫耳物質被吸附放出的熱。

如果壓力不大，由（8.38）式觀察到的「1 級反應」之反應速率常數 k 為：

$$k = k_A K \qquad (8.47)$$

$$即 \quad k_A = k/K$$

故本反應的「巨觀活化能」E_a 可寫為：$E_a = RT^2 \cdot \frac{dln(k)}{dT} = E - \lambda \qquad (8.48)$

即 E_a 為真正的表面反應活化能與吸附熱之差。

反之，如果壓力很高，則由（8.38）式可得 $r = k_a$，於是 $E_a = E$

這些關係可以位能曲線圖（見圖 8.14）中看出。

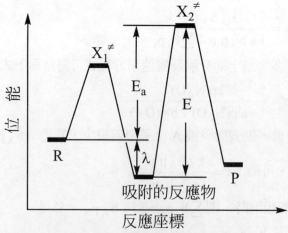

圖 8.14 單分子表面反應位能曲線圖

8.6 表面雙分子反應

前已指出，大多數表面雙分子反應服從 Langmuir-Hinshelwood 過程，即反應是在被表面上相鄰地吸附 A 和 B 分子間完成的。此種反應速率與 A 和 B 在表面上相鄰位置上被吸附的機率成正比，而這一機率又與 θ_A、θ_B 的乘積成正比，故反應速率應為：

$$r = k_2 \theta_A \theta_B$$

根據（8.35）式，可得：

$$r = \frac{k_2 b_A b_B p_A p_B}{(1 + b_A p_A + b_B p_B)^2} \qquad (8.49)$$

如果一個反應物的壓力不變，而另一個的壓力改變，反應速率隨壓力的變化關係如圖 8.15 所示。

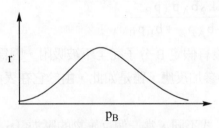

圖 8.15 反應速率隨壓力的變化

不難看出：當壓力升高時，圖中曲線反而下降，是因為一個反應物的吸附率升高，而另一個降低所致。最高點相當於在表面上有最大濃度的相鄰 A-B 吸附。

有兩種極端情況值得考慮：

1. 表面覆蓋極少的情況

如果壓力 p_A 及 p_B 都很低，以至於相對於 1 均可忽略，則（8.49）式可化簡為：

$$r = k_2 b_A b_B p_A p_B \qquad (8.50)$$

此為「2 級反應」，相對於 A 和 B 各為「1 級反應」。

例如：在瓷表面上，H_2 和 O_2 的化何反應屬於此類，這意味著 H_2 和 O_2 分子覆蓋率都很小。

2. 有一個反應是很弱的吸附

如果 A 是很弱吸附，$b_A p_A$ 在分母中可忽略，則：

$$r = \frac{k_2 b_A b_B p_A p_B}{(1 + b_B p_B)^2} \qquad (8.51)$$

反應速率與 A 的壓力成正比；但當 B 的壓力增加時，反應速率先加快，經過一極大的速率值後又下降，見圖 8.15。

例如：乙烯在 Cu 催化劑上的加 H_2 反應屬於這種情況。實驗測得的反應速率方程式為：

$$r = \frac{kp(H_2)p(C_2H_4)}{[1+b'p(C_2H_4)]^2}$$

這個反應速率方程式與 Langmuir-Hinshelwood 過程相符（參考（8.35）式）。乙烯比 H_2 在 Cu 上的吸附強。

如果假定表面雙分子反應式是遵行 Langmuir-Rideal 過程，則反應速率與 B 的壓力 p_B 及 A 的覆蓋率 θ_A 成比例：

$$r = k_2 p_B \theta_A \tag{8.52}$$

將（8.35）式及（8.52）式，可得：

$$r = \frac{k_2 b_A p_A p_B}{1+b_A p_A + b_B p_B} \tag{8.53}$$

由（8.53）可知：這裡並沒有假定 B 分子完全不被吸附，因為分母中有 $K_B p_B$ 一項；但是被吸附的 B 分子不直接參加反應，雖是如此，由於它在表面上佔有一定的位置，而影響了反應速率。

（8.53）式與（8.51）式不同，當一個反應物的壓力（p_A 或 p_B）變動時，不會出現速率的極大點，相反的，它的反應速率會按照圖 8.6 的形式變化。

第九章 光化學

9.1 前言

　　光是一種電磁輻射，表 9.1 中給出各種電磁輻射的波長範圍。

◎ 對於光化學有效的是可見光（波長範圍 400～800 nm）及紫外光（波長範圍 400～150 nm）。

◎ 紅外輻射能可以激發分子的轉動（rotation）和振動（vibration），不能產生電子的激發態。

◎ X 射線則可引發原子核或分子內層深部電子的跳躍，由於該後者不屬於「光化學」範圍，而屬於「輻射化學」，因此本章暫不予討論。

　　光具有「波粒二重性」（wave-particle duality）。但簡單的光之「波動理論」無法有效解釋光化學行為，反之，光的「粒子模型」卻可以有效解釋光化學現象。根據此模型，光束可視為光子流，一個光子的能量 ε 是：

$$\varepsilon = h\nu \tag{9.1}$$

h 為 Planck 常數，ν 為頻率。也可以用波長（wave length）λ 或波數（wave number），E 來表示光子的能量：

$$\lambda = \frac{C}{\nu}$$

$$E = \frac{1}{\lambda} = \frac{\nu}{C}$$

在上面式子裏，C 為光在真空中的速度。由於 λ 和 E 與光子能量有一一對應的關係（見表 9.1 及（9.1）式），因此也可用 λ 和 E 表示光子能量，前者（λ）在光化學中常用，後者（E）在光譜學中慣用。

　　在 SI 構中，「波長」用 m 或 nm 表示，但文獻中有時仍可見到 Å（埃）；「波數」則仍沿用原來光譜學中的習慣，用 cm⁻¹ 為單位。

　　在文獻中，光子能量也常以電子伏特（eV）做為單位。根據定義：

$$1\ eV = 4.803 \times 10^{-10}/300\ erg = 1.60 \times 10^{-12}\ erg$$

　　由於光子能量過小，在光化學中常用 6.03×10^{23} 個光子（即 1mole 光子）為計算單位，如此一來，有了下列的對應換算關係：

$$1eV = 23.06\ kcal \cdot mole^{-1}$$

$$1eV = 96.48\ kJ \cdot mole^{-1}\ (\because 1 \cdot kcal \cdot mole^{-1} = 4.184\ kJ \cdot mole^{-1})$$

光的強度可用光子流強度 I 表示：

$$I = n \cdot C$$

式中：C 為光速，n 為光子密度（即每單位立方公分中的光子數）。因此，I 的意義是〝每單位時間、單位面積上的光子數目〞，它的單位是「光子・$cm^{-2} \cdot s^{-1}$」。在一般光化學實驗中，常把每秒的光子數也做為光強度，顯然它是等於受光面積乘光子流強度 I。

表 9.1 各種電磁輻射的波長及能量

波長	波數 (cm^{-1})	頻率 (s^{-1})	$\dfrac{E}{eV}$	$\dfrac{E}{kJ \cdot mole^{-1}}$	$\dfrac{E}{kcal \cdot mole^{-1}}$
無線電波 $\begin{cases} 3\times10^3 \text{ m} \\ 3\times10^{-1} \text{ m} \end{cases}$	3.33×10^{-6} 3.33×10^{-2}	9.99×10^4 9.99×10^8	4.13×10^{-10} 4.13×10^{-5}	3.98×10^{-8} 3.98×10^{-4}	9.53×10^{-9} 9.52×10^{-5}
微波 $\begin{cases} 3\times10^{-1} \text{ m} \\ 6\times10^{-4} \text{ m} \end{cases}$	3.33×10^{-2} 16.7	9.99×10^8 5.00×10^{11}	4.13×10^{-5} 2.06×10^{-3}	3.98×10^{-4} 1.99×10^{-1}	9.52×10^{-5} 4.77×10^{-2}
遠紅外 $\begin{cases} 6\times10^{-4} \text{ m} \\ 3\times10^{-5} \text{ m} \end{cases}$	16.7 333	5.00×10^{11} 9.98×10^{12}	2.06×10^{-3} 4.13×10^{-2}	1.99×10^{-1} 3.99	4.77×10^{-2} 9.53×10^{-1}
近紅外 $\begin{cases} 3\times10^{-5} \text{ m} \\ 8\times10^{-7} \text{ m} \end{cases}$	333 1.25×10^{-4}	9.98×10^{12} 3.75×10^{14}	4.13×10^{-2} 1.55	3.99 149.5	9.53×10^{-1} 35.7
可見光 $\begin{cases} 8\times10^{-7} \text{ m} \\ (800nm) \\ 400 \text{ nm} \end{cases}$	1.25×10^{-4} 2.5×10^4	3.75×10^{14} 7.49×10^{14}	1.55 3.10	149.5 299.0	35.7 71.5
紫外 $\begin{cases} 400 \text{ nm} \\ 150 \text{ nm} \end{cases}$	2.5×10^4 6.67×10^4	7.49×10^{14} 2.00×10^{15}	3.10 8.27	299.0 797.9	71.5 190.7
眞空紫外 $\begin{cases} 150 \text{ nm} \\ 5 \text{ nm} \end{cases}$	6.67×10^4 2×10^6	2.00×10^{15} 6×10^{16}	8.27 248.0	797.9 239×10^4	190.7 5.72×10^3
X 射線 $\begin{cases} 5 \text{ nm} \\ 10^{-4} \text{ nm} \end{cases}$	2×10^6 10^{11}	6×10^{16} 3×10^{21}	248.0 1.24×10^7	239×10^4 1.20×10^9	5.72×10^3 2.86×10^8

9.2 光化學基本定律

「光化學」有兩條基本定律：

> （1）「光化學第一定律」（the first law of photochemistry）是在 1818 年由 Grotthuss 和 Draper 提出：<u>只有被系統吸收的光才可能產生「光化學反應」</u>。不被吸收的光（透射的光和反射的光）則不能引起「光化學反應」。
>
> （2）「光化學第二定律」（second law photochemistry），是在 1908 ~ 1912 年由 Einstein 和 Stark 提出：<u>一個分子吸收一個光子後而被活化</u>。

如果光子的能量用 hv 表示，則 Einstein 定律可表示為：

$$A + h\nu \longrightarrow A^*$$

A^*分子為分子 A 的電子激發態。假設激發態分子 A^*只能以一種方式衰變，例如：

$$A^* \longrightarrow M_1$$

則根據 Einstein 定律，光化學反應產物 M_1 的分子數就應該等於 A 吸收的光子數。現在我們已經知道：實際上並非如此，這是因為分子的電子激發態 A^*在進行上述過程之前，可能通過其它途徑失去其激發能，這就造成上述變化與其他退活化過程之間的互相競爭。舉例來說，假設 A^*可以經由下列 4 種同時進行的過程來衰變：

$$A + h\nu \longrightarrow A^* \longrightarrow \begin{cases} M_1 \\ M_2 \\ M_3 \\ M_4 \end{cases}$$

$$(9.2)$$

則其中某一指定的產物 M_1 的分子數就不會等於 A 吸收的光子數目，而是小於 A 吸收的光子數。如此一來，對 M_1 而言，光子的效率變小了。

被光量子活化了的分子稱為「活化分子」（active molecules），「活化分子」有可能直接變為產物，也可能未反應便已失去活性，或者引發連鎖反應而導致更多的分子反應。為了衡量一個光量子導致指定的物理或化學過程的效率有多大，在光化學中定義 ϕ 為一個過程的「量子產率」（quantum yield），「量子效率」的大小及實驗條件對它的影響，可以提供有關反應性質的重要資料，對於探討光化學反應機構也是非常有用的一個基本物理量。

對於一指定反應，ϕ 定義爲：

$$\phi = \frac{\text{指定過程發生變化的反應物或產物的分子數}}{\text{被吸收的光子數}}$$

$$= \frac{\text{反應物分子消失（或 生 成 產 物）的量}}{\text{吸收光的量（或能量）}}$$

$$= \frac{\text{發生反應的分子數}}{\text{吸收的光子數}}$$

$$= \frac{\text{指定過程的反應速率}}{\text{吸收光子速率}} = \frac{r}{I_0} \qquad (9.3)$$

（9.3）式中，I_0 一般稱爲被吸收的光強度（光子數/秒）。指定過程的反應速率 r 可以按任何化學動力學的方法測量，光強度 I_0 可以用物理或化學的測光計（actionmeter）測量，因此「量子產率」ϕ 可以從實驗量得。

「量子產率」與「反應速率」公式不一樣，前者的測定不包括時間因素，而是只有在反應結束後通過對體系的分析才能求得，另外，由於受「化學計量常數」的影響，反應物消耗的「量子產率」和產物生成的「量子產率」很可能是不相等的，用反應速率 r 和光子吸收速率 I_a 來定義 ϕ 較不會引起混淆，即 $\phi = \dfrac{r}{I_a}$ （見（9.3）式）。

可以把一連串的光化學過程分爲「初級過程」和「次級過程」，依據「Einstein 光化學定律」，對於光化學反應的「初級過程」來說，其「量子產率」ϕ 應等於 1。「初級過程」的「量子產率」在理論上具有重要意義，而「初級過程」所產生的自由基或自由原子可以引起一系列化學反應（如連鎖反應），即引起「次級過程」，因而較常採用的是求〝總量子產率 ϕ〞。

根據「次級過程」不同，ϕ 值可以小於 1，也可以大於 1，若「次級過程」是一個連鎖反應，則 ϕ 值甚至可達 10^6。當「總量子產率」$\phi \ll 1$ 時，代表著反應中出現了去活化、螢光或其它光物理過程等重要的步驟，這些步驟抑制了純化學反應過程。

對於（9.2）式中的過程（1），按 ϕ 的定義，有

$$\phi_1 = \frac{r_1}{I_0}$$

而且，由於假定 A* 在（9.2）式中只有 4 種衰變方式，故：

$$\phi_1 + \phi_2 + \phi_3 + \phi_4 = \frac{r_1 + r_2 + r_3 + r_4}{I_0} = 1 \qquad (9.4)$$

可以想見，在 Einstein 過程裏，A＋hv $\longrightarrow$ A*的「量子產率」顯然等於 1。注意：但多數光化學反應的「量子產率」不等於 1。現在分別討論如下：

(I) $\phi > 1$ 的「光化學反應」是由於在「初級過程」中雖然只活化了一個反應物分子，但活化後的分子還可以進行「次級過程」。

例如：反應 $2HI \longrightarrow H_2 + I_2$

「初級過程」是：

$$HI + hv \longrightarrow H + I$$

「次級過程」則為：

$$H + HI \longrightarrow H_2 + I$$

$$I + I \longrightarrow I_2$$

總的效果是：吸收一個光量子可分解兩個 HI 分子，故 $\phi = 2$。

又如： $H_2 + Cl_2 \longrightarrow 2HCl$ 的「初級過程」是：

$$Cl_2 + hv \longrightarrow Cl_2^{\ddagger}$$

$Cl_2^{\ddagger}$ 表示激發態分子。而「次級過程」則是「鏈鎖反應」。

鏈的傳遞：

$$Cl_2^{\ddagger} + H_2 \longrightarrow HCl + HCl^{\ddagger}$$

$$HCl^{\ddagger} + Cl_2 \longrightarrow HCl + Cl_2^{\ddagger}$$

鏈的終止：

$$Cl_2^{\ddagger} \longrightarrow Cl_2 + hv$$

$$Cl_2^{\ddagger} + M \longrightarrow Cl_2 + M$$

因此總的效果是：ϕ 可以大到 10^6。

(II) $\phi < 1$ 的「光化學反應」是：當分子在「初級過程」吸收「光量子」之後，處於「激發態」的高能分子有一部份還未來得及反應便發生分子內的物理過程或分子間的傳能過程而失去活性。

　　一般說來，同一光化學反應在液相中進行時的「量子產率」比在氣相中進行時要低，這是因爲激發態分子在液相中易與溶劑或其它分子碰撞而去活化。

　　「量子產率」ϕ 是「光化學反應」中一個很重要的物理量，可以說它是研究「光化學反應機構」的敲門磚，可爲「光化學」反應動力學提供許多有用的資料。

【例1】：用波長 253.7 nm 的紫外光照 HI 氣時，因吸收 307 J 的光能，HI 分解 1.300×10^{-3} mole。

$$2HI \longrightarrow I_2 + H_2$$

（1）　求此光化學反應的「量子產率」。

（2）　由此「量子產率」推測出可能的「反應機構」。

【解】：（1）一個光量子的能量爲 $\varepsilon = h\nu$，即 $\nu = \dfrac{c}{\lambda}$，所以 $\varepsilon = h\dfrac{c}{\lambda}$。

　　　　用波長 253.7 nm 的光照射 HI 氣體系統所吸收的光能爲 307 J，則吸收的光量子數爲 $307\ \text{J}/(h\dfrac{c}{\lambda})$，而引發反應的分子數爲 1.30×10^{-3} mol×L。

　　　　該過程的「量子效率」爲：

$$\phi = \frac{\dfrac{1.300 \times 10^{-3}\ \text{mol} \times 6.023 \times 10^{23}\ \text{mol}^{-1}}{307\text{J}}}{6.626 \times 10^{-34}\ \text{J}\cdot\text{s} \times \dfrac{2.998 \times 10^{8}\ \text{m}\cdot\text{s}^{-1}}{253.7 \times 10^{-9}\ \text{m}}} = 2$$

（2）從 $\phi = 2$ 可知：一個光子可使兩個 HI 分子分解，故推測其「反應機構」可能爲：

$$HI + h\nu \longrightarrow H\cdot + I\cdot$$

$$H\cdot + HI \longrightarrow H_2 + I\cdot$$

$$I\cdot + I\cdot \longrightarrow I_2$$

【例2】：在某個實驗中，用 253.7 nm 紫外線照射有機氣體 $1.80×10^4$ s，生成 $6.33×10^{-8}$ mole · cm^{-3} 的 CO，該有機氣體吸收的光輻射強度為 $1.71×10^{-6}$ J · cm^{-3} · s^{-1}。試問 CO 的量子產率是多少？

【解】：一個光子的能量為：

$$h\nu = hc/\lambda = \frac{(6.63×10^{-34})·(3.00×10^8)}{253.7×10^{-9}} = 7.84×10^{-19} \text{ J}$$

$$I_a = \frac{1.71×10^{-6}}{7.84×10^{-19}} = 2.18×10^{12} \text{ cm}^{-3}·s^{-1}$$

被吸收的光子數為：

$$I_a · t = 2.18×10^{12}×1.80×10^4 = 3.93×10^{16} \text{ cm}^{-3}$$

生成 CO 分子數為：

$$6.33×10^{-8}×6.02×10^{23} = 3.81×10^{16} \text{ cm}^{-3}$$

則

$$\phi = \frac{3.81×10^{16}}{3.93×10^{16}} = 0.97$$

例 9.2.1

按照光化當量定律，在整個光化學反應過程中，一個光子只能活化一個分子，因此只能使一個分子發生反應。

：錯。

例 9.2.2

光化反應的初級階段 $A + h\nu \xrightarrow{k} A^*$，則反應速率爲何？

：$-\dfrac{d[A]}{dt} = kI_a$。

例 9.2.3

光化學反應：$A + h\nu \xrightarrow{k} A^*$，反應速率與何者成正比，與何者無關？

：與 I_a 成正比，與[A]無關。

例 9.2.4

光化學反應的量子效率總是：

（A）大於 1　　　　（B）小於 1　　　　（C）溫度不變

（D）由具體反應確定可以大於 1，也可以小於 1，也可以等於 1

：D。

例 9.2.5

光化學的量子效率不可能大於 1。

：錯。

例 9.2.6

光化學的初級反應 $A + h\nu =$ 產物，其反應速率應當：

（A）與反應物 A 濃度無關

（B）與反應物 A 濃度有關

（C）與反應物 A 濃度和 $h\nu$ 有關

：A。

■ **例 9.2.7** ■

大部份化學反應活化能約在 $4 \times 10^4 \sim 4 \times 10^5$ J · mole^{-1}。

若反應：H$_2$ $_{(g)}$ ＋Cl$_2$ $_{(g)}$ ⟶ 2HCl $_{(g)}$ 中的 $\varepsilon_{Cl\text{-}Cl}$ ＝ 242.67 J · mole^{-1}，今用光引發：Cl$_2$ ＋hv ⟶ 2Cl，使之發生鏈鎖反應。求所需光的波長。

：所需光的波長為：

$$\lambda = \frac{chL}{\varepsilon_{Cl\text{-}Cl}} = \frac{3.0 \times 10^8 \times 6.62 \times 10^{-34} \times 6.02 \times 10^{23}}{242.67 \times 10^3} = 0.49267 \times 10^{-6} \text{ m} = 492.67 \text{ nm}$$

■ **例 9.2.8** ■

某光電池內裝有 10.0 cm^3 濃度為 0.0495 mole · dm^{-3} 草酸溶液，其中加有做為光敏劑的硫酸雙氧鈾 UO$_2$SO$_4$。將波長 λ ＝ 254.0 nm 的光通過此溶液，在吸收了 88.10 J 光能之後，草酸濃度降為 0.0383 mole · dm^{-3}。試計算在給定的光作用下，草酸光敏化分解反應的量子效率。

：n$_1$（吸收光）＝ 88.10×λ/Lhc ＝ 1.869×10^{-4} mole

n$_2$（發生反應）＝ (0.0495－0.0388)×10.00×10^{-3} ＝ 1.12×10^{-4} mole

$$\phi = \frac{n_2}{n_1} = 0.6$$

■ **例 9.2.9** ■

光化學反應：A$_2$＋hv ⟶ 2A 的反應過程為

A$_2$＋hv ⟶ A$_2$*

A$_2$* $\xrightarrow{k_1}$ 2A

A$_2$*＋A$_2$ $\xrightarrow{k_2}$ 2A$_2$

可得：$\dfrac{d[A]}{dt} = \dfrac{2k_1 I_a}{k_1 + k_2 [A_2]}$，則該反應之量子產率 ϕ 為：

（A）1　　　　（B）$\dfrac{2k_1}{k_1 + k_2 [A_2]}$　　　　（C）2　　　（D）$\dfrac{k_1}{k_1 + k_2 [A_2]}$

：（D）。$\phi = \dfrac{r}{I_a}$，$r = \dfrac{1}{2} \cdot \dfrac{d[A]}{dt} = \dfrac{k_1 I_a}{k_1 + k_2 [A_2]}$

例 9.2.10

Morgan 和 Crist 研究高硫酸鉀（Potassium persulfate）$K_2S_2O_8$ 含有 0.1M 的 K_2SO_4 和 0.28M 的 KOH 的光化學分解反應速度，他們對這個反應

$$K_2S_2O_8 + H_2O \xrightarrow{\text{hv}} 2KHSO_4 + \frac{1}{2}O_2$$

在隔某個反應時間 t 抽出一定量的反應混合物用 0.0500M 的 $FeSO_4$ 溶液作滴定試驗，測定 $K_2S_2O_8$ 剩餘量的記錄如下：

$$K_2S_2O_8 + 2FeSO_4 \longrightarrow Fe_2(SO_4)_3 + K_2SO_4$$

間隔時間 t(min)	0	150	360	540	720	940	1160	1340
需要的 $FeSO_4$ 溶液 (ml)	9.25	8.75	8.24	7.86	7.51	7.07	6.64	6.27

$K_2S_2O_8$ 最初時的濃度是 0.100 M，找出 $K_2S_2O_8$ 光化學分解的反應級數。

：依照所給數據，不適合於一級和二級反應，亦不適合於三級反應。將需要 $FeSO_4$ 溶液的體積對時間標點在座標裏，它和剩留 $K_2S_2O_8$ 的毫當量(mEq.)成比例。亦就是說 $K_2S_2O_8$ 的濃度的改變和時間成為直線關係，因此這個反應速度不依賴 $K_2S_2O_8$ 的濃度，所以這個反應是一個零級反應。實際上這個反應的級數將會依賴著 $K_2S_2O_8$ 的濃度，並且會繼續的改變自零級至一級，但是依照在這裡濃度的範圍，我們仍看作零級反應。

例 9.2.11

以下是物質 A 光化連鎖反應的反應機構：

$$A + hv \xrightarrow{k_1} A^* \tag{ㄅ}$$

$$A^* + A \xrightarrow{k_2} A_2 \tag{ㄆ}$$

$$A^* \xrightarrow{k_3} A + hv' \tag{ㄇ}$$

H 是 Planck 常數，v 是入射光的頻率，導出 A_2 的量子產量（quantum yield）的表示式。

：量子產量的定義是：吸收 1 個光量子所產生生成物的分子數或是消耗反應物的分子數稱爲量子產量，亦就是

$$\phi = \frac{分解或生成分子的\,(molecules)\,數}{吸收的量子\,(quanta)\,數} = \frac{分解或生成的莫耳數\,(mole)\,數}{吸收的\,Einsteins\,數}$$

通常用 hv 代表一個量子，$N_A hv$ 稱爲一個 Einstein（單位），N_A 代表 Avogadro 數。

A_2 的量子產量是 $\dfrac{d[A_2]/dt}{I_{abs}}$

I_{abs}＝吸收光的強度（Intensity of the light absorbed），因此，在開始改變 A*濃度時的速度可以這樣的表示：

$$\frac{d[A^*]}{dt} = k_1 I_{abs} - k_2[A^*] - k_3[A^*] \tag{ㄷ}$$

[　]代表濃度，k_1、k_2 和 k_3 代表速率常數

假定在平衡的穩定狀態時，因此

$$\frac{d[A^*]}{dt} = 0 \,,\, k_1 I_{abs} = [A^*](k_2[A] + k_3)$$

$$[A^*] = \frac{k_1 \cdot I_{abs}}{k_2[A] + k_3} \tag{ㄉ}$$

形成 A_2 的速度可以這樣的表示

$$\frac{d[A_2]}{dt} = k_2[A^*][A] \tag{ㄊ}$$

將（ㄉ）式代入（ㄊ）式

$$\frac{d[A_2]}{dt} = \frac{k_1 k_2 I_{abs}[A]}{k_2[A] + k_3} \tag{ㄋ}$$

依照以上的定義，A_2 的量產量是 $\dfrac{d[A_2]/dt}{I_{abs}}$

因此（ㄋ）式變成 A_2 的量子產率 $\dfrac{d[A_2]/dt}{I_{abs}} = \dfrac{k_1 k_2[A]}{k_2[A] + k_3}$

▌例 9.2.12 ▐

試計算每莫耳波長 85 nm 的光子所具有的能量。

：每莫耳的光子所具有的能量：$E = Lhc/\lambda$

將 $L = 6.02205 \times 10^{23}$ $mole^{-1}$，$h = 6.62618 \times 10^{-34}$ J·s，

$c = 2.99792 \times 10^8$ m·s^{-1} 及 $\lambda = 85 \times 10^{-9}$ m 代入上式，可得：

$E = (6.02205 \times 10^{23} \times 6.62618 \times 10^{-34} \times 2.99792 \times 10^8 / 85 \times 10^{-9})$ J·$mole^{-1} = 1.4074 \times 10^6$ J·$mole^{-1}$

例 9.2.13

當向 $(CH_3CO)_2$ 氣體照射紫外線（$\lambda = 253.7$ nm）1.80×10^4 s 時，生成 6.33×10^{-5} $mole \cdot dm^{-3}$ 的 CO：

$$CH_3CO \cdot COCH_3 \xrightarrow{h\nu} 2CO + C_2H_6$$

被 $(CH_3CO)_2$ 吸收的紫外線強度為：1.71×10^{-3} J·dm^{-3}·s^{-1}。試求反應的量子效率。

：$E_m = (0.1196/\lambda)$ J·m·$mole^{-1} = 4.714 \times 10^5$ J·$mole^{-1}$

被吸收光量子的物質的量為：

$I_{at}/E_m = 1.71 \times 10^{-3}$ J·dm^{-3}·$s^{-1} \times 1.8 \times 10^4$ s/ 4.714×10^5 J·$mole^{-1} = 6.53 \times 10^{-5}$ $mole \cdot dm^{-3}$

每反應 1 個 $(CH_3CO)_2$ 分子應生成 2 個 CO 分子，所以生成 6.33×10^{-5} $mole \cdot dm^{-3}$ 的 CO 相當於發生反應的 $(CH_3CO)_2$ 為 3.165×10^{-5} $mole \cdot dm^{-3}$。

$$\phi = \frac{\text{發生反應的物質的量}}{\text{被吸收光子的物質的量}} = \frac{3.165 \times 10^{-5}}{6.53 \times 10^{-5}} = 0.485$$

例 9.2.14

有些無機鹽在室溫時經放射感應的作用，發生下列的分解反應機構：

$$NO_3^- \xrightarrow{k_1 \psi} NO_2^- + O \qquad (ㄅ)$$

$$O + NO_2^- \xrightarrow{k_2} NO_3^- \qquad (ㄆ)$$

$$O + NO_3^- \xrightarrow{k_3} NO_2^- + O_2 \qquad (ㄇ)$$

在這裡，符號 ψ 代表電離射線（Ionizing radiation）（應用放射性原子核所產生的 α 或 β 射線，因為帶有電荷，所以稱為電離射線）。

（a）假定[O]是在穩定的平衡狀態，導出形成 NO_2^- 的速率表示式

（b）假定 NO_3^- 的濃度保持不變，使（a）題變成完整的表示式（求積分式）

：(a) $\dfrac{d[NO_2^-]}{dt} = k_1\phi[NO_3^-] - k_2[O][NO_2^-] + k_3[O][NO_3^-]$ （ㄷ）

因為 ψ 代表入射的電離射線，不是全部吸收，吸收的只是入射的一小部份，

所以（ㄅ）式反應用 $k_1\phi[NO_3^-]$ 表示，

$\dfrac{d[O]}{dt} = k_1\phi[NO_3^-] - k_2[O][NO_2^-] - k_3[O][NO_3^-]$

假定[O]是在平衡狀態，$\dfrac{d[O]}{dt} = 0$，因此 $k_1\phi[NO_3^-] = [O](k_2[NO_2^-] + k_3[NO_3^-])$

$[O] = \dfrac{k_1\phi[NO_3^-]}{k_2[NO_2^-] + k_3[NO_3^-]}$ （ㄆ）

將（ㄆ）式代入（ㄷ）式，因此

$\dfrac{d[NO_2^-]}{dt} = k_1\phi[NO_3^-] + \dfrac{-k_1k_2[NO_2^-][NO_3^-]\phi + k_1k_3[NO_3^-]^2\phi}{k_2[NO_2^-] + k_3[NO_3^-]}$

$= \dfrac{2k_1k_3[NO_3^-]^2\phi}{k_2[NO_2^-] + k_3[NO_3^-]}$ （ㄊ）

(b)（ㄊ）式重新排列：

$k_2[NO_2^-]d[NO_2^-] + k_3[NO_3^-]d[NO_2^-] = 2k_1k_3[NO_3^-]^2\phi\,dt$ （ㄋ）

（ㄋ）式將[NO_2^-]自 0 到[NO_2^-]和 t 自 t=0 到 t=t 之間的限度內積分，得到完整的表示式：

$\dfrac{1}{2}k_2[NO_2^-]^2 + k_3[NO_3^-][NO_2^-] = 2k_1k_3[NO_3^-]^2\phi t$

◾ 例 9.2.15 ◾

在光的作用下，O_2 可轉變成 O_3。當 1 mole 的 O_3 生成時，吸收 3.011×10^{23} 個光量子，此光化學反應的量子效率應是下列那一種？

(A) $\phi = 1$　　　(B) $\phi = 1.5$　　　(C) $\phi = 2$　　　(D) $\phi = 2.5$　　　(E) $\phi = 3$

：（E）。反應 $3O_2 \longrightarrow 2O_3$，生成 1 mole 的 O_3 必須 1.5 mole 的 O_2 反應。現吸收的光量子的物質的量爲 0.5 mole（即 Einstein 或 L/2 個光量子），所以量子效率 $\phi = 1.5/0.5 = 3$

■ 例 9.2.16 ■

光化學反應與熱反應的相同之處在於下列那種情況？

（A）反應都需要活化能

（B）溫度常數小

（C）反應都向 $\Delta G(T, p, W'=0)$ 減小的方向進行

（D）化學平衡常數與光強度無關

：（A）。光化學反應與熱反應都要活化能，但活化能來源不同，前者的活化能來源於吸收的光能，後者的活化能來源於分子碰撞。

■ 例 9.2.17 ■

曾測得 $CHCl_3$ 的照光氯化反應：$CHCl_3 + Cl_2 \xrightarrow{h\nu} CCl_4 + HCl$ 的速率方程式爲：

$$d[CCl_4]/dt = kI_a^{1/2}[Cl_2]^{1/2} \quad (I_a 爲吸收光的強度)$$

爲解釋此方程式，而提出如下的反應機構：

(1) $Cl_2 + h\nu \xrightarrow{k_1} 2Cl \cdot$

(2) $Cl \cdot + CHCl_3 \xrightarrow{k_2} Cl_3C \cdot + HCl$

(3) $Cl_3C \cdot + Cl_2 \xrightarrow{k_3} CCl_4 + Cl \cdot$

(4) $2Cl_3C \cdot + Cl_2 \xrightarrow{k_4} 2CCl_4$

試按上述反應機構推導反應速率方程式，進而證明它與上述經驗速率方程式一致。

：當反應達到穩定狀態時，

$$d[Cl\cdot]/dt = 2k_1I_a - k_2[Cl\cdot][CHCl_3] + k_3[Cl_3C\cdot][Cl_2] = 0$$

$$d[Cl_3C\cdot]/dt = k_2[Cl\cdot][CHCl_3] - k_3[Cl_3C\cdot][Cl_2] - k_4[Cl_3C\cdot]^2[Cl_2] = 0$$

將上述兩式相加可得：

$$2k_1I_a - 2k_4[Cl_3C\cdot]^2[Cl_2] = 0$$

即 $[Cl_3C\cdot] = \{k_1I_a/k_4[Cl_2]\}^{1/2}$ （ㄅ）

$$d[CCl_4]/dt = k_3[Cl_3C\cdot][Cl_2] + 2k_4[Cl_3C\cdot]^2[Cl_2]$$ （ㄆ）

將（ㄅ）式代入（ㄆ）式得：

$$d[CCl_4]/dt = k_3(k_1I_a/k_4)^{1/2}[Cl_2]^{1/2} + 2k_1I_a = k_3(k_1/k_4)^{1/2}I_a^{1/2}[Cl_2]^{1/2} + 2k_1I_a$$

令 $k_3(k_1/k_4)^{1/2} = k$，當 $2k_1I_a$ 可以忽略，上式可簡化為：$d[CCl_4]/dt = kI_a^{1/2}[Cl_2]^{1/2}$

上式與經驗方程式一致。

┏ 例 9.2.18 ┓

CHCl₃（氯仿）照光後會進行氯化反應，當氯氣的分壓較低，則可得到不同的反應速率方程式，即

$$\frac{d[CCl_4]}{dt} = k'I_a^{1/2}[Cl_2]^{1/2} \quad （I_a 為光的吸收強度）$$

試推測反應過程中，斷鍵反應如何變化才能與這一反應速率式相符？

：設想反應機構如下：（只是斷鍵反應變動）

$$Cl_2 + h\nu \xrightarrow{k_1} 2Cl$$ （ㄅ）

$$Cl + CHCl_3 \xrightarrow{k_2} HCl + CCl_3$$ （ㄆ）

$$CCl_3 + Cl_2 \xrightarrow{k_3} CCl_4 + Cl$$ （ㄇ）

$$2CCl_3 + Cl_2 \xrightarrow{k_4} 2CCl_4$$ （ㄈ）

對 Cl 和 CCl₃ 做「穩定態近似法」處理，得到：

$$\frac{d[Cl]}{dt} = 2I_a - k_2[Cl][CHCl_3] + k_3[CCl_3][Cl_2] = 0$$ （ㄅ）

$$\frac{d[CCl_3]}{dt} = k_2[Cl][CHCl_3] - k_3[CCl_3][Cl_2] - 2k_4[CCl_3]^2[Cl_2] = 0 \qquad (ㄊ)$$

（ㄅ）式＋（ㄊ）式得：$[CCl_3] = \left(\frac{k_1 I_a}{k_4[Cl_2]}\right)^{1/2}$

$$\therefore \frac{d[CCl_4]}{dt} = k_3[CCl_3][Cl_2] + 2k_4[CCl_3]^2[Cl_2] = k_3\left(\frac{k_1 I_a[Cl_2]}{k_4}\right)^{1/2} + 2I_a$$

$$= k' I_a^{1/2}[Cl_2]^{1/2} + 2k_1 I_a \quad （式中 k' = k_3(k_1/k_4)k_4^{-1/2}）$$

由於在一般的光照反應中，反應物的濃度比吸收光強度大得多，故

$$\frac{d[CCl_4]}{dt} = k' I_a^{1/2}[Cl_2]^{1/2}$$

例 9.2.19

由於光量子能量大小不同，當光照射到系統上時，可引起許多不同的作用，但下列那種作用不能發生？

（A）使系統的溫度升高

（B）使分子活化或電離

（C）發螢光

（D）起催化作用

：（D）。光照射系統使反應速率加快，不是起〝催化作用〞，而是給系統提供能量。

例 9.2.20

光化學反應 M＋hν ⟶ A＋B 的反應速率下列那些說法是錯誤的？

（A）只與 M 的濃度有關

（B）只與光的強度有關

（C）與 M 的濃度及光的強度皆有關係

：（A）、（C）。

┌ 例 9.2.21 ┐

在 1 dm^3 的反應容器中最初裝有溫度為 25°C、分壓各為 50.663 kP_a 的 Cl_2 及 H_2。當向容器照射 400 nm 的光時，則吸收了 6.276 J 能量。在 25°C 下 Cl_2 的分壓下降至 1.333 kP_a。試求每吸收 1 個光量子生成的 HCl 分子數。

：反應 $H_2 + Cl_2 \xrightarrow{h\nu} 2HCl$

容器中 Cl_2 的物質的量

反應前 $n = pV/RT = (50663 \times 1 \times 10^{-3}/8.314 \times 298)$ mole $= 2.054 \times 10^{-2}$ mole

反應後 $n' = (1333 \times 1 \times 10^{-3}/8.314 \times 298)$ mole $= 5.4 \times 10^{-4}$ mole

Cl_2 的反應物質的量為 $n - n' = 0.01991$ mole

因而生成的 HCl 為：2×0.01991 mole $= 0.03982$ mole

$E_m = Lhc/\lambda = (6.022 \times 10^{23} \times 6.626 \times 10^{-34} \times 3 \times 10^8 / 400 \times 10^{-9})$ J·mole $= 2.99 \times 10^5$ J·mole^{-1}

因吸收 6.276 J 生成 0.03982 mole 的 HCl，故吸收 1Einstein 生成

$$\frac{0.03982 \, \text{mole} \times 2.99 \times 10^5}{6.276} = 1879 \text{ mole 的 HCl}$$

每吸收 1 個光量子約生成 2×10^3 個 HCl 分子。

┌ 例 9.2.22 ┐

在波長為 214 nm 的光照下，發生下列反應：$NH_3 + H_2O + h\nu \longrightarrow N_2 + NH_2OH$

當吸收光的強度 $I_a = 1.00 \times 10^{-7}$ Einstein·dm^{-3}·s^{-1}，照射 39.38 min 後，測得 $[N_2] = [NH_2OH] = 24.1 \times 10^{-5}$ mole·dm^{-3}，試求量子效率 ϕ。

：設在 1 dm^3 容器中每秒反應的物質的量為 n，則

$$n = \frac{24.1 \times 10^{-5} \, \text{mole·dm}^{-3}}{39.38 \times 60 \, \text{s}} = 1.02 \times 10^{-7} \text{ mole·dm}^{-3}\text{·s}^{-1}$$

量子效率：

$$\phi = \frac{\text{給定時間內發生反應的 物質的量}}{\text{同樣時間內吸收光子的 物質的量}} = \frac{1.02 \times 10^{-7}}{1.00 \times 10^{-7}} = 1.02$$

┌ 例 9.2.23 ┐

在光化學反應的初級過程中，系統每吸收 1 mole 的光子，則可活化多少的反應物的分子或原子。

：光化當量定律指出，在光化學反應的初級過程中，系統每吸收 1 個光子能活化一個
分子或原子。若系統吸收 1 mole 光子，必能活化 1 mole 反應物的分子或原子。

例 9.2.24

在波長 214 nm 的光照射下發生下列反應：

$$NH_3 + H_2O + h\nu \longrightarrow N_2 + NH_2OH$$

當吸收光得強度 $I_a = 1.00 \times 10^{-7}$ Einstein · dm^{-3} · s^{-1}，照射 39.38 min 後，測得 $[N_2] = [NH_2OH] = 24.1 \times 10^{-5}$ mole · dm^{-3}，試求量子效率 ϕ 爲若干？

：以 $1dm^3$ 爲計算的基礎，設每秒反應的物質的量爲 n，則

n＝$[NH_2OH]/t = 24.1 \times 10^{-5}$ mole · $dm^{-3}/(39.38 \times 60\ s) = 1.020 \times 10^{-7}$ mole · dm^{-3} · s^{-1}

因爲 1mole 光子的能量稱爲 Einstein，所以被吸收光的強度：

$I_a = 1.00 \times 10^{-7}$Einstein · dm^{-3} · $s^{-1} = 1.0 \times 10^{-7}$ mole · dm^{-3} · s^{-1}

光化學反應的量子效率：

$$\phi = \frac{發生化學反應的物質的量}{被吸收光子的物質的量} = \frac{1.020 \times 10^{-7}\ \text{mole} \cdot dm^{-3} \cdot s^{-1}}{1.00 \times 10^{-7}\ \text{mole} \cdot dm^{-3} \cdot s^{-1}} = 1.02$$

例 9.2.25

試計算每莫耳波長爲 85 nm 的光子所具有的能量。

：每莫耳的光子所具有的能量：E＝Lhc/λ

將 L＝6.02205×10^{23} $mole^{-1}$，h＝6.62618×10^{-34} J · s，

c＝2.99792×10^8 m · s^{-1} 及 λ＝85×10^{-9} m 代入上式，可得：

E＝$\{6.02205 \times 10^{23} \times 6.62618 \times 10^{-34} \times 2.99792 \times 10^8/(85 \times 10^{-9})\}$ J · $mole^{-1}$

＝1.4074×10^6 J · $mole^{-1}$

例 9.2.26

用波長爲 313 nm 的單色光照射氣態丙酮，發生分解反應：

$$(CH_3)_2CO + h\nu \longrightarrow C_2H_6 + CO$$

若反應池容量爲 5.90×10^{-5} m^3，T＝330°K，初壓力 $p_0 = 102.20$ kP_a，照射 7h 後，總壓力 $p_t = 104.40$ kP_a。丙酮吸收入射光 91.5%實驗測得入射能 E＝4.81×10^{-3} J · s^{-1}，試計算此反應的量子產率 ϕ。

解： $(CH_3)_2CO + h\nu \longrightarrow C_2H_6 + CO$ 總壓力

t＝0 時： p_0 0   0 p_0

t＝7hr 時： p_0-x x   x p_t

$\therefore p_t = p_0 + x \Rightarrow x = p_t - p_0 = (104.40 - 102.20)\,kP_a = 2.20\,kP_a$

分解產生的 C_2H_6 或 CO 的物質的量爲：

$$\frac{0.915E \times t}{u} = \frac{0.915E \times t}{\dfrac{0.1197}{\lambda}\,J \cdot m \cdot mole^{-1}} = \frac{0.915 \times (4.81 \times 10^{-3}\,J \cdot s^{-1}) \times (7 \times 3600s)}{\dfrac{0.1197}{313 \times 10^{-9}\,m}\,J \cdot m \cdot mole^{-1}}$$

$$= 2.90 \times 10^{-4}\,mole$$

$$\therefore \phi = \frac{\text{產物生成的物質的量}}{\text{吸收光子物質的量}} = \frac{4.73 \times 10^{-5}\,mole}{2.90 \times 10^{-4}\,mole} = 0.163$$

┚ 例 9.2.27 ┖

碘化氫（HI）的光化分解的量子產率是 2，用波長 253.7 nm 的紫外光照射碘化氫，吸收每個 kJ 放射能會分解多少 mole 的碘化氫？

解：當用波長 λ 的光照射時，1 mole 氣體吸收的能（E）是 $E = N_A h\nu = \dfrac{N_A hc}{\lambda}$

其中 N_A＝Avogadro 數，h＝Planck 常數，c＝光速，這個放射的能量稱作一個 Einstein。

$$E = \frac{(6.022 \times 10^{23})(6.626 \times 10^{-34})(2.998 \times 10^8)}{253.7 \times 10^{-9}} = 471.5 \times 10^3\,J \cdot mole^{-1}$$

$$= 471.5\,kJ \cdot mole^{-1}$$

因此 1mole 氣體吸收每個 kJ 放射能的 Einsteins 數 $= \dfrac{1}{471.5\,kJ \cdot mole^{-1}}$

依照量子產量的定義 $\phi = \dfrac{\text{分解或生成的 (mole) 數}}{\text{吸收的 (Einsteins) 數}}$

將題中的數據代入上式，因此碘化氫吸收每個 kJ 放射能分解的 mole 數：

$$2 \times \frac{1}{471.5\,kJ \cdot mole^{-1}} = 4.24 \times 10^{-3}\,mole \cdot (kJ)^{-1}$$

┌■ 例 9.2.28 ■

對於偶氮化合物 A 的光解反應，最簡單的可能反應機構為：

$$A + h\nu \xrightarrow{k_1} A^* \qquad （活化）$$

$$A^* \xrightarrow{k_2} N_2 + 2R \qquad （分解）$$

$$A^* + M \xrightarrow{k_3} A + M \qquad （去活化）$$

例如：A 可為 $(CF_3)_2N_2$，R 為 $CF_3 \cdot$，M 是傳遞能量的其它分子。設每吸收一個光量子就產生一個活化分子 A^*，試證明若上述反應機構合理，則生成 N_2 的量子效率 ϕ 符合下式：

$$\frac{1}{\phi} = 1 + \frac{k_3}{k_2}[M]$$

：反應物吸收光子的速率為：k_1I_a，I_a 為吸收光的強度。分解為產物的速率是 $k_2[A^*]$。

由量子效率的定義：$\dfrac{1}{\phi} = \dfrac{k_2[A^*]}{k_1I_a}$ （參考（9.3）式）

利用「穩定態近似法」：

$$\frac{d[A^*]}{dt} = 0 = k_1I_a - k_2[A^*] - k_3[A^*][M]$$

得：$k_1I_a = k_2[A^*] + k_3[A^*][M]$

$$\frac{1}{\phi} = \frac{k_1I_a}{k_2[A^*]} = 1 + \frac{k_3}{k_2}[M]$$

┌■ 例 9.2.29 ■

已知 HI 的光化分解反應機構是：

$HI + h\nu \longrightarrow H + I$

$H + HI \longrightarrow H_2 + I$

$I + I + M \longrightarrow I_2 + M$

則該反應的量子效率 ϕ 為：(A) 1 　　(B) 2 　　(C) 4 　　(D) 10^6

：(B)。由反應機構可知，吸收一個光子，有兩個 HI 分解。

■ 例 9.2.30 ■

在波長爲 214 nm 的照射下發生下列反應：

$$NH_3 + H_2O + h\nu \longrightarrow N_2 + NH_2OH$$

當吸收光的強度 $I_a = 1.00 \times 10^{-7}$ mole · dm^{-3} · s^{-1}（光子），照射 39.38 min 後，測得 $[N_2] = [NH_2OH] = 24.1 \times 10^{-5}$ mole · dm^{-3}，試求量子效率 ϕ 爲若干？

：以 1dm^3 爲計算的基礎，設每秒反應物質的量爲 n，則

n＝$[NH_2OH]/t = 24.1 \times 10^{-5}$ mole · dm^{-3}/(39.38×60s)＝1.020×10^{-7} mole · dm^{-3} · s^{-1}

因爲 1 mole 光子的能量稱爲 Einsteim，所以被吸收光的強度：

$I_a = 1.00 \times 10^{-7}$ mole · dm^{-3} · s^{-1}＝1.00×10^{-7} mole · dm^{-3} · s^{-1}（光子）

光化反應的量子效率：

$$\phi = \frac{發生化學反應的物質的量}{被吸收光子的物質的量} = \frac{1.020 \times 10^{-7} \text{ mole} \cdot \text{dm}^{-3} \cdot \text{s}^{-1}}{1.00 \times 10^{-7} \text{ mole} \cdot \text{dm}^{-3} \cdot \text{s}^{-1}} = 1.02$$

■ 例 9.2.31 ■

O_3 的光化分解反應過程如下：

$$O_3 + h\nu \xrightarrow{\quad I_a \quad} O_2 + O^* \qquad\qquad (ㄅ)$$

$$O^* + O_3 \xrightarrow{\quad k_2 \quad} 2O_2 \qquad\qquad (ㄆ)$$

$$O^* \xrightarrow{\quad k_3 \quad} O + h\nu \qquad\qquad (ㄇ)$$

$$O + O_2 + M \xrightarrow{\quad k_4 \quad} O_3 + M \qquad\qquad (ㄈ)$$

設單位時間、單位體積中吸收光爲 I_a，且 ϕ 爲過程（ㄅ）的量子產率，而 $\Phi = \dfrac{d[O_2]}{dt} \Big/ I_a$ 爲總反應的量子產率。

（1）試證明：$\dfrac{1}{\Phi} = \dfrac{1}{3\phi}\left(1 + \dfrac{k_3}{k_2[O_3]}\right)$

（2）若以 250.7 nm 光照射性，$\dfrac{1}{\Phi} = 0.588 + 0.81\dfrac{1}{[O_3]}$，試求 ϕ 及 k_2/k_3？

：(1) 過程（ㄅ）的速率 $= I_a \times \Phi$

$$\frac{d[O_2]}{dt} = I_a \phi + 2k_2 [O^*][O_3] - k_4 [O][O_2][M]$$

對[O*]，[O]做「穩定態處理」：

$$\frac{d[O^*]}{dt} = I_a \phi - 2k_2 [O^*][O_3] - k_3 [O^*] = 0$$

$$\frac{d[O]}{dt} = 2k_2 [O^*][O_3] - k_3 [O^*] = 0$$

得： $[O^*] = \dfrac{I_a \phi}{k_2 [O_3] + k_3}$ 和 $k_3 [O^*] = k_4 [O][O_2][M]$

所以 $\dfrac{d[O_2]}{dt} = I_a \phi + \dfrac{2k_2 I_a \phi [O_3]}{k_2 [O_3] + k_3} - \dfrac{k_3 I_a \phi}{k_2 [O_3] + k_3} = \dfrac{3k_2 I_a \phi [O_3]}{k_2 [O_3] + k_3}$

$$\Phi = \frac{d[O_2]}{dt} \Big/ I_a = \frac{3k_2 I_a \phi [O_3]}{k_2 [O_3] + k_3}$$

$$\frac{1}{\Phi} = \frac{1}{3\phi}\left(1 + \frac{k_3}{k_2 [O_3]}\right)$$

(2) 當以 250.7 nm 的光照射下

$\dfrac{1}{\Phi} = 0.588 + 0.81 \dfrac{1}{[O_3]}$ 和上式比較，則 $\dfrac{1}{3\phi} = 0.588$，$\dfrac{1}{3\phi} \cdot \dfrac{k_3}{k_2} = 0.81$

解得： $\phi = 0.567$，$\dfrac{k_2}{k_3} = 0.726$

按光化學第二定律，一個分子吸收一個光子而被活化，則 $\phi = 1$，但是光源強度大的時候，一個分子就可能吸收兩個或甚至更多的光子而被活化，這樣 $\phi < 1$。

例 9.2.32

將 313.0 nm 的紫外光輻射盛有丙酮蒸氣的反應池，池的體積為 59 cm³，溫度為 56.7°C，丙酮發生的光解反應為：

$$(CH_3)_2CO \longrightarrow C_2H_6 + CO$$

已知入射光強為 4.81×10^{-3} W，經丙酮蒸氣反應池後的透射率為 8.5%，輻射 7h 後反應池內丙同的壓力從 102.16 kPa 升高到 104.42 kPa，試計算產物(C_2H_6)的量子產率。

：$E(313.0 \text{ nm}) = \dfrac{hc}{\lambda} = \dfrac{6.626 \times 10^{-34} \times 3 \times 10^8}{313.0 \times 10^{-9}} = 6.351 \times 10^{-19} \text{ J·光子}^{-1}$

被吸收的光強 $= I_0 \lambda(1 - 8.5\%)$

吸收光子數 $= \dfrac{I_{0\lambda}(1 - 8.5\%) \times t}{E} = \dfrac{4.81 \times 10^{-3} \times (1 - 8.5\%) \times 7 \times 3600}{6.351 \times 10^{-19}} = 1.746 \times 10^{20}$ 個

產物分子數 $= \dfrac{\Delta p \times V}{RT} \times L$

$= \dfrac{(104.42 - 102.16) \times 10^3 \times 59 \times 10^{-6} \times 6.02 \times 10^{23}}{8.314 \times (56.7 + 273.2)}$

$\doteqdot 2.927 \times 10^{19}$ 個

$\phi = \dfrac{\text{產物的分子數}}{\text{吸收的光子數}} = \dfrac{2.927 \times 10^{19}}{1.746 \times 10^{20}} = 0.168$

▌ 例 9.2.33 ▌

一氯乙酸在水溶液中進行分解，反應式如下：

$$CH_2ClCOOH + H_2O \longrightarrow CH_2OHCOOH + HCl$$

今用 $\lambda = 253.7$ nm 的光照射濃度為 0.500 mole·dm^{-3} 的一氯乙酸樣品 8.23×10^{-3} dm^3。照射 837 分鐘後，樣品吸收的能量 ε 為 34.36 J，$[Cl^-] = 2.825 \times 10^{-3}$ mole·dm^{-3}。當用同樣的樣品在暗室中進行實驗時，發現每分鐘有 3.50×10^{-10} mole·min^{-1} 的 Cl^- 生成。試計算該反應的量子產率 ϕ。

：根據量子產率的定義：$\phi = \dfrac{\text{光解反應產生的Cl}^-\text{之物質的量}(n_{Cl^-})}{\text{吸收光子之物質的量}(n_l)}$

n_{Cl^-} 應為 Cl^- 總物質的量減去非光化反應產生的 Cl^- 之物質的量，即

$n_{Cl^-} = (2.825 \times 10^{-3} \text{ mole·dm}^{-3}) \times (8.23 \times 10^{-3} \text{ dm}^3) - (3.50 \times 10^{-10} \text{ mole·dm}^{-3}) \times (837 \text{ min})$

$= 2.30 \times 10^{-5}$ mole

1 mole 光子的能量，即一〝Einstein〞為：

$u = \dfrac{0.1197}{\lambda} \text{J·m·mole}^{-1} = \dfrac{0.1197}{253.7 \times 10^{-9} \text{ m}} \text{J·m·mole}^{-1} = 4.718 \times 10^5 \text{ J·mole}^{-1}$

$\therefore n_l = \dfrac{\varepsilon}{u} = \dfrac{34.36 \text{J}}{4.718 \times 10^5 \text{ J·mole}^{-1}} = 7.283 \times 10^{-5}$ mole

$\phi = \dfrac{n_{Cl^-}}{n_l} = \dfrac{2.30 \times 10^{-5} \text{ mole}}{7.283 \times 10^{-5} \text{ mole}} = 0.316$

例 9.2.34

乙醛的光解反應機構擬定如下：

$$（ㄅ） CH_3CHO + h\nu \xrightarrow{\ I_a\ } CH_3 + CHO$$

$$（ㄆ） CH_3 + CH_3CHO \xrightarrow{\ k_2\ } CH_4 + CH_3CO$$

$$（ㄇ） CH_3CO \xrightarrow{\ k_3\ } CO + CH_3$$

$$（ㄈ） CH_3 + CH_3 \xrightarrow{\ k_4\ } C_2H_6$$

試推導出 CO 的生成速率表達式和 CO 的量子產率表達式。

：CO 的生成速率應為

$$\frac{d[CO]}{dt} = k_3[CH_3CO] \tag{ㄅ}$$

對中間產物 CH_3CO 及 CH_3 分別採用「穩定態近似法」處理，得：

$$\frac{d[CH_3CO]}{dt} = k_2[CH_3][CH_3CHO] - k_3[CH_3CO] = 0$$

$$k_3[CH_3CO] = k_2[CH_3][CH_3CHO] \tag{ㄊ}$$

$$\frac{d[CH_3]}{dt} = I_a - k_2[CH_3][CH_3CHO] + k_3[CH_3CO] - 2k_4[CH_3]^2 = 0 \tag{ㄋ}$$

將（ㄊ）式代入（ㄋ）式，得：

$$[CH_3] = \left(\frac{I_a}{2k_4}\right)^{1/2} \tag{ㄌ}$$

將（ㄊ）式和（ㄇ）式代入（ㄅ）式，得 CO 的生成速率為：

$$\frac{d[CO]}{dt} = k_3[CH_3CO] = k_2[CH_3][CH_3CHO] = k_2\left(\frac{I_a}{2k_4}\right)^{1/2}[CH_3CHO]$$

$$\phi_{CO} = \frac{d[CO]/dt}{I_a} = \frac{k_2[E]_0}{1 + K_M/[S]}$$

例 9.2.35

氫和汽化碘在 480°K 時的光化反應機構被認為：

$$I_2 + h\nu \xrightarrow{k_1} 2I \qquad (ㄅ)$$

$$2I + I_2 \xrightarrow{k_2} 2I_2 \qquad (ㄆ)$$

$$2I + H_2 \xrightarrow{k_3} I_2 + H_2 \qquad (ㄇ)$$

$$2I + H_2 \xrightarrow{k_4} 2HI \qquad (ㄈ)$$

(a) 證明 $\dfrac{d[HI]}{dt} = \dfrac{2I_{abs}k_4[H_2]}{k_2[I_2] + k_3[H_2]}$

假定 $k_4 \ll k_3$，在這裡 I_{abs} 代表吸收光的強度（Intensity of light absorbed）。

(b) 設計一個座標圖證實以上的速率方程式並從下列的實驗記錄測定 $\dfrac{k_2}{k_3}$ 的比例，此

外，有關這個比例和（ㄆ）、（ㄇ）式的反應性質有什麼意見？

為什麼這個反應 $I + H_2 \longrightarrow HI + H$ 可以被忽略？

$10^2 \times \dfrac{[I_2]}{[H_2]}$	2	4	6	8	10
$\dfrac{d[HI]/dt}{2I_{abs}}$ （任意單位）	5.7	4.0	3.0	2.4	2.0

：(a) HI 形成的速度 $\dfrac{d[HI]}{dt} = 2k_4[I^2][H_2]$ （ㄅ）

假定 I 原子的濃度是一個穩定的狀態

$$\frac{d[I]}{dt} = 2I_{abs} - 2k_2[I]^2[I_2] - 2k_3[I]^2[H_2] - 2k_4[I]^2[H_2] = 0$$

亦就是 $[I]^2 = \dfrac{I_{abs}}{k_2[I_2] + k_3[H_2] + k_4[H_2]}$ （ㄊ）

將（ㄊ）式代入（ㄅ）式，$\dfrac{d[HI]}{dt} = \dfrac{2I_{abs}k_4[H_2]}{k_2[I_2] + k_3[H_2] + k_4[H_2]}$

依照提示，假定 $k_4 \ll k_3$，$k_4[H_2]$ 和 $k_3[H_2]$ 相比，顯得很小，$k_4[H_2]$ 以從略

因此 $\dfrac{d[HI]}{dt} = \dfrac{2I_{abs}k_4[H_2]}{k_2[I_2] + k_3[H_2]}$ （3）

(b)（3）式重新排列 $\dfrac{2I_{abs}}{d[H]/dt} = \dfrac{k_2[I_2]}{k_4[H_2]} + \dfrac{k_3}{k_4}$

將 $\dfrac{2I_{abs}}{d[H]/dt}$ 對 $\dfrac{[I_2]}{[H_2]}$ 各點的值標點在座標裏該等於斜率是 $\dfrac{k_2}{k_4}$ 的一條直線，這條

直線在 $\dfrac{2I_{abs}}{d[H]/dt}$ 軸上的截距 $= \dfrac{k_3}{k_4}$

現在將題中所給數據整理如下：

$10^2[I_2]/[H_2]$	2	4	6	8	10
$\dfrac{d[HI]/dt}{2I_{abs}}$	5.7	4.0	3.0	2.4	2.0
$\dfrac{2I_{abs}}{d[H]/dt}$	0.175	0.250	0.333	0.417	0.500

將以上表中的 $\dfrac{2I_{abs}}{d[H]/dt}$ 對 $\dfrac{[I_2]}{[H_2]}$ 的值標點在座標裏獲得一條直線，如圖，因此證

實實驗的記錄與（3）式的速率方程式符合。

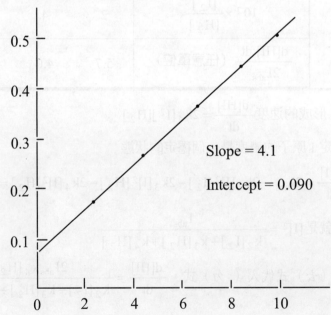

Slope = 4.1

Intercept = 0.090

這條直線的斜率 $= \dfrac{k_2}{k_4} = 4.1$

這條直線的截距 $= \dfrac{k_3}{k_4} = 0.090$

因此 k_2 對 k_3 的比例是

$$\text{斜率/截距} = \frac{k_2}{k_4} \times \frac{k_4}{k_3} = 4.1/0.090 = 45.6/1$$

（ㄆ）式和（ㄇ）式和（ㄈ）式的反應都涉及到碘化物的 I 原子，其他的不是 I_2 便是 H_2。因為 $\dfrac{k_2}{k_3} = \dfrac{45.6}{1}$ 的計量大，因此在其它的反應中，生成 I_2 的作用比生成 H_2 更有效。

題中所有的反應，它們都有近於零的活化能，比較容易發生反應。但是這個反應 $I_2 + H_2 \longrightarrow HI + H$，它的活化能很大，約是 $143 \text{ kJ} \cdot \text{mole}^{-1}$。

因此它的反應速率比（ㄆ）式（ㄇ）式和（ㄈ）式的反應要緩慢得很多，所以可以被忽視。

9.3 分子的光物理過程與分子的光化學過程

1. 分子的光物理過程

在「光化學反應」的「初級過程」中，反應物分子吸收光量子後，由「基本態」（ground state）被激發至「激發態」（excited state），在接著發生的「次級過程」中，可能有一部份「激發態」分子還來不及發生「化學反應」便失活而回到了「基本態」，分子失去活性時可能又將能量以光的形式放出，或與周圍分子碰撞而把能量傳走，這即是「分子的光物理過程」（photophysical process of molecular）。

在「初級過程」中，反應物分子 AB 吸收紫外光後，如圖 9.1 所示，分子中的電子由振動能階 $\upsilon = 0$ 的「基本態」激發跳躍到 $\upsilon = 1$ 的「激發態」。電子在能階跳躍的過程中，分子中原子的核間距不變。

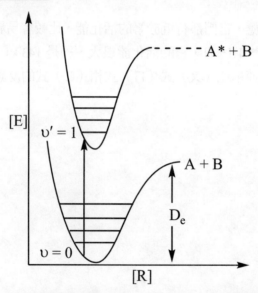

圖 9.1 雙原子分子 AB 的「基本態」（$\upsilon = 0$）和「激發態」（$\upsilon' = 1$）電子能階間的輻射跳躍，其中 D_e：位於「基本態」分子的解離能。

電子跳躍時分子的「電子自旋多重態」（multiplicity of electron spin）M 定義為：

$$M \xlongequal{\text{def}} 2S + 1 \tag{9.5}$$

（9.5）式中，S：為分子中電子的總自旋量子數；M：代表分子中電子的總自旋角動量在 Z 方向的分量的可能值。

◎ 如果分子中的電子自旋都已配對（↑↓稱為二個電子自旋相反），即 $S=0$，則 $M=1$，這種態稱為「單重態」（single state），以符號 S 表示，也叫 S 態。

對大多數分子（O_2 及 S_2 除外）特別是有機化合物，「基本態」分子中電子自旋總是配對的，因此分子的「基本態」大都是「單重態」或「S 態」（以 S_0 表示）。當「基本態」分子吸收光量子激發後，將出現兩種可能情況，如圖 9.2 所示。

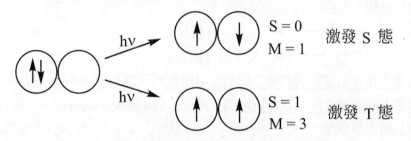

$$S=0 \quad M=1 \quad \text{激發 S 態}$$

$$S=1 \quad M=3 \quad \text{激發 T 態}$$

圖 9.2 電子「激發態」的「S 態」及「T 態」

（ㄅ）如果電子被激發至空軌域時的電子自旋與原在「基本態」軌域的自旋方向相同，則「激發態」的 $S=0, M=1$，此種電子「激發態」仍屬「S 態」，按其能量高低可用 S_1、S_2…表示之。

（ㄆ）如果電子被激發至空軌域時的電子的自旋方向與原來「基本態」軌域時的相反，產生了在兩個軌域中的自旋方向平行的兩個電子，則 $S=1, M=3$，這種態稱為「三重態」（triplet state），符號以 T 表示，也叫「T 態」。按其能量高低可以 T_1、T_2…表示。

由於在「三重態」中，兩個處於不同軌域的電子的自旋相互平行，兩個電子的軌域在空間的重疊區域較少，所以「T 態」的能量總比相對應的「S 態」來得低（見圖 9.3）。

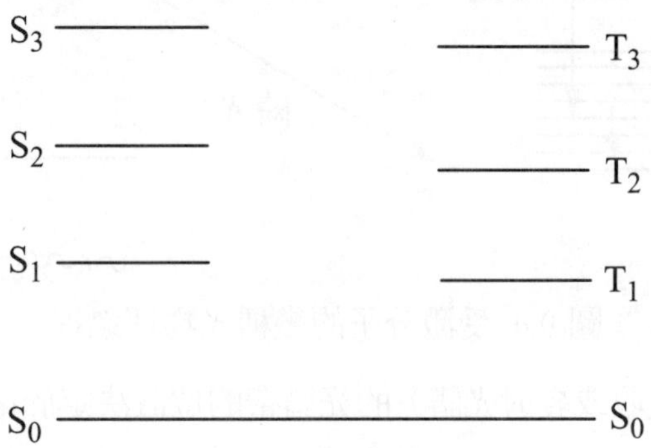

$$S_3 \text{————} \qquad \text{————} T_3$$

$$S_2 \text{————} \qquad \text{————} T_2$$

$$S_1 \text{————} \qquad \text{————} T_1$$

$$S_0 \text{————————————} S_0$$

圖 9.3 電子跳躍能階圖

　　處於電子「激發態」的分子具有很大的過剩能量，這有利於化學反應的發生；但這些高能分子壽命很短，經常在化學反應未發生之前就失去激發能而回到「基本態」。因此「光化學反應」能否發生取決於分子的「物理過程」與「化學過程」的相對速率的大小，即二者彼此間存在著競爭。

　　分子失去活性可以有三種方式：

（1）　輻射跳躍（radiative transitons）

$$S_1 \longrightarrow S_0 + h\nu \text{（螢光）}$$
$$T_1 \longrightarrow S_0 + h\nu \text{（磷光）}$$

即發生在多重態相同的態之間的輻射跳躍叫「螢光」（fulorescence），發生在多重態不同的態之間的輻射跳躍叫「磷光」（phosphorescence）。一般皆服從「一級」動力學規律。

（2）　無輻射跳躍（nonradiative transitons）

$$S_1 \rightsquigarrow T_1 \text{（系間過渡）}$$

在多重態不同的態之間的無輻射跳躍叫「系間過渡」（intersysten crossing）。

（3）　分子間傳遞能量（intermolecular energy transfer）

　　「激發態」分子亦可經由分子間的傳遞能量，即分子與分子，分子與器壁的碰撞而無輻射地失去活性，稱為「光滅」（quenching）。

　　以上三種分子的光物理過程可用圖 9.4 表示。

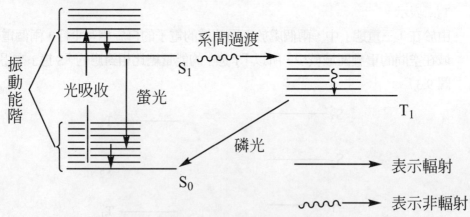

圖 9.4 受激分子的幾種光物理過程

　　電子跳躍光譜（吸收或發射光譜）的光譜帶的位置決定於電子在 n 和 m 兩態間跳躍的能量差，即

$$\Delta E = E_m - E_n \ (m > n)$$

而光譜帶的強度則與許多因素有關。

光譜帶的強度不同是由於電子的跳躍機率不同。高強度光譜帶有大的跳躍機率，這種跳躍被稱為是允許的（allow）；強度較弱的光譜帶的跳躍機率小，這種跳躍則稱為是禁止的（forbidden）。

和其它光譜一樣，在電子光譜中從理論和實驗結果可以得出一些「選擇律」（selection rules），它告知何種跳躍是禁止的，何者為允許的。

舉例來說：電子自旋方向改變的跳躍就是禁止的，由於電子自旋的改變引起「多重態」M 的改變，因此，由 S 態到 T 態，或 T 態到 S 態的跳躍都是禁止的。在正常情況下，由 S 態到 T 態的跳躍是高度禁止的，其跳躍機率只有 10^{-5} 的數量級。但是，當有重原子或有順磁物質在體系中存在時，這個自旋禁止的「選擇律」就不一定服從了。例如：在 C_2H_5I（I 做為重原子）溶劑中，1-氯萘在液相中的吸收譜帶（$400 \to 500$ nm，$S \to T$ 跳躍），其強度可增加 $4 \sim 5$ 倍。

2. 分子的光化學過程

處於電子「激發態」的分子的能量很高，在發生分子光物理過程的同時，亦可有一部份分子會發生「分子的光化學過程」（photochemical process of molecular）。「光化學過程」包括光解離和電離、光重排、光異構化、光聚合或加成、光合作用（photosynthesis）以及「光敏反應」（photosensitized reaction）等等。

以下舉例說明：

如在光作用下，乙烯型雙鍵分子的順-反異構作用，即為「光異構化反應」（photo-isomerization reaction）：

（順式） （反式）

又如：綠色植物通過葉綠素（chlorophyll）吸收日光發生的光合作用（photosynthesis）：

$$6CO_2 \ + \ 6H_2O \ \xrightarrow[\text{葉綠素}]{\text{光}} \ (CH_2O)_6 \ + \ 6O_2$$

再如：「光敏反應」有一些化學反應，它的反應物不能吸收某波長範圍的光，所以不發生反應。但如果加入另外的分子，這種分子能吸收這種波長的光，受激後再通過碰撞把能量傳給反應物分子，反應就能進行，這即為「光敏反應」（或「感光反應」）。能引發這種傳遞光能作用的物質叫「光敏劑」（photosensitizer）。

例如：由 CO 與 H_2 合成 HCHO，所用「光敏劑」為汞原子，當它吸收波長為 254 nm 的輻射光後，會把能量傳給 H_2 分子，使之活化並解離，反應以「連鎖反應機構」進行：

初級過程：

$$Hg^{\ddagger}(S_0) \xrightarrow[\text{254 nm}]{h\nu} Hg^{\ddagger}(T)$$

能量轉移：

$$Hg^{\ddagger}(T) + H_2(S_0) \longrightarrow Hg(S_0) + 2H$$

進行反應：

$$H + CO \longrightarrow HCO$$

$$HCO + H_2 \longrightarrow HCHO + H$$

$$2HCO \longrightarrow HCHO + CO$$

H_2 的鍵能為 431 kJ·$mole^{-1}$，波長為 254 nm 的光量子的能量為 460 kJ·$mole^{-1}$。從能量來看，這種光量子可能使 H_2 解離，但 H_2 分子的能階沒有與這種光量子能量相匹配，使得 H_2 無法吸收該光能量而解離。所以 H_2 分子不能直接吸收這種波長的光量子。然而借助於高能量的 $Hg^{\ddagger}$ 與 H_2 相碰，便可將能量從 $Hg^{\ddagger}$ 傳遞給 H_2 分子而引發 H_2 解離，使反應實現。

9.4 Franck-Condon 原則

分子內的電子跳躍伴隨有「轉動」和「振動能階」的變化，這種變化構成了吸收光譜的「振動精細結構」。與電子跳躍不同，從分子中的一個電子態到另一個電子態時，對振動能階的變化沒有選擇性，因而從基本態 S_0 的 $v=0$ 振動能階到 S_1 態中任何一個振動能階的跳躍均有可能，並且「振動精細結構」中各光譜線的相對強度都可以由 Franck-Condon 原則得知。它可以推廣至多原子分子的情況。

Franck-Condon 原則認為：相對於雙原子分子的振動週期（約為 10^{-13} s）而言，電子跳躍所需的時間是極短的（約為 10^{-15} s）。因此，在電子跳躍的瞬間，原子核間的距離和速度都可以視為固定不變。

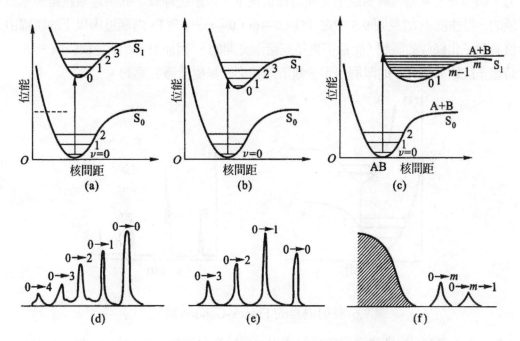

圖 9.5 雙原子分子電子跳躍位能曲線相對應的振動精細光譜帶

圖 9.5 給出了雙原子分子的基本態和第一激發態的位能曲線，橫座標為原子核間距離，縱座標為位能。由於激發態比基本態的穩定性差，因此激發態的位能曲線一般都位於基本態的右上方；而且，電子被激發時跳躍到能量高的反鍵結軌域，所以激發態的位能曲線一般而言多半朝大的原子核間距方向偏移。按照 Franck-Condon 原則，分子被由基本態激發至第一激發態時，必然沿著垂直於原子核間距座標的線跳躍（圖 9.5 中箭頭所示方向），這種跳躍可稱之為 Franck-Condon 跳躍。

　　圖 9.5（a）中電子激發態的平衡原子核間距離與基本態相似。根據 Franck-Condon 原則，只有從基本態的 $v=0$ 振動能階到激發態的 $v'=0$ 振動能階的跳躍（即 $0 \rightarrow 0$ 跳躍）機率最大；由於從基本態的 $v=0$ 到激發態的 $v'=1$、2、…等振動能級跳躍時，原子核間距躍依次發生相當的變化，所以，在這種情況下，振動光譜線以 $0 \rightarrow 0$ 跳躍的強度最大。

　　在圖 9.5（b）中，根據 Franck-Condon 原則可以預言，不是 $0 \rightarrow 0$ 跳躍、而是 $0 \rightarrow 1$ 跳躍譜線的強度最大[見圖 9.5（e）]。有時激發態的平衡原子核間距位移如此之大，以致由基本態 $v=0$ 出發的 Franck-Condon 跳躍與激發態位能曲線相交於解離漸近線之上[見圖 9.5（c）]。這是因為電子被激發後，分子立即進行振動，此時原子間已無回收力，因而分子立即離解為原子。在這種情況下，向漸近線以下的不連續跳躍雖然是可能的，但強度不大[見圖 9.5 中之（f），$0 \rightarrow m$，$0 \rightarrow m-1$ 等]，向漸近線以上的跳躍由於沒有量子化條件的限制（能量不再是一階階分開的），因而呈現出「連續吸收光譜」。這時電子跳躍導致分子的離解，至少離解產物之一是處於激發態的。

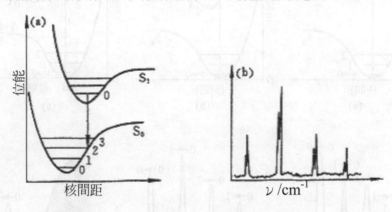

圖 9.6　發射過程的 Franck-Condon 跳躍

　　Franck-Condon 原則也適用於發射過程。由於在凝聚相（condense phase）中，激發態之間的振動能及電子能鬆弛過程的速率比發射輻射的速率快得多，因此發射輻射總是從最低激發態的 $v'=0$ 振動態出發，見圖 9.6（a）、圖 9.6（b）表示相對應的發射 Franck-Condon 跳躍。依據 Franck-Condon 原則，最可能的發射是自 S_1 態的 $v'=0$ 垂直發射的；與吸收情況相反，基本態位能曲線的最低點出現在位於最低激發態位能曲線的最小點的左方，因此最可能發射而產生一個伸長了的基本態，而吸收時隨著跳躍則產生一個壓縮了的激發態，圖 9.6（b）表示出發射光譜之振動結構的相對強度。

9.5 電子激發態

分子的吸收光譜可以提供關於激發態的構形、能量和壽命等重要資料。對於在凝聚相中的光化學過程，絕大多數是發生於分子被激發至第一激發態之 S 或 T 態。因此，如果 S_1 態及 T_1 態的性質可從吸收光譜（或發射光譜）得到，這對了解光化學過程的實質是十分重要的。

在 25°C 或更低的溫度，一個處於熱平衡的 S_1 態將處於振動的最低能階（$v'=0$），這個態的能量因而可以對應地吸收光譜的 $0 \rightarrow 0$ 帶的 S_0（$v=0$）至 S_1（$v'=0$）的跳躍能來給出。一般，常假定吸收光譜中波長最長（即頻率最短）的光譜帶是 $0 \rightarrow 0$ 帶。如果電子光譜在 25°C 時，不具有「振動精細結構」，降低溫度或改變溶劑常有助於觀察分子的振動結構。

處於電子激發態的分子具有很大的過剩能量，這有利於化學反應的發生；但這些高度含能的分子之壽命很短，經常在化學反應未發生之前就失去激發能而回至基本態。因此光化學反應能否發生，取決於激發態發生化學過程和能量衰減過程的相對速率。

電子激發態的能量衰退有三種方式：

（**1**） 輻射跳躍（radiative transitions）

（**2**） 無輻射跳躍（nonradiative transitions）

（**3**） 分子間傳遞能量（intermolecular energy transfer）

前二種能衰退方式是屬於分子〝內部傳遞能量過程〞（intermolecular energy transfer），第三種則為〝分子間的傳遞能量過程〞（intermolecular energy transfer）。

（1）「輻射跳躍」是指激發態分子經由發射光子而退活化至基本態的過程：

$$A + h\nu \longrightarrow A^* （活化）$$

$$A^* \longrightarrow A + h\nu' （輻射跳躍）$$

對於孤立的分子，發射的頻率和吸收的頻率是相同的，即 $v'=v$。但是實際上，特別是在凝聚相中，總是觀察到從最低的激發態的零振動能階向基本態發射。因此，$v'<v$，這是因為高激發態的鬆弛過程速率極快，以致來不及發射光子，因此發射光子總是從第一激發態（S_1 或 T_1 態）的 $v'=0$ 振動能階向基本態進行，所以所發射出的輻射強度和停留多久是可以用實驗測量的。

（A）如果發射是從 S_1 態的 $v'=0$ 振動能階向基本態 S_0 進行，此種輻射就叫做「螢光」（fluorescence）。

（B）如果發射是從 T_1 態（$v'=0$）發出，朝向基本態 S_0，則稱爲「磷光」
（phosphorescence）。換句話說，「螢光」是沒有「多重態」改變的「輻射跳躍」，而「磷光」則爲有「多重態」改變的「輻射跳躍」。因此，「螢光」的波長比「磷光」的短（見圖 9.7（a））。

根據自旋選擇性，「多重態」不同的電子態之間的跳躍是禁止的，所以「磷光」的強度遠比「螢光」者來得弱（見圖 3.7（b））。「螢光」和「磷光」光譜的「振動精細結構」的光譜線強度，仍然可以用 Franck-Condon 原則來解釋。

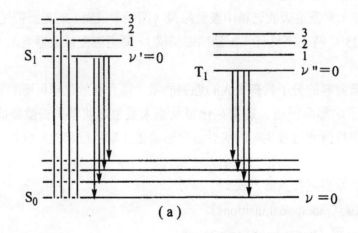

(a)

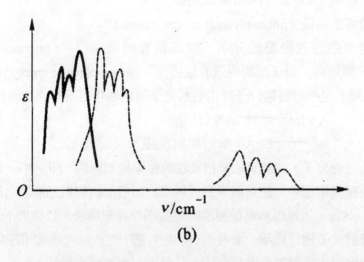

(b)

圖 9.7（a）吸收、螢光和磷光表示圖；（b）對應的吸收和發射（虛線）光譜

（2）「無輻射跳躍」是指發生在激發態分子內部的不發射光子的能量衰變過程。這裡也有兩種能量衰變過程：「內部轉變」（internal conversion，簡寫為 ic），是「多重態」不改變的電子態之間的「無輻射跳躍」；及「系間穿越」（intersystem crossing，簡寫為 isc），則為不同「多重態」的電子態間的「無輻射跳躍」。

「無輻射跳躍」之所以會發生，是因為電子激發態的位能曲線有時會彼此重疊，這時如果高激發態（如 S_2）的零點能和低激發態（如 S_1 和 T_1）的某一個高振動激發能階的能量相同（isoenergic），則原則上可以從 S_2 態到 S_1 態或 T_1 態，故稱為是由 S_2 態到 S_1 或 T_1 的「內部轉變」或「系間穿越」。

如果開始時，分子內的電子被激發至 S_2 的高振動態，由於高激發態的振動鬆弛非常快（經過幾次分子碰撞便可完成），則分子體系可以很快退活化到 S_2 的 $v'=0$ 振動能階，過剩的能量快速地消散於介質（例如：溶劑）之中（見圖 9.8）。無輻射跳躍一般用 ～～▶ 表示。

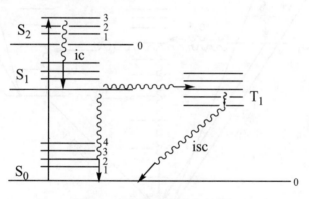

圖 9.8 無輻射跳躍表示圖

在激發態之 S 態之間的「內部轉變」極快，因而高激發 S 態的壽命很短（10^{-11} ~ 10^{-13} s）。除少數例外，在任何輻射跳躍或光化學反應發生之前，就退活化至 S_1 激發態；與此相同，高激發的 T 態的壽命同樣如此之短，也不能允許任何輻射跳躍或光化反應在它們退活化至 T_1 態之前發生。因此，只有 S_1 和 T_1 是能夠與環境成為熱平衡的激發態，達到 T_1 帶的最重要的「系間穿越」是正 S_1 ～～▶ T_1 過程。由於這時電子自旋發生變化，此過程的速率比高激發態之間的「內部轉變」的速率慢得多，反之，「系間穿越」即 T_1（$v=0$）～～▶ S_1（$v'=0$）是一個吸熱過程，除非 T_1 態分子獲得能量，否則不會發生。

「內部轉變」和「系間穿越」過程的速率決定於所涉及的兩個電子態的最低振動能階的間距大小：間距越大，則過程速率越慢，故「內部轉變」S_1 ～～▶ S_0 和

「系間穿越」T_1 ～～→ S_0的相對效率就較低。由於 S_0 與 S_1 以及 T_1 和 S_0 之間的低振動能階間距很大，如果分子能夠放射螢光或磷光的話，則上述「內部轉變」和「系間穿越」就有可能與螢光或磷光同時發生。

以上所述的能量衰退（或退活化）過程是屬於分子內能的衰退，它們是單分子過程，其速率與第一激發態的濃度成正比。這些過程可用 Jablonski 圖（見圖 9.9）來表示。

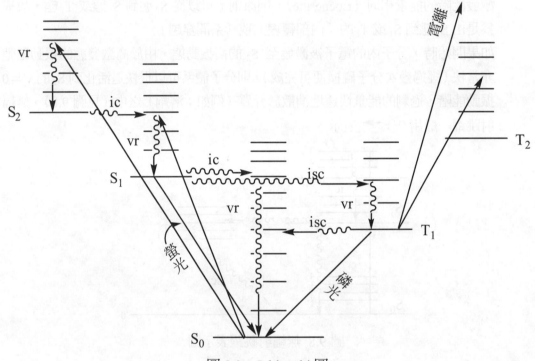

圖 9.9　Jablonski 圖

（3）「分子間傳遞能量」過程是電子激發態之能量衰退的第三種表現方式。它是借助於分子的碰撞來實現的，因而是雙分子過程：

$$A + h\nu \longrightarrow A^*$$
$$A^* + P \longrightarrow A + P^*$$

激發態 A^*稱為電子能「供給體」（donor），P 為電子能「接受體」（acceptor），P 可以是體系中存在的任何分子。這種過程是〝光激發分子退活化〞的一種有效方式，微量的雜質就能使激發態分子退活化。正因如此，在研究光化學時，必須嚴格地選用純溶質和溶劑，尤其是氧分子，對於三重態分子而言，它是極為靈敏的退活化劑，所以對涉及 T 態的光化學體系必須嚴格除氧。

9.6 光化學反應機構及反應速率方程式

光化學反應的速率方程較熱反應複雜一些，其一般反應機構包括兩個過程，即「初級反應」過程和「次級反應」過程。在「初級反應」過程中，反應物分子開始吸收光子，其反應速率只與入射光的強度 I_a 有關，與反應物濃度無關，表現為「零級反應」。根據光化學定律，「初級反應」速率就等於吸收光子的速率 I_a（級單位時間、單位體積中吸收光子的數目或 Einstein 數），即 $r_0 = I_a$。而「次級反應」則是由「初級反應」的含多能量分子引發的反應，相當於一般的熱反應。

確定光化學反應機構仍然要靠實驗數據，特別是各種分子光譜實驗數據。

例如：Anthracene 在苯溶液中的照光二聚合反應：

$$2C_{14}H_{10} \xrightarrow{h\nu} (C_{14}H_{10})_2 \text{（二聚體）}$$

簡寫為：$2A \xrightarrow{h\nu} A_2$

設反應機構為：

（1）$A + h\nu \xrightarrow{I_a} A^*$ 　光吸收 ⎫

（2）$A^* + A \xrightarrow{k_2} A_2$ 　二聚合反應 ⎬ 初級過程

（3）$A^* \xrightarrow{k_F} A + h\nu_F$ 　發射螢光 ⎭

（4）$A_2 \xrightarrow{k_4} 2A$ 　單分子分解　次級過程

$$r_1 = \frac{d[A^*]}{dt} = I_a$$

$$r_2 = k_2[A^*][A]$$

$$r_3 = k_F[A^*]$$

$$r_4 = k_4[A_2]$$

產物 A_2 生成速率：

$$\frac{d[A_2]}{dt} = k_2[A^*][A] - k_4[A_2] \qquad \text{（ㄅ）}$$

對[A*]做穩定態近似法處理：

$$\frac{d[A^*]}{dt} = I_a - k_2[A^*][A] - k_F[A^*] = 0$$

$$[A^*] = \frac{I_a}{k_2[A] + k_F} \quad (\text{ㄆ})$$

將（ㄆ）式代入（ㄅ）式得：

$$\frac{d[A_2]}{dt} = \frac{k_2[A] \cdot I_a}{k_2[A] + k_F} - k_4[A_2] \quad (\text{ㄇ})$$

二聚合過程的量子產率：$\phi_{(2)} = \dfrac{r_2}{I_a} = \dfrac{k_2[A]}{k_2[A] + k_F} < 1$

螢光過程的量子產率：$\phi_{(3)} = \dfrac{r_3}{I_a} = \dfrac{k_F}{k_2[A] + k_F} < 1$

對於初級過程有：$\phi_{(2)} + \phi_{(3)} = 1$

產物 A_2 的量子產率：

$$\phi_{A_2} = \frac{d[A_2]/dt}{I_a} = \frac{k_2[A]}{k_2[A] + k_F} - \frac{k_4[A_2]}{I_a} = \frac{k_2}{k_2 + k_F/[A]} - \frac{k_4[A_2]}{I_a}$$

$$= \frac{k_2}{k_2 + k_F/[A]} - \frac{k_4[A_2]}{I_a} \quad (\text{ㄷ})$$

從（ㄅ）式可以看出，隨[A]的增加 ϕ_{A_2} 應增大，這是與實驗的結果一致，一般

情況下，此反應的 ϕ_{A_2} 為 0.2 左右，當 $k_F = 0$，$k_4 = 0$ 時，$\phi_{A_2} = 1$。

9.7 光化學平衡和溫度對光化學反應的影響

在可逆反應中，只要有一個方向是光化學反應所達到的平衡稱為「光化學平衡」。達到「光化學平衡」後，正、逆反應的速率相等，此時光的作用不再使體系的組成發生改變，吸收的光只不過轉變為熱而已，此時稱為「光穩態」（photostationary state）。例如：大氣層中的臭氧層就是屬於「光穩態」。

例如：Anthracene 在苯溶液中的照光二聚合反應中

$$2A \xrightleftharpoons[k_{-1}]{I_a, \quad h\nu} A_2$$

正向反應速率 $r_+ = I_a$，逆向反應速率 $r_- = k_{-1}[A_2]$。達「光穩態」時，$r_+ = r_-$，即 $I_a = k_{-1}[A_2]$，則 $[A_2] = \dfrac{I_a}{k_{-1}} = K(光)$。

即平衡濃度$[A_2]$只與吸收光的強度成正比，當 I_a 一定時，$[A_2]$為一常數（稱為光化學平衡常數），而與 Anthracene 的濃度無關。如果在沒有光的條件下，上述反應也能達到

$$2A \xrightleftharpoons[k_{-1}, \quad 熱反應]{k_1, \quad 熱反應} A_2$$

正向反應速率 $r_+ = k_1[A]^2$，逆向反應速率 $r_- = k_{-1}[A_2]$，達平衡時，$r_+ = r_-$，則

$$[A_2] = \frac{k_1[A]^2}{k_{-1}} = K_C[A]^2$$

式中 $K_C = \dfrac{k_1}{k_{-1}}$ 是熱反應平衡常數。

在總速率 $r = 0$ 時，A_2 的濃度在有光作用和沒有光作用的兩種情況下是不相同的，而且在有光作用下，A_2 的濃度還隨 I_a 而變，由此可見，光化學平衡常數與熱反應平衡常數是不同的，即

$$K（光）\neq K_C（熱）$$

溫度對光化學反應的影響完全不同於它對熱反應的影響，通常的熱反應，溫度每增加 $10°K$，反應速率大約增加 2～4 倍，而對光化學反應來說，溫度對反應速率一般影響不大，究其原因，是由於光化學反應的「初級過程」只與光的強度有關，而「次級反應」又常涉及到自由基的反應，這類反應活化能不大，所以溫度對反應速率影響不大，但也有些光化學反應（例如：苯的氯化反應）其溫度常數很大甚至可為負值。

9.8 光化學反應的控制

　　光化學反應是在電子激發態下進行的，對光化學反應有效的是可見光（λ＝400 ～ 800 nm）和紫外光（λ＝150～400 nm），它們直接影響電子的跳躍，而紅外光（λ＝800 ～3×10⁻⁵ nm）由於能量低，故只能改變分子中原子間的原子核間距離，故不足以引發化學反應。

　　想要產生光化學反應，首先要有一定的入射光強度，因為只有用較高的能量，才能激發電子從「基本態」跳到「激發態」，光化學反應才有可能在這些電子激發態下進行，其次要選擇入射光頻率與分子中原本欲斷鍵的振動頻率相匹配，如此一來，才能進行光化學反應。

9.9 光敏反應

有些反應物不能直接吸收某種波長的光而進行化學反應，但如果在體系中加入能吸收光的其它分子或原子，使它變爲激發態，然後再將能量傳給反應物，使反應物發生作用，這種過程就稱爲「光敏」(photosensization)，或稱「感光反應」。這種的外加可吸收光的物質，也稱爲「光敏劑」(photosensitizer)。

例如：植物的光合作用，CO_2 和 H_2O 都不能吸收陽光（$\lambda = 400 \sim 700$ nm），但葉綠素卻能吸收並使 CO_2 和 H_2O 合成碳水化合物，葉綠素就是植物光合作用的「光敏劑」。

又如：Hg 蒸氣之光的波長爲 253.7 nm，若用汞燈照射 H_2 並不發生反應，但如果在 H_2 氣體中加入少量汞蒸氣後，H_2 分子立即解離爲 H 原子，這裡的 Hg 蒸氣就是「光敏劑」，原因是 Hg 原子很容易吸收波長爲 253.7 nm 的光，而 H_2 不能吸收，Hg 原子吸收光激發後，將能量傳給 H_2 分子而使它離解，即

$$Hg_{(g)} + h\nu \longrightarrow Hg^*_{(g)}$$
$$Hg^*_{(g)} + H_{2(g)} \longrightarrow Hg_{(g)} + H_2^*_{(g)}$$
$$H_2^*_{(g)} \longrightarrow 2H \cdot$$

9.10 雷射在化學中的應用

「雷射」(laser)是受激發射、輻射而強化(light amplification bystimulated emission of radiation)的光。當體系中的原子或分子 P 受到一般的光源照射後，自發地被激發到高能階 $P+h\nu \longrightarrow P^*$，$P^*$不穩定，其平均壽命約 10^{-8} s，所以它能自發地跳躍回到低能階而輻射出一個光子（螢光或磷光，$P^* \longrightarrow P+h\nu'$）。

一般光源以自發輻射為主，而雷射已受激輻射為主，雷射的原理是當光子團中一個受激發的分子或原子時，同時發射出同頻率、同方向、同位向以及同偏振方向的光子，受激輻射的光子在諧振腔中重複反射、強化，使工作物質產生新的光子，引起更多的受激輻射，產生更多的光子，形成穩定的光振盪。

雷射的優點是強度性高（使光能在時間和空間上高度集中），單色性和方向性好（波長範圍窄）。在化學反應中最有應用前景的是紅外雷射光，其特點是：

（1）激發化學鍵的高度選擇性。

熱反應中受先破壞的是弱鍵，強鍵難以破壞。因為雷射具有單色性，所以激發化學鍵的選擇性高，如選擇與欲斷鍵振動頻率相匹配的紅外雷射光，可以達到想斷那個鍵就斷那個鍵，不想斷裂的鍵讓它保持完好、達到〝分子剪裁〞的目的。

（2）能量利用合理。

對於熱反應來說，輸入反應體系的能量，平均消耗在所有平移、轉動、振動的自由度上，而對於雷射反應來說，能把輸入反應體系的雷射能量集中消耗於選定的需活化的化學鍵上，進而減少能量的浪費。

（3）反應速率增快。

如果將該化學鍵的振動能的增加表示為振動溫度的提高，則根據

$$k_{光} = A \cdot \exp\left(-\frac{E_a}{RT_{振}}\right)，T_{振}可達 10^4 °K。若反應的活化能 E_a = 100 kJ \cdot mole^{-1}，$$

則依據$k_{熱} = A \cdot \exp\left(-\dfrac{E_a}{RT}\right)$可達 $T_{熱} = 300°K$，則 $k_{光}/k_{熱} = 7.78 \times 10^{16}$。

（4）幫助探索反應機構。

例如：雷射分子束光譜由於分子束內部分子不進行鬆弛碰撞，不會使激發態改組，進而可以觀察到激發態分子的情況。

由於雷射具有上述優點，因此它在同位素分離、光有機合成、生物化學切斷大分子的化學鍵、分子反應動力學等方面得到廣泛應用。

筆 記 欄

筆記欄

筆 記 欄

筆 記 欄

國家圖書館出版品預行編目資料

化學動力學觀念與1000題／蘇明德編著. --初版.
--臺北市：五南，2008〔民97〕
面；　公分
ISBN 978-957-11-5129-8（平裝）
1.化工動力學　　2.化學反應
460.132　　　　　　　　　97002157

5BC8

化學動力學觀念與1000題

作　　者 ─ 蘇明德(419.2)

發 行 人 ─ 楊榮川

總 編 輯 ─ 龐君豪

主　　編 ─ 穆文娟

責任編輯 ─ 蔡曉雯

封面設計 ─ 簡愷立

出 版 者 ─ 五南圖書出版股份有限公司

地　　址：106台北市大安區和平東路二段339號4樓

電　　話：(02)2705-5066　傳　　真：(02)2706-6100

網　　址：http://www.wunan.com.tw

電子郵件：wunan@wunan.com.tw

劃撥帳號：01068953

戶　　名：五南圖書出版股份有限公司

台中市駐區辦公室/台中市中區中山路6號

電　　話：(04)2223-0891　傳　　真：(04)2223-3549

高雄市駐區辦公室/高雄市新興區中山一路290號

電　　話：(07)2358-702　傳　　真：(07)2350-236

法律顧問　得力商務律師事務所　張澤平律師

出版日期　2008年3月初版一刷

定　　價　新臺幣890元